진화심리학

EVOLUTIONARY PSYCHOLOGY

진화심리학

마음과 행동을 탐구하는 새로운 과학

데이비드 버스 지음

이충호 옮김 **ǀ** **최재천** 감수

|

제 4 판

|

웅진 지식하우스

| 일러두기 |

1. 이 책에 등장하는 지명, 인명의 외래어 표기는 국립국어연구원 표기법을 따랐다.
2. 원서에서 이탤릭체로 강조한 단어를 이 책에서는 고딕체로 표시했다.
3. 그간 '진화된 심리 기제Evolved Psychological Mechanisms'라고 잘못 번역해서 쓰던 표현을 '진화한 심리 기제'로 바로잡았다.

심리학에서 심리과학으로

최재천
이화여자대학교 에코과학부 교수

심리학이 현대 사회에서 차지하는 지위와 그 영향력은 막강하다. 우리 자신을 비춰보는 거울로서 또는 기업 경영, 자기 계발, 각종 사회적 갈등 해소는 물론 구체적인 법률적 해석과 정치적 선택에 이르기까지 심리학의 영역은 실로 방대하다. 그러나 이 같은 막강한 사회적 영향력에 비해 학계의 시선은 여전히 따가운 게 사실이다. 심리학이 과연 그 같은 영향력을 행사할 수 있을 만큼 객관성을 지닌 학문인가를 묻는 질문이 끊이질 않는다. 점성술이 천문학으로 거듭났듯이 심리학도 이제 심리과학이 되어야 한다고 주장하는 이들이 늘고 있다. 심리학이 과연 과학인가를 두고 끝없는 논쟁이 이어지고 있다.

심리학은 문리과대학이 인문대, 사회과학대, 자연과학대로 갈라진 이후 일종의 '소속 장애'를 겪고 있다. 대학에 따라 때론 인문대에, 때론 사회과학대에 조금은 불편하게 앉아 있다. 서울에 있는 대학들만 보더라도 연세대와 고려대에서는 문과대학, 즉 인문대에 속해 있지만, 덕성여대, 서강대, 서울대, 성균관대, 성신여대, 이화여대, 중앙대에서는 사회과학대학 소속이다. 나는 개인적으로 심리학과가 이제 자연과학대에 속하는 것이 가장 타당하다고 생각한다. 아니면 적어도 자연과학과 인문사회과학의 접경 지대에 위치해야 한다고 생각한다. 왜냐하면 심리학이야말로 전형적인 통섭적 학문이기 때문이다.

1975년 하버드 대학의 진화생물학자 에드워드 윌슨Edward O. Wilson은 인간을 포함한 모든 동물의 사회행동을 체계적으로 연구하자는 취지로 새로운 학문 분야인 사회생물학을 창시했다. 하지만 남성우월주의와 기득권층을 옹호하는 학문이라는 누명을 뒤집어쓰는 바람에 이 분야의 학자들은 공개적으로 스스로 사회생물학자라고 일컫기를 꺼려했다. 진화심리학은 바로 이 무렵에 탄생했고 실제로 많은 사회생물학자들은 기꺼이 진화심리학으로 전향했다. 그러나 사회생물학과 진화심리학 사이에는 엄연한 차이가 존재한다. 현대 사회의 대다수 사람들은 일부일처제를 따른다. 하지만 성인잡지 〈플레이보이〉와 한 인터뷰에서 "마음으로는 수없이 많은 간통을 저질렀다"고 고백한 지미 카터 전 미국 대통령처럼 우리의 심리와 드러나는 행동 간에는 차이가 있을 수 있다. 사회생물학이 행동의 진화를 연구하는 학문이라면, 진화심리학은 그런 행동을 유발하는 심리 기제의 진화까지도 분석하는 학문이다.

이 책의 저자 데이비드 버스와 나는 오랫동안 친분 관계를 맺어왔다. 내가 하버드 대학에서 진화생물학으로 박사 학위를 하던 시절 그는 그곳 심리학과의 교수였다. 내가 학부 세미나 수업을 진행하던 어느 해에는 지도 학생을 공유하기도 했다. 그러다가 그는 1985년 미시간 대학 심리학과로 자리를 옮겼고 나도 1992년 같은 대학의 생물학과에 부임하여 다시 만났다. 미시간 대학의 '인간 행동과 진화 연구 프로그램'에서 함께 지내다가 이번에는 1994년에 내가 먼저 서울대로 떠났고 그는 1996년 텍사스 대학 심리학과로 옮겨갔다. 몇 년 후 우리는 공동 연구를 수행하여 이 책에도 수록되어 있는 것처럼 1999년과 2000년에 〈Personal Relationships〉라는 학술지에 함께 논문을 게재하기도 했다. 그 후 나는 버스를 통해 만난 마틴 데일리Martin Daly와 마고 윌슨Margo Wilson의 거듭된 요청으로 우리나라 살인 사건을 분석하여 2003년 《살인의 진화심리학》을 출간했고 현재 국제학술지 〈진화심리학Evolutionary Psychology〉의 편집위원으로 일하고 있다. 그런가 하면 내가 서울대 생명과학부의 교수로 재직하던 시절 내 연구실에서 개미 연구로 석사 과정을 수료한 학생이 그의 연구실에 유학하여 박사 학위를 하고 돌아왔다. 그가 바로 《오래된 연장통》의 저자 전중환 박사이다.

지난 몇 년간 우리나라에는 버스를 비롯한 여러 진화심리학자들이 쓴 다양한 대중과학서들이 번역되어 나왔다. 덕분에 진화심리학을 전공하는 학자는 몇 명 되지 않지만 일반 대중의 관심은 대단히 높은 편이다. 하지만 지금까지 출간된 책들은 대부분 진화심리학의 특정한 주제만을 다루는 데 그쳤을 뿐, 진화심리학의 역사와 이론을 전체적으로 다룬 책은 없었다. 데이비드 버스는 이 책의 초판을 1999년에 출간했다. 본격적인 진화심리학 소개서로는 최초였다. 어언 제4판을 맞은 버스의 책은 그 후 잇달아 등장한 다른 진화심리학 책들과 비교할 때 가장 포괄적이고 균형 잡힌 책이다. 이 책은 이미 미국과 유럽에서 진화심리학의 가장 대표적인 입문서로 자리잡았다. 이 책의 출간으로 우리도 이제 체계적인 진화심리학 교육이 가능해졌다.

2009년 4월 나는 《다윈의 12제자들》이라는 책을 집필하기 위해 하버드대 심리학과에서 《언어 본능》, 《빈 서판》, 《마음은 어떻게 작동하는가》 등의 저술로 우리 독자들에게도 친숙한 스티븐 핑커Steven Pinker를 인터뷰했다. 그 자리에서 나는 그에게 진화심리학의 미래에 관해 물었고 그는 다음과 같이 답했다. "저는 진화심리학이 심리학의 독립된 분과 학문이 되지 않았으면 합니다. 심리학 전반에 걸쳐 제기되는 질문이 되는 게 아니라 그저 심리학의 한 분과가 된다면, 저는 실패라고 생각합니다. ……진화적 기원과 기능에 관한 질문들은 독립된 분야로 따로 떨어져 있는 것보다 심리학의 모든 분야에 스며들어야 합니다." 심리학이 과학적 객관성을 확보하여 저자가 말하는 '통합심리학'으로 발전하는 데 가장 크게 기여하고 있는 분야가 바로 인지과학과 진화심리학이다. 상당 부분 성균관대 이정모 명예교수님의 노력에 힘입어 인지과학은 이제 우리나라 심리학계에 확실한 뿌리를 내리기 시작했다. 예를 들어, 연세대 심리학과의 경우 교수진의 거의 절반이 이미 인지과학적 방법론을 채택하여 연구를 수행하고 있다. 이 같은 추세는 앞으로 빠르게 확산될 것이다. 나는 이제 우리나라 심리학과 학생들 모두에게 진화심리학을 배울 수 있는 기회가 주어져야 한다고 생각한다. 인지과학으로부터 자연과학적 방법론을 익히고 진화심리학으로부터 생명 역사의 통찰력을 갖춘 21세기형 심리학자들의 탄생을 기대한다. 이 책이 가문 논에 물꼬를 터주리라 확신한다.

인류의 수수께끼를 풀다

과학사에서 현재의 이 시점에 진화심리학자로 살아가는 것은 아주 흥미진진한 일이다. 대부분의 과학자들은 오랫동안 확립된 패러다임에 갇혀 활동했다. 이와는 대조적으로 진화심리학은 혁명적인 새로운 과학으로, 심리학과 진화생물학의 현대적 원리들을 진정한 의미에서 종합한 분야라 할 수 있다. 이 시점에 이 분야에서 일어난 발전과 성과를 살펴본 이 책은 장차 심리학의 기반이 될 과학 혁명을 완성하는 데 어느 정도 기여하리라고 기대한다. 1999년에 이 책 《진화심리학》 초판이 출간된 이후 이 분야에서 새로운 연구가 폭발적으로 일어났다. 진화심리학 분야에서 새로운 학술지들이 창간되었고, 주류 심리학 학술지들에 실리는 진화 이론 관련 논문의 양도 꾸준히 증가했다. 전 세계 대학들에도 진화심리학 강좌가 새로 개설되었다. 과학 지식에 뚫린 많은 구멍은 여전히 그대로 남아 있고, 매번 새로운 발견이 일어날 때마다 새로운 질문과 탐구해야 할 새로운 영역이 생겨난다. 진화심리학 분야는 역동적이고 흥미진진하고 경험적 발견과 이론적 혁신이 넘쳐난다. 하버드 대학의 스티븐 핑커 Steven Pinker 교수가 지적한 것처럼, "사람을 연구하는 학문에는 아름다움, 모성, 친족, 도덕, 협력, 성, 폭력 같은 사람의 경험을 다루는 주요 영역들이 있는데, 이 모든 것에 대해 유일하게 진화심리학만이 일관성 있는 이론을 제시한다."(Pinker, 2002, p. 135)

　　최초의 진화심리학자로는 찰스 다윈을 꼽을 수 있는데,《종의 기원 On the Origin of Species》(1859) 말미에서 다음과 같은 예언을 했기 때문이다. "먼 장래에 나는 훨씬 중요한 연구를 위한 분야들이 열리리라고 본다. 심리학은 새로운 기반 위에 설 것이다." 그리고 그로부터 150년이 더 지난 뒤에 비록 잘못된 출발과 걸음을 절룩이는 시행착오를 좀 겪긴 했지만 마침내 진화심리학이라는 과학이 등장했다. 이 책의 목적은 이 새로운 과학의 기초와 흥미진진한 발견들을 소개하기 위한 것이다.

내가 1981년에 하버드 대학에서 조교수로 진화심리학 연구를 처음 시작할 때만 해도 인간에 대한 진화론적 추측이 무성했지만, 그러한 추측을 뒷받침하기 위한 경험적 연구는 사실상 전무했다. 일부 문제는 진화의 질문들에 관심을 가진 과학자들이 거대한 진화 이론들과 인간 행동에 대한 실제 과학적 연구 사이의 간극을 메우지 못한 데 있었다. 지금은 그 간극이 상당히 많이 메워졌는데, 이론 연구에서 획기적인 돌파구가 열렸을 뿐만 아니라 어렵게 얻은 경험적 연구 성과들이 쏟아진 덕분이다. 물론 아직도 많은 흥미진진한 질문들은 경험적 연구가 더 필요하지만, 이미 발견된 성과들의 기반이 아주 광대하기 때문에 나는 어떻게 하면 이 책을 너무 길지 않게 적당한 분량으로 쓰면서 이처럼 다양한 이론적, 경험적 통찰들을 제대로 다룰 수 있을까 하는 고민에 빠졌다. 이 책은 대학생 독자를 겨냥한 것이긴 하지만, 최신 진화심리학을 전체적으로 살펴보길 원하는 일반인과 대학원생, 전문가까지 포함하는 더 넓은 독자층도 염두에 두었다.

초판을 쓸 때 나는 다른 목적도 염두에 두었는데, 솔직하게 말하면 그것은 혁명적인 생각이었다. 전 세계 대학에서 진화와 인간 행동에 대해 생각하고 글을 써온 수백 명의 교수들에게 진화심리학을 정규 강좌로 가르치려는 동기를 느끼게 하고, 그 강좌들을 심리학의 필수 교과 과정으로 확립하게 하려는 목적이 있었다. 이미 아주 뛰어나고 총명한 젊은이들이 진화심리학에 뛰어들고 있다. 나는 이 책이 그러한 경향을 더욱 촉진하고, 다윈의 예언을 이루는 데 작으나마 기여하길 바란다.

재판과 3판, 4판을 개정하면서 나는 두 가지 목표를 염두에 두었다. 첫째, 새로운 발견들을 많이 소개하려고 했다. 이를 위해 재판에는 새로운 참고 문헌을 200개 이상 추가했고, 3판과 4판에는 각각 400여 개를 추가했다. 둘째, 생략된 중요한 내용을 보충하려고 했다. 예를 들면, 이번 개정판에서는 인지심리학 분야의 주제들을 좀더 광범위하게 다루었다. 4판에서는 비교문화적 연구,

생리학적 연구, 유전학적 연구, 뇌 영상 연구에서 나온 진화한 항행 이론, 불과 조리, 살인, 배우자 모방, 남자의 배우자 선호가 실제 짝짓기 행동에 미치는 효과, 즉석 사랑, 어머니와 자식 간의 갈등, 값비싼 신호, 분노 재보정 이론, 명성 신호를 다루는 절들이 새로 추가되었다. 그렇지만 이 책의 기본 구조는 큰 변화가 없다. 그 구조는 생존, 짝짓기, 양육, 친족, 집단 생활과 같은 적응 문제들을 중심 뼈대로 하고 있다.

나는 이전 판본의《진화심리학》을 사용한 선생들과 학생들에게서 많은 편지와 이메일을 받았고 거기서 영감을 얻었는데, 이 책을 읽는 독자들도 그런 열정이 있었으면 좋겠다. 인간의 마음을 이해하기 위한 탐구는 숭고한 일이다. 진화심리학 분야가 발전하면서 우리는 수십만 년 동안 궁금하게 여겨온 수수께끼들에 대한 답을 얻기 시작하고 있다. 그런 수수께끼들이란, 우리는 어디에서 왔을까, 우리와 다른 생물의 관계는 어떤 것일까, 사람이란 존재를 정의하는 마음의 기제는 무엇일까 하는 것들이다.

| 감사의 말 |

감사의 말에는 이 책의 내용에 대해 직접 평을 해준 동료들뿐만 아니라, 25년 이상 걸린 내 개인적 진화 오디세이에 영향을 미친 사람들도 빼놓을 수 없다. 진화에 대한 관심은 1970년대 중반 대학생 시절에 지질학 강의를 들으면서 시작되었는데, 그때 나는 사물의 기원을 설명하기 위한 목적으로 특별히 만들어진 이론들이 있다는 사실을 처음 알았다. 어설프게나마 개인적으로 진화에 관한 연구를 시작한 것은 1975년에 수강한 강의의 학기 말 리포트를 준비하면서였다. 나는 거기서 지금 보면 웃음이 나올 만한 영장류 비교 연구를 바탕으로 사람에게 지위를 추구하려는 동기가 발전한 주요 이유는 지위가 높을수록 성적 기회가 더 많아지기 때문이라고 추측했다.

버클리에 있는 캘리포니아 대학원을 다니면서 진화와 인간 행동에 관한 관심이 더 커졌지만, 가장 비옥한 진화 연구의 토양을 제공한 곳은 1981년에 내게 심리학 조교수 자리를 제의한 하버드 대학이었다. 거기서 나는 비록 교재에는 진화론에 대한 언급이 거의 없었지만, 진화론의 원리를 사용해 사람의 동기를 설명하는 강의를 시작했다. 나는 찰스 다윈, 해밀턴 W. D. Hamilton, 로버트 트리버스 Robert Trivers, 돈 시먼스 Don Symons의 연구를 바탕으로 강의를 진행했다. 나는 돈 시먼스와 편지를 주고받기 시작했는데, 그가 1979년에 쓴 책은 많은 사람들 사이에서 최초의 현대적인 인간 진화심리학 연구 논문으로 간주되었다. 나는 시먼스에게 특별한 감사를 표시하고 싶다. 그의 우정과 통찰력

넘치는 비평은 내가 진화심리학에 대해 쓴 거의 모든 글에 큰 영향을 미쳤다. 시먼스의 생각에 영향을 받아 나는 1982년에 사람의 짝짓기에 관한 진화 이론 연구 계획을 설계했는데, 이 계획은 결국 전 세계의 37개 문화에서 1만 47명이 참여하는 비교문화적 연구로 확대되었다.

내가 진화 연구에 큰 관심이 있다는 소문이 퍼지자, 레다 코스미데스Leda Cosmides라는 총명한 하버드 대학원생이 내 연구실로 찾아와 자신을 소개했다. 그 자리에서 우리는 지금까지 진화와 인간 행동에 관해 벌인 많은 토론(사실은 논쟁) 중 첫 번째 토론을 나누었다. 레다는 내게 총명한 남편이자 협력자인 존 투비John Tooby를 소개해주었다. 두 사람은 내 생각에서 일부 터무니없는 오류를 찾아내 바로잡아 주려고 노력했는데, 그런 노력은 지금까지도 계속되고 있다. 두 사람을 통해 나는 케임브리지에 있는 집에서 '유인원 세미나'를 연 하버드 대학의 유명한 인류학자 어브 디보어Irv DeVore와 안식년 휴가를 맞아 하버드에 온 마틴 데일리Martin Daly와 마고 윌슨Margo Wilson을 만났다. 1980년대 초중반이던 그때까지만 해도 레다 코스미데스와 존 투비는 진화심리학에 관한 논문을 하나도 발표하지 않았고, 진화심리학자로 불리는 사람도 아무도 없었다.

진화를 탐구하는 개인적 노력에서 그 다음에 일어난 중요한 사건은 팔로 알토에 있는 행동과학고등연구센터의 특별 회원으로 선출된 일이다. 원장인 가드너 린지Gardner Lindzey의 격려에 힘입어 나는 '진화심리학의 기초'라는 제목의 특별 연구 계획을 제안했다. 이 제안이 받아들여짐으로써 나는 레다 코스미데스, 존 투비, 마틴 데일리, 마고 윌슨과 함께 베이 에어리어Bay Area(샌프란시스코를 중심으로 한 광역 도시권. 샌프란시스코 만안 지역이라고도 함)를 뒤흔드는 지진에도 불구하고, 1989년과 1990년을 행동과학고등연구센터에서 진화심리학의 기초를 연구하며 보냈다. 내가 이 책을 쓰면서 지적으로 가장 큰 빚을 진 사람들은 새로 떠오르던 분야인 진화심리학을 개척하고 창시한 레다 코스미데스와 존 투비, 돈 시먼스, 마틴 데일리, 마고 윌슨이다.

한쪽 해안에 하버드 대학이 있고, 반대편 해안에 행동과학고등연구센터가 있는 환경은 막 자라나기 시작한 진화심리학자들에게 큰 혜택이었지만, 다른 연구 기관 두 곳과 그곳 사람들에게도 감사를 드리고 싶다. 첫째, 미시간 대학은 1986년부터 1994년까지 진화와 인간 행동 연구 그룹을 지원했다. 나는 미시간 대학에서 중요한 역할을 한 앨 케인Al Cain, 리처드 니스벳Richard Nisbett, 리처드 알렉산더Richard Alexander, 로버트 액설로드Robert Axelrod, 바브 스머츠 Barb Smuts, 랜돌프 네스Randolph Nesse, 리처드 랭엄Richard Wrangham, 바비 로 Bobbi Low, 킴 힐Kim Hill, 워런 홈스Warren Holmes, 로라 벳직Laura Betzig, 폴 터 크Paul Turke, 유진 번스타인Eugene Burnstein, 존 미타니John Mitani에게 특별한 감사를 드리고 싶다. 둘째, '개인의 차이와 진화심리학'이라는 이름으로 진화 심리학 대학원 과정을 세계 최초로 개설하는 선견지명을 보여준 텍사스 대학 (오스틴 캠퍼스) 심리학과에 감사를 표하고 싶다. 조 혼Joe Horn, 데브 싱Dev Singh, 델 티센Del Thiessen, 리 윌러먼Lee Willerman, 피터 맥닐리지Peter MacNeilage, 데이비드 코언David Cohen과 심리학과 교수들인 랜디 딜Randy Diehl, 마이크 돔잔Mike Domjan, 제이미 페니베이커Jamie Pennebaker에게 특별 한 감사를 드린다.

이 책에 이런저런 형태로 아이디어를 제공한 다음 친구들과 동료들에게도 큰 감사를 드린다(이하 알파벳순으로 그냥 영문으로 표기함) : Dick Alexander, Bob Axelrod, Robin Baker, Jerry Barkow, Jay Belsky, Laura Betzig, George Bittner, Don Brown, Eugene Burnstein, Arnold Buss, Bram Buunk, Liz Cashdan, Nap Chagnon, Jim Chisholm, Helena Cronin, Michael Cunningham, Richard Dawkins, Irv Devore, Frans de Waal, Mike Domjan, Paul Ekman, Steve Emlen, Mark Flinn, Robin Fox, Robert Frank, Steve Gangestad, Karl Grammer, W. D. Hamilton, Kim Hill, Warren Holmes, Sarah Hrdy, Bill Jankowiak, Doug Jones, Doug Kenrick, Lee Kirkpatrick, Judy Langlois, Bobbi Low, Kevin MacDonald, Neil Malamuth, Jaent Mann, Linda Mealey, Geoffrey Miller, Randolph Nesse, Dick Nisbett, Steve Pinker, David Rowe, Paul Rozin, Joanna Scheib, Paul Sherman, Irwin Silverman, Jeff Simpson, Dev Singh, Barb Smuts, Michael Studd, Frank Sulloway, Del Thiessen, Nancy Thornhill, Randy Thornhill, Lionel Tiger, Bill Tooke, John Townsend, Robert Trivers, Jerry Wakefield, Lee Willerman, George William, D. S. Wilson, E. O. Wilson, Richard Wrangham.

초판을 읽고 피드백을 제공해준 다음 비평가들에게도 감사드린다 : 볼링

그린 주립대학의 클리퍼드 마이넷Clifford R. Mynatt, 스코츠데일 칼리지의 리처드 키프Richard C. Keefe, 미시간 대학(플린트)의 폴 브론스틴Paul M. Bronstein, 맥매스터 대학의 마고 윌슨Margo Wilson, 애리조나 대학의 제이크 제이콥스W. Jake Jacobs, 애리조나 대학의 피게레도A. J. Figueredo. 또, 재판에 대해 비평을 해준 다음 사람들에게도 감사드린다 : 펜실베이니아 주립대학(두보이스)의 존 존슨John A. Johnson, 캘리포니아 주립대학(롱비치)의 케빈 맥도널드Kevin MacDonald, 플로리다어틀랜틱 대학의 토드 섀컬퍼드Todd K. Shackelford. 그리고 3판에 대해 비평을 해준 다음 사람들에게도 특별한 감사를 드린다 : 하버드 대학의 브래드 더셰인Brad Duchaine, 센트럴아칸소 대학의 하이드 아일랜드 Heide Island, 테네시 대학(마틴)의 안젤리나 매커원Angelina Mackewn, 텍사스 대학(알링턴)의 로저 멜그렌Roger Mellgren, 아칸소 주립대학의 에이미 피어스Amy R. Pearce, 노스센트럴 칼리지의 토머스 소여Thomas Sawyer.

재판을 저술할 때에는 많은 친구와 동료의 사려 깊은 비평과 제안과 토론에 큰 도움을 받았다(이하 알파벳순으로 그냥 영문으로 표기함) : Petr Bakalar, Clark Barrett, Leda Cosmides, Martin Daly, Richard Dawkins, Todd DeKay, Josh Duntley, Mark Flinn, Barry Friedman, Steve Gangestad, Martie Haselton, Bill von Hippel, Joonghwan Jeon, Rob Kurzban, Peter MacNeilage, Geoffrey Miller, Steve Pinker, David Rakison, Kern Reeve, Paul Sherman, Valerie Stone, Larry Sugiyama, Candace Taylor, John Tooby, Glenn Weisfeld, Margo Wilson. 특히 백과사전적 지식과 예리한 직관을 나누어준 조시 던틀리에게 감사드린다. 현명한 상담과 인내와 선견지명을 제공한 앨린베이컨 출판사의 캐롤린 메릴Carolyn Merrill에게도 감사드린다.

3판에 내용을 추가하고 개선하는 데 도움을 준 다음 사람들에게도 감사를 표시하고 싶다 : Leda Cosmides, Josh Duntley, Ernst Fehr, Herbert Gintis, Anne Gordon, Ed Hagen, Martie Haselton, Joe Henrich, Joonghwan Jeon, Mark Flinn, Barry X. Kuhle, Rob Kurzban, Dan O'Connell, John Patton, Steve Pinker, David Rakison, Pete Richardson, Andy Thompson, Wade Rowatt.

4판에 대한 감사의 말

4판을 만드는 데 직관이 넘치는 비평과 제안을 해준 다음 사람들에게 감사를 표시하고 싶다 : Alice Andrews, Ayla Arslan, Sean Bocklebank, Joseph Carroll, Elizabeth Cashdan, Lee Cronk, John Edlund, Bruce Ellis, A. J. Figueredo, Aaron Goetz, Joe Henrich, Sarah Hill, Russell Jackson, Peter Karl Jonason, Jeremy Koster, Barry Kuhle, David Lewis, Frank McAndrew, David McCord, Geoffrey Miller, David Rakison, Brad Sagarin, David Schmitt, Todd K. Shackelford. 너그럽게도 책 전체에 대해 상세한 비평을 해준 케빈 데일리와 토드 디케이 Todd DeKay, 조시 던틀리, A. J. 피게레도, 배리 쿠얼 Barry Kuhle, 마티 헤이즐턴 Martie Haselton, 레베카 세이지 Rebecca Sage, 토드 섀컬퍼드, 제이크 제이콥스에게는 특별한 감사를 드린다. 이 책의 여러 판을 출판하는 동안 아낌없는 지원과 정열을 제공한 훌륭한 편집자 수잔 하트먼 Susan Hartman, 그리고 뛰어나고 꼼꼼한 제작 담당 편집자 아파르나 옐라이 Aparna Yellai와 레바시 비스와나선 Revathi Viswanathan에게도 감사 드린다.

그리고 신디에게도.

| 차례 |

제1부 진화심리학의 기초

제1장 :: 진화심리학을 낳은 과학의 흐름 • 28

진화적 사고의 역사에서 일어난 중요한 사건들 ─────────── 30
다윈 이전의 진화론 • 30 ┃ 다윈의 자연 선택론 • 31 ┃ 다윈의 성 선택론 • 34 ┃ 진화론에서 자연 선택과 성 선택의 역할 • 36 ┃ 현대적 종합: 유전자와 입자 유전설 • 40 ┃ 동물행동학 운동 • 41 ┃ 포괄 적합도 혁명 • 44 ┃ 적응과 자연 선택이 명확하게 밝혀지다 • 46 ┃ 트리버스의 획기적인 이론들 • 48 ┃ 사회생물학 논란 • 49

진화론에 대한 보편적인 오해 ───────────────── 51
오해 하나, 사람의 행동은 유전적으로 결정된다 • 51 ┃ 오해 둘, 만약 진화 때문이라면, 행동을 바꾸는 것은 불가능하다 • 52 ┃ 오해 셋, 현재의 기제는 최적으로 설계된 것이다 • 52

현생 인류의 기원 ─────────────────────── 54

심리학 분야에서 일어난 기념비적 사건들 ───────────── 59
프로이트의 정신분석 이론 • 59 ┃ **박스 1.1** 아프리카 기원설 대 다지역 기원설: 현생 인류의 기원 • 60 ┃ 윌리엄 제임스와 본능 심리학 • 63 ┃행동주의의 부상 • 65 ┃ 문화적 다양성이라는 놀라운 발견 • 66 ┃ 가르시아 효과, 준비된 두려움, 급진적 행동주의의 쇠퇴 • 67 ┃ 블랙 박스 들여다보기: 인지 혁명 • 69

요약 • 72 ┃ 추천 독서 목록 • 75

제3부 성과 짝짓기 문제

제6장 :: 단기적 성 전략 • 278

제4부 양육과 친족 문제

제7장 :: 양육 문제 • 322

제8장 :: 친족 문제 • 370

제5부 집단 생활의 문제

제9장 :: 협력적 동맹・418

EVOLUTIONARY PSYCHOLOGY

| 제1부 |

진화심리학의 기초

처음 두 장은 진화심리학의 기초를 소개한다. 1장에서는 진화심리학을 탄생시킨 과학 운동을 되짚어본다. 먼저 찰스 다윈 이전에 나온 진화 이론들부터 시작하여 오늘날의 생물 과학에서 널리 받아들여지는 현대적인 진화론의 체계가 잡히기까지 진화론의 역사에서 일어난 중요한 사건들을 살펴본다. 그 다음에는 진화론에 대해 사람들이 흔히 갖고 있는 세 가지 오해를 살펴본다. 마지막으로, 다윈이 프로이트의 정신분석 이론에 미친 영향부터 시작하여 현대적인 인지심리학의 체계가 잡히기까지 심리학 분야에서 일어난 중요한 사건들을 살펴본다.

2장에서는 현대 진화심리학의 이론적 기초를 설명하고, 진화심리학의 가설을 검증하는 데 사용되는 과학적 도구들을 소개한다. 첫 번째 절에서는 인간 본성의 기원에 관한 이론들을 살펴본다. 그리고 나서 진화한 심리 기제의 핵심 개념 정의로 돌아가 이 기제의 성질들을 요약 소개한다. 2장 중간 부분에서는 진화심리학의 가설을 검증하는 데 쓰이는 주요 방법들과 이 검증 방법의 토대가 되는 증거들을 소개한다.

이 책의 나머지 부분은 사람의 적응 문제를 중심으로 구성돼 있기 때문에, 2장 끝부분에서는 진화심리학자들이 적응 문제를 찾아내는 데 사용하는 도구들을 집중적으로 살펴보는데, 생존에서 시작해 집단 생활의 문제를 살펴보는 것으로 끝난다.

제1장
진화심리학을 낳은 과학의 흐름

::

먼 장래에 나는 훨씬 중요한 연구를 위한 분야들이 열리리라고 본다.
심리학은 점차 각각의 정신적 힘과 능력이 필연적으로 획득되는
새로운 기반 위에 설 것이다.
— 찰스 다윈, 1859년

골격에서 먼지와 부스러기를 털어내던 고고학자는 뭔가 이상한 걸 발견했다. 두개골 왼편에 움푹 들어간 자국이 크게 나 있었는데 뭔가에 세게 맞아 생긴 것처럼 보였으며, 흉곽에는 (역시 왼편에) 창끝이 박혀 있었다. 실험실에서 분석한 결과, 그 골격은 약 5만 년 전에 죽은 네안데르탈인으로 밝혀졌는데, 그는 인류 최초의 살인 희생자로 알려지게 되었다. 두개골과 흉곽에 남은 자국으로 판단할 때, 살인자는 무기를 오른손에 쥐었던 것으로 보였다.

　　뼈의 손상 부위에 대한 화석 기록은 공통적으로 놀라운 패턴 두 가지를 보여주었다(Jurmain et al., 2009 ; Trinkaus & Zimmerman, 1982 ; Walker, 1995). 첫째, 여자 골격보다 남자 골격에 부러지거나 움푹 들어간 자국이 훨씬 많았다. 둘째, 손상 부위는 주로 두개골과 골격의 왼쪽 앞부분에 몰려 있는데, 이것은 공격자가 오른손잡이였음을 시사한다. 화석 뼈 기록만 가지고 우리 조상들의 삶에서 남자들 사이의 전투가 중심적 특징이었다고 확실하게 말할 수는 없다. 남자가 신체적으로 더 공격적인 성으로 진화했다는 것도 확실하게 말할 수 없다. 그렇지만 화석 골격은 우리가 어디에서 왔으며, 현재의 우리를 빚어낸 여러 원동력과 우리 마음의 본성이 무엇인가 하는 수수께끼에 소중한 단서를 제공한다.

진화심리학

약 1350cc에 이르는 사람의 큰 뇌는 우리가 알고 있는 세계에서 가장 복잡한 유기적 구조이다. 진화론의 관점에서 사람의 마음/뇌 기제를 이해하는 것이 **진화심리학**이라는 새로운 과학이 지향하는 목표이다. 진화심리학이 답을 알아내려고 추구하는 핵심 질문은 네 가지가 있다 : (1) **왜** 마음은 이렇게 설계되었을까? 즉, 사람의 마음은 어떤 인과 과정을 통해 현재의 형태로 만들어지거나 빚어졌는가? (2) 사람의 마음은 **어떻게** 설계되었는가? 즉, 그 기제나 구성 요소는 어떤 것이며, 그것들은 어떻게 조직되었는가? (3) 구성 요소들의 **기능**과 조직 구조는 **무엇**인가? 즉, 마음은 어떤 일을 하도록 설계되었는가? (4) 현재 환경의 입력은 사람 마음의 설계와 **어떻게** 상호작용하여 관찰 가능한 행동을 낳는가?

마음의 수수께끼에 대해 깊이 생각하는 것은 새로운 시도가 아니다. 아리스토텔레스와 플라톤 같은 고대 그리스인도 이 문제에 대한 견해를 글로 남겼다. 더 최근에는 프로이트의 정신분석 이론이나 스키너의 강화 이론, 연결주의 같은 마음에 관한 이론들이 심리학자들의 관심을 끌기 위해 경쟁했다.

우리가 하나의 통합적인 이론적 틀 안에서 사람의 마음에 대한 이해를 종합할 수 있는 개념적 도구를 얻은 지는 겨우 수십 년밖에 되지 않았다. 그 이론적 틀이 바로 진화심리학이다. 진화심리학은 뇌 영상, 학습과 기억, 주의와 감정과 열정, 매력과 질투와 성, 자존심과 지위와 자기 희생, 양육과 설득과 지각, 친족과 전쟁과 공격성, 협력과 이타성과 도움 주기, 윤리와 도덕과 의학, 헌신과 문화와 의식을 포함해 마음을 다루는 모든 분야에서 나온 발견을 모두 종합한다. 이 책은 진화심리학을 개략적으로 소개하고, 마음에 관한 이 새로운 과학에 접근하도록 도와주는 길잡이가 될 것이다.

이 장은 진화생물학의 역사에서 일어난 주요 사건들 중 진화심리학의 탄생에 중요한 역할을 한 것들을 살펴보는 것으로 시작한다. 그러고 나서 심리학 분야의 역사로 돌아가 진화론과 현대 심리학의 통합 필요성을 제기한 성과들이 어떻게 나왔는지 살펴본다.

▌ 진화적 사고의 역사에서 일어난 중요한 사건들

찰스 다윈의 업적이 나오기 이전에 일어난 진화적 사고의 역사를 살펴보고 나서 20세기 말까지 일어난 중요한 사건들을 살펴보기로 하자.

다윈 이전의 진화론

진화란 시간이 지나면서 일어나는 변화를 말한다. 생물의 형태에 변화가 일어날 수 있다는 생각은 다윈이 1859년에 《종의 기원》을 출간하기 훨씬 이전부터 여러 과학자가 했다.(이것을 역사적으로 다룬 연구는 Glass, Temekin, & Straus, 1959와 Harris, 1992를 참고하라.)

　　장 바티스트 피에르 앙투안 드 모네 슈발리에 드 라마르크Jean Baptiste Pierre Antoine de Monet Chevalier de Lamarck(1744~1829)는 생물학biologie이라는 단어를 처음 사용한 과학자 중 하나였고, 따라서 생물을 연구하는 분야를 독립적인 과학 분야로 인식했다. 라마르크는 종이 변하는 주요 원인은 두 가지가 있다고 믿었다. 하나는 각 종이 더 고등한 형태로 발전하려는 자연적 경향이고, 또 하나는 획득 형질의 유전이었다. 라마르크는 동물들은 생존하기 위해 경쟁해야 하고, 이 경쟁 때문에 경쟁과 관련된 기관들을 크게 만드는 물질을 신경이 분비한다고 말했다. 라마르크는 기린의 목이 길어진 것은 더 높은 가지에 매달린 잎을 먹으려고 노력하다가 그렇게 진화했다고 생각했다.(최근의 증거에 따르면, 긴 목은 짝짓기 경쟁에서도 어떤 역할을 한다고 시사한다.) 라마르크는 이런 노력의 결과로 생긴 목의 변화는 다음 세대들로 계속 전달된다고 믿었다. 그래서 '획득 형질의 유전'이라는 용어로 그 개념을 표현했다. 생물의 형태에 변화가 일어날 수 있다는 또 하나의 이론은 조르주 레오폴 크레시앙 프레데리크 다고베르트 퀴비에Georges Léopold Chrétien Frédérick Dagobert Cuvier (1769~1832)가 내놓았다. 퀴비에는 종들이 운석 충돌과 같은 돌발적인 격변을 통해 주기적으로 멸종하며, 그 뒤에 다른 종들로 대체된다는 '격변설'을 주장했다.

　　다윈 이전의 생물학자들은 종이 엄청나게 다양하며, 그 중 일부는 놀랍도록 신체 구조가 비슷하다는 사실에 주목했다. 예를 들어 사람과 침팬지와 오랑우탄은 모두 손과 발에 손가락과 발가락이 5개 달려 있다. 새의 날개는 물범의 지느러미발과 비슷한데, 이것은 하나가 다른 것에서 변형된 것임을 시사한다 (Daly & Wilson, 1983). 이렇게 종들을 비교하자, 일부 과학자와 신학자가 주장해왔듯 생물이 고정되어 있지 않은 것처럼 보였다. 화석 기록에서도 시간이 지나면 변화가 일어난다는 것을 시사하는 증거가 추가로 나왔다. 더 오래된 지층에서 나온 뼈는 더 최근의 지층에서 나온 뼈와 같지 않았다. 과학자들은 시간이 지나면서 생물의 구조에 변화가 일어나지 않았다면, 뼈들이 이처럼 다를 리가 없다고 생각했다.

또 다른 증거는 종들의 발생학적 발달 과정을 비교하는 연구에서 나왔다 (Mayr, 1982). 생물학자들은 서로 아주 다른 종들도 발생학적 발달 과정이 놀랍도록 비슷하다는 사실을 발견했다. 포유류와 조류와 개구리의 배胚는 모두 공통적으로 아가미틈 가까이에 특이한 고리 모양의 동맥이 나타난다. 이 증거는 이 종들이 수백만 년 전에 같은 조상에서 유래했음을 시사했다. 1859년 이전에 발견된 이 모든 증거들은 생물은 변하지 않고 고정돼 있는 게 아님을 말해주었다. 시간이 지나면 생물의 구조가 변한다고 믿었던 생물학자들은 스스로를 진화론자라고 불렀다.

다윈 이전의 여러 진화론자가 이룬 또 한 가지 중요한 발견은 많은 종은 어떤 목적이 있는 것처럼 보이는 특징이 있다는 사실이었다. 호저의 가시는 포식동물을 물리치는 데 도움을 준다. 거북의 껍데기는 자연의 적대적인 힘들로부터 연약한 장기를 보호하는 데 도움을 준다. 많은 새의 부리는 견과를 깨는 데 도움이 되도록 설계돼 있다. 자연에서 풍부하게 관찰되는 이 기능성은 설명이 필요했다.

그러나 다윈 이전의 진화론자들의 주장에는 시간이 지나면서 그런 변화가 어떻게 일어나며, 기린의 긴 목이나 호저의 날카로운 가시처럼 어떤 목적이 있는 것처럼 보이는 구조가 어떻게 나타났는지 설명하는 이론이 빠져 있었다. 이런 생물학적 현상들을 설명할 수 있는 인과론적 기제 혹은 과정이 필요했다. 다윈이 바로 그런 기제를 진화론에 제공했다.

다윈의 자연 선택론

다윈이 짊어진 임무는 보기보다 훨씬 어려운 것이었다. 시간이 지나면 생물의 형태에 왜 변화가 일어나는지 설명해야 할 뿐만 아니라, 그런 일이 일어나는 특정 방식까지 설명해야 했기 때문이다. 그는 새로운 종이 어떻게 나타나며(책에 '종의 기원'이란 제목을 붙인 것은 이 때문이다), 다른 종이 왜 사라지는지도 알아내길 원했다. 동물의 구성 요소들(기린의 긴 목, 새의 날개, 코끼리의 코)이 왜 그런 특별한 형태로 존재하는지도 설명하고자 했다. 그리고 그러한 형태들이 왜 목적적 속성을 띠고 있는지, 즉 생물이 특정 과제를 수행하도록 돕는 기능이 있는 것처럼 보이는지 설명하고자 했다.

찰스 다윈은 자연 선택론을 주장해 생물학 분야에 과학 혁명을 일으켰다. 《종의 기원》(1859)에는 이론적 주장과 함께 책을 출간하기 전까지 25년 동안 수집한 경험적 자료가 가득 들어 있다.

이 수수께끼들에 대한 답은 다윈이 케임브리지 대학을 졸업한 뒤에 떠난 항해에서 나왔다. 다윈은 1831년부터 1836년까지 영국 해군 측량선인 비글호에 박물학자의 자격으로 승선해 세계 일주 여행을 했다. 항해 동안에 다윈은 태평양의 갈라파고스 제도에 사는 새들과 다른 동물들의 표본을 수십 점 채집했다. 항해에서 돌아온 뒤에 처음에는 모두 같은 종이라고 생각했던 갈라파고스핀치들이 서로 차이점이 많아 별개의 종들로 분류해야 한다는 사실을 알게 되었다. 갈라파고스 제도의 각 섬마다 서로 다른 핀치 종이 살고 있었다. 다윈은 이 핀치 종들이 원래는 공통 조상에서 유래했으나, 각 섬의 생태적 조건 때문에 서로 갈라져나갔다고 결론 내렸다. 이러한 지리적 변이는 종은 불변의 존재가 아니며, 시간이 지나면 변할 수 있다는 결론을 내리는 데 결정적 역할을 했다.

종들이 왜 변하는지는 어떻게 설명할 수 있을까? 다윈은 변화의 기원을 설명하는 여러 가지 가설을 놓고 고민했지만 결국 그것들을 모두 버리고 말았는데, 그 가설들이 중요한 사실, 즉 적응의 존재를 설명하지 못했기 때문이다. 다윈은 물론 변화를 설명하길 원했지만, 왜 생물이 자신이 사는 장소의 환경에 그토록 잘 어울리게 설계돼 있는 것처럼 보이는지도 설명하길 원했다.

진화심리학

〔이들 다른 이론이〕 딱따구리나 청개구리가 나무를 기어오르거나 씨앗이 갈고리와 깃털로 확산되는 사례처럼, 모든 종류의 생물이 자신의 생활 습관에 아름답게 적응한 수많은 사례를 설명할 수 〔없다는〕 것은……명백했다. 나는 늘 그러한 적응에 강렬한 인상을 받았는데, 이것을 설명하기 전에는 간접적 증거로 종이 변형되었음을 증명하려고 노력하는 것은 거의 쓸데없는 짓으로 보였다.

— 다윈이 자서전에서 한 말 ; Ridley, 1996, p.9에서 인용

다윈은 토머스 맬서스Thomas Malthus가 쓴《인구론An Essay on the Principle of Population》(1798)에서 적응의 수수께끼를 푸는 열쇠를 발견했다. 다윈은《인구론》을 읽고서 생물들이 살아남아서 번식할 수 있는 것보다 훨씬 많은 수가 존재한다는 개념을 이해하게 되었다. 그 결과 '생존 경쟁'이 일어날 수밖에 없는데, 거기서 유리한 변이는 보존되는 반면 불리한 변이는 도태되는 경향이 나타난다. 이 과정이 많은 세대 동안 반복되면, 최종 결과는 새로운 적응의 생성으로 나타난다.

생명의 이 모든 수수께끼에 대해 다윈이 공식적으로 내놓은 답은 '자연 선택론'과 그것을 이루는 세 가지 필수 요소인 **변이, 유전, 선택**이었다. 앨프레드 러셀 월리스Alfred Russel Wallace도 자연 선택론을 독자적으로 발견했다 (Wallace, 1858). 다윈과 월리스는 린네 학회 모임에서 이 이론을 공동으로 제출했다. 첫째, 생물은 날개 길이나 코의 힘, 뼈 질량, 세포 구조, 전투 능력, 방어 능력, 사회적 술책과 같은 온갖 방식에서 다양한 차이가 있다. 진화 과정이 작용하려면 변이가 필수적이다. 변이는 진화의 '원재료'이다.

둘째, 변이 중 유전되는 것은, 즉 부모에게서 자손에게로, 그리고 다시 그 다음 자손에게로 세대를 거듭하며 확실히 전달되는 것은 일부에 지나지 않는다. 환경 사고로 일어난 날개 손상과 같은 다른 변이들은 자손에게 유전되지 않는다. 오직 유전된 변이만이 진화 과정에서 어떤 역할을 할 수 있다.

다윈의 이론에서 세 번째 핵심 요소는 선택이다. 유전 가능한 변이를 가진 생물은 자손을 더 많이 남기는데, 그러한 특성이 **생존**이나 **생식**이라는 과업을 수행하는 데 도움이 되기 **때문**이다. 주요 먹이 공급원이 견과가 달린 나무나 관목인 환경에서는 특별한 모양의 부리를 가진 핀치가 다른 모양의 부리를 가진 핀치보다 견과를 더 잘 부술 수 있다. 그래서 견과를 부수는 데 더 적합한

모양의 부리를 가진 핀치가 그렇지 않은 핀치보다 더 많이 살아남을 것이다.

그러나 생물 개체가 다년간 살아남으면서도 자신의 유전적 속성을 다음 세대에 전해주지 않을 수 있다. 유전적 속성을 다음 세대에 전해주려면 생식을 해야 한다. 따라서 개체가 살아남아 생식에 성공할 가능성을 높이거나 낮추는, 유전 가능한 변이의 소유를 통해 나타나는 **차등적 생식 성공**이야말로 자연 선택에 의한 진화의 핵심이다. 차등적 생식 성공 또는 실패는 다른 개체와 비교한 상대적 생식 성공으로 정의된다. 따라서 다른 개체보다 더 많은 자손을 낳는 개체가 지닌 유전적 속성은 상대적으로 더 많은 빈도로 다음 세대에 전달된다. 생식을 위해서는 대개 생존이 필요하기 때문에, 차등적 생식 성공은 다윈의 자연 선택론에서 아주 중요한 역할을 담당한다.

다윈의 성 선택론

다윈은 자신의 이론과 모순되는 것처럼 보이는 사실에 주목하는 아주 훌륭한 과학적 습관이 있었다. 그는 '생존 선택론'이라고도 부르는 자연 선택론과 모순되는 것처럼 보이는 사례를 여러 가지 관찰했다. 먼저, 생존과 아무 관계도 없는 것처럼 보이는 기묘한 구조가 있었다. 공작의 화려한 깃털이 대표적인 예였다. 이 기묘하고 찬란한 구조가 어떻게 진화했을까? 화려한 깃털은 분명히 공작에게 대사 작용에 값비싼 비용을 치르게 한다. 게다가 그것은 포식 동물에게 자신을 잡아먹으라고 손짓하는 것과 마찬가지다. 다윈은 겉으로 보기에 모순처럼 보이는 이 사실에 너무 몰두한 나머지 "공작의 꽁지깃을 볼 때마다 구역질이 난다."라고 말하기까지 했다(Cronin, 1991, p.113에서 인용). 다윈은 또한 일부 종은 성에 따라 크기와 구조에서 큰 차이가 난다는 사실도 지적했다. 암컷이나 수컷이나 먹이를 구하고, 포식 동물을 물리치고, 질병과 맞서싸우는 등 본질적으로 똑같은 생존 문제를 안고 있다면, 왜 양 성 사이에 이렇게 큰 차이가 나타나는 것일까 하고 다윈은 생각했다.

겉으로 보기에 자연 선택론을 부정하는 것처럼 보이는 사실들에 대해 다윈이 내놓은 해결책은 **성 선택론**이라는 두 번째 진화론을 만드는 것이었다. 성 선택론은 성공적인 생존의 결과로 나타난 적응에 초점을 맞춘 자연 선택론과는 대조적으로 성공적인 짝짓기의 결과로 나타난 적응에 초점을 맞춘다. 다윈은 성 선택이 작용하는 두 가지 주요 수단을 상상했다. 하나는 동성 개체들 사이에 벌어지는 경쟁인 **동성 간 경쟁**(성내 경쟁)이다. 그 결과는 이성에 대한 접근과 짝짓기 기회 증가로 나타난다. 동성 간 경쟁의 대표적 사례는 서로 뿔을 맞대고 싸우는 두 수사슴이다. 승자는 암컷에게 성적 접근 기회를 얻는데, 직접적으로 접근하거나 혹은 암컷이 선호하는 세력권이나 자원을 지배함으로써 그런 기회를 얻는다. 패자는 대개 짝짓기를 하지 못한다. 신체 크기이건 힘이건 운동 능력이건, 어쨌든 동성 간 경쟁에서 승리를 이끈 속성은 승자의 짝짓기 성공을 통해 다음 세대에 전달된다. 반면에 패자가 지닌 속성은 다음 세대에 전달되지 않는다. 따라서 진화(시간이 지나면서 나타나는 변화)는 단순히 동성 간 경쟁의 결과로도 일어날 수 있다.

다윈은 공작을 보면 구역질이 났는데, 처음에는 화려한 깃털이 명백히 아무런 생존 가치가 없는 것처럼 보여 먼저 생각한 자연 선택론으로는 설명이 되지 않았기 때문이다. 그래서 결국 공작의 깃털을 설명할 수 있는 성 선택론을 개발했는데, 그 후로는 아마 공작을 보더라도 구역질이 나지 않았을 것이다.

성 선택이 작용하는 두 번째 수단은 **이성 간 선택**(성간 선택) 또는 차별적 배우자 선택이다. 한쪽 성의 구성원들 사이에서 이성의 바람직한 속성에 대해 의견 일치가 어느 정도 이루어진다면, 그러한 속성을 지닌 반대 성의 개체들은 배우자로 선택받는 데 유리할 것이다. 바람직한 속성을 결여한 개체는 짝짓기를 하지 못한다. 이 경우, 진화적 변화는 단지 세대가 지날 때마다 배우자로서 바람직한 속성의 빈도가 증가하기 때문에 일어난다. 만약 예를 들어 암컷이 혼인 선물을 주는 수컷과 짝짓기를 하길 선호한다면, 혼인 선물을 획득하는 데 성공하는 속성을 지닌 수컷의 빈도가 시간이 지날수록 높아질 것이다. 다윈은 이러한 이성 간 선택 과정을 **암컷 선택**이라고 불렀는데, 그가 관찰한 바에 따르면 동물계 전체에서 많은 종의 경우 어떤 상대와 짝짓기를 할지 차별하거나 선택하는 쪽은 암컷이었기 때문이다.

성 선택론은 다윈을 고민에 빠뜨렸던 모순을 설명하는 데 성공했다. 예를 들어 공작의 꽁지깃은 이성 간 선택 과정 때문에 진화했다. 암컷 공작은 가장 화려하고 찬란한 깃털을 가진 수컷과 짝짓기를 하길 선호한다. 그리고 암컷에

뿔을 맞대고 싸우는 수사슴은 동성 간 경쟁이라 부르는 성 선택을 보여주는 사례이다. 이러한 동성 간 경쟁을 승리로 이끄는 속성은 상대적으로 더 많이 다음 세대에 전달되는데, 승자가 이성과 짝짓기를 할 수 있는 기회를 더 많이 누리기 때문이다.

대한 성적 접근 기회를 놓고 수컷들끼리 신체적 싸움을 벌이는 종에서는 수컷이 암컷보다 몸집이 훨씬 큰 경우가 많은데, 이것은 동성 간 경쟁 과정의 결과이다.

진화론에서 자연 선택과 성 선택의 역할

다윈의 자연 선택론과 성 선택론은 기술하기는 비교적 쉽지만, 제대로 이해하는 데 혼란을 초래하는 원천이 아직도 많다. 이 절에서는 선택의 일부 중요한 측면을 명확히 밝히고, 진화를 이해하는 데 선택이 어떤 역할을 하는지 살펴본다.

첫째, 자연 선택과 성 선택은 진화적 변화의 유일한 원인이 아니다. 예를 들어 어떤 개체군의 유전자 구성에 무작위적으로 일어나는 변화를 일컫는 **유전자 부동**이라는 과정 때문에 일부 변화가 일어날 수 있다. 무작위적 변화는 돌연변이(유전 과정에서 DNA가 무작위로 변하는 것), 창시자 효과, 유전적 병목을 포함해 여러 과정을 통해 일어난다. 무작위적 변화는 **창시자 효과**를 통해 일어날

진화심리학

수 있다. 창시자 효과는 한 개체군 중 소수가 새로운 군집을 만들었을 때 새로운 군집의 창시자들이 원래 개체군의 유전자를 완전히 대표하지 않을 때 일어난다. 예를 들어 200명이 새로운 섬으로 이주했는데, 우연히도 그 중에 붉은 머리를 가진 사람이 많이 포함되었다고 상상해보자. 만약 섬의 인구가 2000명으로 증가한다면, 섬의 주민 중에서 붉은 머리를 가진 사람의 비율은 그들이 떠난 곳에서 살고 있던 원래 집단보다 훨씬 높을 것이다. 따라서 창시자 효과는 진화적 변화를 낳을 수 있다(이 예에서는 붉은 머리 유전자가 증가하는 것으로). 유전적 병목을 통해서도 이와 비슷한 무작위적 변화가 일어날 수 있다. 유전적 병목은 예컨대 지진 같은 무작위적인 재난을 통해 개체군이 축소될 때 일어난다. 재난에서 살아남은 개체들에게는 원래 개체군이 가지고 있던 전체 유전자 중 일부만 남게 된다. 요컨대, 비록 자연 선택은 진화적 변화의 **주요** 원인이고, 적응의 유일한 원인으로 알려져 있긴 하지만, 진화적 변화의 유일한 원인은 아니다. 유전자 부동(돌연변이, 창시자 효과, 유전적 병목을 통해) 역시 한 개체군의 유전자 구성에 변화를 일으킬 수 있다.

둘째, 자연 선택에 의한 진화는 앞을 내다보지도 않고, '계획적'이지도 않다. 기린은 높은 나무에 매달린 맛있는 잎을 찾으려고 하다가 목이 길게 '진화'한 것이 아니다. 그보다는 유전된 변이 때문에 우연히 긴 목을 갖게 된 기린들이 다른 기린들보다 높이 달린 잎을 뜯어먹는 데 더 유리해졌을 뿐이다. 그래서 이들은 생존하고 후손에게 긴 목을 물려줄 확률이 좀더 높아졌다. 자연 선택은 단지 우연히 나타난 그러한 변이에 작용할 뿐이다. 진화는 계획적이지 않으며, 미래를 내다볼 수도 없고, 미래의 필요를 예견하지도 못한다.

선택의 또 한 가지 중요한 특징은 **점진적**이라는 것이다. 적어도 사람의 수명을 기준으로 바라볼 때에는 분명히 그렇다. 목이 짧은 기린 조상이 하룻밤 사이에 또는 몇 세대 만에 목이 긴 기린으로 진화하진 않았다. 선택 과정이 오늘날 우리가 보는 생물 기제들을 점진적으로 빚어내기까지는 수십 세대, 수백 세대, 수천 세대, 어떤 경우에는 수백만 세대가 걸렸다. 물론 개중에는 아주 느리게 일어나는 변화도 있는 반면, 아주 빨리 일어나는 변화도 있다. 그리고 아무 변화도 일어나지 않는 기간이 오랫동안 이어지다가 '단속 평형punctuated equilibrium'이라는 현상을 통해 비교적 갑작스런 변화가 일어날 수 있다(Gould & Eldredge, 1977). 하지만 이런 '급속한' 변화조차 각 세대마다 아주 조금씩 추가되며, 완전히 일어나는 데에는 수십만 년이 걸린다.

다윈의 자연 선택론은 생명이 지닌 많은 수수께끼에 대해, 특히 새로운 종의 기원에 대해 아주 설득력 있는 설명을 제공했다(다만 다윈은 새로운 종의 탄생에는 자연 선택보다 먼저 일어나는 지리적 격리가 중요한 역할을 한다는 사실을 완전히 인식하진 못했다 ; Cronin, 1991 참고). 자연 선택론은 시간이 지남에 따라 생물의 구조가 변형되는 이유를 잘 설명했다. 또한 그러한 구조들의 구성 요소들이 겉으로 보기에 목적적 속성을 지닌 것처럼 보이는(즉, 생존과 생식과 연관된 특정 기능을 발휘하도록 '설계된' 것처럼 보이는) 이유도 설명했다.

아마도 일부 사람들은 깜짝 놀랐을 테지만(하지만 다른 사람들은 경악을 금치 못했을 것이다), 1859년에 다윈의 자연 선택은 과감하게도 모든 종을 하나의 거대한 계통수로 통합했다. 모든 종이 공통 조상을 통해 나머지 모든 종과 연결돼 있다고 본 것은 기록된 역사에서 이것이 처음이었다. 예를 들어 사람과 침팬지가 공유하는 DNA는 98% 이상이며, 둘의 공통 조상이 약 600만 년 전에 존재했다(Wrangham & Peterson, 1996). 더욱 놀라운 것은 사람의 유전자 중 상당수가 예쁜꼬마선충 *Caenorhabditis elegans*이라는 투명한 선충의 유전자와 상응하는 것으로 드러났다는 사실이다. 그 화학적 구조가 아주 유사한데, 이 사실은 사람과 이 선충이 아주 먼 공통 조상에서 갈라져나와 진화했음을 시사한다(Wade, 1977). 요컨대, 다윈의 이론은 자연 속에서 사람의 위치와 나머지 모든 생물과의 연결 관계를 밝힘으로써 거대한 생명의 나무에 사람을 집어넣었다.

다윈의 자연 선택론은 큰 논란을 불러일으켰다. 다윈과 같은 시대에 살았던 애실리Ashley 여사는 사람이 유인원의 후손이라는 그의 이론을 듣고서 이렇게 말했다고 한다. "그것이 제발 사실이 아니길 빈다. 하지만 만약 그게 사실이라면, 그것이 널리 알려지지 않길 빈다." 옥스퍼드 대학에서 벌어진 유명한 논쟁에서 윌버포스Wilberforce 주교는 논쟁 상대인 토머스 헉슬리Thomas Huxley에게 헉슬리가 '유인원'의 피를 물려받았다면, 그 피는 할아버지 쪽과 할머니 쪽 중 어느 쪽에서 왔느냐고 신랄한 질문을 던졌다.

그 당시에는 생물학자들조차 다윈의 자연 선택론을 크게 의심했다. 한 반론은 다윈의 진화론에는 일관성 있는 유전 이론이 빠져 있다고 지적했다. 다윈은 빨간색 물감과 흰색 물감을 섞으면 분홍색 물감이 되는 것처럼 자식에게서

진화심리학

양 부모의 유전적 특징이 혼합되어 나타난다는 '혼합 유전설'을 선호했다. 혼합 유전설은 지금은 틀린 것으로 밝혀졌지만, 초기의 비판론자들이 자연 선택론에 믿을 만한 유전 이론이 결여돼 있다는 반론을 제기한 것은 옳았다.

또 다른 반론은 어떤 적응이 진화하는 초기 단계에서 그것이 생물에게 무슨 도움이 되는지 도저히 이해할 수 없었던 일부 생물학자들이 제기했다. 만약 일부만 발달한 날개가 나는 데 아무 쓸모가 없다면, 그것이 새에게 무슨 도움이 되겠는가? 만약 일부만 발달한 눈이 앞을 보는 데 아무 쓸모가 없다면, 그것이 파충류에게 무슨 도움이 되겠는가? 다윈의 자연 선택론이 성립하려면 어떤 적응이 점진적으로 진화하는 매 단계가 생식에 도움이 되어야 한다. 따라서 부분적인 날개나 눈은 완전한 날개와 눈으로 발달하기 이전이라도 적응에 이득이 있어야 한다. 지금은 부분적인 형태가 실제로 적응에 이득을 제공한다고 충분히 말할 수 있다. 예를 들어 부분적인 날개는 설사 완전한 비행을 하지는 못하더라도 새가 체온을 보온하는 데 도움을 주며, 먹이를 잡거나 포식 동물을 피하는 움직임에 도움을 줄 수 있다. 따라서 다윈의 이론에 대한 이 반론은 충분히 극복할 수 있다(Dawkins, 1986). 게다가 생물학자나 다른 과학자들이 단지 어떤 형태의 진화를 상상하기가 어렵다는 이유(예컨대 부분적인 날개가 무슨 도움이 되겠느냐는 주장처럼)만으로는 그러한 형태의 진화를 부정하는 충분한 반론이 될 수 없다는 사실을 강조하는 게 중요하다. 이러한 "무지에서 나온 주장"이나 도킨스의 표현(1982)처럼 "개인적인 의심에서 나온 주장"은 직관적으로 아무리 그럴듯하더라도 좋은 과학이 아니다.

세 번째 반론은 종교적 창조론자들이 주장하는 것인데, 이들 중 많은 사람들은 종은 불변이며, 자연 선택에 의한 진화라는 점진적인 과정을 통해서 생겨난 것이 아니라 신이 창조했다고 믿는다. 게다가 다윈의 이론은 사람과 그 밖의 종들의 출현이 느리고 무계획적이고 누적적 선택 과정을 통해 '맹목적'으로 일어났다고 암시했다. 이것은 사람(그리고 다른 종들)을 하느님의 거대한 계획 또는 의도적인 설계의 일부로 보는 창조론자의 견해와는 명백하게 다른 것이었다. 다윈은 이러한 반응을 충분히 예상했으며 그 때문에 진화론의 발표를 미룬 것으로 보이는데, 신앙심이 깊었던 아내 에마Emma의 기분을 상하게 할까 봐 염려한 것도 부분적인 이유였다.

논란은 오늘날까지 계속되고 있다. 일부 내용에 중요한 수정이 가해진 다윈의 진화론은 생물과학계 내에서는 통합적이고 거의 보편적으로 받아들여지는 이론이지만, 그것을 사람에게 적용하는 노력(분명히 다윈도 상상했던)은 아직도 일부 저항에 부닥치고 있다. 그러나 사람은 진화 과정에서 예외적인 존재가 아니다. 우리는 마침내 다윈의 혁명을 완성하고 사람이라는 종의 진화심리학을 만들어낼 개념적 도구를 갖게 되었다.

진화심리학은 다윈 시대에는 알려지지 않았던 중요한 이론적 직관과 과학적 발견을 이용할 수 있다. 그 중 첫 번째는 유전의 물리적 기초인 유전자이다.

현대적 종합: 유전자와 입자 유전설

《종의 기원》을 출간할 때, 다윈은 유전이 일어나는 기제의 본질을 알지 못했다. 그레고어 멘델Gregor Mendel이라는 오스트리아 수도사는 유전이 혼합되는 게 아니라 '입자'를 통해 일어난다는 것을 보여주었다. 다시 말해서, 부모가 지닌 속성이 서로 섞이는 것이 아니라, 유전자라는 독립적인 단위의 형태로 자식에게 온전히 전달된다는 것이다. 게다가 부모는 자식에게 전달하는 유전자를 온전히 가진 채 태어나야 한다. 유전자는 경험을 통해 얻을 수 있는 게 아니니까.

멘델은 여러 가지 형질을 가진 콩 식물을 교배함으로써 유전이 입자를 통해 일어난다는 사실을 입증했지만, 이 발견은 30여 년 동안 과학계에 거의 알려지지 않았다. 멘델은 자신이 쓴 논문들을 다윈에게 보냈지만, 다윈은 그것을 읽지 않았거나 그 중요성을 알아채지 못했던 것 같다.

유전자는 분해되거나 혼합되지 않고 온전한 형태로 후손이 물려받는 가장 작은 독립적인 유전 단위로 정의된다. 이것은 멘델의 중요한 직관이었다. 이와는 대조적으로 유전자형genotype은 한 개체가 가진 유전자 전체를 말한다. 유전자형은 유전자와 달리 온전한 형태로 후손에게 전달되지 않는다. 우리처럼 유성 생식을 하는 종에서 유전자형은 한 세대에서 다음 세대로 전해질 때마다 쪼개진다. 그래서 우리는 각자 어머니의 유전자형에서 무작위로 선택된 절반의 유전자와 아버지의 유전자형에서 무작위로 선택된 절반의 유전자를 물려받는다. 그렇지만 우리가 각각의 부모에게서 물려받는 절반씩의 유전자는 각 부모가 지닌 그 절반씩의 유전자와 동일하다. 그 유전자들은 독립적인 묶음을 이루어 변하지 않고 전달되기 때문이다.

다윈의 자연 선택에 의한 진화론과 입자 유전설의 통합은 1930년대와 1940년대에 일어난 '현대적 종합'이라는 운동을 통해 절정에 이르렀다 (Dobzhansky, 1937 ; Huxley, 1942 ; Mayr 1942 ; Simpson 1944). 현대적 종합은 생물학에 퍼져 있던 그릇된 개념을 많이 버렸는데, 그 중에는 라마르크의 획득 형질 유전 이론과 혼합 유전 이론도 포함되었다. 현대적 종합은 다윈의 자연 선택론이 중요함을 확인했지만, 유전의 본질을 명확하게 이해함으로써 그것을 더 튼튼한 토대 위에 올려놓았다.

동물행동학 운동

어떤 사람들은 신체 구조에 적용해 진화를 설명하면 명확하게 이해한다. 거북의 껍데기가 보호를 위한 적응이고, 새의 날개가 비행을 위한 적응이라는 것은 누가 봐도 쉽게 이해할 수 있다. 우리와 침팬지 사이의 유사성은 쉽게 알 수 있으며, 따라서 대다수 사람들은 사람과 침팬지가 공통 조상에서 유래했다는 사실을 비교적 쉽게 믿는다. 비록 불완전한 것이긴 하지만 두개골의 고생물학적 기록은 신체적 진화가 일어난 증거를 충분히 보여주며, 대다수 사람들은 그러한 증거가 변화가 오랜 시간에 걸쳐 일어났음을 드러낸다고 인정한다. 그러나 행동의 진화는 과학자나 일반인 모두 상상하기가 훨씬 어려웠다. 행동은 화석을 전혀 남기지 않기 때문이다.

다윈은 자신의 자연 선택론이 신체 구조뿐만 아니라 사회적 행동을 포함해 모든 행동에도 적용할 수 있다고 생각한 게 분명하다. 여러 방면의 증거가 그 생각을 뒷받침했다. 첫째, 모든 행동에는 그 기반이 되는 신체 구조가 필요하다. 예를 들어 두발 보행도 하나의 행동인데, 그런 행동을 하려면 두 다리와 다리를 지지하는 많은 근육이라는 신체 구조가 필요하다. 둘째, 선택의 원리를 이용해 어떤 행동 특성을 가지도록 종을 개량할 수 있다. 예를 들어 개를 공격성이나 소극성을 증가시키는 방향으로 품종 개량할 수 있다(인위 선택). 이러한 증거들은 행동 역시 모든 것을 빚어내는 진화의 손에서 벗어나지 못한다는 결론을 뒷받침한다. 진화론의 관점에서 행동 연구에 초점을 맞추어 맨 처음 생겨난 주요 분야가 동물행동학ethology이다. 동물행동학자들이 기록한 최초의 현상 중 하나는 각인이었다.

새끼오리는 태어나서 맨 처음 눈에 들어온 움직이는 물체를 **각인**한다. 즉,

콘라트 로렌츠는 동물행동학을 창시했다. 그는 새끼오리가 태어나서 맨 처음 눈에 들어온 움직이는 물체에 애착을 느끼고 그 뒤를 졸졸 따라다니는 각인 현상을 발견한 것으로 유명하다. 물론 보통은 새끼오리는 과학자의 다리보다는 어미오리를 각인한다.

발달 과정의 결정적 시기에 어떤 연상을 형성하는 것이다. 대개 그 물체는 어미오리이다. 각인이 일어난 뒤, 새끼오리는 자신이 각인한 그 물체가 가는 곳이라면 어디든지 졸졸 따라다닌다. 각인은 분명히 일종의 학습으로, 어미의 움직임에 노출되기 전에는 새끼오리와 어미 사이에 존재하지 않았던 연상이 생겨난다. 그렇지만 이러한 학습 형태는 '사전에 프로그래밍된' 것이며, 새끼오리의 진화한 생물학 구조의 일부인 게 분명하다. 새끼오리들이 줄지어 어미 뒤를 졸졸 따르는 사진을 본 사람들이 많지만, 만약 새끼오리가 태어나서 맨 처음 본 물체가 사람 다리라면 새끼오리는 그 사람의 다리를 졸졸 따라다닌다. 콘라트 로렌츠Konrad Lorenz는 태어난 직후의 결정적 시기에 새끼오리에게 어미 대신에 자신의 다리를 보게 하면 새끼오리가 자신을 졸졸 따라다닌다는 것을 보여줌으로써 이 각인 현상을 처음으로 증명했다. 로렌츠는 진화생물학에서 새로운 분야인 **동물행동학**을 창시했는데(1965), 조류에게서 나타나는 각인 현상은 이 새로운 분야를 탄생시키는 데 사용된 생생한 현상이었다. 동물행동학은 "동물 행동의 근접 기제와 적응 가치를 연구하는 분야"로 정의된다

진화심리학

(Alcock, 1989, p. 548).

동물행동학은 미국 심리학계의 극단적인 환경 결정론에 대한 반작용으로 나타난 측면도 일부 있다. 동물행동학자는 네 가지 핵심 쟁점에 관심을 보였는데, 이것은 동물행동학 창시자 중 한 명인 니콜라스 틴베르헌 Nikolaas Tinbergen 이 주장한 행동의 네 가지 '왜 why'로 알려지게 되었다(1951). 그 네 가지는 다음과 같다 : (1) 행동에 미치는 **즉각적인 영향**(예컨대 어미의 움직임) ; (2) 행동에 미치는 **발달의 영향**(예컨대 오리가 살아가는 동안 변화를 초래하는 사건들) ; (3) 행동의 **기능** 또는 그것이 수행하는 **적응적 목적**(예컨대 새끼오리를 어미 가까이에 붙어 있게 하는 것. 이것은 살아남는 데 도움을 준다) ; (4) 행동의 **진화적 기원** 또는 **계통발생학적 기원**(예컨대 오리에게 각인 기제를 생겨나게 한 일련의 진화적 사건들이 무엇이냐 하는 것).

동물행동학자들은 동물의 선천적 성질이라고 믿는 것을 기술하기 위해 다양한 개념을 개발했다. 예를 들어 **고정 행동 패턴**은 잘 정의된 자극으로 촉발했을 때 동물이 따르는 틀에 박힌 일련의 행동을 말한다(Tinbergen, 1951). 일단 특정 자극으로 고정 행동 패턴을 촉발하면, 그 동물은 그 행동을 끝까지 수행한다. 예를 들어 어떤 수컷 오리에게 플라스틱으로 만든 암컷 오리를 보여주면, 수컷은 틀에 박힌 일련의 구애 행동을 보인다. 고정 행동 패턴 같은 개념은 동물행동학자에게 계속 진행되는 일련의 행동을 분석을 위한 별개의 단위로 쪼갤 수 있게 해주었다.

동물행동학 운동은 먼 길을 돌긴 했지만 결국 생물학자들에게 적응의 중요성에 주목하게 만들었다. 사실, 로렌츠가 초기에 쓴 글에서 진화심리학의 싹을 엿볼 수 있다. 그는 "말의 발굽이 말이 태어난 평원에 적응한 것이고, 알에서 깨어나기 전에 물고기의 지느러미가 물에 적응한 것이라는 사실과 마찬가지로, 개인적 경험 이전에 우리에게 주어진 인지적, 지각적 범주 역시 환경에 적응한 것이다."라고 썼다(Lorenz, 1941, p. 99 ; 독일어 원본을 영어로 번역한 책 I. Eibl-Eibesfeldt, 1989, p. 9).

동물행동학은 또한 심리학자들에게 사람의 행동 연구에서 생물학이 담당하는 역할을 다시 생각하게 했다. 이것은 다윈의 자연 선택론을 기본적으로 재기술하는 것을 통해 장차 일어날 중요한 과학 혁명의 무대를 마련했다.

포괄 적합도 혁명

윌리엄 해밀턴은 1964년에 발표한 포괄 적합도 이론으로 진화생물학에 혁명을 일으켰다. 그 뒤에도 그는 원한의 진화나 유성 생식의 기원처럼 다양한 주제에 대해 이론적으로 많은 기여를 했다.

1960년대 초에 윌리엄 해밀턴William D. Hamilton이라는 젊은 대학원생이 유니버시티 칼리지 런던에서 박사 학위 논문을 준비하고 있었다. 해밀턴은 급진적으로 수정한 진화론을 제안하면서 거기에 '포괄 적합도 이론inclusive fitness theory'이란 이름을 붙였다. 전해오는 이야기에 따르면, 논문 심사를 담당한 교수들은 그 논문을 제대로 이해하지 못했거나 그 중요성을 알아채지 못해(아마도 수학적 내용이 너무 많아) 처음에는 퇴짜를 놓았다고 한다. 그러나 마침내 논문이 통과되어 1964년에 〈이론생물학 저널Journal of Theoretical Biology〉에 실리자, 해밀턴의 이론은 전체 생물학 분야를 확 바꾸어놓는 혁명에 불을 당겼다.

　　해밀턴은 **고전적 적합도** classical fitness(어떤 개체가 유전자를 전달하는 직접적인 생식적 성공을 자손의 생산을 통해 측정하는 것)는 자연 선택에 의한 진화 과정을 기술하기에는 너무 범위가 좁다고 생각했다. 그는 자연 선택은 어떤 생물이 직접 자손을 낳느냐 여부와 상관 없이 그 생물의 유전자를 전달하게 하는 특징을 선호한다고 가정했다. 그는 부모의 보살핌— 자신의 자손에게 투자하는 것—은 부모의 유전자 복제본을 몸에 지니고 있는 친족을 돌보는 행위의 특별한 사례에 불과하다고 재해석했다. 생물은 형제자매나 조카, 조카딸이 살아남아 생식을 할 수 있도록 돕는 행동을 통해서도 자신의 유전자가 복제되는 것을 증가시킬 수 있다. 이 모든 친족은 그 생물의 유전자 복제본을 갖고 있을 확률이 높기 때문이다. 해밀턴의 천재성은 고전적 적합도는 정의의 폭이 너무 좁으므로 '포괄 적합도'로 확대할 필요가 있다는 사실을 깨달은 데 있다.

　　엄밀하게 말해서, 포괄 적합도는 어떤 개체나 생물의 성질이라기보다는 그 **행동**이나 **효과**의 성질이다. 따라서 포괄 적합도는 어떤 개체가 지닌 생식적 성공(고전적 적합도)에다가 그 개체의 행동이 유전적 친족의 생식적 성공에 미치는 **효과를 더한 것**이다. 이 두 번째 요소, 즉 친족에게 미치는 효과는 표적 생

진화심리학

물과의 유전적 근연도로 나타내
야 한다. 예를 들어 형제자매는
0.50(표적 생물과 유전적으로 50% 연
관되니까), 조부모와 손자는
0.25(유전적 연관성 25%), 사촌은
0.125(유전적 연관성 12.5%)가 된다
(〈그림 1.1〉 참고).

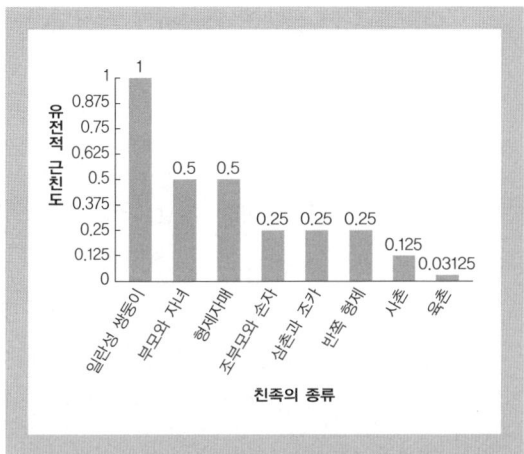

그림 1.1 친족의 종류에 따른 유전적 근연도. 포괄 적합도 이론에 따르면, 이타적 행동은 유전적으로 먼 개체보다는 가까운 개체를 위해 더 많이 발휘된다고 한다.

포괄 적합도 혁명은 "유전자
의 눈으로 바라본 생각"이라고 부
를 수 있는 새로운 시대를 열었
다. 만약 내가 유전자라면, 어떻
게 하는 게 나를 복제하는 데 도
움이 되겠는가? 첫째, 내가 들어

있는 '운반 수단', 곧 신체의 안녕을 보장하도록 노력할 수 있다(생존). 둘째,
그 운반 수단이 생식을 하도록 유도할 수 있다. 셋째, 나의 복제본을 담고 있는
운반 수단의 생존과 생식/복제를 도울 수 있다. 물론 유전자는 생각이 없으며,
이 일들 중 어느 것도 의식적으로 혹은 의도적으로 일어나진 않는다. 여기서
요점은 유전자가 유전의 기본 단위, 즉 생식 과정에서 온전한 형태로 전달되는
단위라는 것이다. 복제 성공률을 증가시키는 효과를 낳는 유전자는 다른 유전
자를 대체하면서 시간이 지나면 진화를 일으킨다. 적응이 선택되고 진화하는
것은 그것이 포괄 적합도를 촉진하기 때문이다.

유전자의 관점에서 선택을 생각하자, 다윈의 시대에는 알려지지 않았던
직관들이 많이 쏟아져나왔다(Buss, 2009a). 포괄 적합도 이론은 우리가 가족,
이타성, 원조, 집단 형성, 심지어 공격의 심리학—나중의 장들에서 살펴볼 주
제들—에 대해 생각하는 방식에 큰 영향을 미쳤다. 한편, 해밀턴은 미시간 대
학에서 잠깐 일한 뒤에 옥스퍼드 대학으로부터 거절할 수 없는 제의를 받았다.
불행하게도 해밀턴은 그후 에이즈 바이러스의 기원에 관한 새로운 이론의 증
거를 찾으려고 콩고 정글로 갔다가 거기서 걸린 병 때문에 2000년에 때이른
죽음을 맞이했다.

적응과 자연 선택이 명확하게 밝혀지다

진화생물학에서 포괄 적합도 혁명이 급속하게 일어난 데에는 조지 윌리엄스 George C. Williams의 공이 크다. 윌리엄스는 1966년에 지금은 고전이 된 《적응과 자연 선택Adaptation and Natural Selection》이란 책을 출간했다. 이 획기적인 연구는 진화론 분야의 사고에 큰 변화를 최소한 세 가지 가져왔다.

첫째, 윌리엄스(1966)는 학계에서 널리 받아들여지고 있던 '집단 선택 group selection'이라는 개념에 도전했다. 집단 선택은 적응이 집단의 이익을 위해 집단의 차등적 생존과 생식을 통해 진화했다는 개념으로(Wynne-Edwards, 1962), 적응이 유전자의 이익을 위해 유전자의 차등적 생식을 통해 진화했다는 개념과 상반되는 것이다. 예를 들어 집단 선택설에 따르면, 동물은 개체군을 작게 유지하기 위해 개인적 생식을 제한할 수 있고, 그럼으로써 개체군이 의존하는 먹이 기반의 파괴를 피할 수 있다. 집단 선택설에 따르면, 집단의 생존에 도움이 되는 특징을 지닌 종만이 생존할 수 있다. 더 이기적으로 행동한 종은 그 종이 의존하는 먹이 자원의 고갈을 초래함으로써 사라진다. 윌리엄스는 비록 집단 선택은 이론적으로는 가능하지만 다음 이유 때문에 진화에서는 약한 힘으로 작용할 가능성이 높다고 설득력 있게 주장했다. 어떤 조류 종이 두 종류의 개체들로 이루어져 있다고 가정해보자. 하나는 먹이 자원의 고갈을 막기 위해 자살을 함으로써 자기를 희생하는 쪽이고, 다른 하나는 먹이 공급이 부족할 때에도 이기적으로 계속 먹이를 먹어치우는 쪽이다. 그렇다면 다음 세대에 어느 쪽이 더 많은 후손을 남길까? 그야 당연히 자살을 택한 새들은 죽어 없어졌으니 생식에도 실패한 반면, 집단을 위한 희생을 거부한 새들은 살아남아 자손을 남겼을 것이다. 다시 말해서, 집단 내에서 개인의 차이에 의존해 작용하는 선택은 집단 차원에서 작용하는 선택의 힘을 약화시킨다. 비록 최근에 들어 집단 선택의 잠재적 효력에 대한 관심이 되살아나긴 했지만, 그 책이 출간되고 나서 5년 이내에 대다수 생물학자는 집단 선택을 지지하던 입장을 철회했다 (Sober & Wilson, 1998 ; Wilson, Van Vugt, & O'Gorman, 2008 ; Wilson & Sober, 1994).

윌리엄스의 두 번째 기여는 계량적 성격이 아주 강한 해밀턴의 포괄 적합도 이론을 모든 사람이 이해할 수 있도록 명확한 산문체로 해석한 것이다. 일단 포괄 적합도를 이해하고 나자 생물학자들은 그것이 의미하는 것들을 깊이

파고들기 시작했다. 대표적인 예를 하나만 든다면, 포괄 적합도 이론은 '이타성 문제'를 부분적으로 해결했다. 만약 진화가 자기 복제 효과를 가진 유전자를 선호한다면, 어떻게 이타성이 진화할 수 있었을까(다른 개체의 생식에 편익을 제공하기 위해 스스로 생식적 비용을 감수하면서)? 포괄 적합도 이론은 이 문제를 (부분적으로) 해결했는데, 만약 자기 희생의 수혜자가 유전적으로 자신의 친족이라면 이타성이 진화할 수 있기 때문이다. 예를 들면, 부모는 자신의 유전자 복제본을 가진 자식의 생명을 구하기 위해 자신의 생명을 희생할 수 있다. 형제자매나 사촌처럼 다른 유전적 친척을 위해 희생하는 사례에도 같은 논리를 적용할 수 있다. 포괄 적합도 면에서 친척에게 돌아가는 편익은 자신이 치르는 비용보다 커야 한다. 만약 이

조지 윌리엄스는 20세기의 중요한 생물학자 중 한 명이다. 그가 쓴 책《적응과 자연 선택》은 집단 선택 개념을 끌어내리고, 적응이라는 진화의 핵심 개념을 명확하게 밝히고, 유전자 차원의 선택을 바탕으로 한 새로운 사고를 선도한 것으로 유명하다.

조건이 충족된다면, 친족 이타성이 진화할 수 있다. 나중의 장들에서 우리는 유전적 근연도가 실제로 사람들 사이에서 일어나는 도움 행동을 예측하는 강력한 지표라는 증거를 살펴볼 것이다.

《적응과 자연 선택》의 세 번째 기여는 윌리엄스 스스로 '부담스러운 개념'이라고 지칭한 적응을 신중하게 분석한 것이다. '적응'은 생식적 성공에 직접적으로 혹은 간접적으로 도움을 주는, 특정 문제에 대해 진화한 해결책으로 정의할 수 있다. 예를 들어 땀샘은 열 조절이라는 생존 문제를 해결하는 데 도움이 되는 적응일 수 있다. 맛에 대한 선호는 영양분이 많은 음식을 잘 섭취하도록 안내하는 적응일 수 있다. 배우자에 대한 선호는 배우자를 성공적으로 선택하도록 안내하는 적응일 수 있다. 문제는 생물이 가진 속성 중 어떤 것이 적응인지 결정하는 방법이다. 윌리엄스는 적응을 사용해야 하는 기준을 여러 가지 세웠는데, 당면한 현상을 설명하기 위해 필요할 때에만 사용해야 한다고 믿었다. 예를 들어 날치가 물 밖으로 뛰어나왔다가 다시 물로 떨어지는 것을 보고 "물로 돌아가기 위한" 적응을 생각할 필요는 없다. 이 행동은 중력의 법칙으로 더 간단하게 설명할 수 있기 때문이다.

윌리엄스는 우리가 적응 개념을 언제 불러와야 하는지 결정하는 기준을 제시했는데, 그것은 바로 **신뢰성, 효율성, 경제성**이다. 그 기제는 모든 '정상적' 환경에서 그 종의 모든 혹은 대부분의 구성원에게서 규칙적으로 발전하고, 그것이 기능을 발휘하도록 설계된 상황에서 신뢰할 수 있게 수행되는가(신뢰성)? 그 기제는 특정 적응 문제를 잘 해결하는가(효율성)? 그 기제는 해당 생물에게 큰 비용을 초래하지 않고 그 적응 문제를 해결하는가(경제성)? 다시 말해서, 적응은 어떤 생물학적 기제의 유용성을 설명하기 위해서뿐만 아니라, '있을 법하지 않은 유용성'(즉, 순전히 우연하게 나타났다고 하기에는 너무도 정밀하게 기능적인)을 설명하기 위해서도 사용해야 한다(Pinker, 1997). 적응에 관한 가설은 본질적으로 신뢰할 수 있고 효율적이고 경제적인 일련의 설계 특징이 왜 우연만으로 나타날 수 없는지 설명하는 확률적 진술이다(Tooby & Cosmides, 1992, 2005 ; Williams, 1966).

2장에서 우리는 적응의 핵심 개념을 더 깊이 살펴볼 것이다. 여기서는 윌리엄스의 책이 집단 선택 개념을 지배적인 설명으로 선호되던 위치에서 끌어내리고, 해밀턴의 포괄 적합도 이론을 분명하게 설명하고, 적응 개념을 좀더 엄밀한 과학적 토대 위에 세움으로써 과학계를 다윈의 혁명에 한 걸음 더 다가가게 했다고 언급하는 것만으로 충분하다. 윌리엄스는 적응을 이해하려면 '유전자 중심적' 사고를 할 필요가 있음을 보여주는 데 아주 큰 영향을 미쳤다. 헬레나 크로닌Helena Cronin은 최근에 조지 윌리엄스에게 헌정한 책에서 이 사실을 웅변적으로 표현했다. "적응의 목적은 유전자의 복제를 증대하는 것이다. ……유전자는 자연 선택을 통해 그들의 자기 복제를 돕는 세계의 성질을 이용하도록 설계되었다. 유전자는 궁극적으로 더 많은 유전자를 만들어내는 기계이다."(Cronin, 2005, pp. 19-20)

트리버스의 획기적인 이론들

1960년대 후반과 1970년대 초반에 하버드 대학의 대학원생이던 로버트 트리버스Robert Trivers는 윌리엄스가 1966년에 적응에 대해 쓴 책을 읽었다. 그는 유전자 차원의 사고가 전체 영역을 개념화하는 데 끼친 혁명적 결과에 큰 충격을 받았다. 윌리엄스의 책이나 해밀턴의 논문에 적힌 한 문장이나 짧은 문단에는 잘 키우기만 한다면 완전한 이론으로 꽃피울 수 있는 개념의 씨앗이 포함돼 있을지도 몰랐다.

트리버스는 획기적인 논문을 세 편 썼는데, 모두 1970년대 초반에 발표되었다. 첫 번째 논문은 비친족 사이에서 일어나는 상호적 이타성 이론, 즉 서로에게 이익이 되는 교환 관계나 거래가 진화할 수 있는 조건을 다룬 이론이었다(Trivers, 1971). 두 번째 논문은 부모의 투자 이론으로, 각 성에서 성 선택이 일어날 수 있는 조건에 대해 강력한 설명을 제공했다(1972). 세 번째 논문은 부모-자식 간의 갈등 이론으로, 부모와 자식은 유전자를 50%만 공유하기 때문에 그 사이에 예측 가능한 종류의 갈등이 일어날 수 있다는 개념이다(1974). 예를 들면, 부모는 다른 아기에게 투자할 자원을 확보하기 위해 아기가 젖을 떼기 원하기 전에 젖을 떼려고 시도할 수 있다. 더 일반적으로는 아기에게 최선의 조건(예컨대 부모의 자원

로버트 트리버스는 이 책에 실린 여러 장의 기초를 제공한 이론으로 유명하다. 그것들은 부모의 투자 이론(4장)과 부모-자식 간의 갈등 이론(7장)과 상호적 이타성 이론(9장)이다.

을 더 많이 얻는 것)이 부모에게 최선의 조건(예컨대 자식들 사이에 자원을 더 평등하게 분배하는 것)이 아닐 수도 있다. 이 이론은 4장(부모의 투자 이론)과 7장(부모-자식 간의 갈등 이론)과 9장(상호적 이타성 이론)에서 더 자세히 살펴볼 것이다. 이것들은 문자 그대로 사람에 관한 연구 계획을 포함해 수천 가지 경험적 연구 계획에 영향을 미쳤기 때문이다.

사회생물학 논란

포괄 적합도에 관한 해밀턴의 획기적인 논문이 발표되고 나서 11년 후, 에드워드 윌슨Edward O. Wilson이라는 하버드 대학 생물학자가 찰스 다윈이 1859년에 촉발한 분노에 필적할 만한 과학적, 대중적 논란을 불러일으켰다. 윌슨이 1975년에 출간한 《사회생물학 : 새로운 종합Sociobiology : The New Synthesis》은 이단 조판으로 700여 페이지에 이르러, 분량 면에서나 규모 면에서나 기념비적인 작품이었다. 이 책은 세포생물학, 통합신경생리학, 동물행동학, 비교심리학, 집단생물학, 행동생태학의 종합을 제시했다. 게다가 개미에서부터 사람에

이르기까지 다양한 종들을 살펴보면서 똑같은 기본적 설명 원리를 모든 종에 적용할 수 있다고 주장했다.

사회생물학은 일반적으로 진화론에 근본적으로 새로운 이론적 기여를 한 것은 없다고 평가받는다. 그 이론적 도구 중 많은 것(포괄 적합도 이론, 부모의 투자 이론, 부모-자식 간 갈등 이론, 상호적 이타성 이론 등)은 이미 다른 사람들이 개발한 것이었다(Hamilton, 1964 ; Trivers, 1972, 1974). 사회생물학이 한 일은 하나의 우산 아래 엄청나게 다양한 과학적 노력을 종합하여 거기서 부상한 분야에 눈에 띄는 이름을 붙여준 것이다.

가장 큰 논란을 불러일으킨 것은 윌슨의 책에서 맨 나중에 나오고 겨우 29페이지에 불과한, 사람에 관한 장이었다. 공개 강연장에서 청중은 고함을 지르며 그의 강연을 방해했고, 한번은 그의 머리 위에 물을 끼얹기까지 했다. 그의 연구를 향한 공격에는 마르크시스트, 급진주의자, 창조론자, 다른 과학자, 심지어 같은 하버드 대학의 생물학과 교수들까지 가세했다. 윌슨은 사회생물학이 "심리학을 잡아먹을" 것이라고 주장했는데, 당연히 대다수 심리학자는 불쾌하게 여겼다. 게다가 윌슨은 문화나 종교, 윤리, 심지어 미학을 비롯해 사람들이 중요하게 여기는 많은 현상은 궁극적으로는 새로운 종합으로 설명이 가능하다고 생각했다. 이러한 주장들은 사회과학의 지배적인 이론들과 강하게 충돌하는 것이었다. 대다수 사회과학자들은 사람의 유일무이한 독특성은 진화생물학이 아니라 문화, 학습, 사회화, 합리성, 의식으로 설명된다고 생각했다.

새로운 종합이 사람의 본성을 설명할 것이라는 웅대한 주장에도 불구하고, 윌슨에게는 그것을 뒷받침할 만한 사람에 관한 경험적 증거가 거의 없었다. 과학적 증거 중 대부분은 사람이 아닌 동물에게서 나온 것이었는데, 많은 동물은 사람과 계통발생학적으로 아주 먼 종이었다. 사회과학자들은 개미와 초파리가 사람과 무슨 관계가 있는지 이해할 수 없었다. 비록 과학 혁명은 항상 저항에 부닥치게 마련이고, 그것도 기존의 과학자 집단 내에서 강하게 반발하는 일이 흔하지만(Sulloway, 1996), 윌슨에게 사람에 관한 적절한 과학적 자료가 없었던 것은 큰 결점이었다.

게다가 윌슨이 사람을 진화론의 범위 안에 포함시킨 것에 대한 격렬한 저항은 진화론 자체와 그것을 사람에게 적용하는 것에 대한 몇 가지 보편적 오해에 뿌리가 있었다. 그러니 진화심리학의 기초를 다진 심리학 내부의 흐름을 알아보기 전에 그러한 오해 몇 가지를 살펴볼 필요가 있다.

▮ 진화론에 대한 보편적 오해

자연 선택에 의한 진화론은 비록 단순성 면에서는 아주 훌륭하지만, 보편적인 오해를 여러 가지 낳는다(Confer et al., 2010). 예를 들면, 바로 그 단순성 때문에 사람들은 진화론을 조금만 읽으면 완전히 이해할 수 있다고 느끼는 경향이 있다. 심지어 해당 분야의 교수들과 연구자들조차 가끔 이러한 오해에 빠지곤 한다.

오해 하나, 사람의 행동은 유전적으로 결정된다

유전자 결정론은 행동은 전적으로 유전자의 지배를 받으며, 환경의 영향이 개입할 여지는 거의 또는 전혀 없다는 학설이다. 인간 행동의 이해에 진화론을 적용하려는 시도에 대한 저항 중 상당 부분은 진화론이 유전자 결정론을 뜻한다는 오해에서 비롯된다. 이런 오해와 반대로 진화론은 진정한 상호작용주의의 틀을 보여준다. 즉, 인간 행동은 다음 두 가지 요소가 없으면 일어날 수 없다 : (1) 진화한 적응, (2) 그러한 적응의 발달과 작동을 촉발하는 환경의 입력. 예로 굳은살을 생각해보자. 굳은살을 만들어내는 진화한 적응과 반복적인 피부 마찰이라는 환경의 영향이 결합하지 않으면 굳은살은 생길 수 없다. 따라서 진화론을 끌어와 굳은살을 설명하려면, "굳은살은 유전적으로 결정돼 있으며, 환경의 입력과 상관 없이 생긴다."라고 말해서는 안 된다. 대신에 굳은살은 환경의 입력(반복적인 피부 마찰)과 적응(반복적인 마찰에 민감하게 반응하여 피부가 반복적인 마찰을 겪을 때 새로운 피부 세포를 추가로 만들라는 지시를 포함하는) 사이에 일어나는 특별한 형태의 상호작용의 결과라고 설명해야 한다. 실제로 적응이 진화하는 이유는 적응이 생물에게 환경에서 맞닥뜨린 문제를 해결할 수 있는 도구를 제공하기 때문이다.

따라서 유전자 결정론(행동이 환경의 입력이나 영향과 상관 없이 오로지 유전자 때문에 일어난다는)은 완전히 틀린 것이다. 진화론은 유전자 결정론을 의미하는 게 아니다.

오해 둘, 만약 진화 때문이라면, 행동을 바꾸는 것은 불가능하다

두 번째 오해는 진화론이 인간 행동을 바꿀 수 없음을 뜻한다는 생각이다. 굳은살의 예를 다시 살펴보자. 사람은 마찰이 거의 일어나지 않는 물리적 환경을 만들 수 있고 또 만든다. 마찰이 없는 환경은 우리가 변화(굳은살을 만드는 기제의 작동을 방지하는 변화)를 설계했음을 의미한다. 이러한 기제와 그것을 작동시키는 환경 입력에 대한 지식은 우리에게 굳은살의 생성을 줄일 수 있는 능력을 준다.

이와 비슷하게, 진화한 사회심리학적 적응과 그것을 작동시키는 사회적 입력에 대한 지식은 우리에게 사회적 행동을 변화시킬 수 있는(만약 그것이 바람직한 목표라면) 능력을 준다. 다음 예를 살펴보자. 남자는 여자보다 성적 의도를 추측하는 문턱이 낮다는 증거가 있다. 여자가 남자에게 미소를 지을 때, 남자 관찰자는 여자 관찰자보다 그 여자가 성적 관심이 있다고 추측하는 경향이 더 강하다(Abbey, 1982). 이것은 남자에게 우연한 성적 기회를 추구하도록 자극하는, 진화한 심리 기제의 일부일 가능성이 높다(Buss, 2003).

그러나 이 기제를 알면 변화 가능성이 생긴다. 예를 들어 남자는 여자가 미소를 지을 때 거기서 성적 의도를 추측하는 문턱이 낮다는 정보를 배울 수 있다. 그러면 남자는 이 지식을 이용해 상대방의 성적 관심을 잘못 추측한 것을 바탕으로 행동하는 횟수를 줄일 수 있으며, 쓸데없는 성적 접근 시도 횟수를 줄일 수 있다.

진화한 심리적 적응과 그러한 적응이 반응하게끔 되어 있는 사회적 입력에 대한 지식은 우리를 바꿀 수 없는 운명으로 몰아가기는커녕 변화가 바람직한 영역에서 행동 변화를 이끌어냄으로써 해방시키는 효과를 낼 수 있다. 그렇다고 해서 행동을 바꾸는 것이 간단하거나 쉽다는 말은 아니다. 그렇지만 우리의 진화한 심리에 대해 더 많은 것을 알수록 변화할 수 있는 능력도 그만큼 더 커진다.

오해 셋, 현재의 기제는 최적으로 설계된 것이다

기제가 기능을 진화시켰다는 적응 개념은 지난 세기에 놀라운 발견을 많이 낳았다(Dawkins, 1982). 그렇다고 해서 현재의 인간을 만들어낸 적응 기제들이 "최적으로 설계"되었다고 말할 수는 없다. 공학자는 기제들의 일부 조직

진화심리학

방식을 보고 질겁할지도 모른다. 어떤 것은 여기서 하나, 저기서 하나를 떼어와 합쳐놓은 것처럼 보인다. 사실, 현재의 적응 설계를 최적의 상태가 되지 못하도록 하는 요인이 많이 있다. 그 중 두 가지를 살펴보자(Dawkins, 1982, 제3장 참고).

최적의 설계를 제약하는 한 가지 조건은 **진화의 시간적 간격**이다. 진화가 시간에 따른 변화를 가리킨다는 사실을 기억하라. 환경에 일어난 각각의 변화에서 새로운 선택 압력이 생겨난다. 진화적 변화는 반복적인 선택 압력이 수천 세대나 지속되어야 할 만큼 느리게 일어나기 때문에 현재 존재하는 사람들은 자신을 낳은 이전의 환경에 맞춰 설계돼 있다. 달리 표현하면, 우리는 석기 시대의 뇌를 가지고 현대의 환경에서 살아간다. 지방을 강하게 갈망하는 욕구는 먹이 자원이 부족하던 과거의 환경에서는 적응적 행동이었지만, 지금은 동맥경화와 심장마비의 원인이 된다. 우리의 기제를 만들어낸 환경(우리의 선택적 환경 중 많은 것을 만들어낸 수렵 채집인의 과거)과 오늘날의 환경 사이의 시간적 간격은 지금 우리가 가진 진화한 기제들이 현재의 환경에 맞춰 최적 상태로 설계된 것이 아닐 수도 있음을 의미한다.

최적의 설계를 제약하는 두 번째 조건은 **적응 비용**에 관련된 것이다. 비유로 자동차를 몰다가 죽을 위험을 생각해보자. 만약 최대 속도를 시속 20km로 제한하고 모든 사람에게 내부에 폭 3m의 패딩을 댄 장갑 트럭을 타고 다니도록 강제한다면, 그 위험을 거의 0에 가깝게 낮출 수 있을 것이다(Symons, 1993). 그러나 그 비용이 엄청나게 많이 들 것이다. 마찬가지로 자연 선택이 사람에게 뱀에 대한 극심한 공포를 심어주어 사람들이 감히 밖으로 나갈 생각을 하지 못하는 가상적 사례를 생각해볼 수 있다. 그러한 공포는 뱀에게 물리는 사고 발생률은 크게 낮추겠지만, 그 비용이 감당할 수 없을 정도로 클 것이다. 게다가 열매와 식물을 비롯해 생존에 필요한 그 밖의 식량 자원을 채집하는 등 다른 적응 문제의 해결을 방해할 것이다. 요컨대, 현재 사람들이 갖고 있는 뱀에 대한 공포는 최적으로 설계된 것이 아니다. 실제로 매년 수천 명이 뱀에게 물리고, 그 중 일부는 목숨까지 잃는다. 그렇지만 뱀에 대한 공포는 평균적으로는 그런대로 기능을 잘 발휘한다.

모든 적응에는 비용이 따른다. 선택은 다른 설계에 비해 편익이 비용을 상회하는 기제를 선호한다. 따라서 우리는 적응 문제를 효율적으로 해결하는 데 효과가 좋은 기제가 진화했지만, 그것은 비용이 제약 조건이 되지 않을 경우에 설계되었을 최적의 상태로 설계되지는 않았다. 진화의 시간적 간격과 적응 비용은 적응이 왜 최적의 상태로 설계되지 않았는지 설명하는 많은 이유 중 단 두 가지에 지나지 않는다(Williams, 1992).

요약하면, 진화론을 사람에게 적용하는 것에 대한 반발 중 일부는 여러 가지 보편적 오해에 뿌리를 두고 있다. 그러한 오해와는 반대로 진화론은 유전자 결정론을 암시하지 않는다. 또, 우리가 어떤 것을 바꿀 능력이 없다는 것을 의미하지도 않는다. 그리고 현재의 적응이 최적으로 설계되었다는 것을 의미하지도 않는다. 진화론에 대한 이러한 보편적인 오해들을 명확하게 밝혔으니, 이제 다시 현생 인류의 기원, 심리학의 발전, 그리고 진화심리학의 출현을 낳은 기념비적 사건들을 살펴보기로 하자.

■ 현생 인류의 기원

현생 인류의 마음을 이해하려고 하는 사람들에게 가장 흥미로운 일 중 하나는 결국 오늘날의 우리를 만들어내는 데 기여한 중요한 역사적 사건들을 탐구하는 것이다. 〈표 1.1〉에는 그러한 사건들 중 일부가 실려 있다. 맨 먼저 주목할 만한 사실은 엄청나게 긴 시간 척도이다. 지구에 최초의 생명이 탄생하고 나서 21세기의 현생 인류가 진화하기까지는 약 37억 년이 걸렸다.

인류는 '포유류'이다. 최초의 포유류가 출현한 시기는 2억 년도 더 전이다. 포유류는 온혈 동물이며, 환경의 교란에 상관 없이 체온을 일정하게 조절하는 기제가 진화했다. 포유류는 체온을 일정하게 유지함으로써 일정한 온도에서 대사 과정을 진행할 수 있는 이점을 얻었다. 포유류는 고래 같은 일부 해양 포유류를 제외하고는 대개 몸이 털가죽으로 덮여 있는데, 체온을 일정하게 유지하도록 돕기 위해 진화한 적응이다. 포유류는 또한 새끼를 먹여 키우는 방법도 독특한데, 젖샘에서 나오는 분비물을 새끼에게 먹인다. 포유류를 영어로 mammal이라 하는데, 젖(유방)이란 뜻의 라틴어 mamma에서 유래했다. 젖샘은 암수 모두에게 있지만, 젖을 먹이는 기능은 암컷에게만 발달했다. 사람의 유방은 현대적 적응 형태 중 하나인데, 그 기원은 2억 년 전 이상으로 거슬러 올라

표 1.1 **인류 진화의 역사**

시간	사건
150억 년 전	빅 뱅—우주의 기원
47억 년 전	지구 탄생
37억 년 전	최초의 생명 출현
12억 년 전	유성 생식 진화
5억~4억 년 전	최초의 척추동물
3억 6500만 년 전	물고기가 폐가 진화해 땅 위를 걸어다님
2억 4800만~2억 800만 년 전	최초의 소형 포유류와 공룡 진화
2억 800만~6500만 년 전	대형 공룡 번성
1억 1400만 년 전	유태반 포유류 진화
8500만 년 전	최초의 영장류 진화
6500만 년 전	공룡 멸종 ; 포유류의 크기와 다양성 증가
3500만 년 전	최초의 유인원 진화
800만~600만 년 전	인류와 아프리카 유인원의 공통 조상 진화
440만 년 전	두발 보행을 한 최초의 영장류(아르디피테쿠스 라마두스) 진화
300만 년 전	아프리카 사바나에서 오스트랄로피테신 진화
250만 년 전	최초의 석기 도구 발전—올도완 석기(아프리카의 에티오피아와 케냐에서 발견) ; 시체에서 살을 발라내고 뼈에서 골수를 빼내는 데 사용 ; 호모 하빌리스가 만들었음
180만 년 전	호미니드(호모 에렉투스)가 아프리카에서 아시아로 퍼져감—최초의 대규모 이주
160만 년 전	불을 사용한 증거 ; 화덕 사용 가능성 ; 아프리카의 호모 에렉투스가 사용했음
150만 년 전	아슐 공작의 주먹도끼 발명 ; 키가 크고 팔다리가 긴 호모 에르가스테르가 만듦
120만 년 전	호모 계통의 뇌 팽창 시작
100만 년 전	호미니드가 유럽으로 퍼져감
80만 년 전	조야한 석기류 사용—에스파냐에서 발견, 호모 안테세소르가 만들었음
60만~40만 년 전	정교하게 만든 긴 나무창과 초기의 화덕 사용 ; 독일에서 발견된 호모 하이델베르겐시스가 만들었음
50만~10만 년 전	호모 계통의 뇌 팽창이 급속하게 일어난 시기
20만~3만 년 전	네안데르탈인이 유럽과 서아시아에서 번성함
15만~12만 년 전	모든 현생 인류의 공통 조상(아프리카) 진화
10만~5만 년 전	아프리카 대탈출—두 번째 대규모 이주(˝아프리카 기원설˝)
5만~3만 5000년 전	다양한 석기, 골기, 돌날석기, 잘 설계된 화덕, 정교한 미술이 폭발적으로 발전함 ; 네안데르탈인에게서는 나타나지 않고, 호모 사피엔스에게서만 나타남
4만~3만 5000년 전	호모 사피엔스(크로마뇽인)가 유럽에 도착함
3만 년 전	네안데르탈인 멸종
2만 7000년 전~현재	호모 사피엔스가 지구 전체로 퍼져가 정착함 ; 나머지 호미니드 종들은 모두 멸종함

* 주: 표에 실린 연대들 중 일부는 Johanson & Edgar(1996), Klein(2000), Lewin(1993), Tattersall(2000), Wrangham, Jones, Laden, Pilbeam, & Conklin-Brittain(1999)을 포함해 다양한 출처의 정보를 바탕으로 했다.

간다. 또 한 가지 중요한 발전은 알을 낳는 무태반류와는 대조적으로 새끼를 낳는 유태반 포유류가 약 1억 1400만 년 전에 진화한 사건이다. 유태반 포유류의 태아는 자궁 속에서 태반을 통해 어미와 연결돼 있어 직접 영양분을 공급받을 수 있다. 알을 낳던 조상 동물들과 달리 유태반 포유류의 태아는 태어날 때까지 어미의 태반에 붙어 지내는데, 알을 낳는 동물은 태어나기 전에 일어나는 발달이 알 속에 저장된 영양분의 양에 제약을 받는다. 털가죽으로 덮인 이 작은 온혈 포유류가 일련의 진화를 계속해나가 마침내 현생 인류로 진화했다.

약 8500만 년 전에 '영장류'라는 새로운 포유류 계통이 진화했다. 초기의 영장류는 몸 크기가 다람쥐만 했다. 이들은 갈고리발톱 대신에 손톱과 발톱이 달린 손발이 발달했고, 서로 마주 보는 손가락들이(때로는 발가락들이) 생겨 물체를 붙잡고 다루는 능력이 크게 향상되었다. 영장류는 앞쪽을 향한 두 눈 덕분에 입체 시각이 잘 발달했는데, 이것은 나뭇가지 사이에서 점프를 하는 데 큰 도움이 되었다. 몸 크기와 비교한 뇌의 비율도 컸으며(영장류 이외의 포유류에 비해), 젖샘은 여러 쌍 대신에 2개로 줄어들었다.

영장류 계통에서 일어난 아주 중요한 발전 중 하나이자 현생 인류의 탄생으로 이어진 사건이 약 440만 년 전에 일어났다. 그것은 바로 네 발이 아니라 두 발로 걷거나 달릴 수 있는 능력인 **두발 보행**이었다. 두발 보행을 촉진한 진화적 자극이 정확하게 무엇인지는 아무도 모르지만, 어쨌든 두발 보행은 그것이 진화한 아프리카 사바나에서 많은 이익을 준 게 확실하다. 두발 보행은 에너지 효율적 방식으로 먼 거리를 빨리 이동할 수 있는 능력을 주었고, 시야를 넓혀 포식 동물과 먹이를 잘 발견하게 했으며, 해로운 햇빛을 받는 몸의 표면적을 줄였고, 손을 자유롭게 했다. 보행의 노동에서 해방된 손은 초기의 조상에게 먹이를 한 장소에서 다른 장소로 쉽게 옮길 수 있게 했을 뿐만 아니라, 그 뒤에 도구 제작과 사용의 진화를 위한 생태적 지위를 제공했다. 초기 인류의 빛이 희미하게나마 반짝이는 것을 처음으로 발견할 수 있는 존재도 바로 이 두발 보행 영장류이다(〈그림 1.2〉 참고). 많은 과학자는 두발 보행의 진화가 도구 제작, 큰 동물 사냥, 뇌 팽창처럼 그 후 인류의 진화에서 많은 발전이 일어나도록 하는 길을 닦았다고 생각한다.

그러나 고생물학 기록에서 약 250만 년 전에 조야한 도구가 처음 나타나기까지는 그러고 나서도 약 200만 년에 걸친 진화가 더 필요했다. 최초의 조야

진화심리학

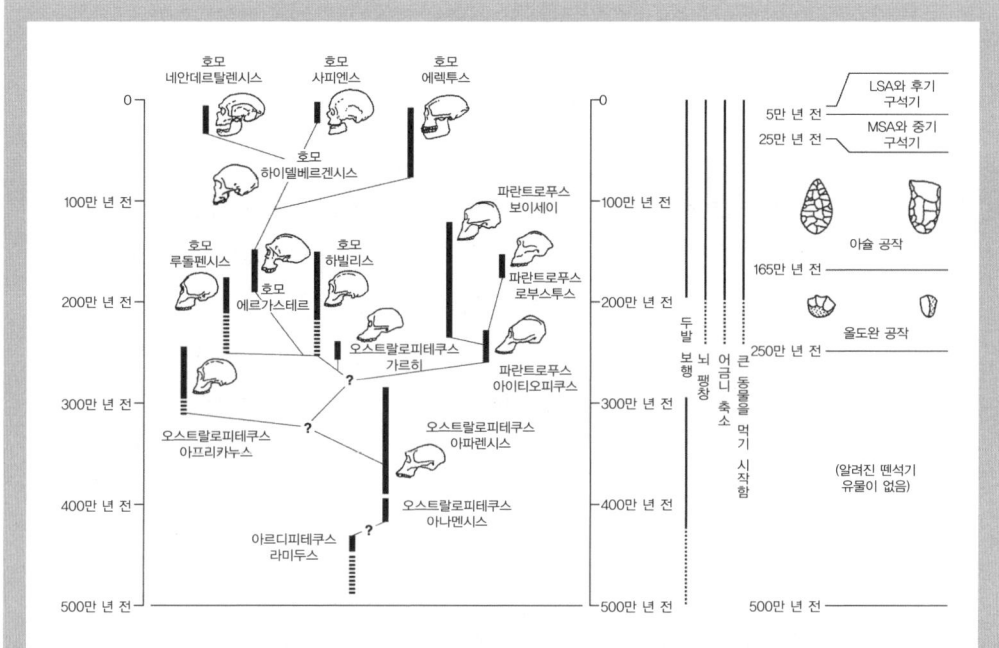

그림 1.2 왼쪽: 사람과(혹은 아프리카 대형 유인원과 사람을 같은 과로 묶는 학설을 받아들인다면 사람아과)의 임시적 계통도 (Strait, Grine, & Moniz, 1997, p. 55를 참고로 수정한 것). **오른쪽:** 주요 해부학적, 행동학적 특징 및 아프리카와 서유라시아의 주요 구석기 문화-층서학적 단위의 시간 간격. 계통도에서 가장 논란이 적은 부분은 300만 년 전에서 250만 년 전에 파란트로푸스('강건한' 오스트랄로피테신)과 호모 계통이 분리된 것이다. 어느 한 시기에 존재한 사람 종의 수를 놓고 논란이 많지만, 여기에 제시한 계통도는 중간 입장을 취했다.

출처: Klein, R. G.(2000). Archeology and the evolution of human behavior. *Evolutionary Anthropology, 9.*

한 도구는 올도완 석기(올두바이 석기라고도 함)인데, 돌을 떼어내어 모서리를 날카롭게 만든 것이다(〈그림 1.2〉 참고). 이 도구들은 동물 사체의 뼈에서 고기를 발라내거나 큰 뼈에서 영양분이 많은 골수를 빼내는 데 쓰였다. 올도완 석기는 오늘날의 관점에서 보면 단순하고 조야하지만, 그것을 만들려면 잘 훈련된 침팬지도 따라할 수 없는 수준의 재주와 기술이 필요했다(Klein, 2000). 올도완 석기는 상당히 성공적인 기술이었던 것으로 보이며, 100만 년이 넘도록 본질적 변화는 없었다. 이 도구는 250만 년 전부터 150만 년 전까지 살았던 호모속의 첫 번째 집단인 호모 하빌리스 *Homo habilis*('손재주 좋은 사람'이란 뜻)가 만들었다.

약 180만 년 전에 두발 보행을 하면서 도구를 제작한 영장류가 호모 에렉투스 *Homo erectus*라는 성공적인 갈래로 진화하여 아프리카를 벗어나 아시아로 이주하기 시작했다. 자바 섬과 중국에서 180만 년 전의 화석이 발견되었다 (Tattersall, 2000). '이주'라는 단어는 멀리 떨어진 땅으로 옮겨가 정착할 목적으로 살던 곳을 떠나는 것을 의미하기 때문에 혼동을 일으킬 염려가 있다. 여기서 말하는 '이주'는 자원이 풍부한 땅으로 인구가 점진적으로 확장해가는 과정을 통해 일어났을 가능성이 높다. 이렇게 거주 영역을 넓혀가던 호모 에렉투스 집단이 불을 사용할 줄 알았는지는 확실치 않다. 비록 160만 년 전에 아프리카에서 불을 제어하며 사용한 최초의 흔적이 발견되긴 했지만, 유럽에서 불을 사용한 확실한 증거는 그로부터 100만 년이 지날 때까지 나타나지 않았다. 아프리카에서 첫 번째 대규모 이주에 나선 이들의 후손은 아시아로 퍼져가 많은 지역에 정착했고, 결국에는 유럽으로도 퍼져갔으며, 나중에는 네안데르탈인으로 진화했다.

그 다음에 일어난 중요한 기술 발전은 150만 년 전에 만들어진 아슐 공작의 주먹도끼였다. 주먹도끼는 크기와 모양이 아주 다양한데, 정확한 용도는 별로 알려진 게 없다. 공통적인 특징은 서로 마주 보는 두 표면의 돌을 떼어낸 것인데, 그 결과 도구의 가장자리를 따라 날카로운 모서리가 생겼다. 이 주먹도끼를 만들려면 조야한 올도완 석기에 비해 훨씬 많은 재주가 필요했다. 이 도구들은 때로는 이전의 석기에서 볼 수 없는 대칭적 설계와 생산의 표준화까지 보여준다.

약 120만 년 전에 호모 계통의 뇌가 급속하게 팽창하기 시작했는데, 크기가 2배 이상 커져 현생 인류와 거의 비슷한 1350cc로 증가했다. 뇌 팽창이 가장 급속하게 일어난 시기는 50만 년 전에서 10만 년 전까지였다. 뇌의 크기가 이렇게 급속하게 증가한 원인을 놓고 도구 제작, 도구 사용, 복잡한 의사 소통, 협력적인 큰 동물 사냥, 기후, 사회적 경쟁 등 많은 추측이 나왔다. 이 요인들은 모두 어느 정도 뇌 팽창에 기여했을 가능성이 있다(Bailey & Geary, 2009).

약 20만 년 전에 **네안데르탈인**은 유럽과 서아시아의 많은 지역을 지배했다. 네안데르탈인은 약한 턱과 뒤로 기울어진 이마를 갖고 있었지만, 두꺼운 두개골에는 1450cc나 되는 큰 뇌가 들어갈 수 있었다. 그들은 힘든 삶과 추운 기후를 견디며 살 수 있는 신체 조건을 갖추었다. 팔다리는 짧고 땅딸막했으며, 건강한 몸의 두꺼운 골격 구조에는 현생 인류보다 훨씬 강한 근육이 들러

붙을 수 있었다. 치아에 남아 있는 심한 마모 흔적은 질긴 먹이를 자주 씹었거나 옷을 만들려고 가죽을 부드럽게 하는 데 치아를 사용했음을 시사한다. 네안데르탈인이 죽은 자를 매장했다는 증거도 있다. 그들은 얼음과 추위를 견뎌내며 살았고, 유럽 전역과 중동 지역에서 번성했다. 그러다가 3만 년 전에 극적인 일이 일어났다. 빙하기와 자원의 급작스런 변화에도 불구하고 17만 년 이상 번성하던 네안데르탈인이 갑자기 멸종한 것이다. 이 사건은 기묘하게도 또 다른 사건과 일치하는데, 그것은 바로 해부학적으로 현생 호모 사피엔스인 호모 사피엔스 사피엔스 *Homo sapiens sapiens* 가 갑자기 출현한 사건이다. 왜 그럴까?(〈박스 1.1〉 참고)

■ 심리학 분야에서 일어난 기념비적 사건들

다윈이 1859년에 《종의 기원》을 출간한 후 진화생물학에는 많은 변화가 일어난 반면, 심리학은 다른 길을 걸어갔다. 다윈이 죽고 나서 수십 년 뒤에 중요한 업적을 남긴 지그문트 프로이트 Sigmund Freud 는 다윈의 진화론에 큰 영향을 받았다. 윌리엄 제임스 William James 역시 그랬다. 그러나 1920년대에 심리학은 진화론에 등을 돌리고 약 50년 동안 위세를 떨친 급진적 행동주의와 손을 잡았다. 그러다가 중요한 경험적 발견으로 급진적 행동주의가 설 자리를 잃자 심리학은 다시 진화론으로 돌아서게 되었다. 이 절에서는 진화론이 역사적으로 심리학 분야에 미친 영향력을(그리고 미치지 못한 영향력도) 간략하게 살펴보기로 하자.

프로이트의 정신분석 이론

19세기 후반에 프로이트는 성적 욕구에 기반을 둔 심리학 이론을 제기해 과학계를 뒤흔들었다. 빅토리아 시대의 문화에서 프로이트의 이론은 충격 그 자체였다. 프로이트는 성적 욕구가 비단 어른뿐만 아니라 가장 어린 신생아에서부터 노인에 이르기까지 나이에 상관 없이 모든 사람의 원동력이라고 주장했다. 우리의 모든 심리 구조는 바로 그 성적 욕구를 분출하는 방식에 불과하다고 했다.

BOX 1.1

아프리카 기원설 대 다지역 기원설: 현생 인류의 기원

10만 년 전에 서로 분명히 구별되는 세 호미니드 집단이 살았는데, 유럽에는 호모 네안데르탈렌시스*Homo neanderthalensis*가, 아시아에는 호모 에렉투스*Homo erectus*가, 아프리카에는 호모 사피엔스*Homo sapiens*가 살았다(Johanson, 2001). 3만 년 전에는 이 다양성이 크게 줄어들었다. 3만 년 전부터 오늘날에 이르기까지 모든 인류 화석은 특유의 두개골 모양, 큰 뇌(1350cc), 턱, 연약한 골격 등 해부학적으로 동일한 현대적 형태를 띠고 있다. 이렇게 단일한 형태로 축소되는 변화가 급격하게 일어난 원인이 정확하게 무엇인가 하는 질문은 과학자들 사이에서 격렬한 논쟁의 주제가 되었다. 주요 가설이 두 가지 있는데, 하나는 **다지역 기원설**(multiregional continuity theory, MRC)이고, 또 하나는 **아프리카 기원설**(Out of Africa theory, OOA)이다.

다지역 기원설은 180만 년 전에 아프리카에서 다른 지역으로 첫 번째 이주가 일어난 뒤에 세계 각지에서 서로 다른 인류 집단들이 나란히 진화하여 모두 점진적으로 현생 인류가 되었다고 주장한다(Wolpoff & Caspari, 1996 ; Wolpoff, Hawks, Frayer, & Huntley, 2001). 이 가설에 따르면, 현생 인류의 출현은 한 지역에서 일어난 게 아니라, 인류가 살았던 곳이라면 어디든지 세계 곳곳에서 일어났다(그래서 **다지역 기원설**이라고 한다). 다지역 기원설은

서로 다른 집단들이 여러 지역에서 진화해 해부학적으로 현대적인 인류 형태로 변해 간 것은 다른 집단들 사이에 유전자가 이동한 결과로 일어났다고 설명한다. 서로 다른 집단들 사이에 짝짓기가 충분히 일어났기 때문에 각자 별개의 종으로 분기하지 않았다는 것이다.

이와는 대조적으로 아프리카 기원설은 현생 인류는 비교적 최근에 한 장소(아프리카)에서 진화했으며, 그들이 유럽과 아시아로 이주하면서 네안데르탈인을 비롯해 기존의 모든 개체군을 대체했다고 주장한다(Stringer & McKie, 1996). 다시 말해서, 현생 인류는 여러 지역이 아니라 한 지역에서 출현했으며, 아시아와 유럽에 이미 살고 있던 집단을 비롯해 나머지 인류를 모두 몰아내고 그 자리를 차지했다는 것이다. 아프리카 기원설은 네안데르탈인과 호모 사피엔스처럼 서로 다른 인류 집단은 본질적으로 다른 종으로 진화했기 때문에, 이들 집단 사이에 교잡이 일어나지 않았거나 극히 드물게 일어났다고 설명한다. 요컨대, 아프리카 기원설은 현생 인류가 한 장소에서만 출현했고, 그것도 비교적 최근인 지난 10만 년 사이에 일어났다고 주장하는데, 이것은 현생 인류가 여러 지역에서 출현했다는 다지역 기원설과 상반되는 주장이다.

과학자들은 두 가설 중 어느 것이 옳은지 검증하기 위해 해부학적 증거, 고고학적

증거, 유전학적 증거라는 세 가지 기본 증거를 살펴보았다. **해부학적 증거**는 네안데르탈인과 호모 사피엔스가 아주 다르다고 시사한다. 네안데르탈인은 머리덮개뼈가 크고, 안와상융기가 두드러지게 돌출했으며, 얼굴 골격이 크고, 앞니가 크고 심하게 마모되었다. 또 얼굴 가운데가 돌출했고, 턱이 발달하지 않았으며, 키가 작고, 뼈가 굵고, 체격이 땅딸막하다. 초기의 호모 사피엔스는 이와는 대조적으로 현생 인류와 비슷하게 생겼다. 이마가 (기울어진 대신에) 수직에 가깝고, 얼굴 골격이 작고 얼굴 가운데가 돌출하지 않았으며, 아래턱뼈에는 분명하게 돌출한 턱이 발달했고, 골격이 덜 건장하다. 이러한 해부학적 차이는 네안데르탈인과 초기의 현생 인류가 서로 짝짓기를 하는 대신에 격리돼 살아갔으며, 필시 별개의 두 종으로 진화했음을 시사한다. 이것은 아프리카 기원설을 지지하는 증거이다.

고고학적 증거(남겨진 도구와 그 밖의 인공 유물)는 10만 년 전에 네안데르탈인과 호모 사피엔스가 아주 비슷했음을 보여준다. 둘 다 석기를 사용했지만, 뼈나 상아, 사슴 뿔로 만든 도구는 거의 사용하지 않았으며, 사냥 대상은 덜 위험한 종에 국한되었고, 인구 밀도가 낮았으며, 화덕은 초보적인 수준이었고, 미술이나 장식을 추구한 경향도 나타나지 않았다. 그러다가 4만~5만 년 전에 가끔 '창조적 폭발'이라고 부르는 큰 변화가 일어났다(Johanson, 2001 ; Klein, 2000 ; Tattersall, 2000). 도구가 다양해졌고, 기능에 따라 맞춤 제작되었으며, 재료도 뼈와 사슴 뿔과 상아까지 확대되었다. 매장 방식이 더 정교해져 부장품을 시체와 함께 묻었다. 사냥꾼들은 위험하고 큰 동물을 목표로 하기 시작했다. 인구 밀도가 크게 늘어났다. 미술과 장식도 꽃을 피웠다. 문화적 인공 유물에 왜 이러한 급격한 변화가 일어났는지 정확하게 아는 사람은 아무도 없다. 어쩌면 뇌에 일어난 새로운 적응이 미술과 기술의 폭발을 낳았는지도 모른다. 그렇지만 한 가지만큼은 거의 확실한데, 네안데르탈인은 여기에 해당하지 **않는다**는 것이다. '창조적 폭발'은 거의 전적으로 호모 사피엔스에 국한돼 일어났다. 요컨대, 고고학적 증거는 아프리카 기원설을 지지한다(Klein, 2008).

유전학 분야에서 개발된 새로운 기술 덕분에 불과 10년 전만 해도 불가능했던 검사가 가능해졌다. 예를 들면, 이제 우리는 서로 다른 현생 인류 개체군 사이에서 유전적 변이 패턴을 비교할 뿐만 아니라, 네안데르탈인과 호모 사피엔스 골격의 DNA를 문자 그대로 연구할 수 있다. DNA를 추출한 네안데르탈인 중 가장 오래 전에 산 사람은 4만 2000년 전에 크로아티아 지역에서 살았다(물론 그는 자신의 뼈가 미래에 과학적으로 이용되리라고는 꿈에도 생각하지 않았을 것이다). 첫째, DNA 증거는 네안데르탈인의 DNA가 현생 인류의 DNA와 분명한 차이가 있음을 보여주는데, 이것은 두 계통이 아마도 40만 년 전 혹은 그 이전에 갈라졌음을 의미한다. 이 발견은 비록 최근에 약간의 교잡이 일어났음을 알려주는 증거가 발견되긴 했지만, 두 집단 사이에 교잡이 일어났을 가능성이 극히 낮음을 시사한다(Green et al., 2010). 둘째, 만약 현생 인류 중에 네안데르탈인의 DNA를 가진 사람들이 있다면, 그 DNA는 이전에 네안데르탈인이 살던 땅에 현재 살고 있는 유럽인과 가장 비슷할 것이다. 그러나 네안데르탈인의 DNA는 다른 지역에 살고 있는 현생 인류의 DNA보다 유럽인의 DNA에 더 가깝지 않다. 셋째, 현생 인류 개체군들에서는 유전적 변이가 예외적일 정도로 적은데, 이것은 우리 모두가 유전적으로 더 균일한 조상들로 이루어진 비교적 작은 개체군에서 유래했음을 시사한다. 넷째, 현재 나머지 세계 지역에 살고 있는 개체군들보다 아프리카에 살고 있는 개체군들 사이의 유전적 변이가 더 많다. 이것은 현생 호모 사피엔스가 아프리카에서 먼저 진화한 뒤, 오랜 시간 동안 유전적 다양성을 축적했다가 그 중 일부 집단이 새로운 땅으로 이주해 정착했다는 견해와 일치한다. 요컨대 유전학적 증거 중 많은 것은 아프리카 기원설을 지지한다.

전부는 아니더라도 대다수 과학자는 단일 지역 기원설인 아프리카 기원설을 선호한다. 모든 현생 인류의 공통 조상은 12만~22만 년 전에 살았던 아프리카인으로 보인다. 한 유명한 아프리카 기원설 저자의 표현을 빌리면, 우리는 모두 "피부 밑은 아프리카인이다"(Stringer, 2002). 그러나 현생 인류의 기원을 둘러싼 싸움은 아직까지도 계속되고 있다. 예를 들면, 다지역 기원설 지지자들은 유전학적 증거의 해석에 이의를 제기하며, 오스트레일리아의 화석 발굴 장소처럼 아프리카 기원설에 근거 있는 우려를 제기할 만한 예외적 사례가 충분히 있다(Hawks & Wolpoff, 2001 ; Wolpoff, Hawks, Frayer, & Huntley, 2001). 일부 과학자는 유전학적 증거가 아프리카 기원설이나 다지역 기원설 중 어느 것과도 모순되지 않는다고 주장하며(예컨대 Relethford, 1998), 최근의 유전학적 증거는 균형의 추를 다지역 기원설 쪽으로 조금 더 이동하게 할 수도 있다(Marth et al., 2003 ; Templeton, 2007). 실제로 유전학적 증거는 여러 가지 아프리카 기원설 버전 중 배타적인 아프리카 기원설을 부인하는 것처럼 보이는데, 최근에 도착한 아프리카인과 유럽과 아시아에서 살아오던 더 오래된 개체군 사이에 교잡이 일어났다는 증거가 일부 있기 때문이다(Eswaran, Harpending, & Rogers, 2005 ; Templeton, 2005). 이 모든 가설들에서 많은 질문은 아직 답이 나오지 않은 채 남아있다. 예를 들어 네안데르탈인이 왜 그토록 급속히 사라졌는지 그 정확한 이유는 아무도 모른다. 중요한 생존 자원에 접근하는 경쟁에서 우리가 월등한 기술로 그들을 압도했기 때문일까? 우리가 더 복잡한 언어가 진화한 덕분에 조직 기술이 더 뛰어나 자원을 더 효율적으로 이용했기 때문일까? 우리가 더 효율적인 옷과 더 정교한 거처를

진화심리학

만들어 기후 요동에 대처할 수 있었기 때문일까? 우리는 일부 네안데르탈인과 짝짓기를 했을까? 우리는 그들을 가장 풍요로운 땅에서 쫓아내 자원이 빈약한 주변 지역으로 밀어냈을까? 더 섬뜩한 생각도 있는데, 그들의 훨씬 건장한 체격도 속수무책일 만큼 정교한 무기로 무장한 우리가 그들을 죽여 없앤 것은 아닐까? 과학이 계속 발전하다 보면, 오늘날까지 살아남아 자신의 과거에 대해 생각하는 존재가 왜 네안데르탈인이 아니고 우리인가 하는 질문에 답하는 날이 올지도 모른다.

프로이트가 처음에 내놓은 정신분석 이론의 중심에는 **본능** 체계 개념이 있는데, 여기에는 두 종류의 기본적인 본능이 포함된다. 하나는 **생명 보존 본능**이다. 공기, 음식, 물, 주거에 대한 욕구와 뱀, 높은 곳, 위험한 사람에 대한 공포가 여기에 포함된다. 이러한 본능은 생존 기능에 도움이 된다. 두 번째 종류의 동기 유발 요인들은 **성적 본능**으로 이루어져 있다. 프로이트는 '성적 성숙'이 어른 발달의 마지막 단계―프로이트의 성적 성숙에서 본질적인 특징인 생식으로 직접 이어지는 생식기 단계―에 완성된다고 보았다.

예리한 독자라면 이런 개념들이 기묘하게도 전혀 낯설지 않은 느낌이 들 것이다. 프로이트가 주장한 두 종류의 주요 본능은 다윈이 내놓은 두 가지 진화론과 거의 정확하게 대응한다. 프로이트의 생명 보존 본능은 '생존 선택론'이라고도 부르는 다윈의 자연 선택론과 대응하고, 프로이트의 성적 본능은 다윈의 성 선택론과 대응한다.

프로이트는 결국 생명 보존 본능과 성적 본능을 '생명 본능'이라는 같은 집단의 본능으로 합치고, '죽음 본능'이라는 두 번째 종류의 본능을 추가함으로써 자신의 이론을 바꾸었다. 그는 심리학을 독립적인 학문으로 세우길 원했고, 그의 사고는 처음에 다윈의 이론에 기반을 두었던 것에서 멀어져갔다.

윌리엄 제임스와 본능 심리학

윌리엄 제임스는 프로이트가 정신분석에 관한 논문들을 쏟아내던 바로 그 무렵인 1890년에 심리학의 고전적 저서인 《심리학 원리Principles of Psychology》를 출판했다. 제임스의 이론의 중심에도 '본능' 체계가 있었다.

제임스는 **본능**을 "목적이 무엇인지 미리 생각하지 않고, 그리고 그것을 달성하기 위한 사전 교육도 없이, 어떤 목적을 이루는 방식으로 작용하는 능력"으로 정의했다(James, 1890/1962, p. 392). 본능은 항상 맹목적인 것은 아니며, 반드시 표현되는 것도 아니다. 본능은 경험을 통해 변화시키거나 다른 본능 때문에 억눌릴 수 있다. 사실, 우리에게는 서로 충돌하는 바람에 때로는 겉으로 드러나지 않는 본능이 많다고 제임스는 말했다. 예를 들면, 우리는 성적 욕구가 있지만 수줍어하며, 호기심이 있지만 소심하며, 공격적이지만 협력적 태도를 보인다.

제임스의 이론에서 가장 논란이 된 부분은 의심할 여지 없이 그가 열거한 본능 명단이었다. 그 시대의 심리학자들은 대부분 프로이트처럼 본능의 종류가 극소수라고 믿었다. 예를 들어 제임스와 같은 시대에 살았던 한 심리학자는 "사람의 본능적 행동은 그 수가 아주 적으며, 성적 열정과 관련된 본능을 제외하고는 어린 시절이 지나가고 나면 확인하기가 어렵다."라고 주장했다(James, 1890/1962, p. 405에서 인용). 이에 반해 제임스는 사람의 본능은 그 종류가 아주 많다고 주장했다.

제임스가 주장한 본능 명단은 태어날 때부터 시작한다 : "공기와 접촉하면서 우는 것, 재채기, 콩콩거리며 냄새 맡기, 기침, 한숨, 흐느끼기, 구역질, 토하기, 딸꾹질, 응시, 촉감을 느꼈을 때 팔다리 움직이기, 젖 빨기……나중에는 물기, 물체 붙잡기, 물체를 입으로 가져가기, 일어나 앉기, 서기, 기어다니기, 걷기"(James, 1890/1962, p. 406). 그리고 아이가 자람에 따라 **모방, 말소리 내기, 경쟁, 싸우기, 특정 물체에 대한 두려움, 부끄러움, 사교성, 놀이, 호기심, 무엇을 가지려는 욕심** 등의 본능이 꽃을 피운다. 더 나중에 어른이 되면 **사냥, 겸손, 사랑, 양육** 본능이 나타난다. 이러한 각각의 본능에는 우리의 선천적 심리 본성의 **특정성**이 내포돼 있다. 예를 들면, 두려움 본능에는 이상한 사람, 이상한 동물, 소음, 뱀, 외로움, 구멍이나 동굴처럼 어두운 장소, 절벽처럼 높은 장소에 대한 특정 두려움이 포함된다. 이 모든 본능에서 중요한 사실은 이것들이 자연 선택을 통해 진화했으며, 특정 적응 문제를 해결하기 위해 생겨난 적응이라는 것이다.

일반적인 견해와는 반대로 제임스는 사람은 다른 동물보다 본능을 **더 많이** 가지고 있다고 믿었다 : "어떤 포유류도, 심지어 원숭이도 그렇게 긴 명단을

진화심리학

보여주지 않는다"(James, 1890/1962, p. 406). 그러나 제임스의 이론을 추락시킨 원인 가운데 하나는 명단의 길이였다. 많은 심리학자는 사람의 선천적 성향이 그렇게 많다는 주장을 터무니없다고 생각했다. 1920년경에 이들 회의론자는 왜 사람의 본능은 종류가 적으며 매우 일반적인지 설명할 수 있는 이론을 발견했다고 믿었다. 그 이론을 행동주의 학습 이론이라 부른다.

행동주의의 부상

제임스가 인간 행동 중 많은 것이 다양한 본능 때문에 일어난다고 믿었다면, 제임스 왓슨James B. Watson은 정반대가 진실이라고 믿었다. 왓슨은 **고전적 조건화**—전에 아무 관련이 없던 두 사건을 연관시키는 형태의 학습—라고 부르는 만능 학습 기제를 강조했다(Pavlov, 1927 ; Watson, 1924). 예를 들어 종 소리처럼 처음에는 중립적이었던 자극을 먹이와 같은 다른 자극과 짝지을 수 있다. 먹이와 짝짓는 사건을 반복함으로써 그러한 짝짓기가 많이 일어난 뒤에는 개나 다른 동물이 종 소리만 들어도 침을 흘리게 된다(Pavlov, 1927).

왓슨의 연구가 나오고 나서 10년 뒤, 하버드 대학의 스키너B. F. Skinner라는 젊은 대학원생이 **급진적 행동주의**와 조작적 조건화 원리라는 새로운 환경 결정론을 들고 나왔다. 이 원리에 따르면, 행동의 강화 효과가 그 후에 일어나는 행동의 결정적 원인이다. 강화가 따른 행동은 향후에도 반복된다. 강화가 따르지 않은(혹은 처벌이 따른) 행동은 향후에 반복되지 않는다. 임의적 행동을 제외한 모든 행동은 강화 '수반성'으로 설명할 수 있다.

행동주의사들은 제임스 같은 본능주의자와는 아주 대조적으로 사람의 선천적 성질은 그 수가 적다고 가정했다. 그들은 선천적인 것은 강화 효과를 통한 **일반적인 학습 능력**에 불과하다고 믿었다. 어떤 행동이든지 어떤 강화 인자가 따를 수 있으며, 학습은 모든 경우에 똑같이 일어난다. 따라서 강화 수반성을 조작하는 것만으로 어떤 행동도 다른 행동과 마찬가지로 쉽게 형성할 수 있다.

비록 모든 행동주의자가 이 원리들을 전부 다 수용한 것은 아니지만, 그 기본 가정들—선천적 성질의 수가 적다는 사실, 일반적인 학습 능력, 강화 수반성이라는 환경의 힘—은 50년 이상 심리학계를 지배했다(Herrnstein, 1977). 그들은 인간 본성의 본질은, 사람에게만 독특한 본성은 없는 것이라고 주장했다.

문화적 다양성이라는 놀라운 발견

만약 사람이 선천적 성향이나 기질이 없는 일반적인 학습 기계라면, 인간 행동의 모든 '내용'—감정, 열정, 열망, 욕구, 믿음, 태도, 투자—은 각자가 살아가는 동안에 추가되어야 한다. 학습 이론이 어른이 형성되는 **과정**을 확인할 수 있다는 약속을 제시했다면, 문화인류학자들은 그러한 과정을 작동하게 하는 **내용**(구체적인 생각, 행동, 의식)을 제공할 수 있다는 약속을 제시했다(Tooby & Cosmides, 1992).

사람들은 다른 문화 이야기에 흥미를 느낀다. 그 문화가 이상할수록 그리고 자신의 문화와 차이가 클수록 이야기는 더욱 흥미진진하다. 북아메리카 사람들은 귀고리와 반지를 끼지만, 아프리카의 일부 문화에서는 코에다 뼈를 끼우고 입술에 문신을 한다. 중국 본토 사람들은 처녀성을 소중하게 여기지만, 스웨덴 사람들은 어른이 되어서도 처녀성을 지키고 있으면 이상하게 생각한다(Buss, 1989a). 일부 이란 여자들은 베일로 머리카락과 얼굴을 가리는 반면, 일부 브라질 여자들은 몸을 가린 건지 가리지 않은 건지 알 수 없는 '치실' 비키니를 입는다.

야외 현장 조사에서 돌아온 인류학자들은 자신들이 발견한 문화적 다양성을 오랫동안 축하하며 소중하게 여겼다. 아마도 가장 큰 영향력을 끼친 인류학자는 마거릿 미드Margaret Mead일 것이다. 미드는 '성 역할'이 완전히 역전되고 성적 질투가 전혀 존재하지 않는 문화를 발견했다고 주장했다. 사람들이 성의 공유와 자유 연애를 즐기고, 경쟁이나 강간, 싸움, 살인을 하지 않고 평화롭게 살아가는 섬 낙원을 묘사했다.

미국 문화와 차이가 클수록 그 문화들은 더 강조되고, 교과서에서 반복되고, 뉴스 매체들에서 더 많이 언급되었다. 만약 다른 문화에 열대 낙원이 존재한다면, 우리에게 나타나는 질투와 갈등, 경쟁 등의 문제는 미국 문화나 서양의 가치나 자본주의 때문에 생겨났을 것이다. 사람의 마음은 "문화를 만들 능력"이 있지만, 공백을 채우는 일을 하는 인과적 행위자는 특정 문화였다.

그러나 좀더 자세히 들여다보자, 열대 낙원 문화에 숨어 있던 뱀들이 드러났다. 추후의 연구를 통해 열대 문화에 관한 초기의 보고서 중에는 틀린 것이 많았음이 밝혀졌다. 예를 들어 데릭 프리먼Derek Freeman(1983)은 미드가 지상 낙원처럼 묘사한 사모아 제도 주민은 치열한 경쟁을 벌이며 살고, 살인과 강간 비율은 오히려 미국보다 높다는 사실을 발견했다! 게다가 남자들은 미드가 묘사한 사모아 제도 주민의 '자유 연애'하고는 완전히 반대로 성적 질투심이 아주 강했다.

　　마거릿 미드가 발견한 바를 뒤집으면서 프리먼은 큰 논란을 불러일으켰고, 그는 지금은 미드를 비롯한 문화인류학자들이 꾸며낸 신화로 생각되는 가설을 받아들인 사회과학계에서 많은 비판을 받았다. 그러나 추후 연구에서 프리먼의 발견이 확인되었고, 더 중요하게는 인류의 보편적 특성이 존재한다는 사실이 확인되었다(Brown, 1991). 예를 들면, 남자의 성적 질투는 지금까지 조사된 많은 문화에서 인류의 보편적 특성이자 배우자 살인의 주요 원인으로 드러났다(Daly & Wilson, 1988). 두려움, 분노, 기쁨 같은 감정적 표현은 텔레비전이나 영화에 접근이 차단된 문화의 사람들 사이에서도 확인되었다(Ekman, 1973). 사랑의 감정도 보편적인 것으로 드러났다(Jankowiak, 1995).

　　아직도 일부 사람들은 문화적 다양성이 무한하다는 신화에 매달린다. 멜빈 코너Melvin Konner(1990)는 "우리는 아직도 어딘가에 자연과 더불어 그리고 서로간에 완전한 조화를 이루어 살아가는 사람들이 있으며, 서구 문화의 퇴폐적인 영향만 없다면 우리도 그와 똑같이 할 수 있다는 개념에서 벗어나지 못했다."라고 지적했다.

　　증거가 점점 쌓이자 사회과학자들이 그린 초상화를 고수하기 힘들게 되었다. 게다가 다른 과학 분야들에서 사람을 단순히 "문화를 만들고 수용할 능력"이 있는 존재로 보는 견해에 더 깊은 문제가 있음을 시사하는 새로운 움직임들이 일어나고 있었다.

가르시아 효과, 준비된 두려움, 급진적 행동주의의 쇠퇴

한 가지 불만의 목소리는 해리 할로Harry Harlow(1971)에게서 나왔다. 할로는 인공적인 '어미'가 둘 있는 실험실에서 한 원숭이 집단을 다른 원숭이들과 격리한 상태에서 길렀다. 한 어미는 철망으로 만들었고, 다른 어미는 똑같이 철망으로 만들었지만 부드러운 테리 천으로 감쌌다. 원숭이들에게 먹이를 줄 때에는 철망 어미를 통해서만 주고, 테리 천 어미를 통해서는 주지 않았다.

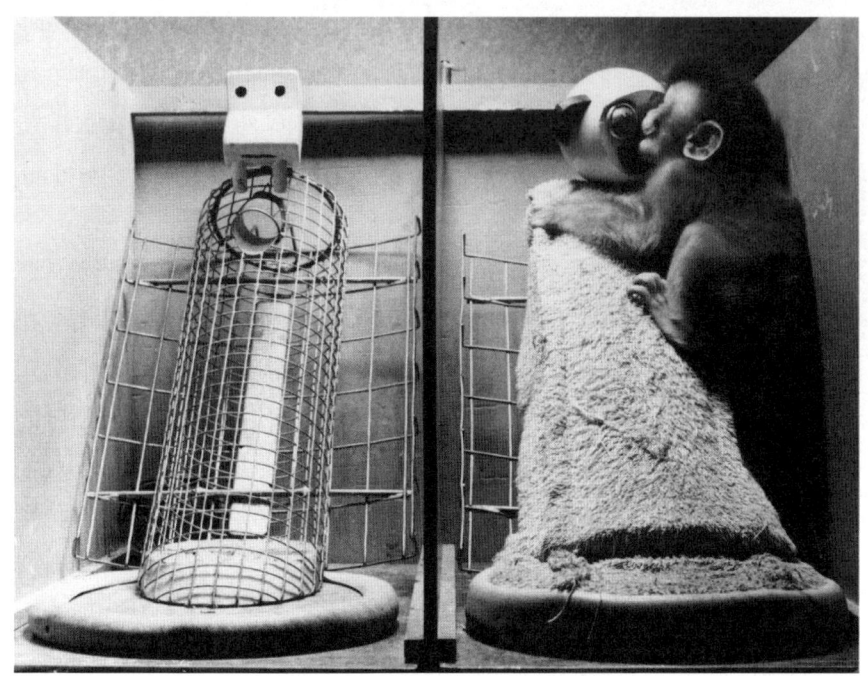

해리 할로의 실험은 먹이를 통한 강화인 소위 '1차적 강화'가 모든 행동의 주요 결정 요인이 아니라는 사실을 확립하는 데 중요한 역할을 했다. 이 사례에서 새끼원숭이는 행동주의의 예측과는 반대로, 철망 '어미'에게서 젖을 얻는데도 불구하고 테리 천 '어미'에게 들러붙어 지냈다.

　　조작적 조건화 원리에 따르면, 원숭이들은 먹이라는 1차적 강화를 철망 어미를 통해 받기 때문에 테리 천 어미보다는 철망 어미에게 더 애착을 느껴야 했다. 그러나 실제로는 정반대의 일이 일어났다. 새끼원숭이들은 먹이를 얻을 때에는 철망 어미에게 기어올라갔지만, 나머지 시간은 테리 천 어미와 함께 보내는 쪽을 선택했다. 두려움을 느끼면 원숭이들은 먹이로 강화를 주는 철망 어미가 아니라 '접촉 위안'을 주는 테리 천 어미 쪽으로 달려갔다. 먹이라는 1차적 강화에 대한 반응과는 다른 어떤 일이 원숭이들 내부에서 일어나고 있는 게 틀림없었다.

　　또 다른 불만의 목소리는 버클리에 있는 캘리포니아 대학의 존 가르시아 John Garcia에게서 나왔다. 가르시아는 일련의 연구에서 쥐들에게 먹이를 주고 나서 몇 시간 뒤에 방사선을 쬐어 구역질이 나게 만들었다(Garcia, Ervin, & Koelling, 1966). 먹이를 먹고 나서 몇 시간이 지난 뒤에야 구역질이 났는데도 불구하고, 일반적으로 쥐들은 단 한 번의 시도만으로 같은 종류의 먹이(불편을 초래한 원인으로 보이는)를 다시는 먹지 말아야 한다는 것을 배웠다. 그렇지만 구역질을 버거나 섬광과 짝지었을 때에는 쥐들에게 그것을 피하도록 훈련시키는 데 실패했다. 다시 말해서, 쥐는 구역질과 연관된 먹이를 피하는 것처럼 어떤 것은 아주 쉽게 배우는 반면 다른 것은 배우기가 아주 어렵도록 '사전 프로그래밍된' 채 이 세상에 태어난 것처럼 보였다.

마틴 셀리그먼Martin Seligman은 생물이 진화를 통해 어떤 것은 배우고 어떤 것은 배우지 않도록 '준비된' 상태로 이 세상에 태어난다는 명제를 확인해 보기로 했다. 셀리그먼과 그 동료들은 사람들에게 특정 종류의 두려움(예컨대 뱀에 대한 두려움)이 발달하도록 '조건화'하는 게 실제로 아주 쉽지만, 전기 콘센트나 자동차에 대한 두려움처럼 자연적 성격이 덜한 두려움이 발달하도록 조건화하기는 아주 어렵다고 주장했다(Seligman & Hager, 1972).

요컨대 행동주의의 기본 가정들이 무너지고 있었는데, 이것은 중요한 결론 두 가지를 시사했다. 첫째, 쥐와 원숭이 그리고 심지어 사람도 선천적으로 어떤 것은 아주 쉽게 배우는 반면 다른 것은 배우기 힘들도록 설계돼 있는 것처럼 보인다. 둘째, 외부 환경은 행동을 결정하는 유일한 요인이 아니다. 행동을 설명하려고 할 때에는 마음과 뇌 속에서 일어나는 어떤 일도 고려해야 한다.

블랙 박스 들여다보기: 인지 혁명

심리학에서 여러 가지 힘이 한 군데로 수렴하면서 행동의 바탕이 되는 심리를 탐구하려면 머릿속을 들여다보아야 한다는 주장이 정당성을 얻게 되었다. 한 가지 힘은 학습의 기본 '법칙'이 깨지면서 나왔다. 두 번째 힘은 언어 연구에서 나왔는데, 노엄 촘스키Noam Chomsky는 모든 언어에 통용되는 불변의 바탕 구조를 지닌 보편적 '언어 기관'이 있음을 설득력 있게 주장했다(Chomsky, 1957 ; Pinker, 1994). 세 번째 힘은 컴퓨터와 '정보 처리 은유'의 등장이다. 이 세 가지 힘이 합쳐져 **인지 혁명**으로 발전했다.

인지 혁명은 심리학에서 단지 외부의 강화 수반성만 살펴보는 데 그치지 않고 사람들의 '머릿속'을 들여다보는 것도 중요하다는 생각을 되살렸다. 그 혁명이 필요했던 이유 중에는 외부의 수반성만으로는 관찰되는 행동을 제대로 설명할 수 없다는 사실도 있었다. 게다가 컴퓨터의 등장으로 심리학자들은 자신이 제안하는 정확한 인과 과정을 더 명료하게 보여줄 수 있었다.

> 인지 혁명은 이제 **정보 처리**와 거의 동일해졌다 : 인지적 기술記述은 그 기제가 어떤 종류의 정보를 입력으로 받아들이고, 그 정보를 변화시키는 데 어떤 절차를 사용하며, 그러한 절차가 어떤 종류의 데이터 구조(표현)를 바탕으로 작동하고, 어떤 종류의 표현 혹은 행동을 출력으로 내놓는지 명시한다(Tooby & Cosmides, 1992, p. 64).

생물이 어떤 과제를 수행하려면, 많은 정보 처리 문제를 풀어야 한다. 예를 들어 보고 듣고 두 발로 걷고 분류하는 과제들을 성공적으로 수행하려면, 엄청난 양의 정보 처리 장치가 필요하다. 대다수 사람에게 눈으로 보는 것은 아무 힘이 들지 않는 자연스러운 행동처럼 보이지만(그저 눈을 뜨고 보기만 하면 되므로), 실제로는 수정체, 망막, 각막, 눈동자, 가장자리 감지 장치, 막대 세포, 원뿔 세포, 특정 움직임 감지 장치, 특별한 시신경 등 수천 가지의 특별한 기제가 필요하다. 심리학자들은 과제 수행의 인과적 기반을 이해하려면 우리 뇌의 정보 처리 장치를 이해할 필요가 있다는 사실을 깨닫게 되었다. 뇌의 "진화한 기능은 (내부와 외부) 환경에서 정보를 추출하고 그 정보를 이용해 행동을 만들어내고 생리 기능을 조절하는 것이다. ……진화한 기능을 파악하는 방식으로 뇌의 작동을 기술하려면 뇌가 정보를 처리하는 프로그램들로 이루어졌다고 생각할 필요가 있다."(Cosmides, 2006, p. 7)

정보 처리 기제—인지 기계—는 그것을 담을 '하드웨어', 즉 뇌의 신경생물학적 장치가 필요하다. 그러나 눈과 같은 기제의 정보 처리를 기술하는 것은 그 기반을 이루는 신경생물학을 기술하는 것과 같지 않다. 문장을 삭제하고 단락을 옮기고 서체를 이탤릭체로 바꾸는 프로그램을 포함한 컴퓨터의 워드프로세싱 소프트웨어에 비유해 생각해보자. 이 프로그램은 IBM 컴퓨터와 매킨토시를 비롯해 많은 호환 컴퓨터에서 돌아갈 수 있다. 그 기반을 이루는 기계의 하드웨어는 다르더라도, 그 프로그램의 정보 처리 기술은 똑같다. 여기서 유추한다면, 원리상으로는 사람과 비슷한 방식으로 '보는' 로봇을 만들 수 있지만, 그 하드웨어는 사람의 신경생물학적 장치하고는 다를 것이다. 따라서 인지 차원의 기술(즉, 입력, 표현, 결정 규칙, 출력)은 그 기반이 되는 브레인웨어brainware를 이해하건 못 하건 관계 없이 유용하고 필요하다. 행동주의의 일부 가정이 무너지고 인지 혁명이 등장하면서 사람의 '머릿속'을 들여다보는 게 중요해졌다. 내부의 정신적 상태와 과정을 가정하는 것이 더 이상 '비과학적'인 것으로 간주되지도 않는다. 오히려 절대적으로 필요한 것으로 간주된다.

그러나 대다수 인지심리학자들은 행동주의자들의 패러다임에서 불행한 가정을 한 가지 물려받았는데, 그것은 바로 영역 일반성이라는 가정이다 (Barrett & Kurzban, 2006 ; Tooby & Cosmides, 1992). 행동주의자들이 주장한 영역 일반적 학습 과정은 단순히 영역 일반적 인지 기제로 대체되었다. 여기에는 인지 기제가 특별히 처리하도록 설계된 특별한 종류의 정보가 있을지도 모른다는 개념이 빠져 있었다.

인간 인지 기계의 이미지는 입력되는 정보는 어떤 것이건 처리하도록 설계된 거대한 컴퓨터였다. 컴퓨터는 체스를 두고, 미적분을 풀고, 날씨를 예측하고, 기호를 다루고, 미사일을 유도하도록 프로그래밍할 수 있다. 이 점에서 컴퓨터는 영역 일반적 정보 처리 장치이다. 그러나 어떤 문제를 풀려면, 거기에 맞춰 아주 특별한 방식으로 프로그래밍해야 한다. 예를 들어 컴퓨터를 체스를 두도록 프로그래밍하려면 "if……then" 형식의 프로그래밍 명령이 수백만 행이나 필요하다.

정보를 처리하는 마음에 대한 영역 일반성 가정의 주요 문제 한 가지는 **조합의 폭발적 증가**combinatorial explosion이다. 특별한 처리 규칙을 결여한 영역 일반적 프로그램의 경우, 주어진 상황에서 선택 가능한 대안의 수가 무한하다. 진화심리학인 존 투비와 레다 코스미데스(1992)는 다음의 예를 제시했다. 다음 1분 동안에 여러분이 가능한 행동 100가지(이 책의 다음 단락을 읽거나, 사과를 먹거나, 눈을 깜박이거나, 내일 일어날 일을 꿈꾸거나 등등) 중 한 가지를 할 수 있다고 가정하자. 그리고 그 다음 1분 동안에 역시 가능한 행동 100가지 중 한 가지를 할 수 있다고 하자. 그러면 불과 2분 동안에 여러분이 할 수 있는 행동들의 조합은 1만 가지(100×100)나 된다. 그리고 3분 동안에 할 수 있는 행동들의 조합은 100만 가지(100×100×100)나 된다. 이것이 바로 조합의 폭발적 증가— 연속적으로 가능한 일을 두 가지 이상 결합함으로써 일어나는 반응 선택의 급증—이다.

컴퓨터나 사람에게 특정 과제를 수행하게 하려면 특별한 프로그래밍을 통해 가능한 경우의 수를 크게 줄여야 한다. 따라서 조합의 폭발적 증가는 특별한 프로그래밍이 없으면 컴퓨터나 사람에게 가장 간단한 과제조차 해결하지 못하게 한다(Tooby & Cosmides, 2005). 물론 엄청나게 다양한 과제를 수행하도록 컴퓨터를 프로그래밍하는 것은 가능하며, 단지 프로그래머의 상상력과 능력에 제한을 받을 뿐이다. 그렇지만 사람은 어떨까? 우리는 어떻게 프로그래밍될까? 1350cc의 큰 뇌로 어떤 특별한 정보 처리 문제들을 풀도록 '설계돼' 있을까?

사람의 마음이 풀 수 있도록 특별히 설계된 정보 처리 문제들이 있을지도 모른다는 개념은 심리학 분야의 인지 혁명에서 빠져 있었다. 빈 서판blank slate이었던 사람은 이제 범용 컴퓨터가 되었다. 즉, 빈 서판 위에는 강화 수반성이 글을 쓰는 반면(학습 이론), 범용 컴퓨터 위에는 문화가 소프트웨어를 쓴다(인지 이론). 경험적 발견물의 축적, 그리고 다양한 경험과학의 수렴과 더불어, 진화심리학의 출현을 위한 무대를 마련한 것은 바로 이 간극이었다. 진화심리학은 사람의 마음이 풀도록 설계된 정보 처리 문제들이 어떤 종류의 것인지—바로 생존과 생식의 문제—구체적으로 제시함으로써 잃어버린 퍼즐 조각을 제공했다.

▪ 요약

진화생물학은 역사적으로 많은 발전 과정을 거쳐왔다. 찰스 다윈이 등장하기 오래 전부터 진화—긴 시간에 걸쳐 생물에게 일어나는 변화—가 일어난다고 생각한 사람들이 있었다. 그러나 다윈 이전에는 생물의 변화가 어떻게 일어나는지 설명할 수 있는 인과 과정에 대한 이론이 없었다. 자연 선택론은 다윈이 진화생물학에 기여한 첫 번째 업적이었다. 자연 선택을 이루는 세 가지 필수 요소는 변이, 유전, 선택이다. 자연 선택은 유전된 일부 변이가 다른 변이보다 생식적으로 더 큰 성공을 거둘 때 일어난다. 요컨대, 자연 선택은 유전된 변이들의 차등적 생식 성공 때문에 긴 시간에 걸쳐 일어나는 변화로 정의할 수 있다.

자연 선택론은 생물과학에 통합 이론을 제공했고, 중요한 수수께끼를 여러 가지 해결했다. 첫째, 자연 선택론은 변화, 즉 생물 구조의 변형이 긴 시간에 걸쳐 일어나는 인과 과정을 제시했다. 둘째, 새로운 종의 기원을 설명할 수 있는 이론을 제시했다. 셋째, 모든 생물을 하나의 거대한 계통수로 통합했고, 그와 동시에 생명의 거대한 체계에서 사람의 위치가 어디인지 드러냈다. 결함을 찾아내려는 많은 시도에도 불구하고, 자연 선택론이 150여 년에 걸친 과학적 검증을 견디고 살아남았다는 사실은 위대한 과학 이론으로서 자격이 충분하다는 것을 말해준다(Alexander, 1979).

가끔 '생존 선택론'이라고도 부르는 자연 선택론에 더해 다윈은 성 선택론이라는 두 번째 진화론을 만들었다. 성 선택론은 생존 성공보다는 짝짓기 성공 때문에 나타나는 특성의 진화를 다룬다. 성 선택은 동성 간 경쟁과 이성 간 경쟁이라는 두 과정을 통해 작용한다. 동성 간 경쟁에서는 동성끼리의 경쟁에서 승리한 동물이 이성에 대한 성적 접근 기회가 더 많기 때문에 생식을 할 가능성이 더 높다. 이성 간 경쟁에서는 반대 성이 선호하는 속성을 가진 개체가 생식을 할 가능성이 더 높다. 성 선택의 두 가지 과정은 모두 진화—짝짓기 성공의 차이 때문에 긴 시간에 걸쳐 일어나는 변화—로 이어진다.

그러나 많은 생물학자에게는 다윈의 진화론에 제대로 된 유전 이론이 빠져 있다는 점이 큰 난점이었다. 그 이론은 그레고어 멘델의 연구가 제대로 인정받고 현대적 종합이라는 운동을 통해 다윈의 자연 선택론과 합쳐지면서 나왔다. 이 이론에 따르면, 유전은 양 부모의 속성이 혼합되어 일어나는 게 아니라, 입자적으로 일어난다. 다시 말해서, 유전의 기본 단위인 유전자가 독립적인 단위의 형태로 존재하면서 서로 섞이지 않고 온전히 자식에게 전달된다는 것이다. 입자 유전설은 다윈의 자연 선택론에 빠져 있던 요소를 제공했다.

현대적 종합이 일어난 뒤에 콘라트 로렌츠와 니콜라스 틴베르헌이라는 두 유럽 생물학자가 동물행동학이라는 새로운 운동을 일으켰는데, 이 운동은 행동의 기원과 기능에 초점을 맞춰 동물의 행동을 유전학적 맥락에서 파악하려고 시도했다.

1964년, 윌리엄 해밀턴이 혁명적인 논문 두 편을 발표했는데, 여기서 그는 자연 선택론을 수정하여 다시 기술했다. 해밀턴의 주장에 따르면, 선택이 작용하는 과정은 단지 고전적 적합도(자손을 직접 생산하는 것)뿐만 아니라 유전적 근연도에 따라 가중치가 달라지는 포괄 적합도(개체의 행동이 유전적 친척의 생식적 성공에 미치는 효과까지 포함하는)까지 포함한다. 포괄 적합도 이론은 '유전자의 눈'으로 선택을 바라보는 관점을 제시함으로써 자연 선택이 일어나는 과정에 대해 더 정확한 이론을 제공했다.

1966년, 조지 윌리엄스가 지금은 고전이 된 《적응과 자연 선택》을 출간했는데, 이것은 세 가지 효과를 낳았다. 첫째, 집단 선택설의 몰락을 가져왔다. 둘째, 해밀턴의 혁명을 촉진했다. 셋째, 효율성, 신뢰성, 정확성처럼 적응을 확인하는 데 엄격한 기준을 제시했다. 1970년대에 로버트 트리버스는 해밀턴과 윌리엄스의 연구를 바탕으로 획기적인 이론을 세 가지 내놓았는데, 상호 이타성, 부모의 투자, 부모와 자식 간의 갈등이라는 이 이론들은 지금까지도 중요하다.

1975년, 에드워드 윌슨이 《사회생물학 : 새로운 종합》을 출간했다. 이 책은 진화생물학에서 일어난 주요 발전들을 종합하려고 시도했다. 윌슨의 책은 사람에 초점을 맞춘 마지막 장 때문에 논란을 일으켰다. 윌슨은 거기서 일련의 가설을 제시했지만, 경험적 데이터는 거의 제시하지 않았다.

진화론을 사용해 인간 행동을 설명하려는 시도뿐만 아니라 윌슨의 책에 대한 반발 중 많은 것은 몇 가지 중요한 오해에서 비롯되었다. 그러나 이러한 오해와는 반대로 진화론은 인간 행동이 유전적으로 결정된다고 말하지 않으며, 인간 행동이 변할 수 없는 것이라고 주장하지도 않는다. 또한 최적 상태로 설계된 것이라고 암시하지도 않는다.

다양한 분야에서 나온 증거들은 현생 인류의 탄생에 이르는 진화 과정에서 일어난 중요한 사건들을 일부 확인해주었다. 사람은 포유류인데, 포유류가 지구에 처음 나타난 것은 2억 년이 넘는다. 우리는 8500만 년 전에 시작된 영장류 계통에서 갈라져 나왔다. 우리 조상은 440만 년 전에 두발 보행을 시작했고, 250만 년 전에 조야한 석기를 만들었으며, 160만 년 전에 불을 사용하기 시작했다. 우리 조상의 뇌가 커지면서 더 정교한 도구와 기술이 발전했고, 세계 각지의 많은 장소로 이주해 정착하기 시작했다.

진화생물학 안에서 많은 변화가 일어나는 동안 심리학 분야는 다른 길을 걸어갔다. 지그문트 프로이트는 다윈의 자연 선택론과 성 선택론에 각각 대응하는 생명 보존 본능과 성적 본능 이론을 주장함으로써 생존과 성의 중요성을 강조했다. 1890년, 윌리엄 제임스는《심리학 원리》를 출간하여 사람은 많은 종류의 본능을 갖고 있다고 주장했다. 그러나 1920년대에 미국 심리학계는 진화론 개념에 등을 돌리고, 학습에 관한 몇 가지 일반적인 원리로 인간 행동의 복잡성을 설명할 수 있다는 급진적 행동주의와 손을 잡았다.

그러나 1960년대에 학습의 일반 법칙과 어긋나는 경험적 발견들이 나왔다. 해리 할로는 원숭이가 철망 '어미'를 통해 1차적 먹이 강화를 받더라도 철망 어미를 더 좋아하진 않는다는 사실을 실험을 통해 보여주었다. 존 가르시아는 생물은 어떤 것을 다른 것보다 더 쉽고 빠르게 배운다는 사실을 보여주었다. 외부의 강화 수반성만으로 설명할 수 없는 어떤 일이 생물의 뇌 속에서 일어나고 있었다.

이러한 발견들의 축적은 사람의 '머릿속'을 들여다보는 게 중요하다고 강조하는 인지 혁명으로 이어졌다. 인지 혁명은 정보 처리 은유—특정 형태의 정보를 입력으로 받아들이고, 결정 규칙을 통해 그 정보를 변형하고, 행동을 출력으로 내놓는 머리 내부에서 일어나는 기제의 기술—가 그 바탕이 되었다.

사람은 태어날 때부터 어떤 종류의 정보를 잘 처리하는 반면 다른 종류의 정보는 잘 처리하지 못하도록 설계돼 있다는 개념은 현대 심리학과 현대 진화생물학의 진정한 종합을 대표하는 진화심리학이 등장할 무대를 마련했다.

추천 독서 목록

Buss, D. M.(2009). The great struggle of life : Darwin and the emergence of evolutionary psychology. *American Psychologist, 64,* 140-148.

Confer, J. C., Easton, J. E., Fleischamn, D. S., Goetz, C., Lewis, D. M., Perilloux, C., & Buss, D. M.(2010). Evolutionary psychology : Controversies, questions, prospects, and limitations. *American Psychologist, 65,* 110-126.

Darwin, C.(1859). *On the origin of species.* London : Murray.

Dawkins, R.(1989). *The selfish gene*(new edition). New York : Oxford University Press.

Williams, G. C.(1966). *Adaptation and natural selection.* Princeton, NJ : Princeton University Press.

Klein, R. G.(2008). Out of Africa and the evolution of human behavior. *Evolutionary Anthropology, 17*, 267–281.

Wilson, D. S.(2007). *Evolution for everyone : How Darwin's theory can change the way we think about our lives.* New York : Delacorte Press.

제2장
새로운 과학, 진화심리학

::

논란의 여지는 있지만,
진화심리학은 지난 20년 사이에 일어난 행동과학의
새로운 발전 중 가장 중요한 것이다.
— 보이어Boyer & 헥하우젠Heckhausen, 2000. p. 917

진화심리학자 카를 그라머Karl Grammer는 독신자 술집이라는 반半자연적 환경에서 일어나는 성적 신호를 연구하기 위해 연구팀을 조직했다(Grammer, 1996). 그는 술집 안쪽에 관찰자들을 앉힌 다음, 특별히 설계한 채점 방식을 사용해 술집에서 여자들이 남자들에게 얼마나 자주 신체 접촉을 받는지 관찰하게 했다. 그리고 한 연구자는 여자들이 술집을 떠날 때 따라 나가 연구에 참여해줄 수 있는지 의견을 물었다. 참여자는 사진을 찍고, 간단한 설문 조사지를 작성했다. 설문 조사지에는 피임법 사용 여부와 생리 주기 중 지금이 어떤 시기인지(예컨대 마지막 생리가 시작되고 나서 얼마나 지났는지) 묻는 질문이 있었다. 그런 다음 그라머는 사진의 이미지를 디지털화한 뒤에 컴퓨터 프로그램을 사용해 각 여성이 피부를 노출한 비율을 계산했다.

경구 피임약을 복용하지 않은 여자 집단의 경우, 독신자 술집의 남자들은 생리 주기 중 임신 가능성이 가장 높은 시기(배란기 근처)에 있는 여자들을 접촉하려는 시도가 훨씬 많았다. 반대로 배란을 하지 않는 여성들에 대한 접촉 시도는 적었다. 따라서 통념과는 반대로 남자는 여자가 언제 배란을 하는지 미묘한 단서를 감지하는 능력이 **있을지도** 모른다. 그렇지만 다른 해석도 있다. 배란기 여성은 옷을 통해 성적 신호를 더 많이 노출했다. 더 꽉 끼는 옷을 입거나 노출이 더 심한 블라우스나 짧은 치마를 입어 살갗을 더 많이 드러냈다. 따라서 남자들이 여자가 배란을 하는 시기를 예리하게 감지하는 게 아닐지도 모른다. 그보다는 배란기 여성이 성적 신호를 더 적극적으로 보내는 것일 수 있는데, 생리 주기 중 다른 단계에 있는 여성보다 배란기 여성이 성적 접촉을 더 많이 시도한다는 다른 연구 결과는 이 가설을 뒷받침한다(Gangestad et al., 2004).

이 새로운 계통의 연구들은 진화심리학의 두 가지 특징을 강조한다. 하나는 인간 생식생물학의 특징—이 경우에는 여성의 배란—과 겉으로 드러나는 행동 사이에 이전에 알려지지 않았던 관계가 있음이 발견된 사실이다. 둘째, 남자에게 여자가 언제 배란을 하는지 감지하는 적응이 있는지 혹은 여자가 자신의 배란에 반응하는 적응이 있는지와 같은 적응적 기능에 대한 생각(예컨대 Bryant & Haselton, 2009)이 새로운 연구에 중요한 자극제가 되었다는 사실이다.

이 장에서는 현대 진화생물학과 현대 심리학의 새로운 과학적 종합인 진화심리학의 논리와 방법을 중점적으로 살펴볼 것이다. 진화심리학은 포괄 적합도 이론, 부모의 투자와 성 선택 이론, 적응의 존재 혹은 부존재를 평가하는 더 엄격한 기준의 발전과 같은 진화생물학에서 일어난 이론적 발전을 활용한다. 진화심리학은 또한 심리학 분야의 개념적, 경험적 발전까지 포괄하는데, 거기에는 정보 처리 모형, 인공 지능에서 얻은 지식뿐만 아니라 보편적 감정 표현(Ekman, 1973), 사람들이 식물과 동물을 분류하는 방식의 보편성(Atran, 1990; Berlin, Breedlove, & Raven, 1973), 사람의 짝짓기 전략의 보편성(Lippa, 2009) 같은 발견까지 포함된다. 이 장의 목표는 이 새로운 종합의 개념적 기초를 소개하는 것이다. 이어지는 장들은 이 기초 위에서 이야기를 전개할 것이다. 심리학을 진화생물학과 통합하는 것이 왜 필요한가 하는 질문을 살펴보는 것으로 이야기를 시작하기로 하자.

▪ 인간 본성의 기원

복잡한 적응 기제의 기원에 관한 세 가지 이론

만약 몇 주일 동안 맨발로 돌아다닌다면, 발바닥에 굳은살이 생길 것이다. 굳은살을 만드는 기제—마찰이 반복될 때 새로운 피부 세포가 많이 생겨나는—는 발의 해부학적, 생리학적 구조가 손상되는 것을 막기 위해 작동한다. 그렇지만 자동차를 몇 주일 동안 몰고 다니더라도, 타이어가 더 두꺼워지는 일은 일어나지 않는다. 왜 그럴까?

발과 자동차 타이어는 둘 다 물리학 법칙의 지배를 받는다. 마찰은 물리적 물체를 닳게 하지 키우지 않는다. 그러나 발은 타이어와 달리 다른 법칙의 지배도 받는데, 자연 선택의 법칙이 그것이다. 자연 선택에 의한 진화는 창조적 과정이다. 굳은살을 만들어내는 기제는 그 창조적 과정의 적응 산물이다. 그 기제가 현재 존재하는 이유는, 과거에 아무리 그 정도가 미소하더라도 마찰의 결과로 피부가 더 두꺼워지는 유전자를 가진 사람은 그렇지 않은 사람보다 생존에 유리하여 살아남아서 생식에 성공하는 비율이 더 높았기 때문이다. 이렇게 성공한 조상의 후손인 우리는 조상을 성공으로 이끈 적응 기제를 지니게 되었다.

지난 세기에 굳은살을 만들어내는 기제와 같은 적응의 기원을 설명하기 위해 나온 주요 이론은 세 가지가 있다. 하나는 '지적 설계론intelligent design'이라고도 부르는 **창조론**creationism이다. 이것은 가장 큰 고래에서부터 가장 작은 플랑크톤에 이르기까지, 단순한 단세포 생물인 아메바에서부터 복잡한 사람의 뇌에 이르기까지 모든 동물과 식물을 전능한 신이 창조했다는 주장이다. 창조론은 세 가지 이유에서 '과학적 이론'으로 간주되지 않는다. 첫째, 특별한 경험적 예측이 창조론의 주요 전제로부터 나온 것이 아니기 때문에 검증 자체가 불가능하다. 모든 것이 존재하는 이유는 단지 하느님이 그렇게 창조했기 때문이다. 둘째, 창조론은 연구자들을 새로운 과학적 발견으로 이끈 적이 전혀 없다. 셋째, 창조론은 이미 발견된 생물의 기제를 과학적으로 설명하는 데 유용함이 입증된 적이 없다. 따라서 창조론은 어디까지나 종교와 믿음의 대상이지, 과학의 대상이 아니다. 창조론은 틀렸다는 것을 증명할 수 없지만, 예측이나 설명을 하는 이론으로서 유용함이 입증된 적이 없다(Kennair, 2003).

두 번째 이론은 **생명의 씨앗설**seeding theory이다. 이 주장에 따르면, 생명은 지구에서 발생하지 않았다. 이 이론의 한 가지 버전에서는 생명의 씨앗이 운석을 통해 지구에 도착했다고 한다. 또 다른 버전에서는 외계의 지적 존재가 다른 행성이나 은하에서 와 생명의 씨를 지구에 뿌렸다고 한다. 그렇지만 씨앗의 기원이 무엇이건 간에 관계 없이 그 뒤에는 자연 선택에 의한 진화가 작용하여 씨앗들이 결국에는 사람과 오늘날 관찰되는 그 밖의 생명체들로 진화했다.

생명의 씨앗설은 원리적으로는 검증이 가능하다. 운석을 조사해 생명의 흔적을 찾는다면, 생명의 기원이 다른 곳에서 왔다는 이론에 신빙성을 더해줄 것이다. 지구를 샅샅이 훑어 외계 생명이 착륙한 흔적을 찾아볼 수도 있다. 지구에서 생겨났을 리가 없는 생명체의 증거를 찾을 수도 있다. 그러나 생명의 씨앗설은 세 가지 문제가 있다. 첫째, 외계에서 그러한 씨앗이 날아왔다는 확실한 과학적 증거는 아직까지 지구에서 발견된 적이 없다. 둘째, 생명의 씨앗설은 새로운 과학적 발견을 낳은 적이 전혀 없으며, 기존의 과학적 수수께끼를 설명한 적도 없다. 그렇지만 가장 중요한 문제는, 생명의 씨앗설이 생명체에 대한 인과적 설명을 단지 시간적으로 뒤로 미룰 뿐이라는 데 있다. 만약 정말로 외계의 존재가 지구에 생명의 씨앗을 옮겨놓았다면, 외계의 그 지적 존재를 탄생시킨 인과 과정은 무엇인가?

이제 세 번째 선택만 남았는데, 그것은 바로 **자연 선택에 의한 진화**이다. 자연 선택에 의한 진화는 이론이라고 부르긴 하지만, 그 기본 원리들은 아주 많이 확인되었기 때문에(한 번도 틀렸음이 입증된 적이 없이), 대다수 생물학자들은 이 이론을 사실로 여긴다(Alcock, 2009). 그 작용 요소들—유전된 설계의 차이 때문에 일어나는 차등적 생식—은 실험실과 자연 모두에서 제대로 작동하는 것으로 입증되었다. 예를 들어 갈라파고스 제도에서 섬마다 다른 핀치의 부리 크기는 각 섬에 많이 존재하는 씨의 크기에 상응해 진화했다는 것이 입증되었다(Grant, 1991). 씨가 크면 큰 부리가 필요한 반면, 씨가 작으면 작은 부리가 더 낫다. 자연 선택론은 과학자들이 과학 이론에서 추구하는 장점이 많다 : (1) 알려진 사실을 설명한다 ; (2) 새로운 예측을 낳는다 ; (3) 과학 탐구의 중요한 영역으로 안내한다.

따라서 세 가지 이론—창조론, 생명의 씨앗설, 자연 선택론—을 동일선상에 놓고 비교하는 것 자체가 말이 되지 않는다. 자연 선택에 의한 진화는 오늘날 우리 주위에서 보는 경이로운 생명의 다양성을 설명하는 이론 중에서 유일한 **과학적** 이론이다. 또, 그것은 인간의 본성을 포함해 복잡한 적응 기제—굳은살을 만들어내는 기제에서부터 큰 뇌에 이르기까지—의 기원과 구조를 설명하는 능력이 있는 과학적 이론 중 유일한 것이기도 하다.

진화의 세 가지 산물

진화 과정의 산물은 〈표 2.1〉에서 보는 것처럼 **적응**, 적응의 **부산물**(혹은 부수물), **임의 효과**(혹은 잡음), 이렇게 세 가지가 있다(Buss et al., 1998 ; Tooby & Cosmides, 1990).

적응은 진화 기간에 생존이나 생식 문제를 해결하는 데 도움이 되기 때문에 자연 선택을 통해 나타난, 유전되고 일관성 있게 발달하는 특성이라고 정의할 수 있다(Tooby & Cosmides, 1992, pp. 61~62)

이 정의를 그 핵심 요소들로 분해해보자. 적응이 일어나려면 그 적응을 '위한' 유전자가 있어야 한다. 그 적응이 부모에게서 자식에게 전달되려면 유전자가 필요하다. 따라서 적응은 유전자를 기반으로 한다. 물론 대부분의 적응은 하나의 유전자 때문에 일어나는 게 아니고, 많은 유전자가 복합적으로 작용한 결과로 나타난다. 예를 들어 사람의 눈은 수백 개의 유전자가 작용해 만들어진다. 오늘날 우리가 가진 유전자들은 과거의 환경이 선택했다. 적응이 적절하게 발달하는 데에는 한평생의 환경이 필요하며, 일단 발달한 적응이 작동하는 데에는 현재의 환경이 중요하다.

적응은 모든 '정상' 환경에서 같은 종의 구성원들 사이에서 확실하게 발달해야 한다. 다시 말해서, 적응으로서 자격을 인정받으려면, 한 생물의 생애에서 적절한 시기에 충분히 온전한 형태로 나타나야 하고, 따라서 그 종의 모든 구성원 혹은 대다수 구성원의 특징이 되어야 한다. 여기에는 한쪽 성이나 개체군 중 특정 집단에만 존재하는 기제처럼 중요한 예외가 있는데(Buss & Hawley, 2011), 이것은 나중에 자세히 다룰 것이다. 여기서는 적응은 '대부분'

표 2.1 **진화 과정의 세 가지 산물**

산물	간략한 정의
적응	진화 기간에 개체군 내에 존재하는 대체 설계보다 생존이나 생식 문제를 해결하는 데 훨씬 도움이 되었기 때문에 자연 선택을 통해 나타난, 유전되고 신뢰할 수 있게 발달하는 특성 ; 예 : 탯줄.
부산물	적응 문제를 해결하지 못하고, 기능적 설계를 갖지 못한 특성 ; 이것은 기능적 설계를 가진 특성과 함께 '전달'되는데, 우연히 그러한 적응과 짝을 이루었기 때문이다 ; 예 : 배꼽.
잡음	우연한 돌연변이, 돌발적이고 전례가 없는 환경 변화, 발달 동안에 일어나는 우연 효과와 같은 힘 때문에 생겨난 임의 효과 ; 예 : 어떤 사람의 특별한 배꼽 모양.

그 종만의 특유한 속성이란 사실을 강조하는 게 중요하다.

확실하게 발달하는 특성은 태어날 때부터 적응이 나타나야 한다는 뜻이 아니다. 사실, 많은 적응은 태어나고 나서 한참 지난 뒤에 나타난다. 두발 보행은 사람에게 확실하게 발달하는 특성이지만, 사람은 대부분 태어난 지 일 년이 지나기 전에는 걷지 못한다. 유방은 여자에게 확실하게 발달하는 특성이지만, 사춘기가 지나서야 발달하기 시작한다.

적응은 선택 과정을 통해 형성된다. 선택은 각 세대마다 체처럼 작용하면서 전파에 기여하지 않는 특성을 걸러내고 전파에 기여하는 특성만 통과시킨다(Dawkins, 1996). 이 여과 과정은 세대마다 반복되기 때문에 각 세대는 그 부모 세대와 다소 다르다. 각 세대의 여과 과정을 통과하는 특성은 개체군 내에 존재하는 대체 설계(경쟁 관계의 설계)보다 생존이나 생식과 관련된 적응 문제를 해결하는 데 훨씬 도움이 되기 때문에 여과 과정을 통과한다. 적응의 **기능**은 그것이 해결하기 위해 진화한 적응 문제와 관계가 있다. 다시 말해서, 생존이나 생식에 정확하게 **어떻게** 기여하느냐 하는 것이다. 어떤 적응의 기능은 보통 '특수한 설계'의 흔적 덕분에 발견되고 확정된다. 여기서 특수한 설계란, 그 구성 요소나 '설계 특징'이 모두 정확한 방식으로 특정 적응 문제의 해결에 기여하는 것을 말한다. 1장에서 언급했듯이, 어떤 적응의 가상적 기능을 평가하는 기준에는 **효율성**(문제를 숙달된 방식으로 해결하는 것), **경제성**(문제를 비용 효율적 방식으로 해결하는 것), **정확성**(모든 구성 요소들이 특정 목적을 달성하도록 전문화된 것), **신뢰성**(그것이 작용하도록 설계된 상황에서 신뢰할 수 있게 기능을 수행하는 것)이 포함된다(Confer et al., 2010 ; Tooby & Cosmides, 1992, 2005 ; Williams, 1966).

각각의 진화는 나름의 진화 기간을 거친다. 처음에는 한 개체의 DNA 조각에 복제 오류가 나타나는 **돌연변이**가 일어난다. 돌연변이는 대부분 생존이나 생식을 방해하지만, 일부 돌연변이는 우연히 생존과 생식에 도움을 줄 수 있다. 만약 그 돌연변이가 그 개체에게 개체군의 다른 구성원에 비해 생식에서 유리하도록 도움을 준다면, 그것은 다음 세대에 더 많이 전달될 것이다. 따라서 다음 세대에는 더 많은 개체들이 처음에는 한 개체에게 일어난 돌연변이에 불과했던 그 특성을 지니게 된다. 많은 세대가 지나는 동안 그 돌연변이가 계속 성공을 거둔다면, 그것은 전체 개체군으로 퍼져가 그 종의 모든 구성원이 그것을 갖게 될 것이다.

진화적 적응 환경environment of evolutionary adaptedness, EEA은 특정 적응을 만들어내는 데 필요한 진화 기간에 일어난 선택 압력들의 통계적 종합을 가리킨다(Tooby & Cosmides, 1992). 달리 표현하면, 각 적응의 진화적 적응 환경은 긴 진화 시간 동안 적응을 빚어내는 데 관여하는 선택의 힘들 혹은 적응 문제들을 가리킨다. 예를 들어 눈의 진화적 적응 환경은 수억 년에 걸쳐 시각계의 각 요소를 만들어낸 특정 선택 압력들을 가리킨다. 두발 보행의 진화적 적응 환경은 약 440만 년 전으로 거슬러 올라가는 훨씬 짧은 시간에 걸쳐 작용한 선택 압력들을 포함한다. 요점은 진화적 적응 환경이 특정 시간이나 장소를 가리키는 게 아니라, 적응을 빚어낸 선택의 힘들을 가리킨다는 사실이다. 따라서 각각의 선택마다 나름의 독특한 진화적 적응 환경이 있다. 어떤 적응의 **진화 기간**은 그것이 조금씩 만들어져 그 종의 보편적인 설계로 자리잡을 때까지 걸리는 시간을 가리킨다.

비록 적응은 진화의 1차적 산물이긴 하지만, 유일한 산물은 아니다. 진화 과정은 적응의 **부산물**도 만들어낸다. 부산물은 적응 문제를 해결하지도 못하고, 기능적 설계도 갖지 않은 특성이다. 부산물은 기능적 설계를 가진 특성과 함께 '전달'되는데, 우연히 그러한 적응과 짝을 이루었기 때문이다. 전구에서 발생하는 열이 빛을 얻기 위한 설계의 부산물인 것과 마찬가지다.

사람의 배꼽을 생각해보라. 배꼽 자체가 생존이나 생식에 도움이 된다는 증거는 전혀 없다. 배꼽은 먹이를 얻거나 포식 동물을 탐지하거나 뱀을 피하거나 좋은 서식지를 찾거나 짝을 선택하는 데 아무 도움이 되지 않는다. 어떤 적응 문제를 해결하는 데 직간접적으로 관여하는 것 같지도 않다. 그보다는 배꼽은 어떤 적응—즉, 성장하는 태아에게 영양분을 공급한 탯줄—의 부산물로 생긴 것이다. 따라서 어떤 것이 다른 적응의 부산물이라는 가설은 그 부산물을 낳게 한 적응을 확인하고, 그 부산물의 존재가 왜 그 적응과 관련이 있는지 이유를 밝혀내는 게 필요하다.

진화 과정의 세 번째 산물이자 마지막 산물은 **잡음**, 즉 **임의 효과**이다. 임의 효과는 돌연변이, 돌발적이고 전례가 없는 환경 변화, 발달 동안에 일어나는 사고 같은 힘 때문에 생겨날 수 있다. 기계에 모래를 뿌리거나 컴퓨터 하드 드라이브에 뜨거운 커피를 쏟으면 그 기능의 작동을 망칠 수 있듯이, 임의 효

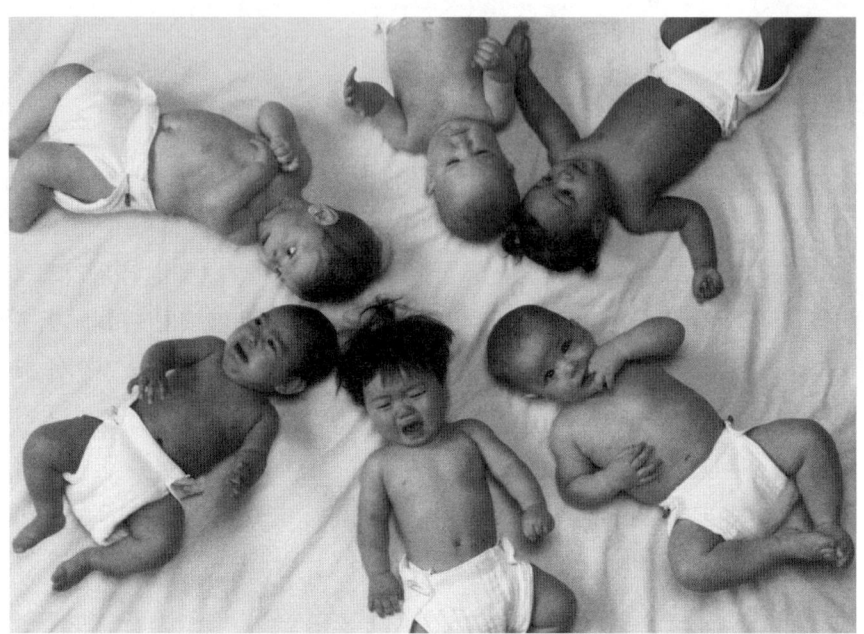

배꼽은 적응이 아니다. 배꼽은 먹이를 붙잡거나 포식 동물을 물리치는 데 전혀 도움이 되지 않는다. 배꼽은 다른 적응—태아가 이전에 어머니로부터 영양분을 얻는 데 쓰던 탯줄—의 부산물이다.

과는 가끔 생물의 기능이 순조롭게 돌아가는 걸 방해한다. 임의 효과 중에는 중립적인 것(적응 기능 작동에 도움도 되지 않고 그렇다고 방해도 되지 않는)도 있고, 생물에게 도움이 되는 것도 있다. 예를 들어 전구의 유리 용기는 재료와 제조 과정의 결함 때문에 반반하지 않고 울퉁불퉁한 곳이 있을 수 있지만, 그것이 전구의 기능에 영향을 미치지는 않는다. 유리면에 좀 울퉁불퉁한 곳이 있더라도 전구는 제 기능을 완전히 발휘할 수 있다. 잡음은 설계 특징의 적응적 측면과 관련이 없고, 그러한 특징과 무관하다는 점에서 부산물과 구별된다.

요컨대, 진화 과정에서는 적응, 적응의 부산물, 임의 효과라는 세 가지 산물이 생겨난다. 원리적으로는 어떤 종의 구성 요소들을 분석해 어떤 것이 적응이고 어떤 것이 부산물이고 어떤 것이 임의 효과인지 결정하는 연구를 할 수 있다. 이 세 가지 진화 산물의 상대적 크기 평가에서는 진화과학자들의 의견이 엇갈린다. 어떤 사람들은 언어처럼 순전히 사람의 속성인 것조차 큰 뇌의 우연한 부산물에 불과하다고 생각한다(Gould, 1991). 그러나 어떤 사람들은 사람의 언어가 적응이라는 것을 보여주는 증거가 아주 많다고 주장한다(Pinker, 1994).

진화심리학

다행히도 우리는 과학자들의 믿음에 전적으로 의존할 필요가 없는데, 왜냐하면 그들의 생각이 옳은지 그른지 우리 스스로 직접 검증할 수 있기 때문이다.

　　세 가지 진화 산물의 상대적 크기에 대한 과학적 논란에도 불구하고, 모든 진화과학자는 한 가지 기본 사실에 대해서는 의견이 일치하는데, 그것은 바로 "적응은 자연 선택에 의한 진화의 1차적 산물"이라는 것이다(Alcock, 2009 ; Dawkins 1982 ; Dennett, 1995 ; Gould, 1997 ; Trivers, 1985 ; Williams, 1992). 스티븐 제이 굴드Stephen Jay Gould처럼 진화심리학을 비판하는 사람조차 이렇게 말했다. "적응의 존재와 중요성이나 자연 선택에 의한 적응의 생성을 부인하지 않는다. ……나는 그렇게 훌륭하게 작용하는 설계를 위한 구조를 만들어낼 힘이 있는 것으로 입증된 자연 선택 외에 다른 과학적 기제를 알지 못한다."(Gould, 1997, pp. 53-58).

　　따라서 사람을 포함해 모든 동물은 그 본성의 핵심이 많은 적응의 집합으로 이루어져 있다. 그러한 적응 중 일부는 환경에서 적응적으로 적절한 정보를 얻을 수 있는 창을 제공하는 감각 기관—눈, 귀, 코, 미뢰—이다. 적응 중 일부는 곧추선 골격 자세와 다리뼈와 큰 발가락처럼 우리가 환경 속에서 돌아다닐 수 있게 해준다. 진화심리학자는 사람의 본성을 이루는 적응들 중 심리적 적응이라는 특수한 집단의 적응에 초점을 맞추어 연구한다.

진화심리학에서 진화론적 분석의 계층적 단계

모든 과학 분야에 필수적인 특징 한 가지는 가설을 만드는 것이다. 진화심리학의 경우, 가설의 본질은 적응 문제와 그 해결책을 바탕으로 한다. 더 구체적으로는 우리 조상들이 마주쳤던 적응 문제와 그러한 문제에 대한 심리적 해결책에 초점을 맞춘다. 진화심리학자가 그런 가설을 어떻게 만드는지 정확하게 알려면, 〈그림 2.1〉에 나타낸 것처럼 진화심리학에서 사용하는 분석의 계층적 단계를 살펴볼 필요가 있다.

일반 진화론. 분석의 첫 번째 단계는 일반 진화론이다. 현대적 형태의 자연 선택에 의한 진화는 '유전자의 눈'으로 본 관점에서 이해하는 것이다—차등적 유전자 복제는 진화 과정의 엔진으로, 적응은 그것을 통해 생겨난다(Cronin, 2005 ; Dawkins 1982, 1989 ; Hamilton, 1964 ; Williams, 1966). 물론 1장에서 설명

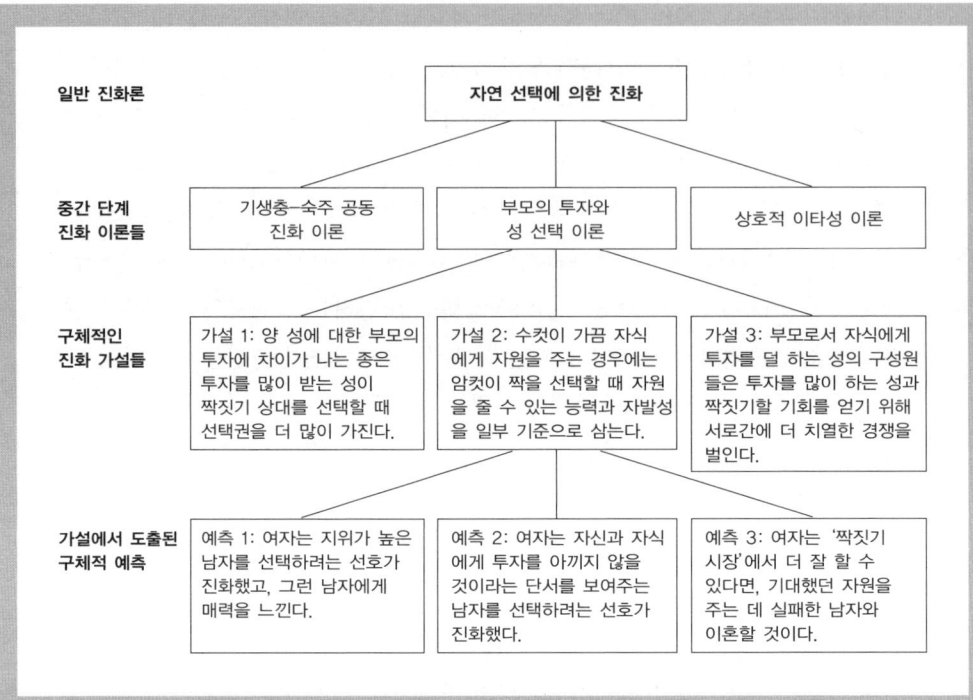

일반 진화론		자연 선택에 의한 진화	

중간 단계 진화 이론들

기생충–숙주 공동 진화 이론	부모의 투자와 성 선택 이론	상호적 이타성 이론

구체적인 진화 가설들

가설 1: 양 성에 대한 부모의 투자에 차이가 나는 종은 투자를 많이 받는 성이 짝짓기 상대를 선택할 때 선택권을 더 많이 가진다.	가설 2: 수컷이 가끔 자식에게 자원을 주는 경우에는 암컷이 짝을 선택할 때 자원을 줄 수 있는 능력과 자발성을 일부 기준으로 삼는다.	가설 3: 부모로서 자식에게 투자를 덜 하는 성의 구성원들은 투자를 많이 하는 성과 짝짓기할 기회를 얻기 위해 서로간에 더 치열한 경쟁을 벌인다.

가설에서 도출된 구체적 예측

예측 1: 여자는 지위가 높은 남자를 선택하려는 선호가 진화했고, 그런 남자에게 매력을 느낀다.	예측 2: 여자는 자신과 자식에게 투자를 아끼지 않을 것이라는 단서를 보여주는 남자를 선택하려는 선호가 진화했다.	예측 3: 여자는 '짝짓기 시장'에서 더 잘 할 수 있다면, 기대했던 자원을 주는 데 실패한 남자와 이혼할 것이다.

그림 2.1 진화론적 분석의 여러 단계: 이 그림은 진화심리학에서 사용하는 분석의 계층적 단계 중 한 가지 버전을 보여준다. 일반 진화론이 가장 높은 단계에 위치한다. 각각의 중간 단계 이론은 일반 진화론과 모순되어서는 안 되지만, 거기서 도출할 수는 없다. 진화한 심리 기제나 행동 패턴에 관한 특수한 진화 가설은 각각의 중간 단계 이론에서 도출된다. 각각의 특수한 진화 가설은 검증 가능한 특수한 예측을 다양하게 내놓을 수 있다. 각각의 가설과 진화에 대한 지지는 경험적 증거의 누적 무게로 평가한다.

했듯이 진화론은 자연 선택 과정 외에 다른 것도 많이 포함한다. 그러나 자연 선택은 복잡한 기능적 설계를 만들어내는 능력이 있는 기본적인 인과 과정 중 유일하게 알려진 것이며, 따라서 여기서는 진화 이론의 계층적 단계에서 가장 일반적인 단계로 취급할 것이다.

이 일반적 단계에서는 비록 진화론을 '이론'으로 이야기하긴 하지만, 생물과학자들 사이에서 진화론은 사실로 널리 받아들여지고 있다. 진화심리학 분야에서 일어나는 연구는 대부분 진화론이 옳다는 가정에서 출발하지만, 연구를 통해 이 가정을 직접 검증하지는 않는다.

원리적으로는 일반 진화론이 틀렸음을 입증할 수 있는 관찰들이 있다. 만약 과학자들이 복잡한 생명체가 자연 선택이 작용할 수 없을 만큼 아주 짧은

진화심리학

시간에 (예컨대 7일 만에) 생겨났다는 증거를 발견한다면, 일반 진화론은 틀렸음을 입증할 수 있다. 또, 순전히 다른 종의 이익을 위해 기능을 발휘하는 적응이 발견되더라도, 일반 진화론이 틀렸음이 입증될 것이다. 동성 경쟁자들의 이익을 위해 기능을 발휘하는 적응이 발견되더라도, 일반 진화론이 틀렸음이 입증될 것이다(Darwin, 1859 ; Mayr, 1982 ; Williams, 1966). 그런 현상은 아직까지 보고된 적이 없다.

중간 단계 진화 이론. 한 단계 아래로 내려가면(〈그림 2.1〉 참고), 트리버스가 주장한 부모의 투자와 성 선택 이론과 같은 중간 단계 이론들이 나온다. 이 중간 단계 이론들도 기능을 다루는 전체 영역들을 포괄하기 때문에 상당히 광범위하다. 이 이론들 역시 과학적 검증을 거쳐 틀렸음을 입증하기 좋은 대상이다. 이 점을 자세히 설명하기 위해 한 가지 이론—부모의 투자가 성 선택의 이면에서 원동력으로 작용한다는 트리버스의 이론—만 살펴보기로 하자. 다윈의 성 선택론(1871)을 더 정교하게 만든 이 이론은 배우자 선택과 동성 간 경쟁(같은 성의 경쟁자들 사이에 벌어지는 경쟁)의 작용을 예측하는 핵심 요소 한 가지를 제공했다. 트리버스는 자식에게 더 많은 자원을 투자하는 성(항상 그런 것은 아니지만 암컷인 경우가 많음)은 배우자를 선택하는 데 더 까다롭거나 차별적이라고 주장했다. 반대로 자식에게 자원을 덜 투자하는 성은 배우자 선택에 덜 까다로운 쪽으로, 또 자식에 투자를 많이 하는 귀중한 이성에게 성적으로 접근하려고 동성 구성원들과 경쟁을 심하게 벌이는 쪽으로 진화한다고 했다.

다양한 종에서 얻은 경험적 증거는 트리버스의 이론에 담긴 기본 주장을 강력하게 지지한다(Alcock, 2009). 수컷보다 암컷이 자식에게 훨씬 많은 투자를 하는 많은 종들에서 실제로 암컷이 수컷보다 배우자를 선택하는 데 더 까다롭거나 차별적이다. 그렇지만 암컷보다 수컷이 투자를 더 많이 하는 종도 일부 있다. 예를 들어 암컷이 알을 수컷에게 이식시키고, 알에서 새끼가 태어날 때까지 수컷이 알을 몸 속에 넣고 다니는 종이 있다. 모르몬귀뚜라미, 화살독개구리, 파이프피시해마 같은 종들은 이런 방법으로 수컷이 암컷보다 더 많이 투자한다(Jones et al., 2001, Trivers, 1985).

수컷 파이프피시해마는 암컷에게서 알을 받아 캥거루처럼 주머니에 넣고 다닌다. 암컷들은 '최고'의 수컷을 놓고 서로 공격적으로 경쟁을 벌이며, 수컷

많은 종과는 달리 모르몬귀뚜라미는 암컷이 수컷보다 더 크고 강하고 공격적이다. 부모의 투자 이론은 이런 경향이 나타날 것이라고 예측한다. 이 종은 수컷이 부모의 투자를 더 많이 하며, 몸집이 크거나 다른 암컷과 동성 간 경쟁에서 이기는 데 도움이 되는 속성을 가진 암컷이 수컷에게 선택을 받는다.

은 어떤 암컷과 짝을 지을지 까다롭게 군다. 이렇게 '성 역할이 역전된' 종들은 트리버스의 이론을 뒷받침하며, 배우자를 선택할 때 성에 따라 까다롭게 구는 정도에 차이를 빚어내는 원인은 '수컷의 속성'이나 '암컷의 속성'이 아니라, 성에 따른 부모의 상대적 투자 차이라는 것을 보여준다. 따라서 지금까지 누적된 증거는 배우자를 선택할 때 까다롭게 구는 성향과 경쟁의 결정 요소가 부모의 투자라는 트리버스의 중간 단계 이론을 크게 지지한다(Klug et al., 2010도 참고하라).

〈그림 2.1〉(86쪽)을 다시 보라. 트리버스의 중간 단계 이론이 일반 진화론과 양립할 수 있음을 알 수 있다. 트리버스는 진화 과정에서 나타날 수 없는 것을 주장하지 않는다. 그렇지만 그와 동시에 부모의 투자 이론은 일반 진화론에서 논리적으로 도출되는 것도 아니다. 자연 선택론에는 부모의 투자 이론을 조금이라도 암시하는 내용이 전혀 없다. 따라서 중간 단계 이론은 일반 진화론과 양립할 수 있지만, 이론의 성공과 실패 여부는 순전히 자력에 달려 있다.

구체적인 진화 가설. 〈그림 2.1〉에서 한 단계 아래로 내려가 구체적인 진화 가설을 살펴보자. 예를 들면, 사람에 관한 가설 중에 제공할 자원을 가진 남자를 선호하는 성향이 여자에게 진화했다는 것이 있다(Buss, 1989a ; Symons, 1979). 그 논리는 다음과 같다. 첫째, 여자는 아이에게 투자를 많이 하기 때문에 짝을 선택할 때 까다롭게 굴도록 진화했다(부모의 투자 이론에서 나오는 표준적 예측). 둘째, 여자의 선택 **내용**에는 역사적으로 자식의 생존과 생식을 증가시킨 것이 모두 반영되어야 한다. 따라서 여자는 자신과 자식에게 자원을 줄 능력이 있고 또 기꺼이 주려는 남자를 배우자로 선호하도록 진화했다는 가설을 세울 수 있다. 이것은 진화**심리학**적 가설인데, 왜냐하면 사람의 특정 적응 문제—자식에게 투자할 능력이 높아 보이는 남자를 구하는 문제—를 해결하기 위해 설계된 특정 심리 기제—욕구—가 존재한다고 주장하기 때문이다.

　구체적인 진화심리학 가설은 경험적으로 검증할 수 있다. 과학자들은 광범위한 문화의 여자들을 조사해 실제로 자신과 자식에게 자원을 줄 능력이 있고 또 기꺼이 주려는 남자를 배우자로 선호하는지 알아볼 수 있다. 그렇지만 이 가설을 철저하게 검증하려면, 이 가설에서 나오는 구체적인 예측이 어떤 것인지 살펴보아야 한다—〈그림 2.1〉에서 한 단계 더 아래로 옮겨감으로써. 여자는 제공할 자원이 많은 남자를 선호한다는 가설을 바탕으로 다음과 같은 예측을 할 수 있다 : (1) 여자는 자원 획득과 관련이 있는 것으로 알려진 특정 속성, 예컨대 사회적 지위나 지능, 약간 더 많은 나이와 같은 속성을 지닌 남자를 높이 평가할 것이다 ; (2) 독신자 술집에서 시선으로 측정한 여자의 관심은 자원이 없는 남자보다는 자원이 있는 것처럼 보이는 남자에게 더 많이 쏠릴 것이다 ; (3) 경제적 자원을 제대로 제공하지 못하는 남편을 둔 여자는 경제적 자원을 제공하는 남편을 둔 여자보다 이혼할 확률이 더 높을 것이다.

　이 예측들은 모두 여자는 자원을 가진 남자를 선택하려는, 특별히 진화한 선호가 있다는 진화심리학 가설에서 나온 것이다. 이 가설의 가치는 거기서 도출된 예측들의 과학적 검증에 달려 있다. 만약 예측들이 틀린 것으로 밝혀진다면—만약 여자들이 자원 획득과 관련이 있는 것으로 알려진 성격 특성을 원하지 않고, 독신자 술집에서 자원을 가진 남자를 더 많이 바라보지 않고, 자원을 제대로 제공하지 못하는 남편과 이혼하는 비율이 더 높지 않다면— 가설은 지지를 받지 못할 것이다. 만약 예측들이 옳은 것으로 밝혀진다면, 가설은 최소한 당분간은 지지를 받을 것이다.

　물론 이것은 지나치게 단순화한 것이고, 추가로 분석 단계가 여러 개 더 포함되는 경우가 많다. 우리는 남자의 투자를 얻으려는 적응 문제를 해결하는 데 필요한 여러 종류의 정보 처리 기제를 더 자세히 분석할 수 있고, 그런 환경에서 우리 조상이 이용할 수 있었던 단서들을 분석해 안내 지침으로 사용할 수 있다. 예를 들어 인류는 진화해온 역사의 99% 동안 수렵 채집인으로 지냈다는 사실이 알려져 있기 때문에(Tooby & DeVore, 1987), 여자에게 진화한 선호 중에는 신체적 능력, 손과 눈의 협응, 오랜 기간의 사냥에 필요한 지구력 등 사냥의 성공에 필요한 특수한 속성이 일부 포함될 것이라고 예측할 수 있다.

표준 과학의 기준과 조건이 모두 충족되어야 한다. 만약 예측들이 경험적으로 확인되지 않는다면, 그 바탕이 되는 가설은 의심을 받게 된다. 만약 예측이 실패해 핵심 가설이 의심을 받는다면, 그 가설을 만들어낸 중간 단계 이론의 진실 혹은 가치 역시 의심을 받게 된다. 일관성 있게 지지를 받은 이론들은 주요 중간 단계 이론으로 각광을 받는데, 특히 흥미롭고 많은 결실을 낳는 연구의 길을 열어준다면 더욱 그렇다. 그런 길을 여는 데 실패하거나 경험적으로 검증에 실패하는 이론은 폐기된다.

이러한 계층적 분석 단계들은 "진화론의 기술이 틀렸음을 입증할 수 있는 증거는 어떤 것인가?"와 같은 질문에 대답하는 데 편리하다. 심리 기제에 관한 어떤 가설을 낳은 한 단계 위의 이론이 완전히 옳다 하더라도, 그 가설은 틀릴 수 있다. 예를 들어 설사 여자가 자원을 가진 남자를 배우자로 원하는 특정 선호가 진화하지 않은 것으로 밝혀진다 하더라도, 부모의 투자에 관한 트리버스의 중간 단계 이론은 옳을 수 있다. 여자의 선호에 필요한 돌연변이가 나타나지 않았을 수도 있고, 조상들이 살던 시대의 여자들이 독자적으로 배우자를 선택하는 데 제약을 받았을 수도 있다.

마찬가지로, 설사 구체적인 진화심리학 가설—이 경우에는 여자에게 자원을 가진 남자를 원하는 특정 배우자 선호가 진화하는 것—이 옳다 하더라도, 거기서 도출된 모든 예측이 반드시 옳다는 보장은 없다. 예를 들어 여자는 남자에게서 자원과 관련이 있는 속성을 원하더라도, 자원을 제공하지 못하는 남자와 이혼하지 않을 수도 있다. 이혼을 금지하는 법 때문에 자원을 제공하지 못하는 남편과 계속 살아야 할지도 모른다. 혹은 이혼을 하더라도 더 잘살 자신이 없어 그냥 계속 함께 살기로 마음먹을 수도 있다. 이러한 요인들은 모두 예측을 틀린 것으로 만들 수 있다.

요컨대, 어떤 진화 이론의 평가는 증거가 얼마나 누적되느냐에 좌우되며, 어떤 한 가지 예측에 좌우되지 않는다. 진화 가설은 정확하게 기술한 것이라면 검증 가능성이 매우 높고, 거기서 도출된 예측을 증거로 뒷받침하는 데 실패하면 틀렸다고 쉽게 반증할 수 있다(반증 가능성 문제를 훌륭하게 다룬 글로는

Ketelaar & Ellis, 2000를 참고하라).

진화 가설을 만들고 검증하는 두 가지 전략. 〈그림 2.1〉의 계층적 단계들은 진화 가설과 예측을 만드는 한 가지 과학적 전략을 보여준다. 이 전략은 가설 생성의 하향식 접근 방법 또는 이론 주도적 접근 방법이라 부른다. 맨 위에 있는 일반 진화론을 가지고 출발해 가설들을 도출할 수 있다. 예를 들어 순전히 포괄 적합도 이론만을 토대로 사람은 먼 유전적 친척보다 가까운 유전적 친척을 더 많이 도울 것이라고 예측할 수 있다. 혹은 부모의 투자에 관한 트리버스의 중간 단계 이론을 토대로 어떤 가설을 만들 수도 있다. 어느 쪽이건, 가설의 도출은 다이어그램에서 위에서 아래로, 즉 일반적인 것에서 특수한(구체적인) 것을 향해 흐른다.

하향식 전략은 이론이 대단히 유용하게 쓰이는 방법들 중 하나를 보여준다. 이론은 구체적인 가설을 만들 수 있는 일련의 실용적인 전제들과, 친족이나 자식에게 투자하는 것처럼 중요한 탐구 영역으로 연구자를 안내하는 틀을 제공한다.

진화심리학 가설을 만드는 두 번째 전략이 있다(〈표 2.2〉 참고). 이론으로 시작하는 대신에 관찰로 시작할 수가 있다. 어떤 현상의 존재가 일단 관찰되면, 상향식 접근 방법을 사용해 나아가면서 그 기능에 대한 가설을 만들 수 있다. 사람은 다른 사람들의 존재를 예민하게 인식하기 때문에, 일반적으로 어떤 대상에 주의를 기울이게 하는 공식적인 이론이 없더라도 그 대상을 알아챌 수 있다. 예를 들면, 대다수 사람들은 사람이 말을 통해 의사 소통을 하고, 두 다리로 직립보행을 하고, 때로는 다른 집단과 전쟁을 벌인다는 사실을 알려주는 이론이 없더라도 그 사실을 얼마든지 알 수 있다. 일반 진화론에는 언어와 두 발 보행과 집단 대 집단 전쟁이 진화했을 것이라는 가설을 낳을 만한 내용이 전혀 없다.

우리 자신과 다른 종들에서 진화론이 예측하지 않은 것이 많이 관찰된다고 해서 이론 자체의 가치가 줄어드는 것은 아니다. 그렇지만 이것은 한 가지 문제를 제기한다. 이런 현상들은 어떻게 설명할 수 있을까? 진화론적 사고가 이 현상들을 이해하는 데 도움을 줄까?

과학적 조사를 통해 확인된 보편적인 관찰 사례를 생각해보자. 여자의 외

표 2.2 **진화 가설을 만들고 검증하는 두 가지 전략**

전략 1: 이론 주도형 또는 '하향식' 전략

1단계: 기존의 이론에서 가설을 이끌어낸다.
> 예: 부모의 투자 이론에서 여자는 남자보다 자식에게 의무적인 투자를 더 많이 하기 때문에, 배우자를 선택할 때 더 까다롭거나 차별적인 경향이 있다는 가설을 이끌어낼 수 있다.

2단계: 가설을 토대로 한 예측을 검증한다.
> 예: 여자는 남자의 속성과 헌신을 평가하기 위해 섹스에 동의하기 전에 시간을 더 끌고 더 엄격한 기준을 적용할 것이라는 예측을 검증하는 실험을 한다.

3단계: 경험적 결과가 예측을 확인해주는지 평가한다.
> 예: 여자는 섹스에 동의하기 전에 시간을 더 끌고 더 엄격한 기준을 적용한다(Buss & Schmitt, 1993 ; Kennair et al., 2009).

전략 2: 관찰 주도형 또는 '상향식' 전략

1단계: 알려진 관찰을 바탕으로 적응적 기능에 대한 가설을 개발한다.
> 예: A. 관찰 : 남자는 배우자를 선택할 때 여자보다 외모를 훨씬 중요시하는 것처럼 보인다.
> B. 가설 : 여자의 외모는 조상 남자들에게 생식력에 대한 단서를 제공했다.

2단계: 가설을 토대로 한 예측을 검증한다.
> 예: 남자가 느끼는 매력의 기준이 여자의 생식력에 대한 단서를 바탕으로 하는지 결정하는 실험을 한다.

3단계: 경험적 결과가 예측을 확인해주는지 평가한다.
> 예: 남자는 생식력과 상관관계가 있다고 알려진 허리 대 엉덩이 비율이 낮은 여자를 매력적으로 느낀다(Dixon et al., 2010 ; Singh, 1993).

모는 남자의 관심을 끄는 데 아주 중요하다. 이것은 과학 이론의 안내가 없더라도 많은 사람이 관찰하는 사실이다. 심지어 여러분의 할머니조차 남자는 대부분 매력적인 여자를 좋아한다고 말할 것이다. 그러나 진화론의 관점은 이보다 더 깊이 들여다본다. 왜 그럴까 하고 묻는 것이다.

가장 많은 지지를 받는 진화 가설은 여자의 외모가 생식력에 대한 단서를 많이 제공한다는 것이다(Sugiyama, 2005). 이 가설에 따르면, 남자가 여자에게서 매력적으로 느끼는 특징은 생식력과 관련이 있는 신체 특징이나 행동 특징이어야 한다. 긴 진화 시간에 걸쳐 이러한 생식력의 단서를 보여준 여자에게 매력을 느낀 남자들은 그런 단서가 부족한 여자에게 매력을 느낀 남자들보다 자손을 더 많이 낳았을 것이다.

심리학자 데벤드라 싱Devendra Singh은 그러한 특징을 한 가지 제안했는데, 바로 허리 대 엉덩이 비율(the ratio of the waist to the hips, WHR)이다(Singh, 1993). 허리 대 엉덩이 비율이 낮은 것은 허리 둘레가 엉덩이 둘레보다 작은 것을 가리키는데, 이것이 생식력과 관련이 있다는 근거는 두 가지가 있다. 첫째, 인공 수정 전문 병원에 온 여자들의 경우, WHR이 낮은 여자가 높은 여자보다 더 빨리 임신한다. 둘째, WHR이 높은 여자는 심장병과 내분비계 문제 발생 비율이 더 높은데, 이 두 가지는 낮은 생식력과 관련이 있다. 그래서 싱은 남자는 WHR이 낮은 여자를 선호하며, 남자들 사이에서 여성의 생식력을 강하게 암시하는 이 물리적 단서를 추구하는 욕구가 진화했다고 주장했다.

여러 문화를 대상으로 실시한 일련의 연구에서 싱은 남자들에게 WHR이 다양한 여자들을 선으로 그린 그림을 보여주었다. 그 중에는 그 비율이 0.70(즉, 허리 둘레가 엉덩이 둘레의 70%), 0.80, 0.90인 여자들이 있었다. 남자들에게 가장 매력적인 여자 그림에 동그라미를 치라고 했다. 표본 집단은 아프리카에서부터 브라질과 미국에 걸쳐 있었는데, 각각의 문화에서 다양한 연령층의 남자들이 WHR이 0.70인 여자를 가장 매력적으로 느꼈다. 남자들에게 여자들의 시각적 이미지를 보여주고 시선을 추적한 조사 결과에서도 이 부분이 가슴과 함께 시선이 맨 먼저 가는 곳임이 확인되었는데, 이것은 여자의 몸에서 모래시계처럼 잘록한 형태를 평가하는 작업이 아주 빠르고 자동적으로 일어난다는 것을 시사한다(Dixon et al., 2010). 따라서 남자가 여자의 외모를 중요하게 여긴다는 개념은 보편적인 관찰 사실이지만, 왜 이런 현상이 나타나는지에 대해 구체적인 진화 가설을 만들고 검증할 수 있다.

가설을 만들고 검증하는 이 '상향식' 전략에 대해 두 가지 결론을 얻을 수 있다. 첫째, 과학자들이 현상을 관찰한 뒤에 그 기원과 기능에 관한 가설을 만드는 것은 지극히 타당하다. 예를 들면, 천문학에서는 우주가 팽창한다는 사실이 관측된 뒤에 그것을 설명하기 위한 이론들이 나왔다. 존재할지도 모르지만 아직까지 정확하게 관찰되고 기록되지 않은 현상에 대해 상향식 전략은 '하향식' 이론 주도형 가설을 훌륭하게 보완한다.

둘째, 어떤 진화 가설의 가치는 부분적으로 그 정확성에 있다. 가설이 정확할수록 거기서 구체적인 예측을 하기가 더 쉽다. 그러한 예측은 만약 가설이 옳다면 가정한 적응이 반드시 가져야 하는 '설계 특징'의 분석을 바탕으로 할 때가 많다. 매 단계마다 경험적으로 검증되는 예측을 내놓지 못하는 가설은 폐기되고, 경험적으로 검증되는 예측을 내놓는 가설은 살아남는다. 따라서 과학이 진화한 심리 기제의 존재와 복잡성과 기능성의 발견을 향해 점점 가까이 다가갈수록 전체 연구는 누적적 속성을 드러낸다.

■ 인간 본성의 핵심: 진화한 심리 기제의 기초

이 절에서는 진화심리학의 관점에서 인간 본성의 핵심을 다룰 것이다. 첫째, 사람을 포함해 모든 종은 기술하고 설명할 수 있는 본성을 갖고 있다. 둘째, 진화한 심리 기제—인간 본성을 이루는 핵심 단위인—의 정의를 제시할 것이다. 마지막으로, 진화한 심리 기제의 중요한 성질들을 살펴볼 것이다.

모든 종은 본성이 있다

네 발로 걷고, 텁수룩한 갈기가 자라고, 먹이를 구하기 위해 다른 동물을 사냥하는 것은 수사자의 본성 중 일부이다. 날지 못하는 번데기 단계에 들어가 고치로 몸을 감싸고 지내다가 거기서 나와 우아하게 나풀나풀 날아다니면서 먹이와 짝을 찾는 것은 나비의 본성 중 일부이다. 호저가 가시로, 수사슴이 뿔로, 거북이 껍데기로 자기 몸을 지키는 것도 각각 그 종이 지닌 본성의 일부이다. 모든 종은 본성이 있으며, 그 본성은 종마다 제각각 다르다. 각 종은 진화의 역사를 거치면서 나름의 특별한 선택 압력을 받았고, 그래서 각각 특별한 종류의 적응 문제들에 마주쳤다.

사람도 물론 본성—우리를 독특한 종으로 정의하는 속성—이 있으며, 모든 심리학 이론도 본성의 존재를 암시한다. 프로이트는 사람의 본성이 격렬한 성 충동과 공격 충동으로 이루어져 있다고 보았다. 윌리엄 제임스는 사람의 본성이 수십 가지 혹은 수백 가지 본능으로 이루어져 있다고 보았다. 스키너의 급진적 행동주의처럼 극단적인 환경 결정론조차도 사람은 본성—이 경우에는 매우 일반적인 학습 기제로 이루어진—을 가지고 있다고 가정한다. 모든 심리학 이론은 그 바탕에 사람의 본성에 대한 기본 전제가 있다.

사람의 본성을 이루는 기본 요소들을 만들어낼 수 있는 것으로 알려진 인과 과정은 자연 선택에 의한 진화가 유일하기 때문에, 모든 심리학 이론은 명

진화심리학

각 종은 나름의 독특한 본성—다른 종과는 다른 독특한 적응—을 갖고 있다. 호저와 스컹크, 거북은 모두 포식 동물에 대항해 자기 몸을 방어하지만, 각자 다른 방법을 사용한다.

시적이건 암묵적이건 진화론을 바탕으로 하고 있다. 만약 사람이 본성을 갖고 있고, 자연 선택에 의한 진화가 그것을 만들어낸 인과 과정이라면, 다음 질문을 제기할 수 있다. 우리가 진화한 기원을 들여다보면 우리의 본성에 대해 어떤 놀라운 직관을 얻을 수 있을까? 사람의 경우, 진화 **과정**을 조사하면 그 과정의 **산물**에 대해 어떤 정보를 얻을 수 있을까? 이러한 핵심 질문들에 대한 답은 이 책의 나머지 부분에서 중요한 부분을 차지한다.

더 넓은 분야인 진화생물학이 어떤 생물을 이루는 모든 부분을 합쳐 진화론적으로 분석하는 데 초점을 맞춘다면, 진화심리학은 그보다 더 좁게 심리학적인 부분—진화한 기제들의 집합으로 본 사람의 마음, 그러한 기제를 작동시키는 맥락, 그런 기제들이 만들어내는 행동의 분석—에만 초점을 맞춘다. 그러니 이제 사람의 마음을 이루는 적응들—진화한 심리 기제—을 직접 살펴보기로 하자.

진화한 심리 기제란 무엇인가

진화한 심리 기제는 생물 내부에서 일어나는 일련의 과정들로, 다음과 같은 성질을 가진다.

1. 진화한 심리 기제는 진화의 역사를 통해 그것이 특정 생존 문제나 생식 문제를 반복적으로 해결했기 때문에 그런 형태로 존재한다. 이것은 그 기제의 형태, 즉 그 설계 특징들이 특정 자물쇠에 딱 들어맞는 열쇠와 비슷하다는 뜻이다. 열쇠 모양이 자물쇠의 내부 구조와 딱 들어맞도록 만들어야 하는 것과 마찬가지로, 어떤 심리 기제의 설계 특징도 생존 또는 생식의 적응 문제를 해결하는 데 필요한 특징과 딱 들어맞는 것이어야 한다. 적응 문제를 해결하지 못하면, 진화에서 선택의 체를 통과할 수 없다.

2. 진화한 심리 기제는 아주 좁은 범위의 정보만 받아들이도록 설계되었다. 사람의 눈을 생각해보자. 눈을 뜨기만 하면 모든 게 잘 보이는 것 같지만, 실제로는 눈은 광범위한 전자기 스펙트럼 중에서 아주 좁은 범위의 입력—가시 스펙트럼 내에 있는 것—에만 민감하다. 우리는 가시 스펙트럼보다 파장이 짧은 X선이나 파장이 긴 전파를 보지 못한다.

그런데 우리의 눈은 가시 스펙트럼 내에서도 폭이 더 좁은 정보만 처리하도록 설계돼 있다(Marr, 1982 ; Van der Linde et al., 2009). 사람의 눈에는 물체에서 반사된 대조적인 빛을 포착하는 특별한 윤곽 감지 장치와 움직임을 포착하는 움직임 감지 장치가 있다. 물체의 색깔에 관한 정보를 포착하도록 설계된 원뿔 세포도 있다. 따라서 눈은 결코 만능 시각 장치가 아니다. 눈은 훨씬 넓은 잠재적 정보 영역 중에서 좁은 폭의 정보—특정 진동수 범위의 파동, 윤곽, 움직임 등—만 처리하도록 설계돼 있다.

마찬가지로, 뱀을 무서워하도록 학습하는 성향의 심리 기제는 아주 좁은 범위의 정보—기다란 물체가 혼자 힘으로 꿈틀거리며 나아가는 움직임—만 받아들이도록 설계돼 있다. 먹이, 풍경, 짝에 대한 우리의 진화한 선호는 모두 입력 신호가 될 잠재력이 있는 무한히 다양한 정보 중에서 제한된 범위의 정보만 받아들이도록 설계돼 있다. 각각의 기제를 작동시키는 제한적 단서는 진화적 적응 환경에서 반복되는 것들이거나 현대의 환경에서 옛날의 그런 단서를 비슷하게 흉내낸 것들이다.

3. 진화한 심리 기제의 입력은 생물에게 그 생물이 맞닥뜨린 특정 적응 문제를 알려준다. 꿈틀거리는 뱀을 보았다는 입력은 여러분에게 특별한 생존 문제에 맞닥뜨렸다는 사실—만약 물리면 신체적 해를 입거나 어쩌면 죽을 수도 있다는—을 알려준다. 먹을 수 있는 물체의 냄새 차이—악취나 썩는 냄새가 나는

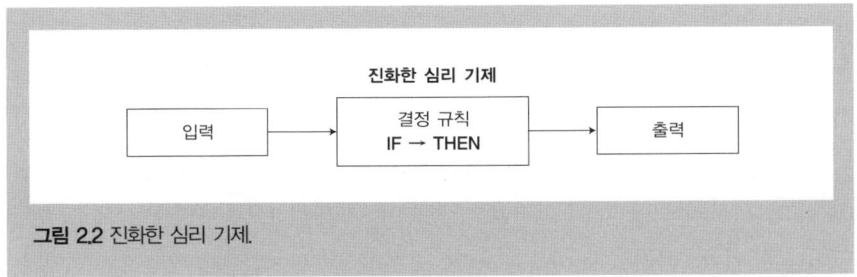

그림 2.2 진화한 심리 기제.

것과 달콤하거나 향기로운 냄새가 나는 것—는 먹이 선택이라는 적응적 생존 문제에 맞닥뜨렸다는 사실을 알려준다. 요컨대, 입력은 생물에게 어떤 적응 문제에 맞닥뜨렸는지 알려준다. 이 과정은 대개 의식 밖에서 일어난다. 사람은 피자를 굽는 냄새를 맡고서 "아하! 나는 지금 먹이 선택이라는 적응 문제에 맞닥뜨리고 있구나!"라고 생각하진 않는다. 대신에 그 냄새는 무의식적으로 먹이 선택 기제를 작동시키며, 그 적응 문제를 인식하는 것은 필요하지 않다.

4. 진화한 심리 기제의 입력은 결정 규칙을 통해 출력으로 변한다. 뱀을 보았을 때 여러분은 공격하거나 달아나거나 꼼짝도 하지 않기로 결정할 수 있다. 오븐에서 막 꺼낸 피자 냄새를 맡았을 때, 여러분은 그것을 먹기로 선택하거나 뒤돌아보지 않고 가기로(아마도 다이어트 중이라서) 선택할 수 있다. 결정 규칙은 생물을 한 경로나 다른 경로로 나아가게 하는 일련의 절차—"만약……라면 (if, then)" 진술—이다. 예를 들어 분노한 경쟁자를 공개적 장소에서 마주쳤을 때, 사람에게 나타나는 "만약……라면" 결정 규칙은 다음과 같은 것이 될 수 있다 : "만약 분노한 경쟁자가 체격이 크고 힘이 세다면, 육체적 싸움을 피하라 ; 만약 분노한 경쟁자가 체격이 작고 힘이 약하다면, 정식 도전을 받아들이고 싸워라." 이 예에서 입력(어떤 크기의 분노한 경쟁자와 맞닥뜨린 사건)은 결정 규칙 ("만약 ……라면" 절차)을 통해 출력(싸우거나 달아나는 행동)으로 변한다(〈그림 2.2〉 참고).

5. 진화한 심리 기제의 출력은 생리적 활동이나 다른 심리 기제로 보내는 정보나 겉으로 드러나는 행동이 될 수 있다. 뱀을 보았을 때 여러분은 생리적으로 자극을 받거나 두려워할 수도 있고(생리적 출력) ; 이 정보를 이용해 꼼짝 않거나 달아나거나 하는 것처럼 자신의 행동 선택을 평가할 수도 있고(다른 심리 기제로 보내는 정보) ; 이 평가를 이용해 달아나는 것과 같은 행동을 할 수도 있다(행

동으로 나타나는 출력).

또 다른 예로 성적 질투를 생각해보자. 애인과 함께 파티에 갔다가 술을 가져오려고 잠시 자리를 비웠다고 하자. 잠시 뒤에 돌아와보니 애인이 다른 사람과 다정하게 대화를 나누고 있는 게 아닌가! 두 사람은 서로 아주 가까이 붙어 있고, 서로의 눈을 깊이 바라보고 있으며, 자세히 보니 가벼운 신체 접촉도 일어나고 있다. 이러한 단서들은 성적 질투라 부르는 반응을 일으킬 수 있다. 이 단서들은 그 기제의 입력으로 작용하여 여러분에게 적응 문제—배우자를 잃을 수 있다는 위협—를 알려준다. 그러면 이 입력은 일련의 결정 규칙에 따라 평가된다. 한 가지 선택은 두 사람을 무시하고 무관심한 체하는 것이다. 또 한 가지 선택은 경쟁자를 위협하는 것이다. 세 번째 선택은 화를 내면서 애인을 때리는 것이다. 애인과의 관계를 다시 생각해보는 선택도 할 수 있다. 따라서 심리 기제의 출력은 생리적인 것(자극)이 될 수도 있고, 행동적인 것(대치, 위협, 폭력)이 될 수도 있고, 다른 심리 기제로 보내는 입력(서로의 관계를 다시 생각해보는 것)이 될 수도 있다.

6. 진화한 심리 기제의 출력은 특정 적응 문제의 해결을 지향한다. 애인의 잠재적 부정을 시사하는 단서가 적응 문제가 있음을 알려주는 것처럼 성적 질투 기제의 출력은 그 문제를 해결하는 방향으로 작용한다. 위협을 받은 경쟁자가 그곳을 떠날지도 모르고, 애인이 다른 사람과 바람을 피우는 것을 단념할지도 모르고, 관계 재평가 결과로 여러분은 잃은 것을 잊어버리고 새로운 것을 찾아 나설지도 모른다. 이것들은 모두 여러분의 적응 문제를 해결하는 데 도움이 될 수 있다.

심리 기제의 출력이 특정 적응 문제의 해결을 낳는다는 말이 그 해결책이 항상 최선이거나 성공적이라는 뜻은 아니다. 경쟁자는 여러분의 위협에 굴복하지 않을지도 모른다. 애인은 여러분의 질투에도 불구하고 경쟁자와 바람을 피울지도 모른다. 중요한 사실은, 심리 기제의 출력이 늘 성공적인 해결책이 되는 것은 **아니지만**, 그 기제의 출력이 그것이 진화한 환경에서 다른 경쟁 전략보다 **평균적으로** 적응 문제를 더 잘 해결하는 경향이 있다는 점이다.

그런데 진화의 역사에서 과거에 성공적인 해결책을 낳은 기제가 지금도 성공적인 해결책을 낳을 수도 있고, 그렇지 않을 수도 있다는 사실을 기억할

진화심리학

필요가 있다. 예를 들어 우리가 지방의 맛을 선호하는 경향은 과거에는 분명히 적응적인 것이었다. 지방은 소중하고 희귀한 칼로리 공급원이었기 때문이다. 그러나 거리마다 피자 가게와 햄버거 가게가 늘어서 있는 지금은 더 이상 지방이 희귀한 칼로리 공급원이 아니다. 그래서 지방을 선호하는 미각은 지방 과다 소비를 촉진하고, 그것은 동맥경화와 심장병의 원인이 되어 우리의 생존을 방해한다. 여기서 중요한 사실은 진화한 기제는 그것이 진화한 시기에 평균적으로 성공적인 결과를 낳았기 때문에 그런 형태로 존재한다는 것이다. 그것이 지금도 적응적인 것인가—즉, 지금도 생존과 생식의 성공에 기여하는가—하는 것은 사안별로 조사해서 판단해야 할 경험적 문제이다.

요컨대, 진화한 심리 기제는 생물 내부에서 특정 정보를 받아들여 결정 규칙을 통해 역사적으로 적응 문제를 해결하는 데 도움이 된 출력으로 변화시키도록 설계된 일련의 절차이다. 현재의 생물에게 심리 기제가 존재하는 것은 그것이 그 생물의 조상들 사이에서 특정 적응 문제를 해결하는 데 평균적으로 성공했기 때문이다.

진화한 심리 기제의 중요한 성질

이 절에서는 진화한 심리 기제의 중요한 성질을 여러 가지 살펴보기로 하자. 그것들은 "마음을 그 자연적 관절 부위에서 깎아 다듬는" 비자의적 기준을 제공하는데, 문제 특정적이고 수가 많으며 복잡한 경향이 있다. 이 특징들이 합쳐져 현생 인류의 특징이라고 할 수 있는 놀라운 행동 유연성을 낳는다.

진화한 심리 기제는 "마음을 그 자연적 관절 부위에서 쪼개는" 비자의적 기준을 제공한다. 진화심리학의 핵심 전제는, 심리 기제를 확인하고 기술하고 이해하는 데 가장 중요한 비자의적 방법은 그 기능들—선택을 통해 해결하도록 설계된 구체적인 문제들—을 명확하게 밝히는 일이라는 것이다.

인체를 예로 들어 살펴보자. 원리적으로 인체의 기제는 무한한 방식으로 기술할 수 있다. 해부학자들은 간과 심장, 손, 코, 눈을 각각 별개의 기제로 확인할까? 그 답은 기능에 있다. 간은 심장이나 손이 수행하는 것과는 다른 기능을 수행하는 기제로 인식된다. 눈과 코는 비록 가까이 있긴 하지만, 서로 다른 기능을 수행하고, 서로 다른 입력(가시 스펙트럼의 전자기파 대 냄새)에 반응해 작용한다. 만약 어떤 해부학자가 눈과 코를 같은 범주로 묶으려고 시도한다면, 매우 우스꽝스럽게 보일 것이다. 몸의 구성 요소들을 이해하려면 기능을 확인하는 게 필요하다. 기능은 구성 요소들을 이해할 수 있는 비자의적 방법을 제공한다.

진화심리학자들은 마음의 기제를 이해하는 데에도 같은 원리를 사용해야 한다고 믿는다. 마음은 무한한 방식으로 나눌 수 있지만, 그것들은 대부분 자의적인 것이다. 사람의 마음을 비자의적으로 분석하는 강력한 방식은 기능에 초점을 맞추는 것이다. 만약 마음을 이루는 두 구성 요소가 서로 다른 기능을 수행한다면, 그것들은 각각 별개의 기제로 간주할 수 있다(설사 서로 흥미로운 방식으로 상호작용한다 하더라도).

진화한 심리 기제는 문제 특정적 경향이 있다. 어떤 사람에게 뉴욕 시에서 캘리포니아 주 샌프란시스코의 어느 거리에 있는 어떤 주소지까지 찾아가라고 지시하는 상황을 상상해보자. 만약 "서쪽으로 곧장 가라."와 같은 일반적인 지시를 준다면, 그 사람은 남쪽에 있는 텍사스 주나 북쪽에 있는 알래스카 주에 도착할지도 모른다. 일반적인 지시로는 그 사람을 정확한 주까지 신뢰할 수 있게 인도할 수 없다.

이번에는 그 사람이 캘리포니아 주에 제대로 도착했다고 하자. "서쪽으로 곧장 가라."라는 지시는 사실상 아무 쓸모없는 것인데, 캘리포니아 주의 서쪽은 바다이기 때문이다. 일반적인 지시는 정확한 거리는 물론이고 캘리포니아 주 내에서 원하는 도시로 가는 데 아무 도움이 되지 않는다. 원하는 주와 도시, 거리, 그 거리에 있는 주소지까지 제대로 안내하려면, 더 구체적인 지시가 필요하다. 게다가 그곳까지 갈 수 있는 방법은 아주 많지만, 다른 경로들보다 더 효율적이고 시간이 절약되는 경로들이 있다.

미국 내에서 반대편에 위치한 어느 거리 주소지를 찾는 일은 특정 적응 문제에 대한 해결책을 찾을 때 필요한 것을 비유적으로 잘 설명해준다. 적응 문제는 거리 주소와 마찬가지로 구체적이다—저 뱀에 물리지 마라, 물이 흐르고 숨을 장소가 있는 서식지를 선택하라, 독이 든 음식을 먹는 걸 피하라, 생식력이 좋은 배우자를 선택하라 등등. '일반적인 적응 문제' 같은 것은 없다 (Symons, 1992).

적응 문제가 구체적이기 때문에 그 해결책도 구체적인 경향이 있다. 일반적인 지시로는 원하는 장소에 제대로 갈 수 없는 것처럼, 일반적인 해결책으로는 적응 문제를 제대로 해결할 수 없다. 두 가지 적응 문제를 고려해보자. 제대로 된 먹이를 선택하는 것(생존 문제)과 아이를 낳기 위해 올바른 배우자를 선택하는 것(생식 문제)이 그것이다. 이 두 가지 문제에 대해 '성공적인 해결책'으로 간주될 수 있는 것은 서로 아주 다르다. 먹이를 성공적으로 선택하려면 칼로리가 높고 특정 비타민과 무기염류를 포함한 대신 독성 물질을 포함하지 않은 물체를 확인할 수 있어야 한다. 배우자를 성공적으로 선택하려면 무엇보다도 생식력이 높고 좋은 부모가 될 상대를 확인할 수 있어야 한다.

이 두 가지 선택 문제에 대한 일반적인 해결책으로는 어떤 것이 있으며, 그것은 두 가지 문제를 해결하는 데 얼마나 효과적일까? 한 가지 일반적인 해결책은 "맨 먼저 구할 수 있는 것을 선택하는 것"이다. 그러나 이것은 파멸적 결과를 초래할 수 있다. 독이 있는 식물을 먹거나 생식력이 없는 사람과 결혼할 수도 있기 때문이다. 만약 인류의 진화 역사에서 누가 이 적응 문제들에 그러한 일반적인 해결책을 사용했다면, 그 사람은 우리의 조상이 되는 데 실패했을 것이다.

이러한 선택 문제를 합리적 방식으로 해결하려면, 먹이와 배우자의 중요한 속성에 대해 더 구체적인 지침이 필요하다. 예를 들어 신선하고 잘 익은 것처럼 보이는 과일은 썩은 것처럼 보이는 과일에 비해 영양분이 더 많다는 신호를 준다. 젊고 건강해 보이는 사람은 늙고 병들어 보이는 사람보다 평균적으로 생식력이 더 높다. 이러한 선택 문제를 성공적으로 해결하려면 **구체적인 선택 기준**—선택 기제의 일부인 속성—이 필요하다.

기제의 특정성을 보여주는 또 하나의 예는 실수이다. 먹이를 선택할 때 실수를 저질렀다면, 그것을 바로잡는 기제가 많이 있다. 나쁜 음식을 한입 베어 먹었는데 맛이 끔찍하다면, 그것을 금방 뱉어낼 것이다. 만약 그것이 미뢰를 지나갔다면 게워낼 수 있다. 만약 위까지 들어갔다면 토할 수 있다. 이것은 소화된 물질이 독성이 있거나 해로울 때 그것을 제거하기 위해 설계된 특정 기제이다. 그러나 배우자를 선택하면서 실수를 저지른다면, 뱉어내거나 게우거나 토할 수 없다(최소한 일반적으로는). 그 실수는 다른 방법으로 바로잡아야 한다—선택했던 짝과 헤어지거나 다른 짝을 선택함으로써.

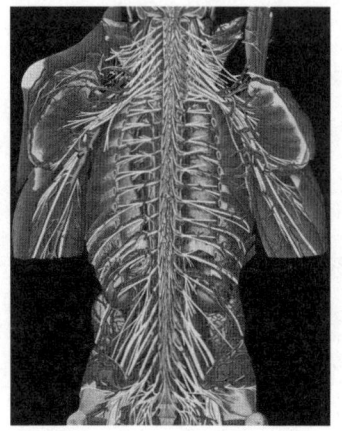
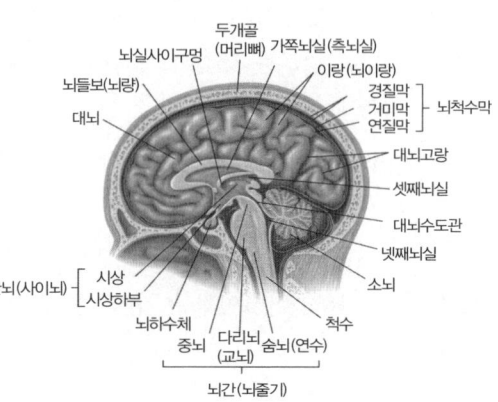

우리 몸에 전문화되고 복잡한 생리학적, 해부학적 기제가 많이 있는 것처럼, 많은 진화심리학자는 뇌에 자리잡은 마음에도 전문화되고 복잡한 기제가 많이 있다고 믿는다.

요약하면, 적응 기제의 문제 특정성은 일반성보다 선호되는 경향이 있는데, 왜냐하면 (1) 일반적인 해결책은 생물에게 적응 문제의 해결책을 바로잡도록 제대로 안내하지 못하고 ; (2) 설사 효과가 있다 하더라도, 일반적인 해결책은 너무 많은 실수를 초래하여 생물에게 값비싼 비용을 치르게 하며 ; (3) '성공적인 해결책'은 문제마다 제각각 다르기 때문이다. 다시 말해서, 적응 문제의 해결책은 적응 문제를 성공적으로 해결하기 위해 거기에 딱 들어맞는 절차와 내용에 민감한 요소들을 갖고 있다.

사람은 진화한 심리 기제를 많이 갖고 있다. 사람은 다른 동물들과 마찬가지로 많은 적응 문제에 맞닥뜨린다. 생존 문제 하나만 해도 열 조절 문제(너무 춥거나 너무 덥거나), 포식 동물이나 기생충을 피하는 문제, 생명을 유지하는 음식 섭취 문제 등등 수십 가지 혹은 수백 가지 적응 문제가 따른다. 그 다음에는 선택, 유혹, 좋은 배우자를 유지하고 나쁜 배우자를 버리는 것 등 짝짓기 문제가 있다. 모유 수유, 젖떼기, 사회성 키우기, 아이마다 각자 다른 필요에 부응하기 같은 양육 문제도 있다. 그뿐만이 아니다. 형제자매와 조카, 조카딸 같은 친족에게 투자하는 문제, 사회적 갈등을 처리하는 문제, 공격적인 집단에 대항해 방어하는 문제, 사회적 서열에 대처하는 문제 등도 있다.

진화심리학

특정 문제에는 특정 해결책이 필요하기 때문에, 특정 문제가 많으면 특정 해결책도 많을 수밖에 없다. 우리 몸에 특정 기제가 수천 가지—혈액을 펌프질하는 심장, 산소를 흡수하는 폐, 독소를 걸러내는 간 등등—나 있는 것처럼, 이 분석에 따르면 마음 역시 특정 기제가 수천 가지 또는 수만 가지나 있을 것이다. 많은 적응 문제는 몇 가지 기제만으로는 해결할 수 없기 때문에, 사람의 마음은 수많은 진화한 심리 기제로 이루어져 있을 것이다.

진화한 심리 기제의 특정성, 복잡성, 무수함은 사람에게 행동의 유연성을 제공한다. 핵심 요소인 입력, 결정 규칙, 출력을 포함하는 진화한 심리 기제의 정의는 왜 적응이 늘 똑같은 방식의 행동으로 나타나는 경직된 '본능'이 아닌지 잘 보여준다. 피부 아래의 구조를 보호하기 위해 진화한, 굳은살을 만드는 기제의 예를 다시 생각해보자. 우리의 환경을 반복적인 마찰을 경험하지 않도록 설계할 수 있다. 이 경우에는 굳은살을 만드는 기제가 작동하지 않을 것이다. 이 기제는 환경에서 적절한 입력을 받아야만 작동한다. 마찬가지로 모든 심리 기제는 작동하려면 적절한 입력이 필요하다.

　심리 기제가 경직된 본능과 다른 이유가 또 한 가지 있는데, 그것은 바로 결정 규칙 때문이다. 결정 규칙은 "만약 뱀이 쉿쉿거리는 소리를 낸다면, 죽을 힘을 다해 달아나라."라거나 "내가 매력을 느낀 사람이 내게 관심을 보인다면, 미소를 짓고 거리를 좁혀라."처럼 "만약 ……한다면, ……하라(if, then)" 절차이다. 거의 모든 기제에서 이 결정 규칙은 가능한 반응을 최소한 여러 가지 허용한다. 뱀과 마주친 간단한 경우에도 막대기로 공격하는 선택도 있고, 꼼짝 않고 뱀이 사라지길 기대하는 선택도 있고, 달아나는 선택도 있다. 일반적으로, 기제가 복잡할수록 선택할 수 있는 반응의 가짓수가 더 많다.

　목수의 연장통을 생각해보자. 목수는 깎고 쑤시고 톱질하고 나사를 돌리고 비틀고 잡아떼고 대패질하고 균형을 잡고 망치질하는 데 모두 쓸 수 있는 '매우 일반적인 도구' 하나만으로는 유연성을 얻을 수 없다. 대신에 목수는 연장통에 아주 특수한 도구들을 다수 넣어 다님으로써 유연성을 얻는다. 아주 특수한 이 도구들을 '유연한' 도구 하나로는 절대로 할 수 없는 다양한 방식으로 조합해 사용할 수 있다. 사실, '일반적인' 도구가 어떤 모습일지는 상상하기 어려운데, '목수의 일반적인 문제' 같은 것은 없기 때문이다. 이와 비슷하게 사람들은 복잡하고 특수하고 기능적인 심리 기제를 많이 가짐으로써 유연성을 얻는다.

마음에 새로운 기제가 하나 추가될 때마다 그 생물은 새로운 일을 수행할 수 있다. 새는 걸을 수 있는 발이 있다. 거기다가 날개를 추가하면 하늘을 날 수 있다. 부리를 추가하면 씨와 견과의 껍데기를 부수고 그 속의 살을 먹을 수 있다. 특수한 기제가 새로 추가될 때마다 새는 이전에는 할 수 없었던 일을 새로 할 수 있다. 발뿐만 아니라 날개까지 가진 새는 걸을 수도 있고 날 수도 있다.

이러한 결과는 우리의 직관과는 어긋나는 결론을 낳는다. 대다수 사람들은 선천적인 기제가 많으면 행동의 유연성이 위축될 것이라고 생각한다. 사실은 그 반대의 일이 일어난다. 우리가 가진 기제가 많을수록 우리가 할 수 있는 행동의 범위가 더 넓어지며, 행동의 유연성도 더 커진다.

영역 특정적 심리 기제를 넘어. 앞에서 제시한 주장들은 사람이 각각 특정 적응 문제를 해결하는 데 적합하도록 특수하게 발달한 심리 기제가 많다는 것을 시사한다. 이 결론은 진화심리학계에서 널리 받아들여졌으며, 모든 종에 대한 진화론적 접근 방법의 기초를 이룬다(Alcock, 2009). 한 진화심리학자는 그것을 이렇게 표현했다. "어느 정도의 특수화가 일어나지 않고서 하나의 일반적인 물질이 사물을 입체로 보고, 손을 제어하고, 짝을 유혹하고, 아이를 키우고, 포식 동물을 피하고, 먹이를 속여 잡는 등의 일을 할 수 있다는 개념은 믿음이 가지 않는다. 뇌가 '유연성' 때문에 이 문제들을 해결할 수 있다고 말하는 것은 마술로 해결한다고 말하는 것보다 나은 게 없다."(Pinker, 2002, p. 75) 그러나 일부 진화심리학자들은 사람은 이러한 특정 기제에 **더해** 영역 일반적 기제도 **역시** 여러 가지 진화시켰다고 주장했다(예컨대 Chiappe & MacDonald, 2005 ; Figueredo, Hammond, & McKiernan, 2006 ; Geary & Huffman, 2002 ; Livingstone, 1998 ; Mithen, 1996 ; Premack, 2010). 일반적 기제로 제안된 예로는 보편적 지능, 개념 형성, 유추, 작업 기억, 고전적 조건화(1장 참고) 등이 있다.

영역 일반적 기제를 지지하는 사람들은 비록 적응 문제의 반복적 특징들은 특정 적응을 선택하지만, 사람은 충분히 규칙적으로 반복되지 않는 새로운 문제에 많이 맞닥뜨렸기 때문에 특정 적응이 진화하지 않았다고 주장한다. 게다가 사람은 일상적으로 오래된 적응 문제를 상당히 새로운 방식으로 해결한

진화심리학

다는 사실이 알려져 있다. 예를 들면, 우리는 자판기에서 음식을 얻거나 인터넷에서 짝을 찾거나 철물점에서 도구를 살 수 있다. 우리가 과거에 진화한 것과는 아주 다른 환경, 즉 "플라이스토세와는 아주 다른 끊임없이 변하는 세계"에서도 잘 살아갈 능력이 있다는 사실은 누구나 인정한다(Chiappe & MacDonald, 2005). 키아페와 맥도널드(2005)는 일반 지능과 같은 영역 일반적 기제가 바로 "진화의 목적을 달성하는 데에서 반복되지 않는 문제를 해결하기 위해"(2005, p. 3) 혹은 오래된 문제에 대해 새로운 해결책을 개발하기 위해 진화했다고 주장한다.

이들의 주장에서 핵심 내용은 인류의 진화 역사를 통해 인류는 급변하는 환경—예측할 수 없는 기후 변화, 추운 빙기와 따뜻한 날씨 사이에서의 기후 요동, 화산과 지진에 따른 급격한 변화 등등—에 대처하도록 강요받았다는 것이다. 마찬가지로 기어리Geary와 허프먼Huffman(2002)은 인류의 진화 역사에서 많은 정보 패턴은 변동성이 아주 컸다면서 이는 다양한 경험에 적용 가능한 더 일반적인 심리 기제의 진화에 유리했을 것이라고 주장한다(Geary, 2009도 참고). 이들 이론가는 영역 일반적 기제가 새로운 것, 예측 불가능한 것, 가변적인 것을 다루는 데 필요하다고 주장한다. 흥미롭게도 가나자와(Kanazawa, 2003b)는 비슷한 주장을 펼치지만, '일반 지능'은 실제로는 좁은 범위의 문제들—진화적으로 새로운 것인—을 해결하도록 설계된 영역 특정적 적응이라고 주장한다.

일부 진화심리학자들은 정말로 영역 일반적 기제가 진화할 수 있는지 의심한다(예컨대 Cosmides & Tooby, 2002). 사람이 인터넷 서핑이나 자동차 운전처럼 진화적으로 새로운 일을 수행할 수 있다고 해서 그런 일을 수행하게 해주는 적응 자체가 반드시 영역 일반적인 것은 아니다. 그것은 갈색곰을 훈련시켜 자전거를 타게 하거나 돌고래를 훈련시켜 음악에 맞춰 춤을 추게 한다고 해서 새로운 행동을 하게 한 적응이 영역 일반적이 아닌 것과 마찬가지다. 그 동안 진화심리학은 상당히 발전하긴 했지만 현재 이 시점에서 사람이 영역 특정적 기제에 더해 영역 일반적 기제도 가지고 있는지 없는지에 대해 확실한 결론을 내리기에는 아직 이르다. 다만 확실한 것은 영역 특정성이라는 가정이 사람의 마음에서 중요한 기제를 발견하는 데 성공적으로 사용돼왔다는 사실이다. 이어지는 장들에서 그 성공 사례들을 소개할 것이다. 영역 일반적 기제라는 전제를 바탕으로 한 연구 계획에서 그것과 비견할 만한 경험적 발견이 나올지는 아직 알 수 없다.

그러나 분명한 것은 사람의 마음이 서로 완전히 차단된 채 격리 상태로 존재하는 별개의 기제들로만 이루어지진 않았다는 사실이다. 선택은 다양한 조합과 순열로 **함께 잘 협력해 돌아가는** 기능적으로 특수화된 기제들을 선호한다. 즉, '서로 대화하는' 적응을 선호한다. 예를 들어 시각과 냄새와 내부의 허기에서 얻은 정보들이 음식의 섭취 여부에 대한 결정 규칙에 입력을 제공할 때처럼, 그런 기제들에서 얻은 자료는 다른 기제들에 대한 정보를 제공한다. 이런 점에서 진화심리학자들은 '모듈성 modularity'(Fodor, 1983) 개념을 적용할 때 가끔 사용되는 '정보 캡슐화'를 진화한 심리 기제를 정의하는 하나의 특징으로 여기지 **않는** 경향이 있다(Hagen, 2005). 정보 캡슐화의 성질은 심리 기제가 자기 충족적 정보에만 접근이 가능하며, 다른 심리 기제에 있는 정보에는 접근할 수 없다는 걸 의미한다.

게다가 사람은 다른 기제를 조절하는 기능을 하는 '상위 기제'를 가지고 있을 가능성도 있다. 숲 속을 거닐다가 갑자기 굶주린 사자와 잘 익은 장과가 가득 달린 덤불과 매력적인 잠재적 배우자를 만났다고 상상해보라. 여러분은 어떻게 하겠는가? 장과와 잠재적 배우자를 포기하더라도 일단 사자를 피하고 보자고 선택할 수도 있다. 굶어죽기 직전이라면 사자를 피해 달아나기 전에 일단 장과를 한 움큼 챙기려고 모험을 할지도 모른다. 진화한 심리 기제들은 분명히 서로 복잡한 방식으로 상호작용한다. 그것들은 완전히 이해하기 어려운 방식의 다양한 순서로 켜졌다가 꺼진다. 사람이 진화한 상위 조절 기제를 가지고 있을 가능성은 충분히 있으며, 그것은 추후의 연구 결과를 통해 밝혀질 것이다.

학습과 문화와 진화한 심리 기제

진화한 심리 기제를 가정할 때 공통으로 제기되는 한 가지 질문은 다음 질문을 여러 형태로 변형한 것이다 : 우리가 관찰하는 사람의 행동은 진화가 아니라 학습과 문화가 그 원인이 아닐까? 사람의 행동은 본성이 아니라 양육의 산물이 아닌가? 이 질문에 대답하려면 진화한 심리 기제를 사용하는 설명의 정확한 형태와 학습과 문화를 사용하는 설명의 형태를 신중하게 분석해야 한다.

먼저 진화심리학의 틀은 '본성 대 양육', '선천적인 것 대 학습된 것', '생물학적인 것 대 문화적인 것'과 같은 이분법을 녹여버린다. 진화한 심리 기제의 정의를 다시 살펴보면, (1) 긴 시간에 걸쳐 반복적인 선택 압력을 가하는 환경이 각각의 기제를 만들어냈고, (2) 각각의 기제가 나타나려면 한 사람이 발달하는 동안 환경의 입력이 필요하고, (3) 각각의 기제가 작동하려면 환경의 입력이 필요하다는 사실을 알 수 있다. 따라서 굳은살이나 질투 행위가 '진화한' 것이냐 '학습된' 것이냐 묻는 것은 적절치 않다. '진화한 것'은 '학습된 것'의 반대가 아니다. 모든 행동은 인과의 사슬에서 매 단계마다 진화한 심리 기제와 환경적 입력의 결합이 필요하다.

그 다음으로는 어떤 것이 학습되었다는 게 정확하게 무엇을 의미하는지 살펴보자. 심리학에서 흔히 사용되듯이 '학습'을 설명으로 내세우는 것은 환경에서 어떤 입력을 받은 결과로 생물 속의 무엇이 변했다는 말을 약하게 표현한 것에 지나지 않는다. 물론 사람은 학습을 한다. 사람은 환경과 문화에 영향을 받는다. 그러나 학습을 하려면 뇌 속에 학습을 하게 하는 어떤 구조—진화한 심리 기제—가 필요하다 : "요컨대 3파운드짜리 콜리플라워는 학습을 하지 않지만, 3파운드짜리 뇌는 학습을 한다."(Tooby & Cosmides, 2005, p. 31) 단순히 행동에 '학습'이라는 딱지를 붙이는 것만으로는 설명을 해야 하는 과제를 제대로 해결할 수 없다. 환경 입력의 결과로 사람에게 행동 변화를 초래하는 학습 기제의 바탕을 이루는 본질이 무엇인지 확인해야 한다.

그러면 이 학습 기제의 본질은 무엇일까? 구체적인 예를 세 가지 고려해보자 : (1) 사람들은 유전적으로 가까운 친척과 섹스를 피하도록 배운다(학습된 근친상간 회피) ; (2) 사람들은 독소가 들어 있을지도 모르는 음식을 먹는 걸 피하도록 배운다(학습된 음식 혐오) : (3) 사람들은 지역 문화에서 어떤 행동이 지위와 명성을 높이는지 배운다(학습된 명성 기준). 이러한 학습 형태들은 각각 **서로 다른 진화한 학습 기제**로 가장 잘 설명된다는 것을 뒷받침하는 강력한 증거가 있다.

근친상간 회피라는 적응 문제를 해결하려면 함께 섹스를 해서는 안 되는 개인들의 집단—자신과 가까운 유전적 친척들—에 대해 학습하는 게 필요하다. 어떤 사람들이 그런 개인인지 어떻게 배울 수 있을까? 진화한 근친상간 회피 학습 기제는 누가 유전적 친척—함께 자라난 사람들—인지 알려주는 신뢰할 만한 단서를 이용해 기능을 발휘한다. 어린 시절에 반대 성의 구성원들과 함께 살면 그들에게 성적 매력을 느끼지 않게 된다—그리고 실제로 그들과 섹스를 한다는 생각에 강한 거부감을 느낀다(Lieberman, Tooby & Cosmides, 2003).

이번에는 학습된 음식 혐오를 살펴보자. 우리는 어떤 음식을 먹고 나서 메스꺼움을 느끼게 하는 기제를 통해 음식 혐오를 배운다. 버섯이나 간 또는 생선을 아주 싫어하는 사람들은 대개 이전에 그런 음식을 먹고 나서 구역질을 느낀 경험이 있다. 마지막으로 자신의 문화에서 어떤 단서가 지위와 명성과 관계가 있는지를 어떻게 배우는지 살펴보자. 수렵 채집인 사회에서는 훌륭한 사냥 기술이 명성을 가져다주었다. 학계에서는 훌륭한 논문을 발표하여 다른 학자들에게 많이 인용되는 사람이 높은 명성을 얻는다. 다른 문화에서는 문신의 수, 오토바이의 크기, 기타 연주 실력 등이 높은 명성으로 연결된다. 사람들이 명성에 대한 기준을 부분적으로 배우는 방법은 주의 구조—명성이 높은 사람들은 대개 대다수 사람이 주의를 가장 많이 보내는 사람들이다—를 자세히 관찰하는 것이다(Chance, 1976). 우리는 다른 사람들에게서 가장 많은 주의를 받는 사람의 속성과 의상 스타일, 행동에 주목함으로써(그리고 종종 그것을 모방하려고 시도함으로써) 자기 문화의 명성 기준을 배운다.

이 세 가지 학습 형태—근친상간 회피, 음식 혐오, 명성 기준—는 작동하려면 분명히 서로 다른 진화한 학습 기제가 필요하다. 각각의 학습 형태는 서로 다른 단서들의 입력—발달 기간의 동거, 음식 섭취와 결부된 구역질, 주의 구조—을 바탕으로 작동한다. 각각의 기능적 출력도 친척에 대한 성적 매력 결여, 특정 물질을 보는 것이나 그 냄새에 대한 혐오, 다른 사람들이 주의하는 사람에 대한 주의로 서로 다르게 나타난다. 그리고 중요한 것은, 각각의 학습 형태가 서로 다른 적응 문제를 해결한다는 점이다.

이 분석에서 중요한 사실 세 가지를 얻는다. 첫째, 어떤 것에 '학습된' 것이라는 딱지를 붙인다고 해서 설명이 되는 것은 아니다. 그것은 단지 환경의 입력이 그 생물을 어떤 방식으로 변화시킨다고 기술하는 것에 지나지 않는다. 둘째, '학습된 것'과 '진화한 것'은 서로 경쟁하는 설명이 아니다. 오히려 학습에는 특수하게 진화한 심리 기제가 일어나는 게 **필요하다**. 셋째, 진화한 학습 기제는 종종 본질적으로 특수하다(문화의 진화심리학에 대해 더 깊이 있는

진화심리학

논의는 13장 참고).

■ 진화 가설 검증 방법

진화한 심리 기제에 대한 가설들을 분명히 기술하고, 그와 관련된 예측들을 명시하고 나면, 그 다음 단계는 가설을 경험적으로 검증하는 것이다. 진화심리학자들이 사용할 수 있는 과학적 방법은 아주 많다(Schmitt, 2008 ; Simpson & Campbell, 2005). 진화심리학의 과학적 기초는 나중에 보게 되겠지만, 한 가지 방법이 아니라 다양한 방법과 자료원에서 나온 수렴 증거에 근거하고 있다(〈표 2.3〉 참고).

표 2.3 **진화 가설을 검증하는 방법과 자료원**

진화 가설을 검증하는 방법	진화 가설을 검증하기 위한 자료원
1. 서로 다른 종들의 비교	1. 고고학적 기록
2. 비교문화적 방법	2. 수렵 채취인 사회들에서 얻은 자료
3. 생리학적 방법과 뇌 영상 방법	3. 관찰
4. 유전학적 방법	4. 자기 보고서
5. 암컷과 수컷의 비교	5. 생활사 자료와 공공 기록
6. 한 종 내 개체들의 비교	6. 인공 산물
7. 서로 다른 맥락에서 같은 개인들 비교하기	
8. 실험적 방법	

서로 다른 종들의 비교

특정 차원에서 서로 다른 종들을 비교하는 것은 기능에 관한 가설을 검증하는 데 한 가지 증거 자료원을 제공한다. 비교 방법에는 "연구자가 그 행동을 이해하려고 노력하는 동물과는 다른 종들 사이에서 해당 특성이 나타나는지에 대한 예측을 검증하는 것"이 포함된다(Alcock, 1993, p. 221). 예를 들어 다음의 정자 경쟁 가설을 생각해보자 : 정자를 많이 생산하는 것의 기능은 경쟁자 수컷의 정자를 밀어냄으로써 암컷의 난자와 수정할 확률을 높이는 것이다.

이 가설을 검증하는 한 가지 전략은 정자 경쟁이 일어나는 정도에 차이가 나는 종들을 비교하는 것이다. 일부일처제가 강한 종에서는 정자 경쟁은 드물거나 아예 볼 수 없다. 조류(예컨대 염주비둘기)와 포유류(예컨대 긴팔원숭이) 중 일부 종은 암컷과 수컷이 쌍을 지어 자식을 낳으며, 암수 쌍 이외의 상대와 교미를 하는 일이 드물다. 반면에 다른 종들은 보노보의 경우에서 보는 것처럼 암컷이 많은 수컷과 교미를 한다(de Waal, 2006). 이 종에서는 정자 경쟁이 많이 일어난다. 따라서 성관계가 난잡한 종은 정자 경쟁이 심하고, 일부일처제를 따르는 종은 약한 것으로 알려져 있다.

이제 검증에 들어가보자. 정자 경쟁이 심한 정도에 따라 종들을 줄 세울 수 있다. 예를 들어 영장류 사이에서는 성관계가 난잡한 정도는 고릴라가 가장 약하고, 그 다음에는 오랑우탄, 사람, 침팬지 순으로, 침팬지가 가장 난잡하다. 각 종의 정액 양에 대한 비교 자료는 몸무게에 대한 고환의 무게 비율로 얻을 수 있다. 정자 경쟁 가설에서는 정자 경쟁이 심한 종의 수컷은 정자 경쟁이 약한 종의 수컷보다 고환의 무게가 더 많이 나갈 것이라는(이것은 정액의 양이 많다는 것을 시사한다) 예측이 나온다.

비교 조사 증거에서 다음과 같은 결과가 나왔다. 몸무게와 비교한 수컷의 고환 무게는 고릴라가 0.02%, 오랑우탄이 0.05%, 사람이 0.08%, 매우 난잡한 침팬지가 0.27%였다(Short, 1979 ; Smith, 1984). 요컨대, 정자 경쟁이 심한 종일수록 수컷의 고환 무게가 더 크고, 정자 경쟁이 약한 종은 수컷의 고환 무게가 더 작다. 따라서 비교 방법은 정자 경쟁 가설을 뒷받침해준다.

물론 서로 다른 종들을 비교하는 방법은 정자 경쟁과 고환의 크기에만 국한되지 않는다. 특정 적응 문제를 겪는 것으로 알려진 종과 그런 문제를 겪지 않는 것으로 알려진 종을 비교할 수도 있다. 절벽에서 풀을 뜯는 염소는 추락을 피하기 위한 특수한 적응(예컨대 뛰어난 공간 정위 능력)이 발달했을 것이라는 가설을 검증하기 위해 절벽에서 사는 염소와 절벽에서 살지 않는 염소를 비교할 수 있다. 포식 동물과 맞서기 위해 발달한 적응(예컨대 포식 동물과 비슷한 모습을 보았을 때 내지르는 특별한 경고 소리)이 있다는 가설을 검증하기 위해 알려진 포식 동물이 있는 종과 없는 종을 비교할 수도 있다. 요컨대 다른 종들을 비교하는 것은 적응의 기능에 대한 가설을 검증하는 데 아주 효과적인 방법이다 (Fraley, Brumbaugh, & Marks, 2005).

비교문화적 방법

비교문화적 방법은 진화심리학 가설을 검증하는 데 소중한 도구를 제공한다 (Schmitt, 2008). 가장 명백한 방법은 기본적인 감정(Ekman, 1973), 협력을 위한 적응(Cosmides & Tooby, 2005), 성에 따라 다른 짝짓기 전략(Lippa, 2009; Schmitt, 2005)처럼 보편적인 것으로 생각되는 적응들과 관련이 있다. 생태계 차이에 따른 적응의 차이를 조사하기 위해 다른 문화들을 비교하는 방법도 사용할 수 있다. 예를 들어 배우자 선호는 생태계에 기생충이 많으냐 적으냐 하는 차이에 민감할 것이라는 가설이 있는데, 이것은 37개 문화를 조사한 결과에서 확인되었다(Gangestad, Haselton, & Buss, 2006).

비교문화적 방법은 경쟁 이론들을 서로 비교함으로써 검증하는 데에도 쓸수 있다. 예를 들어 리파와 그 동료들(Lippa et al., 2010)은 53개 문화에서 심적 회전 과제의 성별 차이를 조사했다. 심적 회전 능력은 남자의 사냥 적응에서 일부를 차지한다고 가정돼왔는데, 왜냐하면 사냥꾼은 공간을 이동할 때 움직이는 동물의 궤적과 일치시키기 위해 창과 그 밖의 사냥 도구의 궤적을 예상해야 하기 때문이다. 이와는 대조적으로 사회적 역할 이론에서는 성별에 따른 심리적 차이는 문화에 따라 부과한 역할 차이의 기능이라고 가정하는데, 따라서 남녀 평등이 발전할수록 그 차이는 감소해야 할 것이다. 리파의 비교문화 연구에서는 중요한 사실이 두 가지 발견되었다: (1) 성별에 따른 심적 회전 능력의 차이는 모든 문화에 걸쳐 보편적으로 나타났으며, (2) 사회적 역할 이론과는 반대로, 성별에 따른 차이는 남녀 평등이 더 진전된 문화에서 다소 크게 나타났다. 요컨대 비교문화적 방법은 광범위한 진화 가설을 검증하는 데뿐만 아니라, 경쟁 가설들을 서로 비교하는 데에도 매우 중요하다.

생리학적 방법과 뇌 영상 연구 방법

생리학적 방법은 감정적 흥분, 성적 흥분, 스트레스 같은 현상을 평가하는 데 쓸 수 있다. 이 방법은 심리적 적응의 설계 특징에 대한 가설을 검증하는 데뿐만 아니라 그러한 적응의 생물학적 토대를 확인하는 데에도 쓸 수 있다. 플린과 워드와 눈(Flinn, Ward, & Noone, 2005)은 양부모와 함께 사는 어린이는 생물학적 부모와 함께 사는 어린이보다 높은 수준의 스트레스를 겪는다는 가설을 검증했다. 실제로 의붓자식은 친자식보다 코르티솔—스트레스를 겪을 때 분비되는 주요 호르몬 중 하나—수치가 더 높았다. 또 다른 연구에서는 서로 헌신적으로 사랑하는 관계에 빠진 남자는 짝짓기 경쟁과 관련이 있는 주요 호르몬인 테스토스테론이 감소한다는 가설을 확인했다(McInstre et al., 2006). 또 다른 연구에서는 매력적인 여자의 존재가 남자의 테스토스테론 수치를 높인다는 결과가 나왔다(Ronay & von Hippel, 2010). 다시 말해서, 생리학적 방법은 적응에 대한 가설을 검증하는 데뿐만 아니라 적응의 기반을 확인하는 데에도 중요하게 쓰인다.

기능적 자기공명영상(fMRI) 같은 뇌 영상 기술은 적응과 그 바탕을 이루는 신경학적 기반에 관한 가설을 검증하는 데 점점 더 많이 쓰이고 있다. 기능적 자기공명영상 방법은 친족 인식, 언어, 공간 인지, 연애 감정, 질투에 대한 가설을 검증하는 데 쓰여왔다(Platek, Keenan, & Shackelford, 2007). 뇌 영상 기술은 연구에 참여한 사람들이 자극에 노출되는 동안 움직이지 않아야 하기 때문에 사용 범위가 직접 검사할 수 있는 현상에 국한되지만, 진화심리학 가설을 검증하는 데 쓰이는 사례는 지난 10년 사이에 크게 증가했다.

유전학적 방법

일부 진화 가설을 검증하는 데 쌍둥이 연구나 입양 사례 연구처럼 전통적인 행동유전학적 방법을 사용할 수 있다(Segal, 2011). 예를 들어 한 진화 가설은 주위에 투자를 하는 아버지가 없이 자란 여자는 그런 아버지가 있는 여자에 비해 성징 발달과 초경이 일찍 시작된다는 맥락 의존적 적응을 주장한다(예컨대 Belsky, 1997 ; Ellis, 2011). 행동유전학적 방법은 이 진화 가설의 주장처럼 여자의 성적 발달에 나타나는 개인차가 환경의 영향을 받는지 아니면 이 가설과는 반대로 유전자의 영향을 받는지 결정할 수 있다.

분자유전학적 방법은 최근에 등장한 것이다. 이 방법은 가설에서 주장하는 적응의 기반을 이루는 특정 유전자를 확인하는 걸 목표로 삼는다. DRD4 유전자의 대립 유전자들에 대한 개인차가 한 예를 제공한다. DRD4 유전자의 7R 대립 유전자는 새로운 것을 추구하는 성향과 외향성과 관련이 있는 것으로 알려졌으며(Ebstein, 2006), 지리적 장소에 따라 아주 다른 비율로 나타난다(예컨대 아시아보다 북아메리카에서 훨씬 높은 비율로). 7R 대립 유전자는 새로운 환경에서 자원을 개척하는 데 유리한 것으로 가정되었다(Chen et al., 1999 ; Penke,

Denissen, & Miller, 2007). 7R 대립 유전자가 정착 생활을 하는 집단보다는 유목 생활을 하는 집단 사이에서 훨씬 많이 나타난다는 사실은 이 진화심리학 가설을 뒷받침한다(Eisenberg et al., 2008).

분자유전학적 방법은 사람의 진화에 대해서도 흥미로운 사실들을 알려주었다. 첫째, 1장에서 본 것처럼 현생 인류의 기원에 대해 아프리카 기원설과 그 경쟁 가설을 검증하는 데 사용할 수 있다. 둘째, 낙농 제품의 소화를 촉진하는 유전자처럼 지난 1만 년 사이에 나타난 일부 간단한 적응의 유전적 기반을 확인할 수 있다(Bersaglieri et al., 2004). 셋째, 분자유전학 연구는 지난 4만 년 사이에, 특히 지난 1만 년(홀로세 또는 충적세라 부르는) 사이에 사람의 적응 진화에 **가속**이 일어났음을 보여준다(Hawks et al., 2007). 이 놀라운 발견은 이전에 많은 과학자들이 유전적 진화가 느려졌거나 멈췄으며 문화적 진화로 완전히 대체되었다고 주장하던 견해를 정면으로 반박하는 것이다.

양 성의 비교

유성 생식을 하는 종은 대개 암컷과 수컷의 두 가지 형태로 존재한다. 양 성의 비교는 적응에 대한 가설을 검증하는 또 한 가지 방법을 제공한다. 한 가지 비교 전략은 암컷과 수컷이 직면한 적응 문제의 차이를 분석하는 것을 포함한다. 예를 들어 체내 수정을 하는 종의 경우, 수컷은 '부성 불확실성'이라는 적응 문제에 직면한다. 수컷은 자신이 배우자가 낳은 자식의 유전적 아비인지 완전한 확신을 가지고 '알' 수 없다. 그렇지만 암컷은 이런 적응 문제에 직면하지 않는다. 암컷은 수정된 난자가 경쟁자의 난자가 아니라 자신의 난자라는 것을 '알' 수 있는데, 그 난자는 오로지 자신의 몸 속에서만 나올 수 있기 때문이다.

이 분석을 바탕으로 수컷이 친부의 기회를 높이는 기능을 하는 특별한 적응이 진화했는지 알아보기 위해 양 성을 비교할 수 있다. 그러한 적응들은 5장에 자세히 나오지만, 여기서는 수컷의 성적 질투라는 한 예만 살펴보는 것으로 충분할 것 같다. 전체적으로 양 성 모두 질투를 하지만, 연구 결과는 남자의 질투가 여자의 질투보다 특히 **성적** 부정 신호에 훨씬 많이 작동한다는 것을 보여주는데, 이것은 부성 불확실성 문제에 한 가지 해결책을 제시한다(Buss et al., 1992 ; Schüzwohl, 2008). 남자의 질투는 일단 작동하면 경쟁자를 쫓아내거나 부정을 저지르지 못하게 배우자를 설득하도록 설계된 행동을 자극한다. 남자의 질투가 특히 성적 부정 단서로 촉발된다는 사실은 성에 따라 차이가 나는 적응 문제—바로 부성 불확실성 문제—에 해당하는 남자 심리의 일면을 알려준다. 요컨대, 같은 종 내에서 양 성을 비교하는 것은 진화 가설을 검증하는 유력한 방법이 될 수 있다.

같은 종의 개체들을 비교하는 방법

세 번째 방법은 같은 종 내에서 일부 개체들을 다른 개체들과 비교하는 방법이다. 젊은 여자와 나이 많은 여자를 생각해보자. 10대 소녀는 잠재적 생식 기간이 수십 년이나 남아 있지만, 30대 후반 여자는 생식을 할 시간이 얼마 남아 있지 않다. 이런 차이를 이용해 적응에 대한 가설을 만들고 검증할 수 있다.

예를 들어 주변에 투자를 하면서 도와줄 남자가 없다면, 젊은 여자는 나이 많은 여자보다 발달 중인 태아를 낙태할 가능성이 더 높다는 가설을 만들었다고 하자. 이 가설의 진화론적 근거는 젊은 여자는 생식을 할 수 있는 시간이 많이 남았기 때문에 아이를 하나 잃더라도 더 적절한 시기가 올 때까지 기다릴 '여력'이 있다는 것이다. 반면에 나이 많은 여자는 아이를 또 가질 기회가 다시 오지 않을지도 모른다. 두 여자 집단의 낙태와 유산, 영아 살해 비율을 비교하는 것은 이 가설을 검증하는 한 가지 방법이 될 수 있다.

물론 같은 종의 개체들을 비교할 때 그 초점이 되는 대상은 나이에만 국한되지 않는다. 가난한 사람은 자원을 획득하는 데 더 '위험한' 전략을 쓰고, 부자는 재산을 보호하기 위해 더 '보수적인' 전략을 쓴다는 가설을 검증하기 위해 가난한 사람과 부자를 비교할 수 있다. 주위에 자신을 보호해줄 힘센 남자 형제가 많은 여자에 비해 그런 형제들이 없는 어린 여자가 남자의 학대에 더 취약하다는 가설을 검증하기 위해 두 집단의 여자들을 비교할 수 있다. 배우자로서 바람직성에 차이가 나는 개인들을 비교할 수도 있고, 확대 가족의 크기가 다른 개인들을 비교할 수도 있다. 요컨대 같은 종 내에서 개체들을 비교하는 방법 역시 적응에 관한 진화 가설을 검증하기에 유력한 방법이다.

같은 개체들을 서로 다른 맥락에서 비교하는 방법

또 다른 접근 방법은 같은 개체들을 다른 맥락(상황)에서 비교하는 것이다. 예를 들어 볼리비아 동부에 사는 시리오노족 사이에서는 사냥을 못하는 한 남자

진화심리학

가 사냥을 잘하는 남자들에게 아내를 여럿 빼앗겼다. 그는 사냥을 못하고 아내를 빼앗겼기 때문에 집단 내에서 지위 상실을 겪었다. 인류학자 홀름버그A. R. Holmberg는 그 남자와 함께 사냥에 나서 잡은 짐승을 주면서 다른 사람들에게는 그 남자가 잡은 것이라고 말하게 했고, 엽총으로 짐승을 죽이는 기술을 가르쳤다. 결국 그 남자는 사냥을 잘하게 된 결과로 사회적 지위가 올라갔고, 여러 여자를 섹스 파트너로 사귀었으며, 이제 모욕의 피해자가 아니라 다른 사람을 모욕하기 시작했다(Holmberg, 1950).

같은 개인을 다른 상황에서 비교하는 것은 진화한 심리 기제를 드러내기에 유망한 방법이다. 서로 다른 두 상황에서 마주치는 적응 문제에 대한 가설을 만들 수 있고, 따라서 각각의 상황에서 어떤 심리 기제가 먼저 작동하는지에 대한 가설도 만들 수 있다. 사냥 능력 때문에 낮은 지위에서 높은 지위로 올라간 시리오노족 남자의 경우에는 높아진 지위가 명백히 그에게 더 많은 자신감을 주었다. 그것은 다른 시리오노족 남자들의 심리 기제에도 영향을 준 것으로 보이는데, 그들은 그 남자를 모욕하던 태도를 바꾸어 더 존중하게 되었다.

불행하게도 한 사람이 한 맥락에서 다른 맥락으로 이동할 때까지 기다리기가 힘들 때가 가끔 있다. 사람들은 종종 적절한 환경을 발견하면 거기에 머문다. 게다가 사람들이 처한 상황이 바뀔 때 많은 것이 동시에 변하는 경향이 있어, 어떤 변화를 초래한 특정 인과적 요소를 정확하게 찾아내기가 어렵다. 어떤 변화의 원인이 된 특정 인과적 요소를 분리하는 문제 때문에 과학자들은 심리학 실험에서 상황을 '제어'하려고 시도할 때도 있다.

실험적 방법

실험에서는 대개 한 실험 대상자 집단은 '조작'에 노출시키는 반면, 또 다른 집단은 '대조군'으로 삼는다. 위협이 '내집단의 응집력' 정도에 미치는 효과에 대한 가설을 만들었다고 하자. 이 가설은 사람은 적대적 집단의 침략과 같은 외부의 위협에 순응적으로 반응하는 특정 심리 기제가 진화했다고 가정한다. 위협을 느끼는 조건에서는 내집단 구성원에 대한 편애가 커지는 반면 외집단 구성원에 대한 편견이 증가하는 것에서 보듯이, 집단의 응집력이 증가할 것이다.

실험실에서 연구자들은 무작위로 한 실험 대상자 집단을 선택한 뒤, 그들에게 다른 집단이 그 방에 우선권이 있기 때문에 더 작은 방으로 옮겨가야 할지도 모른다고 말한다. 실험 대상자들이 떠나기 전에 연구자들은 그들에게 실험에 참여한 대가로 100달러를 주면서 두 집단이 알아서 돈을 나누라고 말한다. 대조군에게도 자신들의 집단과 다른 집단 사이에서 돈을 나누라는 지시를 주지만, 다른 집단이 그들의 방을 빼앗을 것이라는 말은 하지 않는다. 그러고 나서 대조군과 실험군이 돈을 어떻게 나누는지 비교한다. 만약 대조군과 실험군 사이에 아무 차이가 없다면, 가설의 예측이 틀렸다는 것을 알 수 있다. 만약 위협을 느낀 집단이 자신들에게 더 많은 돈을 분배하고 대조군이 균등하게 분배한다면, 가설의 예측—외부의 위협이 내집단의 편애를 증가시킨다는—이 옳다는 것이 확인된다. 요컨대 실험적 방법—여러 집단을 각자 다른 조건에 두는 방법(가끔 조작이라고 부르는)—은 적응에 관한 진화 가설을 검증하는 데 사용할 수 있다.

■ 진화 가설 검증을 위한 자료원

진화심리학자들은 연구 방법 외에 가설을 검증하는 자료를 얻을 수 있는 원천이 아주 많다. 이 절에서는 그런 자료원을 일부 살펴보기로 하자.

고고학적 기록

세계 각지에서 수집된 뼛조각은 흥미로운 인공물로 가득 찬 고생물학 기록을 드러낸다. 우리는 탄소 연대 측정 방법을 통해 두개골과 골격의 나이를 대략 추정하고, 수만 년에 걸쳐 뇌 크기가 진화해온 역사를 추적할 수 있다. 옛날 야영지에서 발견된 큰 사냥 동물의 뼈는 우리 조상들이 먹이를 확보하는 적응 문제를 어떻게 해결했는지 알려준다. 화석으로 변한 똥은 조상들이 먹었던 음식의 특징에 대해 정보를 제공한다. 뼛조각을 분석하면 부상, 질병, 죽음의 원인도 밝혀낼 수 있다. 고고학적 기록은 우리 조상이 어떻게 살고 진화했는지, 그리고 맞닥뜨렸던 적응 문제의 성격이 어떤 것인지에 대해 단서를 제공한다.

수렵 채집인 사회의 자료

옛날의 전통을 이어받아 살아가는 사람들, 특히 서구 문명과 대체로 격리된 상태에서 살아가는 사람들을 최근에 조사한 결과도 진화 가설을 검증하는 데 도움이 되는 풍부한 자료원을 제공한다. 예를 들어 인류학자 킴 힐Kim Hill과 힐러드 캐플런Hillard Kaplan(1988)은 성공적인 사냥꾼은 잡은 고기를 집단과 함께 나누기 때문에 자신의 노력에서 직접 이익을 얻진 않지만, 생식적 측면에서 적절한 방식으로 이익을 얻는다는 것을 보여주었다. 성공적인 사냥꾼의 자식들은 집단의 보살핌과 관심을 더 많이 받으므로 더 건강하게 자란다. 성공적인 사냥꾼은 또한 여자들이 성적 매력을 더 느끼므로 첩과 매력적인 아내를 더 많이 얻는 경향이 있다.

물론 오늘날의 수렵 채집인에게서 얻은 자료는 결정적인 것이 아니다. 다양한 부족 사회 집단 사이에는 차이가 많다. 그러나 이 자료원은 다른 자료원과 함께 사람의 심리에 대한 가설을 만들고 검증할 수 있게 해준다.

관찰

체계적 관찰은 진화 가설을 검증하는 세 번째 방법을 제공한다. 인류학자 마크 플린Mark Flinn은 트리니다드 섬에서 관찰 자료를 체계적으로 수집하기 위해 행동 스캐닝 방법을 고안했다(Flinn, 1988a ; Flinn, Ward, & Noone, 2005). 그는 매일 표적 마을을 걸어다니면서 매 가구를 방문해 관찰한 것을 모두 다 기록 용지에 기입했다. 예를 들면, 플린은 생식력이 좋은 아내를 둔 남자는 생식력이 좋지 못한 아내(예컨대 임신한 아내나 늙은 아내)를 둔 남자보다 '배우자 감시'가 더 심하다는 가설을 확인할 수 있었다. 그는 행동 관찰을 통해 남자들은 아내의 생식력이 좋을 때에는 다른 남자들과 싸움을 더 많이 벌이는 반면, 생식력이 좋지 못할 때에는 싸움을 덜 한다는 결과를 얻음으로써 이런 결론을 얻었다. 관찰 자료는 다양한 원천—플린처럼 훈련된 관찰자, 표적 대상의 남편이나 아내, 친구와 친척, 심지어 우연히 알게 된 사람 등등—에서 얻을 수 있다. 관찰에서 얻은 자료는 다른 자료원과 마찬가지로 잠재적 오류와 편향을 포함한다. 관찰자는 자신이 어떤 것을 관찰하게 될지 선입견을 가질 수 있는데, 이것은 기록을 편향시킨다. 관찰자는 또한 성적 행동처럼 중요한 행동 영역을 들여다보지 못할 수도 있는데, 사람들은 자신의 사생활을 드러내길 꺼리기 때문이다. 연구자는 이러한 편향의 원천에 각별한 신경을 써야 하고, 다른 자료원으로 관찰 결과를 보완하도록 노력해야 한다.

자기 보고서

관찰 대상이 직접 기록한 보고서는 아주 소중한 자료원이다. 자기 보고서 자료는 인터뷰나 설문 조사를 통해 얻을 수 있다. 오직 자기 보고서를 통해서만 조사할 수 있는 심리적 현상이 일부 있다. 성적 환상을 생각해보자. 이것은 화석도 남기지 않으며, 외부인이 관찰할 수도 없는 개인적 경험이다. 진화심리학자 브루스 엘리스Bruce Ellis와 도널드 시먼스Donald Symons는 한 조사 연구를 통해 성적 환상의 남녀 차이에 대한 가설을 검증할 수 있었다(Ellis & Symons, 1990). 그들은 남자의 성적 환상은 섹스 파트너가 더 많고 파트너 교체도 더 많이 일어나며, 시각 중심적 경향이 있다는 사실을 발견했다. 여자의 성적 환상은 신비감과 낭만, 감정적 표현, 맥락을 더 많이 포함하는 경향이 있었다. 자기 보고서가 없다면 이런 종류의 조사는 할 수가 없다.

자기 보고서는 배우자 선호(Buss, 1989a), 배우자 폭력(Kaighobadi & Shackelford, 2009), 속임수 전술(Tooke & Camire, 1991), 사회적 서열에서 앞서 나가기 위한 전술(Kyl-Heku & Buss, 1996), 협력과 원조 패턴(McGuire, 1994) 등 다양한 진화심리학 가설을 검증하는 데 사용되었다.

모든 자료원과 마찬가지로 자기 보고서 역시 나름의 편향과 한계가 있다. 사람들은 혼외 정사나 특이한 성적 환상처럼 바람직하지 못한 것으로 비칠까 봐 두려워하는 행동이나 생각을 드러내기 싫어할 수 있다. 사람들은 거짓말을 할 수 있다. 실험이나 조사 대상자가 단지 연구자를 즐겁게 해주려고 말을 할 수도 있고, 연구를 방해할 수도 있다. 이런 이유들 때문에 진화심리학자는 전적으로 자기 보고서에만 의존하지 않으려고 노력한다.

생활사 자료와 공공 기록

사람들은 공공 문서에 삶의 흔적을 남긴다. 결혼과 이혼, 출생과 사망, 범죄와 비행도 공공 기록에 남는다. 진화생물학자 바비 로Bobbi Low는 일련의 연구에서 수백 년 전에 스웨덴의 여러 교구에서 일어난 결혼과 이혼, 재혼에 관한 자료를 발굴했다. 교구 목사들은 그러한 공식적 사건들을 양심적으로 정확하고 자세하게 기록했다. 400년 전부터 결혼과 이혼 비율을 살펴봄으로써 오늘날 일어나는 결혼과 이혼 패턴이 인류의 역사를 통해 오랫동안 지속돼온 반복적인 것인지 아니면 순전히 현대의 산물인지 판단할 수 있다. 로는 이 공공 기록을 사용해 여러 가지 진화 가설을 검증할 수 있었다. 예를 들면, 그녀는 부유한 남자는 가난한 남자에 비해 더 젊은(따라서 생식력이 더 좋은) 여자와 결혼하는 경향이 있다는 사실을 확인했다(Low, 1991).

요컨대, 공공 기록은 진화 가설을 검증하는 데 소중한 자료원을 제공한다. 물론 공공 기록은 많은 점에서 한계가 있다. 공공 기록은 연구자가 잠재적 대안 설명을 배제하려고 찾는 정보를 모두 담고 있는 경우가 드물다. 그렇지만 공공 기록은 특히 다른 자료원과 함께 사용한다면, 창조적인 과학자들에게는 보물 창고가 될 수 있다.

인공 산물

사람이 만드는 물건은 진화한 마음의 산물이다. 예를 들어 현대의 패스트푸드 식당은 진화한 맛 선호의 산물이다. 햄버거, 프렌치프라이, 밀크 셰이크, 피자에는 지방, 당분, 소금, 단백질이 많이 들어 있다. 이 식품들은 이러한 물질을 원하는 진화한 욕구와 일치하고 바로 그것을 이용하기 때문에 잘 팔린다. 따라서 식품 제조도 진화한 맛 선호를 보여준다.

다른 종류의 인공 산물들도 진화한 마음의 설계를 드러낸다. 예를 들어 포르노와 연애 소설 산업은 보편적 환상의 창조로 간주할 수 있다. 연극, 그림, 영화, 음악, 오페라, 소설, 멜로드라마, 대중 가요에 공통되는 주제들은 우리의 진화한 심리에 관한 것을 뭔가 드러낸다(Carroll, 2005). 따라서 사람이 만들어낸 산물은 진화 가설을 검증하는 데 도움을 주는 추가적인 자료원이 될 수 있다.

단일 자료원의 한계를 뛰어넘어

모든 자료원은 나름의 한계가 있다. 화석 기록은 단편적이며, 사이사이에 큰 간극이 있다. 오늘날의 수렵 채집인이 보여주는 관습과 행동은 현대 세계의 영향에 얼마나 오염되었는지 판단하기 어렵다. 자기 보고서의 경우, 사람들은 거짓말을 할 수도 있고, 진실을 제대로 알지 못할 수 있다. 관찰 보고서의 경우,

현대의 식품 환경은 우리의 식습성 적응이 진화한 환경과는 아주 다르다. 지방과 당분은 전에는 희귀한 자원이었지만, 이제는 아무 때나 실컷 섭취할 수 있다. 이렇게 변화한 환경은 우리의 생존에 장애가 된다는 점에서 부적응적 행동을 낳을 수 있다.

중요한 행동 영역 중 많은 것은 감시의 눈에서 벗어나 있으며, 드러난 것도 관찰자의 편향 때문에 왜곡될 수 있다. 실험실에서 하는 실험은 계획적이고 인위적인 것이 많아 그 결과를 현실 세계 상황으로 일반화하는 것에 의문을 제기할 수 있다. 공공 기록에서 얻은 삶의 자료는 비록 겉으로는 객관적으로 보이지만, 체계적 편향이 일어날 수 있다. 인공 산물도 일련의 추론을 통해 해석해야 하는데, 그러한 추론 중에는 옳은 것도 있지만 틀린 것도 있다.

　이런 문제들을 해결하려면, 진화 가설을 검증할 때 여러 가지 자료원을 사용하는 게 좋다. 방법론적 한계가 겹치지 않는 여러 가지 자료원에서 어떤 결과가 일관성 있게 나타난다면, 그 결과는 아주 유력한 것으로 간주할 수 있다. 연구자는 여러 가지 자료원을 사용함으로써 단일 자료원의 한계를 뛰어넘어 더 확고한 진화심리학의 경험적 기초에 이를 수 있다.

진화심리학

■ 적응 문제 찾기

많은 종과 마찬가지로 사람 역시 긴 진화 역사를 통해 아주 많은 적응 문제에 맞닥뜨리면서 복잡한 적응 기제가 많이 발달했다는 사실은 분명하다. 다음 단계의 중요한 질문은 이런 적응 문제들이 어떤 것인지 우리가 어떻게 알 수 있느냐 하는 것이다.

　이론적 연구를 아무리 많이 하더라도 인류가 맞닥뜨린 적응 문제의 완전한 명단을 확실하게 알 수는 없다. 이러한 불확실성을 낳는 요인은 여러 가지가 있다. 첫째, 우리는 진화의 시계를 거꾸로 돌려 우리의 조상들이 과거에 맞닥뜨린 모든 일을 볼 수가 없다. 둘째, 각각의 새로운 적응은 다른 적응 기제와 조정된다든지 하는 새로운 적응 문제를 만들어낸다. 사람의 적응 문제를 전부 다 확인하는 것은 아주 방대한 작업이어서 앞으로도 수십 년은 더 걸릴 것이다. 그렇지만 우리가 출발하도록 도움을 주는 지침이 여러 가지 있다.

현대 진화론이 주는 지침

한 가지 지침은 현대 진화론의 구조 자체인데, 직접 자손을 만들거나 유전적 친척이 후손을 만드는 걸 돕는 방법을 통해 설계의 차이를 빚어내는 유전자 암호의 차등적 생식이 진화 과정의 엔진이라고 말한다. 따라서 모든 적응 문제는 정의상 설사 간접적인 것이라 하더라도 생식에 또는 생식을 돕는 데 필요한 것이다.

　그러니 무엇보다도 진화론은 우리를 다음과 같은 광범위한 종류의 적응 문제들로 안내한다.

　1. **생존과 성장 문제**: 생물을 생식할 수 있는 단계까지 발달시키기.

　2. **짝짓기 문제**: 배우자를 선택하고 유혹하고 유지하는 것과 성공적인 생식을 위해 필요한 성적 행동 수행하기.

　3. **양육 문제**: 자손이 생식할 수 있는 단계까지 살아남고 성장하도록 돕기.

　4. **유전적 친척을 돕는 문제**: 직계 자손은 아니더라도 자신의 유전자 복제본을 가진 친척의 생식을 돕는 데 수반되는 과제들.

　이 네 종류의 문제들은 적절한 출발점을 제시한다.

보편적 인간 구조에 대한 지식이 주는 지침

적응 문제를 확인하는 데 지침을 제공하는 두 번째 원천은 보편적 인간 구조에 대해 누적된 지식이다. 드물게 존재하는 은둔자를 제외한다면, 모든 사람은 집단을 이루어 산다. 이 사실은 우리에게 그 해결책이 진화했을 잠재적 적응 문제가 많이 있음을 시사한다. 예를 들어 한 가지 명백한 문제는 자신이 집단에 속해 있으며, 배척당하거나 추방당하지 않았다는 것을 어떻게 확인할 수 있느냐 하는 것이다(Baumeister & Leary, 1995 ; Kurzban & Neuberg, 2005). 또 한 가지 문제는, 집단 생활을 하면 같은 종의 구성원들이 가까이에서 함께 살아야 하며, 따라서 생존과 생식에 필요한 자원에 접근하는 데 서로간에 직접적 경쟁이 더 많이 일어난다는 데 있다.

알려진 모든 인류 집단에는 사회적 서열—우리 종이 지닌 또 하나의 구조적 특징—이 있다. 서열이 보편적이라는 사실은 또 다른 종류의 적응 문제들을 시사한다(12장 참고). 그런 문제 중에는 남보다 앞서야 하는 문제(서열이 높을수록 자원이 증가하므로), 지위 하락을 막아야 하는 문제, 자신의 자리를 노리고 올라오는 경쟁자 문제, 낮은 지위로 살아야 하는 문제 등이 있다. 요컨대, 사회적 상호작용의 보편적 특징들—집단 생활과 사회적 서열과 같은—을 확인하는 것은 인간의 적응 문제를 확인하는 데 지침을 제공한다.

전통적인 사회가 주는 지침

지침을 제공하는 세 번째 원천은 수렵 채집인 사회 같은 전통적인 사회이다. 이 사회들의 조건은 현대 사회보다 우리가 진화해온 사회의 조건과 더 비슷하다. 예를 들어 인류 역사의 99%—농업이 시작되기 전 수백만 년 동안—를 통해 우리가 사냥꾼과 채집인으로 살아왔음을 뒷받침하는 강력한 증거가 있다(Tooby & DeVore, 1987). 따라서 수렵 채집인 사회를 조사하면 우리의 조상이 맞닥뜨렸던 것과 같은 종류의 적응 문제들에 대한 단서를 얻을 수 있다.

혼자서 큰 짐승을 사냥하는 것은 사실상 불가능한데, 적어도 총이나 다른 무기가 발명되기 이전에 사용할 수 있었던 무기를 가지고 혼자서 사냥하는 것은 불가능하다. 수렵 채집인 사회에서 큰 동물을 사냥하는 일은 거의 항상 무리를 지어 혹은 무리끼리의 동맹을 통해 일어났다. 사냥에 성공하려면, 그러한 동맹은 업무를 분담하는 방법과 집단의 노력을 조율하는 것처럼 다양한 적응 문제를 해결해야 하는데, 두 가지 다 분명한 의사 소통이 필요한 일이다.

고고고학古考古學과 고인류학이 주는 지침

지침을 제공하는 네 번째 원천은 돌과 뼈이다. 예를 들어 조상 인류의 뼈를 분석하면 조상이 먹었던 음식의 성격에 대한 정보를 알 수 있다. 뼈에 남은 골절 부위를 분석하면 조상이 어떻게 죽었는지 정보를 얻을 수 있다. 뼈는 조상 인류 개체군에 어떤 종류의 질병이 퍼졌는지 단서를 제공하고, 그럼으로써 다른 종류의 적응 문제들을 드러낼 수 있다.

현재의 기제가 주는 지침

지침을 제공하는 다섯 번째 원천이자 많은 정보를 제공하는 원천은 현재 우리의 특징을 이루는 심리 기제이다. 모든 문화권에서 사람들이 공통적으로 느끼는 공포의 대상은 뱀이나 거미, 높은 곳, 어둠, 낯선 사람이지 자동차나 전기 콘센트가 아니라는 사실은 조상의 생존 문제에 대해 많은 정보를 알려준다. 즉, 이것들은 조상들이 느꼈던 위험에 대해서는 똑같이 두려워하는 진화한 성향이 있지만, 현대의 위험에 대해서는 그런 성향이 없다는 것을 말해준다. 성적 질투의 보편성은 조상 남녀도 항상 배우자에게 충실했던 것은 아님을 알려준다. 다시 말해서, 우리가 지닌 현재의 심리 기제는 우리 조상이 맞닥뜨렸던 적응 문제의 본질을 들여다보는 창을 제공한다.

과제 분석이 주는 지침

적응 문제(그리고 부차적 문제)를 확인하는 더 공식적인 절차는 **과제 분석**task analysis이다(Marr, 1982). 과제 분석은 사람의 구조에 대한 관찰(예컨대 지위 서열이 있는 집단을 이루어 산다)이나 잘 기록된 현상(예컨대 사람은 자신의 유전적 친척을 선호한다)을 가지고 시작한다. 과제 분석은 다음과 같은 질문을 던진다 : 이 구조나 현상이 나타나려면, 어떤 인지적 과제와 행동적 과제를 해결해야 하는가?

사람들이 친척이 아닌 사람보다 유전적 친척을 돕는 경향이 더 강하다는 관찰 결과를 살펴보자. 만약 여러분이 대학생이라면, 부모가 학비나 방세, 식비, 옷, 교통 수단 등 어떤 방식으로든 여러분에게 도움을 줄 가능성이 높다.

또 만약 부모가 이웃의 자녀를 아주 좋아한다면 그들에게도 도움을 줄 가능성이 높다. 물론 부모의 도움은 사람들이 자기 유전자의 복제본을 가진 타인을 도우려는 광범위한 경향 중 제한적인 한 가지 사례에 지나지 않는다. 사람들은 또한 유전적으로 먼 친척보다는 가까운 친척을 도우려는 경향이 있다(Stewart-Williams, 2008).

과제 분석은 어떤 일이 일어나려면 반드시 해결해야만 했던 인지적 과제를 조상이 살던 환경에서 이용 가능했던 정보만 사용하여 확인하는 과정을 포함한다. 예를 들어 사람들은 자기 유전자의 복제본을 가진 사람들을 확인하는 방법이 필요하다—친족 인식 문제. 조상들은 외모의 특징처럼 그 당시에 이용 가능했던 정보만 사용해 이 문제를 해결한 게 분명하다. 게다가 사람들은 자신의 유전적 친척들이 얼마나 가까운지 판단하는 문제—친족 근연도 문제—도 해결해야 한다. 사람들은 평소에 이런 것들을 의식적으로 생각하지 않으며, 이런 일들은 자동적으로 일어난다. 요컨대 과제 분석은 우리가 관찰하는 현상이 일어나려면 **반드시** 해결해야 하는 적응 문제뿐만 아니라, 그것을 해결할 수 있는 잠재적 적응의 설계 특징까지 확인할 수 있게 해준다.

적응 문제들의 조직

이 책은 사람의 적응 문제와 그것을 해결하기 위해 진화한 심리적 해결책을 중심으로 조직되었다. 우선 생존 문제로 이야기를 시작하는데, 생존이 없으면 생식도 없기 때문이다. 그 다음에는 곧장 짝짓기 문제로 옮겨가 바람직한 배우자를 선택하고 유혹하고 유지하는 문제를 포함한 문제들을 살펴본다. 그 다음에는 짝짓기의 산물인 아이로 초점을 옮긴다. 사람 아이는 부모의 도움이 없으면 살아남아 잘 살아갈 수 없다. 그래서 이 부분에서는 부모가 자식에게 투자하는 방법을 다룬다. 이 모든 것은 더 큰 친족 집단, 즉 인간이 자신의 유전적 친척들과 공유하는 DNA 가닥들 내에서 일어난다. 그리고 나서 이 책은 우리가 살아가는 더 큰 사회적 영역—협력, 공격, 남녀 간의 갈등, 사회적 지위—으로 옮겨간다. 마지막 장에서는 다시 뒤로 돌아가 더 넓은 범위에 초점을 맞춘다. 그래서 진화론의 관점을 사용하고, 추론(인지심리학)과 지배성(성격심리학), 정신병리학(임상심리학), 사회적 관계(사회심리학)와 같은 주제를 고려하면서 심리학의 주요 분야들을 재기술한다.

진화심리학

요약

이 장에서는 네 가지 주제를 다루었다 : (1) 우리의 진화한 심리 기제에 대한 가설을 만드는 논리, (2) 진화 과정의 산물, (3) 진화한 심리 기제의 본질, (4) 이 가설들을 검증하는 과학적 절차.

진화 가설의 논리는 일반적인 것에서부터 더 특수한 것까지 네 가지 분석 단계—일반 진화론, 중간 단계 진화 이론, 구체적인 진화 가설, 그 가설들에서 도출된 경험적 현상에 대한 구체적인 예측—를 살펴보는 것으로 시작한다. 가설을 만드는 한 가지 방법은 가장 높은 단계에서 시작해 아래로 옮겨가는 것이다. 중간 단계 이론은 여러 가지 가설을 만들 수 있으며, 그 각각은 다시 검증 가능한 예측을 여러 가지 내놓을 수 있다. 이것은 가설과 예측을 만드는 '하향식' 전략이라고 부를 수 있다.

두 번째 방법은 남자가 여자의 외모를 중시하는 성향처럼 그 존재가 알려지거나 관찰된 현상으로 시작하는 것이다. 이 현상으로부터 그것을 위해 설계된 가능한 기능에 대한 가설을 만들 수 있다. 이 상향식 방법은 **역설계**라 부르며, 하향식 방법의 유용한 보완물이다.

진화 과정에서는 적응, 적응의 부산물, 임의 효과(잡음)라는 세 가지 산물이 생긴다. 진화심리학자들은 적응에 관심을 집중하는 경향이 있다. 더 구체적으로는 사람의 본성을 이루는 특별한 종류의 적응에 초점을 맞추는데, 그것이 바로 심리 기제이다.

심리 기제는 정보 처리 장치인데, 인류의 진화 역사를 통해 생존이나 생식의 특정 문제들을 반복적으로 해결했기 때문에 지금과 같은 형태로 존재한다. 이 기제들은 폭이 좁은 정보만 받아들이고, 결정 규칙을 통해 그 정보를 변화시키고, 생리적 활동이나 다른 심리 기제로 보내는 정보나 표출되는 행동의 형태로 출력을 내놓는다. 진화한 심리 기제의 출력은 특정 적응 문제 해결에 도움을 준다. 진화한 심리 기제는 "마음을 그 자연적 관절 부위에서 깎아 다듬는" 비자의적 기준을 제공하며, 그 수가 많고, 기능적이다.

진화한 심리 기제에 대한 가설을 일단 만들고 나면, 그 다음 단계의 과학적 연구는 그것을 검증하는 것이다. 진화 가설의 검증은 비교, 즉 특별한 방식으로 차이가 날 것이라고 예측되는 집단들이 실제로 그러한지 확인하는 방법을 바탕으로 한다. 이 방법은 서로 다른 종들을 비교하거나, 서로 다른 문화의 사람들을 비교하거나, 사람들의 생리적 반응과 뇌 영상을 비교하거나, 다른 유전자를 가진 사람들을 비교하거나, 같은 종의 암컷과 수컷을 비교하거나, 같은 성의 다른 개체들을 비교하거나, 같은 개인들을 다른 상황에서 비교함으로써 가설을 검증하는 데 쓸 수 있다.

진화심리학은 그 밖에도 고고학적 기록, 현대의 수렵 채집인 사회, 자기보고서, 관찰 보고서, 실험실 실험에서 얻은 자료, 공공 기록에서 얻은 생활사 자료, 인공 산물을 포함해 이용할 수 있는 자료원이 많다.

모든 자료원은 나름의 장점이 있지만 한계도 있다. 각각의 자료원은 대개 다른 자료원을 통해서는 같은 형태로 얻을 수 없는 정보를 제공한다. 그리고 각각의 자료원은 다른 자료원이 갖지 않은 나름의 결함과 약점이 있다. 진화 가설을 검증하는 연구는 단일 자료원을 바탕으로 한 것보다는 두 가지 이상의 자료원을 바탕으로 한 것이 훨씬 낫다.

이 장의 마지막 절에서는 적응 문제들을 종류별로 주요 집단으로 나누어 소개했다. 다음 네 종류의 적응 문제는 현대 진화론에서 나왔다 : 생존과 성장 문제, 짝짓기 문제, 양육 문제, 유전적 친척 문제. 적응 문제를 확인하는 데 도움을 주는 추가적인 직관은 보편적 인간 구조, 전통적 부족 사회, 고고고학, 과제 분석, 현재의 심리 기제에 대한 지식에서 얻을 수 있다. 높은 곳에 대한 두려움, 지방이 많은 음식에 대한 선호, 사바나와 비슷한 풍경에 대한 선호 같은 현재의 기제는 과거의 적응 문제의 본질을 들여다보는 창을 제공한다.

추천 독서 목록

Barrett, H. C., & Kurzban, R. (2006). Modularity in cognition : Framing the debate. *Psycological Review, 113*, 628–647.

Buss, D. M. (Ed.). (2005). *The handbook of evolutionary psychology*. New York : Wiley.

Crawford, C., & Krebs, D. (Eds.) (2008). *Foundations of evolutionary psychology*. New York : Erlbaum.

Kennair, L. E. O. (2002). Evolutionary psychology : an emerging integrative perspective within the science and practice of psychology : *Human Nature Review, 2*, 17-61.

Pinker, S. (1997). *How the mind works*. New York : Norton.

Tooby, J., & Cosmides, L. (2005). Conceptual foundations of evolutionary psychology. In D. M. Buss (Ed.), *The handbook of evolutionary psychology* (pp. 5-67). New York : Wiley.

EVOLUTIONARY PSYCHOLOGY

| 제2부 |

생존 문제

단 하나의 장으로만 이루어진 제2부는 생존 문제에 대한 사람의 적응을 살펴본다. 다윈은 생존을 방해하는 힘들을 묘사하기 위해 '자연의 적대적인 힘들'이란 표현을 만들어냈다. 현생 인류는 이러한 적대적인 힘들과 맞서 싸우는 데 성공한 조상들의 후손이다. 3장 첫 부분에서는 먹이 획득과 선택 문제를 다루고, 우리 조상이 먹이를 어떻게 획득했는지에 대한 가설들—사냥 가설과 채집 가설과 청소 동물 가설—을 살펴본다. 그 다음에는 서식지 선택을 위한 적응, 즉 거주 장소의 결정을 안내하는 선호를 살펴본다. 그 다음에는 뱀에서부터 질병에 이르기까지 환경의 다양한 위험에 맞서기 위해 설계된 두려움, 공포증, 불안을 비롯해 그 밖의 적응들을 살펴본다. 그리고 3장 끝부분에서는 사람은 왜 죽는가라는 흥미로운 질문을 다루고 나서, 왜 어떤 사람들은 자살을 하는가라는 진화의 난해한 수수께끼에 흥미로운 분석을 제시한다.

제3장
자연의 적대적 힘들과 맞서 싸우기
사람의 생존 문제

::

…… 살아남으려고 하는 생물은 무엇을 먹어야 할지 결정해야 할 뿐만 아니라
잡아먹히는 것도 피해야 한다.
— 토드 Todd, 2000. p. 951

몸에서 절대로 고장이 일어나지 않는 것은 아무것도 없다.
—랜돌프 네스 Randolph Nesse와 조지 윌리엄스 George Williams, 1994, p. 19

차등적 생식은 진화 과정의 '핵심'으로, 자연 선택을 돌아가게 하는 엔진이다.
생식을 하려면 생물은 살아남아야 한다—최소한 한동안은. 다윈은 그것을 아
주 잘 표현했다 : "살아남을 수 있는 것보다 더 많은 개체들이 태어나기 때문
에, 한 개체와 같은 종의 다른 개체 사이에 벌어지는 것이건 생명의 물리적 조
건 사이에 벌어지는 것이건, 항상 생존 경쟁이 일어날 수밖에 없다."(1859, p.
53). 따라서 생존의 적응 문제들을 살펴보는 것은 사람의 진화심리학을 탐구하
는 논리적 출발점이 된다.

살아가다 보면 많은 문제에 부닥친다. 비록 우리의 현재 생활 방식은 우리
를 상당히 잘 보호하지만, 그래도 누구나 살아가다 보면 언젠가 생존을 위협하
는 힘들과 맞닥뜨린다. 다윈은 그러한 힘들을 '자연의 적대적인 힘들'이라고
불렀는데, 그러한 힘들에는 기후, 날씨, 먹이 부족, 독소, 질병, 기생충, 포식
동물, 적대적인 동종同種(같은 종의 구성원들)이 포함된다.

이 각각의 적대적인 힘은 사람에게 적응 문제—긴 진화 역사를 통해 매
세대마다 반복된 문제—를 제기했다. 적응 문제는 성공적인 생존 해결책을 선
호했다. 적응 문제는 질병이나 기생충, 포식 동물, 혹독한 겨울, 길고 건조한
여름에 굴복한 개체는 통과시키지 않는 여과 장치 역할을 했다. 다윈은 "생명

진화심리학

의 거대한 전투에서……모든 생명체의 구조는, 가장 본질적이면서도 흔히 숨겨진 방식으로, 먹이와 거처를 놓고 서로 경쟁하거나 혹은 그것을 피해 달아나거나 잡아먹는 나머지 모든 생명체의 구조와 연관 관계가 있다."(1859, p. 61)라고 표현했다.

사람은 항상 고도로 전문화된 방식으로 생물계와 상호작용해야 했다. 우리는 어떤 것을 먹을 수 있는지, 어떤 것에 독이 들어 있는지, 어떤 동물을 잡을 수 있는지, 어떤 동물이 우리를 잡을 수 있는지 알아야 했다. 지난 10년 동안 이루어진 과학 연구는 사람들은 보편적으로 상당히 정교한 '민간 생물학'을 가지고 있음을 보여주었다(Atran, 1998 ; Berlin, 1992 ; Keil, 1995). **민간 생물학**의 핵심은 생물은 고유한 종에 해당하는 별개의 집단들로 존재하며, 각각의 고유한 종은 성장과 신체 기능, 외부 형태, 특별한 힘들을 만들어내는 내부적 '본질'을 가지고 있다는 직관이다. 쐐기풀은 우리를 쏠 수 있는 가시를 만드는 내부적 본질을 갖고 있다. 사자는 우리를 죽일 수 있는 송곳니와 특별한 발톱을 만드는 내부적 본질을 갖고 있다.

이러한 민간 생물학은 모든 사람에게서 일찍부터 나타나며 모든 문화에 보편적으로 존재하는 것처럼 보인다(Sperber & Hirshfeld, 2004). 예를 들어 전 세계 각지의 사람들은 자연스럽게 모든 종을 **동물**과 **식물**로 나눈다(Atran, 1998). 미취학 아동처럼 어린 아이들도 종의 내부적 본질에 대한 믿음이 있다. 예를 들어 어린이는 만약 개의 내부를 제거하면 개는 그 '본질'을 잃어 더 이상 진짜 개가 아니라고 생각한다—그 개는 짖거나 물 수 없으니까. 그렇지만 만약 개의 외부를 제거하거나 겉모습을 변화시켜 개처럼 보이지 않게 만들더라도, 어린이는 개가 자신의 본질인 '개의 속성'을 그대로 지니고 있다고 믿는다. 또, 새끼돼지를 소들 사이에서 키우더라도, 새끼돼지는 음메 하고 우는 대신에 꿀꿀 하고 울 것이라고 생각한다. 어린이의 민간 생물학은 심지어 기능에 대한 감각까지 있는 것처럼 보인다. 예를 들어 만 세 살짜리 어린이도 장미에 가시가 있는 것은 뭔가 장미에 도움이 되기 때문이라고 생각하지만, 가시철사에 가시가 있는 것은 철사에 도움이 되기 때문이라고 생각하지 않는다.

같은 종에 속한 구성원들은 숨겨진 인과적 본질을 공유하고 있다는 그 핵심 믿음과 함께 보편적 민간 생물학은 진화한 인지적 적응일 가능성이 높다(Sperber & Hirshfeld, 2004). 보편적 민간 생물학은 우리가 태어나고 나서 얼마

지나지 않았을 때부터 부모로부터 어떤 명시적인 가르침을 받지 않더라도 나타나기 시작한다(Gelman, Coley, & Gottfried, 1994). 그것은 전 세계의 모든 문화에 걸쳐 보편적인 것처럼 보인다(Atran, 1998). 그리고 그것은 이 장 전체에서 이야기할 많은 생존 문제—영양분이 많은 것 대 독이 든 것, 우리가 잡아먹을 수 있는 것 대 우리를 잡아먹을 수 있는 것—를 해결하는 데에도 중심 역할을 할 가능성이 높다.

그러면 인간 생존 기계—자연의 적대적인 힘들과 맞서 싸우기 위해 진화한 몸과 마음의 기제—를 이루는 흥미로운 적응들을 살펴보기로 하자. 맨 먼저 맞닥뜨리는 문제는 그 기계에 필요한 연료를 발견하는 것이다.

■ 식량 획득과 선택

음식과 물이 없다면 우리는 모두 죽고 말 것이다. "음식물은 어떤 종의 나머지 적응 체계를 허용하거나 제약하는 1차적 요소이다."(Tooby & DeVore, 1987, p. 234) 실제로 대다수 동물은 깨어 있는 시간 중 어떤 활동보다도 먹이를 찾고 획득하고 섭취하는 활동에 더 많은 시간을 쓴다(Rozin, 1996). 먹이를 찾는 것은 생식을 위해 배우자를 찾는 것만큼이나 생존을 위해 꼭 필요하다. 오늘날의 사람들은 단순히 식료품 가게나 식당으로 가면 된다. 그러나 풀로 뒤덮인 사바나의 평원을 배회하던 우리 조상들은 식량을 구하는 게 그렇게 간단한 일이 아니었다. 아침에 배고픈 상태로 깨어나 저녁에 배부른 상태로 자기까지 그 사이에는 많은 장애물이 놓여 있었다.

먹이를 선택할 때 가장 절박한 일반적 문제는 적절한 양의 칼로리와 나트륨, 칼슘, 아연 같은 특정 영양분을 섭취하는 동시에 금방 사망할 정도로 독소를 과다하게 섭취하지 않는 것이다(Rozin & Schull, 1988). 그러려면 먹이를 찾는 활동 ; 먹이를 인식하고, 획득하고, 다루고, 먹는 활동 ; 소화해서 영양분을 섭취하는 활동이 필요하다. 이 모든 활동은 에너지 균형이 마이너스 상태—섭취하는 칼로리보다 태우는 칼로리가 많은 상태—에 있는지 혹은 특정 영양분이 결핍 상태에 있는지를 포함해 그 개체의 내부 대사 상태 평가와 조화를 이루어야 한다(Rozin & Schull, 1988).

진화심리학

먹이 선택에 따르는 문제들은 특히 쥐나 사람 같은 잡식 동물—평소에 식물과 동물을 모두 섭취하는 종—에게 중요하다. 다양한 먹이—채소, 견과류, 씨, 열매, 고기—를 먹으면 중독될 확률이 높은데, 식물계에는 독소가 광범위하게 퍼져 있기 때문이다. 식물의 독소는 식물이 동물에게 먹힐 확률을 줄이기 위해 진화한 적응이다. 따라서 독소는 식물이 자신의 몸을 방어하는 데 도움이 되지만, 그런 식물을 먹고 사는 사람이나 동물에게 해를 끼친다. 사실, 우리 조상은 식물과 치열하게 싸우면서 살아갔다.

식량의 사회적, 문화적 측면

먹이를 함께 나누는 것은 사람에게 중요한 사회적 행동이다. 북아메리카 북서부 해안 지역에 사는 콰키우틀족처럼 일부 사회에서는 부유한 사람들이 '포틀래치potlatch(북서태평양 연안 아메리카 인디언의 선물 분배 행사)'를 연다. 음식과 마실 것을 내놓고 몇 시간 동안 연회를 벌이는데, 사람들은 나온 음식이 얼마나 풍성한지를 보고 그 사람의 지위를 평가한다(Piddocke, 1965 ; Vayda, 1961). 보츠와나의 쿵산족과 같은 다른 문화에는 '고기주림'처럼 특별한 종류의 굶주림을 가리키는 단어가 따로 있다(Shostak, 1981). 음식을 나누는 것은 구애 전략, 가까운 관계의 표시, 갈등 뒤에 화해를 위한 수단으로도 쓰인다(Buss, 2003).

어부는 자기가 잡은 고기에 대해 이야기하고, 농부는 자신이 재배하는 작물의 양에 대해 이야기하며, 사냥꾼은 큰 짐승을 사냥할 때 자신이 보인 용맹함을 이야기한다. 식량을 구하는 데 실패한 남자는 그 집단에서 지위가 추락할 수 있다(Hill & Hurtado, 1996 ; Holmberg, 1950). 중앙아프리카의 간다족과 통가족이나 나이지리아 연안 지역의 아샨티족 같은 문화에서는 여자가 식량을 제대로 공급하지 못하는 남편과 이혼하려고 하는 예가 흔하다(Betzig, 1989). 여러 문화의 신화와 종교에도 아담과 하와가 선악과를 먹는 이야기, 예수가 물을 포도주로 변화시킨 이야기, 예수가 물고기 두 마리와 보리떡 다섯 덩이로 많은 사람을 먹인 이야기, 돼지고기를 금기시하는 이야기 등등 음식과 마실 것에 대한 이야기가 풍부하다.

음식과 먹는 행위를 은유로 사용한 표현도 많다. 우리는 흔히 허풍을 '삼키기 어렵다(hard to swallow)', 분량이 많고 어려운 산문을 '소화하기 어렵다(difficult to digest)', 행운을 '달콤하다(sweet)', 좋은 책을 '즙이 많다(juicy, 여기

많은 종에게 먹이 부족은 '자연의 적대적인 힘들' 중 가장 중요한 것이다. 사람의 경우, 음식을 나누는 것은 몸에 필요한 연료를 확보하는 것을 넘어서서 이성의 관심을 끈다든가 사회적 결속을 다지는 것을 포함해 다양한 기능을 한다.

서는 '재미있다'란 뜻)', 사회적 실망을 '쓰다(bitter)'라고 말한다(Lakoff & Johnson, 1980). 요컨대 음식은 우리의 심리적 편견, 대화, 사회적 상호작용, 종교적 믿음에 널리 스며들어 있다.

음식에 대한 선호

전 세계 사람들은 다른 무엇보다도 사실상 음식에 더 많은 돈을 쓴다. 독일이나 미국 같은 서양 국가 사람들은 전체 소득 중 21%를 음식에 쓰는데, 이것은 레저 활동 다음으로 많은 비율이다(Rozin, 1996). 인도나 중국처럼 덜 부유한 나라에서는 전체 소득 중 약 50%를 음식에 쓴다. 전 세계에서 음식은 부모 자

진화심리학

식 간의 상호작용에서 중심적 위치를 차지한다. 어린 시절에 어떤 것을 섭취하고 어떤 것을 피해야 할지 결정하는 것만큼 생존에 중요한 것은 없다(Rozin, 1996).

우리는 자신을 쥐와 비교하는 일은 드물지만, 먹는 것에 관해서만큼은 사람과 쥐는 서로 비슷한 적응이 일부 있다. 어린 사람과 쥐는 모두 어미의 젖에서 필요한 칼로리를 얻는 방법으로 먹이를 찾고 섭취하는 문제를 해결한다. 이렇게 함으로써 혼자 힘으로 먹이를 구할 수 있을 때까지 치명적인 독소를 섭취하는 위험을 피할 수 있다.

사람은 음식에 대한 선호가 진화했을까? 사람과 쥐는 모두 풍부한 칼로리 공급원을 제공하는 **달콤한** 먹이에 대한 맛 선호가 진화했다(Birch, 1999 ; Krebs, 2009). 탄자니아의 하드자족 수렵 채집인을 대상으로 음식 선호를 조사했더니, 가장 선호하는 음식은 열량이 가장 높은 음식인 꿀로 나타났다(Berbesque & Marlow, 2009). 갓 태어난 아기도 달콤한 액체에 대한 선호가 높다. 사람과 쥐는 모두 **쓴** 음식물과 **신** 음식물을 싫어하는데, 그런 음식물에는 독소가 들어 있는 경우가 많다(Krebs, 2009). 사람과 쥐는 또한 물이나 칼로리, 염분 부족에 대응하여 적응적으로 음식물을 먹는 행동을 조절한다(Rozin & Schull, 1988). 실험 결과에 따르면, 쥐는 염분 결핍을 처음 경험할 때 즉각 염분을 좋아하는 행동을 나타낸다. 마찬가지로 에너지와 체액이 고갈되면 단것과 물 섭취량을 늘린다. 이것들은 먹이 선택이라는 적응 문제에 대처하고, 신체의 필요에 따라 섭취 패턴을 조절하기 위해 설계된, 특수하게 진화한 기제로 보인다(Krebs, 2009 ; Rozin, 1976).

사람과 쥐는 모두 **새것 공포증**neophobia이라는 적응이 발달했는데, 이것은 새로운 음식에 대한 강한 거부감으로 정의할 수 있다. 쥐는 보통 새롭고 낯선 먹이는 아주 소량만 맛을 보며, 또 새로운 먹이가 여러 가지 있을 때에는 따로따로 먹지 절대로 한꺼번에 다 먹지 않는다. 먹는 양을 소량으로 유지하고, 새로운 먹이들을 따로 먹음으로써 쥐는 어떤 먹이가 몸을 아프게 하는지 학습할 기회를 얻고, 따라서 독소를 치명적일 정도로 과다 섭취할 위험을 피할 수 있다. 흥미로운 사실이 하나 있는데, 쥐가 평소에 익숙한 먹이와 새로운 먹이를 동시에 먹고 나서 몸이 아프면, 그 뒤에 새로운 먹이만 피한다. 쥐는 익숙한 먹이는 안전한 반면에 새로운 먹이가 몸을 아프게 한 원인이라고 '가정'하는 것처럼 보인다. 사람도 새로운 음식은 대개 부모나 다른 사람이 먹어보라고 권해야 먹는 경우가 많은데, 이것은 사람의 음식 섭취에는 사회적 요소가 중요한 비중을 차지한다는 것을 시사한다(Birch, 1999).

메스꺼움: 질병 회피 가설

메스꺼움은 미생물의 공격을 막는 기능을 해 우리가 병에 걸리지 않게 보호한다고 가정되는 적응이다(Curtis, Aunger, & Rabie, 2004 ; Oaten, Stevenson, & Case, 2009). 메스꺼움은 강한 불쾌감과 함께 때로는 욕지기까지 동반하는 감정이다. 이것은 메스꺼움을 유발하는 자극에서 당장 물러나도록 자극한다. 메스꺼움이 질병에 대항하는 진화한 방어 적응이라면, 여기서 여러 가지 예측을 이끌어낼 수 있다. 첫째는 질병을 담고 있는 물질이 메스꺼움을 가장 강하게 유발할 것이라는 예측이다. 둘째는 이러한 메스꺼움 유발 물질은 모든 문화에 걸쳐 보편적일 것이라는 예측이다. 경험적 자료는 이 두 가지 예측을 모두 뒷받침한다(Curtis & Brian, 2001). 네덜란드에서부터 서아프리카에 이르기까지 다양한 문화의 사람들은 기생충에 감염되었을 잠재성이 있거나 비위생적으로 처리된 음식을 특별히 메스껍게 여긴다. 그 예로는 썩은 고기, 불결한 음식, 악취를 풍기는 음식, 먹다 남은 음식, 곰팡이가 슨 음식, 죽은 곤충이 빠진 음식, 더러운 손으로 요리를 하는 것을 본 음식 등이 있다. 벌레, 바퀴벌레, 똥이 닿은 음식도 특별히 강한 메스꺼움 반응을 불러일으킨다.

한 비교문화 연구에서는 미국인과 일본인에게 가장 메스껍게 여기는 것이 무엇이냐고 물어보았다. 가장 많이 언급된 것은 똥과 그 밖의 신체 노폐물로, 서면 응답 가운데 25%를 차지했다(Rozin, 1996). 특히 똥은 기생충과 독소를 포함해 해로운 성분을 포함하고, 사람에게 특별히 위험한 것으로 알려져 있다. 또 다른 연구에서는 아주 깨끗하게 씻고 살균한 컵인데도 전에 거기에 개똥을 담은 적이 있다는 이야기를 듣자, 학생들은 그 컵으로 물을 마시길 거부했다고 한다(Rozin & Nemeroff, 1990). 메스꺼움의 보편성을 뒷받침하는 다른 증거는 메스꺼움을 나타내는 얼굴 표정을 사람들이 보편적으로 인식한다는 연구 결과이다. 그것은 날 때부터 눈이 먼 사람의 표정에서도 나타나며, 날 때부터 귀가 먹은 사람도 그것을 정확하게 해석한다(Oaten et al., 2009).

메스꺼움이 질병을 피하기 위한 적응이라는 가설에서 나오는 또 한 가지 예측은 성별 차이이다 : 여자는 아기와 어린아이를 돌봐야 하기 때문에 자신뿐만 아니라 아기와 어린아이도 보호해야 할 필요가 있다. 실제로 질병을 옮기는 물체를 묘사한 이미지를 보았을 때 여자가 남자보다 더 메스껍게 느끼며, 그 물체 때문에 질병에 걸릴 위험을 더 높게 인식한다(Curtis et al., 2004). 오염에 대해 특별히 예민하고 쉽게 메스꺼움을 느끼는 사람은 병에 걸리는 확률이 훨씬 낮다—이것은 메스꺼움의 보호 기능에 대해 직접적인 증거를 제공하는 발견이다(Stevenson, Case, & Oaten, 2009)

물론 메스꺼움을 유발하는 것은 오염된 음식뿐만이 아니다. 위생이 나쁜 사람, 벌어진 상처 같은 걸 드러내 병든 것처럼 보이는 사람, 항문 성교 같은 특정 성행위를 하는 사람—모두 질병을 옮기는 통로가 될 수 있는—과 잠재적 접촉 가능성도 메스꺼움을 유발한다(Tyber, Lieberman, & Griskevicius, 2009). 요컨대, 많은 경험적 증거는 메스꺼움의 질병 회피 가설을 지지한다. 메스꺼움은 생존을 위협하는, 예측 가능한 질병 감염 경로를 피하기 위해 진화한 감정이다.

흥미롭게도 다른 적응 문제를 해결하려면 메스꺼움 반응을 끄거나 억제하는 게 유리한 상황이 있는데, 부상당한 동료나 가까운 친족을 돌보는 경우가 그런 예이다(Case, Repacholi, & Stevenson, 2006). 어머니들에게 여러 아이의 똥 냄새를 맡으라고 한 실험에서, 어머니들은 자기 아이의 똥을 다른 아이의 똥보다 덜 역겹게 여겼으며, 심지어 의도적으로 똥 시료에 라벨을 틀리게 붙였을 때에도 그랬다(Case, et al., 2006). 인육을 먹는다는 생각에 대부분의 사람은 메스꺼움을 느끼지만, 아사 직전의 극한 상황에서는 그마저도 억누를 수 있다. 선사 시대 사람들이 필시 기아에 직면한 상황에서 가끔 식인 행위를 했다는 증거가 점점 많이 쌓이고 있다(Stoneking, 2003). 이 모든 발견은 사람은 다른 적응 문제를 해결하기 위해 메스꺼움 반응을 끄거나 억누르는 능력이 있음을 시사한다.

임신한 여성의 입덧: 태아 보호 가설

임신하고 나서 첫 3개월 동안 일부 여성은 특정 음식에 극히 민감해져서 구역질이 일어나는 반응인 입덧을 겪는다. 그런 반응을 경험했다고 보고하는 여성의 비율은 75%(Brandes, 1976)에서 89%(Tierson, Olsen, & Hook, 1986)에 이른다. 실제 구토 비율은 그보다 낮아 약 55%에 이른다. 만약 입덧의 정의에 특정 음식물 혐오까지 추가한다면, 100%에 가까운 여성이 첫 3개월 동안에 입덧을 경험했다고 보고할 것이다(Profet, 1992). '입덧'이란 용어는 뭔가 기능이 잘못되었다는 것을 의미하지만, 최근에 나온 증거는 오히려 그 반대를 시사한다. 프로펫Profet(1992)은 입덧은 어머니가 **기형 유발 물질**—발달하는 태아에게 해로울 수 있는 독소—을 섭취하고 흡수하지 못하게 하려고 발달한 적응이라는 가설을 세웠다.

독소는 사과, 바나나, 감자, 오렌지, 셀러리처럼 우리가 일상적으로 섭취하는 많은 식물을 포함해 다양한 식물에 들어 있다. 음식에 양념으로 쓰는 후춧가루에는 발암 물질이자 돌연변이 유발 물질인 사프롤이 들어 있다. 사람이 맞닥뜨린 특별한 문제(임신 기간에 특히 중요한)는 어떻게 하면 식물에서 소중한 영양분을 흡수하면서 독소까지 흡수하는 대가를 치르지 않느냐 하는 것이다.

식물과 식물을 먹고 사는 동물은 공진화한 것으로 보인다(Profet, 1992). 식물은 화학 물질로 자신의 독성을 경고한다. 예를 들어 양배추, 콜리플라워, 브로콜리, 싹양배추 등의 채소는 이소티오시안산알릴(아이소싸이오사이안산알릴)이라는 성분이 강한 맛을 낸다. 대황 잎에는 옥살산염이 들어 있다(Nesse & Williams, 1994). 사람은 이런 화학 물질을 쓰고 불쾌한 맛으로 느끼는데, 이는 독소 섭취를 피하는 데 도움이 되는 적응이다.

임신한 여자가 역겹게 느끼는 음식물 중에는 커피(400명의 표본 중 129명), 육류(124명), 술(79명), 채소(44명)도 포함된다. 이와는 대조적으로 빵에 대한 거부감을 보고한 여자는 3명뿐이었고, 곡류에 대한 거부감을 보고한 여자는 한 명도 없었다(Tierson, Olsen, & Hook, 1985). 첫 임신을 경험한 여자 100명을 대상으로 한 조사에서도 비슷한 결과가 나왔다(Dickens & Trethowan, 1971). 100명의 여자 중 3분의 2는 커피, 차, 코코아에 대해 ; 18명은 야채에 대해 ; 16명은 육류와 달걀에 대해 거부감을 나타냈다. 많은 여자는 튀긴 음식물이나 바비큐 음식물(발암 물질을 포함한) 냄새를 맡으면 구역질을 했고, 썩은 고기(독소를 만드는 세균이 바글거리는) 냄새를 맡고 거의 실신 직전까지 간 여자도 일부 있었다. 구토는 독소가 임신한 여자의 혈액 속으로 들어가 태반을 통해 발달하는 태아에게 전달되는 것을 막아준다(Profet, 1992).

입덧이 기형 유발 물질의 섭취를 막기 위한 적응이라는 프로펫의 가설을 뒷받침하는 증거들이 있다. 첫째, 임신한 여자가 거부감을 느끼는 음식물은 독소를 많이 함유한 것으로 보인다. 예를 들면, 육류는 균류나 세균의 분해 작용 때문에 발생하는 독소를 포함하는 경우가 많으며, 임신한 여자는 첫 3개월 동안 육류를 피하는 특정 기제가 있는 것처럼 보인다(Fessler, 2002). 둘째, 입덧은 태아가 독소에 가장 취약한 시기인 수태 후 2~4주째에 일어난다. 이 시기는 태아에게 많은 주요 기관이 발달하는 때이다.

아마도 결정적인 증거는 임신 성공 자체일 것이다. 첫 3개월 동안 입덧을 경험하지 **않은** 여자는 경험한 여자보다 자연 유산할 확률이 3배나 높다(Profet, 1992). 임신한 여자 3853명을 대상으로 한 조사에서는 입덧을 경험한 여자 중 자연 유산을 한 비율은 3.8%였지만, 입덧을 경험하지 않은 여자 중에서는 10.4%였다(Yerushalmy & Milkovich, 1965).

적응은 대부분 보편적일 것으로 예상되기 때문에, 비교문화적 증거가 중요하다. 비록 다른 문화들에서는 입덧을 그렇게 많이 조사하진 않았지만, 문화기술지文化記述誌, ethnography(인간 사회와 문화의 다양한 현상을 정성적, 정량적 조사 기법을 사용한 현장 조사를 통해 기술하여 연구하는 분야) 기록에는 보츠와나의 쿵족, 자이르의 에페피그미족, 오스트레일리아 원주민 사이에서도 입덧이 나타난다는 증거가 있다. 쿵족 여자인 니사의 어머니는 자신이 왜 니사가 임신했다고 의심하는지 이렇게 보고했다: "만약 저렇게 구역질을 한다면, 뱃속에 작은 게 들어 있다는 뜻이지요."(Shostak, 1981, p. 187). 최근에 전통적인 사회 27개를 조사한 결과에서는 20개 사회에서는 입덧이 관찰되었고, 7개 사회에서는 관찰되지 않았다. 입덧이 관찰된 20개 사회에서는 대개 식물보다 병원균과 기생충이 많이 들어 있는 육류와 그 밖의 동물 제품을 사용하는 비율이 훨씬 높았다(Fessler, 2002 ; Flaxman & Sherman, 2000). 태아 보호 가설을 검증하려면 더 광범위한 비교문화 연구가 필요하다(Pike, 2000 참고. 파이크는 아프리카 케냐에 사는 투르카나족 사이에서 임신한 여자 68명을 표본으로 한 조사에서 이 가설을 지지하는 증거를 얻는 데 실패했다).

프로펫의 입덧 분석은 적응주의자의 사고 방식이 지닌 한 가지 장점을 잘 보여준다. 이전에는 질병으로 간주되던 현상이 사실은 자연의 적대적인 힘—태어나기 전에 아기의 생존을 위협할 수 있는—과 맞서 싸우기 위해 정교하게 설계된 기제로 보인다.

불과 조리

현생 인류의 음식 소비에서 독특한 점을 한 가지 꼽는다면, 바로 불을 피워 음식을 조리한다는 점이다. 인류학자 리처드 랭엄Richard Wrangham은 조리는 현생 인류의 출현에 기여한 한 가지 핵심 요소라는 가설을 내놓았다(Carmody & Wrangham, 2009 ; Wrangham et al., 1999). 조리하지 않은 음식은 대부분 섬유질이 많으며, 씹고 소화하는 데 들이는 노력에 비해 얻는 칼로리가 상대적으로 적다. 조리는 섬유질이 많은 열매나 덩이줄기, 날고기를 훨씬 소화되기 쉽게 만든다. 조리는 음식에서 섭취 가능한 에너지를 높이며, 소화 비용을 줄이고, 사람에게 독소가 될 수 있는 미생물을 죽이는 이점까지 있다. 조리 가설에 따르면, 불의 발명과 조리 능력은 특이하게 큰 뇌가 진화하는 데 중요한 추진력을 제공했다.

랭엄의 조리 가설을 뒷받침하는 증거로는 다음과 같은 것이 있다 : (1) 음식물을 조리하면 순 에너지 가치가 높아진다 ; (2) 조리는 음식물을 소화되기 쉽게 만든다 ; (3) 조리는 사람들 사이에서 보편적으로 나타나는 속성이다 ; (4) 사람의 뇌가 제 기능을 발휘하려면 많은 칼로리가 필요한데, 섬유질이 많은 열매나 그 밖의 익히지 않은 음식물로는 충분한 칼로리를 공급할 수 없다 ; (5) 익히지 않은 음식물만 섭취하면 건강에 좋지 않으며, 여자 중에는 생식 능력을 잃는 사람이 많이 나올 수 있다.

조리 가설은 과학자들 사이에서 논란의 대상이 되고 있다. 한 가지 핵심 쟁점은 사람이 불을 의도적으로 사용한 시기에 관한 것이다. 조리가 사람의 큰 뇌를 발달시킨 핵심 발명이라는 랭엄의 가설이 옳으려면, 호모 에렉투스 조상이 그 이전에 존재한 조상들보다 훨씬 큰 뇌를 가지고 화석 기록에 나타나는 시기인 160만~190만 년 전에는 조리 관습이 이미 광범위하게 퍼져 있었어야 한다. 그러나 그렇게 오래 전에 사람이 불을 제어하며 사용했다는 증거는 희박하다. 많은 과학자는 조리가 50만 년 전에야 시작되었다고 생각하며, 조리가 일어났음을 강하게 뒷받침하는 증거는 약 20만 년 전의 것밖에 없다(Gorman, 2007). 그래서 일부 과학자들은 호모 에렉투스가 살던 장소에서 불을 제어했다는 결정적 증거가 나오기 전까지는 랭엄의 조리 가설을 의심할 것이다.

사람은 왜 양념을 좋아하는가: 항균 가설

사람은 먹어야 하지만, 먹는 것은 생존을 위협한다. 외부의 물체를 섭취하는 행위는 병이나 죽음을 초래할 수 있는 독소뿐만 아니라 위험한 미생물에게 몸속으로 들어오는 길을 열어준다. 이러한 위험은 우리가 먹는 거의 모든 것에 들어 있으며, '식중독' 때문에 복통을 느끼거나 토하는 등 그 효과를 겪은 경험은 누구나 있을 것이다.

오늘날의 환경에서는 이러한 위험을 최소화할 수 있다. 그러나 우리 조상들이 살던 시절을 상상해보라. 먹을 것은 귀하고 위생 수준은 낮았으며, 냉장고와 인공 방부제도 없었다. 그런 상황에서 분명한 한 가지 해결책은 미생물을 대부분 죽일 수 있는 조리이다. 또 하나의 잠재적 해결책은 바로 양념(향신료)을 사용하는 것이다(Billing & Sherman, 1998 ; Sherman & Flaxman, 2001).

양념은 꽃, 뿌리, 씨, 관목, 열매 같은 식물로 만든다. 양념은 '2차 화합물'이라 부르는 화학 물질 때문에 독특한 냄새와 특별한 맛을 낸다. 이 화합물은 보통은 식물에서 거대 생물(초식 동물)이나 미생물(병원균)의 공격을 막기 위한 방어 기제로 작용한다. 사람들이 향신료 식물을 사용하기 시작한 것은 수천 년 전으로 거슬러 올라간다. 마르코 폴로Marco Polo나 크리스토퍼 콜럼버스 Christopher Columbus 같은 탐험가들은 향신료가 풍부한 땅을 찾으려고 위험한 모험도 마다하지 않았다. 오늘날의 요리책에서 양념이 전혀 들어가지 않은 요리를 찾기는 매우 어렵다. 사람들은 왜 양념과 그것을 음식에 넣는 것에 그토록 신경을 쓸까?

항균 가설에 따르면, 양념은 미생물을 죽이거나 성장을 억제하고, 우리가 먹는 음식물에서 독소가 생성되는 걸 막아 중요한 생존 문제를 해결하는 데 도움을 주는데, 음식물 때문에 아프거나 중독되는 것을 피하게 함으로써 그렇게 한다(Sherman & Flaxman, 2001). 여러 가지 증거는 이 가설을 뒷받침한다. 첫째, 우리가 확실한 자료를 가진 양념 30가지를 대상으로 시험했을 때, 그것들은 전부 다 식품에서 생기는 세균 중 많은 종류를 죽였다. 그 중에서 살균 능력이 가장 탁월한 것이 어떤 것인지 한번 짐작해보라. 양파, 마늘, 올스파이스, 오레가노가 가장 탁월하다. 둘째, 냉장 보관하지 않은 음식물이 빨리 상해 위험한 미생물이 급속히 증식하는 더운 지역일수록 양념을 더 많이 쓰고 살균 능력이 더 뛰어난 것을 쓰는 경향이 있다. 예를 들면, 무더운 인도에서는 전형적인 육류 요리에 양념을 아홉 가지 사용하는 반면, 기후가 추운 노르웨이에서는 육류 요리 하나당 들어가는 양념이 평균 두 가지 미만이다. 셋째, 채소 요리보다는 육류 요리에 양념이 더 많이 쓰이는 경향이 있다(Sherman & Hash, 2001). 이것은 아마도 냉장 보관하지 않은 고기에 위험한 미생물이 더 많이 증식하기 때문일 것이다. 이와는 대조적으로, 죽은 식물은 물리적, 화학적 방어 기제를 포함하고 있어 세균의 침입에 저항력이 더 강하다. 요컨대, 음식물에 양념을 사용하는 것은 우리가 먹은 음식물을 통해 세균이나 독소가 옮겨지는 위험에 대처하기 위해 사용해온 한 가지 방법이다.

항균 가설을 주장하는 저자들은 비록 그 가능성을 배제하진 않지만, 사람이 양념을 사용하도록 특수하게 진화한 적응을 갖고 있다고 말하지는 않는다. 그보다는 우연이나 실험을 통해 특정 양념을 먹는 방법이 발견되었을 가능성이 높다. 즉, 옛날 사람들은 향기가 강한 식물로 조리한 음식은 먹다 남은 것을 먹더라도 몸이 아플 가능성이 적다는 사실을 우연히 발견했을 것이다. 그리고 항균 향신료를 사용하는 방법은 문화적 전파를 통해 확산되었다—모방이나 구두 지시를 통해.

사람은 왜 술을 좋아하는가: 진화의 부산물?

영장류는 최소한 2400만 년 전부터 열매를 먹었다. 침팬지와 오랑우탄, 긴팔원숭이를 포함해 대부분의 영장류는 주로 열매를 먹고 산다—이들에겐 열매가 주식이다. 이들이 선호하는 잘 익은 열매에는 두 가지 성분이 많이 들어 있는데, 그 두 가지란 바로 당분과 에탄올이다. 실제로 열매에서 나는 '에탄올 향기'는 그 열매가 얼마나 잘 익었는지 알려주는 단서가 된다. 사람을 포함해 영장류는 수백만 년 전부터 익은 열매를 통해 낮은 농도의 에탄올을 섭취했다.

그러나 현생 인류는 이렇게 낮은 농도의 에탄올을 섭취하는 생활하고는 완전히 다른 세계에서 살고 있다. 열매의 에탄올 함량은 대개 0.6% 정도에 불과하다(Dudley, 2002). 합리적인 가정을 바탕으로 계산하면, 열매 섭취로 올라갈 수 있는 혈중 알코올 농도는 겨우 0.01%로, 보통 법적인 음주 기준으로 쓰이는 0.08%에 한참 못 미친다. 우리 조상들에게는 오늘날 고농도의 알코올을 담는 데 쓰이는 맥주 통이나 포도주 병, 위스키 병이 없었다. **과실식**果實食 **부산물 가설**에 따르면, 사람이 술을 좋아하는 경향은 적응이 아니라, 잘 익은 열매를 좋아하는 적응의 부산물이다(Dudley, 2002 ; Singh, 1985). "술은 특유의 맛뿐만 아니라 독특한 향도 가지고 있으며, 종종 잘 익은 열매의 색과 향기를 연상시킨다. …… 술의 향과 맛을 이용함으로써 그 동물은 음식물의 칼로리 가치를 예측할 수 있다."(Singh, 1985, p. 273) 다시 말해서, 모든 사람은 잘 익은 열매 섭취를 선호하는 적응이 발달했지만, 알코올 농도가 높은 인공 음료가 넘치는 현대 세계에서는 이것이 잘못된 방향으로 틀어질 수 있다. 사실, 알코올 중독은 최근에 와서 열매를 선호하는 이 기제에 탐닉하다 생긴 부적응적 부산물일지도 모른다. 다음 번에 술을 마실 기회가 생기면, 아마도 여러분의 머릿속에는 영장류 조상들이 나무 주위에 빙 둘러앉아 잘 익은 열매를 먹으면서 파티를 벌이는 장면이 떠오를지 모르겠다.

사냥 가설

우리 조상이 먹이를 구하는 방법은 현생 인류의 급속한 출현과 밀접한 관계가 있다. 예를 들어 인류의 진화에서 사냥의 중요성은 인류학과 진화심리학에서 큰 논쟁 주제였다. 널리 받아들여지는 견해 중 하나는 '인간 사냥꾼' 모형이다(Tooby & DeVore, 1987). 이 견해에 따르면, 단순히 먹이를 찾아 돌아다니던 방식에서 큰 짐승 사냥에 나서는 방식으로 전환이 일어난 사건은 인류의 진화에 중요한 추진력을 제공했고, 도구 제작과 사용의 급속한 팽창, 큰 뇌 발달, 의사소통과 협력적 사냥에 필요한 복잡한 언어 기술의 진화를 포함해 일련의 연쇄적인 결과들을 초래했다.

사람의 식성을 고기가 많이 포함된 식단으로 옮겨가게 만든 최초의 원동력은 수백만 년 전에 지구 냉각화의 영향으로 아프리카에 일어난 생태계 변화가 제공했을지도 모른다. 그 결과로 탁 트인 초원이 크게 늘어났고, 식물 먹이가 줄어드는 대신에 동물 먹이 자원이 점점 더 매력적으로 떠오르게 되었다(Ulijaszek, 2002).

사람은 어떤 영장류 종보다 고기를 훨씬 많이 먹는다. 예를 들어 침팬지가 섭취하는 전체 음식물 중 고기가 차지하는 비중은 4%에 불과하다. 사람의 경우, 그 비율은 20~40%에 이르며, 추운 사냥철에는 90%까지 올라간다. 게다가 비록 현대 환경에서는 고기와 지방이 풍부한 음식물은 채식보다 더 위험할 수 있지만, 사람은 순전히 식물만으로는 시아노코발라민(비타민 B12) 같은 필수

큰 짐승을 사냥하려면 사냥꾼들 사이에 협력과 의사 소통이 필요하다. 사냥 가설에 따르면, 큰 짐승 사냥이 인류의 진화에 중요한 추진력을 제공하여 도구 제작과 사용, 언어, 뇌 팽창과 같은 결과를 낳았다.

영양소를 모두 섭취하기 어렵다(Tooby & DeVore, 1987). 이 사실은 고기가 수천 세대 동안 사람의 음식물에서 중심적 위치를 차지했음을 시사한다.

오늘날의 부족 사회들은 먹이를 구하는 방법으로 종종 사냥을 한다. 예를 들면, 중앙아프리카공화국의 열대우림에서 살아가는 아카피그미족은 생계 유지를 위한 활동 시간 중 약 56%를 사냥에, 27%를 채집에, 17%를 음식물을 처리하는 데 쓴다(Hewlett, 1991). 훌륭한 사냥꾼인 보츠와나의 쿵족은 사냥에 더 많은 시간을 쓴다. 평균적으로 사냥은 쿵족의 전체 음식물에서 약 40%의 칼로리를 제공하지만, 이 비율은 사냥이 잘 안 되는 시기에는 20%까지 내려가고, 사냥이 잘 되는 시기에는 90% 이상까지 올라간다(Lee, 1979).

우리 몸은 육식의 긴 역사를 보여주는, 걸어다니는 기록 보관소이다(Milton, 1999). 유인원의 창자를 사람의 창자와 비교해보면 이 사실을 분명히 알 수 있다. 유인원의 창자는 주로 크고 구불구불한 큰창자로 이루어져 있는데, 큰창자는 질긴 섬유질을 많이 함유한 식물을 잘 소화하도록 설계돼 있다. 이와는 대조적으로 사람의 창자는 작은창자가 압도적인 비율을 차지하여 다른 영장류와 확연히 구별된다. 작은창자는 단백질을 빨리 분해하여 영양분을 흡

진화심리학

수하는 장소인데, 이것은 사람이 고기처럼 단백질이 풍부한 음식물을 먹어온 진화의 역사가 아주 길다는 것을 말해준다.

우리 조상의 이빨 화석 기록도 먹은 음식물에 대해 단서를 제공한다. 이빨 화석을 덮고 있는 얇은 에나멜질에는 섬유질 식물을 주식으로 할 때 남는 마모 흔적이 없다. 세 번째 단서는 비타민의 증거이다. 우리 몸은 생존에 꼭 필요한 비타민 A와 비타민 B_{12}를 만들지 못한다. 이 두 가지 비타민은 고기를 통해 섭취해야 한다. 네 번째 단서는 아프리카 탄자니아의 올두바이 협곡에서 발견된 뼈들에서 나왔다. 이 뼈들은 1979년 여름에 독자적으로 활동하던 세 연구자 리처드 포츠Richard Potts, 팻 십먼Pat Shipman, 헨리 번Henry Bunn이 발견했다 (Leakey & Lewin, 1992). 이 뼈들은 약 200만 년 전의 것으로 추정되는데, 많은 뼈에 남아 있는 자른 자국은 우리 조상들이 도구로 고기를 잘랐음을 보여주는 생생한 증거이다. 이 모든 단서는 긴 진화 역사를 통해 고기가 우리 조상의 음식물에서 중요한 부분을 차지했음을 말해준다.

식량 공급 가설. 사냥 가설을 지지하는 사람들은 이 가설이 인류의 진화에서 나타난 기묘한 특징을 다수 설명할 수 있다고 주장한다(Tooby & DeVore, 1987). 무엇보다도 사람은 영장류 중에서 유일하게 수컷이 자식에게 부모의 투자를 많이 제공하는 종이라는 사실을 설명할 수 있다. 이 가설을 **식량 공급 가설**이라 부른다. 고기는 경제적이고 농축된 식량 자원이기 때문에, 효율적으로 거주지까지 운반하여 어린 자식에게 먹일 수 있다. 반면에 칼로리가 낮은 식량을 먼 거리까지 운반하는 것은 비효율적이다. 따라서 사냥은 남자가 자식에게 쏟는 많은 투자와 식량 공급이 나타난 과정에 대해 그럴듯한 설명을 제공한다.

식량 공급 가설은 종종 사냥이 진화한 이유에 대한 적응적 설명으로 간주되지만, 사냥 가설은 그 밖에도 사람의 특징을 이루는 여러 가지 측면을 설명할 수 있다. 하나는 **강한 남성 동맹**의 출현으로, 이것은 전 세계에서 사람만이 지닌 뚜렷한 특징이다. 사냥은 그럴듯한 설명을 제공한다(침팬지도 수컷끼리 동맹을 맺지만, 그 관계는 지속적이라기보다 일시적이고 기회주의적 경향을 보인다 ; de Waal, 1982). 큰 동물을 사냥할 때에는 협력자들의 행동을 잘 조율하는 게 필요하다. 혼자 힘만으로 큰 동물을 잡는 데 성공하기는 어렵다. 남성 동맹의 출현을 설명하는 가설로 가장 그럴듯한 대안은 집단 간의 공격과 방어와 집단 내

정치적 동맹인데, 이런 활동들도 강한 남성 동맹을 선택할 수 있다(Tooby & DeVore, 1987).

사냥은 또한 사람에게 **강한 상호적 이타성과 사회적 교환**이 나타난 것도 설명할 수 있다. 영장류 중에서 광범위한 상호 관계를 몇 년, 수십 년, 혹은 평생 동안 이어가는 종은 사람이 유일한 것처럼 보인다(Tooby & DeVore, 1987). 큰 동물을 사냥해 얻은 고기는 사냥꾼 혼자 소비하기에는 너무 많다. 게다가 사냥의 성공률은 변동성이 크다. 이번 주에 사냥에 성공했다 하더라도 다음 주에는 실패할 수 있다(Hill & Hurtado, 1996). 이러한 조건은 사냥에서 얻은 식량을 나누는 데 도움을 준다. 사냥꾼이 당장 소비할 수 없는 고기를 남에게 나누어주는 비용은 낮은데, 혼자서 고기를 다 먹을 수도 없고 남은 고기는 금방 상하고 말기 때문이다. 반면에 고기를 받은 사람들이 나중에 그 호의를 되돌려준다면, 편익은 아주 클 수 있다. 사냥꾼은 실질적으로 잉여 고기를 친구와 이웃의 몸에 '저장'할 수 있다(Pinker, 1997).

사냥은 또한 **남녀의 분업**에도 그럴듯한 설명을 제공한다. 남자는 큰 몸집, 강한 상체의 힘, 물체를 멀리 그리고 정확하게 던질 수 있는 능력 때문에 사냥에 훨씬 적합하다(Watson, 2001). 여자 조상들은 임신과 아이에 신경을 써야 하기 때문에 사냥에 덜 적합하다. 현대의 수렵 채집인들 사이에서도 노동의 분업이 뚜렷하게 나타나는 경향이 강하다. 남자는 사냥을 맡고, 여자는 채집을 맡는데, 어린아이를 데리고 채집 작업에 나설 때도 많다. 오늘날의 환경에서도 남자와 여자는 레크리에이션 활동에서 뚜렷한 차이를 보인다. 노르웨이인 3479명을 대상으로 한 조사에서 사냥(큰 짐승과 작은 짐승 모두)과 낚시를 하는 사람은 남자가 여자보다 훨씬 많은 반면, 장과류와 버섯을 채집하는 사람은 여자가 남자보다 훨씬 많았다(Røskaft, Hagen, Hagen, & Moksnes, 2004). 양 성은 음식물을 교환할 수 있다—남자는 사냥에서 잡은 고기를 제공하고, 여자는 채집한 것으로 만든 식물 음식을 제공한다. 요컨대, 사냥은 현생 인류의 특징을 이루는 노동의 뚜렷한 분업에 그럴듯한 설명을 제공한다(Tooby & DeVore, 1987).

마지막으로, 사냥은 석기 사용의 출현에도 아주 그럴듯한 설명을 제공한다. 석기는 큰 동물의 뼈가 발견되는 장소에서 거의 어김없이 발견되는데, 그 뼈들이 묻힌 시기는 200만 년 전까지 거슬러 올라간다(Klein, 2000). 석기는 주로 동물을 죽이고, 뼈와 연골에서 소중한 고기를 분리하는 데 쓰인 것으로 보

　　　　　　　　　　　　　　　　　　　　　　　　　　　　진화심리학

인다.

요약하면, 여자와 아이에 대한 식량 공급은 사냥의 기원을 설명하는 1차적인 적응적 설명으로 흔히 제시되지만, 사냥 가설은 그 밖에도 여러 가지 인간 현상을 설명할 수 있다. 그것은 남자들 사이에 나타난 강한 동맹, 친구들 사이에 나타난 상호 동맹과 사회적 교환, 성별에 따른 분업, 석기 발달 등에도 최소한 부분적인 설명을 제시한다.

과시 가설: 남자들 사이의 지위 경쟁. 사냥은 식품군 중에서 특별한 성격을 두 가지 지닌 자원을 만들어낸다. 첫째, 사냥에서 잡는 고기는 양이 아주 많다. 때로는 사냥꾼과 직계 가족이 소비할 수 있는 것보다 훨씬 많다. 둘째, 잡을 수 있는 양은 예측 불가능하다. 운이 좋아 한 주일에 큰 동물 두 마리를 잡았다가 그 뒤에 한 마리도 못 잡는 기간이 오래 계속될 수도 있다(Hawkes, O'Connell, & Blurton Jones, 2001a, 2001b). 이러한 사냥의 속성은 직계 가족의 범위를 넘어서서 고기를 나눌 수 있는 상황을 조성하는데, 주기적으로 일어나는 '뜻밖의 횡재'는 공동체 내의 모든 사람에게 알려졌을 것이다(Hawkes, 1991).

인류학자 크리스틴 호크스Kristen Hawkes는 이러한 생각을 바탕으로 **과시 가설**을 내놓았다(Hawkes, 1991). 호크스는 여자들은 고기 일부를 얻을 수 있기 때문에 과시하길 좋아하는 이웃—희귀하고 소중한 고기를 구해오려고 하는 남자—을 선호했을 것이라고 주장한다. 만약 여자들이 이러한 선물에서 혜택을 얻는다면(특히 궁핍한 시기에), 과시 전략을 쓰는 남자에게 보상을 주는 게 자신에게 이익이 될 것이다. 여자들은 그런 사냥꾼에게 분쟁이 생겼을 때 편을 든다든가, 그 자식들을 잘 돌본다든가, 성적 호의를 제공한다든가 하는 방법으로 편의를 제공할 수 있다.

따라서 위험한 사냥 전략을 추구하는 남자는 여러 가지로 편익을 얻을 수 있다. 여자에 대한 성적 접근이 증가함으로써 자식을 더 많이 낳을 확률이 높아진다. 또 이웃이 사냥꾼의 자식을 잘 돌봐줌으로써 자식들의 생존과 생식적 성공 확률도 높아진다. 수렵 채집인 사회 다섯 군데—파라과이의 아체족, 동아프리카 사바나의 하드자족, 보츠와나와 나미비아의 쿵족, 인도네시아 렘바타 섬의 라말레라족, 오스트레일리아의 메리암족—에서 얻은 자료를 분석한 결과에 따르면, 훌륭한 사냥꾼은 대개 배우자나 바람직한 배우자가 더 많고,

자식의 생존 비율도 더 높았다(Smith, 2004).

과시 가설을 뒷받침하는 증거는 파라과이 동부 지역의 토착 원주민 집단인 아체족에게서 볼 수 있다(Hill & Hurtado, 1996 ; Hill & Kaplan, 1988). 역사적으로 아체족은 유목민 집단이었는데, 사냥과 채집 활동을 모두 사용해 식량을 얻었다. 인류학자 킴 힐Kim Hill과 힐러드 캐플런Hillard Kaplan은 몇 년 동안 아체족과 함께 살면서 1980년부터 1985년까지 숲에서 식량 획득 여행에 나서는 것을 직접 관찰했다. 식량 획득 여행에 나설 때 아체족은 작은 무리를 지어 이동하며, 거의 매일 새 야영지로 옮겨간다. 구한 식량은 주로 그것을 구한 사람과 직계 가족이 소비하지만, 사냥에서 얻은 고기는 집단 내에서 광범위하게 분배된다. 호크스(1991)는 남자들이 구한 자원 중 적어도 84%는 직계 가족 이외의 사람들—즉, 자신과 아내, 자녀를 제외한 다른 사람들—에게 분배된다는 사실을 발견했다. 반면에 여자들이 구한 식량을 직계 가족 이외의 사람들에게 나누어주는 비율은 58%에 지나지 않았다.

더 최근에 과시 가설을 뒷받침하는 증거가 탄자니아의 사바나 삼림 지대에서 살아가는 하드자족에게서 나왔다(Hawkes et al., 2001a, 2001b). 하드자족에서 사냥은 남자의 일인데, 남자는 매일 주로 큰 동물을 사냥하는 데 약 4시간을 쓴다. 사냥에서 얻은 고기는 대개 광범위하게 분배된다. 사냥꾼이나 그 가족이 집단 내의 다른 사람들보다 특별히 고기를 더 많이 차지하진 않는데, 이것은 순수한 형태의 식량 공급 가설에 의문을 제기하는 발견이다. 그러나 성공적인 하드자족 사냥꾼은 높은 사회적 지위—강한 사회적 동맹으로 이어질 수 있는 명성, 다른 사람들에게서 받는 존경, 짝짓기 기회 증가 등—를 누린다.

과시 가설은 식량 공급 가설(최소한 순수한 형태의)의 경쟁 가설로 볼 수 있다. 호크스는 단순히 자신의 가족에게 식량을 공급하기 위해서라기보다 잡은 동물을 이웃과 함께 나누는 지위를 차지함으로써 얻는 편익을 위해 남자들이 사냥을 한다고 주장한다. 성공한 아체족 사냥꾼이 성적 접근 기회의 증가와 자식의 생존 확률 증가로 편익을 얻는다는 사실은 과시 가설을 뒷받침한다. 호크스는 "남자들이 위험한 일을 선택하는 부분적인 이유는 그 도박이 과시 행동을 통해 얻을 수 있는 이익을 차지할 기회를 주기 때문일지도 모른다."라고 결론내렸다(1991, p. 51). 그럼에도 불구하고, 두 가설이 양립할 수 없는 것은 아니다. 남자들은 가족에게 식량을 공급하기 위해서뿐만 아니라, 가족 밖에서 지

진화심리학

위와 짝짓기와 동맹이라는 편익을 얻기 위해 사냥을 할 수도 있다. 실제로 보츠와나와 나미비아의 쿵족 부시먼에게서 얻은 증거는 성공한 사냥꾼이 이 모든 편익을 누린다는 주장을 뒷받침한다(Wiessner, 2002).

채집 가설

남자들이 사냥을 통해 현생 인류의 출현에 중요한 진화적 추진력을 제공했다는 견해와 대조적으로, 여자들이 채집을 통해 중요한 추진력을 제공했다는 정

거의 모든 전통 사회에서는 채집을 통해 얻은 식량이 집단의 모든 구성원이 섭취하는 칼로리 중 대부분을 차지한다. 채집 가설에 따르면, 채집 활동이 석기 제작과 사용을 낳음으로써 현생 인류의 진화에 중요한 추진력을 제공했다.

반대 견해가 있다(Tanner, 1983 ; Tanner & Zihlman, 1976 ; Zihlman, 1981). 이 가설에 따르면, 석기는 사냥을 위해 발명하고 사용한 게 아니라, 다양한 식물을 파내고 채집하기 위해 발명하고 사용했다. 채집 가설은 숲에서 사바나 삼림 지대와 초원으로 이동이 일어난 것을 설명할 수 있는데, 도구의 사용으로 식량 채집이 더 편해지고 경제적이 되었기 때문이다(Tanner, 1983). 채집을 위한 도구가 발명된 뒤에 식량을 담을 수 있는 용기가 발명되었고, 동물을 사냥하고 가죽을 벗기고 토막내는 도구가 정교해졌다. 채집 가설에 따르면, 석기를 사용해 식물 식량을 확보한 것이 현생 인류의 출현에 가장 중요한 진화의 추진력을 제공했다. 이 견해에 따르면, 사냥은 훨씬 나중에 등장했으며, 현생 인류의 출현에 별다른 역할을 하지 않았다.

채집 가설은 인류의 진화에서 오로지 남자 사냥꾼에게만 초점을 맞추는 견해를 견제할 수 있는 유용한 균형추 역할을 하며, 영장류 친척들과 필시 호미니드 이전의 우리 조상들이 먹은 음식물이 주로 식물이었다는 사실을 설명하는 데 도움을 준다. 또한 오늘날의 수렵 채집인들이 먹는 음식물 중 35% 이상을 채집한 식물이 차지한다는 사실을 설명하는 데에도 도움이 된다(Marlow, 2005).

여자가 채집 활동에 쓰는 시간을 예측하는 데 큰 도움을 주는 지표는 남편이 가져다주는 식량의 양이다. 식량을 잘 공급하는 남편을 둔 여자는 그렇지 않은 여자에 비해 채집 활동에 쓰는 시간이 더 적다(Hurtado et al., 1992). 여자는 적응적 수요 변화에 따라 자신의 행동을 조절하는 것처럼 보인다. 즉, 남편이 식량을 제대로 공급하지 못하면 채집 활동을 늘리지만, 어린아이를 환경의 위험에 노출시키는 것을 피하기 위해 채집 활동을 줄인다.

사냥 가설과 채집 가설의 비교

여자의 채집 활동이 중요한데도 불구하고, 채집 활동 가설은 그것이 영장류 계통에서 사람이 갈라져나온 것을 제대로 설명하지 못한다고 생각하는 사람들에게 비판을 받았다(Tooby & DeVore, 1987 참고). 실제로 전 세계 모든 곳에서 남자들은 사냥을 한다. 만약 채집이 식량을 구하는 유일한 방법이거나 가장 생산적인 방법이라면, 왜 남자들은 사냥에 시간을 낭비하는 걸 그만두고 그냥 채집에 몰두하지 않는 것일까? 다시 말해서, 채집 가설은 다양한 문화에서 관찰되

진화심리학

는, 남자는 사냥을 하고 여자는 채집을 하는 남녀 간의 분업을 제대로 설명하지 못한다.

반면에 사냥 가설은 이러한 분업을 설명할 수 있다. 사냥 가설은 왜 여자는 통상적으로 사냥을 하지 않는지 설명해준다―여자는 임신과 돌봐야 할 아이 때문에 사냥이 훨씬 번거롭고 더 위험한 반면 얻는 것은 적다. 다시 말해서, 사냥은 여자보다는 남자가 하는 것이 훨씬 비용 효율적이다. 게다가 분업은 두 종류의 자원―동물과 식물―을 모두 이용할 수 있게 해준다.

채집 가설은 남자가 다른 동물에 비해 부모의 투자를 많이 하는 것을 설명하지 못한다. 남자들 사이에 강한 동맹 심리가 나타난 것도 설명하지 못한다. 사람들이 왜 식물 자원이 빈약한 환경을 찾아가 자리를 잡고 사는지도 설명하지 못한다. 예를 들면, 에스키모는 거의 전적으로 동물 고기와 지방에 의존해 살아간다. 채집 가설은 또한 채식을 하는 영장류에 비해 아주 긴 작은창자를 포함해 사람의 창자 구조가 왜 특별히 고기를 처리하도록 설계된 것처럼 보이는지도 설명하지 못한다(Milton, 1999).

채집 가설은 왜 사람은 수십 년 동안 지속되는 장기적이고 강한 상호 동맹을 맺는지 설명하는 데에도 어려움이 있다. 여자가 왜 남자에게 식량을 나누어주는지 설명하는 데에도 어려움이 있다. 그 대가로 고기 같은 것을 제공하지 않는다면, 남자는 사실상 여자의 노동에 편승해 살아가는 기생충이나 다름없을 것이다(Wrangham et al., 1999 참고. 랭엄은 남자 조상들은 여자들이 채집한 식량을 **훔쳤다**고 주장한다). 그렇지만 채집한 식량을 고기와 교환했다면, 왜 여자가 자신이 채집하고 손질한 식량을 남자와 함께 나누려고 했는지 설명할 수 있다.

요약하면, 수백만 년에 걸친 영장류와 인류의 역사에서 여자 조상들은 식물 음식물을 채집했다. 석기가 식물 채집의 효율을 높였다는 것은 의심의 여지가 없으며, 채집은 남녀 간의 상호 교환에 중요한 역할을 했을 것이다. 그러나 채집 가설은 남녀 간의 분업, 남자가 자식에게 높은 투자를 하는 현상, 사람과 유인원 사이의 현저한 차이점처럼 사람에 대해 알려진 여러 가지 사실을 설명하기에 미흡하다.

아직 논란이 완전히 해결되지는 않았지만, 우리 조상이 잡식 동물이었고, 고기와 채집한 식물이 모두 그들의 식량에서 중요한 요소였다는 데에는 이견이 없다. 전통적인 사회들에서 남자 사냥꾼과 여자 채집인이 여자 사냥꾼과 남자 채집인보다 압도적으로 많다는 사실은 비록 결정적 증거는 아니지만, 두 가지 활동이 사람이 식량을 얻는 패턴의 일부라는 단서를 하나 더 제공한다.

채집과 사냥의 적응: 특정 공간 능력에서 나타나는 남녀 차이

만약 여자가 채집을 전문으로 하고 남자가 사냥을 전문으로 했다면, 여자와 남자는 그러한 활동을 지원하는 인지 능력이 발달했을 것이라고 예상할 수 있다. 어윈 실버먼Irwin Silverman과 그 동료들은 공간 능력에 관한 수렵 채집인 이론을 제안했는데, 이것은 놀라운 경험적 발견을 몇 가지 낳았다(Silverman et al., 2000 ; Silverman & Eals, 1992). 이 이론은 사람은 사냥의 성공에 도움을 주는 종류의 공간 과제에서 우수한 능력을 보였을 것이라고 주장한다 :

> 동물을 추적하고 죽이는 일은 먹을 수 있는 식물을 채집하는 것과는 종류가 다른 공간 문제를 수반한다 ; 따라서 적응은 진화의 역사에서 상당 기간에 걸쳐 양 성 사이에 다양한 공간 능력……당장 눈에 보이거나 또는 먼 거리에 있지만 마음속에 떠올리는 물체와 장소에 대해 자신의 상대적 위치를 정하는 능력과, 움직이는 동안에 정확한 방향 감각을 유지하는 데 필요한 심적 변화를 수행하는 능력을 선호했을 것이다.(Silverman & Eals, 1992, pp. 514-515)

사냥을 하다 보면 가끔 거주지에서 먼 곳까지 가야 할 때가 있기 때문에, 자연 선택은 도중에 길을 잃지 않고 집으로 돌아가는 길을 찾을 수 있는 사냥꾼을 선호했을 것이다.

먹을 수 있는 견과류, 장과류, 열매, 덩이줄기를 찾아내고 채집하는 데에는 다른 종류의 공간 감각이 필요한데, 실버먼은 다음과 같은 능력이 필요하다고 주장한다 :

> …… 물체들의 공간적 배치를 인식하고 기억하는 능력 ; 즉, 물체들의 배열 내용과 서로간의 공간적 관계를 빨리 학습하고 기억하는 능력이 필요하다. 채집의 성공은 물체들과 그 위치에 대한 주변 지각과 우연 기억을 통해 크게 높아질 수 있다.(Silverman & Eals, 1992, p. 489)

그림 3.1 여자는 공간 위치 기억 테스트에서 더 높은 점수를 얻는 경향이 있다. 이러한 남녀 차이는 채집 활동에 적응한 결과로 나타난 것으로 가정된다.

출처: Silverman, I., Choi, J., & Peters, M. (2007). The hunter-gatherer theory of sex difference in spatial abilities: Data from 40 countries. *Archives of Sexual Behavior, 36*, 261-268 (Figure 1, p. 264). Reprinted with permission from Springer.

요컨대, 이 이론은 여자는 채집 활동에 적응한 결과로 '공간적 위치 기억' 능력이 더 뛰어나고, 남자는 항행 능력, 지도 판독, 동물을 잡기 위해 공간 속에서 창을 던질 때 필요한 종류의 심적 회전 같은 측면에서 뛰어날 것이라고 예측한다.

많은 연구 결과는 공간 능력에서 이러한 남녀 차이가 존재함을 확인해준다. 여자는 〈그림 3.1〉과 같은 위치 기억과 물체 배열을 포함하는 공간 과제를 해결하는 능력이 남자보다 뛰어나다(Silverman & Philips, 1998). 이러한 능력에서 여자의 우월성은 언어 라벨이 붙어 있지 않은 특이하고 낯선 물체를 기억하는 데까지 연장된다(Eals & Silverman, 1994). 서로 다른 종류의 공간 능력에서 남녀 차이가 보편적으로 나타난다는 사실을 평가하기 위해 설계된 한 연구에서는 그것을 뒷받침하는 강한 증거가 나왔다(Silverman, Choi, & Peters, 2007).

이 조사 연구를 위해 선택된 40개 나라와 7개 종족 집단은 전부 다 3차원 심적 회전 과제에서 남자가 여자보다 높은 점수를 얻었다. 그리고 물체 위치 기억 과제에서는 40개 나라 중에서 35개 나라가, 그리고 7개 종족 집단은 전부 다 여자가 남자보다 높은 점수를 얻었다.

또한 물체 인식과 물체 위치 기억을 조사하는 데 더 자연적인(생태학적으로 유효한) 방법을 사용한 연구들도 있었다(New et al., 2007). 많은 식물이 복잡하게 배열된 상황에서 여자는 남자보다 특정 식물의 위치를 훨씬 빨리 찾아냈고, 그것을 확인하는 데에서도 남자보다 실수를 저지르는 비율이 낮았다. 여자는 식물에 대한 사실적 지식에서도 남자보다 분명한 우위를 보였다(Laiacona, Barbarotto, & Capitani, 2006). 따라서 물체 위치 기억과 식물에 대한 사실적 지식에서 여자의 우위는 여자에게 채집을 위해 진화한 특별한 적응—성별에 따른 장기간의 분업을 반영한 적응—이 있다는 가설을 뒷받침한다(Silverman, Choi, 2005).

반면에 남자는 물체의 심적 회전과 낯선 땅을 항행하는 것이 필요한 공간 과제에서 여자보다 뛰어나다. 한 연구에서는 실험 참여자들을 삼림 지역에서 구불구불 이어진 길로 데려가 다양한 장소에서 멈추게 한 뒤에 출발 지점의 방향을 가리키게 했다. 그리고 나서 그들에게 출발 지점으로 곧장 갈 수 있는 길로 연구자를 안내하게 했다. 이 과제들에서는 남자가 여자보다 훨씬 나은 능력을 보였다. 다른 각도에서 볼 때 물체가 어떤 모습으로 보일지 상상하는 것과 같은 심적 회전 과제에서도 남자가 훨씬 뛰어난 능력을 보였다(Lippa, Collaer, & Peters, 2009). 마지막으로, 여자는 방향을 파악할 때 나무나 특정 물체처럼 구체적인 지표를 사용하는 경향이 있는 반면, 남자는 '북쪽'과 '남쪽'처럼 더 추상적이고 좌표적인 방향을 사용하는 경향이 있다.

종합하면, 이 모든 결과는 남자와 여자에게 효율적인 채집을 돕는 종류와 효율적인 사냥(그리고 필시 남자 간의 싸움도—Ecuyer-Dab & Robert, 2004 참고)을 돕는 종류로 서로 약간 다른 공간 능력이 발달했다는 결론을 뒷받침한다. 그럼에도 불구하고, 물체 위치 기억 능력에서 나타나는 여자의 우위는 대개 그 효과 규모가 그다지 크지 않다는 사실(Voyer et al., 2007)에 주목할 필요가 있으며, 따라서 '채집 가설'에 대한 추가 검증이 필요하다(Elizabeth Cashdan, 개인적 연락, 2010년 7월 28일).

▪ 거주 장소 찾기: 주거와 경관 선호

여러분이 캠핑 여행을 떠났다고 상상해보라. 아침에 공복 상태로 일어났는데, 소변이 마렵다. 볼일을 보는 동안 햇빛이 사정없이 머리 위로 내리쬐자 갑자기 갈증을 느낀다. 그래서 서둘러 근처의 개울로 가 차갑고 깨끗한 물을 마신다. 이제 하루 일과를 서둘러야 할 시간이다. 짐을 챙기고 사방을 둘러본다. 어느 방향으로 가는 게 좋을까? 어떤 곳은 아름다워 보인다. 전망이 아주 매력적이고, 물과 물고기가 풍부한 개울도 지나가고, 식물도 무성하게 자라며, 야영을 하기에 안전한 장소로 보인다. 그렇지만 야생 동물과 가파른 절벽, 뜨거운 햇빛처럼 신경 써야 할 위험도 있다.

이번에는 캠핑 여행이 며칠이나 몇 주일이 아니라, 평생 동안 계속된다고 상상해보자. 우리 조상들이 처했던 상황이 바로 그랬다. 아프리카의 사바나를 배회하면서 늘 야영하기에 적당한 장소를 찾아야 했다. 먹이 자원이 빈약하고 적대적인 힘들에 취약한 살기 나쁜 장소를 선택하면 많은 비용을 치러야 하는 반면, 살기 좋은 장소를 선택하면 큰 편익이 있기 때문에, 자연 선택은 우리가 현명한 선택을 하도록 설계된 적응을 만들어냈을 것이다. 이 가설은 진화심리학자들이 검증하려고 달려든 주제가 되었다(Kaplan, 1992 ; Orians & Heerwagen, 1992 ; Ruso, Renninger, & Atzwanger, 2003).

사바나 가설

오리안스(1980, 1986)는 서식지 선호에 관한 **사바나 가설**을 적극 지지했다. 즉, 살아가는 데 필요한 자원이 풍부한 환경을 찾고 정착하도록 하는 반면, 자원이 부족하고 생존을 위협하는 요소가 많은 환경을 피하도록 하는 선호와 동기 부여와 결정 규칙을 자연 선택이 선호했다는 것이다. 인류가 출현한 장소로 널리 받아들여지는 아프리카 사바나는 이러한 요구 조건을 충족한다.

사바나에는 비비와 침팬지 같은 영장류를 포함해 큰 육상 동물이 많이 산다. 사바나는 열대우림보다 고기를 얻을 수 있는 사냥감이 더 많으며, 채집할 수 있는 식물도 더 많고, 경치도 유목민의 생활 방식에 알맞게 넓게 탁 트여 있다(Orians & Heerwagen, 1992). 사바나에 자라는 나무는 예민한 사람의 피부를 뜨거운 햇빛에서 보호해주며, 위험을 피할 수 있는 피난처도 제공한다.

자연 경관 선호를 조사한 결과도 사바나 가설을 지지한다. 한 연구에서는 오스트레일리아, 아르헨티나, 미국 주민을 대상으로 케냐에서 찍은 일련의 나무 사진들을 평가하게 했다. 각각의 사진은 나무 한 그루에 초점을 맞춘 것이었고, 사진들은 햇빛과 날씨가 비슷한 표준적 조건에서 찍은 것이었다. 선택된 나무들은 네 가지 속성—수관 모양, 수관 밀도, 줄기 높이, 가지들이 뻗어나간 패턴—에서 차이가 있었다. 세 문화권에 사는 사람들은 모두 비슷한 판단을 했다. 모두가 사바나에서 자라는 것과 비슷한 나무—수관이 적당히 빽빽하고, 지면 근처에서 줄기가 둘로 갈라진—를 크게 선호했다. 조사 대상자들은 성기거나 빽빽한 수관을 싫어하는 경향을 보였다(Orians & Heerwagen, 1992).

사람들이 인공 환경보다 자연 환경을 좋아한다는 결론을 뒷받침하는 증거는 아주 많다(Kaplan & Kaplan, 1992). 한 연구(Kaplan, 1992)는 참여자들이 컬러 사진이나 슬라이드로 본 풍경을 5단계 점수제로 평가한 연구 39건의 결과를 종합해 요약했다. 풍경들은 웨스턴오스트레일리아 주, 이집트, 대한민국, 캐나다 브리티시컬럼비아 주, 미국을 비롯해 아주 다양한 장소에서 촬영한 것이었다. 참여자들 중에는 대학생, 십대, 한국인, 오스트레일리아인 등이 포함되었다. 이 연구는 사람들이 인공 환경보다 자연 환경을 더 좋아하는 경향이 일관되게 나타난다고 결론내렸다. 그리고 인공 환경에 나무와 그 밖의 식물이 포함된 경우에는 그런 것이 없는 인공 환경보다 높은 점수를 받았다(Ulrich, 1983). 스트레스가 심한 상황에 놓인 사람들에게 자연 풍경을 찍은 슬라이드를 보여주자 생리적 고통이 줄어드는 효과가 나타났다(Ulrich, 1986). 이 결과들은 우리에게는 모든 문화에서 일관되게 나타나는 진화한 선호가 있으며, 풍경의 차이가 우리의 심리와 생리에 큰 영향을 미친다는 가설을 뒷받침한다.

오리안스와 히어와겐(1992)은 사바나 가설을 더 정교하게 확대하여 서식지 선택 3단계 과정을 제안했다. 1단계는 선택이라 부를 수 있다. 어떤 서식지나 경치를 처음 보았을 때 내리는 핵심 결정은 더 자세히 살펴보느냐 그냥 딴 곳으로 가느냐 하는 것이다. 이 최초의 반응은 정서적 또는 감정적 성격이 강하다. 숨을 곳이 없이 탁 트인 환경은 마음을 끌지 못한다. 완전히 밀폐된 임관처럼 시야와 움직임을 제약하는 환경 역시 버림을 받는다.

만약 선택 단계에서 최초의 반응이 긍정적으로 나왔다면, 정보 수집이라 부를 수 있는 2단계로 옮겨간다. 이 단계에서는 환경을 자세히 살펴보면서 자

사람은 유망한 전망(자원)과 피난처(숨을 곳)를 제공하는 사바나와 비슷한 환경을 좋아하는 것처럼 보인다.

원과 잠재적 위험 정도를 조사한다. 한 연구에서는 사람들은 이 단계에서 신비한 것을 아주 좋아한다는 결론을 내렸다(Kaplan, 1992). 사람들은 구불구불 나아가다가 모퉁이를 돌아 시야에서 사라지는 길이나 그 너머에 뭔가가 있을 것 같은 산을 좋아하는 경향이 있다. 이 조사에는 위험 평가도 포함된다. 모퉁이 너머에 소중한 자원이 있을지 모른다는 기대를 품을 수 있지만, 반대로 뱀이나 사자가 있을지도 모른다. 따라서 이 단계에서의 조사는 자신과 가족이 몸을 숨길 수 있는 피난처를 찾는 것까지 포함한다. 숨을 장소가 여러 군데 있다면, 다양한 관점에서 평가를 내릴 수 있고 필요할 때 다양한 탈출로를 찾을 수 있다.

　서식지 선택에서 3단계는 이용이라고 부를 수 있는데, 그곳이 제공하는 자원의 혜택을 거둬들일 만큼 충분히 오래 머물 것인가 하는 결정까지 함께 내려야 한다. 이 결정은 트레이드오프tradeoff(한 측면에서 이익을 추구하면 다른 측면에서 손해를 감수해야 하는 상황)를 포함한다—식량 채집에 좋은 장소가 포식 동물의 공격에 취약한 장소일 수 있으니까(Orians & Heerwagen, 1992). 험준한 절벽은 포식 동물을 감시하기에 좋지만, 추락 위험이 있다. 따라서 이 단계에서 서식지의 혜택을 거둬들일 만큼 충분히 오래 머물 것인지 최종 결정을 내리는 데에는 복잡한 인지적 계산이 필요하다.

또 다른 계산은 결정의 시간 프레임에 관한 것이다(Orians & Heerwagen, 1992). 이 시간 차원은 일시적인 상태들을 즉각적으로 평가해야 할 필요에서부터 다년간에 걸친 사건들을 예측하는 것에 이르기까지 다양하다. 날씨 패턴은 즉각적인 시간 프레임에서 중요하다. 천둥과 번개는 즉각 몸을 숨겨야 할 필요를 알려주는 신호일 수 있다. 사람은 밤에는 시력이 좋지 않기 때문에, 어둠이 깔리면 숨을 곳을 찾아야 한다. 그림자가 길어지고 해가 지평선에 다가가면서 붉은색으로 변하면 임시 야영지를 얼른 선택해야 한다는 조급함을 느끼게 된다.

더 긴 시간 프레임에는 겨울이 지나고 봄이 오거나 가을이 겨울로 변하는 것과 같은 계절 변화가 있다. 계절 변화는 새로운 정보를 가져다주며, 그것은 새로운 평가가 필요하다. 봄은 식물을 무성하게 자라게 하고, 결실의 약속을 가져다준다. 가을은 식물을 갈색으로 변화시키고, 다가오는 겨울을 알려준다. 사바나 가설은 사람들이 수확의 신호—푸르른 초목, 나무에 돋아오르는 싹, 관목에 나기 시작한 열매—를 크게 선호할 것이라고 예측한다. 반대로 앙상한 나뭇가지와 갈색 초목은 반기지 않을 것이다. 오리안스와 히어와겐은 "일 년 내내 슈퍼마켓에서 다양한 과일과 채소를 살 수 있는 우리는 봄에 처음 나는 제철 채소가 인류의 역사 대부분을 통해 사람들에게 얼마나 중요했는지 이해하기 힘들 수 있다."(1992, p. 569)라고 지적했다.

사람들이 잘 먹지 않는 꽃도 보편적으로 널리 사랑받는다. 꽃은 긴 겨울 동안 볼 수 없었던 채소와 열매가 나기 시작한다는 것을 알려준다. 병원에 꽃을 가져가는 것은 실제로 효과가 있다 : 연구에 따르면, 병실에 꽃이 있는 것만으로도 환자의 회복률이 높아지며, 심리 상태도 훨씬 긍정적으로 변한다(Watson & Burlingame, 1960).

선택은 환경에 대한 우리의 선호를 빚어냈다. 비록 우리는 사바나 평원과는 동떨어진 현대 세계에 살고 있지만, 옛날 환경과 비슷하도록 우리의 환경을 변화시킨다. 우리는 임관 아래에서 살아가는 편안한 느낌을 모방한 건축물을 짓는다. 우리는 탁 트인 풍경을 좋아하고, 지하실에서 사는 걸 싫어한다. 병원에 입원했을 때에도 창문 밖으로 나무가 보일 경우 회복 속도가 더 빠르다(Ulrich, 1984). 그리고 우리는 옛날 사바나 서식지의 풍경과 신비를 재현한 그

진화심리학

림을 그리고 사진을 찍는다(Appleton, 1975).

■ 포식 동물과 그 밖의 환경적 위험에 맞서 싸우기: 두려움, 공포, 불안, '적응적 편향'

모든 사람은 특정 사건에 대해 위험을 알려주는 불안과 두려움을 경험한다. 우리에게 두려움이 존재하는 적응적 이유는 명백해 보인다 : 두려움은 위험의 원천에 잘 대처하게 함으로써 생존 기능을 발휘한다. 〈뉴욕타임스〉 선정 베스트셀러가 된 《두려움의 선물 : 우리를 폭력에서 보호하는 생존 신호The Gift of Fear : Survival Signals that Protect Us from Violence》(De Becker, 1997)라는 책에 잘 나와 있듯이, 이것은 널리 받아들여진 견해이다. 이 책은 독자들에게 자신의 직관적 두려움에 귀를 기울이라고 촉구하는데, 그것이 위험을 피하는 데 가장 중요한 지침을 제공하기 때문이라고 한다.

아이작 마크스Isaac Marks(1987)는 두려움의 진화적 기능을 명쾌하게 묘사했다 :

> 두려움은 생명 유지에 필수적인 진화의 유산으로, 생물에게 위협을 피하도록 안내하며, 명백한 생존 가치를 지닌다. 두려움은 현재의 위험이나 임박한 위험을 지각했을 때 일어나는 감정이며, 적절한 상황에서는 정상적인 반응이다. 두려움이 없다면, 자연 조건에서 살아남을 수 있는 사람은 거의 없을 것이다. 두려움은 위험에 맞닥뜨렸을 때 행동을 빨리 취할 수 있게 우리의 허리를 긴장시키며, 경계 태세를 유지하게 함으로써 스트레스가 심한 상황에서도 기능을 잘 수행하게 한다. 두려움은 적과 맞서 싸우고, 운전을 조심스럽게 하고, 낙하산을 안전하게 타고, 시험을 신중하게 치르고, 비판적인 청중 앞에서 말을 잘 하게 하고, 산을 오를 때 디딜 곳을 잘 딛도록 도움을 준다.(p.3)

두려움은 "실질적인 위험에 대한 정상적 반응으로 나타나는, 대개 불쾌한 느낌"(Marks, 1987, p. 5)으로 정의된다. 두려움은 실질적인 위험과 관계 없이 나타나는 두려움인 **공포증**과 구별되고, 대개 자율적 통제를 넘어서며, 두려워

표 3.1 **급작스런 공격에 대한 기능적 방어 여섯 가지**

방어	정의
동작 멈추기	동작을 멈추고 경계 태세에 들어가 감시하고 조심하기
도망	위협을 피해 빨리 달아나기
싸움	위협의 원천을 공격하기
굴복	공격을 막기 위해 같은 종의 구성원에게 비위를 맞추거나 복종하는 것
공포	근육이 굳어 움직이지 않거나 '죽은 체하기'
기절	공격자에게 자신이 위협 대상이 아니란 걸 알리기 위해 의식 잃기

출처: Bracha, H. S. (2004). Freeze, flight, fight, fright, faint: Adaptionist perspectives on the acute stress response spectrum. *CNS Spectrum, 9*, 679-685; Marks, I. (1987). *Fears, phobias, and rituals: Panic, anxiety, and their disorders.* New York: Oxford University Press.

하는 상황을 피하는 결과를 초래한다.

마크스(1987)와 브라차Bracha(2004)는 두려움과 불안이 보호를 제공할 수 있는 여섯 가지 방법을 제시했다(〈표 3.1〉 참고) :

1. **동작 멈추기**: 이 반응은 경계를 늦추지 않고 상황을 평가하는 데 도움을 주고, 포식 동물의 눈에 띄지 않게 몸을 숨기는 데에도 도움이 되며, 때로는 공격을 억제하는 효과도 있다. 자신이 발각되었는지 확실히 알 수 없고, 포식 동물의 위치를 쉽게 파악할 수 없을 때에는 몸을 심하게 움직이거나 달아나는 것보다는 꼼짝하지 않는 것이 더 나을 수 있다.

2. **도망**: 이 반응은 특정 위협으로부터 멀리 벗어나게 한다. 예를 들어 뱀을 만났을 때에는 잽싸게 달아나는 것이 독니에 물리지 않는 가장 쉽고 안전한 방법이다.

3. **싸움**: 위협적인 포식 동물을 공격하고 부딪치고 때려서 죽이거나 달아나게 하면 위협의 원천을 제거할 수 있다. 이 방법은 포식 동물을 제압하거나 격퇴하는 것이 가능한지 정확하게 평가하는 게 필요하다. 굶주린 곰보다는 거미 쪽이 물리치기가 훨씬 쉽다.

4. **굴복 또는 양보**: 이 반응은 대체로 위협 대상이 같은 종의 구성원일 때 효과가 있다. 침팬지 사이에서는 알파 수컷에게 굴복하는 인사를 하면 신체적 공격을 막는 데 효과적이다. 사람 사이에서도 마찬가지일 수 있다.

5. **공포**: 이것은 꼼짝하지 않음으로써 '죽은 체하는' 반응이다. 몸을 움직

이지 않는 방법의 적응적 이점은 도망이나 싸움이 효과가 없는 상황—예컨대 포식 동물이 너무 빠르거나 너무 강할 때—에서 나타난다. 포식 동물은 잠재적 먹이의 움직임에 민감한데, 한참 동안 전혀 움직이지 않는 먹이에게 흥미를 잃을 때가 가끔 있다(Moskowitz, 2004). '죽은 체'하면 먹이를 꽉 붙잡고 있던 포식 동물의 힘이 느슨해질 수 있는데, 그 틈을 타 탈출 기회를 노릴 수 있다.

6. 기절: 기절은 공격자에게 자신이 위협 대상이 아니라는 걸 알리기 위해 의식을 잃는 것이다. 피나 예리한 무기를 보고서 기절하는 반응의 기능은, 전시에 여자나 어린이처럼 비전투원에게 "적에게 자신이 즉각적인 위협이 아니며 무시해도 안전하다고……비언어적 방법으로 의사 소통을 하기 위한" (Bracha, 2004, p. 683) 것이라는 가설이 있다. 따라서 기절은 인류의 진화 역사를 통해 흔히 일어났을 폭력적 분쟁에서 비전투원이 살아남을 확률을 높였을 수 있다. 만약 이 가설이 옳다면, 피를 봤을 때 남자보다는 여자와 어린이가 기절을 할 확률이 훨씬 높을 것이라고 예측할 수 있는데, 실제 증거도 이 예측을 강하게 뒷받침한다(Bracha, 2004).

심각한 위협에 대한 이러한 행동 반응들은 흔히 예측 가능한 순서로 나타나는 것으로 보아 적응적으로 그런 패턴을 갖게 되었다고 볼 수 있다(Bracha, 2004). 첫 번째 반응은 대개 동작을 멈추는 것인데, 그러면 발각되는 걸 피할 수 있고(운이 좋으면) 거기서 벗어날 최선의 수단을 궁리할 수 있다(Moskowitz, 2004). 만약 포식 동물이 계속 다가온다면, 그 다음의 반응은 달아나는 것이다. 만약 달아나는 데 실패하여 포식 동물이 공격해 온다면, 그 다음 번 반응은 맞서 싸우는 것이다. 달아나거나 싸워서 포식 동물을 물리칠 가망이 없다면, 공포에 빠지는 방법, 곧 꼼짝 않는 방법을 선택한다. '죽은 체하는' 이 전략이 가끔 먹혀들어 포식 동물이 흥미를 잃을 때가 있는데, 그 틈을 타 달아날 수 있다. 이러한 일련의 방어 방법은 사람에게서만 독특하게 나타나는 것은 아니며, 대부분의 포유류 종에서 볼 수 있다(Bracha, 2004). 반면에 기절은 사람에게서만 특별하게 나타나는 반응처럼 보이는데, 지난 200만 년의 세월에 걸쳐 전쟁에 대한 반응으로 진화한 것인지 모른다(Bracha, 2004).

이러한 행동 반응들 외에 두려움은 예측 가능한 일련의 **진화한 생리적 반응**도 일으킨다(Marks & Nesse, 1994). 예를 들면, 두려움을 느끼면 에피네프린이 분비되는데, 부상을 입었을 때 이 호르몬은 혈액 수용체에 작용하여 혈액 응고를 돕는다. 에피네프린은 간에도 작용해 포도당을 분비하게 함으로써 싸우거나 달아나는 행동을 할 때 근육에 필요한 에너지를 공급한다. 심장 박동이 빨라지고, 흐르는 혈액량이 많아짐으로써 혈액 순환이 증가한다. 혈액의 흐름 패턴도 위로 흘러가던 것이 근육 쪽으로 바뀐다. 위협적인 사자를 만났다면, 소화는 좀 나중에 해도 되기 때문이다. 또 호흡도 가빠지면서 근육에 공급되는 산소의 양을 늘리고, 이산화탄소 배출이 빨리 일어나게 한다.

사람이 지닌 보편적인 두려움

〈표 3.2〉에는 보편적인 두려움 명단이 그것을 진화하게 한 것으로 생각되는 적응 문제와 함께 실려 있다(Nesse, 1990, p. 271). 찰스 다윈은 두려움의 기능을 다음 문장으로 간결하게 표현했다. "경험과는 아무 관계가 없는 어린이의 두려움은 옛날 야만적인 시절에 …… 실제로 존재했던 위험이 유전된 효과가…… 아닐까 하고 의심할 수 있지 않을까?"(Darwin, 1877, pp. 285-294) 사람은 현재 환경에 존재하는 위험보다는 조상의 환경에 존재하던 위험에 대한 두려움이 발달할 가능성이 훨씬 높다. 예를 들면, 대도시에서는 뱀은 거의 문제가 되지 않고 자동차가 문제가 된다. 자동차나 총, 전기 콘센트, 담배에 대한 두려움은 사실상 들어본 적이 없는데, 이것들은 진화의 역사에서 새로운 위험

표 3.2 **두려움의 종류와 그것과 연관된 적응 문제**

두려움의 종류	적응 문제
뱀에 대한 두려움	독니에 물려 중독될 가능성
거미에 대한 두려움	독니에 물려 중독될 가능성
높은 곳에 대한 두려움	절벽이나 나무에서 추락해 다칠 가능성
공황	포식 동물이나 다른 사람의 공격 임박
광장 공포증	빠져나갈 길이 없는 혼잡한 장소
작은 동물 공포증	위험한 작은 동물
질병	오염
분리 불안	늘 함께 지내던 사람의 보호 상실
낯선 사람에 대한 불안	낯선 남자에게서 받는 해
사회적 불안	지위 상실 ; 집단에서 추방
짝짓기 불안	구애 시도에 대한 공개적 거부

사람은 현대 환경에서 훨씬 위험한 자동차나 총, 전기 콘센트보다도 뱀—우리가 진화한 환경에서 위험한 대상이었던—을 더 두려워하는 경향이 있다.

들이어서 자연 선택이 그것에 대한 두려움을 빚어낼 시간이 충분치 않았다. 도시 주민이 자동차나 전기 콘센트에 대한 두려움보다는 뱀과 낯선 사람에 대한 두려움 때문에 정신과 의사를 많이 찾아간다는 사실은 우리 조상의 환경에 존재했던 위험을 엿볼 수 있는 창을 제공한다.

　사람이 느끼는 특별한 두려움은 그러한 위험과 맞닥뜨렸던 바로 그 시절에 발달하기 시작한 것으로 보인다(Makrs, 1987). 예를 들면, 진화한 거미 탐지 기제를 시사하는, 거미를 알아보는 특수한 지각적 틀은 생후 5개월부터 나타난다는 조사 자료가 있다(Rakison & Derringer, 2007). 흥미롭게도 거미에 대한 두려움은 거미에 대해서만 특별히 나타나는 것처럼 보인다. 아마도 거미는 대개 독을 사용해 먹이를 제압하고, 그래서 특별히 위험하기 때문에 다른 절지동물 집단보다도 훨씬 큰 두려움을 불러일으킬 것이다(Gerdes, Uhl, & Alpers, 2009). 높은 곳과 낯선 사람에 대한 두려움은 생후 6개월 무렵의 아이에게서 나타나는데, 이 시기는 어머니의 품을 떠나 기어다니기 시작하는 시기와 일치한다(Scarr & Salapatek, 1970). 높은 곳에 대한 두려움을 조사한 한 연구에서는

41일 혹은 그 이상 기어다닌 아이들 중 80%는 엄마한테 기어갈 때 '시각적 절벽'(얼핏 보기에는 수직 절벽처럼 보이지만, 실제로는 튼튼한 유리로 덮여 있는 심리학 실험 장치) 위로 지나가는 것을 피한다는 결과를 얻었다(Bertenthal, Campos, & Caplovitz, 1983). 보호하는 엄마가 가까이에 없을 때 기어다니면 거미, 위험한 추락, 낯선 사람과 만날 위험이 커진다. 따라서 이 시기에 이러한 두려움이 나타나는 것은 적응 문제가 시작되는 시기와 일치한다. 사람 아기가 낯선 사람을 두려워한다는 사실은 과테말라인, 잠비아인, 쿵족 부시먼, 호피족 인디언을 포함해 다양한 문화에서 관찰되고 기록되었다(Smith, 1979). 사실, 아기가 낯선 사람에게 죽음을 당할 위험은 사람(Daly & Wilson, 1988)뿐만 아니라, 사람을 제외한 영장류(Hrdy, 1977 ; Wrangham & Peterson, 1966) 사이에서도 보편적인 '자연의 적대적인 힘'으로 보인다. 흥미롭게도 사람 아이는 낯선 여자보다는 낯선 남자를 훨씬 더 무서워하는데, 이것은 역사적으로 낯선 남자가 낯선 여자보다 훨씬 위험했을 가능성이 높다는 사실과 일치한다(Heerwagen & Orians, 2002).

분리 불안은 광범위한 비교문화 연구에서 관찰 기록된 또 다른 종류의 두려움으로, 생후 9개월부터 13개월 사이에 절정에 이른다(Kagan, Kearsley, & Zelazo, 1978). 한 비교문화 연구에서 연구자들은 어머니가 방을 떠난 뒤에 울음을 터뜨린 아이의 비율을 기록했다. 분리 불안이 절정에 이른 나이의 아이들을 대상으로 한 이 연구에서 과테말라 인디언 아이는 62%가, 이스라엘인 아이는 60%가, 앤티가 과테말라인 아이는 82%가, 아프리카 오지의 아이는 100%가 명백한 분리 불안을 나타냈다.

동물에 대한 두려움은 아이가 더 넓은 주변 환경을 탐사하기 시작하는 만 두 살 무렵에 나타난다. 공공 장소나 탈출이 어려운 공간에 놓이는 것을 두려워하는 **광장 공포증**은 훨씬 나중에 아이가 집을 떠나는 시기에 나타날 수 있다(Marks & Nesse, 1994). 요컨대, 발달 과정에서 두려움이 나타나는 시기는 적응 문제(이 경우에는 생존의 위험)가 시작되는 시기와 정확하게 일치하는 것으로 보인다. 이것은 심리 기제가 '태어나는 순간부터' 진화한 적응으로 나타날 필요가 없다는 점을 잘 보여준다. 특정 두려움의 시작은 사춘기의 시작처럼 발달 과정에서 나타나는 어떤 적응과 시기가 일치한다.

일부 두려움에서는 남녀 차이가 명확하게 나타난다. 여자 어른은 남자 어른보다 뱀과 거미에 대한 두려움과 공포가 훨씬 심한 경향이 있다. 생후 11개월 된 아이들을 대상으로 한 두 가지 경쟁 실험에서 래키슨Rakison(2009)은 이러한 남녀 차이가 유아기부터 시작된다는 사실을 발견했다. 여자는 폭행, 강도, 주거 침입, 강간, 교통 사고를 포함해 부상을 당할 수 있는 사건을 더 두려워한다고 보고되었다(Fetchenhauer & Buunk, 2005). 이 사실이 특별히 흥미로운 이유는, 강간을 제외하고는 이러한 생존 위협에는 대개 남자가 여자보다 훨씬 많이 노출되기 때문이다. 페첸하우어와 붕크는 이러한 남녀 차이를 성 선택이 남자에게 (지위나 자원, 짝짓기 기회를 얻기 위해) 위험을 감수하는 전략을 선택하게 한 반면, 여자는 자식을 보호하기 위해 더 신중한 전략을 선택하는 게 유리하기 때문이라는 가설로 설명한다. 비슷한 가설은 뱀에 대한 두려움에서 나타나는 남녀 차이도 설명할 수 있다—극도의 두려움을 유발하는 가장 보편적인 대상을 꼽으라고 했을 때, 여자 38%가 뱀을 꼽지만, 남자는 12%만 뱀을 꼽는다(Agras, Sylvester, & Oliveau, 1969).

특정 두려움의 진화심리학적 기초에는 단순히 **감정적** 반응만 포함되는 게 아니라, 우리가 주변의 세계를 **주목**하거나 **인식**하는 방법까지 포함된다. 흥미로운 일련의 실험에서는 참여자들에게 꽃이나 버섯처럼 두려움을 유발하지 않는 이미지들 사이에 섞여 있는, 거미나 뱀처럼 두려움과 관련이 있는 이미지들을 찾으라고 지시했다(Öhman, Flykt, & Esteves, 2001). 그리고 다른 조건에서는 상황을 완전히 반대로 바꾸었다. 즉, 두려움과 관련이 있는 이미지들 사이에 섞여 있는, 두려움을 유발하지 않는 이미지들을 찾으라고 했다. 사람들은 무해한 대상을 찾는 것보다 뱀과 거미를 훨씬 빨리 찾았다. 실제로 그들은 이미지들을 아무리 혼란스럽게 늘어놓더라도, 그리고 관심을 분산시키는 물체들이 아무리 많더라도, 두려워하는 자극의 위치를 더 빨리 찾아냈다. 그것은 마치 뱀과 거미가 시각적 배열 사이에서 '툭 튀어나와' 자동적으로 인식되는 것 같았다. 이러한 '돌출' 효과는 어른과 3~5세 사이의 어린이에게서 모두 관찰되고 기록되었다(LoBue & DeLoache, 2008). 탁 트인 들판을 바라볼 때, 우리의 정보 처리 기제는 '풀 속의 뱀'을 쉽게 탐지하도록 이끈다.

조상이 맞닥뜨리며 살았던 위험에 대해 우리의 주의 편향이 나타나는 흥미로운 현상이 또 하나 있는데, 그것은 바로 소리 지각이다. 진화심리학자 존 뉴호프John Neuhoff는 "어렴풋한 청각적 움직임을 지각하는 데 일어난 적응적 편향"이라고 부른 것을 기록했다(Neuhoff, 2001). 그는 '다가오는' 소리와 '멀어지는' 소리의 지각 사이에 뚜렷한 차이가 있다는 사실을 발견했다. 다가오는 소리에 일어나는 변화는 멀어지는 소리에 일어나는 변화보다 더 크게 지각되었다. 게다가 다가오는 소리는 멀어지는 소리보다 더 가까이에서 출발하고 멈추는 소리로 지각되었다. 이러한 '청각 편향'은 포식 동물처럼 위험이 다가올 때 그것을 좀더 안전하게 피할 수 있도록 설계된 지각의 적응이라고 뉴호프는 주장한다. 즉, 우리가 듣는 소리는 세계에서 위험을 피하도록 적응적으로 편향된 것이다. 요컨대, 위험의 신속한 시각적 지각이나 청각 접근 편향처럼 생존을 위한 적응은 우리가 주변 세계를 보고 듣는 방식에 영향을 미친다.(시각 영역의 적응적 편향에 관해 자세한 내용은 〈박스 3.1〉을 참고하라.)

포식 동물에 대한 어린이의 적응

인류의 진화 역사를 통해 포식 동물은 늘 우리의 생존을 위협했다. 위험한 육식 동물에는 사자, 호랑이, 표범, 하이에나뿐만 아니라 악어와 비단구렁이 같은 파충류도 있다(Brantingham, 1998). 포식 동물을 만난 빈도와 위험 정도 평가는 추측에 의존할 수밖에 없지만, 호미니드의 두개골에 남은 구멍 자국이 표범의 송곳니와 정확하게 일치하는 것을 비롯해 뼈에 남은 증거는 우리 조상들이 포식 동물의 공격을 얼마나 자주 받았는지 알려준다. 오늘날에도 파라과이의 아체족 채집인들 사이에서 사망 원인을 조사한 결과에 따르면, 전체 사망자 중 6%는 재규어에게, 12%는 뱀에 물려 사망한 것으로 나타났다(Hill & Hurtado, 1996).

어린이가 동물을 두려워하는 것은 진화한 방어 체계의 일부일 가능성이 높지만, 최근의 연구는 포식 동물을 피하는 데 필요한 정보 처리 기제에 초점을 맞추는 경향이 있다(Barrett, 2005). 배릿Barrett과 그 동료들은 어린이는 최소한 세 가지 지각 기능이 필요하다고 주장한다 : (1) 포식 동물에 대한 방어 체계의 구성 요소인 '포식 동물' 혹은 '위험한 동물' 범주 ; (2) 포식 동물의 행동(예컨대 만약 배가 고픈 포식 동물이 먹이를 본다면 달려들어 죽일 것이라는)을 예측하게 해주는, 포식 동물이 먹이를 잡아먹으려는 동기 또는 '욕구'를 가지고 있다는 추론 ; (3) 포식 동물과 맞닥뜨린 잠재적 결과는 죽음을 맞이하는 것이 될 수 있다는 이해. 죽음을 이해한다는 것은 죽은 먹이 동물이 행동하는 능력을

BOX 3.1

진화한 항행 이론과 내리막 착각 가설

내리막 착각. 사람은 진화의 역사를 거치는 동안 위로 올라갈 때보다 아래로 내려갈 때 훨씬 많이 추락했다. 잭슨과 코맥(2007)은 이 사실로부터 사람은 아래에 서 있을 때보다 위에 서 있을 때 높이를 과대평가할 것이라고 예측했다. 그리고 그들은 사람들이 5층 건물 꼭대기에 서 있을 때, 그 높이를 9층 건물의 높이와 같은 것으로 지각한다는 사실을 발견했다.

높은 나뭇가지 위에 서 있거나 가파른 절벽 가장자리에 서서 아래를 굽어보고 있다고 상상해보라. 조금 미끄러지기라도 하면, 그것은 돌발적인 죽음으로 이어지고 만다. 사람에게는 높은 곳에서 추락하는 생존 문제를 해결하는 데 도움을 주는 적응이 있을까? 한 가지 해결책은 이미 앞에서 언급했는데, 높은 곳에 대한 진화한 두려움이 그것이다. 또 다른 해결책은 진화한 항행 이론 evolved navigation theory, ENT이라는 흥미로운 이론이다(Jackson & Cormack, 2007, 2008). 수직 공간 사이로 항행하는 것은 수평 공간 사이로 항행하는 것보다 더 어려운 적응 문제들을 만들어낸다. 높은 구조물 꼭대기에 있으면, 절벽 가장자리에 너무 가까이 다가가거나 아래로 내려가려고 시도하다가 추락사할 위험이 있다. 실제로 위로 올라갈 때보다 아래로 내려가는 게 훨씬 위험하여 추락 사고가 더 많이 일어난다. ENT에 따르면, 사람에게는 이러한 문제들과 그 밖의 항행 문제들을 해결하기 위해 시각계나 이동계에 진화한 특수 적응이 있다.

대표적인 예는 새로 발견된 **내리막 착각**이다(Jackson & Cormack, 2008). 일련의 통제 실험에서 잭슨과 코맥은 사람은 밑에서 올려다볼 때보다 위에서 내려다볼 때 수직 거리를 약 32% 더 크게 지각한다는 사실을 발견했다. 꼭대기에서 내려다본 수직 거리를 과대 평가하면, 조심스럽게 내려가야 하는 절벽이나 그 밖의 높은 위치를 특별히 경계하게 되어 추락사할 가능성이 줄어든다.

내리막 착각은 더 광범위한 지각과 인지 편향 이론인 오류 관리 이론error management theory, EMT 의 논리를 잘 설명해준다. 오류 관리 이론에 따르면, 불확실한 조건에서 저지른 오류의 비용에 불균형이 존재한다면, 선택은 비용이 적은 쪽의 오류를 저지르도록 하는 '적응적 편향'을 선호한다(Buss & Haselton, 2000 ; Haselton & Nettle, 2006). 뱀이나 거미를 만났을 때 우리가 경계하는 쪽으로 오류를 저지르는 것과 마찬가지로, 우리의 시각 지각적 적응은 수직 거리를 평가할 때 오류를 저지르도록 설계되었는데, 이것은 높은 곳의 위험에 대처하기 위해 발달한 적응이다. 우리의 지각적 적응은 항상 사물을 정확하게 지각하도록 설계되는 것은 아니다. 때로는 '적응적 착각'을 일으키도록 설계된다.

잃으며, 그런 능력의 상실은 **영구적**이며 **되돌릴 수 없다**는 사실도 안다는 것을 뜻한다.

배릿(1999)은 만 세 살밖에 안 된 어린 아이들도 포식자와 피식자의 대면 상황을 지각적으로 정교하게 이해한다는 사실을 보여주었다. 산업 사회 문화에서 자란 아이이건 전통적인 수렵-원예 문화에서 자란 아이이건 모두 다 포식자와 피식자의 대면에서 일어나는 사건의 흐름을 생태학적으로 정확한 방식으로 자연스럽게 묘사할 수 있다. 게다가 사자가 먹이 동물을 죽이고 나면, 먹이 동물은 더 이상 살아 있지 않으며, 더 이상 먹을 수도 없고 달릴 수도 없으며, 죽은 상태가 영구히 지속된다는 사실을 이해한다. 포식 동물과 만나면 죽을 수 있다는 사실을 이렇게 정교하게 이해하는 단계는 3~4세 무렵에 발달하는 것으로 보인다.

요컨대, 어린이의 죽음 이해 과정에 대한 이 연구는 두려움에 대한 연구, 뱀과 거미를 선택적으로 주목하는 현상에 대한 연구, 청각 접근 편향에 대한

진화심리학

연구와 함께 조상들의 삶을 위협한 많은 문제에 대처하기 위해 우리에게 다양한 생존 적응이 진화했음을 시사한다.

다윈 의학: 질병에 맞서 싸우기

사람은 살아가면서 병에 자주 걸린다. 사람은 질병과 맞서 싸우기 위해 진화한 적응이 있지만, 이 모든 것이 다 직관적으로 명백한 것은 아니다. 지금 막 떠오르고 있는 다윈 의학은 우리에게 땀을 흘리게 하고 혈중 철분 함량을 감소시키는—두 가지 다 병에 걸린 결과로 나타난다—열과 같은 보편적인 현상에 우리가 어떻게 반응하는가에 대한 기존의 통념을 뒤집는다(Williams & Nesse, 1991).

열. 열이 있어 의사를 찾아가면, 흔히 아스피린을 두 알 복용하고 푹 자라는 처방을 내린다. 매년 수백만 명의 미국인이 열을 내리려고 아스피린이나 그 밖의 해열제를 복용한다. 그러나 최근의 연구에 따르면, 해열제는 오히려 병을 더 오래 지속시킬 수 있다. 열은 질병에 대항하기 위해 생겨난 자연적이고 유용한 방어 방법일지도 모른다.

냉혈 동물인 도마뱀은 병에 걸리면 대개 따뜻한 돌을 찾아가 몸을 데운다. 그러면 체온이 올라가 병과 싸우는 데 도움이 된다. 몸을 데울 따뜻한 장소를 찾지 못하는 도마뱀은 죽을 확률이 더 높다. 토끼에게서도 체온과 병 사이에 이와 비슷한 관계가 있다는 것이 관찰되었다. 병에 걸린 토끼 중에서 열을 내리는 약을 투여한 토끼가 더 잘 죽었다(Kluger, 1990).

20세기 초에 율리우스 바그너-야우레크Julius Wagner-Jauregg라는 의사는 말라리아가 흔히 발병하는 지역에서는 매독이 드물다는 사실을 발견했다(Nesse & Williams, 1994). 그 당시에는 매독에 걸리면 사망률이 99%에 이르렀다. 바그너-야우레크가 매독 환자에게 의도적으로 말라리아를 감염시켜 고열에 시달리게 하자, 전체 환자 중 30%가 살아남았다. 그것은 생존율을 엄청나게 높인 것이었다! 말라리아 때문에 발생한 열이 매독의 치명적 효과를 치료하는 데 도움이 된 게 분명했다.

한 연구에서는 수두에 걸린 어린이들을 아세트아미노펜을 투여해 열을 내렸더니 해열제를 투여하지 않은 어린이에 비해 회복하는 데 약 하루가 더 걸렸다(Doran et al., 1989). 또 다른 연구자는 실험 대상자들을 감기에 걸리게 한 뒤에 절반에게는 해열제를 투여하고 나머지 절반에게는 플라세보(활성 성분이 전혀 없는 속임약)를 투여하는 실험을 했다. 그랬더니 해열제를 투여한 사람들은 코가 막히는 증상이 심해지고, 항체 반응이 악화되고, 회복 기간도 조금 더 오래 걸렸다(Graham et al., 1990).

철분이 부족한 혈액. 철은 세균의 먹이가 된다. 세균은 철을 먹으면서 잘 번식한다. 사람은 그러한 세균을 고사시키는 방법을 진화시켰다. 세균에 감염되면 우리 몸은 혈액 중의 철분 함량을 감소시키는 화학 물질(백혈구 내인성 매개 물질)을 분비한다. 그와 동시에 감염된 사람은 자연적으로 햄이나 달걀처럼 철분이 풍부한 음식물 섭취가 줄어들며, 철이 든 음식물을 섭취하더라도 인체는 철이 체내에 흡수되는 걸 줄인다(Nesse & Williams, 1994). 자연적으로 일어나는 이 신체 반응은 본질적으로 세균을 굶주리게 함으로써 감염에 맞서 싸우는 것을 도와 회복을 빠르게 한다.

이 정보는 1970년대부터 접할 수 있었는데도 제대로 아는 의사나 약사가 드문 것 같다(Kluger, 1991). 그들은 감염의 적대적인 힘과 맞서 싸우기 위해 우리에게 진화한 수단과 충돌하는 철분 보충제를 계속 권한다.

마사이족 사이에서 아메바 감염이 발생하는 비율은 10% 미만이다. 일부 집단에게 철분 보충제를 복용하게 했더니 88%가 아메바에 감염되었다(Weinberg, 1984). 소말리족 유목민은 평소에 먹는 음식물에 포함된 철분 함량이 적다. 연구자들이 철분 보충제로 이 상황을 개선하려고 시도하자, 한 달 안에 감염 비율이 30%나 증가했다(Weinberg, 1984). 미국에서는 나이 든 사람들과 여자들에게 흔히 빈혈 치료를 위해 철분 보충제를 복용하게 하는데, 이것은 역설적으로 그들의 감염 위험을 증가시키는지도 모른다.

요컨대, 사람에게는 열이나 혈중 철분 결핍처럼 질병과 맞서 싸우는 데 도움을 주는 진화한 자연적 방어 기제가 있다. 인위적으로 열을 내리거나 혈중 철분 함량을 높임으로써 이러한 적응에 간섭하는 것은 치료에 도움이 되기보다는 오히려 해가 되는 것처럼 보인다. 다윈 의학 분야에서 일어나는 진전은 영양 섭취, 유산, 위생, 암, 수명에 새로운 직관을 낳고 있다(Nesse & Sterns, 2008). 이러한 진전은 삶의 질 향상뿐만 아니라 어쩌면 수명 연장에도 도움을 줄지 모른다는 기대를 품게 한다.

진화심리학

▮ 사람은 왜 죽는가?

생존은 생식에 아주 중요하고, 우리를 계속 살아가게 하려고 설계된 적응이 아주 많은데도 왜 우리는 결국 죽을까? 왜 선택은 우리를 영원히 살게 하는 기제를 만들지 못했을까? 그리고 왜 어떤 사람들은 진화가 선호하는 것과는 정반대의 행동처럼 보이는 자살을 할까? 마지막 절에서는 이러한 질문들을 살펴보자.

노화 이론

노화 이론이 이 수수께끼들에 대해 부분적인 답을 제시한다(Williams, 1957). 노화는 구체적인 질병이 아니라, **나이를 먹음에 따라 모든 신체 기제가 퇴화하는** 현상이다. 노화 이론은 나이를 먹음에 따라 자연 선택의 힘이 극적으로 감소한다는 관찰에서 시작한다. 왜 이런 일이 일어나는지 이해하려면, 20세 여자와 50세 여자를 생각해보라. 자연 선택은 젊은 여자에게 훨씬 강하게 작용하는데, 젊을 때 일어나는 일은 장래의 생식 시기 대부분에 영향을 미치기 때문이다. 예를 들어 20세 때 작동한 유전자가 여자의 면역계를 약화시킨다면, 전체 생식 능력이 손상될 수 있다. 만약 동일한 유전자가 50세 때 작동한다면, 그 여자의 생식 능력에는 거의 아무런 영향을 미치지 않을 것이다. 자연 선택은 나이 많은 여자에게는 아주 약하게 작용한다. 그녀가 할 수 있는 생식은 이미 대부분 혹은 전부 다 일어났기 때문이다(Nesse & Williams, 1994).

윌리엄스(1957)는 이 관찰을 출발점으로 삼아 노화에 관한 다면 발현 이론을 개발했다. **다면 발현**pleiotropy은 한 유전자가 두 가지 이상의 효과를 나타내는 현상을 말한다. 남자에게 테스토스테론 분비를 촉진하는 유전자가 있고, 그 덕분에 삶의 이른 시기부터 다른 남자들과의 지위 경쟁에서 유리해진다고 가정해보자. 그러나 과다 분비된 테스토스테론은 나이가 들어서 전립선암 발병 위험이라는 부정적 효과를 나타낸다. 선택은 이 다면 발현 유전자를 선호할 수 있는데—즉, 그 빈도가 증가할 수 있는데—젊은 시절에 지위 획득으로 얻는 편익은 늙어서 생존의 위험으로 나타나는 비용보다 훨씬 크기 때문이다. 이 다면 발현 과정을 통해 우리에게는 삶의 이른 시기에는 이롭지만 자연 선택이 약하게 작용하거나 전혀 작용하지 않는 시기인 훗날에는 해로운 효과를 나타내는 유전자가 많이 진화했다.

　노화에 관한 다면 발현 이론은 왜 기관들의 기능이 나이가 들어 거의 동시에 쇠퇴하는지뿐만 아니라, 왜 남자는 여자보다 더 일찍(평균 7년 정도) 죽는지도 설명할 수 있다(Kruger & Nesse, 2006 ; Williams & Nesse 1991). 자연 선택의 효과가 여자보다 남자에게 더 강하게 작용하는 이유는 남자는 생식 능력의 변동성이 여자보다 더 크기 때문이다. 다시 말해서, 생식 능력이 있는 여자는 대부분 생식에 성공하며, 가질 수 있는 아이의 최대 수는 거의 분명하게 제한돼 있다(사실상 약 12명으로). 반면에 남자는 아이를 수십 명 낳을 수도 있고, 생식을 전혀 못 할 수도 있다. 남자는 생식 능력에서 이렇게 변동성의 폭이 더 넓기 때문에, 자연 선택은 여자보다 남자에게 훨씬 강하게 작용한다. 특히 자연 선택은 남자에게서 삶의 이른 시기에 배우자를 놓고 벌이는 경쟁에서 많은 자손을 낳을 수 있는 소수의 남자 중 한 명이 되게 하거나 경쟁에서 완전히 배제되는 것을 피하게 해주는 유전자를 선호한다.

　설사 그 유전자가 나중에 생존에 해로운 효과를 낳는다 하더라도, 짝짓기 경쟁에서 남자를 성공하게 해주는 선택이라면 선호될 것이다. 비록 남자는 여자보다 더 오랫동안 생식을 할 수 있고 실제로 가끔 그러기도 하지만, 나중에 일어나는 이 생식 사건이 더 이른 시기에 남자에게 일어나는 생식 사건보다 왜 영향력이 훨씬 작은지 노화 이론은 잘 설명해준다. 짝짓기 경쟁에서 일찍 성공을 거두는 데 도움을 주는 유전자는 여자보다 남자에게서 훨씬 더 강하게 선택되며, 훗날의 생존에 도움을 주는 유전자를 희생하면서까지 그런 일이 일어난다. 그러나 초기에 이익을 가져다주는 유전자를 선택하는 경향이 강하면, 이른 죽음의 원인이 되는 다면 발현 유전자의 비율이 높아지게 된다. 한 연구자는 "남자가 여자보다 사망률이 높은 이유는 과거에 남자가 더 높은 **잠재적** 생식적 성공을 누렸는데, 그러기 위해 생식의 성공에는 도움을 주지만 생존에 대가를 치르게 하는 특성들을 선택했기 때문으로 보인다."(Trivers, 1985, p. 314)라고 지적했다. 요컨대, 남자는 여자보다 더 빨리 죽도록 '설계돼' 있으며, 노화 이론은 왜 그런지 그 수수께끼를 푸는 데 도움을 준다.

　요약하면, 자연 선택은 삶의 이른 시기에 가장 강하게 작용하는데, 이른 시기에 일어나는 사건은 그 사람의 생식 시기 전반에 영향을 미치기 때문이다. 그렇지만 나이가 들어가면서 자연 선택의 힘은 약해진다. 죽기 직전의 늙은 나이에 일어나는 일은 그 사람의 생식 능력에 거의 아무런 영향도 미치지 못하기 때문이다. 이것은 자연 선택은 설사 나중에 값비싼 대가를 치르는 한이 있더라도, 삶의 이른 시기에 이로운 효과를 나타내 적응을 선호한다는 것을 의미한다. 값비싼 대가는 나이가 들수록 누적되다가 거의 같은 시기에 모든 신체 부위의 퇴화로 나타난다. 이런 의미에서 생물은 죽도록 '설계돼' 있다고 말할 수 있다.

자살을 둘러싼 수수께끼

결국 우리를 죽음에 이르게 하는 노화는 불가피한 것일지 모르지만, 진화심리학에는 이것보다 훨씬 깊은 수수께끼가 한 가지 있다 : 왜 어떤 사람들은 자신의 생명을 의도적으로 끊을까? 생식을 위해서는 생존이 꼭 필요하다. 그렇다면 자살은 어떻게 설명할 수 있단 말인가?

진화심리학자 데니스 데 카탄사로Denys de Catanzaro(1991, 1995)는 자살 진화 이론을 내놓았다. 이 이론의 핵심 내용은 자신의 포괄 적합도에 기여할 수 있는 능력이 급격히 떨어졌을 때 자살이 일어날 가능성이 높다는 것이다. 그러한 능력이 급격히 떨어졌음을 알려주는 징후에는 장래의 건강 악화 전망, 고질적인 허약, 치욕이나 실패, 이성과 짝짓기에 성공할 가능성 희박, 유전적 친족에 부담을 지운다는 생각 등이 있다. 이런 조건에서는 차라리 자신이 사라지는 편이 자신의 유전자를 복제하는 데 더 유리하지 않을까 하는 생각이 들 수 있다. 예를 들어 어떤 사람이 자신의 가족에게 부담을 지운다면, 자신이 살아남는 것은 친족의 생식뿐만 아니라 자신의 적합도에도 손해를 끼칠 수 있다.

데 카탄사로는 자살에 관한 이 혁명적 가설을 검증하기 위해 **자살 생각**을 조사해보았다. 즉, 그 사람이 자살을 한 번이라도 생각해본 적이 있는지, 최근에 자살을 고려한 적이 있는지, 일 년 안에 자살할 생각을 해본 적이 있는지, 이전에 자살 행동을 실제로 시도한 적이 있는지 등을 조사해보았다. 이 질문들에 대한 답들의 합이 종속 측정 변수였다. 물론 자살 생각은 실제 자살이 아니다. 많은 사람은 자살을 생각하지만 실제로 행동에 옮기지는 않는다. 그럼에도 불구하고, 자살은 대개 사전에 계획한 뒤에 실행에 옮기는 행동이므로, 실제로 자살을 행동으로 옮기기 전에 대개 자살 생각을 많이 하게 마련이다. 따라서 자살 생각은 실제 자살 대신에 조사할 수 있는 합리적인 지표가 된다.

설문 조사 중 다른 부분에서 데 카탄사로는 참여자들에게 가족에게 주는 부담과 가족과 사회에 기여하는 바가 어느 정도라고 생각하는지, 그리고 성적 활동 빈도, 이성 관계의 성공 정도, 동성애, 친구 수, 다른 사람들이 자신을 대하는 자세, 재정적 행복, 육체적 건강에 대한 질문들을 던졌다. 참여자들은 각각의 항목에 대해 −3점에서부터 +3점에 이르기까지 7단계 점수를 사용해 응답했다. 참여자들은 큰 일반 대중 표본, 나이 많은 사람들 표본, 정신 병원 환자들 표본, 반사회적 범죄를 저지른 사람들을 수용한 교도소 재소자 표본 등 다양했다.

그 결과는 데 카탄사로의 자살의 진화 이론을 뒷받침했다. 자살 생각에 대한 측정 결과를 설문 조사의 다른 항목들과 연관지었더니 다음과 같은 결과가 나왔다. 상관관계는 변수들 사이의 관계를 나타내며, +1에서 −1 사이의 값을 가진다. 양의 상관관계는 한 변수가 증가하면 다른 변수 역시 증가한다는 것을 뜻한다. 음의 상관관계는 한 변수가 증가하면 다른 변수는 감소한다는 것을 뜻한다. 18~30세의 일반 대중 표본 집단에 속한 남자들의 경우, 자살 생각과 상관관계 정도를 나타내는 상관계수는 다음과 같았다 : 가족에게 주는 부담 (+0.56), 지난달의 섹스(−0.67), 성공적인 이성 관계(−0.67), 평생 동안 한 섹스 (−0.45), 이성 관계의 안정성(−0.45), 지난해의 섹스(−0.40), 자녀 수(−0.36). 일반 대중 표본에 속한 젊은 여자들에게서도 비슷한 결과가 나왔지만, 남자들만큼 상관관계가 강하게 나타나진 않았다 : 가족에게 주는 부담(+0.44), 평생 동안 한 섹스(−0.37), 가족에 대한 기여(−0.36).

나이가 더 많은 사람들의 표본에서는 건강 부담의 비중이 커졌고, 자살 생각과 상관관계가 강하게 나타났다. 예를 들어 50세 이상의 일반 대중 표본 집단에 속한 남자들의 경우, 자살 생각에 대한 상관계수는 다음과 같았다 : 건강 (−0.48), 장래의 재정 문제(+0.46), 가족에게 주는 부담(+0.38), 동성애(+0.38), 친구 수(−0.36). 50세 이상의 일반 대중 표본에 속한 여자들의 경우에도 비슷한 결과가 나왔다 : 외로움(+0.62), 가족에게 주는 부담(+0.47), 장래의 재정 문제(+0.45), 건강(−0.42).

그 후의 독자적인 연구자들도 비슷한 결과를 얻었다. 마이클 브라운 Michael Brown과 그 동료들은 미국인 대학생 175명을 대상으로 데 카탄사로의 자살 이론을 검증했다(Brown et al., 1999). 그들은 우울증이나 절망을 경험한

진화심리학

사람들뿐만 아니라 생식 잠재력이 낮은 사람들(예컨대 자신이 이성에게 매력이 없다고 생각하는 사람들)과 친족에게 큰 부담을 주는 사람들도 자살 생각을 더 많이 보고한다는 결과를 얻었다.

흥미롭게도 진화한 자살 적응 가설은 실제 자살 비율과 패턴에서 남녀의 차이를 설명하는 데에도 도움이 된다. 비록 남자는 모든 연령대에서 여자보다 자살 비율이 높지만, 인생의 두 시기—짝짓기 경쟁이 가장 치열할 때(대략 15~30세)와 늙었을 때(70세 이상)—에 남녀 차이가 가장 크게 나타난다. 예를 들어 20대 중반의 남자는 같은 연령대의 여자보다 자살 비율이 6배 이상 높고, 70세 이상에서는 남자의 자살 비율이 여자보다 7배 이상 높다(Kruger & Nesse, 2006). 진화한 자살 적응 가설은 이러한 패턴이 나타나는 이유를 설명해준다. 첫째, 이성과 짝짓기에 실패하는 비율은 남자가 여자보다 높으며, 그러한 실패는 짝짓기 경쟁이 가장 치열한 시기에 일어난다. 둘째, 남자는 여자보다 감염성 질병, 심혈관계 질환, 간 질환에 더 걸리기 쉬워(특히 노년에) 가족에게 부담이 될 확률도 더 높다. 요약하면, 독자적인 조사 연구에서 나온 결과들은 데 카탄사로의 자살 진화 이론을 일단 지지한다.

개드 사드Gad Saad 같은 진화심리학자들은 자살을 진화와 관계가 있는 영역들에서 '패배'를 겪은 데 대한 부적응적 반응이며, 그것은 성별에 따라 다르다고 주장한다(Saad, 2007a). 사드는 남자는 직업적 지위를 상실한 뒤에 자살을 하는 비율이 여자보다 더 높다는 발견을 강조한다. 이와는 대조적으로 일부 여성은 일자리나 지위 상실보다는 실연 때문에 자살한다. 부적응적 부산물 가설을 지지하는 한 주장은, 현재의 상황이 아무리 비참하다 하더라도 미래는 종종 그것을 개선할 기회를 가져다준다고 말한다. 배우자는 새 사람을 만날 수 있고, 일자리도 새로 얻을 수 있다. 따라서 자신을 생식 게임에서 완전히 배제하는 것은 부적응적 행동으로 보인다. 마지막으로, 자살 적응과 부적응적 부산물 가설은 각각 부분적으로 옳을 수 있다. 자살 적응 가설은 친족에게 부담이 될 때 택하는 자살을 설명하는 데 아주 적절하다. 반면에 부적응적 부산물 가설은 자신의 목숨을 버리면 미래의 생식 가능성도 완전히 사라지는 경우 성별에 따른 자살 유발 요인에 대해 더 나은 설명을 제공한다.

살인

사람은 다른 사람의 손에 죽을 수도 있다. 실제로 사람이야말로 가장 중요한 "자연의 적대적인 힘"이 되었다고 주장하는 사람도 있다(Alexander, 1987). 살인의 종류는 영아 살해, 경쟁자 살해, 배우자 살해, 전쟁처럼 여러 가지가 있다. 비록 오늘날에는 전쟁과 살인 사건이 헤드라인을 장식하는 일이 많지만, 오늘날의 살인 비율이 과거에 비해 훨씬 낮다는 증거가 있다. 어떤 사람들은 전통적인 수렵 채집인이 인류의 진화 역사를 통해 일어났을 살인 비율에 대한 증거를 제시한다고 주장한다. 예를 들면, 베네수엘라와 콜롬비아의 히위족 수렵 채집인 사이에서 전체 성인 사망자 중 35%는 살인이나 전쟁이 사망 원인이었다(Hill, Hurtad, & Walker, 2007). 비록 살인 비율은 문화에 따라 아주 큰 차이를 보이지만, 야노마뫼족(Chagnon, 1983) 같은 남아메리카의 다른 채집인들과 파푸아뉴기니의 게부시족(Keeley, 1996) 사이에서도 그 비율은 비슷한 것으로 조사되었다. 살인이라는 주제는 이어지는 장들에서 더 자세히 다룰 것이다—영아 살해는 7장(양육)에서, 개인적 살인과 전쟁은 10장(공격과 전쟁)에서. 이때 핵심 쟁점은 사람에게 다른 사람을 죽이도록 특별히 설계된 진화한 심리적 적응이 있느냐 하는 것이다. 다만, 여기서는 다른 사람의 손에 목숨을 잃는 것은 실제로 역사적으로 중요한 자연의 적대적 힘이었음을 뒷받침하는 실제적이고 설득력 있는 증거가 다양한 출처에서 등장한다는 사실을 기억하는 게 중요하다.

▊ 요약

식량 부족, 독소, 포식 동물, 기생충, 질병, 혹독한 기후는 우리 조상들을 늘 괴롭혔던 자연의 적대적인 힘들이다. 사람은 생존에 장애가 되는 이런 요소들과 맞서 싸우기 위해 적응 기제가 진화했다. 아주 중요한 한 가지 생존 문제는 식량을 구하는 것이다. 생물은 먹이 부족 외에도 섭취해야 할 먹이(예컨대 칼로리와 영양분이 풍부한)를 선택하고, 피해야 할 먹이(예컨대 독소가 들어 있는)를 가려내고, 실제로 먹을 수 있는 먹이를 구하는 문제에 맞닥뜨린다. 사람은 잡식 동물로 진화해 다양한 종류의 식물과 동물을 먹는다. 사람에게 진화한 적응 가운

데에는 칼로리가 풍부한 음식물을 원하는 특정 음식 선호 ; 메스꺼움처럼 독이 든 음식물 섭취를 피하기 위한 특정 기제 ; 구역질, 뱉기, 구토, 재채기, 기침, 설사, 입덧처럼 독소를 제거하기 위한 기제 등이 있다. 사람은 식품에서 생긴 세균을 죽이기 위해 양념도 사용하는데, 문화 전파를 통해 확산된 이 관행은 항균 가설을 뒷받침한다. 우리가 술을 좋아하는 취향은 익은 열매를 먹던 행동에서 비롯되었을지 모르는데, 익은 열매에는 낮은 농도의 알코올이 들어 있기 때문이다. 조리에 불을 사용한 것은 위험한 미생물을 죽이고, 다양한 음식물을 소화되기 쉽게 만듦으로써 인류의 진화에서 중요한 사건이었을 수 있다.

인류의 진화에서 큰 논란이 되는 주제 하나는 우리 조상이 음식물을 어떻게 구했느냐 하는 것이다. 기본 가설이 두 가지 있는데, 하나는 사냥 가설이고, 다른 하나는 채집 가설이다. 모든 증거들은 남자는 사냥을 하고 여자는 채집을 했음을 알려주는데, 아마도 때로는 청소 동물처럼 음식물을 구하기도 했을 것이다. 공간 능력에서 나타나는 남녀 차이는 각각 사냥과 채집 생활에서 발달한 적응을 반영한다. 평균적으로 여자는 공간적 위치 기억을 포함한 과제—견과류, 열매, 덩이줄기의 효율적 채집에 도움이 되는 적응—를 남자보다 잘한다. 그리고 평균적으로 남자는 물체의 심적 회전, 항행, 지도 판독을 포함하는 공간 과제—효율적인 사냥에 도움이 되는 능력—를 여자보다 잘한다.

또 한 가지 생존의 적응 문제는 살 곳을 찾는 것이다. 우리는 조상이 살던 사바나 서식지와 비슷한 장소, 즉 자원이 풍부한 경치와 자신은 눈에 잘 띄지 않으면서 주변을 잘 볼 수 있는 장소를 더 좋아하는 선호가 진화했다.

모든 서식지에는 생존을 방해하는 적대적인 힘들이 있다. 사람은 그러한 위험을 피하기 위해 특수한 두려움이 다양하게 진화했다. 예를 들어 뱀, 거미, 높은 곳, 낯선 사람을 두려워하는 본능은 다양한 문화에서 나타나고, 또 발달 과정 중 특정 시기에 나타나는데, 이것은 적응에 따라 그런 패턴이 생겨났음을 시사한다. 사람은 두려움을 유발하는 스트레스에 대해 최소한 여섯 가지 행동 반응을 보인다 : 동작 멈추기, 도망, 싸움, 굴복, 공포, 기절. 사람은 두려움 외에 주의하는 것에도 예측 가능한 편향이 있는 것처럼 보인다 : 우리는 위험하지 않은 이미지들 속에서 뱀과 거미를 쉽게 찾아낸다. 사람은 청각 접근 편향이 있는데, 이것은 위험이 다가오는 소리를 들을 때 위험을 피할 수 있도록 추가적인 도움을 준다. 우리에게는 밑에서 올려다볼 때보다 위에서 내려다볼 때 높이를 과대평가하는 내리막 착각도 있는데, 이것은 높은 곳에서 위험한 추락을 막기 위해 설계된 적응으로 보인다. 마지막으로, 만 세 살 정도의 어린아이도 포식 동물과 맞닥뜨렸을 때 죽음을 맞이할 수 있다는 사실을 상당히 자세하게 이해한다.

질병과 기생충은 도처에 존재하는 자연의 적대적인 힘인데, 특히 오래 사는 생물에게는 더욱 그렇다. 사람은 질병과 기생충과 맞서 싸울 수 있는 적응 기제가 다양하게 진화한 것으로 보인다. 종래의 의학적 상식과 달리, 체온을 높이고 열을 내는 기제는 감염성 질병과 맞서 싸우기 위한 몸의 자연적 기능이다. 열을 내리려고 아스피린이나 해열제를 복용하는 것은 오히려 회복을 늦추는 역설적 효과를 가져온다.

진화의 구도에서 생존의 중요성을 감안할 때, 사람이 왜 죽을까(혹은 왜 더 오래 살지 못할까) 하는 질문은 흥미로운 수수께끼이다. 노화 이론은 그 이유를 설명해준다. 기본적으로 자연 선택은 삶의 이른 시기에 가장 큰 효과를 발휘할 수 있는데, 일찍 일어나는 사건은 그 사람의 생식 시기 전반에 영향을 미치기 때문이다. 그렇지만 나이가 들수록 자연 선택의 힘은 약해진다. 극단적인 경우를 든다면, 죽기 직전에 일어난 불행한 사건은 그 사람의 생식에 아무런 영향도 미치지 못한다. 이것은 설사 나중에 그 때문에 비싼 대가를 치르는 한이 있더라도, 자연 선택은 삶의 이른 시기에 이로운 효과를 내는 적응을 선호한다는 것을 의미한다.

아마도 더 큰 수수께끼는 자살 현상—의도적으로 스스로의 목숨을 끊는 것—일 것이다. 자살 생각은 이성과 짝짓기에 실패하거나 건강이 나쁘거나 미래의 재정 전망이 나쁘거나 친족에게 큰 부담이 된다고 생각하는 사람처럼 생식 전망이 낮은 사람에게 보편적으로 일어난다. 드러난 증거들은 우리에게 미래의 생식 잠재력과 유전적 친족에게 지우는 순 비용을 평가하는, 상황 감지 심리 기제가 진화했을 가능성을 시사한다.

살인은 죽음의 중요한 원인이었다. 전통적인 수렵 채집인 사회에서 얻은 증거는 개인적 살인과 전쟁 때문에 발생하는 죽음이 최고 35%나 된다는 것을 보여준다. 한 가지 중요한 질문은 다른 사람을 죽이는 심리적 적응이 우리에게 진화했느냐 하는 것인데, 이것은 나중의 장들에서 자세히 다룰 것이다.

이 모든 진화한 기제는 어른이 될 때까지 충분히 오랫동안 살아남는 데 도

진화심리학

움을 준다. 그렇지만 일단 어른이 되고 나서도 사람은 여전히 생존을 방해하는 적대적인 힘들에 맞닥뜨리며 살아간다. 그와 함께 새로운 종류의 적응적 도전에도 맞닥뜨리는데, 그것은 바로 다음 장에서 다룰 짝짓기 문제이다.

추천 독서 목록

Hill, K., Hurtado, K., & Walker, R. S. (2007). High adult mortality among Hiwi hunter-gatherers ; Implications for human evolution. *Journal of Human Evolution, 52,* 443-454.

Jackson, R. E., & Cormack, J. K. (2007). Evolved navigation theory and the descent illusion, *Perception and Psychophysics, 69,* 353-362.

Kruger, D. J., & Nesse, R. M. (2006). An evolutionary life-history framework for understanding sex differences in human mortality rates. *Human Nature, 17,* 74-97.

Marlow, F. W. (2005). Hunter-gatherers and human evolution. *Evolutionary Anthropology, 14,* 54-67.

Oaten, M., Stevenson, R. J., & Case, T. I. (2009). Disgust as a disease-avoiding mechanism. *Psychological Bulletin, 135,* 303-321.

Öhman, A., & Mineka, S. (2003). The malicious serpent : Snakes as a prototypical stimulus for an evolved module of fear. *Current Directions in Psychological Science, 12,* 5-9.

EVOLUTIONARY PSYCHOLOGY

| 제3부 |

성과 짝짓기 문제

차등적 번식은 진화 과정을 나아가게 하는 엔진이기 때문에 번식을 둘러싼 심리 기제는 특별히 자연 선택의 강력한 표적이 될 것이다. 만약 선택이 성과 짝짓기가 제기하는 적응 문제를 해결하도록 설계된 심리 기제를 빚어내지 않았다면, 진화심리학은 발을 내딛기도 전에 아예 설 자리조차 없을 것이다. 제3부에서는 짝짓기 문제를 살펴보고, 진화심리학이 이 영역에서 수립한 거대한 경험적 기초를 검토할 것이다.

제3부는 세 장으로 나누어져 있다. 4장에서는 여자가 짝을 어떻게 선택하는지 살펴본다. 여기서는 진화심리학 가설들을 검증하기 위해 설계된 대규모 비교문화 연구에서 얻은 증거를 소개할 것이다. 여자의 배우자 선호는 복잡하고 정교한데, 긴 진화의 역사를 통해 여자가 해결해야 했던 복잡한 적응 문제가 엄청나게 많았기 때문이다. 4장은 여자의 욕구가 실제 짝짓기 행동에 어떤 영향을 미치는지 살펴보는 것으로 끝난다.

5장에서는 남자의 배우자 선호와 그것이 다소 다른 적응 문제들을 해결하기 위해 어떻게 설계되었는지 살펴본다. 진화심리학의 메타 이론은, 남자와 여자는 인류의 진화 역사를 통해 반복적으로 서로 다른 적응 문제에 맞닥뜨린 영역에서만 차이가 날 것이라고 예측한다. 이 장에서는 남자가 맞닥뜨린 적응 문제들—생식력이 좋은 배우자를 선택하고, 장기적 배우자에게 투자를 할 때 친부임을 확실히 보장받는 것과 같은 문제들—이 독특한 영역들을 강조한다.

6장에서는 단기적 성 전략에 초점을 맞춰 살펴본다. 이 장은 정자 경쟁과 여자의 오르가즘—일부일처제 짝짓기의 역사가 아주 오래되었다는 생리학적 단서—에 관한 과학적 발견을 검토한다. 사람은 단기적 짝짓기와 장기적 짝짓기를 모두 경험하기 때문에, 다른 종에게서는 보기 힘든 상당한 유연성을 보여준다. 어떤 개인이 어떤 전략을 추구하느냐 하는 것은 상황에 따라 다를 때가 많다. 6장 마지막 부분에서는 단기적 짝짓기 전략과 장기적 짝짓기 전략 중 어느 한쪽을 선택하는 것에 영향을 미치는 개인적 배우자 가치나 짝짓기 풀의 남녀 비 같은 주요 상황 변수를 살펴본다.

제4장
여자의 장기적 짝짓기 전략

::

······ 투자를 하는 성—암컷—의 선호가
그 종의 잠재적 진화 방향을 다소 과도할 정도로 결정한다.
왜냐하면, 짝짓기를 언제, 누구와, 얼마나 자주 할 것인지
궁극적으로 결정하는 쪽은 암컷이기 때문이다.

— 세라 블래퍼 허디Sarah Blaffer Hrdy, 1981

사람들이 모든 이성에게 동등한 욕구를 느끼는 사회는 어디에도 없다. 어느 사회에서나 잠재적 배우자로 선호되는 사람이 있는가 하면, 꺼리는 사람도 있다. 먼 옛날에 우리 조상이 살았던 것과 같은 방식으로 살아간다고 상상해보라. 즉, 불 옆에서 온기를 얻고, 친족을 위해 고기를 사냥하고, 견과류와 장과류와 허브를 채집하고, 위험한 동물과 적대적인 사람을 피하면서 살아간다고 상상해보라. 만약 약속한 자원을 갖다주지 못하고, 바람을 피우고, 게으르고, 사냥 기술이 떨어지고, 신체적 학대를 가하는 사람을 배우자로 선택한다면, 생존이 위태로워지고, 생식도 위기에 처할 것이다. 반면에 풍부한 자원을 제공하고, 배우자와 자식을 보호하고, 가족을 위해 시간과 에너지와 노력을 기꺼이 바치는 배우자는 큰 자산이 될 것이다. 배우자를 현명하게 선택한 조상들이 생존과 생식에서 누린 이득 때문에 특수한 욕구가 여러 가지 진화하게 되었다. 진화의 제비뽑기에서 성공을 거둔 사람들의 후손인 현생 인류는 특정 종류의 배우자 선호를 물려받았다.

　과학자들은 사람이 아닌 많은 종에서 진화한 배우자 선호를 관찰하고 기록했다. 아프리카의 검은머리베짜기새가 생생한 예를 제공한다(Collias & Collias, 1970). 수컷이 있는 곳 근처에 암컷이 오면, 수컷은 둥지 밑에 거꾸로

진화심리학

매달려 날개를 요란하게 퍼덕이면서 최근에 지은 둥지를 자랑한다. 암컷이 호기심을 느끼면 둥지로 다가와 안으로 들어간 뒤, 둥지를 지은 재료를 검사하고 쑤셔보고 뽑아보기도 하면서 최대 10분 동안 꼼꼼하게 살펴본다. 이렇게 암컷이 둥지를 검사하는 동안 수컷은 근처에서 열심히 노래를 불러댄다. 그러다가 암컷은 둥지가 자기 마음에 들지 않으면 어느 순간에라도 다른 수컷의 둥지를 둘러보러 떠난다. 여러 암컷에게 퇴짜를 맞은 수컷은 종종 둥지를 완전히 허물고 처음부터 다시 짓기도 한다. 훌륭한 둥지를 짓는 수컷에 대한 선호를 나타냄으로써 암컷 검은머리베짜기새는 새끼를 보호하고 먹이를 공급하는 문제를 해결한다. 이런 선호가 진화한 것은 그런 선호가 있는 암컷은 다가오는 수컷을 무조건 받아들이는 암컷에 비해 생식에 훨씬 유리했기 때문이다.

여자도 베짜기새처럼 다양한 종류의 '둥지'를 가진 남자를 선호한다. 진화의 역사를 통해 여자가 맞닥뜨린 한 가지 문제, 즉 장기적 관계를 원하는 남자를 선택하는 문제를 생각해보자. 무책임하고 충동적이고 바람둥이이고 지속적인 관계를 유지하지 못하는 남자를 선택한 여자는 더 믿을 만한 배우자가 제공하는 자원이나 도움, 보호의 혜택을 전혀 누리지 못하고 홀로 아이를 키워야 했다. 자신에게 기꺼이 헌신하려는 믿을 만한 남자를 선호한 여자는 살아남고 번성하여 후손을 크게 불리는 아이를 키울 수 있었을 것이다. 베짜기새들 사이에서 훌륭한 둥지를 짓는 배우자에 대한 선호가 진화한 것처럼, 수천 세대가 지나는 동안 여자들 사이에서는 헌신적인 배우자처럼 보이는 남자에 대한 선호가 진화했다. 음식물 선호가 중요한 생존 문제를 해결한 것처럼 이 선호는 중요한 생식 문제를 해결해주었다.

▪ 배우자 선호의 진화에 관한 이론적 배경

이 절에서는 배우자 선호의 진화를 이해하는 데 핵심을 이루는 이론적 쟁점 두 가지를 살펴볼 것이다. 첫 번째 주제는 유성 생식을 하는 종들에게 존재하는 두 종류—암컷과 수컷—의 정의와, 그와 관련된 문제로 부모의 투자가 짝짓기의 본질에 미치는 영향을 다룬다. 두 번째 주제는 진화한 심리 기제라는 측면에서 배우자 선호를 다룬다.

부모의 투자와 성 선택

생물학적 성이 단순히 생식 세포의 크기로 결정된다는 사실은 아주 놀랍다. 성숙한 생식 세포를 **배우자**配偶子, gamete라 부른다. 각 배우자는 반대 성 배우자와 결합하여 **접합자**zygote를 만들 수 있는 능력이 있다. 접합자는 수정된 배우자로 정의된다. 수컷은 작은 배우자를 가진 성이고, 암컷은 큰 배우자를 가진 성이다. 암컷 배우자는 비교적 정적이고 영양분을 많이 포함하고 있는 반면, 수컷 배우자는 이동성이 강하다. 크기와 이동성의 차이 외에 양적 차이도 있다. 남자는 정자를 수많이 생산하는데, 시간당 약 1200만 개의 비율로 보충된다. 반면에 여자는 평생 동안 공급할 수 있는 난자의 수가 약 400개로 고정돼 있으며, 보충되지도 않는다.

여자가 각각의 접합자에 초기 투자를 더 많이 하는 패턴은 난자에서만 그치지 않는다. 부모의 투자에서 주요 요소인 수정과 임신은 여자의 체내에서 일어난다. 한 번의 성행위는 남자에게는 최소한의 투자밖에 요구하지 않지만, 여자에게는 아홉 달 동안 많은 에너지를 소비하는 의무적 투자를 요구한다. 게다가 아기에게 젖을 먹이는 수유 활동도 온전히 여자의 몫인데, 일부 사회에서는 그 기간이 최대 4년까지 연장된다(Shostak, 1981).

동물계에서 꼭 암컷이 수컷보다 투자를 더 많이 해야 한다는 생물학 법칙은 없다. 실제로 모르몬귀뚜라미, 파이프피시해마, 화살독개구리 같은 일부 종은 수컷이 암컷보다 더 많이 투자한다(Trivers, 1985). 수컷 모르몬귀뚜라미는 영양분이 많은 큰 정포를 만든다. 암컷들은 더 큰 정포로 투자를 많이 하는 수컷에게 접근하려고 서로 경쟁한다. 성 역할이 역전된 이 종들 사이에서는 짝짓기를 할 때 수컷이 암컷보다 더 까다롭게 군다. 특히 수컷에게 선택을 받아 정포를 얻은 암컷은 퇴짜를 받는 암컷에 비해 알을 약 60% 더 많이 품고 있다(Trivers, 1985). 그러나 전체 4000여 종에 이르는 포유류와 200종 이상의 영장류에서는 체내 수정과 임신을 하는 쪽은 수컷이 아니라 암컷이다.

암컷은 초기에 부모의 투자를 많이 하기 때문에 가치가 높은 생식 자원이다(Trivers, 1972). 아이를 임신하고 출산하고 수유하고 양육하고 보호하고 먹이는 것은 아주 소중한 생식 자원이다. 소중한 자원을 가진 쪽은 그것을 아무렇게나 낭비하지 않는다. 과거의 진화 역사에서 여자는 섹스를 한 결과로 큰 투자를 하는 모험을 무릅썼기 때문에, 진화는 배우자를 까다롭게 고르는 여자를

진화심리학

선호하게 되었다. 배우자 선택을 까다롭게 하지 않은 여자는 큰 대가를 치러야 했다 : 번식 성공률도 낮을 뿐만 아니라, 자녀 중에서 생식 시기까지 살아남는 비율도 낮았다.

요약하면, 트리버스(1972)의 부모 투자와 성 선택 이론은 중요한 의미를 가진 예측을 두 가지 한다 : (1) 자식에게 투자를 더 많이 하는 성(늘 그런 건 아니지만 대개 암컷)은 짝짓기에서 더 까다롭게 군다 ; (2) 자식에게 투자를 덜 하는 성은 투자를 많이 하는 성에 성적으로 접근하기 위해 더 치열한 경쟁을 벌인다. 사람의 경우, 여자가 **의무적인** 부모의 투자를 더 많이 한다는 것은 명백하다. 그러나 장기적 짝짓기나 결혼에서는 대개 남자와 여자 모두 자식에게 많은 투자를 한다. 따라서 부모의 투자 이론에 따르면, 양 성 모두 짝짓기에서 더 까다롭게 선택하려고 할 것이다.

진화한 심리 기제로 바라본 배우자 선호

두 남자 사이에서 누구를 선택할지 고심하는 여자 조상을 생각해보자. 한 남자는 자신의 자원으로 관대함을 보여주는 반면, 다른 남자는 매우 인색하다. 나머지 조건들이 모두 동일하다면, 여자 입장에서는 관대한 남자가 인색한 남자보다 더 가치가 있다. 관대한 남자는 사냥에서 잡은 고기를 여자에게 나누어주면서 생존을 도와줄 수 있다. 그리고 아이의 이익을 위해 자신의 시간과 에너지와 자원을 희생함으로써 여자가 번식에 성공하도록 도와줄 수 있다. 이런 점에서 관대한 남자는 인색한 남자보다 배우자로서 가치가 더 높다. 만약 긴 진화 시간에 걸쳐 남자의 관대함이 이런 혜택을 반복적으로 제공했다면, 그리고 남자의 관대함을 나타내는 단서가 관찰 가능하고 믿을 만한 것이라면, 선택은 배우자의 관대함을 소중하게 여기는 선호가 진화하는 쪽으로 작용했을 것이다.

이번에는 조금 더 복잡하고 현실적인 시나리오를 생각해보자. 즉, 남자들이 관대함에서뿐만 아니라, 배우자를 선택하는 데 중요한 영향을 미치는 그 밖의 많은 방식에서 차이가 난다고 하자. 남자들은 힘, 신체적 능력, 야심, 근면성, 친절, 공감, 정서적 안정성, 지능, 사고 능력, 유머 감각, 친족 네트워크, 지위 서열 등이 다 제각각 다르다. 짝짓기 관계에 투입하는 비용도 제각각 다르다. 아이가 딸린 남자도 있고, 성격이 나쁘거나 이기적인 남자도 있고, 이성 관계가 문란한 남자도 있다. 게다가 남자들은 여자와는 아무 관련이 없는 수백 가지 점에서도 차이가 있다. 수십만 년의 세월이 지나는 동안 진화는 여자에게 이렇게 남자마다 제각각 차이가 나는 수천 가지 속성 중에서 적응적 가치가 가장 높은 특성에 레이저처럼 선호의 초점을 맞추게 했다. 적응적으로 적절한 특정 선호가 발달하지 않은 여자는 우리의 조상이 되지 못했다. 그들은 번식 경쟁에서 더 까다로운 여자들에게 밀려나고 말았다.

그러나 사람들이 선호하는 속성은 변하지 않고 고정돼 있는 게 아니다. 선호도 시간이 지남에 따라 변하기 때문에, 배우자를 찾는 사람들은 배우자 후보가 지닌 미래의 잠재력을 가늠해야 한다. 지금 당장은 자원이 부족하더라도, 의과대학에 다닌다면 장래 전망이 아주 밝을 수 있다. 남자 배우자의 가치를 제대로 가늠하려면, 현재의 위치를 넘어서서 미래의 잠재력까지 평가하는 게 필요하다.

요컨대 진화는 편익을 제공하는 속성을 지닌 남자를 선호하는 반면 비용을 초래하는 속성을 가진 남자를 싫어하는 여자에게 유리하게 작용했다. 각각의 속성은 여자가 배우자로서 평가하는 남자의 가치를 구성하는 한 가지 요소가 된다. 그리고 여자가 지닌 각각의 선호는 중요한 요소를 하나씩 추적한다.

그렇지만 특정 요소를 높게 평가하는 선호로 배우자 선택 문제가 완전히 해결되는 것은 아니다. 배우자를 선택할 때 여자는 그 남자가 정말로 특정 자원을 갖고 있는지 알려주는 단서를 확인하고 정확하게 평가하는 문제에 부닥치게 된다. 실제보다 높은 지위를 가진 것처럼 행세하거나 본심을 숨기고 아주 헌신적인 사람인 양 가장하는 것처럼 남자가 여자를 속일 수 있는 부분에서는 평가 문제가 특히 중요하다.

마지막으로, 여자는 배우자 후보에 대한 지식을 통합해야 하는 문제에 마주친다. 관대하지만 정서적으로 불안정한 남자가 있다고 가정해보자. 또 다른 남자는 정서적으로는 안정하지만 인색하다. 여자는 어느 남자를 택해야 할까? 배우자를 선택하는 데에는 관련된 속성을 모두 합하고 각각의 속성에 적절한 비중을 매길 수 있는 심리 기제가 필요하다. 어떤 남자를 선택할지 거부할지 최종 결정을 내릴 때에는 특정 속성이 다른 속성보다 훨씬 높은 점수를 차지하게 된다.

진화심리학

▐ 여자의 배우자 선호 내용

이러한 이론적 배경을 염두에 두고 여자의 배우자 선호의 실제 내용(〈표 4.1〉에 요약돼 있음)을 살펴보기로 하자. 앞의 논의가 시사하는 것처럼 배우자 선택은 아주 복잡한 과제이므로, 여자가 원하는 것이 무엇이냐 하는 질문에 간단한 답이 있을 것이라고 기대하기는 어렵다.

표 4.1 장기적 짝짓기의 적응 문제와 가정된 해결책

적응 문제	진화한 짝짓기 선호
투자 능력이 있는 배우자 선택하기	좋은 재정적 전망 사회적 지위 더 많은 나이 야심/근면성 신체 크기, 강한 힘, 운동 능력
투자 의향이 있는 배우자 선택하기	신뢰성과 안정성 사랑과 헌신의 단서 아이들과 긍정적인 상호작용
육체적으로 여자와 자식을 보호할 능력이 있는 배우자 선택하기	몸 크기(키) 용감성 운동 능력
훌륭한 양육 기술을 보여주는 배우자 선택하기	신뢰성 정서적 안정성 친절 아이들과 긍정적인 상호작용
조화롭게 함께 살 수 있는 배우자 선택하기	비슷한 가치 비슷한 나이 비슷한 성격
건강한 배우자 선택하기	육체적 매력 대칭성 건강 남성성

경제적 자원에 대한 선호

자원을 제공하는 수컷에 대한 암컷의 선호는 동물계에서 암컷의 선택을 위해 진화한 가장 오래되고 광범위한 기반일지 모른다. 이스라엘의 네게브 사막에 사는 새인 회색때까치를 생각해보자(Yosef, 1991). 번식기가 시작되기 직전에 수컷 회색때까치는 달팽이 같은 먹이와 깃털과 천 조각 같은 유용한 물건을 90~120개 모으기 시작한다. 그리고 이것들과 그 밖의 뾰족한 물체들을 자기 세력권 내의 가시에 걸어놓는다. 암컷들은 수컷들을 둘러보면서 모은 물건이 가장 많은 수컷을 선택한다. 요세프가 고의적으로 수컷이 모아놓은 물건 중 일부를 치우고, 다른 수컷의 저장고에 먹을 수 있는 것을 추가했을 때에도, 암컷들은 여전히 모은 물건이 가장 많은 수컷을 선호했다. 암컷들은 자원이 없는 수컷을 철저히 피해 그 수컷들은 독신으로 지내야 했다.

사람의 경우, 자원을 가진 장기적 배우자에 대한 선호가 여자에게 진화한 데에는 두 가지 전제 조건이 필요했을 것이다. 첫째, 인류의 진화 역사를 통해 자원은 남자가 모으고 지키고 통제할 수 있어야 했다. 둘째, 남자들은 소유 재산에서 차이가 나고, 또 그것을 여자와 자식에게 투자하려는 마음에서도 차이가 나야 했다.

인류의 진화 역사를 통해 여자는 일시적인 섹스 파트너 여럿보다는 한 배우자를 통해 아이에 대한 자원을 더 많이 얻는 경우가 많았다. 남자는 아내와 자식에게 다른 영장류에게서는 유례를 찾아볼 수 없을 정도로 많은 것을 투자한다. 다른 영장류의 경우, 수컷이 암컷에게 자원을 나누어주는 일이 드물기 때문에 암컷은 순전히 자기 힘에 의존해 먹이를 구해야 한다(Smuts, 1995). 반면에 남자는 먹이를 공급하고, 거처를 찾고, 세력권을 지키고, 아이를 보호한다. 아이에게 운동, 사냥, 싸움, 서열 협상, 우정, 사회적 영향력 등도 가르친다. 지위도 물려주어 자식이 나중에 상호 동맹을 맺는 걸 도와준다. 이러한 혜택들은 여자가 일시적인 섹스 파트너를 통해서 얻기 어려운 것들이다.

이래서 여자에게 자원을 가진 남자에 대한 선호가 진화할 무대가 마련되었다. 그렇지만 남자가 그런 자원들을 가지고 있는지 알려주는 단서가 필요했다. 그런 단서들은 지위 상승을 암시하는 성격 특성처럼 간접적인 것이 될 수도 있고, 신체적 능력이나 건강처럼 육체적인 것이 될 수도 있다. 동료들에게 받는 존경 같은 명성도 그런 단서에 포함될 수 있다. 그렇지만 무엇보다 확실한 단서는 경제적 자원의 소유이다.

좋은 재정적 전망에 대한 선호

뱀과 높은 곳에 대한 두려움이 조상이 처했던 위험을 들여다보는 창을 제공한 것처럼, 현재 우리가 갖고 있는 배우자 선호는 과거의 짝짓기 행동을 들여다보는 창을 제공한다. 수십 가지 연구에서 나온 증거에 따르면, 실제로 현대 미국 여성은 남성보다 배우자의 경제적 자원을 중요하게 여긴다. 예를 들면, 1939년에 한 연구에서는 미국인 남녀에게 결혼 상대자가 지닌 열여덟 가지 특성에 대해 기대하는 정도를 점수(불필요한 것에서부터 꼭 필요한 것에 이르기까지)로 나타내게 했다. 여자들은 좋은 재정적 전망을 반드시 필요한 것은 아니지만 중요한 것으로 점수를 매긴 반면, 남자들은 약간 바람직한 것이긴 하지만 크게 중요한 것은 아니라고 평가했다. 1939년의 조사에서 여자들은 좋은 재정적 전망에 남자들보다 2배 높은 점수를 매겼는데, 이 결과는 1956년의 조사와 1967년의 조사에서도 반복되었다(Buss et al., 2001).

1960년대 후반과 1970년대 초반에 일어난 성 혁명도 이러한 남녀 차이를 바꾸지 못했다. 이전의 연구 결과를 재현하려는 시도에서 1980년대 중반에 1491명을 똑같은 설문 조사 방법으로 조사한 적이 있었다(Buss, 1989a). 매사추세츠 주, 미시간 주, 텍사스 주, 캘리포니아 주의 남녀를 대상으로 결혼 상대자에게 원하는 열여덟 가지 성격 특성의 점수를 매기게 했다. 수십 년 전에 한 조사 결과와 마찬가지로 여자들은 여전히 배우자의 좋은 재정적 전망에 남자들보다 약 2배 높은 점수를 주었다. 예를 들면, 1939년에 여자들은 '좋은 재정적 전망'의 중요성에 대해 0점(불필요한 것)에서 3점(꼭 필요한 것) 사이의 점수를 매기게 했을 때 1.80점을 준 반면, 남자들은 겨우 0.90점만 주었다. 1985년에 여자들은 같은 항목에 대해 1.90점을 준 반면, 남자들은 1.02점을 주어 여전히 남녀 간의 평가에 약 2배의 차이가 났다(Buss et al., 2001).

더글러스 켄릭Douglas Kenrick과 그의 동료들은 결혼 상대의 여러 가지 속성을 얼마나 중요하게 여기는지 알아낼 수 있는 유용한 방법을 고안했다. 그것은 남자들과 여자들에게 배우자에게 바람직하다고 생각하는 각각의 특성에 대해 허용 가능한 정도를 '최소 백분위 수'로 나타내게 하는 방법이었다(Kenrick et al., 1990). 미국인 여자 대학생들은 남편의 소득 능력에 대해 허용 가능한 최소 백분위를 70%로 매겼다. 즉, 전체 남자들 중에서 소득 수준이 70% 이상은 되어야 한다는 것이다. 반면에, 남자들은 아내의 소득 능력에 대해 허용 가능한 최소 백분위를 40%로 매겼다(〈그림 4.1〉 참고).

신문과 잡지에 실리는 개인 광고는 여자들이 실제로 결혼 시장에서 튼튼

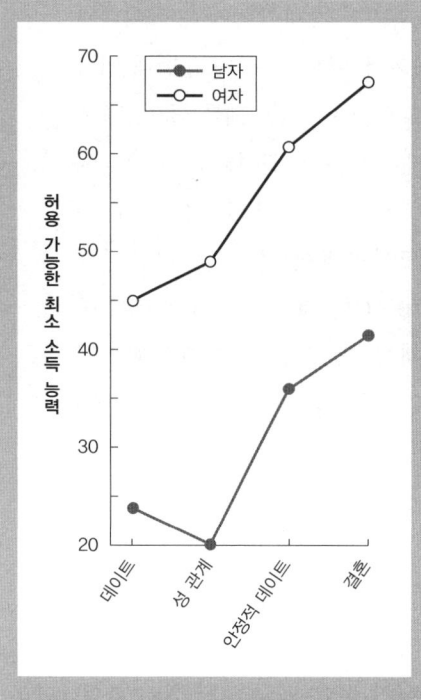

한 재정적 자원을 원한다는 사실을 확인해준다(Gustavsson & Johnsson, 2008 ; Wiederman, 1993). 다시 말해서, 자원 선호에서 나타나는 남녀 차이는 대학생에만 국한된 게 아니며, 질문 방법에 따라 달라지는 것도 아니다.

그림 4.1 각 단계별 남녀 관계에서 허용 가능한 최소 소득 능력. 여자들은 배우자의 재정 능력에 대한 최소 기준을 상당히 높게 잡으며, 장기적 짝짓기 상황(결혼)에서 최고점에 이른다.

출처: Kenrick, D. T., Sadalla, E. K., Groth, G., & Trost, M. R. (1990). Evolution, traits, and the stages of human courtship : Qualifying the parental investment model. /*Journal of Personality, 58*/, 97–116. Reprinted with permission.

여성의 이러한 선호는 미국이나 서구 사회나 자본주의 국가에만 국한되지 않는다. 해안 지역의 오스트레일리아인에서부터 도시 지역의 브라질인, 남아프리카 공화국의 빈민가에 사는 줄루족에 이르기까지 6개 대륙과 5개 섬의 37개 문화를 대상으로 광범위한 비교문화 연구를 한 적이 있다(Buss et al., 1990). 나이지리아와 잠비아처럼 **일부다처제**가 관습인 나라에서 참여한 사람들도 있었고, 에스파냐와 캐나다처럼 **일부일처제**를 좀 더 엄격하게 지키는 나라에서 참여한 사람들도 있었다. 스웨덴과 핀란드처럼 동거 생활이 결혼만큼 보편적인 나라에서 참여한 사람들도 있었고, 불가리아와 그리스처럼 동거 생활을 곱지 않은 시선으로 보는 나라에서 참여한 사람들도 있었다. 〈그림 4.2〉에서 보는 것처럼 이 연구 조사에는 37개 문화에서 10,047명이 참여했다(Buss, 1989a).

남녀 참여자는 잠재적 배우자나 결혼 상대의 열여덟 가지 특성 각각에 대해 그 중요도를 중요하지 않은 것에서부터 꼭 필요한 것 사이의 점수를 매겼다. 그 결과, 모든 대륙과 모든 정치 체제(사회주의와 공산주의도 포함해), 모든 인종 집단, 모든 종교 집단, 모든 결혼 제도(강한 일부다처제에서부터 일부일처제로 추정되는 제도에 이르기까지)에서 여자들은 남자들보다 좋은 재정적 전망을 훨씬 중요하게 여겼다. 전반적으로 여자는 남자보다 재정적 자원을 약 2배 중요하

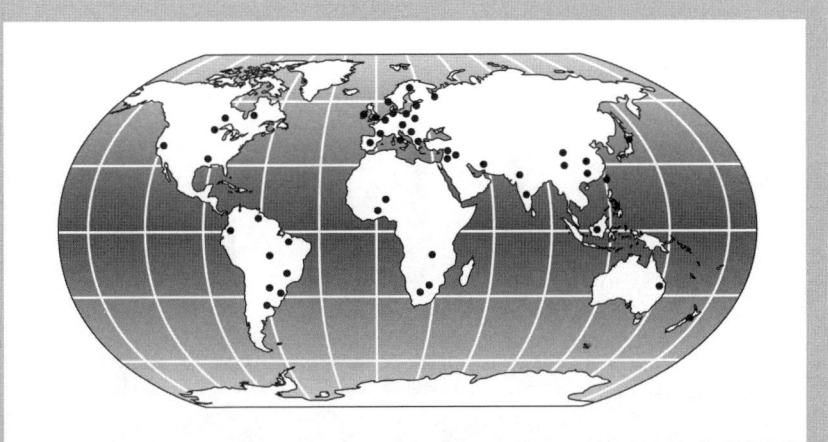

그림 4.2 국제 배우자 선택 계획이 조사한 37개 문화의 위치. 저자는 남녀의 배우자 선호를 국제적으로 연구하기 위해 지도에 표시된 37개 문화를 조사했다. 저자와 그 동료들은 여섯 대륙과 다섯 섬에서 10,047명을 대상으로 배우자에 대해 원하는 것을 조사했다. 그 결과는 사람의 배우자 선호에 관해 지금까지 축적된 것 중 최대 규모의 데이터베이스를 제공했다.

출처: Buss, D. M. (1994a). The strategies of human mating. /American Scientist, 82/, 238-249. Reprinted with permission.

게 여겼다(〈그림 4.3〉 참고). 문화에 따른 차이도 약간 있었다. 나이지리아, 잠비아, 인도, 인도네시아, 이란, 일본, 타이완, 콜롬비아, 베네수엘라 여자들은 남아프리카공화국(줄루족), 네덜란드, 핀란드 여자들보다 좋은 재정적 전망을 약간 더 중요하게 여겼다. 예를 들어 일본 여자들은 좋은 재정적 전망의 가치를 일본 남자들보다 약 150% 더 높게 매긴 반면, 네덜란드 여자들은 네덜란드 남자들보다 그 가치를 겨우 36%만 더 높게 매겼는데, 이것은 어느 나라 여자들보다 낮은 수치였다. 그럼에도 불구하고, 남녀 사이의 차이는 변함이 없었다. 전 세계 모든 나라 여자들은 결혼 상대의 재정적 자원을 남자보다 더 중요하게 여겼다.

이러한 조사 결과는 사람의 짝짓기 심리가 진화에 기반을 두고 있음을 뒷받침하는 최초의 광범위한 비교문화적 증거를 제공했다. 이 연구 이후에 다른 문화들에서 나온 조사 결과도 여자는 자원을 가진 남자에 대한 선호가 진화했다는 가설을 지지한다. 요르단에서 실시한 배우자 선택에 관한 조사에서는 여자가 경제적 능력뿐만 아니라 지위, 야망, 교육처럼 경제적 능력과 관련이 있

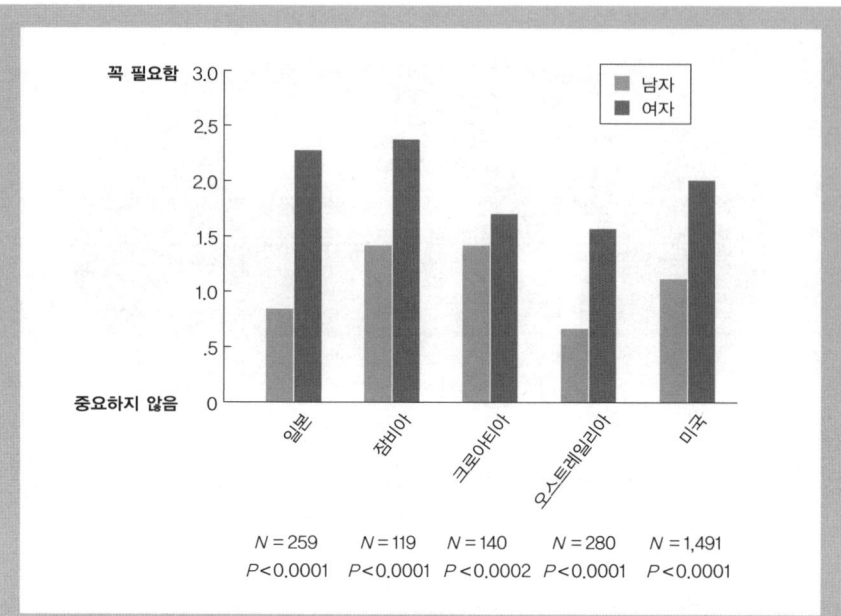

그림 4.3 배우자의 좋은 재정적 전망에 대한 선호. 여러 문화의 참여자들이 장기적 배우자 후보나 결혼 상대에게 나머지 열일곱 가지 변수와 함께 고려한 맥락에서 이 변수를 바람직하게 여기는 정도를 0점(중요하지 않음)에서 3점(꼭 필요함) 사이의 4단계 점수로 평가했다.

N=표본 크기
p 값이 0.05보다 작은 것은 남녀 차이가 유의미하다는 것을 나타낸다.

출처: Buss, D. M., & Schmitt, D. P. (1993). Sexual strategies theory: An evolutionary perspective on human mating. *Psychological Review, 100*, 204–232. Copyright ⓒ 1993 by the American Psychological Association. Adapted with permission.

는 속성도 남자보다 더 중요시한다는 결과가 나왔다(Khallad, 2005). 조너선 가철Jonathan Gottschall과 그 동료들은 다른 방법—무리, 부족, 산업화 이전의 국가, 태평양 지역의 섬들, 그리고 모든 주요 대륙을 포함한 48개 문화의 민간 설화를 분석하는—을 사용한 조사에서도 똑같은 남녀 차이를 발견했다 (Gottschall et al., 2003). 각 문화의 민간 설화에 등장하는 인물 중에서 부나 지위를 최우선으로 꼽는 배우자 선호를 나타낸 쪽은 남자보다 여자가 월등히 많았다. 가철은 유럽 문학을 역사적으로 분석한 연구에서도 비슷한 결과를 얻었다(Gottschall et al., 2004). 미국에 살고 있는 이슬람교도 500명을 대상으로 한 조사에서 여자들은 안정적인 재산이 있고 감정적으로 민감하며 정직한 배우자

진화심리학

를 원한다는 결과가 나왔는데, 정직함은 장기적 관계를 유지하려는 의지를 보여주는 단서로 간주할 수 있다(Badahdah & Tiemann, 2005). 마지막으로 수렵 채집인 사회인 탄자니아의 하드자족을 심층적으로 조사한 연구에서는 식량을 구하는 남자의 능력—주로 사냥 능력—을 아주 중요시한다는 결과가 나왔다(Marlow, 2004).

이러한 기본적인 남녀 차이는 스피드데이팅(번개팅)이나 우편 주문 신부 같은 현대적 형태의 짝짓기에서도 두드러지게 나타난다. 4분 동안의 대화를 통해 상대방을 다시 만날지 말지 결정을 내리는 스피드데이팅을 조사한 한 연구에서 여자들은 부자 동네에서 자랐다고 이야기하는 남자를 선택했다(Fisman et al., 2006). 스피드데이팅을 한 18세에서 54세 사이의 382명을 대상으로 한 조사에서도 여자가 남자보다 상대의 소득과 교육에 더 큰 영향을 받는다는 결과가 나왔다(Asendorpf, Penke, & Back, 2010). 콜롬비아, 필리핀, 러시아에서 우편 주문 신부의 배우자 선호를 조사해보았더니, 이 여자들은 지위와 야망—자원 획득과 밀접한 상관관계가 있는 두 가지 요소—이 있는 남편을 원한다는 결과가 나왔다(Minervini & McAndrew, 2006). 저자들은 "우편 주문 신부가 되길 원하는 여자들은 배우자를 구하는 다른 여자들과 다른 행동 강령이 있는 것처럼 보이지 않는다. 그들은 단지 남편 후보의 풀을 확장하는 새 방법을 발견한 것뿐이다."라고 결론내렸다(2006, p. 17). 양 성 사이의 경제적 평등 수준이 상당히 높은 스웨덴에서 개인 광고를 조사한 연구에서는 자원을 원하는 여자가 남자보다 3배나 많은 결과가 나왔다(Gustavsson & Johnson, 2008). 컴퓨터 테이트 서비스에 가입한 이스라엘인 2956명을 대상으로 한 조사에서는 자동차를 소유하고 경제적 지위가 튼튼한 배우자를 원하고, 상대방의 경력을 아주 중요하게 여기는 비율이 남자보다 여자에게서 훨씬 높게 나타났다(Bokek-Cohen, Peres, & Kanazawa, 2007). 여자들은 또한 장기적 배우자의 **지능**도 아주 중요시하는데(Buss et al., 1990 ; Prokosch et al., 2009), 지능은 소득과 직업의 지위를 예측하는 데 좋은 지표가 되는 속성이다(Buss, 1994b). 케냐의 킵시기스족처럼 훨씬 전통적인 사회에서도 여자들은(그리고 당사자를 대신해 남자를 고르는 그 부모들도) 넓은 땅 같은 자원을 가진 남자를 선호한다(Borgerhoff Mulder, 1990).

마지막으로, 18세기와 19세기에 산업화 이전의 핀란드에서 살았던 여자들의 번식 결과를 조사한 결과에서도 가난한 남자와 결혼한 여자들보다 부유한 남자와 결혼한 여자들이 자식의 생존율이 더 높았고, 어른이 될 때까지 살아남는 자식의 수도 훨씬 많았다(Pettay et al., 2007).

방법과 시대, 문화에서 다양한 차이가 나는 조사들에서 나온 방대한 경험적 증거들은 여자는 자원을 제공할 능력이 있는 장기적 배우자에 대한 선호가 진화했다는 가설을 지지한다. 오늘날의 여자들은 이러한 배우자 선호—생존과 생식의 적응 문제를 해결하는 데 도움을 준 선호—를 가졌던 여자들의 먼 후손이다.

높은 사회적 지위에 대한 선호

우리 조상이 살던 환경과 가장 비슷한 조건을 갖춘 것으로 생각되는 전통적인 수렵 채집인 사회들은 남자 조상들이 명확하게 구분된 지위 서열을 갖고 있었으며, 자원이 서열 맨 꼭대기에 있는 사람들에게 자유롭게 흘러갔다가 서열 밑바닥에 위치한 사람들에게는 천천히 찔끔찔끔 흘러내려갔음을 시사한다(Berzig, 1986 ; Brown & Chia-Yun, n. d.). 멜라네시아인, 초기의 이집트인, 수메르인, 일본인, 인도네시아인을 비롯해 많은 문화에는 '우두머리'나 '대인'으로 불리며 막강한 권력을 휘두르고 자원 사용에서 특권을 누리는 사람들이 있었다. 예를 들어 남아시아의 다양한 언어 중에서 '대인'이란 용어는 산스크리트어, 힌디어, 여러 드라비다어에서 발견된다. 일례로 힌디어에서 바라 아사미 bara asami 는 '지위가 높은 위대한 사람'이란 뜻이다(Platt, 1960, pp. 151-152). 멕시코 이북의 북아메리카에서도 '대인'과 함께 그것과 비슷한 용어가 와포족, 다코타족, 미오코족, 나틱족, 촉토족, 카이오와족, 오세이지족 인디언 사이에서 발견된다. 멕시코와 남아메리카에서는 카야파족, 차티노족, 마사우아족, 미헤족, 믹스테코족, 키체족, 테라바족, 첼탈족, 토토나카족, 타라우마라족, 케추아족, 아우아틀족 사이에서 '대인'과 함께 그와 밀접한 관련이 있는 용어가 발견된다. 따라서 언어학적으로 보면, 많은 문화에서는 지위가 높은 남자를 나타내는 단어를 만드는 것을 중요하게 여겼음을 알 수 있다.

여자들은 지위가 높은 남자를 원하는데, 사회적 지위는 자원의 지배 능력을 알려주는 보편적인 단서이기 때문이다. 지위가 높은 사람에게는 더 나은 식량, 더 넓은 땅, 우수한 건강 관리 등이 자연히 따라온다. 높은 사회적 지위는 그 사람의 자식에게 지위가 낮은 남자의 자식이 누리지 못하는 사회적 기회를 제공할 수 있다. 전 세계의 남자 아이들에게 더 많은 배우자와 질이 좋은 배우자에게 접근할 수 있는 기회는 가족의 사회적 지위가 높을수록 유리하다. 아프리카의 음부티피그미족에서 알류트에스키모족까지 186개 사회를 대상으로 한 조사에서는 어디서나 지위가 높은 남자가 더 큰 부를 누리고 더 많은 아내를 거느리며 자식에게 더 나은 식량을 제공한다는 결과가 나왔다(Betzig, 1986).

한 연구는 사람들이 잠재적 섹스 파트너와는 대조적으로 잠재적 배우자에게 특별히 중요하게 바라는 특성이 무엇인지 알아내기 위해 단기적 배우자와 장기적 배우자를 조사했다(Buss & Schmitt, 1993). 수백 명의 개인에게 단기적 배우자와 장기적 배우자가 지닌 67가지 특성에 대해 바람직하게 생각하는 것과 바람직하게 생각하지 않는 정도를 −3점(매우 바람직하지 않음)에서 +3점(아주 바람직함) 사이의 점수로 매기게 했다. 여자들은 직업에서의 성공 가능성과 유망한 경력 소유를 아주 바람직한 것으로 평가해 평균적으로 각각 +2.60점과 +2.70점을 주었다. 더 중요한 사실은 여자들이 장래의 지위를 시사하는 이 단서들을 일시적인 섹스 파트너보다는 배우자에게서 더 바람직한 특성으로 꼽는다는 점인데, 일시적인 섹스 파트너에게 바라는 점수는 겨우 각각 +1.10점과 +0.40점에 불과했다. 미국 여성들은 또한 배우자의 교육 수준과 전문 학위—사회적 지위와 밀접한 관계가 있는 특성—에도 높은 점수를 주었다.

여자들이 배우자의 사회적 지위를 중요시하는 경향은 미국이나 자본주의 국가에만 한정돼 나타나는 것이 아니다. 배우자 선택에 관한 국제적 조사 대상이 된 37개 문화 중 대다수에서 여자들은 남자들보다 배우자의 사회적 지위를 훨씬 중요하게 여겼다. 이러한 경향은 공산주의 국가와 사회주의 국가, 아프리카인과 아시아인, 가톨릭교도와 유대교도, 남반구 열대 지역이나 북반구를 가리지 않고 동일하게 나타났다(Buss, 1989a). 예를 들면, 타이완에서는 여자가 남자보다 지위를 63%나 더 높이 평가했고, 잠비아에서는 30%, 서독에서는 38%, 브라질에서는 40% 더 높이 평가했다(〈그림 4.4〉 참고).

서열은 인간 집단 사이에서 보편적 특징이며, 자원은 서열이 높은 사람에게 축적되는 경향이 있다. 여자들은 역사적으로 자원 획득이라는 적응 문제를 해결하기 위해 지위가 높은 남자를 선호하는 방법을 부분적으로 사용한 것으로 보인다. 실제로 배우자의 여러 가지 특성 중에서 어떤 것을 선택하고 다른 것을 포기해야 할 때, 여자들은 사회적 지위를 우선시하며, 그것을 '사치품'보

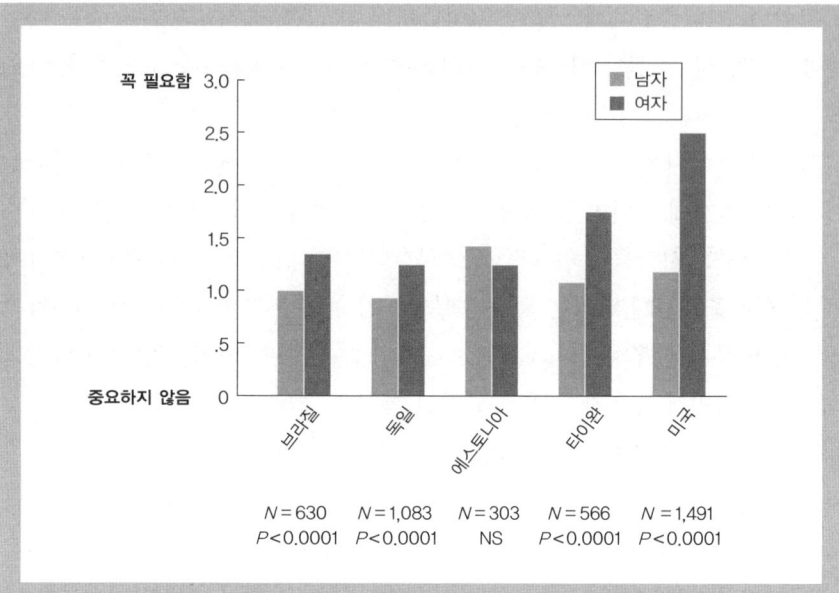

그림 4.4 결혼 상대의 사회적 지위에 대한 선호. 37개 문화의 참여자들은 장기적 배우자 후보나 결혼 상대에게 나머지 열여덟 가지 변수와 함께 고려한 맥락에서 이 변수를 바람직하게 여기는 정도를 0점(중요하지 않음)에서 3점(꼭 필요함) 사이의 4단계 점수로 평가했다.

N=표본 크기
p 값이 0.05보다 작은 것은 남녀 차이가 유의미하다는 것을 나타낸다.
NS는 남녀 차이가 유의미하지 않다는 것을 나타낸다.

출처: Buss, D. M., Abbott, M., Angleitner, A., Asherian, A., Biaggio, A. et al. (1990). International preferences in selecting mates: A study of 37 cultures, *Journal of Cross−Cultural Psychology, 21*, 5−47.

다는 '필수품'으로 간주한다(Li, 2007).

나이가 많은 남자에 대한 선호

남자의 나이도 자원 접근 능력을 알려주는 중요한 단서가 된다. 어린 수컷 비비가 비비의 사회적 서열에서 높은 지위에 오르려면 먼저 성숙해야 하는 것과 마찬가지로, 성숙한 남자가 누리는 존경과 지위와 위치를 청소년이 누리는 일은 드물다. 이것은 오스트레일리아 북해안 근처의 두 섬에 사는 원주민 부족인 티위족 사회에서 극단적으로 나타난다(Hart & Pilling, 1960). 티위족은 노인 지배 사회로, 나이가 아주 많은 남자가 권력과 명성을 대부분 누리고, 복잡한 동

진화심리학

맹 네트워크를 통해 짝짓기 체계를 통제한다. 미국 문화에서도 지위와 부는 나이가 많을수록 더 많이 축적되는 경향이 있다.

배우자 선택에 관한 국제적 조사 대상에 포함된 37개 문화 전부에서 여자들은 자신보다 나이가 더 많은 남자를 선호했다(〈그림 4.5〉 참고). 모든 문화의 평균을 구하면, 여자들은 자신보다 3.5세 정도 나이가 많은 남자를 선호한다. 선호하는 나이 차이는 2세 미만의 남편을 원하는 프랑스계 캐나다 여자에서부터 5세 이상 많은 남편을 원하는 이란 여자까지 다양하게 분포돼 있다.

여자가 나이가 더 많은 배우자를 선호하는 이유를 이해하려면, 나이와 함께 변하는 것들을 고려해야 한다. 확실한 변화 중 하나는 자원에 대한 접근이다. 현대 서구 사회에서 소득은 일반적으로 나이가 많을수록 증가한다

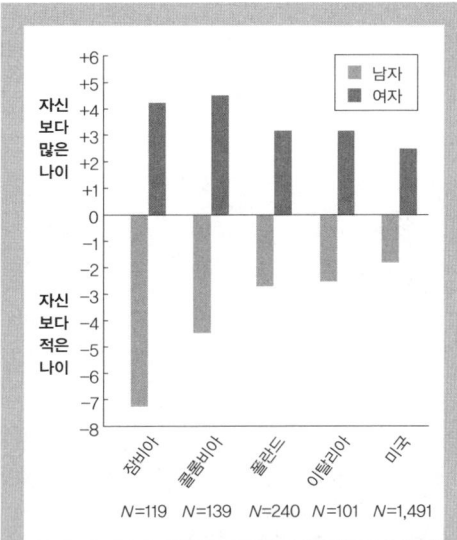

그림 4.5 자신과 배우자의 나이 차이. 참여자들은 자신과 잠재적 배우자 사이의 나이 차이가 얼마가 났으면 좋겠는지 기록했다. 그래프의 눈금 단위는 년이며, 양의 값은 나이가 더 많은 배우자를 선호하는 것을 나타내고, 음의 값은 나이가 더 적은 배우자를 선호하는 것을 나타낸다.

N=표본 크기

(Jencks, 1979). 이러한 경향은 비단 서구 사회에만 국한되지 않는다. 일부다처제가 일반적인 티위족 사이에서는 남자가 나이가 최소한 30세는 되어야 첫 번째 아내를 얻을 만큼 충분한 사회적 지위를 얻는다(Hart & Pilling, 1960). 40세 미만의 티위족 남자가 아내를 두 명 이상 얻을 만큼 충분한 사회적 지위를 얻는 경우는 드물다. 모든 문화에서 나이와 자원, 지위는 서로 밀접한 관계가 있다.

전통적인 사회에서는 이러한 밀접한 관계 중 일부가 육체적 힘과 사냥 능력과 관련이 있을지 모른다. 남자의 육체적 힘은 나이를 먹을수록 강해져 20대 후반과 30대 초반에 절정에 이른다. 볼리비아의 아마존 지역에 사는 치마

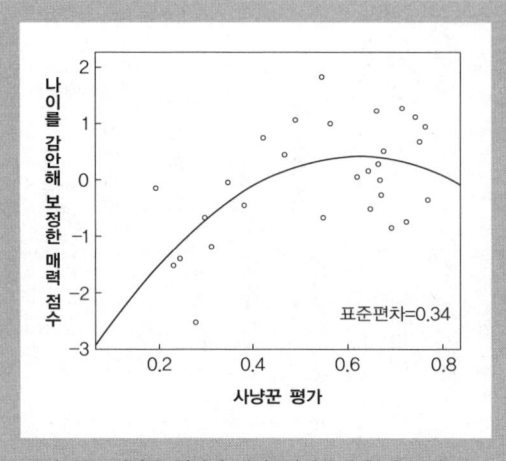

그림 4.6 사냥꾼 평가와 매력. 아마존의 한 원주민 사회에서는 여자가 남자의 매력을 판단할 때 기준으로 삼는 가장 강한 지표는 남자의 사냥 능력이다.

출처: Escasa, M., Gray, P. B., & Patton, J. Q. (2010). Male traits associate with attractiveness in Conambo, Ecuador. *Evolution and Human Behavior, 31*, 193-299 (Figure 3, p. 197). Reprinted with permission from Elsevier.

네족 인디언과 캐나다의 북극 지역에 사는 이누이트족의 경우, 사냥 기술이 절정에 이르는 시기는 그보다 좀더 늦은 30대 중반에서 30대 후반 사이이다(Collings 2009 ; Gurven, Kaplan, & Gutierrex, 2006). 에콰도르의 아마존 지역에 있는 소규모 원주민 사회를 조사한 결과에서는 여자가 남자의 매력을 판단할 때 기준으로 삼는 가장 강한 지표는 남자의 사냥 능력으로 드러났으며(〈그림 4.6〉 참고), 남자의 지위와 훌륭한 전사의 명성이 그 뒤를 이었다(Escasa, Gray, & Patton, 2010). 따라서 여자가 나이가 더 많은 남자를 선호하는 경향은 사냥에서 얻는 자원이 생존에 무엇보다 중요했던 수렵 채집인 조상에게서 유래한 것일 수 있다. 그러나 자원의 소유만으로 충분한 것은 아니다. 여자들은 장기간에 걸쳐 자원을 지속적으로 획득할 수 있는 특성을 지닌 남자를 원한다. 그러한 특성 중 하나는 바로 남자의 야망이다.

야망과 근면성에 대한 선호

사람들은 어떤 방법으로 성공할까? 많은 전술 중에서 열심히 노력하는 태도는 그 사람의 과거와 기대 수입과 승진을 알려주는 훌륭한 지표이다. 자신이 열심히 노력한다고 말하고 그 배우자도 그렇다고 동의하는 사람은 열심히 일하지 않는 사람에 비해 더 높은 수준의 교육과 지위와 연봉을 누리며, 장래에도 더 나은 대우와 지위를 기대할 수 있다. 근면하고 야망이 있는 남자는 게으르고 동기가 없는 남자보다 더 높은 지위까지 올라간다(Jencks, 1979 ; Kyl-Heku & Buss, 1996 ; Lund et al., 2007 ; Willerman, 1979).

미국 여자들은 이런 연관 관계를 잘 아는 것처럼 보이는데, 출세와 연관이 있는 특성을 보여주는 남자를 선호하기 때문이다. 예를 들면, 1950년대에 한 조사에서는 대학생 5000명에게 잠재적 배우자에게 원하는 특성을 열거하게 했다. 그 결과, 자신의 일을 좋아하고 직업 지향이 뚜렷하고 근면하고 야망이 있는 배우자를 원하는 비율은 남자들보다 여자들이 훨씬 높았다(Langhorne & Secord, 1955). 배우자 선택에 관한 국제적 조사에서 미국인 독신 여성 852명과 기혼 여성 100명은 만장일치로 야망과 근면성을 중요하거나 꼭 필요한 속성으로 평가했다(Buss, 1989a). 단기적 배우자와 장기적 배우자에게 원하는 특성에 관한 조사에 참여한 여자들은 야망이 없는 남자를 아주 바람직하지 않은 배우자로 간주한 반면, 남자들은 야망이 없는 아내를 바람직한 배우자로도 바람직하지 않은 배우자로도 간주하지 않았다(Buss & Schmitt, 1993). 모든 문화의 여자들은 일자리를 잃거나 하는 일에서 추구하는 목표가 없거나 게으른 성향이 있는 남자하고는 장기적 관계를 이어가지 않는 경향이 있다(Betzig, 1989).

대다수 문화에서 여자들은 남자들보다 야망과 근면성을 더 높이 평가하며, 대개 중요한 것과 꼭 필요한 것 사이의 중간 점수를 매긴다. 예를 들면, 타이완 여자들은 남자들보다 야망과 근면성을 26%나 더 중요하게 여기며, 불가리아 여자들은 29% 더, 브라질 여자들은 30% 더 중요하게 여긴다. 이러한 비교문화적 증거와 비교역사적 증거는 자원 획득 능력을 보여주는 특성을 지닌 남자를 선호하고 야망이 없는 남자를 무시하는 성향이 여자에게 진화했다는 진화심리학의 주요 예측을 뒷받침한다.

신뢰성과 안정성에 대한 선호

배우자 선택에 관한 국제적인 조사에서 평가한 열여덟 가지 특성 가운데 사랑 다음으로 두 번째와 세 번째로 중요한 점수를 받은 특성은 신뢰할 수 있는 성격과 정서적 안정성 또는 성숙함이다. 37개 문화 중 21개 문화의 남자들과 여자들은 배우자의 신뢰성에 대해 똑같은 선호를 보였다(Buss et al., 1990). 나머지 16개 문화 중에서 15개 문화의 여자들은 신뢰할 수 있는 성격에 2.69점(3점 만점은 꼭 필요한 것)을 주었고, 남자들은 그것과 비슷한 2.50점을 주었다. 정서적 안정성 또는 성숙함에 대한 평가에서는 남녀 차이가 더 컸다. 23개 문화에서는 여자들이 남자들보다 이 속성을 훨씬 중요하게 여겼고, 나머지 14개 문화에서는 정서적 안정성을 남자들과 여자들이 모두 똑같이 평가했다. 모든 문화의 평균을 구하면, 여자들은 이 속성에 2.68점을 준 반면, 남자들은 2.47점을 주었다.

전 세계의 여자들이 이 두 가지 특성을 중요하게 여기는 것은 두 가지 이유 때문으로 보인다. 첫째, 이것들은 장기간에 걸쳐 자원이 지속적 공급을 보장할 것이라고 믿을 만한 단서이다. 둘째, 신뢰성과 정서적 안정성이 모자라는 남자는 자원 공급이 불규칙하고, 정서적으로나 그 밖의 측면에서 배우자에게 큰 비용을 초래한다(Buss, 1991). 그런 남자는 자기중심적이고, 공동의 자산을 독점하려는 경향이 있다. 게다가 그런 남자는 독점욕이 강해 아내의 시간을 독점하려는 경우가 많다. 또, 성적 질투도 평균 이상으로 높아 아내가 단지 다른 사람과 이야기하는 것만 가지고도 불같이 화를 내며, 의존성도 강해 살아가는 데 필요한 것을 모두 아내에게 제공하라고 요구한다. 언어적으로나 신체적으로 학대하는 경향도 있다. 남을 배려하는 마음도 부족해 약속 시간에 늦기 일쑤이고, 더 안정적인 배우자에 비해 변덕스러워 특별한 이유 없이 울기도 한다. 바람을 피울 확률도 평균보다 높아서 추가로 시간과 자원을 낭비한다(Buss & Shackelford, 1997a). 이 모든 비용은 이런 남자는 배우자의 시간과 자원을 흡수하고, 자신의 시간과 자원은 딴 데 쓰며, 장기적으로 자원을 지속적으로 공급하지 못한다는 것을 말해준다. 신뢰성과 안정성은 여자의 자원을 남자가 낭비하지 않을 확률이 높음을 보여주는 개인적 속성이다.

감정적으로 불안정한 남자에게서 나타나는 예측 불가능한 측면은 중요한 적응 문제의 해결을 방해함으로써 추가적인 비용을 초래한다. 불규칙한 자원 공급은 생존과 생식에 필요한 목표 달성을 망칠 수 있다. 예측하기 힘들거나 변덕스러운 성격의 배우자가 마지막 순간에 사냥을 나가는 대신에 낮잠을 자기로 결정해 갑자기 고기를 구해오지 못하면, 기대하던 식량을 얻을 수 없게 된다. 자원을 예측 가능하게 공급한다면, 일상 생활에서 극복해야 하는 많은 적응 문제에 훨씬 효율적으로 배분할 수 있다. 배우자에게서 장기간에 걸쳐 지속적으로 자원 공급을 받으려면 여자들은 신뢰성과 정서적 안정성을 중요시할 수밖에 없다.

큰 키와 신체적 능력에 대한 선호

암컷이 짝을 선택할 때 신체적 특징을 중요하게 여기는 것은 동물계 전체에서 두드러지게 나타난다. 수컷 글래디에이터개구리는 둥지를 만들고 알을 보호한다. 구애하는 수컷들이 많을 때 암컷은 가만히 앉아 있는 수컷에게 다가가 몸을 세게 부딪친다. 암컷은 가끔 수컷을 굴러 떨어지게 하거나 겁을 주어 쫓을 정도로 세게 수컷을 공격한다. 만약 수컷이 너무 많이 움직이거나 둥지에서 떨어져 나가면 암컷은 서둘러 다른 수컷을 찾아 나선다. 몸을 부딪치는 것은 수컷이 새끼들을 얼마나 잘 지킬 수 있는지 평가하는 데 도움이 된다. 충돌 시험은 새끼를 보호할 수 있는 수컷의 신체적 능력을 보여준다.

여자는 가끔 몸집이 더 크고 힘이 센 남자에게 육체적으로 지배당하는데, 이것은 부상을 당하거나 성적 지배를 당하는 것으로 이어질 수 있다. 이러한 조건은 우리 조상들이 살던 환경에서 비교적 자주 일어난 게 분명하다. 실제로 많은 영장류 집단을 조사한 결과에 따르면, 수컷이 암컷을 육체적으로나 성적으로 지배하는 것은 우리 영장류가 반복적으로 물려받은 유산의 일부인 것으로 드러났다. 영장류학자 바버라 스머츠Barbara Smuts는 아프리카의 사바나 평원에 사는 비비들과 함께 살면서 짝짓기 패턴을 조사했다(Smuts, 1985). 거기서 스머츠는 암컷이 자신과 새끼에게 신체적 보호를 제공하는 수컷과 지속적으로 '특별한 우애' 관계를 맺는 경우가 많다는 사실을 발견했다. 그 대가로 암컷은 발정기에 자신의 '친구'에게 우선적으로 짝짓기 기회를 허용한다.

장기적 짝짓기가 여자에게 주는 한 가지 혜택은 남자가 제공하는 신체적 보호이다. 남자의 몸 크기, 힘, 신체적 능력, 운동 능력은 보호 문제를 얼마나 잘 해결할 수 있을지 보여주는 단서이다. 여자의 배우자 선호에 이러한 단서들이 포함돼 있다는 증거가 있다. 여자들은 키 작은 남자를 단기적 배우자나 장기적 배우자로 바람직하지 않다고 판단한다(Buss & Schmitt, 1993). 반면에 키가 크고 튼튼하고 운동 능력이 뛰어난 남자를 결혼 상대자로 아주 바람직하게 생각한다. 영국과 스리랑카 여자들을 대상으로 조사한 결과에서는 근육질에 마른 체격의 남자를 크게

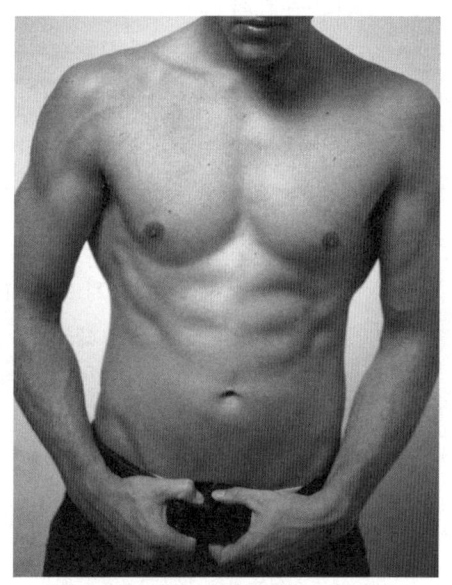

여자는 상대적으로 키가 크고, 신체적 능력이 뛰어나고, 근육질이고, 엉덩이보다 어깨가 더 넓어 상체가 V자로 발달한—여자와 자식을 보호하는 능력을 시사하는 단서들인—남자를 선호한다.

선호하는 것으로 나타났다(Dixon et al., 2003). 여자들은 또한 상체가 'V자'로 발달한, 즉 엉덩이보다 어깨가 더 넓은 남자를 선호하고 매력적으로 느낀다(Hughes & Gallup, 2003). 흥미롭게도 여자들은 남자의 목소리만 듣고도 어깨 대 엉덩이의 비율을 정확하게 평가할 수 있다(Hughes, Harrison, & Gallup, 2009).

여자들은 키 작은 남자나 평균적인 남자보다 키 큰 남자를 데이트 상대로 나 배우자로 훨씬 바람직하게 여긴다(Courtiol et al., 2010 ; Ellis, 1992). 개인 광고를 조사한 두 연구에 따르면, 키를 언급한 여자들 가운데 80%는 키가 180cm 이상인 남자를 원했다(Cameron, Oskamp, Sparks, 1978). 그리고 키 큰 남자가 낸 광고는 키 작은 남자가 낸 광고보다 더 많은 응답을 받았다(Lynn & Shurgot, 1984). 실제로 폴란드에서 개인 광고 1168건에 대해 응답 건수를 조사한 결과, 남자의 광고에 반응을 보이는 여자의 수를 가장 잘 예측할 수 있는 네 가지 지표 중 하나가 바로 남자의 키였다(나머지 셋은 교육 수준, 나이, 재산이었다)(Pawlowski & Koziel, 2002). 키 큰 남자는 키 작은 남자보다 더 지배적이고, 데이트를 할 가능성이 더 높고, 매력적인 상대를 만날 가능성도 더 높은 것으로 인식된다(더 자세한 것을 살펴보려면 Brewer & Riley, 2009 참고). 여자들은 다른 공격적인 남자의 위협에 대처하는 문제의 해결책을 자신을 보호할 만한 몸 크기와 힘과 신체적 능력을 가진 배우자를 선호하는 것에서 찾는다(적어도 부분적으로는). 이러한 신체적 속성은 자원 획득이나 건강한 유전자 같은 다른 적응 문제를 해결하는 데에도 도움이 되는데, 큰 키는 지위와 소득, 대칭적 신체 특징, 건강과도 관련이 있기 때문이다(Brewer & Riley, 2009).

인류학자 토머스 그레거Thomas Gregor는 브라질의 아마존 지역에 사는 메히나쿠족 사이에서 중요하게 여기는 남자의 레슬링 실력에 이러한 신체적 차이가 크게 반영된다는 사실을 발견했다.

근육이 우락부락하게 발달하고 체격이 건장한 남자는 많은 여자 친구를 사귈 가능성이 많은 반면, 경멸조로 페리스치라고 불리는 작은 남자는 그렇지가 못하다. 단순히 키가 크다는 사실은 측정 가능한 이점을 가져다준다. ……마을 사람들은 강한 레슬러는 두렵다고 말한다. ……그는 두려움과 존경을 받는다. 여자들에게 그는 '아름답고'(아위치리), 연인과 남편으로 인기가 좋다.(p. 35)

진화심리학

진화심리학자 나이걸 바버Nigal Barber는 여자의 선호에 대한 증거를 다음과 같이 요약했다 : "키나 어깨 너비, 상체의 근육질 같은 남자의 신체 구조 특징은 여자에게 성적 매력을 느끼게 하는 동시에 다른 남자들에게는 위협적이다."(Nigal Barber, 1995, p. 406)

좋은 건강에 대한 선호: 대칭성과 남성다움

건강이 나쁜 사람과의 짝짓기는 우리 조상에게 많은 적응 위험을 안겨다주었다. 첫째, 건강이 나쁜 배우자는 몸이 쇠약해질 위험이 높아 식량이나 보호, 건강 관리, 자녀 양육 투자와 같은 적응적 혜택을 제대로 제공하지 못한다. 둘째, 건강이 나쁜 배우자는 사망할 위험이 높아 자원 공급이 영원히 끊길 뿐만 아니라 새로운 배우자를 찾는 비용까지 안긴다. 셋째, 건강이 나쁜 배우자는 상대에게 전염병이나 바이러스를 옮길 수 있고, 그럼으로써 상대의 생존과 생식에 손해를 끼친다. 넷째, 건강이 나쁜 배우자는 자식에게도 그 병을 옮겨 생존과 번식 기회를 위태롭게 한다. 다섯째, 만약 건강도 일부 유전되는 것이라면, 건강이 나쁜 배우자를 선택하는 사람은 자식에게 건강에 나쁜 유전자를 전해주는 위험을 안게 된다. 이 모든 이유를 감안한다면, 남녀 모두 잠재적 배우자의 건강을 아주 중요시하는 건 놀라운 일이 아니다. 37개 문화를 조사한 결과에서도 남녀 모두 '좋은 건강'을 매우 중요한 것으로 평가했다. 좋은 건강을 0점(불필요한 것)에서 +3점(꼭 필요한 것) 사이의 점수로 평가하게 한 모든 문화의 조사 결과를 평균했을 때, 여자는 +2.28점을 주었고, 남자는 +2.31점을 주었다(Buss et al., 1990).

좋은 건강을 알려주는 중요한 신체적 지표는 얼굴과 몸의 **대칭성이다**(Gangestad & Thornhill, 1997 ; Grammer & Thornhill, 1994 ; Shackelford & Larsen, 1997 ; Thornhill & Møeller, 1997). 환경적 사건과 유전적 스트레스 인자는 신체를 좌우 대칭에서 벗어나게 하여 불균형한 얼굴과 몸을 만들어낸다. 어떤 사람은 그런 사건과 스트레스를 남들보다 잘 견뎌낸다—다시 말해서 **발달 안정성**을 보여준다. 얼굴과 몸이 대칭적인 것은 건강을 알려주는 중요한 단서로, 그 사람이 환경적 사건과 유전적 스트레스 인자에 대한 저항력이 강함을 보여준다. 따라서 여자에게는 신체적 대칭성 증거를 보여주는 남자에 대한 선호가 진화했다고 가정할 수 있다. 그러한 대칭성은 배우자가 계속 곁에 머물면서 투자를 할 가능성을 높이고, 자식에게 질병을 옮겨줄 가능성이 적을 뿐만 아니라, 직접 유전적 혜택을 줄 수도 있다. 여자는 대칭적 특징을 지닌 남자를 선택함으로써 사실상 자식에게 물려줄 우수한 유전자를 선택하는 셈이다.

대칭성이 실제로 우수한 건강을 나타내는 단서이며 여자는 배우자에게서 이 특징을 특별히 중요하게 여긴다는 가설을 뒷받침하는 증거가 일부 있다 (Gangestad & Thornhill, 1997 ; Thornhill & Møeller, 1997). 첫째, 얼굴이 대칭적인 사람은 생리적, 심리적, 정서적 건강에서 높은 점수를 얻는다(Shackelford & Larsen, 1997). 둘째, 남녀 모두에게서 얼굴 대칭성과 신체적 매력의 판단 사이에는 작지만 양의 상관관계가 존재한다. 셋째, 얼굴이 대칭적인 남자는 얼굴이 불균형한 남자에 비해 여자들에게 성적 매력이 더 있는 것으로 받아들여지고, 평생 동안 섹스 파트너가 더 많고, 혼외 정사도 더 많이 하며, 성 경험 시기도 이르다. 얼굴 대칭성은 그 사람의 건강 평가와 밀접한 관계가 있다(Jones et al., 2001). 얼굴이 대칭적인 남자는 호흡기 질환을 덜 앓는데, 이것은 질병에 대한 저항력이 강하다는 것을 시사한다(Thornhill & Gangestad, 2006). 그러나 일부 연구자는 조사 연구의 질에 의문을 제기하며, 대칭성과 건강 사이의 연관성에 대한 증거가 아직 확실한 게 아니라고 결론내린다(Rhodes, 2006).

건강을 알려주는 또 다른 단서는 남성적 특징에서 얻을 수 있다. 평균적인 성인 남녀의 얼굴은 여러 가지 기본적인 측면에서 차이가 있다. 남자는 아래턱이 더 길고 넓으며, 눈두덩이 더 크고, 광대뼈가 더 돌출했는데, 주로 테스토스테론처럼 사춘기에 분비되기 시작한 호르몬의 영향 때문이다. 빅터 존스턴 Victor Johnston과 그 동료들은 이러한 특징들을 변경할 수 있는 정교한 실험 도구를 1200프레임 퀵타임 QuickTime 영화 형태로 개발했다(Johnston et al., 2001). 이 컴퓨터 프로그램은 남성성과 여성성을 비롯해 그 밖의 특징이 서로 다른 수백 개의 얼굴이 들어 있는 다차원 공간을 돌아다니며 필요한 것을 찾게 해준다. 참여자는 슬라이더 컨트롤과 단일 프레임 버튼을 사용해 1200프레임 영화에서 앞뒤로 왔다갔다하면서 '장기적 배우자로 가장 매력적인 얼굴'처럼 원하는 표적이 포함된 프레임을 찾아낸다. 연구자들은 경구 피임약을 복용하지 않는 18세에서 35세 사이의 여성 42명을 시험 대상으로 삼았고, 각자 생리 주기에서 어떤 시기에 있는가 하는 정보도 얻었다.

생리 주기상의 시기와 상관 없이 모든 여자들은 평균보다 더 남성적으로

진화심리학

생긴 얼굴을 선호했다. 비록 모든 연구에서 여자들이 더 남성적인 얼굴을 선호한다는 결과가 나온 것은 아니지만(예컨대 Waynforth, Delwadia, & Camm, 2005), 열 가지 연구를 메타분석한 연구에서 그 효과 크기가 사소하긴 해도(+0.35) 여자들이 남성적으로 생긴 얼굴을 선호한다는 사실이 확인되었다(Roodes, 2006). 왜 여자들은 남성적으로 보이는 남자에게 매력을 느끼는 것일까? 존스턴은 남성적 특징이 좋은 건강을 시사하는 단서라고 주장한다. 테스토스테론의 과다 생산은 면역계를 손상시킨다고 알려져 있다. 존스턴의 주장에 따르면, 아주 건강한 남자만이 발달하는 동안 테스토스테론의 과다 생산을 감당할 '능력'이 있다고 한다. 덜 건강한 남자는 그렇지 않아도 이미 약한 면역계가 더 손상되지 않도록 테스토스테론 생산을 억제해야 한다. 그 결과, 건강한 남자는 테스토스테론을 더 많이 생산하면서 더 남성적인 얼굴이 발달하게 된다. 만약 존스턴의 주장이 옳다면, 여자가 남성적으로 생긴 얼굴을 좋아하는 것은 실질적으로 건강한 남자를 좋아하는 것과 같다.

이 견해를 뒷받침하는 한 가지 증거는 존스턴은 1200프레임 퀵타임 영화를 두 번째로 보여주면서 여자들에게 가장 '건강해' 보이는 얼굴을 선택하라고 한 실험에서 나왔다. 여자들이 선택한 얼굴들은 '가장 매력적인 얼굴'과 차이가 없었는데, 이 결과는 여자들이 남성적 외모를 선호하는 것은 그것이 곧 건강과 관련이 있기 때문이라는 가설을 뒷받침한다(남성적 얼굴과 건강 사이의 관계를 뒷받침하는 데 실패한 연구를 보고 싶다면 Boothroyd et al., 2005를 참고하라). 또 다른 연구에서는 더 남성적인 얼굴을 가진 남자는 호흡기 질환에 덜 걸린다는 결과가 나왔는데, 이것은 남성적인 얼굴이 질병에 대한 저항력을 알려주는 단서일 수도 있음을 시사한다(Thornhill & Gangestad, 2006). 다른 연구자들은 여자들이 남성적 특징을 선호하는 것은 건강보다는 지배적 성격에 대한 매력을 반영한 것이라는 주장을 내놓았다(Boothroyd et al., 2007). 어느 가설이 옳은지 혹은 두 가설이 모두 옳은지 판단하려면 추가 연구가 더 필요하다.

요약하면, 여러 가지 증거는 여자가 배우자를 선택할 때 건강을 중요시한다는 걸 말해준다. 건강이 장기적 배우자에게 명시적으로 원하는 조건이라는 증거는 37개 문화 전부에서 나왔다. 대칭적으로 생긴(건강을 알려주는 단서) 남자의 얼굴과 몸에 매력을 느끼거나, 남성적으로 생겼으면서 동시에 건강한 것으로 판단되는 얼굴에 매력을 느끼는 것 등이 그런 증거이다. 건강은 또한 배우자를 선택하는 사람에게 제공하는 다양한 환경적, 유전적 혜택을 통해서도 그 중요성을 입증하는데, 그러한 혜택으로는 긴 수명, 더 신뢰할 만한 자원 제공, 전염병을 옮길 가능성이 적은 것, 자식에게 전해줄 우수한 유전자 등이 있다.

사랑과 헌신

여자는 필요한 자원을 가지고 있을 뿐만 아니라, 그 자원을 자신과 자식에게 **기꺼이 헌신하려는 의지**를 보여주는 남자를 선택해야 하는 적응 문제에 오랫동안 직면해왔다. 이것은 얼핏 보기보다는 어려운 문제이다. 자원은 대개 직접 눈으로 볼 수 있지만, 마음은 볼 수가 없다. 대신에 헌신을 가늠하려면 장래에 자원을 충실하게 전달할 가능성을 보여주는 단서를 찾아야 할 필요가 있다. 사랑은 헌신을 보여주는 핵심 단서 중 하나가 될 수 있다.

사회과학의 통념에 따르면, '사랑'은 비교적 최근에 생긴 것으로, 낭만적인 유럽인이 수백 년 전에 만든 것이라고 한다(Jankowiak, 1995). 그러나 연구 결과들은 이러한 통념이 아주 잘못되었다고 시사한다. 사랑의 생각과 감정과 행동은 전 세계 모든 문화—아프리카 남단의 줄루족에서부터 알래스카의 추운 북쪽 빙관에서 살아가는 에스키모에 이르기까지—의 사람들이 경험한다는 증거가 있다. 인류학자 윌리엄 양코위액William Jankowiak과 에드워드 피셔 Edward Fischer는 세계 각지의 168개 문화를 조사하면서 사랑의 존재를 뒷받침하는 네 가지 증거를 검토했다 : 사랑의 노래를 부르는 사례, 사랑하는 남녀가 부모의 뜻을 거스르고 야반도주하는 사례, 사랑하는 사람 때문에 겪는 고통과 그리움을 보고하는 문화적 자료 제공자, 복잡하게 얽힌 연애 관계를 묘사한 민간 설화. 이들은 이러한 현상들의 존재를 사용해 전체 문화의 88.5%에서 낭만적 사랑의 존재를 뒷받침하는 증거를 발견했다(Jankowiak, 1995 ; Jankowiak & Fischer, 1992). 사랑은 미국이나 서구 문화에만 국한된 현상이 아니라는 것은 명백하다.

여러 연구는 사랑이 정확하게 무엇이고, 그것이 헌신과 어떻게 연결돼 있는지 확인하기 위해 사랑의 행동을 검토해보았다(Buss, 1988a, 2006a ; Wade, Auer, & Roth, 2009). 남녀가 각각 꼽은 명단에서 헌신적 행동이 맨 윗자리를 차지하기 때문에, 헌신적 행동이야말로 사랑의 핵심으로 보인다. 그런 행동에는 다른 사람과 관계를 포기하는 것, 결혼 이야기를 꺼내는 것, 함께 아이를 갖고 싶다는 의사 표시 등이 있다. 남자가 이런 사랑의 행동을 보이는 것은 상대 여자와 그녀가 장차 낳을 자식들에게 자원을 주겠다는 의지가 있음을 나타낸다. 사랑의 경험에 대한 보고는 주관적 헌신 감정을 예측할 수 있는 강력한 지표이다—성욕에 대한 보고보다 훨씬 더(Gonzaga et al., 2008). 자식에게 부모의 보살핌을 제공하겠다는 헌신이 사랑의 기능 중 하나라는 가설은 서로 다른 종들에서 성인 애착과 양육 사이의 관계를 살펴본 비교 분석 연구와 계통발생학적 분석 연구(2장 참고)가 뒷받침해준다(Fraley, Brumbaugh, & Marks, 2005). 성인 애착을 보이는 종은 그렇지 않은 종보다 수컷 아비가 자식에게 투자하는 특징이 나타날 가능성이 더 많다. 따라서 암컷이 배우자에게서 사랑을 선호하는 태도의 한 가지 기능은 함께 낳을 자식에게 부모의 자원을 투자하겠다는 약속을 보장받기 위한 것이다.

그러나 헌신에도 자원을 나누어주는 방법에 따라 많은 측면이 있다. 헌신의 주요 요소 중 하나는 충실성인데, 육체적으로 함께 있지 않을 때에도 배우자에게 충실한 태도를 계속 유지하는 것이 대표적인 행동이다. 충실성은 성적 자원을 한 배우자에게만 배타적으로 헌신하려는 마음이 있다는 신호에 해당한다. 헌신의 또 한 가지 측면은 비싼 선물을 사주는 것처럼 사랑하는 사람에게 자원을 전달하는 것이다. 이런 행동은 장기적 관계를 약속하는 진지한 의도가 있음을 나타낸다. 정서적 지원 역시 헌신의 한 측면인데, 어려울 때 도와주거나 배우자의 문제에 귀를 기울이는 것과 같은 행동으로 나타난다. 헌신은 배우자의 필요를 위해 자신의 개인적 목표 달성을 희생하면서까지 시간과 에너지와 노력을 투입하는 행동을 수반한다. 생식 행동 역시 배우자의 생식에 직접적인 헌신을 나타낸다. 사랑에 필수적인 것으로 간주되는 이 모든 행동은 성적, 경제적, 정서적, 유전적 자원을 한 사람에게 헌신한다는 증표이다.

사랑은 전 세계적인 현상이고, 사랑하는 행동의 1차적 기능은 헌신의 증표를 나타내는 것이기 때문에, 여자들은 장기적 배우자를 선택하는 과정에서 사랑을 우선시할 것이라고 예측된다. 배우자 선택에 관한 국제적 조사 결과에서도 모든 문화에서 사랑을 중요시한다는 사실이 확인되었다. 가능한 특성 열여덟 가지 가운데 사랑에 여자들은 2.87점을 매기고 남자들은 2.81점을 매겨, 사랑은 남녀 모두 잠재적 배우자에게서 가장 중요하게 여기는 특성임이 입증되었다(Buss et al., 1990). 남아프리카공화국의 부족 거주지에서부터 브라질 도시의 번잡한 거리에 이르기까지 거의 모든 남녀가 사랑에 가장 높은 점수를 매겼는데, 이것은 사랑이 결혼에 꼭 필요한 요소라는 것을 말해준다. 48개국에서 사랑에 대해 조사한 또 다른 연구 결과도 모든 나라에서 사랑이 높은 점수를 받았는데, 다만 생태학적 스트레스가 높은 문화에서는 그 점수가 더 낮았다(Schmitt et al., 2009).

사랑의 기반을 이루는 뇌의 기제를 확인하는 연구에도 진전이 있었다(Bartels & Zeki, 2004 ; Fisher, Aron, & Brown, 2005). 연구자들은 기능적 자기공명영상(fMRI) 기술을 사용해 강렬한 사랑에 빠진 사람들이 사랑하는 사람을 생각하는 동안 그 뇌를 촬영했다. 그랬더니 뇌에서 꼬리핵과 배쪽피개부를 중심으로 한 특정 영역이 '밝게 빛나는'(이것은 혈액의 흐름이 증가한 것을 나타내는데, 그 부분의 신경 활동에 변화가 일어난다는 것을 말해준다) 결과가 나타났다. 이 영역들에는 도파민을 만들어내는 세포들이 있는데, 도파민은 뇌의 보상 중추를 자극하여 코카인을 흡입했을 때 느끼는 '러시rush(쇄도 효과)'와 비슷한 기분이 들게 한다(Fisher, 2006). 따라서 사랑의 적응과 관계가 있는 뇌의 회로를 확인하는 연구에도 진전이 일어나고 있다.

자식에게 기꺼이 투자하려는 마음에 대한 선호

여자들이 장기적 배우자를 선택할 때 마주치는 또 한 가지 적응 문제는 남자가 자식에게 투자하려는 마음이 얼마나 있는지 가늠하는 것이다. 이 적응 문제는 두 가지 이유에서 중요하다 : (1) 남자는 성적 다양성을 추구하기 때문에, 자신의 노력을 자식(양육 노력)보다는 다른 여자(짝짓기 노력)에게 쏟아부을 수 있고 (6장 참고) ; (2) 남자는 자신이 아이의 진짜 유전적 아버지일 가능성을 평가하며, 자신의 자식이 아니라는 걸 알거나 그렇게 의심되는 아이에게서 투자를 거두는 경향이 있다(La Cerra, 1994).

심리학자 페기 라 세라Peggy La Cerra는 자녀에게 기꺼이 투자하려는 남자를 원하는 진화한 선호가 여자들에게 있다는 가설을 검증하기 위해 여러 가지 조건에서 남자들의 슬라이드 이미지를 만들었다 : (1) 혼자 서 있는 남자 ; (2) 생후 18개월 된 아이와 미소를 짓고, 눈을 마주치고, 아이를 만지는 등의 상호작용을 하는 남자 ; (3) 우는 아이를 무시하는 남자 ; (4) 그냥 서로 마주 보고 있는 남자와 아이(중립적 조건) ; (5) 거실의 융단을 진공청소기로 청소하는 남자.

모든 조건에 등장하는 남자 모델은 동일 인물이었다.

여자 240명에게 이 슬라이드 이미지를 보여준 뒤에 각각의 슬라이드에 등장하는 남자를 데이트 상대, 섹스 파트너, 결혼 상대, 친구, 이웃으로서 각각 얼마나 매력을 느끼는지 점수를 매기게 했다. 점수는 −5점(매력이 전혀 없음)에서 +5점(매우 매력적임) 사이에서 매기게 했다. 첫째, 여자들은 결혼 상대로는 아이와 상호작용하는 남자(평균 2.7점)를 혼자 서 있는 같은 남자(2.0점)나 아이 옆에 중립적으로 서 있는 남자(2.0점)보다 더 매력적으로 평가했다. 둘째, 여자들은 어려움에 빠진 아이를 무시하는 남자(1.25점)를 결혼 상대로는 매력이 없다고 평가해 가장 낮은 점수를 주었다. 셋째, 아이와 긍정적인 상호작용을 하는 행동이 높은 점수를 얻는 효과는 일반적인 가정적 성향 때문이 아닌 것으로 드러났다. 예를 들면, 여자들은 혼자 서서 아무것도 하지 않는 남자(2.0점)보다 진공

라 세라(1994)는 여자들이 아이와 긍정적인 상호작용을 하는 남자를 훨씬 매력적으로 느낀다는 사실을 발견했는데, 이것은 자녀에게 기꺼이 투자하려는 마음을 보여주는 남자에 대한 배우자 선호가 있음을 시사한다. 아이를 무시하거나 긍정적인 상호작용을 하는 여자들의 사진은 남자들이 여자의 매력을 판단하는 데 아무 효과도 미치지 않았다.

청소기로 청소를 하는 남자(1.3점)를 더 매력이 없다고 여겼다.

이 연구는 여자들이 자식에게 기꺼이 투자하려는 남자를 결혼 상대로 선호한다는 것을 시사한다. 이러한 선호는 여자에게만 있는 것일까? 이 문제를 알아보기 위해 라 세라는 또 다른 연구를 했는데, 이번에는 여자를 모델로 쓰고 남자들에게 여자의 매력을 평가하게 했다. 여자들은 첫 번째 연구에서 남자 모델이 보여주었던 것과 똑같은 조건으로 등장했다. 남자들의 평가 결과는 여자들의 평가 결과하고는 완전히 달랐다. 남자들은 혼자 서 있는 여자(평균 2.70점)도 아이와 긍정적인 상호작용을 하는 여자(2.70점)만큼 매력적으로 느꼈다. 실제로 상황 변화는 남자들이 결혼 상대로서 여자의 매력을 판단하는 데 거의

아무런 영향도 미치지 않았다.

요컨대, 여자는 자녀에게 기꺼이 투자하려는 남자를 특별히 선호하고 매력을 느끼는 것으로 보이지만, 그 반대는 성립하지 않는다. 게리 브레이즈Gary Brase는 방법론적으로 여러 가지를 개선하면서 이 연구를 똑같이 반복했다 (Brase, 2006). 라 세라는 개인적 주석에서 그 연구를 하도록 자극한 한 가지 촉매는 매력적인 남자가 아이를 안고 있는 포스터였다고 털어놓았다. 그녀의 관심을 끌어당긴 그 이미지는 여성 시장을 겨냥한 아주 효과적인 광고 기법으로 입증되었다(La Cerra, 1994, p. 87).

한 흥미로운 연구는 남자가 아기에게 보이는 관심이 여자가 장기적 배우자로서 그 남자에 대해 느끼는 매력에 미치는 영향을 조사했다(Roney et al., 2006). 연구자들은 남자들을 대상으로 '아기에 대한 관심 테스트'를 했는데, 그것은 아기 얼굴을 쳐다보길 좋아하는 정도—남자가 아기와 실제로 상호작용을 하는 수준을 예측하는 척도가 되는—를 평가하는 것이었다. 그런 다음, 29명의 여자에게 각각의 사진에 대해 '아이를 좋아함'을 포함해 다양한 변수의 점수를 매기게 했다. 그러고 나서 여자들에게 두 번째 평가지를 나누어주고서 단기적 및 장기적 배우자로서 각 남자의 매력을 점수로 나타내게 했다. 그 결과는 아주 흥미로웠다. 첫째, 여자들은 단지 남자의 얼굴을 보는 것만으로 그 남자가 아이에게 관심이 있는지 없는지 정확하게 알아냈다. 아이에게 관심이 있는 남자의 얼굴 표정에서 긍정의 느낌이나 행복의 느낌을 간파했을 가능성이 높다. 둘째, 여자들이 아이를 좋아한다고 판단한 남자들은 장기적 배우자로서 아주 매력적인 평가를 받았다. 그와는 대조적으로, 남자가 아이를 좋아한다고 해도 단기적 배우자로서의 매력은 높아지지 않았다.

종합하면, 이 연구들은 여자가 장기적 배우자를 선택하는 데에는 아버지로서의 자질—남자의 아이에 대한 관심과 자식에게 기꺼이 투자하려는 마음—이 아주 중요하다는 것을 말해준다.

유사성에 대한 선호

장기적 짝짓기가 성공하려면 협력적 유대 관계가 오랜 시간 지속되는 게 필요하다. 서로 비슷한 점이 많으면 감정적 유대, 협력, 의사 소통, 짝짓기의 행복, 결별 위험 감소로 이어지고, 자식의 생존 가능성까지 높아질 수 있다(Buss,

2003). 남자와 여자 모두 가치와 정치적 성향, 세계관, 지적 수준, 그리고 정도는 좀 덜하지만 성격까지 비슷한 배우자를 선호하는 경향이 강하다. 비슷한 점에 대한 선호는 실제 짝짓기 결정으로 연결되어, 서로 비슷하지 않은 사람들끼리보다 서로 비슷한 사람들끼리 사귀고(Wilson, Cousins, & Fink, 2006), 결혼하는(Buss, 1985) 경우가 더 많은 동류혼homogamy 현상을 낳는다. 외모에 따른 동류혼은 어린 시절에 이성 부모에게 느낀 '성적 각인'이 그 원인일 수 있다(Bereczkei, Gyuris, & Weisfeld, 2004). 흥미롭게도 아버지에게서 정서적 지원을 더 많이 받은 딸은 비슷하게 생긴 배우자를 선택할 가능성이 더 높았다. 마지막으로, 전반적인 '배우자 가치'에서도 강한 동류혼 현상이 나타나는데, '10점대'는 다른 '10점대'와 '6점대'는 다른 '6점대'와 맺어지는 경향이 강했다(Buss, 2003).

그 밖의 배우자 선호: 친절, 유머, 근친상간 회피, 목소리

여자의 욕구는 앞에서 논의한 것보다 훨씬 복잡하며, 매년 새로운 사실이 발견되고 있다. 그 중에서 주목할 만한 것 몇 가지를 아래에 소개한다.

여자는 장기적 배우자에게는 친절, 이타성, 관대함의 특성을 중요시한다(Barclay, 2010 ; Phillips et al., 2008). 37개 문화를 대상으로 한 조사에서는 장기적 배우자에게 바라는 속성 열세 가지 가운데 '친절하고 이해심이 넓은 성격'이 보편적으로 1위로 꼽혔다(Buss et al., 1990). 바클레이Barclay(2010)는 이타적 성향을 알려주는 단서의 유무에서만 차이가 나도록 장식 문안을 실험적으로 조작했다(예컨대 잠재적 배우자를 길게 묘사한 글에 "나는 다른 사람들을 돕는 걸 좋아합니다."와 같은 문구를 끼워 넣는 식으로). 여자들은 이타적 성향이 강한 남자를 장기적 배우자로 선호했다. 또 다른 연구에서는 여자들은 친절 행위가 자신과 자신의 친구와 가족을 향해 베풀어질 때에는 친절을 특별히 바람직한 속성으로 여기지만, 다른 여자와 같은 딴 표적에게 친절 행위가 베풀어질 때에는 잠재적 배우자의 친절 수준이 낮은 쪽으로 선호가 변한다는 사실이 발견되었다(Lukaszewski & Roney, 2010). 친절과 이타적 성향은 넉넉한 자원(Miller, 2007), 여자에게 자원을 제공하려는 의지(Buss, 1994b), 좋은 성격(Barclay, 2010), 양육을 잘하고 좋은 배우자 노릇을 할 속성(Buss & Shackelford, 2008 ; Tessman, 1995), 협력적이고 비용을 초래하지 않는 성향(Buss, 2010)이 있음을 나타낸다.

여자들은 유머 감각이 뛰어난 장기적 배우자를 분명히 선호한다(Buss & Barnes, 1986 ; Miller, 2000). 유머에는 많은 측면이 있는데, 그 중 두 가지는 유머 생산(위트가 넘치는 말을 하거나 농담을 하는 것)과 유머 감상(누가 유머를 던졌을 때 웃는 것)이다. 장기적 배우자를 찾을 때 여자는 유머를 잘 하는 남자를 선호하는 반면, 남자는 자신의 유머에 잘 반응하는 여자를 선호한다(Bressler, Martin, & Balshine, 2006). 여자가 배우자의 유머를 중요시하는 이유는 정확하게 무엇일까? 한 가지 가설은 유머가 뛰어난 창조성과 함께 복잡한 인지 기능이 돌연변이 부하에 손상을 입지 않고 잘 작동하는 것을 나타내기 때문에 '좋은 유전자'를 가졌음을 알려주는 표지(적합도 표지)라고 주장한다(Miller, 2000). 이 가설을 뒷받침하는 증거가 일부 있긴 하지만(Bressler et al., 2006), 추가 연구가 더 필요하다. 다른 연구는 유머가 사교 관계를 시작하고 유지하는 데 관심이 있음을 나타내는 용도로 쓰인다는 것을 시사한다(Li et al., 2009).

또 다른 종류의 선호들은 여자들이 배우자에게서 피하려고 하거나 참을 수 없는 것과 관련이 있다. 중요한 것 중 하나는 근친상간 회피이다. 유전적 친척과 생식을 하면 해로운 열성 유전자가 표현되어 건강에 문제가 많거나 지능이 낮은 자식이 태어나는 '근교 약세' 현상이 나타나는 것으로 알려져 있다. 사람에게는 남매끼리 열정적인 키스를 하거나 섹스를 한다는 생각에 혐오감을 느끼는 것처럼 근친상간을 회피하기 위한 강력한 기제가 있다는 증거가 점점 더 많이 쌓이고 있다(Fessler & Navarette, 2004 ; Lieberman, Tooby, & Cosmides, 2003). 형제자매와 함께 자라는 것은 근친상간 회피 적응을 작동시키는 핵심 단서가 된다(Lieberman, 2009 ; Lieberman, Tooby, & Cosmides, 2007). 이러한 근친상간 회피 기제는 남자보다 여자에게 더 강하게 나타나는데, 이것은 부모의 투자 이론과 맥이 닿는다—여자가 자식에 대한 부모의 투자에서 더 큰 부담을 떠안는다는 사실을 감안하면, 배우자를 잘못 선택하는 데서 떠안게 되는 비용은 남자보다 여자가 훨씬 크다. 실제로 여자가 잠재적 배우자를 고려할 때 '남매지간'은 "폭력 행사", "나와 사귈 때에도 정기적으로 다른 사람들과 섹스를 하는 것", "마약 중독"과 함께 관계를 청산하게 만드는 가장 강력한 요인이다(Burkett & Cosmides, 2006).

여러 연구는 여자가 잠재적 배우자의 낮은 목소리에 특별히 매력을 느낀다는 가설을 뒷받침한다(Evans, Neave, & Wakelin, 2006 ; Feinberg et al., 2005 ;

Puts, 2005). 왜 여자가 남자의 낮은 목소리에 매력을 느끼는지 설명하는 가설에는 낮은 목소리가 (1) 성적 성숙, (2) 큰 몸집, (3) 유전자의 우수한 질, (4) 지배적 성향, (5) 앞의 모든 것을 나타낸다는 것 등이 있다. 여자가 배우자를 선택할 때 목소리가 중요한 요소라는 증거로는 매력적인 목소리를 가진 남자가 성 경험 시기가 더 이르고, 섹스 파트너가 더 많으며, 불륜 상대로 여자들에게 더 자주 선택을 받는다는 사실 등에서 드러난다. 이러한 사실들은 여자들이 낮은 목소리를 가진 남자를 주로 일시적인 섹스 파트너로 선호한다는 직접적 증거와 함께 낮은 목소리에 대한 선호는 장기적 짝짓기보다는 단기적 짝짓기에서 더 중요하게 작용한다는 사실을 시사한다(Puts, 2005)(6장 참고).

여자의 배우자 선호에 미치는 맥락 효과

진화의 관점에서 본다면, 선호는 상황이나 조건과 상관 없이 맹목적으로 작용할 리가 없다. 사람이 특정 음식물(예컨대 잘 익은 과일)을 좋아하는 욕구가 상황(예컨대 배가 고픈지 부른지)에 따라 달라지는 것처럼 여자의 배우자 선호 역시 그때의 상황에 따라 일부 영향을 받는다. 지금까지 검토된 맥락은 배우자를 찾기 전에 여자가 이미 가지고 있던 자원의 양, 다른 여자의 존재, 짝짓기의 시간적 맥락(장기적 짝짓기 대 일시적 짝짓기), 여자의 배우자 가치 등 여러 가지가 있다.

여자의 개인적 자원이 배우자 선호에 미치는 효과
여자가 자원을 가진 남자를 선호하는 이유에 대해 진화심리학 이론이 제시하는 또 다른 설명이 있는데, 그것을 구조적 권력 결핍 가설이라 부른다(Buss & Barnes, 1986 ; Eagly & Wood, 1999). 이 견해에 따르면, 통상적으로 여자는 남자들이 지배하는 권력과 자원 접근에서 배제되기 때문에, 권력과 지위와 소득 능력이 있는 배우자를 추구한다. 여자가 결혼을 통해 높은 사회경제적 지위를 얻으려고 노력하는 이유는 그것이 자원에 접근할 수 있는 주요 통로를 제공하기 때문이다. 남자는 여자만큼 배우자의 경제적 자원을 중요시하지 않는데, 이미 그런 자원을 지배하고 있을 뿐만 아니라 여자는 가진 자원이 얼마 없기 때문이다.

서아프리카의 카메룬에 있는 바퀘리족 사회는 여자가 실질적인 권력을 쥐고 있을 때 어떤 일이 일어나는지 보여줌으로써 이 가설에 의문을 제기한다 (Ardener, Ardener, & Warmington, 1960). 바퀘리족 여자는 개인적으로나 경제적으로 큰 권력을 행사하는데, 남자보다 자원을 더 많이 가지고 있을 뿐만 아니라 남자에 비해 공급이 달리기 때문이다. 여자는 농장에서 직접 일을 하는 데서 자원을 얻을 뿐만 아니라 가끔 섹스를 통해서도 자원을 얻는데 이것은 꽤 두둑한 소득원이다. 남녀의 성비는 여자 100명당 남자 236명으로 남자가 압도적으로 많다. 이러한 불균형은 농장에서 일하기 위해 다른 지역에서 남자들이 계속 몰려오기 때문에 발생한다. 성비의 극심한 불균형 때문에 배우자를 선택할 때 여자가 상당한 주도권을 행사한다. 여자는 남자보다 돈도 더 많고, 선택할 수 있는 잠재적 배우자도 더 많다. 그런데도 바퀘리족 여자들은 여전히 자원을 가진 배우자를 선호한다. 아내들은 자기 남편에게서 지원을 충분히 받지 못한다고 불평하는 경우가 많다. 실제로 여자들이 가장 많이 언급하는 이혼 사유는 경제적 지원 부족이다. 바퀘리족 여자들은 돈을 더 많이 줄 수 있고 신부 값을 더 많이 지불하는 남자가 있다면 남편을 바꾼다. 여자는 남자에 대한 진화한 선호를 실행에 옮길 수 있는 위치에 있으면 그렇게 한다. 경제적 자원을 지배적으로 통제하는 상황에서도 이러한 배우자 선호가 사라지지 않는다는 게 분명하다.

미국에서 직업적으로나 경제적으로 성공한 여자들도 남자의 자원을 중요시한다. 기혼 부부를 대상으로 조사한 한 연구는 봉급과 소득을 기준으로 경제적으로 성공한 여자들을 확인한 뒤, 그들의 배우자 선호를 봉급과 소득이 낮은 여자들과 비교했다(Buss, 1989a). 경제적으로 성공한 여자들은 교육 수준이 높고, 전문 학위를 딴 경우가 많고, 자존심이 강했다. 성공한 여자들은 덜 성공한 여자들에 비해 전문 학위를 따고, 사회적 지위가 높고, 지능이 높고, 키가 크고, 독립적이고, 자신감이 넘치는 배우자에게 훨씬 높은 가치를 부여했다. 여자의 개인 소득은 이상적인 배우자에게 원하는 소득(+0.31), 대학을 졸업한 배우자에 대한 욕구(+0.29), 전문 학위를 딴 배우자에 대한 욕구(+0.35)와 양의 상관관계가 있었다. 구조적 권력 결핍 가설과 반대로 이 여자들은 경제적으로 덜 성공한 여자들보다 소득이 높은 남자에 대한 선호가 훨씬 강했다.

마이클 위더먼Michael Wiederman과 엘리자베스 앨가이어Elizabeth Allgeier는 별도의 연구에서 졸업한 뒤에 소득이 아주 높을 것으로 기대되는 여대생들은 소득이 그것보다 낮을 것으로 기대되는 여대생들보다 잠재적 남편의 재정적 전망을 훨씬 중요시했다. 의대나 법대 학생처럼 직업적으로 성공하는 여자들 역시 배우자의 소득 능력을 아주 중요시한다(Wiederman & Allgeier, 1992).

비교문화 연구에서는 여자가 경제적 자원에 개인적으로 접근할 수 있는 능력과 자원을 가진 배우자에 대한 선호 사이에 작지만 양의 상관관계가 있음이 일관되게 나타난다. 개인 광고를 통해 배우자를 찾는 에스파냐 여성 1670명을 대상으로 한 연구에서는 자원이 많고 지위가 높은 여자일수록 자원과 지위를 가진 남자를 추구하는 경향이 더 강하게 나타났다(Gil-Burmann, Pelaez, & Sanchez, 2002). 요르단인 288명을 대상으로 한 연구에서는 남녀 모두 사회경제적 지위가 높을수록 대학 졸업 학위와 야망과 근면성을 지닌 배우자를 원하는 경향이 더 강했다(Khallad, 2005). 세르비아인 127명을 대상으로 한 연구는 다음과 같이 결론내렸다 : "사회구조적 모형의 예측과는 반대로, 여자의 높은 지위는 잠재적 배우자의 잠재적 사회경제적 지위에 대한 관심과 양의 상관관계가 있다."(Todosijevic, Ljubinkovic, & Arancic, 2003, p. 116). 여성의 실질 소득이 미치는 효과를 연구하기 위해 여성 1851명을 대상으로 실시한 인터넷 조사는 "부유한 여자일수록 신체적 매력보다 나은 재정적 전망을 선호한다."는 사실을 발견했다(Moore et al., 2006, p. 201). 그 밖의 대규모 비교문화 연구들에서도 구조적 권력 결핍 가설(가끔 사회적 역할 이론이라고도 부르는)이 틀렸다는 결과가 계속 나오고 있다(Lippa, 2009 ; Schmitt et al, 2009). 종합하면, 이 연구 결과들은 구조적 권력 결핍 가설을 지지하는 데 실패했을 뿐만 아니라, 그 가설이 틀렸다는 반증을 직접적으로 제시한다.

매력적인 타인의 존재 효과: 배우자 모방

배우자 선택은 다른 사람들의 배우자 선택 결정에 영향을 받을 수 있다. 잠재적 배우자에게 매력을 느끼거나 배우자를 선택하는 행위가 다른 사람의 선호나 배우자 선택 결정에 영향을 받는 현상을 **배우자 모방**이라고 한다. 배우자 모방은 조류에서 어류에 이르기까지 다양한 종에서 이미 관찰되고 기록되었다(Dugatkin, 2000 ; Hill & Ryan, 2006). 지금은 사람들 사이에서도 관찰되고 기록되었다. 두 연구에서는 여자들은 혼자 서 있는 남자보다는 여자들에게 둘러싸여 있는 남자에게 더 매력을 느낀다는 사실이 밝혀졌다(Dunn & Doria, 2010 ; Hill & Buss, 2008a). 또 다른 두 연구에서는 평가 대상인 남자가 육체적 매력이 있는 여자와 함께 있을 때에만 배우자 모방 효과가 나타났다(Little et al., 2008 ; Waynforth, 2007). 다섯 번째 연구는 스피드데이팅 상황에서 비디오테이프로 녹화한 상호작용을 사용해 매력적인 여자와 짝을 이룬 남자의 효과를 재현하는 실험을 했는데, 비디오테이프에 나오는 여자가 남자에게 관심을 보일 때에만 배우자 모방 효과가 나타난다는 사실을 발견했다(Place et al., 2010). 만약 그 여자가 남자에게 관심을 보이지 않았다면, 아마도 여자들은 그것을 그 남자의 배우자 가치가 떨어진다는 증거로 해석했을 것이다. 종합하면, 이 연구들은 여자들이 어떤 남자가 배우자로 바람직한지 중요한 단서를 얻는 데 사회적 정보(이 경우에는 매력적이고 관심을 보이는 여자와 짝을 이룬 남자)를 사용한다는 사실을 알려준다.

여자의 배우자 선호에 미치는 시간적 맥락 효과

짝짓기 관계는 평생 동안 지속될 수도 있지만, 종종 짧게 끝나기도 한다. 단기적 짝짓기는 6장에서 자세히 다루겠지만, 여기서 여자의 선호가 시간적 맥락에 따라 변하는 것을 보여주는 발견들을 소개하는 것이 좋을 것 같다. 버스와 슈미트(1993)는 여대생들에게 단기적 배우자와 장기적 배우자의 특성 67가지에 대해 점수를 매기게 했다. 점수는 −3점(아주 바람직하지 못함)에서부터 +3점(아주 바람직함)까지 매길 수 있었다. 여자들은 다음 속성들은 단기적 섹스 상황에서보다 장기적 결혼 상황에서 더 바람직하다고 판단했다 : '야심적이고 직업 지향적'(평균 점수는 장기적 결혼 상황 2.45점 대 단기적 섹스 상황 1.04점), '대학 졸업'(2.38점 대 1.05점), '창조적'(1.90점 대 1.29점), '나에 대한 헌신'(2.80점 대 0.90점), '아이를 좋아하는 성격'(2.93점 대 1.21점), '친절'(2.88점 대 2.50점), '이해심'(2.93점 대 2.10점), '책임감'(2.75점 대 1.75점), '협력적'(2.41점 대 1.47점). 결혼 상대를 원하는지 일시적인 섹스 파트너를 원하는지에 따라 선호에 큰 차이가 나는 이 결과는 시간적 맥락이 여자에게 아주 중요하다는 것을 시사한다 (Schmitt & Buss, 1996).

또 다른 연구에서 조애나 샤이브Joanna Scheib(1997)는 남자 사진과 그 남자의 성격 특성을 글로 묘사한 문구를 함께 짝지은 자극을 준비했다. 문구들은 신뢰성, 충실성, 친절, 성숙, 인내심 등과 같은 특성을 강조했다. 이렇게 사진과 문구를 짝지은 것들을 이성애자 여자 160명에게 보여주었다. 여자들은 단기적 섹스 파트너를 선택할 때보다 잠재적 남편을 선택할 때 신뢰성, 친절, 성숙처럼 좋은 성격 특성을 가진 남자를 더 많이 선택하는 경향을 보였다. 장기적 결혼 상황에서 여자들은 외모보다 성격을 선택하는 경향을 보였다. 마찬가지로, 리와 켄릭(2006)은 여자들이 장기적 배우자에게서는 따뜻함과 신뢰성을 중요시하지만, 단기적 배우자에게서는 그다지 중요시하지 않는다는 사실을 발견했다.

여자의 배우자 가치가 배우자 선호에 미치는 효과

여자의 육체적 매력과 젊음은 자신의 배우자 가치, 즉 남자들이 생각하는 전반적인 바람직성의 두 가지 지표이다(5장 참고). 그 결과, 젊고 육체적 매력이 있는 여자들은 짝짓기 선택 기회가 더 많고, 따라서 선택을 할 때 까다롭게 굴 수 있다. 그런데 여자의 배우자 가치는 그 사람의 배우자 선호에 영향을 미칠까? 진화심리학자 앤서니 리틀Anthony Little과 그 동료들은 여자 71명에게 자신의 육체적 매력을 어떻게 생각하는지 스스로 평가하게 한 뒤, 남성성과 여성성의 차원에서 다양한 차이가 나는 남자들의 얼굴 사진을 보여주었다(Little et al., 2002). 여자가 스스로 매긴 매력 정도는 남성적인 얼굴에 매력을 느끼는 것과 밀접한 관계가 있었다 : 두 변수의 상관계수는 +0.32로 나타났다. 별개의 연구에서 연구자들은 자신이 육체적 매력이 있다고 생각하는 여자들은 대칭적인 남자 얼굴을 훨씬 선호한다는 사실을 발견했다(Feinberg et al., 2006). 중요한 대조 조건에서 여자 스스로 평가한 자신의 매력과 대칭적인 여자 얼굴에 대한 선호 사이에 그런 상관관계가 나타나지 않았다. 이 사실은 남자 얼굴에 대해 나타난 선호 변화는 일반적인 매력의 판단 때문이 아님을 시사한다. 그보다는 배우자 선택에 특별히 한해 나타나는 것으로 보인다.

캐나다, 미국, 크로아티아, 폴란드에서 개인 광고를 연구한 결과에서는 배우자 가치가 더 높은 여자들—더 젊고 육체적으로 더 매력적인 여자들—이 더 낮은 여자들보다 잠재적 배우자에게 원하는 특성을 더 많이 열거했다(Pawlowski & Dunbar, 1999a ; Waynforth & Dunbar, 1995). 브라질(Campos, Otta,

& Siqueira, 2002)과 일본(Oda, 2001)에서도 거의 똑같은 결과가 나왔다. 게다가 자신의 배우자 가치가 높다고 생각하는 여자들은 다양한 특성에 대해, 그 중에서도 특히 사회적 지위, 지능, 가족 지향에 대해, 장기적 배우자에게 원하는 최소 기준을 더 높이 잡는 경향을 보였다(Regan, 1998). 크로아티아에서 885명을 대상으로 한 연구에서는 자신의 육체적 매력을 높게 평가하는 여자들은 덜 매력적인 동료들에 비해 잠재적 배우자에게 원하는 교육 수준과 지능, 건강, 재정적 전망, 외모, 사회적 지위가 더 높은 것으로 나타났다(Tadinac & Hromatko, 2007). 미국에서 실시된 한 연구는 면접관들에게 107명의 여자를 대상으로 얼굴과 몸, 전반적인 매력을 평가하게 했다(Buss & Shackelford, 2008). 매력적인 여자들은 '좋은 유전자'의 표지로 여겨지는 남성성, 육체적 매력, 성적 매력, 체력 등에서 높은 수준을 원했다. 그들은 또한 배우자의 잠재적 소득, 아이를 좋아하는 성격처럼 좋은 부모의 속성, 배우자를 사랑하는 마음이 큰 것처럼 좋은 배우자의 표지 등에서도 높은 수준을 원했다. 독일에서 한 스피드데이팅 연구는 여자들이 실제로 선택한 배우자를 조사했다(Todd et al., 2007). 자신의 육체적 매력을 높이 평가하는 여자들은 실제로 전반적인 바람직성, 즉 재산과 지위, 가족 지향, 외모, 매력, 건강 등을 포괄하는 총체적인 점수가 높은 남자를 선택했다. 매력적인 여자들은 그 모든 것을 원하는 게 분명했다.

종합하면, 이 연구들은 모두 동일한 일반적 결론을 가리킨다 : 배우자 가치가 높은 여자들은 남성성, 대칭성, 남자를 바람직하게 만드는 모든 속성에 나타난, 배우자 가치가 높은 남자를 선호하고 찾는다.

■ 여자의 배우자 선호는 실제 짝짓기 행동에 어떤 영향을 미치는가

어떤 선호가 진화하려면, 그것이 실제 짝짓기 결정에 영향을 미쳐야 한다. 번식 결과를 낳는 것은 바로 그러한 결정이기 때문이다. 그러나 여러 가지 이유로 선호가 실제 짝짓기 행동과 **완전하게** 일치하지는 않는다. 사람들은 다양한 이유로 자신이 원하는 것을 늘 얻지는 못한다. 첫째, 아주 바람직한 잠재적 배우자는 제한돼 있다. 둘째, 자신의 배우자 가치 때문에 바람직한 배우자에게 접근하는 데 제약을 받는다. 일반적으로 가장 바람직한 여자만이 가장 바람직한 남자를 유혹할 수 있는 위치에 있으며, 그 반대도 마찬가지다. 셋째, 개인의 선호와는 상관 없이 종종 부모와 친척이 짝짓기 결정에 영향을 미친다. 이러한 요인에도 불구하고, 여자의 배우자 선호는 인류의 역사를 통해 때때로 실제 짝짓기 결정에 영향을 미친 게 분명하다. 그렇지 않았더라면 그것은 진화하지 않았을 것이다. 다음에 배우자 선호가 짝짓기 결정에 영향을 미친다는 것을 뒷받침하는 몇 가지 증거를 소개한다.

남자의 개인 광고에 대한 여자의 반응

한 가지 증거 자료는 남자들이 신문에 올린 개인 광고에 대한 여자들의 반응에서 얻을 수 있다. 만약 여자의 선호가 자신의 짝짓기 결정에 영향을 미친다면, 여자들은 자신이 경제적으로 부유하다고 암시하는 남자에게 더 많은 반응을 보일 것이라고 예측할 수 있다. 베이즈Baize와 슈뢰더Schroeder(1995)는 미국 서해안과 중서부의 두 신문에 실린 개인 광고 120건을 표본으로 사용해 이 예측을 검증했다. 두 사람은 광고를 올린 사람들에게 설문 조사지를 우편으로 보내 개인적 지위와 응답률, 성격 특성 등을 물었다.

광고에 대한 응답으로 남자가 받는 편지의 수를 유의미하게 예측하는 변수가 여러 가지 있었다. 첫째, **나이**는 유의미한 예측 인자인데, 여자들은 자신보다 어린 남자보다는 나이가 더 많은 남자에게 더 많은 응답을 보냈다($r = +0.43$). 둘째, **소득**과 **학력**도 유의미한 예측 인자인데, 여자들은 광고에서 봉급이 높다고 한 남자($r = +0.30$)와 학력이 높다고 한 남자($r = +0.37$)에게 더 많은 응답을 보냈다. 베이즈와 시로더는 팀 하딘Tim Hardin이 자신의 유명한 대중 가요에서 던진 질문을 인용하면서 유머러스하게 논문을 마무리지었다 : "만약 내가 목수이고 당신이 숙녀라면, 그래도 당신은 나와 결혼해 아기를 낳아주겠어요?" 누적된 연구 결과를 감안한다면, 그 답은 필시 "아니요."일 것이다.

폴란드에서도 551명의 남자가 올린 개인 광고에 대한 응답률을 조사한 연구에서 비슷한 결과가 나왔다(Pawlowski & Koziel, 2002). 학력이 높고, 나이가 약간 더 많고, 키가 더 크고, 더 많은 자원을 제시한 남자일수록 더 많은 응답을 받았다.

지위가 높은 남자와 결혼하는 여자

1910년에 수집한 미국 통계 자료에서 2만 1973명의 남자를 조사한 결과, 사회 경제적 지위가 높을수록 결혼에 성공할 확률이 더 높았다(Pollet & Nettle, 2007). 가난한 남자는 여자에게 매력적이지 못해 독신으로 사는 비율이 훨씬 높았는데, 필시 자원과 지위를 가진 남자를 원하는 여자의 욕구를 충족시키지 못한 때문일 것이다. 아프리카 케냐에 사는 킵시기스족을 연구한 결과에 따르면, 땅을 많이 소유한 남자는 아내를 맞이하는 비율이 더 높았고, 큰 부자는 아내를 여럿 맞이하는 비율이 더 높았다(Borgerhoff Mulder, 1990). 킵시기스족 여자들과 그 부모들은 자원을 가진 남자를 원하는 배우자 선호에 따라 행동한다. 사실, 일부 다처제 사회를 조사한 많은 연구에서는 남자의 지위가 높고 재산이 많을수록 아내를 여럿 거느릴 가능성이 더 높은 것으로 드러났다(Perusse, 1993 참고).

또 다른 증거 자료는 자신이 원하는 것을 가질 수 있는 위치에 있는 여자들—육체적 매력처럼 남자들이 배우자에게 원하는 속성을 가진 여자들—에게서 얻을 수 있다(5장 참고). 각각 별개로 진행된 세 건의 사회학 연구에서 연구자들은 육체적 매력이 있는 여자가 덜 매력적인 여자보다 사회적 지위가 높고 재산이 많은 남자와 더 많이 결혼한다는 사실을 발견했다(Elder, 1969 ; Taylor & Glenn, 1976 ; Udry & Ekland, 1984). 한 연구에서는 여자의 육체적 매력이 남편의 직업적 명성과 상관관계가 있는 것으로 드러났다(Taylor & Glenn, 1976). 다른 집단들에 대해서도 그 상관계수는 모두 +0.23에서 +0.37 사이의 양의 값으로 나타났다.

캘리포니아 주 버클리의 인간발달연구소에서는 종단적 연구(개인의 발달 과정을 측정할 때 일정한 집단 또는 개인을 시간에 따라서 연속적으로 측정하는 방법)를 실시했다(Elder, 1969). 연구자들은 그 당시 청소년이던 미혼 여성들을 대상으로 육체적 매력에 점수를 매겼다. 그리고 나서 그 여성들이 성인이 되어 결혼한 뒤까지 추적하여 남편의 직업 지위를 조사했고, 그 결과를 노동자 계급 출신 여성과 중산층 출신 여성으로 나누어 따로 분석했다. 청소년 시절에 여성이 지녔던 매력과 10년 뒤에 그 남편의 직업적 지위 사이의 상관계수는 노동자 계급 출신 여성의 경우에는 +0.46, 중산층 출신 여성의 경우에는 +0.35로 나타났다. 전체 표본에서 여성의 육체적 매력과 남편의 지위 사이의 상관관계는 +0.43으로, 출신 계급(+0.27)이나 IQ(+0.14) 같은 다른 변수보다 훨씬 강하게 나타났다. 요컨대 여자의 매력은 신분 상승의 중요한 방법으로 보인다. 자신이 원하는 것을 얻을 수 있는 위치에 있는 여자들은 자신이 가장 원하는 속성을 가진 남자를 선택하는 것으로 보인다.

나이가 더 많은 남자와 결혼하는 여자

여자의 실제 배우자 선택을 보여주는 또 하나의 자료원은 신랑과 신부의 나이차에 관한 인구통계학 자료에서 얻을 수 있다. 여자는 자신보다 나이가 좀더 많은 남자를 원한다고 한 가설을 떠올려보라. 구체적으로는 37개 문화를 조사한 국제적 연구에서 여자들은 평균적으로 자신보다 3.42세 많은 남자를 선호했다(Buss, 1989a). 실제 나이차에 관한 인구통계학 자료는 그 나라들 중 27개국에서 얻었다. 이 표본에서 신랑과 신부 사이의 실제 나이차는 2.99세로 드러났다. 모든 나라에서 평균적으로 신랑은 신부보다 나이가 더 많았는데, 나이차가 가장 적은 나라는 2.17세인 아일랜드였고, 가장 많은 나라는 4.92세인 그리스였다. 다시 말해서, 나이가 좀더 많은 남편에 대한 여자의 선호는 실제로 더 나이 많은 남자와 결혼하는 현실로 나타난다. 여자의 실제 짝짓기 결정은 그들의 드러난 선호와 잘 일치한다.

여자의 선호가 남자의 행동에 미치는 효과

여자의 배우자 선호가 실제로 효력이 있다는 또 하나의 증거는 그것이 남자의 행동에 미치는 효과에서 볼 수 있다. 성 선택론은 한 성의 배우자 선호가 반대 성의 배우자 경쟁 영역에 큰 영향을 미칠 것이라고 예측한다. 예를 들어 여자들이 자원의 가치를 높이 평가하면, 남자들은 배우자 경쟁에서 그러한 자원을 얻고 과시하려고 서로 경쟁할 것이다. 많은 연구에서 실제로 정확하게 그런 결과가 나왔다. 상대에게 매력적으로 보이기 위한 전술을 조사한 연구에 따르면, 남자들은 여자들보다 자원을 과시하고, 직업적 성공에 대해 이야기하고, 돈을 펑펑 쓰고, 비싼 차를 몰고, 자신의 업적을 자랑하는 경향이 더 강한 것으로 드러났다(Buss, 1988b ; Schmitt & Buss, 1996). 속임수 전술을 조사한 연구에서는 남자는 여자보다 자신의 지위, 명성, 소득을 부풀리는 경향이 더 강한 것으로 드러났다(Haselton et al., 2005).

온라인 데이팅 서비스를 사용해 5020명을 조사한 연구에서는 남자는 여

매력적인 여자를 보는 것만으로도 남자에게는 여자가 원하는 속성(자원, 야망 등)을 중요하게 여기는 심리적 과정들이 연쇄적으로 작동하면서, 자신이 그런 속성들을 가졌다고 이야기한다(그러한 연구의 자세한 내용은 본문 참고).

자보다 자신의 개인적 자산, 특히 소득과 학력을 부풀리는 경우가 더 많은 것으로 드러났다(Hall et al., 2010). 한 연구는 온라인 데이팅 프로필을 바탕으로 신청자들이 신체적 특징을 얼마나 속이는지 조사했는데, 프로필에 적힌 키와 몸무게를 연구자가 표준 줄자와 체중계로 직접 측정한 값과 비교했다(Toma, Hancock, & Ellison, 2008). 그 결과, 남자들은 자신의 키에 대해 거짓말을 더 많이 하는 것으로 드러났다. 종합하면, 이 연구들은 남자는 여자가 자원과 자원 획득과 관련이 있는 속성을 선호할 뿐만 아니라, 키가 큰 남자를 선호한다는 것까지 알고 있으며, 여자가 원하는 것을 구체적으로 보여주려는(혹은 그런 것을 가진 것처럼 보이려는) 행동을 취한다는 것을 시사한다.

로니Roney(2003)는 남자는 매력적인 여자를 보는 것만으로도 여자가 원하는 배우자의 속성을 나타내도록 설계된 인지적 적응이 작동할 것이라는 가설을 세웠다. 구체적으로는 젊은 여자를 보면 남자에게 다음과 같은 일이 일어날 것이라고 예측했다 : (1) 자신의 경제적 성공을 강조하는 빈도가 증가하고, (2) 야망이 더 커지고, (3) 여자가 원하는 것과 일치하는 방향으로 자기 소개를 할 것이다. 로니는 연구 목적을 숨기기 위해 이야기를 하나 꾸며냈다. 즉, 한 남자 집단에게 젊고 매력적인 모델들이 나오는 광고의 효과를 평가하게 하고, 다른 남자 집단에게는 늙고 덜 매력적인 모델들이 나오는 광고의 효과를 평가하게 했다. 남자들은 광고를 보고 나서 로니가 가설을 검증하기 위해 작성한 주요 질문들에 응답을 했다.

예를 들어 "당신이 원하는 직업/경력에 대해 다음 항목들이 얼마나 중요한지 평가해주세요."라는 질문이 있었다. 점수는 1점(전혀 중요하지 않음)에서 7점(아주 중요함) 사이에서 매길 수 있었다. 젊고 매력적인 여자를 본 남자들은

진화심리학

'높은 소득'에 5.09점을 준 반면, 늙고 덜 매력적인 여자를 본 남자들은 3.27점을 주어 놀랍도록 큰 효과 크기가 나타났다. '경제적 성공'의 중요성에 대한 질문에서도 비슷한 차이가 나타났다. 젊고 매력적인 여자를 본 남자들 중에서는 60%가 스스로를 '야망'이 있다고 답한 반면, 늙고 덜 매력적인 남자들 중에서는 9%만이 그렇다고 답했다. 또 다른 연구에서는 같은 방에 젊은 여자가 있는 것만으로도 남자가 물질적 부의 소유를 중요하게 여기는 경향이 커진다는 결과가 나왔다(Roney, 2003). 독립적으로 실시한 다른 연구들에서도 비슷한 효과가 발견되었다. 매력적인 여성 이미지로 '점화'시킨 남자들은 창조성, 독자성, 비동조성을 더 많이 나타내 다른 사람들과 차별성을 더 많이 드러냈다 (Griskevicius, Cialdini, & Kenrick, 2006 ; Griskevicius, Goldstein et al., 2006). 다시 말해서, 젊고 매력적인 여자를 보고서 짝짓기 동기가 '점화'되면, 남자에게 여자가 원하고 따라서 배우자 경쟁에서 승리하는 데 필요한 것을 중요시하고 과시하게 하는 연쇄적인 심리적 이동이 일어난다.

▪ 요약

우리는 이제 여자의 장기적 배우자 선호 수수께끼에 대해 개략적인 답을 얻었다. 현대 여성은 성공을 거둔 조상들로부터 어떤 남자와 짝짓기에 동의하는 게 유리한지 판단하는 지혜를 물려받았다. 무차별적으로 짝짓기를 한 여자 조상은 선택을 까다롭게 한 여자에 비해 번식 성공률이 낮았다. 장기적 배우자는 여자 조상에게 많은 자산을 가져다주었다. 적절한 자산을 가진 장기적 배우자를 선택하는 것은 분명히 아주 복잡한 노력이 필요한 일이다. 그 과정에는 특별한 선호가 여러 가지 관여하는데, 각각의 선호는 여자가 중요한 적응 문제를 해결하는 데 도움을 주는 특정 자원과 관련이 있다.

여자가 결혼 상대에게 자원을 원하는 것은 당연해 보인다. 자원은 늘 직접적으로 확인할 수 있는 것은 아니기 때문에, 여자의 배우자 선호는 자원을 소유하고 있을 가능성 혹은 미래에 획득할 가능성을 시사하는 속성에도 초점이 맞추어져 있다. 실제로 여자는 돈 그 자체보다는 자원으로 연결될 수 있는 속성, 예컨대 야망이나 지능, 더 많은 나이 같은 것에 더 큰 영향을 받을 수 있다.

여자는 이러한 개인적 속성을 자세히 살피는데, 그것이 그 남자의 잠재력을 보여주기 때문이다.

그러나 잠재력만으로는 충분하지 않다. 훌륭한 자원 잠재력을 가진 남자는 배우자를 선택하는 데 까다롭고, 때로는 일시적인 섹스로만 만족하기 때문에, 여자는 헌신이라는 문제에 맞닥뜨리게 된다. 사랑을 추구하는 것은 헌신 문제를 해결하는 한 가지 방법이다. 사랑의 행동은 실제로 그 남자가 한 여자에게 헌신하겠다는 증표와 같다.

그렇지만 남자의 사랑과 헌신을 얻었다 하더라도, 그 남자가 육체적 경쟁에서 다른 남자들에게 쉽게 진다면, 여자 조상에게 그 남자는 문제가 있는 자산이 될 수 있다. 신체적 능력과 용기가 모자라는 작고 약한 남자와 짝짓기를 한 여자는 다른 남자들에게 해를 입고 부부의 공동 자원을 잃을 위험에 처한다. 키가 크고 튼튼하고 운동 능력이 좋은 남자는 여자 조상에게 보호를 제공할 수 있었다. 그래서 여자 조상은 그런 남자를 선택하는 방법을 통해 외부의 침입에 대해 개인적 행복과 자식의 행복을 보호할 수 있었다. 현대 여성은 힘과 신체적 능력도 일부 고려해 남자를 선택함으로써 성공을 거둔 여자 조상들의 후손이다.

마지막으로, 만약 남편이 병에 걸리거나 죽는다면, 혹은 잘못된 짝을 고르는 바람에 상대가 효율적인 팀원으로서 제 역할을 못 한다면, 남자의 자원과 헌신과 보호가 여자에게 별 도움이 되지 않을 것이다. 여자가 남자의 건강을 중요시하는 것은 남편에게서 그러한 혜택을 장기간에 걸쳐 제공받길 원하기 때문이다. 그리고 여자가 비슷한 관심이나 특성을 가진 배우자를 추구하는 것은 그것이 충실성과 안전성을 보장하는 데 도움이 되기 때문이다. 따라서 현대 여성의 배우자 선호가 지닌 다양한 측면들은 수만 년 전에 여자 조상들이 맞닥뜨렸던 적응 문제들과 밀접한 관계가 있다.

여자의 선호는 고정되거나 불변의 것이 아니라, 다양한 맥락에 따라 적응적 방식으로 크게 변할 수 있다. 그러한 맥락으로는 자원에 대한 개인적 접근 능력, 시간적 맥락, 당사자의 배우자 가치, 어떤 남자에게 관심을 보이는 매력적인 여자의 존재 등이 있다. 선호는 또한 성적 지향의 차이에 따라 변한다(〈박스 4.1〉 참고). 구조적 권력 결핍 가설에 따르면, 개인적으로 자원에 접근할 기회가 많은 여자는 자원이 없는 여자만큼 배우자의 자원을 중요하게 여기지 않을 것으로 예상된다. 그러나 지금까지 나온 경험적 자료들은 이 가설을 지지하지 않는다. 실제로 소득이 높은 여자는 소득이 낮은 여자보다 오히려 잠재적 배우자의 소득과 학력을 더 중요시한다. 여자들은 또한 장기적 짝짓기와 단기적 짝짓기의 맥락에 따라 민감한 차이를 보인다. 구체적으로 말하면, 장기적 짝짓기 상황에서 여자들은 남자가 좋은 자원 공급자이자 아버지임을 보여주는 속성을 특별히 중시한다. 반면에 단기적 배우자에게는 그러한 속성을 그다지 중요하게 여기지 않는다. 배우자 모방이라 부르는 현상도 나타나는데, 여자들은 다른 여자와 함께 있는 남자를 더 매력적으로 여기는 경향이 있다. 특히 다른 여자가 육체적 매력이 있고 그 남자에게 관심을 보일수록 그런 경향이 더욱 강하게 나타난다. 객관적으로 매력이 있다는 평가를 받고 또 스스로도 그것을 인식하는 여자는 짝짓기 기준이 높으며, 그래서 더 근육질이고 대칭적이고 지위가 높고 매력적이고 건강하고 신체적으로 적합한 남자를 찾는다.

선호가 진화하려면 그것이 실제 짝짓기 행동에 반복적으로 영향을 미쳐야 한다. 물론 여자의 선호가 행동과 일대일 대응 관계를 보일 것이라고는 기대할 수 없다. 사람은 항상 자기가 원하는 것을 다 가질 수는 없다. 그럼에도 불구하고, 여러 방향의 연구는 여자의 선호가 실제 짝짓기 행동에 영향을 미친다는 개념을 뒷받침한다. 여자들은 경제적 지위가 높다고 암시하는 남자의 개인 광고에 더 많은 응답을 보낸다. 지위가 높고 자원이 많은 남자는 결혼할 가능성이 더 높다. 일부다처제 사회에서는 지위가 높은 남자가 아내를 여럿 거느릴 가능성이 더 높다. 반면에 가난한 남자는 독신으로 남을 가능성이 높다. 남자가 원하는 것(예컨대 육체적 매력)을 가진 여자는 원하는 것을 얻기에 유리한 위치에 있기 때문에, 배우자를 선택할 때에도 더 노골적인 태도를 보인다. 여러 연구에 따르면, 매력적인 여자는 실제로 소득과 직업 지위가 더 높은 남자와 결혼하는 경향이 있다. 인구통계학 자료는 또한 전 세계에서 여자들은 자신보다 나이가 더 많은 남자와 결혼하는 경향이 있는데, 이것은 그런 남자에 대한 선호와 정확하게 일치한다. 마지막으로, 여자의 선호는 남자의 행동에 큰 영향을 미친다. 상대에게 매력적으로 보이려는 전술에서 남자는 자신의 자산을 과시하고, 경쟁자를 가난하고 야망이 없다는 식으로 비방하는 경향이 여자보다 더 강하다. 게다가 온라인 데이팅 프로필에서 남자는 자신의 소득과 학력, 키를 과장하는 경향이 있다. 남자는 젊고 매력적인 여자를 보기만 해도 경제적

BOX 4.1

여성 동성애자의 성적 지향은 어떨까?

남자의 동성애 성향을 설명하려고 시도한 이론은 여러 가지가 있지만(5장 참고), 전체 여성 중 1~2%에게 나타나는 1차적 또는 배타적 여성 동성애 성향의 수수께끼를 설명하려는 노력은 사실상 전무했다(Bailey et al., 1997). 마이크 베일리 Mike Bailey, 프랭크 무스카렐라 Frank Muscarella, 제임스 댑스 James Dabbs를 비롯해 많은 이론가들이 지적한 것처럼, 동성애는 단일 현상이 아니다. 예를 들어 여성 동성애와 남성 동성애는 아주 다른 것으로 보인다. 남성의 성적 지향은 발달 과정에서 일찍 나타나는 경향이 있는 반면, 여성의 성은 전체 생애에 걸쳐 훨씬 유연하게 나타난다(Baumeister, 2000). 장래의 이론들은 현재 남성 동성애자와 여성 동성애자로 분류되는 사람들 안에서 크게 나타나는 개인적 차이에 주목할지도 모른다. 예를 들면, 같은 여성 동성애자라도 남자 역할을 하는 부치butch와 여자 역할을 하는 펨femme은 배우자 선호에서 아주 큰 차이를 보인다(Bailey et al., 1997 ; Bassett, Pearcey, & Dabbs, 2001). 부치는 더 남성적이고 지배적이고 자기 주장이 강한 반면, 펨은 더 민감하고 쾌활하고 여성적이다. 그 차이는 심리적인 것에 그치지 않는다. 부치는 펨에 비해 테스토스테론 분비 수치가 더 높고, 허리 대 엉덩이 비율이 남성에 더 가까우며, 캐주얼 섹스에 더 관대한 태도를 보이고, 아이를 갖고 싶은 욕구가 적다(Singh et al., 1999). 펨은 잠재적 연애 상대의 경제적 자원을 더 중시하며, 육체적으로 더 매력적인 경쟁자에게 성적 질투를 느낀다. 부치는 상대를 구할 때 경제적 자원을 그다지 중요시하지 않지만, 경제적으로 더 성공한 경쟁자에게 더 큰 질투를 느낀다. 심리학적, 형태학적, 호르몬적 상관관계는 부치와 펨이 단순히 임의적으로 붙인 이름이 아니라 실제로 개인적인 차이를 반영한 이름일지도 모른다는 것을 시사한다.

동성애 성향과 동성 간 성행위를 이해하고 설명하기 위해 이론적으로 그리고 경험적으로 많은 노력이 있었으나, 그 기원은 여전히 과학계의 수수께끼로 남아 있다. 동성애 성향을 가진 사람들 사이에 나타나는 큰 개인적 차이를 설명하는 것은 물론 남성 동성애자와 여성 동성애자를 둘 다 완전히 설명하는 단일 이론은 없다는 사실이 확립되면, 이 분야의 연구에 큰 진전이 일어날지 모른다.

최근의 한 연구에서는 동성애자 여성은 이성애자 여성에 비해 남자에게 신체적 학대와 성적 학대를 경험했다고 보고하는 비율이 더 높고, 원치 않는 성적 접촉을 비교적 이른 나이에(6세에서 15세 사이에) 경험한 것으로 밝혀졌다(Harrison et al., 2008). 이 연구 결과가 재현된다면, 이 발견은 왜 일부 여성이 동성 섹스 파트너를 선호하는지 설명하는 데 부분적으로 도움이 될지 모른다.

성공을 중요시하거나 야망이 커지는 것과 같은 심리적 연쇄 반응이 일어난다. 요컨대, 남자의 행동 중 일부는 여자가 배우자에게 원하는 속성에서 예측할 수 있다. 이렇게 축적된 연구를 바탕으로 여자의 배우자 선호는 자신의 짝짓기 행동과 남자의 짝짓기 전략에 실질적인 영향을 미친다고 결론내릴 수 있다.

추천 독서 목록

Buss, D. M. (2003). *The evolution of desire : Strategies of human mating* (rev. ed.). New York : Free Press.

Johnston, V. S., Hagel, R., Franklin, M., Fink, B., & Grammer, K. (2001). Male facial attractiveness : Evidence for hormone-mediated adaptive design. *Evolution and Human Behavior, 22,* 251-267.

Li, N. P., Griskevicius, V., Durante, K. M., Jonason, P. K., Pasisz, D. J., & Aumer, K. (2009). An evolutionary perspective on humor : Sexual selection or interest indication? *Personality and Social Psychology Bulletin, 35,* 923-936.

Lieberman, D. (2009). Rethinking the Taiwanese minor marriage data : Evidence the mind uses multiple kinship cues to regulate inbreeding avoidance : *Evolution and Human Behavior, 30,* 153-160.

Miller, G. (2001). *The mating mind.* New York : Anchor Books.

Place, S. S., Todd, P. M., Penke, L., & Asendorpf, J. B. (2010). Humans show mate copying after observing real mate choices. *Evolution and Human Behavior, 31,* 320-325.

Regan, P. C. (1998). Minimum mate selection standards as a function of perceived mate value, relationship context, and gender. *Journal of Psychology and Human Sexuality, 10,* 53-73.

Ronay, R., & von Hippel, W. (2010). The presence of an attractive woman elevates testosterone and physical risk taking in young men. *Social Psychological and Personality Science, 1,* 57-64.

Ronay, J. R., Hanson, K. N., Durante, K. M., & Maestripieri, D. (2006). Reading men's faces : Women's mate attractiveness judgments track men's testosterone and interest in infants. *Proceedings of the Royal Society, B, 273,* 2169-2175.

Schmitt, D. P., Youn, G., Bond, B., Brooks, S., Frye, H. et al. (2009). When will I feel love? The effects of culture, personality, and gender on the psychological tendency to love. *Journal of Research in Personality, 43*, 830-846.

Trivers, R. L. (1972). Parental investment and sexual selection. In B. Campbell (Ed.), *Sexual selection and the descent of man : 1871-1971* (pp. 136-179). Chicago : Aldine.

제5장

남자의 장기적 짝짓기 전략

::

왜 특별한 어떤 아가씨가 우리의 마음을 뒤흔들까?
— 윌리엄 제임스 William James (1890)

자연 선택이 남자에게 결혼을 하여 수 년 혹은 수십 년 동안 한 여자에게 투자를 하고 싶은 마음이 들게 하는 심리 기제를 만들어낸다면, 어떤 상황에서는 장기적 짝짓기에 적응적 이득이 있다고 가정하는 게 타당하다. 이 장에서는 남자의 장기적 짝짓기 전략의 논리와 증거를 살펴본다. 먼저 남자의 배우자 선호 진화에 관한 이론적 배경부터 살펴보고 나서 남자의 배우자 선호의 내용을 검토할 것이다. 그 다음에는 남자의 장기적 짝짓기 전략에 미치는 맥락 효과를 살펴본다.

남자의 배우자 선호 진화에 관한 이론적 배경

이 절에서는 두 가지 주제의 이론적 배경을 살펴본다. 첫 번째 주제는 남자는 왜 결혼을 하느냐 하는 것이다. 남자 조상들은 결혼에서 어떤 적응적 이득을 얻었을까? 두 번째 주제는 남자가 원하는 내용의 복잡성과 함께 자연 선택이 남자에게 빚어낸 특정 배우자 선호를 다룬다.

남자가 헌신과 결혼에서 얻을 수 있는 이득

남자는 왜 결혼을 하려고 할까 하는 수수께끼에 대한 한 가지 답은 여자들이 만든 기본 규칙에서 나온다. 많은 여자 조상은 섹스에 동의하기 전에 남자의 헌신을 보장하는 증표를 요구했을 게 분명하기 때문에, 그런 헌신을 보장하는 증표를 보여주지 못하는 남자는 여자의 관심을 끄는 데 실패했을 것이다.

결혼이 주는 또 한 가지 이득은 남자에게 매력을 느끼는 여자의 질이 높아지는 데 있다. 4장에서 보았듯이 장기적으로 자원과 보호와 아이에 대한 투자를 기꺼이 약속하는 남자는 여자들에게 매력적이기 때문에, 장기적으로 헌신하려는 남자는 선택할 수 있는 여자들의 범위가 더 넓다. 그런 남자는 바람직한 여자의 관심을 끄는데, 여자들은 대개 지속적인 헌신을 원하고, 매우 바람직한 여자는 자신이 원하는 것을 얻기에 아주 유리한 위치에 있기 때문이다.

세 번째 잠재적 이득은 여자가 낳는 아이의 친부일 확률이 높아지는 것이다. 결혼을 통해 남자는 반복적인 성적 접근—대개 배타적 성적 접근—기회를 얻는다. 이러한 반복적이거나 배타적인 성적 접근 기회를 얻지 못하는 남자는 자신이 아이의 친부라고 확신하기 어렵다. 따라서 결혼하는 남자는 친부의 확신이 증가하는 번식상의 이득을 얻는다.

네 번째 잠재적 이득으로는 아이의 생존 가능성 증가를 들 수 있다. 우리 조상이 살던 환경에서는 갓난아기와 어린아이는 양 부모와 친척에게서 지속적인 투자를 받지 못하면 죽기 쉬웠다(Hill & Hurtado, 1996). 오늘날에도 파라과이의 아체족 인디언 사이에서는 아버지의 투자 없이 자라는 아이의 사망률은 아버지가 살아 있는 아이에 비해 10% 이상 높다.

인류의 진화 역사를 통해 아버지의 투자 없이 살아남은 아이들은 아버지의 가르침과 정치적 동맹을 지원받지 못해 어려움을 겪었을 것이다. 왜냐하면, 이 두 가지 자산은 나중에 짝짓기 문제를 해결하는 데 도움이 되기 때문이다. 과거와 현재의 많은 문화에서 아버지는 아들과 딸을 위해 유리한 결혼을 성사시키는 데 큰 영향력을 행사했다.

남자는 결혼을 통해 지위가 상승하는 이득도 얻는다. 많은 문화에서 남자는 결혼하기 전에는 진정한 성인으로 인정받지 못한다. 또한 지위가 상승하면 자식을 위해 더 나은 자원을 확보하고 배우자를 추가로 얻을 기회를 포함해 다른 혜택들도 따른다(12장 참고). 남자는 결혼을 하면 아내의 가족을 통해 새로운 동맹 친구들에게 접근할 수 있으며, 이것은 번식과 관련된 혜택을 추가로 제공한다.

요약하면, 헌신적인 결혼 약속을 하는 남자에게 돌아가는 적응적 이득은 일곱 가지가 있다 : (1) 배우자의 관심을 끄는 데 성공할 가능성 증가, (2) 더 바람직한 배우자의 관심을 끄는 능력 증가, (3) 친부라는 확신 증가, (4) 아이의 생존 가능성 증가, (5) 아버지의 투자를 통한 자식의 번식 성공률 증가, (6) 사회적 지위 상승, (7) 새로운 동맹 추가.

여자의 생식력 또는 번식 가치를 평가하는 문제

남자 조상은 번식에 성공하려면 아이를 낳을 능력이 있는 여자와 결혼해야 했다. 많은 아이를 낳을 능력이 있는 여자는 아이를 적게 낳거나 전혀 낳지 못하는 여자에 비해 번식 자산에서 훨씬 유리했을 것이다. 남자는 여자의 번식 가치를 직접 관찰할 수가 없기 때문에, 자연 선택은 남자에게 번식 가치와 관련이 있는 속성에 대한 선호를 만들어냈을 것이다.

사람을 가장 가까운 영장류 친척인 침팬지와 비교해보면, 암컷이 자신의 생식적 지위를 알리는 데에서 놀라운 차이점이 드러난다. 암컷 침팬지는 임신을 할 수 있게 되면 발정기—배란이 일어나고 성적 수용성이 최대로 높아지는 시기—에 들어간다. 암컷은 발정기의 성적 수용성을 대개 생식기가 빨간색으로 변하면서 부풀어오르고, 수컷들이 흥분하는 냄새를 내뿜음으로써 널리 알린다. 침팬지들 사이의 성적 활동은 전부 다는 아니더라도 대부분 암컷이 임신하기 가장 쉬운 발정기에 일어난다.

사람은 아주 다른 형태의 짝짓기를 보여준다. 첫째, 여자의 배란은 상대적으로 숨겨져 있거나 알기가 어렵다. 암컷 침팬지와 달리 여자는 잠재적 수정을 위해 배란을 할 때 생식기가 부풀어오르는 현상이 나타나지 않는다. 둘째, 사람들 사이의 성적 활동은 여자의 배란 주기 전체에 걸쳐 일어난다. 침팬지와 달리 일반적으로 사람의 성적 활동은 여자가 임신하기 가장 쉬운 배란기에 집중되지 않는다.

이렇게 여자가 발정기를 널리 알리던 것에서 배란을 숨기는 쪽으로 짝짓기 행동에 변화가 일어나자 남자 조상들은 중요한 한 가지 적응 문제에 부닥치

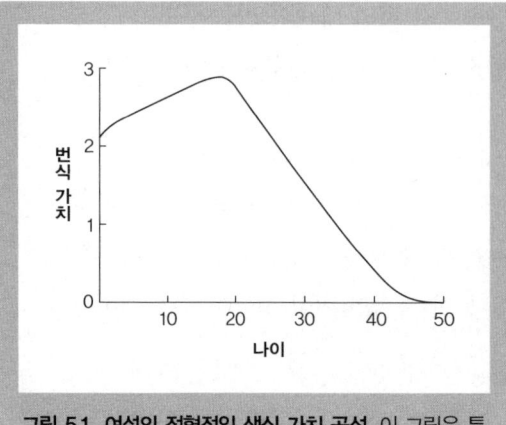

그림 5.1 여성의 전형적인 생식 가치 곡선. 이 그림은 특정 나이의 여자가 장래에 낳을 수 있는 아이의 수를 평균적으로 보여준다.

게 되었다. 배란이 일어난다는 것을 알리지 않는다면, 남자는 여자의 생식적 지위를 어떻게 구별할 수 있단 말인가? 다시 말해서, 여자가 배란을 감추게 되자, 전에는 여자가 언제 배란을 하는지 알아야 하는 문제였던 것이 이제는 어떤 여자가 아이를 임신할 수 있을까 하는 문제, 즉 여자의 번식 가치 또는 생식력을 판단해야 하는 문제로 변하게 되었다.

번식 가치reproductive value란 특정 나이와 성별인 사람이 장차 낳을 수 있는 아이의 수를 가리킨다. 예를 들어 15세인 여자는 30세인 여자보다 번식 가치가 더 높다. 평균적으로 젊은 여자는 나이가 더 많은 여자보다 장차 아이를 더 많이 낳을 가능성이 높기 때문이다. 물론 사람에 따라 이러한 평균에 도전하는 여자도 있을 것이다. 15세인 여자가 평생 아이를 갖지 않겠다고 결심할 수도 있고, 30세인 여자가 아이를 6명 더 가질 수도 있다. 핵심은 번식 가치가 특정 나이와 성별인 사람의 장래 **평균 기대 번식률**을 가리킨다는 것이다(〈그림 5.1〉 참고).

번식 가치는 **생식력**fertility하고는 다르다. 생식력은 실제 번식 결과로 정의되며, 실제로 낳은 생존 가능 자식의 수로 측정한다. 사람의 경우, 20대 후반 여성이 생존 가능성이 가장 높은 아이를 낳는 경향이 있으므로, 사람의 생식력은 20대 중반에 최고에 이른다고 말할 수 있다.

생식력과 번식 가치 사이의 차이는 15세 여자와 25세 여자를 비교하면 분명하게 설명할 수 있다. 번식 가치는 15세 여자가 더 높은데, 장래에 낳을 수 있는 아이가 더 많을 것으로 기대되기 때문이다. 이와는 대조적으로 생식력은 25세 여자가 더 높은데, 평균적으로 20대 중반의 여자가 10대 여자보다 아이를 더 많이 낳기 때문이다.

생식력이나 번식 가치를 파악하는 문제의 해결책은 얼핏 보기보다 훨씬 어렵다. 어떤 여자가 평생 동안 낳을 수 있는 아이의 숫자는 그 여자의 이마에 새겨져 있는 게 아니기 때문이다. 그녀의 사회적 평판에 암호화되어 있는 것도 아니다. 심지어 여자들도 자신의 번식 가치를 정확하게 모른다.

그러나 남자 조상들은 번식 가치와 **상관관계가 있는** 관찰 가능한 여자의 속성에 민감한 적응이 진화했을 것이다. 관찰 가능한 잠재적 단서 두 가지는 여자의 젊음과 건강이었을 것이다(Symons, 1979 ; Williams, 1975). 늙고 건강하지 못한 여자가 젊고 건강한 여자만큼 번식을 하지 못한다는 것은 분명하다. 그렇지만 정확하게 어떤 관찰 가능한 속성이 젊음과 건강을 알려줄까? 그리고 남자가 결혼 상대에게 원하는 것은 번식 능력에 과도하게 초점이 맞추어져 있을까?

■ 남자의 배우자 선호 내용

어떤 면에서 남자의 배우자 선호는 여자의 그것과 비슷하다. 여자와 마찬가지로 남자도 지능이 높고 친절하고 이해심이 많고 건강한 배우자를 원한다(Buss, 2003). 또한 여자와 마찬가지로 남자는 가치를 공유하고 태도와 성격, 신앙 등이 비슷한 배우자를 찾는다. 그러나 남자 조상들은 여자 조상들과는 다른 종류의 적응적 짝짓기 문제에 직면했기 때문에, 그 후손들은 그 해결책으로 다소 다른 종류의 배우자 선호를 가지고 있을 것으로 예상된다. 그러한 배우자 선호는 여자의 번식 지위를 알려주는 가장 강력한 단서로 시작하는데, 그것은 바로 나이이다.

젊음에 대한 선호

젊음은 중요한 단서가 되는데, 여자의 번식 가치는 20세를 지나면서부터 점차 감소하기 때문이다. 40세 무렵이 되면 여자의 번식 능력은 아주 낮아지며, 50세가 되면 사실상 0에 이른다. 남자의 배우자 선호는 바로 여기에 초점을 맞춘다. 미국에서 남자들은 한결같이 자신보다 어린 배우자에 대한 욕구를 드러낸다. 젊은 배우자에 대한 남자의 선호는 비단 서구 문화에만 국한된 것이 아니다. 인류학자 너폴리언 섀그넌Napoleon Chagnon은 아마존에 사는 야노마뫼족 인디언 남자들을 대상으로 성적으로 가장 매력을 느끼는 여자는 어떤 사람이냐는 질문을 했는데, 그들은 조금도 망설이지 않고 "모코 두데moko dude인 여자"라고 대답했다(Symons, 1989, pp. 34-35). 모코란 단어는 열매에 쓸 때에는 수확할 만큼 잘 익었다는 뜻이고, 사람에게 쓸 때에는 생식력이 있다는 뜻이다. 따라서 모코 두데는 열매를 가리킬 때에는 잘 익은 열매란 뜻이고, 여자를 가리킬 때에는 사춘기를 지났지만 아직 첫 아이를 낳지 않은 여자란 뜻이다.

나이지리아, 인도네시아, 이란, 인도 남자들도 비슷한 선호를 나타낸다. 국제적으로 배우자 선호를 조사한 37개 사회들에서도 하나도 예외 없이 남자들이 더 어린 아내를 선호하는 것으로 나타났다. 예를 들면, 23세의 나이지리아 남자들은 6.5세 더 어린, 즉 17세 미만의 아내를 선호했다(Buss, 1989a). 21.5세인 크로아티아 남자들은 19세 정도의 아내를 선호했다. 중국, 캐나다, 콜롬비아 남자들 역시 나이지리아와 크로아티아의 형제들과 마찬가지로 더 어린 여자를 강하게 선호했다. 평균적으로, 37개 문화의 남자들은 자신보다 2.5세쯤 어린 아내를 원했다(184쪽의 〈그림 4.5〉 참고). 흥미롭게도 한 시선 추적 연구에서는 남녀 모두 더 젊은 여자 얼굴을 쳐다볼 때 시선이 멈추는 횟수와 머무는 시간이 더 많은 결과가 나왔는데, 이것은 젊은 여자 얼굴에 '주의 고정'이 더 많이 일어난다는 것을 시사한다(Fink et al., 2008).

비록 남자들은 보편적으로 더 어린 여자를 아내로 선호하지만, 선호의 정도는 문화에 따라 다소 차이가 있다. 핀란드, 스웨덴, 노르웨이 같은 스칸디나비아 국가들에서는 남자들은 자신보다 겨우 한두 살 아래의 신부를 선호한다. 나이지리아 남자들은 6.5세, 잠비아 남자들은 7.5세 더 어린 신부를 선호한다. 일부다처제가 허용되는 나이지리아와 잠비아에서는 능력만 된다면 남자는 두 명 이상의 여자와 결혼할 수 있다. 일부다처제 사회의 남자는 자원을 충분히 모아 아내를 맞이할 무렵이 되면 통상적으로 일부일처제 사회의 남자에 비해 나이가 더 많기 때문에, 나이지리아와 잠비아 남자들이 큰 나이 차를 선호하는 이유 중 하나는 남자들이 나이를 많이 먹은 뒤에 결혼하기 때문일지 모른다.

신문의 개인 광고 사례들을 수집한 통계 자료를 비교 분석한 연구에서는 남자의 나이가 배우자 선호에 큰 영향을 미치는 것으로 드러났다. 남자는 나이가 들수록 점점 더 어린 여자를 배우자로 선호한다. 30대 남자는 5세쯤 어린 여자를 선호하지만, 50대 남자는 10~20세 어린 여자를 선호한다(Kenrick & Keefe, 1992)(〈그림 5.2〉 참고).

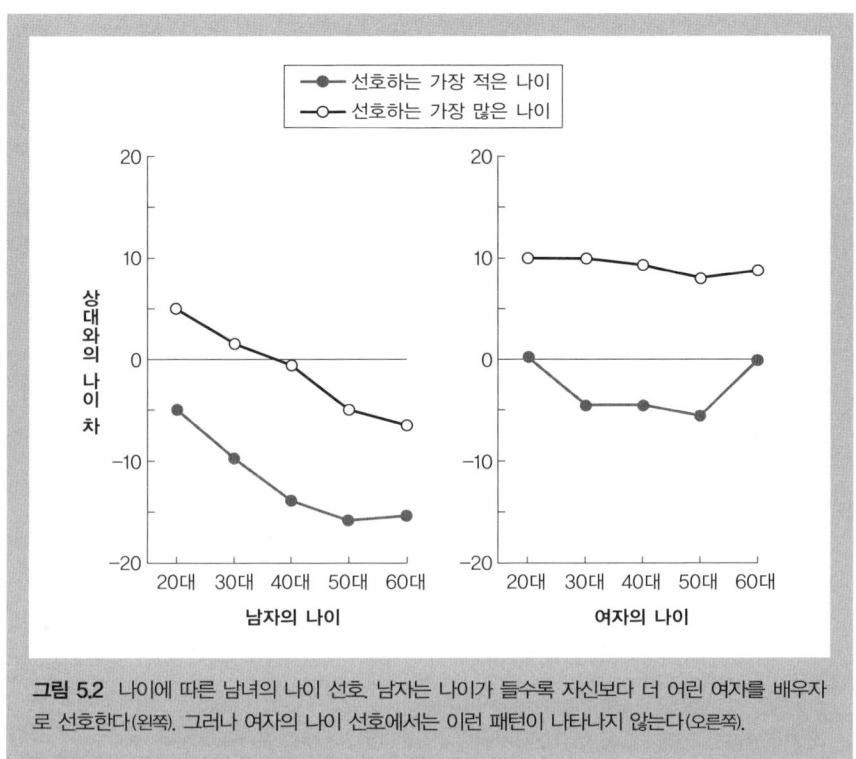

그림 5.2 나이에 따른 남녀의 나이 선호. 남자는 나이가 들수록 자신보다 더 어린 여자를 배우자로 선호한다(왼쪽). 그러나 여자의 나이 선호에서는 이런 패턴이 나타나지 않는다(오른쪽).

출처 : Kenrick, D. T., & Keefe, R. C. (1992). Age preferences in mates reflect sex differences in reproductive strategies. *Behavioral and Brain Sciences, 15*, 75-133. Reprinted with permission.

한 가지 진화 모형은 남자가 원하는 것은 젊음 자체가 아니라 번식 가치 또는 생식력과 관련된 여자의 특징이라고 예측한다. 이 관점은 남자 청소년의 나이 선호에 대해 직관에 반하는 예측을 낳는다. 즉, 10대 남자는 통상적으로 관찰되는 패턴과는 반대로 자신보다 나이가 **약간 더 많은** 여자를 선호할 것이라고 예측하는데, 나이가 약간 더 많은 여자가 같은 나이나 더 어린 여자보다 생식력이 더 높기 때문이다(Kenrick et al., 1996).

이 예측을 검증하기 위해 한 연구(Kenrick et al., 1996)는 12세부터 19세 사이의 10대 남자 103명과 여자 106명을 조사했다. 참여자들은 다음과 같은 지시를 받았다 : "자신이 어떤 유형의 사람을 매력적으로 느끼는지 잠깐 생각해보세요. 그 사람과 함께 데이트를 한다고 상상해보세요."(Kenrick et al., 1996, p. 1505)

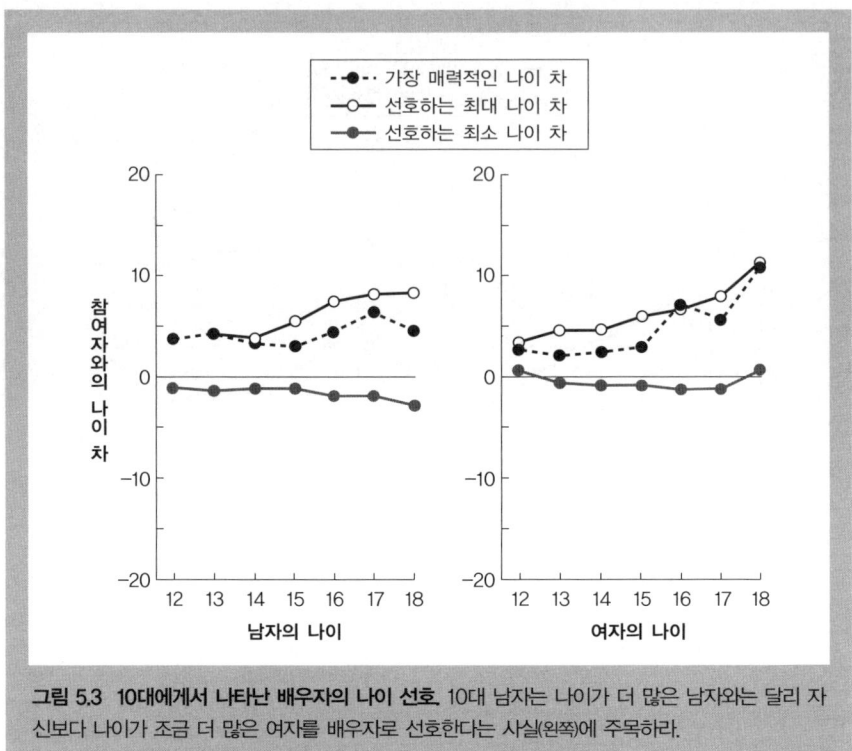

그림 5.3 10대에게서 나타난 배우자의 나이 선호. 10대 남자는 나이가 더 많은 남자와는 달리 자신보다 나이가 조금 더 많은 여자를 배우자로 선호한다는 사실(왼쪽)에 주목하라.

출처 : Kenrick, D. T., Keefe, R. C., Gabrielidis, C., & Cornelius, J. S. (1996). Adolescent's age preferences for dating partner : Support for an evolutionary model of life-history strategies. *Child Development, 67,* 1499-1511. Reprinted with permission.

　　그러고 나서 참여자가 생각하는 데이트 상대의 나이 한계를 물었다. 연구자는 "[당신과 나이가 같은] 사람과 데이트를 하겠습니까?"라는 질문을 던지고 나서 "[당신보다 한 살 아래인] 사람은 어떤가요?"라고 물었다. 만약 긍정적인 대답이 나오면 연구자는 나이를 계속 낮추면서 참여자가 상대의 나이가 너무 어리다고 대답할 때까지 같은 질문을 계속해나갔다. 그러고 나서 연구자는 참여자에게 데이트 상대로 받아들일 수 있는 최대 나이가 몇 살이냐고 물었다. 마지막으로, 데이트 상대로 "당신이 상상하는 가장 매력적인 사람"의 이상적인 나이를 물었다(Kenrick et al., 1996, p. 1505). 그 결과에서는 세 가지 변수가 나왔다: 이상적인 나이, 바람직한 데이트 상대의 최소 나이와 최대 나이. 그 결과가 〈그림 5.3〉에 나타나 있다.

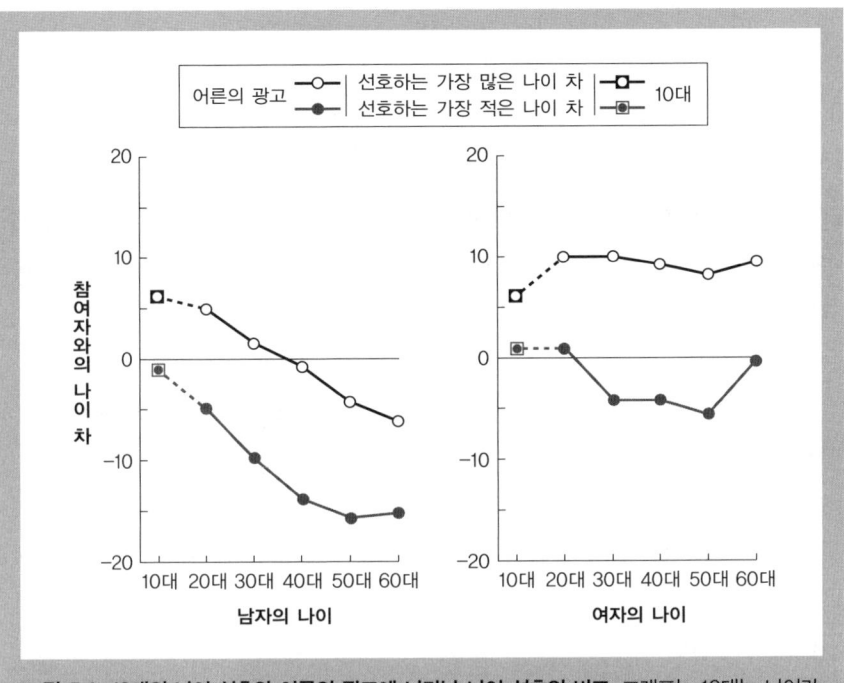

그림 5.4 10대의 나이 선호와 어른의 광고에 나타난 나이 선호의 비교. 그래프는 10대는 나이가 자신과 비슷한 배우자를 선호하는 경향이 있음을 보여준다. 나이가 들수록 남자는 점점 자신보다 더 어린 배우자를 선호하는 반면, 여자는 일관되게 몇 살 더 많은 배우자를 선호한다.

출처 : Kenrick, D. T., Keefe, R. C., Gabrielidis, C., & Cornelius, J. S. (1996). Adolescent's age preferences for dating partner : Support for an evolutionary model of life-history strategies. *Child Development, 67,* 1499-1511. Reprinted with permission.

비록 이 조사에 참여한 10대 남자들은 자신보다 나이가 약간 더 어린 여자와 데이트를 할 의향이 있긴 했지만, 나이가 조금 더 많은 여자와 데이트를 하려는 의향이 훨씬 강했다. '가장 매력적인' 나이 차에도 이런 경향이 반영돼 있는데, 남자 청소년은 평균적으로 자신보다 몇 살 위의 여자와 데이트를 하고 싶어했다. 흥미롭게도 나이가 좀더 많은 여자들은 어린 남자에게 별로 관심을 보이지 않는데도(〈그림 5.3〉의 두 번째 그래프) 이런 결과가 나왔다.

자신의 나이를 기준으로 남자가 선호하는 여자의 나이 패턴을 전체적으로 살펴보기 위해 모든 연령 집단의 자료를 모아 〈그림 5.4〉에서 보는 것과 같은 하나의 그래프로 만들었다. 이 그래프는 가장 어린 나이의 10대 남자는 자신보다 몇 살 더 많은 여자를 선호한다는 것을 분명하게 보여준다. 그러나 나이가 듦에 따라 남자는 점점 자신보다 어린 여자를 선호한다.

10대의 선호를 조사한 이 자료들은 여러 가지 대안 설명이 신빙성이 없음을 입증했다는 점에서 중요하다. 예를 들면, 남자가 젊은 여자를 원하는 이유에 대해 한 가지 설명은 젊은 여자는 나이 많은 여자보다 통제하기가 쉽고 지배적 성향이 덜하며, 남자는 자신이 통제할 수 있는 여자와 짝짓기를 하길 원한다고 이야기한다. 그러나 이것이 젊은 여자에 대한 남자의 선호를 설명하는 **유일한** 이유라면, 10대 남자도 자신보다 어린 여자를 선호해야 할 텐데 실제로는 그렇지 않다.

남자가 어린 여자를 선호하는 이유에 대해 또 다른 설명은 학습 이론을 바탕으로 한다. 여자는 자신보다 나이가 좀 많은 남자를 선호하는 경향이 있기 때문에, 남자는 자신보다 어린 여자와 데이트를 하는 데서 보상이나 강화를 더 많이 얻을 것이다. 그러나 이 강화 설명은 상대에 대한 관심이 상호간에 일어나는 일이 드문데도 나이가 많은 여자를 원하는 10대 남자의 선호를 제대로 설명하지 못한다.

이 결과들을 비교문화 연구 자료와 결합하면 다음과 같은 진화심리학적 설명을 강하게 지지한다 : 남자가 젊은 여자를 선호하는 이유는 긴 진화 시대 동안 젊음이 일관되게 생식력과 연관돼왔기 때문이다. 이 설명은 다른 이론들이 모두 설명하는 데 어려움을 겪는 두 가지 사실을 설명할 수 있다 : 첫째, 남자는 나이가 들수록 자신보다 어린 여자를 선호한다 ; 둘째, 10대 남자는 그런 관심에 대해 제대로 보상을 받는 경우가 드문데도 불구하고 자신보다 나이가 몇 살 더 많은 여자를 선호한다.

그러나 진화 가설로 설명되지 않는 중요한 현상이 있다. 남자는 나이가 들수록 장기적 배우자로 자신보다 더 어린 여자를 선호하지만, 나이가 많은 남자가 실제로 선호하는 배우자의 나이는 최대 생식력을 지난 경우가 많다. 예를 들면, 50세인 남자는 30대 중반의 여자를 선호한다(단기적 배우자로 선호하는 나이가 생식력이 절정인 시기인 것과는 아주 대조적으로―Buunk et al., 2001 참고). 생각해볼 수 있는 설명이 몇 가지 있다. 첫째, 나이가 많은 남자는 아주 젊은 여자를 유혹하는 데 현실적인 어려움이 있어 이들의 선호는 이상과 현실 사이의 타협이 반영된 결과일 수 있다(Buunk et al., 2001). 둘째, 많은 나이 차는 부부 간의 조화를 어렵게 하고, 결혼 생활에 갈등과 불안정을 더 많이 초래할 수 있다.

진화심리학

실제로 배우자 살해 비율은 부부 사이의 나이 차가 많을수록 증가한다(Daly & Wilson, 1988). 셋째, 오늘날의 결혼은 우리 조상이 하던 결혼하고는 다를 가능성이 높다. 오늘날의 결혼에서는 부부가 함께 시간을 많이 보내고, 부부가 한 팀을 이루어 사교 활동을 하고, 동료로서 행동한다. 수렵 채집인 집단을 관찰한 결과로 미루어 볼 때, 조상의 결혼 생활은 노동의 분담이 분명하여 여자들은 아이들과 다른 여자들과 함께 대부분의 시간을 보내고, 남자들은 사냥을 하거나 다른 남자들과 시간을 보냈을 것이다. 따라서 현대의 결혼 생활에서 부부 간의 유사성과 조화를 제대로 살리려면, 나이에 대한 선호가 최대 생식력을 넘어서는 쪽으로 옮겨갔을 가능성이 있다. 이 설명 중 어떤 것이 혹은 어떤 것들의 조합이 옳은지는 장래의 연구를 기다려야 할 것이다.

육체적 미에 대한 진화한 기준

진화의 논리는 미의 보편적 기준에 대해 훨씬 강력한 예측들을 낳는다. 매력적인 경치에 대한 우리의 기준에 우리 조상들이 살던 사바나 서식지를 닮은 물과 사냥 동물, 피난처 같은 단서가 포함되는 것처럼(Orians & Heerwagen, 1992) 여성의 미에 대한 우리의 기준에는 여자의 번식 가치를 알려주는 단서가 포함된다. 미는 보는 사람의 **적응**에 포함돼 있다(Symons, 1995).

여자의 번식 가치를 알려주는 증거 중에서 우리 조상들이 접근할 수 있었던 관찰 가능한 증거는 두 종류가 있었다 : (1) 두툼한 입술, 깨끗한 피부, 부드러운 피부, 맑은 눈, 윤기가 흐르는 머리카락, 근육 긴장도, 체지방 분포 같은 **신체적 외관의 특징**, (2) 젊음과 기운이 넘치는 걸음걸이, 활기찬 얼굴 표정, 넘치는 에너지 같은 **행동의 특징**. 젊음과 건강, 따라서 생식력과 번식 가치를 알려주는 이러한 신체적 단서는 남자들이 여성의 미를 판단하는 핵심 요소로 가정돼 왔다(Symons, 1979, 1995)(〈그림 5.5〉 참고).

심리학자 클렐런드 포드Clelland Ford와 프랭크 비치Frank Beach는 미의 진화 이론과 일치하는 보편적 단서를 여러 가지 발견했다(1951). 깨끗하고 부드러운 피부와 같은 젊음의 징후, 상처나 병변이 없는 것 같은 건강의 징후는 보편적으로 매력적인 것으로 간주된다. 나쁜 건강이나 늙은 나이와 관련이 있는 단서는 덜 매력적인 것으로 간주된다. 나쁜 안색은 항상 매력이 없는 것으로 간주된다. 버짐, 얼굴 손상, 불결함은 보편적으로 바람직하지 않다. 병에 전혀

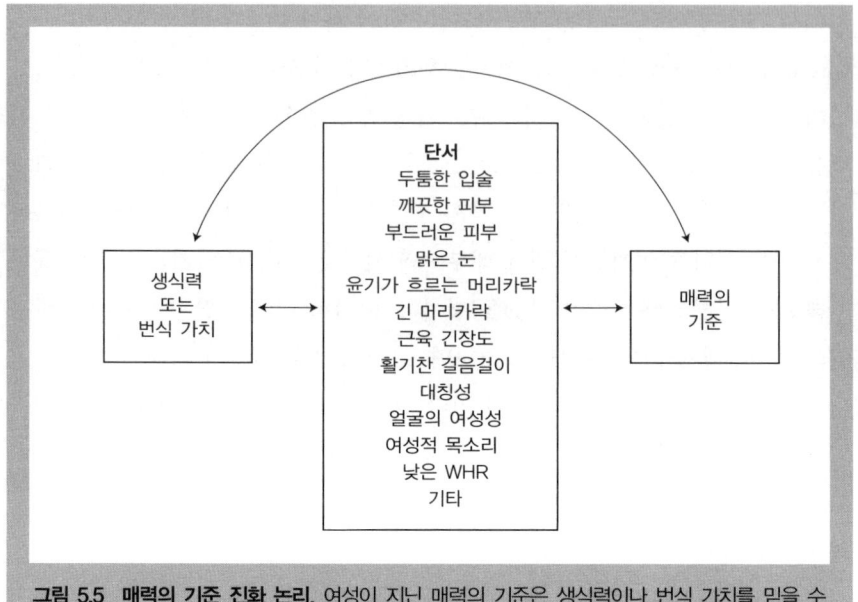

단서
두툼한 입술
깨끗한 피부
부드러운 피부
맑은 눈
윤기가 흐르는 머리카락
긴 머리카락
근육 긴장도
활기찬 걸음걸이
대칭성
얼굴의 여성성
여성적 목소리
낮은 WHR
기타

생식력
또는
번식 가치

매력의
기준

그림 5.5 매력의 기준 진화 논리. 여성이 지닌 매력의 기준은 생식력이나 번식 가치를 믿을 수 있게 알려주는, 관찰 가능한 단서를 포함하도록 진화한 것으로 가정된다.

걸리지 않은 것은 보편적으로 매력이 있어 보인다.

인류학자 브로니스와프 말리노프스키Bronisław Malinowski는 멜라네시아 북서쪽에 위치한 트로브리안드 제도 주민 사이에서 "상처, 궤양, 피부 발진은 성적 접촉의 관점에서는 자연히 특별한 혐오감을 일으키는 것으로 간주된다." 라고 보고했다(Malinowski, 1929, p. 244). 이와는 대조적으로 미의 "필수 조건" 은 "건강, 머리카락의 튼튼한 성장, 건강한 치아, 부드러운 피부" 등이다. 이곳 주민들은 특히 맑고 반짝이는 눈, 얇거나 야윈 입술 대신에 두툼하고 잘생긴 입술 같은 특징을 중요하게 여긴다.

젊음과 건강을 알려주는 또 다른 단서는 **모발의 길이와 질**이다. 한 연구에 서는 다양한 공공 장소에서 여자 230명을 대상으로 나이와 주관적인 건강 상 태, 이성 관계 상태 등을 묻고, 모발의 길이와 질을 측정했다(Hinsz, Matz, & Patience, 2001). 모발의 길이와 질은 젊음을 알려주는 강력한 단서였다 : 젊은 여자일수록 모발이 더 길고 질도 더 좋았다. 게다가 모발의 질을 평가한 관찰 자의 판단도 여자들이 자신의 건강을 주관적으로 판단한 것과 양의 상관관계

진화심리학

를 나타냈다.

연구들은 매력을 판단하는 데 **피부의 질**이 특히 중요하다는 사실을 확인했다. 피부의 질은 여자의 나이에 대한 단서와 살아온 동안의 건강에 대해 부분적 기록을 제공한다(Sugiyama, 2005). 흠집 없이 깨끗한 피부는 기생충이 없고, 발달하는 동안 피부를 손상시키는 질병도 없었고, 질병에 대한 저항력이 강하며 병에 감염되지 않고 쉽게 낫는 '좋은 유전자'를 갖고 있음을 시사한다(Singh & Bronstad, 1997). 연구 결과들에서는 피부의 질이 실제로 지각된 얼굴의 매력과 연관 관계가 있는 것으로 드러났다(Fink & Neave, 2005). 얼룩이 없고 피부색이 균일한 여자의 얼굴은 매력도에서 더 높은 점수를 받고, 더 젊은 것으로 인식된다(Fink, Grammer, & Matts, 2006 ; Fink et al., 2008). 게다가 얼굴 피부의 혈색이 좋으면 건강하다는 느낌을 주는데, 어떤 여자의 얼굴에서는 '광채가 나는' 듯한 주관적 느낌을 받기까지 한다(Stephen et al., 2009). 이것은 일부 여자들이 화장을 할 때 볼연지를 사용하는 이유를 설명할 수 있는데, 볼연지의 붉은색이 건강과 생기의 느낌을 살려주기 때문이다.

얼굴의 여성성은 매력을 알려주는 또 하나의 단서이다(Gangestad & Scheyd, 2005). 얼굴의 여성성에는 두툼한 입술, 비교적 큰 눈, 얇은 턱, 작은 턱, 높은 광대뼈, 입과 턱 사이의 짧은 거리 같은 단서가 포함된다. 얼굴의 여성성이 번식 가치를 나타내는 지표가 될 수 있는 이유는 두 가지가 있다. 첫째, 여자는 나이를 먹을수록 얼굴 특징에서 여성성이 줄어든다. 둘째, 얼굴의 여성성은 생식력과 상관관계가 있는 난포 호르몬인 에스트로겐의 높은 수치와 관련이 있다(Schaefer et al., 2006). 메타분석에서는 얼굴의 여성성이 여자의 매력을 알려주는 매우 강력한 단서로 드러났다(Rhodes, 2006). 그런 여자는 여성적인 목소리—상대적으로 높은 음의—도 더 매력적인 것으로 나타났다(Collins & Missing, 2003 ; Feinberg et al., 2005).

얼굴의 대칭성도 여자의 매력과 상관관계가 있는 요소이다(Gangestad & Scheyd, 2005 ; Rhodes, 2006). 4장에서 대칭성은 발달 과정의 안정성을 알려주는 단서이자, '좋은 유전자'와 환경의 공격에 잘 견뎌내는 능력의 단서로 가정된다고 한 이야기가 기억날지 모르겠다. 대칭적인 여자 얼굴은 실제로 덜 대칭적인 얼굴에 비해 더 건강하다는 평가를 받는다(Fink et al., 2008). 얼굴의 대칭성은 매력의 판단과 양의 상관관계가 있지만, 그 정도는 얼굴의 여성성보다는 약하다(Rhodes, 2006).

　얼굴의 평균성도 매력과 관련이 있는 속성이지만, 이것은 직관에 반하는 것으로 보일 수 있다. 연구자들은 얼굴들을 서로 합쳐서 새로운 얼굴을 만드는 방식으로 컴퓨터로 복합적인 사람 얼굴들을 합성했다(Langlois & Roggman, 1990). 새로운 얼굴들은 그것을 만든 개별적인 얼굴의 수—4개, 8개, 16개, 32개 등—에서 차이가 났다. 복합적인 얼굴들—개별적인 얼굴들의 평균—은 개별적인 얼굴들보다 더 매력적이라는 평가를 받았다. 복합 얼굴을 만드는 데 사용된 얼굴의 수가 많을수록 복합 얼굴은 더 매력적이라는 평가를 받았다. 평균적인 얼굴이 왜 더 매력적으로 보이는지 설명하기 위해 두 가지 경쟁 가설이 나왔다. 첫째, 사람들은 처리하기 쉬운 것에 대해 일반화된 인지적 선호를 보이는데, 평균적인 원형과 일치하는 자극은 처리하기가 더 쉬울 수 있다. 실제로 사람들은 개별적인 물고기나 새, 자동차보다 평균적인 물고기나 새, 자동차의 이미지를 더 매력적으로 느낀다(Rhodes, 2006). 둘째, 평균성은 유전자 또는 표현형의 질을 나타내는 표지일지 모른다(Gangestad & Scheyd, 2005). 평균에서 벗어나는 것은 질병이나 돌연변이 같은 환경의 공격을 받았다는 단서가 될 수 있다.

　다리 길이, 특히 상체 길이에 비해 긴 다리는 건강과 생체역학적 효율을 알려주는 단서라고 가정돼왔다(Sorokowski & Pawlowski, 2008). 전체 키는 일정하게 유지하면서 다리 길이만 변화시킨 실루엣 자극을 사용한 연구에서 사람들은 평균보다 5% 정도 긴 다리를 가진 여자를 가장 매력적으로 느끼는 것으로 나타났다(Sorokowski & Pawlowski, 2008). 다른 연구들에서도 남녀 모두 비교적 긴 다리를 가진 여자를 더 매력적으로 느낀다는 사실이 확인되었다(Bertamini & Bennett, 2009 ; Swami, Einon, & Furnham, 2006). 일부 여자들이 굽이 높은 구두를 신는 이유는 이 때문일 것이다—높은 굽이 다리를 더 길어 보이게 해주니까. 중국인 9998명을 조사한 연구에서 다리가 긴 여자일수록 자식을 더 많이 낳는다는 흥미로운 결과가 나왔는데, 이런 경향은 사회경제적 배경이 낮은 여자들 사이에서 특히 강하게 나타났다(Fielding et al., 2008).

미의 기준은 일찍부터 나타난다. 매력을 다룬 전통적인 심리학 이론들은 대부분 매력의 기준이 문화적 전파를 통해 점진적으로 학습되기 때문에 3~4세 혹은 그 후에야 분명하게 나타난다고 가정했다(Berscheid & Walster, 1974 ; Langlois et al., 1987). 그러나 심리학자 주디스 랑루아Judith Langlois와 그 동료들은 얼굴에 대한 아이의 사회적 반응을 연구해 이러한 통념을 뒤집었다(Langlois, Roggman, & Reiser-Danner, 1990).

어른들에게 백인 여성과 흑인 여성의 컬러 슬라이드를 보여주면서 각자의 매력을 평가하게 했다. 그리고 나서 생후 2~3개월에서 6~8개월 사이의 아이들에게 그 얼굴들 중 매력에서 차이가 나는 한 쌍의 얼굴을 보여주었다. 그랬더니 나이가 더 적은 아이나 더 많은 아이나 모두 매력적인 얼굴을 더 오래 응시했는데, 이 결과는 미의 기준이 일찍부터 나타난다는 것을 시사한다. 두 번째 연구에서는 생후 12개월의 아이들이 얼굴이 매력적인 인형을 가지고 노는 시간이 덜 매력적인 인형을 가지고 노는 시간보다 훨씬 긴 것으로 나타났다. 이 증거는 매력의 기준이 현재의 문화적 모델을 점진적으로 접함으로써 학습된다는 상식적 견해에 의문을 제기한다.

미의 기준은 모든 문화에서 일관되게 나타난다. 미의 구성 요소는 임의적이거나 문화에 구속받지 않는다. 심리학자 마이클 커닝햄Michael Cunningham은 인종이 서로 다른 사람들에게 아시아인, 히스패닉, 흑인, 백인 여성의 사진을 보여주면서 얼굴의 매력을 평가하게 했는데, 누가 매력적이고 매력적이지 않은지에 대해 놀랍도록 일치된 답변을 얻었다(Cunningham et al., 1995). 사진의 매력도를 평가하는 데에서 나타난 인종 집단들 사이의 평균적인 상관계수는 +0.93이었다. 같은 연구자들이 실시한 두 번째 연구에서 타이완 사람들이 매력도를 평가한 평균 점수도 다른 집단들과 일치하는 결과가 나왔다($r = +0.91$). 두 연구에서 서양 매체에 노출된 정도는 매력도를 판단하는 데 전혀 영향을 미치지 않았다. 세 번째 연구에서 흑인과 백인은 놀랍도록 일치된 견해를 보였다($r = +0.94$). 일치된 견해는 중국, 인도, 영국 주민 사이 ; 남아프리카공화국과 북아메리카 주민 사이 ; 미국의 백인과 흑인 사이 ; 러시아인과 아체족 인디언과 미국인 사이에서도 나타났다(Cross & Cross, 1971 ; Jackson, 1992 ; Jones, 1996 ; Morse, Gruzen, & Reis, 1976 ; Thakerar & Iwawaki, 1979).

미와 뇌. 진화심리학자들은 심리 기제와 특정 뇌 회로 사이의 연결 관계를 확인하는 데 신경과학 기술을 사용하기 시작했다. 과학자 잇작 아런Itzhak Aharon 과 낸시 에트코프Nancy Etcoff와 그 동료들은 기능적 자기공명영상(fMRI)이라 는 새 기술을 이용해 다양한 이미지의 '보상 가치'를 확인하려고 했다(Aharon et al., 2001). 이성애자 남성 참여자들에게 매력도에서 차이가 나는(이전에 다른 사람들이 평가한) 네 집단의 얼굴들을 보여주었다. 네 집단은 매력적인 여성, 평 균적인 여성, 매력적인 남성, 평균적인 남성으로 이루어져 있었다. 참여자들이 이 이미지들을 보는 동안 뇌의 여섯 지역을 촬영했더니, 놀라운 결과가 나타났 다. 남자들이 매력적인 여성 얼굴을 바라볼 때에는 중격의지핵 영역이 특별히 활성화되었다. 중격의지핵은 기본적인 보상 회로로 알려져 있다─즉, 많은 연 구를 통해 뇌의 쾌락 중추라는 것이 확인되었다. 남자들이 평균적인 여성 얼굴 이나 남성 얼굴을 볼 때에는 뇌의 이 보상 회로가 활성화되지 않았다. 요컨대, 아름다운 여성 얼굴은 남자에게 심리학적으로나 신경학적으로 특별한 보상을 준다. 이 놀라운 발견은 그 동안 심리학적으로나 행동학적으로 잘 관찰되고 기 록된 짝짓기 적응들의 특별한 신경학적 기반을 확인하는 길로 한 발 더 나아가 게 해주었다.

체지방, 허리 대 엉덩이 비율, 체질량 지수

얼굴의 아름다움은 전체 그림 중 일부에 지나지 않는다. 나머지 신체 특징들도 여자의 번식 능력에 대해 단서를 제공할지 모른다. 여자의 육체적 매력에 대한 기준은 문화에 따라 다소 차이가 있다. 문화적으로 차이가 가장 많이 나는 미 의 기준은 마른 체형과 풍만한 체형에 대한 선호처럼 보이는데, 그것은 그러한 체형이 연상시키는 사회적 지위와 관계가 있다. 오스트레일리아의 오지에서 살아가는 사람들처럼 식량이 부족한 문화에서는 풍만한 체형이 부와 건강과 발달 시기의 충분한 영양 섭취를 나타낸다(Rosenblatt, 1974). 실제로 케냐, 우간 다, 적도 지역의 일부 지역처럼 식량 부족이 보편적인 생태계에서는 남자들이 더 뚱뚱하고 체지방이 많은 여자를 선호한다(Sugiyama, 2005). 같은 문화에서 도 경제적으로 힘든 시기(Pettijohn & Jungeberg, 2004)나 굶주리는 시기 (Pettijohn, Sacco, & Yerkes), 가난하다고 느낄 때(Nelson & Morrison, 2005)에는 남자들이 뚱뚱한 여자를 선호한다. 미국과 많은 서유럽 국가처럼 식량이 비교 적 풍부한 문화에서는 풍만함과 지위 사이의 관계가 역전되어 부자들은 마른

진화심리학

체형이 많다(Symons, 1979). 따라서 "몸무게 선호는 문화와 시대에 따라 차이가 나지만, 예측 가능한 방식으로 차이가 나는데,"(Sugiyama, 2005, p. 318) 이것은 맥락 의존적 적응이 일어남을 시사한다.

풍만한 체형과 마른 체형의 바람직성에 대한 미국인 남녀의 생각을 조사한 한 연구에서 흥미로운 사실이 드러났다(Rozon & Fallon, 1988). 아주 마른 체형에서 아주 풍만한 체형까지 다양한 체형을 가진 여자 9명의 그림을 남녀에게 보여주었다. 그런 다음, 여자들에게 자신이 이상적으로 생각하는 몸매를 가리키게 하고, 또 남자들이 이상적으로 여기는 몸매는 어떤 것이라고 생각하는지 물었다. 두 경우 모두 여자들은 평균보다 마른 체형을 골랐다. 그러나 남자들에게 이상적인 몸매를 가진 여성을 고르라고 하자, 남자들은 정확하게 평균적인 체형을 골랐다. 따라서 미국 여자들이 남자들이 원할 것이라고 생각하는 몸매는, 실제로 남자들이 원하는 몸매보다 더 마른 것이다. 세계 각지의 10개 지역, 26개 문화에서 7434명을 대상으로 한 연구에서도 같은 패턴이 나타났다—거의 예외 없이 남자들은 남자들이 좋아할 것이라고 여자들이 생각하는 체형보다 몸무게가 더 나가는 체형을 선호했다(Swami et al., 2010).

심리학자 데벤드라 싱은 보편적인 것처럼 보이는 체형에 대한 선호를 한 가지 발견했다. 그것은 바로 여자의 특정 허리 대 엉덩이 비율에 대한 선호이다(Singh, 1993 ; Singh & Young, 1995). 사춘기 이전에는 소년과 소녀는 지방 분포가 비슷하다. 그러나 사춘기가 되면 극적인 변화가 일어난다. 남자는 엉덩이와 넓적다리에서 지방이 빠지는 반면, 사춘기 여자는 에스트로겐이 분비되면서 지방이 하체에, 그것도 주로 엉덩이와 넓적다리에 축적된다. 실제로 이곳에 축적된 체지방 부피 비율은 여자가 남자보다 약 40% 더 많다.

따라서 허리 대 엉덩이 비율waist-to-hip ratio, WHR은 사춘기 이전에는 남녀 모두 0.85~0.95로 비슷하다. 그러나 사춘기 이후에는 여자는 엉덩이에 지방이 축적되면서 WHR이 남자에 비해 크게 낮아진다. 건강하고 생식 능력이 있는 여자의 WHR은 0.67~0.80인 데 비해 건강한 남자는 0.85~0.95이다. 지금은 WHR이 여자의 생식적 지위를 정확하게 나타내는 지표라는 증거가 많이 나와 있다. WHR이 낮은 여자는 사춘기의 내분비 활동이 일찍 시작된다. WHR이 높은 기혼 여성은 임신하기가 더 어렵고, 임신 시기도 WHR이 낮은 여자보다 늦다. WHR은 장기적 건강 지위(건강 상태)를 정확하게 알려주는 지

WHR이 낮은 여성(왼쪽)은 WHR이 높은 여성(오른쪽)보다 더 매력적이라는 평가를 받는다. WHR이 비교적 낮은 것은 그 여성이 젊고 건강하고 임신하지 않았다는 것을 나타낸다.

출처: Henss, R. (2000): Waist-to-hip ratio and female attractiveness: Evidence from photographic stimuli and methodological consideration. *Personality and Individual Differences, 28,* 501-513. Reprinted with permission from Elsevier.

표이기도 하다. 당뇨병, 고혈압, 심장마비, 뇌졸중, 쓸개 질환 같은 병들은 지방 분포와 관련이 있다는 것이 증명되었다. 즉, 지방의 총량 자체보다 WHR 비율과 밀접한 관련이 있다. 한 연구에서는 WHR이 낮은(가는 허리로 대변되는) **동시에** 비교적 큰 가슴을 가진 여자는 WHR과 가슴 크기가 다르게 조합된 세 집단의 여자에 비해 생식력과 임신 성공률을 예측하는 데 좋은 지표가 되는 난소 호르몬 에스트라디올(E2) 수치가 26%나 더 높은 것으로 드러났다(Jasienska et al., 2004). WHR과 건강과 생식적 지위 사이의 이러한 관계 때문에 WHR은 남자 조상들이 배우자를 선택할 때 믿을 만한 단서가 되었을 것이다.

싱은 WHR이 실제로 여자의 매력에서 큰 부분을 차지한다는 사실을 발견했다. 싱이 수행한 열두 번의 연구에서 남자들은 WHR과 전체 지방의 양이 다양한 여자들의 사진을 보면서 각 여자의 매력을 평가했다. 여기서도 마르거나 뚱뚱한 여자보다는 평균적인 여자가 더 매력적이라는 평가를 받았다. 그렇지만 남자들은 전체 지방의 양과는 상관 없이 WHR이 낮은 여자를 가장 매력적으로 느꼈다. WHR이 0.70인 여자를 0.80인 여자보다 더 매력적이라고 느꼈으며, 또 0.80인 여자를 0.90인 여자보다 더 매력적이라고 느꼈다. 선화線畵와 컴퓨터로 만든 사진 이미지를 사용한 연구에서도 같은 결과가 나왔다. 수술로 배에서 지방을 뽑아내 엉덩이에 이식한 여자의 몸(결과적으로 WHR이 낮아진)은 수술 후에 더 매력적이라는 평가를 받았다(Singh & Randall, 2007). 싱이 과거 30년 동안 〈플레이보이〉의 센터폴드centerfold(중앙에 접혀 있는 대형 화보)와 미국 미인 대회 우승자들을 분석한 결과도 이 단서가 어디서나 통용됨을 확인해주었다. 센터폴드에 등장한 여자들과 미인 대회 우승자들은 세월이 지나면서 약간 더 날씬해졌지만, WHR은 약 0.70으로 그대로 유지되었다.

비교적 낮은 WHR에 대한 선호는 영국, 오스트레일리아, 독일, 인도, 기니비사우(아프리카), 아조레스 제도에서도 발견되었다(Connolly, Mealey, & Slaughter, 2000 ; Furnham, Tan, & McManus, 1997 ; Singh, 2000).

온라인에서 광고하는 여성 '에스코트'들을 조사한 비교문화 연구에서는 보고된 허리 둘레와 엉덩이 둘레 치수로 WHR의 평균을 구해보았더니 유럽, 오세아니아, 아시아, 북아메리카, 라틴아메리카에서 각각 0.70, 0.75, 0.71, 0.76, 0.69가 나왔다(Saad, 2008). 또 다른 연구에서는 날 때부터 앞을 보지 못하는 남자들에게 촉감만으로 여자의 체형을 평가하게 했는데, 이들 역시 WHR이 낮은 마네킹 모델을 선호했다. 이것은 낮은 WHR에 대한 선호는 시각적 입력이 없더라도 발달할 수 있음을 시사한다(Karremans, Frankenhuis, & Arons, 2010). 마지막으로, 시선 추적 연구에서는 최초의 시선 고정은 여자의 허리와 가슴에 가장 많이 일어나며, 남자들은 가슴 크기와는 상관 없이 WHR이 낮은 여자를 가장 매력적으로 평가한다는 결과를 얻었다(Dixon et al., 2010).

두 연구에서는 이 효과가 재현되지 않았다. 하나는 페루(Yu & Shepard, 1998)에서 한 것이었고, 하나는 탄자니아에서 하드자족(Marlow & Wetsman, 2001)을 대상으로 한 것이었다. 하드자족의 경우, 남자들은 체중이 다소 나가 WHR이 더 높은 여자를 선호했다. 그러나 재현에 실패한 것처럼 보이는 이 연구 결과들은 처음에 생각했던 것만큼 단순한 게 아님이 밝혀졌다. WHR 평가는 0.70처럼 특정 WHR에 대한 '불변의 선호'보다 훨씬 복잡하다는 사실이 점점 분명하게 드러나고 있다. 특히 여자들의 정상적인 WHR 범위는 수렵 채집 사회가 서구 사회보다 더 높으며, 생식력이 가장 높은 여자들의 평균 WHR도 수렵 채집 사회가 더 높다(Sugiyama, 2005). 따라서 지역 문화의 WHR 범위를 더 정확하게 나타내는 자극을 사용할 경우, 남자들은 **지역적 평균보다 더 낮은** WHR을 더 매력적으로 여기는 경향을 보인다(Sugiyama, 2004a). 앞에서 하드자족을 대상으로 재현에 실패했다고 한 연구도 엉덩이를 앞에서 본 모습 대신에 옆에서 본 모습을 자극에 포함시키면 다른 결과가 나왔다(Marlow, Apicella, & Reed, 2005). 저자들은 "이 결과는 진짜 여자들의 실제 WHR에 대한 선호에는 미국인과 하드자족 사이에 차이가 별로 없다는 것을 의미한다."라고 결론내렸다(Marlow et al., 2005, p. 458).

개인들은 추구하는 성 전략에 따라 WHR에 대한 선호에 차이가 나타난다. 구체적으로 말하면, 단기적 성 전략을 추구하는 경향이 있는 남자는 장기적 성 전략을 추구하는 남자에 비해 낮은 WHR에 대한 선호가 더 강하다(Schmalt, 2006). 그리고 단기적 성 전략을 추구하는 남자는 장기적 성 전략을 추구하는 남자보다 WHR이 낮은 여자에게 접근할 가능성이 더 높다(Brase & Walker, 2004). 이런 결과들에 대해 확실한 설명은 아직 나오지 않았지만, '배우자 가치'가 높은 남자가 육체적 매력이 높은 여자에게 먼저 접촉을 시도할 가능성이 충분히 있다. 요컨대, WHR은 여성의 매력을 알려주는 중요한 신체적 단서이며, 여자의 생식력과 관련이 있는 것으로 밝혀졌다. 그럼에도 불구하고, 특정 WHR 값에 대한 선호는 지역 문화에서 실제로 통용되는 WHR 값과 추구하는 성 전략에 따라 예측 가능한 범위 내에서 차이가 난다.

여자의 육체적 매력을 알려준다고 가정되는 또 하나의 단서는 체질량 지수body mass index, BMI이다. 체질량 지수는 그 사람의 몸무게와 키로 계산한 값으로, 몸 전체에 포함된 지방의 양을 알려준다. BMI와 WHR은 양의 상관관계가 있다—WHR이 증가하면 BMI도 증가하므로. 한 연구에서는 WHR보다 BMI가 매력을 예측하는 데 더 나으며, 통계적으로 BMI의 효과를 제거할 경우, WHR은 매력의 판단을 제대로 예측하지 못하는 것으로 나타났다(Cornelissen, Tovee, & Bateson, 2009). 저자들은 비록 WHR이 실제로 매력을 예측하는 데 중요한 지표이긴 하지만, 이것은 전체 체지방이 WHR에 미치는 효과로 거의 설명이 가능하다고 결론지었다. 시선 추적 절차를 사용한 다른 연구도 시선 고정이 골반이나 엉덩이 부분이 아니라 허리와 가슴 주위에 집중된다는 결과로 이 결론을 뒷받침한다(Cornelissen, Hancock et al., 2009). 이와는 대조적으로, 다른 연구는 WHR이 BMI보다 낫다는 결론을 뒷받침한다. 한 뇌 영상 연구에서는 남자의 뇌 보상 중추(특히 중격의지핵)가 WHR이 낮은 여자 나체에 반응해 활성화되지만, BMI가 낮은 여자 나체에는 활성화되지 않는다는 사실을 발견했다(Platek & Singh, 2010). 뒤로 돌아선 여자 나체 사진 10장을 사용한 또 다른 연구에서는 BMI 효과를 배제한 뒤에도 매력 평가가 WHR에 큰 영향을 받는다는 결과가 나왔다(Perilloux, Webster, & Gaulin, 2010). 세 번째 연구에서는 WHR과 BMI가 둘 다 매력 판단 결과를 예측하는 지표가 되지만, 그보다는 허리 둘레가 더 훌륭한 지표라는 사실을 발견했다(Rilling et al., 2009). WHR과 BMI과 허리 둘레가 여자의 몸매가 지닌 매력을 판단하는 데 얼마나 중요한지를 둘러싼 이 논란을 잠재우려면 추가 연구가 더 필요하다.

외모의 중요성에 대한 남녀 차이

여자의 외모에서 얻는 단서가 많기 때문에, 그리고 남자의 미의 기준은 그런 단서를 포착하도록 진화했기 때문에, 남자는 배우자 선호에서 외모와 매력을 중요시한다. 미국에서 1939년부터 1996년까지 57년간에 걸쳐 여러 세대의 짝짓기를 조사한 연구는 남자와 여자가 배우자의 다양한 특징에 매기는 가치를 측정했다(Buss et al., 2001). 미국에서 시대가 변함에 따라 배우자 선호가 어떻게 변했는지 파악하기 위해 동일한 열여덟 가지 특징을 약 10년 간격으로 측정했다. 그랬더니 모든 조사에서 남자들은 여자들보다 잠재적 배우자의 육체적 매력과 미모를 더 중요하게 평가했다.

그렇지만 사람들이 육체적 매력을 중요시하는 정도가 영원히 고정된 것은 아니다. 20세기에 미국에서는 육체적 매력의 중요도가 크게 증가했다(Buss et al., 2001). 예를 들면, 결혼 상대에게 원하는 외모의 중요성을 0점에서 3점 사이의 점수로 평가하게 했을 때, 1939년부터 1996년 사이에 그 점수는 남자들의 경우 1.50점에서 2.11점으로 증가했고, 여자들의 경우 0.94점에서 1.67점으로 증가했는데, 이것은 배우자 선호가 변할 수 있음을 보여준다. 실제로 이러한 변화는 **문화적 진화**의 중요성과 사회적 환경에서 받는 입력의 영향력을 보여준다. 그렇지만 남녀 차이는 변함없이 그대로 유지되었다.

이러한 남녀 차이는 미국이나 서구 문화에서만 나타나는 게 아니다. 사는 장소나 그곳 환경, 결혼 제도, 문화적 생활 환경과 상관 없이, 배우자 선택에 관한 조사에 포함된 37개 문화—오스트레일리아에서부터 잠비아에 이르기까지—의 모든 남자들은 여자들보다 잠재적 배우자의 외모를 더 중요시했다(〈그림 5.6〉 참고). 외모의 중요성에 대한 남녀 차이가 평균에 가깝게 나타나는 곳은

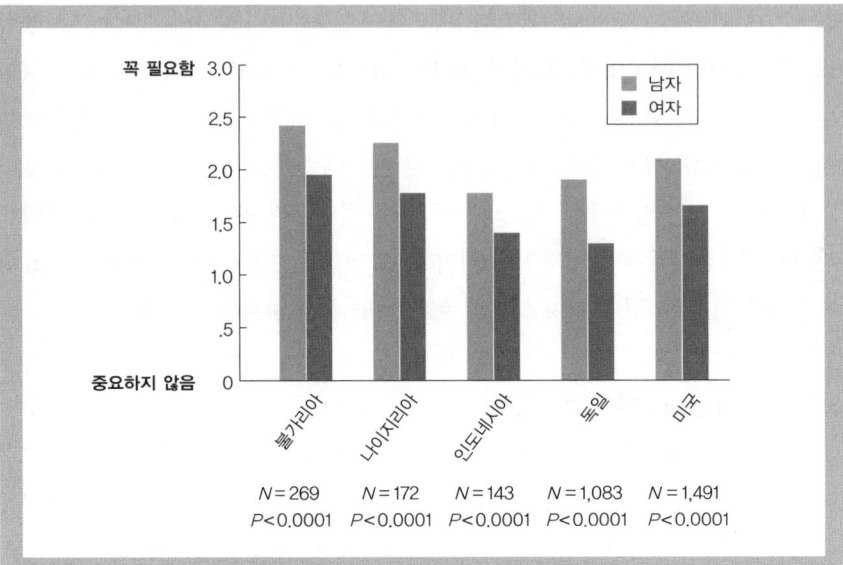

그림 5.6 **장기적 배우자의 육체적 매력에 대한 욕구.** 37개 문화의 참여자들은 장기적 배우자 후보나 결혼 상대에게 열여덟 가지 변수를 함께 조사한 상황에서 이 변수를 바람직하게 여기는 정도를 0점(중요하지 않음)에서 3점(꼭 필요함) 사이의 4단계 점수로 평가했다.

N=표본 크기

p 값이 0.05보다 작은 것은 남녀 간의 차이가 유의미하다는 것을 나타낸다.

출처: Buss, D. M., & Schmitt, D. P. (1993). Sexual strategies theory: An evolutionary perspective on human mating. *Psychological Review, 100*, 204–232. Copyright © 1993 by the American Psychological Association. Adapted with permission.

중국인데, 중국 남자들이 매긴 평균 점수는 2.06점이고 여자들이 매긴 평균 점수는 1.59점이었다. 이러한 남녀 차이는 인종, 종족, 종교, 반구, 정치 제도, 결혼 제도의 차이에도 불구하고 국제적으로 한결같이 나타난다. 하드자족의 경우, 잠재적 배우자의 생식력—아이를 많이 낳을 수 있는 능력—을 크게 중요시한 남자는 여자보다 5배나 많았다(Marlow, 2004). "그걸 어떻게 아나요?"라는 질문을 던졌을 때, 하드자족 남자들은 대부분 "그냥 보면 알 수 있어요."라고 대답했다. 이것은 남자들이 생식력을 알려주는 중요한 정보가 외모에 담겨 있다는 사실을 알고 있음을 시사한다. 남자들이 매력적인 외모를 가진 배우자를 선호하는 것은 문화적 차이를 뛰어넘어 우리 종 전체에 퍼져 있는 심리 기제의 산물로 보인다.

남자는 배란기의 여자를 선호하는가?

남자가 선호하는 여자에 대해 생각할 때 명백하게 떠오르는 예측 중 하나는 배란기—난자가 자궁으로 배란되어 정자와 수정될 수 있는 시기—의 여자를 강하게 선호할 것이라는 예측이다. 배란기의 여성을 알아챌 수 있었던 남자 조상들은 알아채지 못하는 남자들에 비해 생식적으로 여러 가지 이점이 있었을 것이다. 첫째, 때를 맞춰 배란기의 여성에게 구애와 유혹과 성행위를 집중함으로써 수정이 성공할 확률을 극대화할 수 있다. 둘째, 배란을 하지 않는 여자를 피함으로써 낭비되는 노력을 많이 절약할 수 있다. 셋째, 결혼한 남자는 배우자를 지키는 노력을 배우자가 배란을 하는 시기로 국한할 수 있다.

그러나 사람의 배란기는 '감춰져' 있거나 '은폐돼' 있다. 과학계에서는 남자가 여자의 배란 시기를 알아챌 수 있는 증거는 없다는 것이 종래의 상식이었다(Symons, 1992. 0. 144). 배란기의 여성을 알아채고 원하는 것이 생식 면에서 엄청난 이득이 있는데도 불구하고, 자연 선택은 남자에게 그런 적응 능력을 주지 않은 것처럼 보인다. 그렇지만 이 결론은 너무 성급한 것인지도 모른다.

남자가 여자의 배란기를 알아챌 수 있다고 시사하는 증거가 여러 가지 있다(Symons, 1995). 첫째, 배란기가 되면 여자의 피부에 혈액이 많이 흐른다. 이것은 여자들에게 가끔 나타나는 피부의 '광채'에 해당하는 것으로, 뺨에 건강한 혈색이 감돈다. 둘째, 배란기에는 생리 주기상의 다른 시기에 비해 피부색이 약간 밝아지는데, 이것은 보편적으로 성적 유혹 요소로 여겨지는 단서이다(van den Berghe & Frost, 1986). 비교문화 조사에서는 "타고난 피부에 대한 선호를 언급한 51개 사회 중에서……47개는 반드시 가장 밝은 피부색은 아니더라도, 그 지역을 대표하는 피부 스펙트럼에서 밝은 쪽 끝 부분에 있는 피부색에 대한 선호를 나타냈다."(van den Berghe & Frost, 1986, p. 92)

셋째, 배란기에는 여자의 에스트로겐 수치가 증가하는데, 이것은 WHR을 낮추는 효과를 나타낸다(Symons, 1995, p. 93). 앞에서 언급했듯이 WHR이 낮으면 남자들이 느끼는 성적 매력이 커진다(Singh, 1993). 넷째, 배란기의 여자는 독신자 술집에서 신체 접촉을 더 많이 경험한다(Grammer, 1996). 다섯째, 겨드랑이에 부착한 면 패드를 사용해 조사한 바에 따르면, 남자들은 생리 주기 중에서 발정기(가임기)에 있는 여자의 체취를 더 매력적인 냄새로 여긴다(Havlicek et al., 2005 ; Singh & Bronstad, 2001). 여섯째, 배란기의 여자가 입었던

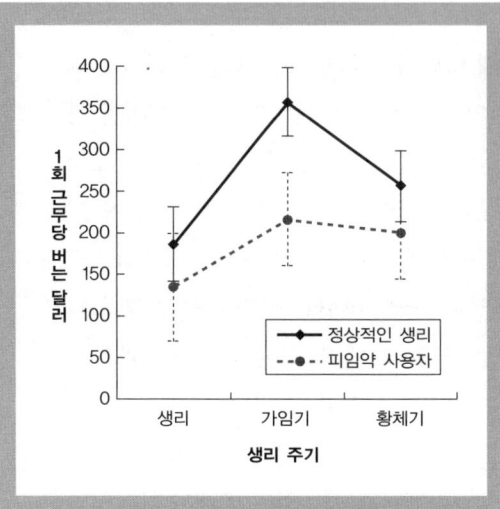

티셔츠 냄새를 맡은 남자들은 배란기가 아닌 여자나 대조군의 냄새가 밴 티셔츠 냄새를 맡았던 남자들에 비해 테스토스테론 수치가 급격히 증가했다(Miller & Maner, 2010). 일곱째, 배란을 암시하는 목소리 단서도 있다—배란기에는 여자의 목소리가 더 높아져 더 여성적이고 매력적인 목소리로 변한다(Bryant & Haselton, 2009). 여덟째, 남녀 모두 황체기(여성의 월경 주기에서 황체가 형성되어 프로게스테론을 분비하는 기간)보다는 가임기에 있는 여자의 얼굴을 더 매력적으로 평가한다. 아홉째, 여자들은 배란기 부근의 시기에 더 매력적이고 바람직해진 기분이 들며, 섹스에 대한 관심도

그림 5.7 생리 주기가 정상적인 여자와 호르몬 피임법(경구 피임약)을 사용하는 여자를 대상으로 생리 주기의 각 단계(생리 기간, 가임기, 황체기)가 팁 수입에 미치는 효과를 조사한 결과. 오차 막대는 95% 신뢰 구간을 나타낸다.

출처: Miller, G. F., Tybur, J. M., & Jordan, B. D. (2007). Ovulatory cycle effects on tip earning by lap dancers: Economic evidence for human estrus? *Evolution and Human Behavior, 28*, 375–381. (Figure 2, p. 378). Reprinted with permission from Elsevier.

증가한다(Roder, Brewer, & Fink, 2009). 열째, 남성 전용 클럽에서 일하는 전문 랩 댄서들을 조사한 결과에 따르면, 배란기의 여자들이 생리 주기 중 다른 시기에 있는 여자들보다 훨씬 많은 팁을 받았다(《그림 5.7》 참고)(Miller, Tybur, & Jordan, 2007). 이렇게 남자가 여자의 배란기를 알아챌 가능성을 뒷받침하는 정황 증거가 최소한 열 가지 있다.

또 다른 연구는 여자가 유도하는 접촉 가설에 정황 증거를 제공한다. 연구자들은 기혼 여성 표본 집단을 24개월 동안 관찰했다(Stanislaw & Rice, 1988). 배란기는 배란 직전에 상승하는 기초 체온 측정을 통해 판단했다. 24개월 동안 여자들은 '성욕'을 경험한 날들에 'X' 표시를 했다. 여자들은 배란기가 다가올수록 성욕이 점점 증가하다가 배란기나 배란 직후에 절정에 이르며, 그 후로는 불임기에 다가갈수록 성욕이 점점 줄어든다고 보고했다. 따라서 독신자 술집에서 배란기의 여자들이 신체 접촉을 더 많이 경험하는 것은 여자들의

진화심리학

성욕이 커지면서 피부 노출도 더 심해지고 어쩌면 연구자들이 조사하지 않은 성적 신호를 보내기 때문인지도 모른다.

요약하면, 남자가 여자의 배란기를 과연 알아채는지 판정할 수 있는 결정적 연구는 아직 나오지 않았다. 지금까지 나온 증거들은 배란기에 여자의 피부와 몸에, **어쩌면** 관찰 가능한 변화―남자에게 성적 매력으로 비치는 변화―가 나타난다는 주장을 뒷받침한다.

부성 불확실성 문제의 해결책

실제로는 우리가 생각하는 것보다 덜 감추어진 것일지 모르지만, 여자가 감추어진 혹은 은폐된 배란이라는 특이한 적응이 발달한 것은 영장류 사이에서는 아주 보기 드문 일이다. 이렇게 비교적 은폐된 배란은 여성이 현재 어떤 생식적 지위에 있는지 파악하기 어렵게 만든다. 은폐된 배란은 사람의 짝짓기 기본 규칙을 극적으로 바꾸어놓았다. 여자는 단지 배란기 동안뿐만 아니라 생리 주기 전체를 통해 남자에게 매력적으로 보이게 되었다. 은폐된 배란은 남자들에게 부성 확실성을 감소시킴으로써 특별한 적응 문제를 만들어냈다. 수컷 영장류는 발정기 동안의 짧은 기간만 암컷이 다른 수컷들과 짝짓기를 못 하게 하면 된다. 수컷 영장류는 사람 남자와는 대조적으로 자신이 암컷이 낳은 자식의 친부라는 것에 대해 상당한 '확신'을 가질 수 있다. 수컷이 다른 활동을 접어두고 암컷과 교미를 하는 데 몰두하는 기간은 극히 제한적이다. 암컷이 발정을 하기 전이나 발정이 끝난 뒤에는 다른 수컷이 암컷을 임신시킬 위험에 대한 걱정은 전혀 할 필요 없이 딴 일을 볼 수 있다.

남자 조상들은 이런 사치를 누릴 수 없었다. 사람이 살아남고 번식을 하는 데 필요한 활동은 짝짓기만 있는 게 아니기 때문에, 24시간 내내 여자를 '지킬' 수는 없었다. 여자를 지키는 데 시간을 많이 쓰면, 다른 적응 문제들을 해결하는 데 쓸 시간이 그만큼 부족해지기 때문이다. 그래서 남자 조상들은 다른 수컷 영장류들이 고민하지 않았던 친부 문제를 안게 되었다. 즉, 배란기를 알 수 없다면 자신이 친부라는 확신을 어떻게 얻을 수 있느냐 하는 문제였다.

결혼이 한 가지 해결책이 되었을 가능성이 있다(Alexander & Noonan, 1979 ; Strassman, 1981). 결혼한 남자는 부성 확실성을 크게 높임으로써 다른 남자에 비해 번식 면에서 이득을 얻을 수 있다. 생리 기간 전체를 통해 반복적으로 성 접촉을 하면 그 여자가 자신의 아기를 낳을 확률이 높아진다. 결혼이라는 사회적 전통은 그 부부의 공식적 결합을 선포하는 기능을 하여 누가 누구와 짝짓기를 하는지 분명한 신호를 주었고, 그럼으로써 남자들 사이의 동맹에 갈등을 줄여주었을 가능성이 높다. 결혼은 또한 배우자의 성격을 자세히 알 수 있는 기회를 제공했고, 그럼으로써 여자가 부정의 단서를 감추기 어렵게 만들었다.

남자 조상이 결혼이 주는 번식의 이득을 거두려면, 아내가 자신에게 성적으로 충실할 것이라는 합리적 보장을 얻을 필요가 있었다. 부정의 단서를 알아채지 못하는 남자는 번식에서 성공을 거두는 데 어려움을 겪었을 것이다. 배우자를 찾고 구애하고 경쟁하는 데 바친 시간과 자원이 물거품으로 돌아가기 때문이다. 그런 단서를 민감하게 알아채지 못하는 남자는 여자가 자신의 자식에게 쏟아붓는 부모의 투자라는 혜택을 잃을 위험이 크다. 그 투자는 대신에 딴 남자의 자식에게 돌아갈 것이다. 배우자의 충실성을 보장받지 못하는 사태가 초래하는 최악의 결과는 딴 남자의 자식을 키우는 데 자신의 노력을 쏟아붓는 것이다.

우리 조상들은 남자만의 이 적응 문제를 잠재적 배우자에게서 부성 확실성을 높이는 속성들을 추구함으로써 해결했을 것이다. 남자들이 이 문제를 해결하는 데 도움이 되었을 배우자 선호는 최소한 두 가지가 있다 : (1) **혼전 순결 요구**와 (2) **결혼 후의 성적 충실성** 추구. 현대의 피임법이 사용되기 이전에는 순결이 장래의 부성 확실성을 보장하는 하나의 단서가 되었을 가능성이 높다. 여자의 순결한 몸가짐은 시간이 지나도 변하지 않을 것이라는 가정에서 혼전 순결은 장래의 충실성을 알려주는 단서가 된다. 순결한 배우자를 선택하지 않은 남자는 장차 부정을 저지를 아내를 데리고 사는 위험을 감수해야 했다.

여러 세대에 걸친 짝짓기 사례 조사에 따르면, 최소한 미국에서는 여자들이 신랑의 순결을 중요시하는 것보다는 남자들이 신부의 순결을 중요시하는 경향이 더 강하다. 그러나 남자들이 순결을 중요시하는 경향은 지난 50년 사이에 감소했는데, 이것은 피임이 증가한 것과 시기적으로 일치한다(Buss et al., 2001). 1930년대에 남자들은 순결을 거의 꼭 필요한 것으로 간주했지만, 지난 수십 년 사이에 순결은 바람직한 것이긴 하지만 꼭 필요한 것으로 여기진 않게 되었다. 그 조사에서 평가한 열여덟 가지 특성 가운데 순결은 1930년대에는

진화심리학

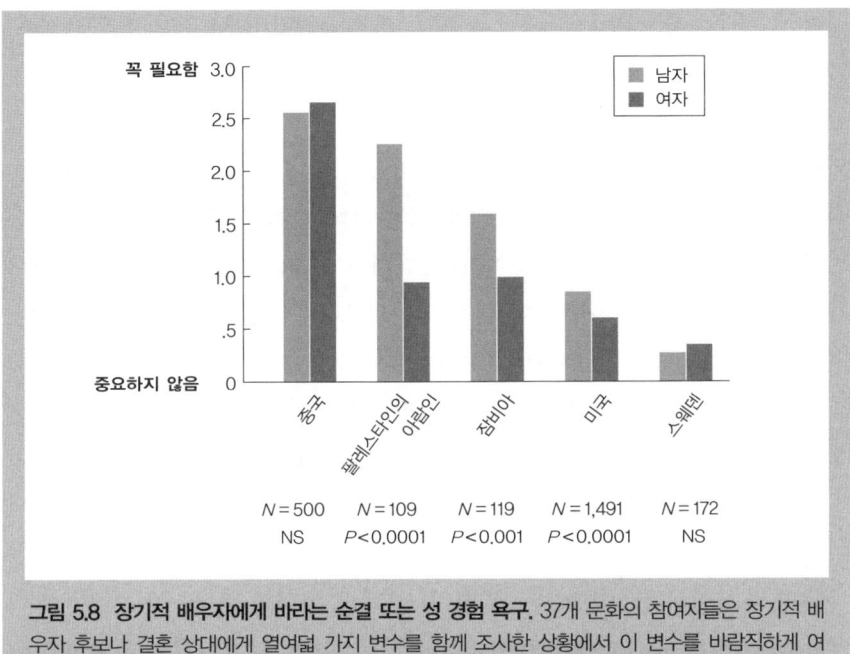

그림 5.8 장기적 배우자에게 바라는 순결 또는 성 경험 욕구. 37개 문화의 참여자들은 장기적 배우자 후보나 결혼 상대에게 열여덟 가지 변수를 함께 조사한 상황에서 이 변수를 바람직하게 여기는 정도를 0점(중요하지 않음)에서 3점(꼭 필요함) 사이의 4단계 점수로 평가했다.

N=표본 크기
p 값이 0.05보다 작은 것은 남녀 간의 차이가 유의미하다는 것을 나타낸다.
NS는 남녀 간의 차이가 유의미하지 않다는 것을 나타낸다.

중요도 순위에서 10위를 차지했지만, 1990년대에는 17위로 떨어졌다. 20세기에 들어 순결은 그 가치가 떨어지고, 지역에 따라 차이가 있긴 하지만, 남녀 간의 큰 인식 차이는 여전히 남아 있다—여자보다는 남자가 순결을 장기적 배우자 후보가 갖추어야 할 특성으로 더 강조한다.

여자보다 남자가 순결을 더 중요하게 여기는 경향은 전 세계에서 보편적으로 나타나지만, 문화에 따라 큰 차이가 있다. 한쪽 극단에는 잠재적 배우자의 순결을 중요하게 여기는 중국인, 인도인, 인도네시아인, 이란인, 타이완인, 이스라엘의 팔레스타인 지역에 사는 아랍인이 있다. 반대쪽 극단에는 잠재적 배우자의 처녀성을 대체로 쓸데없거나 중요하지 않게 여기는 스웨덴인, 노르웨이인, 핀란드인, 네덜란드인, 독일인, 프랑스인이 있다(Buss, 1989a)(〈그림 5.8〉 참고).

젊음과 육체적 매력에 대한 선호에서는 남녀 차이가 전 세계적으로 일관되게 나타나는 것과는 대조적으로, 배우자 선택에 관한 국제적 조사에서 헌신적인 부부 사이에서 순결의 중요성에 대해 남녀 간에 상당한 차이가 난 것은 전체 조사 대상 문화 중 62%뿐이었다. 그러나 순결의 가치에 대해 남녀 차이가 나타나는 곳에서는 어디서나 남자가 여자보다 순결을 더 중요하게 여겼다. 여자가 남자보다 순결을 더 중요하게 여긴 사례는 단 하나도 없었다.

순결에 대한 남녀의 선호가 문화에 따라 차이가 나는 요인은 여러 가지를 생각할 수 있다 : 혼전 섹스 만연, 배우자에게 요구되는 순결의 정도, 여자의 경제적 독립성, 순결 평가의 신뢰성. 순결은 직접 관찰하기 어렵다는 점에서 여자의 육체적 매력 같은 다른 속성과 차이가 있다. 여자의 처녀성을 신체 검사를 통해 확인하는 방법조차 신뢰할 수 없는데, 처녀막의 구조가 사람마다 다양하고, 섹스가 아닌 다른 원인으로 파열될 수도 있고, 고의적으로 변화된 경우도 있기 때문이다(Dickemann, 1981).

사람들이 순결을 중요하게 여기는 정도에 차이가 나는 원인 중 일부는 여자의 경제적 독립성 차이와 여자가 자신의 성을 제어하는 정도의 차이에서 찾을 수 있다. 스웨덴 같은 일부 문화에서는 혼전 섹스를 억제하지 않으며, 결혼할 때까지 순결을 지키는 사람은 사실상 아무도 없다(Posner, 1992). 한 가지 이유는 스웨덴 여자들은 대부분의 문화들과는 달리 경제적으로 남자에게 의존하는 비율이 훨씬 낮기 때문이다. 다른 문화의 여자와는 달리 스웨덴 여자들은 결혼을 한다고 해서 특별히 얻는 혜택이 별로 없다(Posner, 1992). 스웨덴의 사회 복지 제도에는 어린이 탁아 비용과 장기간의 유급 임산부 휴가를 비롯해 많은 물질적 혜택이 포함돼 있다. 이전에 남편이 제공하던 경제적 혜택을 스웨덴의 납세자들이 사실상 제공하기 때문에, 여자들은 남편에 대한 경제적 의존에서 벗어날 수 있다. 이러한 경제적 독립은 여자들이 결혼 전에 혹은 결혼의 대안으로 자유롭고 활발한 성 생활을 누리는 데 드는 비용을 크게 낮춰주었다. 그래서 결혼할 때까지 순결을 지키는 스웨덴 여자는 사실상 아무도 없고, 스웨덴 남자들이 순결을 중요시하는 정도도 0점에서 3점 사이의 점수로 나타냈을 때 세계에서 가장 낮은 수준인 0.25로 떨어졌다(Buss, 1989a).

남자의 생식적 관점에서 볼 때, 부성 확실성을 보장해주는 단서로 처녀성보다 더 중요한 것은 장래의 충실성을 보장하는 신호이다. 만약 남자가 배우자에게 처녀성을 요구할 수 없다면, 대신에 성적 충실성을 요구할 수 있다. 단기적 짝짓기와 장기적 짝짓기를 조사한 결과에서 미국 남자들은 배우자의 성 경험 부족을 바람직한 것으로 여겼다(Buss & Schmitt, 1993). 게다가 남자들은 결혼 상대에게서 성적 문란을 특히 바람직하지 못한 속성으로 꼽았는데, -3점에서 3점 사이의 점수로 나타냈을 때 -2.07점으로 평가했다. 처녀성 자체보다는 잠재적 배우자가 이전에 실제로 경험한 성적 활동의 양은 남자 조상들에게 부성 불확실성 문제를 해결하는 데 좋은 지침을 제공했을 것이다. 오늘날의 연구들은 부정 행위를 예측하는 데 가장 좋은 지표는 혼전 성적 허용성임을 보여준다—결혼 전에 섹스 파트너가 많았던 사람은 적었던 사람보다 충실하지 못할 가능성이 더 높다(Thompson, 1983 ; Weiss & Slosnerick, 1981).

오늘날의 남자들은 충실성을 중시한다. 미국 남자들에게 헌신적인 배우자 관계의 여자에게서 67가지 특성의 바람직성을 평가하게 했을 때, 충실성과 정절을 가장 중요한 특성으로 꼽았다(Buss & Schmitt, 1993). 이 특성들은 -3점에서 3점 사이의 점수로 나타냈을 때 평균 2.85점을 받아 거의 모든 남자가 이 특성들에 최고점을 주었다. 이것이 과연 남자들이 보편적으로 바라는 것인지 확인하려면 비교문화 연구를 더 실시할 필요가 있다.

남자들은 부정에 -2.93점을 주어 아내에게서 가장 바람직하지 않은 특성으로 간주하는데, 물론 이것은 정절을 중요시하는 경향이 반영된 것이다. 부정은 아내가 남편에게 줄 수 있는 어떤 고통보다도 가장 참기 힘든 고통으로 꼽혔다—이 사실을 뒷받침하는 훌륭한 비교문화적 증거도 있다(Betzig, 1989 ; Buss, 1989b ; Daly & Wilson, 1988). 여자도 부정한 배우자에게 크게 상심하지만, 성적 공격성을 비롯해 여자에게 배우자의 부정보다 더 큰 슬픔을 주는 요인이 여러 가지 있다.

요약하면, 이제 우리는 남자들이 장기적 배우자에게 바라는 일부 속성들을 대략 파악했다(그렇지만 남자의 짝짓기 행동에서 나타나는 한 가지 수수께끼에 대해서는 〈박스 5.1〉을 참고하라). 남자들은 친절, 의존 가능성, 조화 가능성 같은 성격 특성 외에 젊음과 육체적 매력을 중요시한다. 매력의 기준은 여자의 생식력과 밀접한 상관관계가 있다. 본질적으로, 육체적 매력을 추구하는 남자의

BOX 5.1

동성애 성향: 진화의 수수께끼

이성애 성향은 심리적 적응의 대표적 사례이다—남자 중 96~98%, 여자 중 98~99%는 주요 성적 성향이 이성애 지향이다. 번식 성공 가능성을 낮추는 성향은 어떤 것이라도 자연 선택을 통해 가차없이 도태되었을 것이다. 그런데 작은 비율이나마 1차적 혹은 배타적 여성 동성애자와 남성 동성애자가 계속 존재한다는 사실은 진화의 수수께끼다. 경험적 연구들을 통해 성적 지향에 유전 가능한 요소가 작거나 중간 정도 있으며(Bailey et al., 1999), 남성 동성애자는 이성애자보다 번식 성공률이 낮은 것으로 드러났다(Bobrow & Bailey, 2001 ; McKnight, 1997 ; Muscarella, 2000).

남성 동성애를 진화의 관점에서 설명하는 한 가지 가설은 **친족 이타성 이론**(Wilson, 1975)이다. 이 이론에 따르면, 만약 동성애가 동성애자에게 직접적 생식을 포기하는 비용을 상쇄하기 위해 자신의 유전적 친척에게 충분히 많은 투자를 하게 한다면, 동성애 성향 유전자가 진화할 수 있다. 그러나 미국의 남성 동성애자와 이성애자를 조사한 결과에서는 친족 이타성 이론을 뒷받침하는 경험적 증거가 전혀 발견되지 않았다. 친족에게 자원을 지원할 가능성에서 남성 동성애자는 남성 이성애자와 아무런 차이가 없었다(Bobrow & Bailey, 2001 ; Rahman & Hull, 2005). 사실, 친족 이타성 이론과는 반대로, 남성 동성애자는 자신의 유전적 친척

과 더 소원하게 지내는 것으로 보고되었다.

반면에 사모아에서 조사한 여러 연구에서는 남성 동성애자(파아파피네)에게 삼촌과 비슷한 성향이 더 강하게 나타났다—구체적으로 말하면, 이성애자에 비해 파아파피네는 조카들에게 더 많은 투자를 했다(Vasey & VanderLaan, 2010). 그들은 아기를 봐주는 시간도 더 많고, 장난감도 더 많이 사주고, 조카의 교육에 더 많은 돈을 투자하는 것으로 보고되었다. 따라서 친족 이타성 이론은 더 광범위한 비교문화 연구 결과가 나오길 기다리면서 남성 동성애를 설명하는 가설로 아직 살아남아 있다.

두 번째 진화 가설은 **여성 생식력 가설**이라 부르는데, 남성 동성애가 남성 동성애자의 여자 친척들에게 번식 성공률 증가를 초래한다면—즉, 남성 동성애자의 낮은 번식 성공률을 보상하고도 남을 만큼 번식의 이득이 크다면— 남성 동성애 유전자가 진화할 수 있다고 주장한다(Iemmola & Campiero Ciani, 2009). 여성 생식력 가설을 검증하는 주요 방법에는 동성애자의 여성 친족 번식 성공률을 이성애자의 여성 친족 번식 성공률과 비교 조사하는 것이 포함된다. 비록 남성 동성애자는 남성 이성애자보다 자식을 5분의 1 정도밖에 낳지 않지만, 남성 동성애자의 모계 쪽 여성 친척들(예컨대 그 어머니나 이모들)은 남성 이성애자의 모계 쪽 여성 친척들보다 자식을 훨씬 많이

낳는다는 증거가 점점 많이 쌓이고 있다 (Iemmola & Campiero Ciani, 2009). 다른 연구자들의 연구(예컨대 Rahman et al., 2008)에서도 같은 결과가 나왔다. 만약 향후 연구에서도 여성 생식력 가설을 뒷받침하는 결과가 계속 나온다면, 남성 동성애에 관한 다윈의 역설—즉, 모계를 통해 전달된 유전자가 남성 동성애자의 탄생 가능성을 높이는 동시에 여성의 번식 성공률을 높이는 현상—이 해결될 것이다(최소한 부분적으로는).

또 다른 이론은 성적 지향보다는 동성애 행위 자체의 기능에 초점을 맞추어야 한다고 주장한다(Muscarella, 2000). 진화심리학자 프랭크 무스카렐라는 동성애 행위에 동맹 형성이라는 특별한 기능이 있다고 주장한다. 이 이론에 따르면, 젊은 남자가 나이 많은 남자와 동성애 행위를 하는 것은 동맹을 얻는 하나의 전략이며, 그 결과로 지위 서열이 높아지고 결국에는 여성에 대한 성적 접근 기회가 더 많아진다. **동맹 형성 이론**은 동성애 행위 자체의 기능에 초점을 맞추거나 종 간의 비교 분석 틀을 강조하는(동성 간의 성 접촉은 다른 영장류 종들에서도 관찰되고 기록되었다) 등 장점이 여러 가지 있다. 그럼에도 불구하고, 이 이론은 경험적으로 어려운 문제가 여러 가지 있다. 고대 그리스인이나 뉴기니 섬의 일부 부족 같은 소수 문화에서 일어나는 관행을 설명하는 데에는 도움이 되지만, 대다수 문화에서 다수의 젊은이들이 동성애 행위를 동맹 형성 전략으로 사용한다는 증거는 없다. 실제로 성과 무관한 동성 간 동맹이 오히려 규범처럼 보이며, 성적 활동 없이 보편적으로 일어난다. 게다가 동성애 행위를 하는 남자들이 하지 않는 남자들에 비해 동맹을 형성하거나 지위를 높이는 데 더 큰 성공을 거둔다는 증거도 없다.

요컨대, 지금까지 나온 동성애에 관한 세 가지 진화 이론 가운데 친족 이타성 이론은 찬반이 섞인 경험적 지지를 받은 반면, 여성 생식력 가설은 가장 강한 경험적 지지를 받았다. 오랫동안 진화의 역설로 간주돼온 수수께끼를 설명하는 데 큰 진전이 일어나고 있긴 하지만, 이 이론들을 제대로 검증하려면 더 광범위한 비교문화 연구가 필요하다.

욕구는 생식 능력이 있는 여자를 찾는 문제를 해결해준다. 그러나 생식 능력만이 다가 아니다. 여자의 체내 수정 때문에 남자는 두 번째 적응 문제에 부닥치게 되는데, 이 때문에 부성 불확실성 문제의 해결책으로 장기적 배우자에게서 정절과 또 필시 통제 가능성을 알려주는 단서(Brown & Lewis, 2004)를 중시한다.

▮ 남자의 짝짓기 행동에 미치는 맥락 효과

이 절에서는 남성의 짝짓기 행동에 미치는 맥락 효과를 살펴볼 것이다. 첫째, 원하는 선호가 실제 짝짓기 행동과 일대일 대응하는 일이 드물다는 사실을 살펴볼 것이다. '배우자 가치'가 높은 남자는 배우자에게서 원하는 것을 얻을 확률이 높을 것이다. 둘째, 오늘날의 환경과 우리가 진화한 조상의 환경 사이에는 큰 차이가 있다. 진화의 역사를 통해 인류는 아마도 50~200명 단위의 작은 무리를 지어 진화했을 가능성이 아주 높다(Dunbar, 1993). 이렇게 작은 집단에서는 한 남자가 마주칠 수 있는 매력적인 여자는 기껏해야 수십 명에 불과했을 것이다. 오늘날의 환경에서 우리는 광고판, 잡지, 텔레비전, 인터넷, 영화를 통해 매력적인 모델의 이미지를 수천 명 이상 접한다. 이 절에서는 이러한 현대 환경이 사람의 짝짓기 기제에 미칠 수 있는 영향도 검토한다.

권력을 가진 남자

남자들은 대부분 배우자의 젊음과 아름다움을 중시하지만, 모든 남자가 자신이 원하는 것을 얻지 못한다는 사실은 분명하다. 여자들이 원하는 지위와 자원을 갖지 못한 남자는 그런 여자들을 유혹하는 데 어려움을 겪을 것이고, 결국 이상형보다 조금 못한 여자로 만족해야 할 것이다. 이런 가능성을 뒷받침하는 증거는 역사를 통해 왕이나 지위가 아주 높은 사람처럼 자신이 선호하는 것을 손에 넣을 수 있는 위치에 있었던 남자들에게서 얻을 수 있다. 예를 들면, 18세기와 19세기에 독일 크룸회른 지역의 부유한 남자들은 가난한 남자들보다 더 젊은 여자와 결혼했다(Voland & Engel, 1990). 마찬가지로 18~20세기의 노르웨이 농부들에서부터 오늘날의 케냐 킵시기스족에 이르기까지 지위가 높은 남

자들은 지위가 낮은 남자들과 비교
했을 때 늘 더 젊은 여자와 결혼했
다(Borgerhoff Mulder, 1988 ; Røskaft,
Wara, & Viken, 1992).

　왕과 독재자는 예외 없이 자신
의 하렘을 젊고 매력적인 여자들로
채워놓고 자주 섹스를 했다(Betzig,
1992). 예를 들면, 피에 굶주린 황
제라는 별명을 가진 모로코의 물레
이 이스마일Moulay Ismail은 자기 자
식이 888명이나 된다고 인정했다.
그의 하렘에는 여자가 500명이나
있었다. 그러나 나이가 서른이 된
여자는 황제의 하렘에서 쫓겨나 지
위가 낮은 신하의 하렘으로 보내졌
고, 더 젊은 여자로 교체되었다. 로
마, 바빌로니아, 이집트, 잉카, 인
도, 중국의 황제들도 이스마일 황
제와 같은 취향을 공유했고, 측근

지위와 자원(여자가 장기적 배우자에게 바라는 속성)을 가진 남자
는 그렇지 않은 남자보다 젊고 매력적인 여자에 대한 선호를
실제 짝짓기 행동으로 전환하는 능력이 더 뛰어나다.

을 시켜 전국에서 젊고 아름다운 여자를 찾아 바치게 했다.

　오늘날 미국에서 일어나는 결혼 양상도 자원을 가진 남자는 자신의 선호
를 실현시킬 능력이 있음을 확인해준다. 로드 스튜어트Rod Stewart와 믹 재거
Mick Jagger 같은 록 스타나 워런 비티Warren Beatty와 잭 니컬슨Jack Nicholson
같은 영화 배우처럼 지위가 높고 나이가 많은 남자가 자신보다 20~30세 어린
여자를 선택하는 일은 흔하다. 여러 사회학 연구에서는 남자의 직업적 지위가
결혼하는 여자의 육체적 매력에 미치는 영향을 조사했다(Elder, 1969 ; Taylor &
Glenn, 1976 ; Udry & Ekland, 1984). 직업적 지위가 높은 남자는 직업적 지위가
낮은 남자보다 훨씬 매력적인 여자와 결혼할 수 있다. 실제로 남자의 직업적
지위는 그 사람이 결혼하는 여자의 매력도를 예측하는 데 가장 좋은 지표로
보인다.

지위와 소득이 높은 남자는 자신에게 더 바람직한 여자를 유혹하는 능력이 있음을 알고 있는 것처럼 보인다. 동물행동학자 카를 그라머Karl Grammer는 독일 남자 1048명과 독일 여자 1509명을 대상으로 한 컴퓨터 데이팅 서비스 연구에서 남자의 소득이 높을수록 더 젊은 상대를 원한다는 사실을 발견했다 (Grammer, 1992). 예를 들어 소득이 1만 마르크 이상인 남자는 5~15세 어린 배우자를 구한다는 광고를 낸 반면, 1000마르크 이하인 남자는 0~5세 어린 배우자를 구한다는 광고를 냈다. 소득이 올라갈수록 원하는 여자의 나이가 더 아래로 내려갔다.

매력적인 모델이 초래하는 비교 효과

광고업자들은 아름답고 젊은 여성의 보편적인 매력을 최대한 활용한다. 미국 광고계의 중심지인 매디슨 애비뉴는 가끔 임의로 획일적인 미의 기준을 제시해 모든 사람이 따르도록 강요한다는 비난을 받는다. 이러한 비난은 최소한 부분적으로는 잘못된 것이다. 앞에서 보았듯이, 미의 기준은 임의적인 것이 아니라, 생식력과 번식 가치에 대해 신뢰할 만한 단서를 포함한다. 기존의 배우자 선호를 잘 활용하는 광고업자들은 그렇지 않은 광고업자들보다 성공을 거둘 가능성이 높다. 광고업자들이 새로 나온 자동차 모델의 보닛 위에 깨끗한 피부에 잘생긴 젊은 여성을 올려놓는 것은 그 이미지가 남자들에게 진화한 심리 기제를 작동시켜 자동차를 잘 팔리게 하기 때문이다.

그러나 우리에게 매일 홍수처럼 쏟아지는 미디어 이미지들은 해로운 결과를 초래할 잠재력을 지니고 있다. 한 연구에서는 남자들에게 아주 매력적이거나 중간 정도의 매력을 지닌 여자 사진을 보게 한 뒤에 현재의 애인이나 배우자에 대한 사랑의 깊이를 평가하게 했다(Kenrick et al., 1994). 그랬더니 매력적인 여자 사진을 본 남자들은 평범한 여자 사진을 본 남자들보다 실제 배우자를 덜 매력적으로 느꼈다. 또한 실제 파트너에 대해 자신이 느끼는 사랑과 만족, 진지함, 가까운 느낌도 줄어든 것으로 평가했다. 매력적인 누드 센터폴드를 본 남자들을 대상으로 한 다른 연구에서도 같은 결과가 나왔다 : 그들은 자신의 배우자에게 매력을 덜 느낀다고 평가했다(Kenrick, Gutierres, & Goldberg, 1989). 낯선 이성과 가짜로 인터뷰하는 장면을 촬영하여 보여준 실험에서도 비슷한 비교 효과가 나타났다(Mishra, Clark, & Daly, 2007). 미소를 짓고 따뜻하게 행동

진화심리학

하는(성적 수용성을 나타내는 주요 단서) 여자의 비디오를 본 남자들은 같은 여자가 미소를 짓지 않고 따뜻하게 행동하지도 않는 비디오를 본 남자들보다 배우자의 매력을 낮게 평가했다. 그렇지만 남자들이 등장하는 비슷한 비디오를 본 여자들에게서는 그런 효과가 나타나지 않았다. 저자들은 남자는 여자의 육체적 매력뿐만 아니라 성적 수용성을 보여주는 단서에도 반응하여 짝짓기 노력의 배분을 변화시킨다는 결론을 내렸다.

이런 변화가 일어나는 이유는 이미지의 비현실적 성격과 남자의 심리 기제에 있다. 광고를 위해 선발된 매력적인 여자는 수천 명의 경쟁을 뚫고 선발되었다. 예를 들어 〈플레이보이〉는 매달 발행되는 잡지를 위해 약 6000장의 사진을 찍는다고 한다. 이 수천 장의 사진 중에서 실제로 선택되어 실리는 것은 극히 일부뿐이다. 따라서 남자들이 보는 사진은 가장 매력적인 여자들이 가장 매력적인 포즈로 찍은 사진을 가장 매력적으로 보이도록 에어브러시 수정 작업까지 거친 것이다. 그러나 남자 조상들이 살던 환경에서는 오늘날의 기준으로 매력적이라고 할 수 있는 여자를 10명이라도 보았을지 의심스럽다. 매력적인 여자가 비교적 많이 존재하는 상황에서 남자는 배우자를 바꾸고 싶은 충동이 들 수 있고, 따라서 현 배우자에 대한 헌신적 사랑이 줄어들 수 있다.

오늘날의 시대를 생각해보자. 우리는 옛날에 진화한 것과 똑같은 평가 기제를 가지고 있다. 그런데 이러한 기제는 오늘날 광고가 넘쳐나는 문화에서 잡지, 광고판, 텔레비전, 영화 등을 통해 매일 목격하는 많은 매력적인 여자들 때문에 인위적으로 작동된다. 이러한 이미지들은 우리가 실제로 살아가는 사회적 환경에 존재하는 실제 여자를 대표하는 것이 아니다. 그렇지만 이 이미지들은 다른 환경을 위해 설계된 기제를 활용한다.

그런 이미지를 본 결과로 남자는 자신의 배우자에게 덜 만족하거나 헌신의 강도가 줄어들 수 있다. 이러한 이미지가 초래하는 잠재적 해는 여자에게도 미치는데, 다른 여자들과 점점 가열되는 불건전한 경쟁에 휩쓸려들기 때문이다. 여자들은 매일 보는 이미지—남자들이 원한다고 생각하는 이미지—를 구현하기 위해 다른 여자들과 치열하게 경쟁하지 않을 수 없다. 오늘날 섭식장애와 성형 수술이 유례 없이 늘어난 일부 원인은 미디어가 만들어낸 이미지에 있는지도 모른다. 그러한 이미지는 남자에게 진화한 미의 기준과 여자들의 경쟁적 짝짓기 기제를 유례 없는 수준으로 활용함으로써 효과를 발휘한다.

테스토스테론과 남자의 짝짓기 전략

호르몬 테스토스테론(편의상 여기서는 T로 표시하기로 하자)은 남자의 '짝짓기 노력', 즉 배우자를 찾아 유혹하고 동성 경쟁자를 물리치기 위해 시간과 에너지를 쏟아붓는 행동에서 핵심 역할을 한다(Ellison, 2001). T 수치가 높을수록 남자가 여자를 쫓아다니는 활동이 활발하며, 매력적인 여자와 상호작용을 하고 난 뒤에도 T 수치가 증가한다(Roney, Mahler, & Maestripieri, 2003). 그렇지만 T 수치를 높게 유지하는 대신에 남자는 큰 대가를 치러야 한다. T는 면역계의 기능을 떨어뜨릴 수 있으며, 짝짓기 노력과 밀접한 관련이 있기 때문에 양육 노력을 등한시하게 만든다(늘 다른 여자들을 쫓아다니느라 바쁜 남자는 좋은 부모가 되기 어렵다). 그래서 진화론자들은 일단 남자가 장기적 배우자를 유혹하는 데 성공한 뒤에는 T 수치가 떨어질 것이라고 가정했는데, 실제로 연구 결과 그런 효과가 발견되었다(Burnham et al., 2003 ; Gray et al., 2004). 한 연구에서는 헌신적인 관계에 있는 남자는 짝이 없는 남자에 비해 T 수치가 21%가 낮은 것으로 나타났다(〈그림 5.9〉 참고). 자식이 있는 기혼 남성은 T 수치가 그보다 더 낮았다.

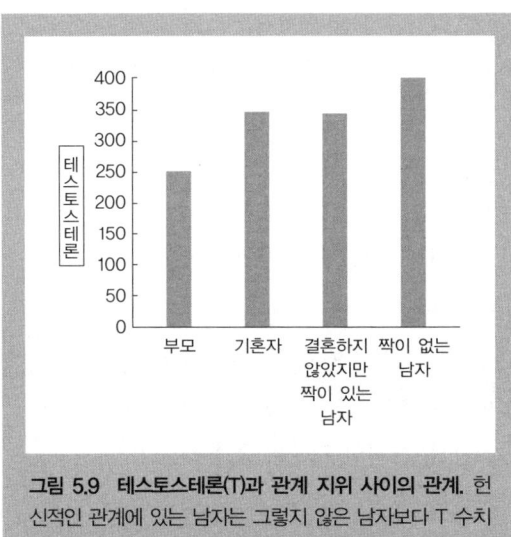

그림 5.9 테스토스테론(T)과 관계 지위 사이의 관계. 헌신적인 관계에 있는 남자는 그렇지 않은 남자보다 T 수치가 더 낮다. 아이가 있는 남자는 특히 T 수치가 낮다.

출처: Adapted and modified from Burnham et al. (2003). Men in committed, romantic relationships have lower testosterone levels. *Hormones and Behavior*, *44*, 129 (Figure 1).

T 수치와 남녀 관계 상태 사이에 존재하는 연관 관계를 설명하는 이유는 최소한 두 가지가 있다. 하나는 헌신적인 관계에 들어간 **이후에** T 수치가 감소한다는 사실이다. 또한, T 수치가 낮은 남자는 헌신적인 관계에 빠질 가능성이 더 높은 반면, T 수치가 높은 남자는 자유롭게 살면서 단기적 짝짓기를 추구하는 걸 선호한다. 과연 그런 증거가 있을까? 첫째, 남녀 관계에서 후기 단계에 이른 남자들은 초기 단계에 있는 남자들보다 T 수치가 낮다(Gray et al., 2004). 둘째, 한 종단적 연구

진화심리학

에서는 이혼했다가 재혼한 남자들은 곧 T 수치가 감소한다는 사실이 발견되었다(Mazur & Michalek, 1998). 이러한 발견들은 헌신적인 관계를 맺은 뒤에 T 수치가 감소한다는 것을 시사한다. 이것을 뒷받침하는 정황 증거는 프로 테니스 선수들이 결혼한 다음 해에 성적이 많이 떨어진다는 사실을 확인한 연구에서 찾을 수 있다. 저자들은 남자들의 경쟁 능력이 떨어진 것은 결혼 때문에 낮아진 T 수치로 설명할 수 있다고 주장한다(Farrelly & Nettle, 2007).

그렇지만 헌신적인 관계에 있는 남자도 추가적인 짝짓기 시도를 절대로 하지 않는 것은 아니다. 짝짓기 노력 가설에 따르면, 짝이 있으면서도 추가적인 짝짓기를 추구하는 남자는 일부일처제를 충실히

남자들은 매력적인 여성의 존재만으로도 테스토스테론—짝짓기 노력과 관련이 있는 주요 호르몬—수치가 증가할 뿐만 아니라, 위험을 무릅쓴 행동을 하려는 경향도 증가한다(스케이트보더들을 대상으로 한 연구).

지키는 남자보다 T 수치가 더 높아야 할 것이다. 매킨타이어와 그 동료들은 바로 그런 결과를 발견했다(McIntyre et al., 2006). 그들은 헌신적인 관계를 맺고 있는 남자들에게 "당신은 배우자 몰래 바람을 피우려고 생각해본 적이 있습니까?"라고 물어보았다. 이 질문에 '예'라고 대답한 남자들은 '아니요'라고 대답한 남자보다 T 수치가 더 높았다. 이러한 발견은 짝짓기 노력 가설을 뒷받침한다. T는 배우자를 찾고 배우자를 차지하기 위한 경쟁에 배분하는 시간과 에너지와 관련이 있다. 관계를 맺는 데 성공하거나 아이를 낳고 나면 부부의 결합과 자녀 양육에 필요한 노력을 촉진하기 위해 T 수치가 떨어지지만, 남자가 다른 여자와 짝짓기를 추구하지 않을 때에만 그렇다.

사람을 제외한 많은 종에서는 잠재적 배우자를 보면 T 수치가 급격히 증

가하는 것으로 알려져 있으며, 사람에게도 비슷한 효과가 나타난다는 증거가 쌓이고 있다. 한 연구는 단순히 젊은 여자와 잠깐 동안 대화를 나누는 것만으로도 남자의 T 수치가 증가한다는 사실을 발견했다(Roney, Simmons, & Lukaszewski, 2010). 스케이트보더들을 대상으로 한 야외 실험에서는 매력적인 여성의 존재만으로도 T 수치가 증가할 뿐만 아니라, 젊은 남자들이 위험을 무릅쓰며 행동하려는 경향이 증가했다(Ronay & von Hippel, 2010).

꼭 필요한 배우자 선호와 사치스러운 배우자 선호

노먼 리Norman Li와 그 동료들은 배우자의 속성 중 어떤 것이 '꼭 필요한 것'이고 어떤 것이 '사치스러운 것'인지 판단할 수 있는 중요한 방법—예산 배분 방법—을 생각해냈다. 여러분이 경제적으로 어려워 쓸 수 있는 예산이 제한돼 있다고 상상해보라(Li et al., 2002). 그러면 가진 돈 중 대부분을 식량처럼 살아가는 데 꼭 필요한 곳에 써야 할 것이다. 그렇지만 쓸 수 있는 예산이 증가하면, 사람들은 대부분 텔레비전, 아이포드, 비싼 자동차, 명품 옷 같은 사치품에 돈을 더 많이 쓴다. 리는 이러한 경제학 개념을 배우자 선호 영역에 적용해보았다. '짝짓기 달러'('배우자 가치'와 상응하는 개념) 예산이 적을 때와 많을 때 사람들은 그것을 어디에 쓸길 선호할까?

그 답을 얻기 위해 리와 그 동료들은 참여자들에게 다양한 예산(적은 예산, 중간 예산, 많은 예산)을 주었다. 적은 예산을 주고 짝짓기 달러를 배우자의 여러 가지 속성에 배분하라고 했을 때, 남자들은 육체적 매력에 전체 예산 중 상대적으로 많은 비율을 배정하고, 여자들은 자원에 상대적으로 많은 비율을 배정한다는 사실—배우자 선호에 관한 모든 연구에서 발견된 남녀 차이와 정확하게 맥을 같이하는—을 발견했다. 그런데 예산이 증가하자, 남자들과 여자들은 친절이나 창조성, 활기 같은 '사치품'(비록 친절과 지능은 필수품에 가까운 것이긴 하지만)에 점점 더 많은 비율을 배정했다.

다양한 예산—적은 예산, 중간 예산, 많은 예산—은 '배우자 가치'에서 나타나는 개인 간의 차이와 비슷한 면이 있다. 배우자 가치가 낮은 사람은 선택의 여지가 적기 때문에 짝짓기의 필수품—남자의 경우 최소한의 매력 ; 여자의 경우 최소한의 자원과 지위—에서 적절한 수준을 보장받길 원한다. 그렇지만 배우자 가치가 증가하면, 사람들은 더 다양한 특성들을 까다롭게 선택할 수 있다.

■ 남자의 선호가 실제 짝짓기 행동에 미치는 효과

이 절에서는 남자의 장기적 배우자 선호가 행동에 미치는 영향을 검토한다. 첫째, 남자는 남자가 원하는 것을 포함한 속성을 시사하는 여자의 광고에 더 많은 반응을 보이는지 알아보기 위해 개인 광고를 분석한 연구를 살펴볼 것이다. 둘째, 나이 선호와 실제 짝짓기 결정을 살펴볼 것이다. 마지막으로, 남자의 배우자 선호가 여자의 짝짓기 전략에 미치는 효과를 살펴보고, 남자를 유혹하려고 노력하는 여자가 남자가 표현하는 선호를 구현하려고 노력하는지 살펴볼 것이다.

여자의 개인 광고에 대한 남자의 반응

만약 남자들이 젊고 매력적인 여자에 대한 선호에 따라 행동한다면, 그런 속성을 드러내는 여자에게 더 많은 반응을 보일 것이다. 두 심리학자는 그것을 살펴볼 수 있는 일종의 자연 실험을 생각했는데, 바로 미국 중서부와 서해안에서 발행되는 두 신문의 개인 광고에 대한 남자들의 반응을 검토하는 방법이었다 (Baize & Schroeder, 1995). 표본 집단에 속한 응답자의 나이는 26세부터 58세까지 분포돼 있었고, 평균 나이는 37세였다.

남자들과 여자들이 게재한 광고들에 대한 반응을 비교하자, 두드러진 차이점이 몇 가지 나타났다. 첫째, 남자들의 광고에 반응하는 여자들보다 여자들의 광고에 반응하는 남자들이 더 많았다. 남자들이 받은 편지는 여자들이 받은 편지의 68%에 불과했다. 둘째, 나이가 많은 여자보다 젊은 여자가 받는 편지가 더 많았다. 셋째, **육체적 매력**을 언급할 경우 남녀 모두에게서 응답이 더 많았지만, 남자보다는 여자가 받는 응답이 훨씬 많았다. 요컨대, 여자의 개인 광고에 대한 남자의 반응은 남자가 자신의 선호에 따라 행동한다는 가설을 뒷받침하는 자연적인 증거 자료이다.

결혼 결정과 번식 결과

실제 결혼 결정 사례들은 남자의 나이가 많을수록 점점 더 어린 여자를 좋아하는 남자의 선호를 확인해준다. 미국 남자들은 첫 번째 결혼 때에는 신부보다 세 살쯤 더 많고, 두 번째 결혼 때에는 다섯 살쯤 더 많으며, 세 번째 결혼 때에는 여덟 살쯤 더 많다(Guttentag & Secord, 1983). 더 어린 여자를 원하는 남자의 선호는 전 세계에서 실제 결혼 결정으로 나타난다. 예를 들면, 19세기의 스웨덴 교회 문서를 분석하면, 이혼 뒤에 재혼하는 남자는 평균적으로 10.6세 어린 신부와 결혼했다(Fieder & Huber, 2007 ; Low, 1991). 4장에서 소개했듯이, 신랑과 신부의 나이 정보를 확인할 수 있는 전 세계 모든 나라에서 평균적으로 신랑은 신부보다 나이가 더 많다(Buss, 1989a).

〈그림 5.10〉은 부부 사이의 나이 차를 신랑 나이에 대해 나타낸 것이다. 이 그림은 포로 섬에서 선택한 표본 집단을 대상으로 25년간이라는 시간에 걸쳐 남자의 나이가 증가할수록 신랑과 신부 사이의 평균 나이 차가 어떻게 변하는지 보여준다(Kenrick & Keefe, 1992). 20대 남자들은 자신보다 한두 살 아래의 여자와 결혼하는 경향을 보였다. 30대 남자들은 자신보다 서너 살 아래의 여자와 결혼했다. 그러나 40대에 결혼하는 남자들은 13~14세 아래의 여자와 결혼했다. 이 자료는 남자의 나이가 많아질수록 점점 더 어린 여자와 결혼하는 일반적인 경향을 대표한다(Kenrick & Keefe, 1992). 오늘날 브라질의 표본을 대상으로 한 연구(신문에 실린 결혼 발표 광고 3000건을 분석한)에서도 거의 동일한 결과가 나왔다(Otta et al., 1999).

비교문화 분석 자료는 실제 결혼 결정에서 신랑 신부 사이에 나이 차가 난다는 사실을 확인해준다. 나이 차는 폴란드의 약 두 살부터 그리스의 약 다섯 살까지 분포했다. 훌륭한 인구 통계 자료가 있는 모든 나라의 자료를 모아 평균을 구해보면, 신랑은 신부보다 세 살쯤 많은데, 이것은 전 세계의 남자들이 선호하는 나이 차와 대략 비슷하다(Buss, 1989a). 일부다처제 문화에서는 나이 차가 더 크게 나타난다. 오스트레일리아 북부에 사는 티위족 사이에서는 지위가 높은 남자가 스무 살 아래의 아내와 결혼하는 경우도 흔하다(Hart & Pilling, 1960).

더 어린 여자와 결혼하는 남자는 번식 결과도 더 많은 경향이 있다. 생식 시기가 지났지만 이혼하지 않고 함께 사는 스웨덴인 남녀 1만 명 이상을 대상

진화심리학

으로 한 조사에서는 출생한 자녀의 수를 부모의 나이 차에 대해 나타내 검토했다(Fieder & Huber, 2007). 출생한 자녀의 수는 아내가 남편보다 여섯 살쯤 아래일 때 가장 많았다. 여섯 살 아래의 여자와 결혼한 남자들의 평균 자녀 수는 2.3명인 반면, 여섯 살 위의 여자와 결혼한 남자들의 평균 자녀 수는 1.7명이었고, 아홉 살 위의 여자와 결혼한 남자들의 평균 자녀 수는 1.2명이었다.

현대적인 피임법이 사용되기 전에는 육체적으로 매력적인 여자가 덜 매력적인 여자보다 아이를 더 많이 낳았다는 증거도 있다. 파라과이의 아체족 사이에서는 나이 효과를 배제했을 경우, 육체적으로 매력적인 여자의 번식 성공률이 덜 매력적인 여자보다 더 높았다(Hill & Hurtado, 1996). 1937년부터 1940년 사이

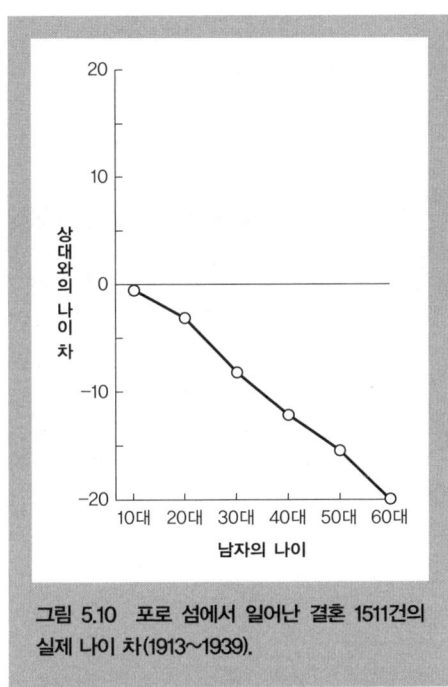

그림 5.10 포로 섬에서 일어난 결혼 1511건의 실제 나이 차(1913~1939).

출처: Kenrick, D. T., & Keefe, R. C. (1992). Age preferences in mates reflect sex differences in reproductive strategies. *Behavioral and Brain Sciences, 15*, 75–133. Reprinted with permission.

에 태어난 위스콘신 주 여성 1244명을 대상으로 한 조사에서도 고등학교 졸업 기념 앨범을 기준으로 평가했을 때 매력적인 여자와 아주 매력적인 여자가 덜 매력적인 여자보다 더 많은 자녀를 낳았다(Jokela, 2009). 그러나 오늘날의 폴란드 여성 47명을 대상으로 한 소규모 조사 연구에서는 여자의 매력과 번식 결과 사이의 연관 관계를 찾을 수 없었다(Pawlowski et al., 2008). 현대의 피임 기술이 여자의 아름다움과 자손 생산 사이의 역사적 연결 관계를 단절시켰을 가능성이 있다. 물론 조상이 살던 환경에서 일어난 것과 같은 번식 결과를 낳건 말건 간에, 젊고 매력적인 여자를 원하는 남자의 진화한 배우자 선호는 현대의 환경에서도 계속 작동하면서 영향을 미친다.

남자의 선호가 주의, 목소리, 팁, 약혼 반지에 미치는 효과

남자의 배우자 선호는 지각적 주의에서부터 현금 자원의 실제 배분에 이르기

까지 다양한 행동에 영향을 미치는 것처럼 보인다. 한 실험실 연구는 시각적 단서 과제라는 것을 사용했는데, 참여자들에게 처음에는 매력적이거나 보통의 남자 또는 여자 같은 특정 자극에 초점을 맞추었다가 그 다음에는 컴퓨터 화면의 다른 점으로 주위를 돌리라고 지시했다(Maner, Gaillot, & DeWall, 2007). 최초의 자극이 매력적인 여자였을 경우, 남자들은 화면의 새로운 점으로 주의를 돌리기가 더 힘들었다(〈그림 5.11〉 참고). 그것은 마치 남자들의 시각적 주의가 매력적인 여자에게 고착된 것처럼 보였다(주의 고착). 이러한 지각적 편향은 모든 남자에게 일어났지만, 특히 단기적 짝짓기 전략을 추구하는 경향이 있는 남자에게 강하게 나타났다(6장 참고).

여자들은 더 남성적인 목소리—낮고 굵은 목소리—를 가진 남자를 선호한다고 한 이야기가 기억날 것이다. 한 연구에서는 사전에 육체적 매력에서 다양한 평가를 받은 여자들의 사진을 남자들에게 보여주고 나서 해당 사진의 여자들에게 전화를 걸게 했다(Hughes, Farley, & Rhodes, 2010). 남자들은 전화를 받는 상대가 진짜로 사진의 그 여자인 줄 알았는데, 매력적인 여자와 통화를 한다고 믿은 남자는 덜 매력적인 여자와 통화를 한다고 믿은 남자와는 대조적으로 평소보다 더 낮은 목소리로 말했다. 이 목소리를 녹음했다가 독립적인 평가자들에게 들려주자, 평가자들은 더 낮은 목소리가 훨씬 호감이 간다고 판단했다. 게다가 덜 매력적인 여자와 통화를 할 때보다 매력적인 여자와 통화를 할 때 남자의 피부 전도가 훨씬 증가했는데, 이것은 그들이 '짝짓기 불안' 때문에 생리적으로 더 많은 자극을 받았거나 흥분되었음을 시사한다.

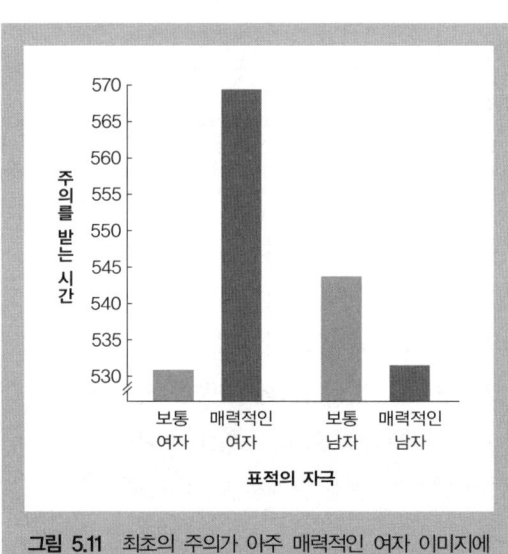

그림 5.11 최초의 주의가 아주 매력적인 여자 이미지에 붙들리기 때문에, 남자 표적이나 보통 여자 표적의 이미지에 비해 그런 이미지에서 주의를 떼어내기가 훨씬 어렵다.

출처: Maner, J. K., Gaillot, M. T., & DeWall, N. (2007). Adaptive attentional attunement: Evidence for mating-related perceptual bias. *Evolution and Human Behavior, 28*, 2836. (Figure 1, p. 32). Reprinted with permission from Elsevier.

매력적인 여자를 원하는 남자의 선호는 현금 지출을 조사한 행동학적 측정에서도 나타난다. 생태학적으로 유효한 한 연구는 레스토랑 여종업원 374명을 대상으로 그들이 받는 평균적인 팁을 계산서 금액의 백분율로 계산했다(Lynn, 2009). 더 젊고 가슴이 더 크고 금발이고 체격이 작은 여종업원일수록 그렇지 않은 여종업원보다 더 많은 팁을 받았다. 그리고 프러포즈를 할 목적으로 약혼 반지를 구입하는 남자 127명을 대상으로 한 조사에서는 신부가 될 여자가 젊을수록 훨씬 많은 돈을 쓴다는 결과가 나왔다(Cronk & Dunham, 2007). 저자들은 남자들이 약혼 반지에 쓰는 돈의 액수에는 케냐의 킵시기스족과 같은 다른 사회에서 치르는 신부 값처럼 여자의 배우자 질에 대한 진화한 기준이 반영된다고 결론지었다.

남자의 배우자 선호가 여자의 경쟁 전술에 미치는 효과

한쪽 성의 선호는 반대 성에 일어나는 경쟁의 형태에 영향을 미칠 것으로 예측된다(Buss, 1994b). 구체적으로는 만약 남자의 선호가 오랜 시간에 걸쳐 짝짓기 행동에 중요한 영향을 끼쳤다면, 여자들은 남자들이 원하는 것을 이루거나 구현하기 위해 서로 경쟁할 것이라고 예측할 수 있다. 이 예측을 검토하려면 세 가지 자료원을 살펴보는 게 적절하다 : 여자가 남자를 유혹하는 데 사용하는 전술에 대한 연구, 여자가 경쟁자를 물리치는 데 사용하는 전술에 대한 연구, 여자가 남자를 찾을 때 개인 광고에 포함시키는 자기 소개에 대한 연구.

한 연구에서 비스(1988c)는 당사자가 보고한 내용을 바탕으로 배우자를 유혹하는 101가지 전술의 사용과 지각된 효과를 검토했다. 외모를 부풀리는 것이 크게 두드러졌다. 다음과 같은 유혹 전술을 사용했다고 보고한 사람들은 여자가 남자보다 훨씬 많았다 : "얼굴 화장을 짙게 했다.", "몸매를 예쁘게 하려고 다이어트를 했다.", "화장품을 사용하는 방법을 배웠다.", "몸을 단정하게 꾸몄다.", "외모를 돋보이게 하는 화장을 했다.", "새롭고 흥미로운 헤어스타일을 했다." 지각된 효율성에 대한 점수는 자기 보고 실적과 일치했다 : 외모를 향상시키는 행동은 어떤 것이건 남자가 여자를 유혹할 때보다 여자가 남자를 유혹할 때 더 효과적인 것으로 판단되었다.

윌리엄 툭William Tooke과 로리 카미리Lori Camire(1991)는 이성 간의 속임

수 전술, 즉 짝짓기 경기장에서 남자가 여자를 속이거나 여자가 남자를 속이는 방법의 사용과 효과를 살펴보았다. 두 사람은 남녀 대학생들에게 이성을 속이는 다양한 전술을 실제로 사용한 경험을 보고하고, 그 효과를 평가하게 했다. 남자들보다 여자들이 외모를 포함해 속임수 전술을 훨씬 많이 사용했다 : "가까이에 이성이 있으면 숨을 들이쉬어 배를 집어넣었다.", "눈이 다른 색인 것처럼 보이게 하려고 컬러 콘택트 렌즈를 끼었다.", "머리카락을 염색했다.", "가짜 손톱을 붙였다.", "실제보다 날씬하게 보이려고 어두운 색의 옷을 입었다.", "패드가 들어간 옷을 입었다." 외모를 향상시키는 속임수는 남자가 사용할 때보다 여자가 사용할 때 이성을 유혹하는 데 훨씬 효과적인 것으로 나타났다. 또 다른 연구에서는 여자는 나이가 들수록 배우자를 찾는 개인 광고를 낼 때 자신의 나이에 대한 정보를 숨기는 경향이 있는 것으로 드러났다(Pawlowski & Dunbar, 1999b). 요컨대, 이성을 유혹하려고 할 때, 여자의 행동은 남자들이 표현하는 선호에 아주 민감한 반응을 보인다.

여자들은 또한 경쟁자가 포함된 상호작용에서도 남자에 대한 배우자 선호에 민감한 것처럼 보인다(Buss & Dedden, 1990). 한 가지 전술은 경쟁자의 외모를 깎아내리는 것인데, "경쟁자의 외모를 비웃거나" "다른 사람들에게 경쟁자가 뚱뚱하고 못생겼다고 말하거나" "경쟁자의 몸 크기와 체형을 비웃는" 방법 등을 사용한다. 경쟁자의 외모를 깎아내리는 방법은 남자보다는 여자가 사용할 때 더 효과가 있는 것으로 평가된다. 흥미롭게도 메리앤 피셔 Maryanne Fisher 는 여자들은 생리 주기 중 에스트로겐 수치가 낮은 시기보다 높은 시기(가임기)일 때 경쟁자의 외모를 깎아내리는 행동을 할 가능성이 더 높다는 사실을 발견했다(Fisher, 2004). 피셔는 "많은 여자들이 '좋은' 배우자를 놓고 매력을 통해 동성 간 경쟁을 벌인다면, 가장 중요한 순간—생식을 위해 아주 중요한 시기—에 경쟁 수준을 높이는 것이 유리할 것이다."라고 결론내렸다(Fisher, 2004, p. S285).

남녀 간의 더 큰 차이는 경쟁자의 정절을 깎아내리는 행동에서 나타난다. "경쟁자를 문란하다고 이야기하는" 전술은 충실한 아내를 원하는 남자의 욕구를 이용하는 것인데, "경쟁자를 매춘부라 부르거나" "다른 사람들에게 경쟁자가 많은 남자와 잤다고 말하거나" "다른 사람들에게 경쟁자가 행실이 나빠 아무하고나 잔다고 말하는" 방법을 사용한다. 경쟁자를 문란하다고 이야기하는

진화심리학

것은 남자보다는 여자에게 더 효과적인 것으로 보인다. 여자들이 경쟁자를 헐뜯는 전술은 남자의 장기적 배우자 선호, 특히 여자의 외모와 정절을 원하는 선호에 민감한 것이라고 결론내릴 수 있다.

남자들이 외모를 중시하는 효과는 여자들에게 섭식 장애라는 부정적 혹은 부적응적 결과를 초래할 수 있다. **성 경쟁 가설**에 따르면, 신경성 식욕부진증(살이 찌는 것에 대한 두려움 때문에 일어나는 식욕부진 증상. 거식증이라고도 함)이나 신경성 대식증(음식을 지나치게 많이 먹고 나서 토하거나 단식을 통해 만회하려는 행동) 같은 섭식 장애는 날씬함을 추구하는 배우자 경쟁 전략의 부적응적 부산물이다(Abed, 1998). 배우자를 놓고 특히 치열한 동성 간 경쟁을 벌이는 미국 여자들은 다른 여자들보다 자신의 몸매를 불만스럽게 여기는 경향이 더 강하며, 날씬해지려고 지나치게 노력하는데, 이 때문에 신경성 식욕부진증이나 신경성 대식증 같은 섭식 장애가 나타나기 쉽다(Faer et al., 2005). 저자들은 (1) 남자들이 배우자의 외모를 중요시하는 태도, (2) 날씬한 모델을 강조하는 미디어의 이미지, (3) 미국의 높은 건강 수준이 결합하여 더 젊게 보이려는 일종의 동성 간 폭주 경쟁을 빚어내며, 그러다 보니 젊음의 핵심인 날씬함을 추구하는 경쟁이 치열하다고 주장한다(Salmon et al., 2008).

요약하면, 많은 증거 자료는 남자들의 선호가 짝짓기 경기장에서 나타나는 실제 행동에 영향을 미친다는 개념을 지지한다. 첫째, 남자들은 매력적이고 젊은 여자를 바라는 것과 같은 자신의 선호에 부합하는 개인 광고에 더 많은 반응을 보인다. 둘째, 남자들은 실제로 자신보다 어린 여자와 결혼하며, 결혼 횟수가 많아질수록 나이 차가 더 벌어진다. 셋째, 여자들이 배우자를 유혹하는 전술과 경쟁자를 깎아내리는 전술은 주로 남자들이 장기적 배우자에게서 선호하는 영역에서 많이 펼친다. 이 모든 경험적 증거를 고려할 때, 남자의 배우자 선호는 자신의 짝짓기 행동뿐만 아니라 여자들이 배우자를 놓고 경쟁 전술을 펼치는 짝짓기 행동에도 영향을 미친다고 결론내릴 수 있다.

▌ 요약

결혼은 남자 조상에게 잠재적 이득을 많이 주었다. 무엇보다도 배우자, 특히 더 바람직한 배우자를 유혹할 수 있는 기회가 더 많아졌을 것이다. 남자는 결혼을 함으로써 부성 확실성을 높일 수 있었는데, 결혼한 여자에게 성적으로 연속적으로 혹은 배타적으로 혹은 지배적으로 접근할 수 있었기 때문이다. 적합도 자산 측면에서 남자는 부모가 제공하는 보호와 투자를 통해 자식의 생존과 번식 성공률을 높여 혜택을 얻었을 것이다.

남자의 장기적 배우자 선택 결정에서는 크게 두 가지 적응 문제가 떠오른다. 첫 번째는 생식력 혹은 번식 가치가 높은 여자—아이를 잘 낳을 수 있는 여자—를 확인하는 것이다. 많은 증거는 남자는 여자에게서 생식 능력의 단서를 나타내는 매력을 파악하도록 미의 기준이 진화했다고 시사한다. 그런 단서 중에서 젊음과 건강을 나타내는 신호—깨끗한 피부, 두툼한 입술, 작은 아래턱, 대칭적인 신체 특징, 하얀 치아, 상처와 궤양이 없는 신체, 여성적인 얼굴, 대칭적인 얼굴, 평균적인 얼굴, 낮은 허리 대 엉덩이 비율—가 중요하다. 체지방의 양과 WHR에 대한 선호는 문화에 따라 예측 가능한 범위 내에서 차이가 나는데, 상대적인 식량 부족뿐만 아니라 현지 문화에서 나타나는 실제 WHR의 분포 등이 그런 차이를 빚어내는 중요한 요인이다.

두 번째 적응 문제는 부성 불확실성 문제이다. 인류의 진화 역사를 통해 이 적응 문제에 무관심했던 남자들은 딴 남자의 자식을 키우는 위험을 감수해야 했는데, 그것은 번식 성공률에서 값비싼 비용을 치르게 했을 것이다. 많은 나라의 남자들은 잠재적 신부의 처녀성을 중요시하지만, 이러한 태도가 보편적인 것은 아니다. 보편적인 해결책으로 더 가능성이 높은 방법은 정절—아내가 자신하고만 배타적으로 섹스를 할 가능성—에 대한 단서를 중요시하는 것이다.

남성 동성애 지향은 진화의 역설로 불려왔는데, 동성애는 번식 성공률을 크게 낮춘다고 알려져 있기 때문이다. 유력한 진화 가설들 중에서 친족 이타성 가설은 찬반이 섞인 경험적 지지를 받은 반면, 여성 생식력 가설이 경험적 지지를 가장 많이 받았다.

남자의 장기적 짝짓기 전략에 영향을 미치는 맥락은 여러 가지가 있다. 첫째, 권력이나 지위, 자원처럼 대부분의 여자들이 원하는 것을 가진 남자는 많은 남자들이 선호하는 여자를 유혹하는 데 성공할 가능성이 가장 높다. 둘째, 매력적인 여자의 이미지는 남자에게 정식 배우자에 대한 헌신적인 생각을 감소시키는 것으로 보인다. 셋째, 남자는 헌신적인 짝짓기 관계에 들어간 뒤에는 테스토스테론 수치가 감소하지만, 일부일처제를 지키고 다른 여자와 바람 피울 생각을 하지 않을 경우에만 그렇다. 넷째, 매력적인 여자와 상호작용을 하면, 심지어는 매력적인 여자가 곁에 있는 것만으로도 남자는 테스토스테론 수치가 증가할 뿐만 아니라 위험을 감수하는 행동도 증가한다. 다섯째, 남자의 배우자 선호는 '짝짓기 예산'에 따라 변한다. 짝짓기 예산이 제한돼 있을 때, 남자들은 적절한 수준의 육체적 매력 같은 '필수품'을 특별히 중요시한다. 그런 필수품을 충족시키고 나면, 창조성이나 성격 특성 같은 '사치품'에 관심을 더 많이 쏟는다.

　여러 가지 행동학적 자료원은 남자의 배우자 선호가 실제 짝짓기 행동에 영향을 미친다는 가설을 확인해준다. 첫째, 개인 광고에 반응을 보이는 남자들은 자신이 젊고 매력적이라고 주장하는 여자에게 더 많은 반응을 보인다. 둘째, 전 세계의 남자들은 자신보다 세 살쯤 어린 여자와 결혼한다 ; 이혼한 뒤에 재혼하는 남자들은 그보다 더 어린 여자와 결혼하는 경향을 보이는데, 두 번째 결혼에서는 다섯 살쯤, 세 번째 결혼에서는 여덟 살쯤 어린 여자와 결혼한다. 셋째, 자신보다 어린 여자와 결혼한 남자는 번식 성공률이 더 높다. 넷째, 남자들은 덜 매력적인 여자보다 매력적인 여자에게 시각적 주의를 더 많이 보이며, 주의를 다른 데로 돌리라는 지시를 받더라도 매력적인 여자일수록 주의를 돌리는 데 어려움을 더 겪는다. 다섯째, 매력적인 여자와 상호작용하는 남자는 목소리가 더 낮아진다. 즉, 여자들이 매력적으로 느끼는 남성적인 목소리 영역으로 더 낮아진다. 여섯째, 매력적인 여종업원, 특히 젊고 가슴이 크고 금발인 여종업원은 남자들에게서 팁을 더 많이 받는다. 일곱째, 남자들은 약혼자에게 반지를 사줄 때 약혼자가 젊을수록 더 많은 돈을 쓴다. 여덟째, 여자들은 남자를 유혹하려는 목적으로 자신의 외모를 더 낫게 보이기 위해 화장과 다이어트, 성형 수술을 하는 등 남자들보다 훨씬 많은 노력을 기울인다. 이것은 여자들이 남자들이 표현하는 선호에 반응하고 있음을 말해준다. 아홉째, 여자들은 외모를 폄하한다든지 행실이 문란하다고 이야기한다든지 하는 방법으로 경쟁자를 깎아내리는 경향이 있는데, 이런 것들은 남자들이 장기적 배우자에게 바라는 선호에서 벗어나는 속성이기 때문에 경쟁자를 남자에게 덜 매력적으로 보이게 하기에 효과적인 전술이다.

추천 독서 목록

Bryant, G. A., & Haselton, M. G. (2009). Vocal cues of ovulation in human females. *Biology Letters, 5,* 12–15.

Cornelissen, P. L., Hancock, P. J. B., Kiviniemi, V., George, H. R., & Tovee, V. (2009). Patterns of eye movements when male and female observers judge female attractiveness, body fat, and waist–to–hip ratio. *Evolution and Human Behavior, 30,* 417–428.

Cronk, L., & Dunham, B. (2007). Amounts spent on engagement rings reflect aspects of male and female mate quality. *Human Nature, 18,* 329–333.

Dixon, B. J., Grimshaw, G. M., Linklater, W. L., & Dixon, A. F. (2010). Eye tracking of men's preferences for waist–to–hip ratio and breast size of women. *Archives of Sexual Behavior,* DOI 10.1007/s10508–009–9523–5.

Li, N. P., Bailey, J. M., Kenrick, D. T., & Linsemeier, J. A. W. (2002). The necessities and luxuries of mate preferences : Testing the tradeoffs. *Journal of Personality and Social Psychology, 82,* 947–955.

Maner, J. K., Gailliot, M. T., & DeWall, N. (2007). Adaptive attentional attunement : Evidence for mating–related perceptual bias. *Evolution and Human Behavior, 28,* 28–36.

Platek, S. M., & Singh, D. (2010). Optimal waist–to–hip ratios in women active neural reward centers in men. *PLoS ONE, 5,* 1–5.

Ronay, R., & von Hippel, W. (2010). The presence of an attractive woman elevates testosterone and physical risk taking in young men. *Social Psychological and Personality Science, 1,* 57–64.

Roney, J. R., Simmons, Z. L., & Lukaszewski, A. W. (2010). Androgen receptor genes sequence and basal cortisol concentrations predict men's hormonal responses to potential mates. *Proceedings of the Royal Society, B, 277,* 57–63.

Salmon, C., Crawford, C., Dane, L., & Zuberbier, O. (2008). Ancestral mechanisms in modern environments : Impact of competition and stressors on body image and dieting behavior. *Human Nature, 19,* 103–117.

Sugiyama, L. (2005). Physical attractiveness in adaptationist perspective. In D. M. Buss (Ed.), *The handbook of evolutionary psychology* (pp. 292–342). New York : Wiley.

Symons, D. (1979). *The evolution of human sexuality*. New York : Oxford University Press.

Tooke, W., & Camire, L. (1991). Patterns of deception in intersexual and intrasexual mating strategies. *Ethology and Sociobiology, 12*, 345-364.

Vasey, P. L., & VanderLaan, D. P. (2010). Avuncular tendencies and the evolution of male androphilia in *Fa'afafine. Archives of Sexual Behavior, 39*, 821-830.

Williams, G. C. (1975). *Sex and evolution*. Princeton, NJ : Princeton University Press.

제6장
단기적 성 전략

::

[여자는] 종종 좋아하는 연인과 함께 달아난다……
따라서 여자는 흔히 생각해온 것처럼
결혼에서 아주 비참한 상태에 있는 게 아니라는 걸 알 수 있다.
여자는 결혼 전이건 후이건 좋아하는 남자를 유혹할 수 있으며,
때로는 싫어하는 남자를 거부할 수 있다.
— 찰스 다윈, 1871

그러한 이중적 기준의 생물학적 아이러니는
만약 역사적으로 여자들이 그런 기질이 표현될 기회를 항상 거부했더라면,
남자들이 바람을 피우도록 선택되었을 리가 없다는 것이다.
— 로버트 스미스Robert Smith, 1984

대학 캠퍼스에서 매력적인 이성이 여러분에게 다가와 "안녕하세요? 그 동안 당신을 죽 지켜봤는데, 딱 내 스타일이에요. 나랑 섹스할래요?"라고 말했다고 하자. 여러분은 어떤 반응을 보이겠는가? 만약 여러분이 한 조사에 참여한 여자들 100%와 똑같다면, 아주 단호하게 거절할 것이다. 여러분은 모욕을 느끼거나 화가 나거나 그저 어리둥절해할 것이다. 그러나 만약 여러분이 같은 조사에 참여한 남자들과 같다면, 좋다고 동의할 가능성이 아주 높다—조사에 참여한 남자들 중 75%가 그랬던 것처럼(Clarke & Hatfield, 1989). 당신이 남자라면 매력적인 여성의 유혹에 넘어갈 가능성이 아주 높다. 이어진 연구에서 남자들은 덜 매력적인 여자보다 매력적인 여자의 섹스 제의를 수락할 가능성이 높은 반면, 여자들은 감정적 친밀감을 어느 정도 느낀 상황에서라면 사회경제적 지위가 높고 매력도 많은 남자의 섹스 제의를 수락할 가능성이 높은 것으로 나타났다(Greitemeyer, 2005). 남자들의 경우, 약간 매력이 떨어지는 여자라면 65%가, 중간 정도의 매력이 있는 여자라면 79%가, 아주 매력적인 여자라면 82%가 섹스 제의를 수락할 가능성이 어느 정도 있다고 대답했다. 여자들의 경우,

진화심리학

약간 매력이 떨어지는 남자라면 5%가, 중간 정도의 매력이 있는 남자라면 13%가, 아주 매력적인 남자라면 24%가 섹스 제의를 수락할 가능성이 어느 정도 있다고 대답했다. 캐주얼 섹스에 대한 남녀의 반응이 이렇게 다르다는 사실은 놀라운 일이 아닐 수도 있다. 진화심리학 이론들은 그 차이와 그 정도를 설명할 수 있는 원리적 기초를 제시한다.

■ 남자의 단기적 짝짓기에 관한 이론들

단기적 짝짓기 이론들을 살펴보는 것으로 이야기를 시작하자. 첫째, 남자의 단기적 짝짓기에는 어떤 적응 논리가 있는지, 그리고 왜 그것이 여자의 심리적 레퍼토리보다 남자의 심리적 레퍼토리에서 더 크게 부각돼 보이는지 살펴볼 것이다. 둘째, 남자가 단기적 짝짓기에서 부담하는 잠재적 비용을 검토할 것이다. 셋째, 남자가 단기적 짝짓기를 성공적으로 추구하려면 반드시 해결해야 할 구체적인 적응 문제들을 살펴볼 것이다.

단기적 짝짓기가 남자에게 주는 적응적 편익

4장에서 소개한 트리버스(1972)의 부모 투자와 성 선택 이론은 단기적 짝짓기를 추구하는 행동에서 남녀 차이를 예측할 수 있는 강력한 기초를 제공한다 : 남자는 여자보다 캐주얼 섹스를 바라는 욕구가 더 강하게 진화했을 것이다. 똑같은 섹스 행위를 하더라도, 여자에게는 아홉 달 동안 임신에 투자를 해야 하는 결과가 돌아오지만, 남자는 사실상 아무 투자도 하지 않는다. 남자 조상이 일 년 동안 생식 능력이 있는 여자 수십 명을 만나 단기적 짝짓기를 했다면, 많은 여자를 임신시킬 수 있었을 것이다. 반면에 여자 조상은 같은 기간에 남자 수십 명과 섹스를 하더라도, 아이를 단 한 명밖에 낳지 못한다(쌍둥이나 세 쌍둥이를 낳지 않는 한). 단기적 짝짓기의 기능과 편익 효과에 대한 논의는 〈박스 6.1〉을 참고하라.

단기적 짝짓기 전략을 성공적으로 추구하는 남자에게 돌아가는 번식상의 편익은 출생하는 자손의 수 증가라는 직접적인 효과로 나타났을 것이다. 예를 들어 두 아이를 거느린 기혼 남성은 임신과 출산으로 이어지는 한 번의 단기적 짝짓기로 번식 성공률을 50%나 증가시킬 수 있다. 물론 이 편익은 단기적 짝짓기로 태어난 아이가 살아남는다는 가정을 전제로 성립한다. 조상들이 살던 환경에서는 아이가 살아남을 가능성은 다른 수단들(예컨대 자신의 노력이나 친족 혹은 다른 남자들의 도움)을 통해 자원을 확보하는 여자의 능력에 달려 있었다. 역사적으로 남자들은 한 배우자에게서 얻는 아이의 수를 늘리기보다는 주로 섹스 파트너의 수를 늘리는 방법으로 번식 성공률을 증가시킨 것으로 보인다 (Betzig, 1986 ; Dawkins, 1986).

단기적 짝짓기가 남자에게 초래하는 잠재적 비용

그러나 단기적 짝짓기 전략은 남자에게 잠재적 비용을 초래할 수 있다. 인류의 진화 역사를 통해 남자들은 다음과 같은 위험을 감수해야 했다 : (1) 성병 감염 위험, 섹스 파트너의 수가 늘어날수록 그 위험도 증가한다 ; (2) '난봉꾼'이라는 달갑지 않은 사회적 평판을 얻을 위험, 이것은 바람직한 장기적 배우자를 얻는 데 불리하게 작용할 수 있다 ; (3) 아버지의 투자와 보호 부족으로 자식의 생존 가능성이 감소할 위험 ; (4) 만약 상대 여자가 결혼을 했거나 짝이 있다면, 질투한 남편이나 남자 친구의 손에 폭행을 당할 위험 ; (5) 상대 여자의 아버지나 남자 형제들에게 폭행을 당할 위험 ; (6) 아내가 복수하려고 바람을 피울 위험과 이혼이라는 값비싼 대가를 치를 위험(Buss & Schmitt, 1993 ; Daly & Wilson, 1988 ; Freeman, 1983).

단기적 짝짓기가 자손 출산의 증가라는 형태로 남자에게 주는 적응적 편익이 아주 크다는 점을 감안하면, 자연 선택은 이러한 비용에도 불구하고 단기적 짝짓기 전략을 선호했을 수 있다. 비용이 낮거나 그것을 회피할 수 있을 때, 자연 선택은 남자들에게서 단기적 짝짓기를 추구하는 심리 기제를 선호했을 것이라고 기대할 수 있다.

단기적 짝짓기를 추구할 때 남자가 해결해야 할 적응 문제

단기적 짝짓기 전략을 추구한 남자 조상들은 여러 가지 특별한 적응 문제—파트너의 수 또는 다양성, 성적 접근성, 생식력이 있는 여자 확인하기, 헌신 피하기 등—에 맞닥뜨렸다.

진화심리학

BOX 6.1

단기적 짝짓기의 기능 대 편익 효과

단기적 짝짓기는 원래의 기능과는 다른 편익 효과가 있는지도 모른다. 예를 들면, "영화에서 남자 배우나 여자 배우의 배역을 따는 것"은 단기적 짝짓기로 얻는 편익 효과일 수 있지만, 원래의 기능일 리가 없다. 영화는 현대의 발명품이며, 인류가 진화한 환경, 즉 자연 선택이 작용하던 환경의 일부가 아니기 때문이다. 물론 그렇다고 해서 단기적 짝짓기가 "지위나 특권을 얻기 위한 섹스의 교환"이라는 더 추상적인 기능을 가졌을 가능성을 배제하진 않는다.

어떤 편익이 단기적 짝짓기의 기능이라고 부를 만한 자격을 갖추려면 다음과 같은 조건을 만족시켜야 한다: (1) 인류의 진화 역사를 통해 반복적인 선택 압력이 작용해 어떤 조건에서 단기적 짝짓기 전략을 구사하는 사람들이 그 편익을 반복적으로 누렸어야 한다; (2) 단기적 짝짓기 추구가 적합도 자산에 초래하는 비용이 그것을 추구하는 상황에서 얻는 편익보다 적어야 한다; (3) 자연 선택은 특정 상황에서 단기적 짝짓기를 촉진하도록 특별히 설계된 심리 기제를 최소한 한 가지는 선호했어야 한다.

우리는 시간을 거슬러 과거로 돌아갈 수 없기 때문에, 다양한 증거 기준을 사용해 단기적 짝짓기를 촉진하도록 특별히 설계된 심리 기제의 진화를 추론해볼 수밖에 없다. 우리가 채택할 수 있는 기준에는 다음과 같은 것들이 있다: (1) 대다수 혹은 모든 문화의 사람들은 특정 조건에서 그런 행동을 구속하는 신체적 제약이 없다면 단기적 짝짓기를 하는가? (2) 남자와 여자가 단기적 짝짓기 행동을 하는 특정 맥락이 있는가? 즉, 그런 맥락에 민감한 심리 기제가 있는가? (3) 조상이 살던 환경에 대해 우리가 알고 있는 지식을 바탕으로 생각할 때, 그러한 특정 맥락이 단기적 짝짓기를 할 기회를 반복적으로 제공했다고 추론하는 게 합리적인가? (4) 그런 맥락에서 단기적 짝짓기를 하는 여자나 남자가 얻는 잠재적 편익이 있는가?

아체족(Hill & Hurtado, 1996), 티위족(Hart & Piling, 1960), 쿵족(Shostak, 1981), 히위족(Hill & Hurtado, 1989), 야노마뫼족(Chagnon, 1983) 같은 부족 문화를 비롯해 알려진 모든 문화에서 단기적 짝짓기가 광범위하게 일어나고, 수백 년 전에 쓰인 희곡과 소설에서 부정 행위가 흔히 등장하며, 인간의 정자 경쟁에 대한 증거가 발견되고(Baker & Bellis, 1995), 성적 다양성을 추구하는 욕구가 넘치는 사실을 감안하면, 조상들이 살던 조건은 단기적 짝짓기를 하는 여자나 남자가 때로는 편익을 얻도록 반복적으로 기회를 제공했다고 추론하는 것이 합리적이다.

파트너의 수 또는 다양성 문제. 단기적 짝짓기를 성공적으로 추구하려면 동기를 부여하는 적응, 즉 남자에게 다양한 섹스 파트너를 추구하도록 충동하는 어떤 요인이 필요하다. 파트너의 수 문제에 대한 첫 번째 해결책은 다수의 여자에게 성적으로 접근하고 싶어하는 욕구에서 찾을 수 있다(Symons, 1979). 두 번째 특별한 적응은 남자가 단기적 파트너에게 바라는 기준의 완화이다. 세 번째로 예측되는 적응은 최소한의 시간 투자라는 제약 조건을 따르는 것이다—즉, 성관계에 들어가기 전에 쓰는 시간을 단축하는 것이다.

성적 접근성 문제. 성적 접근이 가능한 여자를 향해 짝짓기 노력을 집중적으로 쏟아붓는 남자가 유리하다는 것은 말할 것도 없다. 섹스에 동의할 가망이 없는 여자에게 쏟아붓는 시간과 에너지, 구애 자원은 단기적 짝짓기 노력이 추구하는 목적과 상충한다. 성적 접근성 문제를 해결하기 위한 특별한 적응은 남자의 단기적 배우자 선호 형태로 나타날 수 있다. 새침하거나 성 경험이 없거나 보수적이거나 성 충동이 낮은 신호를 보이는 여자는 피하려고 할 것이다. 성적 개방성을 나타내는 옷이나 성적 문란을 암시하는 행동은 성적 접근성을 시사하기 때문에, 단기적 짝짓기를 추구하는 남자는 그런 신호를 선호할 것이다.

생식력이 있는 여자를 확인하는 문제. 진화 이론에서 나오는 명백한 예측 한 가지는 단기적 배우자를 찾는 남자들이 생식력과 관련된 신호를 보이는 여자를 선호하리란 것이다. 생식력이 가장 높은 여자는 한 번의 섹스만으로도 임신할 확률이 높다. 반면에 장기적 배우자를 원하는 남자들은 번식 가치가 더 높은 더 젊은 여자를 선호할 것으로 예측되는데, 그런 여자가 장래에 번식을 더 많이 할 가능성이 높기 때문이다(생식력과 번식 가치의 차이에 대해서는 5장을 참고하라).

　　이러한 차이—생식력 대 번식 가치—가 있다고 해서, 자연 선택이 남자들에게 하나는 캐주얼 섹스 쪽을 선호하고 다른 하나는 결혼 상대 쪽을 선호하는 두 가지 매력 기준을 만들어냈다고 볼 수는 없다. 중요한 사실은, 이러한 차이를 이용해 나이 선호의 변화에 관한 가설을 만들고 그것을 검증할 수 있다는 점이다.

헌신을 피하는 문제. 단기적 배우자를 원하는 남자들은 섹스에 동의하기 전에 진지한 헌신이나 투자를 요구하는 여자를 피할 것이라고 예측할 수 있다. 특정 여자에 대한 투자가 클수록 남자가 유혹하는 데 성공할 수 있는 섹스 파트너의 수는 줄어든다. 많은 투자를 요구하는 여자는 사실상 남자에게 장기적 짝짓기 전략을 채택하도록 강요한다. 따라서 단기적 배우자를 원하는 남자들은 섹스에 동의하기 전에 헌신이나 많은 투자를 요구하는 여자를 피할 것으로 예측된다.

█ 진화한 단기적 짝짓기 심리의 증거

캐주얼 섹스는 대개 쌍방의 동의가 필요하다. 최소한 일부 여자 조상들은 가끔 캐주얼 섹스를 한 게 분명한데, 왜냐하면 만약 역사를 통해 모든 여자가 평생 동안 한 남자하고만 일부일처제 방식으로 짝을 지어 살고 혼전 섹스도 전혀 하지 않았다면, 동의하는 여자와 캐주얼 섹스를 할 기회가 영영 사라지고 말았을 것이기 때문이다(Smith, 1984). 물론 강요된 섹스라는 예외적 상황이 있긴 하다—그것에 대해서는 11장에서 다룰 것이다.

단기적 짝짓기를 뒷받침하는 생리학적 증거

우리의 심리, 해부학적 구조, 생리, 행동에 남아 있는 적응들에는 이전에 존재한 선택 압력의 작용이 반영돼 있다. 오늘날 우리가 뱀에게 느끼는 두려움이 조상들이 맞닥뜨렸던 위험을 알려주는 것처럼, 성과 관련된 해부학적 구조와 생리는 조상들이 사용했던 단기적 성 전략을 알려준다.

고환의 크기. 여러 상대와 짝짓기를 한 역사를 말해주는 생리학적 단서가 많다. 하나는 남자의 고환 크기이다. 큰 고환은 대개 치열한 정자 경쟁—암컷이 둘 이상의 수컷과 교접을 하여 암컷의 생식관에 둘 이상의 수컷에게서 나온 정자가 동시에 들어가는 상황—의 결과로 진화한다(Short, 1979 ; Smith, 1984). 정자 경쟁은 수컷에게 정자가 많이 포함된 정액을 많이 생산하도록 선택 압력을 가한다. 소중한 난자를 차지하기 위한 경쟁에서 정자가 가득 포함된 정액이 많을수록 여자의 생식관에 들어 있는 다른 남자의 정액을 밀어내는 데 유리하다.

몸무게와 비교한 남자의 고환 크기는 고릴라나 오랑우탄보다 훨씬 크다. 몸무게와 비교한 수컷의 고환 크기는 고릴라가 0.018%, 오랑우탄이 0.048%이다(Short, 1979 ; Smith, 1984). 반면에 남자는 0.079%로, 오랑우탄보다 60% 이상 크며, 고릴라보다 4배 이상 크다. 상대적으로 큰 남자의 고환은 인류의 진화 역사를 통해 여자들이 가끔 며칠 이내의 짧은 시간에 두 명 이상의 남자와 섹스를 했음을 말해주는 한 가지 증거이다. 그렇지만 영장류 중에서 고환이 가장 큰 종은 사람이 아니다. 성 생활이 난잡한 침팬지에 비하면 남자의 고환 크기는 형편 없이 작다. 침팬지의 고환 크기는 몸무게의 0.269%로, 사람보다 3배 이상 크다. 이 사실은 우리 조상은 침팬지처럼 극단적으로 무차별적인 섹스로 치닫지는 않았음을 말해준다.

랭엄(1993)은 침팬지와 사람 사이의 성 차이를 구체적으로 파악하기 위해 다양한 영장류 종의 암컷이 새끼를 한 번 낳을 때 교접하는 수컷 파트너의 수를 조사한 여러 연구 자료를 분석했다. 일부일처제 경향이 매우 강한 고릴라 암컷들은 새끼를 한 번 낳는 데 교접한 수컷의 수가 평균 한 마리였다. 사람 여자는 한 번 출산하는 데 관계한 남자 파트너의 수가 1.1명으로 추정되었다. 즉, 고릴라보다 10%가 더 많았다. 반면에 비비 암컷은 수컷 섹스 파트너가 8 마리였고, 보노보는 9마리였으며, 침팬지는 13마리였다. 따라서 정자 경쟁을 낳는 행동—암컷이 다수의 수컷과 교접을 하는—은 정액의 양에 관한 증거와 잘 일치하는 것으로 보인다. 사람은 철저한 일부일처제를 따르는 고릴라보다는 정자 경쟁 수준이 높지만, 성 생활이 난잡한 침팬지나 보노보보다는 훨씬 낮다.

정자 수의 변화. 진화의 역사를 통해 캐주얼 섹스가 존재했음을 보여주는 또 하나의 단서는 정자 생산과 사정에 나타나는 변화에서 찾을 수 있다(Baker & Bellis, 1995). 한 연구는 배우자들이 서로 떨어져 지내는 상황이 정자 생산에 어떤 효과를 미치는지 알기 위해 35쌍의 부부를 조사했다. 이들은 섹스를 하고 나서 콘돔이나 플로백flowback(섹스 뒤에 여자의 질에서 저절로 방출되는 젤라틴 질 정액)을 수거해 정액을 제공하기로 동의했다. 각 부부가 서로 떨어져 지낸 기간은 아주 다양했다.

마지막으로 섹스를 하고 나서 부부가 떨어져 지낸 시간이 길수록 남자의 정자 수는 크게 증가했다. 마침내 섹스를 했을 때 부부가 떨어져 지낸 시간이 길수록 남자가 사정하는 정자가 더 많았다. 부부가 100%의 시간을 함께 지내는 경우에는 남자가 한 번 사정할 때 정액에 포함된 정자 수는 평균 3억 8900만 마리였다. 그렇지만 부부가 5%의 시간만 함께 지낼 경우, 남자가 한 번 사정할 때 정액에 포함된 정자 수는 평균 7억 1200만 마리로, 거의 2배나 증가했다. 부부가 따로 떨어져 바람을 피울 기회가 생겨 다른 남자의 정자가 아내의 생식관 안에 들어 있을지도 모른다고 의심될 때 남편의 정액에 포함된 정자 수가 증가했다. 부부가 재회했을 때 정자 수가 증가하는 현상은 남자가 마지막으로 사정한 시간과는 별 상관이 없었다. 아내와 떨어졌을 때 자위를 한 남자도 오랫동안 떨어졌다가 아내를 다시 만났을 때에는 더 많은 정자를 사정했다.

오랫동안 떨어졌다가 다시 만난 남편의 정자 수가 증가하면, 혹시라도 아내의 생식관에 들어 있을지도 모르는 다른 남자의 정자를 압도하거나 밀어냄으로써 난자에 먼저 도착하는 경쟁에서 이길 가능성을 높인다.

단기적 짝짓기를 뒷받침하는 심리학적 증거

이 절에서는 단기적 짝짓기를 뒷받침하는 **심리학적** 증거를 살펴본다. 즉, 성적 다양성에 대한 욕구, 섹스를 추구하기까지 걸리는 시간, 단기적 짝짓기의 기준 낮추기, 성적 환상의 성격과 빈도, '문 닫는 시간' 현상 등을 살펴본다.

다양한 섹스 파트너를 원하는 욕구. 다양한 파트너에 대한 성적 접근을 확보하는 문제에 대한 한 가지 심리적 해결책은 **정욕**이다 : 남자들은 강한 성욕이 진화했다. 남자들이 항상 이 욕구에 따라 행동하는 것은 아니지만, 성욕은 동기를 유발하는 강한 힘이다 : "설사 천 번의 충동 중에 실제 성관계로 이어지는 경우가 단 한 번뿐이라 하더라도, 정욕의 기능은 섹스의 동기를 부여하는 것이다."(Symons, 1979, p. 207)

사람들이 섹스 파트너를 몇 명이나 원하는지 알아보기 위해 연구자들은 미국의 미혼 대학생들에게 그 다음 한 달 동안부터 평생에 이르기까지 다양한 기간에 대해 섹스 파트너가 몇 명인 것이 이상적인지 물어보았다(Buss &

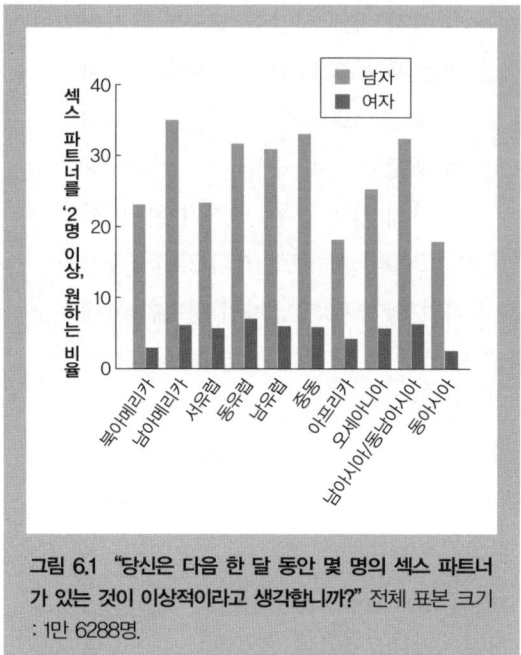

그림 6.1 "당신은 다음 한 달 동안 몇 명의 섹스 파트너가 있는 것이 이상적이라고 생각합니까?" 전체 표본 크기 : 1만 6288명.

출처: Data from International Sexuality Description Project, courtesy of David P. Schmitt.

Schmitt, 1993 ; Kennair et al., 2009 ; Schmitt et al, 2003). 방대한 비교문화 연구에서 나온 결과가 〈그림 6.1〉에 실려 있다(Schmitt et al, 2003). 세계 모든 지역의 모든 문화에서 그 다음 한 달 동안 2명 이상의 섹스 파트너를 원하는 비율은 남자가 여자에 비해 월등히 높았다. 노르웨이의 문화는 남녀 평등 수준이 아주 높은 문화이기 때문에 이러한 남녀 차이에 대해 특별히 흥미로운 테스트 케이스를 제공한다(Kennair et al., 2009). 노르웨이 여자들은 그 다음 1년 동안 원하는 섹스 파트너가 대략 2명이라고 대답했고, 남자들은 7명이라고 대답했다. 향후 30년 동안 원하는 섹스 파트너에 대해서는 노르웨이 여자들은 약 5명, 남자들은 무려 25명이라고 대답했다. 일부 심리학자들은 남녀 평등이 증가하면 남녀 차이가 줄어들거나 사라지는 결과가 나올 것이라고 주장한다(Eagly & Wood, 1999). 그런 일은 노르웨이에서는 아직 일어나지 않은 게 분명하며, 지금까지 조사한 다른 문화에서도 일어나지 않았다.

한 연구는 "죽고 난 뒤에 하느님 곁에 있는 것"에서부터 "창조적 연구를 통해 영구적인 기여를 하는 것"에 이르기까지 "개인적 소원" 48가지를 분석했다(Ehrlichman & Eichenstein, 1992). 그 중에서 남녀 차이가 가장 큰 소원은 "내가 원하는 어떤 사람하고도 섹스를 하는 것"이었다. 또 다른 연구는 남녀 676명에게 성욕을 느낀 빈도를 조사했는데, 평균적으로 남자는 일 주일에 37번을 느낀 반면, 여자는 9번을 느꼈다(Regan & Atkins, 2006).

6개 대륙, 13개 섬, 27개 언어, 52개 나라를 포함한 세계의 주요 지역 열 군데에서 1만 6288명을 대상으로 조사한 대규모 비교문화 연구에서도 모든

진화심리학

사례에서 남자들이 여자들보다 더 많은 섹스 파트너를 원하는 결과가 나왔다 (Schmitt et al, 2003). 작은 섬인 피지 섬에서부터 큰 섬인 타이완에 이르기까지, 스칸디나비아 북부에서부터 아프리카 남부에 이르기까지, 모든 섬과 대륙과 문화에서 남자들은 여자들보다 다양한 섹스 파트너에 대한 성적 욕구가 훨씬 컸다.

섹스를 추구하기까지 걸리는 시간. 다양한 파트너에게 성적 접근을 하는 문제에 대한 한 가지 심리적 해결책은 원하는 여자를 만나 섹스를 시도하기까지 걸리는 시간을 줄이는 것이다. 남녀 대학생들에게 바람직하다고 여기는 사람과 한 시간, 하루, 일 주일, 한 달, 6개월, 1년, 2년, 5년 등 다양한 시간 동안 아는 사이라고 가정했을 경우, 섹스에 동의할 가능성을 평가하게 했다(Buss & Schmitt, 1993). 남녀 모두 바람직한 잠재적 배우자를 5년 동안 알고 난 뒤에는 섹스를 할 것이라고 대답했다(〈그림 6.2〉 참고). 그렇지만 더 짧은 시간들의 경우, 섹스에 동의할 가능성은 남자들이 여자들보다 훨씬 높았다.

잠재적 배우자를 안 지 겨우 일 주일밖에 안 되었을 때에도 남자들은 섹스에 동의할 가능성에 대해 평균적으로 긍정적 반응을 보인다. 이와는 아주 대조적으로 여자들은 안 지 겨우 일 주일밖에 안 된 사람과 섹스를 할 가능성이 아주 낮다. 잠재적 배우자를 안 지 겨우 한 시간밖에 안 되었을 때 남자들은 섹스를 하려는 생각이 조금 부정 쪽으로 기울어지지만, 그 강도는 그렇게 강하지 않다. 여자들의 경우에는 만난 지 한 시간 뒤에 섹스를 한다는 것은 사실상 불가능에 가깝다.

다양한 파트너를 원하는 욕

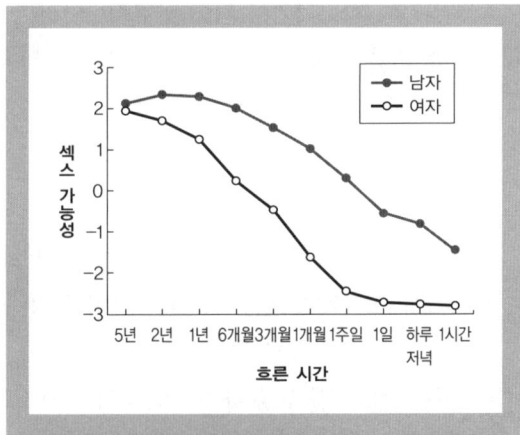

그림 6.2 섹스에 동의할 확률. 참여자들은 매력적인 이성을 알고 난 뒤에 섹스에 동의할 가능성을 다양한 기간에 대해 평가했다.

출처: Buss, D. M., & Schmitt, D. P. (1993). Sexual strategies theory: An evolutionary perspective on human mating. *Psychological Review, 100*, 204–232. Copyright © 1993 by the American Psychological Association. Reprinted with permission.

구와 함께 섹스를 시도하기까지 걸리는 시간을 줄이려는 남자의 경향은 다양한 파트너에게 성적으로 접근하는 적응 문제에 부분적인 해결책을 제공한다. 남자들이 만난 지 얼마 지나지 않아서 섹스에 동의할 가능성이 높은 경향은 미국(Schmitt, Shackelford & Buss, 2001)과 노르웨이(Kennair et al., 2009)의 다양한 연령과 지리적 장소의 표본을 통해 광범위하게 재현되었다.

진화심리학자 미셸 서비Michele Surbey와 콜레트 코노핸Colette Conohan은 파트너의 육체적 매력, 개성, 행동 특성 등이 다양한 조건에서 '캐주얼 섹스를 하려는 의향'을 조사하여 비슷한 결과를 얻었다(Surbey & Conohan, 2000). 그들은 "남자들은 여자들에 비해 모든 조건에서 섹스를 하려는 의향을 훨씬 강하게 나타냈다."라고 결론내림으로써(2000, p. 367) 남자들은 캐주얼 섹스에 대한 기준이 낮음을 시사했다. 게다가 다섯 건의 실험실 연구에서는 '성적 접근이 쉬워' 보이는 대상에 대해 바람직한 상대로 평가하는 비율은 여자들보다 남자들이 훨씬 높았는데, 다만 단기적 짝짓기라는 맥락에서만 그렇다(Schmitt, Couden, & Baker, 2001).

단기적 짝짓기에서 기준 낮추기. 다양한 캐주얼 섹스 파트너를 확보하는 문제에 대한 또 한 가지 심리적 해결책은 남자가 받아들일 수 있는 파트너에 대한 기준을 완화하는 것이다. 나이나 지능, 성격, 결혼 여부 같은 속성에 높은 기준을 적용하면 잠재적 배우자 중 대다수가 후보에서 제외되는 결과가 나온다. 반면에 기준을 완화하면 그만큼 자격을 갖춘 상대가 많아진다.

한 연구에서는 대학생들에게 일시적 관계와 영구적 관계의 파트너에 대해 각각 받아들일 수 있는 최소 나이와 최대 나이를 물었다(Buss & Schmitt, 1993). 일시적 관계인 파트너의 경우, 남자들은 여자들보다 받아들일 수 있는 나이 범위가 네 살쯤 많았다. 이 연령대의 남자들은 여자의 나이를 적게는 16세부터 많게는 28세까지 받아들이려고 한 반면, 여자들은 최소한 18세 이상, 많아도 26세를 넘지 않는 남자를 원했다. 남자들이 나이 기준을 완화하는 이 경향은 헌신적인 짝짓기에는 적용되지 않는다.

또한 남자들은 일시적인 상대에게 바람직한 특성 67가지 가운데 41가지에서 여자들보다 기준을 크게 낮추는 것으로 나타났다. 일시적인 만남에서 남자들은 매력, 운동 능력, 학력, 관대함, 정직, 독립성, 친절, 지능, 충성도, 유머 감각, 사교성, 재산, 책임감, 자발성, 협력성, 정서적 안정성과 같은 특성에 대해 낮은 기준을 요구한다. 남자들은 이렇게 광범위한 속성에 대한 기준을 낮추는데, 이것은 다양한 섹스 파트너에 접근하는 문제를 해결하는 데 도움이 된다.

배우자 선호. 남자들이 기준을 완화한다고 해서 기준이 전혀 없는 것은 아니다. 사실, 남자들이 바람을 피우기 위해 설정한 기준은 다양한 파트너에 대한 성적 접근을 얻기 위해 어떤 전략을 쓰는지 정확하게 드러낸다. 장기적 배우자에 대한 선호와 달리 남자들은 캐주얼 섹스 파트너로 새침하거나 보수적이거나 성 충동이 약한 여자를 싫어한다(Buss & Schmitt, 1993). 남자들은 잠재적 섹스 파트너의 성 경험을 높이 평가하는데, 경험이 없는 여자에 비해 경험이 있는 여자는 성적으로 접근하기가 더 용이하다는 믿음이 그 배경에 깔려 있다. 여자의 성적 문란, 강한 성 충동, 성 경험은 일시적인 성적 접근이 성공할 가능성이 높다는 신호를 줄 수 있다. 반면에 새침하거나 성 충동이 약한 것은 성적 접근이 어려우며, 따라서 남자의 단기적 성 전략에 차질을 빚을 수 있다는 신호가 된다.

또, 진화심리학자들은 단기적 짝짓기를 추구하는 남자들이 여자의 몸을 우선시할 것이라고 가정했는데, 여자의 몸은 생식력에 대해 가장 강력한 단서를 제공하기 때문이다(Confer et al., 2010 ; Currie & Little, 2009)(WHR, BMI를 비롯해 생식력과 관련된 그 밖의 신체 단서는 5장을 참고하라). 한 실험실 연구에서는 참여자들에게 '얼굴 상자'로 얼굴을 가린 이성과 '몸 상자'로 몸을 가린 이성의 이미지를 보여주었다(Confer et al., 2010). 그리고 나서 참여자들에게 그 사람과 원 나이트 스탠드를 하거나 헌신적인 관계를 맺는 상황을 상상하게 한 다음, 결정을 내리는 데 필요한 정보를 더 얻기 위해 어떤 상자를 치우길(오직 한 상자만 치울 수 있는 조건에서) 원하는지 물었다(〈그림 6.3〉 참고). 얼굴 정보를 우선시하는 장기적 짝짓기 상황과는 대조적으로 캐주얼 섹스를 생각하는 남자들은 몸에 대한 정보를 우선시하는 쪽으로 관심이 크게 이동했다—이것은 커리Currie와 리틀Little(2009)이 다른 방법론을 사용해 발견한 것과 똑같은 결과이다. 반면에 여자들에게서는 이러한 이동이 일어나지 않았으며, 단기적 짝짓기 상황이건 장기적 짝짓기 상황이건 남자의 얼굴을 우선시하는 경향을 보였다. 비록 추가 연구가 더 필요하긴 하지만, 이 결과들은 남자가 단기적 섹스 파트

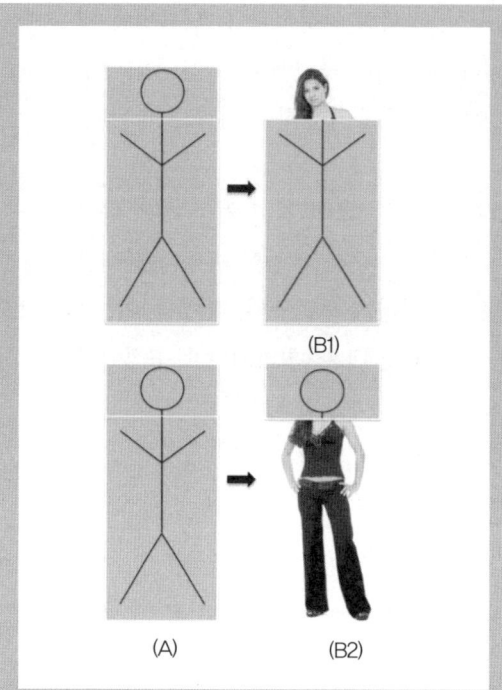

그림 6.3 장기적 배우자와 단기적 배우자를 원할 때, 당신은 각각의 경우에 어떤 상자를 치웠으면 좋겠는가? 참여자들은 얼굴 상자와 몸 상자 중 하나만 없애도록 결정할 수 있다. 이것을 통해 그 사람과 단기적 성관계를 원하는지 아니면 장기적 관계를 원하는지에 대한 정보를 알아낼 수 있다. 단기적 성관계를 원하는 남자들은 장기적 짝짓기 상황과는 대조적으로 잠재적 배우자의 몸에 대한 정보—여자의 생식력에 대해 중요한 정보를 제공한다고 알려진—에 더 관심이 많았다.

출처: Confer, J. C., Perilloux, C., & Buss, D. M. (2010): More than just a pretty face: Men's priority shifts toward bodily attractiveness in short-term mating contexts. *Evolution and Human Behavior, 31*, 349-353. Reprinted with permission from Elsevier.

너에게서 생식력의 단서를 우선시한다는 가설과 일치한다.

섹스 후의 헌신 최소화. 진화심리학자 마티 헤이즐턴 Martie Haselton은 단기적 짝짓기 전략의 성공을 촉진하기 위해 남자에게 일어났을 가능성이 있는 한 가지 적응—섹스 직후의 감정적 변화—의 증거를 발견했다(Haselton & Buss, 2001). 섹스 파트너가 많은 남자는 섹스 직후에 파트너의 성적 매력이 급격히 떨어지는 것을 경험하는 반면, 성 경험이 적은 여자나 남자에게서는 그런 현상이 나타나지 않는다. 한 여자는 자신의 경험을 다음과 같이 묘사했다 : "우리가 막 만난 순간에 그는 가장 열정적이고 내게 푹 빠진다. 하지만 섹스를 한 뒤에는 만족하여 더 이상 나를 별로 생각하지 않는 것 같다." 매력 감소 효과에 관한 이 연구는 남자에게는 일시적인 성 전략의 성공을 촉진하도록 설계된 또 다른 심리적 적응이 있다는 가설을 뒷받침한다. 그것은 바로 한 여자에 대한 투자를 최소화하기 위해 섹스가 끝난 후 서둘러 떠나거나 기존의 장기적 관계에 매여 있는 상황에서는 주변을 두리번거린다는 것이다.

문 닫는 시간 현상. 남자의 캐주얼 섹스 전략과 관련된 한 가지 심리학적 단서는 독신자 술집에서 하루 저녁 사이에 일어나는 매력 판단의 변화를 조사한 연구에서 얻을 수 있다(Glaude & Delaney, 1990 ; Nida & Koon, 1983 ; Pennebaker et al., 1979). 한 연구에서는 어느 술집에서 남자 137명과 여자 80명에게 오후 9시, 10시 30분, 자정에 각각 다가가 술집에 있는 이성들의 매력을 0~10점의 점수로 평가하게 했다(Glaude & Delaney, 1990). 문 닫을 시간이 다가올수록 남자들은 여자들을 점점 더 매력적으로 평가했다. 오후 9시에 남자들이 매긴

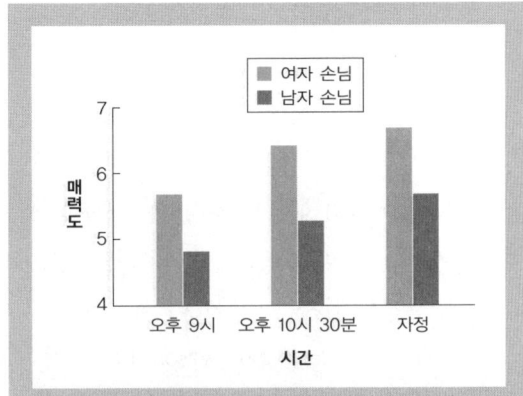

그림 6.4 문 닫는 시간 현상. 문 닫는 시간이 다가오면 남녀 모두, 그렇지만 남자 쪽이 더 많이, 이성이 더 매력적으로 보인다; 이 효과는 알코올 섭취량이 나타내는 효과를 배제한 뒤에도 나타난다. 여자 손님들은 남자 손님들이 평가했고, 남자 손님들은 여자 손님들이 평가했다.

출처 : Glaude, B. A., & Delaney, J. J. 1990. Gender differences in perception of attractiveness of men and women in bars. *Personality and Social Psychology Bulletin*, 16, 378-391. Copyright ⓒ 1990 by Sage Publications, Inc. Reprinted by permission of Sage Publications, Inc.

점수는 평균 5.5점이었지만, 자정에는 6.5점을 넘어섰다. 여자들이 남자들의 매력을 평가한 점수도 시간이 지남에 따라 높아졌지만, 전반적으로 남자들이 여자들의 매력을 평가한 점수에 비하면 낮았다. 여자들이 술집에 있는 남자들을 평가한 점수는 오후 9시에는 평균 5.0점이었고, 자정에 문을 닫을 무렵에는 5.5점으로 증가하는 데 그쳤다(〈그림 6.4〉 참고).

문 닫는 시간이 가까워지면서 매력에 대한 남자의 지각이 변하는 현상은 알코올 섭취량과는 상관 없이 일어난다. 술을 한 잔 마셨건 여섯 잔 마셨건 그것은 여자들이 더 매력적으로 보이는 지각 변화에는 아무런 영향을 미치지 않았다. 술에 취할수록 여자가 더 매력적으로 보인다는 소위 '비어 고글beer goggle' 현상은 밤이 깊어감에 따라 캐주얼 섹스 기회가 줄어드는 것에 민감하게 반응하는 심리 기제 탓으로 대신 설명할 수 있다. 밤은 깊어가는데 아직 여자를 유혹하는 데 실패한 남자에게는 술집에 남아 있는 여자들이 점점 더 매력적으로 보이게 된다. 이런 변화는 여자에게 섹스를 간청하는 시도가 늘어날 가

능성을 높인다.

성적 환상과 성 충동의 남녀 차이. 성적 환상은 남자의 일시적인 짝짓기 성향이 진화한 역사에 대해 또 하나의 심리학적 단서를 제공한다. 성적 환상은 남자와 여자의 행동을 자극하는 욕구의 성격을 드러낸다. 연구들을 통해 남자와 여자의 성적 환상에는 큰 차이가 있음이 드러났다. 일본, 영국, 미국에서 한 연구들에서 남자는 여자보다 성적 환상이 대략 2배 정도 많은 것으로 밝혀졌다(Ellis & Symons, 1990 ; Wilson, 1987). 잠이 들었을 때에도 남자는 여자보다 성과 관련된 꿈을 더 많이 꾼다. 남자의 성적 환상에는 낯선 사람, 복수의 파트너, 익명의 파트너가 포함되는 경우가 더 많다. 예를 들면, 단일 환상에서도 남자들은 대부분 섹스 파트너를 가끔 바꾼다고 대답한 반면, 여자들은 대부분 섹스 파트너를 바꾸는 일이 드물다고 대답했다. 단일 환상에서 섹스 파트너를 결코 바꾸지 않는다고 대답한 비율은 여자가 43%인 반면, 남자는 12%에 불과했다. 평생 동안 1000명 이상의 섹스 파트너와 성적 접촉을 상상했다고 대답한 비율은 남자가 32%인 반면, 여자는 8%에 불과했다. 그룹 섹스에 대한 환상을 하는 비율도 남자가 여자보다 4배 이상 많다(Wilson, 1997). "세 사람이 함께 섹스를 하는 상황을 상상해본 적이 있습니까?"라는 질문에 "예."라고 대답한 비율은 남자가 78%, 여자가 32%였다(Hughes, Harrison, & Gallup, 2004). 남자들이 상상하는 대표적인 성적 환상 하나는 이것이다 : "20~24세의 벌거벗은 여자들이 넘치는 소도시의 시장이 되어 산책을 하면서 그 날 가장 예뻐 보이는 여자를 골라 함께 섹스를 한다. 모든 여자는 내가 원할 때마다 섹스를 한다." (Barclay, 1973. p. 209) 남자의 성적 환상에서는 파트너 수와 새로운 것이 핵심 요소이다.

진화심리학자 브루스 엘리스Bruce Ellis와 도널드 시먼스Donald Symons는 "[남자의 환상]에서 가장 두드러진 특징은 섹스가 거추장스러운 관계나 감정적 섬세함, 복잡한 줄거리, 희롱, 구애, 긴 전희 같은 것 없이 순전히 정욕과 육체적 욕구 충족만으로 채워진다는 점이다."라고 지적했다(Ellis & Symons, 1990, p. 544). 이러한 환상들은 다양한 파트너에 대한 성적 접근에 초점을 맞춘 심리를 드러낸다.

반면에 여자의 성적 환상에는 친숙한 파트너가 등장하는 경우가 많다. 미

진화심리학

국 여성 중 59%는 자신의 성적 환상에 이미 연애 중이거나 성관계를 한 상대가 주로 등장한다고 보고했지만, 미국 남성 중에서는 28%만이 그렇다고 보고했다. 환상에 등장하는 파트너의 개인적이거나 감정적인 특징에 큰 비중을 둔다고 대답한 비율은 여자는 41%였지만 남자는 16%에 불과했다. 한 여자는 이렇게 말했다 : "나는 대개 함께 지내는 남자를 생각해요. 감정이 나를 압도하고 감싸고 휘몰아가는 걸 가끔 느끼지요."(Barclay, 1973, p. 211) 여자는 성적 환상에서 부드러움, 낭만, 개인적 관계를 강조하는 경향이 있다.

성 충동에 대한 연구에서도 유사한 남녀 차이가 나타난다. 53개국에서 20만 명 이상이 참여한 가장 큰 규모의 연구에서는 "나는 성 충동이 아주 강하다."와 "나는 성적으로 흥분하는 데 그다지 큰 자극이 필요하지 않다."라는 진술로 성 충동을 측정했다(Lippa, 2009). 태국에서 크로아티아, 트리니다드에 이르기까지 모든 나라에서 남자들은 여자들보다 성 충동이 더 강하다고 보고했다. 자위 비율과 포르노 소비에서도 비슷한 결과가 나타났는데, 두 가지 모두 남녀 간에 큰 차이가 나타났다(Petersen & Hyde, 2010). 남녀 간의 성 충동 차이는 스웨덴이나 덴마크처럼 남녀 평등 수준이 높은 나라도 터키나 사우디아라비아처럼 남녀 평등 수준이 낮은 나라만큼 큰 것으로 드러났다. 이것은 남녀 간의 차이가 이러한 사회구조적 변수 때문에 나타난다는 개념과 모순되는 결과이다.

성적 후회. 남자의 단기적 성 심리에서 또 하나의 잠재적 설계 특징은 후회 감정과 관련된 것이다. 후회—과거의 어떤 일에 대해 애석함을 느끼는 감정—는 이전의 실수를 피하도록 동기를 부여함으로써 미래의 의사 결정을 개선하는 기능이 있는 것으로 생각된다(Poore et al., 2005). 성적 후회는 두 종류의 행동—성적 기회를 놓친 것(성적 부작위)과 실행에 옮긴 성적 행동(성적 작위)—에 대해 나타날 수 있다. 독자적인 두 연구 집단은 성적 기회를 놓친 것에 대해 여자보다 남자가 더 많이 후회한다는 연구 결과를 보고했다(Poore et al., 2005 ; Roese et al., 2006). 한 연구는 "○○와 자려고 좀더 노력할걸." 또는 "○○와 섹스를 할 기회를 놓친 것에 대해 자책했다."와 같은 후회의 표현들을 남녀에게 보여주었다(Roese et al., 2006). 남자들은 성적 부작위—성적 기회를 살리지 못한 것—행동을 여자보다 훨씬 많이 후회했다. 반면에 여자들은 성적 작위 행동을 후회하는 경우가 더 많았는데, 즉 섹스를 한 어떤 사람과 섹스를 하지 말았더라면 하고 후회했다(Poore et al., 2005). 또 다른 연구에서는 남자들과 여자들에게 누군가와 '즉석 사랑'(다양한 형태의 일시적인 성 행동을 가리키는 표현)을 한 뒤에 불쾌한 느낌을 경험했는지 조사했다(Lambert, Kahn, & Apple, 2003). 남자들 중에서는 46%가 불쾌한 느낌을 경험했다고 보고했다. 불쾌한 느낌을 초래한 주요 요인 두 가지는 (1) 관계한 여자가 지속적인 관계를 원하는 것과 (2) 술이나 마약의 과다 복용이었다. 요컨대, 성적 후회는 남자에게서 장래에 성적 기회를 놓치지 않도록 행동하고, 헌신적 관계에 얽혀드는 것을 피하도록 설계된 진화한 심리 기제를 보여주는 증표이다.

단기적 짝짓기를 뒷받침하는 행동학적 증거

생리학적 증거와 행동학적 증거는 둘 다 진화의 역사를 통해 남자들이 다양한 여자와 단기적 짝짓기를 추구했다는 사실을 강하게 뒷받침한다. 이 절에서는 모든 문화에서 실제로 남자들이 여자들보다 단기적 짝짓기를 더 많이 추구한다는 행동학적 증거를 제시함으로써 전체 그림을 완성하려고 한다.

혼외 정사. 거의 모든 문화에서 남자는 자기 아내보다 혼외 정사를 더 많이 추구한다. 예를 들면, 킨지Kinsey 연구는 남자는 50%가 혼외 정사를 하는 반면 여자는 26%만 한다고 평가했다(Kinsey, Pomeroy, & Martin, 1948, 1953). 인류학자 토머스 그레거Thomas Gregor는 아마존에 사는 메히나쿠족 남자들의 성적 감정을 이렇게 묘사했다 : "여자의 성적 매력은 '맛없음(마나mana)'에서부터 '맛좋음(아워린티아awirintya)'에 이르기까지 다양하다."(Gregor, 1985, p. 84) 그레거는 "슬픈 이야기지만, 배우자와 하는 섹스는 '마나'라고 일컫는 반면, 애인과 하는 섹스는 거의 항상 '아워린티아파'라고 말한다."(1985, p. 72) 킨지는 그것을 잘 요약해 표현했다 : "만약 사회적 제약이 없다면, 남자는 평생 동안 섹스 파트너를 선택하는 데에서 문란함을 보일 것이라는 사실은 의심의 여지가 없어 보인다. 여자는 다양한 파트너에 대한 관심이 남자보다 훨씬 덜하다."(Kinsey et al., 1948, p. 589)

성 매매. 경제적 이익을 대가로 성적 서비스를 비교적 무차별적으로 교환하는

진화심리학

행위인 성 매매 역시 캐주얼 섹스를 원하는 남자들의 강한 욕구가 반영된 것이다(Symons, 1979). 성 매매는 아프리카의 아잔데족에서부터 북아메리카의 주니족에 이르기까지 철저하게 조사한 사회라면 어디에서든 나타난다(Burley & Symanski, 1981). 미국 내에서 활동하는 성 매매 여성의 수는 10만~50만 명으로 추정된다. 도쿄에는 성 매매 여성이 13만 명 이상, 폴란드에는 23만 명, 에티오피아의 아디스아바바에는 8만 명이 활동하고 있다. 독일에는 합법적으로 등록한 성 매매 여성이 5만 명 있으며, 불법적으로 활동하는 수는 그 3배에 이르는 것으로 추정된다. 모든 문화에서 성 매매의 구매자는 남자가 압도적으로 많다. 킨지는 미국 남자 중 69%가 성 매매 여성을 찾은 적이 있으며, 15%는 성 매매를 통상적인 성욕 배출구로 이용한다는 사실을 발견했다. 여자 구매자의 수는 아주 적어서, 여자가 성욕을 배출하는 수단의 일부로 보고조차 되지 않았다(Kinsey et al., 1948, 1953).

즉석 사랑과 섹스 친구. 세 번째 행동학적 증거 자료는 즉석 사랑과 섹스 친구에 대한 연구에서 나온다. '즉석 사랑'은 대개 당사자들이 전통적인 연애 관계에 있는 것도 아니고, 장래에 친밀한 관계를 유지하겠다는 명시적인 약속도 없는 상태에서 자연발생적으로 일어나는 성적 상호작용을 가리킨다(Garcia & Reiber, 2008). 이와는 대조적으로 '섹스 친구friends with benefits, FWB'는 전통적인 우정과 하고 싶을 때 섹스도 하는 '편익'이 혼합된 관계이지만, 헌신적인 연인 관계는 아니다(Owen & Fincham, 2010). 여자보다는 남자가 더 많이 즉석 사랑을 시도하며(Garcia & Reiber, 2008), 섹스 친구가 최소한 한 명 있다고 보고하는 사례도 남자가 여자보다 더 많다. 비록 남녀 모두 이런 형태의 성적 행동을 하는 게 분명하지만, 그 동기는 서로 달라 보인다. 즉석 사랑의 '이상적인 결과'가 '추가적인 즉석 사랑'이라고 보고하는 비율은 여자보다 남자가 더 많다. 그리고 '이상적인 결과'가 '전통적인 연애 관계'라고 보고하는 비율은 남자보다 여자가 더 많다. 이 사실은 왜 FWB 관계를 남자가 여자보다 더 많이 보고하는지 한 가지 설명을 제공한다—비록 수단은 남녀 모두에게 동일하더라도, 남자는 특정 관계를 FWB로 해석할 가능성이 높은 반면, 여자는 연인 관계의 초기 단계로 인식할 수 있다. 여자들은 또한 즉석 사랑이나 원 나이트 스탠드 뒤에 '소모품으로 취급된 듯한' 느낌이나 우울증 같은 후회 감정을 더 많

표 6.1 일부일처제에서 일탈한 조상들의 짝짓기에 대한 단서

행동학적 단서	혼외 정사 성 매매 즉석 사랑 섹스 친구(FWB)
생리학적 단서	정액의 양 정자 수의 변화
심리학적 단서	성적 다양성을 추구하는 욕구 빠른 섹스를 추구하는 욕구 기준 낮추기 헌신 최소화 날린 기회에 대한 성적 후회 문 닫는 시간 현상 성적 환상

이 보고한다(Campbell, 2008). 물론 개인에 따라 큰 차이가 있긴 하지만(어떤 여자는 섹스만 원하기도 하고, 어떤 남자는 그것이 장기적 관계로 이어지길 원한다), 이러한 남녀 차이는 단기적 짝짓기에 관한 남자와 여자의 성 심리에 기본적인 차이가 있다는 행동학적 증거를 제공한다.

생리학적, 심리학적, 행동학적 증거는 모두 다 단기적 짝짓기가 인류의 전략 명단에서 일부를 차지했던 긴 진화의 역사가 있었음을 암시한다(〈표 6.1〉참고).

■ 여자의 단기적 짝짓기

이 절에서는 여자에 초점을 맞춰 살펴보기로 하자. 첫째, 여자들이 단기적 짝짓기에 참여했으며, 인류 진화의 긴 역사를 통해 그렇게 했을 가능성을 뒷받침하는 증거들을 살펴본다. 둘째, 여자 조상들이 단기적 짝짓기에서 얻었을 적응적 편익에 대한 가설들을 살펴본다. 셋째, 단기적 짝짓기가 여자에게 초래하는 비용을 살펴본다. 마지막으로, 여자의 단기적 짝짓기를 설명하기 위해 나온 여러 가지 가설을 뒷받침하는 경험적 증거를 검토한다.

여자의 단기적 짝짓기에 대한 증거

앞에서 보았듯이, 인류의 짝짓기에 관한 진화 이론들은 단기적 짝짓기가 남자에게 주는 번식의 이익이 아주 크다는 것을 강조했다(예컨대 Kenrick et al., 1990 ; Symons, 1979, Tirvers, 1972). 인류의 진화 역사를 통해 단기적 짝짓기가 남자에게 주는 번식의 이익은 자식을 더 얻는 방식으로 크게 그리고 직접적으로 나타났을 것이다. 아마도 부모의 투자 이론의 정밀함과 그것을 뒷받침하는 경험적 지지가 광범위하기 때문에, 많은 이론가들은 단기적 짝짓기에 관한 기본적인 사실을 간과했을 것이다. 그 사실은 바로 수학적으로 따질 때, 단기적 짝짓기가 일어나는 횟수는 남자나 여자 모두 평균적으로 동일하다는 점이다. 한 남자가 이전에 만난 적이 없는 여자와 캐주얼 섹스를 할 때마다 그 여자도 이전에 만난 적이 없는 남자와 캐주얼 섹스를 한다.

만약 여자 조상들이 단기적 짝짓기를 절대로 하지 않았다면, 남자들에게 성적 다양성을 추구하는 강한 욕구가 진화하지 않았을 것이다(Smith, 1984). 만약 짝짓기가 강요된 게 아니고 합의 하에 일어났다고 가정한다면, 그 욕구가 진화했다는 것은 가끔은 단기적 짝짓기에 기꺼이 응하는 여자가 있었음을 뜻한다. 그리고 만약 여자 조상들이 기꺼이 그리고 반복적으로 단기적 짝짓기를 했다면, 그 여자에게 아무 이득이 없는데도 그런 행동을 했다고 가정하는 것은 진화 논리에 어긋난다. 실제로 여자의 오르가즘 생리학부터 시작하여 여자 조상들이 단기적 짝짓기에 응했다는 사실을 뒷받침하는 단서가 몇 가지 있다.

여자의 오르가즘. 여자의 오르가즘 생리학은 단기적 짝짓기의 진화 역사에 대해 한 가지 단서를 제공한다. 한때 여자의 오르가즘은 여자를 졸리게 만들어 계속 누워 있게 함으로써 정액이 흘러나갈 가능성을 낮춰 임신 확률을 높이는 기능을 한다고 생각되었다. 그러나 만약 오르가즘의 기능이 플로백을 늦추기 위해 여자를 누워 있게 하는 것이라면, 더 많은 정자가 질 속에 머물러 있어야 할 것이다. 그러나 사실은 그렇지 않다. 플로백의 시기와 질 속에 머무는 정자 수 사이에는 아무런 연관 관계가 없다(Baker & Bellis, 1995).

모든 섹스 사례를 평균할 때, 여자들은 사정이 일어나고 나서 30분 이내에 약 35%의 정자를 방출한다. 그렇지만 오르가즘을 느낄 때에는 70%의 정자가 질 속에 머물고 30%만 방출된다. 이 5% 차이는 큰 것은 아니지만, 그런 일이

한 여자에서 다음 여자로, 한 세대에서 다음 세대로 반복적으로 일어난다면, 긴 진화의 시간에 걸쳐 큰 선택 압력으로 작용할 수 있다. 오르가즘을 느끼지 못하면 정자가 더 많이 방출된다. 이 증거는 여자의 오르가즘이 정자를 질에서 자궁 목관과 자궁으로 끌어들여 임신 확률을 높이는 기능을 한다는 이론과 일치한다.

여자의 몸 속에 남는 정자의 수는 바람을 피우느냐 피우지 않느냐하고도 상관이 있다. 여자들은 바람을 피우는 시기를 남편에게 번식의 손해가 돌아가게끔 맞춘다. 영국에서 전국 각지의 여성 3679명을 대상으로 성 생활에 대해 조사한 연구에서 모든 여자는 자신의 생리 주기뿐만 아니라 남편과 섹스를 한 시기, 그리고 바람을 피웠다면 그 상대와 섹스를 한 시기도 보고했다. 바람을 피우는 여자들은 무의식적으로 섹스를 하는 시기를 배란이 일어날 확률이 가장 높은 때, 따라서 임신할 가능성이 가장 높은 때로 잡는 것으로 나타났다 (Baker & Bellis, 1995). 게다가 바람을 피우는 여자들은 정식 배우자보다는 바람을 피우는 상대와 섹스를 할 때 오르가즘을 느끼는 비율이 더 높다(Buss, 2003 참고).

행동학적 증거. 행동학적 증거는 또한 제약이 가장 심한 사회를 제외한 모든 사회에서 여자들은 종종 혼외 정사를 한다고 시사한다. 미국의 조사 결과들에서는 기혼 여성 중 바람을 피우는 비율이 20~50%로 나타났다(Athanasiou, Shaver, & Tavirs, 1970 ; Buss, 1994b ; Glass & Wright 1992 ; Hunt, 1974, Kinsey et al., 1948). 불륜 사례는 꼭꼭 감추려는 노력에도 불구하고, 파라과이의 아체족 (Hill & Hurtado, 1996), 베네수엘라의 야노마뫼족(Chagnon, 1983), 오스트레일리아의 티위족(Hart & Piling, 1960), 보츠와나의 쿵족(Shostak, 1981), 아마존의 메히나쿠족(Gregor, 1985)를 포함해 수십 개 부족 사회에서도 관찰되고 기록되었다. 게다가 앞 절에서 지적한 것처럼 여대생들을 대상으로 한 연구 결과를 보면, 그들이 이성 친구들과 섹스(한 연구에 따르면 26%)를 할 뿐만 아니라, 즉석 사랑(65%)을 먼저 시도하기도 한다(Garcia & Reiber, 2008). 요컨대 현대의 문화적, 부족 행동학적 증거는 여자들이 항상 일부일처제의 장기적 짝짓기 전략을 변함없이 추구하는 것이 아님을 보여준다.

표 6.2 **여자에게 돌아가는 것으로 가정된 편익: 단기적 짝짓기**

가설	저자
자원	
친부의 혼란을 통한 투자	Hrdy(1981)
즉각적인 경제적 자원	Symons(1979)
'특별한 우정'을 통한 보호	Smuts(1985)
지위 상승	Smith(1984)
유전적 편익	
더 좋은 혹은 '섹시한 아들' 유전자	Fisher(1985)
다양한 유전자	Smith(1984)
배우자 교체	
배우자 축출	Greiling & Buss(2000)
배우자 대체	Symons(1979)
배우자 보험 (대안)	Smith(1984)
장기적 목표를 위한 단기적 짝짓기	
장기적 배우자의 잠재성을 평가하기 위한 섹스	Buss & Schmitt(1993)
배우자 선호 분명히 하기	Greiling & Buss(2000)
배우자 유혹 기술 다듬기	Miller(개인적 대화, 1991)
배우자 조종	
장기적 배우자의 헌신 증가시키기	Greiling(1995)
억지 수단으로서의 복수	Symons(1979)

출처: Greiling, H., & Buss, D. M. (2000). Women's sexual strategies: The hidden dimension of short-term extra-pair mating. *Personality and Individual Difference*, 28, 929-963.

단기적 짝짓기로 여자가 얻는 편익에 대한 가설

여자에게 단기적 성 심리가 진화하려면, 일부 상황에서 캐주얼 섹스와 관련된 적응적 편익이 있었어야 한다. 그런 편익은 어떤 것이었을까? 제안된 편익은 다섯 종류가 있다: 자원, 유전자, 배우자 교체, 배우자 기술 습득, 배우자 조종 (Greiling & Buss, 2000)(〈표 6.2〉).

자원 가설. 단기적 짝짓기가 가져다주는 한 가지 편익은 자원 증식이다 (Symons, 1979). 여자는 고기나 재화, 서비스를 얻는 대가로 단기적 짝짓기를 할 수 있다. 여자 조상들은 다양한 단기적 짝짓기를 통해 자식의 친부가 누구 인지 모호하게 함으로써 두 명 이상의 남자에게 자원을 얻어낼 수 있었을 것이 다(Hrdy, 1981). 이 친부 혼란 가설에 따르면, 남자들은 각자 여자의 아이가 유 전적으로 자신의 자식일 가능성 때문에 얼마나마 투자를 하려고 한다.

생각할 수 있는 또 하나의 자원은 보호이다(Smith, 1984 ; Smuts, 1985). 남자는 대개 포식 동물과 공격적인 남자에 대한 방어를 포함해 배우자와 자식에게 보호를 제공한다. 1차적 배우자가 늘 여자 주변에 머물며 보호를 제공할 수는 없기 때문에, 여자는 다른 남자와 사귐으로써 추가로 보호를 얻을 수 있다.

마지막으로, 스미스(1984)는 단기적 짝짓기의 지위 상승 가설을 제안했다. 여자는 지위가 높은 남자와 일시적인 관계를 통해 동료들보다 사회적 지위가 올라가거나 더 높은 사회 계층에 접근할 수 있다. 여자가 단기적 짝짓기를 통해 아주 다양한 유무형의 자원을 얻을 수 있다는 점은 분명하다.

유전적 편익 가설. 또 다른 종류의 편익으로 유전적 편익이 있다. 맨 먼저 떠오르는 당연한 편익은 **생식력 증가**이다. 만약 어떤 여자의 정식 배우자가 불임이거나 성적 능력이 없다면, 단기적 배우자가 생식력을 보충함으로써 임신에 도움을 줄 수 있다.

둘째, 단기적 배우자는 정식 배우자에 비해 **우월한 유전자**를 제공할 수 있는데, 특히 건강하거나 지위가 높은 남자와 바람을 피운다면 그럴 가능성이 더 높다. 이 유전자들은 여자의 자식에게 생존이나 생식에 더 유리한 기회를 제공할 수 있다(Smith, 1984). 이 가설의 한 가지 버전은 섹시한 아들 가설이라 부른다(Fisher, 1958). 특별히 매력적인 남자와 짝짓기를 하면 다음 세대의 여자들에게 큰 매력을 끌 아들을 낳을 수 있다. 그러면 아들은 성적 접근 기회가 늘어나 더 많은 아이를 낳을 것이고, 따라서 어머니에게 손자를 더 많이 안겨줄 수 있다.

셋째, 단기적 배우자는 여자에게 정식 배우자에 비해 **다른 유전자**를 제공함으로써 자식들의 유전적 다양성을 높일 수 있는데, 이것은 환경 변화에 대응하는 수단이 될 수 있다(Smith, 1984).

배우자 교체 가설. 세 번째 종류의 편익은 배우자 교체와 관련된 것이다. 남편이 더 이상 자원을 가져다주지 않거나 아내를 학대하거나 배우자로서 가치를 떨어뜨리는 그 밖의 행동을 할 때가 종종 있다(Betzig, 1989 ; Fisher, 1992 ; Smith, 1984). 여자 조상들은 단기적 짝짓기를 통해 이러한 적응 문제에 대처했을 수 있다.

진화심리학

이 가설은 변형된 버전이 여러 가지 있다. 배우자 축출 가설에 따르면, 단기적 짝짓기를 통해 바람을 피우면 여자가 장기적 배우자를 떼어내는 데 도움이 된다. 많은 문화에서는 남자들은 바람을 피운 여자와 이혼하는 경우가 많기 때문에(Betzig, 1989), 바람을 피우는 것은 여자가 결별을 시도하기에 효과적인 수단이다. 또 다른 버전은 남편보다 훨씬 나은 남자를 만난 여자가 배우자를 교체하는 수단으로 단기적 접촉을 한다고 주장한다.

장기적 목표를 위한 단기적 짝짓기. 또 다른 가설은 여자들이 단기적 짝짓기를 장기적 배우자 후보의 자질을 평가하는 수단으로 사용한다는 것이다(Buss & Schmitt, 1993). 단기적 짝짓기를 함으로써 여자는 장기적 배우자에게 바라는 속성을 명확하게 파악하고 그 남자와 자신이 잘 맞는지(예컨대 속궁합) 평가하고, 남자가 숨기고 있을지도 모르는 비용(예컨대 자식이 있다든가 사기를 친다든가 하는)을 드러낼 수 있다. 이 가설에서 명백한 예측을 두 가지 이끌어낼 수 있다. 여자들은 단기적 배우자에게서 다음 두 가지를 몹시 싫어할 것이다: (1) 그 남자가 이미 다른 여자와 관계를 맺고 있다는 신호. 그 남자를 유혹해 장기적 배우자로 만들 가능성이 그만큼 낮아지기 때문이다; (2) 성적으로 문란한 속성. 남자가 장기적 짝짓기 전략보다는 순전히 단기적 짝짓기 전략을 추구하고 있을 가능성이 높기 때문이다. 장기적 목표를 위한 단기적 짝짓기 가설의 다른 버전들에는 여자가 장기적 배우자에게서 진정으로 원하는 속성들을 명확히 하기 위해 단기적 짝짓기를 이용한다는 것(Greiling & Buss, 2000)과, 결국에는 더 바람직한 장기적 배우자를 유혹할 수 있도록 유혹의 기술을 갈고 닦기 위해 단기적 짝짓기를 이용한다는 것(Miller, 1991)이 있다.

배우자 조종 가설. 다섯 번째 편익은 배우자를 조종하는 것이다. 여자는 바람을 피움으로써 불성실한 남편에게 복수를 할 수 있고, 이를 통해 남편이 또 부정을 저지르는 걸 막을 수 있다(Symons, 1979). 혹은 다른 남자들이 자기 여자에게 큰 관심을 보인다는 증거를 보고서 정식 배우자가 더 헌신적인 태도를 보일 수 있다(Greiling & Buss, 2000).

단기적 짝짓기 때문에 여자가 치르는 잠재적 비용

여자는 가끔 단기적 짝짓기의 결과로 남자보다 훨씬 큰 비용을 치른다. 성적으로 문란하다는 평판을 얻으면 장기적 배우자로서 바람직성이 크게 손상될 위험이 있는데, 남자들은 잠재적 배우자의 정절을 중요시하기 때문이다. 스웨덴인이나 아체족 인디언처럼 성 도덕이 비교적 문란한 문화에서도 성적으로 문란하다는 소문이 난 여자는 평판이 별로 좋지 않다.

신체적 보호를 제공하는 장기적 배우자가 없는 상태에서 순전히 단기적 짝짓기 전략을 구사하는 여자는 신체적 학대와 성적 학대를 당할 위험이 더 크다. 결혼한 여자도 남편에게 폭행을 당하거나 강간을 당할 위험이 있긴 하지만, 여대생들을 대상으로 한 조사에서 데이트 강간을 경험한 비율이 최대 15%라는 놀라운 통계 자료는 장기적 관계에 있지 않은 여자들도 큰 위험에 노출돼 있다는 주장을 뒷받침한다(Muehlenhard & Linton, 1987). 단기적 배우자와 장기적 배우자 조사에 참여한 여자들이 신체적으로 학대를 하거나 폭력적이거나 정신적으로 학대하는 상대들을 혐오한다는 사실은 여자들이 학대의 위험을 잘 인식하고 있음을 시사한다(Buss & Schmitt, 1993). 배우자 선호를 잠재적 위험성이 있는 남자를 피하도록 제대로 적용하기만 한다면, 이러한 위험을 최소화할 수 있다.

캐주얼 섹스를 추구하는 미혼 여성은 투자를 제공하는 남자 없이 혼자서 임신하고 출산할 위험을 안게 된다. 조상들이 살던 환경에서 그렇게 태어난 아이는 질병, 부상, 죽음의 위험이 훨씬 컸다. 투자를 제공하는 남자가 없을 때 아이를 죽이는 여자도 있다. 예를 들면, 캐나다에서 1977년부터 1983년까지 태어난 전체 아기 중 미혼모가 낳은 아기의 비율은 12%밖에 안 되었지만, 어머니가 자기 아이를 살해한 사건 64건 중 절반 이상을 미혼모가 저질렀다(Daly & Wilson, 1988). 미혼 여성 사이에서 영아 살해 비율이 높은 현상은 아프리카의 부간다족을 비롯해 모든 문화에서 공통적으로 나타난다. 그러나 아이를 죽인다고 해서 아홉 달 동안의 임신과 평판 추락, 짝짓기 기회 상실 같은 많은 비용까지 사라지는 것은 아니다.

불충실한 기혼 여성은 남편의 자원 제공 중단이라는 위험에 맞닥뜨린다. 번식의 관점에서 보면, 여자는 소중한 시간을 혼외 정사에 낭비하고 있을지도 모른다. 게다가 아버지가 서로 달라 친형제간보다 유대가 약한 자식들 사이에 형제간 경쟁이 증대할 위험까지 초래한다. 마지막으로, 단기적 짝짓기에서 성

병에 걸릴 위험이 있는데, 성행위 1회당 성병에 걸릴 확률은 남자보다 여자가 훨씬 높다(Symons, 1993).

단기적 짝짓기는 이렇게 남녀 모두에게 위험 부담이 있다. 그러나 단기적 짝짓기는 큰 편익이 따를 수도 있기 때문에, 남녀 모두 비용을 최소화하고 편익을 최대화하는 상황을 선택하도록 심리 기제가 진화했을 수 있다.

여자에게 편익이 있다는 가설의 경험적 검증

여러 연구자들은 단기적 짝짓기를 하는 여자는 남자의 육체적 매력을 중요시한다는 사실을 발견했는데, 이것은 좋은 유전자와 섹시한 아들 가설과 일치하는 발견이다(Buss & Schmitt, 1993 ; Gangestad & Simpson, 1990 ; Kenrick et al., 1990). 여자들은 또한 단기적 짝짓기 상황에서 **즉각적인 자원**에 매기는 중요도를 더 높이는 것처럼 보인다(Buss & Schmitt, 1993). 여자들은 낭비적인 생활 습관을 가진 단기적 배우자를 원한다고 말하는데, 그래야 처음부터 여자에게 돈을 많이 쓰고, 관계를 맺은 초기부터 선물을 줄 것이기 때문이다. 이러한 발견들은 자원 증식 가설을 뒷받침한다.

여러 연구에서는 바람을 피우는 여자들은 피우지 않는 여자들에 비해 현재 배우자에게 감정적으로나 성적으로 훨씬 불만이 많다는 사실이 발견되었다(Glass & Wright, 1985 ; Kinsey et al., 1953). 이것은 배우자 교체 가설을 정황적으로 뒷받침한다.

글래스와 라이트(1992)는 "즐기기 위해서"에서부터 "출세에 도움을 주기 위해서"에 이르기까지 혼외 정사를 '합리화'하는 열일곱 가지 설명을 검토했다. 여자들은 사랑(예컨대 딴 남자와 사랑에 홀딱 빠지는 것)과 감정적 친밀감(예컨대 자신의 문제와 감정을 잘 이해해주는 사람에게 호감을 느끼는 것)을 가장 그럴듯한 이유라고 점수를 매겼다. 게다가 사랑을 그럴듯한 이유로 꼽은 여자는 전체 여자들 중 77%인 반면, 남자는 43%에 지나지 않았다. 이 사실은 장기적 목표를 위한 단기적 짝짓기와 배우자 교체 가설을 정황적으로 뒷받침한다.

한 연구(Greiling & Buss, 2000)는 여자들이 불륜을 통해 얻을 수 있는 편익에는 어떤 것들이 있는지, 만약 그것을 받는다면 얼마나 큰 도움이 될지, 그리고 자신이 바람을 피울 가능성이 있다고 생각하는 상황이 어떤 것들인지 조사했다. 연구자들은 또한 단기적 짝짓기를 적극적으로 추구하는 여자들을 조사하여 그러한 짝짓기에서 어떤 편익을 얻느냐고 물어보았다. 다음 절은 이 연구 결과들을 요약한 것인데, 중요한 제약 조건을 여러 가지 고려할 필요가 있다. 여자들이 단기적 짝짓기의 편익을 믿는다고 해서 그러한 편익이 반드시 여자의 단기적 짝짓기 심리의 진화를 낳은 선택 압력의 일부가 되는 것은 아니다. 여자의 단기적 짝짓기 심리의 진화를 낳은 실제 적응적 편익은 의식 밖에 존재하는지도 모른다. 게다가 현대 상황에서 여자들이 실제로 받는 편익에는 여자 조상들이 단기적 짝짓기에서 얻은 적응적 편익이 반영돼 있지 않을지도 모른다. 이런 제약들을 염두에 두고 연구 결과를 살펴보기로 하자.

증거의 뒷받침이 있는 가설들: 배우자 교체, 배우자 축출, 자원. 한 연구 (Greiling & Buss, 2000)는 혼외 정사에서 얻을 수 있는 편익 28가지의 가능성을 여자들이 어떻게 평가하는지 조사했다. 여자들은 혼외 정사를 하면 현재의 배우자와 갈라서기가 훨씬 쉬울 것이고(얻을 가능성이 높은 편익 6위), 여자가 판단하기에 현재의 배우자보다 더 바람직한 배우자를 찾을 가능성도 높을 것이라고(얻을 가능성이 높은 편익 4위) 보고했다. 흥미롭게도 실제로 받을 가능성이 가장 높아 보이는 편익—성적 만족—은 조사 대상이 된 어떤 가설에서도 중심적 위치를 차지하지 않았다.

또 다른 조사는 여자에게 바람을 피우도록 부추기는 **상황**을 살펴보았다. 그레일링과 버스(2000)는 혼외 정사를 부추길 가능성이 높은 상황은 배우자가 바람을 피운다는 사실을 발견했을 때, 배우자가 성관계를 내켜하지 않을 때, 배우자가 학대를 할 때—모두 다 부부 관계의 파탄을 부추길 수 있는 상황—라는 사실을 발견했다. 이런 상황들은 현재의 배우자보다 더 조화로운 관계를 유지하는 남자를 찾을 수 있고, 자신과 더 많은 시간을 보내려는 남자를 만날 수 있고, 현재의 배우자보다 더 성공해 재정적 전망이 훨씬 나은 남자를 만날 수 있을 것이라는 생각을 부추겼다. 여러 연구에서 나온 이 발견들은 배우자 교체가 여자의 단기적 짝짓기에서 핵심 기능이라는 가설을 뒷받침한다.

자원 가설 중 두 가지를 지지하는 연구가 두 건 이상 있다. 여자들은 섹스를 제공하는 대신에 음식이나 돈, 보석, 옷 같은 자원(28가지 편익 명단 중 얻을 가능성이 높은 편익 10위)을 받을 가능성이 아주 높은 것으로 평가되었다. 이러한 편익은 여자가 단기적 짝짓기를 통해 얻을 수 있는 다른 잠재적 편익들에 비해 중간 정도의 가치를 지닌 것으로 평가되었다. 그렇지만 혼외 정사를 부추기는 것으로 평가된 **상황**에는 현재의 배우자가 일자리를 계속 유지할 수 없는 상황과 현재의 파트너보다 경제적 전망이 더 나은 사람을 만나는 상황이 포함돼 있다. 이러한 상황들은 여자가 혼외 정사를 하기로 마음먹는 데 자원에 대한 접근이나 자원 부족이 중요한 요인이 될 수 있음을 시사하며, 섹스의 대가로 자원에 즉각적으로 접근하는 것보다는 자원을 가진 배우자를 얻는 데 장기적 관심이 있음을 암시한다.

유력한 가설: 장기적 목표를 위한 단기적 짝짓기. 경험적 지지를 받은 또 하나의 가설은 여자들이 장기적 배우자로서 남자를 평가하기 위한 수단으로 단기적 짝짓기를 이용한다는 것이다. 여자들은 단기적 배우자에게서 이미 "기존의 관계가 있는" 속성을 다소 바람직하지 못한 것으로 여긴다(Buss & Schmitt, 1993). 만약 남자가 이미 다른 여자와 헌신 관계를 맺고 있다면, 그 남자와 단기적 성관계를 맺는다 해도 그것이 장기적 관계로 이어질 가능성이 낮다. 반면에 단기적 배우자를 찾는 남자는 여자가 이미 다른 남자와 관계를 맺고 있다 해도 크게 개의치 않는다. 여자는 또한 단기적 배우자의 성적 문란을 바람직하지 못한 것으로 여기는데, 성적 문란은 남자가 장기적 짝짓기 전략보다는 단기적 짝짓기 전략을 추구한다는 것을 시사하기 때문이다(Buss & Schmitt, 1993). 한 연구는 캐주얼 섹스를 하는 이유 아홉 가지를 조사했다. "상대에게 육체적 매력을 느껴서"라는 이유 다음으로 여자들이 두 번째로 꼽은 이유는 "실제로는 이 남자와 장기적 관계를 원했고, 캐주얼 섹스가 좀더 지속적인 관계로 발전할 것이라고 생각해서"였다(Li & Kenrick, 2006). 그리고 앞에서 언급했듯이, 즉석 사랑이나 FWB 관계에 빠져드는 여자들 중 많은 사람은 단기적 성 접촉이 장기적 연인 관계로 변하길 기대하는데, 이것은 장기적 목표를 위한 단기적 짝짓기 가설을 뒷받침하는 사실이다. 비록 더 많은 연구가 필요하긴 하지만, 이 사실들은 일부 여자들이 단기적 짝짓기 전략을 장기적 짝짓기 전망을 가늠하고 평가하는 수단으로 혹은 캐주얼 섹스를 더 헌신적인 관계로 전환하는 수단으로 사용한다는 가설을 뒷받침한다(Buss, 2003).

유력한 또 하나의 가설: 좋은 유전자. 짝짓기 시장의 경제학은 여자들이 원칙적으로 단기적 관계의 상대에게서 정식 배우자보다 더 나은 유전자를 얻을 수 있음을 시사한다. 아주 바람직한 남자는 성가신 헌신 문제라는 부담만 없다면, 종종 덜 바람직한 여자하고도 짧은 관계를 기꺼이 맺으려고 한다. 좋은 유전자 가설은 그 동안 많은 검증을 받았다(Gangestad & Thornhill, 1997). 연구자들은 캘리퍼스로 측정한 신체적 대칭성 지표를 통해 유전자의 질을 측정했다. 4장에서 대칭적 특징은 질병과 환경의 공격에 대한 저항력이 강한 유전자의 존재를 시사하므로 유전 가능한 건강과 적합도의 표지로 간주된다고 한 사실을 상기하기 바란다. 연구자들은 대칭적인 남자들은 그렇지 못한 남자들에 비해 이미 다른 남자와 관계를 맺고 있는 여자들과 성관계를 가질 가능성이 높은 경향이 있다는 사실을 발견했다. 즉, 여자들은 함께 바람을 피울 상대로 대칭적인 남자를 선택하는 것처럼 보이는데, 이것은 여자들이 단기적 짝짓기에서 좋은 유전자를 선호한다는 사실을 뒷받침하는 한 가지 증거이다. 게다가 단기적 짝짓기에서 여자들은 상대의 육체적 매력과 "다른 여자들에 대한 바람직성"을 크게 중요시한다(Buss & Schmitt, 1993 ; Gangestad & Thornhill, 1997 ; Li & Kenrick, 2006 ; Scheib, 2001). 또 다른 연구에서는 캐주얼 섹스 상황에서 여자들은 용감하고 자신감이 넘치고 강하고 유머러스하고, 매력적인 여자를 잘 유혹하는 남자를 선호하는 것으로 드러났다(Kruger, Fisher, & Jobling, 2003). 또한, 단기적 짝짓기에서 여자들은 장기적 짝짓기에서보다 얼굴 구조가 더 남성적인 남자를 선호한다(Waynforth, Delwadia, & Camm, 2005). 남성적 특징이 좋은 유전자를 보유한 올바른 신호라고 가정하면(4장 참고), 이 선호는 여자들이 상대가 제공하는 유전적 편익 때문에 단기적 배우자를 추구한다는 것을 시사한다.

좋은 유전자 가설을 뒷받침하는 가장 유력한 증거는 여자의 생식력이 최고조에 이르는 배란기 무렵에 여자의 선호가 어떻게 변하는지 조사한 많은 연구에서 나온다(Gangestad & Thornhill, 2008 ; Gangestad, Thornhill & Garver-Apgar, 2005 ; Garver-Apgar, Gangestad & Thornhill, 2008). 단기적 짝짓기에서 유전적 편익을 얻을 수 있는 시점은 오직 생식력이 높은 이 시기뿐이다. 연구들은 생리 주기의 다른 시기와 비교해 배란기에 여자의 선호가 여러 가지로 변하는 것을 관찰하여 기록했다 : (1) **대칭적 특징**을 지닌 남자에 매력을 느끼는 정도 증가 ; (2) **남성적 얼굴, 남성적 신체, 남성적 목소리**에 대한 선호 증가 ; (3) **키가 큰** 남자에 대한 선호 증가(Pawlowski & Jasienska, 2005) ; (4) **창조적 지능**을

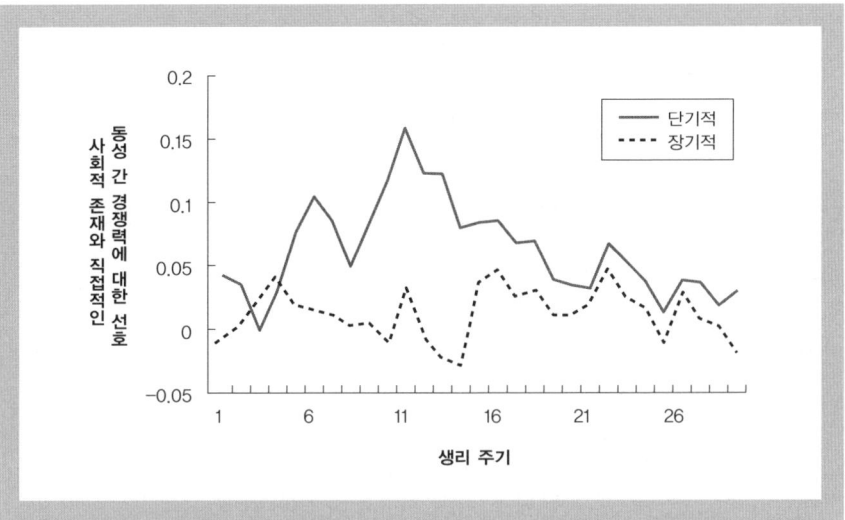

그림 6.5 단기적 배우자(실선) 및 장기적 배우자(점선)로서 사회적 존재와 직접적인 동성 간 경쟁력을 보여주는 남자에 대한 여자의 선호를 생리 주기 중 각각의 시기에 대한 함수로 나타낸 그래프.

출처: Gangestad, S. W., Simpson, J. A., Cousins, A. J., Garver-Apgar, C. E., & Christensen, P. N. (2004). Women's preferences of male behavioral displays change across the menstrual cycle. *Psychological Science, 15*, 203-207.

보여주는 남자에 대한 선호 증가(Haselton & Miller, 2006) ; (5) 사회적 존재감과 직접적인 동성 간 경쟁력―**사회 지배적 성향**을 시사하는 속성들―을 보여주는 남자에 대한 선호 증가(〈그림 6.5〉 참고).

　이론적으로, 기존의 배우자가 있는 여자는 정식 배우자의 유전자 질이 혼외정사 상대의 유전자 질보다 낮을 때에만 단기적 짝짓기에서 유전적 편익을 얻을 수 있다(Pillsworth, Haselton, & Buss, 2004). 실제로 배우자의 성적 매력이 낮다고 평가하는 여자들은 혼외 정사 상대에게 더 큰 성욕을 경험하지만, 배란기에만 그런 일이 일어난다(Pillsworth & Haselton, 2006). 그리고 여자들은 바람을 피우는 상대로 좋은 유전자를 나타내는 지표로 간주되는 대칭적 특징을 가진 남자를 선택하는 것처럼 보인다(Gangestad et al., 2005). 이러한 사실들은 여자는 자식이 성적으로 성공을 거두는 데 도움을 주는 유전자를 원한다는 가설을 뒷받침한다. 이 연구들은 여자가 정식 배우자가 아닌 상대와 단기적 짝짓기를 추구하는 이유를 설명하는 가설로 좋은 유전자 가설이 경쟁력이 있음을 말해준다.

여자의 단기적 짝짓기의 진화한 기능 검토. 여자의 단기적 짝짓기의 진화한 기능에 관한 가설 중 경험적 지지를 일부 받은 것이 여러 가지 있다 : (1) 배우자 교체, (2) 장기적 짝짓기 목표를 위해 단기적 짝짓기를 이용하기, (3) 자원 획득, (4) 좋은 유전자나 섹시한 아들 유전자 획득. 여자의 단기적 짝짓기가 단 한 가지 기능만 가져야 한다는 법은 없다. 여러 가지 기능을 가질 수도 있다. 예를 들어 배우자 가치가 낮은 남자와 이미 짝이 된 여자는 배우자 가치가 더 높은 남자로 교체하기 위해 단기적 짝짓기를 이용할 수 있다. 어떤 남자가 장기적 배우자로서 적당한지 평가하기 위해 단기적 짝짓기를 이용할 수도 있으며, 더 헌신적인 관계로 전환시키려는 목표로 그 남자와 섹스를 할 수도 있다. 자원이 부족한 상황에서 살아가는 여자나 장기적 배우자를 유혹할 수 없는 여자는 귀중한 자원을 얻기 위해 단기적 짝짓기를 이용할 수도 있다. 그리고 유전자의 질이 낮은 남자와 이미 짝이 된 여자는 더 나은 유전자를 얻을 목적으로 단기적 짝짓기를 이용할 수 있다(특히 배란기 무렵에).

　이러한 가설상의 기능들은 여자의 단기적 성 심리학의 복잡성을 과소평가한 것일 수 있다. 남자의 관점에서 볼 때 여자의 성은 아주 소중한 번식 자원이다. 여자의 관점에서 볼 때 이 자원은 **대체**하기가 아주 쉽다. 즉, 다른 자원과 교환하거나 다른 자원으로 바꿀 수 있다(Meston & Buss, 2009). 장래에 좀더 많은 연구들이 이루어지면, **어떤 여자**가 **어떤 상황**에서 **어떤 편익**을 얻으려고 단기적 짝짓기를 추구하는지 밝혀질 것이고, 그럼으로써 여자의 단기적 성 심리의 복잡성이 드러날 것이다.

▪ 단기적 짝짓기에 미치는 맥락 효과

단기적 짝짓기의 개인차

단기적 짝짓기를 들여다보는 하나의 창은 단기적 짝짓기를 적극적으로 추구하는 여자와 그렇지 않은 여자의 비용과 편익에 대한 주관적 지각을 비교하는 것이다. 그레일링과 버스(2000)는 한 여성 표본 집단을 대상으로 사회적 성 지향 검사Sociosexuality Orientation Inventory, SOI를 실시했다(Gangestad & Simpson, 1990 ; 더 정교한 SOI 측정은 Jackson & Kirkpatirck, 2007, and Penke & Asendorpf,

2008을 참고하라). 사회적 성 지향 검사는 단기적 짝짓기 전략이나 장기적 짝짓기 전략을 추구하는 성향에서 나타나는 개인차를 평가하기 위한 검사이다. 그런 다음, 각각의 여자가 얻은 SOI 점수와 그 자신이 지각하는 단기적 짝짓기에서 얻을 편익과 비교해 어떤 상관관계가 있는지 조사한다. 또 자신이 지각하는 단기적 짝짓기에서 얻을 편익의 크기하고도 비교해 어떤 상관관계가 있는지 조사한다. 단기적 짝짓기를 추구하는 여자들은 단기적 짝짓기를 추구하지 않는 여자들과 비교할 때 편익에 대한 지각이 상당히 다르다. 단기적 짝짓기를 추구하는 경향이 있는 여자들은 세 종류의 편익을 더 유용하다고 생각한다. 하나는 성적 자원과 관련된 것이다. 단기적 짝짓기를 추구하는 여자들은 성적인 실험을 하려는 섹스 파트너를 만나는 것($r = +0.51$), 섹스 파트너와 오르가즘을 경험하는 것($r = +0.47$), 파트너가 육체적 매력이 있어 큰 성적 만족을 경험하는 것($r = +0.39$)을 매우 유용하다고 생각한다.

그런 여자들은 단기적 짝짓기가 자신의 매력과 유혹의 기술을 향상시키는데에도 유용하다고 생각하는데($r = +0.50$), 이것은 배우자 기술 획득 가설을 뒷받침한다. 이들은 또한 값비싼 명품 옷($r = +0.45$), 승진($r = +0.40$), 보석($r = +0.37$), 파트너의 자동차 사용($r = +0.35$)을 포함해 단기적 짝짓기에서 얻는 자원도 유용하다고 간주한다.

단기적 짝짓기를 추구하는 여자들은 또한 단기적 짝짓기를 부추기는 상황에 대해서도 다른 지각을 갖고 있다. 정식 배우자가 해고되거나($r = +0.29$), 감봉을 당하거나($r = +0.25$), 중병에 걸렸을($r = +0.23$) 경우, 여자가 단기적 짝짓기를 할 가능성이 높아지는 것으로 보인다. 이 결과들은 배우자 교체 가설을 뒷받침한다—단기적 짝짓기를 추구한 적이 있다고 대답하는 여자들은 자신의 행동을 합리화하는 이유로 배우자의 문제를 내세울 가능성이 더 높다. 게다가 그런 여자들은 정식 배우자보다 더 멋있어 보이는 사람을 만나면 혼외 정사로 이어질 가능성이 높다고 생각하는 경향이 더 강하다($r = +0.25$).

SOI를 사용해 개인차를 조사한 또 다른 연구는 배우자의 "헌신에 대한 욕구"에 일어난 변화에 초점을 맞추었다(Townsend & Wasserman, 1998). 헌신에 대한 욕구는 "그 사람과 더 깊은 관계로 이어갈 수 있을지 알고 싶다(예컨대 그동안에는 다른 사람과 절대로 깊은 관계를 맺지 않는 식으로)."와 같은 항목을 사용해 측정했다(1998, p. 183). 단기적 짝짓기를 추구하는 여자들은 장기적 관계를 더 중시하는 여자들과 비교할 때 남자가 헌신적 사랑의 신호를 보이지 않더라도 기꺼이 섹스를 하려는 경향이 훨씬 높았다. 게다가 그들은 남자의 인기와 육체적 매력을 아주 중요시했다—이것은 여자의 단기적 짝짓기를 설명하는 섹시한 아들 가설을 뒷받침하는 정황 증거이다(Townsend, 1998 참고).

단기적 짝짓기를 추구하는 여자들은 두 종류의 비용을 실제로 일어날 가능성이 낮은 것으로 생각한다. 그 중 하나는 평판 손상이다. 이들은 단기적 짝짓기를 적극적으로 추구하지 않는 여자들에 비해 친구들과 잠재적 배우자, 지위가 높은 동료 집단 사이에서 평판 손상이 일어날 가능성을 훨씬 **낮게** 생각한다($r = +0.47$). 아마도 이들은 대도시를 택한다거나 현재의 배우자가 멀리 떠나고 없을 때처럼 그런 비용이 발생할 가능성이 낮은 상황을 선택할 것이다. 종합하면, 발견된 사실들은 혼외 정사가 가져다주는 여러 가지 편익, 특히 자원, 배우자 교체, 좋은 유전자 편익에 대한 가설을 뒷받침한다.

단기적 짝짓기 전략을 다른 사람들이 알아챌 수 있을까? 한 연구에서는 성 전략이 제각각 다른 여자 24명을 한 남자 공모자와 상호작용하게 하면서 비디오로 촬영했다(Stillman & Maner, 2009). 그러고 나서 비디오테이프를 평가자 집단에게 보여주고, 각 여자의 성 전략(그 여자의 SOI 점수로 판단한)을 예측해보게 했다. 평가자들은 여자들의 성 전략을 상당히 정확하게 예측했는데, 평가자들이 매긴 평가와 여자들의 SOI 점수 사이의 상관계수는 $+0.55$였다. 그러고 나서 연구자들은 평가자들이 여자들의 SOI를 가늠하는 데 사용한 특정 단서들을 조사했다. 흥미롭게도 그들은 남자 공모자에게 눈썹을 치켜올리거나 시선을 자주 주는 것처럼 SOI를 알려주는 '유효한' 단서를 일부 발견했다. 평가자들은 미소나 웃음, 공모자에게 가까이 다가가기, 선정적인 옷차림처럼 '무효한' 단서들도 여자의 단기적 짝짓기 전략을 시사한다고 믿었지만, 실제로는 여자들이 스스로 보고한 성 전략과는 아무 연관 관계가 없었다. 그러나 성적 행동에 구속을 받지 않는 여자들은 구속을 받는 여자들에 비해 배란기에 옷을 선정적으로 입는 경향이 훨씬 강하게 나타난다(Durante, Li, & Haselton, 2008). 이 연구들은 단기적 짝짓기 전략을 추구하는 여자들이 일반적으로는 더 선정적인 옷차림을 하지 않더라도 배란기에는 더 선정적인 옷차림을 할 것이라고 시사한다. 또 다른 연구에서는 사람들이 문신을 새긴 남자나 여자를 섹스 파트너가 더 많다고 생각하는 것으로 드러났지만, 실제로 문신이 성 전략을 암시하는지는 아직 확실히 밝혀지지 않았다(Wohlrab et al., 2009).

다른 연구들은 **남성성**을 조사했다. 한 연구에서는 성적 행동에 구속을 받지 않는 여자들은 얼굴이 더 남성적으로 생긴 경향이 있는 것으로 드러났다(Campbell et al., 2009). 두 번째 연구에서는 성적 행동에 구속을 받지 않는 여자들은 면담자가 평가한 신체적 남성성, 행동학적 남성성뿐만 아니라 어린 시절의 성 정체성 불일치에 대한 자기 보고에서도 높은 점수를 얻는 경향이 있었다(Mikach & Bailey, 1999). 세 번째 연구에서는 얼굴의 남성성이 남자에게서는 단기적 짝짓기 전략과 연관 관계가 있지만 여자에게서는 그런 관계가 없는 것으로 드러났다(Boothroyd et al., 2008). 이러한 차이가 나는 원인을 밝히려면 추가 연구가 더 필요하다.

성 전략을 알려주는 그 밖의 관찰 가능한 단서는 단기적 짝짓기 전략을 추구하는 사람들의 배우자 선호에서 찾을 수 있을지 모른다. 아주 훌륭한 두 연구에서는 성적으로 구속을 받지 않는 여자들은 구속을 받는 여성들보다 근육질 얼굴과 몸을 가진 남자에 대한 선호가 더 강한 것으로 나타났다. 그런 선호는 남자들의 사진을 평가하게 한 조사에서뿐만 아니라, 실험실에서 여자들이 다양한 남성성을 가진 남자들을 만나고 상호작용한 '스피드데이팅' 연구에서 나타난 행동학적 선택에서도 표현되었다(Provost et al., 2006). 실험실 연구에서 단기적 짝짓기 전략을 추구하는 남자는 장기적 짝짓기 전략을 추구하는 남자에 비해 육체적 매력이 더 뛰어난 여자에게 더 많은 관심을 보였다(Duncan et al., 2007). 성적 행동에 구속을 받지 않는 남자는 또한 구속을 받는 남자보다 WHR이 낮은 여자에 대한 선호가 더 강했는데, 이것은 단기적 짝짓기 전략을 추구하는 남자는 생식력을 알리는 단서를 우선시한다는 가설을 뒷받침한다.

단기적 짝짓기에 영향을 미칠 수 있는 그 밖의 맥락들

남자들 중에는 지독한 바람둥이도 있고, 결코 바람을 피우지 않는 사람도 있다는 사실은 누구나 알고 있다. 여자들 중에도 캐주얼 섹스를 즐기는 사람이 있는가 하면, 헌신적으로 사랑하는 사람이 아니라면 섹스는 생각조차 하지 않는 사람도 있다. 일시적인 짝짓기 성향은 사람마다 다르다. 또한, 같은 개인이라도 시간과 상황에 따라 성향이 변할 수 있다. 성 전략에 나타나는 이러한 변화는 다양한 사회적, 문화적, 생태학적 조건에 따라 달라진다.

아버지의 부재와 의붓아버지의 존재. 아버지 없이 성장한 경험은 단기적 짝짓기 전략을 추구하는 성향과 연관 관계가 있는 것으로 밝혀졌다. 예를 들면, 벨리즈의 마야족과 파라과이의 아체족 사이에서는 아버지의 부재는 장기적 짝짓기 관계를 유지하는 데 필요한 시간과 에너지와 자원을 제공하고 싶지 않다고 말하는 남자들과 상관관계가 있는 것으로 밝혀졌다(Waynforth, Hurtado, & Hill). 남녀를 모두 조사한 다른 연구들에서는 아버지가 없는 가정에서 자란 사람들은 사춘기가 일찍 찾아오고, 성 경험도 일찍 하며, 단기적 짝짓기 전략을 추구하기가 더 쉬운 것으로 드러났다(예컨대 Ellis et al., 1999 ; Surbey, 1998b). 아버지의 부재뿐만 아니라 가난하거나 가혹한 양육(특히 아버지로부터)은 사춘기를 일찍 맞이하는 딸(Tither & Ellis, 2008), 많은 섹스 파트너(Alvergne, Faurie, & Raymond, 2008), 아이를 일찍 낳을 가능성 상승(Cornwell et al., 2006 ; Nettle et al., 2010)과 관련이 있다. 특별히 가혹한 가정 환경은 여자가 성적 학대를 받는 경우이다. 어린 시절의 성적 학대는 이른 사춘기와 성적 활동과 연관 관계가 있다(Vigil, Geary, & Byrd-Craven, 2005).

이러한 효과들이 순전히 가혹한 가정 환경에 따라 여자가 자신의 번식 전략을 변화시키도록 적응한 결과 때문인지, 아니면 아버지가 가난하거나 없는 부모가 딸에게 단기적 짝짓기 전략을 추구하는 유전자를 전달하는 유전적 요소도 있는지는 현재 논란이 되고 있다(Mendle et al., 2009 ; Tither & Ellis, 2008 참고). 흥미롭게도 한 연구에서는 여자의 성적 조기 성숙—단기적 짝짓기 전략 추구 성향의 선행 단계일 수 있는—을 촉진하는 데에는 의붓아버지의 존재가 생물학적 아버지의 부재보다도 더 중요한 요인일 수 있다는 결과가 나왔다(Ellis & Garber, 2000). 반면에 생물학적 아버지는 딸이 일찍 성 경험을 하는 것을 막으면서 단순히 '딸을 지키는 것' 이상의 역할을 하는지도 모른다(Surbey, 1998b). 마지막으로, 남녀 모두에게서 부모와 애착 관계가 약한 것은 성적 문란과 연관 관계가 있는 것으로 밝혀졌다(Walsh, 1995, 1999).

인생을 살아가면서 겪는 변화. 캐주얼 섹스는 발달 단계하고도 관련이 있다. 많은 문화에서 청소년은 짝짓기 시장에서 자신의 가치를 평가하기 위한 방법으로 여러 가지 전략을 실험하고 자신의 매력을 갈고 닦으며, 자신의 선호를 명확히 파악하려고 임시적 짝짓기에 빠지는 경향이 높다(Frayser, 1985). 그런 경험은 결혼을 준비하는 데 도움이 된다. 아마조니아의 메히나쿠족처럼 일부 문화에서 청소년의 혼전 성 실험을 용인하고 심지어 장려한다는 사실(Gregor, 1985)은 단기적 짝짓기가 인생을 살아가면서 겪는 발달 단계와 관련이 있다는 단서를 제공한다.

　　오래된 헌신적 짝짓기 관계가 끝나고 새로운 헌신적 짝짓기가 시작되기 전의 전환기는 캐주얼 섹스의 추가적 기회를 제공한다. 예를 들면, 이혼을 한 뒤에는 현재의 짝짓기 시장에서 자신의 가치를 재평가하는 게 아주 중요하다. 결혼에서 낳은 아이가 있는 경우에는 없는 경우에 비해 일반적으로 그 사람의 바람직성이 떨어진다. 반면에 경력을 많이 쌓아 지위가 상승했다면, 짝짓기 시장에서 이전보다 바람직성이 더 높아질 수 있다.

성비. 결혼할 수 있는 여자에 비해 결혼할 수 있는 남자가 많으냐 적으냐 하는 것도 일시적 짝짓기에 영향을 미치는 또 하나의 중요한 맥락이다. 이 성비에 영향을 미치는 요소는 여자보다 남자가 많이 죽는 전쟁, 육체적 싸움 같은 위험을 수반한 활동, 의도적 살인(남자 사망자가 여자 사망자보다 약 7배나 많은), 연령별로 차이가 나는 재혼 비율(그래서 나이가 많을수록 재혼하는 여자가 재혼하는 남자보다 더 적은 결과를 낳는) 등 여러 가지가 있다. 남자들은 성적으로 접근할 수 있는 여자가 많을 때에는 일시적 관계를 맺는 쪽으로 행동을 전환하는데, 성비가 유리해 성적 다양성에 대한 욕구를 충분히 만족시킬 수 있기 때문이다 (Pedersen, 1991). 예를 들면, 아체족 남자들은 성적으로 아주 문란한데, 여자의 수가 남자보다 약 50% 더 많기 때문이다(Hill & Hurtado, 1996). 반면에 남자가 더 많을 때에는 남녀 모두 장기적 짝짓기 전략 쪽으로 옮겨가는 것으로 보이는데, 안정적인 결혼과 이혼율 감소가 그 특징으로 나타난다(Pedersen, 1991). 48개국에서 1만 4059명을 대상으로 성비와 성 전략을 조사한 가장 광범위한 비교문화 연구에서는, 여자가 더 많은 문화에서 단기적 짝짓기 전략과 관련된 태도와 행동을 용인하는 경향이 높은 것으로 나타났다(Schmitt, 2005).

배우자 가치, 남성성, 체형, 성격. 단기적 짝짓기에 영향을 미칠 수 있는 한 가지 맥락은 **배우자 가치**, 즉 이성 구성원들이 그 사람을 평가한 전반적인 바람직성이다. 자기 지각 짝짓기 성공 등급(Lalumiere, Seto, & Quinsey, 1995 ; Landolt, Lalumiere, & Quinsey, 1995)은 배우자 가치를 평가한다. 이 척도에 포함된 표본 항목에는 "이성 구성원들이 나를 아는 척한다.", "나는 이성 구성원들에게서 칭찬을 많이 받는다.", "이성 구성원들이 나에게 매력을 느낀다.", "내 동료들에 비해 나는 데이트를 아주 쉽게 할 수 있다." 같은 것이 있다.

배우자 가치 등급에서 얻은 점수를 남녀 참여자들이 보고한 성 생활사와 관련지어 보았다. 그 결과는 양 성에 대해 서로 아주 다르게 나타났다. 배우자 가치가 높은 남자는 낮은 남자에 비해 더 어린 나이에 성 경험을 하고, 사춘기 이후에 섹스 파트너가 더 많고, 지난해에 함께 잔 파트너 수도 더 많고, 지난 3년 동안 섹스 제의도 더 많이 받았고, 전체 섹스 횟수도 더 많았고, 섹스를 하기 전에 그 여자에게 애착을 느낄 필요가 없었다. 게다가 배우자 가치가 높은 남자는 SOI 점수도 높은 경향을 보였는데(Clark, 2006), 이것은 이들이 단기적 짝짓기 전략을 추구한다는 것을 시사한다.

남자의 배우자 가치를 나타내는 그 밖의 몇 가지 지표는 단기적 짝짓기의 성공과 연관 관계가 있다. 첫째, 지위가 높고 자원이 많은—남자의 배우자 가치를 나타내는 주요 지표—남자는 섹스 파트너가 더 많은 경향이 있는데, 이것은 단기적 짝짓기에 성공을 거둘 가능성이 높음을 시사한다(Kanazawa, 2003a ; Perusse, 1993). 둘째, 사회 지배적 성향이 강한—장래의 지위 상승을 예측하는 데 좋은 지표—남자는 불충실한 경향이 강한데, 이것은 단기적 짝짓기를 추구한다는 것을 암시한다(Egan & Angus, 2004). 셋째, 어깨 대 엉덩이 비율 shoulder-to-hip ratio, SHR—4장에서 다룬 남자의 신체적 매력을 나타내는 한 가지 지표—이 큰 남자는 더 이른 나이에 성 경험을 하며, 섹스 파트너도 더 많고, 혼외 정사도 더 많이 하며, 다른 사람의 배우자와 섹스를 할 가능성이 더 높다(Hughes & Gallup, 2003). 넷째, 스포츠에서 경쟁하는 남자, 특히 운동 선수로 성공을 거둔 남자는 섹스 파트너가 많다(Faurie, Pontier, & Raymond, 2004). 다섯째, 매력적인 얼굴과 남성적인 몸을 가진 남자는 단기적 섹스 파트너가 더 많다(Rhodes, Simmons, & Peters, 2005).

악력이 센 남자(Gallup, White, & Gallup, 2007)와 테스토스테론 수치가 높은 남자(van Anders, Hamilton, & Watson, 2007)는 단기적 짝짓기 전략을 추구하

는 경향이 있다. 중배엽형(근육질) 체격을 가진 남자는 자식 수로 측정한 번식 성공률이 높은 경향이 있는데(Genovese, 2008), 단기적 짝짓기 전략이 중요한 역할을 했을 가능성이 있다.

여자의 배우자 가치와 성 전략 사이의 연관 관계를 조사한 연구들에서는 서로 엇갈리는 결과들이 더 많이 나왔다. 일부 연구에서는 여자의 자기 지각 배우자 가치와 단기적 짝짓기 전략 추구 사이에는 아무 연관 관계가 없는 것으로 나왔다(예컨대 Lalumiere et al., 1995 ; Landolt et al., 1995 ; Mikach & Bailey, 1999). 반면에 WHR이 낮은(매력적인) 여자는 더 거리낌없는(단기적) 짝짓기 전략을 추구하는 경향이 있고, 다른 사람들에게 문란하고 신뢰할 수 없는 여자라는 평가를 받는다(Brewer & Archer, 2007). 여자의 경우 얼굴이나 전체적인 매력보다는 신체적 매력이 단기적 짝짓기 전략과 연관 관계가 있는 게 아닐까 하고 추측할 수 있다.

성격 특성도 그 사람의 짝짓기 전략을 예측하는 단서를 제공한다. 64개국에서 1만 3243명을 대상으로 조사한 연구에서는 외향성, 낮은 원만성, 낮은 성실성의 성격 특성을 가진 사람은 단기적 짝짓기에 관심이 많고, 남의 배우자와 바람을 피우려고 시도하고, 남의 배우자를 유혹하려는 사람의 시도에 쉽게 넘어가는 기질이 있는 것으로 드러났다(Schmitt & Shackelford, 2008). 성격 특성 중 '어둠의 3요소Dark Triad'라 부르는 자기애, 정신병질, 마키아벨리즘 역시 착취적인 단기적 짝짓기 전략(특히 남자에게서)을 추구하는 성향이 나타날 수 있음을 알려준다(Jonason et al., 2009 ; Jonason, Li, & Buss, 2010).

▋ 요약

20세기에 짝짓기에 대한 과학적 연구는 거의 전적으로 결혼에만 초점을 맞추어 진행되었다. 그러나 사람의 해부학, 생리학, 심리학은 불륜과 단기적 짝짓기로 점철된 조상의 과거를 드러낸다. 남자가 단기적 짝짓기에서 번식의 이득을 얻는다는 것은 너무나도 명백했기 때문에 과학자들은 여자가 단기적 짝짓기에서 이득을 얻을 가능성에 그다지 신경을 쓰지 않았다.

이 장에서 우리는 먼저 남자의 단기적 짝짓기를 살펴보았다. 트리버스의 부모의 투자와 성 선택 이론에 따르면, 단기적 짝짓기의 결과로 남자 조상이 얻은 번식의 이득은 직접적인 것—임신시키는 데 성공한 여자의 수가 늘어남에 따라 자식의 수도 늘어나므로—이었다. 경험적 증거들은 단기적 짝짓기에 대한 욕구는 남자가 여자보다 더 크다는 주장을 강력하게 뒷받침한다. 남자는 여자에 비해 다양한 섹스 파트너에 대한 욕구가 훨씬 강하고, 성관계를 맺기까지 경과하는 시간도 훨씬 짧게 잡으며, 단기적 짝짓기를 추구할 때에는 기준도 크게 낮추고, 성적 환상을 더 많이 품을 뿐만 아니라 성적 환상에 등장하는 섹스 파트너의 수도 더 많으며, 성적 기회를 놓친 것에 대한 후회를 더 많이 하고, 혼외 정사 횟수도 더 많으며, 성 매매 여성을 더 자주 찾는다. 비록 일부 심리학자는 이런 기본적인 남녀 차이를 부정하지만(예컨대 Miller & Fishkin, 1997), 성적 다양성에 대한 욕구에서 남녀 차이는 지금까지 관찰되고 기록된 남녀 간의 심리학적 차이 중 가장 크고 재현도 잘 되며 거의 모든 문화에 걸쳐 나타나는 것 중 하나이다(Schmitt et al., 2003 ; Petersen & Hyde, 2010).

그러나 단기적 짝짓기는 수학적으로 두 가지가 필요하다. 강요된 섹스를 제외한다면, 단기적 섹스를 원하는 남자의 욕구는 거기에 응하려는 일부 여자가 없었다면 진화하지 못했을 것이다. 그래서 우리는 역사를 통해 일부 여자가 가끔 단기적 짝짓기를 한 증거를 찾아보았다. 고환의 크기나 정액에 포함된 정자 수 변화처럼 남자에게 남아 있는 생리학적 단서는 긴 진화의 역사를 통해 **정자 경쟁**—두 남자의 정자가 한 여자의 생식관에 동시에 들어가는 일—이 일어났음을 시사한다. 진화의 관점에서 볼 때, 일부 적응적 편익이 없었다면 여자가 반복적으로 단기적 짝짓기에 응했을 리가 없다.

여자가 얻을 수 있는 적응적 편익은 다섯 종류가 있다 : 경제적 또는 물질적 자원, 유전적 편익, 배우자 교체 편익, 장기적 목표를 위한 단기적 짝짓기, 배우자 조종 편익. 지금까지 이루어진 연구들을 바탕으로 한 경험적 증거는 배우자 교체, 자원 획득, 장기적 목표를 위한 단기적 짝짓기, 좋은 유전자 또는 섹시한 아들 유전자에 대한 접근 가설을 지지하며, 지위 상승이나 배우자 조종 편익 가설은 전혀 지지하지 않는다. 단기적 짝짓기 전략이나 장기적 짝짓기 전략을 추구하는 성향은 개인에 따라 다르다. 흥미롭게도, 이러한 개인차를 최소한 부분적으로 알아채는 게 가능하다. 단기적 짝짓기 성향이 있는 여자는 남자와 상호작용할 때 눈썹을 더 자주 치켜올리고 시선을 더 많이 보내고 ; 배란기에 더 선정적인 옷차림을 하고 ; 외모가 다소 남성적이라는 평을 받으며, 특별히 남성적인 얼굴과 신체를 가진 남자에게 끌린다. 단기적 짝짓기를 우선시하는 남자는 장기적 짝짓기 성향을 가진 동료들에 비해 매력적인 여자에게 관심을 쏟으며, WHR이 낮은—생식력을 알려주는 단서—여자를 크게 선호한다.

　이 장의 마지막 절에서는 단기적 짝짓기에 영향을 미치는 다양한 맥락 효과를 살펴보았다. 한 가지 맥락은 성비인데, 여자가 남자보다 많은 상황은 남녀 모두에게 단기적 짝짓기를 부추기는 효과를 나타낸다. 또 한 가지 중요한 맥락은 배우자 가치, 즉 이성 구성원들이 그 사람을 바람직하게 생각하는 정도이다. 배우자 가치는 지위, 지배적 성향, 높은 SHR, 스포츠에서 거둔 성공, 매력적인 얼굴, 남성적 특징 등으로 평가되는데, 배우자 가치가 높은 남자는 단기적 짝짓기를 추구할 가능성이 더 높다. 그런 경향은 더 어린 나이에 성 경험을 한다든가 섹스 파트너가 많다든가 하는 특징으로 나타난다. 여자의 배우자 가치와 선호하는 성 전략 사이의 연관 관계는 좀더 불확실하다. 일부 연구에서는 여자의 자기 지각 배우자 가치와 선호하는 성 전략 사이에 연관 관계가 전혀 없는 것으로 나타났다. 다른 연구에서는 WHR이 낮은(매력적인) 여자일수록 단기적 짝짓기 전략을 추구하는 성향이 조금 더 강한 것으로 나타났다. 그런 여자는 다른 사람들에게도 성적으로 다소 문란하다는 인상을 준다. 마지막으로, 성격 특성도 성 전략을 예측하는 단서를 제공한다. 외향성, 낮은 원만성, 낮은 성실성의 성격 특성을 가진 사람은 단기적 짝짓기 성향이 더 강하다. 성격 특성 중 '어둠의 3요소Dark Triad'—자기애, 정신병질, 마키아벨리즘—에서 높은 점수를 받는 사람 역시 착취적인 단기적 짝짓기 전략을 추구하는 경향이 있다.

추천 독서 목록

Campbell, A. (2008). The morning after the night before : Affective reactions to one-night stands among mated and unmated women and men. *Human Nature, 19*, 157-173.

Gangestad, S. W., Thornhill, R., & Garver-Apgar, C. E. (2005). Adaptations to ovulation. In D. M. Buss (Ed.), *The handbook of evolutionary psychology* (pp. 344-371). New York : Wiley.

Greiling, H., & Buss, D. M. (2000). Women's sexual strategies : The hidden dimension of extra-pair mating. *Personality and Individual Differences, 28,* 929-963.

Lippa, R. A. (2009). Sex differences in sex drive, sociosexuality, and height across 53 nations : Testing evolutionary and social structural theories. *Archives of Sexual Behavior, 38,* 631-651.

Schmitt, D. P., Couden, A., & Baker, M. (2001). The effects of sex and temporal context on feelings of romantic desire : An experimental evaluation of sexual strategies theory. *Personality and Social Psychology Bulletin, 27,* 833-847.

Schützwohl, A., Fuchs, A., McKibben, W. F., & Shackelford, T. K. (2009). How willing are you to accept sexual requests from slightly unattractive to exceptionally attractive imagined requestors? *Human Nature, 20,* 282-293.

Stillman, T. F., & Maner, J. K. (2009). A sharp eye for her SOI : Perception and misperception of female sociosexuality at zero acquaintance. *Evolution and Human Behavior, 30,* 124-130.

Surbey, M. K., & Conohan, C. D. (2000). Willingness to engage in casual sex : The role of parental qualities and perceived risk of aggression. *Human Nature, 11,* 367-386.

EVOLUTIONARY PSYCHOLOGY

EVOLUTIONARY PSYCHOLOGY

| 제4부 |

양육과 친족 문제

4부는 양육 문제를 다루는 장과 친족 문제를 다루는 장으로 이루어져 있다. 어떤 개체가 생존의 장애물을 성공적으로 돌파하고, 짝짓기와 번식 문제를 해결하고 난 뒤에 마주치는 문제는 바로 번식의 산물—부모의 유전자를 전달하는 '운반 수단'인 자식—에 노력을 쏟아붓는 것이다(7장). 7장은 자식에게 조금이라도 부모의 보살핌을 제공하는 거의 모든 종에서 왜 어미가 아비보다 더 많은 보살핌을 제공하는지 그 수수께끼를 살펴보는 것으로 시작한다. 이어서 세 가지 핵심 문제에 초점을 맞춰 부모의 보살핌 패턴을 살펴보는데, 그 세 가지 문제는 자식과 부모 사이의 유전적 근연도, 부모의 보살핌을 적합도로 전환시키는 자식의 능력, 자식에 투자하는 것과 다른 적응 문제 해결을 위해 자원을 쓰는 것 사이에서 부모가 직면하는 트레이드오프이다. 마지막 절에서는 살아 있는 사람이라면 거의 누구나 경험하는 현상인 부모와 자식 간의 갈등에 대해 진화론의 관점에서 설명을 제시한다.

8장에서는 분석의 범위를 확대해 조부모, 손자, 조카와 조카딸, 삼촌과 외삼촌, 이모와 고모 같은 더 넓은 범위의 친족을 살펴본다. 포괄 적합도 이론은 생사가 달린 상황에서 유전적 친척 돕기, 유언을 통해 유전적 친척에게 자산 물려주기, 손자에 대한 조부모의 투자, 친족 관계의 중요성에 대한 남녀 차이 같은 현상을 포함해 유전적 친척 사이의 관계를 이해하는 데 많은 도움을 준다. 8장은 확대 가족의 진화에 대해 더 넓은 관점을 제시하면서 끝난다.

제7장
양육 문제

::

어머니는 그 사람이 내 아버지라고 말하지만,
나는 그렇지 않다는 걸 안다.
자신을 낳은 진짜 아버지가 누구인지 아는 사람은 아무도 없기 때문이다.
—오디세우스의 아들 텔레마코스, 호메로스의 《오디세이아》 중에서

모든 남녀의 소득이 똑같은 사회를 상상해보자. 몸이 건강한 어른은 모두 일을
한다. 모든 결정은 모든 남녀가 참여해 공동으로 내리며, 모든 자녀는 집단이
공동으로 키운다. 실제로 이런 사회 환경에서 살아간다면 사람들은 어떤 반응
을 보일까? 이스라엘의 키부츠에서 그런 실험이 일어났다. 조지프 셰퍼Joseph
Shepher와 라이오넬 타이거Lionel Tiger라는 두 인류학자는 세 세대에 걸쳐 키부
츠에서 살아간 3만 4040명을 조사했다. 셰퍼와 타이거는 1975년에 출간된 고
전적인 저서 《키부츠의 여자들Women in the Kibbutz》에서 놀랍게도 키부츠에서
남녀 사이의 분업은 나머지 이스라엘 지역보다 훨씬 높게 나타난다는 사실을
발견했다고 말한다(Tiger, 1996). 그렇지만 무엇보다 놀라운 것은 여자들이 강
하게 표출한 선호였다. 시간이 지나자 여자들은 아이들을 다른 여자들과 공동
으로 키우기보다는 자기 아이는 자기가 키우겠다고 주장하기 시작했다. 남자
들은 이러한 움직임에 대해 원래 그들이 지향하던 유토피아의 꿈을 희생하고
부르주아의 가치에 굴복해 후퇴하는 것이라며 거부하려고 했다. 그러나 어머
니들과 그 어머니들은 완강한 자세를 굽히지 않고 투표를 통해 자신들의 뜻을
관철시켰다. 그래서 공동 양육이라는 유토피아적 실험은 어머니와 자식 간의
유대를 바탕으로 한 양육—모든 인간 문화에서 나타나는 패턴—으로 되돌아

갔다.

　진화론의 관점에서 볼 때 자식은 부모에게 일종의 운반 수단이다. 자식은 부모의 유전자를 그 다음 세대로 전달하는 수단이다. 자식이 없다면 그 사람의 유전자는 영영 사라지고 말 것이다. 유전자 운반 수단으로서 자식이 이렇게 소중하다는 점을 감안한다면, 자연 선택이 부모에게서 자식의 생존과 번식적 성공을 보장하도록 노력하게 만드는 기제를 선호할 것이라고 보는 게 당연하다. 짝짓기 문제를 제외한다면, 자신의 자식이 살아남아 번성하도록 보장하는 것만큼 중요한 적응 문제는 없다. 실제로 자식의 성공 없이는 어떤 개체가 짝짓기에 쏟아붓는 모든 노력은 번식 측면에서 아무 의미가 없다. 따라서 진화는 부모에게 자식을 돌보도록 특별히 적응한 기제를 많이 만들어냈을 것이다.

　자식이 이렇게 중요하다는 사실을 감안할 때 부모의 보살핌에서 놀라운 사실을 하나 발견하게 되는데, 많은 종은 자식을 돌보는 데 전혀 신경을 쓰지 않는다는 점이다(Alcock, 2009). 예를 들어 굴은 정자와 난자를 그냥 바닷물에 쏟아놓고는 자식들이 바닷물에 휩쓸려가든 말든 신경 쓰지 않는다. 이렇게 고립무원의 환경에서 굴 한 마리가 살아남는 동안 수천 마리가 죽어간다. 부모의 보살핌이 보편적이지 않은 이유 중 하나는 그 비용이 너무 비싸기 때문이다. 자식에게 투자를 하면 부모는 추가로 배우자를 찾거나 번식 결과를 늘리는 데 쓸 수 있는 자원을 잃게 된다. 자식을 보호하느라 노력을 쏟아붓는 부모는 그만큼 자신의 생존을 위험에 노출시킨다. 자식을 위협하는 포식 동물과 맞서싸우다가 부상을 당하거나 죽기도 한다. 따라서 양육 비용을 감안한다면, 자연에서 부모의 보살핌을 볼 때마다 번식의 편익이 비용을 능가할 만큼 충분히 크기 때문에 부모가 그런 행동을 한다고 생각하는 게 합리적이다.

　과학자들은 사람 이외의 많은 동물 종을 대상으로 부모의 보살핌이 어떻게 진화했는지 연구했다(Clutton-Brock, 1991). 멕시코자유꼬리박쥐는 부모의 보살핌 진화에 대해 흥미로운 사례를 제공한다. 이 박쥐는 어두운 동굴에서 수십만 마리(때로는 수백만 마리)가 무리를 지어 살아간다. 암컷은 새끼를 낳은 뒤에 먹이를 구하기 위해 안전한 무리를 떠난다. 그런데 동굴로 돌아올 때, 암컷은 수많은 새끼박쥐들 사이에서 자신의 새끼를 찾아야 하는 문제에 부닥친다. 1제곱미터의 동굴 벽에 새끼박쥐가 수천 마리나 있을 수도 있기 때문에 이것은 결코 간단한 문제가 아니다. 만약 자연 선택이 "종의 이익을 위해" 작용한다면, 어미박쥐가 어느 새끼에게 젖을 먹이든 아무 문제가 되지 않을 것이고, 자신의 새끼를 찾아내 젖을 먹이도록 작용하는 선택 압력도 없을 것이다. 그러나 어미박쥐들은 그런 식으로 행동하지 않는다. 전체 어미 중 83%는 자신의 새끼를 찾아내 젖을 먹이며, 자기 몸무게가 16%나 줄어드는 걸 감수하면서까지 매일 새끼에게 젖을 먹인다(McCracken, 1984). 각 어미박쥐에게 진화한 부모의 보살핌 기제는 종 전체의 자식이 아니라 바로 자신의 유전적 자식을 돕도록 자연 선택을 통해 설계된 것이다.

부모의 보살핌과 관련된 또 하나의 적응 사례는 둥지를 짓는 새에게서 볼 수 있다. 틴베르헌(1963)은 둥지를 짓는 새는 왜 새끼가 부수고 나온 알 껍데기를 하나하나 주워서 수고스럽게 둥지에서 멀리 떨어진 곳에 갖다버리는지 그 수수께끼를 풀려고 했다. 그는 세 가지 가설을 검토해보았다 : (1) 알 껍데기를 치우는 것은 알 껍데기를 감염 경로로 사용하는 병균과 질병을 없앰으로써 위생을 청결하게 하는 기능을 한다 ; (2) 알 껍데기를 치우는 것은 알에서 부화한 새끼가 날카로운 알 껍데기 모서리에 찔리지 않도록 보호한다 ; (3) 알 껍데기를 치우면 새끼를 잡아먹는 포식 동물의 눈에 둥지가 잘 띄지 않을 수 있다. 틴베르헌은 일련의 실험을 통해 포식 동물 가설만 지지를 받는 결과를 얻었다. 요컨대 부모의 보살핌 비용보다는 포식 동물에게 잡아먹히는 비율 감소를 통해 새끼가 살아남는 비율이 증가하는 데서 얻는 편익이 더 컸다.

진화론의 관점에서 볼 때 부모의 보살핌이 아주 중요하다는 사실에도 불구하고, 인간 심리학 분야에서 이 주제는 지금까지 비교적 소홀하게 다루어졌다. 진화심리학자 마틴 데일리Martin Daly와 마고 윌슨Margo Wilson은 1987년에 열린 '동기에 관한 네브래스카 심포지움'에서 발표할 내용을 준비하면서 부모의 동기에 관한 심리학적 연구나 이론을 찾느라 그 이전에 발표된 연구를 모아놓은 책 34권을 샅샅이 조사했다. 그러나 그 책들 중에 부모의 동기를 다룬 내용은 한 단락도 없었다(Daly & Wilson, 1995). 어머니가 자식을 사랑하는 경향이 있다는 사실은 널리 알려져 있었지만, 심리학자들은 이론적 차원에서 부모의 강렬한 사랑이라는 현상 자체를 곤혹스럽게 여기는 것처럼 보였다. 사랑을 주제로 여러 권의 책을 쓴 한 저명한 심리학자는 이렇게 지적했다. "많은 사람들에게 자식을 무조건 사랑하게 하는 요구는 놀랍도록 일관된 것처럼 보이지만, 그 이유는 현재로서는 완전히 명확한 것은 아니다."(Sternberg, 1986, p. 133)

그러나 진화론의 관점에서 볼 때, 부모가 자식을 깊이 사랑하는 이유는 명확해 보인다. 자연 선택은 정확하게 바로 그러한 심리 기제를 설계했다. 즉, 부모의 동기는 자신의 유전자를 다음 세대로 전달하는 소중한 운반 수단의 생존과 번식 성공을 보장하도록 설계된 것이다. 그렇지만 다음 절에서 보듯이, 흥미로운 진화적 이유 때문에 부모의 사랑은 무조건적인 것만은 아니다.

이러한 배경을 염두에 두고 부모의 보살핌이라는 흥미진진한 주제로 다시 돌아가 동물계의 전체 종들이라는 넓은 맥락에서 사람을 바라보게 하는 질문을 살펴보자. 그것은 바로 사람을 포함해 많은 종들에서 왜 아비보다는 어미가 훨씬 많은 보살핌을 제공하는가 하는 것이다.

▪ 왜 어머니는 아버지보다
부모의 보살핌을 더 많이 제공하는가?

진화생물학자 존 알콕John Alcock(2009)은 아프리카의 사냥개를 다룬 흥미진진한 영화를 소개한다. 솔로Solo라는 사냥개의 삶과 솔로가 살아가면서 맞닥뜨리는 적대적인 힘들을 다큐멘터리 형식으로 찍은 영화였다. 솔로는 무리 중에서 서열이 낮은 암컷이 낳은 새끼들 중 유일하게 살아남았다. 어미는 낮은 지위 때문에 자신뿐만 아니라 새끼들까지 공격과 괴롭힘에 취약했다. 솔로와 함께 태어난 형제들은 무리 중의 다른 암컷에게 하나하나 죽임을 당했다. 그 암컷은 솔로의 어미와 경쟁자였고, 옛날부터 원한 관계가 깊었다. 솔로의 어미는 새끼들을 구하려고 그 흉포한 암컷과 싸웠지만 허사였다. 놀라운 점은, 어미가 새끼들을 구하려고 목숨을 걸고 싸우는 동안 아비는 방관하면서 새끼를 구할 노력을 **전혀** 하지 않았다는 사실이다!

이 이야기는 비록 섬뜩하긴 하지만, 생명의 진화에 숨어 있는 깊은 진실을 극적으로 보여준다. 그 진실은 바로 동물계 전체를 통해 암컷이 수컷보다 자식을 돌보는 데 더 많은 노력을 쏟는다는 것이다. 사람도 예외가 아니다. 《부모의 보살핌의 진화The Evolution of Parental Care》라는 책의 저자는 이 사실을 재치 있는 표현으로 인정했는데, "부모의 보살핌에 대한 책을 쓰는 동안 나는 내 아이들을 돌본 아내에게 가장 큰 빚을 졌다."라고 말했다(Clutton-Brock, 1991). 가까이에서 보낸 시간에서부터 접촉하고 가르치는 데 쓴 시간에 이르기까지 자식을 기르는 데 쓴 시간을 사용해 사람의 양육을 조사한 방대한 비교문화 자료는 실제로 여자가 남자보다 자식을 훨씬 많이 돌본다는 사실을 보여준다 (Bjorklund & Pellegrini, 2002 ; Geary, 2000, 2010). 여기서 왜 어머니가 아버지보다 월등히 많은 보살핌을 제공하는가 하는 흥미로운 질문이 나오는 것은 당연하다. 이 수수께끼를 설명하기 위해 다양한 가설이 제기되었다. 그 중에서 사람의 양육 행동을 가장 그럴듯하게 설명하는 가설 두 가지를 살펴보자. 하나는 부성 불확실성 가설이고, 또 하나는 짝짓기 기회 비용 가설이다.

부성 불확실성 가설

동물계 전체에서 어미는 일반적으로 자신이 자식에게 유전적으로 기여했다는 사실을 100% '확신'한다. '확신'에 따옴표를 붙인 것은 자신이 친모임을 의식적으로 인식하는 것조차 필요 없기 때문이다. 새끼나 수정된 알을 낳을 때 암컷은 자식이 자신의 유전자를 50% 물려받았다는 사실을 의심할 필요가 없다. 그러나 수컷은 그런 '확신'을 할 수가 없다. **부성 불확실성** 문제는 수컷의 관점에서 볼 때 다른 수컷이 암컷의 난자를 수정시켰을 가능성이 항상 있다는 것을 의미한다.

부성 불확실성 문제는 암컷의 몸 속에서 체내 수정이 일어나는 종에서 가장 강하게 나타나는데, 많은 곤충과 사람, 모든 영장류, 그리고 모든 포유류가 이에 해당한다. 체내 수정이라는 특성 때문에 수컷이 암컷에게 다가갔을 때 그 암컷은 이미 다른 수컷과 짝짓기를 하여 난자가 수정되었을 수 있다. 혹은 수컷과 짝을 이루어 지내는 동안에도 다른 수컷과 몰래 짝짓기를 할 수 있다. 그렇게 되면 수컷은 다른 수컷의 자식을 키우느라 자신의 자원을 쏟아붓는 큰 비용을 치르게 된다. 경쟁자의 자식에게 쏟아부은 자원은 곧 자신이 빼앗긴 자원이나 다름없다. 경쟁자의 자식에게 엉뚱하게 쏟아부은 노력은 수컷에게 큰 비용을 초래하기 때문에, 부성 불확실성이 약간이라도 의심된다면 수컷이 자식의 양육에 자원을 투자해서 얻는 이득이 적을 수 있다. 따라서 부성 불확실성은 수컷보다 암컷이 부모의 보살핌을 더 많이 제공하는 현상이 동물계에 광범위한 이유에 대해 한 가지 설명을 제공한다.

부성 불확실성은 아비에게 부모의 보살핌이 진화하는 것을 막기에 충분한 이유는 아니다. 그렇지만 그것은 자식에 투자해서 얻는 이득을 **어미에 비해** 현저하게 떨어뜨리는 이유가 된다. 부성 불확실성이라는 조건에서는 부모가 같은 투자를 하더라도 아비보다는 어미가 얻는 이득이 더 많다. '아비'의 투자 중 일부는 자신의 자식이 아니라 남의 자식에게 낭비되기 때문이다. 반면에 어미의 투자는 100% 자기 자식에게 투입된다. 요컨대, 부성 불확실성은 아비의 보살핌이 진화하는 것을 막지는 않지만, 동물계에서 암컷이 수컷보다 자식에게 더 많은 투자를 하는 경향이 광범위하게 나타나는 이유를 설명하는 유력한 가설이다.

우리는 어머니의 사랑을 당연한 것으로 여기지만, 대부분의 종에서 아비보다 어미가 자식에게 더 많은 투자를 하는 경향을 설명하기 위해 많은 경쟁 가설이 나왔다.

짝짓기 기회 비용 가설

두 번째 가설은 성별에 따라 짝짓기 기회 비용에 차이가 있다는 사실을 바탕으로 한다. **짝짓기 기회 비용**은 자식에게 쏟아 부은 노력 때문에 상실한 추가적 짝짓기 기회를 말한다. 어미의 경우 임신을 하거나 새끼에게 젖을 먹이는 동안, 그리고 아비의 경우 포식 동물의 공격을 막아내는 동안은 추가로 배우자를 얻을 가능성이 낮다. 그렇지만 짝짓기 기회 비용은 6장에서 언급했던 이유 때문에 암컷보다는 수컷이 더 높다. 수컷의 번식 성공률은 주로 성공적으로 임신시킬 수 있는 생식력이 있는 암컷의 수에 제한을 받는 경향이 있다. 예를 들어 사람의 경우, 남자는 많은 여자와 짝짓기를 함으로써 자식을 더 많이 낳을 수 있지만, 일반적으로 여자는 많은 남자와 짝짓기를 하더라도 번식 결과를 직접 높일 수 없다. 요약하면, 부모의 보살핌으로 인해 발생하는 짝짓기 기회 비용은 일반적으로 암컷보다 수컷이 더 높기 때문에 수컷은 암컷보다 양육을 책임지려고 할 가능성이 낮다.

이 가설에 따르면, 수컷이 잃어버린 짝짓기 기회 비용이 클수록 수컷에게서 나타나는 부모의 보살핌은 그만큼 더 드물 것이다(Alcock, 2009). 그렇지만 수컷이 잃어버린 짝짓기 기회 비용이 작을 경우, 수컷에게 부모의 보살핌이 진화할 조건이 훨씬 유리할 것이다. 수컷이 특정 세력권을 설정해놓고 지키는 어류 종들이 바로 그런 경우에 해당한다(Gross & Sargent, 1985). 암컷들은 다양한 수컷의 세력권을 둘러보면서 알을 낳기에 좋은 곳을 선택한다. 그러면 수컷은 자신의 세력권을 지키면서 알을 보호하고 알에서 깨어난 새끼에게 먹이까지 먹일 수 있다. 이 경우에 수컷은 부모의 투자 때문에 짝짓기 기회가 줄어들진 않는다. 실제로 어떤 수컷의 세력권에 다른 암컷이 낳은 알이 있으면, 암컷들은 그 수컷에게 매력을 느껴 이미 다른 암컷의 알이 있는 세력권에 알을 낳으려고 한다. 다른 알의 존재는 그 세력권이 포식 동물의 위협에서 안전하다거나 그곳에 사는 수컷을 다른 암컷이 바람직하다고 판단했음을 알려주는 것으로 보인다. 요컨대, 자식에게 투자한 결과로 인해 짝짓기 기회 비용이 증가하지 않는다면, 수컷에게 부모의 보살핌이 진화할 조건이 충분한 셈이다.

짝짓기 기회 비용 가설은 사람들 사이에서 양육 행동에 개인차가 나타나는 이유에 대해 부분적인 설명을 제공한다. 짝짓기 풀에서 남자가 넘쳐나는 상황에서는 남자들이 단기적 짝짓기 전략을 추구하기가 어렵다. 반면에 여자가 넘쳐날 때에는 남자들에게 짝짓기 기회가 더 많아진다(6장 참고 ; Guttentag & Secord, 1983 ; Pedersen, 1991도 참고). 따라서 남자가 넘쳐나는 상황에서는 남자가 자식에게 투자할 가능성이 높지만, 여자가 넘쳐나는 상황에서는 자식을 등한시할 것이라고 예측할 수 있다. 실제로 그런 일이 일어난다는 것을 뒷받침하는 경험적 증거가 많이 있다(Pedersen, 1991). 양육 행동의 개인차를 설명할 수 있는 이유로는 성비 외에 다른 요소들도 있다 : (1) 단기적 배우자로서 남자의 매력(더 매력적인 남자일수록 양육 노력을 등한시하고 짝짓기 노력에 더 몰두할 것으로 예상된다)(Gangestad & Thornhill, 2008) ; (2) 인구 밀도(대도시는 인구 밀도가 낮은 농촌 지역에 비해 남자들에게 여자들과 상호작용할 기회를 더 많이 제공한다)(Magrath & Komdeur, 2003).

요약하면, 남자보다는 여자가 부모의 보살핌을 더 많이 제공하는 현상이 광범위하게 나타나는 이유를 설명하기 위해 두 가지 가설이 제기되었다. 물론 이 가설들은 본질적으로 양립 불가능한 것은 아니며, 둘 다 양육 행동에서 나타나는 남녀 차이를 부분적으로 설명할 수 있다.

▪ 진화론의 관점에서 본 부모의 보살핌

이 장 첫머리에서 자식은 부모의 유전자를 미래 세대로 전달하는 운반 수단이지만, 모든 자식이 번식을 하는 것은 아니라고 지적했다. 어떤 자식은 다른 자식보다 살아남는 데 유리하거나 짝짓기 전망이 더 밝아 부모의 유전자를 성공적으로 전달할 가능성이 더 높다. 어떤 자식은 부모의 보살핌에서 혜택을 얻을 가능성이 더 높다. 일반적으로 자연 선택은 부모의 적합도를 증가시키는 효과가 있는 **부모의 보살핌**—다른 형태의 투자 배분을 희생하는 대신에 한 명 이상의 자식에게 우선적으로 투자를 배분하는 것—을 위한 적응을 선호한다. 따라서 부모의 보살핌 기제는 일부 자식을 다른 자식들보다 선호할 것이다—이 조건을 **부모의 편애**라 부른다. 달리 표현하면, 자연 선택은 부모에게서 투자에 대해 더 높은 번식의 이익을 가져다줄 가능성이 높은 자식을 선호하는 기제의 진화를 선호한다(Daly & Wilson, 1995). 어머니뿐만 아니라 아버지도 이러한 조건에 민감해야 하는데, 아버지와 자식 간의 유대는 비록 어머니와 자식 간의 유대보다 약한 경우는 많아도, 모든 문화에 걸쳐 보편적인 것처럼 보인다(Mackey & Daly, 1995).

가장 일반적인 이론적 차원에서 볼 때, 부모의 보살핌이라는 진화한 기제는 세 가지 맥락에 민감할 것이다(Alexander, 1979):

1. **자식의 유전적 근연도**: 이 아이들이 정말로 내 자식일까?
2. **부모의 보살핌을 적합도로 전환시키는 자식의 능력**: 내가 쏟아붓는 투자가 자식의 생존과 번식에 어떤 차이를 빚어낼까?
3. **자식에 투자할 자원의 대체 용도**: 투자를 자식에게 쓰는 게 최선일까, 아니면 누이의 자식이나 추가적인 짝짓기 기회 같은 다른 활동에 쓰는 게 최선일까?

자식과의 유전적 근연도

펜실베이니아 주 피츠버그에 사는 버스 운전사 G 씨는 항상 자신을 '아빠'라고 부르던 딸이 사실은 자신의 유전적 딸이 아니라는 사실을 6년이 지나서야 알게 되었다(《뉴욕 타임스》, 1995). 딴 남자가 그 딸의 진짜 아버지라고 자랑스레 이야기하는 것을 G 씨가 엿들은 게 단서가 되었다. 결국 혈액 검사를 통해 그 이야기가 사실임이 드러났다. G 씨는 매달 주던 양육비를 중단했고, 딸을 안 아주거나 키스하길 거부했으며, 아들(그의 생물학적 자식인)을 데리러 갈 때 딸을 함께 데리고 외출하는 것도 그만두었다. 법원은 G 씨에게 양육비 지급을 계속하라고 명령했다. G 씨는 비록 6년 동안 딸과 친밀한 관계를 유지해왔지만, 자신이 친부가 아니란 사실을 안 순간부터 감정이 돌아서고 말았다.

데일리와 윌슨(1988)은 유전적 근연도가 부모의 동기에 미치는 효과를 함축적으로 묘사했다.

다윈의 관점에서 본 부모의 동기로부터 이끌어낼 수 있는 가장 명백한 예측은 필시 이것일 것이다. 계부모는 일반적으로 친부모보다 자식을 덜 보살피는 경향이 있으며, 그 결과 친부모가 아닌 사람 밑에서 자라난 아이들은 착취당하거나 위험에 노출되는 경우가 더 잦다. 부모의 투자는 소중한 자원이며, 선택은 그 자원을 친척이 아닌 사람에게 낭비하지 않으려는 부모의 심리를 선호한다. (p. 83)

부모의 감정을 조사한 연구들은 이 예측을 지지한다. 오하이오 주 클리블랜드에서 계부모들을 조사한 한 연구에 따르면, 의붓아버지 중 53%, 의붓어머니 중 25%만이 의붓자식에게 '부모의 감정'을 조금이라도 느꼈다고 답했다 (Duberman, 1975). 다윈주의 인류학자인 마크 플린 Mark Flinn은 트리니다드의 한 마을에서 비슷한 결과를 발견했다. 의붓아버지와 의붓자식 간의 상호작용은 유전적 아버지와 그 자식 간에 일어나는 비슷한 상호작용보다 빈도가 적은 반면 더 공격적이었다(Flinn, 1988b). 게다가 의붓자식들은 그러한 공격적인 상호작용을 불쾌하게 느낀 게 분명한데, 그들은 유전적 자식들보다 더 어린 나이에 집을 떠났기 때문이다.

이러한 발견들은 부모의 사랑이라는 강렬한 감정이 유전적 자식 이외의 다른 아이에게는 일어나지 않는다고 말하는 게 아니다. 계부모도 의붓자식에게 애정과 헌신과 자원을 쏟을 수 있고 실제로 종종 그렇게 한다. 여기서 말하고자 하는 핵심은 자녀에게 쏟는 부모의 사랑과 자원은 계부모가 유전적 부모보다 훨씬 **적을** 가능성이 높다는 것이다. 이 점은 웹스터 사전에 실린 'stepmother(계모)'라는 단어의 뜻풀이에서도 볼 수 있다. 이 단어의 뜻풀이로 두 가지가 실려 있다: (1) the wife of one's father by a subsequent marriage

(아버지가 재혼해 맞이한 새 아내) (2) one that fails to give proper care or attention(적절한 보살핌이나 돌봄을 제공하지 않는 사람)(Gove, 1986).

계부모와 의붓자식 사이에 본질적으로 존재하는 이해의 충돌은 많은 문화에서 동화와 민담에 자주 등장한다(Daly & Wilson, 1999). 광범위한 민속 문학을 비교문화적으로 정리한 한 연구는 그 주제들을 다음과 같이 요약했다. "악한 계모는 의붓딸을 죽이라고 지시한다.", "악한 계모는 상인인 남편이 집을 떠났을 때 의붓딸을 죽이려고 술책을 꾸민다."(Thompson, 1955 ; cited in Daly & Wilson, 1988, p. 85) 악한 의붓아버지라는 주제 역시 흔히 등장하는데, 주요 하위 범주 두 가지는 '호색적인 의붓아버지'(의붓딸을 성적으로 학대하는)와 '잔인한 의붓아버지'(의붓자식들을 신체적으로나 감정적으로 학대하는)이다. 아일랜드인, 인디언, 알류트족, 인도네시아인을 비롯해 다양한 민족의 민담에서 계부모는 흔히 나쁜 사람으로 묘사된다(Daly & Wilson, 1999).

흥미롭게도 계부모와 의붓자식 간의 관계에서 생기는 문제들은 그런 관계를 관찰하거나 연구한 일부 사회과학자들에게 대개 '잔인한 계부모의 허구'나 '아이들의 분별 없는 두려움'으로 치부되어 왔다(Daly & Wilson, 1988, p. 86). 그러나 그 두려움이 분별 없는 것이고 잔인함이 허구라면, 왜 이런 믿음이 그렇게 다양한 문화에 걸쳐 공통적으로 반복되어 나타나는지 의문을 가질 만하다. 이러한 신화와 믿음과 민담의 내용은 부모와 자식 간의 관계라는 실제 현실에 그 뿌리를 두고 있진 않을까? 우리는 나중에 아동 학대와 아동 살해라는 주제에서 그 증거를 살펴볼 것이다.

우리처럼 암컷의 몸 속에서 체내 수정이 일어나는 종은 어미는 자신이 친모라는 것을 100% 확신할 수 있지만, 아비는 자신이 친부인지 가끔 의심할 수 있다. 남자는 자신이 친부가 확실하다는 것을 어떻게 알 수 있을까? 자신이 아이의 유전적 아버지일 가능성을 평가할 때 참고할 수 있는 정보가 최소한 두 가지 있다 : (1) 임신 기간에 배우자가 보인 성적 정절에 관한 정보, (2) 아이가 자신을 닮은 정도(Daly & Wilson, 1988). 이 두 가지 정보에 민감한 심리 기제가 남자에게 진화했을 거라고 생각하는 것은 합리적이다. 또한 아이의 어머니는 이 문제들에 관한 남자의 지각에 영향을 미치려고 시도할 것이라고 기대할 수 있다. 예를 들면, 남자에게 자신이 정말로 정절을 지켰으며, 태어난 아기가 남자와 판박이라고 확신을 심어주려고 노력할 것이다.

태어난 아기가 누구를 닮았다고 이야기하는가? 데일리와 윌슨(1982)은 어머니는 아버지로 추정되는 남자에게 태어난 아기가 아버지를 닮았다고 말함으로써 친부라는 확신을 심어주려는 동기를 느낄 것이라고 주장했다. 남자에게 자신이 친부라고 믿게 만드는 데 성공하면, 남자는 아기에게 기꺼이 투자하려는 마음이 커질 것이다. 어머니가 이런 노력을 하는지 조사하기 위해 데일리와 윌슨은 미국에서 아기가 출생하는 장면 111건을 촬영한 비디오테이프를 구했다. 각 비디오테이프의 촬영 시간은 5분에서 45분 사이였다. 분석을 위해 모든 말소리를 다 녹음했다. 111개의 비디오테이프 중 68개는 아기의 생김새를 명시적으로 언급했다.

순전히 확률만으로 따진다면, 전체 중 50%는 아기가 어머니를 닮았다고 이야기하고, 또 50%는 아버지를 닮았다고 이야기해야 할 것이다. 그러나 실제로는 아기가 부모 중 어느 한쪽을 닮았다는 이야기를 할 때, 어머니가 아기가 아버지를 닮았다고 하는 사례(80%)가 자신을 닮았다고 하는 사례(20%)보다 4배나 많았다. 어머니들이 이야기한 대표적인 표현으로는 "당신을 쏙 빼닮았어요."(한 여자는 이 이야기를 남편에게 세 번이나 했다), "느낌이 당신 같아요.", "아빠와 똑같아요.", "당신을 닮았고, 숱이 더부룩한 머리도 당신과 똑같아요.", "정말 당신과 똑같이 생겼어요." 등이 있다(Daly & Wilson, 1982, p. 70).

아버지와 아기: 서로 닮았을까? 연구 결과에 따르면, 어머니와 그 친척들, 그리고 아버지의 친척들은 아기가 어머니보다는 아버지를 더 많이 닮았다고 말하는 경향이 있는 것으로 드러났다. 이것은 남자에게 자신이 친부라는 확신을 심어줌으로써 아이에 대한 투자를 보장받으려는 전략일까?

데일리와 윌슨(1982)은 두 번째 연구에서 캐나다의 신문에 탄생 축하 발표를 낸 부모들에게 설문지 526장을 보냈다. 응답한 사람들에게는 친척들과 접촉하여 조사에 함께 참여해달라고 부탁했다. 질문 중에는 "아기가 누구를 가장 닮았다고 생각하나요?"도 포함돼 있었다. 이 두 번째 연구 결과는 첫 번째 연구 결과를 확인해주었다. 아기가 부

진화심리학

모 중 한쪽을 닮았다고 언급한 어머니들 중 81%는 아버지를 더 닮았다고 대답한 반면, 자신을 더 닮았다고 대답한 비율은 19%에 지나지 않았다. 어머니의 친척들 역시 같은 편향을 보였다. 아기가 부모 중 한쪽을 닮았다고 말한 사람들 중 66%는 아버지를 더 닮았다고 한 반면, 어머니를 더 닮았다고 한 비율은 34%에 지나지 않았다.

조사 결과들의 기본 패턴—어머니가 아기가 아버지를 닮았다고 주장하는 비율이 더 큰 것—이 재현된 문화가 최소한 또 하나 있는데, 바로 유카탄 반도에 살고 있는 멕시코인이다(Regalski & Gaulin, 1993). 이 연구에서는 멕시코에서 태어난 아기 49명의 친척들을 대상으로 198건의 면담을 했다. 캐나다 연구에서와 마찬가지로 친척들은 아기가 어머니보다 아버지를 훨씬 많이 닮았다고 주장했다. 아기가 아버지를 더 닮았다는 주장은 아기의 아버지와 그 친척들보다 어머니와 그 친척들에게서 훨씬 많이 나왔다. 요약하면, 이 비교문화 연구에서 재현된 결과는 어머니와 그 친족들이 추정상의 아버지에게 아기의 친부라는 지각을 심어주려고 시도하며, 그것은 아기에 대한 아버지의 투자를 이끌어내기 위한 것이라는 가설과 일치한다.

또 다른 연구는 새로 태어난 아기가 실제로 아버지를 닮았는지 여부에 대해 통찰을 제공한다(McLain et al., 2000). 첫째, 어머니는 자신과 아기 사이의 닮은 점보다는 아기와 아버지 사이의 닮은 점을 지적하는 경우가 더 많다. 둘째, 다른 때보다도 아버지가 같은 방에 있을 때 그런 이야기를 하는 경우가 더 많다. 셋째, 외부 평가자들에게 아기 사진과 부모 사진을 비교하게 했을 때, 평가자들은 아기가 어머니를 더 닮았다는 평가를 내리는 경우가 더 많았다. 이 발견은 아기가 아버지를 닮았다는 어머니의 편향된 발언은 두 사람이 실제로 닮은 사실을 반영한 것이 아님을 시사한다. 사실, 지금까지 이루어진 가장 체계적인 연구들은 한 연구(Christenfeld & Hill, 1995)에서 처음 지적한 것과는 반대로, 만 한 살, 세 살, 다섯 살 아이들은 어머니보다 아버지를 더 많이 닮지 않았음을 시사한다(Bredart & French, 1999).

흥미로운 한 연구는 아기가 자신을 닮았다는 지각은 그 후에 남자가 아기에게 투자하는 데 영향을 미친다고 시사한다. 연구자들은 컴퓨터 '모핑 morphing'을 이용해 실험 참여자들과 다른 사람들의 얼굴을 합성해 아기 얼굴 사진을 여러 개 만들었다(Platek et al., 2002). 그리고 각 아기 얼굴 사진을 보여

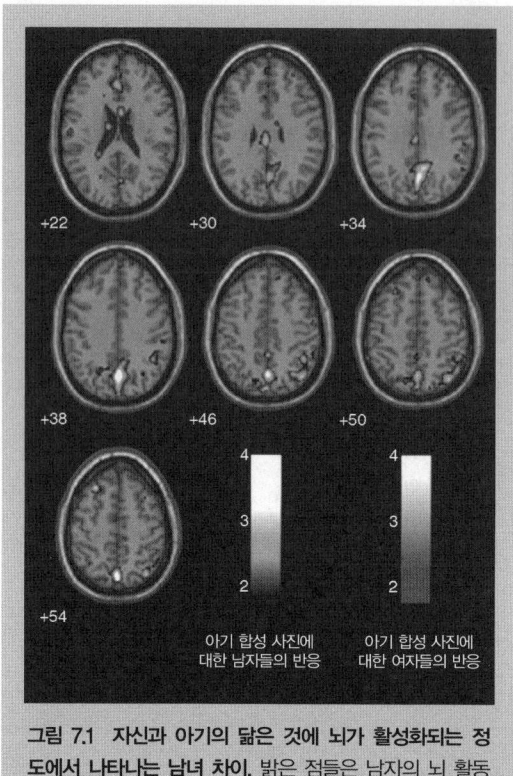

준 뒤에 참여자들에게 설문지를 통해 각각의 아기에게 얼마나 많은 투자를 하고 싶은 생각이 드는지 물었다. 남자들은 자신의 사진이 합성에 포함된 아기 얼굴을 가장 매력적으로 느꼈으며, 그런 아기와 더 많은 시간을 함께 보내고, 그 아기에게 더 많은 돈을 투자하고 싶으며, 그 아기에게 양육비를 지급하는 게 가장 아깝지 않을 것 같다고 대답했다. 이와는 대조적으로, 여자들은 아기가 자신을 닮은 것에 영향을 받는 정도가 덜했다.

그림 7.1 자신과 아기의 닮은 것에 뇌가 활성화되는 정도에서 나타나는 남녀 차이. 밝은 점들은 남자의 뇌 활동이 더 활발하다는 것을 보여준다.

출처: Platek, S. M., Keenan, J. P., & Mohamed, F. B. (2005). Sex differences in the neural correlates of child facial resemblance: An event-related fMRI study, *Neuro Image*, *25*, 1341 (Figure 4a).

기능적 자기공명영상(fMRI)으로 뇌를 촬영한 연구에서는 자신과 닮은 아기 얼굴 이미지를 보여주었을 때, 남자가 여자보다 피질 활동이 더 증가한다는 사실이 발견되었다(Platek, Keenan, & Mohamed, 2005). 구체적으로는, 부정적 반응을 억제하는 일을 담당하는 영역인 왼쪽 전피질의 신경 활동이 크게 활성화되었다(Platek et al., 2004). 이 연구들은 진화한 심리학적 적응의 바탕을 이루는 특정 뇌 기제를 확인하는 진전을 보여주었다(Platek, Keenan, & Shackelford, 2007)(〈그림 7.1〉 참고).

또 다른 연구에서는 아이가 자신을 닮았다고 지각하는 아버지들이 아이에게 더 많은 관심을 보이고, 함께 지내는 시간도 더 많으며, 아이의 학업에 더 많이 관여하는 것으로 나타났다(Apicella & Marlow, 2004). 흥미롭게도 아내를 믿을 수 있고 충실하다고—부성 확실성을 보장하는 단서—지각하는 남자는 아내를 믿을 수 없고 불충실하다고 생각하는 남자보다 자식에게 투자를 더

진화심리학

자식이 자신과 닮지 않았다고 지각하는 남자는 배우자를 학대하는 경향이 더 강하다.

많이 했다.

　아기와 자신의 닮음에 대한 남자의 지각은 가정 폭력에도 영향을 미칠 수 있다. 한 연구에서는 가정 폭력 치료 프로그램에 참여한 남자 55명에게 자식이 자신과 닮은 정도를 평가하게 했다(Burch & Gallup, 2000). 자식이 자신과 닮았다고 평가한 남자들은 자식과의 관계가 긍정적이라고 보고한 경우가 더 많았다. 그러나 가장 놀라운 발견은 닮음에 대한 지각과 아내 학대 사이에 존재하는 상관관계였다. 자식이 자신을 닮지 **않았다**고 평가하는 남자는 아내에게 신체적 상해를 입힐 가능성이 더 높았다. 따라서 자식과 자신의 닮음에 대한 아버지의 지각은 자식에 대한 투자와 아내에게 초래하는 비용을 알려주는 중요한 단서인지도 모른다.

자식에 대한 부모의 투자. 우리는 많은 점에서 조상이 살던 환경과는 아주 다른 환경에서 살고 있다. 현대 인류는 플라이스토세에는 존재하지 않았던 현금 경제 세계에서 살아간다. 연구라는 측면에서 볼 때 현금 경제의 한 가지 이점은 투자를 계량적으로 확실하게 측정할 수 있는 방법을 제공한다는 점이다.

세 진화인류학자가 이 방법을 써서 남자의 부성 불확실성이 자식의 대학 교육비 투자에 미치는 효과를 평가해보았다(Anderson, Kaplan, & Lancaster, 1999). 그들은 세 가지 예측을 내놓았다 : (1) 남자는 의붓자식보다 유전적 자식에게 더 많은 자원을 투자할 것이다 ; (2) 자신의 유전적 자식인지 확신하지 못하는 남자는 확신하는 남자에 비해 투자를 적게 할 것이다 ; (3) 남자는 이전의 관계에서 태어난 자식보다 현재 배우자의 자식에게 더 많이 투자할 것이다. 세 번째 예측은 유전적 자식과 의붓자식 모두에게 적용된다. 첫 번째 예측과 두 번째 예측은 부모의 보살핌에 관한 진화 이론에서 직접 나오는데, 특히 유전적 근연도라는 전제에서 나온다. 세 번째 예측은 남자가 부모의 보살핌을 짝짓기 노력의 한 형태로 사용한다는 가설을 바탕으로 한다. 다시 말해서, 남자가 자식에게 자원을 이전하는 것은 배우자를 유혹하고 유지하는 수단이라는 것이다.

이 예측들을 검증하는 자료는 뉴멕시코 주 앨버커키에 사는 남자 615명에게서 얻었다. 이 남자들의 자녀는 모두 1246명이었는데, 1158명은 유전적 자식이고, 88명은 의붓자식이었다. 연구자들은 세 가지 종속 변수에 대한 자료를 수집했다 : (1) 자식들이 응답자들에게서 대학 학비를 조금이라도 지원받았는지 여부(69%는 조금이라도 지원받았다) ; (2) 각 자녀가 응답자에게서 지원받은 대학 학비 총액(1990년 기준으로 환산하여 각 자녀는 평균 1만 3180달러를 지원받았다) ; (3) 자식이 대학을 다니느라 지출한 총 비용 중 응답자가 지불한 금액의 비율(응답자들은 평균적으로 44%를 지불했다).

그 결과는 세 가지 예측을 모두 뒷받침했다. 응답자와 유전적으로 관련이 있는 경우는 의붓자식인 경우와 비교해 큰 차이를 빚었다. 유전적 자식은 의붓자식에 비해 응답자로부터 대학 학비를 조금이라도 지원받을 가능성이 5.5배나 높았다. 그들은 대학을 다니는 동안 평균적으로 1만 5500달러를 더 받았으며, 전체 지출 비용으로 따지면 65%를 더 많이 받았다. 이러한 결과는 첫 번째 예측—남자는 의붓자식보다 유전적 자식에게 더 많은 자원을 투자할 것이라는—을 강력하게 뒷받침했다.

두 번째 예측은 자신이 친부라는 남자의 확신 효과와 관계가 있다. 조사에서 남자들은 자신 때문에 일어났다고 믿는 임신 사건을 모두 기록했다. 그 후에 정말로 자신이 아버지라고 확신하는지 물었다. 자신이 아버지가 아니라고 확신하거나 아버지인지 확신이 들지 않는다고 대답하는 남자는 확신이 낮은 사람으로 분류되었다. 부성 확실성이 낮은 아버지를 둔 자식들은 대학 학비를 조금이라도 지원받을 가능성이 13%에 불과했고, 자신이 유전적 아버지라고 확신하는 아버지를 둔 자식들보다 학비 지원금을 2만 8400달러나 적게 받았다. 따라서 조사 결과는 두 번째 예측도 뒷받침하는 것으로 보인다.

세 번째 예측—남자는 자식의 유전적 부모가 누구인가에 개의치 않고, 이전의 관계에서 태어난 자식보다 현재 배우자의 자식에게 더 많이 투자할 것이라는—역시 조사 결과에서 강한 지지를 받았다. 자식이 대학에 들어갈 무렵 그 자식의 어머니가 응답자의 배우자일 경우, 응답자에게서 돈을 지원받을 가능성이 약 3배나 높았다. 나머지 조건이 모두 같을 경우, 유전적 부모가 함께 살 때에는 1만 4900달러를 더 받았고, 자식의 어머니가 응답자와 함께 살고 있을 때에는 대학 비용 중 53%를 더 지원받았다. 설사 의붓자식이라 하더라도 그 어머니와 짝짓기 관계를 유지하고 있을 때 남자가 자식에게 더 많은 투자를 한다는 사실은 남자가 보여주는 부모의 투자는 순전히 '부모의 노력'이라기보다는 '짝짓기 노력'의 기능도 일부 한다는 가설을 뒷받침한다.

다른 연구들에서도 비슷한 효과가 발견되었다. 미국 남자들을 대상으로 한 연구에서 자신이 친부라는 확신이 낮은 남자들은 추정상의 자녀들과 함께 보내는 시간이 더 적었고(자녀들이 다른 아이들의 집단에 함께 있거나 다른 어른들과 함께 있는 동안), 교육 투자비도 더 적었다(Anderson, Kaplan, & Lancaster, 2007). 프랑스인 가족들을 대상으로 한 연구에서는 자식의 얼굴이 자신과 닮은 아버지들은 그렇지 않은 아버지들에 비해 자식과 "감정적으로 훨씬 가깝다" 보고했다(Alvergne, Faurie, & Raymond, 2010). 반면에, 어머니들은 자식과 얼굴이 닮은 것이 감정적으로 가까움을 느끼는 것과 아무 관련이 없는 것으로 나타났다(〈그림 7.2〉 참고). 네덜란드인 남자들을 조사한 연구에서는 그 냄새를 쉽게 인식할 수 없는 자식보다는 쉽게 인식할 수 있는 자식에게 애정과 애착을 더 많이 느낀다는 결과가 나왔다(Dubas, Heikoop, & van Aken, 2009). 얼

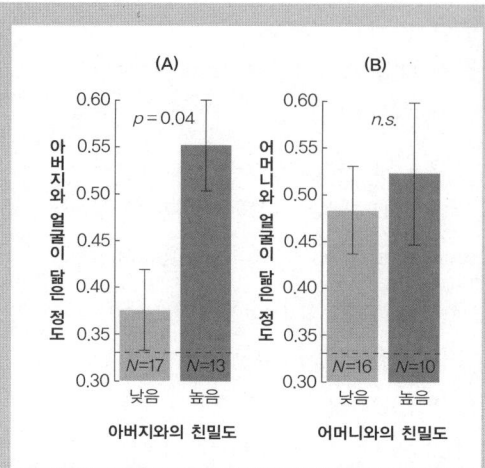

그림 7.2 아버지의 부모의 투자는 자식의 생존과 행복 증가와 연관 관계가 있다. (A) 아버지와의 친밀도와 아버지와 얼굴이 닮은 정도. (B) 어머니와의 친밀도와 어머니와 얼굴이 닮은 정도. 표본 크기와 오차 막대(표준 편차)를 함께 나타냈다. 점선은 순전히 확률만으로 예상되는 부모와 자식 관계 파악 비율을 나타낸다. 친밀도가 '높은' 것은 부모가 자식들 중에 그 아이를 가장 총애함을 뜻하고, 친밀도가 '낮은' 것은 그 아이가 가장 총애하는 아이가 아님을 뜻한다. 외부의 평가자들이 평가한, 아버지와 얼굴이 닮은 정도는 아버지와의 친밀도를 예측하는 데 도움이 되는 반면, 어머니와 얼굴이 닮은 정도는 어머니와의 친밀도와 아무 관계가 없다.

N = 표본 크기
p 값이 0.05보다 작은 것은 남녀 차이가 유의미하다는 것을 나타낸다.
*n.s.*는 남녀 차이가 유의미하지 않다는 것을 나타낸다.

출처: Alvergne, A., Faurie, C., & Raymond, M. (2010). Are parents' perceptions of offspring facial resemblance consistent with actual resemblance? Effects on parental investment. *Evolution and Human Behavior, 31,* 7–15 (Figure 2, p. 12). Reprinted with permission from Elsevier.

굴의 닮음과 냄새 인식은 남자들이 자신이 친부인지 가늠하기 위해 사용하는 두 가지 단서인지 모른다.

남아프리카공화국의 케이프타운에 사는 코사족 고등학생들에 대한 남자들의 투자를 조사한 연구에서도 비슷한 효과가 발견되었다(Anderson, Kaplan, Lam et al., 1999). 남자들은 고등학생이 의붓자식이 아니라 유전적 자식일 때 돈을 더 많이 투자하고, 옷도 더 많이 사주고, 시간을 더 많이 할애하고, 숙제도 더 많이 도와주었다. 코사족 남자들은 의붓자식에게도 어느 정도 투자를 했는데, 연구자들은 그것을 일종의 짝짓기 노력으로 해석했다. 진화인류학자 프랭크 말로 Frank Marlow는 탄자니아의 하드자족 사이에서 의붓아버지는 유전적 아버지보다 투자를 덜 한다는 사실을 발견했다(Marlow, 1999). 실제로 말로가 조사한 하드자족 남자들 중에 의붓자식과 직접 놀아준 사람은 한 명도 없었다. 의붓자식을 어떻게 생각하느냐고 그들에게 직접 물어보자, 의붓자식에게 느끼는 긍정적 감정은 친자식에 비해 현저히 약하다고 인정했다.

요약하면, 아이와의 유전적 연관성은 남자의 금전적 투자를 예측할 수 있는 강력한 단서이다. 남자는 의붓자식보다는 유전적 자식에게 더 많이 투자한다. 자신이 유전적 아버지라는 확신을 느낄 때에도 더 많이 투자한다.

아동 학대와 양 부모와 함께 살지 않을 때 일어나는 그 밖의 위험. 부모의 보살핌은 하나의 연속체로 볼 수 있다. 한쪽 끝에는 부모가 자신의 자원을 모조리 자식에게 쏟아붓고, 심지어는 자식의 목숨을 구하기 위해 자기 목숨의 위험까지 무릅쓰는 극단적인 자기 희생이 자리잡고 있다. 반대쪽 끝에는 아동 학대처럼 자식에게 비용을 초래하는 사건들이 자리잡고 있다. 그 극단에 영아 살해가 있는데, 이것은 부모의 보살핌의 반대 평가(즉, 부모의 보살핌과 정반대되는 성향의 평가)로 간주할 수 있다. 포괄 적합도 이론은 아이와의 유전적 근연도가 영아 살해를 예측하는 지표라고 말해준다. 어른과 아이 사이의 유전적 근연도가 낮을수록 영아 살해 가능성이 더 높다. 이 예측은 검증을 통해 확인되었다 (Daly & Wilson, 1988, 1995, 1996a, 1996b, 2007).

동종 연구 중 가장 큰 규모로 이루어진 연구에서 데일리와 윌슨은 17세 혹은 그 미만의 아이들이 포함된 841세대와 캐나다 온타리오 주 해밀턴에 있는 아동 보호 협회에 등록된 피학대 아동 99명을 대상으로 조사했다(Daly & Wilson, 1985). 어린이들은 대부분 유전적 부모와 함께 살기 때문에, 계부모와 친부모에게서 일어나는 아동 학대 비율을 이 비율을 감안해 보정해야만 "어린이 1000명당 희생자 수" 같은 공통 지표를 구할 수 있다. 〈그림 7.3〉은 그 결과를 나타낸 것이다.

이 자료를 보면 한쪽은 유전적 부모이고 한쪽은 계부모인 부모와 함께 사는 아이들은 양쪽 다 유전적 부모와 함께 사는 아이들

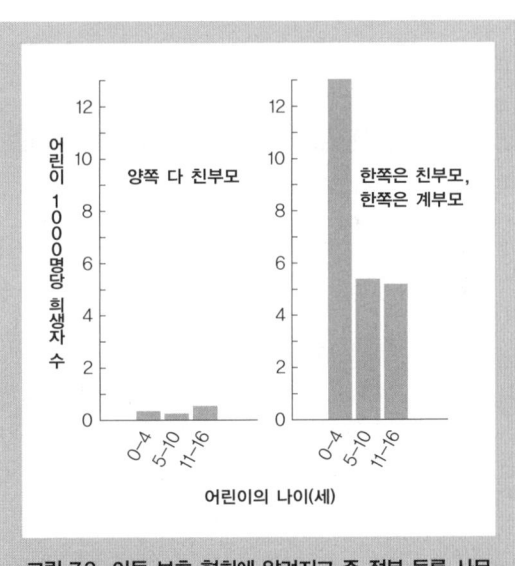

그림 7.3 아동 보호 협회에 알려지고 주 정부 등록 사무소에 보고된 아동 학대 사례 비율. 1983년, 캐나다 온타리오 주 해밀턴.

에 비해 신체적 학대를 당할 가능성이 약 40배 높다. 가난이나 사회경제적 지위 같은 변수를 감안해 그 효과를 배제하더라도, 이렇게 높은 위험 비율은 그대로 유지된다. 저소득 가정에서 아동 학대가 일어나는 비율이 더 높긴 하지만, 재혼 가정의 높은 위험 비율은 다양한 사회경제적 지위에 걸쳐 거의 비슷하게 나타난다. 데일리와 윌슨은 "계부모라는 것 **자체**는 지금까지 확인된 단일 요인 중에서 아동 학대의 가장 큰 위험 요인으로 남아 있다."라고 결론지었다 (Daly & Wilson, 1988, pp. 87-88). 물론 그런 발견은 '뻔한' 것이라거나 '누구라도 예상할 수 있는' 것이라고 주장하는 사람도 있을 것이다. 아마도 그럴 것이다. 그러나 데일리와 윌슨이 진화 이론의 렌즈를 들고 이 문제에 접근하기 전에 아동 학대를 다루었던 수백 건의 연구들이 계부모를 아동 학대의 위험 요인으로 확인하는 데 실패했다는 사실은 변명의 여지가 없다(Daly & Wilson, 2008).

자식과의 유전적 근연도와 아동 살해 사이의 연관 관계

1992년 2월 20일, 몬트리올의 한 병원에서 만 2세인 스콧 M.이 한 차례 이상 복부 타격으로 인한 심한 내상으로 사망했다. 아이 어머니와 동거하던 24세 남자가 범인으로 기소되었다. 재판에서 의사들은 스콧의 신체가 "학대받은 아동의 모든 증상"을 보여준다고 증언하면서 "다양한 나이에 걸쳐 수많은 타박상을 입은" 증거를 그 이유로 들었다. 자신을 스콧의 1차 보호자라고 내세운 피고는 아이 어머니와 다른 어른들을 공격한 것은 인정했지만, "애들은 때리지 않았다"고 [주장했다]. 그러나 한 친지의 증언에 따르면, 피고는 스콧이 "텔레비전을 보는 자신을 방해"했다는 이유로 팔꿈치로 스콧을 가격한 적이 있음을 시인했다고 한다. 판결은 유죄로 나왔다.(Daly & Wilson, 1996a, p. 77)

이것과 비슷한 사건들은 미국과 캐나다에서 매일 일어나며, 주요 신문에서 볼 수 있다. 데일리와 윌슨은 유전적 근연도와 아동 살해 사이의 연관 관계를 조사해보았다. 한 연구에서 그들은 10년에 걸쳐 친부모나 계부모에게 살해된 캐나다 어린이 408명을 조사했다. 그러고 나서 부모와 자식이 함께 사는 가정에서 연간 발생하는, 아동 100만 명당 살인 희생자 수를 계산했다. 〈그림 7.4〉는

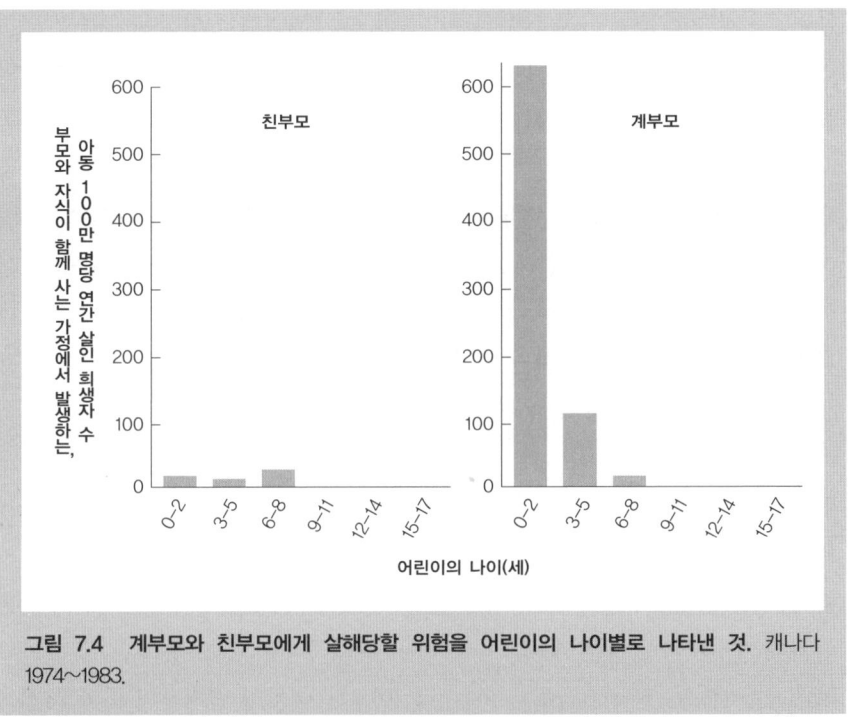

그림 7.4 계부모와 친부모에게 살해당할 위험을 어린이의 나이별로 나타낸 것. 캐나다 1974~1983.

출처: Daly, M., & Wilson, M. (1988). *Homicide, 90*. New York: Aldine de Gruyter. Copyright © 1988 by Aldine de Gruyter. Reprinted with permission.

그 결과를 보여준다.

친부모보다는 계부모에게 살해당하는 아동의 비율이 명백히 더 높다. 그 위험은 어린 아동이 가장 높은데, 특히 두 살 미만의 아동이 가장 위험하다. 이런 종류의 자료들을 다양하게 검토한 데일리와 윌슨(2008)은 미취학 아동이 살해될 위험은 친부모와 함께 사는 아동보다는 계부모와 함께 사는 아동이 40~100배 더 높다는 사실을 발견했다.

안타깝게도 계부모 때문에 일어나는 아동 학대와 살해를 조사한 비교문화 자료는 드물다. 데일리와 윌슨(1988)은 인간관계영역파일Human Relations Area Files, HRAF에 축적된 문화기술지 기록에서 일부 증거를 인용했다. 그렇지만 이 증거는 신중하게 평가해야 하는데, 자료가 체계적이지 않을뿐더러 문화기술지 자료는 아동 학대나 아동 살해, 혹은 계부모에 특별한 초점을 맞추어 구성된 것이 아니기 때문이다. 문화기술지 기록이 지닌 이러한 제약에도 불구하고, 영아 살해가 언급된 39개 사회 중 15개 사회에서 부성 확실성에 의심을 불러일으키는 간통이 아동 살해의 원인으로 언급되었다는 사실은 주목할 만하다. 3개 부족 사회의 남자들은 자신의 자식이 아니라는 의심을 불러일으킬 만한 신체적 특징이 있는 아이는 죽어야 한다고 주장했다고 한다. 오세아니아의 티코피아족과 베네수엘라의 야노마뫼족의 경우, 이미 다른 남자의 아이를 낳은 여자와 결혼하는 남자는 결혼 조건으로 그 아이를 죽일 것을 요구한다고 알려졌다. 마지막으로, 오스트레일리아에서 5세 이전에 죽은 아동 351명을 조사한 연구에서는 의붓자식들이 치명적인 상해를 당할 위험이 매우 높다는 결과가 나왔다. 특히 '고의가 아닌' 죽음으로 여겨진다 해도 익사 위험이 높은 것으로 나왔다(Tooley et al., 2006).

부모 양육 적응에서 나타나는 남녀 차이. 어머니는 자기가 친모라는 것을 늘 100% 확신하지만 추정상의 아버지는 그렇지 않기 때문에, 자연 선택은 여자에게서 남자와는 다른 부모 양육 적응을 선호할 것이다. '1차 보호자 가설'은 여자에게 자식의 생존 확률을 증가시키는 적응이 진화했다고 주장한다(Babchuk, Hames, & Thompson, 1985). 한 연구는 여자가 남자보다 아기 사진과 실루엣을 바라보는 걸 훨씬 선호한다는 사실을 발견했다(Maestripieri & Pelka, 2002). 여자들이 아기에게 보이는 관심은 유년기와 청소년기에 절정에 이른다. "여자가 일찍부터 아기에게 매력을 느끼는 것은 아마도 관찰과 직접 손으로 만지는 경험을 통해 부모 양육 기술 습득을 촉진하는 기능이 있을 것이다. 여자가 첫 아기를 성공적으로 키울 만큼 충분한 양육 경험과 동기를 가지도록 하려면, 아기에 대한 여자의 관심이 발달 단계부터 일찍이 나타나 첫 번째 번식 사건이 일어날 때까지 높은 수준을 유지해야 한다."(Maestripieri, 2004).

다른 연구에서는 아기 얼굴에 나타나는 감정 표현을 여자가 남자보다 더 잘 인식한다는 사실을 확인했다(Babchuk et al., 1985). 또한 부정적 감정을 인식하는 데에서 남녀 차이가 가장 크게 나타나긴 하지만, 아기 얼굴에 나타나는 감정 표현을 긍정적인 것(예컨대 행복한 표정)이건 부정적인 것(예컨대 화난 표정)이건 간에 인식하는 반응 시간도 여자가 남자보다 더 빠르다(Hampson, van Anders, & Mullin, 2006). 이런 사실들은 '1차 보호자 가설'의 변형인 두 가설이 주장하는 내용과 일치한다. 하나는 '애착 증진 가설'로, 얼굴에 나타나는 **모든** 감정 표현을 해독하는 데에서 여자가 남자보다 낫다고 주장한다—아기에 대한 반응은 아기를 자신에게 확실히 애착을 느끼게끔 만들 가능성이 높다. 또 하나는 '적합도 위협 가설'로, 위험에 대한 특별한 감수성이 부정적 감정을 통해 전달될 것이라고 예측한다. 얼굴에 나타나는 모든 감정 표현을 해독하는 데에서 여자가 남자보다 낫지만, 특히 부정적 표현을 해독하는 데 뛰어나다는 사실은 밝혀진 결과들을 설명하는 데 두 가지 가설을 적절히 조합하는 게 필요함을 시사한다.

셸리 테일러Shelley Taylor는 여자는 자식의 생존을 높이기 위해 '보살피고 친구를 사귀는' 적응이 있다고 주장했다(Taylor et al., 2000). '보살핌'에는 아이를 위험한 포식 동물이나 그 밖의 위협에서 보호하고, 포식 동물에게 발견되는 것을 피하기 위해 아이를 진정시키고 조용히 하게 하는 것이 포함된다(Taylor et al., 2000). '친구 사귀기'는 사회적 보호막을 제공하는 소셜 네트워크를 구축하고 유지하는 것을 포함한다. 예를 들면, 여자는 스트레스를 받았을 때 다른 사람들과 제휴하는 능력이 남자보다 더 뛰어나다. 우리 조상의 아기와 어린이는 부모의 도움이 없었다면 치명적인 부상과 질병의 위험에 처했을 게 명백하므로(Sugiyama, 2004b), 장래의 연구에서 부모 양육 적응이 추가로 발견될 것이고, 그 중 일부는 남녀 차이가 있을 것이라고 예상할 수 있다.

마지막으로, 부모 양육 적응에 남녀 차이가 존재한다고 해서 남자가 자식에게 자원과 보호를 제공하지 않는 건 아니라는 점을 지적하고자 한다. 사실, 사람은 모든 영장류 중에서 부모의 투자를 가장 많이 하는 종이다. 모든 문화에서 남자는 자식과 깊은 유대를 맺고, 자식에게 먹을 것을 제공하고, 위험에서 보호하고, 재능을 발달시키도록 가르치고, 사회적 동맹을 촉진하고, 짝짓기 전략에 영향을 미치고, 지위 서열에서 자리를 잡도록 도와준다(예컨대 Mackey & Coney, 2000 ; Mackey & Immerman, 2000). 그럼에도 불구하고, 어느 정도의 부성 불확실성 때문에 아버지와 자식 사이보다는 어머니와 자식 사이의 유전적 근연도가 더 높다는 사실에서 여자가 남자보다 평균적으로 자식에게 더 많은 투자를 할 것이라고 예상할 수 있다.

요약하면, 지금까지 나온 증거들은 유전적 근연도가 부모의 편익 배분이나 부모의 비용 전가를 예측하는 데 도움을 주는 강력한 지표라는 진화심리학의 예측을 뒷받침한다. 부모의 보살핌에는 많은 비용이 든다. 사람은 자신의 유전적 자식에게 보살핌을 우선적으로 쏟아붓는 심리 기제가 발달한 것처럼 보인다.

부모의 보살핌을 번식 성공으로 전환시키는 자식의 능력

추정상의 부모와 자식의 유전적 연관성(혹은 유전적 연관성 결여)을 살펴본 뒤, 부모의 보살핌을 예측하는 데 그 다음으로 중요한 요소는 자식이 그 보살핌을 이용하는 능력이다. 자연 선택은 생존이나 번식 기회를 증가시킴으로써 부모의 보살핌을 적합도로 전환하는 능력이 뛰어난 아이에게 많은 투자를 하게 만드는 부모의 적응을 선호했을 것이다.

이러한 진화 논리는 부모가 튼튼하고 건강한 아이만 좋아한다는 것을 의미하진 **않는다**. 사실, 어떤 조건에서는 부모는 건강한 아이보다 아픈 아이에게 투자를 더 많이 할 것으로 예상된다. 같은 단위의 투자라도 건강한 아이보다 아픈 아이에게 더 큰 혜택이 돌아갈 것이기 때문이다. 여기서 핵심은 자식이 아픈가 건강한가가 아니라, 주어진 부모의 보살핌을 적합도로 전환시키는 자식의 능력에 있다. 물론 부모는 의식적이건 무의식적이건 이런 식으로 생각하진 않는다. "샐리가 나의 투자를 더 많은 유전자 복제로 전환할 수 있으니, 메리보다는 샐리에게 더 많이 투자해야지."라고 생각하는 부모는 없다. 그보다는 선택 압력은 투자를 옮기게 하는 진화한 심리 기제를 낳는다. 바로 이 진화한 심리 기제가 오늘날의 환경적 사건과 결합하여 그 기제의 활성화를 촉발함으로써 현대적인 부모 투자 패턴을 만들어낸다.

진화심리학자 데이비드 기어리David Geary는 광범위한 증거를 정리해 아이에 대한 부모(그리고 아버지)의 투자가 아이의 신체적, 사회적 안녕에 큰 차이를 빚어낸다고 주장했다(Geary, 2000). 예를 들면, 파라과이의 아체족에서는 아버지가 없는 환경에서 자란 아이가 열다섯 번째 생일을 맞이하기 전에 사망할 확률은 45%인 데 비해 아버지와 계속 함께 산 아이의 사망률은 20%로 현저하게 낮았다(Hill & Hurtado, 1996). 인도네시아에서는 부모가 이혼한 아이들은 양부모와 함께 사는 아이들에 비해 사망률이 12% 더 높았다. 스웨덴, 독일, 미국에서도 비슷한 결과가 보고되었다(Geary, 2000).

정확한 인과 관계는 분명하게 알아내기 힘들지만, 부모의 투자는 사회적 안녕에도 영향을 미치는 것으로 보인다(Geary, 2000). 부모의 소득과 자식과 함께 놀아주는 시간으로 나타나는 부모의 투자 수준이 높으면 아이의 학습 능력,

아버지의 투자는 자식의 생존 및 안녕의 증가와 밀접한 연관 관계가 있다.

사교 능력, 추후의 사회경제적 지위도 높은 경향이 있는 것으로 나타났다. 아버지의 투자는 특히 두드러진 효과가 있는 것으로 보이는데, 어머니의 투자에 비해 교육 성과에서 4배나 많은 차이를 나타냈다(이것은 어머니의 투자가 대체로 높은 수준을 유지하는 데 비해 아버지의 투자는 그 변동성이 크기 때문일 것이다). 간단히 말해서, 부모는 자식의 생존과 사회적 안녕에 큰 차이를 가져오는 것으로 보인다. 그 다음에 제기되는 핵심 질문은 부모는 어떤 아이에게 가장 많이 투자할까 하는 것이다.

우리는 시간을 거슬러 과거로 가 아이의 어떤 요소가 부모의 보살핌을 최대한 이용할 수 있게 했는지 확인할 방법이 없다. 그럼에도 불구하고, 데일리와 윌슨(1988, 1995)은 합리적인 후보 두 가지를 확인했다 : (1) 아이가 비정상적인 특징을 갖고 태어났는지 여부 ; (2) 아이의 나이. 나머지 조건이 모두 똑같다면, 어떤 면에서 장애가 있는 아이는 건강하고 흠이 없는 아이에 비해 장래에 번식에 성공할 가능성이 떨어진다. 나머지 조건이 똑같다면, 나이가 더 어린 아이는 더 많은 아이보다 번식 가치가 낮다. 번식 가치는 장래에 자식을 낳을 수 있는 가능성을 가리킨다는 사실을 상기하라. 그러면 이 두 후보에 대한 경험적 자료를 살펴보자.

선천적 이상이 있는 아동에 대한 부모의 방치와 학대. 척추갈림증, 섬유낭병, 입천장갈림증, 다운증후군 같은 선천성 질병이 있는 아이는 건강한 아이보다 번식 가치가 낮을 가능성이 높다. 부모가 이런 아이를 다르게 대한다는 증거가 있을까? 한 가지 지표는 아이가 완전히 혹은 부분적으로 버림을 받는지 여부이다. 조사 결과들은 그렇게 심각한 병을 가진 아이들 중 상당 비율이 보호 시설에 수용된다는 것을 보여준다. 1976년에 실시된 미국 인구 조사에 따르면, 보호 시설에 수용된 사람들 중 1만 6000명 이상의 어린이(보호 시설에 수용된 전체 어린이 중 약 12%)는 아무도 찾지 않았다. 게다가 약 3만 명(약 22%)은 가족 친지의 방문 횟수가 일 년에 1회 혹은 그 미만이었다(U. S. Census Bureau, 1978). 비록 이 발견들은 상관관계가 있고, 인과 관계를 밝힐 수 없지만, 부모는 비정상인 자식에게 투자를 덜 한다는 가설과 일치한다.

보호 시설에 수용되지 않거나 포기하고 입양을 보내지 않는 비정상 아동들은 어떻게 될까? 미국에서 아동에 대한 신체적 학대와 방임 비율은 약 1.5%로 추정된다(Daly & Wilson, 1981). 이것은 다양한 특성을 가진 아동에 대한 학대와 비교할 수 있는 기준 비율을 제공한다. 데일리와 윌슨(1981)은 비정상 아동이 학대를 받는 비율이 상당히 높음을 시사하는 다양한 연구를 종합 정리했다. 이 연구들에서 선천적 신체 이상을 가지고 태어난 아동이 학대를 받는 비율은 7.5%에서 60% 사이에 분포하여 일반적인 인구의 학대 기준 비율보다 훨씬 높았다.

아이의 건강을 기초로 한 어머니의 보살핌. 부모는 자식의 번식 가치에 따라 자식에 대한 투자가 달라지는 경향이 있다는 가설을 직접적으로 검증하는 방법이 없을까? 둘 중 한쪽이 더 건강한 쌍둥이들을 분석한 연구가 한 가지 방법을 제공한다. 진화심리학자 재닛 만Janet Mann은 아이 14명을 대상으로 연구를 했다. 일곱 쌍의 쌍둥이로 이루어진 이들은 모두 조산아였다. 아이들이 생후 4개월이 되었을 때, 만은 어머니와 아이 사이의 상호작용을 자세히 관찰했다(Mann, 1992). 아버지가 자리에 없을 때와 두 쌍둥이가 모두 깨어 있을 때 그 상호작용을 관찰했다. 행동학적 관찰 기록 중에는 **어머니의 긍정적 행동** 평가도 있었는데, 그런 행동에는 키스, 포옹, 달래기, 말하기, 놀아주기, 쳐다보기 등이 포함되었다.

이와는 별도로 각 아이의 건강 상태를 태어날 때와 병원에서 퇴원할 때, 생후 4개월째, 생후 8개월째에 각각 평가했다. 건강 상태 검사에는 의학적 · 신경학적 · 신체적 · 지각적 · 발달적 평가가 포함되었다.

그러고 나서 만은 아이의 건강 상태가 어머니의 긍정적 행동 수준에 영향을 미친다는 **건강한 아이 가설**을 검증하는 데 착수했다. 아이가 생후 4개월이 되었을 때, 전체 어머니들 중 약 절반은 더 건강한 아이에게 더 긍정적인 어머니의 행동을 보여주었고, 나머지 절반은 어느 한쪽에 치우친 선호를 보이지 않았다. 그렇지만 아이가 생후 8개월이 되자, 모든 어머니가 더 건강한 아이에게 더 긍정적인 어머니의 행동을 보였으며, 그런 행동을 바꾼 사례는 전혀 없었다. 요컨대, 이 쌍둥이 연구 결과는 번식 가치가 더 높은 아이에게 어머니의 투자가 더 많이 투입된다는 것을 시사하면서 건강한 아이 가설을 뒷받침한다.

더 최근에 이루어진 한 연구에서는 아이의 건강 상태에 기초한 어머니의 투자 수준은 어머니 자신의 자원 수준에 따라 달라지는 것으로 나타났다 (Beaulieu & Bugental, 2008). 구체적으로는, 자원이 부족한 어머니들은 예측 가능한 패턴의 행동을 보였다—그들은 위험이 높은(조산한) 아이에게 투자를 덜 하는 대신에 위험이 낮은(조산아가 아닌) 아이에게 더 많이 투자했다. 반면에, 자원이 넉넉한 어머니들은 위험이 낮은 아이보다 위험이 높은 아이에게 더 많이 투자한다. 저자는 만약 부모의 자원이 넉넉하다면, 도움이 더 필요한 아이에게 자원을 많이 제공하고도 다른 아이에게도 줄 수 있는 자원이 충분하다고 주장한다.

아이의 나이. 번식 가치—장래 번식의 기대 확률—는 태어난 뒤 사춘기가 될 때까지 증가한다. 번식 가치 증가는 태어난 아이(특히 유아) 중 일정 비율이 죽어서 그 연령 집단의 평균 번식 가치를 낮추기 때문에 일어난다. 예를 들어 평균적인 14세 어린이는 유아보다 평균 번식 가치가 더 높다. 데일리와 월슨은 이러한 논리를 바탕으로 특별한 예측을 한 가지 했다. 아이가 어릴수록 부모가 아이를 죽일 가능성이 더 높지만, 살인자가 친척이 아닐 때에는 나이에 따른

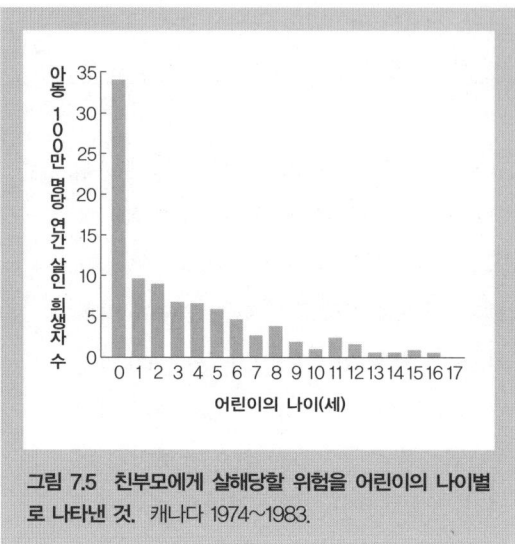

그림 7.5 친부모에게 살해당할 위험을 어린이의 나이별로 나타낸 것. 캐나다 1974~1983.

출처: Daly, M., & Wilson, M. (1988). *Homicide, 76*. New York: Aldine de Gruyter. Copyright © 1988 by Aldine de Gruyter. Reprinted with permission.

이러한 아동 살해 패턴이 나타나지 않을 것이다. 친척이 아닌 사람은 아이의 번식 가치에 동일한 이해 관계가 없기 때문이다.

비교문화적 증거는 아주 드물다. 인간관계영역파일 HRAF에서 다양한 문화로 이루어진 열한 가지 문화기술지는 터울이 너무 짧거나 가족 수가 너무 많다면 아이가 살해될 수 있다고 보고한다 (Daly & Wilson, 1988, p. 75). 이 열한 가지 사례들에서 살해된 아이는 모두 신생아였다. 이 문화기술지 보고에서 그보다 나이를 더 먹은 아이가 살해된 사례는 한 건도 없었다.

아이의 나이에 따라 유전적 부모에게 살해될 위험을 조사한 캐나다의 자료는 진화 이론에서 나온 예측에 대해 좀더 엄격한 검증을 제공한다. 그 결과 (〈그림 7.5〉)는 다른 연령대의 아이들보다 갓난아기가 유전적 부모에게 살해될 위험이 훨씬 크다는 것을 보여준다. 그 후부터는 아동 살해 비율이 점점 줄어들어 17세가 되면 0에 이른다.

살해 비율이 감소하는 이유에 대한 한 가지 설명으로는 아이가 나이가 듦에 따라 육체적으로 자신을 방어할 능력이 점점 커진다는 것을 들 수 있다. 그렇지만 이 설명은 자료를 제대로 설명하지 못하는데, 〈그림 7.6〉에서 보듯이 아이가 친척이 아닌 사람의 손에 살해될 위험은 아주 다른 패턴을 보여주기 때문이다. 친척이 아닌 사람은 유전적 부모와는 달리 갓난아기보다는 한 살짜리 아이를 죽일 가능성이 더 높다. 그리고 육체적으로 튼튼한 10대 자녀를 죽이는 일이 거의 없는 유전적 부모와는 달리 친척이 아닌 사람은 다른 연령대보다 10대 청소년을 더 많이 죽인다. 다시 말해서, 유전적 부모가 나이가 더 많은 아이를 덜 죽이는 이유는 아이의 육체적 힘이 강해져서가 아니라, 나이의 증가와

진화심리학

함께 아이의 번식 가치가 증가하기 때문으로 보인다.

요약하면, 부모의 번식 성공률을 증대시키는 아이의 능력에 대한 부정적 지표 두 가지—선천적 결함과 어린 나이—는 유전적 부모의 손에 살해당할 위험을 예측하는 단서가 된다. 데일리와 윌슨(1988)은 '아동 학대'나 '아동 살해' 자체가 적응이라고 주장하는 게 **아니라**고 애서 강조한다. 그보다는 아동 살해를 부모의 감정을 평가하거나 검증하는 잣대로 간주한다. 부모는 부모의 투자를 번식 성공률로 전환하는 능력이 우수한 아이를 더 선호하는 반면,

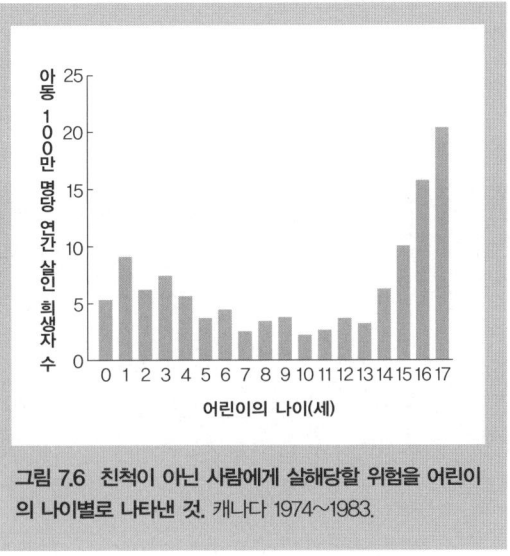

그림 7.6 친척이 아닌 사람에게 살해당할 위험을 어린이의 나이별로 나타낸 것. 캐나다 1974~1983.

출처: Daly, M., & Wilson, M. (1988). *Homicide*, New York: Aldine de Gruyter. Copyright © 1988 by Aldine de Gruyter. Reprinted with permission.

그런 능력이 떨어지는 아이를 덜 선호할 것이라고 주장하는 것이다. 데일리와 윌슨의 견해에 따르면, 아동 살해는 그 자체가 적응이 아니라, 부모의 부정적 감정이 극단적이고 비교적 보기 드문 형태로 표출된 것이다. 한편, 부모는 건강하지 않은 아이보다 건강한 아이에게 더 많은 투자를 한다는 사실을 뒷받침하는 강한 증거가 있는데, 이것은 자연 선택은 부모에게서 아이의 번식 가치에 민감한 심리적 적응을 선호했음을 시사한다.

아들과 딸에 대한 투자: 트리버스―윌러드 가설. 부모의 보살핌을 번식 성공으로 전환하는 자식의 능력에 영향을 미치는 또 한 가지 변수는 자식이 아들이냐 딸이냐 하는 것이다. 물론 아들과 딸은 인구의 성비가 동일하다고 가정하면 번식 성공 확률이 평균적으로 똑같다. 그러나 아들이냐 딸이냐 하는 **조건**에 따라 어느 한쪽 성이 부모의 보살핌을 이용하는 데 더 유리할 수 있다. **트리버스― 윌러드 가설**의 핵심은 이것이다. 부모가 좋은 조건에 있고, 짝짓기 게임에서 성공할 가능성이 높은 아들을 낳을 기회가 있을 때에는 더 많은 아들을 낳고

아들에게 더 많은 투자를 하려고 한다(Trivers & Willard, 1973). 반대로, 트리버스-윌러드 가설에 따르면, 부모가 나쁜 조건에 있거나 투자할 자원이 적을 때에는 딸에게 더 많은 투자를 하려고 한다. 달리 표현하면, 일부다처제 짝짓기 제도에서 기대할 수 있는 것처럼 만약 '좋은' 조건이 여자의 번식 성공보다 남자의 번식 성공에 더 많은 영향을 미친다면, 부모가 좋은 조건에 있을 때에는 투자를 아들 쪽으로, 그리고 나쁜 조건에 있을 때에는 투자를 딸 쪽으로 편향시킨다.

인간 세계에서 트리버스-윌러드 가설이 들어맞는지 검증하려는 시도들이 있었지만 확실한 결론을 얻지 못했다(Keller, Nesse, & Hofferth, 2001). 일부 연구에서는 트리버스-윌러드 효과를 발견했다. 예를 들면, 한 연구에서는 가설의 예측처럼(영아 살해가 부모의 투자를 역으로 보여주는 지표라고 가정하면) 상류층에서 여자아이들이 남자아이들보다 부모에게 살해될 가능성이 더 높은 것으로 나타났다(Dickemann, 1979). 마찬가지로, 케냐의 킵시기스족 사이에서는 가난한 가정일수록 아들보다 딸의 교육에 투자를 더 많이 하는 경향이 있는 반면, 부유한 가정에서는 반대 경향이 나타난다(Borgerhoff Mulder, 1998). 로즈메리 홉크로프트Rosemary Hopcroft(2005)는 교육을 받은 햇수를 부모의 투자를 나타내는 지표로 사용해 조사했는데, 지위가 높은 남자의 아들은 딸보다 교육 햇수가 더 많은 반면, 지위가 낮은 남자의 딸은 아들보다 교육 수준이 더 높다는 사실을 발견했다. 또한 지위가 높은 남자는 아들을 더 많이 낳았다. 가나자와(2005)는 키가 크고 몸무게가 더 많이 나가는 부모는 딸보다 아들을 약간 더 많이 낳는다는 사실을 발견했다.

르완다인 어머니 9만 5000명을 조사한 연구에서는 일부다처제에서 지위가 낮은 아내들은 지위가 높은 아내들보다 딸을 더 많이 낳는다는 사실을 발견했다(Pollet et al., 2009). 그렇지만 미국인 어린이 3200명을 조사한 연구에서는 지위가 높은 부모가 딸보다 아들에게 더 많은 투자를 한다는 증거나, 지위가 낮은 부모가 아들보다 딸에게 더 많은 투자를 한다는 증거는 발견되지 않았다(Pollet et al., 2009). 퀸란Quinlan, 퀸란Quinlan, 그리고 플린Flinn(2003)은 도미니카 섬에서 농촌 지역의 표본 집단을 대상으로 한 연구에서 트리버스-윌러드 가설을 뒷받침하는 증거를 전혀 발견하지 못했다. 트리버스-윌러드 효과가 다양한 집단에서 발견되는지 확인하려면 추가적인 연구가 더 필요하다(명확한 분석적 검토를 살펴보려면 Cronk 2007을 참고하라).

자식 투자에 투입하는 자원의 대체 용도

에너지와 노력은 유한하고 제한돼 있다. 한 가지 활동에 어떤 노력을 투입하려면 같은 노력을 다른 활동에 투입하는 것을 포기하지 않을 수 없다. 유한한 노력의 원리를 양육에 적용하면, 아이를 보살피는 데 쓴 노력은 개인의 생존이나 추가적인 배우자 유혹하기, 다른 친척에게 투자하기와 같은 다른 적응 문제에 투입할 수 없다는 것을 의미한다. 자연 선택은 사람에게 언제 아이에게 투자를 하고, 언제 다른 적응 문제에 에너지를 투입해야 할지 결정하는 규칙을 만들어냈을 것이다. 여자의 관점에서 본다면, 이 결정에 영향을 미칠 수 있는 두 가지 맥락은 나이와 결혼 지위이다. 남자의 관점에서 본다면, 여자에게 접근할 능력이 뛰어난 남자는 양육보다는 짝짓기에 노력을 더 많이 쏟아부을 수 있다. 그러면 각각의 맥락을 차례로 살펴보자.

여자의 나이와 영아 살해. 젊은 여자는 아기를 낳고 투자할 시간이 많이 남아 있으므로, 아기를 낳고 투자할 기회를 한 번 놓치더라도 그다지 큰 비용을 수반하지 않는다. 반면에 나이가 많아 번식 능력이 끝날 무렵에 이른 여자는 이번에 아기를 낳고 투자할 기회를 놓치면 다시는 기회가 오지 않을지도 모른다. 번식 기회가 줄어들수록 임신과 양육을 미루는 것은 번식에 큰 비용을 초래한다. 이런 관점에서 볼 때, 자연 선택은 나이가 많은 여자가 아이를 낳는 것을 미루기보다 즉각 투자하게 하는 결정 규칙을 선호할 것이라고 예상할 수 있다.

데일리와 윌슨(1988)은 영아 살해를 어머니의 투자(혹은 투자 결여)를 평가하는 시금석으로 사용해 이 가설을 검토해보았다. 위의 논리에 따르면 특별한 예측을 한 가지 할 수 있다. 나이 많은 여자보다 젊은 여자가 영아 살해를 하는 경향이 더 높을 것이다. 아요레오족 인디언에게서 얻은 자료는 이 가설을 강하게 지지한다(Bugos & McCarthy, 1984). 영아 살해 비율은 가장 어린 연령대(15~19세)의 여자들 사이에서 가장 높고, 가장 많은 연령대의 여자들 사이에서 가장 낮다.

그러나 아요레오족 인디언 사이에서는 영아 살해 비율이 특별히 높기 때문에—태어나는 전체 아기 중 38%나 될 정도로—이 집단은 비정상적인 표본

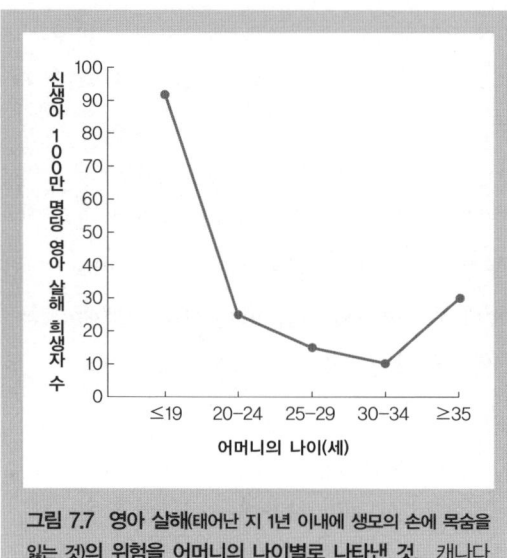

그림 7.7 영아 살해(태어난 지 1년 이내에 생모의 손에 목숨을 잃는 것)의 위험을 어머니의 나이별로 나타낸 것. 캐나다 1974~1983.

일지 모른다. 다른 문화에서도 어머니의 나이가 영아 살해에 영향을 미친다는 증거가 있을까? 데일리와 윌슨(1988)은 1974년부터 1983년까지 캐나다에서 일어난 영아 살해 자료를 수집했다(〈그림 7.7〉 참고).

아요레오족 인디언과 마찬가지로 캐나다에서도 젊은 여자가 나이 많은 여자보다 영아 살해를 훨씬 많이 저지른다. 10대 어머니들의 영아 살해 비율이 가장 높은데, 어떤 연령 집단과 비교하더라도 3배를 넘는다. 그 다음으로 높은 연령 집단은 20대이고, 그 다음은 30대이다. 〈그림 7.7〉은 나이가 가장 많은 집단에서 영아 살해 비율이 증가하는 걸 보여주는데, 이것은 나이가 많은 여자일수록 영아 살해를 저지를 가능성이 낮다는 가설에 어긋나는 것처럼 보인다. 그러나 데일리와 윌슨은 이것은 신뢰할 만한 자료가 아닐 수 있다고 지적하는데, 이 연령 집단은 단 3명(38세 여자 1명과 41세 여자 2명)만으로 이루어졌기 때문이다.

따라서 두 문화에서 얻은 자료는 미래의 번식 기회가 더 적은 나이 많은 여자보다 미래의 번식 기회가 더 많은 젊은 여자 사이에서 영아 살해 비율이 가장 높을 것이라는 예측을 뒷받침한다. 더 젊은 여자는 자신의 자원을 개인적 자원을 축적하거나 자신에게 투자하려는 배우자를 유혹하는 노력에 투입하는 등 다른 목적에 사용할 수도 있다. 나이 많은 여자의 결정 규칙은 다른 적응 문제에 대한 투자를 희생하더라도 아이에게 즉각적인 투자를 하도록 영향력을 행사하는 것처럼 보인다.

여자의 결혼 지위와 영아 살해. 미혼 여성이 아기를 낳으면 세 가지 난처한 선택에 직면한다. 투자를 하는 아버지의 도움 없이 혼자서 아기를 키우거나, 아기를 버리든지 입양을 시키거나, 아기를 죽이고 남편을 유혹하는 데 노력을 집중해 다시 아기를 가져야 한다. 데일리와 윌슨(1988)은 여자의 결혼 지위가 영아 살해를 저지를 가능성에 영향을 미친다고 주장한다.

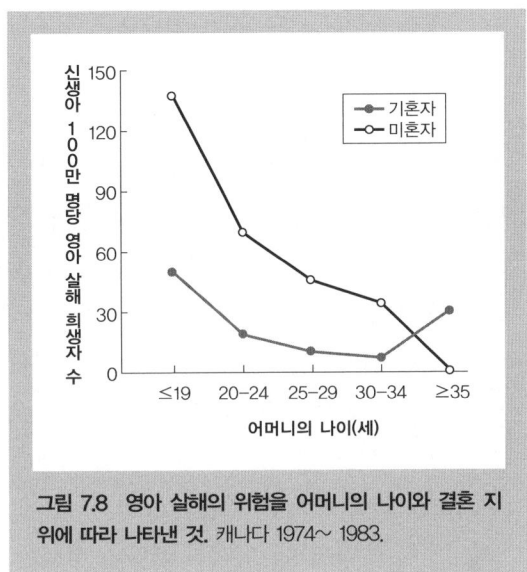

그림 7.8 영아 살해의 위험을 어머니의 나이와 결혼 지위에 따라 나타낸 것. 캐나다 1974~ 1983.

두 사람은 두 가지 자료를 사용해 이 예측을 검토해보았다. 먼저, 현존하는 문화기술지 데이터베이스 중 가장 광범위한 인간관계영역파일HRAF을 검토했다. 여섯 문화에서는 자신이 아버지라고 인정하거나 아이의 양육 의무를 지겠다고 나서는 남자가 아무도 없을 때 아기가 살해된다고 했다. 거기에 덧붙여 열네 문화에서는 미혼 상태라는 여자의 지위가 영아 살해를 설명하는 그럴듯한 이유로 꼽혔다. 이 자료들은 시사하는 바가 컸으나, 확실한 주장을 하려면 계량적 자료가 좀더 나와야 할 것 같았다.

1977년부터 1983년까지 조사한 캐나다 여성 표본 집단에서 200만 명의 아기가 태어났다(Daly & Wilson, 1988). 그 중에서 미혼모가 낳은 아기는 12%에 불과했다. 이처럼 미혼모의 비율이 비교적 낮은데도 불구하고, 보고되거나 경찰이 밝혀낸 생모에 의한 영아 살해 사건 64건 중 절반 이상은 미혼모가 저지른 것이었다. 총명한 독자는 이 주장에 문제가 있다는 걸 금방 눈치챌 것이다. 미혼모는 기혼모보다 평균적으로 나이가 더 어리므로 영아 살해의 원인은 결혼 지위보다 나이로 설명할 수 있지 않을까? 이 문제를 다루기 위해 데일리와 윌슨(1988)은 나이와 결혼 지위가 개별적으로 영아 살해에 미치는 효과를 살펴보았다(〈그림 7.8〉).

그 결과는 명백했다. 나이와 결혼 지위는 둘 다 영아 살해 비율과 상관관계가 있었다. 가장 많은 연령대를 제외한 모든 연령대에서 미혼모는 기혼모보다 영아 살해를 저지를 가능성이 더 높다.

모든 자료들을 종합적으로 평가하면, 여자가 영아 살해를 저지를 가능성에 나이와 결혼 지위가 영향을 미친다는 증거가 상당히 있다. 아마도 이런 경향은 노력을 배분하는 방식에 여자의 진화한 결정 규칙이 반영된 결과일 것이다. 나이가 많은 기혼 여성은 번식 가능 시간이 빠르게 줄어들기 때문에 아이를 보호하고 투자하려는 경향이 강하다. 젊은 미혼모는 생존이나 투자할 남자를 유혹하는 것과 같은 다른 적응 문제에 더 많은 노력을 쏟기 위해 영아 살해를 저지를 가능성이 더 높다.

부모 양육 노력 대 짝짓기 노력. 양육에 투입한 노력은 추가로 배우자를 얻는데 쓸 수가 없다. 양육과 짝짓기 사이의 트레이드오프에 대해 남자와 여자가 서로 다른 결정 규칙이 진화했다는 예측을 뒷받침하는 강력한 진화적 이유가 두 가지 있다고 한 사실을 떠올려보라. 첫째, 남자는 추가적인 배우자에 대한 성적 접근을 얻는 데에서 여자보다 더 많은 편익을 얻는다. 짝짓기에 성공하는 남자는 성적 접근 기회 증가로 아이를 추가로 낳을 수 있지만, 여자는 그렇지 않다. 둘째, 일반적으로 부성 확실성은 100% 미만이다. 따라서 자식에게 같은 단위의 투자를 하더라도, 남자의 번식 성공률을 여자의 번식 성공률보다 높일 가능성이 낮다. 이 두 가지 사실은 한 가지 예측을 낳는다. 여자는 추가적인 짝짓기 기회를 확보하기보다 자식 양육에 에너지와 노력을 직접 쏟아부을 가능성이 남자보다 높다.

다양한 문화에서 얻은 증거는 이 예측을 뒷받침한다. 예를 들면, 베네수엘라의 열대우림에 사는 예쿠아나족은 아기를 안는 시간에서 남녀 간에 큰 차이가 나타난다. 아기가 사람에게 안긴 시간 중 평균 78%를 어머니가 쓴 반면, 아버지는 겨우 1.4%밖에 쓰지 않았다(Hames, 1988). 나머지 시간은 다른 친척들, 대부분은 자매나 고모, 이모, 할머니 같은 여자들이 썼다.

또 하나의 사례는 중앙아프리카의 아카피그미족에게서 볼 수 있다(Hewlett, 1991). 아카피그미족은 아버지의 투자 수준이 이례적으로 높은 것으로 유명하다. 아카피그미족 부모는 아기와 같은 침대에서 잠을 잔다. 밤중에 아기가 어머니의 가슴에 붙어 자는 걸 편안하게 느끼지 않으면 아기를 돌보는

진화심리학

일은 대개 아버지가 맡아서 하는데, 아기를 어르려고 노래를 부르거나 춤을 추기까지 한다. 거기서 그치지 않고 아기의 콧물을 닦아주고, 아기의 몸에서 오물이나 이를 제거하고 배변 뒤처리도 한다. 어머니가 옆에 없을 때 아기가 배가 고파 칭얼대면, 심지어 자신의 젖꼭지를 물리기까지 한다(비록 젖은 나오지 않더라도).

평상시에 아카피그미족 아버지가 아기를 안아주는 시간도 평균 57분으로, 다른 문화의 아버지보다 훨씬 많다. 아카피그미족 아버지들의 투자는 이렇게 이례적으로 높은 수준이긴 하지만, 그래도 어머니들에 비하면 아무것도 아니다. 아카피그미족 어머니들이 하루에 아기를 안아주는 시간은 약 490분이나 된다. 따라서 '모성적 남성' 사회라 불리는 아카피그미족 문화에서도 자식에게 보살핌을 주로 제공하는 쪽은 여자이다.

또 다른 비교문화 연구는 멕시코, 자바, 케추아족, 네팔, 필리핀을 포함해 시골 사회 및 기술이 발달하지 않은 사회를 다양하게 조사했다(Barash & Lipton, 1977에서 보고). 노동 분담 패턴은 일관되게 나타났다. 아버지는 아이를 돌보는 데 깨어 있는 시간 중 5~18%를 썼는데, 8%가 가장 많았다. 이와는 대조적으로 어머니는 39~88%를 썼고, 85%가 가장 많았다. 요컨대, 여자는 남자보다 아이를 돌보는 데 약 10배나 많은 시간을 썼다.

나홀로 양육은 주목할 만한 통계 자료를 또 하나 제공한다. 나홀로 양육을 하는 부모 중 약 90%가 여자이다. 남녀 평등이라는 이데올로기에도 불구하고, 남자는 직접적 양육에서 더 많은 역할을 맡는 걸 꺼리든가 여자가 더 많은 역할을 맡는 걸 선호한다. 이런 결과는 남녀의 진화한 결정 규칙, 즉 남자는 짝짓기에 투자를 더 많이 투입하고 여자는 양육에 투자를 더 투입하는 경향이 반영되었을 가능성이 높다.

그 밖의 많은 연구는 어머니에게 있는 특별한 부모의 기제가 남자에게는 약하거나 아예 없음을 시사한다. 일련의 연구들은 다양한 사진에 대한 남자와 여자의 동공 반응을 조사했다(Hess, 1975). 우리는 관심을 끄는 것을 볼 때, 주변의 조명을 조절하는 데 필요한 것 이상으로 동공이 팽창한다. 따라서 동공 확장은 관심과 매력을 느낀 정도를 측정하는 데 쓸 수 있다—이것은 설문 조사 결과에 영향을 미치는 자기 보고 편향 효과를 배제할 수 있는 미묘한 측정이다. 이 연구들에서 아기 모습을 슬라이드로 보여주었을 때, 여자들은 동공이

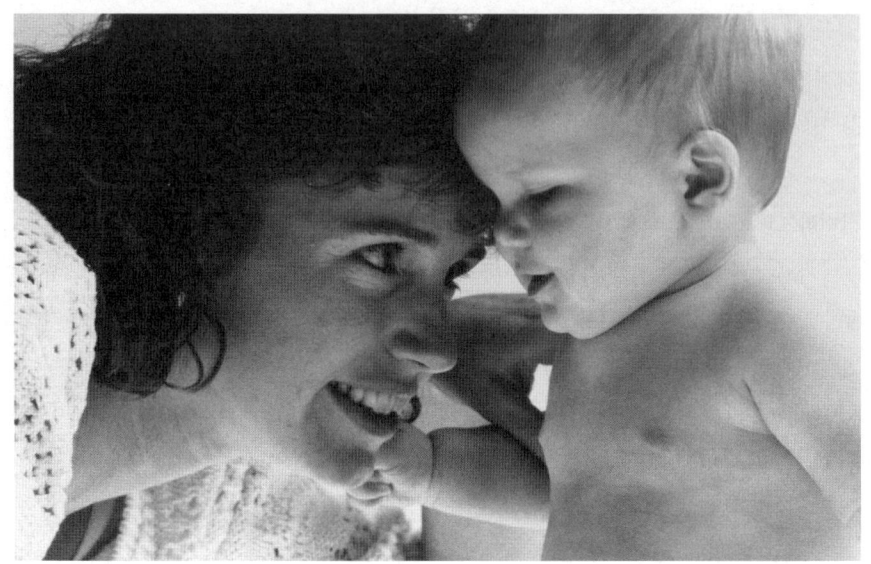

아기를 바라볼 때 여자는 동공이 남자보다 더 많이 확장하는데, 이것은 아기를 좋아하는 마음을 보여주는 단서이다.

17% 이상 확장한 반면 남자들은 아무 변화가 없었다. 게다가 아기를 안고 있는 어머니 사진을 보여주었을 때, 여자들은 동공이 약 24% 확장한 반면 남자들은 5%밖에 확장하지 않았다(그리고 이 약간의 동공 확장조차도 아기보다는 어머니에게 매력을 느꼈을 가능성이 높다!).

다른 연구들에서도 아기에 대한 반응에서 남녀 간에 비슷한 차이가 나타났다. 여자는 태어난 지 6시간 이내에 냄새만으로 자기 아기를 알아볼 수 있는 반면, 일반적으로 아버지는 그렇지 않다(Barash & Lipton, 1997). 여자는 또한 화면에 아기 사진을 잠깐만 비춰주어도 아기의 얼굴 표정을 인식하는 능력이 더 뛰어나다; 놀라움, 혐오감, 분노, 두려움, 고통 같은 감정을 남자보다 더 빨리 그리고 정확하게 포착한다(Barash & Lipton, 1997). 흥미롭게도, 여자의 정확성은 이전에 아기나 어린이와 함께 지낸 경험의 양과 아무 관계 없이 나타났다.

이 모든 결과는 한 가지 결론을 가리킨다. 여자에게는 양육에 더 많은 시간을 배분하도록 하는 진화한 결정 규칙이 있고, 또 그런 양육을 더 효율적으로 하게 하는, 관심과 감정적 마음 읽기에 관한 부수적인 진화한 기제가 있는

진화심리학

것으로 보인다.

아마도 남자는 양육에 투입하지 않은 노력을 짝짓기 같은 다른 적응 문제를 해결하는 데 쓸 것이다. 한 가지 증거는 중앙아프리카의 아카피그미족을 자세히 조사한 연구에서 나온다. 비록 아카피그미족 남자들이 다른 문화의 남자들에 비해 아버지의 투자를 많이 한다고 하지만, 양육을 제공하는 정도는 남자들 사이에 상당한 차이가 있다. 부족 내에서 높은 지위(콤베티)에 있는 남자들은 지위가 낮은 남자들에 비해 자기 아이를 안는 데 쓰는 시간이 절반도 안 된다(Hewlett, 1991). 지위가 높은 남자들은 대개 일부다처제에 따라 아내를 두 명 이상 데리고 산다. 반면에 지위가 낮은 남자들은 아내가 한 명만 있어도 운이 좋은 편이다. 지위가 낮은 남자들은 양육에 투입하는 노력을 늘림으로써 낮은 지위를 보충하려고 하는 반면, 지위가 높은 남자들은 추가로 배우자를 유혹하는 데 더 많은 노력을 쏟는 것으로 보인다(Hewlett, 1991 ; Smuts & Gubernick, 1992).

자녀가 있는 영국 남자 170명을 대상으로 한 설문 조사 연구는 짝짓기 노력과 부모 노력 사이에 트레이드오프 관계가 있다는 주장을 뒷받침한다(Apicella & Marlow, 2007). 남자의 배우자 가치는 "여자들이 나를 매력적으로 본다고 생각한다."와 "나는 여자들에게 많은 관심을 받는다."라는 항목으로 평가했다. 남자의 짝짓기 노력은 "나는 여자를 유혹하는 데 많은 시간을 쓴다."라는 항목으로 평가했다. 남자의 부모 노력은 "나는 자식에게 많은 관심을 쏟는다고 믿는다."와 "나는 아이들과 많은 시간을 함께 보낸다."라는 항목으로 평가했다. 연구자들은 스스로 배우자 가치가 높다고 생각하는 남자들이 부모의 투자 수준이 낮고 짝짓기 노력 수준이 높다는 사실을 발견했다. 흥미롭게도, 배우자 가치가 높은 남자(이런 남자는 아내를 믿지 않거나 부정을 의심하는 비율도 높았다)는 특히 부모의 투자를 줄이는 경향이 많았다. 배우자 가치가 낮은 남자는 특히 부모의 투자를 줄이는 경향이 훨씬 적었다. 이 결과들은 자기 보고 이외의 다른 방법으로도 재현되는 것이 필요하지만, 어쨌든 이 결과들은 짝짓기 노력과 부모 노력 사이에 트레이드오프 관계가 있다는 가설을 뒷받침한다.

남자가 양육에 노력을 쏟아부을 때조차 그것은 아이의 생존 능력을 돕기 위한 수단이라기보다 짝짓기 전략으로 사용할 가능성이 있는데, 이것은 영장류학자 바버라 스머츠Barbara Smuts와 데이비드 구버닉 David Gubernick(1992)이 주장한 가설이다. 예를 들면, 마크 플린Mark Flinn(1992)은 트리니다드의 시골 마을에서 남자가 보여주는 부모의 투자를 조사했다. 그리고 독신녀에게 아이가 하나 딸려 있을 때, 남자들은 결혼 후보다 결혼 전에 그 여자의 아이와 상호 작용을 더 많이 한다는 사실을 발견했는데, 이것은 남자들이 여자를 유혹하기 위한 노력의 일환으로 아이에게 그러한 노력을 쏟았음을 시사한다.

요약. 부모 양육 행동의 진화에 영향을 미치는 요소 세 가지를 살펴보았다. 그 세 가지란, 아이와의 유전적 근연도, 부모의 보살핌을 생존과 번식 성공으로 전환하는 아이의 능력, 부모가 자식에게 쓸 수 있는 자원의 대체 용도이다. 많은 증거는 이 세 가지 요소가 모두 중요하다는 개념을 뒷받침한다. 부모는 의붓자식보다 유전적 자식에게 더 많이 투자한다; 유전적 연관성에 대한 확신이 작은 아버지는 유전적 연관성을 100% 확신하는 어머니보다 자식에게 투자를 더 적게 한다. 건강하고 번식 가치가 높은 아이는 불구이거나 아프거나 그 밖의 방식으로 번식 가치가 낮은 아이보다 부모의 긍정적 관심을 더 많이 받는다. 짝짓기에 노력을 돌릴 기회가 여자보다 더 많은 남자는 자식에게 직접적인 부모의 보살핌을 덜 제공하는 경향이 있다. 배우자 가치가 높은(일부다처제 지위나 스스로 생각하는 바람직성으로 평가할 수 있는) 남자는 짝짓기 노력을 늘리는 반면에 부모의 노력을 줄인다.

■ 부모와 자식 간의 갈등 이론

진화론은 자식이 부모의 번식 성공을 위한 주요 운반 수단이라고 말한다. 자식이 부모에게서 차지하는 큰 중요성을 감안할 때, 왜 여러분은 부모와 갈등을 겪었는지 의아한 생각이 들 수 있다. 그렇지만 부모와 자식 간에는 원래 갈등이 생길 수밖에 없다고 한다면 놀랄지 모르겠다(Trivers, 1974).

사람처럼 유성 생식을 하는 종은 부모와 자식 간의 유전적 근연도가 50%이다. 부모와 자식 간의 유전적 근연도는 위에서 소개한 것처럼 부모에게 자식을 더 많이 보살피도록 선택 압력을 가할 수 있다. 그러나 이것은 또한 부모와 자식은 유전적으로 50%나 **다르다는** 것을 의미한다. 그러니 한쪽의 이상적인 행동 방침이 상대방의 이상적인 행동 방침과 완벽하게 일치하는 경우는 드물다(Trivers, 1974). 특히 부모와 자식은 부모의 자원을 이상적으로 배분하는 것을 놓고 의견이 엇갈리는데, 대개는 부모가 주고자 하는 것보다 자식이 더 많이 원하는 결과로 나타난다. 이러한 부모와 자식 간의 갈등 논리를 자세히 살펴보자.

데일리와 윌슨(1988)은 이 논리를 설명하기 위해 수치적 예를 제시했다. 자, 여러분에게 자신과 똑같은 번식 가치를 가진 동생이 하나 있다고 가정해보자. 어머니는 모임이 있어 나갔다가 자식들에게 먹이려고 음식 2단위를 가지고 돌아왔다. 많은 자원과 마찬가지로 음식도 소비가 증가할 때마다 **한계 효용 체감의 법칙**이 성립한다. 다시 말해서, 첫 번째로 소비하는 음식 단위의 가치가 두 번째로 소비하는 음식 단위의 가치보다 높다는 뜻이다. 예를 들면, 첫 번째 음식 단위는 기아를 예방하는 반면, 두 번째 음식 단위는 그저 배를 더 부르게 하고 살을 찌게 하는 데 그칠 수 있다. 첫 번째 음식 단위가 여러분의 번식 가치를 4단위 증가시키고, 두 번째 음식 단위는 번식 가치를 추가로 3단위 증가시킨다고 하자. 그리고 동생이 이 음식들을 먹어도 마찬가지로 한계 효용 체감의 법칙이 작용하면서 똑같은 결과를 낳는다고 하자.

여기서 갈등이 일어난다. 어머니의 관점에서 볼 때, 이상적인 배분은 음식 1단위는 여러분에게 주고, 나머지 1단위는 동생에게 주는 것이다. 그러면 여러분과 동생의 번식 가치는 각각 4단위씩, 합쳐서 모두 8단위가 증가할 것이다. 그렇지만 여러분이나 동생 중 한쪽이 모든 음식을 독차지하면, 이득은 7단위(첫 번째 음식 단위에서 얻는 4단위와 두 번째 음식 단위에서 얻는 3단위를 합쳐)에 불과할 것이다. 따라서 어머니의 관점에서는 자식들에게 자원을 동등하게 배분하는 것이 최선의 소득을 얻을 수 있다.

여러분의 관점에서 볼 때, 여러분은 형제보다 가치가 2배나 크다. 여러분은 자신의 유전자를 100% 갖고 있는 반면, 형제는 여러분의 유전자를 50%만(평균적으로) 갖고 있다. 따라서 어머니의 이상적인 자원 배분이 여러분에게 주는 이익은 여러분이 받는 4단위에다가 동생이 받는 2단위(동생이 받는 이익 중에서 여러분에게 돌아가는 이익은 50%뿐이므로)를 더해 모두 6단위가 된다. 만약 음식을 모두 독차지한다면, 여러분은 7단위(첫 번째 음식 단위에서 4단위, 두 번째 음식 단위에서 3단위를 얻으므로)의 이익을 얻는다. 따라서 여러분의 관점에서 본다면, 이상적인 자원 배분은 여러분이 음식을 모두 독차지하고 동생에게는 하나도 주지 않는 것이다. 이것은 어머니의 이상적인 자원 배분(모든 형제에게 균등하게 나누어주는 방식)과 충돌한다. 일반적인 결론은 다음과 같다 : 부모와 자식 간의 갈등 이론은 일반적으로 모든 자식은 부모가 주고자 하는 것보다 더 많은 자원을 받길 원한다고 예측한다. 위에 소개한 사례는 많은 점에서 단순화시킨 것이긴 하지만, 일반적인 결론은 부모에게 각 자식이 지닌 가치가 다르거나 심지어 부모에게 자식이 한 명뿐일 때에도 적용된다. 만약 부모가 자식이 원하는 이상적인 자원 배분 방식을 따른다면, 부모가 번식 성공을 거둘 수도 있는 다른 자원 사용을 희생해야 할 것이다. 흥미롭게도, 부모의 자원을 놓고 벌어지는 부모와 자식 간의 갈등은 청소년기 같은 특정 시기에만 일어나는 게 아니라, 생애의 모든 단계에서 일어날 것으로 예측된다(Daly & Wilson, 1988).

요약하면, 트리버스의 이론은 부모와 자식 간에 **유전적 이해 갈등**이라는 중요한 경기장—자원의 최적 분배를 놓고 벌어지는 '전쟁'—이 있음을 확인했다(Godfray, 1999). 긴 진화 시간에 걸쳐 부모에게 발현되는 유전자와 자식에게 발현되는 유전자 사이에 '군비 경쟁'이 일어났을 것이다. 따라서 자연 선택은 자식에게는 자식에게 최적의 자원 배분이 되는 방식으로 부모를 조종하려는 적응을, 그리고 부모에게는 부모에게 최적의 이익이 되도록 자원을 배분하게 하는 반대 적응을 만들어낼 것이라고 예측할 수 있다. 곧 보게 되겠지만, 이 갈등은 다소 기묘한 방식으로 해결된다.

부모와 자식 간의 갈등 이론은 구체적인 가설을 몇 가지 낳는데, 이것들은 모두 검증이 가능하다 : (1) 자식이 젖을 뗄 무렵에 부모와 자식 간에 갈등이 발생할 것이다. 일반적으로 부모는 더 일찍 젖을 떼게 하고 싶어하는 반면, 자식은 자원을 계속해서 더 오래 제공받길 원한다 : (2) 부모는 자식들에게 자연스럽게 드는 마음보다 형제들을 더 소중하게 여기라고 장려할 것이다 : (3) 부모는 형제간의 갈등을 처벌하고 협력을 보상하는 경향이 있을 것이다.

사람을 대상으로 부모와 자식 간의 갈등 이론을 검증하려는 노력은 놀랍게도 거의 없었다. 주목할 만한 한 가지 예외는 폴 앤드루스Paul Andrews(2006)가 청소년 사이의 자살 행동을 연구한 것이다. 청소년 1601명을 표본으로 한 이 연구에서 앤드루스는 자살 시도는 청소년이 부모에게서 추가적인 투자—부모가 정상적으로 주려고 하는 것보다 더 많은 투자—를 끌어내려는 전략일지 모른다는 가설을 임시적으로 뒷받침하는 증거를 얻었다. 그러나 부모와 자식 간의 갈등은 청소년기보다 훨씬 이전부터 시작된다. 그것은 바로 어머니의 자궁 속에서 시작한다.

자궁 속에서 일어나는 어머니와 자식 간의 갈등

흔히 어머니와 아이 사이만큼 조화로운 관계는 없다고 생각한다. 어머니는 자신의 유전적 기여를 100% 확신하기 때문에, 어머니와 자식의 유전적 이해는 일치할 수밖에 없다. 그러나 생물학자 데이비드 헤이그David Haig는 일련의 놀라운 논문에서 부모와 자식 간의 갈등 이론을 확대해 자궁 속에서 어머니와 자식 간에 일어나는 갈등을 포함시켰다(Haig, 1993, 2004).

어머니와 태아 간의 갈등 논리는 위에서 이야기한 부모와 자식 간의 갈등 이론에서 직접 도출된다. 어머니는 태아에게 자기 유전자의 50%를 주지만, 태아는 자기 유전자의 50%를 아버지에게서도 받는다. 자연 선택은 어머니가 번식 결과에 더 큰 이득을 가져올 자식에게 자원을 전달하도록 작용할 것이다. 그러나 자식은 어머니의 장래 자식보다 자기 자신에게 더 큰 이해 관계가 달려 있다. 따라서 자연 선택은 태아에게 어머니에게 최대의 이익이 돌아가도록 하는 것보다 더 많은 영양분을 제공하도록 어머니를 조종하는 기제를 만들어낼 것이다.

그 갈등은 맨 먼저 태아의 자연 유산 여부를 놓고 시작된다. 임신 초기에 수정란 중 최대 78%는 착상에 실패하거나 자연 유산된다(Nesse & Williams, 1994). 이런 일은 대부분 태아의 염색체 이상 때문에 일어난다. 어머니는 그러한 이상을 포착해 태아를 유산하는 적응이 진화한 것처럼 보인다. 이 기제는 매우 실용적인데, 태어나더라도 일찍 죽을 가능성이 있는 아기에 대한 투자를 미리 막기 때문이다. 이렇게 조기에 손실을 최소화하는 것은 잘 살아갈 가능성이 더 높은 장래의 자식에게 투입할 투자를 더 많이 보전할 수 있으므로 어머니에게 이익이 된다. 실제로 자연 유산 중 대다수는 임신 12주째 이전에 일어나며, 상당수는 첫 번째 생리를 거르기 전에 일어나 많은 여자는 자신이 임신했는지조차 눈치채지 못하고 지나갈 수도 있다(Haig, 1993). 그렇지만 태아의 입장에서는 살 수 있는 기회가 한 번밖에 없다. 따라서 착상에 성공한 뒤 자연 유산을 막으려고 무슨 일이든지 하려고 한다.

이 기능을 위해 진화한 것처럼 보이는 한 가지 적응은 태아가 인간 융모성 생식선 자극 호르몬human chorionic gonadotropin, hCG을 만들어내는 것이다. 태아가 만든 이 호르몬은 어머니의 혈액 속으로 흘러들어간다. 이 호르몬은 어머니가 생리를 못 하도록 하는 효과가 있어 태아가 착상된 채 머물러 있게 도와준다. 따라서 hCG를 많이 만드는 것은 태아가 어머니의 자연 유산 시도를 무산시키기 위한 적응으로 보인다. 여자의 몸은 높은 농도의 hCG를 태아가 건강하고 생존 능력이 있다는 징후로 '해석'하는 것으로 보이며, 그래서 자연 유산을 시도하지 않는다.

일단 착상에 성공하면, 어머니의 혈액을 통해 제공되는 영양분 공급을 놓고 새로운 갈등이 벌어진다. 보편적인 임신 부작용 중 하나는 고혈압이다. 혈압이 너무 높아 신장에 해를 입힐 때 나타나는 증상을 전자간증前子癎症(임신 후반에 일어나는 독소혈증. 혈압 상승, 부종, 단백뇨 따위의 증상이 나타난다)이라 부른다. 임신 초기에 태반 세포는 태아에게 공급하는 혈액의 양을 조절하는 어머니의 세동맥 근육을 파괴한다. 따라서 어머니의 다른 동맥을 수축하는 것은 무엇이건 혈압을 높이게 되고, 그 결과 더 많은 혈액이 태아에게 흘러들어간다. 태아가 어머니에게서 더 많은 영양분을 받을 필요가 있다고 '지각'하면, 어머니의 혈액 속으로 동맥을 수축시키는 물질을 내보낸다. 그러면 어머니의 혈압이 높아져 더 많은 혈액(따라서 영양분)이 태아에게 흘러들어가는데, 이것은 전자간증처럼 어머니의 조직에 손상을 입힌다. 이 기제는 설사 어머니에게 손해가 돌아가더라도 태아에게 이익이 되도록 진화한 게 분명하다.

태아에게 어머니와 갈등을 일으키는 기제가 진화했다는 가설을 뒷받침하는 증거 자료가 두 가지 있다. 첫째, 수천 건의 임신 사례에서 얻은 자료에 따르면, 임신 기간에 혈압이 상승한 어머니들 사이에서는 자연 유산 비율이 낮다(Haig, 1993). 둘째, 전자간증은 태아에 대한 혈액 공급 제한이 더 많은 임신부 사이에서 더 흔히 나타나는데, 이것은 혈액 공급이 낮을 때 태아가 hCG를 더 많이 분비하여 어머니에게 고혈압을 일으킨다는 것을 시사한다.

어머니와 태아 간의 갈등 이론은 공상 과학 소설처럼 기이해 보일 수도 있다. 그렇지만 이 이론들은 트리버스(1974)의 부모와 자식 간의 갈등 이론에서 직접 도출된다. 자식과 마찬가지로 태아도 어머니가 주고자 하는 것보다 더 많은 어머니의 자원을 빼앗도록 선택될 것이기 때문에 갈등이 일어날 수밖에 없다.

어머니와 자식 간의 갈등과 형제 사이의 유전적 근연도

부모와 자식 간의 갈등 이론은 또 다른 흥미로운 예측 두 가지를 낳는다 (Schlomer, Ellis, & Garber, 2010). 첫째, 형제의 존재는 부모와 자식 간의 갈등을 증가시킬 것이다. 왜냐하면, 부모에게는 자원을 전달할 '운반 수단'이 또 하나 있기 때문이다. 둘째, 씨 다른 형제의 존재는 친형제의 존재보다 부모와 자식 간의 갈등을 더 심화시킬 것이다. 첫 번째 아이의 아버지가 아닌 남자와 두 번째 아이를 낳은 어머니는 두 아이와 유전적으로 50% 연관성이 있다. 그러나 반쪽 형제들 사이의 유전적 연관성은 25%(평균적으로)에 불과하다.

이 예측들을 검증하기 위해 연구자들은 어린이 240명과 그 어머니들을 조사했다(Schlomer et al., 2010). 21가지 항목을 포함한 설문 조사지를 사용해 어머니와 자식 간의 갈등 크기를 평가했다. 항목 중에는 "어머니는 항상 나 때문에 불평을 하는 것처럼 보인다."라거나 "우리는 최소한 하루에 한 번은 서로에게 화를 낸다." 같은 것이 포함돼 있었다. 이 연구에서는 더 어린 친형제가 없을 때보다 있을 때 어머니와 자식 간의 갈등이 더 심해진다는 사실을 발견했다. 이 효과들은 사회경제적 지위나 의붓아버지의 존재 같은 다른 변수의 효과를 통계적으로 배제한 뒤에도 여전히 강하게 나타났다. 요컨대, 부모와 자식 간의 갈등 이론은 어머니와 자식 간의 유전적 이해 관계의 차이 정도에 따라 어머니와 자식 간의 충돌 크기를 예측하는 데 특히 훌륭한 것으로 증명되었다.

짝짓기를 둘러싼 부모와 자식 간의 갈등

짝짓기는 여러 가지 이유에서 부모와 자식 간에 잠재적 갈등이 많이 일어날 수 있는 영역이다(Apostolou, 2007, 2009 ; Trivers, 1974). 첫째, 잠재적 배우자의 일부 특성은 부모와 그 자식들에게 비대칭적인 이익을 제공한다. 예를 들면 자식은 유전적 질이 더 우수한 배우자를 선택함으로써 부모보다 더 많은 이익을 얻을 수 있다. 왜냐하면, 자식은 자신의 자녀와 유전적 연관성이 50%인 반면, 부모는 그 아이들(손자들)과 유전적 연관성이 25%에 불과하기 때문이다. 둘째, 부모는 자신의 계획을 관철시키기 위해 자식에게 이익이 되건 되지 않건 상관없이 종종 자식의 짝짓기를 추진하거나 영향을 미치려고 시도한다. 예를 들면,

티위족 사이에서 아버지는 자신에게 짝짓기 기회를 추가로 제공하는 정치적, 사회적 동맹을 맺기 위해 딸의 결혼을 추진한다(Hart & Piling, 1960). 딸은 사실상 아버지를 위한 '경제적 거래 수단'이 되며, 아버지에게 이익을 가져다주는 중매 결혼은 딸의 입장에서는 덜 이상적일 수 있다. 셋째, 자식은 가족의 평판을 훼손함으로써 부모에게 손해를 끼칠 수 있는 단기적 짝짓기 전략을 통해 이익(예컨대 자원)을 얻으려고 시도할 수 있다. 자식의 입장에서 생각하는 이상적인 짝짓기 전략은 부모의 입장에서 생각하는 이상적인 짝짓기 전략과 다를 수 있다.

짝짓기를 둘러싼 부모와 자식 간의 갈등을 경험적으로 검증하려는 시도는 배우자 선택을 둘러싼 갈등과 짝짓기 전략을 둘러싼 갈등에 초점을 맞추었다. 첫째, 배우자 선호에서 자식이 부모보다 배우자의 **미모**(유전자의 질을 대신 나타내는 지표일 수 있는)를 더 중시한다(Apostolou, 2008a). 둘째, 부모는 자식보다 그 배우자의 **가족 배경**을 더 중시한다. 이것은 아마도 좋은 가족 배경을 가진 인척을 얻으면 사회적, 정치적 동맹을 구축하려는 부모의 계획에 유리하기 때문일 것이다(Apostolou, 2008a). 셋째, 부모와 자식은 단기적 짝짓기 전략을 놓고 갈등을 벌일 수 있다(Apostolou, 2009). 그 이유는 단기적 짝짓기 전략이 가족의 지위와 평판을 훼손하기 때문일 수 있다—이것은 부모에게 비용을 초래하는데, 그 비용은 다른 친족 집단들 사이에서 동맹을 결성하는 데 결혼이 중요한 역할을 한 산업화 이전 사회에서 특히 높았을 것이다.

경험적 연구는 부모들이 실제로 아들이나 딸의 단기적 짝짓기보다 자신의 단기적 짝짓기를 받아들이기가 훨씬 쉽다는 것을 보여준다(Apostolou, 2009). 딸은 부모와 자식 간의 갈등에서 특별한 관심의 초점이 된다. 부모는 '딸 보호'에 신경을 쓰는 경향이 있다(Perilloux, Fleischman, & Buss, 2008). 부모는 아들보다 딸에게는 귀가 시간을 엄격하게 지키게 한다. 옷을 선택하는 것도 아들보다 딸에게 까다롭게 구는데, 특히 선정적인 옷을 입지 못하게 한다. 또, 아들의 성적 행동보다 딸의 성적 행동을 발견했을 때 훨씬 속상해한다. 부모와 자식은 유전적 이해를 50% 공유하기 때문에, 딸을 보호하는 이런 행동들 중 일부는 딸에게 최선의 이익이 될 수 있다—예를 들면, 딸이 성적 착취를 당하는 것을 예방하거나 장기적 배우자 가치를 보전하는 데 도움이 된다(Perilloux et al., 2008). 그렇지만 그것은 설사 딸에게서 단기적 짝짓기를 통해 얻을 수 있

BOX 7.1

부모 살해와 부모와 자식 가치의 비대칭성

1월 2일 일요일 오후, 피살자(남자, 46세)는 자기 집에서 가까이에서 쏜 엽총에 맞아 숨졌다. 살인자(남자, 15세)는 피살자의 아들로 밝혀졌는데, 그 상황은 수사관들에게 익숙한 것이었다. 피살자 가정은 평소에 폭력이 반복적으로 일어났다. 피살자는 아내와 아들들을 폭행했고, 결국에는 자신의 목숨을 앗아간 그 무기로 그들을 위협했으며, 심지어 한 번은 아내에게 총을 쏘기까지 했다. 운명의 일요일에 피살자는 술에 취해 아내를 "개 같은 년", "잡년"이라 욕하면서 때렸고, 결국 아들들이 뛰어들어 오랜 학대의 역사에 종지부를 찍었다. (Daly & Wilson, 1988, p. 98)

부성 확실성을 가정한다면, 부모와 자식의 유전적 근연도 $r = 0.50$이다. 그러나 진화의 관점에서 볼 때, 부모와 자식은 서로의 가치를 동등하게 여기지 않는다. 자식은 부모의 유전자를 운반하는 수단이지만, 부모는 자식에게 점점 가치가 없어지는 반면, 자식은 부모에게 점점 가치가 높아진다(즉, 부모가 번식할 수 있는 다른 방법들이 사라져 감에 따라). 최종 결과는 부모에게 어른이 된 자식의 가치는 자식에게 부모가 지닌 가치보다 훨씬 크다(Daly & Wilson, 1988). 이 논리에 따르면 명백한 예측 한 가지가 나온다 : 가치가 적은 사람은 살해당할 위험이 더 클 것이다. 따라서 성인 자식이 부모를 죽일 가능성이 부모가 성인 자식을 죽일 가능성보다 더 클 것이다.

제한적이긴 하지만 최소한 아버지에 대해서는 이 예측을 뒷받침하는 경험적 증거가 일부 있다. 한 연구는 디트로이트에서 부모와 어른이 된 자식 사이에 벌어진 살인 사건 11건을 조사했는데, 그 중 9건은 자식이 부모를 살해한 사건이었고, 부모가 자식을 살해한 사건은 2건뿐이었다(Daly & Wilson, 1988). 캐나다에서 벌어진 살인 사건을 조사한 더 큰 규모의 연구에서는 아버지가 성인 아들에게 살해당한 경우는 91명인 반면(아버지와 아들 간의 살인 사건 중 82%), 성인 아들이 아버지에게 살해당한 경우는 20명뿐이었다(아버지와 아들 간의 살인 사건 중 18%). 이 표본에는 의붓아버지가 관여된 살인 사건은 제외되었는데, 이 장 앞부분에서 지적했듯이 의붓아버지와 아들 사이에는 특별한 종류의 갈등이 존재한다.

물론 이 살인 사건 자료들은 예비적인 것이며, 예측된 가치 평가의 비대칭성의 결과로 발생하는 부모와 자식 간의 갈등 심리학에 대해 많은 것을 알려주지 않는다. 이 추론을 바탕으로 한 추후의 연구를 통해 이 특별하고도 가까운 유전적 관계의 갈등 성격에 대해 많은 정보가 드러날 것이다.

는 잠재적 이익을 박탈하는 비용을 초래한다 하더라도 부모에게 최선의 이익—예컨대 가족의 평판을 지키는 것—과 같은 이익을 가져다주는 행동이 반영된 것일 수도 있다(Apostolou, 2009)(부모와 자식 간의 갈등을 보여주는 또 다른 사례는 〈박스 7.1〉을 참고하라).

이론적으로 자식은 또한 부모의 짝짓기 결정이나 재혼 결정에 영향을 미치려고 노력하는 것이 당연하다. 예를 들면, 이혼을 하는 게 부모에게 최선의 이익이 될 때조차 자식은 부모가 이혼을 하지 못하게 막으려고 노력할 수 있다. 딸은 최선의 의붓아버지—친절하고 관대한 성격을 지녔거나 자신을 성적으로 착취할 가능성이 적은—를 얻기 위해 어머니가 배우자를 선택하는 데 영향을 미치려고 시도할 수 있다. 부모의 짝짓기와 재혼 결정을 둘러싼 부모와 자식 간의 갈등은 아직 경험적 연구가 더 필요한 주제로 남아 있다.

■ 요약

진화의 관점에서 볼 때, 자식은 부모의 유전자를 전달하는 운반 수단이다. 그래서 자연 선택은 자식의 생존과 번식을 보장하도록 설계된 부모의 기제를 선호할 것이다. 부모의 보살핌 기제는 사람이 아닌 많은 종에서 관찰되고 기록되었다. 매우 흥미로운 수수께끼 중 하나는 왜 어머니가 아버지보다 부모의 보살핌을 더 많이 제공하는 경향이 있는가 하는 것이다. 이것을 설명하기 위해 두 가지 가설이 제기되었다 : (1) 부성 불확실성 가설—남자는 여자보다 추정상의 자식에게 자신의 유전자를 기여했을 확률이 더 낮기 때문이다(모성 확실성은 100%인 반면, 부성 확실성은 100% 이하이다) ; (2) 짝짓기 기회 비용 가설—부모의 보살핌을 제공하는 남자가 치르는 비용은 여자보다 높은데, 남자가 제공하는 부모의 투자는 자신의 추가적인 짝짓기 기회를 감소시키기 때문이다. 지금까지 나온 증거는 부성 불확실성 가설과 짝짓기 기회 비용 가설을 모두 뒷받침한다.

부모의 보살핌이라는 진화한 기제는 최소한 세 가지 맥락에 민감할 것으로 예측된다 : (1) 자식과의 유전적 연관성, (2) 자식이 부모의 보살핌을 적합도로 전환하는 능력, (3) 쓸 수 있는 자원의 대체 용도. 풍부한 경험적 증거들은 자식과의 유전적 연관성이 부모의 보살핌에 영향을 미친다는 가설을 뒷받침한다. 연구들에 따르면, 계부모는 친부모보다 긍정적인 부모 감정이 적은 것으로 나타났다. 계부모와 의붓자식들 사이의 상호작용은 유전적 부모와 자식들 사이의 상호작용보다 갈등이 더 많은 경향이 있다. 사람들은 갓난아기를 보고 어머니보다 아버지를 더 닮았다고 이야기하는데, 이것은 추정상의 아버지에게 자식에게 투자를 하도록 영향을 미치는 기제가 있음을 시사한다. 자식의 대학 교육비 투자는 의붓자식보다는 유전적 자식일 때, 그리고 부성 확실성이 높을 때 더 많다. 한쪽은 유전적 부모이고 다른 쪽은 계부모인 부모와 함께 사는 아이는 양쪽 다 유전적 부모와 함께 사는 아이에 비해 신체적 학대를 당할 가능성이 40배나 높고, 살해당할 가능성은 40~100배나 높다. 어머니는 추정상의 아버지보다 자식과의 평균적인 유전적 연관성이 더 높기 때문에, 아버지보다는 어머니가 자식에게 더 많은 투자를 할 것이라고 예상된다. 실제로 여자는 남자보다 아기 이미지를 바라보는 걸 더 좋아하고, 아기 얼굴에 나타나는 감정 표현을 더 잘 인식하며, 아기를 보호하기 위한 방법으로 아기를 '보살피고' 다른 사람들과 '사귀는' 능력이 더 뛰어나다. 요컨대, 부모와 아기의 유전적 연관성은 부모의 보살핌의 질을 결정하는 중요한 요인으로 보인다.

진화한 부모 양육 기제는 또한 자식이 부모의 보살핌을 번식 성공률로 전환하는 능력에 민감할 것으로 예측된다. 세 갈래의 연구가 이 이론적 예측을 뒷받침한다. 첫째, 척추갈림증이나 다운증후군 같은 선천적 문제가 있는 아이는 대개 보호 시설로 보내거나 입양을 위해 포기하는 경우가 흔하다. 만약 입양을 위해 포기하지 않고 계속 보살피며 키운다면, 부모에게 신체적 학대를 당할 가능성이 훨씬 높다. 둘째, 쌍둥이들을 대상으로 한 연구에서는 어머니는 쌍둥이 중에서 건강이 나쁜 쪽보다는 건강한 쪽에 투자를 더 많이 하는 경향이 있는 것으로 나타났다. 셋째, 어린 아이는 나이가 더 많은 아이보다 학대와 살해를 당할 위험이 더 크다.

부모의 보살핌의 질에 영향을 미칠 것으로 예측되는 세 번째 맥락은 아이에게 투자할 수 있는 자원의 대체 용도 가능성이다. 노력과 에너지는 유한하고, 한 가지 활동에 투입한 노력은 필연적으로 다른 활동에 투입할 노력에서 가져와야 한다. 여러 연구는 영아 살해가 부모의 보살핌을 반대로 평가할 수 있는 척도라는 가정에서 영아 살해 패턴을 조사했다. 연구들에서는 젊은 어머니는 나이가 많은 어머니보다 영아 살해를 할 가능성이 더 높은 것으로 나타났는데, 아마도 젊은 여자는 아기를 임신하고 자식에게 투자할 시간이 많이 남아 있는 반면, 나이가 많은 여자는 그럴 시간이 얼마 남지 않았기 때문일 것이다. 기혼녀보다 미혼녀가 영아 살해를 할 가능성이 더 높다. 이런 경향은 아마도 노력을 배분하는 방식에 관해 여자에게 진화한 결정 규칙이 반영된 결과일 것이다. 마지막으로, 짝짓기에 노력을 쏟아부을 기회가 더 많은 남자는 직접적인 부모의 보살핌을 덜 제공하는 경향이 있다. 아카피그미족 사이에서 지위가 높은 남자는 지위가 낮은 남자보다 직접적인 자식 양육에 투자를 덜 한다. 지위가 높은 아카피그미족 남자는 대신에 더 많은 아내를 유혹하는 데 노력을 기울인다. 요컨대, 자원의 대체 용도 가능성은 언제 부모의 보살핌에 노력을 배분해야 하는가 하는 문제의 결정 규칙에 영향을 미친다.

부모와 자식 간의 갈등에 관한 진화 이론은 부모와 자식은 유전적으로 50%만 연관성이 있기 때문에 부모와 자식의 '이해'가 완전히 일치하지 않는다고 주장한다. 이 이론은 일반적으로 자식은 부모가 주고자 하는 것보다 더 많은 몫을 원할 것이라고 예측한다. 이 이론에서 몇 가지 예측이 나온다: (1) 가끔 자궁 속에서 어머니와 자식 간의 갈등이 일어나는데, 예컨대 태아를 자연 유산시키는 문제를 놓고 갈등이 생긴다; (2) 부모와 자식이 서로 나이를 먹어가면, 자식이 생각하는 부모의 가치보다 부모가 생각하는 자식의 가치가 더 크다; (3) 어린 형제가 생기면 어머니와 자식 간의 갈등이 심화되는데, 특히 반쪽 형제가 생기면 더욱 심화될 것이다; (4) 부모와 자식은 배우자 선택과 짝짓기 전략을 놓고 갈등을 빚을 것이다. 전자간증에 관한 경험적 증거는 첫 번째 예측을 지지한다—태아는 인간 융모성 생식선 자극 호르몬hCG을 어머니의 혈액 속으로 많이 분비하는 것으로 보이는데, 이 호르몬은 어머니가 생리를 못하도록 하여 태아의 착상 상태를 유지하고 어머니의 자연 유산 시도를 무산시킨다. 살인 사건 자료에서 나온 증거는 두 번째 예측을 지지한다—가치가 적은 사람이 살해당할 위험이 더 크다는 가정에 따르면, 성인 자식이 부모를 죽일 가능성이 부모가 성인 자식을 죽일 가능성보다 더 높다. 드러난 증거에 따르면, 어머니와 자식 간의 갈등은 실제로 형제가 새로 생기면 심화되고, 반쪽 형제가 가족에 새로 들어오면 더욱 심화된다. 마지막으로, 부모와 자식 간의 갈등은 이상적인 배우자나 선호하는 짝짓기 전략을 놓고도 벌어진다. 자식은 부모보다 배우자의 매력을 중요시하는 반면, 부모는 자식보다 가족 배경을 중요시한다. 부모는 특히 자식(그 중에서도 특히 딸)의 단기적 짝짓기를 반대하며, 그래서 '딸 보호' 현상이 나타난다.

부모와 자식 간의 갈등은 진화심리학에서 장차 경험적 연구가 많이 일어날 것으로 기대되는 중요한 영역이다.

추천 독서 목록

Apicella, C. L., & Marlow, F. W. (2007). Men's reproductive investment decisions. *Human Nature, 18*, 22-34.

Apostolou, M. (2009). Parent-offspring conflict over mating : The case of short-term mating strategies. *Personality and Individual Differences, 47*, 895-899.

Bjorklund, D. F., & Pellegrini, A. D. (2002). *The origins of human nature : Evolutionary developmental psychology*. Washington, DC : American Psychological Association.

Daly, M., & Wilson, M. (1988). *Homicide*. Hawthorne, NY : Aldine.

Perilloux, C., Fleischman, D. S., & Buss, D. M. (2008). The daughter-guarding hypothesis : Parental influence on, and emotional reactions to, offspring's mating behavior. *Evolutionary Psychology, 6*, 217-233.

Schlomer, G. L., Ellis, B. J., & Garber, J. (2010). Mother-child conflict and sibling relatedness : A test of hypotheses from parent-offspring conflict theory. *Journal of Research on Adolescence, 20*, 287-306.

Trivers, R. (1974). Parent-offspring conflict. *American Zoologist, 14*, 249-264.

제8장
친족 문제

::

**어디서 만나건 모든 사람은
섹스와 친족 문제에 거의 강박에 가까운 관심을 보인다.**

— 에드먼드 리치Edmund Leach, 1966

모든 사람들이 다른 사람들을 모두 사랑하는 세상을 상상해보라. 그런 세상에는 편애라는 개념이 없다. 여러분은 지나가는 낯선 사람에게도 자기 자녀와 마찬가지로 음식을 줄 것이다. 부모는 여러분의 대학 학비를 지불하려는 것과 마찬가지로 이웃의 대학 학비도 기꺼이 지불하려 할 것이다. 그리고 두 사람이 물에 빠져 허우적거려서 그 중에서 한 사람만 구할 수 있을 때, 여러분은 낯선 사람도 자신의 형제와 똑같이 구하려고 할 것이다.

그런 세상은 상상하기 어렵다. 포괄 적합도 진화 이론은 왜 그런 세상을 상상하기가 어려운지 설명해준다. 포괄 적합도 이론의 관점에서 볼 때, 나와 다른 사람과의 유전적 근연도는 사람에 따라 제각각 다르다. 일반적으로 우리는 부모와 자식과 형제와 유전적 근연도가 50%이다. 그리고 조부모와 손자, 씨 다른 형제나 배 다른 형제, 이모, 고모, 삼촌, 조카와의 유전적 근연도는 25%이다. 또, 사촌과의 유전적 근연도는 12.5%이다.

포괄 적합도 이론의 관점에서 볼 때, 한 개인의 친척은 모두 적합도의 운반 수단이지만, 각자 그 가치가 다르다. 7장에서 우리는 부모에게 자식의 가치가 제각각 다르다는 것을 보았다. 이 장에서는 친족의 가치가 제각각 다르다는 이론을 살펴볼 것이다. 이론적으로 나머지 조건이 모두 똑같다면, 자연 선택은 유전적 근연도에 따라 친족을 돕는 적응을 선호할 것이다. 예를 들어 자연 선택은 내가 형제를 돕는 것보다 자신을 2배 많이 돕는 기제를 선호할 것이다. 그렇지만 형제는 조카보다 나와 유전적 근연도가 2배나 크므로 조카보다 2배 많은 도움을 얻을 것이다. 물론 현실에서는 모든 조건이 똑같지는 않다. 예를 들어 유전적 근연도가 똑같다고 할 때, 내가 주는 도움은 부자인 형제보다 작곡가가 되려고 애쓰는 형제에게 더 큰 도움이 될 것이다. 게다가 9장에서 보겠지만, 이타성은 유전적 근연도가 낮거나 심지어 전혀 없는 조건에서도 진화할 수 있다. 그렇지만 포괄 적합도 이론에서 직접적으로 도출할 수 있는 예측이 한 가지 있다 : 자연 선택은 종종 먼 친척보다는 가까운 친척을 더 많이 돕고, 낯선 사람보다는 먼 친척을 더 많이 돕는 기제의 진화를 선호할 것이다.

■ 포괄 적합도 이론과 그 의미

이 절에서는 먼저 포괄 적합도 이론을 전문적으로 기술한 해밀턴 규칙을 소개한다. 이 관점에서 보면, 부모가 자식에게 보이는 편애는 자기 유전자의 복제를 지닌 '운반 수단'을 향한 편애의 특수 사례로 간주할 수 있다. 그러고 나서 협력, 갈등, 모험, 슬픔 같은 주제에 대해 이러한 공식적 기술이 어떤 심오한 결과를 낳는지 살펴볼 것이다.

해밀턴 규칙
1장에서 포괄 적합도의 공식적 개념을 소개한 게 기억날지 모르겠다.

> 어떤 생물의 포괄 적합도는 그 자신의 성질이 아니라, 그 행동이나 효과의 성질이다. 포괄 적합도는 개체 자신의 번식 성공률에다가 자신이 친척의 번식 성공률에 미치는 효과를 더한 것으로 계산하며, 각각의 요소에 적절한 근친 계수로 가중치를 부여한다.(Dawkins, 1982, p. 186)

포괄 적합도를 이렇게 기술한 것을 제대로 이해하려면, 한 개인이 다른 사람에게 이타적 행동을 하게 하는 유전자가 있다고 상상해보라. 여기서 말하는 이타성은 다음의 두 가지 조건으로 정의된다 : (1) 자신에게 비용을 초래하면서 (2) 다른 사람에게 편익을 제공하는 행동을 하는 것. 해밀턴(1964)이 제기한 질문은 이것이었다 : 어떤 조건에서 그러한 이타적 유전자가 진화하고 개체군 내에서 퍼져나가는가? 대부분의 조건에서는 이타성이 진화하지 **않을** 것으로 기대된다. 자신에게 비용을 초래하는 것은 개인적 번식에 지장을 주기 때문에 자연 선택은 일반적으로 상당수가 경쟁자인 다른 사람을 위해 자신에게 비용을 초래하지 않도록 작용할 것이다. 그러나 해밀턴은 만약 자신이 부담하는 비용보다 이타적 행동의 수혜자에게 돌아가는 편익이 더 크다면, 거기다가 수혜자가 이타적 유전자 복제를 지니고 있을 확률이 높다면 더더욱 이타성이 진화할 수 있다는 데 착안했다. 더 공식적으로 기술한 해밀턴 규칙은 이렇다 : 다음 조건이 성립할 때, 자연 선택은 이타성을 위한 기제를 선호한다.

$$c < rb$$

이 공식에서 c는 행위자가 부담하는 비용, r은 행위자와 수혜자 사이의 유전적 근연도(**유전적 근연도**는 특정 초점 유전자를 개체군 내에서 그 유전자가 나타나는 빈도를 넘어서서 다른 사람과 공유할 확률로 정의된다. 더 자세한 내용은 Dawkins, 1982와 Grafen, 1991을 참고하라), b는 수혜자에게 돌아가는 편익이다. 비용과 편익은 모두 번식 자산 단위로 측정한다.

이 공식은 유전적 근연도가 0.50인 친족에게 돌아가는 편익이 행위자가 부담하는 비용보다 2배 이상이라면 ; 혹은 유전적 근연도가 0.25인 친족에게 돌아가는 편익이 행위자가 부담하는 비용보다 4배 이상이라면 ; 혹은 유전적 근연도가 0.125인 친족에게 돌아가는 편익이 행위자가 부담하는 비용보다 8배 이상이라면, 비용을 기꺼이 부담하려는('이타적인') 개인을 자연 선택이 선호한다는 것을 의미한다. 구체적인 예를 통해 살펴보자. 여러분이 강가를 거닐다 유전적 친척이 급류에 휩쓸려 익사할 위험에 처한 걸 보았다고 하자. 여러분은 강으로 뛰어들어 그 사람을 구할 수 있지만, 대신에 자신의 목숨을 포기해야 한다. 해밀턴 규칙에 따르면, 자연 선택은 평균적으로 여러분이 강물에 뛰어들어 형제 한 명이 아니라 세 명의 목숨을 구하는 결과를 낳는 결정 규칙을 선호할 것이다. 여러분은 단순히 형제 한 명을 구하려고 자신의 목숨을 희생하지는 않을 것이다. 그렇게 하는 것은 해밀턴 규칙에 어긋나기 때문이다. 해밀턴 규칙의 논리를 적용하면, 진화한 결정 규칙은 여러분에게 조카나 조카딸 5명의 목숨을 구할 수 있다면 기꺼이 자신의 목숨을 희생하게 할 것이다. 그렇지만 사촌은 9명의 목숨을 구할 수 있어야만 자신의 목숨을 희생할 것이다.

여기서 기억해야 할 핵심은 사람의 행동이 반드시 포괄 적합도 논리와 일치하지는 않는다는 것이다. 해밀턴 규칙은 심리학 이론이 아니다. 해밀턴 규칙은 친족을 돕는 적응이 진화할 수 있는 조건을 정의할 뿐이라는 사실을 기억하는 게 중요하다. 이 규칙은 이타적 유전자가—실제로는 어떤 유전자라도—따르는 선택 압력을 정의한다. 돌연변이를 통해 개체군 내에 우연히 들어와 해밀턴 규칙에 위배되는 특성은 선택을 통해 가차없이 도태된다. 해밀턴 규칙을 충실히 따르는 특성을 만들어내는 유전자만이 개체군 내에서 퍼져나가고 그 종에 고유한 유전자 목록의 일부로 진화할 수 있다. 이것은 가끔 **진화 가능성 구속 조건**이라고도 부르는데, 해밀턴 규칙의 조건을 충족하는 유전자만이 진화할 수 있기 때문이다.

해밀턴의 포괄 적합도 이론은 20세기에 다윈의 자연 선택론을 수정한 이론들 중에서 단일 이론으로는 가장 중요한 것이다. 이 이론이 나오기 전에는 이타성 행동은 진화의 관점에서 볼 때 설명하기 힘든 수수께끼였다. 그런 행동은 행위자의 개인적 적합도에 손해를 초래하는 것으로 보였기 때문이다. 땅다람쥐는 포식 동물을 만났을 때 왜 경고의 울음소리를 내질러 자신을 위험에 노출시킬까? 왜 어떤 여자는 자신의 형제를 살리려고 신장을 기증할까? 해밀턴이 기술한 포괄 적합도는 이 모든 수수께끼를 단숨에 해결했고, 개인의 번식과는 전혀 관계 없는 이타적 행동이 어떻게 쉽게 진화할 수 있는지 보여주었다.

해밀턴 규칙의 이론적 의미

어떤 종의 사회적 행동은 각각의 특정 행동을 초래하는 상황에서 그 개체가 그 상황에 적절한 관계 계수에 따라 이웃의 적합도를 자신의 적합도와 비교해 평가하는 것처럼 보이는 방식으로 진화한다. (Hamilton, 1964, p. 23)

가장 일반적인 차원에서 해밀턴의 포괄 적합도 이론이 지닌 가장 중요한 의미는 친족 관계의 종류에 따라 다른 심리적 적응이 진화할 것이라고 예상한 다는 데 있다. 해밀턴의 이론에서 그런 친족 기제가 반드시 진화할 것이라고 **규정하는** 것은 아무것도 없다. 일부 종의 경우 구성원들이 친족과 함께 살지도 않기 때문에, 자연 선택은 특별한 친족 기제를 만들어낼 수 없다. 그러나 만약 친족 기제가 진화한다면, 이 이론은 그러한 친족 기제의 일반적인 형태에 대한 예측을 내놓는다. 7장에서 우리는 특별한 '부모 양육 문제'가 많다는 것을 보 았고, 아이의 부모일 확률과 아이의 번식 가치 같은 속성에 따라 아이에 대한 선호가 달라지는 것을 포함해 부모 양육 기제가 진화한 증거들을 살펴보았다. 포괄 적합도 이론은 부모 양육을 친족의 특별한 사례로 취급하는데(비록 아주 중요한 특별 사례이긴 하지만), 양육은 자신의 유전자 복제를 가진 '운반 수단'에 투자하는 한 가지 방법을 대표하기 때문이다. 인류의 진화 역사를 통해 반복되 었을 그 밖의 특별한 관계에는 형제 관계, 반쪽 형제 관계, 조부모 관계, 손자 관계 등이 있다. 이러한 친족 관계가 제기했을 적응 문제에는 어떤 것들이 있 는지 감을 잡기 위해 그 중 몇 가지를 살펴보기로 하자.

형제 관계. 형제는 독특한 적응 문제를 제기하는데, 이것은 인류의 진화 역사 를 통해 반복되었다. 첫째, 남자 형제나 여자 형제는 중요한 사회적 동맹이 될 수 있다—어쨌거나 형제는 자신과 유전적 연관성이 50%나 있으니까. 그렇지 만 형제는 부모의 자원을 받는 측면에서는 다른 친척들보다 더 치열한 경쟁자 이기도 하다. 7장에서 보았듯이, 부모는 어떤 자식을 다른 자식보다 선호하도 록 진화했다. 부모와 자식 간의 갈등 이론이 시사하듯이, 부모에게 최선의 이 익이 되는 자원 배분이 특정 자식에게 최선의 이익이 되는 자원 배분과 늘 일 치하는 것은 아니다. 그 결과, 형제들은 역사를 통해 부모의 자원에 접근하기 위해 서로 경쟁을 벌이는 적응 문제에 반복적으로 노출되었다. 이 갈등을 감안 한다면, 형제 관계에서 양가 감정이 흘러넘치는 경우가 많은 것은 놀라운 일이 아니다(Daly, Salmon, & Wilson, 1997, p. 275).

한 흥미로운 분석(Sulloway, 1996, 2011)은 부모가 자식에게 부과하는 적응 문제들은 자식들의 출생 순서에 따라 서로 다른 '생태적 지위'를 만들어낸다 고 주장한다. 특히 부모는 나이가 가장 많은 자식을 선호하는 경우가 많기 때

진화심리학

문에 맏이는 상대적으로 더 보수적이고 현상 유지를 지지하는 경향이 강하다. 그러나 둘째는 기존 구조를 지지해서 얻을 것이 별로 없고, 오히려 반기를 들어야 모든 것을 얻을 수 있다. 설로웨이에 따르면, 나중에 태어난 자식들, 특히 그 중에서도 중간에 위치한 자식들은 기존 질서의 유지를 통해 얻을 것이 가장 적기 때문에 더 반항적인 성격이 발달한다. 최근에 출생 순서와 성격을 조사한 연구에서도 이 예측이 옳다는 것이 확인되었다(Healey & Ellis, 2010). 반면에 막내는 중간 형제들보다 부모의 투자를 더 많이 받을 수 있는데, 번식을 위한 마지막 운반 수단에 투자하는 부모는 온갖 제약에 구애를 받지 않는 경우가 많기 때문이다.

진화심리학자 캐서린 새먼Catherine Salmon과 마틴 데일리Martin Daly(1998)는 이런 추측들을 뒷받침하는 증거를 몇 가지 발견했다. 그들은 중간에 태어난 자식들은 가족 연대 의식이나 동일성 측정에서 낮은 점수를 얻어 맏이와 막내와 차이가 난다는 사실을 발견했다. 예를 들면, 중간 자식들은 관계가 가장 가까운 사람이 누구냐는 질문을 받았을 때 유전적 친척 이름을 댈 가능성이 더 낮다. 이들은 또한 가족의 족보를 책임지는 일을 맡을 가능성도 낮다. 중간 자식은 맏이와 막내에 비해 가족에 대한 태도가 덜 긍정적이고, 도움이 필요한 가족 구성원을 도울 가능성도 더 낮다(Salmon, 2003). 흥미로운 사실이 하나 더 있는데, 그 이유는 밝혀지지 않았지만, 중간 자식은 배우자를 속일 가능성이 더 낮다.

이 연구들과 그 밖의 연구 결과들(Salmon, 2003)은 출생 순서가 그 사람이 선택하는 생태적 지위에 영향을 미치며, 그래서 맏이는 부모에게 연대 의식을 느끼고 의존하는 경향이 많은 반면, 중간 자식은 가족 밖의 사람들과 유대를 맺는 데 투자하는 경향이 많다는 설로웨이의 이론을 어느 정도 지지한다. 흥미롭게도 부모가 모든 자식을 똑같이 대우하더라도, 중간 자식은 부모에게서 받는 총 투자가 더 적을 수 있다(Hertwig, Davis, & Sulloway, 2002). 이런 결과가 나타나는 이유는 맏이는 다른 형제들이 태어나기 전에 부모의 투자를 독차지하고, 막내는 나머지 형제들이 모두 집을 떠난 뒤에 부모의 투자를 독차지하기 때문이다. 이와는 대조적으로 중간 자식은 주위에 다른 형제가 없는 때가 없기 때문에 늘 부모의 투자를 다른 형제와 나누어 받을 수밖에 없다. 따라서 부모가 자식들에게 똑같이 투자하려고 노력하더라도, 중간 자식은 불리한 대우를 받을 수밖에 없다―중간 자식들이 가족과 일체감을 덜 느끼는 이유는 이 때문인지 모른다(Hertwig et al., 2002).

형제 대 반쪽 형제. 이론적으로 중요한 친족 문제의 또 다른 측면은 형제가 완전한 형제냐 반쪽 형제냐 하는 것이다. 예를 들어 같은 어머니에게서 태어났을 경우, 여러분과 여러분의 형제는 아버지가 같은가? 이 구분이 이론적으로 중요한 이유는 완전한 형제는 평균적으로 유전적 연관성이 50%인 반면, 반쪽 형제는 25%이기 때문이다. 워런 홈스Warren Holmes와 폴 셔먼Paul Sherman(1982)은 땅다람쥐를 대상으로 한 흥미로운 연구에서 완전한 자매들은 반쪽 자매들보다 새끼를 함께 지킬 때 협력할 가능성이 훨씬 높다는 사실을 발견했다.

완전한 형제와 반쪽 형제의 구분은 인류의 진화 역사를 통해 반복적인 선택 압력으로 작용했을 가능성이 높다. 현대 부족 사회에서 여자들은 혼외 정사를 통해서건 연속적인 결혼을 통해서건 아버지가 다른 아이들을 기르는 경우가 많다(Hill & Hurtado, 1996). 데일리, 새먼, 윌슨(1997)은 "인류의 선사 시대에는 같은 여자가 연속적으로 낳는 아이들이 완전한 형제 또는 반쪽 형제일 확률이 사실상 반반이었을 가능성이 높다. 그리고 $r=0.5$와 $r=0.25$ 사이의 차이는 위급 상황에서 협력할지 경쟁할지 판단을 내려야 할 때 결코 사소한 것이 아니다."라고 추측했다(Daly et al., 1997, p. 277). 유전적 근연도에서 서로 차이가 나는 형제들을 포함한 혼합 가족에서 일어나는 갈등은 이러한 추측들을 검증할 수 있는 이상적인 상황이다.

조부모와 손자. 조부모와 손자는 유전적으로 $r=0.25$의 관계에 있다. 현대 여성은 폐경기를 훨씬 지난 뒤까지 오래 산다는 사실 때문에 처음엔 자식에게 그 다음에는 손자에게 투자하기 위해 직접적 번식을 중단하는 수단으로 폐경이 진화했다는 가설이 나왔는데, 이 가설을 '할머니 가설'이라 부른다(Hill & Hurtado, 1991). 폐경기를 지난 여자가 손자의 안녕에 크게 기여하는 현상은 모든 문화에서 볼 수 있다(Lancaster & King, 1985). 만약 조부모 양육이 인류의 진화 역사를 통해 반복된 특징이었다면, 조부모의 투자를 배분하는 적응이 진화했을지 모른다. 이 장 후반부에서 다루겠지만, 이 가설을 뒷받침하는 확실한 증거가 있다.

진화심리학

친족의 보편적 측면에 관한 가설. 데일리, 새먼, 윌슨(1997)은 친족 심리학의 보편적 측면에 관해 일련의 가설을 제시했다. 첫째, **자기 중심적인 친족 용어가 보편적으로 나타날** 것이다. 즉, 모든 사회에서 모든 친족은 초점이 되는 개인을 중심으로 분류될 것이다: "내 부모는 네 부모와 같은 사람이 아니다."라거나 "내 형제는 네 형제와 같은 사람이 아니다."라는 식으로. 요컨대, 친족을 가리키는 모든 용어는 자기 중심적인 초점 개인을 중심으로 흘러나온다.

둘째, 모든 친족 제도는 **성**性을 중심으로 확연한 구분이 나타날 것이다. 어머니들은 아버지들과 구별되고, 여자 형제들은 남자 형제들과 구별될 것이다. 이러한 성 구분이 일어나는 이유는 어느 친족 구성원의 성별이 번식 면에서 중요한 의미를 지니기 때문이다. 예를 들어 어머니는 자식과 유전적 연관성을 100% 확신할 수 있는 반면, 아버지는 그렇지 않다. 아들은 복수의 짝짓기를 통해 번식에 큰 성공을 거둘 수 있는 반면, 딸은 그렇지 않다. 요컨대, 친족 구성원의 성별은 그 사람이 마주치는 적응 문제에 아주 중요한 역할을 하며, 따라서 모든 친족 제도는 성에 따른 구별을 할 수밖에 없다.

셋째, **세대** 역시 중요하다. 7장에서 보았듯이, 부모와 자식 간의 관계는 종종 비대칭적이다. 예를 들어 나이가 들수록 자식은 부모에게 점점 더 소중한 운반 수단이 되는 반면, 자식에게 부모의 가치는 점점 줄어든다. 따라서 모든 친족 제도는 세대에 따른 구별이 있을 것이라고 예상할 수 있다.

넷째, 친족 관계는 보편적으로 **친밀도** 차원에 따라 배열되며, 친밀도는 유전적 근연도와 밀접한 관련이 있다. 간단히 말해서, '친밀도'를 감정적(어떤 사람에게 친밀감을 느끼는 것), 문화적으로 인식하는 것은 유전적 친밀도에 따라 달라질 것으로 예측된다.

다섯째, 친족 사이에서 **협력**과 연대의 정도는 유전적 근연도에 따라 다를 것이다. 협력과 갈등은 친족 구성원 사이의 유전적 근연도로 예측할 수 있다; 정말로 중요한 문제가 생겼을 때 사람들은 먼 친족보다는 가까운 친족에게 의지할 것이다; 그리고 이해를 둘러싼 갈등이 있을 때, 먼 친족 사이보다는 가까운 친족 사이의 갈등을 해결하기가 더 쉬울 것이다.

여섯째, 대가족에서 연장자는 젊은 구성원에게 방계 친족(즉, 형제나 사촌, 조카, 조카딸처럼 직계 자손이 아닌 친족)한테 자연적 성향보다 더 이타적이고 협력적으로 행동하라고 권장할 것이다. 어떤 노인에게 아들 하나, 여동생 하나, 여동생의 아들이 친족으로 있다고 가정해보자. 노인의 관점에서 볼 때, 여동생의 아들(조카)은 자신과 유전적 근연도가 0.25이기 때문에, 자신에게 중요한 적합도 운반 수단이다. 그러나 노인의 아들 관점에서는 사촌을 위해 치르는 희생은 해밀턴 규칙에 따르면 비용의 8배가 넘는 이익을 내야 한다. 따라서 노인의 아들이 노인의 여동생의 아들(노인의 아들의 사촌)을 돕는 행위는 자신보다는 노인의 적합도에 더 이익이 될 것이다.

일곱째, 대가족 네트워크 내에서 자신이 차지하는 위치는 자기 개념의 핵심 요소가 될 것이다. "자신이 어떤 사람"인지에 대한 믿음은 'X의 아들'이나 'Y의 딸' 혹은 'Z의 어머니'와 같은 친족 관계를 포함한다.

여덟째, 사용되는 정확한 친족 용어와 추정상의 의미는 문화에 따라 차이가 있음에도 불구하고, 모든 곳에 사는 사람들은 누가 자신의 '진짜' 친척인지 잘 알 것이다. 베네수엘라의 야노마뫼족 인디언을 생각해보자. 이들이 쓰는 친족 용어 중에 형제와 사촌을 모두 가리키는 아바와abawa가 있다. 그러나 영어에는 형제를 가리키는 brothers와 사촌을 가리키는 cousins라는 용어가 따로 있다. 야노마뫼족이 쓰는 친족 용어가 이렇게 두 가지 의미를 포괄한다고 해서 그들 사이의 실제 친족 관계도 모호할까? 인류학자 너폴리언 섀그넌Napoleon Chagnon은 야노마뫼족을 직접 면담하면서 형제들과 사촌들 사진을 보여주는 방법으로 이 문제를 조사했다. 야노마뫼족 사람들은 형제들과 사촌들 사진을 볼 때 모두 '아바와'라고 말했지만, "누가 진짜 아바와입니까?"라고 물었을 때에는 한결같이 사촌이 아니라 친형제를 가리켰다(Chagnon, 1981 ; Chagnon & Bugos, 1979). 게다가 경쟁자 개인이나 집단과 도끼 싸움이 벌어지는 것과 같은 사회적 갈등이 있을 때, '진짜 아바와'가 야노마뫼족 마을 사람들을 도우러 올 가능성이 훨씬 높았다(Alvard, 2009). 요컨대, 친족 용어는 문화에 따라 약간 차이가 나고, 때로는 다른 친족 범주가 하나의 용어에 혼합되기도 하지만, 포괄 적합도 이론은 모든 사회의 사람들이 누가 자신의 진짜 친족인지 잘 알고 있음을 시사한다.

포괄 적합도 이론에서 나온 마지막 가설은 심지어 실제적인 친족 관계가 전혀 없을 때조차 다른 사람들을 설득하고 영향을 미치는 데 친족 용어가 사용될 것이라고 주장한다. "형제여, 잔돈 남은 게 있으면 적선하지 않겠소?(Hey, brother, can you spare some change?)"라고 말하는 거지를 생각해보자. 거지는

진화심리학

왜 이런 표현으로 구걸을 할까? 한 가지 가설은 거지가 표적 대상에게 친족 심리를 자극하기 위해 '형제'란 용어를 쓴다는 것이다. 우리는 낯선 사람보다는 형제를 도울 가능성이 더 많으므로, '형제'라는 용어를 쓰면 친족 심리를 조금이나마 자극하는 효과가 있을 테고, 그 결과 우리가 실제로 잔돈을 줄 확률이 높아질지 모른다. 대학의 친목 클럽에서도 서로를 '형제'나 '자매'라고 부르면서 비슷한 친족 용어를 쓰는 걸 볼 수 있다. 요컨대 언어를 통해 친족 심리에 호소하는 행위는 포괄 적합도 이론이 예측하는 전략적 행위이다.

■ 포괄 적합도 이론의 의미를 뒷받침하는 경험적 발견

친족 심리는 과학 문헌에서 점점 많은 관심을 받았다. 여러 갈래의 유력한 연구 방법들이 사람과 동물에게 사용되었다. 이 절에서는 이러한 경험적 연구 중 가장 중요한 것들을 살펴볼 것이다.

땅다람쥐의 경보

벨딩땅다람쥐는 오소리나 코요테 같은 육상 포식 동물을 발견하면, 고음의 스타카토 소리를 내 근처에 있는 다른 땅다람쥐들에게 위험이 닥쳤음을 알린다. 경보를 들은 땅다람쥐들은 안전한 곳으로 숨어 포식 동물의 공격을 피한다. 경보를 들은 땅다람쥐들은 생존 확률을 높일 수 있으므로 경보에서 이익을 얻는 게 명백하지만, 경보를 울린 땅다람쥐는 위험에 처하게 된다. 그 때문에 포식 동물의 눈에 띌 가능성이 높아져 잡아먹히기 쉽다. 자신의 생존을 위험에 빠뜨리는 이 불가사의한 행동은 어떻게 설명할 수 있을까?

명백히 이타적으로 보이는 이 행동을 설명하기 위해 여러 가지 가설이 제기되었다(Alcock, 2009) :

1. **포식 동물 혼란 가설**: 경보는 모든 땅다람쥐에게 일제히 안전한 곳으로 달아나도록 하는 아우성 상태를 만들어내 포식 동물에게 혼란을 일으킬 수 있다. 이러한 혼란은 경보 소리를 낸 땅다람쥐를 비롯해 모든 땅다람쥐가 위험을 피하는 데 도움이 될 수 있다.

2. **부모 투자 가설**: 경보 소리를 낸 땅다람쥐는 더 큰 위험에 빠지지만, 그 자식은 살아남을 가능성이 높아진다. 이런 식으로 경보는 일종의 부모 투자 기능을 할지 모른다.

3. **포괄 적합도 가설**: 경보 소리를 낸 땅다람쥐는 생존 자산 측면에서는 손실을 볼지 몰라도, 그 삼촌과 고모, 이모, 형제, 자매, 부모, 사촌은 모두 이득을 얻을 것이다. 이 가설에 따르면, 경보 소리는 자신의 유전자 복제를 가진 '운반 수단'에게 위험을 알림으로써 포괄 적합도의 편익을 높일 수 있다.

생물학자 폴 셔먼은 이 가설들을 검증하기 위해 캘리포니아 주의 숲에서 많은 여름을 보내며 벨딩땅다람쥐 전체 군집을 대상으로 표지를 달고 추적하고 조사했다(Sherman, 1977, 1981). 그 결과는 아주 흥미로웠다. 첫 번째 가설은 즉각 배제되었다. 경보 소리를 내는 땅다람쥐는 확실히 위험이 더 컸는데, 몰래 다가온 포식 동물(족제비, 오소리, 코요테)에게 죽는 비율이 근처에 있는 다른 땅다람쥐보다 훨씬 높았기 때문이다. 포식 동물은 경보 소리에 혼란을 일으키는(가설 1) 대신에 곧장 경보 소리를 낸 땅다람쥐를 공격했다.

그렇다면 부모 투자 가설과 포괄 적합도 가설 두 가지가 남는다. 다 자란 수컷 땅다람쥐는 집을 떠나 아무 친족 관계가 없는 집단에 합류한다. 반면에 암컷은 태어난 집단에 계속 머물기 때문에 고모와 이모, 조카딸, 자매, 딸을 비롯해 그 밖의 암컷 친척들과 함께 지낸다. 수컷보다는 암컷이 경보 소리를 더 많이(약 21%나 더 많이) 내는 것으로 드러났다. 이 결과는 그것만 놓고 보면 부모 투자 가설과 포괄 적합도 가설과 일치하는데, 경보 소리를 낸 땅다람쥐의 딸들과 그 밖의 유전적 친척들이 경보 신호에서 이익을 얻기 때문이다.

딸이나 그 밖의 새끼가 없고 다른 유전적 친척들만 주변에 있는 암컷 땅다람쥐를 대상으로 한 조사가 중요한 검증 시험이 된다. 이 암컷은 과연 포식 동물을 발견했을 때 경보 소리를 낼까? 그 답은 '그렇다'이다. 새끼가 없는 암컷도 자매나 조카딸이나 이모가 근처에 있을 때 경보 소리를 낸다. 종합하면, 부모의 투자가 경보의 한 가지 기능일 가능성이 있지만, 암컷은 자기 새끼가 없을 때에도 경보 소리를 내기 때문에 포괄 적합도 가설 역시 강력한 지지를 받는다. 셔먼은 포괄 적합도 가설을 뒷받침하는 추가 증거를 발견했다. 침입자와 세력권을 놓고 싸움을 벌일 때 암컷 땅다람쥐는 유전적 친척—딸뿐만 아니라

진화심리학

자매도—을 돕기 위해 달려가기는 해도, 친척이 아닌 땅다람쥐를 도우러 달려 가지는 않는다(Holmes & Sherman, 1982). 이 사실들은 포괄 적합도 과정을 통해 이타성이 진화할 수 있다는 가설을 지지한다.

사람의 친족 인식과 친족 분류

친족에게 도움을 주려면 먼저 친족을 인식하는 능력이 필요하다 : "친족 인식은 부모의 보살핌, 친족 이타성, 근친교배 회피, 최적의 이계 교배를 촉진하는 기능을 한다."(Weisfeld et al., 2003) 연구자들은 어린 시절의 유대—어린 시절에 친족과 함께 지내는 것—이 영장류가 사용하는 핵심 단서라고 생각한다. 실제로 인간 집단 사이에서는 어린 시절의 유대가 성적 거부감을 일으켜 근친 상간 회피 적응을 만들어내는 것으로 알려져 있다(Lieberman, Tooby, & Cosmides, 2007 ; Shepher, 1971).

구체적인 경험적 증거가 뒷받침하는 또 다른 친족 인식 기제는 냄새에 기반을 둔 것이다 : 우리는 냄새로 친족을 식별할 수 있다. 비록 여자가 남자보다 좀 낫긴 하지만, 어머니와 아버지, 조부모, 이모, 고모는 모두 갓난아기가 입은 옷의 냄새를 맡음으로써 친족 아기의 냄새를 알아챌 수 있다(Porter et al., 1986). 모유를 먹는 아기는 다른 여자보다 어머니 냄새를 더 좋아하지만, 아버지 냄새를 다른 남자 냄새보다 더 좋아하지는 않는다(Cernoch & Porter, 1985). 마지막으로 청소년기 이전의 어린이는 냄새로 완전한 형제를 정확하게 확인할 수 있지만, 반쪽 형제는 정확하게 확인하지 못한다(Weisfeld et al., 2003).

사람들이 친족을 확인하는 데 사용하는 또 한 가지 방법은 친족 용어이다. 모든 문화에는 **친족 분류 체계**, 즉 어머니나 아버지, 여자 형제, 남자 형제, 삼촌, 외삼촌, 이모, 고모, 조카, 조카딸, 할머니처럼 친족의 종류를 나타내는 특별한 용어가 있다. 어떤 친족 용어에 포함된 특정 친족의 종류는 문화에 따라 조금 다를 수 있다. 예를 들어 영어에서는 어머니의 여자 형제(이모)와 아버지의 여자 형제(고모)를 뭉뚱그려 'aunt'라고 부르지만, 다른 언어들에서는 둘을 따로 구별하여 부르는 용어가 있다. 이런 표면상의 차이에도 불구하고, 더그 존스Doug Jones는 모든 친족 분류 체계를 지배하는 '보편 문법'이 있음을 확인했다(Jones, 2003a, 2003b). 이 문법은 사회 인지의 본질적인 '원소primitive' 세 가지로 이루어져 있다. 그 세 가지 원소는 계보상의 거리, 사회적 지위, 집단 소속감이다. **계보상의 거리**는 친족이 얼마나 가까운지(예컨대 부모와 자식 사이처럼) 혹은 먼지(육촌이나 팔촌처럼) 나타낸다. **사회적 지위**는 상대적 나이를 가리키는데, 나이가 많은 사람이 젊은 사람보다 사회적 지위가 더 높다. **집단 소속감**은 모계 친족 대 부계 친족 혹은 동성 형제 대 이성 형제처럼 서로 다른 친족 집단을 구별한다. 존스는 이 세 가지 본질적인 원소가 모든 문화에서 친족 용어를 만들어내는 데 쓰이는 인지적 구성 요소라고 주장한다.

계보상의 거리가 지닌 적응 가치는 포괄 적합도 이론을 바탕으로 생각해 보면 명백하다. 계보상의 거리는 자신에게 '친족 가치'가 다른 개인들—자신에게 이타적 행동을 할 가능성이 있는 사람에서부터 자신이 이타적 행동을 제공할 사람들에 이르기까지—을 확인하는 수단을 제공한다. 사회적 지위의 적응 가치는 부모처럼 지위가 높은 개인은 자식처럼 지위가 낮은 개인보다 도움을 더 많이 제공할 수 있다는 사실에서 나온다. 이것은 이타적 행동을 나에게 할 사람과 내가 이타적 행동을 제공할 사람을 확인하게 해준다. 집단 소속감의 적응 가치는 해당 집단에 따라 다르다. 예를 들어 우리는 이성 형제를 동성 형제와 다르게 대우하려고 할 수 있다.

친족을 확인하는 또 하나의 단서는 자신의 얼굴이나 몸이 다른 사람의 얼굴이나 몸과 얼마나 닮았는지를 나타내는 **신체적 유사성** 또는 **표현형 유사성**이다. 지금까지 나온 증거는 사람들이 실제로 얼굴의 유사성을 친족 관계를 알려주는 단서로 사용한다는 가설을 뒷받침한다(Bressan & Zucchi, 2009 ; Park, Schaller, & Van Vugt, 2008 ; Platek & Kemp, 2009). 사람들은 다른 사람의 얼굴이 자신의 얼굴과 얼마나 닮았는지를 기준으로 친족과 비친족을 구별하는 능력이 진화한 것처럼 보인다. 사람들이 친족을 확인하는 데 신체적 유사성의 단서를 사용하는지 여부에 대한 연구는 아직 이루어지지 않았지만, 이것은 중요한 역할을 할지 모르는 또 하나의 유력한 신체적 단서이다.

사람들은 자신과 아무 혈연 관계가 없는 낯선 사람들이나 다른 사람들의 집단 속에서 친족을 알아볼 수 있을까? 최근의 연구에서 나온 증거는 그럴 수 있다고—얼굴의 유사성을 바탕으로—시사한다(Alvergne, Faurie, & Raymond, 2008 ; Kaminski et al., 2009). 흥미롭게도 친족을 확인하는 단서로는 얼굴 위쪽이 특히 중요한 것으로 나타났다. 아래쪽 절반을 가렸을 때에는 친족 확인 성공률이 5%만 낮아졌다(Maloney & Dal Martello, 2006). 그러나 위쪽 절반을 가렸을 때에는 65%나 낮아졌다. 다른 무리들 속에서 친족 무리를 알아보는 능력은 중요한 적응 문제들을 해결하는 데 아주 큰 역할을 할지도 모른다. 그런 적응 문제로는 다음과 같은 것들이 있다 : (1) 적대 행위가 발생했을 때 누가 동맹이 될 수 있을지 파악하기 ; (2) 근처에 든든한 친족이 있어서 적으로 삼아서는 안 되는 사람이 누구인지 파악하기 ; (3) 근처에 보호해줄 친족이 별로 없어 '착 취' 가능한 사람이 누구인지 확인하기(Buss & Duntley, 2008).

요약하면, 사람은 친족을 확인하는 방법이 최소한 네 가지 있다 : (1) 유대 를 통해 ; (2) 냄새를 통해 ; (3) 세 가지 인지적 구성 요소의 보편 문법이 만들 어낸 친족 분류를 통해 ; (4) 얼굴의 유사성이나 표현형의 유사성을 통해. 사람 들은 또한 모르는 사람들 속에 섞여 있는 친족을 알아보는 능력도 있다. 친족 확인 기제는 꼭 필요한 적응으로, 누가 좋은 동맹이 될지, 누구를 믿어도 될지, 누구하고는 섹스를 해서는 안 되는지(근친상간 회피), 필요할 때 누구를 도와야 할지를 비롯해 많은 종류의 행동이 이 기제에 의존해 일어난다. 실제로 친족은 이타적 행동과 자기 희생적 행동 같은 적응적 행동을 이끄는 기능을 하기 때문 에, 성별과 나이처럼 사람들이 자신의 사회적 세계를 분할하는 데 사용하는 기 본적인 사회 범주임을 뒷받침하는 증거가 나와 있다(Lieberman, Oum, & Kurzban, 2008).

로스앤젤레스 여성들의 삶에서 나타나는 도움의 패턴

사람에게 적용한 포괄 적합도 이론을 검증하려는 초기의 시도에서 두 연구자 는 로스앤젤레스에 사는 35~45세의 성인 여성 300명으로 이루어진 표본을 조사했다. 이 여성들은 도움을 주거나 받은 이유로 다음과 같은 것들을 이야 기했다 :

> 결혼하느라 돈이 필요했을 때 ; 내 빗장뼈가 부러져 그가 집안일을 대신 했을 때 ;
> 친구가 아픈 동안 친구의 아이들을 픽업해주었을 때 ; 아들이 경찰과 문제가 생겼
> 을 때 ; 내 셋째 아이가 태어날 때 내 아이들을 맡아주었을 때 ; 남편이 그녀를 떠
> 났을 때 ; 그녀가 다리를 잘라냈을 때 ; 우리에게 집세 계약금을 빌려주었을 때.
> (Essock-Vitale & McGuire, 1985, p. 141)

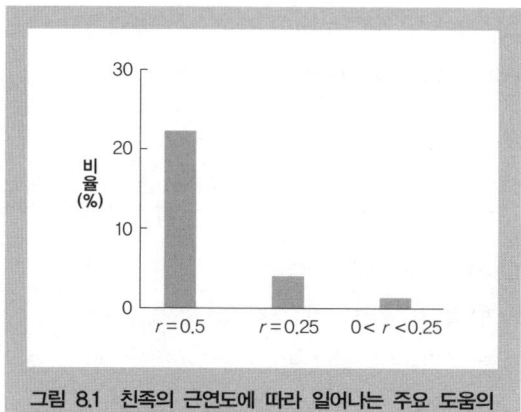

그림 8.1　친족의 근연도에 따라 일어나는 주요 도움의 비율. r=근친 계수(예컨대 r=0.5인 친족은 부모, 완전한 형제, 자식; r=0.25인 친족은 반쪽 형제, 조부모, 고모와 이모, 삼촌, 손자, 조카와 조카딸; 0<r<0.25인 친족은 사촌, 반쪽 형제의 자식).

출처: Essock–Vitale, S. M., & McGuire, M. T. (1985). Women's lives viewed form an evolutionary perspective. II. Patterns of helping. *Ethology and Sociobiology, 6,* 143. Copyright © 1985, with permission from Elsevier Science.

이 여성들은 도움을 받은 사례 2520건과 도움을 준 사례 2651건을 이야기했다. 여기서 다음 두 가지를 예측할 수 있다: (1) 친족 사이에서는 유전적 근연도에 따라 도움이 증가할 것이다; (2) 친족 사이에서는 수혜자의 번식 가치가 클수록 도움이 증가할 것이다.

〈그림 8.1〉은 친족의 세 범주(유전적 근연도가 각각 50%, 25%, 25% 미만인)에 따라 도움이 일어나는 사례들의 비율을 보여준다. 예측한 것처럼 도움의 교환은 먼 친족보다는 가까운 친족 사이에서 일어날 가능성이 더 높아 포괄 적합도 이론에서 나온 핵심 예측 한 가지를 뒷받침한다. 그렇지만 친족이 포함된 도움 사례들의 전체 비율은 3분의 1에 불과하다는 사실에 주목할 필요가 있다. 많은 도움 행동은 가까운 친구 사이에서 일어나는데, 이 주제는 9장에서 자세히 다룰 것이다.

두 번째 예측은 친족 사이에서 일어나는 도움이 번식 잠재력이 높은 사람을 선호하는 경향을 보이리란 것인데, 조사 결과는 이것 역시 지지한다. 여자들이 자신의 자식이나 조카나 조카딸을 돕는 비율은 그 반대 비율보다 훨씬 높았다. 도움 행동은 젊은 수혜자의 장래 번식 잠재력이 더 크다는 사실을 반영해 나이가 많은 쪽에서 적은 쪽으로 흐른다.

이 결과들은 여러 가지 측면에서 한계가 있다. 한쪽 성(여성), 한 도시(로스앤젤레스), 한 가지 정보 수집 방법(설문 조사)에 국한돼 있기 때문이다. 그렇지만 나중에 보게 되듯이, 표본을 남성과 다른 집단과 다른 방법론으로 확대하더라도 친족 관계는 도움 행동에 큰 영향을 미친다. 남아프리카공화국에서 1만 1211가구를 대상으로 조사한 연구에 따르면, 유전적 근연도는 자식의 음식, 건강 관리, 옷에 쓰는 돈을 예측하는 데 좋은 지표로 드러났다. 탄자니아에서 원예를 하며 살아가는 핌브웨족을 조사한 결과에서는 어머니 쪽의 친족 네트워크가 클수록 자식이 더 건강하고 사망률도 낮은 것으로 나타났다(Hadley, 2004).

생사가 달린 상황에서의 도움

한 연구는 포괄 적합도 이론에서 도출된 가설들을 검토했다(Burnstein, Crandall, & Kitayama, 1994). 구체적으로 연구자들은 타인을 돕는 행동은 도움의 수혜자가 제공자의 포괄 적합도를 높이는 능력과 직접적 관련이 있을 것이라고 가정했다. 그들은 도움 제공자와 수혜자 사이의 유전적 근연도가 작을수록 도움이 감소할 것이라고 추측했다. 따라서 도움은 어떤 사람과 그 형제의 자식(평균적으로 유전적 근연도가 25%인) 사이에서보다는 형제들(평균적으로 유전적 근연도가 50%인) 사이에서 더 많이 일어날 것으로 예측되었다. 사촌 사이처럼 유전적 근연도가 25%인 사람들 사이에서 도움이 일어날 가능성은 더욱 낮을 것이다. 심리학 분야에서 도움의 변화도를 이렇게 정확하게 예측하는 이론은 그 밖에 없다.

유전적 근연도는 중요하지만, 이론적으로 고려해야 할 것은 이것뿐만이 아니다. 나머지 조건이 동일하다면, 도움은 수혜자의 나이가 많을수록 감소할 것이다. 젊은 친척이 자신이 가진 것과 같은 유전자 일부를 가진 후손을 낳을 가능성이 더 높으므로, 나이 많은 친척을 돕는 것은 젊은 친척을 돕는 것보다 자신의 적합도에 미치는 영향이 더 적기 때문이다. 나이 외에도 번식 가치가 더 높은 유전적 친척과 자신의 '투자'에 대해 더 높은 수익을 제공하는 친척이 그렇지 않은 친척보다 도움을 더 많이 받을 것이다.

이 가설들을 검증하기 위한 연구에서 연구자들은 두 종류의 도움을 구분했다 : (1) 수혜자의 생사에 영향을 미치는 행동처럼 아주 중요한 도움 ; (2) 잔돈을 주는 것처럼 비교적 사소한 도움. 예측된 이타적 행동 패턴은 두 번째보다는 첫 번째 종류의 도움에서 더 강하게 나타날 것이다.

번스타인과 그 동료들은 이 가설들을 검증하기 위해 미국과 일본의 두 문화를 조사했다. 참여자들에게 집에 급작스런 화재가 나는 바람에 집 안에 있는 세 사람 중 단 한 사람만 구할 수 있는 상황이라면 어떻게 하겠느냐고 물었다. 연구자들은 도움을 받은 사람만 살아남고 나머지 사람들은 죽을 것이라는 점을 강조했다. 그리고 덜 중요한 일상 생활의 도움 상황에서는 참여자들에게 가

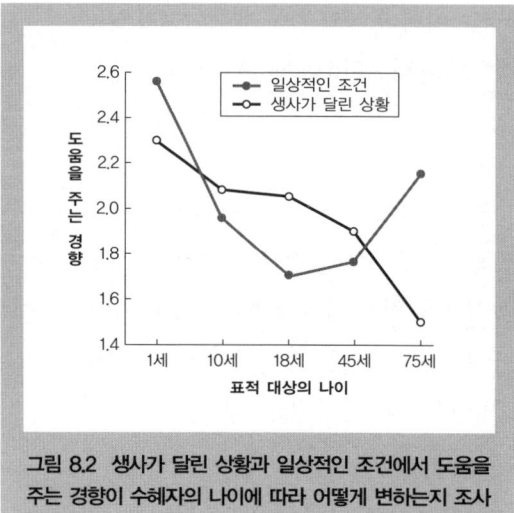

게에서 고른 몇 가지 물건으로 누구를 도울 것인지 물어보았다. 도움을 받을 사람들은 참여자와 유전적 근연도가 다양한 사람들로 구성했다.

이러한 가상 시나리오들에서 유전적 근연도가 작을수록 도움도 감소했다. 유전적 근연도가 0.50인 형제는 0.25인 친척보다 도움을 더 많이 받았고, 0.25인 친척은 0.125인 친척보다 도움을 더 많이 받았다. 이 결과는 특히 생사가 달린 시나리오에서 강하게 나타났다.

생사가 달린 상황에서의 도움 역시 수혜자의 나이가 많아짐에 따라 점점 감소했다. 한 살짜

그림 8.2 생사가 달린 상황과 일상적인 조건에서 도움을 주는 경향이 수혜자의 나이에 따라 어떻게 변하는지 조사한 결과.

출처: Burnstein, E., Crandall, C., & Kitayama, S. (1994). Some neo-Darwinian decision rules for altruism: Weighting cues for inclusive fitness as a function of the biological importance of the decision. *Journal of Personality and Social Psychology*, *67*, 779. Copyright © 1994 by the American Psychological Association. Reprinted with permission.

리 아기는 10세 어린이보다 도움을 더 많이 받았고, 10세 어린이는 18세 청소년보다 도움을 더 많이 받았다. 도움을 가장 적게 받은 사람은 75세였다. 흥미롭게도, 나이가 도움에 미치는 효과는 생사가 달린 상황에서 가장 강하게 나타났지만, 사소한 도움을 주는 상황에서는 오히려 반대로 나타났다. 심부름을 한다든가 하는 일상적인 도움에서는 45세인 사람보다 75세 노인이 도움을 좀더 많이 받았다(〈그림 8.2〉 참고). 이 결과는 일본과 미국의 표본 집단 양쪽에서 모두 재현되어 비교문화적 증거를 일부 제공한다.

다른 연구들도 번스타인과 그 동료들이 한 선구적인 연구를 재현하고 확대했다. 피츠제럴드Fitzgerald와 콜라렐리Colarelli(2009)는 유전적 근연도가 도움 행동을 예측하는 단서가 되긴 하지만, 이타적 행동이 특별한 것이거나 생사가 달린 것일 때에만 그렇다는 사실을 발견했다. 또한 사람들은 정신분열병처럼 번식 능력에 제약이 있는 사람보다는 건강한 친족을 돕는다는 사실도 발견했다. 친족 관계는 공격자에 대항해 싸우거나 위험한 포식 동물과 맞서싸우는

진화심리학

것과 같은 아주 위험한 가상 상황에서 도움 행동을 예측하는 데 좋은 단서가 되었다(Fitzgerald & Whitaker, 2009). 또 다른 연구는 형제와 친구와 배우자에게 제공하는 도움을 비교했다. 사람들은 친구와 배우자에게 형제만큼 혹은 더 많은 도움을 주긴 하지만, 도움의 비용이 증가할수록 형제에게 도움을 더 많이 주고 친구와 배우자에게는 더 적게 주었다(Stewart-Williams, 2008). 참여자들이 형제보다는 배우자나 친구가 감정적으로 더 가깝게 느낀다고 말한 사실을 감안한다면, 이 결과는 특히 흥미롭다! 네덜란드에서 7265명을 대상으로 한 연구에서는 심지어 반쪽 형제와 함께 자라고 부모에게서 완전한 형제인 것처럼 대우를 받은 경우에도, 반쪽 형제보다는 완전한 형제에게서 더 많은 투자를 받는다는 결과가 나왔다(Pollet, 2007). 정말로 중요한 순간에는 친족 관계가 이타적 행동에 강한 효과를 발휘하는 것으로 보인다.

유전적 근연도와 감정적 친밀도: 피는 물보다 진한가?

번스타인의 연구는 유전적 근연도가 도움에 큰 영향을 미치며, 특히 생사가 달린 상황에서 그 영향이 더 크다는 것을 분명하게 보여주었다. 그러나 도움의 동기가 되는 그 이면의 심리 기제는 아직 제대로 연구가 되지 않았다. 이러한 간극을 메우기 위한 노력으로 두 이론가가 '감정적 친밀도'가 심리적 매개자라고 주장했다. 한 연구에서는 참여자들에게 각 가족 구성원을 감정적으로 얼마나 가깝다고 느끼는지 1점(전혀 가깝지 않음)에서 7점(아주 가까움)까지 점수로 나타내게 했다(Korchmaros & Kenny, 2001). 그리고 나서 그들은 가상 상황에서의 도움을 평가하는 번스타인의 절차와 유사한 절차를 완성했다. 번스타인의 연구에서와 마찬가지로 그들은 유전적 근연도가 이타적 행동을 하려는 자발성을 예측하는 단서가 된다는 사실을 발견했다. 그렇지만 새로 발견한 핵심 결과들은 감정적 친밀도에 초점을 맞춘 것이었다. 사람들은 자신과 유전적 근연도가 더 가까운 가족 구성원에게 감정적 친밀감을 더 많이 느낄 뿐만 아니라, 감정적 친밀도는 가족 구성원에게 이타적 행동을 하는 경향을 통계적으로 매개하는 효과를 나타냈다. 독일에서 1365명을 대상으로 한 연구에서도 비슷한 결과가 나왔고(Neyer & Lang, 2003), 다른 연구들(Korchmaros & Kenny, 2006 ; Kruger, 2003)에서도 비슷한 결과가 나왔다. 유전적 근연도는 주관적인 친밀도를 예측하는 데 강력한 단서로 입증되었는데, 두 변수 사이의 상관계수는 무려

+0.50이나 되었다. 주거지의 가까움이나 접촉 빈도 같은 변수의 영향을 통계학적으로 배제한 뒤에도 이 효과는 여전히 강하게 나타났다. 즉, 우리는 멀리 살거나 만날 기회가 드문 친족이라도 유전적 근연도가 높은 사람에게 주관적으로 가까운 감정을 느낀다.

감정적 친밀도를 시사하는 다른 지표 두 가지는 접촉 빈도와 부탁이다. 이 두 가지는 유전적 근연도와 연관 관계가 있다(Kurland & Gaulin, 2005). 예를 들어 완전한 형제끼리는 반쪽 형제나 의붓형제나 사촌보다 접촉하는 빈도가 더 높다. 그리고 최근에 부탁을 들어준 빈도도 같은 순서로 나타나는데, 완전한 형제의 부탁을 들어준 횟수가 가장 많고, 사촌의 부탁을 들어준 횟수가 가장 적다.

감정적 친밀도를 시사하는 또 한 가지 지표는 아이가 죽었을 때 다양한 친척이 느끼는 심리적 슬픔의 양이다. 유전적으로 덜 가까운 친척들보다 부모가 가장 많은 슬픔을 느낀다(Littlefield & Rushton, 1986). 흥미로운 것은 나이가 많은 아이의 죽음이 나이가 적은 아이의 죽음보다 더 큰 슬픔을, 그리고 건강한 아이의 죽음이 병약한 아이의 죽음보다 더 큰 슬픔을 일으킨다는 사실이다.

요약하면, 감정적 친밀도는 유전적 친척을 향한 이타적 행동을 자극하는 한 가지 심리 기제일지 모른다. 다만, 추후의 연구에서 그 밖의 기제도 틀림없이 드러날 것이다. 속담처럼 피는 정말로 물보다 진할지 모른다.

친족의 애정 관계 감시

4장, 5장, 6장에서 다룬 내용에서 보았듯이, 사람에게는 다양한 종류의 짝짓기 적응이 진화했는데, 그만큼 짝짓기는 진화 과정의 엔진—차등적 번식 성공—에 가깝기 때문이다. 짝짓기 게임에서 성공하는 것은 아주 중요하기 때문에, 친족의 짝짓기 관계에 무관심하다면 오히려 그 편이 놀랄 일이다. 한 연구는 다음 두 가지 가설에 대해 검증을 시도했다 : (1) 사람들은 먼 친족보다는 가까운 친족의 짝짓기 관계를 더 많이 감시할 것이다 ; (2) 사람들은 남자 친족보다는 여자 친족의 짝짓기를 더 많이 감시할 것이다(Faulkner & Schaller, 2007). 연구 결과는 연애 상대의 좋고 나쁜 속성 인식, 애정 관계의 진행에 대한 인식, 애정 관계의 진전에 대한 염려 정도라는 세 가지 종속 변수 측정을 사용해 두 가지 가설을 뒷받침했다. 요컨대 유전적 근연도와 표적 대상의 성별은 둘 다

친족의 애정 관계 감시를 유지하는 정도에 영향을 미친다.

친족과 스트레스

스트레스가 심하면 우리 몸은 혈액 속에 코르티솔을 분비한다. 코르티솔은 여러 가지 기능을 하는데, 그 중에는 활동을 위해 에너지를 방출하고, 경계 수위를 높이는 정신 활동에 영향을 미치는 것도 포함돼 있다(Flinn, Ward, & Noone, 2005). 그러나 즉각적인 스트레스 유발 요인에 대처하기 위한 코르티솔 분비가 가져다주는 편익에는 비용이 따른다. 코르티솔은 성장을 억제하고 생식 기능을 방해하는 경향이 있다. 따라서 지속적인 스트레스 때문에 생산되는 코르티솔은 신체 기능과 생식 기능에 해를 입힐 수 있다.

마크 플린과 그 동료들은 카리브 해의 한 마을에 사는 어린이들로 이루어진 표본에서 침 시료를 채취해 코르티솔 수치를 조사했다(Flinn et al., 2005). 양부모와 함께 핵가족을 이루어 사는 어린이들의 코르티솔 수치가 가장 낮았다. 편모와 단 둘이 사는 어린이는 코르티솔 수치가 높았지만, 가까운 친척이 함께 살면 수치가 더 낮았다. 의붓아버지와 반쪽 형제와 함께 사는 어린이와 먼 친척들과 함께 사는 어린이의 코르티솔 수치가 가장 높았다. 세대 구성과 코르티솔 수치 사이의 연관 관계는 여러 가지 요인 때문에 나타날 수 있다(Flinn et al., 2005). 의붓아버지나 반쪽 형제, 먼 친척과 함께 사는 어린이처럼 보살핌을 제대로 못 받는 환경에서 사는 어린이는 부모 간의 싸움이나 부모나 계부모에게 받는 처벌, 반쪽 형제와의 심한 갈등 등 스트레스가 심한 사건을 더 자주 겪을 수 있다. 갈등이 발생한 뒤에 화해하는 비율도 낮을 수 있다. 혹은 어린 시절에 겪은 어려움 때문에 현재의 스트레스 요인에 대처하는 능력이 떨어질 수도 있다. 정확한 인과 관계가 무엇으로 밝혀지건 간에, 이 결과들은 스트레스가 적은 환경을 만들어내는 데 가까운 친족이 중요하다는 사실을 말해주며, 친족이 없는 상황에서 어린이들이 노출되는 스트레스 수준을 알려준다.

친족과 생존

감정적 친밀도와 생사가 달린 가상의 시나리오에 대한 반응은 그렇다 치더라도, 실제 생존은 그것과는 문제가 다르다. 생사가 달린 상황에서 근처에 친족이 있다는 사실이 실제 생존 비율에 영향을 미친다는 증거가 있는가? 이 흥미로운 가능성을 살펴본 연구가 두 가지 있다. 한 연구는 미국 식민지 개척 시기에 메이플라워호 개척자들 중 플리머스 식민지에서 살아남은 사람들을 조사 대상으로 삼았다(McCullough & York Barton, 1990). 1690-1691년의 첫 번째 겨울을 넘기는 동안 식량이 부족한 상황에서 질병이 창궐했고, 최초의 개척자 103명 중 51%가 사망했다. 살아남는 사람과 죽는 사람을 예측하는 데 가장 좋은 지표가 된 것은 식민지에 함께 있던 유전적 친척의 수였다. 죽을 확률이 가장 높은 사람은 친척이 가장 적은 사람이었다. 살아남을 확률이 가장 높은 사람은 식민지와 생존자 사이에 부모와 그 밖의 친척이 있었다. 1846년에 동부에서 서부로 이주하던 개척자들이 시에라네바다 산맥을 지나가다가 혹독한 겨울을 맞아 87명 중 40명이 사망한 도너 일행 참사를 비롯해 생사가 달린 다른 상황들에서도 비슷한 결과가 관찰되었다(Grayson, 1993). 자연 번식 집단을 대상으로 한 연구들에서는 어머니와 외할머니가 아이의 생존에 특히 중요한 영향을 미친다는 결과가 나왔다(Sear & Mace, 2008). 말라위의 농촌 지역을 조사한 연구에서는 성에 관계 없이 나이가 더 많은 형제가 있으면 생존율이 더 높다는 결과가 나왔다(Sear, 2008). 목숨이 풍전등화의 위험에 처한 진화의 병목을 맞이했을 때, 유전적 친척들은 생존 가능성에 큰 영향력을 미친다.

유산 상속 패턴 ― 누가 누구에게 재산을 물려주는가?

포괄 적합도 이론을 검증할 수 있는 또 하나의 영역은 재산 상속과 관련된 것이다. 사람들이 자신이 죽은 뒤에 누구에게 재산을 물려줄 것인지 유언장을 작성할 때, 포괄 적합도 이론으로 재산 분포 패턴을 예측할 수 있을까? 먼 친족보다는 가까운 친족에게 더 많은 재산을 물려줄까?

심리학자 스미스Smith, 키시Kish, 크로퍼드Crawford(1987)는 상속 패턴에 대한 세 가지 예측을 포괄 적합도 이론을 이용해 검증했다. 세 가지 예측은 자원 배분에 작용하는 진화한 심리 기제 가설을 바탕으로 나온 것이었다. (1) 사람들은 유전적으로 관계가 없는 사람보다는 관계가 있는 친족과 배우자에게 더 많은 재산을 남길 것이다. 배우자는 유전적 근연도 때문에 포함시킨 것이 아니라 배우자가 자원을 공동의 자녀와 손자에게 배분할 것으로 기대되기 때문에 포함시켰다. (2) 먼 친척보다는 가까운 친척에게 더 많은 재산을 남길 것이다. (3) 비록 평균적인 유전적 근연도는 둘 다 같긴 하지만, 형제보다는 자식에게 더 많은 재산을 남길 것이다. 이렇게 예측하는 이유는 자식은 일반적으로 형제보다 더 젊으므로 평균적으로 번식 가치가 더 높기 때문이다. 유언장을 작성하거나 유언장이 효력을 발휘할 때쯤에는 형제는 아이를 낳을 시기가 지났을 가능성이 높은 반면, 자식은 자원을 장래의 자식으로 전환할 가능성이 많다.

이 예측들을 검증하기 위해 연구자들은 캐나다 브리티시컬럼비아 주의 밴쿠버 지역에서 무작위로 선택한 사망자 1000명(남자 552명, 여자 448명)의 유산을 조사했다. 유언을 남긴 사람만 표본에 포함시켰다(유언을 남기지 않고 죽는 사람도 있으니까). 연구자들은 각 유산의 달러 환산 가치를 기록하고, 각 상속자에게 배분된 유산 비율도 기록했다. 상속 유산은 남자가 평균 5만 4000달러, 여자가 5만 1200달러였다. 흥미로운 사실은, 여자(2.8명)가 남자(2.0명)보다 더 많은 상속자에게 유산을 물려주는 경향이 있다는 것이다.

첫 번째 예측은 확실하게 확인되었다. 비친족에게 물려준 재산은 평균 7.7%였고, 나머지 92.3%는 배우자나 친족에게 물려주었다. 두 번째 예측 역시 확인되었다. 사망자들은 유전적으로 먼 친족보다는 가까운 친족에게 더 많은 재산을 물려주었다. 친족에게 물려준 재산만 고려한다면(배우자와 비친족을 제외하고), 사망자들은 자신의 유전자를 50% 공유한 친족에게 재산의 46%를 물려주었고, 유전자를 25% 공유한 친족에게는 재산의 8%를 물려주었으며, 유전자를 12.5% 공유한 친족에게는 재산의 1% 미만을 물려주었다. 이 자료는 자연 선택이 유전적 연관성이 높은 개인을 선호하는 자원 배분 심리 기제를 만들어냈다는 가설을 뒷받침한다. 세 번째 예측—형제보다는 자식에게 더 많은 재산을 물려줄 것이라는—역시 확인되었다. 실제로 사람들은 형제(전체 재산의 7.9%)보다는 자식(전체 재산의 39.6%)에게 4배 이상 많은 재산을 물려주었다. 브리티시컬럼비아 주에서 1000명의 유언을 분석한 연구에서도 이 결과가 재현되어 세 가지 예측을 모두 뒷받침했다(Webster et al., 2008).

유언을 분석한 또 다른 연구에서 데브라 저지 Debra Judge(1995)는 여자가 남자보다 더 많은 사람에게 유산을 분배한다는 결과를 다시 얻었다. 대다수 남자는 전 재산을 아내에게 남기는 경향을 보였는데, 아내가 그 자원을 자식들에게 전해줄 것이라는 믿음을 함께 표시하는 경우가 많았다. 남자들이 유언에서 모든 자원을 아내에게 돌리면서 밝힌 이유 사례를 몇 가지 소개한다:

아내는 믿을 수 있고, 내 아이들을 위해 …… 교육과 인생의 새 출발을 하는 데 필요한 것을 제공하리라고 알기 때문에.

내 자식들에게는 아무것도 남기지 않는다 …… 아내가 그 아이들을 위해 적절한 자원을 제공할 것이기 때문에.

재산을 전부 아내에게 남긴다면, [아내는] 그 재산을 잘 관리할 수 있고 …… 내가 그렇게 할 것처럼 아이들에게 필요한 것을 제공하리라고 믿는다.

(Judge, 1995, p. 306)

남자들이 보편적으로 아내의 자원 배분 능력에 믿음과 신뢰를 표시한 것과는 아주 대조적으로, 남편을 남겨두고 사망한 여자들은 그런 신뢰를 표시하지 않았다. 실제로 남편을 언급할 때에는 유보 조건이 달린 경우가 많았다. 예를 들면, 여자 6명은 남편에게 버림을 받았기 때문에 유언에서 의도적으로 남편을 제외했는데, "내게 충분한[혹은 '잘 알려진'] 이유로" 혹은 남편의 "불륜"에 대한 진술 때문이라고 이유를 달았다. 한 여자는 "남편이 결혼하지 않는다는" 조건을 달아 자신의 전 재산을 남편에게 남겼다(Judge, 1995, p. 307).

이러한 발견 사례와 인용 사례의 패턴에서 직접적인 추론을 이끌어내기는 어렵지만, 한 가지 추측만큼은 옳을지 모른다. 나이 많은 남자는 나이 많은 여자보다 재혼할 확률이 훨씬 높은 것으로 알려져 있다(Buss, 2003). 따라서 홀아비는 아내가 남긴 재산을 새 배우자를 유혹하여 새 가정을 꾸미는 데 사용할 수 있다. 그러면 전 아내의 자식과 다른 친족에게 돌아가야 할 자원이 아무 관련이 없는 사람에게 돌아갈 수 있다. 이와는 대조적으로 나이 많은 여자는 재혼할 가능성이 적고, 자식을 추가로 낳을 가능성은 더욱 적기 때문에(대부분은 폐경기를 지났을 테니), 남편은 남은 아내가 자원을 공동의 자식에게 배분할 것이라고 믿을 수 있다.

독일에서 이루어진 두 연구는 이 해석들을 지지한다(Bossong, 2001). 다양한 나이의 남녀에게 의사로부터 치명적인 병에 걸렸으니 재산을 자식과 배우자에게 남기는 유언을 쓰라는 말을 듣는 상황을 상상하게 했다. 앞선 연구들과 마찬가지로, 여자들은 남자들보다 재산을 직접 자식에게 물려주는 경향이 더 강했다. 남자들은 남아 있는 아내에게 재산을 물려주는 경향이 더 강했다. 그렇지만 남아 있는 아내의 나이가 중요한 변수가 되었다. 아내가 늙어서 번식

진화심리학

시기를 지났다면 남자들은 아내에게 많은 몫을 물려주는 경우가 많았는데, 필시 아내가 그 재산을 자식들에게 물려주리라고 기대했기 때문일 것이다. 그러나 아내가 젊다면, 그래서 재혼을 하여 딴 남자의 아이를 더 낳을 가능성이 있다면, 남자들은 아내에게 재산을 물려줄 가능성이 적은 반면, 대신에 자식에게 직접 물려주는 경향이 강하게 나타났다.

요약하면, 세 가지 예측은 모두 경험적 지지를 받았다. 유전적 친족은 비친족보다 유산을 더 많이 물려받는다. 그리고 먼 친족보다 가까운 친족이 유산을 더 많이 물려받는다. 직계 후손(주로 자식)은 남자 형제나 여자 형제 같은 방계 친족보다 유산을 더 많이 물려받는다.

공식적인 유언이 비교적 최근에 생긴 것이란 사실을 감안한다면, 이러한 결과들을 어떻게 해석해야 할까? 특별한 '유언 기제'를 가정할 필요가 없다는 것은 분명한데, 유언은 최근에 생긴 것이어서 우리의 진화적 적응 환경에서 반복적으로 나타난 특징이 아니기 때문이다. 가장 합리적인 해석은 우리에게 자원 배분에 관한 심리 기제가 진화했으며, 유전적 근연도가 자원 배분 결정 규칙에서 핵심 요소를 차지하며, 진화한 이 기제들이 비교적 최근 형태의 자원—유언으로 배분할 수 있는 유형 자산의 형태로 평생 동안 모은 자원—에 작용한다는 것이다.

조부모의 투자

20세기에는 이동성의 증가로 가족 구성원의 확산이 일어나면서 대가족이 점점 사라져갔다. 이렇게 현대 환경은 인류가 진화한 확대 친족 환경에서 벗어나게 되었지만, 조부모와 손자 사이의 관계는 여전히 중요한 요소로 남아 있다 (Coall & Hertwig, 2010 ; Euler & Weitzel, 1996).

할아버지나 할머니가 되는 것은 노년과 죽음의 임박 때문에 큰 슬픔으로 다가올 것이라고 생각할지 모르겠다. 그러나 사실은 정반대이다. 손자의 출생은 자부심과 즐거움과 깊은 성취감의 시대를 알린다(Fisher, 1983). 할아버지나 할머니가 손자의 사진과 기념품을 자랑스럽게 보여주거나, 손자가 한 일이나 이룬 성과를 장황하게 이야기하는 것을 참고 들어준 경험은 누구나 있을 것이다.

그렇지만 손자가 조부모와 가깝거나 먼 정도에는 아주 다양한 차이가 있다. 어떤 사람들의 경우 그러한 정서적 유대가 따뜻한 느낌, 잦은 접촉, 많은 자원 투자 등으로 나타난다. 그러나 어떤 사람들의 경우 서로 먼 것처럼 느껴지고, 접촉도 드물고, 자원 투자도 드물다. 진화심리학자들은 조부모의 투자에서 나타나는 이러한 차이를 설명하려고 시도했다.

이론상 조부모와 손자 사이의 유전적 근연도는 0.25이다. 그렇다면 우리는 무엇을 근거로 조부모의 투자에 나타나는 차이에 대한 예측을 할 수 있을까? 성별에 따른 큰 차이가 여러 차례 나타난 것을 떠올려보라 : 남자는 부성 불확실성이라는 적응 문제를 안고 있는 반면, 여자는 자신이 아이의 친모임을 100% 확신할 수 있다. 이것은 부모뿐만 아니라 조부모에게도 적용되지만, 특별한 반전이 한 가지 있다 : 이번에는 두 세대에 걸친 후손이 관련되기 때문에, 할아버지의 입장에서는 유전적 친족 관계가 단절될 기회가 두 번 있다(DeKay, 1995). 첫째, 할아버지는 자신의 아들이나 딸의 유전적 아버지가 아닐 가능성이 있다. 둘째, 자신의 아들이 손자로 추정되는 아이의 실제 아버지가 아닐 가능성이 있다. 이러한 이중의 불운 때문에 할아버지와 손자 사이의 혈연 관계는 모든 조부모와 손자 간의 관계 중에서 가장 불확실한 것이 된다.

확실성 연속체의 반대편 끝에는 자신의 딸이 자식을 낳은 여자들이 있다. 이 경우, 할머니는 자신의 유전자가 손자에게 전해졌음을 100% 확신할 수 있다(이것을 반드시 의식적으로 인식하는 것은 아니란 사실을 명심하라). 할머니가 자기 딸의 어머니라는 것은 확실하고, 그 딸은 또 자기 자식에게 자신의 유전자가 전달되었다고 확신할 수 있다. 요컨대, 포괄 적합도 이론에서 나오는 예측은 명백하다 : 나머지 조건이 똑같다면, 손자의 관점에서 어머니의 어머니(외할머니)가 투자를 가장 많이 할 것이고, 아버지의 아버지(친할아버지)가 투자를 가장 적게 할 것이다.

나머지 두 종류의 조부모, 즉 어머니의 아버지(외할아버지)와 아버지의 어머니(친할머니)는 어떨까? 두 경우 모두 두 세대를 내려가는 동안 유전적 친족 관계가 단절될 기회가 한 번 있다. 자식을 낳은 딸을 둔 남자는 자기 딸의 실제 아버지가 아닐 수도 있다. 자식을 낳은 아들을 둔 여자는 아들의 자식(손자)과 유전적 연관성이 없을 수도 있다. 아들의 아내가 다른 사람의 아이를 임신할 가능성이 있기 때문이다. 따라서 이 두 종류의 조부모의 투자는 유전적 연관성이 가장 확실한 조부모(외할머니)와 유전적 연관성이 가장 불확실한 조부모(친

사람의 경우, 조부모는 흔히 손자에게 투자를 하며, 따뜻함과 잦은 접촉, 헌신으로 표출되는 관계를 보여준다. 조부모의 투자 패턴은 디케이 Dekay (1995)와 오일러 Euler와 바이첼 Weitzel (1996)이 개발한 부성 불확실성 이론으로 예측 가능하다.

할아버지) 사이의 중간이 될 것으로 예측된다.

손자에 대한 투자는 행동적 또는 심리적으로 여러 가지 형태로 나타난다. 행동적 투자는 접촉 빈도, 실제 자원 투자, 아이를 기꺼이 입양하려는 태도, 재산 상속 등을 검토할 수 있다. 심리적 투자는 친밀감 표시, 손자가 죽었을 때 슬퍼하는 정도, 다양한 종류의 희생을 하려는 태도 등을 검토할 수 있다. '차별적인 조부모의 투자' 가설은 행동적, 심리적 투자를 나타내는 지표는 종류가 서로 다른 조부모 관계에 내재하는 확실성 정도를 따를 것이라고 예측한다: 외할머니에게서 가장 크게 나타나고, 친할아버지에게서 가장 작게 나타나며, 외할아버지와 친할머니는 그 중간일 것이다.

여러 문화에서 실시된 연구들은 차별적인 조부모의 배려 가설을 검증하려고 시도했다. 미국에서 실시된 한 연구에서 진화심리학자 토드 디케이Todd DeKay(1995)는 대학생 120명으로 이루어진 표본을 조사했다. 각 학생은 살아온 배경에 관한 정보를 포함한 설문 조사지를 작성한 뒤, 네 종류의 조부모 각각에 대해 다음 항목들을 평가했다 : 조부모와 자신의 신체적 유사성, 조부모와 자신의 성격 유사성, 자라면서 조부모와 함께 보낸 시간, 조부모에게서 얻은 지식, 조부모에게서 받은 선물, 조부모에게 느끼는 감정적 친밀감. 〈그림 8.3〉은 이 연구의 결과를 요약한 것이다.

맨 왼쪽 그래프는 참여자가 각각의 조부모에게 느끼는 감정적 친밀감을 보여준다. 참여자들은 외할머니에게 감정적 친밀감을 가장 많이 느끼고, 친할아버지에게 가장 적게 느낀다고 대답했다. 조부모와 함께 보낸 시간이나 조부모에게서 받은 자원(선물)에서도 비슷한 패턴이 나타났다.

또 한 가지 흥미로운 패턴이 유전적 연관성이 중간인 두 조부모에게서 나타났다. 네 가지 변수 전부에 대해 외할아버지가 친할머니보다 더 높은 점수를 받았다. 양쪽 다 유전적 친족 관계가 단절될 기회가 한 번씩 있는 상황에서 이 패턴은 어떻게 설명할 수 있을까? 디케이(1995)는 이런 결과를 사전에 예측했는데, 불륜 비율이 나이 많은 세대보다 젊은 세대에서 더 높을 것이라는 게 그 이유였다—이것은 뒷받침하는 경험적 증거가 일부 있는 주장이다(Laumann et al., 1994). 따라서 아버지가 더 젊은 세대이기 때문에 유전적 관계 불확실성은 친할머니 쪽이 외할아버지 쪽보다 더 높다. 만약 이 가설이 추가로 경험적 지지를 받는다면, 조부모는 자신들과 자식들과 손자들 사이의 유전적 연결 관계를 위태롭게 하는 높은 불륜 비율이나 개인적 상황에 민감할 수 있음을 시사한다.

빌 폰 히펠Bill von Hippel(2002년 10월 10일, 개인적 커뮤니케이션) 교수가 대체 가설을 제안했다. 그것은 자원을 투자할 다른 곳의 존재나 부재에 초점을 맞춘 설명이었다. 구체적으로 말하면, 자식을 낳은 딸이 최소한 하나 있다는 점에서 친할머니는 외할머니가 될 수도 있다. 따라서 친할머니는 투자를 할 확실한 대안—딸의 자식, 곧 외손자—이 있으므로 아들의 자식(친손자)에게 투자를 덜 한다는 것이다. 이와는 대조적으로 외할아버지는 딸의 자식보다 더 나은 투자 대안이 없어 딸의 자식에게 친할머니보다 더 많은 투자를 한다. 본질적으로 외할아버지는 딸의 자식을 통해 믿을 만한 투자처가 있는 반면, 친할머

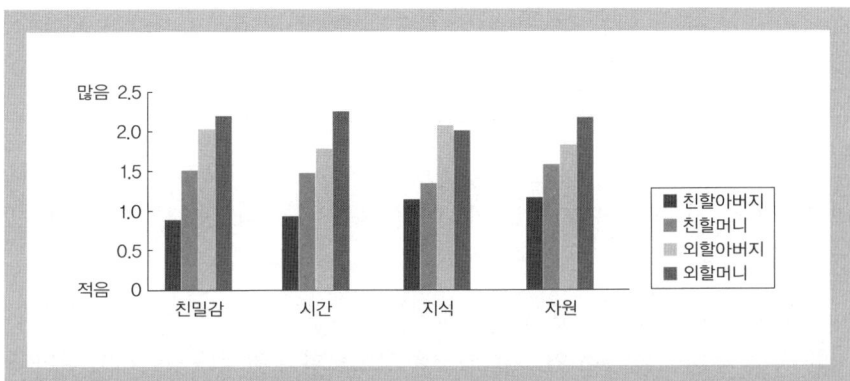

그림 8.3 **손자에 대한 조부모의 투자.** 연구 결과는 외할머니가 더 친밀하고 시간도 더 많이 보내고 자원도 가장 많이 투자하는 반면, 친할아버지는 모든 점에서 가장 낮은 점수를 얻은 것으로 나타났다. 필시 이 결과에는 유전적 연관성의 확실성 정도에 민감한 진화한 심리 기제가 반영되었을 것이다.

출처: DeKay, W. T. (1995, July). Grandparental investment and the uncertainty of kinship. Paper presented to Seventh Annual Meeting of the Human Behavior and Evolution Society, Santa Barbara. Reprinted with permission.

니는 딸의 자식을 더 확실한 투자처로 여겨 아들의 자식에 대한 투자를 줄일 수 있다. 이 가설의 아름다움은 검증이 쉽다는 데 있다 : 친할머니는 아들 외에 딸도 있을 때에만 외할아버지보다 더 적은 자원을 투자할 것이다. 반면에 아들만 있을 경우에는 친할머니가 배분하는 자원은 비슷할 것이다. 767명을 대상으로 네 조부모 각각에 대해 느끼는 감정적 친밀감을 조사한 연구에서 이 가설을 뒷받침하는 예비적 결과가 나왔다(Laham, Gonsalkorale, & von Hippel, 2005). 그렇지만 더 작은 표본으로 조사한 다른 연구에서는 이 효과를 발견할 수 없었다(Bishop et al., 2009).

하랄트 오일러Harald Euler와 바르바라 바이첼Barbara Weitzel은 독일에서 모집한 1857명을 표본으로 하여 조부모의 투자 가설을 연구했다(Euler & Weitzel, 1996). 표본 중에서 603명은 참여자가 최소한 7세가 될 때까지 네 조부모가 모두 생존했어야 한다는 기준으로 뽑았다. 참여자들에게는 각각의 조부모가 게퀴메르트gekümmert를 얼마나 많이 보여주었는지 물었다. 게퀴메르트는 행동적 의미와 인지적-감정적 의미를 모두 지닌 독일어 단어로, (1) '보살피다'; (2) '감정적으로 혹은/그리고 인지적으로 마음을 쓰다'라는 뜻을 포함한다(Euler & Weitzel, 1996, p. 55).

독일인 표본을 대상으로 한 연구 결과는 미국인 손자들을 대상으로 한 첫 번째 연구 결과와 정확하게 똑같은 패턴을 보여주었다. 유전적 관계 불확실성이 전혀 없는 외할머니가 게퀴메르트를 가장 많이 보여준 반면, 유전적 관계 불확실성이 가장 큰 친할아버지가 게퀴메르트를 가장 적게 보여주었다. 또, 미국에서 한 연구와 마찬가지로 외할아버지는 친할머니보다 투자를 더 많이 했다.

특히 두 번째 결과는 잠재적 대체 설명—일반적으로 여자는 남자보다 투자를 더 많이 하는 경향이 있으며, 그것은 조부모와의 관계를 넘어서서 나타나는 남녀 차이라는 가설—을 배제하기 때문에 흥미를 끈다. 두 연구에서 나온 결과는 대체 설명을 모두 부정한다. 각각의 연구에서 외할아버지는 친할머니보다 투자를 더 많이 했다. 요컨대, 투자에서 남녀 차이가 나타날 것이라는 일반적인 예상만으로는 어떤 상황에서 할아버지가 할머니보다 투자를 더 많이 한다는 사실을 제대로 설명하지 못한다.

그 뒤 조부모의 배려에 대해 본질적으로 동일한 패턴이 그리스, 프랑스, 독일에서 재현되었고(Euler, Hoier, & Rohde, 2001 ; Pashos, 2000), 미국에 사는 나이 많은 조부모 표본에서도 재현되었다(Michalski & Shackelford, 2005). 손자가 죽었을 때 조부모가 느끼는 슬픔에서도 역시 같은 패턴이 나타나는데, 외할머니가 가장 많이 슬퍼하고 친할아버지가 가장 적게 슬퍼한다(Littlefield & Rushton, 1986). 사람들은 일반적으로 외할머니와 가장 친하게 지내고, 친할아버지와 친밀도가 가장 약하다(Euler et al., 2001).

네덜란드에서 831명을 대상으로 한 또 다른 연구에서는 직접 대면 접촉도 외할머니가 친할아버지나 친할머니보다 월등히 많은 것으로 나타났으며, 손자와 조부모 사이의 물리적 거리가 늘어나더라도 같은 결과가 나왔다(Pollet, Nettle, & Nelissen, 2007). 저자들은 "외할머니는 〔문자 그대로〕 1마일을 더 간다."(2007, p. 832)라고 결론내렸다(영어로 go the extra mile은 '자기 몫 이상을 하다' 혹은 '더 많은 노력을 하다'란 뜻이 있음).

외할머니의 투자가 손자의 생존에 큰 차이를 빚어낸다는 증거가 일부 있다. 1770년부터 1861년까지 영국 케임브리지셔 주에 살았던 가족들을 조사한 연구에서는 외할머니의 생존이 손자의 생존 확률을 높이지만, 다른 조부모의 생존은 그런 효과가 없다는 결과가 나왔다(Ragsdale, 2004). 흥미롭게도 이 효과는 두 가지 경로를 통해 일어났다. 첫째, 외할머니의 생존은 어머니의 생존을 높인 결과로 손자의 생존 확률을 높였다. 둘째, 어머니의 생존 효과를 배제하더라도, 외할머니의 생존은 손자의 생존 확률을 높였다. 이 결과는 다른 조부모들보다 외할머니가 손자에게 더 많은 투자—생존 자산에 실질적인 차이를 만들어내는 지원—를 한다는 가설을 뒷받침한다.

할머니가 도움을 주는 이유를 설명하는 한 가지 가설은 **할머니 가설**grandmother hypothesis이라 부른다. 이 가설은 여자가 폐경기를 지나서까지 오래 살도록 진화한 것은 바로 할머니 투자(예컨대 도움, 보살핌, 음식, 지혜)가 여자들에게 포괄 적합도를 높일 수 있게 하기 때문이라는 개념이다(Hawkes et al., 1998 ; Williams, 1957). 쿠얼Kuhle(2007)은 할머니 가설을 보완하기 위해 **아버지 부재 가설**을 주장했다. 이것은 남자는 아내보다 일찍 죽기 때문에—만약 남자가 오래 산다면 가끔 늙은 아내를 버리고 더 젊은 아내를 맞이한다—여자로서는 직접적인 번식을 멈추고 대신에 남아 있는 자식과 손자에게 투자하는 게 더 이익이라는 개념이다. 할머니가 손자에게 이익이 되는(특히 가혹하거나 위험한 상황에서) 효과를 뒷받침하는 증거는 계속 쌓이고 있지만, 다만 이 효과가 여자가 폐경기를 지난 뒤에도 오래 사는 이유를 설명할 수 있느냐 하는 문제는 격렬한 논란 대상으로 남아 있다(Coall & Hertwig, 2010과 그와 관련된 비평들 참고).

이 연구에서는 많은 질문에 대한 답이 나오지 않았다. 각 세대의 불륜 비율은 조부모의 투자 심리에 어떤 영향을 미칠까? 조부모는 자기 아들의 아내가 바람을 피울 가능성을 감시하고, 그에 따라 투자를 바꿀까? 조부모는 손자에 대한 투자 결정의 일환으로 손자가 자신과 닮은 점이 있는지 관찰할까?

조부모의 투자 진화심리에 관한 이 질문들에 대한 답은 10년 이내에 나올 가능성이 높다. 지금으로서는 여러 문화에서 나온 조사 결과가 조부모의 투자는 각 세대의 부성 불확실성 때문에 유전적 근연도가 단절될 확률의 차이에 민감하다는 가설을 뒷받침한다고 결론내릴 수 있다.(고모, 이모, 삼촌, 외삼촌, 사촌의 투자에 대한 논의는 〈박스 8.1〉을 참고하라.)

BOX 8.1

고모, 이모, 삼촌, 외삼촌, 사촌의 투자

포괄 적합도 이론에 따르면, 자연 선택은 유전적 근연도에 따라 친족에 대한 투자를 결정하는 기제를 선호할 것이다. 예상되는 유전적 근연도는 다음 두 가지 요소의 함수로 나타난다: (1) 계보적 연결 관계(예컨대 여자 형제는 삼촌이나 사촌보다 유전적으로 더 가깝다); (2) 혼외 정사로 인한 부성 불확실성. 이 장에서 우리는 부계를 따라 부성 불확실성이 커질수록 손자에 대한 투자가 감소한다는 것을 시사하는 증거를 보았다. 이 효과는 조부모의 투자에 국한된 것일까, 아니면 같은 논리가 고모와 이모, 삼촌과 외삼촌 같은 다른 친족 관계로까지 확대될까?

이 논리에 따르면, 이모(어머니의 여자 형제)는 고모(아버지의 여자 형제)보다 더 많이 투자할 것이다. 마찬가지로 외삼촌(어머니의 남자 형제)은 삼촌(아버지의 남자 형제)보다 더 많이 투자할 것이다. 부성 확실성, 따라서 유전적 근연도는 모계를 따라 평균적으로 가장 높고, 반대로 부계를 따라 가장 낮다.

이 문제를 검토하기 위해 한 연구 팀은 생물학적 부모가 모두 살아 있다고 보고한 미국 대학생 285명을 조사했다(Gaulin, McBurney, & Brakeman-Wartell, 1997). 참여자들에게는 다음과 같은 질문들에 1점부터 7점 사이에서 점수를 매기게 했다: (1) "여러분의 행복에 삼촌/외삼촌/고모/이모는 얼마나 많은 관심을 보이나요?"; (2)

여러분에게 삼촌과 외삼촌/고모와 이모가 다 있다면, 여러분의 행복에 누가 더 많은 관심을 보이나요?"(1997, p. 142) 연구자들이 이 "여러분의 행복"이란 표현을 선택한 것은 참여자들이 받는 다양한 종류의 편익을 폭넓게 생각하도록 하기 위해서였다.

조사 결과는 이모가 고모보다, 그리고 외삼촌이 삼촌보다 투자를 더 많이 한다는(부성 확실성, 따라서 유전적 근연도는 모계를 따라 평균적으로 가장 높고, 반대로 부계를 따라 가장 낮다는) 가설을 뒷받침한다.

두 가지 효과가 눈길을 끈다. 첫째, 성별에 따른 효과의 차이가 나타난다: 고모와 이모는 삼촌이나 외삼촌보다 더 많이 투자를 하는 경향이 있다. 둘째, 이모와 외삼촌은 고모와 삼촌보다 더 많이 투자를 하는 경향이 있다—예측된 방계 효과.

연구자들의 견해에 따르면, 이 두 가지 효과는 서로 다른 원인에서 비롯되었을 가능성이 높다. 그들은 성별에 따른 효과(고모와 이모가 삼촌이나 외삼촌보다 더 많이 투자를 하는)가 나타나는 이유는 남자는 잉여 자원을 짝짓기 기회에 투자하는 경향이 있는 반면 여자는 그러지 않기 때문이라고 주장한다.

반면에 방계 효과는 모계를 따라 나타나는 부성 불확실성 확률을 바탕으로 한 다른 설명이 있다. 부성 불확실성, 즉 낮은 유전적 연관성이야말로 고모와 이모, 삼촌과 외삼촌의 투자 결정을 낳는 심리 기제의 진화를 가장 잘 설명할 수 있다. 여러분이 조카나 조카딸의 어머니의 형제일 때처럼 부성 확실성이 보장될 때, 투자를 많이 할 것이다. 자식이 없는 고모나 이모는 특히 조카와 조카딸에게 투자를 할 가능성이 높다(Pollet, Kuppens, & Dunbar, 2006 ; Pollet et al., 2007). 여러분이 조카나 조카딸의 아버지의 형제일 때처럼 부성 확실성이 불확실할 때에는 투자를 덜 할 가능성이 높다.

사촌에 대한 이타적 행동을 예측하는 데에도 같은 논리를 적용할 수 있다(Jeon & Buss, 2007). 사람들은 유전적 연관성이 있을 확률이 가장 높은 어머니의 여자 형제의 자식들을 가장 많이 도와주려고 하는 반면, 유전적 연관성이 있을 확률이 가장 낮은 아버지의 남자 형제의 자식들을 가장 덜 도와주려고 할 것이다. 아버지의 여자 형제의 자식들이나 어머니의 남자 형제의 자식들을 도우려는 경향은 그 중간에 위치할 것이다.

이 예측들을 검증하기 위한 한 연구에서는 사람들에게 다음과 같은 상황을 상상하게 했다 : "도시에서 어느 건물 앞을 지나가는데, 그 건물에 화재가 났다고 상상해보세요. 그런데 문득 여러분의 사촌 ___ 이(가) 그 건물에서 열린 모임에 참석했다는 생각이 떠올랐어요. 활활 타오르는 건물에 있는 사촌 ___ 은(는) 여러분의 도움이 절실히 필요하지만, 사촌을 구하려고 건물 안으로 들어가면 큰 부상을 당할 위험이 있습니다."(Jeon & Buss, 2007, p. 1182) 〈그림 8.4〉가

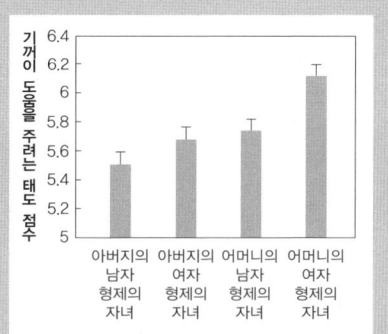

그림 8.4 사촌에 대한 이타적 행동. 연구 결과는 사람들은 유전적 근연도가 낮은 사촌(예컨대 아버지의 남자 형제의 자녀)보다는 유전적 근연도가 높은 사촌(예컨대 어머니의 여자 형제의 자녀)을 더 많이 도우려고 한다는 것을 보여준다.

출처: Jeon, J., & Buss, D. M. (2007). Altruism toward cousins, *Proceedings of the Royal Society of London* (Figure 2).

보여주듯이, 종류가 다른 사촌들을 구하려는 마음이 드는 정도는 예측한 것과 정확하게 들어맞았다. 이 결과는 사람에게 유전적 연관성의 다양한 확률(이 경우에는 부성 불확실성의 다양한 확률)에 민감한 적응이 있다는 가설을 뒷받침한다.

요컨대, 포괄 적합도 이론이 예측하듯이, 유전적 근연도는 친척에 대한 투자에서 주요 요인으로 작용하는 것으로 보인다. 부성 불확실성을 통해 유전적 연관성이 위태로워지면 투자가 일어나지 않는다. 이 효과는 이모와 고모, 삼촌과 외삼촌, 친할아버지와 외할아버지, 친할머니와 외할머니 등 다양한 종류의 관계에서 일관되게 나타난다(Pashos & McBurney, 2008).

가족의 진화를 더 광범위하게 바라보는 관점

가족이란 무엇인가? 다양한 분야들은 이 실체를 서로 다르게 정의하는데, 아직까지 사회과학자들은 가족이 무엇이냐에 대해 확실한 의견 일치에 이르지 못했다(Emlen, 1995). 사회학자들은 종종 가족의 자녀 양육 기능을 강조하여, 함께 살면서 자식을 낳고 기르는 책임을 지는 어른들의 집단으로 가족을 정의한다. 반면에 인류학자들은 친족 관계를 강조하는 경향이 있어, 부모와 미혼 자녀들, 때로는 계통을 추적할 수 있는 확대 친족까지 포함한 집단으로 가족을 정의한다.

진화생물학자 스티븐 엠렌Stephen Emlen은 가족을 "자식들이 어른이 될 때까지 부모와 정기적으로 계속 상호작용할 수 있는 경우"로 정의한다(Emlen, 1995, p. 8092). 그는 두 종류의 가족을 구분한다 : (1) 오직 한 여자만이 번식을 하는, 한 부모나 부부 쌍으로 이루어진 **단순 가족**(예컨대 어머니와 번식을 하기 이전의 자식들로 이루어진) ; (2) 둘 이상의 동성 친족이 번식을 할 수 있는 집단인 **확대 가족**. 가족의 정의에 번식을 하는 남자의 존재가 필수적이 아니라는 사실에 주목하라. 그렇지만 남자가 있을 때에는 그 가족을 **양 부모 가족**이라 부르는데, 아버지와 어머니가 모두 양육 책임을 어느 정도 지기 때문이다. 남자가 없는 가족을 **모계 가족**이라 부르는데, 여자(혹은 여자와 그 여자 친척들)가 양육 책임을 모두 지기 때문이다. 모든 가족에 공통되는 한 가지 특징은 자식들이 독자적으로 번식할 능력이 있는 나이를 지나서까지 부모와 함께 계속 산다는 점이다.

가족은 사람에게 피할 수 없는 운명과도 같기 때문에 우리는 가족의 존재를 당연한 것으로 여긴다. 그렇지만 놀랍게도 모든 조류와 포유류 중에서 가족을 이루어 사는 종은 3%에 지나지 않는다(Emlen, 1995). 가족은 왜 그렇게 드물까? 왜 동물계에서 대부분의 자식은 진화가 그 동물들에게 생물학적으로 그렇게 할 수 있는 능력을 주자마자 둥지를 떠나고, 성적으로 성숙한 시기를 지나서까지 부모와 함께 머무는 종은 극소수에 불과할까? 가장 그럴듯한 이유는 부모의 둥지에 계속 남는 것(혹은 둥지를 떠나는 시기를 늦추는 것)은 큰 번식 비용을 초래하기 때문이다. 단순 가족의 경우, 자식들은 집에 사는 동안은 번식을 하지 않는다. 그러나 확대 가족의 경우, 부모가 종종 자식의 번식을 적극적으로 억제한다(예컨대 자식들의 짝짓기 시도에 간섭함으로써). 두 경우 모두 자식들은

진화심리학

가족 단위를 떠나는 것을 늦춤으로써 번식을 희생한다.

따라서 가족은 자식에게 큰 비용 두 가지를 초래한다: (1) 번식이 늦어지거나 때로는 직접적으로 억제를 당한다(필시 가장 큰 비용), (2) 먹이 같은 자원을 놓고 벌어지는 경쟁이 분산되기보다 집중되어, 부모와 자식 모두 살아가기가 힘들어진다. 따라서 가족이 진화할 수 있는 유일한 방법은 가족 내에 계속 머무는 것이 가져다주는 번식의 편익이 이른 번식을 포기하는 값비싼 비용보다 커야만 한다.

가족의 진화를 설명하기 위해 제기된 주요 이론은 두 가지가 있다. 하나는 **생태학적 제약 모형**이다. 이 이론에 따르면, 가족은 성적으로 성숙한 자식이 이용할 수 있는 번식 공간의 빈자리가 부족할 때 나타난다. 이 조건에서는 가족 내에 계속 머무는 비용과 가족을 떠나는 편익이 모두 낮다. 번식 공간의 빈자리(예컨대 번식 기회를 제공하는 자원의 생태적 지위)가 부족하여 이른 번식이 불가능하기 때문에, 가족 내에 계속 머무는 것이 초래하는 큰 비용—번식 지연—이 사라진다.

두 번째 이론은 **가족 편익 모형**이다. 이 이론에 따르면, 가족이 생겨나는 것은 가족이 자식에게 제공하는 많은 편익 때문이다. 그러한 편익에는 (1) 가족 구성원이 제공하는 도움과 보호의 결과로 높아지는 생존, (2) 집에 머문 결과로 기술을 배우거나 더 큰 몸집과 성숙을 얻는 데서 생기는 경쟁 능력 향상, (3) 집에 계속 머묾으로써 가족의 세력권이나 자원을 물려받거나 공유할 가능성, (4) 집에 머무는 동안 유전적 친족을 돕거나 친족에게서 도움을 받는 위치에서 얻는 포괄 적합도 편익 등이 포함된다.

엠렌(1995)은 이 두 이론을 합쳐 가족의 기원에 관한 통합 이론을 만들었다. 그의 가족 형성 이론은 세 가지 전제가 있다. 첫째, 이용 가능한 번식 공간의 빈자리가 있을 때보다 더 많은 자식을 낳을 때 가족이 생겨난다. 이 전제는 생태학적 제약 모형에서 유래한다. 둘째, 자식들이 이용 가능한 번식 공간의 빈자리를 놓고 유리하게 경쟁할 수 있는 단계까지 기다려야 할 때 가족이 생겨난다. 셋째, 집에 머무는 편익이 클 때—생존 기회 증가, 경쟁 기술 능력 증가, 가족의 자원에 대한 접근 기회 증가, 포괄 적합도 편익 증가 등의 형태로—가족이 생겨난다. 따라서 엠렌의 가족 이론은 생태학적 제약 모형과 가족 편익 모형을 종합한 것이다.

엠렌의 이론에서는 여러 가지 예측이 나온다. 첫 번째 종류의 예측들은 친족 관계와 협력의 가족 역학을 포함한 것들이다.

예측 1: 가족은 번식 공간의 빈자리가 부족할 때 생겨나지만, 번식 공간의 빈자리가 생기면 가족이 해체될 것이다. 가족은 상황에 따라 생겨났다가 해체되었다가 하면서 불안정할 것이다. 이 예측은 여러 조류 종을 대상으로 한 연구에서 검증되었다(Emlen, 1995). 이전에 하나도 없던 곳에 번식 공간의 빈자리가 새로 생겨나면, 성숙한 자식들이 그 빈자리를 채우기 위해 집을 떠나기 때문에 가족이 해체된다. 이 예측은 성적으로 성숙했지만 아직 배우자를 놓고 성공적으로 경쟁할 위치에 있지 않거나 독립적으로 가정을 유지할 만큼 자원을 확보하지 못한 자식들이 계속 원래의 가족 단위에 머무는 경향이 있음을 시사한다.

예측 2: 많은 자원을 통제하는 가족은 자원이 부족한 가족보다 더 안정하고 오래 지속될 것이다. 사람에게 적용하면, 부유한 가족은 가난한 가족보다 더 안정할 것이다. 특히 자식이 부모의 자원이나 땅을 물려받을 가능성이 있으면 더욱 그럴 것이다. 자원이 풍부한 집안의 자식은 언제 그리고 어떤 조건에서 집을 떠날지 결정하는 데 특히 까다롭게 굴 것으로 예상된다. 집에 계속 머물면 재산을 물려받을 수 있기 때문에, 부유한 가족은 가난한 가족보다 장기간에 걸쳐 더 안정한 경향을 보일 것이다. 가족을 이루어 사는 조류와 포유류 중 많은 종은 실제로 자식이 부모의 번식지를 물려받는 일이 가끔 있다. 데이비스와 데일리(1997)는 고소득 가족이 저소득 가족보다 그들의 확대 친족과 사회적 유대를 유지할 가능성이 높다는 사실을 발견함으로써 이 예측에 경험적 지지를 제공했다.

예측 3: 어린 자식의 양육을 돕는 일은 친족이 없는 집단보다는 가족 집단에서 더 많이 일어날 것이다. 예를 들면, 여자 형제나 남자 형제는 가족과 함께 살면서 중요한 포괄 적합도 편익을 제공함으로써 어린 형제를 키우는 데 도움을 줄 수 있다. 탄자니아의 수렵 채집인 부족인 하드자족을 조사한 결과는 이 예측을 뒷받침한다—친족 관계가 가까운 여자(가끔 '또 다른 어머니allomother'라고

　　　　　　　　　　　　　　　　　　진화심리학

부르는)가 친척의 아이를 안고 돌보는 데 가장 많은 시간을 쓴다(Crittenden & Marlowe, 2008).

또 다른 종류의 예측들은 기존의 번식자를 상실한 결과로 가족 역학에 일어나는 변화와 관련된 것이다.

예측 4 : 죽음이나 이탈 때문에 번식자가 사라지면, 가족 구성원들 사이에 누가 번식 공간의 빈자리를 채울지를 놓고 갈등이 벌어진다. 한쪽 부모가 사라지면 빈자리가 생겨나고, 자식들에게 태어난 곳의 자원을 물려받을 절호의 기회를 제공한다. 빈자리의 질이 좋을수록 그것을 채우기 위한 경쟁과 갈등이 더 심해진다. 예를 들면, 붉은벼슬딱따구리 가족 중 아비가 죽은 사례 23건을 조사했더니, 모든 사례에서 아들 중 하나가 번식의 역할을 맡고 어미는 그곳에서 쫓겨났다. 사람들 사이에서도 아버지가 많은 재산을 남기고 죽을 때 비슷한 상황이 일어날 수 있다. 유산 상속을 놓고 자식들이 법적 분쟁을 벌이는 일이 종종 있으며, 유전적으로 아무 관련이 없는 사람(예컨대 유산을 상속받은 아버지의 애인)이 주장하는 권리에 이의를 제기하기도 한다(Smith, Kish, & Crawford, 1987).

예측 5 : 기존의 번식자가 사라지고 기존의 가족 구성원과는 유전적으로 관련이 없는 번식자로 대체되면, 성적 공격이 증가할 것이다. 어머니가 이혼을 하거나 과부가 되거나 버림을 받고 나서 다른 남자와 결혼하면, 근친상간에 대한 반감이 완화된다. 예를 들어 의붓아버지는 의붓딸에게 성적 매력을 느낄 수 있고, 그러면 어머니와 딸이 일종의 동성 간 경쟁 관계에 놓일 수 있다. 다양한 조류 종에서는 아들과 의붓아비 사이에 공격 행위가 흔한데, 유전적으로 아무 관련이 없는 이 수컷들은 이제 성적 경쟁자 관계에 놓였기 때문이다(Emlen, 1995). 사람들 사이에서는 의붓아버지가 새 가족으로 들어오면 사춘기 이전이건 사춘기 이후이건 딸이 성적 학대를 당할 위험이 커진다(Finkelhor, 1993).

요컨대, 엠렌의 이론은 검증 가능한 예측들을 많이 낳는다. 그 중 많은 예측은 조류, 포유류, 영장류 종들의 사례에서 지지를 받았지만, 다른 예측들은 검증이 더 필요하다. 특히 흥미를 끄는 것은 이것들이 사람 가족에게도 적용되는가 하는 문제이다.

엠렌의 가족 이론 비판. 진화심리학자 제니퍼 데이비스와 마틴 데일리는 몇 가지 주요 예측에 대해 경험적 검증을 제시하고, 유용하게 수정한 의견을 내놓음으로써 엠렌의 이론을 비판했다(Davis & Daly, 1997). 가장 일반적인 수준에서 데이비스와 데일리는 사람 가족의 검토에 특별한 맥락을 제공하는 세 가지 고려 사항을 제시했다 : (1) 사람 가족은 다른 집단과의 경쟁 때문에 함께 뭉쳐 있으려고 할 수 있다. 집단 간 경쟁에서는 친족 중심의 연합을 유지하는 게 유리하기 때문이다(Webster, 2008 참고) ; (2) 사람들은 비친족과 상호적 이타성을 기초로 광범위한 사회적 교환을 한다 ; (3) 폐경기가 지난 여자처럼 번식 능력이 없는 조력자는 자식들의 분산을 장려할 동기가 거의 없는데, 이것은 가족을 안정시키는 데 도움이 된다.

이 세 가지 고려 사항은 엠렌의 예측 논리에 영향을 미칠 수 있다. 다른 곳에서 적절한 번식 기회를 얻을 수 있다면 가족이 해체될 것이라고 한 예측 1을 살펴보자. 폐경기를 지나 더 이상 번식을 할 수 없는 여자가 다른 곳에 번식 공간의 빈자리가 생겼다고 해서 자신이 제공할 수 있는 도움과 가족을 버리고 떠나는 것은 분명히 불리하다. 자신은 폐경기를 지났으니 번식 공간의 빈자리를 활용할 여지가 없기 때문이다. 그보다는 친족과 함께 머물면서 계속 도움을 제공하는 것이 유리할 것이다.

또 하나의 수정은 사람들이 광범위한 사회적 교환에 참여한다는 사실에 관련된 것이다. 어린 자식의 양육을 돕는 일은 친족이 없는 집단보다는 가족 집단에서 더 많이 일어날 것이라고 한 예측 3을 살펴보자. 여자들은 종종 비친족과 친구 관계를 맺어 아이 기르는 일에 상호 도움을 제공한다(Davis & Daly, 1997). 예측 3은 아이 기르는 일에서 **비상호적** 도움, 즉 일방적 도움이 친족이 없는 집단보다 가족 집단에서 더 많이 일어날 것이라는 점을 고려하도록 바꿀 수 있다. 요약하면, 엠렌의 예측 몇 가지는 광범위한 상호 동맹 패턴(9장 참고)과 오래 지속되는 여자의 폐경기 이후 시기처럼 사람에게만 특별한 요소들을 고려하여 수정할 수 있다.

종들 간의 비교 분석을 통해 동물계에서 가족이 아주 드물다는 사실은 명백하다. '가족 가치'에 대한 현재의 사회적 관심을 생각한다면, 진화심리학은

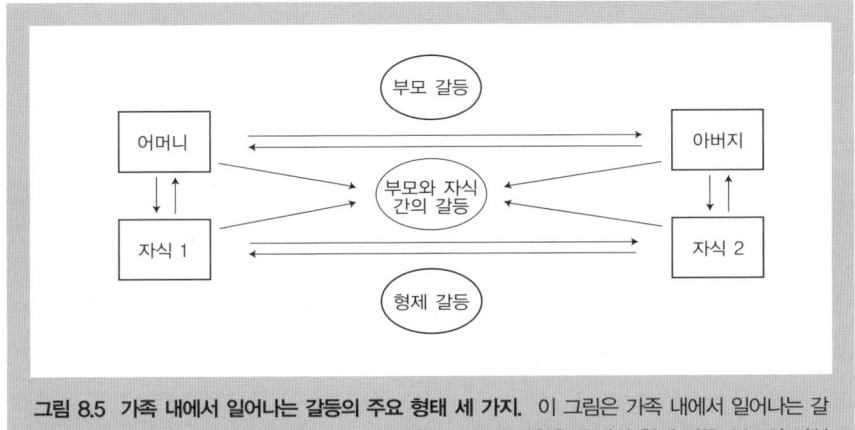

그림 8.5 가족 내에서 일어나는 갈등의 주요 형태 세 가지. 이 그림은 가족 내에서 일어나는 갈등의 주요 형태 세 가지를 보여준다. 그 세 가지는 부모의 자원을 둘러싼 형제 갈등, 부모와 자식 간의 갈등, 그리고 어머니와 아버지 사이의 갈등이다.

출처: Modified from Parker, G. A., Royle, N. J., & Hartley, I. R. (2002). Intrafamilial conflict and parental investment: A synthesis. *Philosophical Transactions of the Royal Society of London B*, 357, 295–307.

가족이 안정을 유지하거나 해체되는 조건을 밝힘으로써 들려줄 이야기가 많다. 향후 10년 안에 연구자들은 틀림없이 이 예측들을 검증하고, 가족이 제기하는 다양한 적응 문제에 대처하도록 설계된 온갖 종류의 진화한 심리 기제—갈등뿐만 아니라 협력까지 포함해—를 밝혀낼 것이다(Geary & Flinn, 2001 참고).

가족의 어두운 면

우리는 가족을 자원과 보호, 정보, 지위의 전달이 호의적으로 일어나는, 조화로운 사회적 소집단으로 생각할 때가 많다. 실제로 진화생물학계에서도 '고전적인' 견해는 가족을 생존하는 자손의 수를 최대화하도록 자연 선택을 통해 설계된, 협력적인 개인들이 조화를 이루어 사는 단위로 보았다(Parker, Royle, & Hartley, 2002). 그럼에도 불구하고, 지난 30년 사이에 잘 발전한 진화 이론들은 이 조화로운 견해를 뒤엎고 가족 생활의 어두운 면을 들춰냈다. 어두운 면이란 바로 자원을 둘러싸고 벌어지는 전반적인 갈등, 특히 부모의 자원을 둘러싸고 가장 치열하게 벌어지는 갈등을 가리킨다. 7장에서 우리는 트리버스의 부모와 자식 간의 갈등 이론을 바탕으로 갈등의 원천 두 가지를 간략하게 살펴보았다.

가족 내에서 발생하는 갈등의 기본 원천은 세 가지가 있다(〈그림 8.5〉 참고). 첫째는 **형제 갈등**이다. 같은 가족 내에서 형제들은 부모의 자원에 대한 접근을 놓고 서로 경쟁한다. 일부 조류 종의 경우, 둥지로 돌아오는 부모에게서 먹이를 받아먹기에 가장 좋은 자리를 차지하려고 형제들끼리 서로 밀고 당기며 싸운다. 형제들은 자신의 정당한 몫보다 더 많은 것을 차지하려고 먹이를 조르는 수준을 높인다. 가끔 형제를 둥지 밖으로 밀어 떨어뜨림으로써 '형제살해'를 저지르기까지 한다. 가족의 자연사에 대해 쓴 어느 책에 대한 비평이 이를 적절하게 요약했다: "가끔 조화로운 생활이 돌발적으로 나타나기도 하지만, 가족의 삶은 갈등으로 얼룩져 있다. 조류의 경우, 부모는 일부러 가족 내에 갈등을 조장한다. 부모는 자식들 사이에 갈등이 일어나도록 배후에서 조종함으로써 우수한 자식을 골라내고, 키우고자 하는 것보다 훨씬 많은 새끼를 낳음으로써 장래의 먹이 공급에 일어날 불확실성에 대비하며, 번식의 실패에 대해 잉여 자식을 더 낳는 방법으로 보험을 든다. 부모가 내린 이런 결정의 결과로 가족의 삶은 자식들 간에 피비린내 나고 때로는 목숨을 앗아가기까지 하는 투쟁이 넘쳐흐른다."(Buckley, 2005, p. 295)

포유류에서는 형제들끼리 가끔 젖을 빠는 강도를 높이는 방법으로 경쟁을 벌이는데, 어미의 젖을 마르게 해 다른 형제에게 타격을 주기 위한 것이다. 이것들은 모두 '쟁탈 경쟁'의 형태인데, 사람 가족에서도 비슷한 현상이 나타날 것이라고 충분히 예상할 수 있다.

형제 갈등에 관한 이야기는 기록된 인류의 역사보다 훨씬 더 이전으로 거슬러 올라가며, 성경의 〈창세기〉에 나오는 다음 구절이 대표적인 사례를 보여준다: "이스라엘은 요셉을 늘그막에 얻었으므로, 다른 어느 아들보다 그를 더 사랑하였다. 그래서 그에게 긴 저고리를 지어 입혔다. 그의 형들은 아버지가 어느 형제보다 그를 더 사랑하는 것을 보고 그를 미워하여, 그에게 정답게 말을 건넬 수가 없었다."(〈창세기〉 37 : 3-4)

성경에 나오는 카인과 아벨 이야기도 시사하는 게 많은데, 다른 이야기에 따르면 여자를 둘러싼 갈등 때문에 살인이 일어났기 때문이다. 사람들 사이에서 형제 살해 같은 극단적인 형태의 형제 갈등은 드문 편이지만 가끔 일어나며, 그런 일이 일어나는 상황도 시사하는 게 많다. 남자 형제들은 가끔 성적 경쟁자가 되는 경우가 여자 형제들에 비해 훨씬 많다. 통계적으로 볼 때 형제 살해는 남자 형제가 남자 형제를 죽인 경우가 대부분이다. 그 원인은 거의 여자를 둘러싼 갈등이거나 여자를 유혹하는 데 필요한 자원을 둘러싼 갈등이다 (Buss, 2005b). 형제들은 **조부모**의 자원을 놓고도 경쟁하면서 갈등을 빚어낸다 (Fawcett et al., 2010, p. 23). 그리고 경쟁에서 이기기 위해 조부모와 정기적으로 접촉하는 미묘한 전술에서부터 돈을 직접 요구하는 더 노골적인 전술에 이르기까지 다양한 전술을 사용한다. 부모나 조부모가 죽었을 때 유산 상속을 둘러싸고 형제끼리 소송을 벌이는 일은 너무나도 흔해 거액의 재산이 관련된 사건만 뉴스거리가 된다. 농촌 사회에서 한정된 땅을 놓고 벌어지는 갈등처럼 형제들 사이에 벌어지는 자원 경쟁 때문에, 일부 형제가 다른 곳에서 자원을 얻으려고 고향을 떠난다는 증거도 있다(Beise & Voland, 2008).

두 번째 형태의 갈등은 7장에서 살펴본 **부모와 자식 간의 갈등**이다. 예를 들어 부모의 관점에서 볼 때, 비록 필요나 자원을 이용하는 능력 같은 요인 때문에 균등한 자원 배분이 힘들지라도, 모든 자녀에게 자원을 똑같이 나누어주는 것이 최적의 자원 배분일 수 있다. 그러나 자식의 관점에서 최적의 자원 배분은 대개 다른 형제나 부모에게 돌아가는 몫을 줄이더라도 자신의 몫을 크게 하는 것이다. 이 갈등을 잘 표현한 오래된 농담이 있다. 대학에 들어간 아들이 석 달 뒤에 집으로 편지를 보내 돈을 더 달라고 간청한다:

"사랑하는 아빠, 돈이 없어 살 맛이 안 나요.—아들이."
그러자 아버지는 이렇게 답장을 보냈다.
"사랑하는 아들아, 그것 참 안 됐구나. 나도 무척 슬프구나.—아빠가."

선택은 자식에게는 더 많은 자원을 얻어내도록 아버지를 조종하는 적응을 선호하고, 부모에게는 한 자식의 요구에만 귀를 기울이지 않도록 하는 반대 적응을 선호할 것이라고 예상할 수 있다.

세 번째 형태의 갈등은 자원 배분을 둘러싼 아버지와 어머니 간의 갈등, 즉 부모 갈등이다. 아버지와 어머니 간의 갈등은 주로 가족 내의 각 자식에게 부모의 투자를 얼마나 해야 할지를 놓고 벌어진다. 예를 들면, 때로는 한 부모가 자신의 자원을 자식에게 쓰는 대신에 다른 번식 기회에 쓰는 게 유리할 수 있다. 한 부모가 자원을 자신의 친족에게 주었는데 다른 부모가 자기 자식에게 자원을 더 많이 준다면, 친족에게 자원을 준 부모에게는 그것이 더 이익일 것이다. 게다가 한쪽 부모가 추가적인 짝짓기 기회를 얻는 데에, 그리고 그 결과로 가족 밖의 아이(다른 부모와 유전적 연관성이 전혀 없는)에게 자원을 사용한다면, 부모 사이에 갈등이 벌어질 수 있다. 우리에게 이런 형태의 갈등에 대처하도록 설계된 적응, 예컨대 다른 부모의 자원 유용에 민감한 반응이나 다른 부모에게서 여분의 자원을 끌어내도록 설계된 죄책감 유도 같은 심리적 조종이 진화하지 않았다면 오히려 이상할 것이다.

우리는 흔히 가족은 함께 나누는 것이 모두를 위해 최대의 이익을 낳는 조화롭고 화목한 성소라는 믿음을 주입받으면서 자라난다. 그 결과, 부모나 형제나 자식과 불화나 의견 충돌, 알력이 생기면 뭔가 크게 잘못됐다는 생각이 들기 쉽다. 특별한 형태의 심리 상담처럼 가족 간의 갈등에서 비롯되는 심리적 혼란을 전담하는 직업도 따로 있다. 진화론의 관점은 갈등의 세 가지 기본 원천—형제 간, 부모와 자식 간, 부모 간—이 전반적으로 널리 퍼져 있을 가능성이 높다고 시사한다. 이것은 어머니와 싸우는 딸이나 자원 배분을 놓고 의견 대립을 보이는 부모나 서로 참지 못하는 남매에게 도움이 되진 않겠지만, 가족 갈등의 진화 논리를 이해하면 자신들만이 이런 경험을 하는 것이 아니라는 사실을 깨닫고 좀더 여유 있는 태도를 보이도록 도움을 줄 수 있다.

■ 요약

이 장은 $c < rb$라는 해밀턴 규칙으로 표현되는 해밀턴의 포괄 적합도 이론을 자세히 알아보는 것으로 시작했다. 예를 들어 이타성이 진화하려면, 행위자가 치르는 비용이 제공받는 편익에다가 행위자와 수혜자 사이의 유전적 근연도를 곱한 것보다 적어야 한다. 이 이론은 이타성이 어떻게 진화했을까 하는 질문에 대해 단숨에 한 가지 답을 제시했다. 그와 동시에 다윈의 고전적 적합도(개인의 번식 성공률) 정의를 포괄 적합도(개인의 번식 성공률에다가 개인의 행동이 유전적 친척의 적합도에 미치는 효과를 합한 것)로 확대했다.

그 다음에는 포괄 적합도 이론을 사람에게 적용했을 때 나오는 심오한 이론적 의미들을 살펴보았다. 예를 들면, (1) 형제, 반쪽 형제, 조부모, 손자, 이

진화심리학

모와 고모, 삼촌과 외삼촌을 다룰 때 맞닥뜨리는 각각의 적응 문제를 해결하기 위한 심리 기제를 포함하는 특별히 진화한 친족 심리가 있을 것이다 ; (2) 성별과 세대는 친족을 구분하는 중요한 범주가 되는데, 이것들은 적합도 운반 수단의 중요한 성질을 정의하기 때문이다(예컨대 남자 친족은 여자 친족보다 번식의 상한선이 더 높고, 젊은 친족은 나이 많은 친족보다 번식 가치가 더 높다) ; (3) 친족 관계는 가까운 것에서 먼 것의 순서로 배열할 수 있는데, 가깝고 먼 정도를 알려주는 주요 요소는 유전적 근연도이다 ; (4) 친족 사이에서 유전적 근연도가 나타내는 한 가지 기능은 협력과 친족 간의 유대이다 ; (5) 친족 중에서 나이가 많은 구성원은 젊은 구성원에게 형제 같은 유전적 친척한테 자연적으로 드는 마음보다 더 이타적으로 행동하라고 장려할 것이다 ; (6) 각자가 느끼는 정체성에는 가족 내에서의 위치가 핵심 역할을 할 것이다 ; (7) 사람들은 비친족과 상호작용하는 맥락에서도 다른 사람에게 영향을 미치거나 조종하는 데 친족 용어를 이용할 것이다(예컨대, "형제여, 잔돈 남은 게 있으면 적선하지 않겠소?"라는 식으로).

　　도움을 주는 행동을 예측하는 지표로 친족 관계가 중요하다는 사실이 경험적 연구를 통해　확인되었다. 한 연구는 땅다람쥐 사이에서 경보 소리를 내는 행동을 조사했다. 경보 소리는 포식 동물의 주의를 끌기 때문에 경보 소리를 내는 땅다람쥐는 값비싼 비용을 치를 위험이 있지만, 땅다람쥐들은 주변에 가까운 친족이 있을 때 그런 행동을 했다. 친족을 도우려면 먼저 친족을 인식하는 능력이 필요하다. 사람에게는 친족 인식 기제가 최소한 네 가지 있다 : (1) 유대 ; (2) 냄새 ; (3) 계보적 거리, 사회적 지위, 집단 구성원 사이의 유사성을 포함하는 '보편 문법'을 기초로 한 친족 분류 체계 ; (4) 얼굴의 유사성. 로스앤젤레스 여성 300명을 조사한 연구에서 도움 행동은 도움을 받은 사람과의 유전적 근연도에 따라 나타난다는 사실이 발견되었다. 또 다른 연구에서는, 화재가 난 건물에서 어떤 사람을 구하려면 자신의 목숨을 걸어야 하는 상황처럼 생사가 달린 가상의 시나리오에서 참여자가 도움을 줄지 주지 않을지는 도움을 주는 사람과 도움을 받는 사람 사이의 유전적 근연도로 비교적 정확하게 예측할 수 있었다. 유산 상속 연구에서는 사람들은 비친족보다는 유전적 친족에게(그리고 유전적 친족에게 다시 그 자원을 물려줄 것으로 예상되는 배우자에게) 더 많은 재산을 물려주는 경향이 있다. 다른 연구들에서는 개인이 경험하는 슬픔과 비탄의 정도가 유전적 근연도와 직접적 관련이 있는 것으로 밝혀졌다(경험적 증거는 Segal et al., 1995 참고. 슬픔의 심리학을 더 자세히 살펴보고 싶으면 Archer, 1998 참고). 이 모든 경험적 연구들은 도움 행동의 배분을 예측하는 지표로 친족 관계가 중요하다는 것을 말해준다.

가까운 친족에 대한 관심은 가까운 친족, 특히 여자 친족의 애정 관계를 감시하는 개인에게까지 확대된다. 반면에 가까운 친족이 없으면 살아가는 데 불리하다. 가까운 친족이 없는 환경이나 반쪽 형제와 함께 사는 복합 가족 환경에서 자라면 스트레스가 심한데, 그런 가족 사이에서 자란 어린이의 코르티솔 수치가 높은 결과는 이 사실을 뒷받침한다.

조부모의 투자는 포괄 적합도 이론에서 나온 직관에 반하는 예측들을 검증할 수 있는 특별한 영역이다. 특히 부성 불확실성이 중요한 역할을 한다. 친할아버지는 손자와 유전적 근연도가 단절될 위험이 두 번 있다. 첫째, 그는 자기 아들의 친아버지가 아닐 수 있다. 둘째, 자기 아들이 그의 자식의 아버지가 아닐 수 있다. 반면에 친할머니와 외할머니는 자기 딸이 낳은 자식이 자신의 유전적 친족이라는 것을 100% 확신할 수 있다. 이 논리를 바탕으로 어머니의 어머니는 평균적으로 조부모의 투자를 가장 많이 하고, 아버지의 아버지는 가장 적게 할 것이라고 예측할 수 있다. 나머지 두 종류의 조부모—아버지의 어머니와 어머니의 아버지—는 그 중간에 해당하는 투자 패턴을 보일 것이다. 왜냐하면, 이들은 각각 손자와 유전적 근연도가 단절될 위험이 한 번 있기 때문이다.

독일, 미국, 그리스, 프랑스에서 얻은 경험적 증거는 이 예측들을 지지한다. 손자는 외할머니를 가장 가깝게 느끼고, 친할아버지를 가장 멀게 느꼈다. 게다가 손자는 외할머니에게서 자원을 가장 많이 받고, 친할아버지에게서 가장 적게 받았다. 나머지 두 종류의 조부모는 이 양 극단의 중간에 해당하는 행동을 보이지만, 친할머니보다는 외할아버지가 손자에게 투자를 더 많이 했다. 이 결과로 전반적으로 남자보다 여자가 친족에게 더 많이 투자한다는 가설은 틀린 것으로 밝혀졌다.

이모와 고모, 삼촌과 외삼촌, 사촌의 투자에도 비슷한 논리가 적용된다. 여자 형제의 형제들(이모와 외삼촌)은 자신의 여자 형제가 그 자식의 부모라고 확신하기 때문에, 자신이 조카와 조카딸의 유전적 친척이라고 확신할 수 있다. 반면에 남자 형제의 형제들(고모와 삼촌)은 남자 형제의 아내가 바람을 피웠을지도 모르기 때문에 그런 확신을 할 수 없다. 이것을 근거로 이모와 고모, 삼촌과 외삼촌의 투자에 어떤 차이가 나타날지 예측할 수 있다. 예를 들면, 고모보다는 이모가 더 많은 투자를 할 것이다.

이모와 고모, 삼촌과 외삼촌의 투자를 조사한 연구에서 투자를 예측하는 중요한 지표 두 가지가 확인되었다. 첫째, 조카와 조카딸이 남자 형제의 자식이건 여자 형제의 자식이건 상관 없이 이모와 고모는 삼촌과 외삼촌보다 투자를 더 많이 하는 경향이 있다—성별 효과. 둘째, 이모와 외삼촌은 고모와 삼촌보다 투자를 더 많이 하여 주요 예측을 뒷받침했다. 모계와 부계에 따라 사촌을 돕는 행동을 조사한 연구에서도 비슷한 결과가 나왔다.

이 장의 마지막 절에서는 가족의 진화에 대해 더 폭넓은 관점을 살펴보았다. 동물계에서 가족이 아주 드물다는 사실—포유류 중에서는 겨우 3%—을 감안하면, 가족이 존재한다는 사실 자체가 설명이 필요하다. 스티븐 엠렌의 주장에 따르면, 다 자란 뒤에도 계속 집에 머무는 자식들을 포함한 가족은 다음의 중요한 두 가지 조건에서 생겨난다: (1) 다른 곳에 번식 공간의 빈자리가 부족할 때, 혹은 (2) 집에 머무는 것이 생존 확률 증가나 경쟁 능력 향상, 유전적 친척끼리 도움을 주고받는 것과 같은 확실한 편익을 가져다줄 때.

이 이론을 바탕으로 여러 가지 예측을 할 수 있다. 예를 들면, 가족의 안정성은 가족이 부유할 때, 그래서 가족에게서 편익을 얻을 기회가 더 많고, 어쩌면 가족의 부를 물려받을 기회까지 있을 때 더 높을 것으로 예측된다. 가족 내에서 한 번식자가 갑자기 죽으면, 빈자리를 누가 채울 것인지를 놓고 갈등(예컨대 부모의 재산에 대한 접근을 놓고 벌어지는 갈등)이 생길 것으로 예측된다. 또, 의붓아버지와 의붓어머니는 유전적 아버지와 어머니보다 투자를 덜 할 것이고, 복합 가족은 유전적으로 온전한 가족보다 본질적으로 덜 안정하고 갈등을 더 많이 빚을 것으로 예측된다. 많은 예측은 사람이 아닌 동물들을 대상으로 검증되었고, 일부는 사람을 대상으로 검증되었다. 엠렌의 이론은 몇 가지 점에서 비판을 받았는데, 그 중에는 (1) 폐경기를 지난 여자가 계속해서 가족을 도울 수 있고, 번식 공간의 빈자리를 이용할 수 없다는 사실을 제대로 고려하지 못한 점, (2) 사람들은 종종 비친족과 광범위한 상호적 교환을 한다는 사실이 포함된다. 이것들은 사람이라는 동물만이 지닌 특별한 측면들을 고려하도록 엠렌의 이론을 수정할 필요가 있음을 시사한다.

비록 초기의 진화 모형들은 가족 구성원 사이의 조화로운 협력을 강조했지만, 최근의 진화 모형들은 갈등이 일어날 수 있는 중요한 영역 세 가지를 지적한다 : 형제 갈등, 부모와 자식 간의 갈등, 아버지와 어머니 간의 갈등. 비록 포괄 적합도 이론은 유전적 근연도가 이타성을 예측하는 데 중요한 지표가 될 것이라고 예측하지만, 가족 구성원들은 똑같은 유전적 이해를 가지기가 거의 불가능하다. 그 결과로 가족 간의 갈등과 경쟁이 만연할 것으로 예측된다.

추천 독서 목록

Coall, D. A., & Hertwig, R. (2010). Grandparental investment : Past, present, and future. *Behavioral and Brain Sciences, 33*, 1-59.

Cronk, L., & Gerkey, D. (2007). Kinship and descent. In R.I.M. Dunbar & L. Barrett (Eds.), *Oxford handbook of evolutionary psychology* (pp. 463-478). New York : Oxford University Press.

Daly, M., Salmon, C., & Wilson, M. (1997). Kinship : The conceptual hole in psychological studies of social cognition and close relationships. In J. A. Simpson & D. T. Kenrick (Eds.), *Evolutionary social psychology* (pp. 265-296). Mahwah, NJ : Erlbaum.

Davis, J. N., & Daly, M. (1997). Evolutionary theory and the human family. *Quarterly Review of Biology, 72*, 407-435.

DeKay, W. T., & Shackelford, T. K. (2000). Toward an evolutionary approach to social cognition. *Evolution and Cognition, 6*, 185-195.

Faulkner, J., & Schaller, M. (2007). Nepotistic nosiness : Inclusive fitness and vigilance of kin members' romantic relationships. *Evolution and Human Behavior, 28*, 430-438.

Fawcett, T. W., van den Berg, P., Weissing, F. J., Park, J. H., & Buunk, A. P. (2010). Intergenerational conflict over parental investment. *Behavioral and Brain Sciences, 33*, 23-24.

Hamilton, W. D. (1964). The genetical evolution of social behavior. I and II. *Journal of Theoretical Biology, 7*, 1-52.

Lieberman, D., Tooby, J., & Cosmides, L. (2007). The architecture of human kin detection. *Nature, 445*, 727-731.

Mock, D. W. (2004). *More than kin and less than kind : The evolution of family conflict*. Cambridge, MA : Harvard University Press.

Platek, S. M., & Kemp, S. M. (2009). Is family special in the brain? An event-related fMRI study of familiar, familial, and self-face recognition. *Neuropsychologia, 47,* 849-858.

Pollet, T. V., Nettle, D., & Nelissen, M. (2007). Maternal grandmothers do go the extra mile : Factoring distance and lineage into differential contact with grandchildren. *Evolutionary Psychology, 5,* 832-843.

EVOLUTIONARY PSYCHOLOGY

| 제5부 |

집단 생활의 문제

집단 생활은 인간의 적응에서 아주 중요한 부분인데, 진화심리학은 사람의 마음에 집단 생활의 문제에 대처하기 위해 진화한 기제가 있다고 시사한다. 제5부는 모두 네 장으로 이루어져 있는데, 각 장은 집단 생활에서 생기는 문제들을 종류별로 다룬다.

9장에서는 협력적 동맹의 진화에 초점을 맞춰 살펴본다. 우선 협력의 진화에 이론적 해법을 제시하는 상호적 이타성 이론을 소개한다. 그 다음에는 흡혈박쥐 사이에서 일어나는 먹이 나누기와 침팬지 사이의 상호 동맹을 포함해 자연에서 나타나는 협력 사례들을 제시한다. 9장의 나머지 부분에서는 사람들에게 일어난 협력적 동맹의 진화, 우정의 비용과 편익, 그리고 협력적 동맹의 진화에 관한 연구들을 살펴본다.

10장에서는 공격성과 전쟁을 살펴보고, 우리 조상이 폭력을 통해 다른 사람들에게 비용을 초래함으로써 적응적 편익을 얻었다는 결론에 이른다. 이 장에서는 세계의 모든 문화에서 왜 남자가 여자보다 훨씬 공격적인지 설명하는 진화적 논리를 소개하고, 가해자의 성별과 피해자의 성별에 따라 달라지는 공격성의 특정 패턴들에 대한 경험적 증거를 제시한다. 끝부분에서는 전쟁의 진화와, 우리에게 다른 사람을 죽이도록 설계된 특별한 적응이 진화했을까 하는, 논란이 많은 질문을 살펴본다.

11장은 남녀 간의 갈등에 초점을 맞춰 살펴본다. 먼저 전략적 간섭 이론을 소개하는데, 이 이론은 남녀 간의 갈등을 이해할 수 있는 최상의 틀을 제공한다. 11장의 상당 부분은 성적 접근을 둘러싼 갈등, 질투 갈등, 관계가 틀어지면서 일어나는 갈등, 자원 접근을 둘러싼 갈등을 포함해 특정 형태의 갈등에 대한 경험적 증거를 개괄하는 내용으로 이루어져 있다.

12장은 인간 집단에 나타나는 한 가지 보편적 특징인 지위 또는 지배 서열의 존재를 다룬다. 지배 서열이 출현한 진화론적 근거를 제시하고, 사람을 제외한 동물과 사람에게서 나타나는 지배성과 지위의 구체적인 측면들에 초점을 맞춰 살펴본다. 사람의 증거는 지위 추구와 지배성의 행동적 표출에서 나타나는 남녀 차이에 대한 논의를 포함하며, 복종 전략에 대한 논의로 끝을 맺는다.

제9장

협력적 동맹

::

친구를 얻으려거든 시험해보고 얻되 서둘러 그를 신뢰하지 마라.
제 좋을 때에만 친구가 되는 이가 있는데 그는 네 고난의 날에 함께 있어주지 않으리라.
……그러나 네가 비천하게 되면 그는 너를 배반하고 네 앞에서 자취를 감추리라.
……성실한 친구는 든든한 피난처로서 그를 얻으면 보물을 얻은 셈이다.
성실한 친구는 값으로 따질 수 없으니 어떤 저울로도 그의 가치를 달 수 없다.

— 《성경》 집회서 6: 7-15

두 친구가 있었는데, 한 사람이 자기가 저지르지 않은 절도죄로 재판을 받게 되었다. 그는 죄가 없는데도 4년 징역형을 받았다. 그의 친구는 유죄 판결에 크게 상심하여 친구가 복역하는 동안 매일 밤 맨바닥에서 잠을 잤다. 친구가 곰팡내 나는 매트리스 위에서 잠을 잘 것을 생각하니 푹신한 침대에서 편하게 잠자고 싶은 마음이 도저히 들지 않았기 때문이다. 교도소에서 복역하던 친구가 마침내 석방되자, 두 사람은 평생 막역한 친구로 지냈다. 이 수수께끼 같은 행동을 어떻게 설명할 수 있을까? 왜 사람들은 친구가 되어 장기적인 협력적 동맹을 맺을까?

▌협력의 진화

남을 위해 개인적으로 희생하는 일은 친구 사이에서 드문 일이 아니다. 매일 사람들은 조언을 하거나 시간을 내주는 것에서부터 위급 시 친구를 돕기 위해 달려가는 것에 이르기까지 크고 작은 많은 방식으로 친구를 돕는다. 친구끼리 돕는 이런 종류의 행동은 큰 수수께끼를 제기한다. 자연 선택은 경쟁적 속성이 있다. 자연 선택은 한 생물의 설계 특징을 같은 개체군 내에 있는 다른 생물의 설계 특징보다 번식 면에서 능가하게 만드는 피드백 과정이기 때문에 본질적으로 이기적이다. 희생을 하는 당사자는 큰 비용을 치르지만, 그 희생의 덕을 보는 사람에게는 큰 편익이 돌아간다. 그런 우정과 이타성 패턴은 어떻게 진화했을까?

이타성 문제

8장에서 우리는 도움의 수혜자가 유전적 친척일 경우 그러한 이타성의 한 형태가 어떻게 진화할 수 있는지 보았다. 포괄 적합도 이론은 바로 그런 종류의 이타성이 진화할 것이라고 예측한다. 그렇지만 친구는 대개 자신의 유전적 친척이 아니다. 따라서 내가 친구를 위해 치르는 비용은 결국 내게는 손실로 돌아오고 친구에게는 이익으로 돌아간다. 여기서 큰 수수께끼가 떠오른다. 자연 선택이 빚어내는 이기적 설계를 감안한다면, 비친족 사이에서 어떻게 이타성이 진화할 수 있을까? 이것을 **이타성 문제**라고 부른다. '이타적' 설계 특징은 설사 이타적 행위자(그런 특징을 지닌 개체)의 적합도에 비용을 치르더라도, 다른 개체의 번식을 돕는다.

　이타성이 새롭거나 특이한 것이 아니라는 사실 때문에 수수께끼는 더욱 커진다. 첫째, 인류 문화 전반에 걸쳐 사회적 교환—협력의 한 형태—이 나타나고, 인류가 진화한 조상의 환경과 아주 비슷할 것으로 추정되는 수렵 채집인 문화에서 빈번하게 발견된다는 증거가 있다(Allen-Arave, Gurven, & Hill, 2008 ; Cashdan, 1989 ; Lee & DeVore, 1968 ; Weissner, 1982). 둘째, 흡혈박쥐처럼 사람과 아주 먼 종들도 일종의 사회적 교환을 한다(Wilkinson, 1984). 셋째, 침팬지, 비비, 마카크처럼 사람을 제외한 다른 영장류도 상호 도움을 주고받는다(de Waal, 1982). 종합하면, 이 증거는 이타성이 진화한 역사가 수백만 년 전까지 거슬러 올라가는 아주 오래된 것임을 시사한다.

■ 상호적 이타성 이론

이타성 문제에 대한 한 가지 해결책이 **상호적 이타성** 이론을 통해 아주 우아하고 정교한 방식으로 개발되었다(Axelrod, 1984 ; Axelrod & Hamilton, 1981 ; Cosmides & Tooby, 1992 ; Trivers, 1971 ; Williams, 1996). 상호적 이타성 이론은 미래의 어느 시점에 그러한 편익 전달에 대한 보답을 받기만 한다면, 비친족에게 편익을 제공하는 적응이 진화할 수 있다고 말한다.

상호적 이타성의 아름다움은 쌍방이 편익을 얻는다는 데 있다. 한 가지 예를 살펴보자. 친구 사이인 두 사냥꾼이 있는데, 이들이 사냥에서 성공할 확률이 들쭉날쭉해 일 주일에 둘 중 한 사람만 사냥에 성공한다고 하자. 그렇지만 그 다음 주에는 다른 사냥꾼이 사냥에 성공할지도 모른다. 만약 첫 번째 사냥꾼이 잡은 고기를 친구와 함께 나눈다면, 나눠준 고기만큼 비용이 발생한다. 그렇지만 이 비용은 비교적 적을 수 있는데, 고기가 썩기 전에 자신과 가족이 먹을 수 있는 것보다 더 많은 고기를 가졌을 수 있기 때문이다. 그렇지만 친구가 그 주일에 사냥에서 아무것도 잡지 못했다면, 친구가 얻는 이득은 아주 클 수 있다. 그 다음 주에는 상황이 역전된다. 따라서 두 사냥꾼은 나눠주는 고기로 아주 적은 비용만 치르면서 친구에게 큰 편익을 제공한다. 두 친구는 각자가 이기적으로 고기를 독차지할 때보다 상호적 이타성을 통해 더 큰 편익을 얻는다. 경제학자들은 이것을 '거래를 통한 이득'이라고 부른다—쌍방은 편익을 전달하는 데 드는 비용보다 더 큰 이익을 얻으므로.

진화의 관점에서 보면, 거래를 통한 이 이득은 상호적 이타성의 진화를 위한 무대를 만든다. 상호적 이타성을 행하는 사람들은 이기적으로 행동하는 사람들보다 번식 면에서 더 유리한 경향이 있기 때문에 세대가 거듭될수록 상호적 이타성을 위한 심리 기제가 퍼져나가게 된다. 요컨대 상호적 이타성은 "상호 이익을 위해 둘 이상의 개인 사이에 일어나는 협력"으로 정의할 수 있다(Cosmides & Tooby, 1992, p. 169). 상호적 이타성과 비슷한 말로는 **협력**cooperation, **상호 교환**reciprocation, **사회적 교환**social exchange 등이 있다.

상호적 이타주의자가 맞닥뜨리는 중요한 적응 문제 한 가지는 자신이 베푸는 편익이 장래에 회수되리라는 보장을 받는 것이다. 예를 들어 어떤 사람이 상호적 이타주의자인 척 가장했다가 편익만 챙기고 장래에 상응한 보답을 하지 않을 수 있다. 이것을 **속임수 문제**라 부른다. 이 장 후반부에서 우리는 속임수라는 적응 문제를 해결하기 위해 설계된 특별한 심리 기제가 진화했음을 시사하는 경험적 증거를 살펴볼 것이다. 그렇지만 먼저 상호적 이타성이 진화할

진화심리학

수 있음을 보여주는 흥미로운 컴퓨터 시뮬레이션을 검토하고 나서, 협력의 진화 사례를 확실하게 보여주는 몇몇 동물을 살펴보기로 하자.

받은 만큼 되돌려주기 Tit for Tat

상호적 이타성 문제는 '죄수의 딜레마'라는 게임과 비슷하다. 죄수의 딜레마는 함께 저지른 범죄 때문에 붙잡혀 유죄를 받을 것이 확실시되는 두 사람이 등장하는 가상의 상황이다. 두 죄수는 서로 대화를 나누지 못하게 각각 다른 방에 갇혀 있다. 경찰은 두 사람을 심문하면서 서로 상대방을 배신하게 하려고 노력한다. 만약 두 사람 다 상대방이 범죄를 저지르지 않았다고 하면, 경찰은 증거 부족으로 두 사람 다 풀어줄 수밖에 없다. 이것은 협력 전략으로, 죄수의 관점에서 볼 때 두 사람 모두에게 최선의 전략이다.

그렇지만 경찰은 두 사람에게 서로 상대방을 배신하게 하기 위해, 만약 범죄를 자백하고 상대방도 공범이라고 이야기하면 자백한 사람을 석방하고 보상금도 약간 주겠다고 제안한다. 그러나 만약 둘 다 자백하면, 두 사람 다 처벌을 받고 징역형을 살아야 한다. 만약 한 사람만 자백하고 한 사람은 자백하지 않는다면, 자백하지 않은 사람은 두 사람이 다 자백했을 때보다 더 무거운 처벌을 받는다. 〈그림 9.1〉은 죄수의 딜레마 상황을 도표로 일목요연하게 보여준다.

이 도표에서 R은 두 죄수 모두 상대방의 범죄 사실을 이야기하지 않은 상호 협력에 대한 보상이다. P는 두 사람 다 자백을 할 때 각자가 받게 되는 처벌이다. T는 배신하고 싶은 유혹—상대방의 범죄 사실을 이야기하는 대가로 받는 소액의 보상금 때문에—이다. S는 '배신당한 자의 대가', 즉 상대방이 배신을 하고 자신은 배신하지 않았을 때 자신이 받게 될 불이익이다.

이 게임을 죄수의 딜레마라고 부르는 이유는, 두 사람에게 합리적인 행동은 자백하는 것이지만, 그 결과는 서로를 믿기로 결정하는 것보다 두 사람에게 더 나쁘기 때문이다(그래서 딜레마). 플레이어 A의 문제를 생각해보자. 만약 동료가 자백을 하지 않는다면, A는 배신을 하는 쪽이 이익이다—자신은 석방되고, 게다가 동료를 배신한 대가로 소액의 보상금을 받기 때문이다. 반면에 만약 동료가 배신을 한다면, 플레이어 A 역시 배신을 하는 게 훨씬 낫다. 그러지 않으면 가장 무거운 처벌을 받을 위험이 있다. 종합하면, 논리적으로는 설사 상

		플레이어 B	
		협력	배신
플레이어 A	협력	$R=3$ 상호 협력에 대한 보상	$S=0$ 배신당한 자의 대가
	배신	$T=5$ 배신하고 싶은 유혹	$P=1$ 상호 배신에 대한 처벌

그림 9.1 죄수의 딜레마 게임. 이것은 로버트 액설로드가 컴퓨터로 돌린 토너먼트에 사용된 이익 분배 매트릭스이다. 한 게임은 두 전략 사이에서 벌어지는 200번의 대결로 이루어진다. 이 게임은 $T>R>P>S$와 $R>(S+T)/2$로 정의된다.

출처: Axelrod, R., & Hamilton, W. D. (1981). The evolution of cooperation. *Science, 211*, 1390–1396. Copyright © 1981 American Association for the Advancement of Science. Reprinted with permission.

호 협력이 두 사람 모두에게 최선의 결과를 낳는다 하더라도, 동료가 어떻게 하건 배신을 하는 것이 유리하다.

이 가상의 딜레마는 상호적 이타성 문제와 비슷하다. 각자는 협력을 통해 이득을 얻을 수 있지만(R), 각자는 상호 교환 없이 상대방의 이타성이 주는 이익만 챙기고 싶은 유혹을 느낀다(S). 만약 게임을 딱 한 번만 한다면, 유일하게 분별 있는 행동은 배신이다. 로버트 액설로드 Robert Axelrod와 해밀턴 W. D. Hamilton(1981)은 게임이 수없이 반복되면서 각각의 플레이어가 게임이 언제 끝날지 알지 못할 때 협력의 열쇠가 나타난다는 것을 보여주었다.

'반복되는 죄수의 딜레마' 게임에서 승리하는 전략을 **받은 만큼 되돌려주기** tit for tat 라고 부른다. 액설로드와 해밀턴은 컴퓨터 시합을 개최함으로써 이 전략을 발견했다. 두 사람은 전 세계의 경제학자, 수학자, 과학자, 컴퓨터 천재들에게 죄수의 딜레마 게임을 200번 하는 전략을 제출해달라고 요구했다. 점수는 〈그림 9.1〉의 이익 분배 매트릭스에 따라 주었다. 승자는 누구든지 가장 높은 점수를 얻는 사람으로 정했다. 전략들은 다른 플레이어와 상호작용하는 결정 규칙으로 이루어졌다. 모두 열네 가지 전략이 제출되었는데, 그것들을 한 쌍씩 묶어 리그전 방식으로 컴퓨터 시합을 벌였다. 일부 전략은 아주 복잡했는데, 다른 전략을 모형으로 삼았다가 중간에 갑자기 전략을 바꾸는 부대 규칙을 포함한 것도 있었다. 가장 복잡한 것은 FORTRAN이란 컴퓨터 언어로 작성된 75행짜리 명령문이었다. 그러나 대회의 우승자는 겨우 4행짜리 FORTRAN 명령문으로 이루어진 가장 단순한 전략으로, 바로 받은 만큼 되돌려주기 전략이었다. 그것은 단순한 규칙 두 가지로 이루어져 있었다: (1) 첫 번째 시도에서는 협력하고, (2) 그 다음부터는 무조건 상대가 한 대로 응수하라. 다시 말해서, 처음에는 협력하고, 만약 상대가 협력하면 계속 협력하는 것이다. 만약 상대방이 배신하면 똑같이 배신한다. 트리버스(1985)는 이 전략에 '조건부 호혜성 contingent reciprocity'이라는 적절한 이름을 붙였다.

액설로드(1984)는 이 전략의 성공을 담보하는 핵심 열쇠인 세 가지 특징을 확인했다 : (1) **절대로 먼저 배신하지 마라**—항상 처음에는 협력하는 행동을 보이고, 상대방이 협력하는 한 계속 협력하라 ; (2) **상대방이 먼저 배신한 다음에만 보복하라**—상호 교환이 깨지는 첫 번째 사건이 일어난 뒤에 즉각 배신하라 ; (3) **용서하라**—전에 배신했던 상대방이 협력하기 시작하면, 협력을 되돌려주면서 서로에게 이익이 되는 순환을 계속 유지해라. 요약하면 이렇게 말할 수 있다 : "처음에는 상대방이 내게 해주길 원하는 대로 상대방에게 해주되, 그 다음부터는 상대방이 내게 한 대로 똑같이 해준다."(Trivers, 1985, p. 392) 〈박스 9.1〉에 받은 만큼 되돌려주기 전략이 성공할 수 있도록 협력을 촉진하는 전략들이 나와 있다. 이 컴퓨터 시합의 결과는 자연에서 협력이 아주 쉽게 진화할 수 있음을 시사한다.

사람 외의 종들에게서 볼 수 있는 협력

종들은 진화의 역사를 통해 각자 독특한 적응 문제에 많이 맞닥뜨리지만, 공통의 적응 문제에 대해 비슷한 해결책을 찾은 종들도 있다. 사람 외의 다른 종들을 살펴보면서 협력이 진화했는지 알아보는 것도 큰 도움이 된다. 먼저 흥미로운 흡혈박쥐의 사례를 살펴보고 나서 계통발생적으로 우리와 더 가까운 침팬지의 사례를 살펴보기로 하자.

흡혈박쥐의 먹이 나누기

흡혈박쥐라는 이름은 다른 동물의 피를 빨아먹고 살기 때문에 붙었다. 흡혈박쥐는 최대 12마리의 어른 암컷과 그 자식들로 무리를 이루어 산다. 수컷은 독립할 나이가 되면 무리를 떠난다. 흡혈박쥐는 낮에는 숨어 지내다가 밤이 되면 나와서 소나 말의 피를 빨아먹는다. 물론 피를 빨리는 동물들은 원해서 그러는

BOX 9.1

협력을 촉진하는 전략

액설로드(1984)가 주요 성공 전략으로 받은 만큼 되돌려주기 전략을 분석한 것에 따르면, 거기서 협력 촉진을 위한 여러 가지 실질적 결과가 나온다. 첫째, **미래의 그림자를 키운다.** 만약 확대된 미래에서 다른 사람이 여러분과 자주 상호작용할 것이라고 생각하면, 그 사람은 협력을 할 동기를 더 크게 느낄 것이다. 만약 사람들이 '마지막 수'가 언제 일어날지, 그리고 관계가 곧 끝날지 안다면, 협력 대신에 배신을 할 동기가 더 커진다. 미래의 그림자를 키우는 것은 상호작용을 더 빈번하게 하고, 관계에 대한 서약(예를 들면 결혼 서약을 할 때와 같이)을 함으로써 이룰 수 있다. 이혼이 종종 상호 배신의 추한 행동을 빈번하게 보이는 이유는 필시 쌍방이 '마지막 수'와 예리하게 잘려나간 미래의 그림자를 인식하기 때문일 것이다.

두 번째 전략은 **호혜성을 가르치는 것이다.** 이것은 상대방을 협력하게 함으로써 자신에게 도움이 될 뿐만 아니라, 착취적 전략이 고개를 드는 것을 더 어렵게 만든다. 받은 만큼 되돌려주기 전략을 따르는 사람의 수가 많을수록 배신을 통해 다른 사람을 착취하려는 시도가 성공할 가능성이 떨어진다. 근본적으로, 협력자들은 서로 상호작용을 통해 번성하고, 착취자는 먹이로 삼을 대상이 줄어들어 어려움을 겪게 될 것이다.

세 번째 전략은 **형평성을 강조하는 것이다.** 탐욕은 많은 사람의 몰락을 초래한 원인이다. 금에 대한 탐욕 때문에 손 대는 것 모두가 금으로 변했다는 미다스 왕의 신화가 대표적인 예이다. 받은 만큼 되돌려주기 전략의 아름다움은 자신이 주는 것보다 더 많은 것을 받길 원치 않는다는 데 있다. 형평성을 내세움으로써 받은 만큼 되돌려주기 전략은 다른 사람들의 협력을 쉽게 이끌어낼 수 있다.

네 번째 전략은 **도발에 즉각 반응하는 것이다.** 상대방이 나를 배신하면, 최선의 전략은 즉각 보복하는 것이다. 이러한 태도는 착취를 좌시하지 않겠다는 강력한 신호가 되어 미래의 협력을 끌어내는 데 도움이 된다.

협력을 촉진하는 마지막 전략은 **호혜적 상대로서 자신의 평판을 높이는 것이다.** 우리는 다른 사람들이 우리를 생각하는 믿음—우리의 평판—이 우리를 친구로 대할지 아니면 피할지 결정을 내리는 데 중요한 역할을 하는 사회적 세계에 살고 있다. 평판은 자신의 행동을 통해 생겨나며, 행동에 대한 소문은 사람들의 입을 통해 퍼져나간다. 호혜적 상대자로서 평판을 높이면, 다른 사람들이 상호 이익을 위해 그 사람을 찾을 것이다. 반면에 착취자로 소문이 나면 사회적 기피 대상으로 전락할 것이다. 이 전략들의 결합 효과로 협력이 급증하는 패턴이 나타날 수 있고, 그러면 이전에 착취자들도 협력자로 변신함으로써 나쁜 평판을 고치려고 노력할 것이다. 이런 식으로 집단 내에서 협력을 촉진할 수 있다.

것이 아니다. 실제로 소와 말은 종종 꼬리를 휘둘러 피를 빨아먹으려는 흡혈박쥐를 쫓는다. 흡혈박쥐가 피를 성공적으로 빨아먹는 능력은 나이와 경험이 많아짐에 따라 향상된다. 한 연구에 따르면, 어린 흡혈박쥐(만 2세 미만)가 어느 날 밤에 피를 빨아먹는 데 실패하는 비율이 33%나 되는 반면, 2세 이상인 흡혈박쥐 중에서 실패하는 비율은 7%밖에 안 되었다(Wilkinson, 1984).

먹이를 얻는 데 실패한 흡혈박쥐는 어떻게 살아갈까? 먹이를 제대로 먹지 못하면 금방 죽을 수 있다. 흡혈박쥐가 피를 빨지 않고 버틸 수 있는 기간은 사흘밖에 안 된다. 그렇지만 위의 통계 자료가 보여주듯이 먹이를 먹는 데 실패하는 일은 상당히 많이 일어난다. 실패 비율이 33%라면, 거의 모든 박쥐가 며칠에 한 번씩은 실패하는 셈이니 아사할 위험이 늘 도사리고 있다. 월킨슨(1984)은 흡혈박쥐가 거의 어김없이 자기가 빨아먹은 피 중 일부를 게워내 무리 중의 다른 흡혈박쥐에게 준다는 사실을 발견했는데, 아무에게나 주는 것은 아니었다. 대신에 이전에 피를 받은 적이 있는 친구들에게 피를 주었다. 월킨슨은 박쥐들 사이의 관계가 더 친밀할수록—함께 있는 것이 더 자주 목격될수록—서로 피를 나눠줄 가능성이 더 높다는 사실을 보여주었다. 가까이에 있는 것이 전체 시간 중 최소한 60% 이상 목격된 박쥐들만 그 동료에게서 피를 받았다. 그보다 적은 시간을 함께 지낸 박쥐에게 피를 나누어준 박쥐는 단 한 마리도 없었다.

월킨슨(1984)은 이 연구의 다른 부분에서 포획 사육하는 흡혈박쥐 집단을 이용해 상호적 이타성의 또 다른 측면들을 조사했다. 그는 실험적으로 개개 박쥐에게 먹이를 주지 않으면서 박쥐마다 먹이를 주지 않는 시간을 달리했다. 그 결과, '친구 박쥐'는 그렇게 먹이가 절실하지 않은(예컨대 죽기까지 아직 이틀이나 남은) 친구들보다는 아사 직전(예컨대 죽기 13시간 전)이어서 먹이가 절실히 필요한 친구들에게 피를 더 자주 준다는 사실을 발견했다. 또, 굶주린 상태에서 친구에게 도움을 받은 박쥐가 나중에 친구가 어려움에 빠졌을 때 피를 줄 가능성이 더 높다는 사실도 발견했다. 요컨대, 흡혈박쥐는 상호적 이타성 적응이 진화했다는 징후를 모두 보여준다.

침팬지 정치학
네덜란드 아른험에 있는 동물원에서 큰 무리를 지어 사는 침팬지 사이에서는 예로엔Yeroen이라는 침팬지가 수컷 우두머리로 군림했다(de Waal, 1982). 예로엔은 과장되게 무게를 잡고 걸어다녔고, 실제보다 몸집이 더 커 보였다. 자신의 지배력을 보여주어야 할 때가 아주 가끔 있었는데, 그럴 때면 털을 곤두세우고 다른 침팬지들을 향해 전속력으로 돌진했고, 그러면 다른 침팬지들은 사방으로 뿔뿔이 흩어졌다. 예로엔의 지배력은 성적 활동에까지 미쳤다. 무리 중에서 수컷 어른은 네 마리가 있었지만, 발정기에 이른 암컷들이 하는 짝짓기 중 약 75%를 예로엔 혼자서 독차지했다.

그러나 예로엔이 늙어가면서 변화가 일어나기 시작했다. 라위트Luit라는 젊은 수컷이 갑자기 크게 성장해 예로엔의 지위에 도전했다. 라위트는 복종적인 인사를 하지 않음으로써 예로엔을 두려워하지 않는다는 것을 보여주었다. 한번은 라위트가 예로엔에게 다가가 손으로 세게 때린 적도 있었다. 또 치명적인 송곳니로 상처를 입힌 적도 있었다. 그렇지만 싸움은 대개 유혈 사태 대신에 위협을 가하고 허세를 부리는 다소 상징적인 방식으로 진행되었다. 처음에는 모든 암컷이 예로엔 편을 들어 예로엔이 지위를 계속 유지할 수 있었다. 사실, 암컷들과의 상호 동맹은 지위를 유지하는 데 필수적이다—수컷은 다른 수컷의 공격에서 암컷들을 보호해주어 분쟁이 발생했을 때 '조정자' 역할을 한다. 암컷은 대가로 그 수컷을 지지함으로써 지위를 유지하는 데 도움을 준다.

그러나 라위트의 지배력이 눈에 띄게 커지자 암컷들은 하나 둘 예로엔을 배신하고 라위트의 편을 들기 시작했다. 두 달 뒤, 권력 이동이 끝났다. 예로엔은 권좌에서 밀려나 라위트에게 복종적인 인사를 하기 시작했다. 그에 따라 짝짓기 행동에도 변화가 일어났다. 예로엔이 권좌에 있을 때에는 라위트는 전체 짝짓기 중 25%만 할 수 있었지만, 이제 그 비율은 50% 이상으로 늘어났다. 반면에 예로엔의 성적 접근은 0으로 떨어졌다.

비록 권좌에서 쫓겨나고 성적 접근도 전혀 허용되지 않았지만, 예로엔은 그대로 완전히 물러날 생각이 없었다. 예로엔은 젊은 수컷인 니키Nikkie에게 접근해 가까운 동맹이 되었다. 예로엔이나 니키는 혼자서는 라위트와 맞설 수 없었지만, 힘을 합치면 무시할 수 없는 동맹이 되었다. 이 동맹은 몇 주일에 걸쳐 점점 더 대담하게 라위트에게 도전했다. 그러다가 결국 육체적 싸움이 벌어졌다. 싸움에 참여한 침팬지는 모두 부상을 입었지만, 니키와 예로엔 동맹이 승리를 거두었다. 승리를 거둔 뒤, 니키는 전체 짝짓기 중 50%를 차지했다. 예로엔은 권좌에서 쫓겨난 뒤 0%로 떨어졌던 짝짓기 지분을 25% 얻었다. 예로엔은 우두머리의 지위에 다시 오르진 못했지만, 동맹 덕분에 짝짓기에서 완전히 배제되는 것을 피할 수 있었다. 니키도 예로엔과 동맹을 맺은 덕분에 라위트를 물리치고 우두머리 자리에 오를 수 있었다.

침팬지의 사회 생활에서 동맹은 중요한 특징이다. 수컷들은 평소에 암컷들의 털을 골라주거나 그 새끼들과 놀아주면서 암컷들과 동맹을 맺으려고 노력한다. 암컷들과의 동맹 없이 무리 중에서 우두머리 자리에 오르는 것은 불가능하다. 우두머리 지위를 얻기 위한 노력의 일환으로 수컷은 경쟁자와 친밀한 관계를 맺고 있는 암컷을 발견하면 그 암컷을 물거나 쫓아가면서 괴롭힌다. 그리고 암컷이 경쟁자와 더 이상 친하게 지내지 않으면, 수컷은 암컷과 그 자식들에게 아주 친밀한 태도를 보인다. 침팬지가 동맹을 맺는 주요 전략은 바로 이것이다 : 경쟁자에게서 동맹을 잘라내고, 경쟁자의 이전 동맹을 자기 편으로 끌어들이려고 노력한다. 드 발의 흥미로운 침팬지 정치학 연구를 통해 상호적 이타성—수컷들 사이뿐만 아니라 양 성 사이에도 형성되는 동맹—의 진화가 얼마나 복잡한지 엿볼 수 있다.

■ 사람들 사이의 협력과 이타성

사회 계약 이론

상호적 이타성 이론은 생물은 협력적 교환을 통해 이득을 얻을 수 있다고 예측한다. 그렇지만 한 가지 문제가 있는데, 많은 잠재적 교환은 동시에 일어나지 않는다. "만약 내가 네게 지금 편익을 준다면, 너도 나중에 그 보답으로 편익을 제공할 것이라고 믿을 수 있어야만 한다. 만약 네가 보답을 하지 않는다면, 나는 순전히 비용만 떠안게 된다." 요컨대, 상호적 교환을 포함하는 관계는 속임수—상대방이 상호 교환의 비용을 지불하지 않고 편익만 취할 때—에 취약하다(Cosmides & Tooby, 1992 ; 2005).

자연에서 동시 교환이 일어나는 기회가 가끔 있긴 하다. 예컨대 "내가 채집한 과일을 좀 줄 테니 너도 사냥한 고기를 좀 다오."라는 식으로 동시 교환이 일어날 수 있다. 그러나 많은 맥락에서는 동시 교환이 불가능한 협력 기회가 발생한다. "예를 들어 만약 네가 늑대에게 공격을 받을 때 내가 달려가서 돕는다면, 너는 내가 부담한 비용을 동시에 되갚을 수 없을 것이다."

동시 교환이 가끔 불가능한 또 한 가지 이유는 상호작용하는 사람들의 필요와 능력이 완벽하게 맞아떨어지는 경우가 드물기 때문이다. "만약 내가 굶고 있는데 식량을 풍부하게 공급할 수 있는 사람이 너뿐이라면, 내가 굶지 않도록 도와준 너에게 내가 즉각 보답할 길이 없다. 대신에 너는 네가 큰 어려움에 처했을 때 내가 달려가 너를 도울 것이라고 믿어야만 한다." 교환이 동시에 일어나지 않을 때에는 항상 배신—편익을 먼저 챙긴 뒤 나중에 보답을 하지 않음으로써—의 문이 열려 있다.

진화심리학자 레다 코스미데스와 존 투비는 사람들 사이에서 협력적 교환이 진화한 것을 설명하기 위해 속임수 문제를 어떻게 해결했는지에 특별한 관심을 기울여 사회 계약 이론을 만들었다. 속임수 가능성은 협력의 진화에 상시적 위협으로 작용한다. 그 이유는 최소한 특정 조건에서는 사기꾼이 협력자보다 진화에서 유리하기 때문이다. "네가 제공한 편익을 취하기만 하고 나중에 보답을 하지 않는다면, 나는 2배의 이익을 얻을 수 있지. 이미 받은 편익으로 이익을 취했고, 그 대가로 주어야 할 비용을 절약할 수 있어서 또 이익이니까." 이런 이유 때문에 모든 사람이 비협력자로 가득 찰 때까지는 긴 진화 시간 동안 사기꾼이 협력자보다 더 잘 살아갈 것이다.

상호적 이타성은 사기꾼을 간파하고 회피하는 기제가 있어야만 진화할 수 있다. 만약 협력자가 사기꾼을 간파하고, 같은 생각을 가진 협력자하고만 상호작용을 한다면, 장기간에 걸쳐 상호적 이타성이 뿌리를 내리고 진화할 수 있다. 대신에 사기꾼은 협력적 교환을 통해 편익을 얻지 못해 불리한 처지에 놓일 것이다. 사회 계약을 맺고 늘 존재하는 사기꾼의 위협을 피하도록 촉진하는 기제가 진화하기 위해 사람들이 해결해야 하는 구체적인 문제에는 어떤 것들이 있을까? 코스미데스와 투비(1992)는 다섯 가지 인지적 능력을 꼽았다.

능력 1: 많은 개인들을 식별하는 능력. "만약 네가 내게 편익을 제공하고 나서 내가 '익명의 타인이라는 바다' 속으로 사라진다면(Axelrod & Hamilton, 1981), 너는 속임수에 취약할 것이다. 너는 나를 알아볼 수 있어야 하고, 나머지 사람들과 분명히 구별되는 모습으로 기억할 수 있어야 한다." 많은 개인을 식별할 수 있는 능력은 당연한 것처럼 보일지 모르지만, 그것은 단지 사람들이 거기에 아주 능숙하기 때문이다. 한 연구에서는 사람들이 최대 34년 동안 보지 않은 사람도 알아보는 비율이 90%가 넘는다는 결과가 나왔다(Bahrick, Bahrick, & Wittlinger, 1975). 뇌의 특정 영역에서 이 능력을 담당한다는 신경학적 증거가 있다. 대뇌 우반구의 특정 장소가 손상된 사람은 사람의 얼굴을 잘 알아보지 못하는 '얼굴 인식 불능증'이라는 특별한 장애가 나타난다(Gardner, 1974). 사람은 걷는 모습만 보고서도 다른 사람을 식별하는 능력도 아주 뛰어나다(Cutting, Profitt, & Kozlowski, 1978). 요컨대, 사람은 많은 개인을 잘 식별하는 능력이 진화했음을 뒷받침하는 훌륭한 과학적 증거가 있다.

능력 2: 많은 개인과 상호작용한 이력을 기억하는 능력. 이 능력은 다시 여러 가지 능력으로 나누어진다. 첫째, 상호작용하는 사람이 이전에 협력자였는지 사기꾼이었는지 기억할 수 있어야 한다. 둘째, 누가 무엇을 누구에게 빚졌는지 추적할 수 있어야 한다. 그러려면 자신이 부담한 비용과 어떤 개인에게서 제공받은 편익을 추적할 수 있는 일종의 '회계 시스템'이 필요하다. 과거에 다른 사람에게 무엇을 얼마나 주었는지 추적하지 못한다면, 나중에 그 사람이 돌려주는 편익이 과거에 자신이 부담한 비용을 적절히 보상하는 것인지 알 방법이 없다.

능력 3: 자신의 가치를 남에게 알리는 능력. 만약 여러분이 원하는 것을 친구가 이해하지 못한다면, 어떻게 친구가 여러분에게 필요한 편익을 제공할 수 있겠는가? 자신의 어려움을 배신자에게 제대로 전달하지 못한다면, 장래의 배신에 취약해질 수 있다. 드 발(1982)의 침팬지 연구에 나오는 사례를 한 가지 살펴보자. 그 연구는 한쪽이 공격을 받을 때 서로 도움을 제공하는 관계를 오래 지속한 라위트와 암컷 침팬지 파위스트Puist에 관한 것이었다.

이 일은 라위트가 니키를 쫓는 것을 파위스트가 도운 뒤에 일어났다. 나중에 니키가 파위스트를 [공격적으로] 위협하자, 파위스트는 라위트에게 달려가 손을 뻗으면서 도움을 구했다. 그러나 라위트는 니키의 공격에 맞서 파위스트를 보호하려는 행동을 전혀 하지 않았다. 그러자 파위스트는 라위트를 향해 돌아서서 사납게

짖고, 사육장을 가로지르며 쫓고, 때리기까지 했다. (de Waal, 1982, p. 207)

파워스트는 자신이 필요할 때 라위트가 도움을 제공하지 않은 것에 불만을 나타낸 것처럼 보인다. 비록 침팬지 간에 일어나는 그러한 의사 소통은 비언어적인 것이지만, 사람은 욕구나 권리, 상대방이 이행하지 않은 의무에 대한 불만을 전달하는 방법으로 감정적 표현과 그 밖의 비언어적 행동과 함께 언어로 그것을 보완할 수 있다. "넌 내게 빚이 있어.", "난 이게 필요해.", "나는 이것을 요구할 권리가 있어.", "난 이걸 원해."와 같은 표현은 사람이 자신의 가치를 다른 사람에게 전달하는 방법을 대표한다.

능력 4. 다른 사람의 가치를 파악하는 능력. 자신의 가치를 남에게 알리는 능력의 이면에는 다른 사람의 가치를 이해하는 능력이 있다. 만약 다른 사람이 언제 도움이 필요하고, 어떤 것이 필요한지 파악할 수 있다면, 상대방에게 꼭 필요한 도움을 제공할 수 있다. 만약 상대방이 굶주리지도 않았고 식량도 충분하다는 사실을 알아채지 못한 채 여러분이 고기를 준다면, 여러분이 제공한 편익은 상대방에게 별로 가치가 없을 것이다. 다른 사람의 욕구와 필요를 이해하여 적시에 필요한 것을 제공하면, 상대방의 가치를 제대로 파악하지 못했을 때보다 자신이 제공하는 편익의 가치를 극대화하여 상대방이 더 큰 고마움을 느끼게 할 수 있다.

능력 5: 교환하는 특정 품목에 상관 없이 비용과 편익을 대표하는 능력. 코스미데스와 투비(1989)는 많은 동물은 교환하는 품목이 먹이와 섹스를 비롯해 일부 품목에 제한돼 있다고 주장한다. 그러나 사람은 아주 다양한 품목을 교환할 수 있고 실제로 교환한다. 일부만 예를 들면, 칼과 그 밖의 도구, 고기, 장과류, 견과류, 생선, 주거, 보호, 지위, 친구에 대한 접근, 싸움 지원, 성적 접근, 돈, 불어서 쏘는 화살통, 적에 대한 정보, 기말 리포트 작성 도움, 컴퓨터 프로그램 등이 있다. 이런 이유 때문에 진화한 사회적 교환 기제는 특정 품목을 대표(개념화)하거나 그것을 놓고 협상을 하도록 사전에 설계되었을 리가 없다. 우리는 광범위한 품목의 비용과 편익을 이해하고 인지적으로 대표할 수 있어야 한다. 사람에게 진화한 것은 특정 품목과 관련된 특별한 능력이 아니라 교환의 비용

진화심리학

과 편익을 대표하는 일반적인 능력이다.

요컨대, 사회 계약 이론은 사기꾼 문제를 해결하고 사회적 교환을 성공적으로 만들기 위해 사람에게 진화한 다섯 가지 인지적 능력이 있다고 주장한다. 사람은 다른 개인들을 식별할 수 있어야 하고 ; 그들과 상호작용한 이력을 기억해야 하며 ; 가치와 욕구와 필요를 다른 사람에게 알릴 수 있어야 하고 ; 다른 사람에게서도 그런 것들을 파악해야 하며 ; 다양한 교환 품목의 비용과 편익을 대표할 수 있어야 한다.

사기꾼을 간파하는 적응의 증거

코스미데스와 투비는 사회 계약 이론을 검증하기 위해 논리 문제에 대한 사람들의 반응을 조사하는 경험적 연구를 열 가지 이상 했다. 논리는 그 형식에 상관 없이 어떤 진술의 참에서 다른 진술의 참을 이끌어낼 수 있는 추론을 가리킨다. "만약 P이면, Q이다."라고 한다면, P가 참일 경우 Q도 참임을 논리적으로 추론할 수 있다. 이것은 "만약 내가 식료품점에 간다면, 그것은 내가 배고프다는 걸 뜻한다."나 "만약 네가 내게 성적으로 충실하지 않으면, 나는 너를 떠나겠다."를 비롯해 모든 진술에 적용된다.

불행하게도 사람은 논리 문제를 푸는 데 그다지 뛰어나지 못한 것처럼 보인다. 같은 방에 고고학자, 생물학자, 체스를 두는 사람이 여러 명 앉아 있다고 상상해보라(Pinker, 1997, p. 334). 고고학자 중에서 생물학자인 사람은 한 명도 없지만, 생물학자는 전부 다 체스를 둔다. 이 정보에서 무엇을 알 수 있는가? 조사한 대학생 중 50% 이상은 여기서 고고학자 중에서 체스를 두는 사람은 아무도 없다는 결론을 내렸다. 그러나 이것은 잘못된 추론이다. "생물학자는 전부 다 체스 선수이다."라는 진술은 고고학자는 아무도 체스를 두지 않는다는 뜻이 아니기 때문이다. 이 조사에 참여한 사람들 중에서 방 안에서 체스를 두는 사람들 중 생물학자나 고고학자가 아닌 사람도 있다는 결론(하지만 전제에서 분명히 도출되는 결론)을 내린 사람은 하나도 없었다. 그리고 약 20%는 위의 전제에서 어떤 유효한 추론도 이끌어낼 수 없다고 주장했는데, 물론 이 주장은 명백히 틀린 것이다.

한 형태의 논리 문제를 생각해보자(Wason, 1966). 테이블 위에 카드 4장이 놓여 있다. 각 카드의 한쪽 면에는 문자가 적혀 있고 반대쪽 면에는 숫자가 적혀 있는데, 여러분은 한쪽 면만 볼 수 있다. 자, 그러면 다음 규칙을 검증하려면 어느 카드를 뒤집어야 할까? : "한쪽 면에 모음 문자가 적힌 카드는 반대쪽 면에 짝수가 적혀 있다." 이 규칙이 참인지 검증하기 위해 뒤집어야 할 카드들만 뒤집어보라.

만약 여러분이 연구들에 참여한 대다수 사람들과 같다면, 'a' 카드만 뒤집거나 'a'와 '2' 카드만 뒤집을 것이다. 'a' 카드는 분명히 맞다. a는 모음이므로, 만약 뒷면에 홀수가 적혀 있다면, 규칙이 틀렸음이 입증된다. 그러나 '2' 카드는 규칙을 검증하는 데 도움이 되는 정보를 전혀 제공하지 못한다. 규칙은 한쪽 면이 짝수인 카드는 반대쪽 면이 모음이어야 한다고 이야기하지 않기 때문에, '2' 카드의 반대쪽 면이 자음이든 모음이든 상관이 없다. 반면에 '3' 카드를 뒤집는 것은 이 규칙을 검증하는 데 중요한 역할을 할 수 있다. 만약 '3' 카드의 반대쪽 면이 모음이라면, 규칙이 틀렸음을 결정적으로 입증할 수 있다. 따라서 논리적으로 정답은 'a' 카드와 '3' 카드를 뒤집는 것이다('b' 카드 역시 규칙을 검증하는 데 아무 정보도 제공하지 않는데, 규칙은 자음이 적힌 카드의 반대쪽 면이 홀수여야 하는지 짝수여야 하는지 아무 이야기도 하지 않기 때문이다). 사람들은 왜 이런 종류의 문제를 푸는 데 서툴까?

코스미데스와 투비(1992 ; 2005)에 따르면, 그 답은 사람이 추상적인 논리 문제에 대응하도록 진화하지 않았기 때문이다. 그렇지만 사람은 사회적 교환으로 구조화된 문제가 비용과 편익의 형태로 제시되었을 때 거기에 대응하도록 진화했다. 다음 문제를 생각해보라. 여러분이 술집에 고용된 경비원이라고 하자. 여러분이 맡은 일은 미성년자가 술을 마시지 못하게 하는 것이다. 여러분은 다음 규칙을 지켜야 한다 : "술을 마시는 사람은 21세 이상이어야 한다." 자, 그러면 맥주를 마시는 사람, 탄산 음료를 마시는 사람, 25세인 사람, 16세인 사람이 있다고 할 때, 네 사람 중에서 여러분이 임무를 다하기 위해 조사해야 할 사람은 누구일까? 앞에 나온 추상적인 논리 문제와는 대조적으로, 대다

진화심리학

만약 여러분이 맡은 일이 "술을 마시는 사람은 21세 이상이어야 한다."라는 규칙을 지키도록 사람들의 신원을 확인하는 것이라면, 어떤 사람에게 신분증을 제시하라고 요구하겠는가?

수 사람들은 맥주를 마시는 사람과 16세인 사람이라고 정확하게 답을 알아맞힌다. 이 문제의 논리는 모음과 짝수가 나온 앞의 추상적인 문제와 정확하게 똑같다. 그런데 왜 사람들은 이 문제는 잘 풀면서 추상적인 문제는 잘 풀지 못하는 것일까?

사람들은 문제의 구조가 사회 계약의 형태를 하고 있을 때에는 정확하게 추론을 한다. 만약 여러분이 21세 미만인데도 맥주를 마신다면, 나이라는 자격 요건(비용)을 충족시키지 않고 편익을 얻는 셈이다. 사람들은 비용을 치르지 않고 편익을 취하는 '사기꾼을 찾아내는 데'에는 아주 뛰어나다.

사람들이 이 과제를 잘 해내게 하려면, 문제를 비용을 지불하고 편익을 얻는 형태로 보도록 구조를 바꾸기만 하면 된다. 코스미데스와 투비는 많은 대체 가설을 배제할 수 있었다. 예를 들어 그 효과는 문제 내용에 친숙해지는 것하고는 아무 상관이 없다. "결혼한 사람은 이마에 문신이 있다."라거나 "몽공고 열매를 먹는 사람은 키가 180 cm 이상으로 자란다."와 같은 이상하고 낯선 규칙을 사용하더라도, 전체 실험 참여자 중 약 75%는 여전히 정답을 알아맞힌다 (추상적인 형태로 만든 문제에서는 정답을 알아맞히는 비율이 10% 미만인 것과는 대조적으로). 이 연구들에 따르면, 사람의 마음에는 사기꾼을 간파하도록 특별히 설계된 진화한 심리 기제가 있다. 이 결과는 에콰도르의 채집인 부족인 시위아르족 같은 다른 문화에서도 재현되었다(Sugiyama, Tooby, & Cosmides, 2002). 실제로 한 가지 조건에서 시위아르족이 정답을 알아맞힌 비율은 86%로, 하버드 대학생들의 성적(대개 75~92%)과 거의 비슷했다. 이러한 비교문화적 증거는 사회적 교환에서 사기꾼 간파 적응이 보편적으로 진화했을 가능성을 시사한다.

특별한 사기꾼 간파 적응을 뒷받침하는 또 하나의 증거는 진화심리학자 발레리 스톤Valerie Stone과 그 동료들이 뇌를 다친 환자들을 대상으로 실시한 연구(Stone et al., 2002)에서 나왔다. 한 환자인 R. M.은 뇌의 두 영역인 안와전두피질과 편도체에 지속적인 손상을 입었다. R. M.은 어떤 문제들은 정확하게 추론할 수 있었다. 예를 들면, 'X 같은 위험한 행동을 한다면, Y 같은 적절한 예방 조처를 취해야 한다."는 형태로 '예방 규칙'의 구조를 가진 문제에서는 R. M.은 뇌 손상이 전혀 없는 사람들만큼 높은 점수를 얻었다. 반면에 "만약 X라는 편익을 얻는다면, Y라는 비용을 치러야 한다."와 같은 종류의 사회 계약 문제에서는 점수가 아주 낮았다. 두 종류의 추론에서 R. M.의 성적이 이렇게 차이가 나는 것은 사회적 교환 추론이 사람의 인지 기제에서 별개의 특화된 요소일지도 모름을 말해준다. 흥미로운 사실은, R. M.과 같은 종류의 뇌손상을 입은 사람들은 사기와 착취 관계, 불평등한 사업 거래에 취약하다는 점이다 (Stone et al., 2002).

사기꾼 간파 기제는 그 사람의 관점에 아주 민감한 것으로 보인다 (Gigerenzer & Hug, 1992). "직원이 장려금을 받으려면, 10년 동안 일해야 한다."라는 규칙을 생각해보자. 이 경우에 사회 계약에 위배되는 것은 무엇일까? 그것은 누구에게 묻느냐에 따라 달라진다. 만약 참여자들에게 직원의 관점에서 생각하라고 한다면, 그들은 10년 이상 일했으면서도 장려금을 받지 않은 직원들을 찾으려 할 것이다. 그것은 고용주가 사회 계약을 위배한 사례가 될 것이다(자격이 있는 직원에게 장려금을 주지 않았으므로). 반면에 참여자들에게 고용주의 관점에서 생각하라고 한다면, 그들은 10년 이상 일하지 않고서도 장려금을 받은 직원들을 찾으려 할 것이다. 그것은 직원이 사회 계약을 위배한 사례가 될 것이다(10년 근무라는 자격을 채우지 않았는데도 장려금을 받았으므로). 요컨대, 그 사람의 관점이 찾고자 하는 사기꾼의 종류를 좌우하는 것으로 보인다.

사람들은 사기꾼을 기억하는가?

사기꾼을 간파하는 데 기억이 특별한 역할을 하는지도 모른다. 한 연구에서 사람들은 알려진 협력자의 얼굴을 기억하는 것보다 알려진 사기꾼, 특히 지위가 낮은 사기꾼의 얼굴을 더 잘 기억하는 것으로 밝혀졌다(Mealey, Daood, & Krage, 1996). 그러나 이 결과가 항상 재현된 것은 아니다(Mehl & Buchner, 2008). 사기꾼을 잘 기억하는 이유 중 일부는 사기꾼이 전체 인구 중에서 희귀하기 때문인지도 모른다. 한 연구에서는 사기꾼이 희귀할 때에는 아주 잘 기억되지만, 흔할 때에는 잘 기억되지 않는 것으로 나타났다(Barclay, 2008). 다른 연구들은 사람은 사기꾼 얼굴에 대한 '출처 기억'—즉, 사기꾼의 얼굴을 마주친 특정 사기 맥락에 대한 기억—이 훨씬 좋다는 것을 보여준다(Bell & Buchner, 2009 ; Buchner et al., 2009). 또 다른 연구에서는 상대방이 실제로 사기를 쳤는지 협력을 했는지 모를 때에도 사람들은 진짜 협력자의 얼굴보다 진짜 사기꾼의 얼굴을 더 잘 기억한다는 사실을 발견했다(Yamagishi et al., 2003). 오다Oda와 나카지마Nakajima(2010)는 한 실험적 게임에서 비이타적 행동을 하는 사람의 얼굴을 아주 잘 인식하며, 그 뒤에 이어진 실험적 게임들에서 그들과 상호작용하는 것을 피하는 행동을 나타낸다는 사실을 발견했다.

그렇지만 또 다른 연구에서는 죄수의 딜레마 게임을 하는 동안 사람들이 이전에 협력하지 않았던 사람들의 얼굴에 대해 자동적으로 주의 편향을 나타낸다는 사실을 발견했다(Vanneste et al., 2007). 어쩌면 속임수 전략을 추구하는 사람들은 미묘한 시각적 단서를 표출하거나 협력적 전략을 추구하는 사람과는 뭔가 다르게 보이는 점이 있을지도 모른다. 사람들은 살아오면서 사기를 당한 사건을 기억하도록 사전에 자극을 주면, 사기꾼을 간파하는 문제에서 점수가 크게 오른다(Chang & Wilson, 2004). 이 결과들은 모두 주의 측면에서나 기억 측면에서 사기꾼을 간파하는 인지 능력이 있다는 가설을 뒷받침한다.

사회 계약 이론을 전반적으로, 그리고 특히 사기꾼 간파 기제를 탐구하려면 분명히 추가 연구가 더 필요하다. 심리 기제를 '입력, 결정 규칙, 출력'을 포함하는 것으로 정의한 사실을 떠올려보라. 우리는 사람이 특정 입력 항목에 민감한지 민감하지 않은지에 대해 아는 것이 거의 없다 : 남자와 여자는 결혼이라는 사회 계약의 맥락에서 성적 불륜 같은 특정 종류의 속임수에 특별한 민감성을 보일까(Shackelford & Buss, 1996)? 사람들이 화를 내고, 다른 사람들에게 그 사람이 속았다고 말하고, 장래에 접촉을 피하리란 것은 직관적으로 명백해 보이지만, 우리는 '출력' 측면에서 공식적으로 아는 게 거의 없다: 사람들은 사기꾼을 간파했을 때 구체적으로 어떤 행동을 취하며, 그런 행동은 지위 차이와 유전적 근연도 같은 맥락에 따라 어떻게 달라질까? 그럼에도 불구하고, 이 연구는 사람들이 사기꾼에 주의를 기울이고 기억하고 간파하도록 설계된 심리기제—교환을 비용과 편익의 형태로 구조화했을 때 작동하는 기제—가 진화한 것처럼 보인다는 것을 보여주었다는 점에서 획기적이다.

잠재적 이타주의자 간파하기

일단 사람에게 사기꾼 간파 적응이 진화하고 나면, 자연 선택은 사기꾼으로 간파당하는 것을 피하기 위한 적응의 공진화를 선호할 것이다. 한편, 사기꾼 간파 적응에 대응해 속임수도 갈수록 교묘한 형태를 취할 것이다. 이렇게 교묘한 형태의 속임수는 협력적 동맹 관계를 추구하는 사람들에게 심각한 문제를 제기한다. 진화심리학자 윌리엄 마이클 브라운William Michael Brown에 따르면, 사람은 이 문제를 해결하기 위해 또 다른 적응이 진화했는데, 그것은 바로 **진정성**을 간파하는 능력이다(Brown & Moore, 2000). 노숙자에게 1달러를 주는 두 남자를 살펴보자. 한 남자는 노숙자의 어려운 처지를 진심으로 동정하여 도움을 준다. 그러나 다른 남자는 노숙자의 어려운 형편 따위에는 관심이 없고, 그저 데이트 상대에게 잘 보이려고 1달러를 건네준다. 여러분 같으면 이 두 사람 가운데 어느 사람을 협력적 동반자로 선택하겠는가?

브라운과 무어(2000)는 사람들이 이타적 행동 뒤에 진정한 감정이 숨어 있는지 찾으려고 하는지 알아보기 위해 일종의 웨이슨 선택 과제Wason selection task를 만들었다. 이타주의자 간파 과제의 규칙은 다음과 같다: "만약 X가 돕는다면, X는 평판을 추구하는 것이다." 그러고 나서 실험 참여자들에게 다음 카드들 중 어떤 카드를 뒤집겠느냐고 물어보았다.

(1)	(2)	(3)	(4)
X가 돕는다.	X가 돕지 않는다.	X는 평판을 추구하지 않는다.	X는 평판을 추구한다.

진화심리학

이 과제 뒤에 숨어 있는 논리는, 그 행위에 대해 어떤 형태로건 외형적인 평판을 얻기 위해 남을 돕는 사람은 장래에 도움을 줄 만한 좋은 후보가 아니며, 협력적 동맹으로 적합하지 않다는 것이다. 반면에 외형적인 평판을 추구하지 않고 남을 돕는 사람은 진정한 이타적 경향을 보여주므로, 훌륭한 동맹이 될 수 있다. 따라서 이타주의자를 간파하는 관점에서 올바른 답은 "X가 돕는다."와 "X는 평판을 추구하지 않는다." 카드를 선택하는 것이다.

브라운과 무어(2000)는 두 가지 실험을 통해 대다수 사람들은 이타주의자를 간파할 수 있는 패턴의 카드들을 선택한다는 사실을 발견했다. 실제로 사람들이 이타주의자 간파 과제에서 얻은 점수는 사기꾼 간파 과제에서 얻은 점수와 거의 비슷했고, 두 가지 다 추상적인 문제를 해결하는 과제에서 얻은 점수보다 훨씬 높았다. 이타적 행동의 진정성이 장래의 이타적 행동을 예측하는 데 좋은 지표가 된다고 볼 때, 진정한 이타주의자를 간파하는 능력은 협력의 진화에 큰 도움이 될 게 분명하다. 또 연구에서는 이타주의자 간파 과제에서 높은 성적을 얻는 것은 사기꾼 간파 과제에서 높은 성적을 얻는 것과 연관 관계가 없는 것으로 밝혀졌는데, 이것은 두 능력이 서로 별개의 것임을 시사한다(Oda, Hiraishi, & Matsumoto-Oda, 2006). 여러 연구는 사람들은 아주 짧은 비디오 장면을 보는 것만으로도 타인의 이타적 성향을 간파하는 능력이 있음을 보여준다. 한 연구에서 평가자들에게 낯선 사람들이 등장한 20초짜리 무성 영상을 보여주고는 돈을 함께 나누는 과제에서 그 사람이 얼마나 관대함을 보일지 평가하게 했다(Fetchenhauer, Groothuis, & Pradel, 2010). 비디오 클립은 이타적 행동과는 아무 관계도 없는 상황에서 촬영한 것이었는데도, 사람들의 평가 결과는 순전히 우연으로 알아맞힐 확률보다 훨씬 정확했다. 또 다른 연구에서는 사람들에게 자신의 이타적 행동에 대해 자기 보고 설문지를 작성하게 했다. 설문지에 적힌 이타적 행동 항목에는 "나는 자선 단체에 물건이나 옷을 기부했다."라거나 "다른 직원이 일을 제대로 처리하지 못해 내가 그 일을 대신 해주었다."와 같은 것들이 포함돼 있었다(Oda et al., 2009). 그 다음에는 이타성에서 아주 높은 점수를 얻은 사람들과 아주 낮은 점수를 얻은 사람들을 자신이 좋아하는 것과 싫어하는 것을 이야기하게 하면서 비디오테이프로 촬영했다. 그런 뒤에 소리를 제거한 비디오테이프를 그 사람들을 모르는 사람들에게 보여주었다. 비디오테이프를 본 사람들은 표적 대상의 이타성 수준을 정확하게 평가했다. 비언어적 행동에서 이타주의자는 비이타주의자보다 '진정한 미소'를 더 많이 짓는 경향이 있는 것으로 드러났다. 얼굴에 나타나는 진정한(자연스러운) 미소는 이타적이고 협력적인 성향을 암시하는 유효한 단서이다(Mehu, Grammer, & Dunbar, 2007). 구체적인 설계 특징을 확인하려면 더 많은 연구가 필요하겠지만, 현재까지 나온 증거는 협력의 진화를 촉진하는 적응이 두 가지 있음을 시사한다. 두 가지 적응은 바로 (1) 사기꾼(비용을 치르지 않고 편익만 취하는 사람) 간파 적응과 (2) 이타주의자(진정성 있는 동기를 가진 사람) 간파 적응이다.

간접적 호혜성 이론

이타성이 진화할 수 있는 또 다른 길은 **간접적 호혜성**이라 부르는 것이다 (Alexander, 1987 ; Nowak, 2006 ; Nowak & Sigmund, 2005 ; Roberts, 2008). 이타적 행동을 하는 사람들은 본질적으로 다른 사람들에게 자신이 관대하고 협력적 성향이 있다고 광고하는 것과 같다. 집단 내의 다른 사람들은 이타적 행동을 직접 보거나 소문(뒷공론, 평판 등)을 통해 이 정보를 얻을 수 있다. 그 결과, 그러한 사람은 제3자에게 훌륭한 협력 파트너로 매력적으로 비친다. 따라서 이타주의자에게 돌아가는 편익은 상호적 이타성의 경우처럼 자신이 이타적 행동을 베푼 사람에게서 직접 나오는 게 아니라, 자신이 관대한 행동을 하는 것을 목격하거나 이야기를 들은 다른 사람들에게서 나온다. 간접적 호혜성은 낯선 사람이 곤란에 처한 것을 보고서 우리가 왜 아무 대가도 바라지 않고 도움을 주는지, 그리고 왜 우리는 다른 사람들이 바라보고 있을 때 특별히 관대해지는지 설명할 수 있다. 또 왜 남을 잘 돕는 사람이 곤란에 처했을 때 집단 내의 다른 사람들에게 도움을 받을 가능성이 더 높은지도 설명할 수 있다(Nowak, 2006).

값비싼 신호 이론

이타성이 진화할 수 있는 또 한 갈래 길에는 **값비싼 신호**가 관여한다(Gintis, Smith, & Bowles, 2001 ; Grafen, 1990 ; McAndrew, 2002 ; Miller, 2007 ; Zahavi, 1977). 값비싼 신호 뒤에 숨어 있는 논리는 사람들이 자신이 좋은 동맹 후보라는 신호를 보내기 위해 이타적 행동—실질적인 선물을 주거나 자선 단체에 기부를 하거나 호화로운 식사를 제공하는 등—을 보인다는 것이다. 조건이 아주 좋은 사람만이 이러한 이타적 행동을 보여줄 수 있다 ; 가난하거나 자원이 풍부하지 않은 사람은 값비싼 신호를 보여줄 여력이 없다. 일부 개인이 여는 호사스러운 잔치나 파티는 값비싼 신호를 표출하는 예가 될 수 있다. 제공자가 값비싼 비용을 치르는 이타적 행동은 다른 사람들에게 그 사람의 동맹 자격을 알려주는 정직한 신호로 보인다. 값비싼 신호의 핵심은 값비싼 비용이 그 신호가 정직한 신호임을 보장해준다는 데 있다. 조건이 아주 좋거나 자원이 풍부한 사람만이 이타적 행동의 값비싼 신호를 보여줄 능력이 있다. 값비싼 이타적 행동은 다른 사람들이 그 사람의 자원 보유 잠재력, 부, 지능, 적합도 등을 평가하는 데 사용할 수 있는 정직한 단서가 된다(Miller, 2000 ; Millet & Dewitte, 2007).

값비싼 신호에서 얻는 적합도 편익은 여러 형태가 있다 : (1) 협력 관계를 추구하는 사람들에게 우선적으로 선택받는 혜택, (2) 그런 관계에서 협력 수준 증대, (3) 집단 내에서 지위와 평판 상승, 이것은 질이 높은 짝짓기 기회를 포함해 많은 편익으로 이어진다(Barclay & Willer, 2007 ; Miller, 2000 ; Van Vugt & Hardy, 2009 ; Zahavi, 1995). 값비싼 신호 이론을 경험적으로 검증한 한 연구에서는 참여자들에게 자선 단체 일곱 군데 중 한 곳에 자원 봉사를 하라고 했다(Bereczkei, Birkas, & Kerekes, 2010). 참여자들은 한 조건에서는 익명으로 봉사를 하겠다고 했지만, 나머지 조건들에서는 다른 사람들이 있는 앞에서 봉사를 하겠다고 말했다. 자원 봉사 시간은 모두 같았지만(대략 4시간), 일의 성격은 혈압 재기(가장 비용이 값싼)에서부터 정신 지체 아동에게 지원 제공하기(가장 비용이 비싼 것)에 이르기까지 지각된 비용에서 차이가 났다. 익명으로 봉사할 때에는 대다수 사람들이 힘이 가장 덜 드는 일을 선택했고, 공개적으로 봉사를 할 때에는 그보다 더 많은 사람들이 비용이 많이 드는 일을 선택했다(〈그림 9.2〉 참고). 공개적 조건에서 가장 값비싼 이타적 투자를 선택한 사람들은 사회적 평판과 인기가 상승하는 것을 경험했고, 집단 내의 다른 사람들도 그것을 지각했다. 요컨대, 값비싼 신호를 통한 이타적 행동은 그 사람의 지위와 평판을 높이는 것처럼 보이므로, 이런 형태의 이타성이 진화할 수단이 될 수 있다.

게다가 이타주의자는 서로를 잘 알아보는 것 같으며, 끼리끼리 어울리는 경우가 많다(Fletcher & Doebeli, 2009 ; Pradel, Euler, & Fetchenhauer, 2009). 따라

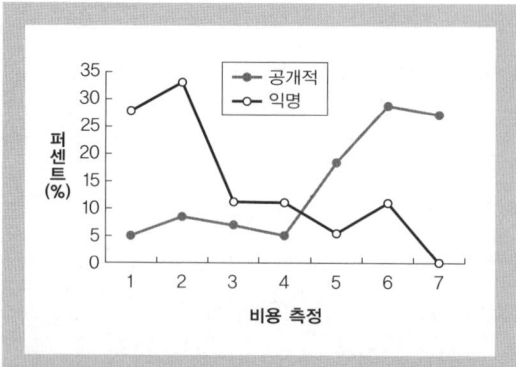

그림 9.2 공개 집단과 익명 집단이 행한 자선 행동의 분포를 이타적 행동의 지각된 비용의 함수로 나타낸 것. 비용은 독립적인 평가자들이 1점에서 7점 사이의 점수로 매겼다.

출처: Berczkei, T., Birkas, B., & Kerekes, Z. (2010). Altruism toward strangers in need: Costly signaling in an industrial society: *Evolution and Human Behaviour, 31*, 95-103. Reprinted with permission from Elsevier.

서 이타주의자는 다른 사람들에게 사회적 파트너로 선호받는 데에서 편익을 얻을 뿐만 아니라, 이타적 성향이 강한 사람들끼리 어울리는 데에서 더 큰 편익을 얻는다. 배우자 가치가 비슷한 사람끼리 짝을 짓는 경우가 많은 것처럼 '이타주의자 가치'가 비슷한 사람들도 서로 어울린다.

요약하면, 이타성이라는 진화의 수수께끼를 설명하기 위해 나온 유력한 이론은 네 가지가 있다 : (1) 포괄 적합도(8장에서 다룸), (2) 상호적 이타성, (3) 간접적 호혜성, (4) 값비싼 신호 (Johnson, Price, & Takezawa, 2008).

우정의 심리학

협력을 낳는 이 네 가지 길은 이론적 가능성을 전부 다 포괄할까? 투비와 코스미데스(1996)는 우정의 맥락에서 협력과 이타성이 진화할 수 있는 다른 길이 있다고 주장한다. 두 사람은 우리의 직관을 생각해보라고 말한다—많은 사람들은 자신의 우정이 순전히 노골적인 호혜성을 바탕으로 하고 있다는 진화론적 설명을 들으면 화를 낸다. 사람들은 장래의 보상에 대한 요구나 기대가 전혀 없이 곤궁에 빠진 사람을 도울 때 기쁨을 느낀다고 보고한다. 실제로 자신이 베푼 호의에 대해 상대방이 즉각 보상을 하겠다고 나서면, 우리는 그것을 우정이 **결핍된** 신호로 해석한다(Shackelford & Buss, 1996). 우리가 친구를 돕고 싶은 마음이 드는 것은 단지 그 사람이 친구이기 때문이지, 나중에 보상을 받고 싶어서가 아니다. 게다가 협력적 관계의 다른 형태로 볼 수 있는 결혼 관계에서 즉각적인 상호적 교환 지향은 대개 결혼에 대한 불만과 관계가 있으며, 결혼 관계가 깨질지도 모른다는 예상을 낳는다(Hatfield & Rapson, 1993 ;

Shackelford & Buss, 1996). 사람들은 자신을 속이고 있는 것일까? 우리는 사실은 상호적 보상을 원하지만, 순전히 선의로 친구를 돕는다고 믿도록 스스로를 속이는 것일까? 투비와 코스미데스(1996)는 이 문제에서는 사람들의 직관에 주목해야 한다고 주장하는데, 그것은 우정이 실제로 순전히 상호적 교환에 기반을 둔 것이 아니라는 단서를 제공하기 때문이다.

발생한 비용에 따라 이타성을 정의해야 할까? 이타성의 진화에 관한 기존의 진화 이론에 따르면, 이타주의자인 개인에게 비용이 발생하지 않는 한 이타적 행동이 일어났다고 볼 수 없다. 친족 선택에서는 어떤 개인이 부담하는 비용은 유전적 친척이 얻는 편익으로 상쇄된다. 상호적 이타성에서는 개인이 부담하는 비용은 나중에 친구가 호의를 되갚아줄 때 얻는 편익으로 상쇄된다.

정의를 새로 고쳐쓰면 어떻게 될까? 누구에게 비용이 발생했는지에 초점을 맞추는 대신에 다른 사람에게 편익을 주도록 설계된 적응의 진화에 초점을 맞추면 어떻게 될까? 실제로 우리가 원래 설명하고자 하는 것은, 이타적 행동이 그 사람에게 비용을 치르게 하는지 여부에 상관 없이, 다른 사람에게 편익을 주도록 설계된 기제가 존재하느냐 하는 것이다. 간단한 예를 살펴보자. 다음 일 주일 동안 먹을 식품을 사려고 차를 몰고 슈퍼마켓으로 가려고 하는데, 친구도 살 게 있다면서 차를 좀 태워달라고 부탁한다. 친구를 태워준다고 해서 여러분이 추가로 부담하는 비용은 거의 없다―어차피 슈퍼마켓에 가는 길이니까. 이타성의 진화에 관한 고전적인 이론에 따르면 이 행동은 이타적 행동으로 정의할 수 **없다.** 여러분에게 아무런 비용이 발생하지 않았기 때문이다. 물론 상식에 따르면 여러분은 분명히 친구에게 편익을 제공했다. 이것은 친구를 돕는 행동이 여러분에게 이익이 되건, 아무 효과가 없건, 비용을 치르게 하건 간에 틀림없는 사실이다.

사실, 진화의 관점에서 보면, 다른 사람에게 편익을 제공하는 사람이 부담하는 비용이 클수록 그런 편익을 제공하는 행동은 그만큼 덜 확산될 것이다. 다른 사람에게 편익을 주는 적응이 일단 진화하고 나면, 추가로 일어나는 진화는 그 비용을 최소화하거나 심지어 그런 편익을 제공한 사람에게 이익이 되도록 작용할 것이다. 이러한 추론은 제대로 탐구되지 않은 종류의 이타적 기제―다른 사람에게 편익을 주는 행동이 행위자의 비용을 최소한으로 낮추고 이익을 최대한 높이도록 설계된 기제—가 많이 있음을 시사한다.

은행가의 역설. 돈을 빌려주는 은행가는 딜레마에 봉착한다 : 돈을 빌리려는 사람이 너무 많아 은행이 빌려줄 수 있는 돈보다 더 많은 돈을 빌려달라고 하는 상황에 마주치기 때문이다. 은행가는 누구에게 돈을 빌려주어야 할지 어려운 결정을 내려야 한다. 어떤 사람은 신용 위험이 낮아 대출금을 상환할 가능성이 아주 높다. 어떤 사람은 신용 위험이 높아 대출금을 갚지 못할지도 모른다. 바로 여기서 '은행가의 역설'(Tooby & Cosmides, 1992)이 나온다 : 돈이 절실히 필요한 사람은 신용 위험이 높은 사람이고, 돈이 덜 필요한 사람은 신용 위험이 낮은 사람이기 때문에, 은행은 돈이 정말로 필요한 사람에게는 대출을 거부하는 반면 돈이 별로 필요 없는 사람에게 대출을 하려고 한다.

이 딜레마는 우리 조상들이 부닥쳤던 중요한 적응 문제와 비슷하다. 각자는 다른 사람을 도울 수 있는 여력이 한정돼 있다. 그런데 누가 절실한 도움이 필요할 때는 그 사람의 '신용 위험'이 최악일 때이므로, 도움에 대한 보답을 제대로 할 가능성이 아주 낮다. 예를 들어 어떤 사람이 부상을 당했거나 큰 병에 걸렸다면, 그 사람에게는 도움이 가장 필요한 때이지만, 그 사람은 한정된 시간을 투자하기에는 좋은 사람일 가능성이 낮다. 따라서 우리 조상들은 은행가와 비슷한 딜레마에 봉착했다 : 그들은 **누구**에게 그리고 어떤 사람에게는 **언제** 신용 대출을 해줄지 중요한 결정을 내려야 했다. 은행 입장에서 신용 위험이 낮아 안심하고 대출을 해줄 수 있는 사람이 있는 것처럼, 지원 여력이 한정된 우리 조상들도 다른 사람들보다 도움을 더 주고 싶은 사람이 따로 있었을 것이다.

이 중요한 결정에 관여한 적응은 어떤 것들이 있었을까? 첫째, 신용 대출을 받는 사람이 장래에 대출금을 갚을 **의사**가 있는지 평가할 수 있어야 한다. 그 사람은 평소에 다른 사람들의 자원을 착취하는 사람인가, 아니면 받은 도움을 감사하게 여기고 다른 사람에게 편익을 제공하려고 노력하는 사람인가? 둘째, 그 사람이 받은 것을 장래에 되갚을 능력이 있는지 평가할 수 있어야 한다. 그 사람의 재산이 장래에 더 늘어날 가능성이 있는가, 아니면 현재의 어려운 상황이 계속될 것인가? 셋째, 더 매력적인 투자 대상일지도 모르는 다른 사람을 돕는 것보다 그 사람을 돕는 것이 한정된 지원 능력을 최선으로 사용하는 방법인가?

　만약 도움을 받은 사람이 죽거나 집단 내에서 영구적으로 지위를 상실하거나 심한 부상을 입는다면, 그 사람에게 투자한 것을 모두 날릴 수 있다. 어려운 상황에 빠진 사람은 좋은 상황에 있는 사람에 비해 투자 대상으로서 덜 바람직하다. 이런 계산은 친구에게 도움이 절실히 필요할 때, 바로 그 이유 때문에 친구를 냉담하게 포기하는 적응을 낳을 수 있다. 반면에 평소와 달리 사냥에 실패한 것처럼 그 사람의 어려움이 일시적인 것이라면, 그 사람은 도움을 줄 대상으로 아주 매력적일 수 있다. 실제로 일시적인 어려움에 처한 사람을 돕는 것은 장래성이 유망한데, 도움이 절실히 필요한 사람은 그 도움을 아주 고맙게 여길 것이기 때문이다. 요컨대, 자연 선택은 언제 그리고 누구에게 도움을 줄지 현명한 결정을 내리게 하는 적응을 선호할 것이다. 그래도 문제가 남는다. 진화는 바로 도움이 절실히 필요할 때라는 이유로 그 사람을 포기하게 만드는 심리 기제를 선호할 것이다. 자연 선택은 어떻게 우리를 이러한 궁지에서 벗어나게 할 수 있을까? 어떻게 하면 우리에게 도움이 절실히 필요할 때 다른 사람이 우리를 돕도록 진화할 수 있을까?

대체 불가능한 사람 되기. 투비와 코스미데스(1996)는 이 적응 문제에 한 가지 해결책을 제안했는데, 바로 다른 사람들에게 대체 불가능하거나 없어서는 안 되는 사람이 되는 것이다. 가상의 예를 하나 들어보자. 두 사람이 여러분의 도움을 원하지만, 여러분은 단 한 사람만 도와줄 수 있다고 하자. 두 사람 다 여러분의 친구이고, 또 둘 다 여러분에게 가치가 비슷한 편익을 제공한다(예컨대 한 사람은 수학 숙제를 도와주고, 다른 사람은 수업 시간에 필기한 공책을 빌려준다). 두 사람이 동시에 병에 걸려 드러누웠는데, 여러분은 오직 한 사람만 간호하여 건강을 되찾게 할 수 있다. 여러분은 누구를 도와야 할까? 이 결정에 영향을 미치는 한 가지 요소는 누가 여러분에게 대체 불가능한 사람인가 하는 것이다. 예를 들어 여러분이 하지 못한 필기를 제공할 수 있는 사람은 여럿 더 있지만, 수학 숙제를 기꺼이 도우려고 하거나 도울 수 있는 사람은 구하기가 어렵다면, 수학 숙제를 도와주는 친구가 대체하기 더 어렵다. 요컨대, 두 친구가 동일한 가치를 가진 편익을 제공하더라도, 대체 가능한 사람—다른 사람한테서도 얼마든지 얻을 수 있는 편익을 제공하는 사람—이 대체 불가능한 사람보다 버림을 받기가 더 쉽다. 이 추론에 따르면, 여러분이 느끼는 우정의 충성도는 각각의 친구가 얼마나 대체 불가능한 존재이냐에 어느 정도 영향을 받을 것이다.

자신이 대체 불가능한 존재가 되어 다른 사람들에게 매력적인 투자 대상이 될 확률을 높이려면 어떻게 행동해야 할까? 투비와 코스미데스(1996)는 다음과 같은 일곱 가지 전략을 소개한다 :

1. 자신만이 유일하게 가진 속성이나 예외적인 속성을 돋보이게 하는 평판을 높인다.

2. 사람들이 가치 있게 여기지만 다른 사람에게서는 얻기 힘든 자신만의 개인적 속성을 파악하려고 노력한다.

3. 대체 불가능성을 높이는 특별한 기술을 개발한다.

4. 자신이 제공할 수 있지만 집단 내의 다른 사람들에게서는 얻을 수 없는 것을 높이 평가하는 사람들이나 집단을 찾으려고 노력한다. 즉, 자신이 가진 자산을 높이 평가해주는 집단을 찾는 것이다.

5. 자신의 독특한 속성이 높은 평가를 받지 못하거나 다른 사람들도 그것을 쉽게 제공할 수 있는 집단을 피한다.

6. 이전에는 자신만이 제공했던 편익을 제공하는 경쟁자를 쫓아낸다.

이 전략들이 대체 불가능한 존재가 되는 데 효과가 있는지 검증하기 위해 실시된 경험적 연구는 아직까지 없다. 그렇지만 이 전략들은 사람들이 실제로 보여주는 행동의 많은 측면을 잘 포착한 것처럼 보인다. 예를 들어 사람들은 운동 능력, 손재주, 공간 능력, 언어 능력, 음악 재능처럼 자신의 독특한 재능을 최대한 활용할 수 있는 직업을 선호한다. 또, 사람들은 갈수록 더 작은 국지적 집단으로 쪼개져나간다—교회는 여러 교파와 분파로 쪼개져나가고, 심리학자들도 서로 다른 학파로 쪼개져나간다. 새로 나타난 사람이 이전에는 나만 갖고 있던 것과 비슷하거나 심지어 능가하는 재능을 가졌을 때, 우리는 위협을 느낀다. 요컨대 사람들은 대체 불가능한 존재가 되도록 도와주는 개성과 독특성을 개발하려고 백방으로 노력하는 것처럼 보인다.

정작 필요할 때 도움이 안 되는 친구, 깊은 관여, 현대 생활의 딜레마. 상황이

중요한 적응 문제 한 가지는 우리의 행복에 깊이 관여하는 '진정한 친구'를 '정작 필요할 때 도움이 안 되는 친구'와 구별하는 것이다.

좋을 때 친구가 되어주기는 쉽다. 여러분이 정말로 어려운 처지에 놓였을 때 누가 진정한 친구인지 드러난다. 상황이 좋을 때에는 곁에 있지만 정작 필요할 때 도움이 안 되는 친구는 누구나 경험해보았을 것이다. 그러나 정말로 큰 어려움이 닥쳤을 때 믿을 수 있는 진정한 친구를 찾는 것은 어려운 과제가 될 수 있다.

문제는 시절이 좋을 때에는 진정한 친구나 정작 필요할 때 도움이 안 되는 친구나 구별하기 힘들 정도로 비슷한 행동을 보인다는 데 있다. 만사가 순탄할 때에는 누가 진정한 친구인지 분간하기가 어렵다. 정작 필요할 때 도움이 안 되는 친구도 진정한 친구처럼 행세하기 때문에, 여러분의 행복에 깊이 관여하는 진정한 친구와 여러분에게 도움이 절실히 필요할 때 사라져버리는 가짜 친구를 구별하는 것은 중요한 적응 문제이다(Tooby & Cosmides, 1996). 자연 선택은 사람의 평가 기제가 이런 구별을 하게 만드는 방향으로 작용할 것이다. 가장 믿을 만한 우정의 증거는 절실히 필요할 때 도움을 제공하는 행동이다. 그럴 때 받는 도움은 다른 때 받는 도움보다 훨씬 신뢰할 만한 증거이다. 직관적으로 생각할 때, 우리는 그런 시기를 정확하게 떠올리는 특별한 능력이 있는 것처럼 보인다. 우리는 절박한 시기에 도움을 준 사람을 결코 잊지 않겠다면서 극진한 고마움을 표시한다.

현대 생활은 한 가지 역설을 빚어낸다(Tooby & Cosmides, 1996). 사람들은 일반적으로 개인적 곤란에 처하는 일들을 피하려고 하며, 우리 조상들을 위험에 빠뜨렸을 '자연의 적대적인 힘들' 중 많은 것은 오늘날 억제되거나 통제되고 있다. 우리에게는 강도나 폭행, 살인을 억지하는 법이 있다. 이전에 친구들이 맡았던 기능 중 많은 것은 경찰이 담당하고 있다. 의학 지식은 질병의 많은 원천을 제거하거나 크게 감소시켰다. 우리는 많은 점에서 조상들이 살던 환경보다 훨씬 안전하고 안정한 환경에서 살아간다. 그래서 역설적으로 우리는 우리의 행복에 깊이 관여하는 사람들을 정확하게 평가하고 정작 필요할 때 도움이 안 되는 친구와 그들을 구별하도록 도와주는 중요한 사건들이 상대적으로 부족하여 어려움을 겪는다. 많은 사람이 현대 생활에서 느끼는 고독감과 소외감—따뜻하고 친밀한 상호작용이 많은데도 불구하고 깊은 사회적 연결의 느낌이 부족한 상태—은 누가 우리의 행복에 깊이 관여하는지 알려주는 결정적인 평가 사건이 부족한 것이 원인인지도 모른다.

제한된 우정 생태적 지위. 투비와 코스미데스가 내놓은 우정의 진화 이론에 따르면, 각자가 가진 시간과 에너지와 노력의 양은 한정돼 있다. 동시에 두 장소에 있을 수 없는 것처럼, 한 사람과 사귀겠다고 결정하는 것은 동시에 다른 사람과 사귀지 않겠다고 결정하는 셈이다. 각자는 **우정 생태적 지위**friendship niche의 수가 제한돼 있기 때문에, 그 빈자리들을 누구에게 할당지 결정해야 하는 적응 문제가 생긴다. 상호적 이타성에 관한 이론은 나중에 되돌려받을 것이라는 기대를 품고 편익을 제공한다고 가정하지만, 우정의 진화 이론은 그렇지 않다. 투비와 코스미데스(1996)는 대신에 친구를 선택하는 결정에 큰 영향을 미치는 다른 요소를 여러 가지 제안했다.

1. **이미 채워진 빈자리의 수.** 여러분이 이미 사귄 친구는 몇 명이며, 그들은 진정한 친구인가 아니면 정작 필요할 때 도움이 안 되는 친구인가? 만약 그 수가 적다면 새 친구를 더 사귀고, 기존의 우정을 더욱 공고히 하거나 잠재적 친구들에게 자신을 더 매력적으로 보이도록 노력하라.

진화심리학

2. 누가 긍정적 외부 효과를 내놓는지 평가하라. 이웃에 체격이 아주 건장한 사람—아놀드 슈워제네거 같은 사람—이 살고 있다면, 이웃에 그 사람이 산다는 사실만으로도 강도나 그 밖의 범죄를 억지하는 효과가 있다. 따라서 여러분과 가족은 그 사람 덕분에 범죄자의 표적에서 벗어나는 편익을 얻는다. 어떤 사람들은 자신의 존재나 행동의 부수 효과로 발생하는 편익—의도적인 이타적 행동의 결과로 나온 것이 아닌 편익—을 제공한다. 경제학자들은 이러한 이로운 부수 효과를 긍정적 외부 효과라 부른다.

특별한 재능이나 능력—다른 방언을 말하거나 장과류, 사냥감, 물을 잘 찾아내는 능력처럼—을 가진 사람들은 의도적으로 도움을 주려고 하건 하지 않건 상관없이 함께 지내는 사람들에게 편익을 제공한다. 의도적으로 도움을 주는 행동에 더하여 그러한 긍정적 외부 효과를 많이 발산하는 사람은 적게 발산하는 사람에 비해 잠재적 친구로 훨씬 매력적이다.

3. 자신의 마음을 잘 읽는 친구를 선택하라. 만약 상대방의 마음을 읽고 필요한 게 무엇인지 추측할 수 있으면 그 사람을 돕기가 훨씬 쉽다. 여러분의 마음을 읽고 욕구와 믿음과 가치를 이해할 수 있는 친구라면 여러분에게 유리한 방법으로 도움을 줄 수 있을 뿐만 아니라 자신이 부담하는 비용도 줄일 수 있다.

4. 여러분을 대체 불가능한 존재로 여기는 친구를 선택하라. 여러분을 대체 불가능한 존재로 여기는 친구는 여러분을 소모품 정도로 여기는 사람보다 여러분의 안녕에 큰 이해 관계가 걸려 있다고 생각한다. 나머지 조건이 똑같다면, 여러분을 대체 불가능한 존재로 여기는 친구들로 자신의 삶을 가득 채운다면 더 큰 편익을 지속적으로 얻을 수 있다. 이 전략을 뒷받침하는 정황 증거는 동맹 가설을 검증하기 위해 실시한 연구에서 나온다(DeScioli & Kurzban, 2009). 동맹 가설에 따르면, 우정의 주요 기능은 사회적 갈등이 생겼을 때 도움을 줄 수 있는 지원 그룹을 모으는 것이다. 친구의 신뢰성을 평가하려면, 힘든 일이 생겼을 때 누구에게 의지할 수 있는지 알아야 한다. 어떤 사람을 소중한 친구로 간주해야 할지 예측하는 데 큰 도움을 주는 지표 한 가지는 자신을 소중한 친구로 여기는 사람—다시 말해서, 여러분을 대체 불가능한 존재로 여기는 사람—이 누구인지 알아보는 것이다(DeScioli & Kurzban, 2009).

5. 자신이 원하는 것과 같은 것을 원하는 친구를 선택하라. 자신과 같은 것을

가치 있게 여기는 친구와 함께 어울리면 놀라운 결과를 가져올 수 있다 : 자신이 원하는 것을 만족시키기 위해 주변 환경을 바꾸는 과정에서 동시에 여러분의 환경도 원하는 방향으로 바뀌는데, 두 사람 다 같은 것을 원하기 때문이다. 간단한 예를 하나 들어보자. 여러분이 광란의 파티를 좋아하는데, 같은 파티를 좋아하는 친구가 있다고 하자. 친구는 그런 파티가 어디서 열리는지 물색하고, 초대받고, 자주 참석한다. 그래서 여러분은 그 친구와 함께 그런 파티에 어울려 다닐 수 있다. 친구와 취향이 같기 때문에 친구에게서 그러한 편익을 제공받을 수 있는 것이다.

우리는 채워야 할 '친구 빈자리'가 한정돼 있기 때문에, 자연 선택은 각각의 친구가 제공하는 편익—친구가 의도적으로 전달하려는 사람에게만 국한된 것이 아니라, 공동의 가치와 긍정적 외부 효과의 결과로도 나오는 편익—을 추적하도록 설계된 심리 기제를 선호할 것이다. 우정의 주요 위험은 속임을 당하는 것—우정이 순전히 상호 교환에 기반할 때 일어날 수 있는 일—이 아니다. 그보다는 상호간의 깊은 관여로 특징지어지는 우정을 맺는 데 실패하거나 주변이 진정한 친구 대신에 정작 필요할 때 도움이 안 되는 친구들로 둘러싸이는 상황이다. 따라서 우정을 추적하는 심리 기제에는 어떤 친구의 애정이 식어간다는 신호, 소중하고 제한된 우정의 빈자리를 채우는 데 다른 사람이 더 적합할 수 있다는 신호, 우리가 친구에게 대체 불가능한 존재로 간주되는 정도를 알려주는 신호 등이 포함되어야 한다.

깊은 관여 대 상호 교환. 현대 세계는 상호 교환을 포함하는 사회적 상호작용이 넘친다. 가게에서 물건을 하나 살 때마다 여러분은 물건 대신에 돈을 교환한다. 어떤 사람에게 점심을 사주었더니 다음 번에 그 사람이 여러분에게 점심을 사주는 것도 상호 교환 행동이다. 그러나 이러한 교환은 대개 진정한 우정이 아니다. 사실, 내가 베푼 호의에 대해 상대방도 비슷한 호의로 되갚을 것이라고 노골적으로 기대하는 것은 진정한 신뢰가 결여된 약한 우정의 특징이다 (Tooby & Cosmides, 1996).

진정한 친구를 특징짓는 감정과 기대는 그런 것과는 종류가 다르다. 우리는 친구와 함께 있는 것에서 즐거움을 느끼고, 친구가 성공하면 질투하기보다 기뻐한다. 또, 가치 공유와 공통된 세계관에서 깊은 만족을 얻는다. 친구에게 내 도움이 필요할 때에는 제공한 노력에 대한 대가를 곧 받을 것이라는 기대를 전혀 할 수 없어도 친구를 돕고 싶은 마음이 자발적으로 든다. 진화심리학에서 앞으로 일어날 연구들은 틀림없이 깊은 관여의 형성에 관여하는 복잡한 심리 기제들을 관찰하고 자세히 기록할 것이다.

우정의 비용과 편익

원칙적으로 우정은 번식과 직간접적으로 연관된 편익을 많이 제공할 수 있다. 친구는 우리에게 식량과 거처를 제공하거나 우리가 아플 때 돌봐줄 수 있다. 친구가 잠재적 배우자를 소개할 수도 있다. 그러나 잠재적 편익에도 불구하고, 친구는 경쟁자나 적수가 될 수도 있다. 우리의 개인 정보를 적에게 노출하거나, 소중한 동일 자원에 대한 접근을 놓고 경쟁하거나, 심지어 동일한 배우자를 놓고 경쟁함으로써 우리에게 비용을 초래할 수 있다.

우정은 많은 차원에서 차이가 있다. 한 차원은 성性이다. 우정은 동성 간에 싹틀 수도 있고 이성 간에 싹틀 수도 있는데, 이 두 종류의 우정에서 생겨나는 잠재적 편익과 비용은 크게 다를 수 있다. 예를 들어 동성 간 우정은 동성 간 적대 관계로 변할 잠재성이 있지만, 이성 간 우정은 대개 그렇지 않다. 이성 간 우정은 일반적으로 동성 간 우정에서 결여된 한 가지 편익을 제공하는데, 그것은 바로 짝짓기 가능성이다. 블레스키Bleske와 버스(2001)는 참여자들에게서 두 가지 정보원을 수집하는 방법으로 우정의 편익과 비용에 대한 여러 가지 가설을 검증해보았다. 그 두 가지 정보원은 (1) 다양한 것을 친구에게서 받을 때 그것이 얼마나 큰 **편익**(혹은 비용)을 가져다줄 것인지에 대한 지각과 (2) 그런 편익(혹은 비용)을 친구들에게서 **얼마나 자주** 얻는지에 대한 보고였다.

첫 번째 가설은 이성 간 우정의 한 가지 기능이, 여자보다는 남자가 훨씬 많이 해당되겠지만, 단기적 성적 접근을 제공한다는 것이다. 이 가설은 부모 투자 이론의 논리에서 나온다(Trivers, 1972).

〈그림 9.3〉이 보여주듯이, 예측한 대로 남자들은 여자들보다 이성 친구에 대한 성적 접근 잠재력의 편익을 훨씬 높게 평가했다. 또한 이성 친구에게서 비상호적 매력을 경험했다고 보고한 비율도 남자가 여자보다 훨씬 높았다. 자신은 그렇지 않지만 상대방이 자신에게 연애 감정을 느낀 이성 간 우정을 경험

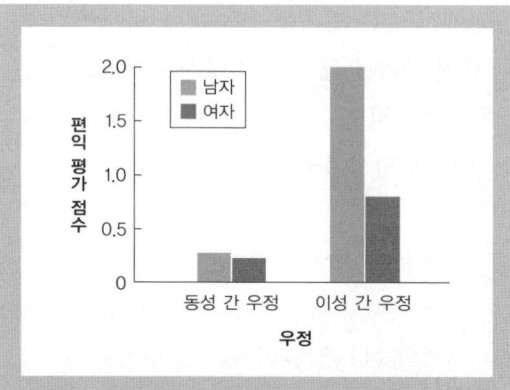

그림 9.3 우정의 편익: 성적 접근 잠재력. 결과는 남자가 여자보다 성적 접근 잠재력의 편익을 훨씬 더 높게 평가한다는 것을 보여준다.

출처: Bleske, A., & Buss, D. M. (1997, June). The evolutionary psychology of special "friendships." Paper presented at the ninth annual meeting of the Human Behavior and Evolution Society, University of Arizona, Tuscon.

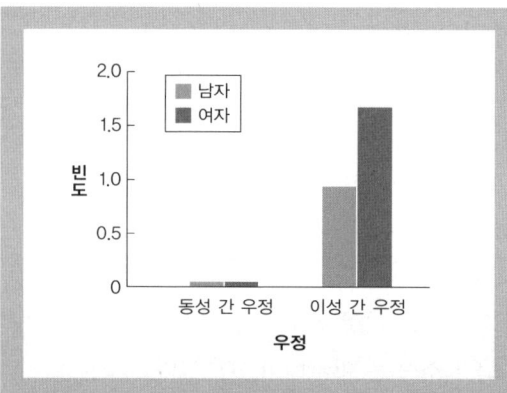

그림 9.4 친구가 자신에게 연애 감정을 느끼는 것을 경험한 빈도. 이성 간 우정에서 자신은 그렇지 않지만 상대 친구가 자신에게 연애 감정을 느끼는 것을 경험했다고 보고한 사례는 여자들이 남자들보다 더 많다.

출처: Bleske, A., & Buss, D. M. (1997, June). The evolutionary psychology of special "friendships." Paper presented at the ninth annual meeting of the Human Behavior and Evolution Society, University of Arizona, Tuscon.

했다고 보고한 사례도 여자들이 남자들보다 많았다(《그림 9.4》). 게다가 이성 친구에게 성적 접근을 거절당한 사례도 남자가 여자보다 더 많았다. 또 다른 일련의 연구들은 이성 간 우정에서 성적으로 끌리는 것이 정말로 큰 문제임을 확인해주었는데, 이 문제 때문에 이성 간 우정 관계가 끝난 사례가 약 38%나 되었다(Halatsis & Christakis, 2009). 요컨대, 나온 증거들은 남자가 여자보다 더 성적 접근을 이성 간 우정의 잠재적 편익으로 간주한다는 가설을 뒷받침한다.

두 번째 가설은 남자보다는 여자에게 더 많이 해당하는 것으로, 이성 간 우정의 한 가지 기능이 보호 제공이라는 것이다. 인류의 진화 역사를 통해 남자에게서 자원(예컨대 식량과 물자)과 보호를 얻어낸 여자들은 자신과 잠재적 자식을 위해 그런 것을 얻어내지 못한 여자들보다 번식에서 더 큰 성공을 거두었다. 블레스키와 버스(2001)는 여자는 자신에게 자원과 보호를 제공할 능력과 의사가 있는 남자를 선호하도록 진화했다는 가설을 세웠다. 여자들이 이성 친구에게서 보호를 받는다고

진화심리학

보고한 결과는 이 가설을 지지한다. 0점부터 6점 사이에서 점수를 매기게 했을 때, 여자들이 이성 친구에게 보호를 받았다고 보고한 점수는 3.06점인 반면, 남자들이 보고한 점수는 1.68점에 불과하여 통계적으로 신뢰할 만한 차이가 났다.

세 번째 가설은 이성 간 우정이 이성에 대한 정보를 제공하는 기능을 한다는 것이다. 이성 친구가 자기와 동성인 친구에 대한 정보를 많이 가지고 있을 가능성을 감안할 때, 남녀는 그런 정보를 동성 친구보다는 이성 친구가 더 잘 제공할 수 있는 편익으로 여길 것이다. 이성이 단기적 혹은 장기적 배우자에게 무엇을 선호하는지에 관한 지식이 남녀 모두에게 짝짓기의 많은 적응 문제를 해결하는 데 도움을 주었다면, 남자와 여자는 모두 그런 정보를 매우 유익한 것으로 여길 것이다. 남녀 모두 이성에 대한 정보를 동성 친구(M=1.86)보다 이성 친구(M=2.84)에게서 더 많이 받았다고 보고한 결과는 이 가설을 지지한다. 동성 친구끼리 이성에 대한 정보를 받는 사례는 여자(M=2.15)가 남자(M=1.48)보다 더 많았다. 동성 친구끼리 주고받는 이런 종류의 정보는 남자보다는 여자에게 더 큰 도움이 되는 것으로 보인다. 게다가 남자들과 여자들은 그런 정보는 이성 친구(M=4.15)에게서 받는 것이 동성 친구(M=3.12)에게서 받는 것보다 훨씬 도움이 되었다고 보고했다. 요컨대, 경험적 검증 결과는 우정이 이성 구성원에 대한 정보를 제공한다는 주장을 뒷받침한다.

네 번째 가설은 남자와 여자는 동성 간 경쟁 관계를 동성 간 우정의 잠재 비용으로 인식할 것이라고 주장한다. 동성 친구들은 무작위로 뽑은 두 동성 개인보다 관심사나 성격이나 매력 수준이 비슷할 가능성이 더 높다(Bleske-Rechek & Lighthall, 2010). 그 결과, 동성 친구들은 장기적 배우자를 유혹하려고 서로 경쟁을 벌이게 될지도 모른다. 예측대로, 남자와 여자들은 동성 간 우정에서 배우자를 놓고 동성 간 경쟁을 벌인 적이 있다고 보고했다(M=1.03). 보고된 경쟁 비율은 비교적 낮았지만, 이성 간 우정에서 벌어지는 성적 경쟁 비율(M=0.14)보다는 두드러지게 높았다. 게다가 남녀 모두 성적 경쟁 관계 잠재력의 비용을 이성 간 우정(M=0.71)보다는 동성 간 우정(M=2.12) 쪽이 더 높다고 평가했다. 이 자료들은 성적 경쟁 관계는 동성인 낯선 사람들과 적들 사이의 상호작용에서만 나타나는 게 아님을 시사한다. 흥미롭게도 동성 간 우정에서 동성 간 경쟁 관계는 남자(M=1.35)가 여자(M=0.79)보다 더 자주 일어난다고 보고했다. 성적 경쟁 관계가 남자에게 더 자주 일어나는 것은 남자가 단기적 캐주얼 섹스를 여자보다 더 많이 추구하기 때문일 가능성이 높다—단기적 성적 접근을 이성 친구의 중요한 편익으로 간주한다는 사실은 이 해석을 뒷받침한다. 요컨대, 연구 결과는 성적 경쟁 관계가 동성 간 우정에서 가끔 일어나며(특히 남자에게 더 많이), 그것은 그러한 우정의 비용으로 보인다는 것을 시사한다.

남자와 여자는 **동성** 간 우정 심리도 서로 다르다(Vigil, 2007). 여자들 사이의 우정은 남자들 사이의 우정보다 더 친밀한 경향이 있다. 여자는 남자보다 친구의 가치와 선호에 더 민감하다. 여자는 예컨대 전화로 대화하는 데 더 많은 시간을 쓰는 등 '관계 유지'에 더 많은 노력을 쏟는다. 남자는 여자보다 덜 친밀한 친구 관계를 많이 맺는 걸 선호하고, 관계를 유지하는 데 시간을 덜 쓰며, 개인 정보를 많이 공유하지 않는다. 이러한 차이는 진화한 우정의 기능에 남녀 차이가 있음을 시사한다. 비질Vigil(2007)은 역사적으로 여자는 종종 이족(자신이 속한 집단과 다른 집단)과 짝짓기를 했기 때문에 친족이 아닌 여자들에게 크게 의존해야 하는 적응 문제에 직면했다는 가설을 세웠다. 주변에 가까운 친족이 없는 상황에서 친밀한 우정은 자신과 자식을 위해 안전하고 든든한 사회적 환경을 확보하는 데 도움이 되었을 것이다. 여자의 우정이 심리적 가까움과 친밀함을 추구하는 성격이 강한 것과 대조적으로, 남자는 협력 사냥이나 방어, 동맹 전쟁처럼 공동의 목표를 달성하기 위해 우정을 사용하는 경향이 있다.

협력적 동맹

사람은 가끔 특정 목표를 달성하기 위해 공동 행동을 취할 목적으로 두 사람 이상이 힘을 합친 집단인 **협력적 동맹**을 맺는다. 수렵 채집인 사회에서 동맹은 대개 사냥이나 식량 나누기, 다른 집단에 대한 공격, 다른 집단의 공격에 대한 방어, 주거지 건축과 같은 목표를 위해 결성되었다. 사람은 협력적 동맹을 촉진하도록 설계된 특별한 진화 기제가 진화했다고 가정하는 것이 합리적이다.

그러나 동맹의 출현을 방해하는 심각한 문제가 있는데, **배신과 무임승차**가 그것이다. 한 가지 배신 사례는 베네수엘라의 야노마뫼족 사이에서 벌어진 전쟁에서 일어났다(Chagnon, 1983). 야노마뫼족의 한 집단이 이웃 집단을 습격하기 위해 진격할 때, 발에 날카로운 가시가 박혔다거나 복통이 났다는 핑계를 대며 집으로 돌아가겠다는 사람이 가끔 나온다. 물론 이러한 배신 행위는 동맹의 성공을 위험에 빠뜨리며, 그런 핑계를 너무 자주 쓰는 사람은 겁쟁이라는 딱지가 붙는다.

그에 못지않게 심각한 문제는 무임승차자, 즉 동맹의 과실은 챙기면서 동맹의 성공을 위해 자신이 해야 할 정당한 노력을 하지 않는 사람이다. 무임승차자의 예로는 식당에서 계산을 할 때마다 마침 수중에 현금이 없다면서 자신이 지불해야 할 정당한 비용을 지불하지 않고 집단의 편익만 챙기려는 사람을 들 수 있다. 배신과 무임승차 문제는 아주 심각하며, 생물학과 경제학 분야의 많은 게임 이론 분석가들은 그 결과로 협력적 동맹이 붕괴할 수 있음을 보여준다. 배신은 종종 **진화적으로 안정한 전략**, 즉 일단 집단 내에서 압도적인 것으로 자리잡으면 다른 전략으로 공격하거나 밀어낼 수 없는 전략이 된다(Maynard Smith & Price, 1973). 따라서 협력적 동맹이 진화하려면, 무임승차자와 잠재적 배신 문제를 반드시 해결해야 한다.

진화론자들은 무임승차자 문제를 해결하는 문제에서 **처벌**의 역할에 초점을 맞춰 살펴보았다(Boyd & Richardson, 1992 ; Gintis, 2000 ; Henrich & Boyd, 2001). 무임승차자를 제대로 처벌하기만 한다면, 원칙적으로 협력적 동맹이 진화할 수 있다. 실험 결과들은 무임승차자를 처벌할 수 있는 제도—자신의 정당한 몫을 다하지 않는 사람에게 비용을 부담시키는—가 갖춰져 있을 때에는 높은 수준의 협력이 일어난다는 것을 보여주었다. 그러나 무임승차자를 처벌하면 또 다른 문제가 생겨난다. 처벌을 집행하는 비용은 누가 부담할 것인가? 무임승차자를 처벌하는 동맹 구성원은 처벌하길 거부하는 구성원에 비해 개인적 비용이 발생한다. 따라서 무임승차자를 처벌하길 거부하는 사람들을 처벌하는 수단이 뭔가 있어야 한다! 이런 문제들을 어떻게 해결할 수 있을지 아직 학계에서는 의견 일치가 이루어지지 않았지만, 우리는 협력적 동맹이라는 맥락에서 무임승차자를 처벌하는 적응이 진화했다는 증거가 점점 쌓이고 있다(Price et al., 2002). 실제로 정당한 몫을 다하지 않는 사람을 위해 가혹한 처벌이 준비돼 있다면, 높은 수준의 협력이 나타나는 경향이 있다(Fehr, Fischbacher, & Gachter, 2002 ; Kurzban et al., 2001).

한 가지 가설은 협력적 동맹의 진화에서 무임승차자 문제를 해결하기 위한 방안으로 '징벌적 정서'—집단 내의 '책임 회피자'에게 손해를 주자는 욕구―가 진화했다는 것이다(Price et al., 2002). 이러한 징벌적 정서는 최소한 두 가지 방식으로 작동할 수 있다 : 개인에게 무임승차자를 처벌하도록 동기를 부여하는 것과 함께 집단 내의 다른 사람들에게도 무임승차자를 처벌하도록 장려하는 것이 그것이다. 원칙적으로 징벌적 정서는 두 가지 기능을 가질 수 있다 : (1) 내켜하지 않는 집단 내의 구성원에게 기여할 기회를 높이고, (2) 협력적 동맹에 완전히 참여하는 사람들에 비해 무임승차자의 적합도에 손실을 입힌다(Price et al., 2002).

프라이스와 그 동료들(2002)은 만약 미국이 전쟁을 한다면 기꺼이 징집에 응하겠다는 자세 같은 가상의 동맹 행동에서 보고된 징벌적 정서 경험을 예측할 수 있는 지표가 어떤 것인지 조사했다. 단일 요소 중에서 징벌적 정서를 가장 잘 예측하는 지표는 그 사람이 협력적 동맹에 참여한 정도였다. 참여하려는 (예컨대 전쟁 노력을 위해 징집에 응하겠다는) 의지가 강할수록 그 사람은 참여할 수 있는데도 참여를 거부한(예컨대 징집을 거부한) 사람을 더 강하게 처벌하길 원했다. 요컨대, 징벌적 정서는 무임승차자를 제거하기 위한 방법으로 진화했을지 모른다.

에콰도르의 슈아르족을 대상으로 조사한 것과 같은 비교문화 연구는 징벌적 정서가 사람의 보편적 속성일지 모른다는 가설을 지지한다(Price, 2005). 처벌은 협력할 수 있는데도 협력하지 않은 내집단 구성원에게 특히 가혹했는데, 심지어 외집단 구성원에게 가하는 것보다 더 가혹했다(Shinada, Yamagishi, & Ohmura, 2004). "믿을 수 없는 친구는 지독한 적보다 더 나쁘다."라는 말이 이 사실을 잘 요약 정리해준다(Shinada et al., 2004, p. 379). 징벌적 정서의 바탕을 이루는 뇌 기제도 발견되고 있다. 비협력자를 처벌할 때에는 뇌에서 등쪽줄무늬체 영역의 활동이 특히 활발해지는데, 이곳은 보상과 기대되는 만족과 연관이 있는 영역이다(de Quervain et al., 2004). 사람들은 비협력자를 처벌하는 행동을 할 때 즐거움을 느낀다. 또 다른 뇌 활성화 연구에서는 게임을 불공정하게 하는 선수(비협력자)가 육체적 고통을 받는 것을 보아도 보상 중추가 활성화되는 결과가 나타났으며, 특히 남성 참여자들 사이에서 많이 나타났다(Singer et al., 2006). 이러한 보상 중추의 활성화는 보복을 하고 싶다는 욕구를 표현한 참여자들에게서 특히 두드러지게 나타났다. "복수는 달콤한 것"이란 표현은 그 바탕이 되는 뇌의 보상 중추 차원에서는 사실인 것 같다.

'징벌적 정서' 심리 기제가 진화했다는 증거가 점점 쌓여가는데도 불구하고, 흥미로운 문제가 한 가지 여전히 남아 있는데, 바로 무임승차자를 처벌하는 사람에게 비용이 발생한다는 점이다. 누군가를 처벌하려면 시간과 에너지와 노력이 들며, 처벌하는 사람은 처벌받는 사람에게 보복을 당할 위험도 있다. 이런 점에서 남을 처벌하는 것은 행위자에게 비용이 돌아가더라도 전체 집단에 편익을 주기 때문에 진화의 관점에서 이타적 행동이 될 수 있다. 실제로 이런 종류의 '이타적 처벌'은 열다섯 곳의 문화에서 관찰되고 기록되었는데, 다만 비협력자를 기꺼이 처벌하려는 사람들의 비율은 문화에 따라 차이가 났다(Henrich et al., 2006).

이런 형태의 '이타적 처벌'은 어떻게 진화하거나 나타날 수 있을까? 두 가지 경쟁 가설이 제안되었다. 하나는 **문화적 집단 선택**이라고 부르는 것이다(Boyd & Richardson, 1985 ; Fehr & Henrich, 2003). 문화적 집단 선택은 문화적으로 전달된 특정 관념이나 믿음, 가치가 그것이 사회적 집단에게 제공하는 경쟁적 이득 때문에 전파되는 과정을 묘사한다(Henrich, 개인적 대화, 2006년 8월 24일). 집단들이 오랜 시간을 두고 서로 경쟁했다면, 그리고 가장 성공적인 집단이 집단 이타적 규범을 강제했다면, 문화적 집단 선택은 더 효율적인 규범을 가진 집단을 선호할 것이다. 덜 성공적인 집단은 모방이나 사회적 전파를 통해 더 성공적인 집단의 사회적 규범을 획득할 수 있다. 가끔 '강한 호혜성'이라고 부르는, 집단에 이익이 되는 이타적 처벌은 이런 방식으로 전파될 수 있다(이 설명에 대한 비판은 Hagen & Hammerstein, 2006 ; Tooby, Cosmides, & Price, 2006을 참고하라).

또 다른 대안 설명은 이타적 처벌자가 처벌 행위를 통해 평판 면에서 편익을 얻는다는 것이다(Alexander, 1987 ; Barclay, 2006). 비협력자를 처벌하는 사람이라는 평판은 다음과 같은 경우에 처벌자에게 편익을 줄 수 있다 : (1) 다른 사람들이 알려진 이타적 처벌자를 속일 가능성이 적거나(필시 자신이 처벌을 당할지도 모른다는 두려움 때문에), (2) 비협력자를 처벌하지 못하는 사람보다 이타적 처벌자가 더 믿을 만한 사람으로 인식되어 협력적 관계를 맺기가 더 쉬울 때. 바클레이(2006)는 이타적 처벌자가 정말로 비처벌자보다 더 신뢰할 만하고, 집단 중심적이고, 존경받을 만한 사람으로 간주된다는 사실을 발견했다(〈그림 9.5〉 참고). 또 다른 연구에서는 익명의 경제 게임에서 컴퓨터 화면에

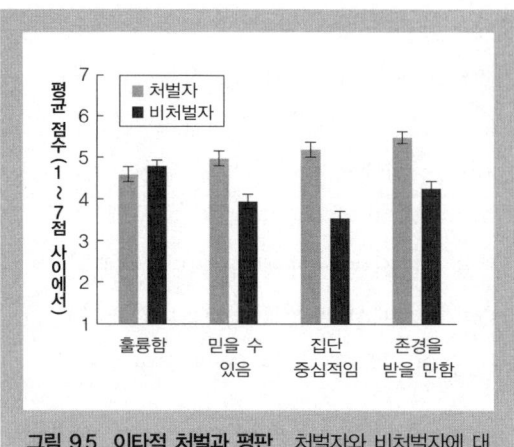

그림 9.5 이타적 처벌과 평판. 처벌자와 비처벌자에 대한 감정을 1점에서 7점 사이의 점수로 평가한 리커트 척도. 점수가 높을수록 더 긍정적인 인상을 나타낸다.

출처: Barclay, P. (2006). Reputational benefits for altruistic punishment. *Evolution and Human Behavior, 27,* 325-344.

안점들이 있으면 관대함 같은 친사회적 행동이 증가한다는 사실을 발견했는데, 그 이유는 아마도 지켜보는 눈의 단서가 심리적으로 감시를 당한다는 느낌을 촉발해 자신의 평판에 신경을 쓰도록 자극하기 때문일 것이다(Haley & Fessler, 2005). 청중의 존재는, 설사 청중이 연구를 진행하는 단 한 명의 목격자라 하더라도, 비협력자를 처벌하는 비율을 높이기에 충분하다(Kurzban, DeScioli, & O'Brian, 2007).

수학적 모형들도 집단에 기여하지 않는 사람을 피하거나 추방하는 것이 어떤 중요한 역할을 하는지 분명히 드러냈다(Panchanathan & Boyd, 2004). 도움을 거부한 사람이나 도움을 거부한 사람을 처벌하지 않는 사람을 피하는 사람은 좋은 평판을 유지한다. 흥미로운 사실은, 무임승차자를 피하는 사람은 거의 아무런 비용을 부담하지 않을 수 있다는 점이다. 무임승차자를 돕길 거부하면 그런 사람을 도움으로써 발생하는 비용을 절약할 수 있으므로, 그런 사람을 피함으로써 처벌을 하는 사람은 직접적으로 편익을 얻는다(Fehr, 2004). 다른 사람들이 자신을 피할 때 그 사람은 큰 심리적, 신체적 고통을 경험한다는 사실은 추방을 초래할 수 있는 사회적 규범 위반을 피하도록 자극하는 적응이 공진화했음을 시사한다(MacDonald & Leary, 2005). 요컨대, 피하는 것이 한 가지 중요한 행동 전략으로 쓰이는 징벌적 정서는 비협력자를 처벌하는 사람들이 얻는 평판의 편익과 비용 절약의 결과로 진화했을지 모른다.

협력적 동맹을 지지하는 진화한 심리 기제에 대한 연구는 이제 막 걸음마를 떼었다. 집단 생활과 집단 간 경쟁이 인간 사회의 보편적 특징이란 사실을 감안하면, 과학자들이 협력적 동맹을 위한 추가 적응을 발견할 가능성이 높다. 가능성이 있는 적응에는 사회적 유대 도모와 무임승차자 통제 수단으로서의 뒷공론(Dunbar, 2004 ; Kniffin & Wilson, 2005), 내집단 편애 편향, 외집단 구성원에 대한 편견, 외국인 혐오증, 집단 규범을 강제하기 위한 적응, 사회적 규범을 위배한 사람 추방(van Vugt & van Lange, 2006), 무임승차를 하지 않는 사람에 대한 보상 제공(Kiyonari & Barclay, 2008)이 포함된다. 협력적 동맹은 거기에 참여한 개인들이 중요한 적응 문제를 해결하지 못하면 나타날 수가 없는데, 그러한 적응 문제에는 다음과 같은 문제가 포함된다 : (1) 공동의 목표를 향해 나아가는 길에서 부분적으로 일치하지 않는 이해를 가진 개인들을 통합 조정하는 문제 ; (2) 집단의 의무를 구성원들에게 부과하는 문제 ; (3) 집단 해체를 부추길 수 있는 무임승차자를 처벌하는 문제(Tooby et al., 2006).

우리에게 협력적 동맹의 적응 문제에 대한 해결책이 진화한 것은 명백하다. 왜냐하면, 전 세계 모든 곳에서 사람들은 협력적 동맹—갱, 남자 대학생 친목 클럽, 여자 대학생 친목 클럽, 클럽, 도당, 무리, 예술 단체, 당파, 정당, 사냥 무리, 종파, 전쟁에서 같은 편 등—을 **맺기** 때문이다. 사람들은 집단의 구성원이 됨으로써 큰 즐거움을 경험한다. 그리고 높이 평가받는 집단에서 쫓겨날 수 있다는 위협에 큰 심리적 고통을 겪는다. 사람들은 개인들을 집단의 목표에 동조하도록 유도하기 위해 설득 전술을 쓴다. 미국의 존 F. 케네디 John F. Kennedy 대통령이 "국가가 여러분을 위해 무엇을 할 수 있는지 묻지 말고, 여러분이 국가를 위해 무엇을 할 수 있는지 물어보십시오."라는 호소로 청중을 감동시켰을 때, 그는 청중의 동맹 심리학을 효과적으로 활성화시켰다. 또 사람들은 배반자, 사기꾼, 변절자, 무임승차자에게 처벌을 내린다. 사회 생활에서 협력적 동맹이 도처에 존재하고 중요한 역할을 한다는 사실을 감안하면, 앞으로 10년 안에 협력적 동맹을 진화하게 한 복잡한 심리적 적응이 발견될 것으로 기대된다.

▪ 요약

이 장은 이타성(비록 그러한 특징을 가진 이타주의자에게는 비용이 돌아가더라도 다른 개인의 번식을 도와주는 설계 특징) 문제를 살펴보는 것으로 시작했다. 문제는 그러한 이타성이 해밀턴 규칙에 어긋나는 것처럼 보이는데도 어떻게 진화할 수 있었느냐 하는 것이다. 한 가지 해결책은 상호적 이타성 이론에서 나오는데, 이 이론은 그러한 편익 전달이 수혜자에게 장래에 보답을 하게만 한다면, 비친족에게 편익을 제공하는 심리 기제가 진화할 수 있다고 주장한다. 그러나 상호적 이타주의자가 맞닥뜨리는 가장 중요한 적응 문제는 사기꾼—편익만 챙기고 나중에 보답하지 않는—의 위협이다.

이 문제의 한 가지 해결책은 로버트 액설로드가 개최한 컴퓨터 시합에서 나왔다. 액설로드는 받은 만큼 되돌려주기 전략—처음에는 협력하는 행동을 보였다가 그 다음부터는 상대가 하는 대로 따라하는 전술—이 아주 성공적이라는 사실을 발견했다. 이 전략은 협력을 촉진할 뿐만 아니라, 배신자를 즉각 처벌함으로써 속임수 문제를 해결하는 데에도 도움을 주는 경향이 있다.

상호적 이타성 사례는 동물계에서도 찾아볼 수 있다. 흡혈박쥐는 자신이 구한 피를 그날 밤에 먹이를 구하는 데 실패한 '친구'에게 나누어준다. 그러면 훗날 친구는 전에 자신을 도와준 박쥐에게 우선적으로 피를 나눠줌으로써 호의에 보답한다. 침팬지는 수컷들 사이에, 암컷들 사이에, 그리고 수컷들과 암컷들 사이에 상호 동맹을 맺는다.

사회 계약 이론은 사기꾼 문제를 해결하고 성공적인 사회적 교환에 참여하기 위해 사람에게 다섯 가지 지각 능력이 진화했다고 주장한다. 사람은 다른 개인을 알아볼 수 있어야 하고, 함께 나눈 상호작용의 역사를 기억할 수 있어야 하고, 자신의 가치와 욕구와 필요를 다른 사람에게 전달할 수 있어야 하고, 다른 사람의 가치와 욕구와 필요를 인식할 수 있어야 하고, 다양한 교환 품목의 비용과 편익을 나타낼 수 있어야 한다. 연구자들은 사람에게 사기꾼 간파 기제가 있다는 사실을 입증했다. 그것은 사람은 논리적 문제를 사회 계약의 형태로 바꾸었을 때 추론을 아주 잘 하는 특별한 능력이 있다는 사실로 증명되었다. 사람들은 예상되는 비용을 지불하지 않고 편익만 챙겨간 사람을 찾아내려고 특별히 경계하는 경향이 있다. 사람들은 사기꾼을 간파하는 적응에 더해 진정한 이타적 성향을 가진 사람을 찾아내는 특별한 능력도 있다는 증거가 있다. 협력하려는 성향이 강한 사람을 동맹으로 선택하는 것은 처음부터 사기꾼에게 노출되는 것을 피할 수 있는 중요한 전략일 수 있다.

친족 이타성과 상호적 이타성에 더해 이타성을 설명하기 위해 제안된 진화 이론이 두 가지 더 있는데, 간접적 호혜성과 값비싼 신호가 그것이다. 간접적 호혜성의 경우, 이타주의자는 자신이 도움을 준 사람에게서 편익을 돌려받는 방법으로 편익을 얻지 않는다. 그보다는 이타주의자의 관대함을 목격하거나 들은 **다른 사람들**이 그 사람에게 도움을 제공할 가능성이 높다. 값비싼 신호의 경우, 큰 도움이나 자기 희생 같은 행동은 다른 사람들에게 자신의 조건과 자원 보유 잠재력에 대해 정직한 신호를 제공한다. 왜냐하면, 아주 좋은 조건에 있는 사람만이 값비싼 신호를 제공할 '여력'이 있기 때문이다. 값비싼 신호는 그 사람의 지위와 평판을 높이고, 그것은 다시 값비싼 신호를 내놓는 사람에게 편익으로 돌아간다. 요약하면, 이타성이 진화할 수 있는 방법은 최소한 네 가지가 있다 : 친족 선택(유전적 친척을 향한 이타성), 상호적 이타성, 간접적 호혜성, 값비싼 신호.

우정의 진화는 은행가의 역설이 잘 보여주는 특별한 문제를 제기한다. 은행가의 역설이란, 은행은 돈이 필요한 사람에게 돈을 빌려주는 사업을 하지만, 돈이 가장 필요한 사람은 신용 위험이 아주 높은 사람이기 때문에, 결국 은행은 돈이 절실히 필요한 사람에게는 대출을 거부하면서 돈이 별로 필요하지 않은 사람에게 대출해줄 수밖에 없는 상황을 말한다. 마찬가지로 우리에게 친구의 도움이 절실히 필요할 때는 도와준 사람에게 편익을 당장 되돌려줄 수 없어 우리의 '신용 위험'이 아주 높은 시기와 일치한다. 이 역설을 해결하는 한 가지 방법은 대체 불가능한 존재가 되는 것이다. 만약 어느 누구도 제공할 수 없는 편익을 내가 제공한다면, 친구들은 나의 안녕에 많은 것이 달려 있으므로 내가 도움이 절실히 필요할 때 기꺼이 도움을 제공하려 할 것이다. 그것을 구별하는 핵심 방법은 진정한 친구와 정작 필요할 때 도움이 안 되는 친구를 구별하는 것이다. 우리는 도움이 절실히 필요할 때 친구가 보이는 행동을 보고서 누가 진정한 친구인지 파악하는 경향이 있다. 많은 사람들이 느끼는 소외감은, 우리가 '자연의 적대적인 힘들'을 정복했기 때문에 진정한 친구—우리의 안녕에 깊이 관여하는 사람—가 누구인지 파악하는 데 도움을 주는, 목숨을 위협하는 사건들에 접하기 어려운 데에서 비롯될 수 있다.

우정의 비용과 편익에 대한 지각을 조사하는 방법으로 우정의 기능을 연구하려는 시도가 일부 있었다. 남자와 여자는 동성 간 우정뿐만 아니라 이성 간 우정 관계도 맺지만, 드러난 증거에 따르면 우정의 기능에는 남녀 차이가 있다. 단기적 성적 접근을 이성 간 우정의 편익으로 생각하는 경향은 여자보다 남자가 훨씬 강하다. 반면에 친구가 제공하는 보호를 이성 간 우정의 편익으로 생각하는 경향은 남자보다 여자가 높다. 그리고 남녀 모두 이성에 대한 정보를 얻는 것을 이성 간 우정의 중요한 편익으로 생각한다. 동성 간 우정이 초래하는 한 가지 비용은 성적 경쟁을 초래할 잠재력이다. 성적 경쟁 관계는 여자 친구들 사이에서보다 남자 친구들 사이에서 더 많이 일어나는데, 아마도 단기적 짝짓기 욕구가 더 강한 남자의 성향 때문에 갈등이 더 자주 일어나는 것으로 보인다.

사람들은 두 사람 간의 동맹 외에 다수의 사람과 협력적 동맹—공동 목표를 달성하기 위해 집단 행동을 사용하는 사람들의 집단—을 맺는다. 이러한 협력 집단을 만드는 적응은 무임승차자 문제를 해결해야 진화할 수 있다. 경험적 증거는 '징벌적 정서'가 무임승차자 문제에 대한 부분적인 해결책이 될 수 있음을 시사한다. 자기 역할을 다하지 않는 집단 구성원에 대해 사람들이 느끼는 분노가 징벌적 정서를 자극하고, 그것은 무임승차자를 처벌하는 결과를 낳는다. 과학자들은 사람들이 비협력자를 처벌할 때 활성화되는 뇌 영역을 확인했는데, 그것은 보상 중추와 관계가 있는 곳이다. 사람들은 비협력자나 배신자를 처벌하거나 보복을 추구할 때 즐거움을 느낀다.

다른 사람을 처벌하는 것은 처벌자가 전체 집단에 편익을 주는 행동을 하면서 비처벌자들이 부담하지 않는 비용을 개인적으로 부담한다는 점에서 진화의 관점에서 보면 이타적 행동일 수 있다. '이타적 처벌'이 정말로 이타적이라는 게 사실이라면, 이 현상을 설명하는 데에는 '문화적 집단 선택'과 같은 일종의 집단 선택 설명이 필요할지 모른다. 혹은 무임승차자를 처벌하는 행동에서 처벌자가 개인적 편익을 얻는지도 모르는데, 이 경우에는 자연 선택론으로 이 현상을 설명할 수 있다. 여러 연구는 처벌자가 얻는 평판의 편익이 있다고 지적한다. 즉, 처벌자는 더 신뢰할 만하고, 집단 중심적이며, 존경받을 만한 사람으로 간주된다. 이러한 평판을 얻는 처벌자가 편익을 얻는 방법은 두 가지가 있다. 자신의 평판이 다른 사람이 무임승차를 하려는 생각을 억제하거나, 사람들이 협력적 동맹 상대로 자신을 우선적으로 포함시키는 것이 그것이다. 마지막으로, 무임승차자를 처벌하는 행동이 단순히 무임승차자를 피하거나 무시하는 행동처럼 처벌자에게 그다지 큰 비용을 초래하지 않을 가능성을 살펴볼 필요가 있다. 사람은 다른 사람들이 자신을 기피하거나 집단에서 추방을 당할 때 큰 심리적 고통을 겪는다는 사실은 추방을 초래하는 행동을 피하려는 적응이 공진화했을 가능성을 말해준다.

추천 독서 목록

Bereczkei, T., Birkas, B., & Kerekes, Z. (2010). Altruism toward strangers in need : Costly signaling in an industrial society. *Evolution and Human Behavior, 31*, 95-103.

Cosmides, L., & Tooby, J. (2005). Neurocognitive adaptations designed for social exchange. In D. M. Buss(Ed.), *The handbook of evolutionary psychology* (pp. 584-627). New York : Wiley.

DeScioli, P., & Kurzban, R. (2009). The alliance hypothesis for human friendship. *PLoS ONE, 4*, 1-8.

Johnson, D. D. P., Price, M. E., & Takezawa, M. (2008). Renaissance of the individual : Reciprocity, positive assortment, and the puzzle of human cooperation. In C. Crawford & D. Krebs (Eds.). *Foundations of evolutionary psychology* (pp. 331-352). New York : Erlbaum.

Maynard Smith, J. (1982). *Evolution and the theory of games*. Cambridge, UK : Cambridge University Press.

Nowak, M.A. (2006). Five rules for the evolution of cooperation. *Science, 314*, 1560-1563.

Price, M. E., Cosmides, L., & Tooby, J. (2002). Punitive sentiment as an anti-free rider psychological device. *Evolution and Human Behavior, 23*, 203?-231.

Zahavi, A. (1995). Altruism as a handicap : The limitations of kin selection and reciprocity. *Journal of Avian Biology, 26*, 1-3.

제10장
공격성과 전쟁

::

진화의 관점에서 볼 때,
폭력의 주된 원인은 바로 수컷의 속성에 있다.
— 로버트 라이트Robert Wright, 1995

1974년 1월 어느 날 오후, 탄자니아의 곰베국립공원에서 침팬지 8마리가 전투 집단을 이루어 남쪽으로 출발했다(Wrangham & Peterson, 1996). 평소의 행동권 경계선으로 다가가는 침팬지들은 소리를 내지 않고 은밀히 움직이려고 애쓰는 것처럼 보였다. 침팬지들은 경계선을 넘었고, 제인 구달Jane Goodall의 곰베 연구팀에서 함께 일하던 힐랄리 마타마Hillali Matama도 그 뒤를 따라갔다. 저 앞에 젊은 수컷 침팬지 고디Godi가 잘 익은 나무 열매를 따서 평화롭게 먹고 있었다. 고디는 평소에는 카하마 침팬지 집단의 다른 침팬지 6마리와 함께 먹이를 찾아나서지만, 오늘은 혼자였다.

고디가 침입자들을 발견했을 때 침팬지 8마리는 이미 그 나무에 다가와 있었다. 고디는 침입자들에게서 벗어나려고 필사적으로 달아났지만, 침입자들은 고디를 따라잡아 다리를 잡고 넘어뜨렸다. 전투 집단의 한 지도자인 험프리Humphrey가 고디의 두 다리를 꼭 붙잡고 움직이지 못하게 하자 다른 침팬지들이 그 주위로 몰려들었다. 고디의 얼굴을 흙 속에 처박은 채 다른 수컷들이 공격을 했다. 비명 속에서 공격자들이 몸을 부딪치고 물고 구타하는 광란의 장면은 때와 장소를 잘못 찾아들어온 피해자를 청소년 폭력배들이 마구 구타하는 장면처럼 보였다. 구타와 물어뜯기는 10분이 지나서야 멈췄고, 고디는 공격자

진화심리학

들이 그곳을 떠나 자신들의 행동권으로 돌아가는 것을 지켜보았다. 고디의 몸은 열 군데 넘게 피가 났으며, 난폭한 공격으로 성한 곳이 없었다. 연구자들은 그 뒤 고디를 다시 보지 못했다. 그 공격으로 즉시 죽지는 않았다 하더라도, 며칠 지나지 않아 죽은 것으로 보였다.

그 공격이 주목을 끈 것은 악랄함이나 공격자들이 피해자를 무력한 상태로 몰아넣은 조직적 수법 때문이 아니었다. 그것은 침팬지들이 무리를 지어 이웃 세력권을 침입해 적에게 치명적인 공격을 가하는 사건을 과학자가 목격한 것으로는 처음이었기 때문이다. 이것은 다른 영장류는 모두 평화롭고 조화롭게 살아가는 반면, 오직 사람만이 동족을 죽인다고 생각해온 오래된 가정에 의문을 품는 계기가 되었다. 이 사건은 또한 침팬지가 "순진무구한 목가적 존재"나 "사람이 잃어버린 평화로운 낙원"을 대표하다는 오래된 가정(Ardry, 1966, p. 222)에도 의문을 던졌다. 뛰어난 연구자들은 그와는 반대로 "침팬지 집단을 둘러싸고 위협하는 수컷의 폭력 수준은 매우 극심한 것이어서 자기 집단에서 벗어나 때와 장소를 잘못 찾았다간 죽음을 맞이하게 된다."라고 결론내렸다 (Wrangham & Peterson, 1996, p. 21).

물론 사람은 침팬지가 아니며, 사람을 다른 종과 피상적으로 비교하는 것을 경계해야 한다. 침팬지 사이에서 격렬한 공격이 일어난다는 증거 자체는 사람의 공격성에 대해 아무것도 알려주는 게 없을 수 있다. 그러나 랭엄과 피터슨(1996)은 놀라운 사실을 지적했다. 포유류 4000종을 포함해 1000만 종이 넘는 전체 동물 중에서 수컷들이 주도한 조직적인 동맹이 이웃 세력권을 침입하여 동종에게 치명적인 공격을 가하는 모습이 관찰되고 기록된 것은 현재까지 침팬지와 사람, 단 두 종밖에 없다.

사람도 침팬지와 마찬가지로 남자끼리 단결해 공격적인 동맹을 조직하여 다른 사람들을 공격한다. 기록된 인류 역사에는 스파르타인과 아테네인, 십자군 전쟁, 햇필드가와 매코이가, 팔레스타인인과 이스라엘인, 수니파와 시아파, 투치족과 후투족 등을 비롯해 그러한 적대 관계가 무수히 등장한다. 모든 문화에서 남자들은 공통적으로 서로 단결하여 다른 집단을 공격하거나 자기 집단을 방어한다. 사람과 침팬지는 다른 종들에서는 알려진 바가 없는 바로 이 독특한 공격성을 공유한다(Wrangham & Peterson, 1996).

■ 적응 문제의 해결책으로 본 공격성

진화심리학의 관점에서 바라볼 때, 공격성의 기원에 대한 가설은 하나만 있는 게 아니다. 공격성은 적응 문제의 해결책으로 진화했을지도 모르는데, 그런 적응 문제에는 어떤 것들이 있는지 주요 후보들을 아래에 소개한다(Buss & Duntley, 2005 ; Buss & Shackelford, 1997b).

남의 자원 탈취

사람은 역사를 통해 생존과 번식에 소중하게 여겨진 자원을 저장하는 특징이 어떤 종보다도 강하게 나타난다. 그런 자원에는 기름진 땅, 민물과 식량과 도구와 무기에 대한 접근이 포함된다. 남이 차지하고 있는 소중한 자원에 접근하는 수단은 사회적 교환, 절도, 사기 등 여러 가지가 있다. 공격 또한 남의 자원을 탈취하는 한 가지 수단이다.

자원 탈취를 위한 공격은 개인 차원에서 일어날 수도 있고 집단 차원에서 일어날 수도 있다. 개인 차원에서는 물리력을 사용해 남의 자원을 빼앗을 수 있다. 현대적 형태에는 학교에서 다른 학생의 용돈이나 책, 가죽 재킷, 명품 운

인간 사회에서는 남자가 여자보다 물리적 공격을 훨씬 많이 사용한다. 남의 자원을 빼앗기 위한 물리적 공격의 남녀 차이는 만 세 살 때부터 나타난다.

진화심리학

동화를 빼앗는 불량 학생도 포함된다(Olweus, 1978). 아동의 공격성은 대체로 장난감이나 세력권 같은 자원을 대상으로 표출된다(Campbell, 1993). 어른의 공격성에는 남의 돈이나 물건을 강제로 빼앗기 위한 강탈 행위나 구타가 포함된다. 어린이가 구타를 피하기 위해 용돈을 포기하거나 작은 가게 주인이 장사 피해를 막기 위해 폭력배에게 '보호비' 명목으로 돈을 주는 것처럼, 때로는 공격하겠다고 위협하는 것만으로도 남의 자원을 빼앗는 데 충분하다.

사람들, 특히 남자들은 종종 남의 자원을 강제로 탈취할 목적으로 동맹을 맺는다. 예를 들면, 야노마뫼족 사이에서는 남자들의 동맹 집단이 이웃 부족을 습격해 식량이나 번식 적령기 여자를 강탈한다(Chagnon, 1983). 기록된 인류 역사에서 전쟁은 남이 소유한 땅을 탈취하기 위한 수단으로 사용돼왔고, 전리품은 모두 승자의 차지였다. 번식에 도움이 되는 자원을 획득하기 위해 공격성을 발휘한다는 것이 한 가지 진화 가설이다.

공격에 대한 방어

공격적인 동종의 존재는 잠재적 피해자에게 심각한 적응 문제를 야기하는데, 공격자가 탈취하려는 소중한 자원을 잃을 위험에 맞서야 하기 때문이다. 게다가 피해자는 부상이나 죽음을 당할 수도 있어 생존과 번식 면에서 모두 큰 손실을 입는다. 공격에 대한 방어는 자신의 배우자나 자식이나 확대 친족에게 미칠 수 있는 잠재적 피해를 방지하는 기능도 있다. 실제로 남자뿐만 아니라 여자도 때로는 배우자나 자식의 부상이나 학대, 죽음을 막기 위해 자기 목숨을 내던진다(Buss, 2005b). 공격의 희생자는 지위와 평판 자산을 잃을 수도 있다. 속수무책으로 학대를 당하면서 거기에 수반되는 체면이나 명예 손상은 다른 사람들에 의한 추가적인 학대로 이어질 수 있는데, 착취하기 쉽거나 맞서려는 의지가 부족한 사람은 공격 대상자로 선택되기 쉽기 때문이다.

따라서 공격성은 다른 사람의 공격에 대항해 방어를 하는 데에도 사용될 수 있다. 공격성은 자신의 자원을 강탈당하는 것을 막음으로써 이 적응 문제에 대한 효과적인 해결책이 될 수 있다. 다른 잠재적 공격자를 억지하는 평판을 높이는 데에도 쓰일 수 있다. 또, 속수무책으로 피해자가 되는 데서 비롯되는 지위와 명예 손상을 막을 수도 있다.

동성 경쟁자에게 값비싼 비용 치르게 하기

세 번째 적응 문제는 같은 자원을 놓고 경쟁하는 동성 경쟁자 때문에 생겨난다. 그런 자원 중 하나는 소중한 이성 구성원에 대한 접근이다. 해변에서 약한 남자 얼굴에 모래를 끼얹고는 그 남자의 애인을 데리고 유유히 떠나는 악당은 전형적인 동성 간 경쟁을 보여주는 이미지이지만, 그 바탕에 자리잡고 있는 개념은 아주 강렬하다.

경쟁자에게 비용을 부담시키는 공격은 가시 돋친 말에서부터 폭력과 살인에 이르기까지 다양하다. 남자와 여자는 둘 다 동성 경쟁자를 깎아내리고, 상대방의 지위와 평판을 헐뜯어 이성에게 덜 바람직한 사람으로 보이게 한다(Buss & Dedden, 1990). 스펙트럼의 반대편 끝에는 가끔 결투를 벌여 동성 경쟁자를 죽이는 남자들이 있다(Daly & Wilson, 1988). 그리고 남자들은 다른 남자가 자기 아내나 애인과 섹스를 했다는 사실을 알면 그 남자를 죽이는 일이 종종 있다(Daly & Wilson, 1988). 진화는 설계의 차이에 따라 작동하기 때문에, 경쟁자에게 부담시킨 비용은 행위자에게 편익으로 돌아올 수 있다.

지위와 권력 서열 협상

네 번째 진화 가설은 공격성이 기존의 사회적 위계 질서에서 그 사람의 지위와 권력을 높이는 기능을 한다는 것이다. 예를 들면, 파라과이의 아체족과 베네수엘라의 야노마뫼족 남자들은 곤봉 싸움을 일종의 의식처럼 벌인다. 많은 곤봉 싸움을 거치고도 살아남은 남자는 존경과 두려움의 대상이 되어 지위와 권력을 얻는다(Chagnon, 1983 ; Hill & Hurtado, 1996). 현대 사회는 예컨대 권투 경기의 형태로 공격성을 의식화시켰는데, 경기의 승자는 지위 상승을 경험한다.

전쟁에서 적을 죽이기 위해 자신을 위험 속으로 내던지는 남자는 용감한 사람으로 간주되어 집단 내에서 지위가 상승한다(Chagnon, 1983 ; Hill & Hurtado, 1996). 거리의 폭력배도 동료나 경쟁 폭력단원을 구타하면서 난폭성을 드러내는 사람은 지위가 올라간다(Campbell, 1993).

공격성이 가끔 지위 상승이라는 적응적 기능을 한다는 가설은 이 전략이 모든 집단에 효과가 있다고 주장하진 않는다. 많은 집단 내에서 일어나는 공격성은 지위 하락을 초래할 수 있다. 예를 들어 교수 회의에서 다른 교수를 때린 교수는 틀림없이 지위 하락을 경험할 것이다. 지위 상승 가설에서 핵심은 공격

진화심리학

성이 보상을 받는 사회적 맥락에 민감한 진화한 심리 기제가 무엇인지 명시하는 것이다.

경쟁자의 장래 공격 억지

공격적이라는 평판을 얻으면 다른 사람의 공격이나 다른 형태의 비용 부과 시도를 억지할 수 있다. 웬만한 사람이라면 마피아 청부 살인자의 지갑을 훔치거나 마이크 타이슨과 맞붙으려는 생각은 감히 하지 않을 것이다. 또 폭주족 갱인 헬스 에인절스 단원의 여자 친구와 연애를 하는 것도 주저할 것이다. 따라서 공격성과 공격성에 대한 평판은 억지력을 발휘해 자신의 자원과 배우자를 탈취하려는 다른 사람의 시도에 대한 적응 문제를 해결하는 데 도움이 된다.

장기적 배우자의 불륜 억지

여섯 번째 가설은 공격 위협이 장기적 배우자의 불륜을 저지하는 기능이 있다는 것이다. 많은 경험적 증거는 남자의 성적 질투가 배우자 폭력의 주요 요인이거나 부추기는 맥락이라고 시사한다(Daly, Wilson, & Weghorst, 1982). 예를 들어 매 맞는 여성 보호 기관을 조사한 연구에 따르면, 대다수 사례에서 여자들은 남편이나 남자 친구의 지나친 질투심을 폭력의 주요 원인으로 꼽았다(Dobash & Dobash, 1984). 매우 불쾌하게 들릴 수 있지만, 어떤 남자들은 다른 남자와 사귀는 걸 막기 위해 아내나 여자 친구를 때린다.

공격성의 맥락 특정성

이 여섯 가지 주요 적응 문제의 전략적 해결책으로 공격성이 진화했을지 모른다는 설명은 완전한 것이 못 된다. 실제로 다음 장에서는 짝짓기 맥락에서 공격성(예컨대 성폭력)의 기능에 대해 다른 가설들을 살펴볼 것이다. 그렇지만 이 설명은 공격성이 유일하거나 맥락과 아무 상관이 없는 전략이 아님을 시사한다. 그보다 공격성은 우리 조상들이 특정 적응 문제에 맞닥뜨려 특정 편익을 얻었던 것과 비슷한 맥락에서만 작동되는, 맥락 특정성이 아주 강할 가능성이 높다.

배우자의 잠재적 불륜이라는 적응 문제를 해결하기 위해 배우자 폭력을 사용하는 사례를 생각해보자. 이 문제는 예컨대 상대적 배우자 가치가 아내보다 낮거나 여자들이 소중하게 여기는 자산의 감소(예컨대 실직)를 겪은 남자들이 직면할 가능성이 더 높다(Buss, 2003). 그런 조건에서는 여자가 불륜을 저지르거나 관계 자체를 완전히 끊을 확률이 더 높다. 그런 조건에 처한 남자는 불륜을 저지르거나 관계를 끊을 가능성이 낮은 배우자를 둔 남자보다 공격성을 더 드러낼 것으로 예측된다.

적응적 편익은 **비용**이라는 맥락에서 평가해야 한다. 공격성은 정의상 다른 사람에게 비용을 부담시키는데, 다른 사람이 그 비용을 수동적으로 혹은 무관심하게 받아들일 것이라고는 기대하기 어렵다 : "치명적인 보복은 학대를 받은 사람들이 먼 옛날부터 모든 문화에서 보편적으로 사용해온 수단이다"(Daly & Wilson, 1988, p. 226). 공격성 연구에서 아주 분명하게 나타나는 한 가지 사실은 공격이 보복적 공격을 낳는 경향이 있다는 점이다(Buss, 1961). 이것은 가끔 햇필드가와 매코이가 사이의 유명한 가족 분쟁처럼 공격과 반격의 악순환이 심화되는 결과를 낳는다(Waller, 1993).

중요한 맥락 한 가지는 공격성이 평판에 미치는 결과와 관련된 것이다. 문화와 하위 문화는 공격성이 지위를 높이느냐 낮추느냐 하는 점에서 차이가 난다. 예를 들면, "명예를 중시하는 문화"에서는 모욕을 받았을 때 공격을 하지 않으면 지위가 추락할 수 있다(Nisbett, 1993). 예컨대 혼전 섹스를 하여 가족의 이름에 먹칠을 한 딸은 가족의 지위를 회복하는 문제의 '명예로운' 해결책으로 살해당할 수도 있다(Goldstein, 2002). 이런 문화들에서는 그런 딸을 죽이지 않으면 나머지 가족의 지위가 추락할 수 있다.

비용의 또 한 가지 측면은 피해자의 보복 능력과 의지와 관련이 있다. 학교 폭력의 경우, 남을 괴롭히는 학생은 대개 보복을 할 능력이 없거나 할 생각이 없는 피해자나 '희생양'을 선택한다(Olweus, 1993). 또한, 아내의 건장한 남자 형제 4명과 힘이 센 아버지가 근처에 살고 있다면, 설령 아내가 바람이 났다고 해도 남편은 아내를 때리기 전에 한 번 더 생각할 것이다. 따라서 확대 친족의 존재는 비용이 배우자 폭력의 표출을 억제하는 한 가지 맥락이다. 에스파냐의 마드리드에서 가정 폭력을 조사한 한 연구에서는 마드리드 시내와 시외에 유전적 친족이 더 많이 밀집해 사는 여자일수록 가정 폭력 수준이 낮다는 결과가 나왔다(Figueredo, 1995).

어떤 맥락에서는 공격자가 공격 행위 때문에 평판이 크게 손상된다. 예를 들어 학계에서는 물리적 공격을 꺼리는데, 그런 행위를 하는 사람은 추방당할 수 있다. 반면에 거리의 폭력배들 사이에서는 도발을 받았을 때 공격성을 제대로 보이지 않으면 회복하기 어려운 지위 추락을 겪게 된다(Campbell, 1993).

진화심리학의 관점에서 핵심은 이전의 본능 이론들이 설명한 것처럼 공격성이 늘 똑같이 표출되는 게 아니라, 진화한 기제가 맥락에 민감하도록 설계돼 있을 것이라고 예측한다는 사실이다. 따라서 맥락과 문화, 개인에 따라 공격성에 차이가 난다는 사실은 특정 진화 가설을 부정하는 것이 아니다. 사실, 맥락에 민감한 특성은 진화 가설을 검증하는 중요한 지렛대가 된다(DeKay & Buss, 1992). 공격성은 특정 비용 편익 맥락에서 맞닥뜨리는 특정 적응 문제 때문에 표출된다.

▌ 왜 남자는 여자보다 더 공격적인가?

1965년부터 1980년 사이에 시카고에서 일어난 살인 사건 중 86%는 남자가 저지른 것이었다(Daly & Wilson, 1988). 이들 사건의 피해자도 80%가 남자였다. 정확한 비율은 문화마다 다소 차이가 나지만, 여러 문화의 살인 통계를 비교한 연구에서는 놀라울 정도로 비슷한 결과가 나타났다. 모든 문화에서 살인자는 남자가 압도적으로 높은 비율을 차지하며, 피해자 역시 남자가 다수였다. 공격성에 관한 이론은 폭력적 형태의 공격성을 드러내는 비율이 왜 남자가 여자보다 훨씬 높으며, 또 왜 피해자도 남자가 대다수를 차지하는지 그럴듯한 설명을 제시해야 한다.

동성 간 경쟁이라는 진화적 모형이 그러한 설명의 기초를 제공한다. 그것은 부모 투자 이론과 성 선택론으로 시작한다(4장 참고). 자식에 대한 투자를 암컷이 수컷보다 훨씬 많이 하는 종의 경우, 암컷은 수컷에게 소중하고 한정된 번식 자원이다. 수컷은 투자를 많이 하는 암컷에게 성적 접근을 확보하는 능력 때문에 번식에 제한을 받는다.

번식 성공률의 차이가 클수록 자연 선택은 차이가 더 크게 나타나는 성에게 더 위험한 전략(동성 간 경쟁을 포함해)을 선호한다. 극단적인 예를 들면, 캘리포니아 주 북부 해안 앞바다에 사는 코끼리물범은 전체 수컷 중 단 5%가 번식기에 태어나는 전체 새끼 중 85%의 아비가 된다(Le Boeuf & Reiter, 1988). 한쪽 성이 다른 성에 비해 번식 성공률에서 큰 차이가 나는 종은 다양한 신체 특징에서 성적 이형(예컨대 몸 크기와 모양의 차이)이 나타나는 경향이 있다. 효율적인 일부다처제가 더 강하게 나타날수록 크기와 모양에서 나타나는 성적 이형이 더 크다(Trivers, 1985). 예를 들어 코끼리물범은 몸무게에서 성적 이형이 크게 나타나는데, 수컷이 암컷보다 몸무게가 4배나 많이 나간다. 사람은 남자가 여자보다 18% 정도 몸무게가 더 나가 몸무게에서 나타나는 성적 이형은 비교적 경미한 편이다. 영장류 사이에서는 효율적인 일부다처제가 더 강하게 나타날수록 성적 이형도 더 강하게 나타나며, 양 성 사이의 번식 성공률 차이도 더 크다(Alexander et al., 1979).

효율적인 일부다처제는 다른 수컷들은 짝짓기 기회를 완전히 박탈당해 후세대의 조상이 되는 데 전혀 기여하지 못하는 반면, 일부 수컷은 '정당한 몫'보다 더 많은 짝짓기 기회를 얻는다는 걸 뜻한다. 이것은 번식 성공률의 차이가 크게 나타나는 성에서 더 격렬한 경쟁을 낳는다. 경쟁자와 치열한 싸움을 벌이는 전략과 투자를 많이 하는 이성을 유혹하는 데 필요한 자원을 얻느라고 큰 위험을 무릅쓰는 전략을 포함해, 일부다처제는 본질적으로 위험한 전략을 선호한다.

위계 질서의 꼭대기뿐만 아니라 바닥에서도 폭력이 일어날 수 있다. 남녀 성비가 똑같다고 가정하면, 한 남자가 두 여자를 독점할 때마다 다른 한 남자는 홀아비로 지내야 한다(Daly & Wilson, 1996b). 번식 실패에 직면한 사람에게는 위험하고 공격적인 전략이 마지막 수단이 될 수 있다. 살인 통계 자료에 따르면, 부유한 기혼 남성에 비해 가난한 미혼 남성의 살인 비율이 더 높다(Wilson & Daly, 1985). 요컨대, 일부다처제가 어느 정도 나타나는 경쟁적 맥락에서 공격성을 사용하는 측면은 두 가지가 있다 : (1) 한 남자가 여러 배우자에게 성적으로 접근함으로써 '큰 성공'을 거두기 위한 공격성, (2) 번식에서 완전히 밀려나는 것을 피하기 위한 공격성.

짝짓기 상황에서 왜 남자가 큰 위험을 무릅쓰려고 하는지 이해하기 위해 식량을 구하는 사례를 들어 생각해보자. 어떤 동물이 먹이를 얻는 세력권을 확보할 수는 있지만, 거기서 얻는 먹이는 살아가는 데에는 문제가 없어도 번식을 하기에는 충분치 못하다고 하자. 세력권 밖에는 위험이 도사리고 있다. 예컨대

진화심리학

모든 문화에서 남자는 폭력적 공격의 가해자인 동시에 피해자인데, 이것은 여자에 비해 남자의 번식 성공률의 차이가 더 크고, 공격을 통해 적응 문제를 해결하려는 시도에서 남자가 여자보다 더 큰 편익을 얻으며, 공격성 사용에서 부담하는 비용이 남자보다 여자가 더 큰 데서 생겨난 적응이다.

세력권 밖에는 그 동물을 잡아먹는 포식 동물이 있다. 이런 상황에서는 먹이를 더 구하려고 안전한 세력권 밖으로 모험을 하는 수컷만이 번식에 성공할 수 있다. 물론 일부 수컷은 포식 동물에게 잡아먹히는데, 세력권 밖으로 모험을 떠나는 것이 위험한 이유는 바로 이 때문이다. 그렇지만 일부 수컷은 포식 동물의 공격을 용케 피해 여분의 먹이를 구해 돌아와 번식에 성공할 수 있다. 세력권 밖으로 모험을 할 생각조차 하지 않는 동물은 아예 번식할 기회조차 얻지 못할 것이다. 이러한 상황은 번식을 위한 전략으로 모험 감수를 선호한다. 이 맥락에서 자연 선택은 체처럼 작용하여 모험을 하지 않는 동물들을 걸러낸다.

　이것은 비교문화적 살인 통계 자료에서 나타나는 두 가지 사실을 잘 설명한다. 폭력을 저지르는 비율이 남자가 훨씬 높은 이유는, 여자에게 접근하려는 동성 간 경쟁의 위험한 전략으로 특징지어지는, 그다지 심하진 않지만 긴 역사를 통해 계속 이어져온 효율적인 일부다처제의 산물이 남자이기 때문이다(공

BOX 10.1

분노 재보정 이론

모든 사람은 다른 사람들과 적합도 '이해'가 다르기 때문에, 우리처럼 사회성이 매우 높은 종에서 사회적 갈등이 일어나는 것은 불가피한 측면이다. 한 가지 갈등 요인은 다른 사람이 나의 안녕을 소중하게 여겨야 마땅한데도 내가 보기에 그렇지 않다고 생각할 때 일어난다. 친구가 나를 돕는 데 쓰는 시간이 내가 기대한 것보다 적을 수 있다. 연인 관계인 상대가 내가 당연히 누릴 자격이 있다고 생각하는 수준으로 성적 필요나 정서적 필요를 충족시키지 못할 수도 있다. 재보정 이론은 분노를 느끼고 표현하는 것이 분노 대상인 상대에게 자신의 안녕에 매기는 가치를 높이는(재보정하는) 기능이 있다고 주장한다(Sell, Tooby, & Cosmides, 2009).

이 이론에 따르면, 남에게 비용을 부담시키고 편익을 주는 능력이 높은 개인은 분노하기가 더 쉽다. 남자는 강한 상체가 공격 행위를 통해 상대에게 비용을 부담시키는 능력의 주요 요소이다. 여자는 육체적 매력이 편익을 제공하는 능력의 주요 요소인데, 그것은 배우자 가치, 친구 가치, 친족 가치의 핵심 요소가 되기 때문이다. 따라서 재보정 이론은 신체적으로 강한 남자와 육체적 매력이 뛰어난 여자가 신체적으로 약한 남자와 육체적 매력이 떨어지는 여자보다 분노를 하기가 더 쉽고, 사회적 갈등을 자신에게 유리하게 해결하기도 더 쉬우며, 자기 권리를 주장하는 경향도 더 클 것이라고 예측한다.

셀Sell과 그 동료들은 별도로 진행한 두 연구에서 힘을 평가하는 '황금 기준'으로 간주되는 표준 웨이트리프팅 기계로 상체의 힘을 측정함으로써 이 예측들을 검증해 보았다. 육체적 매력은 "나는 동성 중 ○% 더 매력적이다."와 같은 항목을 사용한 자기 평가를 통해 측정했다. 결과들은 대체로 예측들을 뒷받침했다. 힘이 센 남자들은(그러나 힘이 센 여자들은 해당 사항이 없었다) 약한 남자들에 비해 분노를 더 잘 느끼며, 싸움을 한 전력이 더 많고, 사회적 갈등에서 성공을 거두는 경우가 많았으며, 공격성 사용의 효용을 더 크게 지각하고("만약 내가 도발에 제대로 반응하여 잘못을 저지른 자가 대가를 치르도록 어떤 행동을 하지 않는다면, 그들은 나중에 더 많은 해를 가할 것이다."), 자기 권리를 주장하는 성향이 강하다고("나는 보통 사람들보다 더 많은 것을 누릴 자격이 있다.") 보고했다. 반면에 매력적인 여자들과 남자들은 모두 분노를 더 잘 느끼고, 개인적 공격성 사용의 효용이 크다고 생각하며, 자기 권리를 강하게 주장하고, 사회적 갈등에서 성공을 거두는 경우가 많은 것으로 나타났다. 다만, 이러한 효과들은 일반적으로 남자보다는 여자에게 더 강하게 나타났다.

이 결과들은 재보정 이론에서 나온 예측 —즉, 남에게 비용을 부담시키거나 편익을 주는 능력이 높은 개인은 사회적 갈등을 해결하기 위한 전략으로 분노하기가 더 쉽다는—을 지지한다. 장차 이 이론을 검증하는 연구들에서는 비용을 부담시키고 편익을 주는 능력의 다른 요소들, 예컨대 사회적 지위, 동맹의 힘, 친족 네트워크 같은 것이 밝혀질 게 틀림없다. 장래 연구들은 또한 분노 표출이 분노가 향하는 사람에게 보상과 편익 제공 행위 같은 행동 변화뿐만 아니라, 분노한 사람의 가치를 평가하는 데 일어나는 심리적 이동에 어떤 효과를 미치는지 직접 검증하는 방법을 제공할 것이다. 현재까지 이루어진 연구들은 공격성을 자극하는 핵심 감정인 분노 감정이 일관성 있는 적응 논리를 갖고 있다는 이론을 예비적으로 지지한다.

격성의 동기가 되는 감정인 분노가 성에 따라 서로 다르게 나타나는 패턴은 〈박스 10.1〉을 참고하라). 공격의 피해자도 남자가 여자보다 훨씬 많은 이유는 남자는 주로 다른 남자와 경쟁을 벌이기 때문이다. 전략적 간섭의 주요 원천은 다른 남자들이고, 여자를 유혹하는 데 필요한 자원에 접근하는 것을 방해하는 것도 다른 남자들이며, 여자에게 접근하는 것을 막으려고 방해하는 것도 다른 남자들이다.

여자도 공격성을 나타내는데, 그 피해자는 대개 같은 여자이다. 예를 들어 경쟁자를 비하하는 언어적 공격에 대한 연구에서는 여자들은 경쟁자의 신체적 외모, 따라서 번식 가치를 깎아내리는 방법으로 경쟁자를 비하하는 것으로 나타났다(Buss & Dedden, 1990 ; Campbell, 1993, 1999). 그러나 여자들이 사용하는 공격 형태는 대개 덜 폭력적이며, 따라서 남자들의 공격보다 덜 위험하다—이것들은 부모 투자 이론과 성 선택론으로 설명되는 사실들이다(Campbell, 2005 참고). 실제로 자연 선택은 공격성에 수반되는 큰 신체적 위험을 감수하려는 여자에게 **불리하게** 작용할 것이다. 진화심리학자 앤 캠벨Anne Campbell은 아이가 아버지보다는 어머니의 보살핌에 더 의존한다는 사실을 감안하면, 여자는 남자보다 자신의 생명을 더 소중하게 여길 필요가 있다고 주장한다(Campbell, 1999). 따라서 여자의 진화한 심리에는 신체 부상 위험이 따르는 상황을 더 두려워하는 성향이 반영돼 있을 것이다—경험적 증거들은 이 예측을 지지한다(Campbell, 1999).

■ 공격성의 독특한 적응 패턴을 뒷받침하는 경험적 증거

이러한 이론적 배경을 염두에 두고서 사람의 공격성에 대한 경험적 증거를 살펴보기로 하자. 첫째, 공격성 진화 이론에서 가장 직접적으로 나오는 예측, 즉 남자는 여자보다 폭력과 공격성을 사용할 가능성이 더 높다는 예측에 대한 증거를 살펴볼 것이다. 그 다음에는 다른 남자에 대한 남자의 공격성부터 시작하여 공격 행위자와 피해자의 성을 서로 짝지은 네 가지 경우의 수를 자세히 살펴볼 것이다.

동성 간 공격성의 남녀 차이를 뒷받침하는 증거

이 절에서는 공격성에서 나타나는 남녀 차이를 뒷받침하는 증거(Archer, 2009)를 살펴볼 것이다. 다음과 같은 여러 가지 증거 자료를 이용할 수 있다 : 공격성의 남녀 차이에 대한 메타 분석, 살인 통계 자료, 학교 폭력 사례 연구, 원주민 공동체에서 얻은 문화기술지 증거.

공격성의 남녀 차이에 대한 메타 분석. 심리학자 재닛 하이드Janet Hyde는 여러 가지 형태의 공격성에서 나타나는 남녀 차이에 대해 효과 크기를 조사한 연구들을 메타 분석했다(Hyde, 1986). 이 맥락에서 효과 크기는 남녀 차이의 크기를 말한다. 효과 크기가 0.80이라면 큰 편으로, 0.50은 중간으로, 0.20은 작은 편으로 간주할 수 있다. 다음은 다양한 형태의 공격성에 대해 수십 건의 연구를 평균한 효과 크기이다 : 공격 환상(0.84), 물리적 공격(0.60), 모방 공격(0.49), 실험적 환경에서 타인에게 충격을 주려는 자발성(0.39). 모든 측면에서 남자가 여자보다 공격성 점수가 더 높았다. 흥미롭게도 하이드는 적개심 척도(0.02)에서 남녀 간에 점수 차이가 난다는 증거를 발견하지 못했다. 요약하면, 이 메타 분석 결과와 더 최근에 한 메타 분석 결과(Archer, 2009)는 앞에서 다룬 공격성의 진화론적 분석에서 나온 핵심 예측 한 가지를 지지한다. 그 예측은 바로 남자가 여자보다 공격성을 다양한 형태로 더 많이 사용하며, 효과 크기는 중간에서 큰 쪽까지 분포하는 경향이 있다는 것이다.

동성 간 살인. 살인은 통계적으로 드물지만, 공격성 패턴을 평가하는 시금석

표 10.1 각 문화에서 일어나는 동성 간 살인

장소	남자	여자	남자의 비율
캐나다, 1974-1998	2,965	175	0.94
마이애미, 1925-1926	111	5	0.96
디트로이트, 1972	345	16	0.96
피츠버그, 1966-1974	382	16	0.96
첼탈마야족, 멕시코, 1938-1974	37	0	1.00
벨루오리존치, 브라질	228	6	0.97
뉴사우스웨일스 주, 오스트레일리아, 1968-1981	675	46	0.94
옥스퍼드, 영국, 1296-1398	105	1	0.99
스코틀랜드, 1953-1974	172	12	0.93
아이슬란드, 1946-1970	10	0	1.00
덴마크, 1933-1961	87	15	0.85
비손혼마리아족, 인도, 1920-1955	69	2	0.97
쿵산족, 보츠와나, 1920-1955	19	0	1.00
콩고, 1948-1957	156	4	0.97
티브족, 나이지리아, 1931-1949	96	3	0.97
바소가족, 우간다, 1952-1954	46	1	0.98
발루이아족, 케냐, 1949-1954	88	5	0.95
졸루오족, 케냐	31	2	0.94

출처: Daly, M., & Wilson, M. (1988). *Homicide*, New York: Aldine de Gruyter. Copyright © by Aldine de Gruyter. Reprinted with permission.

을 제공한다. 데일리와 윌슨(1988)은 디트로이트 도심에서부터 우간다의 바소 가족에 이르기까지 광범위한 문화를 대표하는 35건의 연구에서 동성 간 살인 통계 자료를 모아 종합했다. 살인 비율은 문화에 따라 아주 다양한 차이가 나지만, 남녀 차이를 비교하기에 가장 편리한 방법은 남자들이 저지르는 동성 간 살인 비율(즉, 남자가 남자를 죽이는 동성 간 살인 비율)을 계산하는 것이다. 이 통계 자료의 일부를 〈표 10.1〉에 나타냈다.

자료가 있는 모든 문화에서 남자가 다른 남자를 죽이는 비율은 여자가 다른 여자를 죽이는 비율보다 훨씬 높다. 데일리와 윌슨(1988)이 결론 내린 것처럼 "어떤 사회에서건 여자들 사이의 폭력적 갈등이 같은 사회에서 남자들 사이에 일어나는 폭력적 갈등 수준에 근접한 적이 **있었다는** 증거는 전혀 없다."(p. 149)

학교에서 일어나는 동성 간 집단 괴롭힘. 살인은 가장 극단적인 형태의 공격성을 대표하지만, 학교에서 일어나는 집단 괴롭힘처럼 그보다 약한 형태의 공격성에서도 비슷한 남녀 차이가 나타난다. 한 연구(Ahmad & Smith, 1994)에서는 중등학생 226명(8~11세; 미국에서 middle school, 곧 중등학교는 초등학교 고학년과 중학교를 포함한 5~8학년 또는 6~8학년임)과 고등학생 1207명(11~16세)을 조사했다. 익명이 보장되는 설문 조사를 사용해 연구자들은 학생들에게 학교에서 집단 괴롭힘을 얼마나 자주 당하고, 다른 학생을 괴롭히는 집단 괴롭힘에 얼마나 자주 가담하며, 집단 따돌림은 구체적으로 어떤 형태로 일어나는지 등을 물었다. 그러자 모든 점에서 남녀 차이가 크게 나타났다. 예를 들어 다른 학생의 집단 괴롭힘에 관한 질문에서 남자 중등학생 중 54%가 가담한 적이 있다고 답한 반면, 같은 연령대의 여학생은 34%가 가담한 적이 있다고 답했다. 고등학생의 경우, 남학생은 43%가 가담한 적이 있다고 답한 반면, 여학생은 30%만이 가담한 적이 있다고 답했다.

그러나 이러한 남녀 차이에는 폭력적 공격 비율이 과소평가돼 있다. 집단 괴롭힘을 종류별로 자세히 들여다보면, 이보다 더 큰 남녀 차이가 나타난다. 고등학생 표본 집단에서 가해 학생에게 때리거나 발로 차는 것과 같은 물리적 폭력을 당했다고 보고한 비율은 남학생이 36%인 반면 여학생은 9%에 불과했다. 게다가 물건을 빼앗겼다고 보고한 비율은 남학생이 10%인 반면 여학생은 6%에 불과했다─공격성의 한 가지 기능이 남의 자원을 탈취하는 것이란 가설을 뒷받침하는 사실이다. 그러나 두 가지 형태의 집단 괴롭힘에서는 여학생의 점수가 남학생보다 더 높았다. 자신을 불쾌한 별명으로 불렀다고 보고한 비율은 여학생이 74%인 반면, 남학생은 57%에 그쳤다.

언어 형태의 공격 내용은 중요한 사실을 시사한다. 여학생들이 다른 여학생에게 가장 많이 사용하는 별명과 가장 많이 퍼뜨리는 소문은 'bitch(잡년)', 'slag(갈보)', 'slut(난잡한 년)', 'whore(매춘부)' 같은 단어를 포함했다. 이런 종류의 집단 괴롭힘은 고등학교 여학생들 사이에서는 흔했지만 중학생 사이에서는 사실상 보기 힘들었는데, 이것은 고등학교로 올라가면 짝짓기의 적응 문제들에 맞닥뜨리기 시작하는 동성 간 배우자 경쟁이 증가함을 시사한다.

다른 문화들에서도 이와 비슷한 남녀 차이가 발견되었다. 한 연구는 핀란드 투르쿠에서 15세 학생 127명을 또래 지명법과 자기 보고를 사용해 조사했

진화심리학

다(Bjorkqvist, Lagerspetz, & Kaukiainen, 1992). 직접적 신체 공격을 보고한 비율은 남학생이 여학생보다 3배나 많았다. 직접적 신체 공격에는 발 걸어 넘어뜨리기, 물건 빼앗기, 발로 차고 때리기, 게임에서 보복하기, 거칠게 밀기 등이 포함되었다. 반면에 간접적 공격은 뒷공론, 따돌리기, 보복을 위해 나쁜 소문 퍼뜨리기, 인연 끊기, 보복으로 다른 사람과 사귀기 같은 항목으로 측정했다. 간접적 공격 비율은 15세 여학생들이 같은 나이의 남학생들보다 약 25% 더 높았다.

　　요컨대, 집단 괴롭힘 연구는 폭력적이고 위험한 형태의 공격 사용에서 남녀 차이가 나타날 것이라는 예측을 뒷받침한다. 남자는 이런 형태의 공격을 여자보다 더 자주 사용한다. 여자는 공격성을 나타낼 때(당연히 여자도 그런다) 경쟁자를 언어적으로 비하하는 것처럼 덜 폭력적인 방법을 사용하는 경향이 있다.

오스트레일리아 원주민 공동체에서 일어나는 공격성. 인류학자 빅토리아 버뱅크Victoria Burbank는 일곱 달 동안 아넘랜드 남동부에 사는 한 오스트레일리아 원주민 공동체를 조사했다. 그녀가 맹그로브라 부른 이 공동체에 사는 원주민 수는 약 600명이었다. 이 조사에서 버뱅크는 공격적 행동을 793건 기록했다. 그 중 많은 사건은 현지 주민(주로 여자)이 이야기로 전해준 것이었다. 전체 사건 중 약 3분의 1은 두 명 이상이 같은 사건에 대한 정보를 전해주었다. 51건은 공격적 상호작용에서 실제로 일어난 일을 버뱅크 자신이 직접 관찰하여 기록한 것이었다.

　　버뱅크(1992)가 기록한 것 중 한 예를 소개하면 다음과 같다 :

이 근처에서 〔한 남자가〕 두 아내와 함께 있을 때, 한 '형제'가 그들을 데려가려고 했다. 그는 "넌 이들을 가질 수 없어. 야영지에서 나랑 싸워야 해."라고 말했다. 그러자 남편이 그 젊은이의 옆구리를 창으로 찔렀고, 옆구리에서 창자가 쏟아져 나왔다. 그는 다른 남자들이 자신이 아니라 젊은이를 붙잡자 그렇게 했다. 그리고 나서 그는 젊은이에게 창을 주면서 "여길 찔러〔자신의 가슴을 내밀면서〕 날 죽여. 그리고 함께 죽는 거야."라고 말했다. 그러나 모두가 "배는 안 돼!"라고 소리치자, 죽어가던 젊은이는 〔남편의〕 어깨를 찔렀다. 그리고 나서 젊은이는 죽었다. (pp. 254-255)

버뱅크는 공격 사건 793건을 여러 범주로 분류하고, 각각의 범주에서 사건의 빈도가 남녀에 따라 어떤 차이가 있는지 검토했다. 더 위험한 공격 빈도는 남자가 여자보다 압도적으로 많았다. 위험한 무기를 사용한 사건 93건 중 총을 쏜 사건 12건, 창을 던진 사건 64건, 칼을 사용한 사건 14건은 남자가 저지른 것이었다. 반면에 여자가 칼을 사용한 사건은 2건, 창을 사용한 사건은 1건뿐이었다. 종합하면, 위험한 무기를 사용한 공격 사건 중에서 남자가 저지른 사건은 90건인 반면, 여자가 저지른 사건은 3건에 불과했다. 즉, 위험한 무기를 사용한 사건 중 남자가 저지른 비율이 97%나 되었다.

젊은 남자 증후군. 동성 간 공격성의 진화 논리는 위험하고 폭력적인 전술을 사용하려는 성향은 남자가 여자보다 더 클 것이라고 예측한다. 그렇지만 모든 남자가 그런 전술을 사용하진 않는데, 동성 내에서 나타나는 이런 차이도 설명할 수 있어야 한다. 특히 젊은 남자가 위험한 형태의 공격성—스스로를 부상과 죽음의 위험으로 내던지는 형태의 공격성—을 가장 많이 드러내는 것으로 보인다. 윌슨과 데일리(1985)는 이것을 '젊은 남자 증후군'이라 부른다.

〈그림 10.1〉은 젊은 남자 증후군에 대한 경험적 증거를 도표로 보여주는데, 1975년에 미국에서 큰 표본 집단에서 발생한 살인 사건 발생 비율을 피해자의 연령과 성에 따라 나타낸 것이다(다른 연도에 조사한 결과 역시 이와 비슷한 모양과 분포를 보여준다). 10세가 될 때까지는 살인 피해자가 될 가능성은 남녀 간에 별 차이가 없다. 그러나 청소년기가 되면 남자의 살인 비율이 치솟기 시작하여 20대 중반에 절정에 이른다. 20대 중반 남자는 여자보다 살인 피해자가 될 확률이 6배나 높다. 20대 중반을 넘어서면 남자의 살인 피해 비율이 크게 떨어지는데, 그 이후부터는 남자가 신체적으로 위험한 전략을 피하기 시작한다는 것을 시사한다.

왜 젊은 남자는 신체적 능력이 절정에 이르고 질병으로 죽을 가능성이 가장 낮은 나이에 폭력에 휘말림으로써 자신의 목숨을 위험에 빠뜨리는 경향이 가장 강할까? 데일리와 윌슨은 일부다처제가 어느 정도 유행하던 조상의 환경에서 배우자 경쟁을 진화의 관점에서 분석한 것을 바탕으로 설명을 제시한다: "젊은 남자는 특별히 강한 동시에 특별히 위험한데, 우리 조상들 사이에서 대결적 경쟁 능력에 대한 선택이 가장 강하게 작용했던 인구 집단을 이루기 때문이다."(Daly & Wilson, 1994, p. 277) 구체적으로는, 인류의 진화 역사를 통해 아내를 구하는 젊은 남자는 사냥, 부족 습격, 부족 방어에서 강한 신체적 능력과 자신의 이익을 지키는 능력을 보여주어야 했다고 그들은 주장한다. 그러한 과시 행동은 단지 여자뿐만 아니라 다른 남자에게도 깊은 인상을 심어주어 다른 남자 경쟁자가 자신이 원하는 것을 방해하지 못하게 하기 위한 것이었다.

이 주장은 많은 포유류에 적용할 수 있다. 사람에게서 독특한 점은 장기적 효과를 발휘할 수 있는 **평판**을 높이는 것이 중요하다는 데 있다. 생애 초기에 일어난

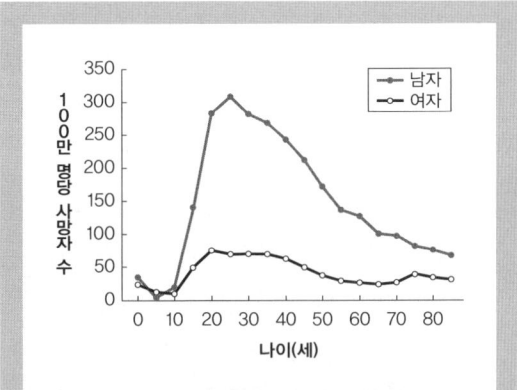

그림 10.1 1975년에 미국에서 발생한 살인 희생자 비율을 피해자의 연령과 성에 따라 나타낸 것. 이 그래프는 젊은 남자 증후군을 뒷받침하는 증거를 보여준다. 젊은 남자 증후군은 위험을 감수하고 폭력적인 전략을 쓰는 경향이 짝짓기 경기장에 들어서는 젊은 남자들에게서 가장 높이 나타나는 현상을 말한다. 통계 자료는 미국보건교육복지부(1979)와 미국인구조사국(1977)에서 얻었다.

출처: Wilson, M., & Daly, M. (1985). Competitiveness, risk-taking, and violence: The young male syndrome. *Ethology and Sociobiology, 6*, 59-73. Copyright © 1985, with permission from Elsevier Science.

경쟁의 승패는 평판을 좌우하는 큰 요인이 될 수 있고, 그것은 평생의 생존과 번식 성공률에 영향을 미칠 수 있다. 예를 들어 위험이 닥쳤을 때 용감한 행동을 보이면 좋은 평판을 얻어 그 명성이 평생 동안 계속될 수 있다. 젊은 남자가 폭력적인 행동을 과시하는 일은 거의 항상 보는 사람들이 있을 때 일어난다는 사실은 그것이 단지 경쟁자를 물리치기 위한 행동이 아님을 시사한다. 단순히 경쟁자를 물리치는 것이 목적이라면 한밤중이나 으슥한 길모퉁이에서 행동을 취할 수도 있기 때문이다. 그런데도 군이 사람들 앞에서 위험을 무릅쓴 행동을 하는 것은 동료들에게 깊은 인상을 주어 사회적 평판을 높이려는 목적도 있기 때문이다. 살인 동기를 조사한 연구도 지위와 평판의 중요성을 입증한다. 예를 들어 일본의 한 연구에 따르면 1950년대에 발생한 전체 살인 사건 중 70%, 그리고 1990년대에 발생한 전체 살인 사건 중 61%에서 체면, 평판, 지위를 포함한 동기가 중요한 비중을 차지하여 나머지 살인 동기를 압도했다(Hiraiwa-Hasegawa, 2005).

평판 설명은 왜 우리가 위험을 무릅쓰고 도전하여 성공하는 사람들에게 높은 명성과 지위를 부여하는지도 설명해준다(Zahavi & Zahavi, 1996). 만약 과거에 이렇게 위험한 모험들에서 성공한 것이 미래의 성공을 예측해준다면, 그리고 마찬가지로 과거의 실패가 미래의 실패를 예측해준다면, 이렇게 위험한 모험들의 결과를 추적하는 것이 중요하다. 그것은 그 사람의 명성이라는 형태로 암호화되어 다른 사람들에게 전달되는 정보이다.

젊은 남자 증후군 설명은 집단 공격성에서 비롯되어 살인을 낳는 폭력적인 갈등 사례들(예컨대 폭동, 갱들 간의 전쟁)의 대규모 연구에서 발견된 흥미로운 사실도 설명해준다(Mesquida & Wiener, 1996). 다양한 주와 나라에서 30세 이상 연령대의 남자 비율에 비해 15~29세 연령대의 남자 비율이 높을수록 동맹 집단적 공격성 수준이 더 높은 것으로 나타났다. 이 연결 관계는 아주 강하게 나타나기 때문에, 전체 인구에서 차지하는 젊은 남자들의 비율이 폭력적 공격성을 예측하는 데 좋은 지표가 될지 모른다.

요컨대, 진화의 관점에서 '젊은 남자 증후군' 설명은 집단 공격성의 차이, 사춘기부터 20대 중반까지 남자의 근육이 갑자기 크게 발달하는 이유, 청소년기부터 20대 중반까지 최대 산소 섭취량이 크게 증가하는 이유, 특히 위험한 형태의 공격에 필요한 빠른 에너지 분출 능력이 급격히 증가하는 이유를 포함해 많은 경험적 발견을 설명할 수 있다(Daly & Wilson, 1994). 이 모든 변화는 신체적으로 위험을 무릅쓰는 경쟁 전략이 출현하는 것과 관련이 있는 것으로 보인다.

남자에 대한 남자의 공격을 촉발하는 맥락

살인은 가장 극단적인 형태의 공격성을 대표하며, 전 세계의 살인 통계 자료는 살인자 중 대다수가 남자이며 살인 피해자 중 대다수도 남자임을 보여준다. 남자와 남자 사이의 살인 사건을 둘러싼 인과론적 맥락은 여러 가지가 있다.

결혼 지위와 고용 지위. 첫째, 살인자와 희생자는 실직 상태와 어쩌면 그것과 관련이 있는 미혼 상태처럼 비슷한 특징을 공유한 경우가 많다. 예를 들면, 1982년에 디트로이트에서 발생한 살인 사건을 조사한 결과, 그 해에 디트로이트의 성인 남자 실업률은 11%에 불과했지만, 살인 희생자 중 43%, 살인자 중

41%가 실업자였다(Wilson & Daly, 1985). 또, 남자 살인자 중 73%, 남자 희생자 중 69%가 미혼이었는데, 이것은 디트로이트에서 같은 연령대의 남자 비율이 43%인 것과 비교하면 훨씬 높다. 따라서 자원이 부족하고 장기적 배우자를 유혹할 능력이 없는 것은 남자와 남자 사이의 살인과 연관 관계가 있는 사회적 맥락으로 보인다.

지위와 평판. 남자와 남자 사이의 살인이 일어나는 주요 동기 한 가지는 주변의 또래 집단 사이에서 지위, 평판, 명예를 지키기 위한 것이다. 한 남자는 자신이 젊을 때 벌인 패싸움에 대해 이렇게 말했다. "가장 큰 상처를 입히면 명성이 높아져요. 그러면 사람들은 내게 다가오기 전에 한 번 더 생각하지요." (Boyle, 1977, p. 67) 순진하게도 경찰 기록에서 이런 사건들은 종종 '사소한 말다툼'으로 분류된다. 전형적인 사례는 술집에서 벌어진 말다툼이 통제를 벗어난 싸움으로 비화하는 것이다. 싸움에 휘말린 사람은 가끔 그냥 물러서지 못하고 동료들에게 창피를 당할까 봐 병을 깨거나 칼을 꺼내거나 총을 쏜다. 사건이 겉으로 보기에 아주 사소한 언쟁에서 발단되었다는 사실에 경찰도 가끔 고개를 갸우뚱할 때가 있다. 댈러스의 한 살인 사건 담당 형사는 이렇게 말했다. "살인은 아무것도 아닌 것을 놓고 벌어진 사소한 말싸움에서 비롯된다. 서로 분노가 불붙고 싸움이 시작되어 누군가 칼에 찔리거나 총에 맞는다. 나는 주크박스의 10센트짜리 레코드나 주사위 게임에서 진 1달러의 빚을 놓고 말싸움을 벌이다가 살인으로 비화된 사건들을 많이 보았다."(Mulvihill, Tumin, & Curtis, 1969, p. 230).

　　지위와 공격성 사이의 연관 관계는 실험실에서 한 실험에서도 관찰되었다(Griskevicius et al., 2009). 우선 참여자들에게 지위 단서를 사용해 점화 자극을 주었다. 참여자들에게 대학을 졸업한 뒤에 호화로운 사무실이 딸린 고급 일자리를 놓고 두 사람과 경쟁을 벌이는 상황을 상상하게 했다. 점화 자극을 준 뒤에 참여자들에게 한 경쟁자가 부주의하게 자신에게 음료수를 쏟고 사과하지 않는 상황을 상상하게 했다. 그러고 나서 상대방을 모욕하거나 때리거나 밀거나 맞닥뜨리고 노려볼 것인지―모두 직접적인 공격성을 나타내는 척도―물어보았다. 남자들은 지위에 대한 동기가 활성화된 뒤에는 직접적인 공격성이 더 커지는 반응을 나타냈다(그렇지만 여자들은 그런 반응을 나타내지 않았다).

　사람은 작은 집단을 이루어 살며 진화했는데, 그러한 집단 생활에서는 번식에 도움이 되는 자원과 특히 짝짓기 기회에 접근하려면 지위와 명성이 아주 중요했다. 현대 환경에서도 중학교와 고등학교 시절에 다른 남학생에게 공격을 받는 피해자가 된 남학생은 대개 지위가 추락하는 결과를 맞이해 대학에 갈 무렵에 섹스 파트너가 훨씬 적다는 증거가 있다(Gallup et al., 2009). 진화심리학자 프랭크 맥앤드루Frank McAndrew는 그 증거를 다음과 같이 요약했다. "남자의 물리적 공격을 낳는 일련의 사건들 중 가장 흔한 것은 다른 남자가 직접적 경쟁을 통해 어떤 남자의 지위에 공개적으로 도전하는 것으로 시작한다. ……지위에 대한 이러한 위협은 테스토스테론 수치 증가로 대표되는 생물학적 반응을 일으키는데, 테스토스테론 수치가 증가하면 그 상황에서 필요할 경우 혹은 적어도 허용될 경우 공격적 반응을 촉진한다."(McAndrew, 2009, p. 333)

　공격성과 지위 사이의 연관 관계를 암시하는 마지막 단서는 인류학자 존 패턴John Patton(1997, 2000)이 에콰도르의 아마존 지역에 사는 두 부족을 조사한 연구에서 나온다. 패턴은 각 부족에서 모든 남자의 사진을 찍었다. 아추아르족 연합에서 26명, 키추아족 연합에서 21명, 합쳐서 모두 47명의 정보 제공자를 활용했다. 정보 제공자는 33명의 남자 각각에 대해 지위를 평가했다. 그리고 별도의 과제도 내주었는데, 각 남자의 '전사 기질'도 평가하게 했다. 즉, "만약 오늘 전쟁이 벌어진다면, 이 남자들 중 누가 최고의 전사가 되겠는가?"라는 질문에 답하게 했다(Patton, 1997, pp. 12-13). 전사 기질 점수는 정보 제공자들의 점수를 합산해 계산했다. 〈그림 10.2〉는 그 결과를 나타낸다. 지위와 전사 기질 사이에는 밀접한 상관관계가 나타났다. 키추아족 남자들의 경우, 지위와 전사 기질 사이의 상관관계는 +0.90이었고, 아추아르족 남자들은 +0.77이었다. 다시 말해서, 전사로서의 용맹성은 집단 내에서 그 사람의 사회적 지위와 밀접한 상관관계가 있는 것으로 보인다.

성적 질투와 동성 간 경쟁　성적 질투는 동성 간 공격과 살인을 촉발하는 또 하나의 중요한 맥락이다. 살인을 저지르는 사람은 남자가 여자보다 압도적으로 많고, 살인을 당하는 사람 역시 마찬가지다. '삼각 관계'와 관련된 동성 간 살

　　　　　　　　　　　　　　　　　　　　　　　　　　　진화심리학

인을 조사한 여덟 건의 연구를 종합한 결과, 남자와 남자 간의 살인 사건이 92%를 차지한 반면, 여자와 여자 간의 살인 사건은 겨우 8%에 불과했다(Daly & Wilson, 1988, p. 185).

여자를 놓고 벌어지는 대립과 경쟁은 비치명적인 공격도 촉발할 수 있다. 예를 들면, 배우자 감시(배우자를 지키고 경쟁자를 물리치기 위해 쓰는 전술)를 조사한 연구에서는 자신의 배우자에게 관심을 나타내는 경쟁자와 싸움을 벌이고, 자기 배우자에게 접근하는 경쟁자를 때리겠다고 협박하는 사례는 여자보다 남자가 더 많

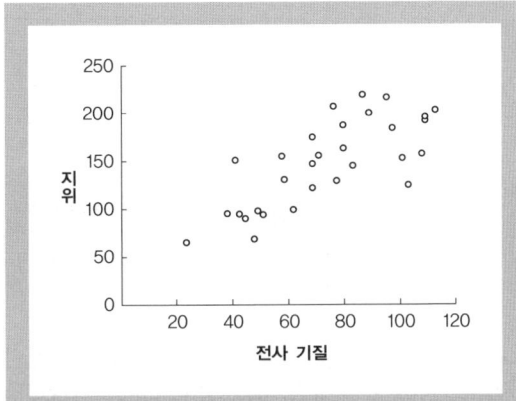

그림 10.2 전사 기질과 지위의 관계. 이 도표는 최고의 전사로 꼽히는 남자들이 사회적 지위가 높은 남자들과 대체로 일치한다는 것을 보여준다.

출처: Patton, J. Q. (1977, June 4–8). *Are warriors altruistic? Reciprocal altruism and war in the Ecuadorian Amazon.* Paper presented at the Human Behavior and Evolution Society Meetings, University of Arizona, Tuscon. Reprinted with permission.

은 것으로 나타났다(Buss, 1988c). 따라서 경쟁자를 향한 남자의 공격성은 아주 특별한 맥락—배우자 보존이라는 적응 문제에 대처할 때—에서 표출된다.

여자에 대한 여자의 공격을 촉발하는 맥락

만약 공격을 다른 사람에게 비용을 발생시키는 행위라고 정의한다면, 여자의 공격성은 상당히 강하다고 할 수 있다. 진화심리학자 조이스 베넨슨Joyce Benenson은 "여자는 지위가 높은 남자와 장기적 유대를 시작하기 위해서뿐만 아니라……배우자의 충실성을 유지하기 위해서도……경쟁해야 한다. 배우자의 자원과 보호를 차지하기 위해 경쟁자들을 물리쳐야 한다."라고 지적했다(Benenson, 2009, p. 269). 여자들은 **사회적 배척(추방)**을 여자 경쟁자를 제거하는 주요 전략으로 사용하는 경향이 있다(Benenson et al., 2008). 여자들은 종종 언어적 공격을 통해 사회적 추방을 달성한다.

경쟁자 비하를 조사한 한 연구에서 여자는 경쟁자를 언어적으로 공격하는 경우가 남자보다 훨씬 많은 것으로 나타났다(Buss & Dedden, 1990). 그러나 비

하의 **내용**은 달랐다. 예를 들면, 여자는 남자보다 외모나 성적 문란을 문제삼아 경쟁자를 비하하는 데 훨씬 뛰어나다. 여자는 경쟁자를 뚱뚱하고 못생겼다고 하거나 경쟁자의 허벅지가 두껍다고 말하거나 경쟁자의 몸집과 체형을 비웃거나 경쟁자가 육체적 매력이 없다고 말하는 경우가 남자보다 훨씬 많다. 흥미롭게도 이러한 외모 비하는 실제로 남자가 피해자의 육체적 매력을 평가하는 데 영향을 미치며, 매력적인 여자가 사용할 때 특히 효과적이다(Fisher & Cox, 2009).

성적 행동 영역에서도 여자는 자신의 경쟁자가 같이 잔 남자가 많고, 과거에 남자 친구가 많았으며, 성적으로 문란하고, 아무하고나 자려 한다고 말하는 경향이 남자보다 더 많다(Buss & Dedden, 1990). 게다가 이러한 비하 전술은 맥락 의존적 성격을 띤다. 남자가 단기적 배우자를 구할 때에는 성적 문란을 암시하는 방법으로 경쟁자를 비하하는 것은 전혀 효과가 없는데, 남자는 단기적 배우자가 지닌 그런 속성에는 비교적 무관심하며, 오히려 성관계를 맺을 가능성이 높은 신호로 여길 수 있기 때문이다(Schmitt & Buss, 1996). 반면에 장기적 배우자를 찾는 남자에게는 경쟁자가 성적으로 문란하다고 비하하면 아주 큰 효과가 있는데, 장기적 배우자를 찾는 남자는 정절을 중요하게 여기기 때문이다(Buss & Schmitt, 1993).

여자에 대한 여자의 공격성을 조사한 다른 연구들에서는 여자의 공격성은 주로 동성 경쟁자에게 비용을 부담시키는 기능을 한다는 사실을 확인했다. 예를 들면, 여고생들을 대상으로 한 연구에서 여자의 공격성은 질투하는 경쟁 관계, 남학생을 둘러싼 경쟁, 다른 여학생들로 이루어진 '바람직한' 집단에 끼이고 싶은 욕구 같은 동기에서 비롯되는 것으로 밝혀졌다(Owens, Shute, & Slee, 2000 ; 여자와 여자 사이의 경쟁에 대해 더 자세한 논의는 Campbell, 2000도 참고하라).

요컨대, 여자는 배우자를 놓고 벌어지는 경쟁 맥락에서 남자가 다른 남자를 비하하는 것만큼 자주 다른 여자를 비하한다. 게다가 여자는 남자가 단기적 짝짓기 상황과 장기적 짝짓기 상황에서 각각 원하는 것이 무엇인지 잘 알고 있으며, 그에 따라 비하 전술을 바꾸는 것으로 보인다.

여자에 대한 남자의 공격을 촉발하는 맥락

남자가 여자에게 저지르는 비성적非性的 폭력의 피해자 중 다수는 배우자나 여자 친구인데, 성적 질투가 주요 원인으로 보인다. 볼티모어에서 일어난 배우자 살인 사건을 조사한 연구에 따르면, 36건 중 25건이 질투가 원인이 되어 일어났고, 그 중 24건은 희생자가 아내였다(Guttmacher, 1955). 보호소에서 매 맞은 여자들을 조사한 연구에서는 3분의 2가 남편의 질투심이 아주 강했다고 보고했다(Gayford, 1975). 또 다른 연구에서는 매 맞은 여자 60명 중 57명이 남편의 질투심과 소유욕이 아주 강했다고 보고했다(Hilberman & Munson, 1978). 배우자 폭력 사건 100건 중 대다수에서 남편들은 아내를 통제하지 못하는 자신의 능력에 좌절을 느꼈다고 보고했는데, 가장 많은 불평은 불륜에 관한 것이었다(Whitehurst, 1971).

성적 질투는 배우자 살해의 중요한 맥락이기도 한데, 모든 문화에 걸쳐 가장 흔한 원인으로 보인다(Daly & Wilson, 1988). 아내나 여자 친구를 살해하는 남자는 대개 다음 두 가지 핵심 조건 중 하나가 일어날 때 그런 일을 저지른다 : 불륜을 목격하거나 의심할 때, 혹은 여자가 관계를 끝내려고 할 때. 첫 번째 경우는 여자가 서방질을 하는 것에 해당하는데, 그러면 남자는 자신의 한정된 자원을 자신과 유전적 관련이 없는 자식에게 투자해야 하는 위험에 처한다. 두 번째 경우는 번식 가치가 높은 여자를 경쟁자에게 빼앗기는 것에 해당하는데, 이 역시 적합도 자산을 직접 상실하는 결과를 낳는다.

여자 희생자들에게서 눈길을 끄는 특징이 한 가지 있는데, 그것은 바로 나이이다. 나이가 어린 아내와 여자 친구일수록 살해당할 가능성이 훨씬 높다(Daly & Wilson, 1988 ; Shackelford, Buss, & Weeks-Shackelford, 2003). 젊음은 여자의 번식 가치를 알려주는 중요한 단서이기 때문에, 남자의 성적 질투는 특히 젊은 배우자를 향해 쏠릴 것이다. 또한, 더 젊은 여자일수록 다른 남자들이 원하는 대상이 되기가 더 쉬우므로, 젊은 여자를 유혹하려는 경쟁자의 존재 때문에 남자의 성적 질투가 불붙을 수 있다.

한 연구는 남자가 여자의 성을 통제하기 위한 수단으로 배우자에게 폭력을 사용한다는 가설을 검증하려고 여자 8385명을 조사했는데, 그 중 277명은 그 전해에 남편에게 폭행을 당한 적이 있었다(Wilson, Johnson, & Daly, 1995). 폭력은 '심각하지 않은 폭력'과 '심각한 폭력'의 두 가지 형태로 나누어 평가했다. 심각하지 않은 폭력의 평가에는 다음과 같은 질문이 포함되었다 : 남편 또는 파트너가 "주먹이나 당신을 다치게 할 수 있는 것으로 때리려고 위협한 적이 있습니까?", "당신을 다치게 할 수 있는 물건을 던진 적이 있습니까?", "당신을 밀거나 붙잡거나 밀어제친 적이 있습니까?", "당신의 뺨을 때린 적이 있습니까?", "당신을 차거나 물거나 주먹으로 때린 적이 있습니까?" 그리고 심각한 폭력의 평가에는 다음과 같은 질문이 포함되었다 : "당신을 마구 두들겨 팬 적이 있습니까?", "당신의 목을 조른 적이 있습니까?", "총이나 칼을 사용하겠다고 위협하거나 사용한 적이 있습니까?"

인터뷰 도중에 또한 여자들에게 다음과 같은 항목들을 통해 남편의 질투와 통제 행동에 대해 물었다 : "남편은 질투심이 강해서 내가 다른 남자와 이야기하는 것을 원치 않는다.", "남편은 내가 가족이나 친구와 접촉하는 것을 제한하려고 한다.", "남편은 내가 누구와 함께 어디에 있는지 늘 알려고 한다.", "남편은 이름을 불러 나를 제지하거나 기분을 상하게 하려 한다.", "남편은 내가 요구하더라도 가족의 소득에 대해 알거나 그 정보에 접근하지 못하게 막는다."

'자율성 제약' 항목들은 남편이 아내에게 휘두르는 폭력과 양의 상관관계가 있었다. 일반적으로 아내에게 폭력을 휘두르는 남자들은 질투심과 통제 행동을 과도하게 표출한다. '병적 질투' 진단을 받은 표본 집단 사이에서도 남자들은 배우자에게 심한 신체적 폭력을 사용할 가능성이 여자들보다 훨씬 더 높았다(Easton & Shackelford, 2009). 이러한 발견들과 그 밖의 많은 발견들은 남자가 저지르는 폭력이 다른 남자에게 성적으로 접근하는 걸 차단하거나 관계를 배신하는 걸 막을 목적으로 배우자를 통제하는 전략으로 사용된다는 가설을 뒷받침한다(Kaighobadi, Shackelford, & Goetz, 2009).

남자에 대한 여자의 공격을 촉발하는 맥락

여자가 남자에게 폭력적 공격을 하는 경우는 드물 것이라고 생각하기 쉽다. 그러나 뺨을 때리거나 침을 뱉거나 치거나 욕을 하는 것과 같은 배우자 학대 보고서를 보면, 피해자의 성비가 대략 비슷한 경우가 많다(예컨대 Buss, 1989b ; Dobash et al., 1992).

공격에 대한 방어. 배우자 살해 같은 극단적인 공격을 여자가 저지르는 경우는 드물지만, 그래도 가끔 일어난다. 그런 일이 일어나는 맥락은 거의 항상 다음 두 가지 요인 중 하나와 연관이 있다 : 실제로 일어나거나 의심되는 불륜 때문에 분노한 남편의 공격에 스스로를 방어할 때, 또는 오랫동안 신체적 학대를 당해온 아내가 남편의 강압적인 손아귀에서 벗어날 방법이 달리 없다고 판단할 때(Daly & Wilson, 1988 ; Dobash et al., 1992). 다시 말해서, 남자의 성적 질투는 남자가 아내를 살해하는 사건의 근본 원인일 뿐만 아니라, 여자가 남편을 살해하는 사건의 근본 원인이기도 한 것처럼 보인다.

전쟁

세계 각지의 수백 개 부족의 문화기술지를 포함해 기록된 인류 역사를 살펴보면, 남자들끼리 동맹을 맺어 벌이는 전쟁은 전 세계의 모든 문화에서 광범위하게 나타난다(예컨대 Chagnon, 1988 ; Keeley, 1996 ; Tooby & Cosmides, 1988). 전쟁은 오로지 남자만이 추구하는 행동이다. 표적으로 삼는 피해자도 대개 다른 남자들이지만, 여자들에게도 흔히 피해가 미친다. 비록 처음부터 여자를 붙잡아오는 것을 명시적인 목표로 내걸고 시작하는 전쟁은 별로 없지만, 짝짓기 기회를 더 많이 얻는 것은 승리가 가져다주는 바람직한 편익으로 간주된다. 〈박스 10.2〉는 구체적인 전쟁 사례 하나를 자세히 소개한다.

전쟁의 진화심리학. 투비와 코스미데스(2010)는 전쟁의 논리를 명쾌하게 분석한 연구에서 흔히 간과하기 쉬운 사실을 지적했다. 즉, 전쟁은 매우 **협력적인** 모험이라는 것이다. 각 진영의 남자들 사이에 협력적 동맹이 결성되지 않았다면 전쟁은 일어날 수 없다. 남자들은 서로 함께 모여 하나의 협력적 단위로 기능을 발휘해야 한다.

전쟁의 진화는 큰 장애물을 또 하나 극복해야 하는데, 전쟁에 참여하는 사람들의 부상과 죽음의 위험을 넘어설 만큼 편익(적합도 자산 측면에서)이 충분히 커야 한다는 것이다. 전쟁은 모든 당사자에게 매우 값비싼 모험이다. 투비와 코스미데스가 지적한 것처럼 "살아남아 유전적으로 널리 번식하도록 선택받은 어떤 분별 있는 생물이 개인적 비용과 위험이 엄청나게 큰 조건을 만들어내려고 왜 그토록 적극적으로 노력하는지 그 이유를 짐작하기 어렵다."(1988, p.

BOX 10.2

야노마뫼족의 전쟁

진화인류학자 너폴리언 섀그넌은 야노마뫼족의 한 부족이 다른 부족을 상대로 벌인 한 전쟁을 생생하게 묘사했다. 분쟁은 야노마뫼족의 한 마을인 모노우테리 부족의 우두머리 다모와 때문에 일어났다. 다모와는 다른 남자의 아내를 유혹하는 버릇이 있었는데, 이 때문에 마을 안에서 자주 곤봉 싸움이 일어났다. 그런데 이웃 부족인 파타노와테리 부족이 모노우테리 부족을 습격하여 여자 5명을 붙잡아갔다. 다모와는 이에 분개하여 파타노와테리 부족과 전쟁을 하자고 자기 부족을 선동했다.

첫 번째 습격 때 모노우테리 부족은 열매를 따려고 라샤나무를 올라가던 보시브레이라는 남자를 기습 공격했다. 다모와와 그의 동료들은 보시브레이를 향해 일제히 화살을 발사했다. 그 공격으로 보시브레이가 즉사하자, 다모와는 즉각 퇴각해 마을로 돌아왔다.

공격은 종종 보복 공격을 낳는데, 파타노와테리 부족도 보복을 다짐했다. 그들은 꿀을 찾으러 집 밖으로 나온 다모와를 붙잡는 데 성공했다. 다모와 곁에는 두 아내도 함께 있었다. 화살 5개가 다모와의 배에 박혔다. 다모와는 그래도 죽지 않고 적에게 욕을 퍼부으면서 화살을 하나 쏘았다. 그러나 마지막 화살 하나가 다모와의 목을 꿰뚫으면서 다모와는 죽고 말았다. 이번에 공격자들은 여자들을 더 납치하려고 하지 않았는데, 다

모와의 동료들이 두려웠기 때문이다. 그래서 그들은 다모와의 아내들이 마을로 돌아가 다른 사람들에게 긴급 사태를 알리는 동안 안전한 곳으로 퇴각했다. 살인자들은 무사히 빠져나갔고, 모노우테리 부족도 습격을 피해 안전한 정글 속으로 몸을 숨겼다.

지도자가 죽은 모노우테리 부족은 사기가 꺾였다. 그러나 곧 새로운 지도자인 카오바와가 나서서 다모와의 복수를 하자고 선동했다. 복수를 하지 않는다면 부족의 명예가 땅에 떨어질 게 뻔했다. 패배한 부족은 다른 부족들에게 착취하기 쉬운 상대로 간주되기 때문에, 향후의 습격을 막기 위해서라도 행동을 취해야 한다고 생각했다.

습격을 하기 전날 밤, 카오바와는 남자들을 자극하여 감정적 흥분 상태로 몰아넣었다. 그는 "나는 살에 굶주렸다! 나는 살에 굶주렸다!" 하고 노래를 불렀다(Chagnon, 1983, p. 182). 다른 남자들도 이 구절을 따라 불렀고, 끝에 가서는 고음의 새된 소리를 질렀다. 그 외침은 점점 더 격정적으로 변해갔고, 습격에 나서는 남자들은 복수의 광란에 사로잡혔다.

이튿날 새벽, 여자들은 습격에 나서는 남자들에게 저장해둔 플랜테인(바나나의 일종)을 비상 식량으로 주었다. 남자들은 검은색 물감으로 얼굴과 몸을 칠했다. 전사들의 어머니와 여자 형제들은 "화살에 맞지 마!", "조심해!" 같은 송별 인사를 건네고(Chagnon,

1983, p. 182) 나서 전사들의 안전을 염려하여 울음을 터뜨렸다.

출발한 지 다섯 시간이 지났을 때, 한 전사가 발이 까져 다른 전사들을 따라갈 수 없다면서 마을로 돌아왔다. 그는 여자들에게 큰 감명을 준 전날 밤의 화려한 의식을 즐겼지만, 싸우러 간 많은 야노마뫼족 전사들처럼 큰 두려움을 느꼈다.

적이 있는 마을까지는 길이 멀어 며칠이 걸렸다. 밤이 되면 따뜻하게 하기 위해 불을 피웠지만, 마지막 날 밤에는 적이 눈치챌까봐 불을 피우지 않았다. 습격하기 전날 밤, 발이 아프다거나 배가 아프며 집으로 발길을 돌린 사람이 몇 명 더 나왔다. 남은 전사들은 공격 계획을 마무리지었다. 그들은 각각 4~6명으로 이루어진 작은 무리들로 쪼개기로 결정했다. 이렇게 무리를 나눔으로써 그들은 보호를 받으며 퇴각할 수 있었다. 각 무리에서 두 사람은 혹시 추격해올 적을 공격하기 위해 매복했다.

공격자들 중에 다모와의 아들도 있었다. 열두 살인 아들은 아버지의 복수를 하기 위해 함께 따라왔다. 그에게는 이것이 첫 번째 습격이었기 때문에, 나이가 많은 남자들은 위험에 노출되는 것을 최소화하기 위해 그를 무리 중 한가운데에 서게 했다.

한편, 모노우테리 부족 마을에 남아 있던 여자들은 불안감이 점점 커졌다. 보호를 받지 못하는 여자들은 이웃 부족에게 납치될 위험이 있으며, 심지어 동맹도 항상 믿을 수 있는 것은 아니었다.

공격에 나선 사람들은 가까스로 적 한 명을 쏘아 죽이고 퇴각했다. 복수는 했지만, 이번엔 자신들이 큰 위험에 놓였다. 추격에 나선 파타노와테리 부족은 퇴각하던 모노우테리 부족을 추월해 매복 공격을 해왔다. 모노우테리 부족 전사 한 사람이 화살에 가슴을 맞아 부상을 당했다. 다음 날 아침, 전사들은 부상당한 동료를 데리고 마을에 도착했다. 그는 중상을 입었지만 살아남아 그 후의 공격에도 참여했다.

섀그넌이 일 년 뒤에 야노마뫼족에게 다시 돌아가 살펴보니, 두 부족 사이의 전쟁은 습격과 보복 습격이 반복되면서 여전히 치열하게 계속되고 있었다. 모노우테리 부족은 파타노와테리 부족민 두 명을 죽이고 여자 두 명을 붙잡아왔고, 파타노와테리 부족은 모노우테리 부족민 한 명을 죽였다. 이 시점에서는 모노우테리 부족이 좀더 좋은 전과를 올리고 있었다. 그렇지만 파타노와테리 부족은 동료의 죽음과 빼앗긴 여자의 복수를 하지 않고는 절대로 공격을 멈추지 않을 것이다. 그러면 모노우테리 부족도 똑같이 복수를 할 수밖에 없다.

야노마뫼족의 전쟁은 인류의 공격성이 진화한 과정에 대해 중요한 사실을 알려준다. 전쟁은 주로 남자가 하는 활동이며, 여자에 대한 성적 접근이 승리자에게 흘러들어가는 핵심 자원이 될 때가 많으며, 보복과 복수는 평판을 유지하는 데 중요하며, 남자와 여자는 종종 폭력적인 부족 싸움의 치명적인 결과를 두려워한다는 것 등이 그것이다.

4000종이 넘는 포유류 중에서 동맹을 결성해 동족을 죽이는 행동이 관찰된 종은 침팬지와 사람 두 종 뿐이다. 사람의 전쟁은 거의 전적으로 남자가 전담하는 행동이다. 이론적 분석에 따르면, 전쟁을 벌이는 것은 어떤 상황에서는 죽음의 위험을 능가하는 큰 적응적 편익을 가져다줄 수 있다고 한다.

2) 그렇다면 진화는 사람에게 그런 위험을 감수하도록 하는 성향이 생기게 하는 심리 기제를 어떻게 선택할 수 있었을까? 기록된 인류 역사 내내 전쟁이 규칙적으로 일어났으며, 전사들이 집단 구성원들에게 존경과 찬사를 받았다는 사실을 어떻게 설명할 수 있을까?

투비와 코스미데스(1988)가 제안한 진화 이론에는 전쟁 적응이 진화하려면 반드시 충족시켜야 할 필수 조건이 네 가지 포함돼 있다.

1. 번식 자원의 장기적 평균 이익은 긴 진화 시간에 걸쳐 전쟁에 참여하는 번식 비용을 능가할 만큼 충분히 커야 한다. 이익이 충분히 큰 번식 자원은 어떤 것이 있을까? 여자에 대한 성적 접근 증가가 가장 유력한 후보로 보이는데, 이것은 남자의 번식에 가장 큰 제약을 가하는 자원이다. 자식에게 의무적 투자를 하는 여자는 남자에게 소중하면서도 한정된 자원이다. 양 성 간의 이러한 비대칭성 때문에 여자는 남자에 대한 성적 접근을 증가시키기 위한 전쟁을 해봐야 얻을 게 거의 없다. 정자는 값싼 자원이며, 여자가 성공적인 수정을 하는 데 필

진화심리학

요한 양을 공급할 의사가 있는 남자가 부족했던 적은 결코 없었다. 다시 말해서, 전쟁이 여자에 대한 성적 접근을 상당히 높이는 결과를 초래한다면, 남자는 전쟁에서 얻을 게 많다.

2. 동맹 구성원들은 자기 집단이 승리할 것이라고 믿어야 한다. 이것은 자기가 속한 동맹이 전투에서 승리할 것이라는 믿음뿐만 아니라, 전투 후에는 전투 전보다 자기 동맹의 집단 자원이 더 커질 것이라는 믿음을 뜻한다.

3. 각 구성원이 감수하는 위험과 각 구성원이 성공에 기여한 역할은 그에 상응하는 편익의 몫으로 돌아와야 한다. 이것은 9장에서 이야기했던 협력의 진화에 필요한 사기꾼 간파 기준의 한 형태이다. 전투에 참여함으로써 위험을 감수하지 않은 남자는 전리품 분배에서 배제해야 한다. 위험을 더 많이 감수한 남자—부하들을 이끌고 전투를 지휘하는 지도자들이 가끔 그러는 것처럼—는 그에 상응해 더 많은 전리품을 챙긴다. 마찬가지로, 승리를 거두는 데 더 많이 기여한 남자는 더 많은 몫을 받을 자격이 있다.

4. 전투에 참여하는 남자는 누가 살고 죽을지 알 수 없는 '무지의 베일'에 가려 있어야 한다. 전투에 나가기 전에 자신이 죽는다는 걸 확실히 안다면, 전투에 참여해서 얻을 것이 아무것도 없다. 죽을 게 확실하다면, 자연 선택은 전투에 나가려는 심리적 경향에 강하게 반대하는 쪽으로 작용할 것이다. 실제로 일부 사람들을 전투에서 이탈하게 만드는 '전장의 공포'는 죽을 가능성이 거의 확실할 때 그 위험을 피하도록 충동하는 심리 기제의 작용이 반영된 것인지 모른다. 그렇지만 그 위험을 다른 사람들과 함께 분담하고, 누가 살고 죽을지 아무도 모른다면, 자연 선택은 동맹의 전쟁에 참여하려는 심리적 경향을 선호할 수 있다.

투비와 코스미데스(1988)가 '전쟁의 위험 계약'이라고 부른 이 조건들은 놀라운 예측을 몇 가지 낳는다. 가장 중요한 것은 전쟁 사망률이 남자를 전쟁으로 이끌도록 설계된 심리 기제를 촉진하는 진화의 선택 압력에 미치는 효과에 관한 것이다. 자연 선택은 긴 진화의 시간에 걸쳐 **평균적인** 번식 결과를 토대로 특정 설계 특징을 나타내는 유전자에 작용한다고 했던 사실을 떠올려 보라.

이 논리를 전쟁에 적용해보자. 남자 10명이 동맹을 결성해 이웃 부족을 습격하려는 상황을 가정해보자. 이 습격에서 생식력이 있는 여자 5명을 잡아왔다. 만약 모든 남자가 살아남는다면, 성적 접근에서 얻은 평균 이익은 남자 1명당 생식력이 있는 여자 0.5명이다. 이번에는 전투 중에 남자 5명이 죽고, 생식력이 있는 여자 5명을 잡았다고 가정해보자. 이제 살아남은 남자 5명이 얻는 이익은 남자 1명당 생식력이 있는 여자 1명이다. 그러나 전투에 참여한 모든 남자가 얻는 **평균** 이익은 변함없이 생식력이 있는 여자 0.5명이다. 다시 말해서, 비록 한 조건에서는 아무도 죽지 않고 다른 조건에서는 5명이 죽었지만, 전투에 참여하기로 한 **결정**이 가져다주는 평균적인 번식 이익은 두 조건에서 모두 똑같다. 이 말은 남자들 중 절반이 죽는다고 해도 **평균적인** 번식 이익에는 아무 변화가 없다는 뜻이다. 요컨대, 자연 선택은 긴 진화 시간에 걸쳐 개체들의 평균적인 번식 효과에 작용하기 때문에, 설사 그러한 심리 기제가 남자들을 죽음의 위험에 다소 노출시킨다 하더라도, 남자들을 전쟁으로 이끄는 심리 기제를 선호할 수 있다.

전쟁에 관한 이 진화 이론은 구체적인 예측을 몇 가지 낳는다 : (1) 남자(여자는 해당 사항 없음)는 동맹 전쟁을 위해 설계된 심리 기제가 진화할 것이다 ; (2) 여자에 대한 성적 접근은 남자들의 동맹에 가입함으로써 얻는 주요 편익이 될 수 있다 ; (3) 남자는 동맹에 계속 남아 있으면 곧 죽음을 맞이할 게 확실해 보일 때, 공포를 느끼고 동맹에서 이탈하게 만드는 심리 기제가 진화했을 것이다 ; (4) 자기 동맹에 가담한 사람의 수가 상대 동맹의 사람 수보다 월등히 많을 때처럼 성공 확률이 높아 보일 때, 남자는 전쟁에 나가려는 마음이 더 강하게 들 것이다 ; (5) 남자는 위험 계약을 강요하도록―즉, 사기꾼, 이탈자, 배신자를 간파하고 처벌하도록―설계된 심리 기제가 진화했을 것이다 ; (6) 남자는 동맹 구성원 중에서 성공에 기여하려 하고 기여할 능력이 있는 사람을 간파하고 선호하고 선발하도록 설계된 심리 기제가 진화했을 것이다.

전쟁에 나서는 쪽은 남자들이다. 다른 동맹에 속한 남자들을 죽일 목적으로 남자들이 동맹을 결성한다는 사실은 모든 문화에서 관찰된다(Alexander, 1979 ; Chagnon, 1988 ; Otterbein, 1979 ; Wrangham & Peterson, 1996). 야노마뫼족 같은 일부 문화에서는 부족들끼리 항상 전쟁을 벌이는 것으로 보인다. 여자들이 다른 사람들을 죽일 목적으로 동맹을 결성하는 사례는 어느 문화에서도 관찰된

기록된 인류 역사 전체를 통해 남자들은 항상 전쟁을 벌였다. 그런 기록은 글, 그림, 조각, 동굴 미술에 남아 있다.

적이 없다. 이 사실들은 명백해 보일 수 있으며, 투비와 코스미데스(1988)가 전쟁의 진화 이론을 발표하기 이전에 이미 널리 알려져 있었다. 그렇지만 이 사실들은 그 이론과 일치하며, 전쟁이 사회가 임의적으로 만들어낸 것이라는 대체 가설(van der Dennen, 1995)에 의문을 던진다.

남자는 자발적으로 자신의 전투 능력을 평가하는 경향이 더 강하다. 인류의 진화 역사에 걸쳐 남자들이 여자들보다 폭력적인 공격 행위에 반복적으로 더 많이 참여했다면, 전쟁을 하는 것이 현명한지 현명하지 않은지 조건들을 평가하는 특별한 심리 기제가 진화했으리라고 기대할 수 있다. 그러한 기제 한 가지는 다른 남자들과 비교한 자신의 전투 능력에 대한 자기 평가이다. 진화심리학자 애덤 폭스Adam Fox(1997)는 남자는 전투 능력을 평가하는 심리 기제가 진화했을 것이라고—구체적으로 남자는 여자보다 더 자주 전투 능력을 평가할 것이라고—예측했다.

이 예측을 검증하기 위해 폭스는 대학생들에게 자신과 다른 사람 사이에 벌어지는 싸움의 예상 결과를 얼마나 자주 상상하는지 보고하게 했다. 〈그림 10.3〉은 그 결과를 보여준다. 여기서 남녀 차이가 극적으로 나타나는 걸 볼 수 있다. 남자들은 대부분 최소한 한 달에 한 번(가장 흔한 대답은 일 주일에 한 번) 그런 싸움의 예상 결과를 상상한다고 보고했다. 이와는 대조적으로 여자들은 대부분 아주 가끔 그런 싸움의 예상 결과를 상상한다고 보고했다. 여자들에게서 나온 응답 중 가장 많은 것은 '한 번도' 상상하지 않는다는 것이었다. 이 결과는 남자는 여자보다 자신의 전투 능력을 더 자주 평가한다는 예측을 지지하는데, 그런 경향은 전투에 돌입하는 것이 가치가 있는지 판단하기 위해 설계된 진화한 심리 기제일 가능성이 높다.

남자는 다른 남자들의 전투 능력과 공격적 경향을 평가하는 적응이 발달했다는 증거도 있다(Sell et al., 2009, 2010). 특히 상체의 힘 평가가 중요하다. 애런 셀Aaron Sell과 그 동료들이 한 연구는 사람들이 몸을 찍은 사진만 보고서도 그 남자의 힘(역기를 드는

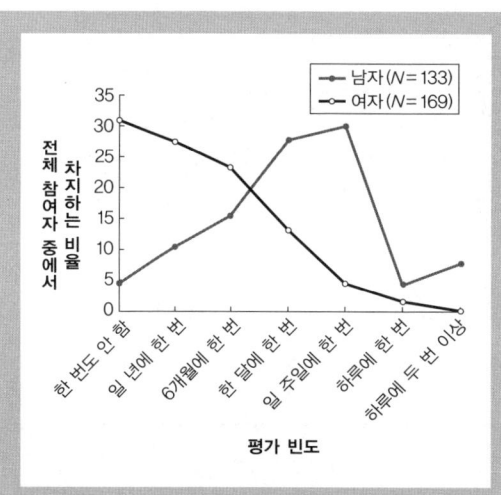

그림 10.3 전투 능력 평가. 이 그래프는 남자가 여자보다 더 자주 자신의 전투 능력을 자발적으로 평가한다는 것을 보여주는데, 이 사실은 전쟁에 대응하는 심리적 적응이 일어났음을 시사한다.

출처: Fox, A. (1997). The assessment of fighting ability in humans. Paper presented to the Ninth Annual Meeting of the Human Behavior and Evolution Society. Reprinted with permission.

진화심리학

것을 통해 객관적으로 측정한)을 정확하게 평가할 수 있음을 보여준다. 더 흥미로운 사실은, 사람들이 다른 신체 단서는 전혀 없이 남자의 얼굴 사진만 보고서도 상체의 힘을 정확하게 평가할 수 있다는 점이다! 그렇지만 여자의 힘을 평가하는 데에서는 정확도가 떨어졌다. 남자의 상체의 힘과 그의 전투 능력 판단 사이의 상관관계는 무려 +0.97이나 된다. 어떤 남자의 전투 능력을 정확하게 평가하고 그것을 자신의 전투 능력과 비교하는 것은 공격적인 대결을 벌여야 할지 피해야 할지 판단하는 데 중요한 정보를 제공한다. 이러한 평가는 전쟁으로 이어지는 집단 간 대결뿐만 아니라 집단 내 대결과도 맞닥뜨리며 살아간 조상 남자들에게 아주 중요했을 것이다.

남자에게는 전쟁에서 승리를 돕는 적응이 진화했다. 전투를 위해 설계된 남자의 적응을 반영한 것으로 보이는 남녀 차이는 많이 알려져 있다(Puts, 2010). 남자는 상체의 힘이 여자를 능가한다 : 평균적인 남자는 가슴과 어깨와 팔의 힘이 여자보다 거의 2배나 강하다. 남자는 물체를 멀리 그리고 정확하게 던지는 능력도 여자보다 월등한데, 이 능력은 전투에서 돌이나 창을 던지는 데 유리하다. 남자는 낯선 땅에서 길을 찾아 여행하는 능력도 여자보다 뛰어나다(3장 참고). 남자는 여자를 배제한 동성 간 동맹을 결성하는 경향이 강하다. 실제로 전쟁에서 습격을 떠나기 전날 밤에 남자들은 남자들 간의 동맹에서 성적 갈등을 최소화하기 위해 집단에서 여자를 쫓아내는 경우가 종종 있다. 그리고 전투에 나가는 남자들이 매우 두려워하는 것 중 하나는 겁쟁이처럼 행동하여 무장한 동료들의 눈에 창피스럽게 비치는 것이다(Brown, 1991). 반면에 남자들은 전쟁이 임박하면 큰 흥분과 영광과 형제애를 경험하는 것으로 보이는데, 이것은 전사들이 자주 보고한 현상이며(Brown, 1991), 문학에도 종종 등장한다. 셰익스피어가 쓴 《헨리 5세》에서 전투에 나서기 전의 다음 대사가 그것을 잘 보여준다 :

소수인 우리, 소수이기에 행복한 우리는 모두 한 형제이다 ;

오늘 나와 함께 피 흘리는 자는

모두 내 형제가 될 것이기 때문이다 ; 아무리 천한 자라도

오늘 그의 지위가 고결해지리라 :

그리고 지금 침대에 누워 있을 잉글랜드의 귀족들은

이 자리에 있지 못한 것을 한탄하리라 ;

그리고 성 크리스펀 축일에 우리와 함께 싸웠던 이들의

이야기를 들을 때마다 남자답지 못한 자신이 부끄러울 것이다.

(셰익스피어, 《헨리 5세》, 4막 3장)

그 밖에도 남자는 전쟁에서 승리를 촉진하는 적응이 진화했다는 가설을 지지하는 사실이 많다. 그 중에는 다음과 같은 것들이 포함된다 : (1) 수만 년 전의 공동 묘지에서 나온 생물고고학적 증거. 대부분 화살촉과 둔기 외상이 남아 있는 남자 골격으로, 전쟁의 긴 진화 역사를 암시한다(Walker, 2001) ; (2) 서양인과 접촉하기 이전의 전통 사회에서 전쟁과 살인으로 인한 남자의 높은 사망률(예컨대 히위족 사이에서는 36% ; Hill, Hurtado, & Walker, 2007). 이것은 강한 선택 압력을 암시한다 ; (3) 전쟁 게임을 모방한 실험실 연구에서 남자는 도발을 받지 않더라도 여자보다 다른 나라를 공격할 가능성이 훨씬 높다는 결과(Johnson et al., 2006) ; (4) 남자는 여자보다 내집단과 외집단을 구분하고 외집단 구성원을 동물과 비슷하거나 병들거나 인간 이하의 존재로 비하하는 경향이 훨씬 강한 것. 이것은 그들을 죽이는 데 따르는 심리적 저항을 낮추는 효과가 있을 것이다(Van Vugt, 2009) ; (5) 남자가 여자보다 외집단에 대한 고정 관념을 갖기 쉬운 경향. 특히 외집단이 위협을 가하는 조건에서 더 강하게 나타난다(Schaller, Park, & Faulkner, 2003) ; (6) 남자들의 집단은 여자들의 집단보다 위계 질서가 더 강한데, 이것은 집단 간에 긴박한 위협이 생겼을 때 대응하는 데 통합 조정된 전략이 필요하기 때문에 도움이 될 수 있다(Van Vugt, 2006) ; (7) 남자는 여자에 비해 외집단, 그 중에서도 특히 남자 외집단 구성원에게 부정적인 편향을 강하게 나타낸다(Navarrete et al., 2009, 2010) ; (8) 외집단 구성원에게 위협을 당하는 상황을 설정한 실험실 연구 결과에 따르면, 그 직후에 남자는 여자보다 다른 집단에 대한 편견과 차별을 더 강하게 나타낸다(Yuki & Yokota, 2009). 다시 말해서, 남자의 마음은 인류의 진화 역사를 통해 전쟁에서 승리를 거두는 데 도움이 되는 심리적 경향으로 설계된 것처럼 보인다.

승자에게 흘러가는 자원의 역할을 하는 성적 접근. 진화심리학자 크레이그 파머Craig Palmer와 크리스토퍼 틸리Christopher Tilley는 여성에 대한 성적 접근이 남자들이 갱단에 가입하는 주요 동기라는 가정을 검증했다(Palmer & Tilley, 1995). 여기서 갱단은 "공통의 이해로 결속되고, 확인 가능한 지도자가 있고, 잘 발달된 권위 계통이 잘 서 있으며……특정 목적을 달성하기 위해 힘을 합쳐 행동하는……자발적으로 결성한 또래들의 집단"으로 정의할 수 있다 (Miller, 1980, p. 121). 갱 전쟁은 아메리카에서, 특히 로스앤젤레스 같은 대도시에서 흔히 일어나며, 사망자도 종종 발생한다. 왜 남자들은 죽음을 무릅쓰고 갱단에 가입할까?

한 갱단 조직원은 이렇게 설명했다. "갱단은 내가 원하는 것들을 지배하는 것처럼 보인다. 초등학교 때 나는 일종의 샌님이었다. 공부만 죽어라고 했고, 갱들이 하는 일에는 전혀 관여하지 않았다. 그런데 나중에 그들이 여자를 차지한다는 사실을 깨닫기 시작했다."(Padilla, 1992, p. 68)

파머와 틸리(1995)는 단지 개인적 증언과 일화적 증거뿐만 아니라 경험적 자료로 이 예측을 검증했다. 그들은 콜로라도 주 콜로라도스프링스에서 갱단 조직원으로 보고된 57명을 조사했고, 갱단과 아무 관계가 없는 같은 지역 출신에 같은 연령대의 남자 63명과 비교했다. 이전 30일 동안 함께 섹스를 한 파트너 수에 대한 자료를 수집했다. 그 결과, 같은 기간에 함께 잔 파트너 수는 갱단 조직원(평균 1.67명)이 보통 사람(평균 1.22명)에 비해 훨씬 많았다. 이 조사에서 섹스 파트너가 가장 많았던 두 사람은 모두 갱단 우두머리였는데, 그 전 90일 동안에 함께 잔 파트너 수가 각각 11명과 10명이었다. 보통 사람들 사이에서는 같은 기간에 함께 잔 파트너 수가 5명을 넘어선 사람은 아무도 없었다.

파머와 틸리(1995)는 무작위 추출 인구 표본에서 얻은 자료에서는 같은 연령대의 남자 중 55%는 그 전 일 년 동안 섹스 파트너가 한 명 이하였으며, 같은 기간에 섹스 파트너가 4명 이상이었다고 보고한 사람은 14%에 불과했다고 지적했다(Laumann et al., 1994). 일부 갱단 조직원은 한 달 동안 함께 잔 파트너 수가 보통 남자가 일 년 동안 함께 잔 파트너 수보다 많았다.

동맹 지도자는 섹스 파트너 수가 많다는 사실을 뒷받침하는 추가적인 경험적 증거가 야노마뫼족을 조사한 섀그넌(1988)의 연구에서 나온다. 야노마뫼족 사이에서 다른 부족과 전쟁을 벌이는 이유로 가장 많이 꼽히는 것은 이전의 살인에 대한 복수이고, 최초의 싸움이 벌어진 원인으로 가장 많이 꼽히는 것은 '여자'이다. 야노마뫼족은 우노카이 unokai(사람을 죽여본 사람)와 우노카이가 아닌 사람(사람을 죽여본 적이 없는 사람)을 사회적으로 구별한다. 이 구별은 그 사람의 평판에 아주 중요하며, 우노카이는 온 마을에 널리 알려진다. 우노카이에게 희생된 사람은 주로 습격을 받아 죽은 적이지만, 가끔은 집단 내에서 성적 질투 때문에 희생되는 사람도 있다. 조사 시점에서 집단 내에 살아 있는 우노카이의 수는 137명이었다. 우노카이는 한 명만 죽인 경우가 대부분이지만, 여러 사람을 죽인(조사한 마을의 최고 기록은 16명이었다) 극소수 사람은 와이테리(잔인한 사람이란 뜻)라는 특별한 명성을 누린다.

우노카이를 같은 연령대의 우노카이가 아닌 사람과 비교했을 때, 통계적으로 한 가지 차이점이 드러났는데, 우노카이가 아내를 더 많이 거느렸다. 20~24세의 젊은 남자들을 조사했을 때, 우노카이가 거느린 아내는 평균 0.8명으로, 우노카이가 아닌 사람이 거느린 평균 0.13명에 비해 무려 4배나 많았다. 41세 이상의 남자를 표본으로 했을 때에는 우노카이가 거느린 아내의 수는 2.09명인 반면, 우노카이가 아닌 사람이 거느린 아내의 수는 1.17명에 불과했다. 일화적 증거는 우노카이는 혼외 정사도 더 많이 한다고 시사한다(Chagnon, 1983). 요컨대, 살인 경험이 동맹 전쟁에 참여하여 큰 기여를 했음을 나타내는 적절한 대용품이라면, 이 증거는 여자에 대한 성적 접근이 동맹의 공격을 통해 얻을 수 있는 중요한 번식 자원이라는 가설을 뒷받침한다.

남자와 여자는 동맹에게 어떤 속성을 원하는가? 세 연구자가 남자 60명과 여자 53명에게 동맹 구성원의 바람직한 특성 148가지를 평가하게 하는 방법으로 이 문제를 조사했다. 동맹은 "공동의 목표를 추구하기 때문에 서로 알아볼 수 있는 사람들의 집단"으로 정의했다(DeKay, Buss, & Stone, 미발표 논문, p. 13). 각각의 특성은 −4점(매우 바람직하지 않음)에서 +4점(매우 바람직함) 사이의 점수로 평가했다.

남녀 모두 동맹 구성원에게서 다음 특성들을 아주 바람직한 것으로 평가했다 : 근면함, 명석함, 친절함, 열린 마음, 사람들에게 동기를 부여하는 능력, 폭넓은 지식, 유머 감각, 신뢰성. 그렇지만 남자들의 동맹이 지닌 독특한 기능을 가리키는 남녀 간의 뚜렷한 차이도 있었다. 남자들은 다음 특성들에 여자들보다 더 높은 점수를 주었다 : 위험 앞에서 용감한 태도(2.40점 대 1.66점), 물리적 힘(1.07점 대 0.43점), 훌륭한 전사(1.30점 대 0.42점), 물리적 위험에서 다른 사람들을 보호하는 능력(1.37점 대 0.89점), 신체적 고통을 참아내는 능력(0.75점 대 0.36점), 물리적 공격에 대해 스스로를 방어하는 능력(1.90점 대 1.43점), 물리적으로 다른 사람을 제압하는 능력(0.35점 대 −0.42점). 또한 남자들은 다음 특성들을 바람직하지 못한 것으로 평가하여 여자들보다 더 낮은 점수를 주었다 : 운동 능력 부족(−0.68점 대 −0.23점), 신체적 허약(−1.08점 대 −0.55점).

이것은 미국 대학생이라는 제한적인 표본을 대상으로 실시된 단 한 차례의 조사이므로 여기서 대단한 결론을 이끌어낼 수는 없다. 다른 문화들에서도 이 연구 결과가 재현된다면 틀림없이 유용할 것이다. 그럼에도 불구하고, 우리 조상들이 먼 과거에 부족 간 전쟁을 벌이던 상황과는 아주 다른 현대 미국 대학 상황에서도 남자들은 집단 간의 공격과 방어에서 동맹의 승리를 돕는 속성에 부분적으로 기초해 동맹 구성원을 선택하는 것처럼 보인다.

요약. 투비와 코스미데스(1988, 2010)가 만든 전쟁 이론은 흔히 간과하는 결론을 지적한다 : 즉, 전쟁을 하려면 다른 집단에 대한 공격 행동을 통합 조정하기 위해 집단 구성원들 사이에 정교한 협력이 필요하다. 이 이론은 또 여자에 대한 성적 접근이 남자에게 전쟁에 대한 심리가 진화하도록 선택한 핵심 번식 자원이라고 주장한다. 이 이론은 놀라운 예측을 몇 가지 낳는다—예를 들면, 누가 죽을지 알 수 없는 '무지의 베일'이 존재하는 한, 사망률은 전투에 참여하는 전략이 가져다주는 평균적인 번식 편익에 영향을 미치지 않을 것이다.

다양한 경험적 증거 자료가 이 전쟁 이론에서 나온 핵심 예측 몇 가지를 지지한다. 첫째, 남자들은 기록된 인류 역사에서 반복적으로 전쟁에 참여한 반면, 여자들이 동성 간 동맹을 결성해 전쟁에 나갔다는 사례는 단 한 건도 기록에 나오지 않는다. 둘째, 남자는 자신의 전투 능력을 자동적으로 평가하는 경향이 여자보다 훨씬 높은데, 이것은 공격적인 대결을 벌이는 것이 현명한지 평가하는 진화한 심리 기제가 있음을 시사한다. 셋째, 갱단을 조사한 연구와 전쟁에 관한 문화기술지 증거는 둘 다 전쟁이 여자에 대한 성적 접근을 증가시킨다고 시사한다. 마지막으로, 남자는 위험 앞에서 용감하고, 신체적으로 강하고, 전투 능력이 뛰어나고, 남들을 보호하는 능력이 있는—모두 전투에서 좋은 전우가 될 수 있는 속성—동맹 구성원을 선호한다. 비록 더 많은 연구가 필요하긴 하지만, 이용 가능한 경험적 증거들은 남자는 전쟁을 위한 특별한 심리 기제가 진화했다는 이론을 지지한다.

사람은 살인 기제가 진화했는가?

FBI 범죄 통계에 따르면, 미국에서는 매년 살인 사건이 1만 8000건 이상 발생한다(Kenrick & Sheets, 1993). 그 중에서 80% 이상은 남자가 저지른다(Daly & Wilson, 1988). 주류 사회과학자들은 미국의 살인 비율에서 나타나는 남녀 차이를 흔히 '문화적으로 특수한 성 규범'으로 설명한다(예컨대 Goldstein, 1986). 이 이론은 경험적 문제에 부닥친다 : 살인 통계 자료를 구할 수 있는 곳이라면 세상의 모든 문화에서 남녀 차이가 발견되기 때문이다(Buss, 2005 ; Daly & Wilson, 1988). 국지적 문화 규범에 기대는 이론들은 사람들 사이에 보편적으로 나타나는 패턴을 만족스럽게 설명하지 못한다.

실제로 일어나는 사건은 통계적으로 드물기 때문에 연구하기가 어렵다. 그러나 실제로 살인 사건이 한 건 일어날 때마다 살인을 생각하거나 환상을 품는 개인이 수십 명 혹은 수백 명 있을지 모른다. 한 남자 대학생이 보고한 살인 환상을 살펴보자 : "옛 여자 친구를 죽이고 싶었다. 그녀는 (다른 도시)에 사는데, 내가 완전 범죄에 성공할 수 있을지 궁금했다. 비행기 값과 알리바이를 어떻게 만들지 생각했다. 강도가 저지른 것처럼 위장하려면 어떻게 죽여야 할지도 생각했다. 나는 실제로 그 생각을 일 주일이나 계속했지만, 하나도 행동에 옮기지는 않았다."(Kenrick & Sheets, 1993, p. 15) 이 남자는 여자 친구를 죽이지 않았다. 그렇지만 반복되는 살인 생각은 살인 심리를 들여다볼 수 있는 창을 열어준다.

진화심리학자 더그 켄릭Doug Kenrick과 버질 시츠Virgil Sheets는 이 방법을 사용해 대학생 760명을 대상으로 연구를 두 차례 진행했다. 그들이 사용한 방법은 아주 간단했다 : 참여자들에게 나이와 성별을 포함해 인구통계학적 정보를 제공하게 한 다음, 최근에 누군가를 죽이겠다고 생각한 적이 언제인지 물었다. 그 생각을 촉발한 상황뿐만 아니라 그런 생각의 구체적인 내용까지 자세히 물어보았다 : "누구를 죽이고 싶으며, 그것을 어떻게 하려고 하는지 등등." (Kenrick & Sheets, 1993, p. 6) 그런 환상을 하는 빈도와 죽이려고 하는 사람과의 관계, 그 환상이 물리적 공격이나 공개적 모욕, 혹은 명단에 있는 그 밖의 원인 때문에 촉발되었는지 등도 물었다.

진화심리학

첫째, 살인 환상을 최소한 한 번 이상 경험한 비율은 여자(58%)보다 남자(79%)가 더 많았다(〈그림 10.4 참고〉). 둘째, 살인 환상을 여러 번 했다고 대답한 비율은 남자가 38%인 반면, 여자는 18%에 불과했다. 셋째, 남자의 환상은 여자의 환상보다 더 오래 계속되는 경향이 있었다. 대다수 여자(61%)는 살인에 대한 생각은 겨우 몇 초 동안만 지속되었다고 대답했다. 반면에 남자들은 대부분 살인에 대한 생각이 몇 분 동안 지속되었다고 대답했으며, 18%

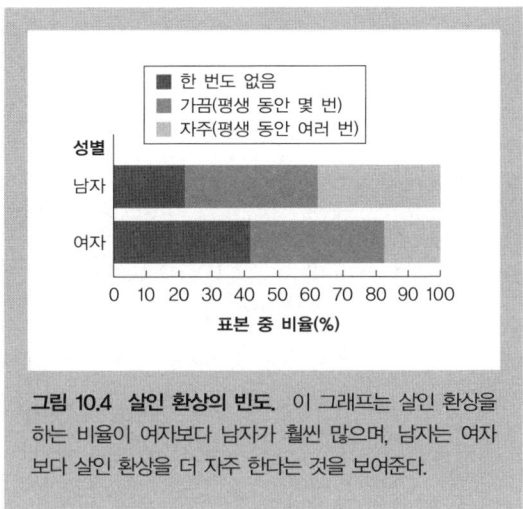

그림 10.4 살인 환상의 빈도. 이 그래프는 살인 환상을 하는 비율이 여자보다 남자가 훨씬 많으며, 남자는 여자보다 살인 환상을 더 자주 한다는 것을 보여준다.

출처: Kenrick, D. T., & Sheets, B. (1993). Homicidal fantasies. *Ethology and Sociobiology, 14,* 231–246. Copyright © 1993, with permission from Elsevier Science.

는 몇 시간 혹은 그 이상 계속되었다고 대답했다. 이 결과는 남자가 여자보다 심리적으로 살인 성향이 더 강하다는 가설을 지지한다—이것은 실제 살인 통계 자료로 뒷받침되는 결과이기도 하다.

살인 생각을 촉발하는 원인에서도 남녀 차이가 뚜렷하게 나타난다. 남자는 여자보다 다음과 같은 원인들에 대해 살인 생각을 할 가능성이 더 높다 : 개인적 위협(71% 대 52%), 누가 뭔가를 훔쳐갔을 때(57% 대 42%), 살인이 어떤 것인지 알고 싶어서(32% 대 8%), 금전적 갈등(27% 대 10%), 공개적 모욕(59% 대 45%).

포괄 적합도 이론은 자식과 친부모 사이보다 자식과 계부모 사이의 갈등이 더 클 것이라고 예측하는데, 살인 환상에 대한 증거도 이것을 입증한다. 계부모와 함께 산 사람들 중 44%가 계부모를 죽이는 환상을 한 적이 있다고 보고했다. 한 계부모와 6년 이상 산 사람들 중에서는 59%가 그러한 살인 환상을 한 적이 있다고 보고했다. 반면에 친어머니나 친아버지를 죽이는 환상 비율은 각각 31%와 25%로 그보다 낮았다.

이러한 사실들은 진화론의 관점에서 어떻게 설명할 수 있을까? 서로 뚜렷하게 대비되는 두 가지 가능성이 있다. 켄릭과 시츠(1993)와 데일리와 윌슨

(1988)이 채택한 것은 '실수 가설slip-up hypothesis'이라 부를 수 있다. 이 가설에 따르면, 남자는 강압적 통제 수단으로서, 그리고 갈등 원인을 제거하기 위한 수단으로서 폭력을 사용하는 심리 경향이 진화했다고 한다. 이러한 경향은 대개 폭력 위협이나 준치명적 폭력이라는 행동 결과를 낳는다. 그런데 가끔 폭력이 우연히 살인으로 비화하는 '실수'가 일어난다 : "그런 다툼에서는 종종 벼랑 끝 전술을 구사하는데, 어느 쪽 성이든 배우자가 저지르는 살인은 이 위험한 게임에서 일어난 실수로 간주할 수 있다."(Daly & Wilson, 1988) 그와 같은 실수는 남자와 남자 사이의 살인처럼 다른 형태의 살인에서도 일어날 수 있다.

대안 가설은 '살인 적응 이론'이다(Buss, 2005b ; Duntley, 2005a, 2005b ; Duntley & Buss, 2005). 이 이론에 따르면, 사람은 전쟁이나 동성 간 경쟁, 배우자의 불륜이나 배신 같은 예측 가능한 특정 상황에서 다른 사람을 죽이려고 하는 특정 심리 기제가 진화했다. 그리고 살인 환상은 이렇게 자신의 마음 속에서 살인 시나리오를 만들고 검토하게 하고, 다양한 행동 경로의 비용과 편익을 평가하고, 편익이 비용을 능가할 때 살인을 선택하도록 하는, 진화한 살인 기제의 한 요소이다. 대다수 상황에서는 비용이 너무 크다 : 모든 사회에서 살인을 저지르는 사람은 친족의 분노와 이해가 걸린 그 밖의 집단 구성원의 처벌을 면하기 어렵다(Daly & Wilson, 1988). 많은 사람은 큰 비용 때문에 살인을 포기한다. 이 이론이 주장하는 것은 남자가 상황에 상관 없이 살인을 저지르려는 '살인자 본능'이 있다는 것이 아니다. 그 대신에 살인 행위는 특정 형태의 입력으로 촉발된 살인 적응이 비용과 편익 평가를 거친 뒤에 표출되는 행동의 일부라고 주장한다.

살인 적응 이론에 따르면, 다양한 적응 문제에 대해 맥락에 민감한 해결책으로서 다수의 살인 적응이 진화했다. 그런 적응 문제에는 자신이나 친족을 부상이나 죽음에서 보호하는 것, 생존과 번식에 필요하지만 현실에서 부족한 자원에 접근을 확보하는 것, 자기 자식의 주요 경쟁자를 제거하는 것, 경쟁자가 소중한 배우자에게 접근하는 기회를 박탈하는 것 등이 있다(Buss, 2005b ; Duntley, 2005a ; Duntley & Buss, 2005). 그렇지만 살해당하는 것은 희생자에게 엄청난 비용을 부과하기 때문에, 자연 선택은 대살인對殺人 방어 수단을 공진화하게 했는데, 대살인 방어 수단은 살해당하는 것을 막고 살해를 시도하는 사람에게 비용을 부과하는 기능을 한다. 살인 적응과 대살인 방어 수단의 공진화

진화심리학

는 공격과 방어, 방어에 대응하는 전술, 방어에 대응하는 전술에 대응하는 전술을 낳게 되고, 결국 끝없는 공진화 군비 경쟁으로 이어진다.

여러 갈래의 증거는 살인 적응 이론을 지지한다. 첫째, 비교 증거는 우리의 가장 가까운 영장류 친척인 침팬지를 비롯해 많은 종에서 동종을 죽이는 적응이 존재한다고 강하게 시사한다(Wrangham, 2004). 둘째, 고생물학의 증거— 먼 옛날의 뼈와 돌—는 살인의 역사가 수만 년 전으로 거슬러 올라감을 알려준다(Larsen, 1997). 셋째, 비교문화적 증거는 동성 간 경쟁 살인, 영아 살해, 전쟁이 보편적 현상임을 알려주는데, 심지어 이전까지 평화로운 문화로 알려졌던 아프리카의 쿵산족도 마찬가지였다(Ghiglieri, 1999 ; Keeley, 1996). 넷째, 고고학 기록에는 철퇴, 창, 도끼, 검 같은 무기 ; 살인을 묘사한 옛날의 미술 ; 물을 채우고 바닥에 대못을 설치한 해자, 요새, 목책 같은 방어 시설과 살인적인 공격자를 물리치기 위한 그 밖의 구조물이 아주 많다. 다섯째, 포괄 적합도 이론이 예측하듯이, 번식적 성공을 달성하기 위해 더 성공적인 길을 가는 데 유전적 친족이 방해가 될 때를 제외하고는 유전적 친족을 살해하는 일은 아주 드물다(McCullough, Heath, & Fields, 2006). 여섯째, 심리학적 증거는 특정 상황에서 살인을 하도록 잘 설계된 것처럼 보이는 특별한 지각적, 감정적 회로가 있음을 보여준다(Duntley, 2005b).

한 예로 살인 생각을 촉발하는 상황, 살해 표적이 될 가능성이 있는 사람, 하마터면 살인을 저지를 뻔했다고 말하는 것에서 나타나는 남녀 차이를 생각해보자(〈그림 10.5〉 참고). 살인 생각의 범주들 중에서 가장 큰 범주는 동성 경쟁자가 차지한다. 동성 경쟁자 중에서 남자에게 살인 충동을 일으키는 가장 강력한 방아쇠는 경쟁자가 자신의 배우자와 섹스를 하거나, 공개적으로 모욕을 하거나, 자신을 때리거나, 돈을 훔

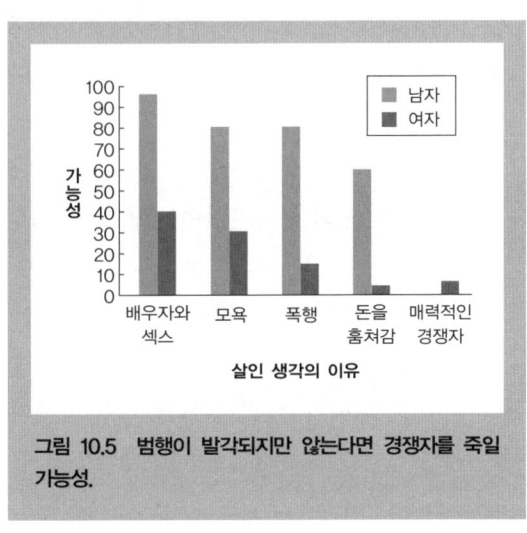

그림 10.5 범행이 발각되지만 않는다면 경쟁자를 죽일 가능성.

출처: Duntley, J. D. (2005b). *Homicidal ideations*. Unpublished doctoral dissertation, Department of Psychology, University of Texas, Austin, Texas.

쳐가는 것—모두 남자에게 가장 심각한 적응 문제에 해를 끼치는 비용—이다. 그리고 남자는 여자보다 이런 상황들에서 살인을 저지를 뻔한 적이 더 많다고 보고하는데, 이것은 살인을 위한 심리적 설계와 남자가 실제로 살인을 저지르는 상황 사이에 밀접한 상관관계가 있음을 시사한다.

서로 경쟁하는 이 진화 가설들—실수 가설과 살인 적응 이론—은 아직 경험적 검증을 통해 어느 쪽이 옳은지 직접 비교 검토된 적이 없다. 그러나 살인 환상 비율이 높고, 살인 환상을 촉발하는 상황들을 예측하는 게 가능하고, 남녀 차이를 뒷받침하는 증거들이 있고, 살인을 하거나 살인을 당하는 것이 적합도에 엄청난 결과를 미치고, 전통 수렵 채집인 사회에서도 살인 비율이 높은 사실은 실수 가설과 잘 들어맞지 않는다. 앞으로 10년 이내에 사람에게 특별한 살인 적응이 진화했는지 여부에 대한 과학적 논쟁에 답이 나오지 않을까 기대한다.

■ 요약

진화심리학의 관점에서 볼 때, 공격성은 유일한 현상이거나 단일 현상이 아니다. 그보다는 오히려 아주 특별한 맥락 조건에서 표출되는 전략들의 집합이다. 이 견해에 따르면, 공격성의 기반을 이루는 심리 기제들은 때로는 양립하기도 하는 자원 획득, 동성 간 경쟁, 서열 협상, 배우자 유지 같은 적응 문제들에 대한 해결책으로 나타났다.

이 견해에 따른다면, 공격성에 다양한 차이—성별에 따라, 개인에 따라, 생애 중 시기에 따라, 문화에 따라—가 나타나리라고 예측할 수 있다. 이것은 이렇게 다양한 차이가 나타난다고 해서 생물학이 공격성과 아무 관계가 없는 것은 아님을 보여준다. 진화심리학의 관점은 상호작용에 초점을 맞춘다 : 공격자, 피해자, 사회적 맥락, 적응 문제가 지닌 특별한 성격들이 공격성을 하나의 전략적 해결책으로 택하게 만드는 일련의 인과적 조건들을 구체적으로 명시한다.

진화심리학의 관점은 공격적 전략을 사용한 조상들이 얻었을 편익의 종류를 최소한 여섯 가지 제시한다 : 남의 자원 탈취, 자신과 친족을 적의 공격에서 방어하기, 동성 경쟁자에게 값비싼 비용 치르게 하기, 지위와 권력 서열 협상, 경쟁자의 미래 공격 억지, 장기적 배우자의 불륜이나 배신 억지.

진화론의 타당한 논리는, 공격성이 남자들 사이에서(즉, 공격자와 피해자가 모두 남자) 더 강하게 나타날 것이라고 예측한다. 일부다처제가 약간 허용되는 짝짓기 제도에서는 성 선택은 더 많은 여성에게 성적으로 접근하고 짝짓기에서 완전히 배제되는 것을 피하기 위해 남자들에게 위험을 무릅쓰는 전술이 발전하는 것을 선호할 것이다. 경험적으로 보아도 물리적 공격은 대부분 남자가 저지르며, 그 피해자도 대부분 남자이다. 이 증거에는 모든 문화에서 나타나는 동성 간 살인, 학교에서 일어나는 집단 괴롭힘의 빈도, 오스트레일리아 원주민 공동체에서 일어난 물리적 폭력에 대한 문화기술지적 증거 등이 포함된다.

공격자의 성과 피해자의 성을 조합하는 경우의 수는 네 가지가 있는데, 각각의 경우에 일어나는 공격성과 관련된 맥락이 많다. 다른 남자에 대한 남자의 공격성을 촉발하는 맥락에는 실직과 미혼이 포함되는데, 이것들은 그 남자가 짝짓기에서 배제될 가능성을 시사하는 맥락이기 때문에 위험을 수반한 공격적 전략을 촉발할 수 있다. 남자는 또한 지위와 평판이 위협을 받을 때, 그리고 경쟁자가 자신의 배우자를 유혹한다고 의심이 들 때 다른 남자를 공격한다.

다른 여자에 대한 여자의 공격은 주로 동성 간 경쟁의 맥락에서 일어난다. 그러나 여자는 물리적 공격을 사용하는 경향이 훨씬 적으며, 대신에 언어를 사용해 경쟁자를 비하하거나 사회적으로 추방한다. 많이 쓰는 비하 전술 두 가지는 경쟁자를 성적으로 문란하다고 말하거나 외모를 깎아내리는 것이다. 이 두 가지는 남자가 장기적 배우자에게서 바라는 속성에 어긋나는 것이기 때문에 큰 효과가 있다.

남자가 여자를 공격하는 것은 주로 여자의 성을 통제하기 위해서이다. 성적 질투는 배우자에 대한 남자의 공격을 촉발하는 핵심 맥락이다. 아마도 역사적으로 그런 공격성은 배우자가 불륜을 더 저지르거나 관계를 완전히 배신하는 것을 억지하는 기능을 했을 것이다. 번식 가치가 높은 젊은 여자일수록 배우자의 공격을 받기가 더 쉬운데, 왜냐하면 조상 남자들은 젊은 여자에게 배타적 성적 접근을 유지해야 할 동기가 아주 컸기 때문이다.

여자가 남자를 죽이는 경우는 드물지만 가끔 일어나는데, 대개 자기 방어 차원에서 일어난다. 대부분은 실제 불륜 또는 불륜 의심에 화가 치민 남편이나 남자 친구의 공격을 방어하는 맥락에서 일어난다.

한 협력적 동맹이 다른 협력적 동맹을 공격하는 것으로 정의되는 전쟁은 동물계에서 아주 보기 드물다. 지금까지 동맹 공격을 펼치는 것이 관찰된 종은 포유류인 침팬지와 사람 두 종뿐이다. 진화론을 바탕으로 한 관점은 전쟁은 주로 남자가 일으키며, 거기서 얻는 주요 번식 편익은 여자에 대한 성적 접근 기회 증가라는 예측을 낳는다. 이 이론을 지지하는 경험적 증거에는 다음과 같은 것들이 있다 : 기록된 인류 역사를 통해 남자들은 계속 전쟁을 벌여왔고 ; 여자에 대한 성적 접근은 전쟁의 승자에게 돌아가는 편익으로 보이며 ; 남자는 여자보다 더 많이 자동적으로 자신의 전투 능력을 남들과 비교해 평가하고 ; 강인하고 위험 앞에서 용감하고 전투 능력이 뛰어난 동맹 구성원을 높이 평가하는 경향도 남자가 여자보다 강하다. 그리고 남자들에게서는 진화한 전쟁 적응을 시사하는 다른 현상들도 찾아볼 수 있다 ; 유럽인과 접촉하기 이전의 전통 문화들에서 나타난 비정상적으로 높은 남자 사망률 ; 모의 전쟁 게임에서 다른 나라를 공격하려는 성향이 높은 것 ; 내집단과 외집단을 구별하고, 외집단 구성원을 인간 이하의 존재로 비하하려는 경향이 강한 것. 더 많은 연구가 필요하긴 하지만, 지금까지 나온 증거들은 전쟁에 관한 진화 이론을 지지하며, 전쟁을 벌이도록 설계된 특별한 심리 기제가 있음을 시사한다.

이 장의 마지막 절에서는 살인 행위의 진화를 설명하는 두 가지 경쟁 가설을 살펴보았다. 첫 번째 가설은 살인은 '실수', 즉 폭력과 폭력 위협을 다른 사람을 강압적으로 통제하는 수단으로 사용하는 데서 생긴 부산물이라고 주장한다. 두 번째 가설은 사람, 특히 남자는 편익이 비용을 능가할 때 특정 상황에서 다른 사람을 죽일 동기를 느끼도록 설계된 특별한 살인 적응이 진화했다고 주장한다. 많은 살인 환상, 살인 환상을 촉발하는 상황의 예측 가능성, 남녀 차이를 보여주는 증거, 많은 살인이 사전 계획에 따라 일어난다는 사실 등은 살인 적응 가설을 뒷받침하는 것처럼 보인다. 다만, 이 두 가설에서 직접 나오는 예측들을 비교 검증하려면 추가 연구가 더 필요하다.

Buss, D. M. (2005). *The murderer next door : Why the mind is designed to kill.* New York : Penguin.

Campbell, A. (1999). Staying alive : Evolution, culture, and women's intrasexual aggression. *Behavioral and Brain Sciences, 22,* 203-252.

Chagnon, N. (1988). Life histories, blood revenge, and warfare in a tribal population. *Science, 239,* 985-992.

Daly, M., & Wilson, M. (1994). Evolutionary psychology of male violence. In J. Archer (Ed.), *Male violence* (pp. 253-288). London, UK : Routledge.

Duntley, J. D., & Shackelford, T. K. (Eds.). (2008). *Evolutionary forensic psychology.* New York : Oxford University Press.

Hill, K., Hurtado, K., & Walker, R. S. (2007). High adult mortality among Hiwi hunter-gatherers : Implications for human evolution. *Journal of Human Evolution, 52,* 443-454.

Johnson, D. D. P., McDermott, R., Barrett, E. S., Crowden, J.,Wrangham, R., Mcintyre, M. H., & Rosen, S. P. (2006). Overconfidence in war games : Experimental evidence on expectations, aggression, gender, and testosterone. *Proceedings of the Royal Society B, 273,* 2513-2520.

Navarrete, C. D., Olsson, A., Ho, A. K., Mendes, W. B., Thomsen, L., & Sidanius, J. (2009). Fear extinction to an out-group face. *Psychological Science, 20,* 155-158.

Sell, A., Tooby, J., & Cosmides, L. (2009). Formidability and the logic of human anger. *Proceedings of the National Academy of Science, 106,* 15073-15078.

Van Vugt, M. (2009). Sex differences in intergroup aggression and violence : The male warrior hypothesis. *Annals of the New York Academy of Sciences, 1167,* 124-134.

Walker, P. L. (2001). A bioarchaeological perspective on the history of violence. *Annual Review of Anthropology, 30,* 573-596.

제11장
이성간 갈등

::

양 성 사이에는 늘 싸움이 끊이지 않을 것이다.
왜냐하면, 남자와 여자는 원하는 것이 서로 다르기 때문이다.
남자는 여자를 원하고, 여자는 남자를 원한다.
— 조지 번스George Burns

모든 연령에서 양 성 사이의 싸움은 대체로 섹스를 둘러싼 싸움이다.
— 도널드 시먼스, 1979

남자와 여자는 번식에 성공하려면 서로가 필요하다. 따라서 양 성 사이의 협력은 사람의 짝짓기에서 가장 중요한 특징이다. 남자와 여자는 사랑에 빠지고, 서로를 상호 선택하며, 섹스를 하기로 동의하고, 협력적 짝짓기 모험 사업의 공동 '운반 수단'인 자식에 대한 이해를 공유한다. 그러나 협력의 필요성에도 불구하고, 집단 생활에는 양 성 사이의 갈등이 흘러넘친다.

이성 간 갈등은 '양 성 개체들 사이의 진화적 이익을 둘러싼 갈등'으로 정의할 수 있다(Parker, 2006, p. 235). '진화적 이익'은 '유전적 이익'으로 바꿔 말할 수 있다. 따라서 남자와 여자의 유전적 이해가 갈릴 때마다 이성 간 갈등이 발생할 수 있다. 이성 간 갈등이란 개념을 이해하는 데 도움을 주기 위해 몇 가지 예를 살펴보자 : (1) 블라디미르는 첫 번째 데이트를 하고 나서 섹스를 하길 원하지만, 데이트 상대인 마셍카는 좀더 기다리길 원한다(성적 접근을 둘러싼 갈등) ; (2) 실비오는 마리아를 술에 취하게 한 뒤, 항거 불능 상태의 그녀에게 섹스를 강요한다(여자의 선택에 반하는 남자의 강간) ; (3) 욜란다는 시저에게 이전에 함께 잔 섹스 파트너의 수를 속인다(장래의 정절을 알려주는 중요한 단서 속이기) ; (4) 수는 더 나은 배우자가 없는지 물색하기 위해 남편 마크를 떼놓고 파티에 가길 원하는 반면, 마크는 수가 다른 남자와 접촉하는 걸 막기 위해 집에 있길 원한다(배우자 선택의 자유와 배우자 감시 사이의 갈등). 이 모든 사례에서 이성 간 갈등—개인 남자와 개인 여자 사이의 진화적 이익을 둘러싼 갈등—이 나타난다.

　이 장에서는 이성 간 갈등의 주요 형태—섹스 행위와 시기를 둘러싼 갈등, 성폭력과 성폭력에 대한 방어, 잠재적 '배우자 밀렵꾼'과 불륜 단서 때문에 생겨나는 질투 갈등, 완전한 배우자 선택의 자유를 방해함으로써 배우자의 짝짓기 행동을 제한하는 배우자 감시, 자원 접근을 둘러싼 갈등—몇 가지를 살펴볼 것이다. 이성 간 갈등 중에서 가장 심각한 것은 짝짓기 갈등이다. 헬레나 크로닌Helena Cronin은 "배우자 선택을 둘러싼 갈등은 남자들에게는 선전과 속임수, 훔치기, 힘을 사용하게 했고, 여자들에게는 거짓말 탐지기에서부터 클램프에 대항하는 장치에 이르기까지 다양한 대항 적응을 진화하게 했다."라고 말했다(Cronin, 2005, p. 18). 전략적 간섭 이론의 맥락 안에서 이성 간 갈등의 주요 형태 몇 가지를 살펴보기로 하자.

■ 전략적 간섭 이론

갈등은 사회적 상호작용의 보편적 특징이며, 많은 형태로 나타난다. 10장에서는 경쟁자 비하, 신체적 폭력, 전쟁을 포함해 동성 간 갈등을 살펴보았다. 이러한 갈등들은 진화의 관점에서 예측할 수 있는 것들이다. 동성끼리는 종종 똑같은 자원을 놓고 서로 경쟁을 벌이는데, 그 자원이란 바로 이성과 이성을 유혹하는 데 필요한 자원이다.

　진화심리학자들은 이성 간 갈등을 예측했지만, 남자와 여자가 같은 번식 자원을 놓고 경쟁을 벌여서 그런 것은 아니다. 그것보다는 이성 간 갈등의 많은 원인은 진화한 성 전략의 차이에서 찾을 수 있다. 4~6장에서 본 것처럼 남자와 여자는 모두 단기적 짝짓기 전략과 장기적 짝짓기 전략이 진화했다. 그런데 이 전략들의 본질은 성에 따라 차이가 있다. 중요한 차이점 중 하나는 단기적 짝짓기 전략에서 나타난다. 남자는 여자보다 성적 다양성에 대한 욕망이 훨씬 커지는 쪽으로 진화했다. 이 욕망은 여자가 흔히 바라는 것보다도 성적 접근을 더 빨리, 더 지속적으로, 더 공격적으로 추구하는 것을 포함해 많은 형태로 표출된다. 한편, 여자는 남자가 흔히 바라는 것보다 성관계를 미루면서 단기적 짝짓기에서 더 까다로운 태도를 보이도록 진화했다. 남녀가 원하는 성적 욕구가 이렇게 충돌하다 보니 동시에 충족시키기가 어려운 것은 당연하다. 이것은 **전략적 간섭**이라 부르는 현상의 한 예이다.

전략적 간섭은 어떤 사람이 목표를 달성하기 위해 특정 전략을 사용하는데, 다른 사람이 그 전략이 성공하지 못하게 방해할 때 일어난다. 예를 들어 여자가 남자로부터 감정적 관여나 헌신을 느끼기 전까지 성관계를 미루려고 하는데, 남자는 여자가 기다려달라는 바람을 표시한 뒤에도 성적 접근을 계속 고집한다면, 여자의 성 전략에 간섭하는 결과를 낳는다. 그렇지만 그와 동시에 여자의 지연 전술은 섹스를 빨리 하고자 하는 남자의 단기적 짝짓기 전략에 간섭하는 결과를 낳는다. 요컨대, 남자와 여자는 동성 간의 전략적 간섭에서 일어나는 것처럼 같은 자원을 놓고 경쟁을 해서가 아니라, 한쪽 성의 전략이 다른 쪽 성의 전략과 간섭을 일으키기 때문에 갈등을 일으킨다.

전략적 간섭 이론은 성관계 시기를 놓고 벌어지는 갈등에만 적용되는 게 아니다. 갈등은 일터에서의 접촉에서부터 데이트 상황과 결혼 생활 도중에 일어나는 다툼에 이르기까지 남녀 간의 모든 관계에서 나타날 수 있다. 성희롱은 일터에서 일어나는 일종의 전략적 간섭이다. 데이트 상황에서 일어나는 속임수도 일종의 전략적 간섭이다. 자신의 결혼 상태를 속이는 남자와 자신의 나이를 속이는 여자는 둘 다 상대방이 바라는 것을 어기는 것이므로, 일종의 전략적 간섭에 해당한다. 결혼 생활에서 불륜은 배우자가 바라는 것을 어기는 것이므로 역시 일종의 전략적 간섭에 해당한다. 강압적 통제, 위협, 폭력, 모욕, 배우자의 자존심을 훼손하려는 시도 등도 모두 전략적 간섭이다. 여기서 핵심 사실은 전략적 간섭—다른 사람의 전략을 방해하고 그 사람이 바라는 것을 어기는—이 남녀 간의 모든 상호작용에 나타날 것으로 예측된다는 것이다.

전략적 간섭 이론은 또한 분노나 고통, 속상함 같은 '부정적' 감정이 전략적 간섭이 제기하는 적응 문제를 부분적으로 해결하기 위해 진화한 심리적 해결책이라고 가정한다(Buss, 1989b). **부정적**이란 단어에 따옴표를 붙인 것은 이 감정들이 일반적으로 경험하기에 고통스러운 것이긴 하지만, 전략적 간섭의 적응 문제들을 해결하는 기능이 있다고 가정되기 때문이다. 첫째, 부정적 감정은 문제가 되는 사건을 지적하여 그것에 주의를 집중하게 하고 덜 중요한 사건들을 일시적으로 관심 밖으로 밀어낸다. 주의는 희귀한 자원이므로, 사려 깊게 배분해야 한다. 분노나 고통을 경험할 때, 이러한 감정은 그 사람의 관심을 고통의 원천으로 집중시킨다. 둘째, 부정적 감정은 그러한 사건에 주목을 끄는 표지를 붙임으로써 기억에 저장하거나 기억에서 쉽게 꺼낼 수 있게 한다. 셋째, 감정은 행동으로 이어져 사람들에게 전략적 간섭의 원천이나 미래의 간섭을 제거하도록 노력하게 만든다.

요약하면, 전략적 간섭 이론의 주요 가정은 두 가지가 있다. 첫째, 전략적 간섭은 한쪽 성의 구성원이 반대쪽 성의 구성원이 바라는 것을 어길 때마다 일어날 것으로 예측된다 ; 역사적으로 그러한 간섭은 우리 조상이 선호하는 성 전략을 성공적으로 수행하는 것을 방해하여 번식 성공률을 줄였을 것이다. 둘째, 분노와 고통 같은 '부정적' 감정은 간섭의 원천에 주의를 기울이게 하고 그것에 대응하도록 설계된 행동을 취하게 함으로써 전략적 간섭의 적응 문제에 대해 진화한 해결책을 대표한다.

그렇지만 중요한 단서 두 가지에 주목할 필요가 있다. 첫째, 갈등 자체는 적응 목적에 아무 도움이 되지 않는다. 개인이 갈등 자체를 목적으로 이성과 갈등을 빚는 것은 일반적으로 적응적 행동이라고 할 수 없다. 그보다 갈등은 남자와 여자의 성 전략이 아주 다르다는 사실에서 나온 바람직하지 못한 부산물인 경우가 많다.

두 번째 단서는 '양 성 사이의 싸움'이라는 은유가 오해를 초래할 수 있다는 것이다. 이 표현은 남자 집단이 자신들의 이해를 위해 뭉치고 여자 집단 역시 자신들의 이해를 위해 뭉쳐 두 집단이 어떤 식으로 싸움을 벌인다는 것을 뜻한다. 이것은 진실과 너무나 동떨어진 이야기이다. 진화론의 관점은 그 이유를 이해하는 데 도움을 준다. 남자들은 여자들과 싸우기 위해 다른 남자들과 함께 집단으로 뭉칠 수가 없는데, 남자들은 기본적으로 여자를 놓고 같은 남자들과 경쟁을 벌이기 때문이다. 여자들 역시 마찬가지다. 따라서 한쪽 성의 모든 구성원 사이에 통일이나 '이해의 일치' 같은 것은 일어날 수 없다. 물론 남자와 여자는 같은 성의 일부 구성원과 특별한 동맹을 맺을 수는 있다. 그렇지만 이것도 개인들은 일차적으로 같은 성의 구성원들과 경쟁을 한다는 기본 원칙을 어길 수는 없다.

■ 섹스 행위와 그 시기를 둘러싼 갈등

섹스 행위 자체와 그 시기를 놓고 벌어지는 의견 대립은 남녀 사이에서 가장 보편적인 갈등의 원인일 것이다. 자신의 데이트 활동을 4주일 동안 매일 일기로 적은 대학생 121명을 조사한 연구에서 47%는 자신들이 바라는 성적 친밀도 수준을 놓고 의견 대립이 한 번 이상 있었다고 보고했다(Byers & Lewis, 1988). 이러한 의견 대립은 예측 가능한 남녀 차이를 보여준다. 예를 들면, 오스트레일리아의 대학생들을 대상으로 한 연구에서 여학생 중 53%는 "바라는 ……성적 친밀도 수준을 과대평가한" 남자가 최소한 한 명 있었다고 보고한 반면, 남학생 중 45%는 "바라는……성적 친밀도 수준을 과소평가한" 여자가 최소한 한 명 있었다고 보고했다(Paton & Mannison, 1995, p. 447).

남자는 가끔 최소한의 투자로 성적 접근을 시도하려고 한다. 남자는 흔히 자신의 자원을 지키려고 하며, 누구에게 자원을 투자할지를 놓고 지나치게 까다롭게 군다. 남자는 이처럼 '자원을 아끼며', 장기적 배우자를 위해 투자를 보존하는 경우가 많다. 여자는 흔히 장기적 짝짓기 전략을 추구하기 때문에, 섹스에 동의하기 전에 투자나 투자의 신호를 받으려고 시도하는 경우가 많다. 그런데 여자가 탐내는 투자는 바로 남자가 가장 치열하게 지키려고 하는 바로 그 투자이다. 그리고 남자가 추구하는 성적 접근은 여자가 줄까 말까 결정할 때 가장 까다롭게 저울질하는 바로 그 자원이다.

성적 접근을 둘러싼 갈등

상대방의 성적 의도 추론. 갈등의 주요 원천 하나는 여자는 성적 관심이 없는데도 남자가 여자가 성적 관심이 있다고 지레짐작하는 것이다. 이 현상을 관찰하여 기록한 일련의 실험들이 있다(Abbey, 1982 ; Lindgren, George, & Shoda, 2007). 한 연구에서는 남자 대학생 98명과 여자 대학생 102명에게 10분 동안 비디오테이프를 보여주었다. 여학생이 남자 교수의 연구실을 방문해 논문 완성을 위해 시간을 좀더 내달라고 부탁하는 대화가 오가는 내용이었다. 비디오테이프에 나온 배우들은 연극과 여학생과 교수였다. 학생과 교수는 친밀한 태도로 행동하라는 지시를 받았지만, 어느 쪽도 상대를 유혹하거나 도발하는 행동은 하지 않았다. 비디오테이프를 본 사람들은 여자의 의도를 1점에서 7점

진화심리학

사이의 점수로 평가했다. 여학생들은 대체로 여자가 친해지려고 노력한다고 평가하여 평균적으로 친밀감에 6.45점을 주었고, 성적 의도(2.00점)나 유혹(1.89점)에는 낮은 점수를 주었다. 남학생들도 친밀감(6.09점)에 높은 점수를 주었지만, 유혹(3.38점)과 성적 의도(3.84점)를 여학생들보다 훨씬 높이 평가했다. 실험실에서 스피드데이팅 절차를 이용한 실험에서는 남자들에게 여자들과 짧은 접촉을 한 뒤에 그 여자들의 성적 관심을 평가하게 하고, 여자들이 자기 보고한 각각의 남자에 대한 성적 관심과 비교해보았다(Perilloux et al., 2010). 여기서도 남자들은 성적 오지각誤知覺 편향을 나타냈는데, 여자들이 실제로 느낀 것보다 자신에게 훨씬 많은 관심을 가졌다고 생각했다. 남자들은 똑같은 장면을 지켜본 여자들보다 여자의 단순한 친절이나 미소에 성적 관심이 더 많이 내포된 것으로 해석한다.

성적 의도 지각에 나타나는 남녀 차이를 검증하려고 시도한 비교문화 연구는 지금까지 한 건밖에 없다. 각각 98명의 남녀로 이루어진 브라질 대학생 196명을 대상으로 포르투갈어로 제시된 가상의 시나리오 네 가지를 평가하게 했다(DeSouza et al., 1992). 그리고 평행 표본인 미국 대학생 204명에게 영어로 적힌 같은 시나리오를 평가하게 했다. 각각의 시나리오에는 파티에서 시간을 함께 보내는 남녀가 등장한다. 각 시나리오는 두 사람이 술을 마셨는지, 그리고 여자가 남자의 기숙사 방에 함께 따라가기로 동의했는지에서 차이가 났다. 조사 참여자들은 각각의 시나리오를 읽은 뒤에 네 가지 질문에 대해 1점에서 7점 사이의 점수로 평가했다. 그것은 각각의 인물이 섹스를 할 의향을 표시하거나 섹스를 기대하는 대화를 나누었는지 그 정도를 평가하는 것이었다.

〈그림 11.1〉에 그 결과가 나타나 있다. 브라질 대학생들은 모든 항목에서 미국 대학생들보다 등장 인물의 성격을 더 성적인 것으로 지각했다. 브라질 대학생들이 매긴 평균 점수는 18.77점이고, 미국 대학생들이 매긴 평균 점수는 14.27점이었다. 〈그림 11.1〉에서 보듯이 성별 차이도 크게 나타났다. 두 문화 모두 남자들이 여자들보다 등장 인물들의 행동에서 성적 의도를 더 높이 지각했다. 남자들과 여자들이 매긴 평균 점수는 각각 17.53점과 15.50점이었다.

어느 쪽인지 모호할 때 남자는 성적 의도로 추론하는 경향이 있다. 남자는 자신의 추론을 믿고 행동하며, 가끔 성적 기회를 시도한다. 만약 진화의 역사를 통해 그러한 추론 중 극히 일부라도 실제 섹스의 성공으로 이어졌다면, 남

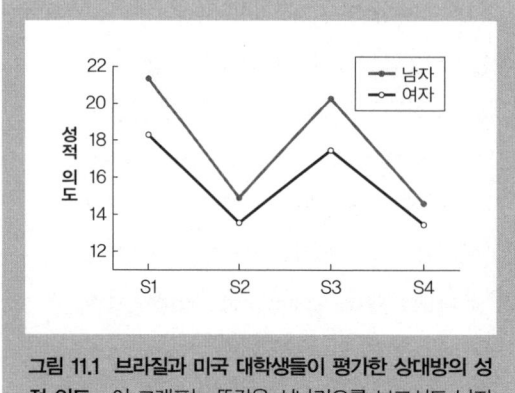

그림 11.1 브라질과 미국 대학생들이 평가한 상대방의 성적 의도. 이 그래프는 똑같은 시나리오를 보고서도 남자가 여자보다 성적 의도를 추론하는 경향이 크다는 것을 보여준다.

출처: DeSouza, E. R., Pierce, T., Zanelli, J. C., & Hutz, C. (1992). Perceived sexual intent in the United States and Brazil as a function of nature of encounter, subject's nationality, and gender. *Journal of Sex Research*, *29*, 251-260. Reprinted with permission.

자는 여자의 성적 의도를 추론하는 문턱을 낮추도록 진화했을 것이다. 이러한 남자의 기제는 조종당하기 쉽다. 여자는 가끔 자신의 성적 매력을 그러한 전술로 사용한다. 대학생 200명을 대상으로 한 연구에서 상대와 섹스를 할 생각이 전혀 없는데도 이성에게서 특별한 대우를 이끌어낼 수단으로 미소와 희롱을 사용한 적이 있다고 보고한 사례는 남자들보다 여자들이 훨씬 많았다(Buss, 2003).

현실 세계에서 성적 과지각 편향이 실제로 입증된 흥미로운 사례는 한 슈퍼마켓 체인이 '우수 고객 서비스' 계획을 실시했을 때 일어났다. 회사 측은 직원들에게 고객에게 미소를 짓고 눈을 마주치라는 지시를 내렸는데, 결국 이 일은 다수의 여직원이 슈퍼마켓을 성희롱 혐의로 고소하는 사태로 막을 내렸다. 여직원들의 친절한 행동을 일부 남성 고객들이 성적 관심으로 해석하고 성적 농담과 노골적인 성적 유혹, 심지어는 스토킹까지 벌이는 사태가 일어났기 때문이다(Browne, 2006).

남자는 실제로는 그렇지 않은데도 여자가 자신에게 성적 관심이 있다고 지각하기 쉽다는 사실은 이러한 심리 기제를 여자가 의도적으로 이용하려는 시도와 결합하면 예측 불가능한 폭발물이 될 가능성이 있다. 남자와 여자는 서로 다른 성 전략 때문에 서로가 원하는 성적 친밀도 수준, 여자가 자신을 그렇게 유도했다는 남자의 느낌, 남자가 너무 성급하게 섹스를 시도한다는 여자의 느낌을 둘러싼 갈등이 벌어질 수 있다.

헌신 감정 속이기. 성적 접근을 둘러싼 갈등이 표출되는 또 한 가지 형태는 남녀 사이의 속임수에 대한 연구에서 나온다. 남자들은 감정적 헌신에서 의도적

진화심리학

으로 여자를 속인다고 보고한다. 남자 대학생 112명에게 섹스를 하기 위해 여자에 대한 감정을 과장한 적이 있느냐고 물었을 때 71%가 그런 적이 있다고 대답한 반면, 여자 대학생들은 39%만 그런 적이 있다고 대답했다(Buss, 1994b ; Haselton et al., 2005). 실제로 남자에게 의도적으로 기만을 당한 경험이 있다고 보고한 여자들은 기만의 형태를 다음과 같이 보고했다(괄호 안의 수치는 그런 사례를 보고한 여자들의 비율이다) : "내게 느낀 감정을 실제보다 훨씬 과장해 표현했다"(44%) ; "자신이 얼마나 진지하고 믿을 수 있고 친절한지 과장했다"(42%) ; "우리가 실제보다 훨씬 잘 어울린다고 믿게 만들었다"(36%) ; "섹스를 하기 위해 나에 대한 감정이 실제보다 훨씬 강하다고 믿게 했다"(25%)(Haselton et al., 2005).

사람의 구애에서 잠재적 배우자의 자원과 헌신에 속아넘어갔을 때 발생하는 비용은 여자 쪽이 훨씬 크다. 남자 조상은 섹스 파트너를 잘못 선택했을 경우, 비록 질투에 사로잡힌 남편이나 딸을 보호하는 아버지의 분노를 촉발할 위험은 있어도, 자신의 시간과 에너지와 자원 중 작은 일부를 잃는 데 그쳤다. 그러나 남자의 장기적 의도와 자원을 헌신하려는 마음을 잘못 파악하고 일시적인 섹스만 원하는 남자를 선택한 여자 조상은 때이른 임신과 지원을 받지 못하는 양육이라는 위험을 감수해야 했다.

속은 자는 심각한 손해를 입을 수 있기 때문에, 속임수의 단서를 간파하고 기만당하지 않도록 하는 심리적 경계심이 진화하게 하는 선택 압력이 매우 컸을 것이다. 오늘날의 세대는 한쪽 성이 저지르는 속임수와 다른 성이 이에 대응하는 간파 능력 사이에 벌어지는 진화의 끝없는 군비 경쟁 소용돌이에서 또 하나의 주기를 경험하고 있는 데 지나지 않는다. 속임수 전술이 점점 더 미묘하고 정교해질수록 속임수를 간파하는 능력도 더욱 예리해진다.

여자는 속임수에 대응해 경계하는 전략이 진화했다. 헌신적 관계를 추구하는 여자의 1차 방어선은 섹스에 동의하기 전에 오랜 시간과 에너지와 헌신을 요구함으로써 구애 비용을 부담시키는 것이다. 이렇게 하면 남자를 평가하고, 그 남자가 자신에게 얼마나 헌신적인지 판단하고, 이전에 다른 여자와 자식에게 바친 헌신의 부담을 지고 있지 않은지 파악할 기회를 더 얻을 수 있다.

속아넘어갈 위험을 경계하기 위해 여자들은 친구들과 배우자나 잠재적 배우자와 함께 나눈 상호작용을 몇 시간이고 자세히 이야기하며 의견을 나눈다. 대화는 되풀이해서 면밀한 검토를 거친다. 데이트를 함께 한 남자의 진짜 의도를 알기 위해 친구들과 이야기를 나누느냐고 물었을 때, 대다수 여자들은 그렇다고 대답한다. 반면에 남자는 이러한 평가 문제에 노력을 기울이는 경향이 훨씬 낮다(Buss, 2003). 헌신적 관계에 빠지지 않은 여자들은 특히 '속이려고 하는' 남자를 간파하는 데 뛰어나다(Johnson et al., 2004).

성적 의도를 읽는 데에서 일어나는 지각 편향. 사람은 불확실한 짝짓기 세계에서 살아간다. 우리는 상대방의 의도와 감정 상태를 추측하여 파악해야 한다. 저 남자는 이 여자에게 얼마나 끌렸을까? 이 여자는 저 남자에게 얼마나 헌신적일까? 저 미소는 성적 관심을 나타내는 것일까 아니면 단순히 친밀감의 표시일까? 어떤 사람에 대한 북받치는 열정처럼 일부 심리 상태는 의도적으로 감추는 경향이 있기 때문에, 불확실성이 더욱 커지고 추측하기도 훨씬 어려워진다. 우리는 일어난 어떤 행동과 오직 확률적으로만 관련이 있는 단서에 의존해 상대방의 의도와 감춰진 행위를 추측할 수밖에 없다. 예를 들어 사귀는 상대에게서 나는 낯선 냄새는 성적 배신을 의미할 수도 있고, 그냥 다른 사람과 대화를 나누다가 몸에 배인 향수 냄새일 수도 있다.

다른 사람의 마음을 읽을 때 실수를 범할 수 있는 길이 두 가지 있다. 하나는 실제로는 존재하지 않는 심리 상태를 추측하는 것인데, 예컨대 상대방은 성적 관심이 전혀 없는데도 있는 것으로 추측하는 것이다. 또 하나는 이와는 반대로, 실제로 존재하는 심리 상태를 제대로 추측하지 못해 상대방은 진정으로 사귀길 원하는데도 그것을 알아채지 못하고 넘어갈 수도 있다. **오류 관리 이론**에 따르면, 이러한 실수가 아주 많이 일어난다고 할 때 두 종류의 실수가 초래하는 비용-편익 결과가 동일할 가능성은 극히 희박하다(Haselton, 2003 ; Haselton & Buss, 2000, 2003 ; Haselton & Nettle, 2006). 우리는 화재 경보기와 같은 맥락에서 이것을 직관적으로 이해하는데, 화재 경보기는 대개 연기의 단서에 과민 반응하도록 설정돼 있다. 가끔 잘못된 경보가 울리는 비용은 진짜 화재를 감지하는 데 실패할 경우에 생길 파국적인 비용에 비하면 사소하다. 오류 관리 이론은 이 논리를 진화 적합도의 비용-편익 결과로 확대 적용한다.

오류 관리 이론에 따르면, 마음을 읽는 추측의 비용-편익 결과에 나타나는 비대칭성이 만약 긴 진화 시간에 걸쳐 반복될 경우, 예측 가능한 지각 편향을 낳는 선택 압력을 만들어낼 것이다. 화재 경보기가 거짓 음성false negative(실제로는 양성인데 검사 결과는 음성으로 나오는 것)보다는 거짓 양성false positive 결과를 더 많이 나타내도록 '편향'돼 있는 것과 마찬가지로, 오류 관리 이론은 진화한 독심 기제는 한 종류의 추측 오류를 다른 종류의 추측 오류보다 더 많이 범하도록 편향돼 있을 것이다. 연구자들은 짝짓기에서 일어나는 독심 편향 두 가지를 조사했다. 첫째는 성적 과지각 편향으로, 남자들이 성적 기회를 놓친 비용을 최소화하도록 설계된 독심 편향이 바로 그것이다. 오류 관리 이론은 남자는 여자가 단지 미소를 짓거나 팔을 잡거나 우연히 한잔 하려고 술집에 들렀을 뿐인데도 자신에게 성적 관심이 있다고 잘못 추측하는 경향이 크다는 사실에 그럴듯한 설명을 제시한다. 흥미로운 사실은, 자신의 배우자 가치가 특별히 높다고 생각하는 남자일수록 성적 과지각 편향이 나타날 가능성이 더 높다는 것이다(Haselton, 2003). 단기적 짝짓기 전략을 추구하는 기질이 있는 남자에게도 성적 과지각 편향—기회 상실을 최소화함으로써 단기적 짝짓기 전략의 성공률을 높이는 편향—이 더 강하게 나타난다(Lenton et al., 2007 ; Perilloux et al., 2010).

둘째는 여자에게 나타나는 **헌신 의심 편향**이다(Haselton & Buss, 2000). 이 가설에 따르면, 여자는 구애 초기에 남자가 자신에게 보이는 사랑의 헌신 수준을 과소평가하도록 설계된 추측 편향이 진화했다. 예를 들어 남자가 여자에게 꽃이나 선물을 주면, 여자는 그러한 선물이 나타내는 헌신 수준을 '객관적인' 외부 관찰자에 비해 **과소평가**하는 경향이 있다. 물론 여자에게 헌신 의심 편향이 생긴 것은 그럴 만한 이유가 있다. 캐주얼 섹스를 자주 추구하는 기질이 있는 남자는 자신의 헌신, 사회적 지위, 심지어 아이를 좋아하는 마음에 대해서도 여자를 속이려고 시도하는데(Haselton et al., 2005), 이런 영역들에서 속임수가 일어나기 쉽다는 것은 여자들도 잘 알고 있다(Keenan et al., 1997).

오류 관리 이론은 어떤 종류의 오류는 심리 기제에 실제로 존재하는 결함 때문이 아니라 기능적 적응이 반영된 것이라고 주장함으로써 사람의 짝짓기 문제에 신선한 관점을 제시한다. 왜 남자와 여자는 특정 종류의 갈등—예컨대 남자의 성적 과지각 편향이 원치 않는 성적 도발을 낳는 것—을 일으키는지에 대해 새로운 직관을 제공한다. 이러한 편향들과 그것들을 낳은 진화의 논리를 제대로 알면, 남자와 여자가 서로의 마음을 더 정확하게 읽는 데 도움이 될 것이다.

성적 거부. 남자들은 여자의 성적 거부에 대해 늘 불평을 한다. 성적으로 감질나게 하는 것, 성관계를 거부하는 것, 처음엔 남자를 이끌다가 돌연 멈추게 하는 것과 같은 행동이 바로 성적 거부이다. 1점부터 7점 사이의 점수를 매기게 했을 때, 남자는 이성의 성적 거부에 5.03점을 매긴 반면, 여자는 4.29점을 매겼다(Buss, 1989b). 남녀 모두 성적 거부에 불만이 있지만, 그 정도는 남자가 여자보다 더 심하다.

여자에게 성적 거부는 여러 가지 기능을 발휘한다. 하나는 감정적 헌신과 물질적 투자를 아끼지 않으려는 우수한 품질의 남자를 선택하는 능력을 보전하는 것이다. 여자는 어떤 남자들에게는 성관계를 거부하고, 자신이 선택한 다른 남자들에게 선별적으로 그것을 배분한다. 게다가 여자는 섹스를 거부함으로써 그 가치를 높일 수 있다. 그럼으로써 그것을 희소한 자원으로 만들 수 있다. 희소성은 남자들이 기꺼이 지불하려는 가격을 높인다. 남자들이 성적 접근을 얻을 수 있는 방법이 비싼 투자밖에 없다면, 남자들은 그러한 투자를 하려고 할 것이다. 성적 접근이 희소한 조건에서 적절한 투자를 하지 못하는 남자는 섹스를 하는 데 실패할 것이다. 이것은 남자와 여자 사이에 또 다른 갈등을 빚어내는데, 여자의 성적 거부가 감정적 구속 조건을 최소화하면서 성적 접근을 더 일찍 얻으려는 남자의 전략과 충돌하기 때문이다.

성적 거부의 또 다른 기능은 여자의 배우자 가치에 대한 남자의 지각을 조종하는 것이다. 매우 바람직한 여자는 보통 남자가 성적으로 접근하기가 더 어렵기 때문에, 여자는 자신의 바람직성에 대한 남자의 지각을 이용하려고 가끔 성적 접근을 거부한다(Buss, 2003). 성적 거부의 기능 중 마지막으로 생각할 수 있는 것은, 최소한 처음에는, 남자에게 여자를 일시적인 배우자가 아니라 영구적인 배우자로 평가하도록 조장하는 것이다. 성적 접근을 일찍 그리고 자주 허용하면, 남자는 그 여자를 일시적인 배우자로 여길 수 있다. 그러면 그 여자를 문란하고 너무 쉽게 몸을 허락한다고 여길지 모르는데, 이것은 헌신적인 배우자에게는 기대하지 않는 속성이다.

■ 성폭력과 성폭력에 대항하기 위해 진화한 방어 수단

이 절에서는 남자가 저지르는 성폭력과 그것을 막기 위해 여자에게 진화한 방어 수단을 살펴본다. 먼저 성희롱부터 다루고 나서 남자에게 강간 적응이 진화했는지를 둘러싼 논쟁을 다룬다. 마지막으로, 여자에게 반강간 적응이 진화했다는 가설과 그 증거를 살펴본다.

성희롱

성적 접근을 둘러싼 이견은 데이트와 결혼 관계의 맥락에서만 일어나는 게 아니라 사람들이 흔히 캐주얼 섹스 상대나 장기적 배우자를 찾는 일터에서도 일어난다. 성희롱은 "일터의 다른 사람에게서 받는, 원치도 않고 청하지도 않은 성적 관심"으로 정의한다(Terpstra & Cook, 1985). 성희롱은 원치 않는 응시나 음란한 언어 사용 같은 경미한 형태에서부터 가슴이나 엉덩이 혹은 음부를 만지는 것과 같은 신체적 폭력에 이르기까지 광범위하다(Browne, 2002, 2010).

성희롱의 동기는 대개 이성에 대한 대시가 단기적 성 접촉으로 이어질 가능성에서 나온다. 물론 때로는 권력을 휘두르고 싶은 욕구나 지속적인 연애 관계를 추구하려는 욕구가 동기가 될 가능성을 완전히 배제할 수는 없다. 성별, 나이, 결혼 지위, 육체적 매력 같은 전형적인 피해자들의 프로필 ; 원치 않는 성적 접근에 대한 피해자들의 반응 ; 성희롱이 일어나는 조건은 성희롱이 남자와 여자에게 진화한 성 전략의 산물이라는 견해를 뒷받침한다.

성희롱 피해자는 대개 여성이다. 2년 동안 일리노이 주 인권부에 접수된 불만 신청 건수를 조사했더니, 여자가 제기한 건수는 76건인 데 반해 남자가 제기한 건수는 5건에 불과했다. 연방 정부 직원 1만 644명을 대상으로 한 다른 조사에서는 여자 중 42%가 언젠가 성희롱을 경험한 반면, 남자는 15%만이 경험한 것으로 나타났다(Gutek, 1985). 캐나다의 한 지방에 접수된 성희롱 신고 중에서 여자가 제기한 것은 93건인 데 비해 남자가 제기한 것은 2건에 불과했다. 일반적으로 여자는 성희롱의 피해자이고 남자는 가해자이다. 그렇지만 여자는 성적으로 대시하거나 공격적인 행동에서 남자보다 더 큰 고통을 **경험하는** 경향이 있기 때문에, 똑같은 성희롱 행위라도 남자보다 여자가 더 불쾌감을 느낄 수 있다(Buss, 2003 ; Colarelli & Haaland, 2002 ; Rotundo, Nguyen, & Sackett,

2001).

모든 여자가 다 성희롱 표적이 될 수 있지만, 실제 피해자는 젊고 육체적 매력이 있는 독신녀에 편중돼 있다. 45세를 넘은 여자는 젊은 여자보다 성희롱을 경험할 가능성이 훨씬 적다(Studd & Gattiker, 1991). 한 조사에서는 전체 성희롱 신고 건수 중 72%를 20세에서 35세 사이의 여자들이 제기했는데, 그들은 전체 직원 중 43%에 불과했다. 45세를 넘은 여자는 전체 직원 중 28%를 차지했지만, 그들이 제기한 성희롱 신고 건수는 전체의 5%에 불과했다.

성희롱에 대한 반응은 진화심리학이 예측하는 논리를 따른다. 직장의 이성 동료가 섹스를 하자고 하면 어떤 기분이 들 것 같으냐고 물었을 때, 전체 여자 중 63%는 모욕을 느낄 것이라고 대답한 반면, 우쭐한 느낌이 들 것이라고 대답한 여자는 소수인 17%에 지나지 않았다. 남자의 반응은 정반대로 나타났다. 모욕을 느낄 것이라고 대답한 비율은 15%에 불과한 반면, 우쭐한 느낌이 들 것이라고 대답한 비율은 67%나 되었다. 이 결과는 전략적 간섭 이론을 지지한다.

그러나 성적 접근을 겪은 뒤에 여자가 느끼는 고통의 정도는 성희롱을 한 사람의 지위에 일부 영향을 받는다. 한 조사에서는 여대생 109명에게 모르는 사람(지위가 낮은 사람에서부터 높은 사람에 이르기까지 지위가 다양한)이 반복적인 거절에도 불구하고 데이트를 하자고 계속 고집할 때 느끼는 불쾌감을 점수로 매기게 했다(Buss, 2003). 1점에서 7점 사이의 점수를 매기게 했을 때, 여자들은 건축 노동자(4.04점), 환경 미화원(4.32점), 청소부(4.19점), 주유소 직원(4.13점)에게는 큰 불쾌감을 느낀 반면, 의예과 학생(2.65점), 대학원생(2.80점), 록스타(2.71점)에게는 불쾌감을 덜 느꼈다. 그러나 지위와 권력은 상호작용한다 : 여자들은 지위가 낮지만 자신에게 권력을 행사하는 남자에게 성희롱을 당할 때 가장 불쾌하게 느낀다(Colarelli & Haaland, 2002). 성희롱 가해자의 전략적 간섭을 알려주는 피해자의 감정은 가해자의 낮은 지위에 민감한 것으로 보인다.

성폭력

성폭력은 남자가 성적 접근에서 발생하는 비용을 최소화하기 위해 사용하는 한 가지 전략이다. 다만 이 전략은 보복과 평판 손상이라는 형태로 비용이 돌아온다. 대표적인 성폭력 행동으로는 남자가 섹스에 대한 상호 합의에 실패한 뒤에 성적 친밀감을 요구하거나 강제하는 행동 또는 허락 없이 여자의 몸을 만지는 것을 들 수 있다. 한 조사에서는 여대생들에게 남자가 자신에게 저지를 수 있는 불쾌한 행동 147가지에 대해 1점(전혀 불쾌하지 않음)부터 7점(매우 불쾌함)까지의 점수로 매기게 했다(Buss, 1989b). 여자들은 성폭력에 평균 6.5점을 매겼다. 언어적 모욕이나 성적인 것이 아닌 신체적 학대를 포함해 남자가 저지를 수 있는 행동 중 여자들에게 성폭력만큼 불쾌하다는 평가를 받은 것은 하나도 없었다—이 결과는 네덜란드의 개인들을 대상으로 한 독립적인 조사(ter Laak, Olthof, & Aleva, 2003)에서도 확인되었다. 일부 남자들의 생각과는 반대로 여자들은 강제적인 섹스를 원하지 않는다.

이와는 대조적으로 남자는 여자가 성적으로 공격적이라 하더라도 크게 개의치 않는 것처럼 보인다. 불쾌감을 촉발하는 다른 원인에 비하면 비교적 대수롭지 않은 것으로 여긴다. 예를 들면, 1점에서 7점 사이의 점수로 매긴 같은 조사에서 남자들은 여자가 성적으로 공격적인 행동을 하는 것에 약간 불쾌한 정도인 3.2점을 매겼다. 심지어 일부 남자들은 설문지 여백에 만약 여자가 그런 행동을 한다면 성적 자극이 높아질 것이라고 적었다. 남자들은 배우자의 부정(6.04점)이나 언어적 또는 신체적 학대(5.55점) 같은 다른 고통의 원인을 여자의 성폭력보다 훨씬 불쾌하게 여겼다.

염려스러운 남녀 사이의 차이점 한 가지는 남자들이 여자에게 성폭력이 얼마나 받아들이기 힘든 것인지 한결같이 과소평가한다는 점이다. 여자에게 미칠 부정적 영향을 평가하라고 했을 때, 남자들은 겨우 5.8점을 매겨 여자들 자신이 매긴 6.5점보다 훨씬 낮았다. 이것은 남녀 사이의 큰 갈등의 원인인데, 일부 남자는 그것이 여자에서 얼마나 큰 고통을 주는지 제대로 이해하지 못하고 성폭력 행동을 사용하려는 경향이 있음을 의미하기 때문이다.

남자에게는 강간 적응이 진화했는가?

강간은 성관계를 하기 위해 힘을 사용하거나 힘으로 위협하는 행위로 정의할 수 있다. 진화심리학에서 큰 논란이 되는 쟁점 중 하나는 남자는 특정 상황에서 강간을 하도록 특별한 적응이 진화했느냐 아니면 강간은 다른 진화한 기제의 부산물이냐 하는 것이다. 밑들이라는 곤충은 수컷에게 순전히 암컷을 강간하는 상황에서만 그 기능을 발휘하는 특별한 해부학적 클램프 구조가 있다는 증거가 있다(Thornhill, 1980). 이것은 수컷이 암컷에게 교미를 유도하기 위해 결혼 선물을 주는 평소의 짝짓기 상황에서는 사용되지 않는다. 오랑우탄에게도 특별한 강간 전략이 진화했다는 증거가 있다. 그렇지만 이것은 영장류 사이에서는 예외적인 것으로 보이는데, 보노보와 침팬지는 눈에 띄는 강간 전략이 없는 것으로 보이기 때문이다(Maggioncalda & Sapolsky, 2002). **강간 적응 이론**은 자연 선택이 특정 상황에서 강간을 하는 남자 조상을 선호했다고 주장한다. 이 이론을 주장하는 사람들은 남자의 마음에 최소한 여섯 가지의 특별한 적응이 진화했을 것이라는 가설을 내놓았다(Thornhill & Palmer, 2000) :

- 잠재적 강간 피해자의 취약성 평가(예컨대 전쟁 상황이나 여자가 남편이나 친족의 보호를 받지 못하는 비전투 상황)
- 섹스에 동의하는 상대에 대한 성적 접근 기회가 없는 남자에게 강간을 자극하는, 맥락에 민감한 '스위치'(예컨대 정상적인 구애 경로로는 배우자를 얻을 수 없는 '낙오자' 남자)
- 생식력이 있는 강간 피해자에 대한 선호
- 합의 섹스에 비해 강간 때 사정하는 정자 수 증가
- 폭력을 사용할 때나 합의 섹스에 대한 여자의 저항에서 느끼는 성적 자극
- 정자 경쟁이 존재하는 상황에서 일어나는 부부간 강간(예컨대 아내가 부정하다는 증거나 의심이 있을 때)

반면에 **강간 부산물 이론**은 강간이 설계되지도 않았고 선택되지도 않았으며, 남자가 가진 성적 다양성 욕구, 투자 없는 섹스 욕구, 성적 기회에 대한 심리적 민감성, 다양한 목적을 이루기 위해 물리적 공격을 사용하는 일반적 능력처럼 다른 진화한 기제의 부산물이라고 주장한다.

불행하게도 서로 경쟁하는 이 두 가지 이론 중 어느 쪽이 옳은지 명확히 가려줄 증거가 부족하다. 강간은 전쟁 때 흔히 일어나지만, 패자에게는 절도, 약탈, 재산 손괴, 잔혹 행위도 흔히 일어난다. 이 각각의 행동에 대해 특별한 적응이 있을까, 아니면 이것들은 모두 다른 기제의 부산물일까? 아직까지는

결정적인 연구가 나오지 않았다.

강간범은 젊고 생식력이 있는 여자를 주요 표적으로 삼는 경향이 있다. 실제로 강간 피해자 중 약 70%는 16~35세에 집중돼 있다(Thornhill & Thornhill, 1983). 그러나 강간범이 젊고 생식력이 있는 여자를 표적으로 삼는 경향은 두 가지 경쟁 이론 중 어느 한쪽을 지지하거나 부정하는 결정적 증거가 아니다. 이 결과는 정상적인 짝짓기 맥락에서 생식력이 있는 여자의 단서에 대한 남자의 진화한 선호 때문에 나타날 수도 있고(5장 참고), 따라서 이 사실을 설명하는 데 반드시 강간과 관련이 있는 특별한 적응이 필요한 것은 아니다.

강간 성향의 개인차

남자의 강간 성향은 제각각 다르다. 한 연구에서는 남자들에게 여자의 의사에 반해 강제로 섹스를 할 수 있고 또 범행이 탄로날 가능성이 없는 상황을 상상하게 했다. 그 결과, 비록 대부분 그 강도는 낮은 편이었지만, 35%가 그런 조건에서 강간하고 싶은 마음이 전혀 없지는 않다고 대답했다(Malamuth, 1981; Young & Thiessen, 1992). 이 수치는 놀랍도록 높은 것이지만, 그렇다고 이 결과가 강간 적응 이론을 확실히 지지하는 것은 아니다. 사실, 만약 이 결과를 액면 그대로 받아들인다면, 대다수 남자는 잠재적 강간범이 아니라는 것을 지지한다.

일부 남자들이 생활사 전략의 일부로서 사용하는 성적 강압. 높은 정신병질 수준, 장기적 짝짓기 전략보다 단기적 짝짓기 전략 추구, 공감 부족, '적대적인 남성성', 특히 여자에 대한 적대감의 특징을 가진 일부 남자들에게 강간은 생활사 전략의 일부가 될 수 있다(Figueredo, Gladden, & Beck, 2010; Gladden, Sisco, & Figueredo, 2008; Lalumiere et al., 2005; Malamuth et al., 2005). 맬러뮤스 Malamuth는 적대적인 남성성은 남자에게 피해자에 대한 동정심이나 공감(성폭력 행동을 억제할 수 있는)을 느끼지 못하게 할 수 있다고 주장한다. 대다수 강간범은 실험실에서 음경 팽창 검사로 측정했을 때 성폭력을 묘사한 이야기나 이미지에 대해 높은 수준의 성적 흥분을 나타내는 반면, 강간범이 아닌 사람들 중에서는 그런 흥분을 나타내는 비율이 훨씬 낮았다(Lalumiere et al., 2005). 또한 많은 강간범은 독특한 생활 전략을 갖고 있는 것으로 보인다—그들은 성적 활동을 일찍 시작하며, 성 경험도 다양하고, 강도와 폭행 같은 다른 범죄도 많이 저지르는 경향이 있다. 이 모든 사실은 일부 남자들은 강간을 저지르기 쉬울 뿐만 아니라, 반사회적이고 범죄적 행동으로 점철된 생활 전략을 추구한다는 것을 가리킨다(Lalumiere et al., 2005).

배우자 박탈 가설. 배우자 박탈 가설에 따르면, 여자에 대한 성적 접근 기회 박탈을 경험한 남자는 성적으로 공격적인 전술을 쓸 가능성이 더 높다(Lalumiere et al., 1996 ; Quinsey & Lalumiere, 1995 ; Thornhill & Thornhill, 1983, 1992). 남자는 조건부 짝짓기 전략이 진화했는지도 모른다―유혹 수단으로 배우자를 구할 수 없을 때 남자는 박탈감을 느끼고, 그 때문에 짝짓기 게임에서 완전히 배제되는 것을 피하기 위해 성적으로 공격적인 전술을 쓰려는 충동이 생길 수 있다.

평균 나이 20세의 이성애자 남자 156명을 대상으로 이 가설을 검증해보았다(Lalumiere et al., 1996). 성적 강압을 측정하는 항목에는 비신체적 강압(예컨대 "실제로는 섹스를 원치 않았지만 계속된 강요에 못 이겨 할 수 없이 응한 여자와 섹스를 한 적이 있나요?")과 신체적 강압(예컨대 "섹스를 원치 않는 여자에게 물리적 힘을 어느 정도 사용해 섹스를 한 적이 있나요?")을 모두 포함시켰다. 짝짓기 성공률 측정은 스스로 평가한 짝짓기 성공률 등급으로 평가했다. 그 항목에는 "내가 좋아하는 이성 구성원도 나를 좋아하는 경향이 있다." ; "나는 이성 구성원들에게서 칭찬을 많이 받는다." ; "나는 이성 구성원들에게서 성적 유혹을 받는다." ; "이성 구성원들이 내게 매력을 느낀다." 등이 포함되었다.

그 결과는 저자들이 성폭력에 관한 배우자 박탈 가설에서 도출한 예측들과 어긋났다. 〈그림 11.2〉에서 보듯이, 스스로 평가한 짝짓기 성공률에서 점수가 높은 남자들은 성폭력 성향 측정에서도 점수가 높은 경향을 보였다. 게다가 자신의 장래 소득 잠재력을 높이 평가한 남자들은 낮게 평가한 남자들보다 신체적 강압을 더 많이 사용하는 경향이 있었다. 요컨대 연구 결과는 배우자 박탈 가설을 지지하는 데 실패했다. 최근에 이루어진 한 연구에서는 성적 강압 전술과 짝짓기 성공 사이에 양의 상관관계가 있는 것으로 나타났지만, 유의미한 수준은 아니었다(Camilleri, Quinsey, & Tapscott, 2009). 세 번째 연구에서는 성폭력을 저지르는 남자들은 평생 동안 섹스 파트너 수가 더 많다는 사실이 발견되었다(Ellis, Widmayer, & Palmer, 2009).

파트너를 강간하는 사람. 기혼 여성 중 남편에게 강간을 경험하는 비율은 10~26%로 추정된다(McKibbin et al., 2008). 한 가설은 이런 형태의 강간은 정자 경쟁에 대한 적응이라고 주장한다. 즉, 평소에 아내가 성적으로 충실하지 않거나 아내가 바람을 피웠다고 의심하는 남자는 경쟁자 남자의 정자와 싸우기 위해 섹스를 강요한다는 것이다(남자들은 필시 이진화한 기능을 의식하지 못할 것이다)(Goetz & Shackelford, 2009). 두 건의 경험적 연구는 파트너의 불륜

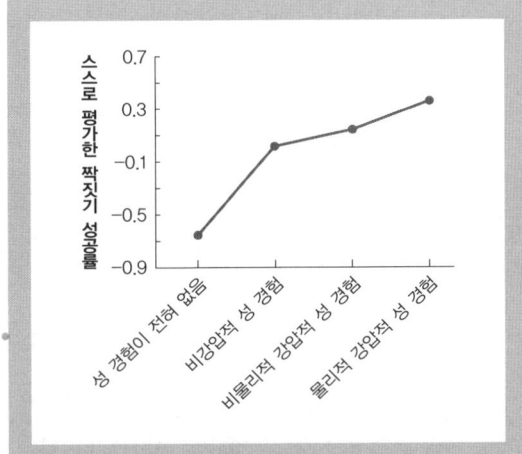

그림 11.2 스스로 평가한 짝짓기 성공률과 성폭력. 이 그래프는 배우자 박탈 가설과는 반대로, 스스로 평가한 짝짓기 성공률에서 점수가 높은 남자들은 성적 강압에서 더 높은 점수를 받는 경향이 있음을 보여준다.

출처: Lalumiere, M. L., Chalmers, L. J., Quinsey, V. L., & Seto, M. C. (1996). A test of the mate deprivation hypothesis of sexual coercion. *Ethology and Sociobiology, 17,* 299-318. Copyright © 1996, with permission from Elsevier Science.

을 알거나 의심하는 남자는 물리적 힘을 포함해 성적으로 강압적인 전술을 다양하게 사용할 가능성이 높다는 사실을 확인했다(2009). 또 다른 연구에서도 파트너의 불륜에 대한 직접적 단서가 성적 강압을 사용하는 높은 경향과 연관관계가 있다는 사실을 발견했다(Camilleri & Quinsey, 2009a).

그러나 자신의 파트너가 충실하지 않다고 생각하는 남자들이 모두 성적 강압을 사용하는 것은 아니다. 한 연구에서는 파트너를 강간하는 남자들은 정신병질 점수가 높은 경향이 있는 것으로 나타났는데, 이것은 강간 성향의 개인차에 대한 생활사 전략 이론을 뒷받침한다(Camilleri & Quinsey, 2009b; Figueredo et al., 2010). 또 다른 연구에서는 자신의 배우자 가치가 파트너와 같거나 더 높다고 여기고 파트너의 부정을 지각한 남자만이 성적으로 강압적인 전술을 사용하는 것으로 나타났다(Starratt, Popp, & Shackelford, 2008). 반면에 자신의 배우자 가치가 파트너보다 낮다고 여기는 남자들 사이에서는 파트너의 부정을 지각한 것과 성적으로 강압적인 전술을 사용하는 것 사이에 아무런 연

관 관계가 없었다. 종합하면, 파트너 강간에 관한 정자 경쟁 가설은 비록 그것을 뒷받침하는 경험적 증거가 일부 있긴 하지만, 생활사 전략의 개인차(정신병질)와 상대적 배우자 가치도 감안해야 한다.

30년도 더 전에 도널드 시먼스는 이렇게 결론내렸다. "지금까지 나온 자료들은 강간 자체가 남자에게 일어난 조건적 적응이라는 결론을 보장하기에 충분치 못하다고 생각한다."(Symons, 1979, p. 284). 오늘날의 증거를 살펴봐도 이 결론은 아직까지 적절해 보인다. 그럼에도 불구하고, 남자들 사이의 강간 성향에 개인차가 있음을 뒷받침하는 훌륭한 증거가 있다. 착취적인 생활사 전략을 추구하는 경향이 있는 정신병질자는 파트너가 아닌 사람뿐만 아니라 부정을 저지른 것으로 의심되는 파트너에게도 성적 강압을 사용하는 경향이 높다.

여자에게는 반강간 적응이 진화했는가?

강간에 대한 설명을 둘러싼 논쟁은 주로 남자의 동기에 초점을 맞췄지만, 강간 피해자를 살펴보는 것도 중요하다. 피해자의 심리에 대해 모든 이론 학파들의 의견이 일치하는 점이 한 가지 있다. 강간은 혐오스러운 행동이며, 종종 피해자에게 무거운 비용을 지운다는 사실이다. 이 직관적 사실을 이해하는 데에는 공식적 이론이 필요한 건 아니지만, 피해자가 왜 강간을 외상성 충격이 매우 큰 사건으로 경험하는지 검토하는 게 중요하다. 진화의 관점에서 볼 때, 강간의 비용은 여자의 성 전략에서 핵심을 이루는 배우자 선택에 대한 간섭에서부터 시작한다(4장 참고). 강간을 당한 여자는 자신이 선택하지 않은 남자와 원치 않는 때이른 임신을 할 위험에 놓인다. 게다가 강간 피해자는 비난이나 처벌을 받을 위험에 놓이는데, 이것은 자신의 평판과 장래의 짝짓기 시장에서 자신의 바람직성에 큰 손실을 가져온다. 이미 배우자가 있다면, 정식 배우자에게 버림을 받을 위험까지 있다. 강간을 당한 여자는 종종 심리적으로도 고통을 받는다 : 그 후유증으로 수치감, 불안감, 두려움, 분노, 우울증을 겪는 경우가 많다.

이 큰 비용을 모두 감안할 때, 만약 강간이 인류의 진화 역사를 통해 계속 일어났다면, 자연 선택이 여자에게서 강간 피해자가 되는 것을 피하도록 설계된 방어 기제의 진화를 선호하지 않은 것이 오히려 이상할 것이다. 이것은 남자에게 강간 적응이 진화했느냐 하는 것과는 별개의 쟁점이라는 사실에 유의하라. 설사 강간이 남자에게 진화한 강간과 상관 없는 기제의 부산물이라 하더라도, 원칙적으로 여자에게 반강간 방어 수단이 진화할 수 있다. 비록 우리는 과거로 돌아가 무엇이 옳은지 분명하게 확인할 수는 없지만, 역사 기록과 인류학적 문화기술지는 모든 문화와 시대에 걸쳐 강간이 일어났다는 사실을 강하게 시사한다(Buss, 2003 ; Lalumiere et al., 2005). 말레이시아 중부의 세마이족에서부터 보츠와나의 쿵산족에 이르기까지 기록된 강간 사례는 아주 많다. 실제로 토머스 그레거가 조사한 아마존의 원주민 집단들에는 강간(안타파이 antapai)과 윤간(아인티아와카키나파이 aintyawakakinapai)을 뜻하는 단어가 따로 있었다(Gregor, 1985). 진화인류학자 바버라 스머츠는 이 증거를 다음과 같이 요약했다. "남자가 여자에게 행사하는 폭력의 빈도는 장소에 따라 다르지만, 비교문화 조사 결과는 남자가 여자를 별로 공격하지 않거나 강간하지 않는 사회는 표준이 아니라 예외임을 시사한다."(Smuts, 1992, p. 1)

따라서 만약 강간이 여자에게 반복적으로 일어난 위험이었다면, 피해자가 될 확률을 낮추기 위해 어떤 방어 수단들이 진화했을까? 제기된 가설 몇 가지가 있다 :

- 보호를 위한 '특별한 친구'로 다른 남자들과 동맹 결성(Smuts, 1992)
- 다른 남자들의 성폭력을 저지할 수 있도록 신체 크기와 사회적 지배력 같은 속성을 바탕으로 배우자 선택 — '보디가드 가설'(Wilson & Mesnick, 1997)
- 보호를 위해 여자들 간의 동맹 추구(Smuts, 1992)
- 강간 위험이 있는 상황을 피하도록 자극하는 특별한 두려움의 발달 (Chavanne & Gallup, 1998)
- 임신하기 쉬운 배란기에 성폭력 가능성을 줄이기 위해 위험한 활동 피하기(Chavanne & Gallup, 1998)
- 여자에게 장래의 강간을 피하도록 자극하는 강간의 큰 심리적 고통 (Thornhill & Palmer, 2000)

이렇게 가설로 제기된 방어 수단들에 대한 연구는 이제 막 시작되었지만, 전망이 아주 밝다. 경구 피임약을 복용하지 않는 여자는 배란기에는 다른 시기에 비해 혼자 술집에 간다든가 어두운 장소를 걷는다든가 하는 위험한 활동을 피하는 경향이 있다(Bröder & Hohmann, 2003 ; Chavanne & Gallup, 1998). 강간에 대한 두려움이 커질수록 잘 모르는 남자나 성적으로 강하게 대시하는 남자와 단 둘이 함께 있는 것을 피한다든가 행동을 조심하는 경향도 커지는데, 이것은 강간의 발생 확률을 낮추는 행동을 자극하는 감정이 진화했음을 시사한다. 젊은 여자는 나이가 많은 여자보다 강간에 대한 두려움이 더 큰 반면, 나이가 많은 여자는 도둑이나 강도를 더 두려워하는데, 이것은 그러한 두려움의 강도가 강간 위험에 대한 통계 자료와 일치함을 시사한다(Pawson & Banks, 1993). '보디가드 가설'을 직접 검증하는 연구는 아직까지 이루어진 바가 없지만, 기혼 여성은 독신녀보다 강간을 당하는 비율이 더 낮은 것으로 보고된다(Wilson & Mesnick, 1997).

매키빈McKibbin과 그 동료들(2009)은 여자들이 강간을 피하기 위해 공통적으로 사용하는 네 가지 전략을 발견했다 : (1) 낯선 남자나 위험한 남자 피하기(예컨대 여자를 강간한 전력이 있는 남자 피하기) ; (2) 헤픈 여자로 보이지 않도록 노력하기(예컨대 노출이 심한 옷 입지 않기) ; (3) 혼자 있는 것을 피하기(예컨대 외출을 할 때에는 반드시 다른 사람과 함께 다니기) ; (4) 늘 경계 태세를 늦추지 않고 주변 경계하기(예컨대 차에서 내리기 전에 주변 살피기). 게다가 자신의 육체적 매력이 높다고 생각하는 여자일수록 혼자 있는 것을 피하고, 주변을 경계하고 대비하는 태도가 높은 것으로 나타났다(McKibbin et al., 2010). 예측에 도움을 주는 또 하나의 지표는 남녀 관계 상태였다 : 헌신적인 장기적 관계를 맺고 있는 여자는 혼자 있는 것을 피할 뿐만 아니라, 헤픈 여자로 보이지 않도록 조심하는 경향이 독신녀보다 더 강했다.

요약하면, 적으나마 지금까지 이루어진 경험적 연구들은 여자의 반강간 방어 수단이 장차 밝혀질 전망이 높다고 시사한다. 현대 환경에서 강간 발생률이 놀랍도록 높은 것을 감안하면, 여자의 반강간 전략과 그 상대적 효과, 그리고 그러한 전략이 결국 특별히 진화한 적응인지 아니면 더 일반적인 지각적, 감정적 기제의 부산물로 드러날 것인지에 대한 연구가 시급하다.

■ 질투 갈등

배우자를 일단 구하고 나면 원래의 배우자 선택에 내재하는 번식 잠재력을 실현하기 위해 최소한 한동안은 배우자를 유지해야 한다. 배우자 유지를 위협하는 요인은 여러 가지가 있다. 첫째는 배우자를 훔쳐가는 자, 즉 일시적 성관계나 장기적 관계를 위해 다른 사람의 배우자를 유혹하려고 시도하는 경쟁자의 존재이다(Schmitt & Buss, 2001). 배우자 훔치기는 모든 문화에 걸쳐 광범위하게 나타나는 짝짓기 전략으로 기록돼 있다(Schmitt et al., 2004). 둘째 (관련) 위협은 배우자의 부정인데, 단기적 불륜과 장기적 배신의 형태로 나타난다. 두 가지 위협 모두 인류 역사에서 반복된 적응 문제였을 가능성이 높기 때문에, 자연선택은 배우자를 훔쳐가는 자를 막고, 배우자의 부정을 저지하고, 배우자를 장기적으로 유지하기 위한 방어 수단의 진화를 선호했다고 가정하는 게 타당하다. 진화심리학자들은 이런 적응 문제들—남녀에 따라 약간 차이가 나는 문제들—에 대응하여 질투의 인지/감정적 복합과 배우자 유지 전술의 행동 표출이 진화했을 것이라는 가설을 만들었다(Daly, Wilson, & Weghorst, 1982 ; Symons, 1979).

아내의 불륜 가능성은 남자에게 심각한 적응 문제를 제기하는데, 사람의 경우에는 남자가 흔히 자식에게 막대한 투자를 쏟아붓기 때문에 이 문제가 더 심각하다. 아내가 불륜을 저지를 경우, 남자는 자신의 모든 자원을 딴 남자의 자식에게 투자하는 위험에 빠진다. 남자는 자신의 투자를 날리는 데 그치지 않고, 배우자의 투자마저 잃게 된다(배우자도 딴 남자의 자식에게 모든 노력을 투자할 것이므로).

이 적응 문제를 해결하는 데 실패한 남자 조상은 직접적인 번식 실패의 위험뿐만 아니라 지위와 평판을 잃을 위험까지 감수해야 했는데, 후자의 위험은 다른 배우자를 유혹할 수 있는 능력에까지 심각한 손상을 입힐 수 있었다. 그리스 문화에서는 아내의 부정에 대한 반응이 어떠했는지 살펴보자 :

아내의 부정은……남편에게 불명예를 안겨주어 그때부터 그 남편은 케라타스 Keratas—고대 그리스 사회에서 남자에게 가장 큰 모욕—로 불리는데, 이 단어는 약함과 부적격이란 뜻을 담은 모욕적인 별명이다. ……부정을 저지른 남편을 아내가 용서하는 것은 사회적으로 용인되는 일인 반면, 부정한 아내를 남편이 용서하는 것은 사회적으로 용인되지 않으며, 만약 그렇게 했다간 남자답지 못한 행동을 했다고 조롱을 받는다.(Safilios-Rothschild, 1969, pp. 78-79).

질투는 이러한 적응 문제를 해결하는 데 여러 가지로 도움을 줄 수 있다. 첫째, 질투는 남자를 배우자가 부정을 저지를 수 있는 상황에 민감하게 만듦으로써 경계를 강화하게 한다. 둘째, 질투는 배우자가 다른 남자와 접촉하는 시도를 위축시키도록 설계된 행동을 자극한다. 셋째, 질투는 남자에게 배우자가 원하는 것을 들어주는 방향으로 노력을 더 기울이게 함으로써 배우자가 바람을 피울 동기를 덜 느끼게 할 수 있다. 넷째, 질투는 남자에게 자신의 배우자에게 성적 관심을 보이는 경쟁자를 위협하거나 다른 방법으로 쫓아내도록 자극한다. 분명하게 예측할 수 있는 한 가지는 남자의 질투가 배우자가 다른 남자와 나눌지도 모르는 잠재적 **성적** 접촉에 초점을 맞출 것이라는 사실이다.

여자도 배우자의 부정 때문에 큰 적응 문제에 직면하지만, 자신이 자식의 친모라는 확실성이 위협을 받는 것은 아니다. 그보다 남자는 함께 섹스를 하는 여자에게 투자와 자원을 쏟아붓는 경향이 있기 때문에, 남편은 자기 아내와 자식보다는 다른 여자와 그 자식에게 시간과 주의와 에너지와 노력을 쏟아부을 수 있다. 이런 이유 때문에 진화심리학자들은 여자의 질투는 딴 여자와 **감정적으로** 깊은 관계에 빠지는 것처럼 남자가 헌신에서 장기적 이탈을 보여주는 단서에 초점을 맞출 가능성이 더 높을 것이라고 예측한다(Buss et al., 1992).

질투의 남녀 차이

진화심리학자들이 연구를 하기 이전에 질투의 심리학을 탐구한 경험적 연구가 수십 건 있었다. 거기서 공통으로 발견된 한 가지 사실은 남자와 여자는 질투의 빈도나 크기 면에서 차이가 없다는 것이었다. 이 연구들은 질투 경험에 남녀 차이가 없다는 소중한 정보를 제공하긴 했지만, 그 문제를 너무 포괄적인 방식으로 제기했다. 진화의 관점에서 분석한 한 결과에 따르면, 비록 양 성은 다 같이 질투를 경험하긴 하지만, 질투를 촉발하는 단서에 대한 반응에서는 차이가 날 것으로 예측된다. 남자는 **성적** 부정 단서에 더 강한 반응을 보이는 반면, 여자는 딴 사람과 **감정적으로** 깊은 관계에 빠지는 것처럼 장기적 투자 이탈을 보여주는 단서에 더 강한 반응을 보일 것으로 예측된다(Buss et al., 1992).

가설에서 제기된 남녀 차이를 체계적으로 검증하려는 조사에서는 대학생 511명에게 고통스러운 사건 두 가지를 비교하게 했다 : (1) 파트너가 다른 사람과 성관계를 맺는 상황, (2) 파트너가 다른 사람과 감정적으로 깊은 관계에 빠지는 상황(Buss et al., 1992). 여자 중 83%는 파트너의 감정적 부정을 더 고통스럽게 느낀 반면, 남자 중에서는 40%만이 그랬다. 반면에 남자 중 60%는 파트너의 성적 부정을 더 고통스럽게 느낀 반면, 여자 중에서는 17%만이 그랬다. 이것은 응답한 남녀 사이에 무려 43%라는 큰 차이가 나는 결과인데, 사회과학의 어떤 기준에 비춰보더라도 매우 큰 차이임이 분명하다. 조금 더 정밀한 질문―각 성이 '질투'를 느끼느냐 여부가 아니라, 질투를 촉발한 원인 중 어떤 것이 더 고통스러운가 하는―을 던지자, 진화심리학 가설은 연구자들을 그때까지 드러나지 않았던 남녀 차이를 발견하는 길로 인도했다.

다른 과학적 방법에서도 같은 결과가 일반적으로 나타나는지 알아보기 위해 남자 30명과 여자 30명을 심리생리학 연구소로 불러 실험을 했다(Buss et al., 1992). 연구자들은 두 종류의 부정을 상상할 때 느끼는 생리적 고통을 평가하기 위해 실험 참여자의 이마 눈두덩에 있는 눈썹주름근(눈살을 찌푸릴 때 수축하는 근육)에 전극을 붙이고, 전류 피부 반응 곧 땀을 흘리는 정도를 측정하기 위해 오른손 첫째 손가락과 셋째 손가락에 전극을 붙이고, 맥박 곧 심장 박동을 측정하기 위해 엄지손가락에 전극을 붙였다. 그리고 참여자들에게 성적 부정("파트너가 다른 사람과 섹스를 하는 상황을 상상하면서……그 감정과 이미지를 마음속에 분명히 떠올리세요.")과 감정적 부정("파트너가 다른 사람과 사랑에 빠진 상황을 상상하면서……그 감정과 이미지를 마음속에 분명히 떠올리세요.")을 저지르는 상황을 상상하게 했다. 참여자가 그 감정과 이미지가 마음속에 분명히 떠오르는 순간에 버튼을 누르면, 생리적 반응 기록 장비가 20초 동안 작동했다.

남자들은 성적 부정에 더 심한 생리적 고통을 겪었다. 심장 박동은 분당 약 다섯 번 더 뛰었는데, 이것은 진한 커피 석 잔을 단숨에 마신 것과 비슷한 효과였다. 피부 전도도 성적 부정을 생각할 때 1.5단위가 증가했지만, 감정적 부정을 생각할 때에는 거의 변화가 없었다. 그리고 눈썹주름근의 작용도 증가했는데, 성적 부정을 생각할 때에는 7.75마이크로볼트 단위만큼 수축했지만, 감정적 부정을 생각할 때에는 1.16마이크로볼트 단위만 수축했다.

여자들은 정반대 패턴을 보였다. 여자들은 감정적 부정을 상상할 때 더 심한 생리적 고통을 겪었다. 예를 들면, 여자가 눈살을 찌푸리는 정도는 감정적 부정을 상상할 때에는 눈썹주름근이 8.12마이크로볼트 단위만큼 수축했지만, 성적 부정을 생각할 때에는 3.03마이크로볼트 단위만 수축했다. 남자와 여자에게서 심리적 고통 반응이 생리적 고통 패턴과 비슷하게 수렴하는 것은 사람은 진화의 역사를 통해 반복적으로 마주쳤던 성별에 따른 적응 문제에 특유한 기제가 진화했다는 가설을 강하게 지지한다.

질투에서 나타나는 이러한 남녀 차이를 진화의 관점에서 해석한 견해는 그 동안 많은 도전을 받았다(DeSteno & Salovey, 1996). 도전장을 내민 심리학자들은 성적 부정과 감정적 부정이 서로 관련된 경우가 많다고 주장했다. 사람은 섹스를 한 사람과 감정적으로 깊은 관계에 빠지는 경향이 있고, 감정적으로 가까운 사람과 성관계를 하는 사이로 발전하는 경향이 있다. 그러나 남자와 여자는 그 상관관계에 대한 **믿음**이 서로 다를 수 있다. 여자가 파트너의 감정적 관계에 더 큰 고통을 받는 이유는 감정적 관계가 성관계로 발전할 수 있다고 생각하기 때문일지 모른다. 반면에 여자는 남자가 감정적으로 깊은 관계에 빠지지 않고도 섹스를 할 수 있다고 생각하기 때문에 파트너의 성관계에서 고통을 덜 받는지 모른다. 그러나 남자의 믿음은 이와 다를 수 있다. 아마도 남자는 여자가 감정적으로 깊은 관계에 빠질 경우에만 섹스를 할 것이라고 생각하는 반면, 여자는 남자와 섹스를 하지 않고도 쉽게 감정적으로 깊은 관계에 빠질 수 있다고 생각하기 때문에 파트너의 성관계에 더 큰 고통을 받는지 모른다. 종합하면, 남자와 여자는 성적 부정과 감정적 부정 사이의 연관 관계에 대해 서로 다른 믿음을 갖고 있기 때문에, 둘 중 어느 한쪽을 선택해야 할 때 어느 쪽이 더 고통스러운지에 대해 서로 다른 반응을 나타내는지 모른다.

경쟁 가설들이 내놓은 예측들을 검증하기 위해 세 문화에서 네 건의 경험적 연구가 실시되었다(Buss et al., 1999). 첫 번째 연구는 미국 남동부의 한 인문대학에 다니는 대학생 1122명을 조사 대상으로 삼았다. 두 가지 부정을 상호배타적인 것으로 만들기 위해 원래의 부정 시나리오(Buss et al., 1992)를 변형시켰다. 참여자들은 파트너가 감정적으로 깊은 관계에 빠지지 않고 성적 부정을 저지른 상황과 성적 부정을 저지르진 않았지만 감정적으로 깊은 관계에 빠진 상황에 대해 상대적 고통을 보고했다. 〈그림 11.3〉에서 보듯이, 진화 모형이

진화심리학

예측한 것처럼 남녀 차이가 뚜렷
하게 나타난다. 만약 믿음 가설이
옳다면, 남녀 차이는 사라져야 할
것이다. 그러나 결과는 그렇지 않
았다.

　두 번째 연구는 세 가지 전략
과 미국 대학생들을 사용해 두 가
지 모형에서 나온 예측들에 대해
추가로 네 가지 검증 실험을 제공
했다. 한 전략에서는 두 종류의
부정을 상호 배타적으로 만드는
방법을 세 가지 사용했다. 두 번
째 전략에서는 두 종류의 부정이
이미 일어났다는 전제 하에 참여
자들에게 **어떤 측면**이 더 고통스
러운지 물어보았다. 세 번째 전략
에서는 어떤 형태의 부정이 더 고
통스러운지 설명하는 데 성별과
믿음의 독립적인 예측 가치를 검
증하기 위해 통계적 절차를 사용
했다. 그 결과는 결정적이었다 :
진화 모형이 예측한 것과 똑같이

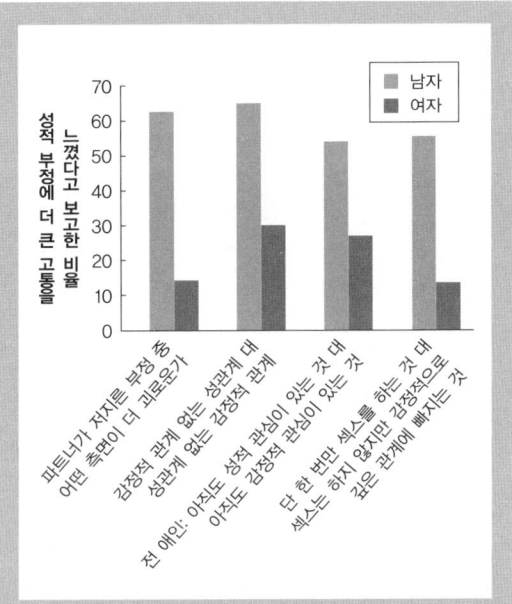

그림 11.3 경쟁 가설들에 대한 검증 실험 네 가지. 결과
를 나타낸 이 그래프는 성적 부정과 감정적 부정에 대한
반응에서 남녀 차이가 크다는 것을 보여준다. 두 가지 부
정이 다 일어났을 때와 부정의 두 종류를 상호 배타적으
로 했을 때에도 참여자들은 부정의 어떤 측면이 더 고통
스러운지에 대해 남녀 차이가 나타나는 응답을 했다.

출처: Buss, D. M., Shackelford, T. K., Kirkpatrick, L. A., Choe,
J., Hasegawa, M., Hasegawa, T., & Bennett, K. (1999).
Jealousy and the nature of beliefs about infidelity: Tests of
competing hypotheses about sex differences in the United
States, Korea, and Japan. *Personal Relationships, 6*, 125–
150. Reprinted with permission.

큰 남녀 차이가 발견되었다(〈그림 11.3〉 참고). 질문을 어떻게 바꾸어 던지건, 어
떤 방법론적 전략을 사용하건, 조건부 확률을 아무리 엄격하게 통제하건 간에
남녀 차이는 그대로였다.

　세 번째 연구는 비서구 사회인 한국인을 표본으로 삼아 여섯 가지 부정 딜
레마가 재현되는지 조사했다. 여기서도 원래의 남녀 차이(Buss et al., 1992)가
그대로 재현되어, 여자는 남자보다 감정적 부정에 더 큰 고통을 받는 반면, 남
자는 여자보다 성적 부정에 더 큰 고통을 받는 것으로 나타났다. 조건부 확률
효과를 배제하는 두 전략을 사용한 조사에서도 남녀 차이는 그대로 뚜렷하게

나타났다. 진화 가설은 이러한 경험적 장애를 뛰어넘어 살아남았다. 네 번째 연구는 비서구 사회인 일본인을 표본으로 삼아 질투에 대한 예측과 믿음의 본질에 대한 예측을 검증했다. 그 결과 역시 진화 가설을 지지했다(Buss et al., 1999).

질투를 촉발하는 원인들에 대해 느끼는 고통에 남녀 차이가 있다는 게 분명히 관찰되고 기록되었다는 사실에도 불구하고, 이러한 결과에 대한 도전이 계속 제기되고 있다(예컨대 DeSteno et al., 2002 ; Harris, 2000, 2005). 어떤 사람들은 진짜 남녀 차이는 존재하지 않으며, 남자와 여자 모두에게 동일한 영역-일반적 사회적-인지 기제―그 정확한 본질은 구체적으로 언급되지 않았지만―가 진화 가설보다 성적 질투와 감정적 질투를 훨씬 잘 설명한다고 주장한다(Harris, 2005). 더블 샷 가설의 원 저자들을 비롯해 다른 사람들은 더블 샷 가설을 완전히 포기한 것처럼 보인다(DeSteno et al., 2002). 대신에 그들은 질투에서 나타나는 남녀 차이는 실제적인 것이 아니라 방법론적 인공물이라고 주장한다. 그리고 참여자들에게 '인지 부하'가 큰 상태에서, 예컨대 7씩 거꾸로 세면서 어떤 형태의 부정이 더 고통스럽냐는 질문에 대답하는 방식으로 질투 시나리오에 응답하게 한다면, 남녀 차이가 완전히 사라질 것이라고 말한다.

그러나 남녀 차이가 나온 결과를 부정하거나 대안 설명을 제시하려는 이러한 노력들은 아직까지 성공하지 못했다(Barrett, Frederick, & Haselton, 2006 ; Buss & Haselton, 2005 ; Sagarin, 2005 ; Sesardic, 2003 ; Ward & Voracek, 2004). 첫째, 영역-일반적 사회적-인지 이론들은 질투의 바탕 심리에 남녀 차이가 나는 설계 특징이 없다는 전제 위에 서 있지만, 이 장에서 지적한 것처럼 그것은 분명히 틀린 전제이다. 둘째, 인지 부하 연구들은 진화 가설 논리에 대한 근본적인 오해를 바탕으로 하고 있다. 진화 가설에서는 질투가 상황과 관계 없이 무조건 작동한다고 주장하지 않는다. 한 예로 배가 고픈 여자가 식량을 찾다가 갑자기 쉿쉿거리는 독사를 만나 '인지 부하'가 걸리는 상황을 생각해보자. 이 여자가 뱀을 맞닥뜨려 '인지 부하' 상태가 되었을 때 더 이상 배고픔을 경험하지 못한다는 발견은 사람에게 '배고픔 적응'이 없다는 증거가 되지 못한다는 것은 확실하다. 마찬가지로, 실험 조건을 어렵게 했을 때 참여자의 반응이 변한다고 하더라도, 그것은 질투에서 나타나는 남녀 차이 문제를 밝히는 데 아무 도움이 되지 않는다. 다른 과학자들이 입증했듯이, 인지 부하를 조작하는 것으로 "진화한 기제의 작용을 없앨 수는 없다."(Barrett et al., 2006) 이 논쟁에 역사적 각주를 하나 단다면, 원래의 인지 부하 연구를 재분석한 결과, "인지적 제약조건 하에서[도] 참여자들은 질투에서 유의미한 남녀 차이가 그대로 나타난다."는 사실이 밝혀졌다(Sagarin, 2005, p. 68 ; 인지 부하 실험에 대한 추가 반박을 알고 싶으면 Schützwohl, 2008도 참고하라).

　　어떤 연구의 세부 내용보다 더 중요한 것은 중요한 과학적 기준—증거의 무게—에 따른 평가일 것이다. 질투의 설계 특징에 남녀 차이가 있다는 사실은 놀랍도록 다양한 방법을 사용한 연구를 통해 드러났다(〈표 11.1〉 참고). 강제 선택 방법을 사용한 실험을 통해 브라질, 영국, 루마니아, 대한민국, 일본, 네덜란드, 스웨덴 같은 다양한 문화에서 질투의 남녀 차이가 존재한다는 게 분명하게 확인되었다. 이것은 질투의 남녀 차이가 보편적 현상임을 시사한다. 참여자들에게 성적 부정과 감정적 부정이 모두 일어났을 때 '어떤 측면'의 부정이 가장 고통스러운지 물었을 때에도 남녀 차이는 여전히 강하게 나타났다. 질투의 남녀 차이는 표본 집단의 나이가 많건 적건 상관 없이 나타난다. 생리적 고통의 남녀 차이는 전부 다는 아니지만 거의 모든 연구에서 재현되었다(요약한 내용은 Sagarin, 2005 참고). 남녀 차이는 살아오면서 실제로 부정을 경험한 사람들 사이에서, 그리고 참여자에게 부정의 경험을 생생하게 상상하라고 요구하는 절차를 거치게 했을 때 훨씬 크게 나타났다. 남자는 여자에 비해 감정적 부정보다 성적 부정을 용서하기가 더 어려우며, 감정적 부정보다는 성적 부정 뒤에 관계를 끝낼 가능성이 더 높다.

　　인지적으로 남자는 여자에 비해 감정적 부정보다 성적 부정에 대한 단서를 더 잘 기억하고, 감정적 부정보다 성적 부정에 대한 단서를 더 우선적으로 찾고, 감정적 부정보다 성적 부정에 대한 단서에 무의식적으로 주의를 집중하고, 감정적 부정보다 성적 부정에 대한 단서에 대해 결정을 내리는 시간이 더 빠르다.

　　fMRI를 사용해 성적 부정과 감정적 부정 이미지를 보는 동안에 뇌가 어떻게 활성화되는지 조사한 연구에서도 뚜렷한 남녀 차이가 나타났다(Takahashi et al., 2006). 남자는 소뇌편도와 시상하부—성과 공격성과 관련이 있는 뇌 영역—가 훨씬 많이 활성화되었다. 반면에 여자는 남자에 비해 뒤위고랑—파트너의 장래 의도를 추측하는 것처럼 마음을 읽는 과정과 관련이 있는 뇌 영역

표 11.1 **질투의 남녀 차이를 검증한 연구**

연구	남녀 차이	출처
성적 부정 대 감정적 부정 : 브라질	○	de Souza, Verderane, Taira, & Otta, 2006
성적 부정 대 감정적 부정 : 영국	○	Brase, Caprar, & Vorac다, 2004
성적 부정 대 감정적 부정 : 루마니아	○	Brase et al, 2004
성적 부정 대 감정적 부정 : 대한민국	○	Buss et al, 1999
성적 부정 대 감정적 부정 : 일본	○	Buss et al, 1999
성적 부정 대 감정적 부정 : 네덜란드	○	Buunk et al, 1996
성적 부정 대 감정적 부정 : 스웨덴	○	Wiederman & Kendall, 1999
성적 부정 대 감정적 부정 : 나이가 많은 표본	○	Shackelford et al, 2004
성적 부정 대 감정적 부정 : 에스파냐	○	Fernandez et al, 2007
성적 부정 대 감정적 부정 : 칠레	○	Fernandez et al, 2006
성적 부정 대 감정적 부정 : 아일랜드	○	Whitty & Quigley, 2008
인터넷 부정 : 성적 부정 대 감정적 부정	○	Groothof, Dijkstra, & Barelds, 2009 ; Guadagno & Sagarin, in press.
인지적 주의 : 성적 부정 대 감정적 부정	○	Thomson et al., 2007
질투 유도 질문 : 성적 부정 대 감정적 부정	○	Kuhel, Smedley, & Schmitt, 2009
성적 부정과 감정적 부정에 대한 고통의 연속 측정	○	Edlund & Sagarin, 2009
성적 부정과 감정적 부정에 대한 생리적 고통	○	Buss et al., 1992
성적 부정과 감정적 부정에 대한 생리적 고통	×	Harris, 2000
성적 부정과 감정적 부정에 대한 생리적 고통	○	Pietrzak et al., 2002
성적 부정과 감정적 부정 : 부정을 경험한 사람들로 이루어진 표본	○	Strout et al., 2005 ; Edlund et al., 2006
성적 부정 대 감정적 부정에 대한 용서의 어려움	○	Shackelford, Buss, & Bennett, 2002
성적 부정 대 감정적 부정 뒤에 관계를 끝낼 가능성	○	Shackelford et al., 2002
성적 부정 대 감정적 부정 단서를 기억 속에서 떠올리기	○	Schüzwohl & Koch, 2004
성적 부정 대 감정적 부정 단서에 대한 정보 찾기	○	Schüzwohl, 2006
성적 부정 대 감정적 부정 단서에 대한 인지적 선입견	○	Schüzwohl, 2006
성적 부정 대 감정적 부정에 대한 결정 시간	○	Schüzwohl, 2004
형제 파트너의 성적 부정 대 감정적 부정	○	Michalski, Shackelford, & Salmon, 2007
자식 파트너의 성적 부정 대 감정적 부정	○	Fenigstein & Peltz, 2002 ; Shackelford, Michalski, & Schmitt, 2004
성적 부정 대 감정적 부정 이미지를 보는 동안 뇌의 활성화 패턴 차이(fMRI)	○	Takahashi et al., 2006

* 주: 개별 연구의 자세한 내용은 본문을 참고하라.

—이 훨씬 많이 활성화되었다. 이 결과는 남자와 여자의 질투가 서로 다소 다른 적응 문제를 해결하기 위해 설계된 것이라고 볼 때 우리가 예상하는 것과 정확하게 같다. 저자들은 이렇게 결론지었다. "fMRI 결과는 남자와 여자는 성적 부정과 감정적 부정을 처리하는 신경심리적 모듈이 서로 다르다는 개념을 지지한다." (Takahashi et al., 2006, p. 1299). 종합하면, 질투의 남녀 차이는 다양한 문화에 걸쳐, 그리고 심리적 딜레마, 생리적 기록, 인지 실험, 뇌 활성화에 대한 fMRI 기록을 포함해 광범위한 방법에서도 강하게 나타난다.

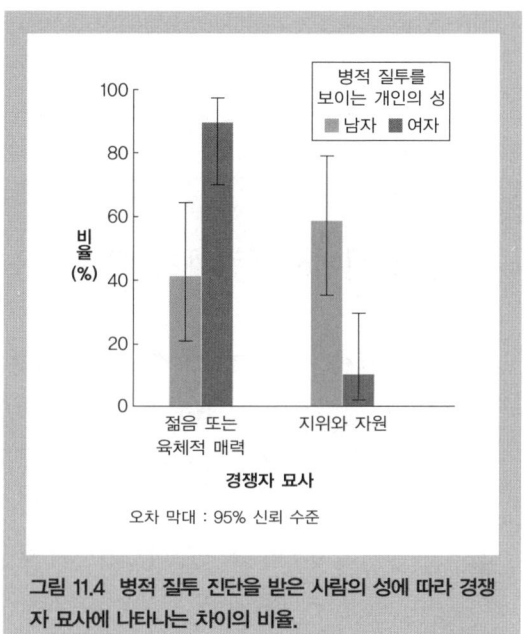

그림 11.4 병적 질투 진단을 받은 사람의 성에 따라 경쟁자 묘사에 나타나는 차이의 비율.

출처: Easton, J. A., Schipper, L. C., & Shackelford, T. K. (2007). Morbid jealousy from an evolutionary psychological perspective. Evolution and Human Behavior, 28, 399–402. Reprinted with permission from Elsevier.

성에 따른 질투의 설계 특징 차이는 그 밖에도 관찰되고 기록된 것이 여러 가지 있다. 첫째, 남자의 질투는 특히 지위와 자원을 가진 경쟁자에게 초점이 맞추어지는 반면, 여자의 질투는 특히 육체적 매력이 있는 경쟁자에게 초점이 맞추어져 있다(Buss et al., 2000). 흥미로운 사실은 경쟁자가 가진 속성에 대해 느끼는 불쾌감에서 나타나는 이러한 남녀 차이는 〈그림 11.4〉에서 보듯이 '병적' 질투 진단을 받은 표본에서도 나타난다는 점이다(Easton, Schipper, & Shackelford, 2007).

둘째, 키도 남자와 여자의 질투 차이를 예측하는 지표가 된다: 키 큰 남자는 키 작은 남자보다 질투를 약간 덜 하는 경향이 있는데, 아마도 배우자 가치가 더 높기 때문일 것이다(Brewer & Riley, 2009 ; Buunk et al., 2008). 반면에 여자의 경우에는 평균 키인 여자가 키 큰 여자나 키 작은 여자보다 질투를 덜 하는 경향이 있다. 셋째, 파트너가 성적 부정을 저지를 가능성을 과대평가하는 '부정 과지각 편향'은 여자보다 남자에게 더 많이 나타난다(Andrews et al.,

2008 ; Goetz & Causey, 2009). 파트너의 성적 부정 가능성을 과소평가하는 비용이 과대평가하는 비용에 비해 적합도 자산에 훨씬 나쁜 영향을 끼친다는 사실을 감안하면, 이것은 오류 관리 편향의 또 다른 예일 가능성이 높다.

■ 감시에서 폭력까지: 배우자 유지 전술

심리 기제는 실제로 적응 문제를 해결하는 행동 결과를 낳아야만 진화할 수 있다. 질투의 경우, 그 행동 결과는 (1) 배우자를 훔치는 자를 억지하고, (2) 파트너가 부정을 저지르지 못하도록 억지하고, (3) 파트너가 관계를 배신할 확률을 낮추는 것이어야 한다. 배우자 유지 전술의 형태로 나타나는 질투의 행동 결과는 감시에서부터 폭력에 이르기까지 다양하다(Buss, 1988c).

이 연구 계획의 첫 단계는 부정과 관계 배신이라는 적응 문제를 해결하기 위해 설계된 행동들의 명단을 작성하는 것이었다. 〈표 11.2〉는 그러한 행동의 예들을 보여준다. 일단 배우자 유지 행동 명단을 완성한 뒤에는, 연애 중인 커플이나 결혼한 부부를 대상으로 맥락 특정적 배우자 유지 결정 인자에 관한 여러 가지 진화심리학 가설을 검증하는 연구가 이루어졌다.

배우자 유지 전술에서 나타나는 남녀 차이

이 연구 결과들에서 남자는 여자보다 배우자 유지 전술을 쓰는 비율이 더 높은 것으로 드러났다. 남자는 다른 남자들이 참석하는 파티에 여자를 데리고 가지 않거나 여가 시간을 자기하고만 보낼 것을 강요하면서 배우자를 숨기려고 하는 경향이 더 강하다. 남자는 자기 파트너에게 대시하는 남자를 때리겠다고 위협하거나 관심을 보이는 남자와 싸움을 하는 등 위협과 폭력을 사용하는 경향도 더 강하다(특히 경쟁자에 대해). 남자는 파트너에게 보석을 사준다든가 선물을 한다든가 비싼 레스토랑에 데리고 간다든가 **자원 과시**를 하는 경향도 더 강하다. 예상하지 못했던 흥미로운 사실은, 남자는 연애 커플이건 결혼한 부부이건 간에 여자보다 복종과 자기 비하 행동을 사용하는 경향이 더 강하다는 점이다. 예를 들면, 상대와 관계를 유지하기 위해 비굴한 행동을 하거나 상대가 원하는 것은 무엇이라도 하겠다는 태도를 보이는 경우는 남자가 여자보다 많다.

진화심리학

표 11.2 **배우자 유지 전술과 행동 사례.** 배우자 유지 전술은 경계에서부터 폭력에 이르기까지 다양하다. 이 전술들은 배우자를 붙잡아두고 동성 경쟁자를 막는 목적으로 사용된다.

경계
1. 여자가 누구와 함께 있는지 알기 위해 남자가 불시에 전화를 건다.
2. 여자가 어디에 있겠다고 말한 곳에 있는지 확인하기 위해 남자가 전화를 건다.

배우자 숨기기
1. 남자가 다른 남자들이 참석하는 파티에 여자를 데려가지 않는다.
2. 남자가 여자에게 다른 남자와 이야기를 하지 못하게 한다.

배우자의 시간 독점
1. 남자가 여자에게 여가 시간은 전부 자기하고만 보내야 한다고 주장한다.
2. 남자가 여자에게 혼자 밖에 나가지 못하게 한다.

질투 유도
1. 남자가 여자의 질투를 유도하기 위해 파티에서 다른 여자와 대화를 나눈다.
2. 남자가 여자의 질투를 유도하기 위해 다른 여자에게 관심을 보인다.

감정적 조종
1. 만약 여자가 떠난다면 남자가 자해할 것이라고 위협한다.
2. 남자가 여자에게 다른 남자와 이야기를 하면 죄책감을 느끼도록 만든다.

경쟁자 비하
1. 남자가 여자에게 다른 남자가 멍청하다고 말한다.
2. 남자가 다른 남자의 힘을 깎아내린다.

자원 과시
1. 남자가 여자에게 많은 돈을 쓴다.
2. 남자가 여자에게 값비싼 선물을 사준다.

사랑과 배려
1. 남자가 여자에게 사랑한다고 말한다.
2. 여자에게 도움이 필요할 때 남자가 도움을 준다.

복종과 자기 비하
1. 남자가 여자의 마음에 들 수 있다면 얼마든지 변하겠다고 한다.
2. 남자가 여자의 '노예'가 된다.

소유를 나타내는 신체적 신호
1. 다른 남자가 방에 들어올 때 남자가 여자를 꼭 껴안는다.
2. 다른 사람들 앞에서 남자가 여자의 몸에 팔을 휘두른다.

동성 간 위협
1. 여자를 쳐다보는 다른 남자를 차가운 시선으로 노려본다.
2. 여자에게 작업을 걸려는 남자를 때리겠다고 위협한다.

파트너에 대한 폭력
1. 여자가 다른 남자에게 관심을 보이면 소리를 지른다.
2. 여자가 다른 남자와 시시덕거리고 있는 걸 보았을 때, 남자가 여자를 때린다.

경쟁자에 대한 폭력
1. 여자에게 집적거리는 남자를 때려준다.
2. 친구들을 시켜 여자에게 집적거린 남자를 때려준다.

출처: Buss, D. M. (1996, June). *Mate retention in married couples.* Paper presented to the Annual Meeting of the Human Behavior and Evolution Society. Evanston, Illinois, See Buss et al., 2008, for the short form of the Mate retention inventory.

여자가 남자보다 많이 하는 배우자 유지 행동도 일부 있다. 예상할 수 있듯이, 여자는 배우자 유지 전술의 일환으로 얼굴을 화장하고, 최신 패션 옷을 입고, 배우자에게 '더 매력적으로' 보이려고 꾸미는 등 자신의 외모에 신경 쓰는 경향이 있다. 여자는 또한 면전에서 다른 남자와 시시덕거리거나 다른 남자에게 관심을 보이거나 다른 남자와 이야기를 나눔으로써 파트너의 질투를 유도하는 경향도 있다. 한 연구에서는 여자가 의도적으로 질투를 유발하는 중요한 맥락 하나를 확인했다. 그 연구는 남자와 여자가 관계에 얼마나 몰두하는지 그 차이를 조사했다. 각 파트너가 상대방에게 몰두하는 정도의 차이는 대개 파트너의 바람직성 차이를 나타낸다 ; 상대에게 덜 몰두하는 사람이 일반적으로 더 바람직하다(Buss, 2000a). 비록 여자는 전반적으로 남자보다 질투를 유도하는 경향이 더 강하다고 인정하지만, 모든 여자가 이 전술을 사용하는 것은 아니다. 자신이 파트너보다 서로의 관계에 더 몰두한다고 생각하는 여자들 중 50%는 의도적으로 질투를 유발하지만, 동등하거나 덜 몰두한다고 생각하는 여자들 중에서는 26%만 질투를 유발하는 행동을 한다(White, 1980).

여자들은 관계를 더 친밀하게 하기 위해, 관계가 얼마나 튼튼한지 시험하기 위해, 파트너가 아직도 자기에게 관심이 있는지 알아보기 위해, 파트너가 자신을 소유하려는 마음을 더 갖도록 자극하기 위해 질투를 유도하려는 마음이 생긴다고 인정한다. 관계에 몰두하는 정도의 차이로 드러나는 두 사람 사이의 바람직성의 차이는 여자에게 파트너의 헌신 수준을 알려는 혹은 높이려는 전술로 질투 유도 방법을 사용하게 만든다. 남녀 모두가 사용하는 의도적인 질투 유발 전술은 헌신을 재확인하는 것과 관계가 있으며, 장기적 관계 안정성과도 관계가 있을지 모른다(Sheets, Fredendall, & Claypool, 1997).

요약하면, 남자는 여자보다 배우자를 숨기고, 자원을 과시하고, 배우자에게 복종하고, 배우자가 다른 남자와 사귀는 걸 막기 위해 경쟁자에게 폭력을 사용하는 경향이 더 강하다. 여자는 육체적 매력이 있는 파트너를 원하는 남자의 진화한 욕구를 충족시키기 위해 남자보다 외모를 꾸미는 경향이 더 강하다. 여자는 또한 파트너의 질투를 유도하는 경향이 더 강하다—파트너에게 자신은 다른 짝짓기 가능성이 있음을 알리고 그럼으로써 자신의 바람직성에 대한 정보를 전달하려는 전략의 일환으로.

배우자 유지 전술의 강도에 영향을 미치는 맥락

질투와 배우자 유지 형태로 나타나는 그 행동 결과는 관계의 어떤 특징들에 매우 민감할 것으로 예측된다. 진화심리학자들은 일련의 맥락 특정적 가설들을 검증해보았다. 그 가설들 중에는 다음과 같은 것들이 있다 : (1) 아내의 젊음과 육체적 매력은 남자의 배우자 감시 전술과 양의 상관관계가 있을 것이다 ; (2) 남자는, 특히 배우자 가치에서 좋은 유전자를 가졌음을 알려주는 지표가 낮은 남자는, 배우자가 배란을 할 때 배우자 유지 노력을 더 많이 기울일 것이다 ; (3) 남편의 높은 소득과 지위 추구 노력은 여자의 높은 배우자 유지 전술 수준과 연관 관계가 있을 것이다.

아내의 번식 가치: 나이와 육체적 매력의 효과. 5장에서 이야기한 것처럼 여자의 번식 가치와 생식력을 알려주는 두 가지 주요 단서는 모든 문화에 걸쳐 남자들이 매우 바람직하게 여기는 속성으로 알려진 젊음과 육체적 매력이다(Buss, 1989a ; Kenrick & Keefe, 1992). 번식 가치가 높은 여자—더 젊고 육체적 매력도 더 높은—와 결혼한 남자는 번식 가치가 낮은 여자와 결혼한 남자보다 배우자 감시 노력을 더 많이 기울일 것으로 추측된다. 이 가설을 검증하기 위해 남자의 배우자 유지 노력을 아내의 나이 및 육체적 매력과 비교해보았다. 〈그림 11.5〉는 그 한 가지 사례를 보여준다.

더 젊은 여자와 결혼한 남자들은 배우자 유지라는 적응 문제에 더 많은 노력을 쏟는다고 보고

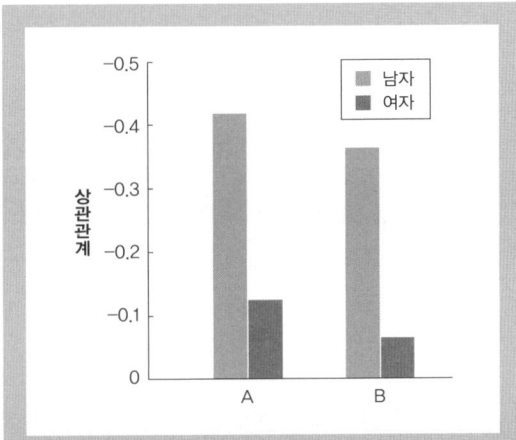

그림 11.5 배우자 유지 노력을 배우자의 나이와 비교한 결과. 이 그래프는 남자 자신의 나이와 관계 지속 기간의 효과를 배제한 뒤에도, 더 젊은 여자와 결혼한 남자는 나이가 더 많은 여자와 결혼한 남자보다 배우자 유지 노력을 더 많이 기울인다는 것을 보여준다. (A)는 배우자 유지 강도와 배우자 나이 사이의 상관관계를 보여준다. (B)는 남자 자신의 나이와 관계 지속 기간의 효과를 배제한 뒤에 배우자 유지 강도와 배우자 나이 사이의 상관관계를 보여준다.

출처 : Buss & Shackelford (1997c). From vigilance to violence : Mate retention tactics in married couples. *Journal of Personality and Social Psychology, 72*, 346-361.

했다. 게다가 그들은 나이가 더 많은 여자와 결혼한 남자들보다 파트너 숨기기, 감정적 조종, 소유를 나타내는 언어 신호(예컨대 그 여자가 "내 아내"라고 말함으로써), 소유를 나타내는 장식(예컨대 아내에게 결혼 반지를 끼라고 강요함으로써), 동성 간 위협, 경쟁자 남자에 대한 폭력 정도가 더 심하다고 보고했다. 그레이엄-케번Graham-Kevan과 아처Archer(2009)는 생식력을 다소 다르게 측정해 비슷한 결과를 얻었다. 생식력이 좋은 여자와 결혼한 남자들은 배우자가 다른 사람들과 사교적 접촉을 하지 못하게 격리시킬 뿐만 아니라, 배우자의 행동을 통제하기 위해 경제적, 위협적, 위압적 형태의 통제 방법을 더 많이 사용했다. 이 결과들은 관계 지속 기간과 남편의 나이 같은 다른 변수들의 효과를 통계적으로 배제한 뒤에도 그대로였다.

남자의 배우자 유지 전술은 배우자의 육체적 매력에 대한 남자의 지각과도 연관 관계가 있었다. 육체적 매력이 많다고 지각한 여자와 결혼한 남자들은 육체적 매력이 떨어진다고 지각한 여자와 결혼한 남자들에 비해 자원 과시, 외모에 신경 쓰기, 소유를 나타내는 언어 신호, 동성 간 위협을 더 많이 한다고 보고했다.

여자의 배란 상태. 여자의 부정으로 남자가 유전적으로 가장 큰 손해를 입을 수 있는 시기는 배란기이다. 그래서 진화심리학자들은 남자는 배우자의 생리 주기 중 바로 이 시기에 배우자 유지 노력을 더 증대시킬 것이라고 예측했다. 남자의 배우자 유지 노력을 여자들이 평가한 결과를 사용한 여러 연구는 이 효과를 확인했다(Gangestad, Thornhill, & Garver-Apgar, 2005 ; Haselton & Gangestad, 2006 ; Pillsworth & Haselton, 2006). 게다가 성적 매력 같은 좋은 유전자 지표가 낮은 남자와 짝이 된 여자가 배란을 할 때에는 그 배우자가 더 많은 사랑과 관심을 쏟아부으면서 배우자 유지 노력을 특히 많이 기울였다. 만약 이 결과들이 독립적인 자료원들을 통해 확인된다면, 그것은 남녀 사이에 존재하는 기본적인 갈등을 드러낼 것이다. 남자는 여자의 부정으로 남자의 유전적 손해 위험이 가장 큰 바로 그 시기에 배우자 유지 노력을 가장 적극적으로 기울이려고 하는 반면, 여자에게는 그 시기가 다른 남자에게서 좋은 유전자를 얻는 것이 가장 이익이 되는 때이다.

남편의 소득 및 지위 획득 노력. 여자의 배우자 유지 전술은 남자와는 달리 남편의 나이나 육체적 매력에 따라 달라질 것으로 예측되지 **않았는데**, 실제로도 그랬다. 그러나 여자의 배우자 유지 노력은 소득 및 지위 추구 차원—지위와 직장 계급에서 앞서가려고 노력을 쏟아붓는 정도—에서 배우자의 가치와 연관 관계가 있을 것으로 예측되었다(Buss & Shackelford, 1997c). 이것은 다양한 문화에 걸쳐 여자들이 장기적 배우자에게서 바라는 배우자 가치 중 성과 관련이 있는 요소이다(4장 참고).

버스와 새컬퍼드(1997c)는 이 가설을 검증하기 위해 배우자 유지 전술을 파트너의 소득 및 지위 추구 노력을 나타내는 네 가지 척도와 상관관계가 있는지 조사해보았다. 네 가지 척도에는 남보다 앞서기 위해 속임수나 조종을 사용하는 정도, 근면성과 노력, 소셜 네트워크 능력, 상사의 비위를 맞추는 능력이 포함되었다. 여자가 사용하는 배우자 유지 전술 19가지 중 여섯 가지는 남편의 소득과 유의미한 양의 상관관계가 있었다. 소득이 더 많은 남자와 결혼한 여자들은 배우자 감시, 배우자 폭력, 외모 꾸미기, 소유를 나타내는 장식물, 복종과 자기 비하를 더 많이 사용한다고 보고했다.

지위 추구 노력을 더 많이 하는 남자와 결혼한 여자들은 노력을 덜 하는 남자와 결혼한 여자들보다도 감정적 조종, 자원 과시, 외모 꾸미기, 소유를 나타내는 언어 신호, 소유를 나타내는 장식물 등을 훨씬 많이 한다고 보고했다. 이러한 상관관계는 배우자의 나이나 관계 지속 기간 같은 다른 요인들의 효과를 통계적으로 배제한 뒤에도 유의미하게 나타났다. 〈그림 11.6〉에 이러한 사례가 나와 있다. 배우자 유지 노력을 예측하는

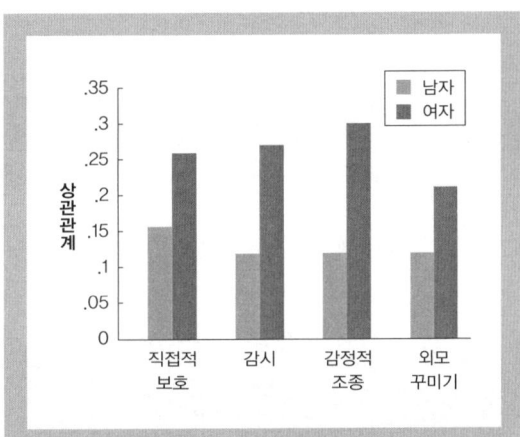

그림 11.6 배우자 유지 노력과 배우자의 지위 추구 노력. 이 그래프는 지위 추구 노력을 더 많이 하는 남자와 결혼한 여자들은 노력을 덜 하는 남자와 결혼한 여자들보다 배우자 유지 노력을 더 많이 기울인다는 것을 보여준다. 여자의 지위 추구 노력이 남자의 배우자 유지 노력에 미치는 영향은 더 작은 편이며, 통계적으로 유의미한 수준에 이르지 못한다.

출처: Buss & Shackelford (1997c). From vigilance to violence: Mate retention tactics in married couples. *Journal of Personality and Social Psychology, 72*, 346-361.

데 도움을 주는 지표들에서 나타나는 이러한 남녀 차이는 최소한 신혼 때부터 결혼 4년차에 이를 때까지 지속된다(Kaighobadi, Shackelford, & Buss, 2010).

같은 성이라도 개인에 따라 배우자 유지 전술의 성격에 차이가 나타난다. 키가 더 큰 남자(배우자 가치가 높음을 암시하는)는 배우자 유지 전술을 덜 사용한다(Brewer & Riley, 2009). 배우자 가치가 높은 남자(예컨대 경제적 전망으로 평가한)는 또한 상대에게 편익을 주는 배우자 유지 전술을 더 많이 사용한다(Miner, Shackelford, & Starratt, 2009). 배우자 가치가 낮은 남자는 비용을 더 많이 부담시키는 배우자 유지 전술(예컨대 파트너의 자존감을 낮추려고 모욕한다든지)을 사용하는데, 아마도 상대에게 편익을 제공할 자원이 부족하기 때문일 것이다. 성격 특성 중 '어둠의 3요소Dark Triad'—자기애, 정신병질, 마키아벨리즘—가 강한 사람들은 상대에게 비용을 초래하는 공격적인 배우자 유지 전술을 쓰는 경향이 있다(Jonason, Li, & Buss, 2010).

파트너에 대한 폭력

배우자 유지에는 매우 파괴적인 측면이 있는데, 바로 파트너에게 폭력을 사용하는 것이다. 다음은 야노마뫼족 사이에서 일어난 폭력을 섬뜩하게 묘사한 것이다 :

> 모노우테리 부족의 한 젊은 남자가 성적 질투에 분노를 이기지 못하고 아내를 쏘아 죽였다는 이야기를 들었다. 그리고 내가 마을에 머무는 동안 한 남자가 아내의 배에 가시 화살을 쏘는 일이 일어났다. 또 다른 남자는 마체테machete(벌채 도구나 무기로 사용하는 날이 넓은 칼)로 아내의 팔을 내리쳐 손가락에 붙은 힘줄 여러 개가 잘려나갔다. 나의 첫 번째 야외 조사가 끝나기 직전에는 한 마을에서 불륜 사건 때문에 곤봉 싸움이 벌어졌다. 간통을 한 남자는 살해당했고, 분노한 남편은 아내의 양쪽 귀를 잘랐다.(Chagnon, 1992, p. 147)

왜 어떤 사람은 파트너에게 폭력을 쓰려고 할까? 윌슨과 데일리(1996)가 그럴듯한 가설을 제시한다. 남자는 파트너의 자율성을 제한하기 위한 전략으로 폭력과 위협을 사용하며, 그럼으로써 파트너가 부정을 저지르거나 관계를 배신할 확률을 낮춘다는 것이다. 실제로 남편을 버리고 떠난 여자는 추적당하고 협박이나 공격을 받는 일이 많다. 〈그림 11.7〉이 보여주듯이 남편을 떠난 여자는 남편 곁에 머물러 있는 여자보다 살해당할 위험이 훨씬 높다. 이러한 배우자 살인은 만약 아내가 떠난다면 추적해서 죽이겠다는 위협 뒤에 일어나는 경우가 많으며, 살인자는 자신의 행동을 "아내가 떠나겠다고 도저히 참을 수 없는 자극을 한 데 따른 반응"(Wilson & Daly, 1996, p. 5)이라고 설명할 때가 많다.

그러나 직관적으로 판단할 때, 이러한 살인 행위는 기묘하고 부적응적인 것으로 보인다. 아내를 죽이면 피해자뿐만 아니라 살

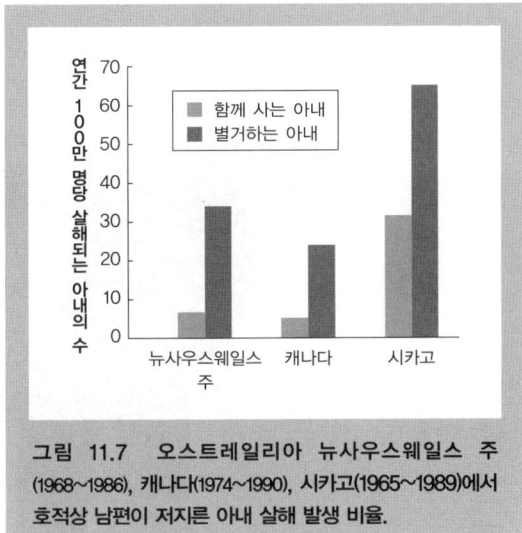

그림 11.7　오스트레일리아 뉴사우스웨일스 주 (1968~1986), 캐나다(1974~1990), 시카고(1965~1989)에서 호적상 남편이 저지른 아내 살해 발생 비율.

출처 : Wilson, M., & Daly, M. (1996). Male sexual proprietariness and violence against wives. Current Directions in Psychological Science, 5, Reprinted with permission.

인자에게도 큰 비용이 돌아온다. 번식 가치가 높은 원자재에 대한 접근 기회 자체를 본질적으로 없애는 것이기 때문이다. 따라서 아내 살해는 진화의 관점에서 볼 때 큰 수수께끼처럼 보인다. 윌슨과 데일리(1996)는 폭력이 억지 수단이라는 주장으로 이 수수께끼를 설명한다 :

위협은 효과적이면서 대개 값싼 사회적 도구이지만, 위협을 하는 당사자가 허세를 부리는 것으로 비치면, 즉 상대방이 위협을 무시하거나 위협에 맞섰을 때 후속 행동을 통해 비용을 지불할 의사가 없는 것으로 비치면, 효과를 상실한다. 그러한 보복적인 후속 행동은 비생산적인 것으로 보일 수 있지만—성과를 거두기에는 너무 늦어서 위험하거나 값비싼 행동—효과적인 위협은 허세라는 신호를 '내보내지' 않으며, 따라서 매우 진지한 것으로 보일 것이다. 떠나간 아내를 죽이는 것은 아무 쓸데없는 일처럼 보이지만, 그렇게 하지 않을 경우 결국 떠날 아내를 위협하는 것은 자기 이익에 도움이 될 수 있으며, 따라서 떠난 뒤에도 계속 쫓아다니면서 위협하는 것 역시 마찬가지 효과가 있을 수 있다. 분노를 내비치고 그것이 초래할 비용 따

남자는 배우자 유지와 부정 방지 전략의 일환으로 가끔 폭력이나 폭력 위협을 사용한다. 연구 결과들은 젊고 매력적인 여자와 결혼한 남자들이 이러한 강압적 전술을 더 많이 사용한다고 시사한다.

위에는 신경 쓰지 않는다는 태도를 과시하는 것 역시 마찬가지다.(pp. 2-3)

요컨대 이 가설에 따르면, 과격한 폭력을 사용하려는 의지는 아내가 떠나는 것을 억지하고 성적 경쟁자를 억지하는 위험한 전략을 대표한다. 이 전략이 효과를 발휘하려면 때로는 행동으로 보여주는 게 필요하다.

젊고 매력적인 여자는 파트너의 폭력에 더 취약한지 모른다. 윌슨과 데일리(1993)가 지적한 것처럼, "젊은 아내는 나이 많은 아내보다 불만족스러운 결혼을 끝낼 가능성이 더 높고, 남편의 성적 경쟁자의 대시를 받을 가능성도 더 높으며, 새로운 성적 관계를 맺을 가능성도 더 높다. 그래서 남자는 특히 더 젊은 아내에 대해 질투나 독점하려는 마음이나 강압적인 태도가 더 심할 것이라고 가정할 수 있다."(Wilson & Daly, 1993, p. 285)

배우자 살인 자료는 이 가설을 뒷받침한다. 남편에게 살해될 위험이 가장 높은 아내들은 10대 여자들이고, 가장 낮은 아내들은 폐경기를 지난 여자들이

진화심리학

다(Daly & Wilson, 1988). 이런 결과가 나온 이유 중 일부는 젊은 여자는 젊은 남자와 결혼하는 경우가 많고, 젊은 남자는 나이가 많은 남자보다 온갖 종류의 폭력을 더 자주 저지른다는 사실에서 찾을 수 있다. 그러나 남자의 나이만으로 이 결과를 완전히 설명할 수는 없는데, 나이 많은 남자와 결혼한 젊은 여자도 젊은 남자와 결혼한 젊은 여자만큼 살해당할 위험이 높기 때문이다(Shackelford, Buss, & Peters, 2000 ; Wilson & Daly, 1993).

남자의 성적 질투로 파트너에 대한 폭력을 예측할 수 있다. 남녀 116쌍을 대상으로 한 연구에서는 남자가 자신의 파트너가 다른 남자에게 가지는 관심의 정도를 어떻게 지각하는지를 조사한 뒤, 여자가 스스로 보고한 다른 남자에 대한 관심 정도와 비교해 평가했다(Cousins & Gangestad, 2007). 자신의 파트너가 다른 남자에게 가지는 관심 정도에 대한 남자의 지각은 여자의 실제 관심보다 남자의 폭력을 예측하는 데 더 나은 지표로 드러났다. 또 다른 연구에서는 파트너의 성적 부정을 비난하는 남자는 파트너에게 물리적 폭력을 행사하기 더 쉬운 것으로 나타났다(Kaighobadi & Shackelford, 2009). 같은 목적으로 진행된 세 건의 연구에서는, 배우자 유지에 많은 노력을 기울이며 특히 감정적 조종과 파트너의 시간 독점 전술을 쓰는 남자들은 배우자를 통제하기 위해 물리적 폭력을 사용할 가능성이 높은 것으로 드러났다(Shackelford et al., 2005). 남자와 유전적 관련이 없는 의붓자식이 집 안에 있으면 여자가 물리적 폭력을 당할 위험이 높아진다(Goetz et al., 2008 참고).

폭력을 유발하는 또 다른 맥락은 남자에게 배우자가 관계를 계속 유지하고픈 생각이 들도록 긍정적인 인센티브를 제공할 자원이 부족할 때 일어난다. 6장에서 보았듯이, 파트너가 실직하거나 경제적 자원을 제대로 제공하지 못할 경우, 여자가 바람을 피울 확률이 높아진다. 이것은 한 가지 예측을 낳는다 : 경제적 자원이 상대적으로 부족한 남자는 경제적 자원이 넉넉하여 긍정적인 인센티브로 배우자를 유지할 수 있는 남자보다 배우자 유지 전술의 일환으로 폭력을 사용할 가능성이 더 클 것이다(Wilson & Daly, 1993).

경험적 발견들은 이 가설을 지지한다. 한 연구에서는 1990년부터 1994년까지 5년간에 걸쳐 뉴욕 시에서 살해당한 16세 이상의 여자 1156명을 조사했다(Belluck, 1997). 그 중 약 절반은 현재 또는 이전 남편이나 남자 친구의 손에 죽었다. 그런데 약 67%는 뉴욕 시에서 가장 가난한 자치구인 브롱크스와 브루

클린에서 죽었다. 이 결과는 가난하고 실직 상태—배우자를 유지하기 위해 자원 공급 같은 긍정적인 인센티브를 사용하지 못하는 상황—인 남자들 사이에서 배우자 살인 발생 비율이 높다는 것을 보여준다(Miner et al., 2009). 여자를 배우자 폭력 위험에 더 노출시키는 다른 요인들로는 단기적 짝짓기 성향, 정신병질 경향, 충동 조절 능력 박약—피게레도가 "빠른 생활사 전략"(Figueredo et al., 2010)으로 개념화한 요소들—이 있다.

　　여자가 배우자 폭력의 피해자가 되지 않도록 보호해줄 수 있는 맥락이 몇 가지 있다. 하나는 여자의 확대 친족으로, 배우자가 여자에게 폭력을 저지르지 못하게 억지할 수 있다. 진화심리학자 피게레도가 에스파냐와 멕시코에서 가정 폭력을 조사한 연구에서 발견한 것이 바로 이것이었다(Figueredo, 1995 ; Figueredo et al., 2001). 피게레도는 언어적 학대, 신체적 학대, 목숨을 위협하는 폭력, 성폭력을 포함해 가정 폭력의 수준을 측정하는 척도를 사용해 매 맞는 여성과 매 맞지 않는 여성 모두를 대상으로 전화 설문 조사를 했다. 핵심 가설은 여자의 확대 친족 네트워크가 배우자 학대에서 여자를 보호해준다는 것이었다. 조사 결과는 가설을 뒷받침했다 : 마드리드 시내와 시외에 사는 유전적 친족의 밀도가 높을수록 여자에게 가해지는 가정 폭력 비율이 낮았다. 마드리드 시내에 사는 친족의 밀도는 특별히 강한 효과가 있는 반면, 관계가 먼 친족일수록 배우자 학대를 감소시키는 효과가 약했다. 멕시코에서도 비슷한 결과가 나왔다(Figueredo et al., 2001).

　　요약하면, 남자의 성적 질투는 관계를 맺고 있는 여자에게 폭력을 휘두르는 핵심 요인 중 하나로 보인다. 한 가설에 따르면, 폭력은 배우자의 충실을 계속 보장하고, 장래의 부정을 방지하며, 관계에서 이탈하는 것을 예방할 목적으로 설계된 강압적 전술로 쓰인다. 그렇지만 모든 남자가 이런 목적으로 폭력을 사용하는 것은 아니며, 모든 여자가 똑같이 취약한 것은 아니다. 여자에게 자발적으로 관계를 계속 유지하고 싶은 마음이 들게 하는 경제적 자원이 부족한 남자는 폭력을 사용할 가능성이 더 높다. 젊어서 번식 가치가 높고 다른 남자들에게 매력적인 여자는 파트너에게 폭력의 피해자가 될 가능성이 특히 높은 것으로 보인다. 여자가 배우자 폭력을 당할 위험을 낮출 수 있는 요인이 두 가지 있는데, 하나는 경제적 자원의 안정적 공급원을 가진 남자를 선택하는 것이고, 또 하나는 근처에 친족이 함께 사는 것이다.

■ 자원 접근을 둘러싼 갈등

과학자들은 정치적 권력과 물질 자원 영역에서 남자가 여자를 지배하지 않는 문화를 발견하려고 오랫동안 노력했다. 여자가 남자를 지배하는 문화가 있다는 소문은 많았지만, 문헌으로 분명히 기록된 것은 하나도 없었다. 그런 노력을 주도했던 페미니스트 인류학자들은 그런 문화는 존재하지 않는다고 결론내렸다(Ortner, 1974). 물론 남녀 사이의 사회적, 경제적 불평등 정도는 사회마다 제각각 다르다.

그러나 남자가 권력을 휘두르고 자원을 통제하는 경향이 있다는 일반적 사실 때문에 거의 모든 문화에서 여자들이 경제적 자원 증식에 크게 기여한다는 사실을 과소평가해서는 안 된다. 예를 들면, 수렵 채집인 사회에서는 여자들이 가끔 식물에서 채집하는 식량을 통해 전체 소비 칼로리의 60~80%를 공급한다(Tooby & DeVore, 1987). 게다가 종종 여자들은 다양한 수단을 통해 상당한 권력을 행사하는데, 여기에는 배우자 선택, 특정 조건에서 이혼하기, 여자의 성에 대한 남자의 접근을 통제하거나 규제하기, 아들·연인·아버지·남편·자매·어머니·손자에게 영향 미치기 등이 포함된다(Buss, 1994b).

남자가 종종 자원을 사용해 여자를 통제하거나 영향을 미친다는 사실은 논란의 여지가 없다. 만약 여자에게 필요한 자원을 남자가 소유하고 있다면, 남자는 그 자원을 여자를 통제하는 데 사용할 수 있다. 짝짓기 영역에서는 4장에서 보았듯이 남자는 여자를 유혹하는 데 자원을 사용한다. 게다가 일단 관계를 맺으면, 자원이 부족한 여자는 자원을 잃을까 봐 두려워 종종 남자에게 모든 걸 맡기고 살아가는 듯한 느낌이 든다(Wilson & Daly, 1993). 이 핵심 사실들—남자가 자원을 통제하며, 남자가 자원을 사용해 여자를 통제한다는—은 페미니스트들과 진화심리학자들의 의견이 일치하는 쟁점으로 보인다(Buss, 1996a).

페미니스트 학자들은 여자가 남자에게 억압을 받는 현상의 뿌리를 **가부장제**에서 흔히 찾는다. 가부장제는 구체적으로는 가정에서, 더 일반적으로는 사회에서 남자가 여자를 지배하는 형태를 가리키는 용어이다(Smuts, 1995). 여기서 이 용어에 포함된 현상의 기원에 관해 합리적인 과학적 질문을 하나 제기할 수 있다. 역사를 통해 일부 페미니스트는 남자의 통제와 지배의 기원에 관해 여러 가지 추측을 내놓았지만—예를 들면, 남자가 여자보다 체격이 더 크고 힘이 세다는 사실에서 그 원인을 찾으려고 하면서—이 문제에 대한 의견 일치는 아직까지 이루어지지 않았다(Faludi, 1991 ; Hooks, 1984 ; Jagger, 1994 ; Smuts, 1995). 대다수 페미니스트는 남자의 지배와 통제를 단순히 출발점이나 주어진 조건으로 간주한다(Smuts, 1995).

자원 불평등의 원인: 여자의 배우자 선호와 남자의 경쟁 전술

진화론의 관점은 남자가 여자를 통제하려는 시도의 기원과 역사에 대해 통찰을 제공한다(Buss, 1996a ; Smuts, 1995). 첫째, 4장에서 이야기한 것처럼 여자가 자원을 가진 남자를 선호하는 것은 인류의 진화에 중요한 역할을 한 것으로 추측한다. 이러한 선호는 수천 세대에 걸쳐 반복적으로 작용하면서 여자에게 지위와 자원을 가진 남자를 배우자로 선호하게 하는 반면, 그런 자원이 부족한 남자를 꺼려하게 만들었다. 인류의 진화 역사에서 자원을 획득하는 데 실패한 남자는 여자를 배우자로 유혹하는 데 실패할 가능성이 더 높았다.

자원을 가진 남자를 여자가 선호하자, 자원 획득은 남자들끼리 서로 경쟁을 벌이는 주요 영역이 되었다. 현대 남자들도 자원과 지위를 우선시할 뿐만 아니라 자원과 지위를 얻기 위해 위험도 불사하게 만드는 심리 기제를 조상에게서 물려받았다(10장 참고). 자원과 지위 목표를 우선시하는 데 실패하여 다른 남자들보다 앞서기 위해 계산된 위험을 감행하지 않는 남자는 배우자를 유혹하는 데에도 실패했다. 이런 종류의 경쟁은 평균적으로 남자를 여자보다 일찍 죽게 할 뿐만 아니라, 남자와 남자 사이의 폭력과 살인이라는 형태로 큰 비용을 치르게 한다.

남자의 선호와 여자의 동성 간 경쟁 전략과 마찬가지로, 여자의 선호와 남자의 동성 간 경쟁 전략도 공진화했다. 남자가 여자를 유혹하기 위해 자원을 통제하기 시작하자 그에 따라 여자의 선호가 진화했는지도 모른다. 반대로 성공하고 야심적이고 자원이 많은 배우자를 원하는 여자의 선호가 남자에게 지위와 자원 영역에서 위험 감수, 지위 추구, 경쟁자 비하 같은 경쟁 전략을 선택하게 했는지도 모른다. 여자의 선호는 남자들에게 자원을 얻기 위해 동맹을 결성하도록 하고, 또 여자가 원하는 자원을 획득하는 데에서 다른 남자들보다 앞서기 위한 개인적 노력에 몰두하도록 선택 압력을 작용했을 수 있다. 그렇지만 남자의 경쟁 전략과 여자의 배우자 선호는 공진화했을 가능성이 가장 높다. 공

BOX 11.1

남자들은 여자들을 통제하려고 단결하는가?

페미니스트 작가들은 가끔 모든 남자들이 모든 여자들을 억압하려는 공통의 목표를 위해 단결하는 것처럼 묘사한다(Dworkin, 1987 ; Faludi, 1991). 진화심리학적 분석은 이것이 사실일 리가 없다고 주장한다. 남자와 여자는 주로 동성끼리 경쟁을 벌이기 때문이다. 남자는 다른 남자를 희생시키고 배제하면서까지 자원을 통제하려고 노력한다. 남자는 다른 남자에게서 자원을 빼앗고, 다른 남자가 권력과 지위가 높은 위치에 오르지 못하게 하며, 다른 남자를 여자에게 덜 바람직하게 보이게 하려고 비하한다. 발생하는 전체 살인 건수 중 약 70%는 남자가 다른 남자를 죽이는 경우라는 사실은 남자들이 동성 간 경쟁 때문에 치르는 비용 중 극히 일부만 보여줄 뿐이다(Daly & Wilson, 1988).

여자들도 동성 구성원들 때문에 생기는 비용을 피할 수 없다. 여자들은 지위가 높은 남자에 대한 접근을 놓고 서로 경쟁을 벌이며, 다른 여자의 남편과 섹스를 하고, 남자를 꾀어 아내를 버리게 한다. 여자들은 경쟁자를 중상모략하는데, 특히 단기적 짝짓기 전략을 추구하는 여자를 심하게 비방한다(10장 참고). 남자와 여자는 모두 동성끼리 추구하는 성 전략의 피해자이기 때문에, 이성을 억압하는 것과 같은 공동의 목표를 위해 모든 동성 구성원들이 단결한다고 말할 수는 없다.

대표적인 예외 사례는 10장에서 보았듯이 남자들이 소집단의 기능을 하는 동맹을 결성할 때이다. 이런 동맹은 가끔 난폭한 집단 강간을 하거나 여자들을 붙잡아오기 위해 이웃 마을을 습격하는 경우처럼 여성의 성에 접근하기 위한 목적에 사용될 때가 있다(Smuts, 1992). 게다가 남자들의 동맹은 가끔 여자들을 권력에서 배제하는 목적으로 사용된다—예를 들면, 사업상의 거래가 일어나는 배타적인 남성 클럽은 여자의 가입을 명시적으로 거부한다. 그렇지만 똑같은 동맹은 다른 남자들과 그들의 동맹도 배타적으로 대한다. 사업과 정치, 복지 부문에서 남자들은 다른 남자들의 동맹에 손해가 돌아가더라도 자신들의 이익만 추구하는 동맹을 결성한다.

남녀 모두 이성의 전략에서 편익을 얻는다는 사실도 기억해야 한다. 남자는 아내나 애인, 여자 형제, 딸, 어머니 같은 특정 여자들에게 자원을 제공한다. 여자의 아버지, 남자 형제, 아들은 모두 여자가 지위와 자원을 가진 배우자를 선택하는 데서 편익을 얻는다. 진화심리학은 남자들과 여자들이 이성을 억압하려는 목적을 위해 동성 구성원끼리 단결한다는 견해와는 반대로 다른 결론을 가리킨다 : 각 개인은 이해 관계 때문에 일부 동성 구성원들과 단결하지만, 일부 동성 구성원들과는 갈등을 벌인다.

진화한 이러한 기제들이 서로 얽혀 남자가 자원 영역에서 지배할 수 있는 조건들을 만들어냈다.

자원 불평등에 관한 이 분석은 같은 노동을 했는데도 남녀의 급료에 차이를 두는 것과 같은 성 차별적 관행처럼 다른 원인의 존재를 부정하는 것은 아니다. 또 이 분석은 남자가 자원에 더 큰 통제력을 행사하는 현상이 불가피한 것임을 시사하지도 않는다(Smuts, 1995 참고). 다만, 자원 불평등의 원인을 밝혀내는 데에는 진화심리학이 중요하다고 주장할 뿐이다. 남녀 사이의 갈등과 협력에 대해 더 자세한 논의는 〈박스 11.1〉을 참고하라.

▮ 요약

이성 간 갈등은 양 성 개체들 사이의 진화적 이익을 둘러싼 갈등으로 정의된다. 남녀 사이의 갈등은 데이트에서 일어나는 의견 불일치에서부터 결혼 생활을 하면서 겪는 감정적 고통에 이르기까지 사회 생활 전반에 퍼져 있다. 진화심리학은 그런 갈등이 왜 일어나며 어떤 형태로 나타나는지에 대해 중요한 통찰을 몇 가지 제공한다. 첫 번째 통찰은 전략적 간섭 이론이 제공하는데, 이 이론은 특정 목적을 달성하도록 설계된 다른 사람의 전략을 방해하는 데서 갈등이 비롯된다고 주장한다. 만약 여자가 장기적 짝짓기 전략을 추구하는데 남자는 단기적 짝짓기 전략을 추구한다면, 두 사람은 상대방이 목적 달성에 성공하는 것을 서로 방해하는 셈이다. 전략적 간섭 이론은 분노, 고통, 질투 같은 부정적 감정이 개인에게 전략적 간섭을 경계하게 하는, 진화한 심리적 해결책이라고 가정한다.

성적 접근을 놓고 벌어지는 갈등은 양 성 사이에서 벌어지는 큰 갈등 영역 중 하나이며, 다양한 형태로 나타난다. 첫째, 연구에 따르면 남자는 여자보다 특히 미소 같은 모호한 신호에 대해 상대방의 성적 의도를 과도하게 추측하는 경향이 일관되게 나타난다. 둘째, 남자는 단기적 성적 접근을 획득하기 위한 전략의 일환으로 가끔 여자를 속이는데, 특히 자신의 감정적 관여와 장기적 의도를 많이 속인다. 이런 갈등 중 일부는 오류 관리 이론의 논리가 예측하는 것처럼 진화한 지각 편향에서 비롯된다. 이 이론에 따르면, 한 종류의 오류를 범할 때(예컨대 실제로는 존재하지 않는 상대방의 성적 의도를 과잉 추측할 때) 발생하는 번식 비용은 다른 종류의 오류를 범할 때(예컨대 실제로 존재하는 상대방의 성적 관심을 알아채지 못할 때) 발생하는 비용과 차이가 있다. 만약 이러한 비용 불균형이 긴 진화 시간에 걸쳐 반복된다면, 선택은 사교적 추론에서 편향을 선호할 것이다. 따라서 남자는 미소를 짓는다든가 혼자 술집에 온다든가 하는 모호한 단서에 대해 여자가 자신에게 성적 관심이 있다고 믿도록 유도하는 성적 과지각 편향이 있을 것으로 예측되며, 이러한 편향은 성적 기회를 놓치는 것을 예방하는 기능이 있다. 반면에 여자는 감정적 헌신을 거짓으로 표현하는 남자에게 속지 않기 위해 남자의 헌신 신호를 경계하도록 유도하는 헌신 회의 편향이 있을 것으로 예측된다.

남녀 간의 갈등이 표출되는 또 한 가지 사례는 직장에서 일어나는 성희롱의 형태로 나타난다. 성희롱의 가해자는 남자가 압도적으로 많고, 피해자는 여자가 압도적으로 많다. 피해자는 특정 프로필을 가진 여성에 집중되는데, 젊고 독신이고 매력적인 여자가 피해자가 되기 쉽다. 같은 성희롱 행동이라도 남자보다 여자가 더 큰 불쾌감을 느끼는 경향이 있는데, 이것은 부정적 감정이 전략적 간섭의 신호 역할을 한다는 가설을 뒷받침한다. 같은 성희롱 행동에 대해서도 여자는 성희롱 가해자가 환경 미화원이나 건축 노동자처럼 지위가 낮으면 불쾌감을 더 크게 느끼는 반면, 지위가 높으면 불쾌감을 덜 느끼는 경향이 있다.

성폭력은 직장 밖에서도 일어난다. 성희롱과 마찬가지로, 허락 없이 신체 접촉을 하거나 거부 의사를 밝혔는데도 성적 대시를 계속하는 것처럼 똑같은 성폭력 행동에 대해 남자보다 여자가 불쾌감을 더 크게 느끼는 경향이 있다. 연구들에 따르면, 남자들은 성폭력 행동에 대해 여자가 얼마나 고통을 겪는지 과소평가하는 경향이 있다.

논란이 되는 쟁점 한 가지는 남자에게 특별한 강간 적응이 진화했느냐, 아니면 강간은 단기적 성에 대한 남자의 욕구와 다양한 목적을 이루기 위해 폭력을 사용하는 일반적인 성향이 결합된 것과 같은 다른 기제들의 부산물이냐 하는 것이다. 강간 연구에서 지금까지 나온 경험적 발견들은 어느 한쪽 가설만 일방적으로 지지하지는 않는다. 예를 들어 강간 피해자의 나이가 젊다는(따라서 생식력이 높다는) 사실은 강간 적응의 존재를 뒷받침하지 않는다. 왜냐하면, 합의적 짝짓기 맥락에서도 남자는 젊은 여자를 원하는 배우자 선호가 진화했음을 알려주는 독립적인 근거들이 있기 때문이다. 이 혐오스러운 현상의 발생을 줄일 방법을 찾기 위해서라도 그 근본 원인을 밝혀내는 연구가 절실히 필요하다. 한 연구에서는 특별히 강간 성향이 높은 남자들의 소집단을 확인했다. 강간범들은 강간을 하지 않는 사람들에 비해 성 경험을 일찍 하고, 다양한 성 경험을 하며, 강간을 묘사한 이야기나 이미지에 높은 수준의 성적 흥분을 나타내고, 강간 외에 다른 범죄도 저지르는 경향이 높다. 요컨대 일부 남자들은 생활사 전략의 일환으로 성적 강압을 추구하는 것처럼 보인다. 짝짓기에 실패한 남자가 강간을 하나의 전술로 사용한다는 배우자 박탈 가설은 일반적으로 경험적 증거의 지지를 받지 못한다. 반면에 기존의 파트너를 강간하는 남자는 파트너의 부정을 발견하거나 의심하는 경우가 많은데, 이것은 정자 경쟁 가설을 뒷받침한다. 정신병질 성향이 강하거나 자신의 배우자 가치가 파트너와 동등하거나 더 높다고 지각하는 남자는 부정을 저지른 것으로 의심되는 파트너를 강간하는 경향이 특히 많다.

최근에는 여자의 반강간 방어 수단에 대한 관심이 커졌는데, 그런 방어 수단으로는 보호를 위한 '특별한 친구' 선택, 몸집이 크고 지배적인 배우자 선택, 강간을 당할 위험이 큰 상황에 대한 두려움, 성폭력 뒤에 겪는 격심한 심리적 고통 등이 있다. 여자의 반강간 방어 수단 가설들에 대한 예비적인 검증 연구에서 유망한 결과들이 나왔다. 성폭력에 대항하는 여자의 방어 전략을 더 정확하게 확인하려면 더 광범위한 검증이 필요하다.

질투 갈등은 남녀 사이에 벌어지는 갈등을 대표하는 또 하나의 큰 영역이다. 진화심리학자들은 질투가 배우자 훔쳐가기 문제와 배우자 배신 문제에 대한 해결책으로 진화했다고 주장했다. 남자의 질투는 여자의 질투에 비해 파트너의 성적 부정에 과도하게 집중하는데, 왜냐하면 역사를 통해 여자의 부정은 남자의 부성 확실성을 위태롭게 했을 것이기 때문이다. 여자의 질투는 남자의 질투에 비해 장기적으로 배우자의 투자와 헌신이 이탈할 위험에 더 초점을 맞출 것으로 예측된다. 많은 경험적 증거는 이 예측들을 지지한다. 남녀 차이는 브라질, 일본, 대한민국, 독일, 스웨덴, 네덜란드를 포함해 다양한 문화에서 뚜렷하게 확인된다. 그것은 생리적 고통 척도를 사용한 연구에서도 뚜렷하게 나타나며, 무의식적인 주의, 정보 검색, 결정 시간, 성적 부정 단서와 감정적 부정 단서에 대한 기억 등 인지적 척도를 사용한 연구에서도 아주 뚜렷하게 나타난다. 그리고 fMRI 연구에서는 뇌의 활성화 패턴에도 남녀 간에 뚜렷한 차이가 나타나 진화한 질투의 설계 특징에 남녀 차이가 있다는 가설을 뒷받침한다.

진화한 질투의 설계 특징에 남녀 차이가 있다는 가설은 격렬한 비판과 논란을 불러일으켰는데, 반대 주장은 기본적으로 두 가지 형태가 있다. 하나는 남녀 차이란 전혀 존재하지 않으며, 특정 측정 방법이 빚어낸 인공물에 지나지 않는다는 것이다. 이 주장은 이제 방법에 상관 없이 남녀 차이가 확실히 나타난다는 것을 입증한 과학적 발견이 많이 쌓이자 입지가 약해졌다. 두 번째 주장은 발견된 사실을 '더블 샷' 이론이나 영역-일반적 사회적-인지 이론 같은 다른 이론으로도 충분히 설명할 수 있다는 것이다. 더블 샷 이론은 경험적으로 논박되었고, 심지어 처음에 그것을 주장했던 사람들도 이제 포기한 것처럼 보인다.

질투 심리는 파트너가 떠나거나 부정을 저지르지 못하도록 설계된 행동 결과를 빚어내는데, 그 행동은 감시에서부터 폭력에 이르기까지 다양하다. 남자는 젊고 매력적인(여자의 번식 가치를 알려주는 두 가지 단서) 여자와 결혼했을 때 배우자 유지 노력을 더 많이 쏟는다. 여자는 소득이 많고 지위 추구에 많은 노력을 기울이는 남자와 결혼했을 때 배우자 유지 노력을 더 많이 쏟는다. 파트너에 대한 폭력은 극단적이고 파괴적인 배우자 유지 전술이다. 이것은 여자보다 남자가 더 많이 사용하며, 긍정적 인센티브를 통해 배우자를 유지할 수 있는 경제적 수단이 부족한 남자가 많이 사용한다.

남자와 여자는 자원에 대한 접근을 놓고도 갈등을 벌인다. 진화심리학은 개인적 차이와 문화적 차이가 있긴 하지만, 전 세계적으로 남자가 경제적 자원을 통제하는 경향이 있다는 사실에 빛을 비춰준다. 이것은 **가부장제**라 부르는 현상의 한 측면이다. 이러한 남녀 차이의 기원은 여자의 선호와 남자의 경쟁적 짝짓기 전략의 공진화로 추적할 수 있다. 진화의 역사를 통해 여자는 자원을 증식시키고 통제할 수 있는 남자를 선호했고, 남자들은 그런 자원을 획득함으로써 여자를 유혹하려고 서로 경쟁했다. 한 진화론적 분석은 여자들이 그런 자원에 접근하는 것을 막으려는 목적으로 모든 남자들이 서로 단결할 리는 없다고 말한다. 남자들은 주로 자기들끼리 경쟁을 벌이지, 여자와 경쟁을 벌이지 않는다. 게다가 남자들은 친구나 여자 형제, 아내, 연인, 조카딸, 어머니 같은 특정 여자들과 이해를 같이한다.

Arnqvist, G., & Rowe, L. (2005). *Sexual conflict*. Princeton, NJ : Princeton University Press.

Buss, D. M. (2000). *The dangerous passion : Why jealousy is as necessary as love and sex*. New York : Free Press.

Edlund, J. E., Heider, J. D., Scherer, C. R, Farc, M. M., & Sagarin, B. J. (2006). Sex differences in jealousy in response to actual infidelity. *Evolutionary Psychology, 4*, 462–470.

Figueredo, A. J., & Gladden, P. R., & Beck, C. J. A. (2010). Intimate partner violence and life history strategy. In A. Goetz & T. Shackelford, (Eds.), *The Oxford handbook of sexual conflict in humans*. New York : Oxford University Press.

Goetz, A. T., Shackelford, T. K., Romero, G. A., Kaighobadi, F., & Miner, E. J. (2008). Punishment, proprietariness, and paternity : Men's violence against women from an evolutionary perspective. *Aggression and Violent Behavior, 13*, 481–489.

Haselton, M. G., & Buss, D. M. (2000). Error management theory : A new perspective on biases in crosssex mind reading. *Journal of Personality and Social Psychology, 78*, 81–91.

Lalumiere, M. L., Harris, G. T., Quinsey, V. L., & Rice, M. E. (2005). *The causes of rape*. Washington, DC : American Psychological Association.

McKibbin, W. F., Shackelford, T. K., Goetz, A. T., & Starratt, V. G. (2008). Why do men rape? An evolutionary psychological perspective. *Review of General Psychology, 12*, 86–97.

Michalski, R. L., Shackelford, T. K., & Salmon, C. A. (2007). Upset in response to a sibling's partner's infidelities. *Human Nature, 18*, 74–84.

Platek, S. M., & Shackelford, T. K. (Eds.). (2006). *Female infidelity and paternal uncertainty : Evolutionary perspectives on male anti-cuckoldry tactics*. Cambridge, UK : Cambridge University Press.

Takahashi, H., Matsuura, M., Yahata, N., Koeda, M., Suhara, T., & Okubo, Y. (2006). Men and women show distinct brain activations during imagery of sexual and emotional infidelity. *NeuroImage, 32*, 1299–1307.

제12장
지위, 명성, 사회적 지배성

::

모든 동물은 평등하다. 그러나 일부 동물은 다른 동물들보다 더 평등하다.

— 조지 오웰 George Orwell

우리는 계급에 신경을 쓰는 신경계가 있는 세상에 태어났다.

— 로버트 프랭크 Robert Frank, 1985

1996년, 미 해군 참모총장 제러미 부어다 Jeremy Boorda 제독은 그 당시 가슴에 자랑스럽게 달고 다니던 'V'자 전투 훈장 약장에 대해 인터뷰를 하기로 돼 있었다(Feinsilber, 1997). 사실, 부어다 제독은 그 메달을 받은 적이 없었다. 그는 그 동안 허위 과시를 하고 다닌 사실이 탄로나는 수치를 당하느니 차라리 자살을 택했다. 릭 스트랜들로프 Rick Strandlof는 이라크 전쟁에 해병으로 참전해 퍼플 하트 Purple Heart 훈장(상이 군인 훈장이라고도 함. 국가를 위해 봉사하다가 다치거나 죽은 사람에게 수여됨)을 받았다고 주장했지만, 군에는 그런 기록이 없었다(Cardona, 2010). 이렇게 무공을 세웠다는 거짓 주장이 난무하자, 2005년에 군에서 훈장을 받았다는 허위 주장을 하는 것을 불법으로 규정한 가짜 훈장 금지법까지 만들어졌다. 왜 사람들은 자신의 지위와 평판을 높이려고 자신의 신용을 망치고 사기꾼으로 내몰릴 위험까지 감수할까?

모든 집단에서 지위, 명성, 위신, 명예, 존경, 계급은 사람에 따라 차별적으로 부여된다. 사람들은 악평과 불명예, 수치, 굴욕, 창피, 체면 손상을 피하려고 많은 노력을 한다. 지위와 지배 서열은 금방 형성된다. 서로 모르는 사람 3명씩으로 이루어진 집단 59개를 대상으로 한 조사에서는 전체 집단 중 50%는 1분 안에, 그리고 나머지 50%는 5분 안에 분명한 서열이 나타났다(Fisek &

Ofshe, 1970). 더욱 놀라운 것은 집단 구성원이 다른 구성원을 그저 보기만 하고 말을 한 마디도 나누지 않은 상태에서도 새로운 집단 내에서 자신의 장래 지위를 정확하게 평가할 수 있다는 사실이다(Kalma, 1991). 사람의 보편적 동기가 무엇이냐는 질문에 대한 답으로 유력한 후보가 많겠지만, 그 중에서도 지위 추구는 맨 꼭대기나 그 언저리에 위치할 것이다(Barkow, 1989 ; Frank, 1985 ; Maslow, 1937 ; Symons, 1979).

▌ 지배 서열의 출현

귀뚜라미는 다른 귀뚜라미와 싸워서 이기고 진 역사를 기억한다(Dawkins, 1989). 많은 싸움에서 이긴 귀뚜라미는 다음 싸움에서 더욱 공격적인 태도를 보인다. 반면에 많은 싸움에서 진 귀뚜라미는 장래의 대결을 피하려고 하면서 더 복종적인 태도를 보인다. 이 현상은 진화생물학자 리처드 알렉산더Richard Alexander(1961)가 '모형' 귀뚜라미를 도입하여 다른 귀뚜라미들을 제압하는 실험을 통해 관찰 기록했다. 모형 귀뚜라미에게 진 귀뚜라미들은 그 뒤에 진짜 귀뚜라미와 싸울 때 지는 비율이 더 높았다. 그것은 마치 각각의 귀뚜라미가 자신의 전투 능력을 다른 귀뚜라미와 비교 평가하여 그에 따라 행동하는 것처럼 보였다. 시간이 지나자 각각의 귀뚜라미에게 순서대로 계급이 매겨진 지배 서열이 나타났고, 서열이 낮은 귀뚜라미는 서열이 높은 귀뚜라미에게 굴복했다. 흥미롭게도 암컷 귀뚜라미들은 승리를 많이 거둔 수컷 귀뚜라미를 교미 상대로 더 많이 선택했다.

　　비슷한 현상은 동물계 전체에서 나타난다. 우열 순위를 뜻하는 영어 단어 pecking order(조류에서는 '쪼는 순위')는 암탉의 행동에서 유래한 용어이다. 암탉들을 함께 모아놓으면, 처음에는 서로 자주 싸운다. 그렇지만 시간이 지나면 싸움이 잦아드는데, 각각의 암탉은 자신이 누구보다 우월하고 누구보다 열등한지 알기 때문이다. 쪼는 순위는 시간이 지나면 안정해지는 경향이 있고, 모든 암탉에게 이롭다. 지배적인 암탉은 지위를 지키기 위해 값비싼 비용을 치르는 싸움을 계속 벌일 필요가 없으니 이익이고, 복종적인 암탉은 지위가 높은 암탉에게 도전했다가 부상을 당할 위험이 없으니 이익이다. 쪼는 순서, 즉 지배 서열은 그 자체로는 아무런 기능이 없다는 사실이 중요하다. 서열은 집단의 성질이지 개체의 성질이 아니다. 반면에 개개 암탉의 전략은 어떤 기능을 하는데, 그것들이 합쳐져 서열을 만들어낸다. 이것은 지배의 기능뿐만 아니라 복종의 기능도 고려해야 한다는 것을 뜻한다.

다른 개체를 만날 때마다 전면전을 벌이는 것은 어리석은 전략이다. 패자는 부상과 죽음의 위험을 무릅써야 하기 때문에, 처음부터 굴복하는 것—세력권이나 먹이나 배우자를 넘겨줌으로써—이 더 나을 수 있다. 싸움은 승자에게도 값비싼 대가를 치르게 한다. 싸움에서 부상을 입을 위험 외에도 승자는 귀중한 에너지 자원과 시간과 기회를 싸움에 쏟아부어야 한다. 따라서 사전에 누가 이길지 결정할 수 있어서 싸움의 비용을 치르지 않고 누가 승자인지 선언할수 있다면 승자와 패자에게 모두 이익일 것이다. 패자는 굴복함으로써 목숨을 부지할 뿐만 아니라 다치지 않을 수 있다. 비록 패자는 당장은 자원을 넘겨주지만, 다른 곳에서 그것을 만회할 수도 있고, 혹은 납작 죽어지내면서 적절한 도전 기회가 오길 기다릴 수도 있다(Pinker, 1997).

요약하면, 선택은 평가 능력—자신의 전투 능력을 상대방의 전투 능력과 비교 평가하는 것을 포함하는 심리 기제—의 진화를 선호할 것이다. 사람의 경우, 단순한 물리적 완력을 뛰어넘어 힘센 친구와 동맹과 친족을 끌어들이는 능력까지도 고려해야 하기 때문에 이러한 평가 기제는 아주 복잡할 것이다. 평가가 이루어지고 나면, 지배와 복종 전략은 둘 다 나름의 기능을 발휘할 수 있다. 한 가지 기능은 값비싼 대결을 피하는 것이다. 물론 때로는 결과가 불확실해 보일 경우가 있다. 다양한 허세와 소리지르기, 털 곤두세우기는 자신의 힘을 과장하여 상대방을 일찍 물러서게 만들기 위해 설계된 행동일지 모른다. 그렇지만 선택은 또한 이러한 허세를 간파하는 능력도 선호했을 텐데, 일찍 혹은 불필요하게 굴복하는 동물은 소중한 자원에 대한 접근을 잃게 되기 때문이다.

지배 서열dominance hierarchy은 집단 내의 일부 개체들이 다른 개체들보다 핵심 자원—생존이나 번식에 도움이 되는 자원—에 확실하게 접근할 수 있는 기회를 더 많이 얻는다는 사실을 가리킨다(Cummins, 1998). 서열이 높은 개체는 그런 자원에 접근할 기회를 많이 얻는 반면, 서열이 낮거나 복종적인 개체는 그런 기회를 적게 얻는다. 가장 단순한 형태의 지배 서열은 **이행적**이다. 즉,

A가 B보다 우월하고, B가 C보다 우월하면, A는 C보다 우월하다는 뜻이다.

▌사람이 아닌 동물들 사이에서의 지배성과 지위

가재는 누가 우두머리인지 결정되지 않으면 같은 세력권에 두 마리 이상이 함께 살 수 없다(Barinaga, 1996). 가재들은 경쟁자의 크기를 가늠하느라 서로의 뒤를 조심스럽게 따라다니면서 빙빙 돈다. 그러다가 격렬한 난투극을 벌이면서 상대를 갈기갈기 찢으려고 한다. 승리를 거둔 가재는 지배자가 되어 뻐기듯이 세력권을 유유히 돌아다닌다. 패자는 주변으로 물러나 지배자 수컷과 접촉을 피한다.

싸움 직후에 승자와 패자가 보이는 행동이 너무나도 다르게 나타나는 것을 보고 연구자들은 가재의 신경계에 어떤 변화가 일어난 것이 아닌가 의심했다. 연구자들은 가재의 특정 뉴런이 가재의 지위에 따라 신경 전달 물질인 세로토닌에 다르게 반응한다는 사실을 발견했다. 지배적인 가재의 경우에는 세로토닌이 뉴런에 신경 신호를 발사하도록 했지만, 패자의 경우에는 세로토닌이 뉴런의 신경 신호 발사를 억제했다.

그러나 한 번의 전투만으로 지배자나 복종자의 지위가 영구적으로 고정되는 것은 아니다. 복종적인 가재 두 마리를 같은 세력권에 함께 집어넣자, 결국 한 마리는 복종적 지위에서 지배적 지위로 변했다. 2주일 뒤에 뉴런을 검사했더니, 지배적인 가재는 핵심 뉴런이 세로토닌 때문에 신호 발사가 억제되는 대신에 자극을 받고 있었다. 따라서 상황이 변하면 복종적인 가재는 지배적인 지위로 금방 변한다. 그런데 지배적인 가재는 그렇지 않았다. 지배적인 가재 두 마리를 같은 세력권에 함께 집어넣자, 한 마리는 결국 복종적인 지위로 강등되고 말았다. 그러나 이전에 지배적 지위에 있었던 패자는 공격성을 잃지 않고 계속 지배적인 가재에게 도전했고, 심지어는 죽음을 당하는 순간까지도 싸움을 포기하려 하지 않았다. 그것은 마치 "동물은 지배적 지위에서 복종적 지위로 내려가길 싫어하는" 것처럼 보였다(Barinaga, 1996, p. 290).

침팬지 역시 지배적 지위를 놓고 싸운다(de Waal, 1982). 지배적인 수컷 침팬지는 자랑하듯이 걸어다니면서 자신의 몸이 더 크고 무겁게 보이도록 한다.

진화심리학

침팬지들은 지배적 지위를 놓고 싸운다; 지배적인 수컷은 복종적인 수컷보다 암컷에 대한 성적 접근 기회를 더 많이 얻는다.

침팬지 사이에서 지배적 지위를 알려주는 단서 중 가장 믿을 만한 것은 다른 침팬지들에게서 받는 복종적 인사의 횟수이다. 복종적 인사는 헐떡이며 꿀꿀거리는 소리를 짧게 내면서 복종적인 수컷이 문자 그대로 지배적인 수컷을 올려다보는 자세로 몸을 낮추는 동작으로 나타난다. 이렇게 몸을 낮춘 동작 다음에 머리를 빠르게 깊이 숙이는 동작을 여러 번 반복하기도 한다. 때로는 복종적인 침팬지가 지배적인 침팬지를 환영하는 뜻으로 잎이나 막대 같은 물건을 가져다주기도 하는데, 이때 복종적인 침팬지는 지배적인 침팬지의 발이나 목 또는 가슴에 키스를 하면서 물건을 건넨다. 그러면 지배적인 침팬지는 몸을 쭉 뻗으면서 털을 곤두세워 몸집을 더 커 보이게 한다. 두 침팬지가 실제로는 몸 크기가 똑같아도 관찰하는 사람에게는 상당한 차이가 있는 것처럼 보일 수 있다. 한 수컷 침팬지가 땅에 엎드려 기는 동안 다른 수컷 침팬지는 뻐기듯이 활보를 하며, 때로는 복종적인 침팬지 위로 훌쩍 뛰어넘어가기도 한다. 반면에 암컷들은 엉덩이를 지배적인 침팬지 앞에 들이대고 살펴보게 한다. 수컷이나 암컷이 복종적 인사를 제대로 하지 않는 것은 지배적인 침팬지의 지위에 직접 도전하는 것으로 간주되어 보복을 당할 수 있다.

수컷 침팬지들 사이에서 지배적 지위를 보여주는 핵심 단서는 암컷들에 대한 성적 접근 증가이다(de Waal, 1982). 무리 중에서 우두머리 수컷은 대개 전체 교미 중 50% 이상을 독차지하며, 때로는 그 비율이 75%까지 이르는데, 무리 중에 다른 수컷이 대여섯 마리나 있더라도 그렇다. 700건의 연구를 분석한 결과, 붉은털원숭이처럼 암컷들이 서열이 낮은 수컷들과 은밀히 짝짓기를 하는 종이 일부 있긴 하지만(Manson, 1992), 서열이 중간이거나 높은 수컷들이 서열이 낮은 수컷들보다 번식 기회에서 유리한 것으로 드러났다(Ellis, 1995).

지배적인 수컷 침팬지의 성적 접근 증가는 특히 암컷이 발정기에 들어설 때 두드러지게 나타난다(Ellis, 1995). 이 연관 관계를 조사한 네 건의 연구 중 세 건에서는 암컷이 발정기에 들어설 때 지배적인 수컷들이 성적 접근 기회가 더 커져 암컷을 임신시킬 확률도 더 늘어난다는 사실을 확인했다. DNA 지문을 사용한 한 연구도 이 결론을 뒷받침하는데, 지위가 높은 수컷이 실제로 훨씬 많은 자식의 친부로 밝혀졌기 때문이다. 오랑우탄, 비비, 마카크를 조사한 연구에서도 지배성과 성적 접근, 번식 결과 사이의 연관 관계에 대해 비슷한 결과가 나왔다(Ellis, 1995 ; Rodriguez-Llanes, Verbeke, & Finlayson, 2009).

영장류의 지배 서열(권력 위계)에서 또 다른 중요한 특징 두 가지가 발견되었다(Cummins, 1998, 2005). 첫째, 서열은 고정된 것이 아니다. 개체들은 지위 상승을 위해 끊임없이 경쟁하며, 때로는 우두머리 수컷의 지위를 빼앗는다. 쫓겨난 수컷이 가끔 이전의 지배적 지위를 어느 정도 되찾는 일도 있다. 우두머리 수컷의 죽음이나 부상은 불안정한 시기를 가져오고, 다른 수컷들이 빈자리가 된 우두머리 자리를 차지하려고 달려든다. 개체들은 높은 지위에 오르려고 끊임없이 획책하여 지배 서열을 정적인 것이 아니라 동적인 사회 조직으로 만든다. 영장류의 지배 서열에서 위로 올라가려면 사회적 능력, 특히 다른 개체들과 싸울 때 도움을 의지할 수 있는 동맹을 끌어들이는 능력이 중요하다. 예를 들면, 관찰 기록된 한 사례에서는 지위가 낮은 수컷이 알파 수컷(우두머리 수컷)과 동맹 관계를 끝냈는데, 그 수컷이 특정 암컷에 대한 성적 접근을 놓고 다른 수컷과 경쟁을 벌일 때 알파 수컷이 지원을 거부했기 때문이다(de Waal, 1982).

암컷과의 성적 기회 증가는 지배성을 추구하는 기제의 진화에 강력한 적응적 근거를 제공한다. 이것은 또한 지배성 추구 동기에서 이성 간 차이가 나타나는 이유에 대해 진화론적 근거를 제공한다.

▌ 지배성, 명성, 지위에 관한 진화 이론

지위에 관한 진화 이론은 왜 개체들이 지배 서열에서 복종적 지위를 수용하는지를 설명해야 할 뿐만 아니라, 서열이 높아지면 해결되는 적응 문제가 어떤 것인지 구체적으로 명시해야 한다. 이상적으로는 훌륭한 이론은 사람들이 서열을 놓고 협상할 때 어떤 전술들을 사용하는지 예측할 수 있어야 한다. 예를 들면, 교수들은 지위를 놓고 경쟁을 벌이지만, 도시의 시민들 사이에서 일어나는 것과는 다른 방식으로 경쟁을 벌인다. "학회에서 칼을 휘두른다면 사람들은 눈살을 찌푸릴 테지만, 거기에서는 신랄한 질문, 도덕적 분노, 기를 꺾으려는 비난, 분개한 반박, 논문 심사와 연구비 지원 위원회의 강제 수단 등이 늘 넘쳐난다."(Pinker, 1997, p. 498)

훌륭한 이론은 또한 지위 추구가 여자들보다 남자들 사이에서 더 많이 일어나는 것처럼 보이는 이유도 설명해야 한다. 복종적 지위에 놓인 사람들의 행동까지 설명할 수 있으면 더욱 이상적이다. 예를 들면, 전통적인 사회들에서 집단 내의 다른 사람들을 지배하려는 야심을 가진 개인들을 억지하기 위해 조롱하거나 추방하거나 심지어는 살해까지 한다는 강력한 증거가 있다(Boehm, 1999). 궁극적인 지배성 이론은 사람들이 왜 종종 집단 내에서 구성원들 사이의 평등을 쟁취하려고 노력하는지 설명할 수 있어야 한다(Boehm, 1999 ; Knauft, 1991). 훌륭한 이론은 자원의 배분을 결정하는 **지배 서열**과 집단의 목표 달성을 위해 노동의 통합 조정과 분할을 포함하는 **생산 서열**도 구별해야 한다 (Rubin, 2000).

마지막으로, 훌륭한 이론은 계급이나 지위 상승에 이르는 여러 가지 길도 확인해야 한다. 여러 저자는 지위 상승에 이르는 두 갈래 길인 지배성과 명성을 구분했다(Henrich & Gil-White, 2001). **지배성**은 힘이나 힘의 위협을 포함한다. 학교 폭력의 가해 학생이나 마피아 단원은 다른 사람에게 물리적 처벌을 가하는 능력을 통해 지위를 얻을 수 있다. 개인들은 폭력이나 힘의 위협 비용을 피하기 위해 지배적 위치에 있는 이들에게 복종하고 자원을 넘겨줄 수 있다. 반면에 **명성**은 "자발적으로 바친 존중"으로 간주된다. 개인이 높은 명성을 얻는 것은 특별한 재주나 지식, 사회적 연결을 가졌기 때문일 수 있다. 명성 서열은 영역 특정적 경향이 있다. 어떤 사람은 더 뛰어난 사냥 기술을 가진 사람에게 복종하겠지만, 어떤 사람은 더 뛰어난 의술을 가진 치유사에게 복종할 수 있다. 예를 들어 볼리비아의 치마네족 사이에서는 식량 생산 기술이 '존경'을 받는 훌륭한 지표이지만, 양자 간의 전투 능력 서열을 가장 잘 예측할 수 있는 단서는 신체 크기이다(von Rueden, Gurven, & Kaplan, 2008). 지배적인 개인은 복종적인 사람들에게 두려움을 불어넣을 수 있는 반면, 명성이 높은 개인은 존경을 이끌어낸다. 사람들은 그 사람에게 얻을 수 있는 정보를 구하기 위해 (Henrich & Gil-White, 2001) 혹은 번식에 유리한 편익을 얻기 위해(Buss, 1995b) 명성이 높은 개인을 찾는다. 따라서 지위가 낮은 개인들은 명성이 높은 개인에게 접근하고 그 사람을 모방하려고 하는데, 그 사람은 소중한 정보를 갖고 있고 그것을 나누어줄 수 있기 때문이다.

명성 신호, 평판, 리더십. 9장에서 우리는 협력과 이타성의 진화에서 값비싼 신호의 역할을 살펴보았다. 값비싼 신호는 명성을 얻는 데에도 중요한 역할을 한다(Bliege Bird & Smith, 2005 ; Boone, 1998 ; Plourde, 2008). 전통 수렵 채집인 사회에서 값비싼 신호는 집단을 위해 푸짐한 연회를 연다든가, 잡기 어려운 동물의 고기를 나누어준다든가, 집단에 소중한 지식을 가르쳐주는 형태로 나타난다. 오늘날의 사회적 집단에서는 개인들은 집단이 중요하게 여기는 과제에서 높은 수준의 능력을 발휘하거나, 가져가는 것보다 주는 것을 더 많이 함으로써 관대함을 보여주거나, 집단에 대한 헌신 신호인 개인적 희생을 보여줌으로써 명성을 얻는다(Anderson & Kilduff, 2009). 명성을 얻길 추구한다면 받는 것보다 주는 것이 낫다.

　　명성 신호에서 중요한 사실 한 가지는 어떤 개인이 명성을 얻으려면 다른 사람들이 그 신호를 알아채야 한다는 점이다. 한 실험에서는 참여자들에게 도움이 필요한 사람들을 돕는 자선 단체에 기부할 기회를 주면서, 익명으로 기부하는 방식과 다른 사람들이 보는 앞에서 기부하는 방식 두 가지로 하게 했다 (Bereczkei, Birkas, & Kerekes, 2007). 그리고 그 직후에 사회적 평판(예컨대 다른

사람들이 그 사람을 존경하는 정도)이
어떻게 변했는지를, 그 사람이 기
부를 한 경우와 하지 않은 경우,
그리고 그 행동을 익명으로 한 경
우와 다른 사람이 보는 앞에서 한
경우에 대해 각각 조사했다(〈그림
12.1〉 참고). 자선 단체에 기부하기
로 선택한 사람들은 그 직후에 다
른 사람들이 생각하는 명성이 크
게 증가했는데, 다만 다른 사람들
이 보는 앞에서 기부했을 경우에
만 그랬다.

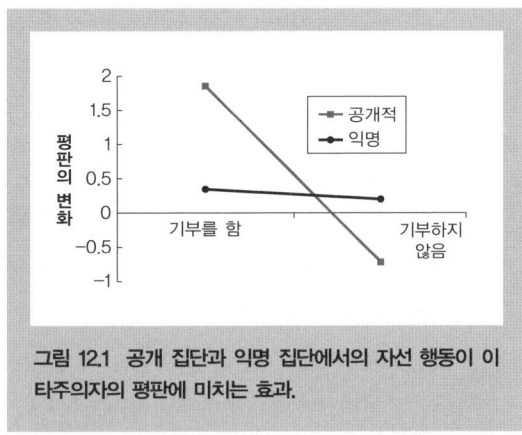

**그림 12.1 공개 집단과 익명 집단에서의 자선 행동이 이
타주의자의 평판에 미치는 효과.**

출처: Bereczkei, T., Birkas, B., & Kerekes, Z. (2007). Public
charity offer as a proximate factor of evolved reputation-
building strategy: An experimental analysis of a real-life
situation. *Evaluation and Human Behavior*, 28, 277-284.
Reprinted with permission from Elsevier.

　　집단 내의 다른 사람들에게
도움을 주는 행동이나 집단에 도움이 되는 깊은 지식을 보여주는 행동은 **리더
십**의 진화를 알려주는 한 가지 단서이다(King, Johnson, & Van Vugt, 2009 ; Van
Vugt, Hogan, & Kaiser, 2008). 이끄는 것과 따르는 것은 집단 내에서 발생하는
갈등을 해결하는 것뿐만 아니라, 동맹을 맺어 사냥을 하거나 방어를 하는 것처
럼 집단의 통합 조정을 포함하는 적응 문제를 해결하기 위해 진화한 전략으로
볼 수 있다. 지도자는 대개 통합 조정과 갈등 문제를 해결하는 데 효과적인 속
성을 지닌 사람이 누구인지에 대한 구성원들 사이의 의견 일치를 통해 나타난
다—지도자는 과제 해결에 적절한 지식과 능력을 갖추어 지능이 높고; 집단
을 위해 값비싼 희생을 치름으로써 높은 수준의 관대함을 신호로 보여준다
(Van Vugt, 2006).

지위 추구에서 나타나는 남녀 차이에 대한 진화 이론

앞 장들에서 다루었듯이, 남자와 여자는 번식 결과의 변동성 범위에서 아주 큰
차이가 난다. 정자는 상대적으로 풍부하고 남자는 자식에게 과도한 투자를 할
의무가 없기 때문에, 남자의 번식 상한선은 여자의 번식 상한선보다 훨씬 높
다. 달리 말하면, 남자의 번식 성공률은 여자의 번식 성공률보다 **변동성**이 훨
씬 크다. 생식력이 있는 여자는 거의 모두 자신의 사회적 지위에 상관 없이 번

식에 성공하지만, 생식력이 있는 모든 남자가 반드시 번식에 성공하는 것은 아니다. 정당한 몫 이상으로 여자에 대한 성적 접근에 성공하는 남자가 있을 때마다 그 반대편에는 짝을 찾지 못하는 남자가 생긴다. 일부다처제가 더 심할수록—즉, 남자들 사이에서 여자에 대한 성적 접근 기회의 차이가 클수록—번식에 성공을 거두는 소수에 끼려고 하는 남자들에게 선택 압력이 더 강하게 작용할 것이다. 게다가 자연 선택은 번식에서 완전히 배제되는 것을 피하는 전략을 선호할 것이다.

지배력과 지위 상승이 남자에게 성적 기회를 더 많이 제공하는 길은 두 가지가 있다. 첫째, 여자들은 지배적인 남자를 배우자로서 선호한다. 지위가 높은 남자는 여자에게 보호와 자원에 대한 접근을 더 많이 제공할 수 있고, 그 자원은 여자와 자식을 부양하는 데 쓰일 뿐만 아니라 건강을 더 좋게 하는 데에도 도움이 된다(Buss, 1994b ; Hill & Hurtado, 1996). 일부다처제 사회의 여자들은 지위가 낮은 남자가 가진 적은 자원을 혼자 다 가지기보다는 지위가 높은 남자가 제공하는 많은 자원을 다른 공동 아내들과 나누는 걸 선호하는 경우가 많다(Betzig, 1986). 따라서 지위가 높은 남자가 누리는 한 가지 잠재적 편익은 여자들에게 배우자로서 선호를 받는다는 점이다.

지위가 높은 남자가 여자에 대한 성적 접근을 더 많이 얻는 두 번째 길은 동성 간 지배를 통해서이다(Puts, 2010). 지배적인 남자가 지위가 낮은 남자의 배우자를 그냥 빼앗아가더라도, 지위가 낮은 남자는 어떻게 보복할 방법이 없다. 데일리와 윌슨은 "남자들은 동료들 사이에서 '마음대로 해도 되는 부류'와 '건드려서는 절대로 안 되는 부류', 그의 말을 무시해서는 안 되는 사람과 허풍쟁이, 그 여자 친구와 마음놓고 이야기해도 되는 사람과 함부로 건드려서는 안 되는 사람으로 나누어진다."라고 지적했다(1988, p. 128). 너폴리언 섀그넌은 두 야노마뫼족 형제 사이에서 그런 상호작용이 일어난 사례를 보고했다. 지위가 높은 형제(레레바와)가 지위가 낮은 형제의 아내와 불륜을 저질렀다. 지위가 낮은 형제는 그 사실을 알고 나서 레레바와를 공격했지만, 도끼의 뭉툭한 면으로 심하게 얻어맞았다. 레레바와는 섀그넌을 데리고 마을을 안내할 때, 지위가 낮은 형제의 손목을 잡고 바닥에 질질 끌면서 "얘는 내 형제인데, 집을 비웠을 때 내가 그 아내를 따먹었지요!"라고 말하는 것을 잊지 않았다(Chagnon, 1983, p. 29). 이것은 만약 두 야노마뫼족 형제가 지위가 동등했더라면 피 튀기

진화심리학

는 곤봉 싸움이 벌어지고도 남았을 매우 치욕적인 모욕이었다. 그러나 지위가 낮은 형제는 그저 지위가 높은 형제와 싸우지 않아도 된다는 데 안도하여 모욕을 감수하고 물러섰다.

지위와 성적 기회. 남자의 지위 상승이 실제로 더 많은 성적 기회로 이어진다는 증거가 있는가? 기록된 역사에서 왕과 황제와 독재자는 항상 많은 여자를 하렘에 두었고, 젊고 생식력이 좋고 매력적인 여자를 선택했다. 예를 들면, 모로코의 물레이 이스마일 황제는 하렘에 여자를 500명이나 두었고, 그 사이에서 자식을 888명이나 낳았다. 진화인류학자 로라 벳직Laura Betzig은 인류 최초의 6대 문명인 메소포타미아, 이집트, 멕시코의 아스텍, 페루의 잉카, 인도, 중국의 자료를 체계적으로 모았다(Betzig, 1993). 이 문명들은 네 대륙에 흩어져 있고, 시간적으로는 기원전 약 4000년부터 시작해 약 4000년 동안 뻗어 있다.

6대 문명에서는 놀랍도록 일관된 패턴이 나타났다. 인도에서는 19세기 초에 파티알라 지방의 왕이던 부핀데르 싱Bhupinder Singh이 하렘에 332명의 여자를 거느렸다. 그 여자들 중에는 지위가 높은 마하라니 10명, 지위가 중간인 라니 50명, 그 밖에 지위가 없는 다양한 여자들과 하녀들이 포함돼 있었다. "그 여자들은 모두 왕이 마음대로 부릴 수 있었다. 왕은 밤낮을 가리지 않고 아무 때나 아무하고도 마음대로 정욕을 채울 수 있었다."(Dass, 1970, p. 78) 이렇게 여자에 대한 사치스러운 성적 접근은 지위와 권력이 높은 사람에게만 한정되었다. 대다수 남자는 아내 한 명만 데리고 살 수 있었고, 심지어 너무 가난해서 한 명마저 데리고 살 수 없는 남자도 있었다. 반면에 부유한 귀족은 쉽게 하렘을 거느릴 수 있었고, 인도에서는 얼마 전까지만 해도 많은 사람이 그렇게 했다(Betzig, 1993).

왕조가 유지되던 중국에서도 사정은 비슷했다. 기원전 771년 무렵 주나라에서는 왕이 "왕비인 후后 1명과 부인夫人 3명, 두 번째 등급의 빈嬪 9명, 세 번째 등급의 세부世婦 27명, 그리고 여어女御 81명"을 두었다(van Gulik, 1974, p. 17). 그리고 전국에서 젊고 아름답고 조예가 있는 여자를 뽑아 궁정으로 보내는 관리가 따로 있었다. 매력이 떨어지는 여자는 궁정에서 허드렛일을 맡았고, 매력적인 여자들만 왕의 하렘에 들어갈 수 있었다. 거느리는 여자의 수는 남자의 지위와 밀접한 상관관계가 있었다. 고대 중국에서 전설상의 제왕인 황제黃

帝는 1200명의 여자와 동침했다고 전한다. 진晉나라 폐제廢帝는 궁전 6개에 여자를 1만 명이나 두었다고 한다. 제후는 여자를 수백 명만 거느릴 수 있었고, 대장군은 30여 명, 상류층 남자는 6~12명, 중류층 남자는 3~4명만 거느릴 수 있었다(Betzig, 1993).

페루의 잉카 제국에서는 '처녀의 집들'에 그 수에 상한선은 없었지만 1500명의 여자가 머물렀다. 여자들은 이 집들에서 왕의 부름을 받을 때까지 기다렸다가 마침내 부름을 받으면 왕이 어디 있든지 간에 그곳으로 갔다. 중국과 마찬가지로 남자의 지위와 계급에 따라 거느릴 수 있는 여자의 수가 달랐다. 황제는 수천 명에 이르는 대다수 여자를 거느렸다. 잉카 제국의 군주들은 최소한 700명을 "집에서 온갖 일을 시키고 또 자신의 쾌락을 채울" 목적으로 거느렸다(Cieza de Leon, 1959, p. 41). 기록된 인류의 6대 문명 모두에서 지위와 계급은 남자에게 여자에 대한 성적 접근 기회를 많이 제공했다.

유전적 분석 결과는 지위와 권력과 신분이 번식 결과에 미치는 효과를 확인해주었다. 옛날 몽골 제국 영토 주변의 16개 인구 집단에서 혈액 시료를 채취해 분석한 결과, 전체 남자 중 8%가 몽골 제국 통치자의 특징을 지닌 염색체 '지문'을 갖고 있었다(Zerjal et al., 2003). 가장 유명한 통치자인 칭기즈 칸은 거대한 제국을 건설하여 아들들에게 물려주었는데, 그 아들들은 많은 아내와 큰 하렘을 거느렸다. 이 지역에 사는 남자들 중 무려 1600만 명이 칭기즈 칸의 후예로 추정된다는 사실은 '칭기즈 칸 효과'라는 이름에 정당성을 부여한다. 아일랜드에서도 비슷한 유전적 결과가 발견되었는데, 아일랜드 북서부 지역에 사는 전체 남자들 중 5분의 1은 한 통치자의 후손일 가능성이 매우 높다(Moore et al., 2006b).

이러한 연관 관계는 비록 그 규모는 덜하다 하더라도 현대에도 여전한 것으로 보인다. 현대 서구 문화에서는 일부일처제가 법으로 정해져서 한 남자가 결혼할 수 있는 여자의 수가 제한돼 있다. 독재자와 왕의 시대가 끝나면서 하렘도 사라져갔다. 그럼에도 불구하고, 지위가 높은 남자들은 더 많은 여자에게 성적으로 접근할 기회를 더 많이 얻는다(Perusse, 1993). 이러한 성적 접근은 일부일처제가 법으로 정해진 상황에서 일어나기 때문에 지위가 높은 남자의 성적 접근 기회 증가는 주로 단기적 섹스 파트너와 혼외 정사를 통해 얻는다. 예를 들어 사회적 지배성이 높은 남자들은 바람을 더 많이 피운다고 인정한다

알렉스 조지프는 애리조나 주의 작은 읍에서 아홉 명의 아내와 함께 살고 있다. 역사적으로나 비교문화적으로 지위가 높은 남자는 아내나 애인이나 첩의 형태로 많은 여자에게 성적 접근을 얻어 사실상 일부다처제를 영위하는 경우가 많았다.

(Egan & Angus, 2004). 그리고 현대에도 소득과 지위가 높은 남자들은 섹스를 더 많이 하고 자식도 더 많이 낳는 경향이 있다(Hopcroft, 2006 ; Weeden et al., 2006). 오스트리아에서 실시한 한 조사에서는 대학 내에서도 지위가 높은 남자 교수는 다른 교직원보다 자식을 더 많이 낳는 것으로 나타났다(Fieder et al., 2005). 지위가 높은 남자는 지위가 낮은 남자보다 더 매력적인 여자와 결혼한다(Elder, 1969 ; Taylor & Glenn, 1976 ; Udry & Eckland, 1984). 또한 지위가 높은 남자는 더 젊고 따라서 생식력이 더 높은 여자를 찾는다(Grammer, 1992). 현대 문명 사회의 구조는 초기 문명의 전형적 구조와는 아주 많이 달라졌지만, 남자의 지위와 젊고 매력적인 여자에 대한 성적 접근 사이의 연관 관계는 거의 같은 수준에 머물러 있다.

요약하면, 경험적 증거는 높은 지위를 추구하는 동기의 강도에서 남녀 차이가 나타날 것이라고 예측하는 진화 이론의 근거를 지지한다. 지금까지 나온 증거들은 모두 남자의 높은 지위는 많은 여자에 대한 성적 접근 기회 증가로 직접 이어진다고 시사한다. 물론 여자의 높은 지위도 번식에 유리한 이점을 많이 가져다줄 수 있다. 그러나 높은 지위가 남자에게 성적 접근 기회의 증가를 가져다준다는 사실은 자연 선택은 남자에게서 지위 추구 동기를 더 강하게 선호할 것이라는 근거를 제공한다.

남자는 지위 추구 성향이 더 강한가? 남자가 여자보다 지배성이나 지위 추구 성향이 더 강하다는 직접적 증거가 있는가? 놀랍게도 이 질문에 대한 답을 얻기 위한 연구는 이루어진 적이 거의 없지만, 약간의 힌트를 제공하는 연구는 있다. 화이팅Whiting과 에드워즈Edwards(1988)는 6개 문화를 조사한 연구에서 남자아이들은 여자아이들보다 마구 뒤엉켜 싸우는 놀이, 공격과 그 밖의 공격적 행동, '이기적'인 지배성 과시, 주의를 끌고자 하는 행동을 더 많이 한다는 사실을 발견했다. 6개 문화 모두에서 남자아이들은 여자아이들보다 또래 아이들에게 우열을 가리기 위한 도전을 하는 경우가 더 많았다. 이와는 대조적으로 여자아이들은 남자아이들보다 애정어린 보살핌과 사교성을 나타내는 경향이 더 강했다.

심리학자 엘리너 매코비Elenor Maccoby(1990)는 수천 건의 연구를 샅샅이 뒤지면서 아이들 사이에서 나타나는 남녀 차이에 대한 증거를 검토했다. 매코비는 미취학 연령대의 아이들 사이에서 나타나는 가장 두드러진 남녀 차이 두 가지를 다음과 같이 기술했다 :

> 첫 번째는 남자아이들한테만 나타나는 마구 뒤엉켜 싸우는 놀이의 성격과 경쟁과 지배성 문제에 대한 남자아이들의 지향성이다. ……두 번째로 중요한 요소는 여자아이들이 남자아이들에게 영향을 미치기가 힘들다는 사실을 알아챈다는 것이다. ……남자아이들 사이에서 말은 대체로 이기적인 기능을 하며, 자신의 영역을 확립하고 보호하는 데 쓰인다. 여자아이들 사이에서 대화는 사교적 유대를 맺는 과정에 더 가깝다. (Maccoby, 1990, p. 516)

지배성 추구 동기의 남녀 차이는 이른 나이에 나타나는 것으로 보인다. 브라운Browne(1998, 2002)은 남자의 높은 공격성, 경쟁적 노력, 지위에 대한 욕구, 위험을 감수하려는 높은 경향을 포함해 남녀 사이에 나타나는 기질상의 차이는 어른이 되어 일터에서 경험하는 지위와 소득의 남녀 차이와 연관 관계가

진화심리학

있다고 주장한다.

남녀 차이에 대한 또 다른 증거 자료는 사회적 지배 지향성social dominance orientation, SDO 연구에서 나온다(Pratto, Sidanius, & Stallworth, 1993). 사회적 지배 지향성이 높은 사람은 한 집단이 다른 집단을 지배하는 것을 정당화하고, 한 집단이 다른 집단을 차별하고 종속시키는 것과 한 집단에 다른 집단보다 더 많은 특권을 배분하는 것을 당연시하는 이데올로기를 받아들인다. SDO 지수를 측정하는 문항에는 "인생에서 앞서가려면 때로는 다른 사람을 밟고 갈 필요가 있다.", "부자가 돈이 많은 것은 더 우수한 사람들이기 때문이다.", "어떤 사람들은 다른 사람들보다 열등하다.", "어떤 집단은 다른 집단들과 동등하지 않다.", "가장 뛰어난 사람들[예컨대 가장 똑똑하고 가장 돈이 많고 교육 수준이 가장 높은 사람들]만이 출세해야 한다.", "게임의 과정보다는 승리가 더 중요하다.", "필요하다면 어떤 수단을 써서라도 인생에서 앞서가기만 하면 된다."와 같은 것이 포함돼 있다(Pratto, 1996, p. 187).

SDO는 여자보다 남자가 더 높을 수밖에 없는데, 그러한 지향을 가진 남자 조상들은 여자를 통제하고 접근하는 데 유리했을 것이기 때문이다. 게다가 자연 선택은 여자들이 SDO가 높은 남자를 선택하는 걸 선호했을 것이다. 종합하면, 두 가지 근거는 모두 진화의 관점에서 볼 때 SDO에 남녀 차이가 나타날 것이라고 예측하는 토대가 된다. 실제로 SDO 측정에서 남자는 여자보다 일관되게 높은 점수를 받는다. 로스앤젤레스의 성인 남녀 1000명을 대상으로 한 조사에서 남자들이 여자들보다 더 높은 SDO 점수를 받았다—이러한 남녀 차이는 원천 문화, 소득, 교육, 정치적 이데올로기에 상관 없이 일관되게 나타났다(Pratto, 1996). SDO의 남녀 차이는 다른 문화들에서도 관찰되고 기록되었는데, 세상에서 손꼽히는 남녀 평등 문화가 발달한 스웨덴에서 특히 두드러지게 나타났다. 요컨대, 남자는 남보다 높은 지위와 한 집단의 다른 집단 지배를 정당화하는 것을 포함해 남보다 앞서가려는 태도에서 더 높은 점수를 얻는 경향이 있다. 이러한 결과들은 지배성이나 지위를 얻으려는 동기에 남녀 차이가 있다는 진화 이론을 지지한다.

남자와 여자는 서로 다른 행동을 통해 자신의 지배성을 표현한다. 지배성의 남녀 차이를 뒷받침하는 또 다른 증거 자료는 남자와 여자가 자신의 지배성을 표현하는 행동에서 나온다. 한 연구에서는 이전에 지배적이라고 언급한 행동 100가지를 죽 열거했다(Buss, 1981). 몇 가지 예를 들면, "나는 그 사고가 일어나자 상황을 지휘했다.", "나는 회의에서 말을 많이 했다.", "나는 등을 마사지해 달라고 요구했다.", "나는 전체 집단이 어떤 텔레비전 프로그램을 봐야 할지 결정했다.", "애인에게서 온 전화를 끊어버렸다." 등이 포함되었다. 첫 번째 연구에서는 남녀에게 상대방의 사회적 바람직성, 혹은 자신이 보기에 그것이 얼마나 가치가 있는지 평가하게 했다. 그 결과는 상당한 남녀 차이를 보여주었다. 여자는 남자보다 "위원회 회의에서 진행 주도하기", "중요한 문제에 대해 다른 사람들의 생각을 묻기 전에 자신의 견해 표시하기", "중요한 대의를 위해 기금 요청하기", "공동체와 캠퍼스 활동에 적극적으로 참여하기" 같은 **친사회적 지배 행동**을 사회적으로 더 바람직한 것으로 평가하는 경향이 있었다.

이와는 아주 대조적으로, 남자는 여자보다 "자기 고집 관철하기", "감언이설로 사람들을 구워삶아 자신의 의사 관철하기", "남에게 호의를 베풀어야 하는 상황에 대해 불평하기", "일이 잘못되었을 때 다른 사람 비난하기" 등을 포함해 **이기적 지배 행동**을 사회적으로 더 바람직한 것으로 평가하는 경향이 있었다. 남자는 여자보다 이기적 지배 행동을 더 바람직하게 여기는 것으로 보인다.

이러한 남녀 차이가 실제 행동에서도 나타날까? 지배적인 남자들은(그렇지만 지배적인 여자들은 아님) 다음과 같은 행동을 한다고 보고했다 : "허드렛일을 직접 하는 대신에 남들에게 시켰다.", "내 고집을 관철시켰다.", "그 사람에게 두 가지 일 중 어느 것을 해야 하는지 정해주었다.", "남들이 알아채지 못하게 회의 결과를 내 의도대로 주도했다.", "내가 아닌 다른 사람에게 그 심부름을 시켜야 한다고 요구했다." 다시 말해서, 지배적인 남자는 지배적인 사람에게 직접 이익이 돌아가도록 다른 사람들에게 영향을 미치는 이기적 지배 행동을 상대적으로 더 자주 하는 것으로 나타났다. 이와는 대조적으로, 지배적인 여자는 "나는 집단 구성원들 사이의 분쟁을 가라앉혔다.", "어떤 프로젝트를 조직하는 일을 내가 주도했다.", "회의에서 연사를 내가 소개했다."와 같은 친사회적 지배 행동을 더 자주 하는 경향이 있다. 지배적인 여자는 자신의 지배성을 주로 집단의 기능과 안녕을 촉진하는 행동을 통해 표현하는 것으로 보인다.

지배성의 표현에 나타나는 이러한 남녀 차이는 에드윈 메가지Edwin Megargee(1969)가 한 미묘한 심리학 실험에서도 발견되었다. 메가지는 지도력에 미치는 지배성의 효과를 검토할 수 있는 실험 상황을 만들려고 했다. 먼저 많은 남녀로 이루어진 집단에서 각자의 지배성을 측정했다. 그러고 나서 지배성 점수가 높은 사람과 낮은 사람만 선택했다. 선발 절차가 끝나자, 메가지(1969)는 지배성이 높은 사람과 낮은 사람을 한 쌍씩 짝지어 실험실로 들어가게 했다. 그리고 네 가지 조건을 만들었다 : (1) 지배성이 높은 남자와 낮은 남자, (2) 지배성이 높은 여자와 낮은 여자, (3) 지배성이 낮은 남자와 높은 여자, (4) 지배성이 높은 여자와 낮은 남자.

메가지는 각 쌍에게 빨간색, 노란색, 초록색 볼트와 너트와 레버가 많이 들어 있는 상자를 주었다. 그리고 이 연구의 목적은 스트레스를 받는 상황에서 개성과 지도력 사이의 관계를 알아보기 위한 것이라고 설명했다. 각 쌍에게 부여된 임무는 수리공 팀이 되어 특정 색깔의 볼트와 너트를 다른 색깔의 볼트와 너트로 교체함으로써 상자를 최대한 빨리 수리하는 것이었다. 단, 둘 중 한 사람은 다른 사람에게 지시를 내리는 지도자 역할을 맡아야 하고, 파트너는 지도자가 요구하는 허드렛일을 하는 부하 역할을 해야 했다. 연구자는 실험 참여자들에게 지도자 역할을 맡는 사람은 그들끼리 알아서 정하라고 했다.

메가지에게 중요한 질문은 누가 지도자가 되고 누가 부하가 되는가 하는 것이었다. 그는 각각의 조건에서 단순히 지배성이 높은 사람이 지도자가 되는 비율만 기록했다. 동성끼리 한 쌍이 되었을 때에는 지배성이 높은 남자 중 75%, 지배성이 높은 여자 중 70%가 지도자 역할을 맡는 결과가 나왔다. 그러나 지배성이 높은 남자를 지배성이 낮은 여자와 짝지었을 때에는 남자 중 90%가 지도자가 되었다. 무엇보다 놀라운 결과는 지배성이 높은 여자와 지배성이 낮은 남자를 짝지었을 때 나왔다. 이 조건에서는 지배성이 높은 여자 중에서 지도자 역할을 맡은 사람은 20%에 불과했다.

이 실험 결과만 놓고 본다면, 여자는 자신의 지배성을 억제하거나 남자가 낮은 지배성에도 불구하고 지도자를 맡음으로써 표준적인 성 역할을 수행해야 한다는 압박을 받았다고 결론내릴 수 있다. 그러나 좀더 자세히 분석하자, 어느 쪽 결론도 확실한 지지를 받지 못했다. 메가지는 각 쌍이 누가 지도자가 될지 결정할 때 주고받은 대화를 기록했다. 그리고 그 녹음 테이프를 분석하다가 놀라운 사실을 발견했다 : 지배성이 높은 여자들이 지배성이 낮은 파트너를 지도자 자리에 **임명**했던 것이다. 실제로 지배성이 높은 여자들이 역할에 대한 최종 결정을 내린 비율은 전체의 91%에 달했다! 이 사실은 이성끼리 섞인 조건에서 여자가 자신의 지배성을 표현하는 방식이 남자와 다르다는 것을 시사한다. 지배성 표현에서 나타나는 이러한 기본적인 남녀 차이는 추후의 연구들에서도 반복적으로 발견되었다(예컨대 Carbonell, 1984 ; Davis & Gilbert, 1989 ; Nyquist & Spence, 1986).

메가지의 연구는 중요한 남녀 차이를 부각시켰다 : 남자는 자신을 권력과 지위를 가진 위치로 격상시키는 개인적 지위 상승 행동을 통해 자신의 지배성을 표현하는 경향이 있다. 여자는 다른 사람들보다 위에 올라서려는 개인적 지위 추구 경향이 적으며, 대신에 집단 지향적 목표를 위해 자신의 지배성을 표현한다. 이 연구들을 종합하면, 남녀는 지위 추구 방식이 다르다는 가설을 뒷받침한다.

이러한 남녀 차이는 많은 활동 영역에서 나타난다. 예를 들면, 남자의 개인적 일기에는 동성 간 경쟁에 대한 언급이 더 많이 나온다(Cashdan, 1998). 그리고 일터에서 남자는 평균적으로 더 큰 위험을 감수하고, 지위에 대한 욕구를 더 강하게 표현하고, 남보다 앞서가기 위해 탄력 시간 근무 같은 삶의 다른 속성을 희생하려는 경향이 훨씬 강하다(Browne, 1998, 2002).

또 다른 남녀 차이는 남자는 지위가 **비슷한** 다른 사람들이 보고 있을 때에는 자원과 관련해 더 위험한 행동을 하지만, 지위가 월등히 높거나 낮은 사람들과 상호작용을 할 때에는 그러지 않는다는 이론에서 나온다(Ermer, Cosmides, & Tooby, 2008). 그 논리는 위계 질서가 안정적이고 잘 확립돼 있을 때에는 위험을 무릅쓸 필요 없이 더 강한 경쟁자에게 자원을 양보하는 게 현명하다는 개념에서 나온다. 반면에 지위가 비슷한 경쟁자들 사이에서는 그 결과가 불확실하기 때문에, 자연 선택은 자원에 관한 결정에서 더 위험한 결정을 선호할 것이다. 엘사 어머Elsa Ermer와 그 동료들은 이 개념을 검증하기 위해 실험실에서 한 일련의 실험들에서 참여자들에게 다음과 같은 결정을 내리게 했다 :

진화심리학

여러분이 얼마 전에 파산을 신청한 회사 주식을 60달러어치 샀다고 상상해보라. 회사는 이제 여러분에게 투자한 돈을 회수할 수 있는 방법 두 가지를 제안한다. 만약 여러분이 A안을 선택하면, 20달러를 회수할 수 있다. 만약 B안을 선택하면, 돈을 모두 돌려받을 확률이 3분의 1이고 돈을 다 날릴 확률이 3분의 2인 무작위 제비뽑기 방식을 따라야 한다. 여러분은 두 가지 대안 중 어느 쪽을 선택하겠는가? (Ermer et al., 2008, p. 110)

실험 참여자들에게는 그들이 다니는 학교보다 더 좋은 대학, 비슷한 대학, 나쁜 대학에서 각각 온 다른 학생들이 지켜보면서 평가를 한다고 믿게 했다. 〈그림 12.2〉가 그 결과를 보여준다. 남자들은 주로 사회적 지위가 비슷한 남자들이 지켜보고 평가한다고 믿을 때, 자원에 관한 결정에서 더 위험한 결정(B안)을 내리는 경향을 보였다. 그렇지만 지위가 높거나 낮은 사람들이 지켜볼 때에는 그런 경향이 약해졌다. 흥미롭게도 이 효과는 남자에게서만 나타났고, 여자에게서는 나타나지 않았다. 자원에 관한 위험한

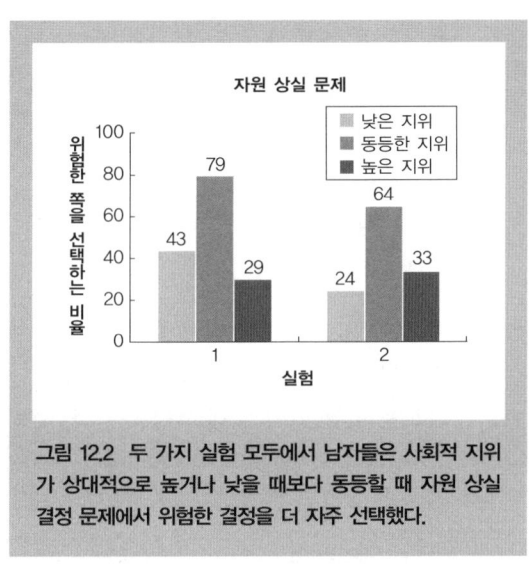

그림 12.2 두 가지 실험 모두에서 남자들은 사회적 지위가 상대적으로 높거나 낮을 때보다 동등할 때 자원 상실 결정 문제에서 위험한 결정을 더 자주 선택했다.

출처: Ermer, E., Cosmides, L., & Tooby, J. (2008). Relative status regulates risky decision making about resources in men: Evidence for the co-evolution of motivation and cognition. *Evolution and Human Behavior, 29*, 106-118. (Figure 1, p. 111). Reprinted with permission from Elsevier.

결정에서만 그런 경향이 나타났을 뿐, 의료 절차라든가 다른 것에 관한 위험한 결정에서는 그러지 않았다. 이 결과들은 남자들 사이의 지위 경쟁은 지위가 같은 남자들이 관여할 때 가장 치열하고, 지위가 대략 비슷한 잠재적 경쟁자들이 지켜볼 때에는 더 위험한 전략을 택한다는 개념을 뒷받침한다.

지배성 이론

진화심리학자 데니스 커민스Denise Cummins(1998, 2005)는 수수께끼처럼 보이

는 사람의 많은 인지 능력을 설명하기 위한 틀로서 지배성 이론을 제안했다. 커민스는 사람(그리고 침팬지) 집단의 경우, 생존을 위한 투쟁은 흔히 지배적인 사람들과 지배적인 사람들을 속이려고 노력하는 사람들 사이의 갈등으로 나타나는 특징이 있다는 주장으로 시작했다: "마음의 진화는 바로 이런 상황에서 전략적 군비 경쟁으로 나타나는데, 이 군비 경쟁에서 무기는 다른 사람들의 마음의 내부 표상을 표현하고 조종하면서 끊임없이 증대되는 정신 능력이다." (Cummins, 1998, p. 37) 자연 선택은 그 사람이 지배적 위치로 올라가도록 하는 전략을 선호할 테지만, 지위가 낮은 사람들이 지배적인 개인이 주요 자원에 접근하는 것을 방해하는 전략의 진화도 선호할 것이다. 그러한 전략에는 생존과 번식에 필요한 자원에 접근하기 위한 속임수, 책략, 거짓 복종, 우정, 조종 등이 있다. 예를 들면, 침팬지 사이에서는 지위가 낮은 수컷은 암컷과 '불법적'인 성행위를 하다가 지배적인 수컷에게 들켰을 때, 자신의 발기를 숨기려고 하는데, 이것은 지위가 낮은 수컷에게 지배적인 수컷의 '마음을 읽고' 속이는 능력이 있음을 시사한다(de Waal, 1988). 커민스는 다른 개체의 마음을 추측하는 이러한 인지 능력은 지배적인 개체들이 자원에 1차적으로 혹은 배타적으로 접근하는 것을 막기 위해 사람을 포함한 영장류에서 진화했다고 주장했다.

지배성 이론이 주장하는 핵심 가정은 두 가지가 있다. 첫째, 사람은 지배 서열을 포함해 사회적 규범을 추론하는 영역 특정적 전략이 진화했다. 이런 전략에는 허락(예컨대 누가 누구와 짝짓기를 하는 게 허용되는지), 의무(예컨대 사회적 분쟁에서 누가 누구를 지원해야 하는지), 금지(예컨대 누가 누구와 짝짓기를 해서는 안 되는지)와 같은 측면들을 이해하는 게 포함된다. 둘째, 지배성 이론은 이러한 인지적 전략은 다른 형태의 추론 전략보다 앞서서 그리고 별도로 나타날 것이라고 주장한다.

커민스는 지배성 이론을 뒷받침하기 위해 여러 형태의 증거를 제시했다. 첫 번째 증거는 아이의 삶에서 권리와 의무에 대한 추론이 일찍 나타나는 것에 관한 것으로, **규범적 추론**이라 부른다. 규범적 추론은 그 사람이 어떤 것을 하는 게 허용되고, 어떤 것을 해야 할 의무가 있고, 어떤 것이 금지되는가(예컨대 나는 술을 마실 만큼 나이를 충분히 먹었는가?)에 대해 추론하는 것이다. 이런 형태의 추론은 어떤 것이 참이냐 거짓이냐(예컨대 저 나무 뒤에 정말로 호랑이가 숨어 있을까?)에 관해 추론하는 **지시적 추론**과 대조된다. 많은 연구에서는 사람이 규범적 규칙에 대해 추론을 할 때에는 자동적으로 규칙 위반자를 찾는 전략을 채택한다는 사실을 발견했다. 예를 들면, "술을 마시는 사람은 21세 이상이어야 한다."라는 규범적 규칙을 평가할 때, 사람들은 자동적으로 어려 보이는데도 손에 술잔을 들고 있는 사람들을 찾는다. 이와는 아주 대조적으로 사람들은 지시적 규칙을 평가할 때에는 규칙을 확인하는 사례를 자동적으로 찾는다. 예를 들면, "북극곰은 모두 털이 희다."라는 지시적 규칙을 평가할 때, 사람들은 자동적으로 털이 희지 않은 북극곰을 찾기보다는 털이 흰 북극곰 사례를 찾는다. 요컨대, 사람들은 규범적 규칙을 평가하느냐 지시적 규칙을 평가하느냐에 따라 서로 다른 두 가지 추론 전략을 택한다. 규범적 규칙의 경우에 사람들은 규칙에서 벗어나는 사례를 찾는 반면, 지시적 규칙의 경우에는 규칙에 부합하는 사례를 찾는다. 이렇게 뚜렷한 차이가 나는 두 가지 추론은 최소 만 3세의 어린아이들에게서 관찰되고 기록되어 이러한 추론 능력들이 일찍부터 나타난다는 것을 시사한다(Cummins, 1998). 만 3세 무렵부터 어린이가 스스로를 이행적 지배 서열 속으로 조직하는 것도 필시 우연의 일치가 아닐 것이다. 게다가 어린아이들은 다른 자극에 대해 이행적 추론을 하는 것보다 더 일찍부터 이행적 지배 서열에 대해 추론할 수 있다(Cummins, 1998).

지배성 이론은 사람의 추론이 지위에 큰 영향을 받을 것이라고 예측하는데, 이를 뒷받침하는 경험적 증거가 일부 있다. 진화심리학자 린다 밀리Linda Mealey는 실험 참여자들에게 남자들 사진과 함께 각 남자의 사회적 지위(높은 것 대 낮은 것)와 성격(속임수를 쓴 전력, 부적절한 정보, 신뢰성을 알려주는 전력)을 알려주는 개인 정보를 보여주었다(Mealey, Daood, & Krage, 1996). 일 주일 뒤, 실험실로 되돌아온 실험 참여자들에게 저번 주에 본 사진들 중에서 기억에 남는 게 어떤 것이냐고 물었다. 중요한 결과가 몇 가지 나타났다. 첫째, 사람들은 속임수를 쓰지 않는 사람들보다 '사기꾼'을 훨씬 잘 기억했다. 둘째, 사기꾼의 지위가 낮을 때 사기꾼에 대한 기억이 더 높은 반면, 사기꾼의 지위가 높을 때에는 사기꾼에 대한 기억 편향이 줄어들었다. 셋째, 사기꾼에 대한 기억 편향은 여성 참여자들보다 남성 참여자들에게서 더 강하게 나타났다. 이 결과들은 사람은 중요한 사회적 정보 처리를 위해 설계된 선택적 주의와 기억 저장 기제—사기를 친 사람과 사기를 당한 사람의 지위에 특히 민감한 기제—가 진화했다는 주장을 지지한다. 이 결과들은 또한 사람의 사회적 추론이 지위에 큰 영향을 받을 것이라고 주장한 커민스의 지배성 이론도 지지한다.

사람은 분노하거나 좌절할 때 혈압이 높아진다. 만약 그 사람에게 분노를 촉발한 사람을 공격할 기회를 주면 혈압이 정상으로 돌아오지만, 공격 '표적'이 지위가 낮은 사람일 때에만 그렇다. 표적이 지위가 높은 사람일 경우에는 혈압은 계속 높은 상태에 머무른다(Hokanson, 1961).

커민스는 지위가 사회적 추론에 미치는 효과를 직접적으로 검증하기 위한 실험에서 참여자들에게 "만약 어떤 사람이 공부 모임을 이끄는 임무를 부여받으면, 그 사람은 공부 모임을 녹음해야 한다."라는 규칙을 검증하라는 과제를 주었다(Cummins, 1998. p. 41). 참여자는 어떤 공부 모임 기록을 검사할 것인지 선택함으로써 그 규칙이 맞는지 검증해야 했다. 그리고 여기서 중요한 조작을 한 가지 도입했다 : 전체 참여자 중 절반에게는 지위가 높은 개인, 즉 기숙사 조교의 관점에서 자기가 관리하는 학생들을 감시하게 했다. 나머지 절반에게는 학생(지위가 낮은)의 관점에서 기숙사 조교가 저지를 수 있는 위반 사항을 감시하게 했다. 그 결과는 지위와 사회적 추론에 강한 연관 관계가 있음을 보여주었다 : 65%는 자신보다 지위가 낮은 사람을 살펴볼 때 잠재적 규칙 위반 사례를 살펴본 반면, 지위가 동등하거나 더 높은 사람을 살펴볼 때에는 20%만이 잠재적 규칙 위반 사례를 살펴보았다.

이 연구 결과들은 모두 지배성 이론을 뒷받침한다. 규범적 추론 전략은 인생의 이른 시기부터 나타나는 것으로 보인다. 사람들은 어떤 것이 허용되고, 어떤 것이 의무적이고, 어떤 것이 금지되는지에 관한 사회적 정보에 특히 민감하다. 사람들은 규범적 규칙 위반 사례를 자동적으로 살펴보는데, 지위가 높은 사람보다 지위가 낮은 사람에게서 그런 사례를 찾는 경우가 훨씬 많다. 커민스는 "인지가 어떤 문제를 해결하려고 진화했는지 추측하려고 한다면, 지배성 이론보다 더 나은 대안을 생각하기가 매우 어려울 것이다."라고 결론지었다 (Cummins, 1998. p. 46).

사회적 주의 끌기 이론

커민스는 지배 서열이 제기하는 반복적인 적응 문제들에서 유래한 정보 처리 전략을 강조한 반면, 진화심리학자 폴 길버트Paul Gilbert(1990, 2000a)가 내놓은 이론은 지배성의 감정적 요소를 강조한다. 길버트의 이론은 사람을 제외한 동물들을 대상으로 실시한 연구(Archer, 1988 ; Parker, 1974 ; Price & Sloman, 1987)에서 나온 **자원 획득 잠재력**resource-holding potential, RHP이라는 개념에 일부 기초하고 있다. 자원 획득 잠재력은 동물이 다른 동물과 비교해 자신이 상대적으로 강한지 약한지 내리는 평가를 가리킨다. 대결의 패자나 대결 이전에 자신이 열등하다고 판단하는 동물은 RHP가 낮다. 대결의 승자나 대결 이전에 자신이 우세하다고 판단하는 동물은 RHP가 높다. 이러한 상대 평가로부터 나오는 행동은 지배 서열을 만들어낸다.

RHP 평가가 이루어진 뒤에는 세 종류의 행동이 따른다. 첫째, 동물은 다른 동물을 **공격**할 수 있는데, 특히 자신의 RHP가 더 높다고 지각할 때 그런 일이 일어난다. 둘째, 동물은 달아날 수 있는데, 특히 자신의 RHP가 더 낮다고 지각할 때 그런 일이 일어난다. 셋째, 동물은 **복종**할 수 있다. 즉, 중요한 자원을 RHP가 높은 동물에게 바칠 수 있다. 이 분석에서 지배성은 어떤 개체가 지닌 성질 자체가 아니라, 둘 이상의 개체 사이에 존재하는 관계를 기술하는 말이다.

길버트(1990)에 따르면, 사람들은 RHP를 **사회적 주의 획득 잠재력**social attention-holding potential, SAHP이라는 또 다른 형태로 사용해왔다. SAHP는 다른 사람들이 특정 개인에게 보이는 주의의 질과 양을 가리킨다. 이 견해에 따르면, 사람들은 집단 내의 다른 사람들에게서 주의를 끌고 가치가 높은 사람으로 인정받기 위해 서로 경쟁한다. 집단 구성원들이 한 개인에게 높은 수준의 주의를 많이 보내면 그 개인은 지위가 높아진다. 무시당한 개인은 지위가 낮아진다. 이 이론에 따르면, 지위의 차이는 위협이나 강압의 차이에서 나오는 것이 아니라, 다른 사람들에게서 받는 주의의 차이에서 나온다.

왜 사람들은 어떤 사람에게는 지위를 부여하는 반면, 다른 사람은 무시할까? 길버트는 사람들은 자신이 가치 있게 여기는 기능을 수행하는 사람에게 주의를 기울인다고 주장한다. 예를 들면, 병에 걸린 사람을 돕는 의사는 그 환자에게서 높은 수준의 주의를 받는다. 이 견해에 따르면, 사람들은 SAHP를 높이기 위해 다른 사람들에게 편익을 제공하려고 경쟁한다. 편익을 제공하지 못하는 사람들은 주의와 자원에서 멀어지고 차단된다.

길버트(1990, 2000b)의 이론이 이론적으로 기여한 내용 중 가장 신선한 것은 지위 변화의 결과로 나타난 기분이나 감정의 역할에 관한 가설에 있다. 지

한 이론에 따르면, 승리는 기분 고조와 남을 돕는 행동의 증가를 낳고, 장래의 경쟁에서 이길 확률을 높인다(왼쪽). 패배는 우울증, 사회적 불안, 질투를 낳을 수 있다(오른쪽).

위가 올라가면 **기분 고조**와 **도움** 증가라는 두 가지 결과가 나타날 것이라고 가정할 수 있다. 경쟁적 대결에서 승리를 거두면 기분이 고조되는 경향이 있는데, 이것을 '승자의 기분 고조'라 부른다. 운동 경기가 끝난 뒤에 승자와 패자의 얼굴을 자세히 살펴보면, 기분이 고조된 정도에 차이가 나는 것을 쉽게 확인할 수 있다. 긍정적 기분은 장래의 경쟁을 추구하는 가능성을 높이고, 그와 함께 자신이 이길 확률 평가도 높아지게 만들 것이다. 두 번째 변화는 도움 증가이다. 심리학자들은 지위 상승을 겪은 사람들이 친절하고 도움을 주는 방식으로 행동할 가능성이 높다는 사실을 관찰했다(Eisenberg, 1986). 흥미롭게도 어떤 사람들은 남에게 도움을 청하는 걸 피하는데, 그렇게 하면 자신의 지각된 지위가 낮아진다고 생각하기 때문이다(Fisher, Nadler, & Whitcher-Alagna, 1982). 남자들이 길을 묻길 꺼리는 것은 아마도 이 때문일 것이다. 즉, 지위 상실에 대한 무의식적 염려 때문이다. 게다가 병원의 응급 환자실에서 지위가 높은 개인은 지위가 낮은 개인보다 도움을 주는 경향이 더 높다는 증거도 있다(Brewin, 1988). 요컨대, 지위 상승은 기분 고조와 도움 행동 증가와 연관 관계가 있는 것으로 보인다.

SAHP 이론에 따르면, 급격한 지위 추락은 기분과 감정에 다른 종류의 결과들을 낳는데, 사회적 불안, 수치, 분노, 질투, 우울증 등이 나타날 수 있다. 대중 연설을 할 때에는 지위에 미치는 잠재적 결과가 클수록 **사회적 불안**도 더 커진다. 예를 들면, 교수가 대학생 청중에게 연설을 하는 것은 일반적으로 전

진화심리학

문가들이 참석한 국제 학회에서 연설을 하는 것만큼 불안을 야기하진 않는다. 사회적 불안은 지위 상실을 피하는 노력에 동기를 부여하는 기능이 있는지도 모른다. **수치심**도 지위 추락과 관련이 있는 감정이다. 수치심은 대개 대중의 평가가 자신을 조롱이나 경멸 대상으로 여기는 결과로 나와 지각된 지위가 하락할 때 나타난다. 수치심을 느낀 개인은 스스로를 위축되고 열등하고 경멸을 받아 마땅한 존재로 지각한다. 신체의 움직임도 이러한 자기 평가와 일치하는데, 예를 들면 남과 눈을 마주치는 걸 피하거나 턱을 내리거나 몸을 구부정하게 굽히는 동작을 보인다(Wicker, Payne, & Morgan, 1983). 수치심은 현재나 미래에 경멸의 대상이 되는 걸 피하도록 자극한다.

분노 역시 지위 상실에 대한 반응으로 나타난다고 가정되는 감정이다. 분노는 지위 상실을 초래한 사람에게 복수를 하도록 자극한다. 흔히 인용되는 "나를 엿먹이고 무사할 줄 알아?"라는 표현은 지위 상실에 따른 분노와 그에 따른 복수를 잘 표현하며, 보복적 공격을 정당화하는 데 사용할 수 있다(Gilbert, 1990).

질투는 심리학에서 연구가 얼마 되지 않은 감정 중 하나이지만, SAHP 이론에 따르면 아주 중요할지 모른다. 질투는 사람들은 자기가 갖길 원했지만 갖지 못한 자원이나 집, 배우자, 명성을 다른 사람이 가졌을 때 느낀다는 점에서 지위와 관련이 있다. 질투는 우리가 원하는 것을 가진 사람들을 모방하도록 자극하는 기능이 있을지 모른다. 영웅 숭배와 다른 사람을 이상화하는 것은 질투 감정의 긍정적 표출을 반영한 것인지도 모른다(Hill & Buss, 2008b). 부정적 측면으로는 질투는 자신보다 많은 것을 가진 사람들을 깎아내리도록 설계된 행동(예컨대 그들이 이룬 업적을 비하하는 것처럼)을 자극할 수 있다. 대표적인 예로록 스타 로드 스튜어트가 어떤 음악상을 한 번도 못 탄 것에 대해 한 이야기를 들 수 있다 : "내가 그 상을 못 탄 것은 아주 놀라운 일입니다. 그들은 스팅[그 상을 탄 록 음악가]을 제외하고는 영국인에게는 상을 주지 않는 경향이 있더군요. 하기야 그는 엉덩이에서도 광채를 내뿜죠. 인디언을 돕는 진지한 사람이자 순수한 재즈 음악가니까요."(《뉴스위크》, November 10, 2003, p. 23) 질투는 남편에게 결혼 생활에서 자신의 우월적 지위를 유지하기 위해 아내의 업적을 과소평가하도록 자극할 수 있다(Horung, McCullough, & Sugimoto, 1981). 여자는 자신보다 더 매력적인 경쟁자를 질투하는 경향이 강한 반면, 남자는 성 경험이 더 많고 더 매력적인 배우자를 지닌 경쟁자를 질투하는 경향이 강하다(Hill & Buss, 2006). 질투는 조직에서 매우 파괴적인 효과를 나타낼 수 있는데, 예를 들어 관리자가 자기보다 뛰어난 능력을 발휘하지 못하도록 부하 직원의 노력을 좌절시킬 때 그런 일이 일어난다(Maner & Mead, 2010).

　　우울증은 애착 유대 상실을 포함해 그 밖의 많은 요인 때문에 생길 수 있지만, 지위 상실에 대해 나타날 것으로 가정되는 마지막 감정적 반응이다(Gilbert, 1990). 지위 상실로 인한 우울증은 외모가 시들거나 직장에서 해고당하거나 자신이 다른 사람들에게 짐이 된다고 생각하거나 사람들이 보는 앞에서 어떤 일이나 행동을 제대로 하지 못했을 때 나타날 수 있다. 우울증이 다른 사람들의 비위를 맞추거나 그들에게서 맹공격이나 계속적인 공격을 방지하도록 설계된 복종적 행동을 촉진한다는 경험적 증거가 있다(Forrest & Hokanson, 1975). 사람들은 다시 일자리를 찾거나 다른 사람들에게 가치를 부여할 수 있는 방법을 발견하여 SAHP가 높아지면 우울증에서 벗어난다(Andres & Thomson, 2009).

　　요약하면, SAHP 이론은 기분 고조에서부터 우울증에 이르기까지 사람의 감정적 삶 중 많은 측면이 지위 서열의 적응 문제들을 다루기 위해 설계된 진화한 심리 기제의 특징이라고 주장한다. 감정의 구체적인 기능에 관한 가설을 검증하는 연구는 거의 이루어지지 않았으나, 이 이론의 전망은 아주 밝다.

지배성의 결정 인자

지배성과 지위를 시사하는 언어적 및 비언어적 특징은 아주 많다. 그것은 이야기를 하는 데 쓴 시간에서부터 테스토스테론에 이르기까지 다양하다. 이 절에서는 지배성과 지위의 가장 중요한 상관관계를 요약해서 제시한다. 많은 경우, 인과 관계는 상관관계 자료에서 추론할 수 없다. 예를 들어 만약 테스토스테론이 지배성과 상관관계가 있다면, 높은 테스토스테론 수치가 높은 지배성을 낳을까, 아니면 높은 지배성이 높은 테스토스테론 수치를 낳을까, 아니면 둘 다 옳을까? 만약 지위가 높은 사람이 지위가 낮은 사람보다 키가 더 크다면, 큰 키가 높은 지위를 낳을까, 아니면 높은 지위가 큰 키를 낳을까, 아니면 둘 다 옳을까? 대개의 경우, 우리는 이러한 인과적 질문에 답할 수 없다. 그럼에도 불구하고, 지배성과 지위와 상관관계가 있는 요소들은 상대적 지위와 함께 따라다니는 것이 무엇인지 흥미로운 그림을 제공한다.

지배성을 시사하는 언어적 및 비언어적 특징. 아가일Argyle(1994)은 관련 문헌을 요약하여 다음과 같이 결론지었다 : 지배적인 개인은 상체를 꼿꼿하게 세우고 흔히 청중을 정면으로 응시하면서 양 손은 허리춤에 갖다대고 가슴을 앞으로 쭉 내민다 ; 말을 하면서도 다른 사람들에게 시선을 주는 등 많은 곳을 본다 ; 미소를 많이 짓지 않는다 ; 다른 사람들에게 신체 접촉을 한다 ; 저음의 큰 목소리로 말한다 ; 다른 사람들을 손으로 가리키는 제스처를 한다. 사람들은 어떤 남자가 낮은 목소리로 말하는 걸 들을 때 신체적 지배성과 사회적 지배성을 추론한다. 뿐만 아니라, 남자는 자기보다 지배성이 낮은 남자에게 이야기를 한다고 믿을 때에도 목소리를 낮춘다(Puts, Gaulin, & Verdolini, 2006). 실험실에서 한 실험들에서 사람들은 사회적 지배성이 높은 남자에게 선택적 주의—시선 추적 장비를 사용해 측정한 시선 고정—를 보내지만, 사회적 지배성이 높은 여자에게는 그러지 않는다(Maner, DeWall, & Gailliot, 2008). 지위가 낮거나 복종적인 개인의 행동은 대개 정반대로 나타난다 : 몸을 꼿꼿이 세우는 대신에 구부정한 경우가 많고 ; 미소를 많이 짓고 ; 말을 부드럽게 하고 ; 다른 사람들의 말에 귀를 기울이고 ; 공손하게 고개를 자주 끄덕이고 ; 지위가 높은 사람보다 말을 적게 하고 ; 다른 사람이 말을 할 때 끊지 않고 ; 집단 전체보다는 집단 내에서 지위가 높은 사람들을 들먹인다.

가슴을 펴고 걷는 것은 어떨까? 빨리 걷는 것은? 슈미트Schmitt와 아츠방거Atzwanger(1995)는 걸음 속도와 지위 사이의 상관관계는 남자에게서는 나타나지만 여자에게서는 나타나지 않을 것이라고 예측했다. 두 사람은 남자는 인류의 진화 역사를 통해 사냥 기술을 보여주는 신호(이동 속도와 인내심을 포함해)를 통해 깊은 인상을 줌으로써 여자를 유혹하려고 경쟁했다는 사실을 그 논리적 근거로 들었다. 오스트리아 빈의 혼잡한 장소에서 한 관찰자가 보행자들의 걸음 속도를 측정했다. 그리고 좀 있다가 다른 관찰자가 각각의 관찰 대상을 붙잡고 나이, 체중, 사회경제적 지위 등을 물어보았다. 〈그림 12.3〉에 그 결과가 나와 있다.

남자의 경우에는 걸음 속도와 사회경제적 지위 사이에 유의미한 양의 상관관계가 나타났다. 반면에 여자의 경우에는 유의미한 양의 상관관계가 전혀 나타나지 않았다. 이 결과는 걸음 속도가 남자에게는 성과 연관 관계가 있는 지위 과시 행동이지만 여자에게는 해당 사항이 없다는 두 저자의 가설을 뒷

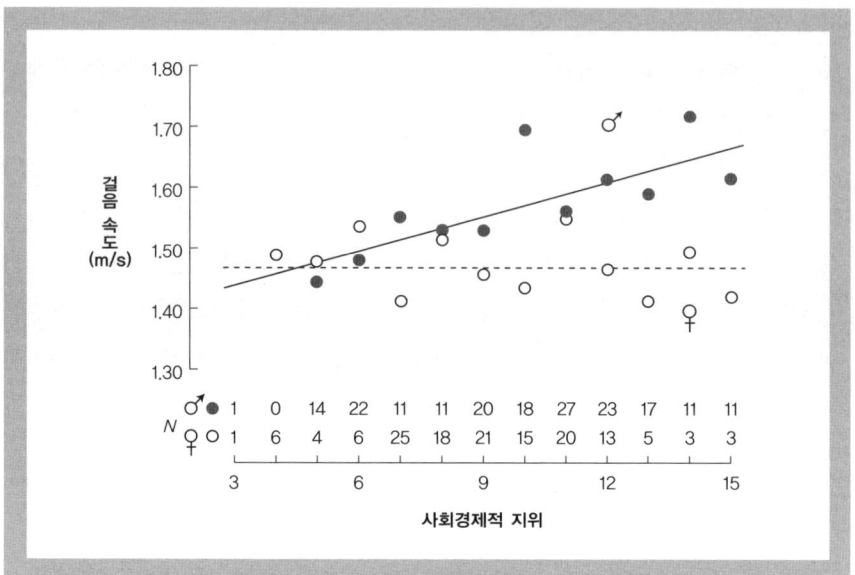

그림 12.3 보행자의 걸음 속도와 사회경제적 지위(SES, 값이 클수록 사회경제적 지위가 높은 것을 나타낸다) 사이의 연관 관계. 남자들(N=167)은 사회경제적 지위와 일치하는 방식으로 더 빨리 걷지만, 여자들(N=159)의 걸음 속도는 사회경제적 지위와 무관하다.

출처: Schmitt, A., & Atzwanger, K. (1995). Walking fast—ranking high: A sociobiological perspective on pace. Ethology and Sociobiology, 16, 451–462. Copyright © 1995, with permission from Elsevier.

받침한다.

청소년기에는 사회적 지배성이 높은 남녀는 강압적 전략(예컨대 "나는 자주 내가 원하는 것을 하도록 다른 사람을 괴롭히거나 강요한다.")뿐만 아니라 친사회적 전략(예컨대 "나는 어떤 대가로 그들을 위해 뭔가를 해줌으로써 다른 사람들에게 영향을 미친다.")도 사용하는 경향이 있다(Hawley, Little, & Card, 2008). 진화심리학자 퍼트리셔 홀리Patricia Hawley는 그런 사람을 '양면 전략 조정자bi-strategic controller'라고 불렀다. 어떤 사람은 한 전략을 다른 전략보다 선호하지만, 양면 전략 조정자는 원하는 것을 얻기 위해 때로는 강압적이고 공격적인 전략을 사용하는데도 자신의 지배적인 지위와 인기를 유지한다. 사회적 지배성이 높은 남자 청소년이 강압적 전략을 더 효과적으로 추구할 수 있게 해주는 악력이 더 센 것은 아마도 우연의 일치가 아닐 것이다(Gallup, White, & Gallup, 2007).

신체 크기와 지배성. 사람의 지위 서열과 다른 사람의 주의를 끄는 많은 방법

진화심리학

의 복잡성을 감안한다면, 단순한 몸 크기가 여전히 중요한 위력을 발휘한다는 사실이 놀랍게 보일 수 있다. 실제로 '큰 사람big man'이란 용어는 대다수 문화에서 이중적 의미를 지니는데, 키가 큰 사람이란 뜻으로도 쓰이지만, 중요성과 영향력과 권력과 권위가 있는 사람이란 뜻으로도 쓰인다(Brown & Chia-Yun, n.d.). 일부 문화에서는 '지도자'란 단어가 문자 그대로 '큰 사람'을 뜻한다. 영어에서는 신체적 위상을 가리키는 단어가 지위를 나타내는 은유로 많이 쓰인다. 예를 들면 'being on *top*(지배적 위치에 있다)', 'being *under* someone's control(누구의 지배를 받다)', 'walking *tall*(가슴을 펴고 걷다)', 'being *crestfallen*(풀이 죽다)' 같은 표현들이 있다. 실제로 다양한 문화의 문화기술지 증거를 검토한 브라운Brown과 치아-윤Chia-Yun은 이렇게 결론내렸다. "'큰 사람'은 해당 문화에서 널리 퍼져 있는 자연의 특징, 즉 사람들(그리고 다른 동물들) 사이에서 지위나 사회적 위상을 키와 연관짓는 경향을 반영하거나 인정한 것이다."(Brown & Chia-Yun, n.d., p. 10) 사람들이 키가 큰 지도자를 선호하는 경향은 아프리카의 아카피그미족에서부터 아마존 열대우림의 메히나쿠족에 이르기까지 다양한 문화에서 발견된다. 현대 아메리카에서도 사람들은 키가 큰 지도자를 선호한다. 그리고 키가 큰 남자는 자신이 키가 작은 남자보다 지도자가 될 자격이 더 있다고 믿으며, 지도자의 지위를 추구하는 데 더 큰 관심을 나타낸다(Murray & Schmitz, in press).

키와 사회적 지위 사이의 상관관계를 실험적으로 탐구한 연구들이 있다(Wilson, 1968). 한 연구에서는 똑같은 남자를 여러 청중 집단에게 소개하면서 그때마다 그 사람의 지위를 교수, 대학원생 등으로 다르게 소개했다. 그리고 나서 나중에 청중에게 그 남자의 키를 추측하게 했다. 그러자 그 남자를 지위가 높은 사람으로 소개받은 청중은 지위가 낮은 사람으로 소개받은 청중보다 그 남자의 키를 더 큰 것으로 기억했다. 개인적으로 아는 사람의 경우에도 그 사람의 사회적 지위가 높은 것으로 알고 있다면, 우리의 심상에서 그의 키가 과장되는 경향이 있다(Dannenmaier & Thumin, 1964).

미국에서 한 연구들에서는 키가 큰 남자는 취업, 승진, 연봉, 선출 등에서 유리하다는 결과가 나왔다(Gillis, 1982). 키가 큰 남자는 봉급도 더 많이 받는다. 20세기에 벌어진 역대 대통령 선거에서 두 후보자 중 키가 더 큰 사람이 승리한 비율은 83%에 이르렀다. 비록 사람은 아주 복잡하고 정교한 명성 서열을

BOX 12.1

얼굴에 나타나는 지배성

지배성이 높아 보이는 얼굴은 지위를 나타내는 또 하나의 신호일 수 있다. 얼굴에 나타나는 지배성은 돌출한 턱, 두꺼운 눈두덩, 근육질 얼굴 등의 속성으로 나타난다. 약한 턱, 미약한 눈두덩, 살이 많은 얼굴 같은 반대 속성은 낮은 지배성을 나타낸다. 진화심리학자 얼리치 뮬러Ulrich Mueller와 앨런 매저Allan Mazur(1996)는 웨스트포인트 사관생도 434명을 대상으로 얼굴에 나타나는 지배성을 평가한 뒤 그들의 군 경력을 추적했다. 그 결과, 지배성이 높아 보이는 얼굴을 가진 생도들이 더 높은 지위를 얻는 것으로 나타났다. 얼굴에 나타나는 지배성은 중간 경력의 계급뿐만 아니라 처음 사진을 검토하고 20년 이상 지난 말년의 승진하고도 양의 상관관계가 있는 것으로 드러났다.

또 다른 연구에서는 남자 고등학생 58명을 대상으로 얼굴에 나타나는 지배성을 육체적 매력과 사춘기의 발달과 함께 평가했다(Mazur, Halpern, & Udry, 1994). 그러고 나서 이 소년들에게 성 경험에 대한 정보를 묻는 설문 조사지를 작성하게 했다. 세 가지 예측 지표—얼굴에 나타나는 지배성, 육체적 매력, 사춘기의 발달—는 모두 다 성 경험과 섹스 파트너의 수와 양의 상관관계가 있는 것으로 드러났다. 그러나 육체적 매력과 사춘기의 발달이 미치는 효과를 통계적으로 배제하고 난 뒤에도, 얼굴에 나타나는 지배성은 여전히 성 경험을 예측하는 데 중요한 지표가 되었다. 저자들은 얼굴에 나타나는 지배성은 남자들 사이에서 성적 접근 기회 증가를 낳는다고 결론시었다.

갖고 있을지 몰라도, 신체 크기는 중요한 요소로 남아 있다.

테스토스테론과 지배성. 테스토스테론(T)은 많은 동물에서 '수컷'의 특징을 발달시키고 유지하는 데 기여하는 가장 중요한 종류의 호르몬 집단인 안드로겐(남성 호르몬이나 이와 비슷한 생리 작용을 가지는 물질을 통틀어 이르는 말)이다(Mazur, 2005). 예를 들면, 거세한 수탉은 수탉의 생식 능력을 알리는 붉은 볏과 육수肉垂가 발달하지 않으며, 꼬끼요 하고 울지도 않고 암탉을 유혹하지도 않으며, 다른 수컷과 맞서는 것을 피한다. 사람들 사이에서도 T는 남녀 차이가 크다. 남자는 평균적으로 혈액 1L에 T가 10만분의 1g 포함돼 있어 여자보다 7배나 많다(Mazur & Booth, 1998). T는 여자의 난소뿐만 아니라 부신피질에서도 만들어지지만, 남자의 고환에 있는 라이디히 세포에서 훨씬 많은 양이 만들어져 남녀 간에 큰 차이를 빚어낸다. T 수치는 혈액이나 침으로 측정할 수 있다.

사춘기가 되면 남자의 고환은 T 생산량을 크게 늘려 사춘기 이전에 비해 10배나 많이 생산한다. 이러한 T 수치의 급등이 음경 성장, 낮고 굵은 쪽으로의 목소리 변화, 근육량 증가, 수염과 체모, 섹스에 대한 관심 증가 같은 사춘기에 일어나는 변화를 가져온다(얼굴에 나타나는 지배성이 지위와 성에 미치는 영향에 대한 설명은 〈박스 12.1〉 참고).

과학자들은 오래 전부터 T가 다양한 동물 종에서 지배성과 지위와 밀접한 관계가 있지 않을까 의심했다. 예를 들면, 한 연구에서는 지위가 낮은 암소에게 T를 과량 투여했다(Bouissou, 1978). 그러자 그 암소는 다른 암소들 사이에서 지위가 상승했다가 T 투여를 멈추자 다시 이전의 지위로 되돌아갔다. 지위가 낮은 수탉에게 T를 투여한 실험에서도 비슷한 효과가 관찰되었다 : 볏의 크기가 커지고, 지위 서열이 높아졌으며, 때로는 우두머리 지위에까지 올랐다(Allee, Collias, & Lutherman, 1939).

T가 지위 상승에 미치는 인과 효과는 직접 관찰하기가 더 어려운데, 윤리적 문제 때문에 실험적으로 사람의 T 수치를 조작하기가 어려운 게 한 가지 이유이다. 재소자와 비재소자 사이에서 높은 T 수치가 다양한 지배적 행동과 상관관계가 있다는 사실이 관찰돼왔다. 높은 T 수치는 다양한 반항적 행동과 반사회적 행동하고도 상관관계가 있는 것으로 밝혀졌는데, 특히 젊은 남자들 사이에서 두드러지게 나타난다(Mazur, 2005). MBA 과정의 학생들 사이에서 높은 T 수치는 새로운 사업적 모험에서 위험을 감수하려는 성향이 높은 것과 상관관계가 있는 것으로 드러났다(White, Thornhill, & Hampson, 2006).

'부조화 가설mismatch hypothesis'은 T 수치가 높은 개인을 지위가 낮은 조건에 혹은 T 수치가 낮은 개인을 지위가 높은 조건에 두면, 스트레스를 유발하고 인지적 수행에 지장을 초래한다고 가정한다(Josephs et al., 2006). 연구자들은 T 수치가 높은 사람들과 낮은 사람들을 실험실에서 지위가 높거나 낮은 조건에 두고 경쟁을 벌이게 했다. 그 결과, 지위가 높은 조건에 놓인 T 수치가 낮은 개인들은 심장 박동 증가, 자신의 개인적 지위에 대한 지나친 주의 집중, 인지 테스트에서 낮은 성적 등이 시사하는 것처럼 큰 스트레스를 경험했다. T 수치가 지배성이나 지위를 가리키는 안정적인 개인차를 얼마나 나타내느냐에 따라, 이 결과는 각 개인이 지위 서열에서 자신이 선호하는 수준을 바탕으로 성공적인 전략을 개발할 수도 있으며, 익숙하지 않은 위치에 처하면 그 동안 자신이 개발한 전략에 간섭을 일으킨다는 것을 시사한다. 이것은 추후 연구가 더 필요한 추측이다.

사람에게서 잘 관찰되고 기록된 효과 중 하나는 지위 변화가 T 변화를 초래하는 것이다(Mazur, 2005). 운동 선수들은 시합 직전에 T 수치가 상승하는데, 그럼으로써 위험을 기꺼이 감수하게 만드는 것으로 보인다. 어쩌면 그것보다 중요한 것은 승자의 T 수치는 경기가 끝난 후 최대 2시간까지 상승하는 반면 패자는 하락한다는 사실일 것이다. T 수치 변화는 기분 변화를 동반하는데, T 수치가 높은 승자는 T 수치가 낮은 패자에 비해 더 들뜬 기분을 경험한다. 이 효과는 운동 선수들이 그 경기를 중요한 것으로 여길 때 훨씬 강하게 나타난다.

운동 경기 외에 체스 게임을 포함한 다른 시합(Mazur, Booth, & Dabbs, 1992), 실험실에서 벌인 반응 시간 '시합'(Gladue, Boechler, & McCaul, 1989), 언어적 모욕을 통한 상징적 도전(Nisbett, 1993)에서도 비슷한 효과가 발견되었다. 승자들은 T 수치가 증가한 반면, 패자들은 T 수치가 감소했다. 승패 결과의 효과는 시합에 참여한 선수뿐만 아니라 팬에게까지 미친다. 1994년 월드컵 대회에서 브라질이 이탈리아에게 승리하자, 텔레비전으로 경기를 지켜보던 브라질 팬들은 T 수치가 증가한 반면, 이탈리아 팬들은 T 수치가 감소했다(Fielden, Lutter, & Dabbs).

T 수치의 변화가 진화에서 담당하는 기능은 알려지지 않았지만, 한 가지 추측은 승자는 곧 다른 도전자를 만날 것이기 때문에 상승한 T 수치는 추후의 시합에 대비하는 기능을 한다는 것이다. 그리고 패자에게 T 수치가 감소하는 것은 적절한 시기가 오기 전까지는 추가 대결을 피하게 함으로써 부상을 방지하는 기능이 있을지도 모른다(Mazur & Booth, 1998). 혹은 승자의 T 수치 상승은 자신감을 높이고, 더 높은 지위에 맞는 역할을 하려는 태도를 조장하고, 심지어 여자에 대한 성적 접근 시도 증가를 조장할지도 모른다.

T 수치와 지배성 사이의 상관관계를 더 직접적으로 보여주는 단서는 남자

의 허리 대 엉덩이 비율(WHR)과 관계가 있다. WHR은 T 수치에 영향을 받는 것으로 보이는 2차 성징이다(Campbell et al., 2002). T 수치가 높은 데 더해 WHR까지 높은 남자는 일반적으로 더 건강하며, 당뇨병, 심장병, 뇌졸중, 특정 종류의 암에 걸릴 확률도 낮다(Singh, 2000). 별개의 두 실험에서 WHR이 높은 남자들은 스스로 자신감이 넘친다고 평가했고, 다른 사람들도 지도자 자질과 지배적 성향이 더 높은 것으로 평가했다(Campbell et al., 2002). 이 연구 역시 남자들 사이에서 T 수치와 지배성 사이의 상관관계를 시사하는 것일 수 있다.

최근의 연구들은 T 수치와 지배성 사이의 상관관계를 더 자세하게 조사했다. 한 연구는 T 수치와 앞에서 설명한 지위의 두 요소, 즉 지배성(예컨대, "나는 집단 구성원들에게 존경을 요구한다.")과 명성(예컨대, "다른 사람들은 내가 사회적 집단에 기여한 것을 인정한다.") 사이의 상관관계를 조사했다(Johnson, Burk, & Kirkpatrick, 2007). 흥미롭게도 T 수치는 지배성과 양의 상관관계가 있었지만, 명성과는 그런 관계가 발견되지 않았는데, 이것은 지위의 두 요소를 따로 떼어내 연구해야 함을 시사하는 추가적인 증거이다. 또 다른 연구는 두 가지 호르몬(T와 흔히 '스트레스 호르몬'이라 부르는 코르티솔)의 변화에 따라 지배성이 어떻게 변하는지 조사했다(Mehta & Josephs, 2010). T와 지배성 사이의 상관관계는 코르티솔 수치가 낮은 남자들 사이에서 가장 크게 나타났다 ; 이 결과만으로 판단할 때, 높은 스트레스 호르몬 수치는 T가 지배성에 미치는 효과를 차단하는 것으로 보인다.

여자들 사이에서 T와 지배성과 지위 사이의 상관관계를 연구한 사례는 훨씬 적다. 그렇지만 빈약한 연구에서조차 남자들에게 발견된 것과 똑같은 상관관계는 드러나지 않았다. 일부 보고서는 여자의 T와 재소자의 정당한 이유 없는 폭력 수준 사이에 양의 상관관계가 나타난다고 보고했지만, 다른 연구들에서는 그러한 상관관계를 확인하지 못했다(Mazur & Booth, 1998). 한 연구에서 연구자들은 T 수치가 높은 여자들의 지위(동료들의 판단으로 평가한)가 낮다는 사실을 발견했는데, 이것은 높은 T 수치가 남자들에게서 관찰된 것과는 정반대의 효과를 나타낸다는 것을 시사한다(Cashdan, 1995). 흥미롭게도 T 수치가 높은 여자는 자신을 과대평가하는 경향을 보였다. 따라서 이들 여성의 높은 T 수치는 자신이 평가하는 지위는 높지만 동료들이 평가하는 지위는 낮은 결과와 상관관계가 있다. 여자들 사이에서 T와 지위 사이의 상관관계를 밝히려면 더 많은 연구가 필요하다(Grant, 2005).

이 연구에서 나온 전반적인 결론은 남자에 국한해 적용해야 하며, 이것은 상호적 인과 관계 모형을 암시한다(Dabbs & Ruback, 1988 ; Mazur, 2005). 남자의 높은 T 수치는 일부 하위 문화에서 높은 지위를 가져다주는 지배적 행동을 낳을 수 있지만, 역으로 지위 상승이 T 수치 상승을 초래하는 것처럼 보일 수도 있다(Bernhardt, 1997).

세로토닌과 지배성. 신경 전달 물질인 세로토닌도 지배성과 관련이 있는지 연구 대상이 되었다(Cowley & Underwood, 1997). 우울증과 불안감 치료제로 흔히 사용되는 프로작Prozac은 뇌에 분비되는 세로토닌의 양을 늘림으로써 약효를 나타낸다.

진화심리학자 마이클 맥가이어 Michael McGuire와 마이클 롤리 Michael Raleigh는 버빗원숭이를 대상으로 실험을 하여 사회적 지위가 높은 수컷들은 지위가 낮은 원숭이들보다 혈중 세로토닌 수치가 약 2배나 많다는 사실을 발견했다(McGuire & Troisi, 1998). 그러나 T와 마찬가지로 인과 경로는 양 방향으로 달릴 수 있다. 알파 수컷이 권좌에서 밀려나면 세로토닌 수치가 급격히 감소했다. 반면에 지위가 낮은 수컷이 권좌에 오르면 세로토닌 수치가 급격히 증가했다. 맥가이어와 롤리는 알파 수컷을 일방 투시 거울 뒤에 놓아두는 방법으로 다른 원숭이들이 알파 수컷을 보지 못해 복종적 태도를 취하지 못하게 하면, 알파 수컷의 세로토닌 수치가 크게 줄어든다는 사실을 발견했다. 알파 수컷은 다른 원숭이들이 복종적 태도를 보이지 않자 그것을 자신의 지위 상실을 뜻하는 것으로 해석했고, 그래서 세로토닌 수치가 떨어진 게 분명했다.

또 다른 연구에서 맥가이어와 롤리는 남자 대학생들의 사교 클럽 회원 48명을 조사했는데, 그 중에는 간부들과 일반 회원들이 섞여 있었다. 간부들의 세로토닌 수치는 일반 회원에 비해 25%나 더 높았다. 두 사람은 또 아주 작은 표본을 대상으로 흥미로운 실험을 해보았는데, 자신들의 세로토닌 수치를 측정한 결과 맥가이어(연구실 책임자)가 롤리(조수)보다 세로토닌 수치가 50% 더 높았다. 요컨대, 신경 전달 물질인 세로토닌도 T와 함께 지위 서열에서 자신의 위치를 중재하는 데 관여하는 뇌의 화학 물질에 포함된다.

필요한 것: 지배성 결정 인자 이론. 앞에서 간단하게 언급한 이야기는 지배성과 사회적 지위와 상관관계가 있는 일부 속성만 다루었을 뿐이다. 다양한 문화에 걸쳐 지배성과 상관관계가 있는 그 밖의 속성으로는 운동 능력, 지능, 육체적 매력, 유머 감각, 훌륭한 몸단장 등이 있다(Weisfeld, 1997b). 지금 우리에게 부족한 것은 바로 사람들이 다른 사람들에게서 가치 있게 여기는 것은 무엇이고, 왜 그런 것들을 가치 있게 여기며, 왜 어떤 사람들은 존경하고 경외하는 반면 다른 사람들은 무시하거나 굴욕을 주는지를 정확하게 설명할 수 있는 포괄적 이론이다. 높은 지위에 이르게 하는 속성들은 남자와 여자에게 다 똑같을까? 또, 어린이나 청소년이나 어른에 상관 없이 다 똑같을까? 명성 기준은 문화에 따라 어떤 차이가 날까? 남보다 앞서나가려고 싸우기 위해 어떤 심리 기제가 진화했을까? 명성 기준에는 보편적 특성이 있을까, 그리고 진화심리학적 분석을 통해 그것을 사전에 예측할 수 있을까? 명성과 지위와 평판에 대한 비교문화 연구가 이 질문들과 그 밖의 핵심 질문들에 대한 답을 내놓고 있다 (Buss, 1995b).

지위 추적 기제로 작용하는 자존감

진화심리학자들은 사회적 맥락에서 중요한 차원들을 적응적으로 추적하는 심리 기제에 점점 더 많은 관심을 갖게 되었다(예컨대 Barkow, 1989 ; Frank, 1988 ; Kirkpatrick & Ellis, 2001 ; Tooby & Cosmides, 1990). 예를 들면 제롬 바코Jerome Barkow(1989)는 자존감이 자기가 속한 집단 내에서 명성, 권력, 지위 차원들을 추적한다고 주장한다 : "자존감을 낳는 평가는 본질적으로 상징적이며, 명성 배분 기준의 적용을 포함한다."(Barkow, 1989, p. 190)

심리학자 마크 리어리Mark Leary와 그 동료들(Baumeister & Leary, 1995 ; Leary et al., 1998)은 **사회계기판 이론**으로 이 개념을 형식화했다. 이 이론의 기본 전제는 자존감이 다른 사람들의 평가를 알려주는 주관적인 표시기 또는 계기판 기능을 한다는 것이다. 자존감 증가는 자신이 사회에 포함되고 다른 사람들에게 수용되는 정도가 높아졌다는 것을 알려준다. 자신이 사회에 포함되고 다른 사람들에게 수용되는 정도가 하락하면 자존감 상실로 이어진다.

리어리는 사회계기판 이론의 근거를 진화의 논리에서 찾는다. 사람은 집단을 이루어 진화했고, 생존과 번식을 위해 다른 사람들이 필요했다. 이것은 집단 내에서 나른 사람들과 사귀고, 사회적 유대를 맺고, 다른 사람들의 비위를 맞추려는 동기의 진화를 자극했다. 다른 사람들에게 받아들여지는 데 실패하면 고립되었을 테고, 거기다가 집단의 보호막 없이 살아가야 할 상황에 놓였다면 이른 죽음을 맞이하기 쉬웠을 것이다. 사회적 수용은 생존에 매우 중요했을 거라는 점을 감안하면, 자연 선택은 개인에게 자신이 다른 사람들에게 수용되는 정도를 추적하게 해주는 기제를 선호했을 것이다. 사회계기판 이론에 따르면, 그 기제가 바로 자존감이다. 자존감에 타격을 입은 개인은 집단 내의 구성원들에게 인정을 받고, 기존의 사교 관계를 개선하고, 새로운 사교 관계를 추구하도록 애써야겠다는 자극을 받을 것이다.

많은 경험적 연구는 사회계기판 이론을 지지한다. 예를 들어 한 연구에서는 참여자들에게 이전의 사회적 접촉을 기술하고, 그 접촉에 대해 두 가지 측면에서 점수를 매기게 했다 : (1) 그 접촉에서 다른 사람들에게 함께 포함되거나 배제되는 느낌을 받은 정도, (2) 그 당시 자신이 느낀 자존감 정도(Leary & Downs, 1995). 연구 결과는 다른 사람들에게 포함되는 느낌이 강한 것은 높은 자존감과 상관관계가 있고, 포함되는 느낌이 약한 것은 낮은 자존감과 상관관계가 있다는 예측을 확인시켜 주었다. 또 다른 연구에서는 높은 수준의 사회적 관계(사회적 포용을 시사하는)를 유지하는 사람일수록 자존감이 더 높다는 사실이 발견되었다(Denissen et al., 2008).

여기서 한 발짝만 더 내디디면, 이 이론을 바코(1989)가 주장한 것처럼 자존감이 명성과 지위와 평판을 추적한다는 주장까지 확대할 수 있다. 이 확대이론에 따르면, 자존감은 다른 사람들이 그 사람에 대해 가진 명성과 존경을 추적하는 기능을 하는 심리 기제를 구성한다. 다른 사람들의 눈에 내 지위가 상승한 것으로 비치면 그에 따라 나의 자존감도 증가할 것이고, 반대로 내 지위가 하락한 것으로 비치면 그에 따라 나의 자존감도 감소할 것이다.

사회계기판 이론을 확대한 이 버전에 따르면, 자존감은 진화적 기능을 여러 가지 담당한다. 첫째, 자존감은 동기 부여 기제로 작용할 수 있는데, 그것은 단지 나에 대한 사람들의 존경심이 수그러들 때 다른 사람들과 관계를 개선하려는 동기를 부여하는 데에만 그치지 않는다. 다른 사람들에게 받는 존경을 크게 하는 행동을 반복하거나 그 빈도를 늘리려는 동기도 부여할 수 있다. 자신이 받는 존경과 그런 존경을 키우는 사건들을 정확하게 추적하면, 실제 지위와 평판을 유지하거나 높이는 동기를 스스로에게 부여할 수 있다.

자존감의 두 번째 기능은 도전할 대상과 복종할 대상을 가리는 결정을 인도하는 것이다. 우열 순위에서 자신의 위치가 어디인지 알면, 누구를 학대해도 아무 탈이 없고 누구의 비위를 건드리지 말아야 할지 중요한 정보를 얻을 수 있다. 자기 평가를 잘못하면 부상이나 추방 혹은 죽음을 맞이할 수 있다. 자존감은 사회적 위계 질서에서 자신의 위치에 대한 정확한 평가를 제공함으로써 누구에게 도전할지 혹은 굴복할지 결정하는 데 도움을 준다.

자존감의 세 번째 기능은 짝짓기 시장에서 자신의 바람직성을 추적하는 것과 관련이 있다(Kirkpatrick & Ellis, 2001). 한 연구는 이 가설상의 기능을 검증하기 위해 남녀에게 매력과 지배성이라는 두 가지 측면에서 다양한 차이가 나는 모델들을 보여주었다(Gutierres, Kenrick, & Partch, 1944). 참여자들에게 데이팅 서비스 형식을 평가하는 연구자들을 돕는다는 명분으로 동성 모델들의 프로필과 사진을 보여주었다. 프로필에는 개인의 지배성이 높거나 낮은 것으로 적혀 있었고, 첨부된 사진은 육체적 매력이 높거나 낮은 사람들이었다.

매력적인 여자들 사진을 본 여자들은 덜 매력적인 여자들 사진을 본 여자들보다 자신을 결혼 상대로 덜 바람직하다고 평가했다. 다른 여자들의 지배성이 높거나 낮은 것은 여자들의 자기 평가에 아무런 영향도 끼치지 않았다. 남자들의 결과는 정반대로 나타났다. 지배성이 높다고 기술된 남자들 사진을 본 남자들은 지배성이 낮다고 기술된 남자들 사진을 본 남자들보다 자신을 결혼 상대로 덜 바람직하다고 평가했다. 다른 남자들의 육체적 매력은 남자들의 자기 평가에 아무런 영향도 끼치지 않았다. 이 연구는 자기 평가는 부분적으로 짝짓기 시장에서 자신의 지각된 바람직성을 추적한다는 가설을 지지한다.

최근의 연구에서는 자존감이 배우자 가치를 추적한다는 가설을 부분적으로 지지하는 결과만 나왔다(Penke & Denissen, 2008). 구체적으로 말하면, 배우자 가치와 자존감 사이의 상관관계는 남자에게만 적용되고 여자에게는 적용되지 않는 것으로 보인다. 그리고 헌신적인 연애 관계에 빠져 있을 때에는 자기가 지각한 배우자 가치가 자존감에 미치는 영향이 줄어든다. 반면에 자존감은 짝짓기 갈망에 영향을 미치는 것으로 보인다—잠재적 배우자에게 받아들여지거나 거부를 당하는 것은 자존감에 영향을 미치며, 그것은 다시 그 사람이 갈망하는 배우자의 질에 영향을 미친다(Kavanagh, Robins, & Ellis, 2010).

장차 자존감의 기능을 검증할 연구에서 흥미로워 보이는 한 갈래 길은 다른 사람의 지각을 조종하려는 시도에 관한 것이다. 물리적으로 경쟁자를 이길 수 있다고 자신의 능력을 과신하고 행동하는 사람은 설사 그것을 뒷받침할 명백한 물리적 증거가 없더라도 종종 다른 사람들의 양보를 받아낸다. 요컨대, 동물은 상대방의 행동이나 말을 액면 그대로 믿는 경우가 많다(Tiger & Fox, 1971). 우리는 어떤 사람이 자신의 지위와 명성에 대해 하는 말에 최소한 약간의 진실은 있을 것이라고 믿는 경향이 있다.

그러나 늘 그런 것은 아니다. 오만하다, 자만심이 강하다, 건방지다, 허영심이 강하다, 잘난 체한다, 가식적이다, 우쭐댄다, 뻔뻔하다 같은 표현은 다른 사람들이 그 사람의 자기 표현을 허위로 부풀린 것이라고 믿을 때 흔히 쓰는 것들이다. 이 단어들은 경쟁자가 갖고 있다고 주장하는 자원이 그에게 없거나 경쟁자가 자신의 지위를 속인다는 것을 알리기 위해 잠재적 배우자에게 경쟁자를 비하할 때 쓰는 표현들이기도 하다.

복종 전략

지금까지 이 장에서는 지위 신호, 지위가 높은 남자가 얻는 성적 접근, 지위가 높은 사람은 가슴을 죽 펴고 빨리 걷는다는 사실 등 지배성과 지위에서 높은 쪽 이야기만 주로 다루었다. 지위가 높은 사람 쪽으로 관심이 쏠리는 것은 자연스러운 일인지도 모른다(Maner & Mead, 2010). 그렇지만 탐구가 필요한 또 다른 측면이 있으니, 바로 낮은 지위가 제기하는 적응 문제들이다.

복종 전략에서 나타나는 남녀 차이. 그 동안 복종 전략은 연구자들의 관심을 별로 받지 못했다. 한 가지 예외는 배타적인 나이트클럽의 도어맨—누구를 들여보낼지 말지 결정하는 권한을 가진 사람—과 협상하는 태도에서 나타나는 남녀 차이를 조사한 자연적 연구이다(Salter, Grammer, & Rikowski, 2005). 연구자들은 남자들과 여자들이 도어맨에게 다가가는 장면을 비디오테이프로 촬영하고 그 행동을 기록했다. 여자는 남자보다 도어맨을 향해 미소 짓기, 뽐내며 걷기, 목덜미 보여주기, 상대방의 얼굴 만지기, 상대방의 머리 쓰다듬기 등 유화적 태도와 구애 제스처를 보이는 경향이 더 강했다. 예를 들면, 전체 여자 중 미소를 보인 비율은 46%인 반면, 남자는 18%에 불과했다. 이 결과는 권력을 가진 남자와 협상할 때 사용하는 전술에 남녀 차이가 있으며, 권력을 가진 남자의 성적 자극을 촉발하는 전술이 여자가 구사할 수 있는 한 가지 수단임을 시사한다. 권력을 가진 여자와 협상할 때 남자와 여자가 쓰는 전술을 밝혀내는 데에는 앞으로 연구가 더 필요하다.

자기 평가절하. 진화생물학자 존 하텅John Hartung은 능력에 어울리지 않게 혹은 부당하게 낮은 지위에 있는 사람을 생각해보라고 한다(Hartung, 1987). 자신의 능력을 충분히 보여줄 수 없다고 생각하는 곳에서 일하는 남자나 자신이 남편보다 훨씬 똑똑하다고 생각하는 아내가 그런 예이다. 자신의 일이나 배우자가 자신에 어울리지 않는다는 듯이 행동한다면 직장 생활이나 결혼 생활이 위태로워질 수 있다. 상사는 여러분이 고분고분하지 않다는 이유로 해고할지도 모른다. 배우자는 더 편안하고 위협을 덜 느끼는 상대를 찾으려고 할지 모른다. 하텅이 제안한 적응적 해결책은 **자기 평가절하**라 부른다. 자기 평가절하는 '바보인 척'하거나 실제의 자신보다 못한 것처럼 보이려고 하는 게 아니다. 복종적인 아랫사람으로 행동하도록 촉진하기 위해 실제로 자신감이 줄어드는 것을 말한다.

자기 평가절하를 정당화하는 진화의 논리는 자신을 아랫사람으로 비치게 함으로써 위협적인 존재가 아님을 부각시키는 것이 적응에 유리한 상황들이 보편적으로 존재했다는 것이다. 실질적인 위협이 되는 사람들은 지배자의 분노를 촉발할 위험이 있고, 지배자는 경쟁자로 간주되는 사람은 누구건 짓밟으려고 할 것이다. 그러니 정말로 아랫사람인 것처럼 행동해야만 그러한 분노를 일으키는 걸 피할 수 있고, 집단 내에서 자신의 자리를 계속 유지할 수 있다. 이것은 또한 지배적인 지위를 차지하기에 더 유리한 기회가 찾아올 때까지 때를 기다리게 해준다. 경험적 증거가 이 가설을 지지하는지는, 즉 자신의 능력에 비해 낮은 지위를 강요당한 사람들이 누가 봐도 그럴듯한 복종적 태도를 보이기 위해 실제로 자존감을 낮추는지는 장래의 연구들이 해결해야 할 질문으로 남아 있다.

잘나가는 사람의 추락. 〈옥스퍼드 영어 사전〉에서는 여기서 '잘나가는 사람'으로 번역한 *tall poppy*를 "특별히 봉급을 많이 받거나 특권을 누리거나 걸출한 사람"이라고 풀이했다(Simpson & Weiner, 1989). 〈오스트레일리아 국립 사전〉에서는 "특출한 성공을 거둔 사람"과 "공적이나 지위나 부 때문에 선망의 주목이나 적개심을 받는 사람"이라고 풀이했다(Ramson, 1988). 심리학자 노먼 페더Norman Feather(1994)는 잘나가는 사람의 추락에 대한 사람들의 반응을 조사했는데, 그 반응은 다양한 요인에 따라 달라진다는 사실을 발견했다. 한 가지 보편적인 반응은 샤덴프로이데Schadenfreude라는 독일어 단어가 잘 표현하는데, "남의 불행은 곧 나의 행복"이란 뜻이다. 영어에는 이것과 정확하게 일치하는 단어가 없지만, 영어권 사람들이 이 정의를 처음 들었을 때 "그들이 보이는 반응은 '글쎄, 남의 불행은 곧 나의 행복이라……어떻게 그런 생각을 할 수 있지? 이해가 잘 안 되는걸. 우리 언어와 문화에는 그 범주에 적절한 표현이 없어.'가 아니다. 그들이 보이는 반응은 '그것을 적절하게 표현하는 단어가 없느냐고? 쿨!'"이다.(Pinker, 1997, p. 367)

낮은 지위를 차지하면 비용이 따른다. 지위가 높은 개인은 생존과 번식에 도움을 주는 핵심 자원에 우선적 접근 권리를 가지기 때문에, 지위가 낮은 개인은 거기서 남은 것으로 만족해야 할 때가 많다. 복종적 행동을 조사한 한 연구는 지위가 낮은 사람들의 잠재적 전략들을 잘 보여준다(Salovey & Rodin, 1984). 연구자들은 참여자들에게 자기 관련 특성에서 그들의 위치가 성공적인 동료보다 나쁘다는 피드백을 제공했다. 이 피드백을 받은 뒤에 참여자들은 성공을 거둔 동료를 언어를 사용해 비하하고, 그 동료와 친하게 지내려고 하지 않았으며, 그 동료와 상호작용을 하는 것에 대해 더 불안하고 우울함을 느낀다고 보고했다. 성공한 경쟁자를 깎아내리는 것은 경쟁자의 평판에 먹칠을 한다든가 자신의 노력을 다른 경기장으로 옮기는 것과 같은 결과를 낳을 수 있는데, 둘 다 적절한 진화적 기능을 할 수 있다.

페더(1994)는 참여자들에게 잘나가는 사람의 추락에 관한 시나리오를 읽게 했다. 예를 들어 대학의 슈퍼스타가 중요한 마지막 시험을 망치는 시나리오를 생각할 수 있다. 페더는 시나리오마다 처음의 성공이 그럴 만한 자격이 있었는지 없었는지, 추락 정도가 심한 것인지 약한 것인지, 잘나가는 사람이 저지른 실수 때문인지 아닌지 등의 특징을 조금씩 바꾸었다. 또 반응의 비교문화적 일반성을 평가하기 위해 일본과 오스트레일리아의 참여자들을 시험했다. 측정한 종속 변수 중 하나는 잘나가는 사람의 등급이었는데, "크게 성공한 사람이 실패하는 걸 보면 가끔 즐겁다.", "크게 성공한 사람들은 분수를 모르고 잘난 체할 때가 많다.", "크게 성공했다가 정상에서 추락한 사람들은 자업자득인 경우가 많다.", "크게 성공한 사람들은 높은 대좌에서 내려와 다른 사람들과 같이 행동해야 한다.", "잘나가는 사람들은 과대평가된 허상을 벗기고 본모습을 제대로 볼 필요가 있다.", "크게 성공한 사람들은 설사 잘못한 게 없더라도, 가끔 콧대를 꺾어놓을 필요가 있다."와 같은 항목들을 사용해 평가했다.(Feather, 1994, p. 41).

페더는 사람들이 잘나가는 사람의 추락을 즐거워하는 중요한 조건을 여러 가지 발견했다. 첫째, 잘나가는 사람의 높은 지위가 사람들의 주목을 끌 때, 참여자들은 그 사람의 추락에서 더 큰 행복을 느낀다고 보고했다. 둘째, 잘나가는 사람의 성공이 정당한 것으로 간주될 때보다 정당한 것으로 간주되지 않을 때, 참여자들은 그의 추락에 더 큰 즐거움을 느낀다고 보고했다. 셋째, **질투**는 참여자들이 잘나가는 사람에 대해 가장 보편적으로 느낀 감정적 경험이었다. 그 사람의 성공이 학생들 사이에서의 성적처럼 참여자에게 중요한 영역에서 일어났을 때에는 특히 더 강한 질투를 느꼈다. 넷째, 일본인 참여자들은 오스트레일리아인 참여자들보다 잘나가는 사람의 추락에 대해 더 좋아하는 반응을 보였는데, 이것은 **샤덴프로이데**에도 문화적 차이가 일부 있음을 시사한다. 다섯째, 자존감이 낮은 참여자들은 자존감이 높은 참여자들보다 잘나가는 사람의 추락에 더 즐거워했다.

지금까지 나온 증거들은 지위가 더 높은 사람들의 추락을 부추겨 그들의 추락에서 즐거움을 얻는 것이 한 가지 복종 전략임을 시사한다. 경쟁자의 불행에서 느끼는 즐거움은 그러한 불행을 조장하려는 동기 부여 기제로 작용하는지도 모른다. 자연 선택에 의한 진화는 항상 상대적인 기준—다른 사람들과 비교한 자신의 성공—에서 일어나기 때문에, 지위와 지배성 서열에서 앞서가기 위해 일반적 전략 두 가지가 나타날 것이라고 기대할 수 있다. 하나는 자기 고양, 즉 경쟁자보다 어떤 것을 더 잘 성취하려는 시도이다. 또 하나는 다른 사람들의 추락을 조장하는 것이다. 연구 결과들로 미루어볼 때 사람은 두 가지 전략을 다 사용하는 것으로 보인다.

복종 전략과 그 다양한 기능을 탐구하려면 훨씬 많은 연구가 필요하다(Price et al., 2007 ; Sloman & Gilbert, 2000). 예를 들면, 진화심리학자 린 오코너

Lynn O'Connor와 그 동료들은 복종 행동과 관련이 있는 동기 부여 상태를 최소한 두 가지 발견했는데, 그것은 바로 자신에게 닥칠 해에 대한 두려움과 다른 사람에게 닥칠 해에 대한 두려움(죄책감에 기반을 둔 복종 행동)이다(O'Connor et al., 2000). 자신이 복종을 해야 하는지 평가하기 위한 사회적 비교는 복종 전략을 작동시키는 데 필수적인 것처럼 보인다(Buunk & Brenninkmeyer, 2000). 게다가 사람은 지배적인 개인과 먼 거리 유지하기, 숨기, 도망가기, 수동적 태도 취하기, 항복 신호, 다른 사람에게 도움 구하기, 상냥하고 협력적 성향이라는 신호 보내기를 포함해 놀랍도록 다양한 복종 전략을 사용한다(Fournier, Moskowitz, & Zuroff, 2002 ; Gilbert, 2000a, 2000b). 그리고 집단 내에서 오명을 쓰거나 집단에서 추방당하면 명성이 추락하고 그에 따라 높은 지위와 연결된 자원에 대한 접근도 잃기 때문에, 자연 선택은 오명을 쓰거나 추방당하는 것을 피하도록 하는 적응, 예컨대 동조성 증가 같은 것을 빚어냈을 것이라고 추측할 수 있다(Kurzban & Leary, 2001 ; Williams, Cheung, & Choi, 2000).

▪ 요약

이 장에서는 가재에서부터 사람에 이르기까지 동물계 전체에서 광범위하게 관찰되는 현상인 지위와 사회적 지배성에 관한 진화심리학을 살펴보았다. **지배 서열**은 집단 내의 일부 개체들이 다른 개체들보다 핵심 자원—생존이나 번식에 도움이 되는 자원—에 확실하게 접근할 기회를 더 많이 얻는 것을 가리킨다. 그런 서열의 존재는 적응 문제들을 제기하며, 동물들은 이에 대해 남보다 앞서가려는 동기와 복종에 대처하기 위한 전략을 포함한 해결책이 진화했다. 일부 종에서 몸 크기는 지배성을 결정하는 중요한 인자이지만, 침팬지나 사람 같은 영장류에서는 역량을 보여주는 지식, 관대한 과시 행동, 동맹을 끌어들이는 사교 기술이 높은 지위를 얻는 데 중요하다. 지위가 높은 동물은 항상 그런 것은 아니지만 생존과 번식에 필요한 핵심 자원에 우선적 접근 권리를 얻는 경우가 많다.

자연 선택은 여자보다는 남자에게 지위 추구 동기가 더 강하게 진화하는 쪽을 선호했을 것이다. 짝짓기 제도에서 일부다처제 경향이 강할수록, 위험을 감수하고 지위 서열에서 높이 올라가려는 시도가 번식 성공률에 가져다주는 이익은 여자에 비해 남자 쪽이 훨씬 크다. 이러한 제도에서 지위 상승은 역사적으로는 아내의 수, 현재에는 섹스 파트너의 수 증가와 연관 관계가 있다. 다양한 문화에 걸쳐 그리고 기록된 인류 역사 전반에서도 지위가 높은 남자들은 늘 더 많은 아내와 애인과 섹스 파트너와 섹스를 할 기회를 얻었다. 다양한 문화에서 남자들은 만 세 살이라는 어린 나이 때부터 서열을 짓는 것으로 나타난다. 경험적 증거는 남자는 SDO—어떤 사람이나 집단은 다른 사람이나 집단보다 더 우월하다고 생각하는 게 정당하다는 믿음—가 더 높다는 가설을 지지한다. 여자는 평등 의식이 더 높고, 남자는 위계 의식이 더 높은 경향을 보인다. 남자와 여자는 지배성을 표현하는 행동이 서로 다르다. 여자는 친사회적 행동(예컨대 집단 내에서 다른 사람들 사이에 벌어진 분쟁을 해결하는 행동)을 통해 지배성을 표현하는 경향이 있는 반면, 남자는 개인적 이익과 지위 상승(예컨대, 자신이 직접 하는 대신에 다른 사람에게 허드렛일을 시키는 행동)을 통해 지배성을 표현하는 경향이 더 강하다. 역할 선택권을 주었을 때, 지배성이 강한 여자는 남자를 지도자로 임명하는 경향이 있는 반면, 지배성이 강한 남자는 자신이 지도자 역할을 맡는다.

데니스 커민스는 지배 서열을 놓고 협상하기 위해 진화했을 인지 기제를 설명하려고 지배성 이론을 내놓았다. 지배성 이론의 핵심 가정은 두 가지가 있다. 첫째, 사람은 지배 서열을 포함해 사회적 규범을 추론하는 영역 특정적 전략이 진화했다. 이런 전략에는 **허락**(예컨대 누가 누구와 짝짓기를 하는 게 허용되는지), **의무**(예컨대 사회적 분쟁에서 누가 누구를 지원해야 하는지), **금지**(예컨대 누가 전쟁 의식 춤에 참여해서는 안 되는지)와 같은 측면들을 이해하는 게 포함된다. 둘째, 지배성 이론은 이러한 인지적 전략은 다른 형태의 추론 전략보다 앞서서 그리고 별도로 나타날 것이라고 주장한다. 이 이론을 뒷받침하는 경험적 증거로는 다음과 같은 것들이 있다 : (1) 만 3세의 어린아이들도 이행성이라는 성질을 포함해 지배 서열에 대해 추론을 할 수 있는 것으로 보인다 ; (2) 사람들은 지위가 높은 사기꾼보다 지위가 낮은 사기꾼의 얼굴을 더 잘 기억하는 경향이 있다 ; (3) 사람들은 지위가 높은 개인의 관점에서 생각하라고 했을 때, 지위가 낮은 개인들에게서 규칙을 어긴 사례가 없는지 찾는 경향이 있다.

지배성 이론은 지배성의 바탕을 이루는 추론 기제를 강조하는 반면,

SAHP 이론은 사회적 위계 질서 속에서 살아갈 때 마주치는 적응 문제들을 해결하기 위해 설계된 다양한 감정적 기제를 제안한다. 그런 기제에는 지위 상승 뒤에 나타나는 **기분 고조**, 지위를 얻거나 잃을 수 있는 상황에서 느끼는 **사회적 불안**, 지위 상실로 인한 **수치심과 분노**, 다른 사람이 가진 것을 획득하도록 자극하는 **질투**, 지위가 높은 사람의 추가 공격을 피하도록 복종적 태도를 촉진하는 **우울증** 등이 있다.

지배성을 결정하고 나타내는 요인은 여러 가지가 있는데, 예를 들면 가슴을 죽 펴고 걷기, 낮고 굵은 목소리, 직접적인 응시, 빠른 걸음, 강한 턱 같은 얼굴 특징, 몸 크기 등이 있다. 호르몬 테스토스테론과 신경전달물질 세로토닌은 둘 다 지배성과 관련이 있는 것으로 알려졌지만, 인과 관계의 방향성은 두 경우 모두 불확실하다. 승리를 거둔 뒤에는 테스토스테론이 증가하고 패배한 뒤에는 감소한다는 증거가 일부 있다. 침팬지의 경우, 다른 침팬지들이 복종적 인사를 하지 않을 때처럼 지위 상실이 일어난 직후에는 세로토닌 수치가 급격히 떨어졌다. 테스토스테론과 세로토닌이 진화에서 담당하는 정확한 기능은 앞으로 더 많은 연구에서 밝혀지겠지만, 이 물질들의 증가는 지배성을 유지하는 역할을 하고, 감소는 위험한 도전을 피하도록 돕는 기능이 있을지 모른다.

여러 이론가는 자존감이 부분적으로 지위 추적 장비 기능을 한다고 주장했다. 우리가 느끼는 자존감은 최소한 세 가지 방식으로 기능을 발휘할 수 있다: (1) 나에 대한 사람들의 존경심이 수그러들 때 다른 사람들의 환심을 사거나 사교 관계를 복원하려는 동기를 부여하는 데, (2) 도전할 대상과 복종할 대상을 가리는 결정을 안내하는 데, (3) 짝짓기 시장에서 자신의 바람직성을 추적하는 데.

이 장은 대부분 지배성이 높은 쪽의 이야기에 초점을 맞추었지만, 낮은 쪽의 이야기도 소홀히 해서는 안 된다. 우리 조상들은 자신이 낮은 지위에 처하는 상황에 반복적으로 마주쳤으므로, 복종적 지위에서 맞닥뜨리는 문제들에 대처하도록 설계된 적응을 자연 선택이 선호하지 않았다면 오히려 이상할 것이다. 가설로 나온 복종 전략 두 가지는 **자기 평가절하**(대결을 피하고, 지배자의 분노를 촉발하지 않고 아랫사람의 역할을 잘 수행하기 위해 자존감을 낮추는 것)와 **잘나가는 사람 비하하기**이다. 지위와 명성, 사회적 지배성, 복종 전략에 관해 더 완전한 진화 이론을 위해 확고한 토대를 제공하려면 비교문화 연구가 필요하다.

추천 독서 목록

Anderson, C., & Kilduff, G. J. (2009). The pursuit of status in social groups. *Current Directions in Psychological Science, 18,* 295–289.

de Waal, F. (1982). *Chimpanzee politics : Sex and power among apes.* Baltimore, MD : Johns Hopkins University Press.

Frank, R. H. (1985). *Choosing the right pond : Human behavior and the quest for status.* New York : Oxford University Press.

Henrich, J., & Gil-White, F. (2001). The evolution of prestige : Freely conferred deference as a mechanism for enhancing the benefits of cultural transmission. *Evolution and Human Behavior, 22,* 165–196.

King, A. J., Johnson, D. D. P., & Van Vugt, M. (2009). The origins and evolution of leadership. *Current Biology, 19,* R911–R916.

Maner, J. K., & Mead, N. L. (in press). The essential tension between leadership and power : When leaders sacrifice group goals for the sake of self-interest. *Journal of Personality and Social Psychology.*

Mazur, A. (2005). *Biosociology of dominance and deference.* Lanham, MD : Bowman & Littlefield Publishers, Inc.

Sloman, L., & Gilbert, P. (Eds.). (2000). *Subordination and defeat : An evolutionary approach to mood disorders and their therapy.* Mahwah, NJ : Erlbaum.

EVOLUTIONARY PSYCHOLOGY

| 제6부 |

통합 심리 과학

결론에 해당하는 6부에서는 진화론의 관점에서 전체 심리학 분야를 살펴본다. 13장은 인지심리학, 사회심리학, 발달심리학, 성격심리학, 임상심리학, 문화심리학을 포함해 심리학의 주요 분야들에 진화론의 관점이 어떻게 중요한 통찰을 제공할 수 있는지 보여준다. 그리고 심리학의 이 분야들 사이에 존재하는 현재의 경계선이 어쩌면 인위적인 것일지도 모른다는 결론으로 끝을 맺는다. 진화심리학은 그 경계선들을 자유롭게 넘나들며, 앞으로 심리학 분야는 긴 진화의 역사를 통해 우리가 직면해온 적응 문제들과 우리의 진화한 심리적 해결책에 초점을 맞추면 더 훌륭하게 조직된 모습을 보여줄 것이라고 시사한다.

제13장
통합 진화심리학을 향해

::

진화심리학의 가장 흥미진진한 측면은
사람의 행동을 통합적으로 기술하려는 노력에서
생물학, 인류학, 심리학과 그 밖의 행동과학 분야들에서 나온
증거와 설명을 통합하는 틀을 약속한다는 데 있다.
— 보이어Boyer와 헥하우젠Heckhausen, 2000, p. 924

진화심리학은 심리적 현상에 대한 우리의 이해를 하나의 이론적 우산 아래 통합할
잠재력을 갖고 있으며, 그 역할에 대해서는 경쟁자가 거의 없다.
—이선 레멜Ethan Remmel, 2006

여러분이 화성인인데, 지구에서 가장 흔히 마주치는 큰 포유류인 사람을 조사하기 위해 지구를 방문했다고 상상해보라. 그러다가 사람을 연구할 목적으로 만든 **심리학**이라는 과학 분야가 있다는 사실을 알고는, 어느 대학을 방문해 그곳 심리학자들이 뭘 발견했는지 살펴보기로 한다. 아마도 여러분은 맨 먼저 서로 다른 이름으로 불리는 심리학자들의 종류가 아주 많다는 사실을 알아챌 것이다. 어떤 사람들은 자신을 '인지심리학자'라고 부르며, 마음이 정보를 어떻게 처리하는지 연구한다. 어떤 사람들은 자신을 '사회심리학자'라고 부르며, 사람들 간의 상호작용과 관계를 연구한다. 어떤 사람들은 자신을 '발달심리학자'라고 부르며, 사람이 평생 동안 심리적으로 어떻게 변해가는지 연구한다. 어떤 사람들은 자신을 '문화심리학자'라고 부르며, 미국과 같은 개인주의 문화와 일본 같은 집단 문화 사이의 차이를 강조하며 연구한다. 또 어떤 사람들은 자신을 '임상심리학자'라고 부르며, 마음의 기능 장애를 연구한다.

화성인인 여러분에게 이러한 학문 분할은 다소 기묘하게 비칠 수 있다. 예를 들어 사회적 행동도 분명히 정보 처리 과정이 필요한데, 왜 사회심리학을 인지심리학과 분리해야 할까? 또 개인차는 시간이 지나면서 발달하게 마련이고, 중요한 개인차 가운데 많은 것은 사회적 성격을 띠는데, 왜 성격심리학을

사회심리학과 분리해야 할까? 마음의 기능 장애를 이해하려면 마음이 어떻게 기능하는지도 이해해야 하는데, 왜 임상심리학을 나머지 심리학과 분리해야 할까?

심리학자들 사이의 이 기묘한 업무 분할에도 불구하고, 그들이 무엇을 발견했는지 살펴보면 최소한 다소 인상적인 것이 눈에 띌 수도 있다. 예를 들어 인지심리학자들은 사람의 마음이 제대로 된 논리 규칙에 따라 기능을 발휘하는 게 아니라고 시사하는 아주 흥미로운 인지적 편향들과 발견법을 관찰하고 기록해놓았다(Tversky & Kahneman, 1974). 사회심리학자들도 일련의 흥미로운 현상들—사람들은 자신이 속한 집단이 커지면 자신의 몫을 다하지 않고 빈둥거리는 경향이 있고(Latané, 1981), 사람들은 성공한 일에 대해서는 자신의 공을 내세우고 실패한 일에 대해서는 다른 사람에게 책임을 전가하는 경향이 있으며(Nisbett & Ross, 1980), 사람들은 설사 다른 사람에게 끔찍한 전기 충격을 주는 결과를 낳는다 하더라도 권위에 복종하는 경향이 있다는(Milgram, 1974) 사실 등—을 발견했다. 발달심리학자들은 어린이는 만 세 살이면 다른 사람도 욕구가 있다는 사실을 이해하지만, 네 살이 되기 전까지는 다른 사람들도 믿음이 있다는 사실을 이해하지 못하며, 사춘기가 되기 전에는 사람에게 성욕이 있다는 사실을 이해하지 못한다는 것을 발견했다. 성격심리학자들은 개인차에 관해 일부 흥미로운 사실들을 관찰하고 기록했다 : 예를 들면, 어떤 사람들은 다른 사람들보다 권모술수를 좋아하고 남을 조종하려는 성향이 훨씬 강하다. 임상심리학은 일련의 장애와 그 성질을 밝혀냈다. 예를 들면, 우울증을 앓는 사람은 여자가 남자보다 2배나 많고, 정신분열병은 유전 가능성이 높고 치료가 거의 불가능하며, 높은 곳이나 뱀을 두려워하는 일반 공포증은 체계적 탈민감화 치료를 통해 쉽게 완치할 수 있다.

여러분은 화성인 동료들에게 호모 사피엔스라는 이 기묘한 종에 대한 통합적 이해를 전달하고 싶을 것이다. 여러분은 심리학자들이 발견한 그 모든 통찰을 간직하고 싶지만, 다소 자의적으로 보이는 학문 간의 분할은 고수하고 싶지 않다. 자연 선택에 의한 진화는 복잡한 기능성 유기체의 설계를 만들어낼 수 있는 것으로 알려진 유일한 과정이기 때문에, 진화심리학이야말로 이 모든 하위 분야들을 통합할 만큼 충분히 강력하고 유일하게 경쟁력이 있는 메타 이론으로 보인다. 이 메타 이론은 바로 이 기묘한 두발 보행 영장류 종의 특징인 마음의 기제에 대해 통합된 이해를 제시하려고 노력한다.

이 장에서는 인간 심리학의 자세한 내용을 들여다보던 것에서 뒤로 물러나 더 거시적인 관점에서 심리학 전체를 바라보려고 한다. 첫 번째 절에서는 심리학의 하위 분야들을 각각 살펴보고, 진화심리학이 이 분야들에 유익한 정보를 제공할 수 있는 방법을 몇 가지 소개한다. 두 번째 절에서는 통합심리학의 미래가 학문들 간의 전통적인 경계선을 허무는 데 달려 있다고 주장한다.

진화인지심리학

정의상 모든 진화 기제는 적응 문제 해결을 목적으로 하는 정보 처리 장치가 필요하다. 긴 진화 역사를 통해 인류가 맞닥뜨린 많은 적응 문제는 본질적으로 사회적인 것이기 때문에, 인지심리학은 우리가 다른 사람들에 대한 정보를 처리하는 방식을 다루어야 한다. 진화심리학의 관점에 따르면, 전체 인지 체계는 기능적으로 특정 종류의 적응 문제들을 해결하도록 특화돼 있다.

전통적인 인지심리학이 뿌리를 두고 있는 여러 가지 핵심 가정에 대해 진화심리학은 도전장을 던진다(Cosmides & Tooby, 1992). 첫째, 주류 인지심리학자들은 인지 구조가 범용적이고 정해진 내용이 없다고 가정하는 경향이 있다. 무슨 말이냐 하면, 음식 선택을 담당하는 정보 처리 장치가 배우자와 서식지 선택을 담당하는 정보 처리 장치와 동일하다고 가정한다는 뜻이다. 이러한 범용 기제들에는 추리하고, 학습하고, 모방하고, 수단과 목적 관계를 계산하고, 유사성을 계산하고, 개념을 형성하고, 사물을 기억하는 능력들이 포함된다. 이 책 전체를 통해서 이야기한 것처럼, 진화심리학자들은 정확하게 정반대의 가정을 한다. 즉, 마음은 각각 서로 다른 적응 문제를 해결하도록 맞추어진 많은 기제들로 이루어져 있을 가능성이 높다고 본다.

마음을 범용 정보 처리 장치로 보는 주류 인지심리학의 가정이 낳은 한 가지 결과는 인지 실험에 사용되는 자극들의 종류에 그다지 주의를 기울이지 않은 것이다. 인지심리학자들은 설명과 실험의 조종 편이성을 기준으로 자극을 선택하는 경향이 있다. 이 때문에 범주화 연구들은 친족이나 배우자, 적, 먹을 수 있는 물체 같은 자연적 범주에 해당하는 대상보다는 삼각형, 사각형, 원을 사용하게 된다. 실제로 많은 인지심리학자들은 의도적으로 인공 자극을 사용했는데, 참여자에게서 사전 경험이 있을지도 모르는 성가신 '내용'을 제거하고 싶었기 때문이다. 연구자들은 기억 과정을 연구하는 실험에서 이해 가능한 실제 단어가 실험 결과를 '오염'시킬 수 있다고 우려하여 '무의미 철자'를 사용한 실험을 수백 건이나 했다. 만약 마음이 정말로 범용 정보 처리 장치라면, 내용이 없는 인공 자극을 사용하는 것은 충분히 타당하다. 그렇지만 만약 인지 기제들이 특정 과제에 대한 정보를 처리하도록 전문화돼 있다면, 그런 방법은 타당성을 잃고 만다.

2장에서 이야기한 것처럼 일반 처리 기제를 가정하는 것은 큰 문제가 최소한 두 가지 있다: (1) 성공을 거두는 적응적 해결책은 영역에 따라 다르다—예를 들어 음식 선택에 성공하는 데 필요한 속성은 배우자 선택에 성공하는 데 필요한 속성과 다르다; (2) 아무 구속이 없는 일반 기제가 만들어낼 수 있는 행동의 수는 무한대에 가깝기 때문에, 해당 생물은 성공적인 적응적 해결책을 나머지 무수한 실패작과 구분할 방법이 없을 것이다(2장에서 다룬 조합의 폭발적 증가 문제).

전통적인 인지심리학의 두 번째 핵심 가정은 **기능적 불가지론**으로, 그 기제가 해결하도록 설계된 적응 문제를 이해하지 않고도 정보 처리 기제를 연구할 수 있다는 견해이다. 이와는 대조적으로, 진화심리학은 사람의 인지 연구에 기능적 분석을 도입한다. 사람의 간이 어떤 일을 하도록(예컨대 독소 제거) 설계되었는지 모르고서는 그것을 제대로 이해할 수 없는 것과 마찬가지로, 진화심리학자들은 그러한 활동들의 바탕을 이루는 인지 기제들의 기능을 제대로 이해하지 못하면, 사람이 어떻게 범주들을 분류하고, 추론하고, 판단하고, 기억에서 특정 사건을 저장하고 뽑아내는지 이해할 수 없다고 주장한다.

요컨대, 진화심리학자들은 주류 인지심리학의 핵심 가정들—기능적 불가지론과 내용이 없는 범용 기제—을 나머지 생명과학과 통합할 수 있게 해주는 다른 일련의 가정들로 대체한다(Cosmides & Tooby, 1992):

1. 사람의 마음은 사람의 신경계에 뿌리박힌 일련의 진화한 정보 처리 기제들로 이루어져 있다.

2. 이 기제들과 그것들을 만들어내는 발달 프로그램들은 긴 진화의 시간

에 걸쳐 조상의 환경에서 자연 선택을 통해 생겨난 적응들이다.

　3. 이 기제들 중 많은 것은 배우자 선택이나 언어 습득, 협력 같은 특정 적응 문제를 해결하는 행동을 낳도록 기능적으로 전문화돼 있다.

　4. 이 기제들 중 많은 것은 기능적으로 전문화되기 위해 내용 특정적 방식으로 풍부하게 구조화될 필요가 있다.

　코스미데스와 투비(1994)는 데이비드 마David Marr(1982)의 연구를 바탕으로 인지심리학은 **계산 이론**computational theory에 뿌리를 두어야 한다고 주장했다 : "계산 이론은 문제가 무엇이며, 왜 그것을 해결하는 장치가 있는지 구체적으로 말한다"(p. 44). 계산 이론은 다음 주장들을 토대로 한다 :

(1) 정보 처리 장치는 문제를 해결하도록 설계돼 있다.
(2) 정보 처리 장치는 그 구조 때문에 문제를 해결한다.
(3) 따라서 어떤 장치의 구조를 설명하려면 다음을 알아야 한다.
　(a) 그것이 해결하도록 설계된 문제가 **무엇**인지, 그리고
　(b) 그것이 **왜** 그 문제를 풀도록 설계돼 있는지(p. 44).

　계산 이론은 그 자체만으로는 어떤 기제가 **어떻게** 적응 문제를 해결하는지 정확하게 알아내기에 충분하지 않은데, 특정 적응 문제에 대한 잠재적 해결책이 아주 많기 때문이다. 예를 들면, 온혈 동물은 체온 조절이라는 적응 문제를 해결해야 한다. 그러나 개는 혀를 쑥 내밀어 거기서 일어나는 증발을 통해 해결하는 반면, 사람은 피부에 있는 수십만 개의 땀샘을 통해 해결한다. 계산 이론은 생물이 실제로 문제를 어떻게 해결하는가에 대한 가설을 검증하는 과학 실험을 대체할 만한 지름길을 제공하진 않는다. 그렇지만 어떤 것을 성공적인 해결책으로 인정할 수 있는지 기술함으로써 탐색 공간을 크게 제한할 수는 있다. 따라서 계산 이론은 원리상 적응 문제를 해결하는 데 실패하는 수천 가지 가능성을 고려 대상에서 배제할 수 있게 해준다. 예를 들면, 사람에게서 그런 제한 조건 중 하나는 적응 문제를 해결하는 데 적절한 정보는 조상의 환경에서 반복적으로 나타난 특징이어야 한다는 사실이다.

　여러 인지 연구 계획은 인간 인지의 본질에 관한 인지 기능의 전체 영역들

에 대한 사고에 혁명을 가져올 것으로 기대되는 이 새로운 가정들을 바탕으로 실시되었다. 이어지는 절들에서 몇 가지 예를 살펴보기로 하자.

주의와 기억

세상은 우리의 주의를 사로잡는 것들을 무한히 많이 제공한다. 그러나 주의는 본질적으로 용량이 제한돼 있다. 설사 우리가 풀잎 하나의 움직임에서부터 주변에서 일어나는 대화의 모든 단어 어조의 뉘앙스에 이르기까지 주변 세상의 모든 것에 주의를 기울일 수 있다 하더라도, 생존과 번식에 별로 중요하지 않은 막대한 정보에 압도당하고 말 것이다. 기억도 마찬가지다. 만약 우리가 경험한 것을 다 기억한다면, 적응적 행동을 이끄는 데 가장 적절한 기억을 재빨리 끄집어내는 데 엄청난 어려움을 겪을 것이다. 따라서 사람의 주의와 기억은 매우 선택적이어서 적응 문제를 해결하는 데 가장 중요한 정보를 파악하고 저장하고 끄집어내도록 설계돼 있다고 보는 것이 진화에 기초한 합리적인 예측이다(Klein et al., 2002).

8개국에서 300년(1700년부터 2001년까지)이라는 시간에 걸쳐 신문 일면에 실린 기사 736건을 조사한 흥미로운 연구는 놀라울 정도로 비슷한 내용의 획일성을 보여준다(Davis & McLeod, 2003). 한 예로 1735년에 〈보스턴 이브닝 포스트〉에 실린 기사를 살펴보자 : "일요일 아침에 아주 기이한 일이 일어났다. 젊은 남자와 여자(시골 사람들이지만 옷을 아주 잘 차려입은)가 결혼을 하러 왔는데, 목사가 결혼 의식을 채 반도 진행하기 전에 여자가 딸을 낳았다."(Davis & McLeod, 2003, p. 211에서 인용). 시간과 문화를 초월하는 내용은 사람들이 다음과 같은 핵심 주제들에 주의를 기울인다는 것을 알려준다 : 죽음(사고로 인한 것이건 자연사이건), 살인 또는 폭력, 강도, 평판, 영웅심 또는 이타성, 자살, 불륜 같은 결혼 문제, 자녀 학대나 폭행, 버려진 가족 또는 궁핍한 가족, 단호한 태도 또는 맞서싸우기, 강간 또는 성폭행. 역사를 통해 그리고 모든 문화에서 반복되는 이 주제들이 이 책에서 다룬 주제들과 정확하게 일치한다는 사실은, 사람의 주의가 오랜 시간에 걸쳐 사람들에게 반복적으로 일어나는 적응 문제들을 푸는 데 가장 적절한 정보 내용에 특별히 집중된다는 주장에 자연적 증거를 제공한다.

진화한 기능에 대해 던진 질문도 사람의 기억 연구에 빛을 비춰준다

(Todd, Hertwig, & Hoffrage, 2005). 진화심리학자 제임스 네른James Nairne과 그 동료들은 진화한 기억 체계는 최소한 약간은 영역 특정적이어서 특정 종류의 내용이나 정보에 민감할 것이라는 가설을 세웠다(Nairne & Pandeirada, 2008 ; Nairne, Pandeirada, & Thompson, 2008 ; Nairne et al., 2009). 그들은 사람의 기억은 생존(예컨대 식량, 포식 동물, 주거)과 번식(예컨대 짝짓기) 같은 진화적 적합도와 관계 있는 내용에 특별히 민감할 것이라고 가정했다. 그들은 시나리오상의 점화 과제와 돌발 회상 과제를 포함한 표준 기억 패러다임을 사용해 이전 시나리오에서 생존에 적절하다고 평가를 받았던 단어들이 다양한 대조 시나리오 조건에서 적절하다고 평가를 받은 단어들보다 훨씬 높은 비율로 기억된다는 사실을 발견했다. 게다가 네른과 그 동료들은 생존 처리 과정을 강력한 부호화 기술과 맞붙게 하는 실험을 했다. 그런 부호화 기술의 예로는 시각적 이미지를 쉽게 만드는 것, 자서전적 기억을 쉽게 만들어내는 것, 실험 참여자들에게 나중의 시험을 위해 단어들을 암기하게 하는 의도적 학습과 같은 것 등이 있다. 흥미롭게도 생존 시나리오에서 각 항목의 적절성을 평가했더니 잘 알려진 어떤 기억 증진 기술보다도 회상 점수가 훨씬 높게 나왔다. 연구자들은 "생존 처리 과정은 지금까지 사람의 기억 연구에서 확인된 아주 뛰어난 부호화 절차 중 하나이다."라고 결론내렸다(Nairne & Pandeirada, 2008, p. 242).

또 다른 연구에서는 헌신적 연애 관계에 있는 참여자들을 실험실로 불러 파트너가 부정을 저지른 단서를 발견한 상황을 상상하게 했다(Schützwohl & Koch, 2004). 일부 단서는 성적 부정을 암시하는 것으로, "그 사람이 갑자기 당신과 섹스하길 거부한다."라거나 "두 사람이 섹스를 할 때 그녀가 따분한 듯한 눈치를 보였다."와 같은 것이었다. 다른 단서는 감정적 부정을 암시하는 것으로, "나와 싸울 핑계를 찾으려는 것처럼 보인다."라거나 "사랑한다고 말해도 그녀가 더 이상 아무 반응을 보이지 않는다."와 같은 것이었다. 이 단서들은 다른 중성적 성격의 단서들 사이에 섞여 있었다. 일 주일 뒤, 참여자들을 다시 실험실로 오게 해 돌발 기억 회상 테스트를 치렀다. 그들에게 기억할 수 있는 부정의 단서를 모두 적으라고 했다. 〈표 13.1〉은 그 결과를 보여준다. 예측한 대로 여자들은 남자들보다 감정적 부정 단서를 더 잘 기억한 반면, 남자들은 여자들보다 성적 부정 단서를 더 잘 기억했다. 이 결과는 우리가 기억하는 내용은 해결할 필요가 있는 적응 문제들과 매우 가깝게 일치한다는 가설을 지지한다 ; 이 경우에는 성에 따라 차이가 있는 성적 부정 대 감정적 부정의 적응 문제였다(11장 참고). 요컨대, 주의와 기억은 선택성이 강하다—사람은 자신이 직면한 특정 적응 문제를 해결하는 데 가장 적절한 정보를 파악하고 되살리도록 설계돼 있다.

표 13.1 **자연적인 단서 회상**

	남자	여자
감정적 단서	24%	40%
성적 단서	42%	29%

출처 : Schützwohl, A., & Koch, S. (2004). Sex differences in jealousy : The recall of cues to sexual and emotional infidelity in personally more and less threatening conditions. *Evolution and Human Behavior, 25*, 249–257.

문제 해결: 발견법, 편견, 불확실한 조건에서의 판단

소위 높은 차원의 인지 중 많은 것은 불확실한 조건에서의 문제 해결과 판단에 관한 것이다. 판단을 연구하는 현대의 많은 연구자들에 따르면, 사람은 불확실한 조건에서 문제를 해결하거나 결정을 내릴 때 실수를 저지르기 쉽다고 한다(예컨대 Nisbett & Ross, 1980 ; Tversky & Kahneman, 1974). 이 때문에 인지심리학에서는 사람이 잘 저지르는 경향이 있는 다양한 오류와 편향을 관찰하고 기록하는 것을 전문으로 하는 분야까지 생겨났다. 아래에 두 가지 예를 소개한다 :

1. 기저율 오류: 사람들은 그럴듯한 개별 정보와 함께 제시하면 기저율 정보를 무시하는 경향이 있다. 기저율이란 표본 집단에서 어떤 것이 차지하는 전체적인 비율을 가리킨다. 다음 예를 생각해보자. 방 안에 사람이 가득 차 있는데, 그 중 70%는 변호사이고 30%는 공학자라고 하자. 조지라는 남자는 소설을 싫어하고, 주말에 목공 일을 하는 걸 좋아하며, 셔츠 호주머니에 펜을 넣어 다니기 위해 호주머니 보호대를 착용한다. 그의 글은 따분하고 다소 기계적이며, 질서와 정돈이 많이 필요하다. 조지가 (A) 변호사일 확률은 얼마이고, (B) 공학자일 확률은 얼마일까? 대다수 사람들은 조지가 변호사일 확률이 더 높다고 알려주는 기저율 정보(방 안에 있는 사람들 중 70%는 변호사이므로)를 무시하는 경향이 있다. 대신에 눈길을 끄는 개인의 정보에 훨씬 큰 비중을 두어 조지는 공학자일 가능성이 높다고 말한다. 사람들이 실제 수학적 비율을 무시하는 경향 때문에 생긴다 하여 기저율 오류라 부르는 이 오류는 기저율과 개별 정보를 적절히 결합해야 하는 수학 공식에 위배된다.

2. **결합 오류**: 만약 내가 여러분에게 린다가 홀치기 염색을 한 셔츠를 입고 "남자는 쓰레기"라는 문구가 새겨진 단추를 달고 있고, 직장에서 여자들을 조직하려고 자주 시도한다고 말한다면, 린다는 (A) 은행원일 가능성이 더 높을까, (B) 페미니스트 은행원일 가능성이 더 높을까? 대다수 사람들은 논리의 법칙(《그림 13.1》참고)을 어긴다는 사실에도 불구하고, (B)의 가능성이 더 높다고 생각한다. B(페미니스트 은행원)는 A(은행원)의 부분집합이기 때문에, A일 확률이 B일 확률보다 훨씬 더 높다. 달리 말하면, '페미니스트'와 '은행원'을 **결합**한 확률은 은행원 하나의 확률보다 작을 수밖에 없다. 왜냐하면, 결합 사건이 일어날 확률은 개별 사건이 일어날 확률보다 클 수가 없기 때문이다. 그렇지만 린다를 묘사한 내용이 페미니스트를 연상시키기 때문에, 대다수 사람들은 논리를 무시하고 자기 생각에 명백하게 보이는 것을 지지한다.

사람이 얼마나 어리석은지 보여주는 문헌이 널려 있다는 사실은 아주 재미있다. 그러나 그것이 제시하는 마음의 모형은 정확한 것일까? 우리는 불확실한 조건에서 판단을 하기 위해 조야하고 오류를 저지르기 쉬운 지름길을 찾기 때문에 사람의 인지는 편향과 오류로 가득할까? 진화론의 관점은 이 결론을 덥석 받아들이기 전에 잠깐 생각을 하게 하는데, 왜냐하면 우리 조상은 생존과 번식과 관련이 있는 수백 가지 적응 문제를 해결하려면 아주 놀라운 문제 해결 방법을 사용해야 했기 때문이다.

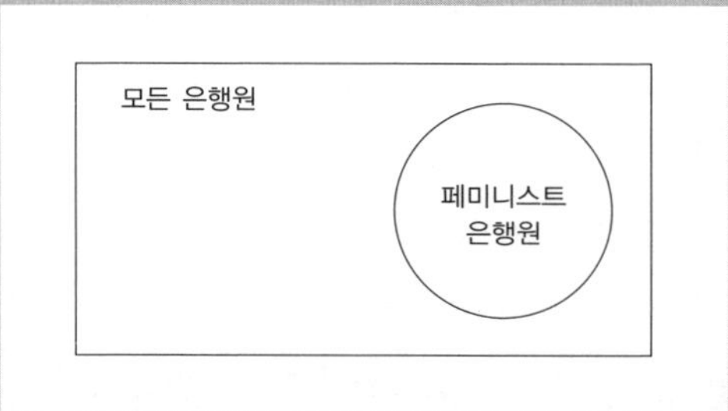

그림 13.1 은행원과 페미니스트 은행원의 벤다이어그램. 페미니스트 은행원은 논리적으로 모든 은행원의 부분집합이다. 따라서 어떤 사람이 페미니스트 은행원일 확률은 은행원일 확률보다 더 클 수가 없다. 그런데도 조사에 참여한 사람들은 대부분 '린다'가 페미니스트 은행원일 가능성이 더 높다고 대답한다.

투비와 코스미데스(1998)는 진화론의 관점은 사람이 인지적 편향으로 가득 차 있다고 보는 견해와 비교할 때 일종의 역설을 낳는다고 주장한다. 사람은 일상적으로 복잡한 자연적 과제들을 해결하는데, 그 중 많은 것은 인공지능 체계를 사용한 모형으로 같은 과제를 해결하려는 시도를 무산시켰다. 과학자들이 모든 현대

진화심리학

적인 논리 도구와 정식 통계적 결정 이론으로 무장하더라도, 시력, 대상 인식, 문법 유도, 언어 지각 등에서 사람들은 모든 인공 체계의 수행 능력을 손쉽게 뛰어넘는다(Tooby & Cosmides, 1998). 여기서 다음과 같은 역설이 제기된다 : 만약 사람이 오류와 편향을 보편적으로 일으키는 인지 기제들로 가득 차 있다면, 인공적으로 개발할 수 있는 어떤 체계의 능력도 초월하는 복잡한 문제들을 어떻게 일상적으로 쉽게 해결할 수 있을까?

투비와 코스미데스는 **생태적 합리성**이라는 인지 기제에 관한 진화 이론을 주장한다. 긴 진화 시간에 걸쳐 인류가 살아온 환경에는 어떤 통계적 규칙성이 있었다 : 천둥이 친 뒤에는 흔히 비가 내렸고, 성난 고함 뒤에는 가끔 폭력이 발생했고, 눈을 오래 마주친 뒤에는 가끔 섹스가 일어났고, 뱀에게 접근하면 물리기 쉬웠다. 이러한 통계적 규칙성을 '생태적 구조'라고 부른다. 생태적 합리성은 적응 문제 해결을 촉진하기 위해 생태적 구조를 사용하는 설계 특징들을 포함한 진화한 기제들로 이루어져 있다.

다시 말해서, 인지 기제들의 모양과 형태는 인류가 진화한 조상의 환경에서 반복적으로 나타난 통계적 규칙성과 조화를 이룬다. 예를 들면, 우리가 전기 콘센트는 무서워하지 않으면서 뱀을 무서워하는 것은 뱀과 몸을 아프게 하거나 치명적인 결과 사이에 반복적으로 나타난 통계적 규칙성 때문이다. 전기 콘센트는 최근에 나타난 발명품이라서 몸을 아프게 하거나 치명적인 결과를 반복적으로 나타나게 하기에는 시간이 너무 짧았다. 요컨대, 문제 해결 전략은 한 종류의 문제들—진화의 시간을 거치면서 계속 반복된—을 해결하도록 정교하게 설계돼 있는 반면, 인공적이거나 새로운 문제를 해결하는 데에는 매우 서투를 수 있다. 제시된 문제와 그 기제가 해결하도록 설계된 문제가 일치하지 않을 때 오류가 나타난다.

투비와 코스미데스(1998)는 거기서 논리를 더 전개했다. 내용 독립적인 형식 논리 이론들—사람들이 사용해야 한다고 인지적 편향 연구자들이 주장하는 이론들—은 실제 적응 문제를 해결하는 데 예외적일 정도로 서투르다. 세상에는 논리적으로 임의적인 관계들이 가득 널려 있다 : 예를 들면, 똥은 사람들에게 잠재적 위험이 있지만, 똥파리에게는 아주 안락한 보금자리가 된다. 따라서 형식 논리를 적용하는 것은 원리적으로는 똥을 피하는 적응 문제를 해결할 수 없다. 그것을 해결할 수 있는 유일한 것은 긴 진화 시간에 걸쳐 똥이 호미니드 조상과 상호작용할 때 똥과 관련해 반복된 통계적 규칙성을 이용하도록 만들어진 내용 특정적 기제뿐이다.

인류의 적응 문제 해결—우리 조상들은 적응 문제 해결을 상당히 잘 했을 게 분명하다. 잘 하지 못했다면 우리의 조상이 되지 못했을 것이다—은 항상 세 가지 요소에 달려 있었다 : (1) 추구하는 특정 **목표**(해결해야 할 문제), (2) 당장 손에 쥐고 있는 **재료**, (3) 문제가 처한 **맥락**. 내용에 상관 없이 모든 문제를 해결하는 하나의 '합리적' 방법을 찾는 것은 불가능하다. 해결책의 '정확성'을 평가하는 기준은 진화이다 : 인지 기제가 내린 결정은 그 당시에 존재한 대체 설계에 비해 조상의 환경에서 평균적으로 더 나은 생존과 번식 성공을 낳았다. 자연 선택의 눈에서 중요한 것은 진리나 정당성, 논리적 일관성이 아니라 오직 번식 성공 측면에서 효과가 있는 것이다.

사람의 인지 기제들은 판단 편향과 오류로 가득 차 있다고 결론내리기 전에 사람의 인지 기제가 해결하려고 진화한 적응 문제들은 무엇이며, 진화의 관점에서 어떤 것이 '올바른 판단'이나 '성공적인 추론'인지 물어볼 필요가 있다. 사람들이 밤에 나트륨등 불빛이 비치는 주차장에서 색깔만으로 자동차를 찾는 데 어려움을 겪는다고 해도, 우리의 시각계가 오류로 넘친다고 결론내리지는 않을 것이다. 우리의 눈은 인공 불빛이 아니라 자연광에서 물체의 색을 알아보도록 설계돼 있다(Shepard, 1992).

판단 '편향'을 관찰하고 기록한 많은 연구 계획들은 나트륨등 불빛과 비슷한 인공적이고 진화의 역사에서 유례가 없었던 실험적 자극을 사용한 것으로 드러났다. 예컨대 많은 실험들은 참여자들에게 단일 사건을 토대로 확률 판단을 하도록 요구했다(Gigerenzer, 1991, 1998). "단일 사건의 확률에 대해 신뢰할 수 있는 수치적 표현이 플라이스토세에는 드물거나 아예 존재하지 않았다—현대의 무리 수준의 사회들에서도 용어가 상대적으로 부족하다는 사실이 이 결론을 보강해준다."(Tooby & Cosmides, 1998, p. 40) 어떤 여자가 임신했을 확률이 35%일 수는 없다 ; 그녀는 임신을 했거나 하지 않았을 것이므로, 단일 사건에 확률을 적용하는 것은 아무 의미가 없다.

그러나 사람의 마음은 사건의 **빈도**를 기록하도록 잘 설계돼 있는지도 모른다 : 나는 저 골짜기에 여덟 번 간 적이 있다 ; 딸기를 몇 번 발견했더라? ; 최근에 잠재적 배우자에게 팔을 두르는 시도를 세 번 한 것 중에서 퇴짜를 맞은 게 몇 번이지? 만약 사람 마음의 일부 기제가 단일 사건의 확률보다는 사건의 빈도를 기록하도록 설계돼 있다면, 참여자들에게 단일 사건의 확률을 계산하도록 요구하는 실험은 나트륨등 불빛 아래에서 시각을 실험하는 것과 비슷하게 인공적이고 진화에서 새로운 자극을 제시하는 것인지도 모른다.

불확실한 조건에서 빈도 표현과 판단. 사람의 인지 기제가 사건 빈도를 기록하도록 설계돼 있다는 증거가 있는가? 코스미데스와 투비(1996)는 **빈도 가설**을 내놓았는데, 이것은 사람의 일부 추론 기제가 입력 빈도 정보를 받아들이고 출력 빈도 정보를 만들어내도록 설계돼 있다는 가정이다. 빈도 표현을 기초로 작용하는 방식의 이점으로는 다음과 같은 것들이 있다 : (1) 판단의 토대가 되는 사건의 횟수를 보존할 수 있다(예컨대, 지난 두 달 사이에 나는 딸기를 찾으러 그 골짜기에 몇 번이나 갔는가?) ; (2) 새로운 사건이나 정보를 마주쳤을 때 자신의 데이터베이스를 업데이트할 수 있다(예컨대, 세 번째 달에 딸기를 찾으러 그 골짜기에 간 여행들의 정보 추가) ; (3) 사건을 마주치고 기억한 뒤에 새로운 참조 집단을 만들고, 필요에 따라 그 데이터베이스를 재조직하게 해준다(예컨대, 골짜기를 찾아간 여행이 봄에 일어났는지 가을에 일어났는지에 따라 딸기를 만나는 빈도가 달라졌다는 사실을 기억). 빈도 표현은 문제 해결과 의사 결정 기제에 중요한 입력을 제공할 수 있다.

　의학적 진단 문제를 생각해보자. "만약 발생할 확률이 1000분의 1인 어떤 질병을 진단하는 검사의 거짓 양성 비율이 5%라면〔즉, 검사를 받은 사람들 중 5%는 실제로 질병에 걸리지 않았는데도 질병에 걸렸다는 결과가 나온다면〕, 양성 결과가 나온 사람이 실제로 그 질병에 걸렸을 확률은 얼마일까? 단, 그 사람의 증상이나 징후에 대해서는 아무것도 모른다고 가정한다. ＿＿＿%"(Cosmides & Tooby, 1996, p. 21). 하버드 의과대학의 전문가들을 표본으로 하여 조사한 결과, 문제를 제대로 해석할 때 나오는 '정답'인 2%라고 대답한 사람은 18%에 불과했다. 전문가들 중에서 95%라고 대답한 사람은 무려 45%나 되었는데, 이것은 이들이 거짓 양성에 관한 기저율 정보를 무시했다는 것을 시사한다.

　그런데 같은 문제를 빈도 정보를 사용해 다시 제시하면 어떤 결과가 나올까? 코스미데스와 투비(1996)가 바로 그런 조사를 했다 :

미국인 1000명 가운데 1명은 X라는 병에 걸려 있다. X에 걸린 사람을 쉽게 찾아내는 검사법이 개발되었다. X에 걸린 사람이 이 검사를 받으면 모두 양성 결과가 나타난다(즉, '진짜 양성' 비율이 100%). 그렇지만 X에 걸리지 않고 건강한 사람도 가끔 양성 결과가 나타날 수 있다. 구체적으로 말하면, 건강한 사람 1000명을 검사했을 때 그 중 50명은 양성 결과가 나온다(즉, '거짓 양성' 비율이 5%).

미국인 1000명을 무작위로 뽑은 표본이 있다고 가정하자. 이들은 무작위 추첨 방식으로 선택되었다. 이들을 무작위 추첨 방식으로 선택한 사람들은 그 중 어떤 사람의 건강 상태에 대해서도 아는 게 전혀 없다. 위에 주어진 정보만을 바탕으로 판단할 때 평균적으로 검사에서 양성 결과가 나온 사람들 중에서 실제로 그 병에 걸린 사람은 몇 명일까? ___명 중에서 ___명. (p. 24)

정답은 약 2%이다.

처음에 제시한 의학적 진단 문제와는 아주 대조적으로, 참여자들(스탠퍼드 대학생들) 중 76%가 정답을 맞혔다. 이것은 처음 형식으로 제시했을 때에는 정답 비율이 12%에 불과했던 것과는 큰 차이가 난다. 빈도를 사용하는 형식으로 정보를 제시하면, 성적이 극적으로 향상된다. 정보를 시각적 형식의 그림을 사용해 제시하면 성적은 더욱 높아진다(〈그림 13.2〉 참고). 요컨대, 정보를 빈도를 사용한 형식으로 언어적으로 제시하면 참여자들 중 약 4분의 3이 정답을 알아맞히지만, 거기다가 시각적 빈도 표현을 추가하면 거의 모든 참여자가 정답을 알아맞힌다(추가적인 실험 증거는 Brase, 2009 참고).

이 결과는 기저율 정보를 조상이 살던 시대에 처리했던 것과 같은 종류의 입력에 더 가까운 방식으로 제시하면, 사람들은 판단을 할 때 기저율 정보를 무시하지 않는다는 것을 시사한다. 사건 빈도 처리 필요성이 가장 높은 영역은 사람이 한평생 살아가는 동안 정보가 빠르게 변하는 것들—사냥 동물이 있는 장소, 먹을 수 있는 식물의 분포, 포식 동물의 위치 같은 영역들—이다. 사람은 살아가면서 이 영역에 속한 사건들의 국지적 표본 수집이 필요한데, 국지적 빈도는 예측을 하는 데 가장 신뢰할 만한 기초가 되기 때문이다.

요컨대, 이 결과는 사람의 문제 해결 능력에 오류와 편향이 가득하다는 주류 인지학계의 견해에 도전장을 던진다(Cummins & Allen, 1998). 진화심리학적 분석은 사람의 마음이 해결하도록 설계된 종류의 적응 문제들을 확인하는 데

진화심리학

도움을 준다. 여기에는 사람들이 처리하도록 설계된 정보의 형식을 이해하는 것도 포함된다. 사람들이 처리하도록 설계된 정보의 형식을 더 유사하게 모방한 실험은 불확실한 조건에서 판단을 하는 데 관여하는 사람의 인지 능력에 대해 전혀 다른 그림을 보여준다(Wang, 1996도 참고하라).

이런 갈래의 생각이 제시하는 사람의 인지 기제에 대한 그림은 일반 기제와 조야한 발견법으로 대변되는 주류의 그림과는 극명하게 대조적이다. 사람은 추론을 하는 일반 능력 대신에 추론을 하는 전문화된 능력이 많이 있으

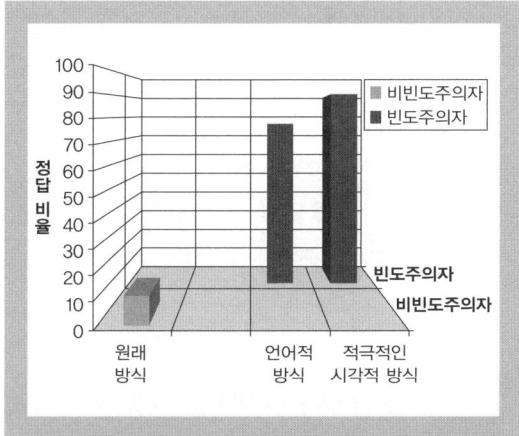

그림 13.2 빈도 중심이 아닌 원래 버전에 대한 정답 비율과 두 가지 빈도 중심 버전에 대한 정답 비율의 비교. 가장 높은 정답 비율을 이끌어낸 적극적인 시각적 조건에서는 참여자들에게 빈도 중심의 표현을 제시했다.

출처: Cosmides, L., & Tooby, J. (1996). Are humans good intuitive statisticians after all? Rethinking some conclusions from the literature on judgment under uncertainty. *Cognition*, 58, 1–73. Copyright © 1996, with permission from Elsevier Science.

며, 그렇게 전문화된 능력은 자연 선택을 통해 해결하도록 설계된 적응 문제의 성격에 따라 다르다. 진화심리학은 사람의 마음은 학습하고, 모방하고, 수단과 목적 관계를 계산하고, 유사성을 계산하고, 개념을 형성하고, 사물을 기억하고, 대표성을 계산하는 일반적인 능력 대신에, 각각 다른 적응 문제를 해결하도록 설계된 복잡하고 문제 특정적인 인지 기제들로 가득 차 있다고 주장한다.

이 견해는 사람의 마음에 인지적 편향이 없다고 주장하는 것은 아니다. 오히려 인지적 발견법 중 많은 것은 '적응적 편향'이 있다(Haselton et al., 2009). 따라서 3장에서 다룬 '내리막 착각'과 '청각 접근 편향'은 생존 문제를 해결하는 지각적 편향이다. 여자의 '헌신 회의 편향'(11장)은 짝짓기 문제를 해결하도록 설계돼 있다. 남자의 외집단 차별 편향(10장)은 비록 현대 환경에서는 비합리적일 수 있지만, 집단 대 집단의 갈등이 빈발하던 조상들의 환경에서는 적응적인 것이었다. 합리적 의사 결정의 형식 논리나 영역 일반적 통계 모형의 기준에 따른다면 사람은 비합리적일지도 모른다. 그러나 사람은 '적응적으로는 합리적'이다(Kenrick et al., 2009).

언어의 진화

언어는 아주 놀라운 능력이다 : "단지 입으로 소리를 내는 것만으로 우리는 각자의 마음속에 정확하고 새로운 개념들의 조합을 확실히 떠오르게 할 수 있다."(Pinker, 1994, p. 15) 언어는 엄청나게 복잡한 주제이기 때문에 이 짧은 절에서 제대로 다룰 수는 없다. 그래서 이 절에서는 진화심리학에서 가장 중요한 두 가지 주제에만 초점을 맞춰 살펴보기로 한다 : (1) 언어는 적응인가? (2) 언어는 어떤 적응 문제들(만약 그런 게 있다면)을 해결하기 위해 진화했을까?

언어는 적응인가 부산물인가? 이 논쟁에는 두 진영이 있다. 한쪽 진영에는 유명한 언어학자 노엄 촘스키Noam Chomsky와 고생물학자 고故 스티븐 제이 굴드Stephen Jay Gould가 있다. 이들은 언어는 절대로 적응이 아니며, 사람의 뇌가 급성장하면서 생겨난 부산물 또는 부수 효과라고 주장했다(Chomsky, 1991 ; Gould, 1987). 촘스키와 굴드도 사람의 뇌가 성장한 것 자체는 자연 선택의 결과라고 인정한다. 그렇지만 뇌가 현재의 크기와 복잡성에 이른 뒤에 언어는 많은 부수 효과 중 하나로서 자연발생적으로 나타났을 뿐이라고 주장한다. 수백억 개의 뉴런을 머리뼈로 둘러싸인 좁은 공간에 집어넣자, 그냥 언어가 구체화되어 나타났을 뿐이라는 것이다. 어떤 의미에서 그것은 전구에서 발생하는 열과 같다. 부산물인 열을 조금도 내지 않고 빛만 내도록 설계된 전구는 만들 수 없다(2장 참고). 사람의 큰 뇌와 언어의 관계는 바로 전구와 열의 관계와 같다 ─언어는 창발적 산물이긴 하지만, 그 기능이나 목적에서 핵심은 아니다. 만약 이 설명이 전구의 경우에는 명백해 보이는 반면 언어의 경우에는 다소 불확실해 보인다면, 그것은 열이 부산물로 발생하는 물리 법칙은 잘 알려진 반면, 빽빽하게 밀집된 뉴런들에서 언어가 나타나는 물리 법칙은 아직까지 분명하게 밝혀지지 않았기 때문이다. 실제로 어떤 사람들은 촘스키와 굴드의 주장을 다소 불확실하다고 생각한다. 더 최근에 촘스키와 그 동료들은 언어가 진화한 적응일 가능성도 완전히 배제하지 않는 방향으로 입장을 다소 완화하여, 사람의 언어는 "우리의 진화 과거에만 독특하게 작용한 특정 선택 압력의 인도를 받았거나 다른 종류의 신경 조직의 결과(부산물)일지도 모른다."라고 주장했다(Hauser, Chomsky, & Fitch, 2002).

개념적 스펙트럼의 반대편 끝에는 진화심리학자 스티븐 핑커Steven Pinker

진 화 심 리 학

가 최선봉에 서 있다. 핑커는 언어가 정보 커뮤니케이션을 위해 자연 선택을 통해 생겨난 **탁월한** 적응이라고 주장한다(Pinker, 1994 ; Pinker & Bloom, 1990). 문법의 심오한 구조는 커뮤니케이션 기능을 위해 너무나도 잘 설계돼 있어, 큰 뇌의 우연한 부산물이라고는 도저히 볼 수 없다고 주장한다. 문법 구조는 모든 언어의 보편적 요소들인 명사, 동사, 형용사, 전치사 같은 주요 어휘 범주들을 포함한다. 또한 구句의 구조를 지배하는 규칙도 포함하고, 정확한 의미를 전달하려면 한 문장 안에서 어떤 단어가 어떤 단어 앞이나 뒤에 와야 하는지 결정하는 선형 순서 규칙(예컨대 "개가 사람을 문다."는 "사람이 개를 문다."와 뜻이 다르다)도 포함한다. 모든 언어에는 동사에 사건이 일어난 시제(과거, 현재, 미래)를 표시하는 활용 어미가 있으며, 그 밖에도 필수적이고 보편적인 요소들이 많이 있다.

    핑커는 어린이는 정식으로 배우지 않더라도 이른 시기(대개 만 세 살 무렵)에 문법적으로 복잡한 문장들을 유창하게 말한다고 지적한다. 어린이는 자신의 환경에서 명백하게 드러나지 않는, 아주 미묘한 문법 규칙을 따른다. 게다가 언어는 뇌의 특정 영역들—베르니케 영역과 브로카 영역—과 밀접한 관련이 있으며, 이 영역들에 손상을 입으면 언어 장애가 생긴다. 사람의 성도聲道(성대에서 입술 또는 콧구멍에 이르는 통로)는 다른 영장류의 성도와는 달리 언어에 필요한 수많은 소리를 내기에 적합하도록 특별히 설계된 것처럼 보인다—예컨대 후두가 목에서 낮게 위치해 있다든가 하는 식으로. 마지막으로, 소리를 듣는 기제인 청각 지각은 다른 사람이 낸 말소리를 해독할 수 있도록 정확하게 상보적 전문화가 일어난 것을 보여준다. 이 모든 것을 합친 결과는 박쥐의 반향정위나 곤충의 더듬이, 원숭이의 입체 시각처럼 언어도 하나의 적응임을 강하게 시사한다고 핑커는 주장한다. 언어는 정보의 커뮤니케이션을 위한 **설계의 보편적 복잡성**을 보여주며, 복잡한 유기적 구조의 기원을 유일하게 설명할 수 있는 것은 자연 선택에 의한 진화뿐이다(Pinker & Bloom, 1990). 핑커는 "거미가 거미줄을 치는 방법을 아는 것과 다소 비슷한 맥락으로 사람들이 말을 할 줄 안다"는 점에서 언어는 '본능'이며, "언어는 정보 커뮤니케이션을 위한 생물학적 적응"이라고 주장한다(Pinker, 1994, pp. 18-19).

언어가 해결하기 위해 진화한 적응 문제는 무엇인가? 언어의 기능에 관한 지배적인 이론은 언어가 커뮤니케이션—개인들 사이의 정보 교환—을 촉진하기 위해 진화했다는 것이다(Pinker, 1994). 정보 교환은 거의 무한히 다양한 과제에 도움을 줄 수 있다 : 친구와 가족에게 위험을 경고하거나 ; 동맹에게 잘 익은 장과류의 위치를 알려주거나 ; 사냥이나 전쟁을 위한 동맹을 통합 조정하거나 ; 주거지나 도구나 무기를 만드는 지시를 제공하거나 ; 그 밖의 많은 과제에 도움을 줄 수 있다.

언어의 기능에 대한 경쟁 가설은 세 가지가 나왔는데, 모두 사회적 기능을 포함하고 있다. 첫 번째는 **사회적 잡담 가설**이다(Dunbar, 1996). 이 가설에 따르면, 언어는 큰 인간 집단 사이에서 유대를 촉진하기 위해 진화했다. 인류학자이자 진화심리학자인 로빈 던바Robin Dunbar는 언어는 복잡한 사회적 관계 네트워크와 계속 연결하기 위해 진화했다고 주장한다 : 누가 누구와 섹스를 했고, 누가 누구를 속였으며, 비밀을 털어놓을 만큼 믿을 수 있는 사람은 누구이고, 누가 좋은 친구나 동맹 파트너가 될 수 있으며, 어떤 동맹이 균열 조짐을 보이고, 누가 어떤 사람에게 어떤 일을 한다는 평판이 있는지 등을 알려면 그 네트워크와 연결을 유지해야 한다. 던바는 언어는 일종의 '사회적 털고르기'라고 주장한다. 집단이 커질수록 침팬지들 사이에서 일어나는 것처럼 자신의 동맹에게 물리적으로 털고르기를 해줄 시간을 내기가 물리적으로 불가능해진다. 언어는 가장 넓은 의미의 잡담—누가 누구에게 무슨 일을 하는지 정보를 교환하는 것—을 통해 큰 집단 사이의 사회적 응집을 촉진하기 위해 진화했다. 언어의 진화를 설명하는 완전한 이론으로서 사회적 잡담 가설은 사람들은 언어를 잡담이나 사회적 털고르기 용도보다 훨씬 폭넓게 사용한다는 점 때문에 비판을 받았다(Scott-Phillips, 2007).

언어의 기원과 기능을 설명하는 또 하나의 가설은 **사회 계약 가설**이다(Deacon, 1997). 이 가설에 따르면, 짝짓기 문제는 큰 짐승 사냥이 나타나면서 문제가 더 심각해졌다. 남자들은 사냥에 나설 때 배우자를 뒤에 남겨두고 떠나야 했는데, 그 때문에 배우자가 부정을 저지르거나 성적 착취에 취약해질 위험이 커졌다. 이 개념에 따르면, 언어는 명시적인 결혼 계약을 촉진하기 위해 진화했다. 남자와 여자는 자신들의 짝짓기 약속을 공개적으로 서약하여 서로와 집단 내의 모든 사람에게 자신의 배우자가 다른 사람들에게는 접근 불가라는 신호를 보낼 수 있었다. 그렇지만 이 가설은 여러 가지 심각한 어려움에 부닥

친다 : 그보다 앞서 응집력이 높은 큰 집단이 어떻게 생기는지, 왜 다른 종들은 언어를 사용하지 않고도 짝짓기 문제를 해결한 것처럼 보이는지, 왜 결혼 계약이 실패하는 경우가 많은지 등을 제대로 설명하지 못한다(Barrett, Dunbar, & Lycett, 2002).

세 번째 가설은《아라비안 나이트》에 나오는 주인공의 이름을 따 **셰에라자드 가설**이라 부른다(Miller, 2000). 셰에라자드는 죽음을 모면하려고 밤마다 재미있는 이야기로 왕을 즐겁게 한다. 이 가설은 사람의 큰 뇌가 본질적으로 공작의 꽁지깃―잠재적 배우자에게 우수한 적합도를 가졌다는 신호로 보여주기 위해 성 선택되어 진화한 기관―과 같다고 주장한다. 뛰어난 언어 능력을 가진 사람은 유머와 위트, 기이한 이야기, 단어의 마술 등으로 잠재적 배우자를 황홀하게 함으로써 언변이 서툰 경쟁자보다 짝짓기 경쟁에서 유리한 위치를 차지할 수 있다. 핑커와 블룸(1990)은 "부족의 우두머리가 뛰어난 웅변가이면서 많은 아내를 거느리는 경우가 많다는 사실은 언어적 재능이 어떻게 다윈식 진화의 차이를 만들어낼 수 있는지 생각이 미치지 못하는 모든 상상력에 훌륭한 자극을 제공한다."(p. 725)라고 지적했다. 언어의 기원에 관한 성 선택 가설은 잠재적 문제가 두 가지 있다. 성 선택적 적응은 대개 아주 큰 남녀 차이가 나타나지만, 남자와 여자의 언어 능력은 대체로 비슷하다. 성 선택적 적응은 개인들이 배우자 경쟁 시기에 들어가는 사춘기에 나타나는 게 보통이지만, 언어는 아주 일찍부터 나타나 만 세 살 무렵이면 상당히 정교한 수준의 언어를 구사할 수 있다(Fitch, 2005). 반면에 언어를 유창하게 구사할 수 있는 진정한 언어 성숙 단계는 청소년기가 끝날 무렵이 되어야 비로소 도달할 수 있다―이것은 실제로는 밀러의 성 선택 가설을 뒷받침하는 발견이다(Scott-Phillips, 2007).

이 가설들은 종종 서로 경쟁하거나 모순되는 것처럼 논의되지만, 언어를 맨 처음에 나타나게 한 원동력이 무엇이건 간에 언어가 서로 다른 여러 종류의 적응 문제를 해결하기 위해 긴 시간에 걸쳐 진화했을 가능성도 충분히 있다. 언어는 실제로 사회적 세계뿐만 아니라 물리적 세계에 대한 정보를 교환하는 데 사용되고 또 그런 목적으로 잘 설계된 것처럼 보이기 때문에(Cartwright, 2000), 정보 커뮤니케이션이라는 지배적인 이론을 버릴 수 없다(Pinker & Jackendoff, 2005). 그러나 일단 언어가 진화하고 나면, 자연 선택이 언어의 용도를 원래의 기능에만 제한할 것이라고 믿어야 할 이유는 전혀 없다. 언어는 거기서 더 진화해 사회적 유대를 강화하고, 사기꾼을 단속하고, 배우자를 유혹하고, 결혼 계약을 맺고, 이웃 집단과 평화 조약을 체결하는 용도에도 쓰일 수 있다. 다른 사람에게 영향을 미치거나 다른 사람을 조종하는 데에도 쓰일 수 있다—이것은 '마키아벨리적 지능'이라 부른다(Byrne & Whiten, 1988). 예를 들면, 사람들이 배우자 경쟁에서 유리해지려고 경쟁자를 비하하는 것처럼 사회적 평판을 조종할 목적으로 언어와 잡담을 일상적으로 사용한다는 사실은 경험적으로 관찰되고 기록되었다(McAndrew, 2008 ; McAndrew & Milenkovic, 2002 : Schmitt & Buss, 1996).

요컨대, 초기의 가설들은 언어의 진화한 기능으로 커뮤니케이션이나 정보 교환을 강조했지만, 언어가 다양한 사회적 적응 문제를 해결하기 위해 거기서 더 진화했거나 사용되었을 가능성이 높다. 이것은 이 장의 핵심 주제를 잘 설명해준다 : 언어는 역사적으로 인지심리학의 하위 분야에 속하는 것으로 여겨졌지만, 논리적으로는 사회심리학의 하위 분야에서 따로 떼어낼 수 없다.

특이한 인간 지능의 진화

뇌는 작동하는 데 대사 비용이 아주 많이 드는 기관이다. 사람의 뇌는 무게가 평균 체중의 2~3%밖에 나가지 않지만, 전체 칼로리의 20~25%를 소비한다(Leonard & Robertson, 1994). 영장류는 일반적으로 뇌가 크다. 사람은 영장류 중에서도 특히 뇌가 큰데, 체중과 비교한 무게로 따졌을 때 우리의 뇌는 어떤 영장류보다도 크다. 지난 수백만 년 동안에 사람의 뇌는 크기가 거의 세 배나 늘어났다. 우리의 큰 뇌에는 정교한 정보 처리 장치들이 들어 있는데, 이것은 뇌가 더 작았던 우리 조상이나 현생 영장류 사촌들에게는 존재하지 않는 형태의 지능이다. 여기에는 추상적 사고, 추론, 학습, 시나리오 구상처럼 유례없는 능력들이 포함된다. 인류의 진화 과정에서 우리에게 우수한 형태의 지능들을 포함한 그렇게 큰 뇌가 진화하도록 추진한 무슨 일이 일어난 게 분명하다.

사람에게 왜 이러한 인지 능력들이 진화했을까 하는 질문은 큰 논란의 주제가 되었다. 한 가지 설명은 **생태적 지배/사회적 경쟁**ecological dominance/social competition, EDSC 가설이다(Alexander, 1989 ; Flinn, Geary, & Ward, 2005). EDSC 가설에 따르면, 우리 조상들은 이전에 생존을 방해하던 전통적인 '자연의 적대적인 힘들'을 많이 정복할 수 있었다. 그러한 적대적인 힘들에는 '묵시록의 네 기사', 즉 기아(식량 부족으로 인한), 전쟁, 질병, 혹독한 날씨가 포함된다. 우리가 식량을 풍부하게 재배하면서 굶어죽는 일은 드물어졌다. 우리가 주거와 옷과 불을 발명하면서 혹독한 날씨로 죽는 일도 드물어졌다. EDSC 가설에 따르면, 사람이 생태계를 지배하게 되면서 새로운 종류의 선택적 힘들—다른 사람들과의 경쟁—이 생겨났다.

EDSC 가설은 크고 다양한 사회 집단들 사이에서 살아가는 것이 동맹 형성, 사기꾼 처벌, 속임수 간파, 복잡하고 가변적인 사회적 서열 협상과 같은 적응 문제를 해결해야 하기 때문에 얼마나 복잡하고 힘든지 지적한다. 복잡한 사회 집단에서 살아가려면 "절도, 식인, 배우자 부정, 영아 살해, 갈취, 그 밖의 배신 행위" 같은 위험이 따른다(Pinker, 1997, p. 193). 50~150명으로 추정되는 조상들의 집단 크기도 사회적 적응 문제의 복잡성을 더 키우는 요인이 되어 자연 선택은 더 큰 뇌와 더 높은 수준의 사회적 지능을 선호하게 되었다. 이 새로운 형태의 지능에는 의식, 언어, 자기 인식, 마음 이론(다른 사람의 믿음과 욕구를 이해하는 능력)까지 포함되었을 것이다. 또한 사람들에게 "사회적 상황의 변화에 대한 잠재적 반응을 만들어내고 예행 연습을 하게 하는 시나리오 구상"도 포함된다(Flinn et al., 2005, p. 32).

사회적 경쟁에서 성공하려면 단백질과 귀중한 아미노산의 중요한 공급원을 얻는 수단인 사냥, 특히 큰 짐승을 잡기 위한 사냥 동맹을 결성하는 적응도 필요했을 것이다(Tooby & Devore, 1987). 한편, 협력적 사냥 동맹을 결성하려면 훌륭한 커뮤니케이션 능력과 협력을 위한 심리적 적응(사기꾼을 간파하고 처벌하는 능력을 포함해), 고기 분배를 정하는 규칙도 필요하다. 사냥에서 고기를 풍부하게 얻게 되자, 사람들은 호혜적 보답을 기대하면서 친구와 동맹의 몸 속에 여분의 식량을 저장할 수 있었다.

사냥 동맹이 자원을 빼앗을 목적으로 다른 인간 집단을 정복하려고 손에 든 무기와 협력적 동맹을 사용하는 전쟁 동맹으로 발전하기까지는 그다지 큰 도약이 필요하지 않았다(Alexander, 1989 ; Buss, 2005b ; Duntley & Buss, 2005). 전쟁을 위한 적응과 공격자 집단에 맞서기 위한 적응 사이에 벌어진 공진화 군비 경쟁은 다시 더 많은 형태의 지능을 낳았을 것이다. 서로 관련된 이 모든 힘들—밀도 높은 집단 생활과 사람의 손을 해방시켜 도구 발명과 사용, 사냥, 전쟁을 하게 한 두발 보행이 낳은 복잡성—이 오늘날 사람들이 보여주는 높은 수준의 많은 지능을 낳았을 가능성이 높다.

EDSC 가설은 인구 밀도가 증가함에 따라 사회적 경쟁이 요구하는 것도 더 많아져 더 높은 지능에 대한 선택 압력이 증가할 것이라고 예측한다. 베일리Bailey와 기어리Geary(2009)는 1만 년 전에서 190만 년 전 사이의 호미니드 두개골 175점에서 적절한 자료를 수집했다. 그리고 두개골이 발견된 장소의 인구 밀도를 알려주는 대리 변수를 사용해, 실제로 인구 밀도가 더 높은 장소에서 발견된 두개골의 두개내 용량이 더 크다는 사실을 발견했다. 저자들은 비록 다양한 압력이 인류의 지능이 진화하도록 영향을 미쳤겠지만, "핵심적인 선택의 힘은 사회적 경쟁이었다."라고 결론내렸다(Bailey & Geary, 2009).

린다 고트프레드슨Linda Gottfredson은 사람의 지능 진화에 관한 EDSC 가설에 이의를 제기했다(Gottfredson, 2007). 그녀는 EDSC 가설이 예측하는 것처럼 일반 지능(IQ 검사로 측정되는)은 '사회적 지능'과 밀접한 상관관계가 있는 게 아니라고 주장한다. 그리고 사람의 평균 생존율을 크게 높인 기술 발전은 생존에서 개인차—자연 선택이 더 높은 수준의 일반 지능을 선호하는 결과를 낳았을 차이—를 제거하지 않았다고 지적한다. 고트프레드슨은 심지어 오늘날에도 생존의 개인차는 지능의 개인차와 밀접한 관계가 있음을 보여주는 그럴듯한 증거를 제시했다.

실제로 생존을 돕기 위해 발명한 기술들—불, 도구, 무기, 카누—은 사람들에게 새로운 위험을 가져다주었다. 불은 우리 조상에게 먹을 수 있는 식품의 종류를 확대했지만, 한편으로는 부상이나 죽음을 초래하는 새로운 위험도 만들어냈다. 무기는 사냥을 더 효율적으로 만들었지만, 부상이나 죽음을 초래하는 새로운 원인이 되었다. 예를 들면, 보츠와나의 쿵족 사이에서 "죽음에 이르는 부상이라는 측면에서 볼 때, 사냥 사고의 가장 심각한 원인은 동물이 아니라 쿵족이 그 동물을 죽이려고 사용하는 무기[독이 묻은 화살과 함께]이다." (Howell, 2000, p. 55). 카누는 사람들에게 새로운 땅과 식량 자원을 개척하는 데 도움을 주었지만, 익사 위험을 크게 높였다. 요컨대, 사람들이 자신의 생태계와 역사를 통해 생존을 방해한 일부 적대적인 힘들을 상당한 수준으로 지배하게 된 것은 사실이지만, 새로운 기술 혁신은 **일부** 개인—지능이 다른 사람들보다 떨어지는—의 부상이나 죽음을 초래하는 새로운 위험을 낳았다.

진화심리학

고트프레드슨의 **치명적 혁신 가설**은 사람의 혁신은 부상과 때이른 죽음의 상대적 위험을 만들어내거나 크게 늘림으로써 일반 지능의 진화를 위한 선택 압력을 빚어냈다고 주장한다. 새로운 혁신 때문에 발생하는 사고를 막으려면 뛰어난 인지 능력—시나리오를 만드는 능력, 즉 "이런다면……어떻게 될까"라는 식의 많은 가능성을 생각하고, 복잡한 우발적 사건을 예측하고, 그 위험을 낮추도록 예방 조처를 취하는 능력—이 필요하다.

치명적 혁신 가설에 따르면, 지난 50만 년 동안에 나타난 여러 가지 힘들이 지능이 더 높은 개인들과 더 낮은 개인들 사이의 생존율 차이를 크게 벌렸을 것이다(Gottfredson, 2007). 첫 번째 힘은 **이중 위험**이다 : 지능이 낮은 사람은 부상이나 죽음을 당하는 비율이 더 높을 뿐만 아니라, 그 자식들 역시 부모가 적절한 보호와 자원을 제공하지 못해 사망률이 더 높다. 두 번째 힘은 **점점 커지는 복잡성**이다 : 기술이 갈수록 복잡해짐에 따라 기술 때문에 생겨난 새로운 위험을 피하기 위한 일반 지능의 중요성이 매우 커진다. 세 번째 힘은 **이동의 미늘톱니바퀴**이다 : 인류가 아프리카를 떠나 유럽, 아시아, 아메리카, 심지어 북극 지방까지 이전에 가본 적이 없는 새로운 땅으로 옮겨가자, 새로운 환경은 그것을 이용할 수 있도록 더 혁신적인 기술의 발전을 촉진하는 선택 압력을 작용했고, 이것은 다시 새로운 위험을 더 많이 만들어냈다.

치명적 혁신 가설을 경험적으로 지지하는 증거는 여러 가지 자료원에서 나온다. 첫째, 지능은 실제로 개인의 수명과 상관관계가 있다. 한 연구에서는 IQ가 1 올라갈 때마다(예컨대 106에서 107로) 상대적 사망 위험이 1% 감소하는 관계가 있다는 것을 발견했다(O'Toole & Stankov, 1992). 이것은 IQ가 평균보다 15 더 높다면(즉, 100보다 15 더 높은 115라면), 사망 위험이 15% 감소한다는 것을 의미한다. 둘째, IQ는 개인의 포괄 적합도를 손상시키는 준치사 손상하고도 상관관계가 있다. 현대 세계에서 IQ가 낮은 사람은 익사하거나 ; 자전거나 오토바이나 자동차 사고를 당하거나 ; 폭발이나 추락 물체, 칼에 부상을 입거나 ; 심지어 벼락을 맞을 위험도 더 높다(Gottfredson, 2007). 비록 한 가지 원인만 따로 떼놓고 생각하면 IQ와 상관관계가 강하게 나타나지 않지만, 모든 것을 합치면 그 누적 효과는 부상이나 죽음을 당할 위험이 상당히 커지는 결과로 나타난다.

일반 지능의 진화적 기원에 관한 치명적 혁신 가설은 현대인에게서 얻은 증거와 일치하긴 하지만, 고트프레드슨은 EDSC 가설과 같은 다른 경쟁 이론과 우열을 비교해봐야 한다고 인정한다. 두 가지 가설이 다 옳을 수도 있는데, 두 가설이 반드시 서로 모순되는 것은 아니기 때문이다. 흥미롭게도 두 가설은 모두 추상적 사고, 시나리오 구상, 추론 능력, 경험에서 학습하는 능력 같은 일반 지능의 적응적 기능을 주장한다. 두 가설은 모두 사람은 진화심리학자들이 관찰하고 기록한 전문화된 영역 특정적 인지 능력에 더해 이러한 영역 일반적 인지 능력이 진화했다고 주장한다.

▊ 진화사회심리학

지난 수백만 년 동안 인류가 맞닥뜨린 중요한 적응 문제 중 많은 것은 본질적으로 사회적 성격을 띠고 있는데, 예를 들면 다음과 같은 것들이 있다 : 사회적 서열 협상, 장기적 사회적 교환 관계 형성, 다른 사람과 의사 소통을 하고 다른 사람에게 영향을 미치기 위한 언어 사용, 단기적 및 장기적 배우자 관계 형성, 동맹과 경쟁자가 변하는 환경에서 사회적 평판 유지하기, 유전적 근연도가 다양하거나 불확실한 친족들 상대하기. 너무나도 많은 적응 문제가 사회적 성격을 띠었을 가능성이 높기 때문에, 사람의 마음에는 사회적 해결책을 전담하는 심리 기제들이 아주 많을 것이다. 따라서 진화심리학 중 상당 부분은 진화사회심리학 영역에 속할 것이다(Buss & Kenrick, 1998 ; Schaller, Simpson, & Kenrick, 2006).

진화사회심리학은 사람이란 동물에 관한 심오한 질문 몇 가지에 답을 내놓을 가능성이 높다. 사람은 왜 무리를 이루어 살까? 사람은 왜 수 년 혹은 수십 년 동안 계속 이어지는 관계—배우자 관계, 친구 관계, 동맹, 친족 유대—를 맺을까? 우리는 왜 배우자와 친구를 우선적으로 선택하고, 그런 경우에 어떤 선택 기준을 사용할까? 사람들은 왜 어떤 사람들과는 협력하고, 어떤 사람들과는 경쟁할까? 사회적 관계는 왜 때로는 갈등과 분쟁으로 들끓는가 하면, 때로는 사랑과 협력이 넘칠까? 인간의 사회적 상호작용은 대부분 영속적인 관계라는 맥락에서 일어났기 때문에, 관계의 심리에 관한 질문들은 사회심리학 분야에서 핵심을 차지할 것이다.

이렇게 관계에 초점을 맞추는 방식은 '현상'에 초점을 맞추는 경향이 있는 주류 사회심리학과는 확연히 대조적이다. 이 방식은 대개 흥미롭거나 직관에 반하거나 이상한 관찰 사실을 주목하고 경험적으로 기록한다. 예를 들면, (1) 어떤 사람의 행동을 상황적 원인이 문제임을 밝힐 수 있을 때에도 그 사람의 지속적인 성향을 바탕으로 설명하려는 경향인 **대응 편향**(Gilbert & Malone, 1995 ; Ross, 1981) ; (2) 집단의 크기가 커짐에 따라 공동 작업을 할 때 개인들이 일을 덜 하려는 경향이 나타나는 **사회적 태만 효과**(Latané, 1981) ; (3) 과제를 수행하는 데 실패했을 때 핑계를 대기 위해 자신의 알려진 약점을 공개적으로 내세우는 **핑계 만들기**(Leary & Shepperd, 1986) ; (4) 집단 내에서 자신을 다른 사람들보다 더 나아 보이게 하는 귀인을 만드는 경향인 **자기 위주 편향**(Nisbett & Ross, 1980) ; (5) 이미 생각하고 있는 가설을 확인(혹은 반증)하는 정보를 선별적으로 찾는 경향인 **확증 편향**(Hansen, 1980)을 비롯해 많은 것이 있다.

사회심리학은 매우 중요한 경험적 현상에 대한 흥미로운 기술을 많이 모았다. 그렇지만 아직까지는 그런 현상들의 기원을 설명할 만큼 강력한 이론을 개발하거나 인간 심리의 더 넓은 이해 안에 어떻게 포함시킬 수 있는지 보여주지 못했다. 진화심리학은 사회심리학자들의 경험적 발견을 이론적으로 접목시킬 수 있도록 사회심리학에 결여된 틀을 제공한다.

사회 현상에 대한 진화 이론의 활용

진화생물학에서 일어난 중요한 이론적 진전은 대부분 사회적 현상에 관한 것이었지만, 주류 사회심리학자들은 이 중요한 이론들을 거의 전적으로 무시해 왔다. 그 첫 번째 이론은 **포괄 적합도 이론**이다(Hamilton, 1964). 포괄 적합도 이론이 직접적으로 의미하는 바는 이타적 행동이 (1) 도움을 주는 개체의 유전자 복제본을 갖고 있을 가능성이 높고, (2) 그 도움을 생존이나 번식의 증가로 전환할 능력이 있는 다른 개체에게 집중되리라는 것이다. 포괄 적합도 이론은 가족, 이타성, 도움, 동맹, 심지어 공격성에 관한 사회심리학에 심오한 결과를 낳는다.

사회심리학에 두 번째로 중요한 진화 이론은 **성 선택론**이다. 성 선택론은 (1) 동성 경쟁자들을 물리침으로써, 그리고 (2) 이성 구성원들에게 배우자로서 우선적 선택을 받음으로써 생기는 짝짓기의 이점을 통해 진화가 일어날 수 있다는 이론이다(Darwin, 1871). 이 이론은 이미 동성 간 경쟁, 살인과 그 밖의 폭력, 위험 감수, 배우자 선택, 이성 간 갈등, 지위 추구에서 나타나는 남녀 차이, 심지어 죽음의 위험 앞에서 나타나는 남녀 차이 등에서 핵심 심리 기제들을 발견하는 데 아주 중요하다는 사실을 입증했다. 실제로 성 선택론은 사람과 그 밖의 영장류에서 발견되는 많은 성차를 이해하는 데 가장 유력한 이론이다.

세 번째로 중요한 진화 이론은 **부모 투자 이론**으로, 성 선택론의 두 요소의 작용에 대해 이론적 예측을 제공한다(Trivers, 1972). 구체적으로는 자식에게 투자를 더 많이 하는 성이 배우자 선택에서 더 까다롭게 굴 것으로 예측된다. 자식에게 투자를 덜 하는 성은 배우자 선택에서 덜 까다롭게 굴고, 투자를 많이 하는 이성에 대한 성적 접근을 놓고 동성 간 경쟁이 더 심할 것으로 예측된다. 이 이론은 사람의 짝짓기 전략에 대해 중요한 발견을 많이 낳았고, 앞으로도 더 많은 발견을 가져다줄 것으로 기대된다.

상호적 이타성 이론은 사회심리학에 네 번째로 중요한 이론적 틀을 제공한다(Axelrod & Hamilton, 1981 ; Trivers, 1971 ; Williams, 1966). 이 이론은 우정이나 협력, 도움, 이타성, 사회적 교환을 비롯해 중요한 사회적 현상들에 진화적 설명을 제공한다. 또한 우정과 협력적 동맹을 포함해 친밀한 관계를 분석하는 데에도 통찰의 원천을 제공한다. 사회적 교환은 주류 사회심리학에서 끊임없이 다루어 온 주제였다. 상호적 이타성에 대한 진화 이론과 관련 이론들은 그 중요성에 대한 진화론적 설명과 그 형식에 대한 추가 예측을 제공한다(예컨대 Cosmides & Tooby, 2005).

다섯 번째로 **부모와 자식 간의 갈등** 이론은 사회심리학에 또 하나의 개념적 틀을 제공한다(Trivers, 1974). 이 이론은 가족 역학에 대해 정확한 예측을 내놓는다. 가족 간 갈등은 흔히 기능 장애의 징후로 간주되는 반면, 부모와 자식 간의 갈등 이론은 그러한 갈등이 대다수 가족에게서 보편적으로 나타날 것이라고 예측한다. 형제 간 경쟁에 대한 설명도 제시한다. 의붓가족에게서 아동 학대가 더 빈번하게 일어나는 이유도 잘 설명한다. 젖을 뗄 무렵에 어머니와 아이 사이에 갈등이 일어날 것도 예측한다. "부모와 자식 간의 갈등 이론은 또한 부모의 혼외 관계 같은 행동을 놓고 자식과 부모 사이에 갈등이 일어날 것이라고 예측한다. 그런 행동은 부모에게는 편익을 줄 수 있지만 자식에게는 값비싼 비용으로 돌아간다."(Friedman & Duntley, 1998)

여섯 번째로 **이성 간 갈등** 이론(Parker, 2006)은 남자와 여자가 갈등을 일으키는 방식들에 대해 훌륭한 길잡이를 제공한다. 짝짓기 시장에서 남자와 여자가 보이는 속임수 패턴, 성폭력, 성폭력에 대한 여자의 방어, 짝짓기 관계에서 일어나는 질투 갈등은 모두 여자와 남자가 각자 자신의 적합도 이해에 최선이 되도록 하는 행동이 상대방의 이해와 갈등을 빚는다는 이론으로 설명된다.

요컨대, 진화생물학에서 일어난 이론적 진전은 사회심리학에 사회적 현상들을 이론적 틀에 접목시키고 그것들을 통합할 수 있는 강력한 도구들을 제공한다.

도덕적 감정의 진화

다음과 같은 가상의 딜레마를 생각해보라 : 건물에 불이 났는데, 여러분이 왼쪽 문으로 뛰어들면 자신과 유전적 연관성이 전혀 없는 아이들을 많이 구할 수 있고, 오른쪽 문으로 뛰어들면 자신의 자식만 구할 수 있다(Pinker, 2002). 만약 여러분이 부모라면, 왼쪽에 얼마나 많은 아이가 있어야 자신의 자식을 포기하고 왼쪽 문으로 뛰어들겠는가? 자신의 자식이 불에 타죽는 걸 감수하게 하는 어떤 수數가 있을까? 우리의 직관은 진화 이론과 한 목소리로 우리의 도덕 기준이 유전적 친척을 선호하는 쪽으로 편향돼 있을 가능성이 높다고 말한다. 그렇지만 사람의 도덕적 추론은 유전적 이기심을 초월하도록 하지 않을까? 진화심리학을 받아들이면 우리의 본성은 비도덕적 이기주의자로 전락하고 마는 것일까? 이 절에서는 도덕적 감정이 어떻게 진화했으며, 왜 도덕적 감정이 우리에게서 일부 놀라운 태도를 나타나게 하는지 살펴본다.

대다수 사람들은 살인, 강간, 근친상간, 아동 학대 같은 범죄를 도덕적으로 나쁘다고 생각한다. 그러나 우리에게 그러한 도덕적 견해를 갖게 하는 것은 무엇일까? 도덕성에 대한 역사적 접근 방법은 사람들이 도덕적 추론을 통해 도덕적 판단에 이른다는 '합리주의자' 이론들이 지배했다. 우리는 논리와 합리성으로 옳고 그름, 해로운 짓과 비행, 정의와 공평성 같은 문제들을 판단하고, 도덕적으로 올바른 답에 이른다고 가정된다. 심리학자 조너선 하이트 Jonathan Haidt 는 이 견해에 이의를 제기하며, 사람은 신속한 자동 평가를 내리는 **도덕적 감정**이 진화했다고 주장했다. 그런 후에 우리는 자신의 도덕적 입장을 설명하거나 합리화해야 할 때 이미 내린 판단을 지지할 것이라고 희망하는

추론을 더듬어 찾는다. 다음의 도덕적 딜레마를 생각해보라 :

줄리와 마크는 오빠와 여동생 사이다. 두 사람은 대학을 다니다가 여름 방학 때 함께 프랑스로 여행을 갔다. 어느 날 밤, 두 사람은 해변의 방갈로에 단 둘이 묵게 되었다. 그들은 함께 사랑을 나누면 흥미롭고 재미있을 것이라고 판단했다. 최소한 각자에게 아주 새로운 경험이 될 것 같았다. 줄리는 이미 경구 피임약을 복용하고 있었지만, 마크는 만전을 기하기 위해 콘돔을 사용했다. 두 사람은 섹스를 즐겼지만, 다시는 그러지 않기로 결정했다. 두 사람은 그 날 밤의 일을 특별한 비밀로 간직하기로 했고, 그 때문에 서로 더욱 친밀해진 느낌이 들었다. 자, 여러분은 어떻게 생각하는가? 두 사람이 섹스를 하는 게 괜찮다고 생각하는가? (Haidt, 2001, p. 814)

대다수 사람들은 즉각 두 사람이 근친상간을 한 것은 잘못이라고 말할 것이다. 그러나 이유를 물어보면, 그럴듯한 이유를 대기가 어려울 것이다. 근친교배를 통한 유전적 해를 떠올리는 사람도 있겠지만, 곧 두 사람이 이중으로 피임을 했다는 사실을 깨닫는다. 어떤 사람들은 심리적으로 어떤 해가 있을 것이라고 말하겠지만, 이 이야기에서 줄리와 마크 중 어느 누구도 심리적 해를 입지 않았다는 것은 분명하다. 계속 이유를 대라고 다그치면, 결국 참여자들은 "몰라요. 설명은 할 수 없지만, 어쨌든 그게 잘못된 행동이라는 건 확실해요." 라는 식으로 말하고 만다(Haidt, 2001, p. 814).

하이트는 사람들이 불쾌감을 느끼지만 분명한 희생자가 없는 다른 시나리오들에서도 비슷한 반응을 발견했다. 그럴듯한 설명은 사람에게 도덕적 감정이 진화했다는 것이다. **근친상간에 대한 반감**은 근친교배를 막기 위해 진화했으며, 줄리와 마크가 벌이는 섹스에 대한 반응으로 나타난다(Lieberman, Tooby, & Cosmides, 2003).

다른 도덕적 감정에도 이와 비슷한 기능적 논리를 적용할 수 있다. 사기꾼에 대한 **분노**는 사회 계약을 위배하는 사람들을 처벌하기 위해 진화했을 가능성이 높다. 사기꾼에 대한 분노는 복수를 자극하고, 복수는 다른 사람들이 장래에 사기를 치지 못하게 억지할 수 있다. 그리고 복수는 달콤하게 여겨지는 감정일지 모른다. 흥미로운 일련의 연구에서는 참여자들에게 심각한 불의가

진화심리학

자행되는 것을 보여주는 할리우드의 영화 장면의 다양한 결말을 보여주고, 각각의 결말에 대해 점수를 매기게 했다(Haidt & Sabini, 2000). 참여자들은 불의의 희생자가 손실을 받아들이고 불의를 저지른 자를 용서한 뒤에 성장과 성취를 경험하는 결말을 불쾌하게 여겼다. 참여자들은 불의를 저지른 자가 큰 고통을 겪고, 그 고통이 자신의 행위에 대한 인과응보라는 사실을 깨닫고 그 과정에서 공개적 모욕을 당하는 결말을 가장 만족스럽게 여겼다. 요컨대, 사람들이 사기나 사회 계약 위반 행위에 대해 느끼는 도덕적 분노는 다른 사람들에게 약속과 의무를 다하게 하는 단속 기능을 위해 진화했을지 모른다.

당혹감은 양보와 복종을 촉진하기 위해 진화했을지 모른다. 당혹감은 지위가 더 높은 사람들과 함께 있을 때 가장 분명하게 나타나며, 지위가 낮은 사람들과 함께 있을 때에는 거의 일어나지 않는다(Haidt, 2003). 당혹감은 사회적 관습을 어겼을 때 일어난다. **수치심**은 비슷한 도덕적 감정이지만 당혹감보다 훨씬 강도가 세며, 도덕적 기준을 맞추는 데 실패한 일이 공개되었을 때 작동한다. 수치심과 당혹감은 숨거나 물러나고 싶은 욕구를 자극하여 그 사람의 사회적 존재를 축소시킨다. 수치심을 드러내면 지배적인 다른 사람들의 공격이나 처벌을 최소화함으로써 도덕률을 위반한 사람이 치러야 할 비용을 낮출 수 있다.

죄책감은 흔히 원형적 감정으로 간주된다. 수치심은 위계적 상호작용과 관계가 있는 반면, 죄책감은 공동체적 관계를 위반했을 때 생긴다(Haidt, 2003). 죄책감은 내 잘못으로 누가 손해를 입었을 때, 그 사람에게 내가 손해를 입혔다는 사실을 안다는 신호를 보내기 위해 진화했을 가능성이 있다 : 죄책감은 고백과 사과를 하도록 동기를 부여한다. 또한 죄책감은 내가 끼친 손해에 대해 보상을 할 생각이 있다는 신호를 보낸다. 죄책감은 공동체의 동맹에게 손해를 끼친 뒤에 보상을 촉진하고 그럼으로써 위반 행위에 대한 보상을 함으로써 소중한 관계의 해체를 방지하는 기능을 한다.

다른 도덕적 감정에 대해서도 진화 가설들이 나와 있다. **경멸**(무례, 의무, 서열 등을 도덕적으로 위반했을 때 나타나는), **동정심**(사람들에게 고통을 받는 남들을 돕도록 움직이게 하는), **감사**(자신에게 친절을 베푼 사람에게 더 친사회적으로 행동하게 하는)를 비롯해 많은 것들이 있다.

사회적 적응 문제에 도덕성이 얼마나 중요한 역할을 하는지 잘 보여주는 사례 두 가지를 살펴보자. 하나는 도덕적 대우를 받을 자격이 있는 사람과 없는 사람을 판단하는 경계를 제공하는 내집단과 외집단의 구별에 초점을 맞춘다. "살인해서는 안 된다."와 같은 도덕적 명령조차 자신과 같은 내집단 구성원에게만 적용될 뿐, 경멸하는 외집단의 적에게는 적용되지 않는 경우가 많다. 내집단과 외집단 심리의 바탕을 이루는 설계 특징을 확인하기 위한 진화론적 연구도 시작되었다. 카를로스 나바레테Carlos Navarrete와 그 동료들은 내집단 구성원에 대한 조건 공포 반응은 쉽게 없앨 수 있지만, 외집단 구성원에 대한 공포는 없애기가 매우 어렵다는 사실을 발견했다(Navarrete et al., 2009). 흥미롭게도 특히 없애기 힘든 공포는 **남성** 외집단 구성원에 대한 공포였다. 나바레테는 남성 외집단에 대한 특별한 편견이 남자 조상들에게는 물리적 공격에 대해, 그리고 여자 조상들에게는 성적 강압에 대해 방어해야 하는 적응 문제를 해결하는 데 도움을 주었을 것이라고 주장한다(Navarrete et al., 2010). 만약 이 주장이 옳다면, 우리가 도덕성을 이해하고, 편견을 없앰으로써 도덕성을 더 넓은 집단으로 확대하려면, 우리에게 진화한 내집단과 외집단 심리를 잘 아는 게 필요하다는 이야기가 된다.

성 선택론은 도덕성과 사회적 적응 문제 사이에 존재하는 또 다른 연결 관계를 드러낸다. 밀러Miller(2007)는 우리가 도덕적으로 미덕으로 여기는 많은 것은 배우자에게서 매력적인 것으로 느끼는 바로 그 속성이라고 주장한다. 친절, 정절, 남을 위한 희생, 관대함 같은 미덕은 배우자의 바람직한 속성인데, 이것들은 모두 훌륭한 부모와 배우자의 자질을 드러내는 것이기 때문이다. 따라서 이것들은 수천 세대에 걸친 인류의 진화를 통해 성 선택되었을 가능성이 있다.

요컨대, 도덕적 감정은 다른 사람들에게 자신이 훌륭한 동맹이며 장래에 의존할 수 있는 사람이라는 신호를 보내는 동시에 친사회적 행동과 손해 보상과 사기꾼 처벌을 장려하는 '몰입 장치' 역할을 할 수 있다. 각각의 도덕적 감정은 특정 종류의 행동에 맞추어져 있는 것처럼 보인다. 도덕적 감정이 해결에 도움을 주는 적응 문제들은 크게 세 집단으로 분류할 수 있다 : (1) **권위 존중**—지배적 위치에 있는 사람들을 존경하고 법과 규칙과 권위 있는 사람의 지시에 복종함으로써 자신의 이기적 충동을 삼가는 것 ; (2) **정의에 대한 갈망**—호혜적 상호주의의 붕괴를 피하기 위한 사기꾼 처벌을 포함한 협력과 호혜성의 적응적 가치 ; (3) **배려의 진화**—동맹과 배우자와 친족을 향한 헌신과 동정과 관대함의 적응적 가치(Krebs, 1998, 2009). 도덕성은 가끔 인지심리학 영역에 속하는 것으로 간주되지만, 그것이 해결하기 위해 진화한 사회적 적응 문제들을 떼놓고 생각할 수 없다는 사실은 명백하다. 게다가 도덕성은 추론의 인지적 영역에 따로 고립된 주제가 아니라, 짝짓기나 집단 대 집단의 공격성과 같은 사회적 적응 문제들과 긴밀한 관계가 있다.

다중 수준 선택설로 부활한 집단 선택설

1장에서 우리는 집단의 차등적 번식과 멸종을 통해 진화한 집단 차원의 적응들이 있다는 개념인 집단 선택설의 종말에 대해 이야기했다. 조지 윌리엄스 (1966)가 집단 선택설을 비판하는 논문을 발표한 뒤, 거의 모든 진화생물학자들은 집단 선택설에 대한 지지를 철회했다. 그들이 그렇게 한 것은 집단 선택이 이론적으로 불가능해서가 아니었다. 사실, 윌리엄스는 집단 선택이 이론적으로 **가능하다는** 것을 보여주었으며, 꿀벌 같은 일부 종에서는 집단 선택이 실제로 일어났을 수도 있다. 그렇지만 그보다는 집단 선택을 가능하게 하는 조건들—(a) 집단 구성원들의 '공동 운명', (b) 집단 내의 낮은 번식 경쟁, (c) 집단의 차등적 번식과 멸종의 반복적 패턴—이 자연에서 관찰되는 경우가 아주 드물며, 따라서 대다수 종에서는 강한 힘으로 작용했을 가능성이 희박하다는 게 윌리엄스가 내린 결론이었다.

진화생물학자 데이비드 윌슨David Wilson과 진화철학자 엘리엇 소버Elliot Sober는 집단 선택은 대다수 생물학자가 내린 결론보다 훨씬 경쟁력이 있다고 주장했다(Sober & Wilson ; Wilson & Sober, 1994). 개인이 기능적 조직을 가진 것처럼 집단도 기능적 조직을 가질 수 있느냐 하는 문제가 논의의 초점이다. 개인이 자연 선택의 '운반 수단'이 될 수 있는 것처럼 집단 역시 자연 선택의 '운반 수단'이 될 수 있다. 예를 들면, 사람들은 남자나 여자가 배우자를 한 명만 가지도록 법으로 제한한다든가 집단 내에서 번식의 차이를 줄이기 위해 많은 조처를 취한다고 그들은 주장한다. 또 다른 예를 들면, 구성원끼리 서로 잘 협력하는 집단은 더 이기적인 개인들로 구성된 집단보다 번식 면에서 더 나을 것이다. 집단 선택설의 부활은 자연 선택이 개체, 종 내의 집단들, 그리고 심지어 많은 종으로 이루어진 생태계 같은 더 큰 실체 등 여러 수준에서 작용할 수 있다는 사실 때문에 **다중 수준 선택설**이라 부르기도 한다.

　　만약 다중 수준 선택설에 어떤 가치가 있다면, 개체 수준의 적응에만 초점을 맞춘 사람들이 완전히 놓쳤을지도 모르는 집단 수준의 적응(예컨대, 집단 구성원들이 친족이 아닐 때에도 집단을 위해 자신을 희생하는 이타성)을 드러냄으로써 진화사회심리학에 미치는 영향이 클 것이다. 많은 생물학자와 심리학자는 이 새로운 집단 선택설을 여전히 의심스러운 눈으로 바라본다(예컨대 Cronk, 1994 ; Dawkins, 1994 ; Dennett, 1994 ; West, Griffin, & Gardner, 2007). 그들은 집단 선택을 강력한 힘으로 만드는 데 필요한 조건들이 충족되는 경우는 드물며, 사람의 경우에는 더욱 드물다고 주장한다. 집단 내의 사람들은 서로 심한 경쟁을 벌이고, 구성원들이 한 집단을 버리고 다른 집단으로 옮겨가거나 새로운 구성원들의 조합으로 이루어진 새로운 집단을 만드는 등 집단은 흔히 높은 유동성을 보인다는 사실을 감안하면, 집단 내에서 개인들이 집단 선택을 촉진할 만큼 높은 수준의 '공동 운명'을 공유하는 경우는 드물다.

　　집단 선택의 힘과 중요성에 대해 윌슨과 소버의 견해가 옳은지 아니면 그 비판자들의 견해가 옳은지는 궁극적으로 경험적 문제이다. 설사 결국에는 집단 선택이 조지 윌리엄스가 생각한 대로 "약한 힘"으로 드러난다 하더라도, 집단 선택에 대한 질문을 제기하는 것은 최소한 인간사회심리학에서 새로운 발견을 낳을지 모른다(O'Gorman, Sheldon, & Wilson, 2008).

■ 진화발달심리학

발달심리학은 특별한 내용이 있는 심리학 분야가 아니다. 그보다 어떤 심리 현상을 한평생에 걸친 시간적 관점에서 혹은 개체발생학적 관점에서 바라보는 방법이다. 성격 발달을 연구할 수도 있고, 사회적 발달이나 도덕적 발달, 지각적 발달, 인지적 발달, 발달정신병리학을 연구할 수도 있다. 따라서 발달심리학은 다른 전통 심리학 분야들과 겹치며, 심리학적 내용보다는 시간적 관점으로 정의된다. 태어날 때 완전히 발달한 채 나타나는 심리 기제는 거의 없기 때문에, 발달심리학의 관점은 거의 모든 심리 기제를 적절히 기술하고 이해하는 데 필수적인 부분을 차지할 것이다(Bjorklund & Pellegrini, 2002 ; Ellis &

Bjorklund, 2005).

진화발달심리학자들(예컨대 Grotuss, Bjorklund, & Csinady, 2007 ; King, Schlomer, & Ellis, in press)은 다음과 같은 개념적 문제들의 중요성을 강조하는 경향이 있다 : (1) 자연 선택은 평생 동안 일어나지만, 삶의 초기에 특히 강하게 작용하는 경향이 있다—만약 어린 시절에 살아남지 못한다면, 그 개체는 번식을 할 수 없다 ; (2) 유아기와 아동기의 적응은 발달 과정의 특정 시기에 마주치는 적응 문제를 해결하거나(예컨대, 유아의 젖빨기 반사는 어머니의 젖을 얻는 기능을 한다), 나중에 마주칠 적응 문제에 대비하게 할 수 있다(예컨대, 남자 아이들의 거친 놀이는 번식 경쟁에 들어갈 때 맞닥뜨릴 물리적 대결에 대비하는 것일 수 있다) ; (3) 사람의 특징인 연장된 아동기는 나중에 사회 생활의 복잡한 문제들에 대비하게 해준다 ; (4) 어린이에게는 아동기 환경의 특징들에 유연하게 반응하도록 하는 **조건 적응**이 있으며, 그러한 특징들에서 통계적으로 예측되는 환경에 대처하는 데 효과적인 전략을 사용함으로써 그렇게 한다(Boyce & Ellis, 2005) ; (5) 유전자와 환경의 상호작용은 발달 과정 전체를 통해 일어난다.

주류 발달심리학에서 현재 빠져 있는 한 가지 핵심 통찰은 이것이다 : **사람은 살아가면서 다양한 시점에 예측 가능한 다른 적응 문제들에 마주친다.** 유아는 생존 문제에 마주치지만, 짝짓기 문제에는 마주치지 않는다. 짝짓기 문제는 부모 양육 문제에 마주치기 전에 마주치리라는 것은 충분히 예측 가능하다. 또 부모 양육 문제는 조부모 양육 문제 이전에 마주치리라는 것은 충분히 예측 가능하다. 이러한 적응 문제들이 종 전체에 적용되는 시간적 순서가 얼마나 정확한지에 따라 진화심리학자들은 사람의 본성에 관한 발달 이론을 기술할 수 있을 것이다. 이 절에서는 발달심리학의 발견법적 가치를 보여주는 사례를 몇 가지 제시한다(더 광범위한 내용을 알고 싶으면, Bjorklund & Pellegrini, 2002 ; Burgess & MacDonald, 2005 ; Ellis & Bjorklund, 2005 ; Segal, Weisfeld, & Weisfeld, 1997 ; Surbey, 1998a를 참고하라).

마음 이론 기제

심리학자 앨런 레슬리Allen Leslie(1991)와 헨리 웰먼Henry Wellman(1990)과 그 밖의 사람들이 한 연구는 만 세 살쯤 되는 어린이들에게 '마음 이론theory of mind'이 발달하는 과정을 관찰 기록했다. 마음 이론은 각 어린이의 사회적 세계에 자리잡고 있는 다른 개인들의 믿음과 욕구에 대한 추론을 수반한다. 사람들은 믿음과 욕구에 대한 추론을 결합하여 다른 사람들의 행동을 예측할 수 있다. 예를 들어 제임스가 왜 학교 카페테리아에 갔는지 '설명'하라고 하면, 아이는 제임스가 가진 욕구(배고픔)와 믿음(카페테리아에서 음식을 얻을 수 있다는)을 떠올릴 것이다. 만 세 살(일부 연구에서는 두 살) 이전 아이들은 다른 사람에게 믿음과 욕구가 있다는 추론을 하지 않는다. 다른 사람의 믿음과 욕구에 대한 지식을 바탕으로 다른 사람의 행동을 더 잘 예측할 수 있는 능력은 적대적 공격을 예상하거나, 도움을 이끌어내거나, 다투는 부모를 화해시키거나, 위협을 더 그럴듯하게 보이게 하거나, 동맹을 맺는 것과 같은 적응 문제를 해결하는 데 도움을 준다. 다른 사람의 믿음과 욕구와 동기를 잘 이해하는 것은, 의도적으로 다른 사람과 커뮤니케이션을 하거나, 커뮤니케이션에서 생긴 오해를 풀거나, 다른 사람을 가르치거나, 다른 사람을 설득하거나, 심지어 다른 사람을 의도적으로 속이는 것과 같은 행동을 하는 데에도 아주 중요하다(Baron-Cohen, 1999). 이 모든 이유 때문에 마음 이론은 발달 초기에 그냥 '찰칵' 하고 작동하는 것이 아니라, 나이가 들면서 점점 더 복잡하게 발달한다(Paal & Bereczkei, 2007 ; Wellman, Cross & Watson, 2001). 게다가 어른이 되고 나서도 다른 사람의 마음을 정확하게 읽는 능력에는 분명한 개인차—원만성이라는 성격 기질과 밀접한 상관관계가 있는 개인차—가 있다(Nettle & Liddle, 2008).

마음 이론 기제가 작용하는 추론 절차는 물리적 실체에 대한 추론이 작용하는 추론 절차와는 다르다. 연구 결과들은 서로 다른 문화들에서도 대략 같은 나이에 마음 이론이 나타난다는 사실을 뒷받침한다(Avis & Harris, 1991). 이 기제가 선택적으로 손상을 입을 수 있다는 사실이 시사하듯이, 인지신경과학에서 나온 증거는 뇌에 이 기제를 담당하는 특정 영역이 있음을 시사한다.

마음 이론에 대한 연구는 공감이라는 또 다른 능력의 출현에서 나타나는 남녀 차이에 초점을 맞추었다(Baron-Cohen, 2005). **공감**은 다른 사람이 어떻게 느끼는지에 예측하고 신경을 쓰게 해준다. 공감이 없더라도, 다른 사람의 믿음과 욕구를 이해하면 얼굴 표정과 몸을 비트는 동작을 읽고서 "나는 네가 고통 받는다는 걸 알 수 있어."라고 이해할 수 있다. 그렇지만 공감을 한다면, "나는 네가 고통 받는 게 슬퍼."라는 개념을 표현할 수 있다.

배런-코언(2005)에 따르면, 삶의 이른 시기부터 여자의 공감 능력이 더 뛰

　　　　　　　　　　　　　　　　　　　　　　　진화심리학

어나다는 것을 시사하는, 작지만 일관된 남녀 차이가 나타난다. 여자아이는 남자아이보다 공평성에 더 많은 관심을 보이고, 대화에서 발언 기회를 서로 더 많이 바꾸며, 다른 사람의 고통에 공감하는 반응을 보이고, 다른 사람의 얼굴 표정을 읽는 데 더 민감하며, 감정과 느낌에 대한 이야기를 더 많이 한다. 배런-코언은 이러한 남녀 차이가 남자와 여자의 다른 번식 전략—구체적으로는 자식 양육과, 여자아이들과 여자들의 더 미묘한 동맹과 지배 서열을 협상하는 데 중요한 능력—에서 유래한다는 가설을 세웠다.

마음 이론 기제의 발달 이야기는 이것보다 훨씬 복잡한 것으로 드러날지 모른다. 어떤 사람들은 마음 이론 기제는 지금까지 제안되거나 발견된 것보다 훨씬 많은 내용으로 가득 차 있다는 가설을 내놓았다(Buss, 1996b). 이 추측은 마음 이론이 종류가 아주 다른 적응 문제들을 해결해야 한다는 개념을 바탕으로 한다. 예를 들면, 여자에게는 '여자의 마음 이론'과는 다른 '남자의 마음 이론'이 있을지 모른다. 여자가 마주치는 적응 문제들은 남자와 상호작용하느냐 여자와 상호작용하느냐에 따라 종류가 다르기 때문이다(예컨대, 다른 사람의 성욕에 대한 추론 ; Haselton & Buss, 2000).

생활사 전략

공통의 진화한 심리를 갖고 있는 개인들도 삶의 초기 환경에서 서로 다른 사건들을 경험하면서 각자 다른 전략들이 발달할 수 있다. 이 개념에 따르면, 각자는 자신의 레퍼토리에 두 가지 이상의 잠재 전략을 갖고 태어난다. 종에 특유한 이 메뉴에서 초기의 환경적 경험을 바탕으로 한 가지 전략이 선택될 수 있다. 따라서 초기의 이 경험들이 본질적으로 중요한 역할을 한다.

사회화 진화 이론. 심리학자 벨스키Belsky, 스타인버그Steinberg, 드레이퍼 Draper(1991)는 아이의 삶 초기에 아버지의 존재 혹은 부재가 훗날 채택할 성 전략의 종류를 조정할 수 있다고 주장한다. 이 이론에 따르면, 태어난 뒤 처음 5~7년 동안 아버지가 없는 가정에서 자란 개인은 부모의 자원은 믿을 만하게 혹은 예측할 수 있게 공급되지 않으며, 어른 부부 결합은 지속적인 것이 아니라는 기대가 발달한다. 따라서 그러한 개인은 이른 성적 성숙, 이른 성 경험, 잦은 파트너 교체로 특징지어지는 성 전략—각 경우에 적은 투자로 많은 자식을 생산하도록 설계된 전략—을 개발한다. 이 전략은 외향적이고 충동적인 성격 특성을 수반할 수 있다. 다른 사람들은 믿을 수 없고, 관계는 일시적인 것으로 간주한다. 짧은 성적 관계에서 추구하는 자원은 기회주의적으로 획득하며 즉각 빼앗아간다.

이 이론에 따르면, 태어난 뒤 처음 5~7년 동안 신뢰할 수 있게 투자하는 아버지 밑에서 자란 개인은 다른 사람들의 본질과 신뢰성에 대해 전혀 다른 종류의 기대가 발달한다. 다른 사람들을 믿고 의지할 수 있다고 생각하며, 관계가 지속될 것이라고 기대한다. 이러한 초기의 환경적 경험은 느린 성적 성숙, 늦은 성 경험, 애착을 바탕으로 한 어른들의 장기적 관계 추구, 적은 수의 자녀에 대한 많은 투자 등으로 특징지어지는 장기적 짝짓기 전략으로 인도한다.

애착과 생활사 이론. 진화를 연구하는 학자인 제임스 치솜James Chisholm(1996)과 제이 벨스키 Jay Belsky(1997)는 생활사 이론(Levins, 1968)과 애착 이론(Bowlby, 1969)의 통합을 주장하는데, 이에 따르면 그러한 개인차는 적응적 패턴이 있으며, 조상들이 자식을 키우던 환경의 높은 변동성을 반영할 가능성이 있다고 한다. 치솜의 주장은 생활사가 진화한 적응 전략의 일부를 이룬다는 생활사 이론에서 시작한다. 생활사 이론의 핵심 원리는 노력 분배(Levins, 1968)이다. 개인의 시간과 자원은 유한하며, 적합도의 서로 다른 요소들에 그것들을 어떻게 분배할지 결정해야 한다. 생존, 성장, 짝짓기, 부모 양육 같은 번식 성공의 구성 요소들은 흔히 서로 충돌한다. 한 요소에 분배한 노력은 다른 요소에 분배해야 할 노력을 방해하는 경우가 많아 필연적으로 트레이드오프가 발생한다. 예를 들어 추가로 배우자를 유혹하기 위해 들이는 노력은 양육에 투자하는 시간과 에너지와 충돌한다. 이 이론에 따르면, 자연 선택은 상황의 특징에 따라 각각의 요소에 쏟아붓는 노력의 분배를 변화시키는 결정 규칙을 빚어냈다. 따라서 전략들은 "생활사 전반에 걸쳐 적합도 요소들 사이의 트레이드오프를 최적화하기 위해 기능적으로 통합된 해부적, 생리적, 심리적, 발달적 기제들의 모음"이다(Chisholm, 1996 ; 그리고 Charnov, 1993 ; Hill, 1993 ; Kaplan & Gangestad, 2005 ; Stearns, 1992도 참고하라).

아주 중요한 트레이드오프 중 하나는 현재와 미래의 번식 사이에 일어난다. 즉각적인 번식 노력의 증대는 미래의 번식을 희생시키면서 일어난다. 치솜

진화심리학

에 따르면, 자원이 제한돼 있거나 예측 불가능할 때에는 생식력을 늘리고 특정 자식에 대한 투자를 줄이는 게 낫다. 치솜은 거기서 더 나아가 애착 심리가 이러한 분배 결정을 내리는 일련의 진화한 기제들을 이룬다고 주장한다.

치솜에 따르면, 이 기제들이 진화한 조상들의 환경은 많은 애착 이론가들이 주장하는 것처럼 장밋빛이거나 안정한 것이 아니었다. 역사적으로 위험과 불확실성의 원천은 아주 많았다 : 예측 불가능한 식량 공급, 기후와 날씨의 변덕, 질병, 기생충, 포식 동물, 그리고 아마도 가장 중요한 변수가 되었을 자신의 부모와 같은 다른 사람들. 치솜은 자식에 대한 투자의 양과 질을 포함한 부모의 성 전략은 아이의 환경에 적응적으로 가장 중요한 차원이었을 것이라고 주장한다.

이 견해에서 **안정적 애착**secure attachment 의 변형들은 아이의 생존과 성장에 반복적으로 제기되는 위협—부모가 자식에게 많은 투자를 할 능력이나 의지가 없는 것—에 대한 초기의 경험적 조정을 대표한다. **회피성 애착**avoidant attachment(아이가 부모에게 무관심한 것)은 부모가 자식에게 많은 투자를 하기보다는 단기적 짝짓기 전략을 추구하는 경우처럼 부모가 투자할 **의지가 없는** 것에 대한 적응을 대표한다. 이와는 대조적으로, **불안/양가 감정 애착**anxious/ambivalent attachment(아이가 신경질, 두려움, 불안정 등을 보이는)은 부모가 투자할 **능력이 없는** 상황—어머니 자신이 성급하고, 선입견에 사로잡히고, 두려워하고, 굶주리고, 기진맥진한 경우처럼—에 대한 적응을 대표한다. 벨스키(1997)에 따르면, 안정적 애착은 부모의 많은 투자 전략을 촉진하는 기능을 하고, 회피성 애착은 부모의 적은 투자로 대표되는 기회주의적 대인 관계 방식을 촉진하는 기능을 하며, 불안/양가 감정 애착은 아이가 집에 머물면서 부모가 낳은 다른 아이를 돌보는 '집 안의 협력자' 유형을 조장하기 위해 진화했다.

애착 유형들은 초기의 환경적 조정을 대표하는가, 아니면 일부 연구들(Bailey et al., 2000 ; Goldsmith & Harman, 1994)이 제시하는 것처럼 유전 가능한 개인차를 반영하는가? 애착에서 나타나는 개인차는 평생에 걸쳐 안정적으로 유지될까? 그 바탕이 되는 애착의 심리 기제들은 각각의 대안 전략이 제기하는 적응 문제의 특징과 조화를 이루는가? 이 질문들에 대한 답을 얻으려면, 이론적 연구와 경험적 연구가 더 필요하다. 그럼에도 불구하고, 지금까지 이루어진 연구들에서는 이른 초경은 이른 이성 교제뿐만 아니라 부모의 불행한 결혼 생활과 아버지의 거부를 많이 경험한 것과 관련이 있는 것으로 드러났다. 이것은 어린 시절의 애착 유형이 비록 순수한 유전 가능성 해석(자세한 논의는 Ellis, 2005 참고)과는 일치하지 않지만, 어른의 다른 성 전략들을 촉진하는 역할을 할 가능성이 높다는 것을 시사한다(Kim, Smith, & Palermiti, 1997). 최근의 경험적 연구는, 질이 낮은 아동기 환경, 특히 아버지의 부재, 심리적 기능 장애가 있는 아버지, 가족 해체 등으로 특징지어지는 환경이 초경을 앞당기고, 그것은 이른 성 경험과 단기적 짝짓기 전략으로 이어질 수 있다는 이론을 지지한다(Neberich et al., 2010 ; Tither & Ellis, 2008).

요약하면, 마음, 부모의 사회화, 애착 유형, 부모의 역기능에 대한 생활사 이론은 진화발달심리학자들이 사람이 한평생을 살아가는 동안 시기별로 나타나는 변화들에 접근하는 몇 가지 방법을 대표한다. 그 밖의 방법으로는 사람의 발달에서 장기간의 미성숙 상태와 놀이가 담당하는 역할(Bjorklund, 1997), 또래 집단에 합류하려는 어린이의 동기(MacDonald, 1996), 만족 지연과 성적 억제 같은 억제 기제의 발달(Bjorklund & Kipp, 1996), 배우자 경쟁과 사춘기 의식儀式 같은 청소년기의 진화적 측면(Surbey, 1998b ; Weisfeld, 1997a ; Weisfeld & Billings, 1988), 성에 따라 차이가 나는 사회화 실습(Low, 1989), 어른의 낭만적 사랑 관계에 영향을 미치는 애착 유형(Kirkpatrick, 1998) 등이 있다. 포괄적인 진화발달심리학은 궁극적으로는 평생 동안 마주치는 적응 문제들과 작동되는 심리 기제들에 대해 종 특유의, 성에 따라 다른, 그리고 개인적으로 차이가 나는 변화들의 설명까지 포함할 것이다.

▪ 진화성격심리학

성격심리학은 가장 광범위하고 포괄적인 심리학 분야로 볼 수 있다. 역사적으로 성격에 관한 '위대한' 이론들은 모두 그 핵심에 성과 공격성의 동기(지그문트 프로이트), 자기 실현(에이브러햄 매슬로), 우월 추구(애들러), 지위와 친밀감 추구(데이비드 매클렐런드, 헨리 머리, 제리 위긴스)와 같은 인간 본성의 내용을 다루는 가설이 있었다. 가정된 인간 본성의 심리적 특징들은 이 위대한 성격 이론들의 '핵심' 내용 중 많은 것을 제공했다.

반면에 성격심리학은 다음과 같은 질문들에도 큰 관심을 보였다 : 개인들은 어떤 면에서 가장 큰 차이가 나는가? 개인차의 기원은 무엇인가? 개인차의 심리적, 생리적 상관관계는 무엇인가? 개인차는 사회적 상호작용, 정신병리학, 안녕, 인생 경로에 어떤 영향을 미치는가?

진화심리학의 연구와 이론은 대부분 이 책 전체에서 이야기한 것처럼 종 특유의 심리 기제들에 초점을 맞추어왔다. 이와는 대조적으로 개인차는 상대적으로 소홀히 다루어졌기 때문에, 진화심리학자들에게 더 큰 도전 과제를 제시한다(Buss & Greiling, 1999 ; MacDonald, 1995 ; Nettle, 2006 ; Nettle & Penke, 2010 ; Tooby & Cosmides, 1990 ; Wilson, 1994). 진화생물학자들은 자연 선택이 작용하는 원재료 공급 역할만 제외하고는 개인차를 완전히 무시한 채 종 특유의 적응들에만 초점을 맞추는 경향을 보였다. 개인차, 특히 유전 가능한 개인차는 흔히 부차적 지위로 밀려나곤 했는데, 그것은 주로 무작위적인 돌연변이 같은 비선택적 힘들을 통해 나타난다고 생각되었기 때문이다(Tooby & Cosmides, 1990, Wilson, 1994). 유전적 차이는 가끔 개체군 내에 유지된 '잡음'이나 '유전적 쓰레기'로 간주되는데, 진화 과정의 핵심인 적응이나 자연 선택과 아무 연관이 없는 것으로 가정되기 때문이다(Thiessen, 1972). 이 견해에 따르면, 유전 가능한 개인차와 종 특유의 적응의 관계는 자동차 엔진의 전선 색깔 차이와 엔진의 기능적 작동 부품의 관계와 같다. 전선 색깔을 바꾸더라도 엔진의 기능에는 아무 영향을 미치지 않는다(Tooby & Cosmides, 1990).

만약 과학의 통합을 합리적인 목표로 간주한다면(Wilson, E. O., 1998), 이렇게 서로 다른 개념들을 조화시키기는 어렵다. 자연 선택은 일부 유전자를 선호하고 다른 유전자들을 솎아냄으로써 개체군 내의 유전적 변이성을 감소시키는 경향이 있는데, 왜 행동유전학 연구에서는 성격 특성이 어느 정도 유전 가능하다는 결과가 일관성 있게 나오는가(Plomin, DeFries, & McClearn, 1997)? 만약 개인차가 정말로 적응이나 자연 선택과 아무 연관이 없다면, 왜 개인차는 생존과 성 같은 번식 성공률과 밀접한 연관이 있는 행동들과 신뢰할 만한 연관 관계가 나타나는가? 예를 들면, 외향성의 개인차는 파트너에 대한 성적 접근의 차이와 연관이 있다(Eysenck, 1976). 성실성은 작업 및 지위 달성과 상관관계가 있는 것으로 알려져 있다(Kyl-Heku & Buss, 1996 ; Lund et al., 2006). 충동성은 혼외 정사와 연관이 있다(Buss & Shackelford, 1997a). 만약 성격심리학자들이 연구하는 개인차를 지위나 성, 생존 같은 번식에 관련된 현상과 신뢰할 수 있게 연결지을 수 있다면, 개인차는 이전에 생각했던 것보다 사람의 진화심리학에서 훨씬 중요한 역할을 담당할지 모른다(Buss & Hawley, 2011).

진화심리학은 이제 통합된 개념적 틀 안에서 개인차를 종 특유의 심리 기제들과 통합하는 방법을 고민하고 있다(예컨대 Bailey, 1998 ; Buss & Greiling, 1999 ; Gangestad & Simpson, 1990 ; MacDonald, 1995 ; Nettle & Penke, in press ; Wilson, 1994). 여러 갈래의 연구 방향은 장래가 유망해 보인다.

대체 생태적 지위 선택 또는 전략적 전문화

진화의 관점에서 볼 때, 경쟁은 같은 전략을 쓰는 사람들 사이에서 가장 치열하게 나타날 것이다. 한 생태적 지위가 경쟁자들로 점점 혼잡해지면, 그 생태적 지위에서 성공을 거두는 사람들은 대체 생태적 지위를 찾는 사람들에 비해 더 많은 고생을 할 것이다(Maynard Smith, 1982 ; Wilson, 1994). 자연 선택은 개인에게 경쟁이 더 치열한 생태적 지위를 찾게 하는 기제를 선호한다.

짝짓기가 분명한 사례를 몇 가지 제공한다. 만약 대다수 여자들이 지위가 가장 높거나 자원을 가장 많이 가진 남자를 추구한다면, 일부 여자들은 경쟁이 가장 치열한 경기장 밖에 있는 남자들을 유혹함으로써 더 큰 성공을 거둘 수 있다. 예를 들면, 일부다처제와 일부일처제가 모두 가능한 짝짓기 제도에서는 지위가 높은 일부다처제 남자의 자원 중 일부를 얻는 것보다는 지위가 낮은 일부일처제 남자의 자원을 독점하는 게 훨씬 나을 수 있다.

어떤 생태적 지위를 개발하는 능력은 자원과 개인이 그 상황에 투입하는 개인적 특성에 달려 있다. 사람들의 출생 순서를 생각해보자. 맏이와 그 뒤에 태어난 동생들은 인류의 진화 역사를 통해 서로 다른 적응 문제들에 반복적으로 마주쳤을 가능성이 있다. 예를 들면, 프랭크 설로웨이(1996)는 맏이는 부모 및 기존의 권위 있는 사람들과 강한 동일화로 특징지어지는 생태적 지위를 차지한다고 주장한다. 이와는 대조적으로 동생들은 권위와 동일화해봐야 얻을 게 거의 없으며, 오히려 기존 질서를 뒤엎어야 얻을 게 많다. 설로웨이에 따르면, 출생 순서는 생태적 지위의 세분화에 영향을 미친다. 나중에 태어난 자식들은 더 강한 반항적 기질, 더 낮은 수준의 성실성, 새로운 경험에 대해 더 높은 수준의 개방성으로 특징지어지는 성격이 발달한다(Sulloway, 1996). 출생 순서 차이는 과학자들 사이에서 특히 강하게 나타난다 : 나중에 태어난 사람들은 과학 혁명을 강하게 지지하는 경향을 보이는 반면, 맏이들은 그런 혁명에 강하게 저항하는 경향이 있다(Sulloway, 1996).

설로웨이가 주장한 세부 내용들이 옳건 그르건 간에, 이 예는 전략적 생태적 지위의 세분화를 잘 설명해준다. 개인차에는 적응적 패턴이 있지만, 유전 가능한 개인차라는 기반 위에 서 있는 것은 **아니다**. 그보다는 유전되지 않는 개인차인 출생 순서가 생태적 지위 세분화를 빚어내는 종 특유의 기제에 입력(아마도 가족 구성원들과의 상호작용을 통해)을 제공한다.

유전 가능한 속성의 적응적 평가

모든 남자가 다음과 같은 형태의 진화한 의사 결정 규칙을 갖고 있다고 가정하자 : 공격이 성공할 것 같으면 공격적 전략을 추구하되, 성공할 것 같지 않으면 협력적 전략을 추구하라(Tooby & Cosmides, 1990, p. 58을 변형한 것). 진화한 의사 결정 규칙은 물론 이것보다 훨씬 복잡하다. 그렇지만 이렇게 간략화한 규칙만 고려한다면, 체격이 중배엽형(뼈대가 굵고 근육과 골격이 잘 발달한 체형)인 사람은 외배엽형(마른 체형)이나 내배엽형(뚱뚱한 체형)인 사람보다 공격적 전략을 더 성공적으로 수행할 수 있다. 체격 조건에서 유전 가능한 개인차는 의사 결정 규칙에 입력을 제공하고, 그럼으로써 공격성과 협력성에서 안정적인 개인차를 만들어낸다. 이 예에서 공격성 기질은 직접 유전 가능한 것은 아니지만, 종 특유의 자기 평가 및 의사 결정 기제에 입력을 제공하는 유전 가능한 체형의 부차적 결과라는 점에서 '반응적으로 유전 가능'하다고 할 수 있다.

투비와 코스미데스(1990)는 유전 가능한 속성을 입력으로 받아들여 전략적 해결책의 길잡이로 삼는, 진화한 심리 기제를 묘사하기 위해 '반응적 유전 가능성reactive heritablility'이라는 용어를 만들어냈다. 이 견해에 따르면, 그런 평가가 현명한 전략을 선택하는 데 도움을 줄 경우, 자연 선택은 평가 기제의 진화를 선호할 것이다. 진화한 기제는 부모의 자원 공급의 신뢰성 같은 외부 세계의 반복적인 특징에만 맞추어져 있는 게 아니라, 자신의 평가에도 맞추어져 있다.

유전 가능한 속성의 평가는 짝짓기 전략을 선택하는 데에도 도움을 줄 수 있다. 한 연구는 얼굴이 지배적 또는 복종적으로 보이는 정도와 다른 사람들이 느끼는 육체적 매력 정도라는 두 가지 차원에서 10대 소년들의 외모를 검토했다(Mazur, Halpern, & Udry, 1994). 이 특징들의 판단을 위해 사진을 사용했고, 지배적인 사람은 "다른 사람들에게 무엇을 해야 하는지 말하고, 존경을 받고, 영향력이 크며, 흔히 지도자 역할을 하는" 사람으로 정의했다(1994, p. 90). 얼굴이 더 지배적이고 육체적 매력이 있다고 판단된 10대 소년들은 성 경험이 더 많은 것으로 드러났다. 게다가 얼굴의 매력도와 사춘기의 발달 효과를 통계적으로 배제한 뒤에도, 지배적인 얼굴은 누적적 성 경험을 예측하는 데 좋은 지표가 되었다.

만약 지배적이거나 매력적으로 보이는 얼굴 특징이 일부라도 유전된다면, 남자에게는 자신이 지배적이고 매력적으로 보이는 정도를 평가하도록 설계된 진화한 심리 기제가 있을 것이라고 추측할 수 있다 : "만약 이 차원들의 점수가 높다면 단기적 성 전략을 추구하라 ; 만약 점수가 낮다면 장기적 성 전략을 추구하라." 물론 이 예에서는 지배적인 얼굴과 높은 성 충동을 동시에 낳을 수 있는 테스토스테론 같은 다른 변수의 효과를 배제할 수가 없다. 자신의 유전 가능한 속성을 평가하도록 설계된 진화한 평가 기제 개념에 따르면, 단기적 및 장기적 성 전략의 추구에서 나타나는 안정적인 개인차는 직접 유전 가능한 것이 아니다. 반응적 유전 가능성의 또 다른 예는 물리적 힘과 육체적 매력과 밀접한 관련이 있는 외향성 특성에 초점을 맞춘다(Lukaszewski & Roney, 2010b). 힘과 매력은 다중적 사교 관계를 주도하고, 바람직한 속성을 다른 사람들에게 알리고, 지위 서열에서 위로 올라가고, 복수의 섹스 파트너를 추구하는 것을 포함한 외향적 사회적 전략의 성공에 도움이 되는 것처럼 보인다.

빈도 의존성 적응 전략

일반적으로 방향성 선택 과정은 유전 가능한 변이를 소모하는 경향이 있다. 더 성공적인 유전 가능한 변이형은 덜 성공적인 변이형을 대체하는 경향이 있으며, 결국에는 기본적인 기능 요소들의 존재나 부재에 유전 가능한 변이가 거의 없거나 전혀 없는 종 특유의 적응을 만들어낸다(Williams, 1966, 1975).

이 추세에 중요한 예외가 하나 있는데, 빈도 의존성 선택이 바로 그것이다. 일부 맥락에서는 유전 가능한 변이가 두 가지 이상 평형 상태로 유지될 수 있다. 가장 명백한 예는 생물학적 성이다. 유성 생식을 하는 종에서는 양 성이 공변하는 빈도 의존적 적응 복합체 집단을 대표한다. 만약 한 성이 다른 성에 비해 희귀해지면, 희귀한 성의 성공률이 증가하며, 따라서 자연 선택은 희귀한 성의 자식을 낳는 부모를 선호한다. 전형적으로는 빈도 의존성 선택 과정을 통해 양 성의 비율은 대략 비슷하게 유지된다. 빈도 의존성 선택은 개체군 내에서 다른 전략들에 비해 어떤 전략의 빈도가 증가하면, 그 이익이 감소하는 결과를 낳는다(게임 이론의 맥락에서 더 광범위하게 다룬 내용은 Maynard Smith, 1982와 D. S. Wilson, 1998을 참고하라).

대체 적응 전략들은 또한 빈도 의존성 선택을 통해 **양 성 안에서** 지속될 수 있다. 예를 들면, 수컷 블루길의 짝짓기 전략은 세 가지가 관찰된다 : 둥지를 지키는 '부모 양육' 전략, 작은 크기까지만 자라는 '비겁한' 전략, 암컷의 모습과 비슷해지는 '모방' 전략이 그것이다(Gross, 1982). 비겁한 전략을 택한 수컷은 작은 몸 크기 때문에 눈에 띄지 않고 암컷의 알에 성적으로 접근할 수 있고, 모방 전략을 택한 수컷은 암컷으로 가장해 접근함으로써 둥지를 지키는 수컷의 공격을 피할 수 있다. 그러나 모방 전략을 쓰는 수컷의 빈도가 증가하면 그 성공률이 줄어드는데, 이 전략은 포식 동물의 위협으로부터 둥지를 지키는 부모의 존재에 의존하기 때문이다. 모방 전략과 비겁한 전략을 쓰는 수컷 블루길이 늘어나면, 부모 양육 전략을 쓰는 수컷 블루길이 줄어들게 되어 결국 기생성 전략들을 계속 추구하기가 어려워진다. 따라서 양 성 안에서 유전 가능한 대체 전략들은 빈도 의존성 선택 과정을 통해 유지된다.

린다 밀리Linda Mealey(1995)는 빈도 의존성 선택을 바탕으로 정신병질 이론을 제안했다. 정신병질(때로는 사회병증 또는 반사회적 성격 장애라고도 부른다)은 무책임하고 신뢰할 수 없는 행동, 자기 중심성, 충동성, 지속적 관계를 맺는 능력 부족, 표면적인 사회적 매력, 사랑 · 수치심 · 죄책감 · 공감 같은 사회적 감정 결여 등으로 대표되는 특성을 나타낸다(Cleckley, 1982). 정신병질자는 사회적 상호작용에서 기만적 전략, 즉 '속임수' 전략을 추구한다. 정신병질은 여자(1%)보다 남자(4%)에게 더 많이 나타난다(Mealey, 1995).

정신병질자는 다른 사람들의 호혜성 기제를 이용하는 것으로 특징지어지는 사회적 전략을 추구한다. 정신병질자는 협력을 가장한 뒤에 대개 배신을 한다. 이러한 속임수 전략은 더 전통적인 지위 서열이나 주류 지위 서열에서 다른 사람들을 앞지를 가능성이 없는 사람들이 추구할 수 있다(Mealey, 1995). 정신병질자의 전략은 빈도 의존성 선택을 통해 유지될 수 있다. 사기꾼의 수가 증가하여 협력적인 숙주의 평균 비용이 증가하면, 속임수를 간파하고 사기꾼에게 비용을 지우는 적응이 진화한다. 따라서 정신병질자의 활동이 증가하면, 정신병질자의 전략이 가져다주는 평균 이익이 줄어든다. 정신병질자의 빈도가 너무 많지만 않다면, 대부분 협력자들로 이루어진 개체군 내에서 정신병질자의 전략이 유지될 수 있다(Mealey, 1995).

밀리의 정신병질 이론과 최소한 일치하는 증거(비록 간접적인 것이긴 하지만)가 일부 있다. 첫째, 행동유전학 연구는 정신병질이 어느 정도 유전 가능하다고 시사한다(Willerman, Loehlin, & Horn, 1992). 둘째, 정신병질자는 착취적인 단기적 성 전략을 추구하는 것으로 보이는데, 그러한 전략은 정신병질 유전자를 증가시키거나 유지하는 주요 경로가 될 수 있다(Rowe, 1995). 정신병질이 있는 남자는 정상인 남자보다 성적으로 조숙하고, 더 많은 사람과 섹스를 하고, 사생아를 더 많이 낳고, 아내와 헤어질 가능성이 더 높다(Rowe, 1995). 정신병질자는 번식에 중요한 그 밖의 자원을 얻기 위해 물리적 공격성을 사용할뿐만 아니라(Book & Quinsey, 2004 ; Pitchford, 2001), 여자에 대한 성적 접근을 얻기 위해 성적 강압과 강간을 사용할 가능성이 더 높다(Lalumiere et al., 2005). 흥미롭게도 정신병질자는 '착취 가능한' 희생자를 확인하는 데 특별한 재능이 있는 것처럼 보인다(Buss & Duntley, 2008). 구체적으로는 취약하고 슬프고 도움을 주는 여자에 대한 '약탈성 기억'을 갖고 있는 것처럼 보인다(Book, Quinsey, & Langford, 2007 ; Camilleri, Kuhlmeier, & Chu, 2010 ; Wilson, Demetrioff, & Porter, 2008). 이러한 단기적이고 기회주의적이고 착취적인 성 전략은 이동성이 높은 개체군 내에서 증가할 것으로 예상되는데, 그런 전략에 따르는 평판 비용이 낮을 것이기 때문이다(Wilson, 1995).

밀리의 정신병질 이론은 유전 가능한 대체 전략이 빈도 의존성 선택을 통해 유지될 가능성을 아주 잘 설명한다. 빈도 의존성 선택은 행동유전학 연구에서 나온 결과와 정신병질자가 추구하는 성 전략에 대한 발견을 적응적 개인차에 대한 진화론적 분석과 통합할 수 있는 잠재적 설명을 제공한다.

빈도 의존성 선택을 통해 적응적 개인차를 확인하려는 또 한 가지 노력은 진화심리학자 피게레도와 그 동료들이 보여주었다(Figueredo et al., 2006, 2010).

그들은 개인차는 K 요인(이 이론의 앞선 버전을 보려면 Rushton, 1985를 참고하라) 이라는 차원을 중심으로 그 부근에 모여 있다고 주장한다. K 요인이 높은 사람들은 생물학적 아버지에 대한 이른 애착, 장기적 짝짓기 전략, 높은 협력성, 낮은 모험성 등의 특징을 나타낸다. K 요인이 낮은 사람들은 낮은 애착 수준, 높은 권모술수, 높은 모험성, 높은 충동성, 협력적 관계 배신, 단기적 짝짓기 전략 추구 등의 특징을 나타낸다. 정신병질이 빈도 의존성 선택을 통해 유지되는 것과 비슷하게, K 요인의 개인차도 빈도 의존성 선택을 통해 유지되는 것으로 가정된다. 실제로 정신병질과 K 요인의 낮은 점수 사이에는 공통 부분이 상당히 있는 것처럼 보인다.

빈도 의존성 논리를 사용해 성격 차이를 탐구하려는 노력은 외향성, 성실성, 원만성 같은 주요 성격 차원의 높은 점수나 낮은 점수가 가져다주는 편익과 비용의 검토에 초점을 맞춘다(Nettle, 2006). 외향성의 편익에는 단기적 짝짓기 전략의 높은 성공률, 사회적 동맹 더 많이 맺기, 자신의 환경을 탐사하는 성향 등이 포함된다. 반면에 외향성의 비용에는 신체적 위험 증가와 높은 이혼율 같은 가족의 불안정성이 포함된다. 비슷하게 높은 성실성은 지위 달성, 높은 기대 수명, 가족의 안정성에서 편익을 제공한다. 비용에는 만족 지연, 단기적 짝짓기 기회 무시가 포함된다. 요컨대, 다양한 성격 특성에는 각각 편익과 비용이 따르며, 자연 선택은 개체군 내에서 유전적 다양성을 선호하고 유지할 수 있다.

요약하면, 진화심리학은 다양한 개인차를 고려할 수 있는 틀을 제공한다. 개인차는 아버지의 존재나 부재 같은 초기의 환경적 경험에서 나타날 수 있으며, 그것은 개인의 발달에 영향을 미쳐 각자 다른 적응적 전략을 향해 나아가게 한다. 개인차는 어른이 되고 나서 처한 환경의 차이가 특정 기제를 반복적으로 작동시켜 생겨날 수도 있다. 또 빈도 의존성 선택을 통해 차이가 나타날 수도 있다. 모든 개인차가 적응적 패턴을 가진 것은 아니라는 사실을 명심하라. 일부 변이는 적응과 아무 관련이 없는 무작위적인 유전적 변이일 수 있다. 그리고 일부 성격 변이는 환경적 손상에 노출되거나 돌연변이가 많이 일어난 것이 원인일 수도 있는데, 두 가지 다 성격의 적절한 기능에 손상을 입힐 수 있다(Buss, 2006b : Keller & Miller, 2006 참고). 이 모든 개인차의 원천들은 인간 본성에 대한 핵심 전제들과 개인차가 나타날 수 있는 주요 방식들을 포함하는 진실로 통합적인 성격 이론을 제공할 것이라는 기대를 품게 한다(Bernard, 2009 ; Buss & Hawley, 2011 ; Denissen & Penke, 2008 ; Nettle & Penke, 2010).

▌ 진화임상심리학

정신 장애 개념은 임상심리학에서 중심적 위치를 차지한다. 정신 장애를 확인하기 위해 명확하게 기술된 개념적 기준은 개인이 제대로 기능하는지 하지 않는지, 그리고 제대로 치료하려면 어떻게 해야 하는지 판단하는 틀을 제공한다.

심리학자들은 정신 장애를 확인하기 위해 적응적 혹은 부적응적, 정상 혹은 이상과 같은 용어를 자주 사용한다. 그러나 이 용어들은 명확한 정의 기준이 없는 경우가 많다. 많은 저자들은 무엇이 좋고 나쁜지, 바람직하고 바람직하지 않은지에 대해 암묵적으로 독자들이 공유하고 있는 것으로 보이는 직관에 호소한다. *DSM-IV_TR*(American Psychiatric Association, 2000)은 주관적 고통, 기괴함, 사회적 유해성, 비효율성 개념과 같은 간단한 발견법 규칙을 제시한다.

진화심리학은 장애의 존재를 확인하는 명시적인 원칙들을 더 엄격하게 제시함으로써 직관에 호소하는 데에서 벗어날 수 있는 잠재적 방법을 제공한다(Buss et al., 1997 ; Wakefield, 1992 참고). 일단 어떤 진화한 심리 기제를 묘사하고 그 적절한 기능을 확인하고 나면, 기능 장애를 결정하는 명확한 기준이 존재한다 : **기능 장애는 기제가 기능을 수행하도록 설계된 맥락에서 제대로 수행하지 않을 때 일어난다.** 예를 들면, 피부에 상처가 생겼는데 혈액이 굳지 않을 때, 외부의 열기에 반응해 땀이 제대로 나지 않을 때, 음식을 삼키는데 후두가 올라오면서 기도를 막지 못할 때 진화한 기제의 기능 장애가 일어났다고 말할 수 있다.

이 기능 장애 정의에 따르면, 진화한 기제가 기능을 제대로 발휘하지 못하는 방식은 세 가지가 있다 : (1) 적응 문제에 마주쳤을 때 기제가 제대로 작동하지 않음으로써(예컨대, 공격하려고 겁을 주는 위험한 뱀을 만났는데도 무서워하지 않거나 피하려는 행동을 하지 않을 때) ; (2) 작동하지 않도록 설계된 맥락에서 기제가 작동함으로써(예컨대, 유전적으로 가까운 친척과 같은 부적절한 사람에게 성적 매력을 느낄 때) ; (3) 다른 기제와 조화를 이루도록 설계된 기제가 제대로 조화를 이루지 못함으로써(예컨대, 자신의 배우자 가치 평가가 짝짓기 노력을 기울여야 할 종류의 사람들을 제대로 안내하지 못할 때).

기제가 장애를 일으키는 원인

기제의 세 가지 기능 장애—작동 오류, 맥락 파악 오류, 조화 실패—는 유전적 요인(예컨대 우연한 유전적 변이나 유전적 돌연변이)이나 발달 과정에서의 손상(예컨대 뇌 손상) 또는 이들 요인이 결합하여 일어날 수 있다. 예를 들면, 뇌 손상 실어증 환자는 말 산출과 말 이해의 기반을 이루는 진화한 기제들이 제 기능을 발휘하지 못한다. 실어증 환자는 언어를 이해하는 것처럼 보이긴 하지만, 유창하게 말하진 못한다. 언어 입력은 적절히 수용되고 처리되지만, 말 산출의 기반을 이루는 기제들이 말 이해 기제들과 적절한 조화를 이루지 못한다. 아니면 말 산출 기제들 자체가 작동하거나 처리하는 데 장애가 생길 수도 있다.

일부 기제의 장애는 우연한 유전적 변이가 그 원인일 수 있다. 자연 선택은 종 특유의 진화한 기제를 만들어내는 경향이 있지만, 유전 가능한 변이가 어떤 기제의 표면적 특징으로 남아 있을 수 있다. 사람들은 거의 모두 다 비슷한 눈과 심장과 폐를 갖고 있지만, 이 기제들의 구조적 형태에는 유전 가능한 개인차가 있다(예컨대 폐의 모양에 사소한 개인차가 나타날 수 있다). 자연 선택의 관점에서 볼 때 이러한 변이는 대체로 중립적이다. 그렇지만 유전적 변이형들이 함께 나타나 기제의 기능 장애를 초래하는 경우가 있다. 이러한 변이형들은 단독으로 존재할 때에는 해롭지 않지만, 드물게 결합되면 기능 장애를 초래할 수 있다. 일부 연구자들은 특정 종류의 정신분열병이 희귀한 유전자 결합 때문에 일어나는 것이 아닐까 추측한다(Gottesman, 1991).

또 다른 변이의 원천은 돌연변이다. 돌연변이는 자연 선택이 일어나는 데 필요한 변이를 제공하지만, 단독 돌연변이는 기능에 도움을 주는 경우가 드물고 오히려 해를 일으켜 기제의 기능 장애를 낳을 수 있다(Tooby & Cosmides, 1990, 1992). 사람의 유전자는 약 2만 5000개가 있는데, 그 중 어느 것에도 돌연변이가 일어날 수 있다. 우리는 모두 돌연변이가 약간 있지만, 어떤 사람은 다른 사람들보다 더 많다. 켈러와 밀러(2006)는 자폐증, 양극성장애, 정신분열병, 경미한 정신지체처럼 많은 정신 장애는 '돌연변이 하중'이 무거운 개인(돌연변이가 많은 개인)에게 일어난다고 주장한다. 무거운 돌연변이 하중은 진화한 심리 기제들의 정상적인 작동을 방해함으로써 뇌 이상을 초래할 수 있다.

기능 장애라고 잘못 생각한 문제들에 대한 진화론적 통찰

일부 심리 현상은 기능 장애가 일어난 것 같고, 부적응적이고, 제대로 조절되지 않고, 값비싼 비용을 치르게 하고, 주관적으로 고통스러워 보이지만, 기능 장애가 아니다. 그런 현상은 진화한 기제가 설계된 대로 기능을 발휘하지 않아서 일어난 것이 아니기 때문이다. 겉으로 보기에 기능 장애처럼 보이는 이 행동들과 경험들은 몇 가지 주요 범주로 나눌 수 있다.

첫째, **조상 환경과 현대 환경 사이의 불일치**가 있다(Glantz & Pearce, 1989). 우리가 살아가는 현대 환경은 인류의 진화 역사 대부분에서 나타난 환경과 많은 점에서 다르며, 어떤 점에서는 극단적으로 다르다. 진화한 기제는 원래 설계된 대로 정확하게 기능을 발휘하더라도, 환경이 변했기 때문에 그 결과가 부적응적인 것처럼 보일 수 있다.

심리적 차원에서 사람은 주변 환경에 있는 개인들과 비교해 자신의 배우자 가치를 평가하도록 설계된 기제들이 진화했을 수 있다. 조상들이 살던 환경에는 고작 50~150명의 비교적 작은 집단의 사람들만 있었을 것이다. 그래서 상대적 배우자 가치를 상당히 정확하게 평가할 수 있었을 것이다. 그리고 정확한 평가의 결과로 자신의 배우자 가치 범위 안에서 가능성이 있는 잠재적 배우자를 표적으로 유혹 전술을 집중할 수 있었을 것이다. 그러나 현대 환경에서는 주변에 존재하는 인구 집단이 매우 크며, 또 텔레비전과 인터넷을 통해 접하는 이미지들이 유례없는 비교 기준을 제시한다. 예를 들어 패션 모델과 여배우는 아주 매력적이다. 매우 매력적인 여자는 전체 인구 중 극소수에 지나지 않지만, 그런 여자들의 이미지를 높은 빈도로 접하면서 판단이 흐려진다. 이것은 여자들에게 **국지적인** 잠재적 배우자 풀에서 경쟁자들과 비교한 자신의 잠재적 배우자 가치를 인위적으로 낮추어 판단하는 결과를 낳을 수 있다. 이것은 다시 여자들 사이에 동성 간 경쟁을 확대시키거나 자신의 매력을 높이기 위해 대담한 조처를 취하게 할 수 있다. 극단적인 경우에는 신체상장애, 식욕부진이나 폭식증 같은 섭식장애, 우울증이 발달하는 여자도 있다(Faer et al., 2005).

문제의 두 번째 원인은 기제의 **'평균적'** 기능에 수반되는 정상적 실수이다.

모든 기제가 작용하는 이유는 조상들이 살던 환경에서 평균적으로 편익이 비용을 능가했기 때문이지, 모든 경우에 효과가 있었기 때문이 아니다. 진화한 기제는 '평균적인' 효과를 기준으로 선택되기 때문에, 제대로 기능을 발휘하는 기제도 많은 실수를 낳을 수 있지만, 이러한 실수가 반드시 기능 장애는 아니다(Schlager, 1995). 나무 뒤에 위험한 동물이 없는데도 있다고 착각하거나 상대는 전혀 그런 생각이 없는데도 내게 성적 관심이 있다고 착각하는 것은 실수이지만, 기능 장애는 아니다. 왜냐하면, 이런 현상들을 지각하는 문턱은 대체 문턱보다 평균적으로 포괄 적합도를 높이는 결과를 낳았기 때문이다. 이러한 정상적인 실수들은 진짜 기능 장애 사례와 구별해야 한다. 요컨대, 얼핏 보기에 기능 장애처럼 보이더라도 실제로는 진화한 기제가 제대로 기능을 발휘하여 나타난 실수일 수 있다. 진화한 기제는 적응 문제를 해결하는 데 항상 성공하도록 설계된 것이 아니라 '평균적으로' 성공하도록 설계되었기 때문이다.

기능 장애로 종종 오해를 받는 문제의 세 번째 원인은 **기능적 기제의 정상적 작동이 초래하는 주관적 고통**이다. 진화한 심리 기제 중 많은 것은 주관적으로 고통스러운 결과를 가져온다(Buss, 2000b). 예를 들면, 미국에서 젊은 성인 중 약 10%는 우울증을 경험하는 것으로 추정된다. 우울한 기분은 빈번하게 나타나고 슬픔과 밀접한 관련이 있기 때문에, 그것은 상실 경험(돈, 배우자, 평판 등등)에서 생겨나는 신뢰할 만한 효과라고 가정돼왔다(Nesse, 2000 ; Nesse & Williams, 1994 ; Price & Sloman, 1987). 우울증 경험은 당사자에게는 엄청나게 고통스러운 것일 수 있지만, 이러한 감정적 고통은 적응적 기능이 있을지 모른다. 첫째, 우울한 기분은 손실을 초래할 수 있는 가망 없는 일에서 손을 떼고, 적응 문제 해결을 위해 새로운 길을 찾도록 동기를 부여함으로써 우리에게 도움을 준다(Andrews & Thompson, 2009). 둘째, 우울한 기분은 우리의 '맹목적인' 낙관주의에 제동을 걺으로써 자신의 목표를 더 객관적으로 재평가하게 한다(Nesse & Williams, 1994 ; Stevens & Price, 1996). 셋째, 우울증은 가족이나 친구 혹은 연인에게 도움이 필요하다는 신호—도움을 요청하는 외침—를 보냄으로써 다른 사람의 투자나 배려, 도움을 이끌어내는 기능을 할 수 있다(Hagen, 1999 ; Watson & Andrews, 2002). 우울한 기분에는 각자 다른 기능적 증상을 나타내는 하위 유형들이 있다는 증거도 일부 있다(Keller & Nesse, 2005). 예를 들면, 슬픔 증상은 신체적 통증이 미래의 조직 손상을 피하도록 하는 것과 비슷한 방식으로 미래의 손실을 피하도록 동기를 부여한다. 반면에 울음 증상은 다른 사람들의 도움을 이끌어내기 위해 설계된 감정적 신호이다.

불안도 주관적 고통을 포함하지만, 위협 앞에서 우리의 생각과 행동과 심리를 유리한 방향으로 바꾸는 기능적 기제의 정상적 작동을 통해 나타난다 (Nesse & Williams, 1994). 불안은 신체적 또는 사회적 해가 일어날 가능성을 경계하고 주의하게 만든다. 스트레스 반응은 비록 유용하긴 해도 값비싼 비용(과도한 칼로리 소모, 조직 손상)을 치르게 한다 ; 따라서 불안 반응이 왜 그렇게 자주 일어나는지 이유가 있을 것이다. 진화의 관점에서 볼 때 그 답은 명백하다 : 잠재적 위험이 있는 상황이 100번 일어난다고 할 때, 한 번의 경보를 무시했다가 죽음을 맞이하는 것보다는 99번의 거짓 경보에 반응하는 것이 비용이 덜 들기 때문이다(Nesse & Williams, 1994).

공황 발작은 특정 공격 위협에 맞서 보호를 제공하는 불안 체계의 기능적 요소를 대표하는 것일지 모른다. 공황을 초래하는 단서는 잠재적 공격에 직면하여 보호를 제공하기 위해 진화한 기능에 잘 맞추어져 있는데, 탁 트인 공간에 놓인 상황, 동행자 없이 집에서 멀리 떠나온 상황, 이전에 강한 두려움을 느꼈던 장소에 다시 오게 된 상황 같은 것이 바로 그런 단서가 된다. 공황은 일부 위협에 대응하는 정상적인 방어 수단이다 ; 공황 **조절이 잘못되면** 공황장애가 일어난다(Nesse, 1990).

문제의 네 번째 원인은 **기능적 기제의 정상 작동에서 생겨난 사회적으로 바람직하지 않은 행동**에서 비롯된다. 우리의 진화한 기제 중 일부는 사회적으로 바람직하지 않은 결과를 낳는다. 정신병질이 한 예이다. 의학적으로 무력화 조처를 취하지 않을 때, 정신병질자는 협력적 호혜성을 규제하는 사회 규범을 무시하기 때문에 정신 이상자와 동일시된다. 그러나 정신병질자는 실제로는 조상의 특정 환경에서 속임수를 조장하도록 설계된 기제의 정상적 기능에서 나오는 행동을 하는 것일지도 모른다. 예를 들면, 지속적인 사회적 상호작용이 일어날 것으로 예상되지 않을 때, 성공적인 사기꾼은 특정 집단 내에서 자신의 사기 행위가 들통나 비용을 치르기 (예컨대 새로운 집단으로 옮겨가는 것) 전에 일부 왜곡된 상호작용의 편익을 얻을 수 있었을 것이다(Harpending & Sobus, 1987). 정신병질자는 진화한 사기꾼 기제의 효과일 수 있는 여러 가지 행동과 특성을 나타내는 것처럼 보인다. 그러한 행동과 특성에는 갑작스런 계획 변경,

진화심리학

매력, 높은 이동성, 성적 문란, 가짜 이름 사용 등이 포함된다(Harpending & Sobus, 1987 ; Lykken, 1995). 우리가 정신병질적 행동을 왜 바람직하지 않은 것으로 여기는지 이해하는 데 진화심리학이 도움을 주는 것은 놀라운 일이 아니다 : 그런 행동은 다른 사람들의 적합도 이익을 위협하기 때문이다.

영아 살해를 포함한 아동 학대와 방치는 비친족에 대한 자원 투자를 줄이도록 기능하는 기제의 정상적 작동에서 나온 바람직하지 않은 행동일지 모른다(Daly & Wilson, 1988). 예를 들면, 아동 학대 행위를 예측하는 데 도움을 주는 지표 중에서 가장 적중률이 높은 단일 요소는 바로 계부모이다. 영국에서 스콧Scott(1973)은 그 당시 전체 아기들 중에서 계부모와 함께 사는 유아는 1%에 지나지 않았지만, 매 맞는 유아 사례 20건 중 절반 이상은 의붓아버지가 관련돼 있다고 보고했다. 다시 말해서, 계부모와 함께 사는 유아와 아동은 유전적 부모와 함께 사는 유아와 아동에 비해 아동 학대를 경험할 확률이 40배 이상 높다. 데일리와 윌슨(1988)에 따르면, 계부모 상황의 모호성은 계부모의 역할에 대한 지식 부족에 있는 게 아니라 복합 가족 내의 이해 갈등에 있으며, 불행하게도 그것은 유전적 연관성이 없는 자식을 학대하거나 방치하는 결과를 낳을 수 있다.

임상심리학과 진화론의 접목이 의미하는 바는 아주 크다(Brune, 2008 ; McGuire & Troisi, 1998 ; Stevens & Price, 2000). 어떤 것의 설계를 제대로 이해하면 그 체계가 고장났을 때 고칠 가능성이 크게 높아진다. 자동차를 정비소에 가져가는 것은 이 때문이다. 우리는 자동차를 운전할 줄 알지만, 정비공은 자동차가 어떻게 설계되었으며, 기계 장치들이 어떻게 기능을 발휘하는지 더 정확하게 안다. 진화론의 관점은 언제 간섭해야 하는지에 대해서도 지침을 제공한다. 어떤 경우에 우리는 근본 원인보다는 불안이나 우울증 같은 증상만 다룰 때가 있다(Nesse, 1990, 1991 ; Nesse & Williams, 1994). 만약 그런 증상들을 가리는 데 치중한다면, 자연적인 치유 과정을 방해할 수 있다. 이것은 열이나 기침을 치료하는 상황과 비슷하다. 예를 들면, 감염을 치료하거나 외래 물질을 호흡기에서 배출하는 데 도움을 주도록 설계된 기제들이 있다. 만약 약물로 열이나 기침만 없앤다면, 그런 기제들이 기능을 제대로 발휘하는 걸 방해할 수 있다. 마찬가지로, 우울증이나 불안을 치료하려는 시도(프로작 같은 약물을 사용해)는 우울증이나 불안의 근본 원인을 치료하는 데 실패할 수 있다(Andrews &

Thompson, 2009). 놀랍게도 프로작이나 팍실, 졸로프트, 셀렉사 같은 현대의 많은 치료약은 성욕, 흥분, 오르가즘에 간섭할 수 있으며, 따라서 이러한 기제들의 기능에도 간섭하여 낭만적 사랑 관계와 부부 쌍의 헌신을 해칠 수 있다 (Fisher & Thompson, 2006). 요컨대, 진화심리학은 임상심리학에 새롭고 심오한 이해를 많이 제공할 것이라는 기대를 품게 한다.

▌ 진화문화심리학

일부 심리학자는 '문화'와 '생물학'이 마치 인과론적 경쟁 관계에 있다고 여기는 것처럼 이 둘을 이분법적으로 구분하는 잘못을 계속 저지른다. "문화가 생물학보다 우선한다."라거나 "동물에게는 본능이 있고, 사람에게는 문화가 있다."라는 효과를 노린 진술들은 바로 이 잘못된 이원론을 반영한 것이다. 진화심리학은 이런 이분법이 왜 잘못인지 보여주는 진정한 상호작용적 견해를 제공한다. 이 절에서 보게 되겠지만, '문화'는 진화한 심리 기제들이라는 기반 위에 서 있기 때문에 별개의 원인으로 볼 수 없다.

문화를 다루는 사회과학자들은 대개 한 장소의 인간 집단은 다른 장소의 인간 집단과 어떤 점들에서 차이가 있다는 관찰에서 출발한다. 베네수엘라의 야노마뫼족 인디언은 곤봉 싸움에서 입은 흉터를 자랑스럽게 보여주기 위해 머리를 박박 민다. 다른 문화들에서는 남녀가 코에다 뼈를 끼우거나 입술에 문신을 하거나 귀에 구멍을 뚫거나 뺨에 안전핀을 관통시킨다. 심리학자들은 이러한 차이점에 주목하고, 그것을 '문화' 탓으로 돌린다. 그들은 '생물학'은 사람들에 따라 변하지 않는 것을 가리키고, '문화'는 변하는 것을 가리킨다고 가정하기 때문에, 그러한 변화에 대한 설명은 '문화'에서 찾는 게 자명하다고 여긴다(Tooby & Cosmides, 1992).

진화심리학은 이와는 다른 관점을 제공한다. 우선, 국지적인 집단 내 유사성과 집단 간의 차이점 패턴은 설명이 필요한 현상이라고 간주한다. 이러한 차이점을 '문화'라는 이름의 자율적인 인과적 실체로 바꾸는 것은 설명이 필요한 현상을 그 현상에 대한 적절한 설명과 혼동하는 것이다. 그런 현상을 문화 탓으로 돌리는 것은 이런 이름에 포함된 인과 과정을 제대로 기술하지 않는

진화심리학

한, 신이나 의식, 학습, 사회화, 심지어는 진화 탓으로 돌리는 것보다 더 설득력이 있다고 볼 수 없다. 현상에 붙인 이름은 그 현상의 적절한 인과적 설명이 될 수 없다.

우리가 설명하는 데 관심을 가진 현상—일부 집단 내에서 공유되지만 다른 집단에서는 공유되지 않는 개념, 관습, 의식, 인공물, 믿음, 표상, 음악, 미술—을 일단 확인하고 나면, 그 다음 단계는 그 현상에 대한 그럴듯한 인과적 설명을 개략적으로 만드는 것이다(Gangestad, Haselton, & Buss, 2006 ; Tooby & Cosmides, 1992).

유발된 문화

진화한 기제들은 모두 환경 조건에 반응한다 ; 눈동자, 땀샘, 성적 흥분, 질투는 명백한 몇 가지 예이다. 유발된 문화evoked culture는 환경 조건의 차이 때문에 다른 집단보다 어떤 집단에서 잘 촉발되는 현상을 가리킨다. 예를 들면, 오리건 주 주민보다 캘리포니아 주 주민의 피부색이 더 짙은 갈색을 띠는 것은 햇빛에 노출되는 정도의 차이가 반영된 것이다. 이러한 '문화적 차이'는 보편적인 공통의 진화한 기제에다가 국지적 집단들 사이에서 그 기제에 입력되는 값의 차이를 결합하기만 하면 간단히 설명된다.

유발된 문화를 보여주는 구체적인 예는 서로 다른 수렵 채집인 무리들 사이에 식량을 협력적으로 나누는 패턴에서 발견된다(Cosmides & Tooby, 1992). 식량은 종류에 따라 분포의 변동성에 차이가 난다. 예를 들면, 파라과이의 아체족 사이에서 사냥에서 얻는 고기는 변동성이 아주 큰 식량 자원이다. 어느 날 한 사냥꾼이 고기를 구해 돌아올 확률은 60%에 불과하다. 반면에 채집으로 구하는 식량은 변동성이 작은 식량 자원이다.

공동체의 식량 분배를 촉발하는 한 가지 변수는 식량 자원의 큰 변동성으로 보인다. 변동성이 큰 조건에서 식량을 함께 나누는 것은 아주 큰 편익을 제공한다. 오늘 내가 잡은 고기를 운이 나빠 사냥에 실패한 친구에게 나누어주면, 다음 주에 내가 빈손으로 돌아왔을 때 호혜성의 수혜자가 될 수 있다. 반면에 변동성이 작은 조건에서는 식량을 함께 나누는 것이 주는 편익이 훨씬 작다. 채집하는 식량은 순전히 개인의 노력에 달려 있기 때문에, 그런 식량을 나누어주는 것은 열심히 일하는 사람이 게으른 사람에게 그냥 식량을 주는 것과 다름없다.

아체족 사이에서는 고기를 공동체 전체가 함께 나눈다. 사냥꾼은 자신이 잡은 동물을 '분배자'에게 건네주고, 분배자는 주로 가족의 수를 기초로 여러 가족에게 일정한 몫을 나누어준다. 그렇지만 같은 부족 내에서 채집한 식량은 친족 집단 외의 다른 사람에게 나누어주는 일이 없다. 지구 반대편에 위치한 칼라하리 사막에서 진화론자 엘리자베스 캐시던Elizabeth Cashdan(1989)은 일부 쿵산족 집단은 다른 집단보다 더 평등하며, 이러한 문화적 차이는 식량 공급의 변동성과 밀접한 관계가 있다는 사실을 발견했다. 쿵산족의 식량 공급은 변동성이 아주 큰데, 이들 사이에서는 식량 분배가 높은 수준으로 일어난다. **스틴게** (인색하다)라고 불리는 것은 큰 모욕으로 간주되며, 식량을 나누어주지 않았다 간 평판에 큰 손상을 입게 된다. 이와는 대조적으로 가나산족 사이에서는 식량 공급의 변동성이 작기 때문에, 이들은 식량을 저장하는 경향이 더 강하며, 대가족 외의 다른 사람들과 식량을 나누는 일이 드물다. 이 사례들은 장소에 따라 다른 환경 조건이 집단들 사이에 서로 다른 심리 기제의 작동을 촉발할 수 있음을 보여준다. 이런 종류의 문화적 차이는 유발된 문화를 보여주는 예이다. 이것은 보편적인 진화한 기제들이 집단에 따라 어떻게 다르게 작동하는지—이 경우에는 식량 자원의 변동성 차이를 통해—이해함으로써 설명할 수 있다.

유발된 문화를 보여주는 또 한 가지 예는 육체적 매력을 중요시하는 정도에서 나타나는 문화적 차이의 분석에서 나온다. 기생충은 외모를 손상시키는 것으로 알려져 있기 때문에, 기생충이 많은 생태계에서 살아가는 사람들은 기생충이 적은 생태계에서 살아가는 사람들보다 배우자의 육체적 매력을 더 중요시할 것이다(Gangestad & Buss, 1993). 이 가설을 검증하기 위해 29개 문화에서 기생충 감염률을 해당 문화의 사람들이 결혼 상대의 육체적 매력을 중요시하는 정도와 어떤 상관관계가 있는지 조사해보았다. 그 결과는 가설을 확인해주었다 : 기생충 감염률이 높은 곳일수록 육체적 매력을 더 중요시했다(《그림 13.3》 참고). 비록 이 결과는 다양한 방식으로 해석할 수 있지만, 최소한 유발된 문화 개념—집단에 따라 서로 다르게 작동하는 보편적인 심리 기제로 문화적 차이를 설명하는—과 일치한다.

기생충 감염률 같은 생태학적 변수가 유발된 문화의 패턴에 큰 영향을 미친다는 증거가 계속 쌓이고 있다(Nettle, 2009). 비록 인과 관계를 확실하게 결

진화심리학

정하기 어려운 경우가 많긴 하지만, 기생충 감염률 같은 생태학적 변수는 문화적 패턴—더 작은 종족 집단, 더 높은 일부 다처제 비율, 더 낮은 수준의 부모의 보살핌, 훨씬 더 큰 '집단주의' 문화 수준—과 연관이 있는 것으로 밝혀졌다(Nettle, 2009). 요컨대, 일부 문화적 차이는 유발된 문화의 적응적 패턴이라는 개념을 뒷받침하는 경험적 증거가 쌓이고 있다.

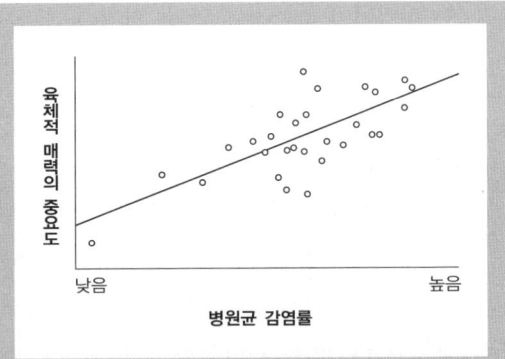

그림 13.3 기생충 감염률과 매력의 중요도. 국지적 생태계에서 기생충 감염률은 그 문화의 사람들이 장기적 배우자에게서 육체적 매력을 얼마나 중요시하는지 예측하는 데 좋은 지표가 된다. 그래프에서 작은 원들은 각각 하나의 문화를 나타낸다. 이 연구는 진화심리학이 사람의 보편성에 더해 원리적으로 문화에 따른 변동성을 설명할 수 있음을 보여준다.

출처: Gangestad, S. W., & Buss, D. M. (1993). Pathogen prevalence and human mate preferences. *Ethology and Sociobiology*, 14, 89–96.

전파된 문화

전파된 문화는 다른 종류의 설명이 필요한 또 다른 종류의 현상을 대표한다. 전파된 문화는 원래 최소한 한 마음에 존재했다가 관찰이나 상호작용을 통해 다른 마음들로 전파된 표상이나 개념을 가리킨다(Tooby & Cosmides, 1992). 홀라후프 열풍, 의상 스타일이나 패션의 변화, 외계인에 대한 믿음, 한 사람에게서 다른 사람에게 전파되는 농담 등이 바로 전파된 문화의 예이다.

이 현상들은 '수용자'의 마음속에서 표상을 다시 만들어낼 수 있는 전문화된 추론 기제의 존재가 필요하다. 어떤 사람이 속한 사회 집단에서 다른 개인에게서 나오는 '정보'는 무한하기 때문에, 개념들은 사람들의 제한된 주의 범위를 놓고 경쟁을 벌인다. 수용자의 진화한 심리 기제들은 마구 쏟아지는 개념들을 걸러내 소수의 개념들만 선택해 심리적 재구성을 한다. 선택적으로 채택되어 개인의 마음속에서 재구성되는 소수의 개념들은 진화한 심리 기제의 기반에 따라 정해진다. 따라서 전파된 문화는 유발된 문화와 마찬가지로 진화한 심리 기제라는 기반 위에 서 있다.

현재 우리는 이러한 심리 기제들이 무엇인지 모르지만, 그 일부 성질이 어떤 것이어야 하는지는 안다. 거기에는 다른 것은 무시하고 일부 개념에만 **선택적으로 주의 기울이기**; 다른 것은 잊어버리고 일부만 기억 속에 **선택적으로 암호화하기**; 다른 것들은 전파하지 않고 일부만 다른 사람들에게 **선택적으로 전파하기** 절차가 포함된다(McAndrew, Bell, & Garcia, 2007). 아마도 이 기제들은 그 사람에게 무엇이 적절한지—조상의 환경에서 생존과 번식에 영향을 미쳤을 차원들에서의 적절성—결정하는 내용들로 가득 차 있을 것이다.

국지적 사회 집단이나 자신이 소속되길 갈망하는 집단에서 지위가 높은 구성원들의 의상 스타일을 모방하려는 경향을 살펴보자. 이 문화 현상은 전파된 문화의 예이다. 그러나 이 현상은 사람들에게 지위가 낮은 사람보다는 지위가 높은 사람에게 주의를 기울이게 하고, 그들의 의상 스타일을 기억 속에 암호화하고, 옷을 사러 갈 때 그러한 기억에 접속하게 하는 진화한 심리 기제의 기반 위에 서 있다.

전파된 문화를 궁극적으로 완전히 설명하려면, 다른 사람들의 문화적 표상을 '수용'하는 사람의 심리 기제들에만 기초해서는 안 된다. 문화적 표상을 **적극적으로 전파**하는 사람들이 이해하는 심리 기제들에도 기초해야 한다. 올포트Alport와 포스트먼Postman이 오래 전에 지적한 것처럼, "소문은 전파에 관여하는 개인들의 강한 개인적 관심에 호소하는 정도에 따라 움직이기 시작하고 계속 나아간다."(1947, p. 314) 소문의 의도적 확산은 전파된 문화의 완벽한 예이며, 소문을 이해하려면 소문을 퍼뜨린 사람들의 동기와 이해(예컨대 경쟁자의 지각된 배우자 가치를 떨어뜨림으로써 비하하려는 동기)를 아는 게 필요하다(McAndrew & Milenkovic, 2002).

이론적 분석과 경험적 발견은 문화의 '편향된' 전파에 책임이 있는 유력한 후보를 여럿 비춰준다(Henrich, 2009). 하나는 **동조 편향**으로, 다수가 견지하는 문화적 추세나 입장을 받아들이는 경향을 말한다. 또 하나는 앞에서 이미 암시한 것인데, **전파자의 명성**이다. 명성이 문화적 전파에 미치는 영향은 비록 강력해 보이긴 하지만, 한계가 있을 것이다. 명성이 높은 사람이 그들의 이해와 일치하는 개념을 옹호한다면, 수용자는 그것을 평가절하할 것이다. 명성이 높은 사람이 값비싼 신호 행동을 보인다면, 그것은 그들의 문화적 메시지를 전파하는 데 큰 효과가 있을 것이다. 값비싼 신호는 메시지의 '신뢰성'을 높인다(Henrich, 2009). 두 랩 가수가 갱과 폭력에 대한 노래를 부른다고 하자. 한 사람은 중산층이 다니는 학교를 편하게 다녔고 폭력 조직을 경험한 적이 없는 것으로 드러났다. 또 한 사람은 총에 맞은 흉터가 일곱 군데나 있어 폭력 경험을 충분히 입증한다. 자신의 메시지를 문화적으로 전파하려고 할 때 누가 더 큰 인기를 얻겠는가?

물론 문화 현상을 이런 식으로 설명하는 것은 불완전하고 너무 단순화한 것이다. 그렇지만 다음과 같은 결론을 내리기에는 충분하다 : (1) '문화'는 설명의 설득력을 놓고 '생물학'과 경쟁을 벌이는 자율적인 원인 행위자가 아니다 ; (2) 문화적 다양성—국지적 집단 내 유사성과 집단 간의 차이점—은 설명해야 할 현상이지, 그 자체로 문화 현상에 대한 설명을 제공하는 것이 아니다 ; (3) 문화 현상은 유발된 문화와 전파된 문화처럼 유형별로 편리하게 나눌 수 있다 ; (4) 유발된 문화에 대한 설명에는 진화한 심리 기제들의 기반이 필요하며, 그런 기제들이 없으면 다르게 작동하는 문화적 다양성이 나타날 수 없다 ; (5) 전파된 문화 역시 어떤 개념이 주의를 많이 받고, 암호화되고, 기억에서 끄집어내지고, 다른 개인들에게 전파되는지에 영향을 미치는, 진화한 심리 기제들의 기반 위에 서 있다. 피트 리처드슨Pete Richardson과 로브 보이드Rob Boyd는 "문화에서 진화를 바탕으로 하지 않고서 제대로 설명할 수 있는 것은 아무것도 없다."라고 결론지었다(2005, p. 237).

미술, 소설, 영화, 음악의 진화

사람들은 생존이나 번식과 아무 관계도 없어 보이는 활동을 왜 그렇게도 많이 할까? 사람들은 왜 미술과 문학, 음악, 스포츠 행사를 직접 하거나 소비하느라 몇 시간, 며칠, 몇 달 혹은 몇 년을 쏟아부을까? 어떤 사람들은 겉보기에 '하찮은 취미'처럼 보이는 이 활동에 평생을 바치기도 한다. 이러한 패턴은 설명이 필요하다.

진화심리학자들은 이 수수께끼에 대한 답을 얻기 위해 기본적으로 두 가지 접근 방법을 택했다. 첫 번째 접근 방법은 **과시 가설**이라 부를 수 있다. 이 가설에 따르면, 문화는 "서로 다른 짝짓기 경기장에서 서로 다른 짝짓기 전략을 추구하는 수많은 개인들 사이의 성 경쟁에서 나타나는 창발 현상"(Miller, 1998, p. 118)이다. 남자는 특히 다양한 여자들에게 구애 과시 행동을 널리 알리는 전략으로 미술과 음악을 만들고 과시하는 경향이 있다 : "10대 청소년은 다

알지만 대다수 심리학자들은 망각하고 있는 사실인데, 남자의 문화적 과시 행동은 성적 접근 기회를 증가시킨다."(Miller, 1998, p. 119)

과시 가설은 문화적 과시의 패턴에 대해 알려진 사실을 여러 가지 설명할 수 있다. 첫째, 문화적 산물의 생산에서 나타나는 남녀 차이를 설명할 수 있다. 역사적으로 광범위한 문화들에서 남자는 여자보다 미술과 음악, 문학 작품을 더 많이 생산했다. 이 가설에 따르면, 여자는 문화적 과시를 통해 얻을 수 있는 것이 적었는데, 여자가 단기적 성 접근 기회의 증가를 목표로 삼는 경우가 드물었기 때문이다(6장 참고). 과시 가설은 문화적 과시의 나이 분포도 설명할 수 있다. 미술과 음악의 많은 주요 작품은 젊은 성인 남자들이 만들었다. 즉, 남자들이 동성 간 배우자 경쟁을 가장 치열하게 벌이는 시기에 왕성한 예술 활동을 한 것이다(《그림 13.4》 참고). 요컨대, 과시 가설은 문화 생산의 나이 및 성별 분포를 잘 설명하는 것처럼 보인다.

그러나 과시 가설이 미술과 음악과 문학에 대해 설명하지 못하는 사실도 여러 가지 있다. 첫째, 이러한 문화적 산물의 **내용**을 설명할 수 없다. 사람들은 왜 어떤 노래에는 감동하지만 다른 노래에는 무관심할까? 왜 셰익스피어의 희곡은 어떤 사람들에게 환상적으로 받아들여지는 반면, 다른 극작가들의 많은 작품은 따분하게 받아들여질까? 왜 어떤 영화는 수백만 명의 관객을 끄는 반면, 다른 영화는 별다른 관심을 받지 못하고 사라질까? 문화에 관한 완전한 이론이라면 생산자들의 나이와 성별 분포뿐만 아니라 문화적 산물의 내용까지도 설명할 수 있어야 한다. 둘째, 과시 가설은 어떤 사람들은 과시가 아닌 것이 명백한 상황에서 미술과 음악과 문학을 **혼자서** 즐기는 데 많은 시간을 쏟아붓는다는 사실을 설명하지 못한다.

문화를 설명하는 두 번째 접근 방법에서 핑커는 비록 추측에 치우친 것이긴 하지만 이 수수께끼들에 일반적인 답을 제시한다. 핑커는 그 답은 미술과 음악과 문학을 위한 특정 적응에 있는 것이 **아니라,** "사람들에게 형태와 색과 소리와 농담과 이야기와 신화에서 즐거움을 얻게 하는" 다른 목적을 위해 진화한 마음의 기제에 있다고 주장한다(Pinker, 1997, p. 523). 예를 들면, 잘 익은 과일을 쉽게 찾도록 설계된 컬러 시각 기제는 그러한 패턴을 모방한 그림을 만듦으로써 즐겁게 작동시킬 수 있다. 그림, 사진, 영화, 인터넷 사이트는 생식력이 높은 여자를 알리는 단서에 대한 심리적 선호를 이용하기 위해 그러한 기제

진화심리학

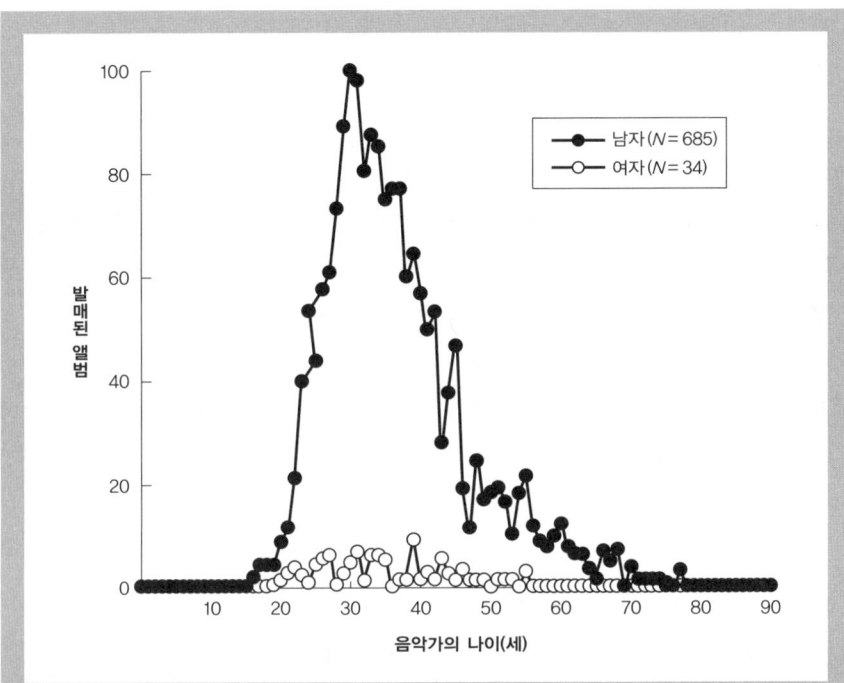

그림 13.4 재즈 음악: 음악가 719명이 낸 앨범 1892장. 이 결과는 미술과 음악과 문학 작품은 배우자를 유혹하기 위한 과시 전술의 일환으로 여자보다 남자가 더 많이 생산한다는 제프리 밀러의 과시 가설을 뒷받침한다. 큰 남녀 차이뿐만 아니라 연령별 분포도 남자들이 짝짓기 노력을 가장 많이 쏟아붓는 시기와 대략 일치한다.

N: 표본의 크기

Carr, I., Fairweather, D., & Priestly, B., *The Essential Jazz Companion* (1988)에 실린 자료.

출처: Miller, G. F. (1999). Sexual selection for cultural displays, in R. Dunbar, C. Knight, & C. Power (Eds.), *The evolution of culture*, Edinburgh: University of Edinburgh Press. Reprinted with permission.

가 원래 주의를 집중하고 추구하도록 설계된 패턴을 모방할 수 있다. 우리의 쾌락 중추를 '자극'하도록 인공적으로 약을 만들 수 있는 것처럼, 다양한 진화한 심리 기제를 '자극'하기 위해 미술과 음악과 문학 작품을 만들 수 있다. 사람들은 그 기제들이 원래 반응하도록 설계된 자극을 모방한 문화적 산물을 발명함으로써 기존의 기제를 인위적으로 작동시키는 방법을 알게 되었다. 요컨대, 이러한 문화 활동은 적응이 아니라, 비적응적 부산물이다.

핑커는 음악에 대해서도 비슷한 주장을 펼친다 : "나는 음악이 우리의 정신 능력 중 최소한 여섯 가지의 민감한 부분을 간질이기 위해 만든 정교한 과

자인 청각적 치즈케이크가 아닌가 의심한다."(1997, p. 534) 그러한 정신 능력에는 **언어**(예컨대 노래 가사), **청각적 장면 분석**(예컨대 우리는 시끄러운 숲에서 나는 동물 울음소리처럼 다른 음원들에서 나오는 소리들을 구분해야 한다), **감정적 외침**(예컨대 흐느끼는 소리, 울음소리, 신음 소리, 짖는 소리, 환호 소리는 음악의 악절을 묘사하는 은유로 사용된다), **서식지 선택**(예컨대 천둥 소리, 세차게 흐르는 물 소리, 으르렁거리는 소리, 그리고 그 밖의 소리는 안전하거나 안전하지 않은 환경을 나타낼 수 있다), **운동 제어**(예컨대 음악의 보편적 요소인 리듬은 뛰어가거나 자르거나 하는 것을 포함해 다양한 과제에 필요한 운동 제어를 모방하며, 긴박함이나 느릿느릿함, 자신감 같은 속성을 알려준다)가 포함된다. 이 가설에 따르면, 우리가 즐겁게 느끼는 음악의 패턴들은 우리의 진화한 기제들이 처리하도록 설계된 자연의 자극을 인위적으로 모방한 것들이다.

소설과 영화에 대해서도 비슷한 주장을 할 수 있다. 희극과 비극을 묘사하는 단어, 줄거리, 이야기는 다양한 진화한 기제들을 촉발함으로써 즐거운 감각을 활성화시킬 수 있다. 〈아바타〉, 〈타이타닉〉, 〈바람과 함께 사라지다〉처럼 큰 성공을 거둔 소설과 영화가 동성 간 경쟁, 배우자 선택, 낭만적 사랑, 목숨을 위협하는 자연의 적대적인 힘 같은 패턴을 포함하고 있는 것은 아마도 우연의 일치가 아닐 것이다. 핑커가 지적한 것처럼, "책이나 영화에 빠져들었을 때, 우리는 놀라운 풍경을 보고, 중요한 사람들과 함께 유쾌하게 담소를 나누고, 매우 매력적인 남녀와 사랑에 빠지고, 사랑하는 사람들을 보호하고, 중요한 목표를 달성하고, 사악한 적을 물리친다."(1997, p. 539) 보편적인 줄거리 36가지를 분석한 결과에 따르면, 대부분은 다음 네 가지 주제 중 하나로 정의할 수 있었다: 사랑, 섹스, 개인적 위협, 주인공의 친족에 대한 위협(Carroll, 2005). 우리가 만들어내고 소비하는 문화의 패턴들은 비록 그 자체는 적응이 아니지만, 사람의 진화한 심리를 드러낸다.

미술, 문학, 영화를 진화심리학적으로 분석하는 연구는 지난 10년 사이에 크게 붐을 이루어 지금은 이 주제들만 따로 다룬 책도 많이 나와 있다(예컨대 Boyd, Carroll, & Gottschall, 2010 ; Dutton, 2009). 날카로운 분석들은 진화심리학이 영화의 뉘앙스에서부터 시와 영국 소설의 정치에 이르기까지 다양한 예술적 노력에 유익한 정보를 제공할 수 있다고 시사한다. 비록 이러한 문화적 발로에 최종 결론은 제시하지 못하지만, 진화론의 렌즈를 들이대자 오랫동안 인간 본성을 정의하는 마음의 기제가 결여돼 있다고 생각돼온 영역들에 신선한 통찰을 제공할 수 있게 되었다.

▤ 통합심리학을 향해

이 장에서 우리는 진화심리학이 인지심리학, 사회심리학, 발달심리학, 성격심리학, 임상심리학, 문화심리학을 포함해 심리학의 주요 분야들에 어떻게 접근하는지 살펴보았다. 진화심리학은 조직심리학과 산업심리학(Colarelli, 1998 ; Nicholson, 1997), 소비자심리학과 마케팅심리학(Miller, 2009 ; Saad, 2007b), 교육심리학(Geary, 2002), 환경심리학(Kaplan, 1992) 같은 심리학의 다른 하위 분야에도 유익한 정보를 제공할 수 있음을 입증했다. 진화심리학은 그 범위를 더 넓혀갔고, 다른 분야들에도 변화를 가져오기 시작했다─법학(Jones, 1999, 2005), 종교(Kirkpatrick, 1999 ; Pinker, 1997), 예술(Boyd et al., 2010), 경제학(Kurzban et al., 2001 ; Saad & Gill, 2001 ; Wang, 2001), 수학적 추론 연구(Brase, 2002), 정신의학(Brune, 2008), 사회학(Hopcroft, 2002 ; Kanazawa, 2001), 그리고 혼성 학문 분야인 사회적 인지(Andrews, 2001 ; DeKay & Shackelford, 2000)와 인지신경과학(Barkley, 2001 ; Platek, Keenan, & Shackelford, 2007)에 진화론적 분석을 도입하면서.

그러나 궁극적으로는 진화심리학이 이러한 전통적인 학문들 사이의 경계를 허물 것으로 예상된다. 사람은 성격이나 사회적 요소, 발달적 요소, 인지적 요소처럼 별개의 요소들로 말쑥하게 분할할 수가 없다. 안정적인 개인차는 전통적으로 성격심리학 분야로 간주되었지만, 종종 사회적 지향을 포함하고, 특정 발달적 선행 변수가 있으며, 특정 인지 기제를 바탕으로 한다. 사회적 교환과 호혜성은 전통적으로 사회심리학에 속하는 것으로 간주되었다. 그러나 그 바탕이 되는 기제들은 발달적 궤적을 가진 정보 처리 장치들이다. 사춘기에 일어나는 급격한 변화는 전통적으로 발달심리학 영역에 속했다. 그러나 개인들은 사춘기가 시작하는 시점이 제각각 다르며, 사춘기에 일어나는 중요한 변화 중 많은 것은 사회적 성격을 띠고 있다. 진화심리학의 관점에서 볼 때, 전통적인 학문들 사이의 많은 경계는 임의적일 뿐만 아니라 사람들을 오도하고 과학 발전에 해롭기까지 하다. 이것들은 기제들을 임의적이고 부자연스러운 방식으로 나누는 경계들이다. 적응 문제와 그 해결책을 통해 인간 심리학을 연구하는 것—이 책의 조직 원리이기도 하다—은 "자연을 그 관절 부위에서 쪼개는" 훨씬 자연적인 수단을 제공하며, 따라서 현재 학문들 간의 경계를 넘나들게 해준다.

이 새로운 심리과학에서 중요한 과제는 인류의 진화 역사를 통해 우리가 반복적으로 맞닥뜨린 핵심 적응 문제들을 확인하는 것이다. 진화심리학자들은 생존이나 번식과 가장 명백하고 그럴듯하게 연관된 일부 문제를 확인함으로써 이제 겨우 걸음마를 떼었을 뿐이다. 아직 확인되지 않은 적응 문제가 많이 남아 있으며, 많은 심리적 해결책도 아직 발견되지 않았다. 이 미답의 영역을 최초로 탐험하는 과학자들은 장차 큰 보물을 발견할 것으로 기대된다.

진화심리학은 현재의 지리멸렬한 심리과학 상태에서 솟아오를 수 있고, 더 큰 과학적 통합에서 심리학을 나머지 생명과학 분야들과 연결할 수 있는 개념적 도구를 제공한다. 진화심리학은 우리가 어디에서 왔고, 어떻게 해서 현 상태에 도달했으며, 사람이 무엇인지 정의하는 마음의 기제들이 무엇인가 하는 수수께끼들을 푸는 데 아주 중요한 도구를 일부 제공한다.

추천 독서 목록

Boyd, B., Carroll, J., & Gottschall, J. (Eds.). (2010). *Evolution, literature, and film : A reader*. New York : Columbia University Press.

Hagen, E. H., & Hammerstein, P. (2005). Evolutionary biology and the strategic view of ontogeny : Genetic strategies provide robustness and flexibility in the life course. *Research in Human Development, 2*, 87–101.

Haselton, M. G., Bryant, G. A., Wilke, A., Frederick, D. A., Galperin, A., Franenhuis, W. E., & Moore, T. (2009). Adaptive rationality : An evolutionary perspective on cognitive bias. *Social Cognition, 27*, 733–763.

Henrich, J. (2009). The evolution of costly displays, cooperation, and religion : Credibility enhancing displays and their implications for cultural evolution. *Evolution and Human Behavior, 30*, 244–260.

MacDonald, K. (2008). Effortful control, explicit processing, and the regulation of human evolved predispositions. *Psychological Review, 115*, 1012-1031.

Neberich, W., Penke, L., Lehnart, J., & Asendorpf, J. B. (2010). Family of origin, age of menarche, and reproductive strategies : A test of four evolutionary-developmental models. *European Journal of Developmental Psychology, 7*, 153-177.

Nesse, R. M., & Ellsworth, P. C. (2009). Evolution, emotions, and emotional disorders. *American Psychologist, 64*, 129-139.

Pinker, S. (2002). *The blank slate : The modern denial of human nature.* New York : Viking.

Platek, S. M., Keenan, J. P., & Shackelford, T. K. (Eds.). (2007). *Evolutionary cognitive neuroscience.* Cambridge, MA : MIT Press.

Schaller, M., Simpson, J. A., & Kenrick, D. J. (Eds.). (2006). *Evolution and social psychology.* New York : Psychology Press.

■ 참고문헌

Abbey, A. (1982). Sex differences in attributions for friendly behavior: Do males misperceive females' friendliness? *Journal of Personality and Social Psychology, 32,* 830—838.

Abed, R. T. (1998). The sexual competition hypothesis for eating disorders. *British Journal of Medical Psychology, 71,* 525—547.

Agras, S., Sylvester, D., & Oliveau, D. (1969). The epidemiology of common fears and phobias. *Comprehensive Psychiatry, 10,* 151—156.

Aharon, I., Etcoff, N., Ariely, D., Chabris, C. F., O' Connor, E., & Breiter, H. C. (2001). Beautiful faces have variable reward value: FMRI and behavioral evidence. *Neuron, 32,* 537—551.

Ahmad, Y., & Smith, P. K. (1994). Bullying in schools and the issue of sex differences. In J. Archer (Ed.), *Male violence* (pp. 70—83). London: Routledge.

Alcock, J. (1989). *Animal behavior: An evolutionary approach* (4th ed.). Sunderland, MA: Sinauer.

Alcock, J. (1993). *Animal behavior: An evolutionary approach* (5th ed.). Sunderland, MA: Sinauer.

Alcock, J. (2009). *Animal behavior: An evolutionary approach* (9th ed.). Sunderland, MA: Sinauer.

Alexander, R. D. (1979). *Darwinism and human affairs.* Seattle: University of Washington Press.

Alexander, R. D. (1987). *The biology of moral systems.* Hawthorne, NY: Aldine DeGruyter.

Alexander, R. D. (1989). Evolution of the human psyche. In P. Mellars & C. Stringer (Eds.), *The human revolution: Behavioral and biological perspectives on the origins of modern humans* (pp. 455—513). Princeton, NJ: Princeton University Press.

Alexander, R. D., Hoodland, J. L., Howard, R. D., Noonan, K. M., & Sherman, P. W. (1979). Sexual dimorphisms and breeding systems in pinnipeds, ungulates, primates, and humans. In N. A. Chagnon & W. Irons (Eds.), *Evolutionary biology and human social behavior.* North Scituate, MA: Duxbury Press.

Alexander, R. D., & Noonan, K. M. (1979). Concealment of ovulation, parental care, and human social evolution. In N. A. Chagnon & W. Irons (Eds.), *Evolutionary biology and human social behavior* (pp. 402—435). North Scituate, MA: Duxbury Press.

Allee, W. N., Collias, N., & Lutherman, C. (1939). Modification of the social order in flocks of hens by the injection of testosterone propionate. *Physiological Zoology, 12,* 412—440.

Allen-Arave, W., Gurven, M., & Hill, K. (2008). Reciprocal altruism, rather than kin selection, maintains nepotistic food transfers on an Ache reservation. *Evolution and Human Behavior, 29,* 305—318.

Allport, G. W., & Postman, L. (1947). *The psychology of rumor.* New York: Holt.

Alvard, M. (2009). Kinship and cooperation: The axe fight revisited. *Human Nature, 20,* 394—416.

Alvergne, A., Faurie, C., & Raymond, M. (2008). Developmental plasticity of human reproductive development: Effects of early family environment in modern-day France. *Physiology and Behavior, 95,* 625—632.

Alvergne, A., Faurie, C., & Raymond, M. (2010). Are parents' perceptions of offspring facial resemblance consistent with actual resemblance? Effects on parental investment. *Evolution and Human Behavior, 31,* 7—15.

Alvergne, A., Oda, R., Faurie, C., Matsumoto-Oda, A., Durand, V., & Raymond, M. (2008). Cross-cultural perceptions of facial resemblance between kin. *Journal of Vision, 9,* 1—10.

American Psychiatric Association. (2000). *Diagnostic and statistical manual of mental disorders* (4th ed.). Washington, DC: Author.

Anderson, C., & Kilduff, G. J. (2009). The pursuit of status in social groups. *Current Directions in Psychological Science, 18,* 295—289.

Anderson, K. G. (2005). Relatedness and investment in children in South Africa. *Human Nature, 16,* 1—31.

Anderson, K. G., Kaplan, H., Lam, D., & Lancaster, J. (1999). Paternal care by genetic fathers and stepfathers II: Reports by Xhosa high school students. Evolution and *Human Behavior, 20,* 433—451.

Anderson, K. G., Kaplan, H., & Lancaster, J. (1999). Paternal care by genetic fathers and stepfathers. I: Reports from Albuquerque men. *Evolution and Human Behavior, 20,* 405—431.

Anderson, K. G., Kaplan, H., & Lancaster, J. B. (2007). Confidence of paternity, divorce, and investment in children by Albuquerque men. *Evolution and Human Behavior, 28,* 1—10.

Andrews, P. A., Gangestad, S. W., Miller, G. F., Haselton, M. G., Thornhill, R., & Neale, M. C. (2008). Sex differences in detecting sexual infidelity: Results of a maximum likelihood method for analyzing the sensitivity to sex differences to underreporting. *Human Nature, 19,* 347—373.

Andrews, P. W. (2001). The psychology of social chess and the evolution of attribution mechanisms: Explaining the fundamental attribution error. *Evolution and Human Behavior, 22,* 11—29.

Andrews, P. W. (2006). Parent.offspring conflict and cost-benefit analysis in adolescent suicidal behavior. *Human Nature, 17,* 190—211.

Andrews, P. W., & Thomson, Jr., J. A. (2009). The bright side of being blue: Depression as an adaptation for analyzing complex problems. *Psychological Review, 116,* 620—654.

Apicella, C. L., & Marlow, F. W. (2004). Perceived mate fidelity and paternal resemblance predict men's investment in children. Evolution and *Human Behavior, 25,* 371.378.

Apicella, C. L., & Marlow, F. W. (2007). Men's reproductive investment decisions. *Human Nature, 18,* 22—34.

Apostolou, M. (2007). Sexual selection under parental choice: The role of parents in the evolution of human mating. *Evolution and Human Behavior, 28,* 403—409.

Apostolou, M. (2008a). Parent.offspring conflict over mating: The case of beauty. *Evolutionary Psychology, 6,* 303—315.

Apostolou, M. (2008b). Parent.offspring conflict over mating: The case of family background. *Evolutionary Psychology, 6,* 456—468.

Apostolou, M. (2009). Parent.offspring conflict over mating: The case of short-term mating strategies. *Personality and Individual Differences, 47,* 895—899.

Appleton, J. (1975). *The experience of landscape.* New York: Wiley.

Archer, J. (1988). *The behavioural biology of aggression. Cambridge,* UK: Cambridge University Press.

Archer, J. (1998). *The nature of grief.* London: Routledge.

Archer, J. (2009). Does sexual selection explain human sex differences in aggression. *Behavioral and Brain Sciences, 32,* 249—311.

Ardener, E. W., Ardener, S. G., & Warmington, W. A. (1960). *Plantation and village in the Cameroons.* London: Oxford University Press.

Ardry, R. (1966). *The territorial imperative.* New York: Atheneum.

Argyle, M. (1994). *The psychology of social class.* New York: Routledge.

Asendorpf, J. B., Penke, L., & Back, M. D. (2010). From dating to mating and relating: Predictors of initial and long-term outcomes of speed dating in a community sample. *European Journal of Personality,* doi:10.1002/ per.768.

Athanasiou, R., Shaver, P., & Tavris, C. (1970, July). Sex. *Psychology Today,* pp. 37—52.

Atran, S. (1990). *The cognitive foundations of natural history.* New York: Cambridge University Press.

Atran, S. (1998). Folk biology and the anthropology of science: Cognitive universals and cultural particulars. *Behavioral and Brain Sciences, 21,* 547—609.

Avis, J., & Harris, P. L. (1991). Belief-desire reasoning among Baka children: Evidence for a universal conception of mind. *Child Development, 62,* 460—467.

Axelrod, R. (1984). *The evolution of cooperation.* New York: Basic Books.

Axelrod, R., & Hamilton, W. D. (1981). The evolution of cooperation. *Science, 211,* 1390—1396.

Babchuk, W. A., Hames, R. B., & Thompson, R. A. (1985). Sex differences in the recognition of infant facial expressions of emotion: the primary caretaker hypothesis. *Ethology & Sociobiology, 6,* 89—101.

Badahdah, A. M., & Tiemann, K. A. (2005). Mate selection criteria among Muslims living in America. Evolution and *Human Behavior, 26,* 432—440.

Bahrick, H. P., Bahrick, P. O., & Wittlinger, R. P. (1975). Fifty years of memory for names and faces: A cross-sectional approach. *Journal of Experimental Psychology, 104,* 54—75.

Bailey, D. H., & Geary, D. C. (2009). Hominid brain evolution: Testing climatic, ecological, and social competition models. *Human Nature, 20,* 67.79.

Bailey, J. M. (1998). Can behavior genetics contribute to evolutionary behavioral science? In C. Crawford & D. L. Krebs (Eds.), *Handbook of evolutionary psychology*(pp. 221.234). Mahwah, NJ: Erlbaum.

Bailey, J. M., Kim, P. Y., Hills, A., & Linsenmeier, J. A. W. (1997). Butch, femme, or straight acting? Partner preferences of gay men and lesbians. *Journal of Personality and Social Psychology, 73,* 960—973.

Bailey, J. M., Kirk, K. M., Zhu, G., Dunne, M. P., & Martin, N. G. (2000). Do individual differences in sociosexuality represent genetic or environmentally contingent strategies? Evidence from the Australian Twin Registry. *Journal of Personality and Social Psychology, 78,* 537—545.

Bailey, J. M., Pillard, R. C., Dawood, K., Miller, M. B., Farrer, L. A., Trivedi, S., & Murphy, R. L. (1999). A family history study of sexual orientation using three independent samples. *Behavior Genetics, 29,* 79—86.

Baize, H. R., & Schroeder, J. E. (1995). Personality and mate selection in personal ads: Evolutionary preferences in a public mate selection process. *Journal of Social Behavior and Personality, 10,* 517—536.

Baker, R. R., & Bellis, M. A. (1995). *Human sperm competition.* London: Chapman & Hall.

Barash, D. P., & Lipton, J. E. (1997). *Making sense of sex.* Washington, DC: Island Press/Shearwater Brooks.

Barber, N. (1995). The evolutionary psychology of physical attractiveness: Sexual selection and human morphology. *Ethology and Sociobiology, 16,* 395—424.

Barclay, A. M. (1973). Sexual fantasies in men and women. *Medical Aspects of Human Sexuality, 7,* 205—216.

Barclay, P. (2006). Reputational benefits for altruistic punishment. *Evolution and Human Behavior, 27,* 325—344.

Barclay, P. (2008). Enhanced recognition of defectors depends on their rarity. *Cognition, 107,* 817—828.

Barclay, P. (2010). Altruism as a courtship display: Some effects of third-party generosity on audience perceptions. *British Journal of Psychology, 101,* 123—135.

Barclay, P., & Willer, R. (2007). Partner choice creates competitive altruism in humans. *Proceedings of the Royal Society, B, 274,* 749—753.

Barinaga, M. (1996). Social status sculpts activity of crayfish neurons. *Science, 271,* 290.291.

Barkley, R. A. (2001). The executive functions of selfregulation: An evolutionary neuropsychological perspective. *Neuropsychology Review, 11,* 1.29.

Barkow, J. (1989). *Darwin, sex, and status: Biological approaches to mind and culture.* Toronto: University of Toronto Press.

Baron-Cohen, S. (1999). Evolution of a theory of mind? In M. Corballis & S. Lea (Eds.). *The descent of mind: Psychological perspectives on hominid evolution.* Oxford, UK: Oxford University Press.

Baron-Cohen, S. (2005). The empathizing system: A revision of the 1994 mode of the mindreading system. In B. J. Ellis & D. F. Bjorklund (Eds.), *The origins of the social mind: Evolutionary psychology and child development* (pp. 468—492). New York: Guilford.

Barrett, H. C. (1999). *Human cognitive adaptations to predators and prey.* Ph.D. Dissertation, University of California at Santa Barbara.

Barrett, H. C. (2005). Adaptations to predators and prey. In D. M. Buss (Ed.), *The handbook of evolutionary psychology* (pp. 200—223). New York: Wiley.

Barrett, H. C., Frederick, D. A., & Haselton, M. G. (2006). Can manipulations of cognitive load be used to test evolutionary hypotheses? *Journal of Personality and Social Psychology, 91,* 513—518.

Barrett, H. C., & Kurzban, R. (2006). Modularity in cognition: Framing the debate. *Psychological Review, 113,* 628—647.

Barrett, L., Dunbar, R. I. M., & Lycett, J. (2002). *Human evolutionary psychology.* Princeton, NJ: Princeton University Press.

Bartels, A., & Zeki, S. (2004). The neural correlates of maternal and romantic love. *NeuroImage, 21,* 1155—1166.

Bassett, J., Pearcey, S., & Dabbs, J. M., Jr. (2001). Jealousy and partner preference among butch and femme lesbians. *Psychology, Evolution, and Gender, 3*(2), 155.165.

Baumeister, R. F. (2000). Gender differences in erotic plasticity: The female sex drive as socially flexible and responsive. *Psychological Bulletin, 126,* 347—374.

Baumeister, R. F., & Leary, M. R. (1995). The need to belong: Desire for interpersonal attachments as a fundamental human motivation. *Psychological Bulletin, 117,* 497—529.

Beaulieu, D. A., & Bugental, D. (2008). Contingent parental investment: An evolutionary framework for understanding early interaction between mothers and children. *Evolution and Human Behavior, 29,* 249—255.

Beise, J., & Voland, E. (2008). Intrafamilial resource competition and mate completion shaped social-group-specific natal dispersal in the 18th and 19th century Krummhorn population. *American Journal of Human Biology, 20,* 325—336.

Bell, R., & Buchner, A. (2008). Enhanced memory for names of cheaters. *Evolutionary Psychology, 7,* 317—330.

Belluck, P. (1997). A woman's killer is likely to be her partner, a study finds. *New York Times.*

Belsky, J. (1997). Attachment, mating, and parenting: An evolutionary interpretation. *Human Nature, 8,* 361—381.

Belsky, J., Steinberg, L., & Draper, P. (1991). Childhood experience, interpersonal development, and reproductive strategy: An evolutionary theory of socialization. *Child Development, 62,* 647—670.

Benenson, J. F. (2009). Dominating versus eliminating the competition: Sex differences in human intrasexual aggression. *Behavioral and Brain Sciences, 32,* 268—269.

Benenson, J. F., Hodgdson, L., Heath, S., & Welch, P. J. (2008). Human sexual differences in the use of social ostracism as a competitive tactic. *International Journal of Primatology, 29,* 1019—1035.

Berbesque, J. C., & Marlow, F. W. (2009). Sex differences in food preferences of Hadza hunter-gatherers. *Evolutionary Psychology, 7,* 601.616.

Bereczkei, T., Birkas, B., & Kerekes, Z. (2007). Public charity offer as a proximate factor of evolved reputation-building strategy: An experimental analysis of a real-life situation. *Evolution and Human Behavior, 28,* 277.284.

Bereczkei, T., Birkas, B., & Kerekes, Z. (2010). Altruism toward strangers in need: Costly signaling in an industrial society. *Evolution and Human Behavior, 31,* 95.103.

Bereczkei, T., Gyuris, P., & Weisfeld, G. E. (2004). Sexual imprinting in human mate choice. Proceedings of the Royal Society of London, B, 271, 1129.1134.

Berlin, B. (1992). *Ethnobiological classification.* Princeton, NJ: Princeton University Press.

Berlin, B., Breedlove, D., & Raven, P. (1973). General principles of classification and nomenclature in field biology. *American Anthropologist, 75,* 214.242.

Bernard, L. C. (2009). Consensual and behavioral validity of a measure of adaptive individual differences dimensions in human motivation. *Motivation and Emotion, 34,* 303.319.

Bernhardt, P. C. (1997). Influences of serotonin and testosterone in aggression and dominance: Convergence with social psychology. *Current Directions in Psychological Science, 6,* 44.53.

Bersaglieri, T., Sabeti, P. C., Patterson, N., Vanderploeg, T, Schaffner, S. F., Drake J. A., Rhodes, M., Reich, D. E., & Hirchhorn, J. N. (2004). Genetic signatures of strong recent positive selection at the lactase gene. *American Journal of Human Genetics, 74,* 1111.1120.

Berscheid, E., & Walster, E. (1974). Physical attractiveness. In L. Berkowitz (Ed.), *Advances in experimental social psychology* (pp. 157.215). New York: Academic Press.

Bertamini, M., & Bennett, K. M. (2009). The effect of leg length on perceived attractiveness of simplified stimuli. *Journal of social, Evolutionary, and Cultural Psychology, 3,* 233.250.

Bertenthal, B. I., Campos, J. J., & Caplovitz, K. S. (1983). Self-produced locomotion: An organizer of emotional, cognitive, and social development in infancy. In R. N. Emde & R. Harmon (Eds.), *Continuities and discontinuities in development.* New York: Plenum.

Betzig, L. (1989). Causes of conjugal dissolution. *Current Anthropology, 30,* 654.676.

Betzig, L. (1992). Roman polygyny. *Ethology and Sociobiology, 13,* 309.349.

Betzig, L. (1993). Sex, succession, and stratification in the first six civilizations. In L. Ellis (Ed.), *Social stratification and socioeconomic inequality* (pp. 37.74). Westport, CT: Praeger.

Betzig, L. L. (1986). *Despotism and differential reproduction: A Darwinian view of history.* Hawthorne, NY: Aldine.

Billing, J., & Sherman, P. W. (1998). Antimicrobial functions of spices: Why some like it hot. *Quarterly Review of Biology, 73,* 3.49.

Birch, L. L. (1999). Development of food preferences. *Annual Review of Nutrition, 19,* 41.62.

Bishop, D. I., Meyer, B. C., Schmidt, T. M., & Gray, B. R. (2009). Differential investment behavior between grandparents and grandchildren: The role of paternity uncertainty. *Evolutionary Psychology, 7,* 66.77.

Bjorklund, D. F. (1997). The role of immaturity in human development. Psychological Bulletin, 122, 153.169.

Bjorklund, D. F., & Kipp, K. (1996). Parental investment theory and gender differences in the evolution of inhibition mechanisms. *Psychological Bulletin, 120,* 163.188.

Bjorklund, D. F., & Pellegrini, A. D. (2002). *The origins of human nature: Evolutionary developmental psychology.* Washington, DC: American Psychological Association.

Bjorkqvist, K., Lagerspetz, K. M. J., & Kaukiainen, A. (1992). Do girls manipulate and boys fight? Developmental trends in regard to direct and indirect aggression. *Aggressive Behavior, 18,* 117— 127.

Bleske, A., & Buss, D. M. (1997, June). *The evolutionary psychology of special "friendships."* Paper presented at the ninth annual meeting of the Human Behavior and Evolution Society, University of Arizona, Tucson.

Bleske, A. L., & Buss, D. M. (2001). Opposite sex friendship: Sex differences and similarities in initiation, selection, and dissolution. *Personality and Social Psychology Bulletin, 27,* 1310—1323.

Bleske-Rechek, A., & Lighthall, M. (2010). Attractiveness and rivalry in women's friendships with women. *Human Nature, 21,* 82—97.

Bliege Bird, R., & Smith, E. A. (2005). Signaling theory, strategic interaction, and symbolic capital. *Current Anthropology, 46,* 221—248.

Bobrow, D., & Bailey, J. M. (2001). Is male homosexuality maintained via kin selection? *Evolution and Human Behavior, 22,* 361—368.

Boehm, C. (1999). *Hierarchy in the forest: The evolution of egalitarian behavior.* Cambridge, MA: Harvard University Press.

Bokek-Cohen, Y., Peres, Y., & Kanazawa, S. (2007). Rational choice and evolutionary psychology as explanations for mate selectivity. Journal of Social, *Evolutionary, and Cultural Psychology, 2,* 42—55.

Book, A. S., & Quinsey, V. L. (2004). Psychopaths: Cheaters or warrior-hawks? *Personality and Individual Differences, 36,* 35—45.

Book, A. S., Quinsey, V. L., & Langford, D. (2007). Psychopathy and the perception of affect and vulnerability. *Criminal Justice and Behavior, 31,* 531—544.

Boone, J. L. (1998). The evolution of magnanimity: When is it better to give than to receive? *Human Nature, 9,* 1—21.

Boothroyd, L. G., Jones, B. C., Burt, D. M., Cornwell, R. E., Little, A. C., Tiddeman, B. P., & Perrett, D. I. (2005). Facial masculinity is related to perceived age but not perceived health. *Evolution and Human Behavior, 26,* 417—431.

Boothroyd, L. G., Jones, B. C., Burt, D. M., DeBruine, L. M., & Perrett, D. I. (2008). Facial correlates of sociosexuality. *Evolution and Human Behavior, 29,* 211—218.

Boothroyd, L. G., Jones, B. C., Burt, D. M., & Perrett, D. I. (2007). Partner characteristics associated with masculinity, health and maturity in male faces. *Personality and Individual Differences, 43,* 1161—1173.

Borgerhoff Mulder, M. (1988). Kipsigis bridewealth payments. In L. L. Betzig, M. Borgerhoff Mulder, & P. Turke (Eds.), *Human reproductive behavior* (pp. 65—82). New York: Cambridge University Press.

Borgerhoff Mulder, M. (1990). Kipsigis women's preferences for wealthy men: Evidence for female choice in mammals? *Behavioral Ecology and Sociobiology, 27,* 255—264.

Borgerhoff Mulder, M. (1998). Brothers and sisters: How sibling interactions affect optimal parental allocations. *Human Nature, 9,* 119.162.

Bossong, B. (2001). Gender and age differences in inheritance patterns. Why men leave more to their spouses and women more to their children: An experimental analysis. *Human Nature, 12,* 107—122.

Bouissou, M. F. (1978). Effects of injections of testosterone propionate on dominance relationships in a group of cows. *Hormones and Behavior, 11,* 388—400.

Bowlby, J. (1969). *Attachment and loss: Vol. 1.* New York: Basic Books.

Boyce, W. T., & Ellis, B. J. (2005). Biological sensitivity to context: I. An evolutionary-developmental theory of the origins and functions of stress reactivity. *Development and Psychopathology, 17,* 271—301.

Boyd, B., Carroll, J., & Gottschall, J. (Eds.). (2010). *Evolution, literature, and film: A reader.* New York:

Columbia University Press.

Boyd, R., & Richardson, P. (1985). Culture and the evolutionary process. Chicago: University of Chicago Press.

Boyd, R., & Richardson, P. J. (1992). Punishment allows the evolution of cooperation (or anything else) in sizable groups. *Ethology and Sociobiology, 13*, 171.1—95.

Boyle, J. (1977). *A sense of freedom*. London: Pan Books.

Bracha, H. S. (2004). Freeze, flight, fight, fright, faint: Adaptationist perspectives on the acute stress response spectrum. *CNS Spectrums, 9*, 679—685.

Brandes, J. (1967). First trimester nausea and vomiting as related to outcome of pregnancy. *Obstetrics and Gynecology, 30*, 427—431.

Brantingham, P. J. (1998). Hominid-carnivore coevolution and invasion of the predatory guild. *Journal of Anthropological Archeology, 17*, 327—353.

Brase, G. L. (2002). "Bugs" built into the system: How privileged representations influence mathematical reasoning across the lifespan. *Learning and Individual Differences, 12*, 391—409.

Brase, G. L. (2006). Cues of parental investment as a factor in attractiveness. *Evolution and Human Behavior, 27*, 145—157.

Brase, G. L. (2009). Pictorial representations in statistical reasoning. *Applied Cognitive Psychology, 23*, 369—381.

Brase, G. L., Caprar, D. V., & Voracek, M. (2004). Sex differences in response to relationship threats in England and Romania. *Journal of Social and Personal Relationships, 21*, 763—778.

Brase, G. L., & Walker, G. (2004). Male sexual strategies modify ratings of female models with specific waist-to-hip ratios. *Human Nature, 15*, 209—224.

Bredart, S., & French, R. M. (1999). Do babies resemble their fathers more than their mothers? A failure to replicate Christenfeld and Hill (1995). *Evolution and Human Behavior, 20*, 129—135.

Bressan, P., & Zucchi, G. (2009). Human kin recognition is self- rather than family-referential. *Biology Letters, 5*, 336—338.

Bressler, E. R., Martin, R. A., & Balshine, S. (2006). Production and appreciation of humor as sexually selected traits. *Evolution and Human Behavior, 27*, 121—130.

Brewer, G., & Archer, J. (2007). What do people infer from facial attractiveness? *Journal of Evolutionary Psychology, 5*, 1—9.

Brewer, G., & Riley, C. (2009). Height, relationship satisfaction, jealousy, and mate retention. *Evolutionary Psychology, 7*, 477—489.

Brewin, C. R. (1988). *Cognitive foundations of clinical psychology*. London: Erlbaum.

Broder, A., & Hohmann, N. (2003). Variations in risk taking behavior over the menstrual cycle: An improved replication. *Evolution and Human Behavior, 24*, 391—398.

Brown, D. E. (1991). *Human universals*. New York: McGraw-Hill.

Brown, D. E., & Chia-Yun, Y. (n.d.). *"Big man" as a statistical universal*. Department of Anthropology, University of California, Santa Barbara.

Brown, R. M., Dahlen, E., Mills, C., Rick, J., & Biblarz, A. (1999). Evaluation of an evolutionary model of self-reservation and self-destruction. *Suicide and Life Threatening Behavior, 29*, 58—71.

Brown, S. L., & Lewis, B. P. (2004). Relational dominance and mate-selection criteria: Evidence that males attend to female dominance. *Evolution and Human Behavior, 25*, 406—415.

Brown, W. M., & Moore, C. (2000). Is prospective altruist-detection an evolved solution to the adaptive problem of subtle cheating in cooperative ventures? Supportive evidence using the Wason selection task. *Evolution and Human Behavior, 21*, 25—37.

Browne, K. R. (1998). An evolutionary account of women's workplace status. *Managerial and Decision*

Economics, 19, 427—440.

Browne, K. R. (2002). *Biology at work: Rethinking sexual equality.* New Brunswick, NJ: Rutgers University Press.

Browne, K. R. (2006). Sex, power, and dominance: The evolutionary psychology of sexual harassment. *Managerial and Decision Economics, 27,* 145—158.

Browne, K. R. (2010). The evolutionary psychology of sexual harassment. In J. D. Duntley & T. K. Shackelford (Eds.), *Evolutionary forensic psychology* (pp. 81—100). New York: Oxford University Press.

Brune, M. (2008). *Textbook of evolutionary psychiatry: Origins of psychopathology.* New York: Oxford University Press.

Bryant, G. A., & Haselton, M. G. (2009). Vocal cues of ovulation in human females. *Biology Letters, 5,* 12—15.

Buchner, A., Bell, R., Mehl, B., & Musch, J. (2009). No enhanced recognition memory, but better source memory for the faces of cheaters. *Evolution and Human Behavior, 30,* 212—224.

Buckley, N. J. (2005). Not so happy families. *TRENDS in Ecology and Evolution, 20,* 295.

Bugos, P. E., & McCarthy, L. M. (1984). Ayoreo infanticide: A case study. In G. Hausfater & S. B. Hrdy (Eds.), *Infanticide: Comparative and evolutionary perspectives* (pp. 503—520). New York: Aldine de Gruyter.

Burbank, V. K. (1992). Sex, gender, and difference: Dimensions of aggression in an Australian aboriginal community. *Human Nature, 3,* 251—278.

Burch, R. L., & Gallup, G. G., Jr. (2000). Perceptions of paternal resemblance predict family violence. *Evolution and Human Behavior, 21,* 429—435.

Burgess, R. L. & MacDonald (Eds.). (2005). *Evolutionary perspectives on human development* (2nd ed.). Thousand Oaks, CA: Sage Publications.

Burkett, B. N., & Cosmides, L. (2006, June). *What is intolerable in a mate?* Paper presented at the Annual Meeting of the Human Behavior and Evolution Society, Philadelphia, PA.

Burley, N., & Symanski, R. (1981). Women without: An evolutionary and cross-cultural perspective on prostitution. In R. Symanski, *The Immoral Landscape: Female Prostitution in Western Societies* (pp. 239—274). Toronto: Butterworths.

Burnham, T. C., Chapman, J. F., Gray, P. B., McIntyre, M. H., Lipson, S. F., & Ellison, P. T. (2003). Men in committed, romantic relationships have lower testosterone. *Hormones and Behavior, 44,* 119—122.

Burnstein, E., Crandall, C., & Kitayama, S. (1994). Some neo-Darwinian decision rules for altruism: Weighing cues for inclusive fitness as a function of the biological importance of the decision. *Journal of Personality and Social Psychology, 67,* 773—789.

Buss, A. H. (1961). *The psychology of aggression.* New York: Wiley.

Buss, D. M. (1981). Sex differences in the evaluation and performance of dominant acts. *Journal of Personality and Social Psychology, 40,* 147—154.

Buss, D. M. (1985). Human mate selection. *American Scientist, 73,* 47—51.

Buss, D. M. (1988a). Love acts: The evolutionary biology of love. In R. J. Sternberg & M. L. Barnes (Eds.), *The psychology of love* (pp. 100—118). New Haven, CT: Yale University Press.

Buss, D. M. (1988b). The evolution of human intrasexual competition: Tactics of mate attraction. *Journal of Personality and Social Psychology, 54,* 616—628.

Buss, D. M. (1988c). From vigilance to violence: Tactics of mate retention. *Ethology and Sociobiology, 9,* 291—317.

Buss, D. M. (1989a). Sex differences in human mate preferences: Evolutionary hypotheses testing in 37 cultures. *Behavioral and Brain Sciences, 12,* 1—49.

Buss, D. M. (1989b). Conflict between the sexes: Strategic interference and the evocation of anger and upset. *Journal of Personality and Social Psychology, 56,* 735—747.

Buss, D. M. (1991). Conflict in married couples: Personality predictors of anger and upset. *Journal of Personality, 59,* 663—688.

Buss, D. M. (1994a). The strategies of human mating. *American Scientist, 82,* 238—249.

Buss, D. M. (1994b). *The evolution of desire: Strategies of human mating* New York: Basic Books.

Buss, D. M. (1995, June). *Human prestige criteria.* Paper presented to the Human Behavior and Evolution Society Annual Meeting, University of California, Santa Barbara, CA.

Buss, D. M. (1996a). Sexual conflict: Evolutionary insights into feminist and the "battle of the sexes." In D. M. Buss & N. M. Malamuth (Eds.), *Sex, power, conflict: Evolutionary and feminist perspectives* (pp. 296—318). New York: Oxford University Press.

Buss, D. M. (1996b). The evolutionary psychology of human social strategies. In E. T. Higgins & A. W. Kruglanski (Eds.), *Social psychology: Handbook of basic principles* (pp. 3—38). New York: Guilford.

Buss, D. M. (2000a). *The dangerous passion: Why jealousy is as necessary as love and sex.* New York: Free Press.

Buss, D. M. (2000b). The evolution of happiness. *American Psychologist, 55,* 15—23.

Buss, D. M. (2003). *The evolution of desire: Strategies of human mating (Revised Edition).* New York: Free Press.

Buss, D. M. (2005). *The murderer next door: Why the mind is designed to kill.* New York: Penguin.

Buss, D. M. (2006a). The evolution of love. In R. J. Sternberg & K. Weis (Eds.), *The psychology of love* (pp. 65—86). New Haven: Yale University Press.

Buss, D. M. (2006b). The evolutionary genetics of personality: Does mutation load signals relationship load? *Behavioral and Brain Science, 29,* 409.

Buss, D. M. (2009a). The great struggles of life: Darwin and the emergence of evolutionary psychology. *American Psychologist, 64,* 140—148.

Buss, D. M. (2009b). How can evolutionary psychology successfully explain personality and individual differences? *Perspectives on Psychological Science, 4,* 359—366.

Buss, D. M. (2011). Personality and the adaptive landscape: The role of individual differences in creating and solving social adaptive problems. In D. M. Buss & P. Hawley (Eds.), *The evolution of personality and individual differences.* New York: Oxford University Press.

Buss, D. M., Abbott, M., Angleitner, A., Asherian, A., Biaggio, A., & 45 other co-authors. (1990). International preferences in selecting mates: A study of 37 cultures. *Journal of Cross-Cultural Psychology, 21,* 5—47.

Buss, D. M., & Barnes, M. F. (1986). Preferences in human mate selection. *Journal of Personality and Social Psychology, 50,* 559—570.

Buss, D. M., & Dedden, L. A. (1990). Derogation of competitors. *Journal of Social and Personal Relationships, 7,* 395—422.

Buss, D. M., & Duntley, J. (1998). *Evolved homicide modules.* Paper presented to the Annual Meeting of the Human Behavior and Evolution Society, Davis, California, July 10.

Buss, D. M., & Duntley, J. D. (2008). Adaptations for exploitation. *Group Dynamics, 12,* 53—62.

Buss, D. M., & Greiling, H. (1999). Adaptive individual differences. *Journal of Personality, 67,* 209—243.

Buss, D. M., & Haselton, M. G. (2005). The evolution of jealousy. *Trends in Cognitive Science, 9,* 506—507.

Buss, D. M., Haselton, M. G., Shackelford, T. K., Bleske, A., & Wakefield, J. C. (1998). Adaptations, exaptations, and spandrels. *American Psychologist, 53,* 533—548.

Buss, D. M., & Hawley, P. (2011). *The evolution of personality and individual differences.* New York: Oxford University Press.

Buss, D. M., & Kenrick, D. T. (1998). Evolutionary social psychology. In D. Gilbert, S. Fiske, & G. Lindzey (Eds.), *Handbook of Social Psychology.* New York: Random House.

Buss, D. M., Larsen, R., Westen, D., & Semmelroth, J. (1992). Sex differences in jealousy: Evolution, physiology, and psychology. *Psychological Science, 3,* 251—255.

Buss, D. M., & Schmitt, D. P. (1993). Sexual strategies theory: An evolutionary perspective on human mating. *Psychological Review, 100,* 204—232.

Buss, D. M., & Shackelford, T. K. (1997a). Susceptibility to infidelity in the first year of marriage. *Journal of Research in Personality, 31,* 1—29.

Buss, D. M., & Shackelford, T. K. (1997b). Human aggression in evolutionary psychological perspective. *Clinical Psychology Review, 17,* 605—619.

Buss, D. M., & Shackelford, T. K. (1997c). From vigilance to violence: Mate retention tactics in married couples. *Journal of Personality and Social Psychology, 72,* 346—361.

Buss, D. M., & Shackelford, T. K. (2008). Attractive women want it all: Good genes, economic investment, parenting proclivities, and emotional commitment. *Evolutionary Psychology, 6,* 134—146.

Buss, D. M., Shackelford, T. K., Choe, J., Buunk, B. P., & Dijkstra, P. (2000). Distress about mating rivals. *Personal Relationships, 7,* 235—243.

Buss, D. M., Shackelford, T. K., Haselton, M. G., & Bleske, A. (1997). *The evolutionary psychology of mental disorder.* Unpublished manuscript, Department of Psychology, University of Texas, Austin.

Buss, D. M., Shackelford, T. K., Kirkpatrick, L. A., Choe, J., Hasegawa, M., Hasegawa, T., & Bennett, K. (1999). Jealousy and the nature of beliefs about infidelity: Tests of competing hypotheses about sex differences in the United States, Korea, and Japan. *Personal Relationships, 6,* 125—150.

Buss, D. M., Shackelford, T. K., Kirkpatrick, L. A., & Larsen, R. J. (2001). A half century of American mate preferences. *Journal of Marriage and the Family, 63,* 491—503.

Buunk, A. P., Park, J. H., Zurriaga, R., Klavina, L., & Massar, K. (2008). Height predicts jealousy differently for men and women. *Evolution and Human Behavior, 29,* 133—139.

Buunk, B. P., Angleitner, A., Oubaid, V., & Buss, D. M. (1996). Sex differences in jealousy in evolutionary and ultural perspective: Tests from the Netherlands, Germany, and the United States. *Psychological Science, 7,* 359—363.

Buunk, B. P., & Brenninkmeyer, V. (2000). Social comparison processes among depressed individuals: Evidence for the evolutionary perspective on involuntary subordinate strategies? In L. Sloman & P. Gilbert (Eds.), *Subordination and defeat: An evolutionary approach to mood disorders and their therapy* (pp. 147—164). Mahwah, NJ: Erlbaum.

Buunk, B. P., Dijkstra, P., Kenrick, D. T., & Warntjes, A. (2001). Age preferences for mates related to gender, own age, and involvement level. *Evolution and Human Behavior, 22,* 241—250.

Byers, E. S., & Lewis, K. (1988). Dating couples' disagreements over desired level of sexual intimacy. *Journal of Sex Research, 24,* 15—29.

Byrne, R. W., & Whiten, A. (1988). *Machiavellian intelligence: social expertise and the evolution of intellect in monkeys, apes and humans.* Oxford, England: Clarendon Press.

Cameron, C., Oskamp, S., & Sparks, W. (1978). Courtship American style: Newspaper advertisements. *Family Coordinator, 26,* 27—30.

Camilleri, J. A., Kuhlmeier, V. A., & Chu, J. Y. Y. (2010). Remembering helpers and hinderers depends on behavioral intentions of the agent and psychopathic characteristics of the observer. *Evolutionary Psychology, 8,* 303—316.

Camilleri, J. A., & Quinsey, V. L. (2009a). Testing the cuckoldry risk hypothesis of partner sexual coercion in community and forensic samples. *Evolutionary Psychology, 7,* 164—178.

Camilleri, J. A., & Quinsey, V. L. (2009b). Individual differences in the propensity for partner sexual coercion. *Sexual Abuse, 21,* 111—129.

Camilleri, J. A., Quinsey, V. L., & Tapscott, J. L. (2009). Assessing the propensity for sexual coaxing and coercion in relationships: Factor structure, reliability, and validity of the tactics to obtain sex scale. *Archives of Sexual Behavior, 38,* 959—973.

Campbell, A. (1993). *Men, women, and aggression.* New York: Basic Books.

Campbell, A. (1995). A few good men: Evolutionary psychology and female adolescent aggression. *Ethology and Sociobiology, 16,* 99—123.

Campbell, A. (1999). Staying alive: Evolution, culture, and women's intrasexual aggression. *Behavioral and Brain Sciences, 22,* 203—252.

Campbell, A. (2002). *A mind of her own: The evolutionary psychology of women.* Oxford, England: Oxford University Press.

Campbell, A. (2008). The morning after the night before: Affective reactions to one-night stands among mated and unmated women and men. *Human Nature, 19,* 157—173.

Campbell, L., Cronk, L., Simpson, J. A., Milroy, A., Wilson, C. L., & Dunham, B. (2009). The association between men's ratings of women as desirable long-term mates and individual differences in women's sexual attitudes and behaviors. *Personality and Individual Differences, 46,* 509—513.

Campbell, L., Simpson, J. A., Stewart, M., & Manning, J. G. (2002). The formation of status hierarchies in leaderless groups: The role of male waist-to-hip ratio. *Human Nature, 13,* 345—362.

Campos, L. de S., Otta, E., & Siqueira, J. de O. (2002). Sex differences in mate selection strategies: Content analyses and responses to personal advertisements in Brazil. *Evolution and Human Behavior, 23,* 395—406.

Carbonell, J. L. (1984). Sex roles and leadership revisited. *Journal of Applied Psychology, 69,* 44—49.

Cardona, F. (2010, July 12). Law against fake war heroes unconstitutional, judge rules. *Austin American Statesman, A6.*

Carmody, R. N., & Wrangham, R. W. (2009). The energetic significance of cooking. *Journal of Human Evolution, 57,* 379—391.

Carroll, J. (2005). Literature and evolutionary psychology. In D. M. Buss (Ed.), *The handbook of evolutionary psychology* (pp. 931—952). New York: Wiley.

Cartwright, J. (2000). *Evolution and human behavior.* Cambridge, MA: MIT Press.

Case, T. I., Repacholi, B. M., & Stevenson, R. J. (2006). My baby doesn't smell as bad as yours: The plasticity of disgust. *Evolution and Human Behavior, 27,* 357—365.

Cashdan, E. (1989). Hunters and gatherers: Economic behavior in bands. In S. Plattner (Ed.), *Economic Anthropology* (pp. 21—48). Stanford, CA: Stanford University Press.

Cashdan, E. (1995). Hormones, sex, and status in women. *Hormones and Behavior, 29,* 354—366.

Cashdan, E. (1998). Are men more competitive than women? *British Journal of Social Psychology, 37,* 213—229.

Cernoch, J. M., & Porter, R. H. (1985). Recognition of maternal axillary odors by infants. *Child Development, 56,* 1593—1598.

Chagnon, N. A. (1981). Terminological kinship, genealogical relatedness and village fissioning among the Yanomamo Indians. In R. D. Alexander & D. W. Tinkle (Eds.), *Natural selection and social behavior* (pp. 490—508). New York: Chiron Press.

Chagnon, N. A. (1983). *Yanomamo: The fierce people* (3rd ed.). New York: Holt, Rinehart, & Winston.

Chagnon, N. A. (1988). Life histories, blood revenge, and warfare in a tribal population. *Science, 239,* 985—992.

Chagnon, N. A. (1992). *Yanomamo: The last days of Eden.* San Diego, CA: Harcourt Brace Jovanovich.

Chagnon, N. A., & Bugos, P. E. (1979). Kin selection and conflict: An analysis of a Yanomamo ax fight. In N. A. Chagnon & W. Irons (Eds.), *Evolutionary biology and human social behavior: An anthropological perspective* (pp. 213—249). North Scituate, MA: Duxbury Press.

Chance, M. R. A. (1967). Attention Structure as the Basis of Primate Rank Orders. *Man, 2,* 503—518.

Chang, A., & Wilson, M. (2004). Recalling emotional experiences affects performance on reasoning problems. *Evolution and Human Behavior, 25,* 267—276.

Charnov, E. (1993). *Life history invariants.* Oxford: Oxford University Press.

Chavanne, T. J., & Gallup, G. G., Jr. (1998). Variation in risk taking behavior among female college students as a function of the menstrual cycle. *Evolution and Human Behavior, 19,* 27—32.

Chen, C., Burton, M., Greenberger, E., & Dmitrieva, J. (1999). Population migration and the variation of dopamine D4 receptor (DRD4) allele frequencies around the globe. *Evolution and Human Behavior, 20,* 309—324.

Chiappe, D., & MacDonald, K. (2005). The evolution of domain-general mechanisms in intelligence and learning. *Journal of General Psychology, 132,* 5—40.

Chisholm, J. S. (1996). The evolutionary ecology of attachment organization. *Human Nature, 7,* 1—38.

Chomsky, N. (1957). *Syntactic structures.* The Hague: Mouton & Co.

Chomsky, N. (1991). Linguistics and cognitive science: Problems and mysteries. In A. Kasher (Ed.), *The Chomskyan turn* (pp. 26.53). Cambridge, MA: Basil Blackwell.

Christenfeld, N. J. S., & Hill, E. A. (1995). Whose baby are you? *Nature, 378,* 669.

Cieza de Leon, P. (1959). *The Incas.* Norman: University of Oklahoma Press.

Clark, A. P. (2006). Are the correlates of sociosexuality different for men and women? *Personality and Individual Differences, 41,* 1321—1327.

Clarke, R. D., & Hatfield, E. (1989). Gender differences in receptivity to sexual offers. *Journal of Psychology and Human Sexuality, 2,* 39—55.

Cleckley, H. (1982). *The mask of sanity.* New York: New American Library.

Clutton-Brock, T. H. (1991). *The evolution of parental care.* Princeton, NJ: Princeton University Press.

Coall, D. A., Hertwig, R. (2010). Grandparental investment: Past, present, and future. *Behavioral and Brain Sciences, 33,* 1—59.

Colarelli, S. M. (1998). Psychological interventions in organizations: An evolutionary perspective. *American Psychologist, 53,* 1044—1056.

Colarelli, S. M., & Haaland, S. (2002). Perceptions of sexual harassment: An evolutionary perspective. *Psychology, Evolution, and Gender, 4,* 243—264.

Collias, N. W.,& Collias, E. C. (1970). The behavior of the West African village weaverbird. Ibis, 112, 457—480.

Collings, P. (2009). Birth order age, and hunting success in the Canadian Arctic. *Human Nature, 20,* 354—374.

Collins, S. A., & Missing, C. (2003). Vocal and visual attractiveness are related in women. *Animal Behavior, 65,* 997—1004.

Confer, J. C., Easton, J. E., Fleischman, D. S., Goetz, C., Lewis, D. M., Perilloux, C., & Buss, D. M. (2010). Evolutionary psychology: Controversies, questions, prospects, and limitations. *American Psychologist, 65,* 110—126.

Confer, J. C., Perilloux, C., & Buss, D. M. (2010). More than just a pretty face: Men's priority shifts toward bodily attractiveness in short-term mating contexts. *Evolution and Human Behavior, 31,* 349—353.

Connolly, J. M., Mealey, L., & Slaughter, V. (2000). The development of waist-to-hip ratio preferences. *Perspectives in Human Biology, 5,* 19—29.

Cornelissen, P. L., Hancock, P. J. B., Kiviniemi, V., George, H. R., & Tovee, V. (2009). Patterns of eye movements when male and female observers judge female attractiveness, body fat and waist-to-hip ratio. *Evolution and Human Behavior, 30,* 417—428.

Cornelissen, P. L., Tovee, M. J., & Bateson, M. (2009). Patterns of subcutaneous fat deposition and the relationship between body mass index and waist-to-hip ratio: Implications for models of physical attractiveness. *Journal of Theoretical Biology, 256,* 343—350.

Cornwell, R. E., Smith, M. J. L., Boothroyd, L. G., Moore, F. R., Davis, H. P., et al. (2006). Reproductive strategy, sexual development and attraction to facial characteristics. *Philosophical Transactions of the Royal Society B, 361,* 2143—2154.

Cosmides, L. (2006). The cognitive revolution: The next wave. *APS Observer, 19,* 7—23.

Cosmides, L., & Tooby, J. (1989). Evolutionary psychology and the generation of culture. Part II. Case study: A computational theory of social exchange. *Ethology and Sociobiology, 10,* 51—97.

Cosmides, L., & Tooby, J. (1992). Cognitive adaptations for social exchange. In J. Barkow, L. Cosmides, & J. Tooby (Eds.), *The adapted mind* (pp. 163—228). New York: Oxford University Press.

Cosmides, L., & Tooby, J. (1994). Beyond intuition and instinct blindness: Toward an evolutionarily rigorous cognitive science. *Cognition, 50,* 41—77.

Cosmides, L., & Tooby, J. (1996). Are humans good intuitive statisticians after all? Rethinking some conclusions from the literature on judgment under uncertainty. *Cognition, 58,*1—73.

Cosmides, L., & Tooby, J. (2002). Unraveling the enigma of human intelligence: Evolutionary psychology and the multimodular mind. In R. J. Sternberg & J. C. Kaufman (Eds.), *The evolution of intelligence* (pp. 145—198). Mahwah, NJ: Erlbaum.

Cosmides, L., & Tooby, J. (2005). Neurocognitive adaptations designed for social exchange. In D. M. Buss (Ed.), *The handbook of evolutionary psychology* (pp. 584—627). New York: Wiley.

Courtiol, A., Ramond, M., Godelle, B., & Ferdy, J. (2010). Mate choice and human stature: Homogamy as a unified framework for understanding mate preferences. *Evolution, 64(8),* 2189—203.

Cousins, A. J., & Gangestad, S. W. (2007). Perceived threats of female infidelity, male proprietariness, and violence in college dating couples. *Violence and Victims, 22,* 651—668.

Cowley, G., & Underwood, A. (1997, December 29). A little help from serotonin. *Newsweek,* pp. 78—81.

Crittenden, A. N., & Marlowe, F. W. (2008). Allomaternal care among the Hadza of Tanzania. *Human Nature, 19,* 249—262.

Cronin, H. (1991). *The ant and the peacock.* Cambridge, UK: Cambridge University Press.

Cronin, H. (2005). Adaptation: "A critique of some current evolutionary thought." *The Quarterly Review of Biology, 80,* 19—27.

Cronk, L. (1994). Group selection's new clothes. *Behavioral and Brain Sciences, 17,* 615—617.

Cronk, L. (2007). Boy or girl: Gender preferences from a Darwinian point of view. *Ethics, Bioscience and Life, 2,* 23—32.

Cronk, L., & Dunham, B. (2007). Amounts spent on engagement rings reflect aspects of male and female mate quality. *Human Nature, 18,* 329—333.

Cross, J. F., & Cross, J. (1971). Age, sex, race, and the perception of facial beauty. *Developmental Psychology, 5,* 433—439.

Cummins, D. (2005). Dominance, status, and social hierarchies. In D. M. Buss (Ed.), *The handbook of* evolutionary psychology (pp. 676—697). New York: Wiley.

Cummins, D. D. (1998). Social norms and other minds: The evolutionary roots of higher cognition. In D. D. Cummins & C. Allen (Eds.), The evolution of mind (pp. 30—50). New York: Oxford University Press.

Cummins, D. D., & Allen, C. (Eds.). (1998). The evolution of mind. New York: Oxford University Press.

Cunningham, M. R., Roberts, A. R., Wu, C. H., Barbee, A. P., & Druen, P. B. (1995). "Their ideas of beauty are, on the whole, the same as ours": Consistency and variability in the cross-cultural perception of female attractiveness. Journal of Personality and Social Psychology, 68, 261—279.

Currie, T. E., & Little, A. C. (2009). The relative importance of the face and body in judgments of human attractiveness. Evolution and Human Behavior, 30, 409—416.

Curtis, V., Aunger, R., & Rabie, T. (2004). Evidence that disgust evolved to protect from risk of disease. Proceedings of the Royal Society of London, B, 271, S131—S133.

Curtis, V., & Biran, A. (2001). Dirt, disgust, and disease: Is hygiene in our genes? Perspectives in Biology and Medicine, 44, 17—31.

Cutting, J. E., Profitt, D. R., & Kozlowski, L. T. (1978). A biomechanical invariant for gait perception. Journal of Experimental Psychology, 4, 357—372.

Dabbs, J. M., & Ruback, R. B. (1988). Saliva testosterone and personality of male college students. Bulletin of the Psychonomic Society, 26, 244—247.

Daly, M., Salmon, C., & Wilson, M. (1997). Kinship: The conceptual hole in psychological studies of social cognition and close relationships. In J. A. Simpson & D. T. Kenrick (Eds.), Evolutionary social psychology (pp. 265—296). Mahwah, NJ: Erlbaum.

Daly, M., & Wilson, M. (1981). Abuse and neglect of children in evolutionary perspective. In R. D. Alexander & D. W. Tinkle (Eds.), Natural selection and social behavior (pp. 405—416). New York: Chiron.

Daly, M., & Wilson, M. (1982). Whom are newborn babies said to resemble? Ethology and Sociobiology, 3, 69—78.

Daly, M., & Wilson, M. (1983). Sex, evolution, and behavior (2nd ed.). Boston: Willard Grant.

Daly, M., & Wilson, M. (1985). Child abuse and other risks of not living with both parents. Ethology and Sociobiology, 6, 197—210.

Daly, M., & Wilson, M. (1988). Homicide. Hawthorne, NY: Aldine.

Daly, M., & Wilson, M. (1994). Evolutionary psychology of male violence. In J. Archer (Ed.), Male violence (pp. 253—288). London: Routledge.

Daly, M., & Wilson, M. (1995). Discriminative parental solicitude and the relevance of evolutionary models to the analysis of motivational systems. In M. S. Gazzaniga (Ed.), The cognitive neurosciences (pp. 1269—1286). Cambridge, MA: MIT Press.

Daly, M., & Wilson, M. (1996a). Violence against stepchildren. Current Directions in Psychological Science, 5, 77—81.

Daly, M., & Wilson, M. (1996b). Evolutionary psychology and marital conflict: The relevance of stepchildren. In D. M. Buss & N. Malamuth (Eds.), Sex, power, conflict: Evolutionary and feminist perspectives (pp. 9—28). New York: Oxford University Press.

Daly, M., & Wilson, M. (1999). The truth about Cinderella: A Darwinian view of parental love. New Haven, CT: Yale University Press.

Daly M., Wilson, M. (2007). Is the "Cinderella effect" controversial? A case study of evolution-minded research and critiques thereof. In C. Crawford & D. Krebs (Eds.), Foundations of evolutionary psychology. Mahwah, NJ: Erlbaum.

Daly, M., & Wilson, M. (2008). Is the "Cinderella Effect" controversial?: A case study of evolution-minded research and critiques thereof. In C. Crawford & D. Krebs (Eds.), *Foundations of evolutionary psychology* (pp. 383—400). New York: Erlbaum.

Daly, M., Wilson, M., & Weghorst, S. J. (1982). Male sexual jealousy. *Ethology and Sociobiology, 3*, 11—27.

Dannenmaier, W. D., & Thumin, F. J. (1964). Authority status as a factor in perceptual distortion of size. *Journal of Social Psychology, 63*, 361—365.

Darwin, C. (1859). *On the origin of species.* London: Murray.

Darwin, C. (1871). *The descent of man and selection in relation to sex.* London: Murray.

Darwin, C. (1877). A biographical sketch of an infant. *Mind, 2*, 285—294.

Dass, J. (1970). *Maharaja.* Delhi: Hind.

Davis, B. M., & Gilbert, L. A. (1989). Effects of dispositional and situational influences on women's dominance expression in mixed-sex dyads. *Journal of Personality and Social Psychology, 57*, 294—300.

Davis, H., & McLeod, L. (2003). Why humans value sensational news: An evolutionary perspective. *Evolution and Human Behavior, 24*, 208—216.

Davis, J. N., & Daly, M. (1997). Evolutionary theory and the human family. *The Quarterly Review of Biology, 72*, 407—435.

Dawkins, R. (1982). *The extended phenotype.* Oxford: W. H. Freeman & Co.

Dawkins, R. (1986). *The blind watchmaker.* New York: Norton.

Dawkins, R. (1989). *The selfish gene* (new ed.). New York: Oxford University Press.

Dawkins, R. (1994). Burying the vehicle. *Behavioral and Brain Sciences, 17*, 617.

Dawkins, R. (1996). *Climbing mount improbable.* New York: Norton.

De Becker, G. (1997). *The gift of fear: Survival signals that protect us from violence.* Boston: Little, Brown.

de Catanzaro, D. (1991). Evolutionary limits to self-preservation. *Ethology and Sociobiology, 12*, 13—28.

de Catanzaro, D. (1995). Reproductive status, family interactions, and suicidal ideation: Surveys of the general public and high-risk group. *Ethology and Sociobiology, 16*, 385—394.

De Quervain, D. J.-F., Fischbacher, U., Treyer, V., Schellhammer, M., Schnyder, U., Buck, A., & Fehr, E. (2004). The neural basis of altruistic punishment. *Science, 305*, 1254—1258.

de Souza, A. A. L., Verderane, M. P., Taira, J. T.,& Otta, E. (2006). Emotional and sexual jealousy as a function of sexual orientation in a Brazilian sample. *Psychological Reports, 98*, 529—535.

de Waal, F. (1982). *Chimpanzee politics: Sex and power among apes.* Baltimore, MD: Johns Hopkins University Press.

de Waal, F. (1988). *Chimpanzee politics.* In R. W. Byrne & A. Whiten (Eds.), Machiavellian intelligence (pp. 122. —131). Oxford: Oxford University Press.

de Waal, F. (2006). *Our inner ape.* New York: Riverhead Books.

Deacon, T. (1997). The symbolic species: The coevolution of language and the human brain. Hammondsworth, England: Allen Lane.

DeKay, W. T. (1995, July). *Grandparental investment and the uncertainty of kinship.* Paper presented to the Seventh Annual Meeting of the Human Behavior and Evolution Society, Santa Barbara, CA.

DeKay, W. T.,& Buss, D. M. (1992). Human nature, individual differences, and the importance of context: Perspectives from evolutionary psychology. *Current Directions in Psychological Science, 1*, 184—189.

DeKay, W. T., Buss, D. M., & Stone, V. (unpublished manuscript). *Coalitions, mates, and friends: Toward an evolutionary psychology of relationship preferences. Unpublished manuscript,* Department of Psychology, University of Texas, Austin.

DeKay, W. T., & Shackelford, T. K. (2000). Toward an evolutionary approach to social cognition. *Evolution and Cognition, 6*, 185—195.

Dennett, D. C. (1994). E pluribus unum? *Behavioral and Brain Sciences, 17*, 617—618.

Dennett, D. C. (1995). *Darwin's dangerous idea.* New York: Simon & Schuster.

Denissen, J. J. A., & Penke, L. (2008). Motivational individual reaction norms underlying the five-factor model of personality: First steps towards a theory-based conceptual framework. *Journal of Personality, 42*, 1285—1302.

Denissen, J. J. A., Penke, L., Schmitt, D. P., & van Aken, M. A. G. (2008). Self-esteem reactions to social interactions: Evidence for sociometer mechanisms across days,people, and nations. *Journal of Personality and Social Psychology, 95*, 181—196.

DeScioli, P., & Kurzban, R. (2009). The alliance hypothesis for human friendship. *PLoS ONE, 4*, 1—8.

DeSouza, E. R., Pierce, T., Zanelli, J. C., & Hutz, C. (1992). Perceived sexual intent in the U.S. and Brazil as a function of nature of encounter, subjects' nationality, and gender. *Journal of Sex Research, 29*, 251—260.

DeSteno, D., Barlett, M. Y., Braverman, J., & Salovey, P. (2002). Sex differences in jealousy: Evolutionary mechanism or artifact of measurement? *Journal of Personality and Social Psychology, 83*, 1103—1116.

DeSteno, D. A.,& Salovey, P. (1996). Evolutionary origins of sex differences in jealousy: Questioning the "fitness" of the model. *Psychological Science, 7*, 367—372.

Dickemann, M. (1979). Female infanticide, reproductive strategies and social stratification: A preliminary model. In N. A. Chagnon & W. Irons (Eds.), *Evolutionary biology and human social behavior* (pp. 312—367). North Scituate, MA: Duxbury Press.

Dickemann, M. (1981). Paternal confidence and dowry competition: A biocultural analysis of purdah. In R. D. Alexander & D. W. Tinkle (Eds.), *Natural selection and social behavior: Recent research and new theory* (pp. 417—438). New York: Chiron Press.

Dickens, G., & Trethowan, W. H. (1971). Cravings and aversions during pregnancy. *Journal of Psychosomatic Research, 15*, 259.268.

Dixon, B. J., Grimshaw, G. M., Linklater, W. L., & Dixon, A. F. (2010). Eye tracking of men's preferences for waistto-hip ratio and breast size of women. *Archives of Sexual Behavior,* doi:10.1007/s10508-010-9601-8.

Dixon, A. F., Halliwell, G., East, R., Wignarajah, P., & Anderson, M. J. (2003). Masculine somatotype and hirsuteness as determinants of sexual attractiveness to women. *Archives of Sexual Behavior, 32*, 29—39.

Dobash, R. E., & Dobash, R. P. (1984). The nature and antecedents of violent events. *British Journal of Criminology, 24*, 269—288.

Dobash, R. P., Dobash, R. E., Wilson, M., & Daly, M. (1992). The myth of sexual symmetry in marital violence. *Social Problems, 39*, 71—91.

Dobzhansky, T. (1937). *Genetics and the origins of species.* New York: Columbia University Press.

Doran, T. F., DeAngelis, G., Baumgardner, R. A., & Mellits, E. D. (1989). Acetaminophen: More harm than good for chickenpox? *Journal of Pediatrics, 114*, 1045—1048.

Dubas, J. S., Heikoop, M., & van Aken, M. A. G. (2009). A preliminary investigation of parent-progeny olfactory recognition and parental investment. *Human Nature, 20*, 80—92.

Duberman, L. (1975). *The reconstituted family: A study of remarried couples and their children.* Chicago, IL: Nelson-Hall.

Dudley, R. (2002). Fermenting fruit and the historical ecology of ethanol ingestion: Is alcoholism in modern humans an evolutionary hangover? *Addiction, 97*, 381—388.

Dugatkin, L. A. (2000). The imitation factor: Evolution beyond the gene. New York: Free Press.

Dunbar, R. I. M. (1993). Coevolution of neocortical size, group size, and language in humans. *Behavioral and Brain Sciences, 16,* 681—735.

Dunbar, R. I. M. (1996). *Grooming, gossip, and the evolution of language.* London: Faber & Faber.

Dunbar, R. I. M. (2004). Gossip in evolutionary perspective. *Review of General Psychology, 8,* 100—110.

Duncan, L. A., Park, J. H., Faulner, J., Schaller, M., Neuberg, S. L., & Kenrick, D. T. (2007). Adaptive allocation of attention: Effects of sex and sociosexuality on visual attention to attractive opposite-sex faces. *Evolution and Human Behavior, 28,* 359—364.

Dunn, M. J., & Doria, M. V. (2010). Stimulated attraction increases sex attractiveness ratings in females but not males. *Journal of Social, Evolutionary, and Cultural Psychology, 4,* 1—17.

Duntley, J. D. (2005a). Adaptations to dangers from humans. In D. M. Buss (Ed.), *The handbook of evolutionary psychology* (pp. 224—249). New York: Wiley.

Duntley, J. D. (2005b). *Homicidal ideations.* Unpublished doctoral dissertation, Department of Psychology, University of Texas, Austin, Texas.

Duntley, J. D., & Buss, D. M. (2005). The plausibility of adaptations for homicide. In P. Caruthers, S. Laurence, & S. Stich (Eds.), *The innate mind: Structure and contents* (pp. 291—304). New York: Oxford University Press.

Durante, K. M., Li, N. P., & Haselton, M. G. (2008). Changes in women's choice of dress across the ovulatory cycle: Naturalistic and laboratory task-based evidence. *Personality and Social Psychology Bulletin, 34,* 1451—1460.

Dutton, D. (2009). *The art instinct: Beauty, pleasure, and human evolution.* London, UK: Bloomsbury.

Dworkin, A. (1987). *Intercourse.* New York: Free Press.

Eagly, A. H., & Wood, W. (1999). The origins of sex differences in human behavior: Evolved dispositions or social roles? *American Psychologist, 54,* 408—423.

Eals, M., & Silverman, I. (1994). The hunger-gatherer theory of spatial sex differences: Proximate factors mediating the female advantage in recall of object arrays. *Ethology and Sociobiology, 15,* 95—105.

Easton, J. A., Schipper, L. C., & Shackelford, T. K. (2007). Morbid jealousy from an evolutionary psychological perspective. *Evolution and Human Behavior, 28,* 399—402.

Easton, J. A., & Shackelford, T. K. (2009). Morbid jealousy and sex differences in partner-directed violence. *Human Nature, 20,* 342—350.

Ebstein, R. (2006). The molecular genetic architecture of human personality: Beyond self-report questionnaires. *Molecular Psychiatry, 11,* 427—445.

Ecuyer-Dab, I., & Robert, M. (2004). Have sex differences in spatial ability evolved from male competition for mating and female concern for survival? *Cognition, 91,* 221—257.

Edlund, J. E., Heider, J. D., Scherer, C. R., Farc, M-M., & Sagarin, B. J. (2006). Sex differences in jealousy in response to actual infidelity. *Evolutionary Psychology, 4,* 462—470.

Edlund, J. E., & Sagarin, B. J. (2009). Sex differences in jealousy: Misinterpretation of nonsignificant results as refuting the theory. *Personal Relationships, 16,* 67—78.

Egan, V., & Angus, S. (2004). Is social dominance a sex-specific strategy for infidelity? *Personality and Individual Differences, 36,* 575—586.

Ehrlichman, H., & Eichenstein, R. (1992). Private wishes: Gender similarities and differences. *Sex Roles, 26,* 399—422.

Eibl-Eibesfeldt, I. (1989). *Human ethology.* New York: Aldine de Gruyter.

Eisenberg, D. T. A., Campbell, B., Gray, P. B., & Soronson, M. D. (2008). Dopamine receptor genetic polymorphisms and body composition in undernourished pastoralists: An exploration of nutrition indices among nomadic and recently settled Ariaal men of northern Kenya. *BMC Evolutionary Biology, 8,* 173.

Eisenberg, N. (1986). *Altruistic emotion, cognition, and behavior.* Hillsdale, NJ: Erlbaum.

Ekman, P. (1973). Cross-cultural studies of facial expression. In P. Ekman (Ed.), *Darwin and facial expression: A century of research in review* (pp. 169—222). New York: Academic Press.

Elder, G. H., Jr. (1969). Appearance and education in marriage mobility. *American Sociological Review, 34,* 519—533.

Ellis, B. J. (1992). The evolution of sexual attraction: Evaluative mechanisms in women. In J. Barkow, L. Cosmides, & J. Tooby (Eds.), *The adapted mind* (pp. 267—288). New York: Oxford.

Ellis, B. J. (2005). Determinants of pubertal timing: An evolutionary developmental approach. In B. J. Ellis & D. F. Bjorklund (Eds.), *Origins of the social mind: Evolutionary psychology and child development* (pp. 164—188). New York: Guilford.

Ellis, B. J. (2011). Toward an evolutionary-developmental explanation of alternative reproductive strategies: The central role of switch-controlled modular systems. In D. M. Buss & P. H. Hawley (Eds.), *The evolution of personality and individual differences.* New York: Oxford University Press.

Ellis, B. J., & Bjorklund, D. F. (2005). *Origins of the social mind: Evolutionary psychology and child development.* New York: Guilford.

Ellis, B. J., & Garber, J. (2000). Psychosocial antecedents of variation in girls' pubertal timing: Maternal depression, stepfather presence, and marital and family stress. *Child Development, 71,* 485—501.

Ellis, B. J., McFadyen-Ketchum, S., Dodge, K. A., Pettit, G. S., & Bates, J. E. (1999). Quality of early family relationships and individual differences in the timing of pubertal maturation in girls: A longitudinal test of an evolutionary model. *Journal of Personality and Social Psychology, 77,* 387—401.

Ellis, B. J., & Symons, D. (1990). Sex differences in fantasy: An evolutionary psychological approach. *Journal of Sex Research, 27,* 527—556.

Ellis, L. (1995). Dominance and reproductive success among nonhuman animals: A cross-species comparison. *Ethology and Sociobiology, 16,* 257—333.

Ellis, L., Widmayer, A., & Palmer, C. T. (2009). Perpetrators of sexual assault continuing to have sex with their victims following the initial assault: Evidence for evolved reproductive strategies. *International Journal of Offender Therapy and Comparative Criminology, 53,* 454—463.

Ellison, P. T. (2001). *On fertile ground: A natural history of reproduction.* Cambridge, MA: Harvard University Press.

Emlen, S. T. (1995). An evolutionary theory of the family. *Proceedings of the National Academy of Science, 92,* 8092—8099.

Ermer, E., Cosmides, L., & Tooby, J. (2008). Relative status regulates risky decision making about resources in men: Evidence for the co-evolution of motivation and cognition. *Evolution and Human Behavior, 29,* 106—118.

Escasa, M., Gray, P. B., & Patton, J. Q. (2010). Male traits associated with attractiveness in Conambo, Ecuador. *Evolution and Human Behavior, 31,* 193—200.

Essock-Vitale, S. M., & McGuire, M. T. (1985). Women's lives viewed from an evolutionary perspective. II. Patterns of helping. *Ethology and Sociobiology, 6,* 155—173.

Eswaran, V., Harpending, H., & Rogers, A. R. (2005). Genomics refutes an exclusively African origin of humans. *Journal of Human Evolution, 49,* 1—18.

Euler, H. A., Hoier, S., & Rohde, P. A. (2001). Relationship-specific closeness of intergenerational family ties. *Journal of Cross-Cultural Psychology, 32,* 147—149.

Euler, H. A., & Weitzel, B. (1996). Discriminative grand-parental solicitude as reproductive strategy. *Human Nature, 7,* 39—59.

Evans, S., Neave, N., & Wakelin, D. (2006). Relationships between vocal characteristics and body size and shape in human males: An evolutionary explanation for a deep male voice. *Biological Psychology, 72,* 160—163.

Eysenck, H. J. (1976). *Sex and personality.* Austin, TX: University of Texas Press.

Faer, L. M., Hendriks, A., Abed, R. T., & Figueredo, A. J. (2005). The evolutionary psychology of eating disorders: Female competition for mates or for status? *Psychology and Psychotherapy: Theory, Research and Practice, 78,* 397—417.

Faludi, S. (1991). *Backlash: The undeclared war against American women.* New York: Crown.

Farrelly, D., & Nettle, D. (2007). Marriage affects competitive performance in male tennis players. *Journal of Cultural and Evolutionary Psychology, 5,* 41—48.

Faulkner, J., & Schaller, M. (2007). Nepotistic nosiness: Inclusive fitness and vigilance of kin members' romantic relationships. *Evolution and Human Behavior, 28,* 430—438.

Faurie, C., Pontier, D., & Raymond, M. (2004). Student athlete claim to have more sexual partners than other students. *Evolution and Human Behavior, 25,* 1.8.

Fawcett, T. W., van den Berg, P., Weissing, F. J., Park, J. H., & Buunk, A. P. (2010). Intergenerational conflict over parental investment. *Behavioral and Brain Sciences, 33,* 23—24.

Feather, N. T. (1994). Attitudes toward achievers and reactions to their fall: Theory and research concerning tall poppies. *Advances in Experimental Social Psychology, 26,* 1—73.

Fehr, E. (2004). Don't lose your reputation. *Nature, 432,* 449—450.

Fehr, E., Fischbacher, U., & Gachter, S. (2002). Strong reciprocity, human cooperation, and the enforcement of social norms. *Human Nature, 13,* 1.25.

Fehr, E., & Henrich, J. (2003). Is strong reciprocity a maladaptation? On the evolutionary foundations of altruism. In P. Hammerstein (Ed.), *Genetic and cultural evolution of cooperation* (pp. 55—82). New York: MIT Press.

Feinberg, D. R., DeBruine, L. M., Jones, B. C., & Little, A. C. (2008). Correlated preferences for men's facial and vocal masculinity. *Evolution and Human Behavior, 29,* 233—241.

Feinberg, D. R., Jones, B. C., DeBruine, L. M., Moore, F. R., Smith, M. J. L. et al. (2005a). The voice and face of woman: One ornament that signals quality. *Evolution and Human Behavior, 26,* 398—408.

Feinberg, D. R., Jones, B. C., Little, A. C., Burt, D. M., & Perrett, D. I. (2005b). Manipulations of fundamental and formant frequencies influence attractiveness of human male voices. *Animal Behavior, 69,* 561—568.

Feinberg, D. R., Jones, B. C., Smith, M. J. L., Moore, F. R., DeBruine, L. M., Cronwell, R. E., Hillier, S. G., & Perrett, D. I. (2006). Menstrual cycle, trait estrogen level,and masculinity preferences in the human voice. *Hormones and Behavior, 49,* 215—222.

Feinsilber, M. (1997, December 6). Inflating personal histories irresistible to some. *Austin American Statesman,* p. A1.

Fenigstein, A., & Peltz, R. (2002). Distress over the infidelity of a child's spouse: A crucial test of evolutionary and socialization hypotheses. *Personal Relationships, 9,* 301—312.

Fernandez, A. M., Sierra, J. C., Zubeidat, I., & Vera-Villarroel, P. (2006). Sex differences in response to sexual and emotional infidelity among Spanish and Chilean students. *Journal of Cross-Cultural Psychology, 37,* 359—365.

Fernandez, A. M., Vera-Villarroel, P., Sierra, J. C., & Zubeidat, I. (2007). Distress in response to emotional and sexual infidelity: Evidence of evolved gender differences in Spanish students. *Journal of Psychology, 14,* 17—34.

Fessler, D. M. T. (2002). Reproductive immunosupression and diet. *Current Anthropology, 43,* 19—38.

Fessler, D. M. T., Eng, S. J., & Navarrete, C. D. (2005). Elevated disgust sensitivity in the first trimester of pregnancy: Evidence supporting the compensatory prophylaxis hypothesis. *Evolution and Human Behavior, 26,* 344—351.

Fessler, D. M. T., & Navarrete, C. D. (2004). Thirdparty attitudes toward sibling incest: Evidence for Westermarck's hypothesis. *Evolution and Human Behavior, 25,* 277.2—94.

Fetchenhauer, D., & Buunk, B. (2005). How to explain gender differences in fear of crime: Towards an evolutionary approach. *Sexualities, Evolution, and Gender, 7,* 95—113.

Fetchenhauer, D., Groothuis, T., & Pradel, J. (2010). Not only states but traits.Humans can identify permanent altruistic dispositions in 20 s. *Evolution and Human Behavior, 31,* 80—86.

Fieder, M., & Huber, S. (2007). Parental age difference and offspring count in humans. *Biology Letters, 3,* 689—691.

Fieder, M., Huber, S., Bookstein, F. L., Iber, K., Schafer, K., Winckler, G., & Wallner, B. (2005). Status and reproduction in humans: New evidence for the validity of evolutionary explanations on basis of a university sample. *Ethology, 111,* 940—950.

Fielden, J., Lutter, C., & Dabbs, J. (1994). *Basking in glory: Testosterone changes in World Cup soccer fans.* Unpublished manuscript, Psychology Department, Georgia State University.

Fielding, R., Scholling, C. M., Adab, P., Cheng, K. K., Lao, X. Q., et al. (2008). Are longer legs associated with enhanced fertility in Chinese women? *Evolution and Human Behavior, 29,* 434—443.

Figueredo, A. J. (1995). *Preliminary report: Family deterrence of domestic violence in Spain.* Department of Psychology, University of Arizona.

Figueredo, A. J., Corral-Vedugo, V., Frias-Armenta, M., Bachar, K. J., White, J., McNeill, P. L., Kirsner, B. R., & Castell-Ruiz, I. del P. (2001). Blood, solidarity, status, and honor: The sexual balance of power and spousal abuse in Sonora, Mexico. *Evolution and Human Behavior, 22,* 295—328.

Figueredo, A. J., & Gladden, P. R., & Beck, C. J. A. (2010). Intimate partner violence and life history strategy. In A. Goetz & T. Shackelford (Eds.), *The Oxford Handbook of Sexual Conflict In Humans.* New York: Oxford University Press.

Figueredo, A. J., Hammond, K. R., & McKiernan, E. C. (2006). A Brunswikian evolutionary developmental theory of preparedness and plasticity. *Intelligence, 34,* 211—227.

Figueredo, A. J., Vasquez, G., Brumbach, B. H., Schneider, S. M. R, Sefcek, J. A., Tal, I. R., Hill, D., Wenner, C. J., & Jacobs, W. J. (2006). Consilience and life history theory: From genes to brain to reproductive strategy. *Developmental Review, 26,* 243—275.

Figueredo, A. J., Wolf, P. S. A., Gladden, P. R., Olderbak, S. G., Andrzejczak, D. J., & Jacobs, W. J. (2011). Ecological approaches to personality. In Buss, D. M., & Hawley, P. H., (Eds.), *The Evolution of Personality and Individual Differences.* New York: Oxford University Press.

Fink, B., Grammer, K., & Matts, P. J. (2006). Visible skin color distribution plays a role in the perception of age, attractiveness, and health in female faces. *Evolution and Human Behavior, 27,* 433—442.

Fink, B., Matts, P. J., Klingenberg, H., Kuntze, S., Weege, B., & Grammer, K. (2008). Visual attention to variation in female facial skin color distribution. *Journal of Cosmetic Dermatology, 7,* 155—161.

Fink, B., & Neave, N. (2005). The biology of facial beauty. *International Journal of Cosmetic Science, 27,* 317—325.

Fink, B., Neave, N., Manning, J. T., & Grammer, K. (2006). Facial symmetry and judgments of attractiveness, health and personality. *Personality and Individual Differences, 41,* 1253—1262.

Finkelhor, D. (1993). Epidemiological factors in the clinical identification of child sexual abuse. *Child Abuse and Neglect, 17*, 67—70.

Fisek, M. H., & Ofshe, R. (1970). The process of status evolution. *Sociometry, 33*, 327—346.

Fisher, H. (2006). The drive to love: The neural mechanism for mate choice. In R. J. Sternberg & K. Weis (Eds.), *The psychology of love* (2nd ed., pp. 87—115). New Haven, CT: Yale University Press.

Fisher, H., Aron, A., & Brown, L. L. (2005). Romantic love: An fMRI study of the neural mechanism for mate choice. *The Journal of Comparative Neurology, 493*, 58—62.

Fisher, M., & Cox, A. (2009). The influence of female attractiveness on competitor derogation. *Journal of Evolutionary Psychology, 7*, 141—155.

Fisher, H., & Thompson, A. (2006). "Lust, romance, attachment: Do the sexual side effects of serotoninenhancing antidepressants jeopardize romantic love, marriage, and fertility?" In S. Platek, J. P. Keenan, & T. K. Shackelford (Eds.), *Evolutionary Cognitive Neuroscience*. Cambridge, MA: MIT Press.

Fisher, H. E. (1992). *Anatomy of Love*. New York: Norton.

Fisher, J. D., Nadler, A., & Whitcher-Alagna, S. (1982). Recipient reactions to aid. *Psychological Bulletin, 91*, 27—54.

Fisher, M. (2004). Female intrasexual competition decreases female facial attractiveness. *Proceedings of the Royal Society of London, B, 271*, S283—S285.

Fisher, R. A. (1958). *The genetical theory of natural selection* (2nd ed.). New York: Dover.

Fisher, R. R. (1983). Transition to grandmotherhood. *International Journal of Aging and Human Development, 16*, 67—78.

Fisman, R., Iyengar, S. S., Kamenica, E., & Simonson, I. (2006, May). Gender differences in mate selection: Evidence from a speed dating experiment. *The Quarterly Journal of Economics, 121*, 673—697.

Fitch, W. T. (2005). The evolution of language: A comparative view. *Biology and Philosophy, 20*, 193—230.

Fitzgerald, C. J., & Colarelli, S. M. (2009). Altruism and reproductive limitations. *Evolutionary Psychology, 7*, 234—252.

Fitzgerald, C. J., & Whitaker, M. B. (2009). Sex differences in violent versus non-violent life-threatening altruism. *Evolutionary Psychology, 7*, 467—476.

Flaxman, S. M., & Sherman, P. W. (2000). Morning sickness: A mechanism for protecting mother and embryo. *Quarterly Review of Biology, 75*, 113—147.

Fletcher, J. A., & Doebeli, M. (2009). A simple and general explanation for the evolution of altruism. *Proceedings of the Royal Society, B, 276*, 13—19.

Flinn, M. (1988a). Mate guarding in a Caribbean village. *Ethology and Sociobiology, 9*, 1—28.

Flinn, M. (1988b). Parent.offspring interactions in a Caribbean village: Daughter guarding. In L. Betzig, M. Borgerhoff Mulder, & P. Turke (Eds.), *Human reproductive behavior: A Darwinian perspective* (pp. 189— 200). Cambridge, UK: Cambridge University Press.

Flinn, M. V. (1992). Parental care in a Caribbean village. In B. Hewlett (Ed.), *Father-child relations: Cultural and biosocial contexts* (pp. 57—84). Chicago: Aldine.

Flinn, M. V., Geary, D. C., & Ward, C. V. (2005). Ecological dominance, social competition, and coalitionary arms races: Why humans evolved extraordinary intelligence. *Evolution and Human Behavior, 26*, 10—36.

Flinn, M. V., Ward, C. V., & Noone, R. J. (2005). Hormones and the human family. In D. M. Buss (Ed.), *The handbook of evolutionary psychology* (pp. 552—580). New York: Wiley.

Fodor, J. A. (1983). *The modularity of mind.* Cambridge, MA: MIT Press.

Ford, C. S., & Beach, F. A. (1951). *Patterns of sexual behavior.* New York: Harper & Row.

Forrest, M. S., & Hokanson, J. E. (1975). Depression and autonomic arousal reduction accompanying self-punitive behavior. *Journal of Abnormal Psychology, 84,* 346—357.

Fournier, M. A., Moskowitz, D. S., & Zuroff, D.C. (2002). Social rank strategies in hierarchical relationships. *Journal of Personality and Social Psychology, 83,* 425—433.

Fox, A. (1997, June). *The assessment of fighting ability in humans.* Paper presented to the Ninth Annual Meeting of the Human Behavior and Evolution Society, University of Arizona, Tucson, AZ.

Fraley, R. C., Brumbaugh, C. C., & Marks, M. J. (2005). The evolution and function of adult attachment: A comparative and phylogenetic analysis. *Journal of Personality and Social Psychology, 89,* 731—746.

Fraley, R. C., Brumbaugh, C. C., & Marks, M. J. (2005). The evolution and function of adult attachment: A comparative and phylogenetic analysis. *Journal of Personality and Social Psychology, 89,* 731—746.

Frank, R. (1988). *Passions within reason.* New York: Norton.

Frank, R. H. (1985). *Choosing the right pond: Human behavior and the quest for status.* New York: Oxford University Press.

Frayser, S. (1985). *Varieties of sexual experience: An anthropological perspective.* New Haven, CT: HRAF Press.

Freeman, D. (1983). *Margaret Mead and Samoa: The making and unmaking of an anthropological myth.* Cambridge, MA: Harvard University Press.

Friedman, B., & Duntley, J. D. (1998, July 12). *Parentguarding: Offspring reactions to parental infidelity.* Paper presented to the Tenth Annual Meeting of the Human Behavior and Evolution Society, Davis, CA.

Friedman, H. S., Tucker, J. S., Schwartz, J. E., Tomlinson-Keasey, C., Martin, L. R., Wingard, D. L., & Criqui, M. H. (1995). Psychosocial and behavioral predictors of longevity: The aging and death of the "Termites." *American Psychologist, 50,* 69.78.

Furnham, A., Tan, T., & McManus, C. (1997). Waist-to-hip ratio and preferences for body shape: A replication and extension. *Personality and Individual Differences, 22,* 539—549.

Gallup, A. C., O' Brien, D., White, D. D., & Wilson, D. S. (2009). Peer victimization in adolescence has different effects on the sexual behavior of male and female college students. *Personality and Individual Differences, 46,* 611—615.

Gallup, A. C., White, D. D., & Gallup, G. G., Jr. (2007). Handgrip strength predicts sexual behavior, body morphology, and aggression in male college students. *Evolution and Human Behavior, 28,* 423—429.

Gangestad, S. W., & Buss, D. M. (1993). Pathogen prevalence and human mate preferences. *Ethology and Sociobiology, 14,* 89.96.

Gangestad, S. W., Haselton, M. G., & Buss, D. M. (2006). Evolutionary foundations of cultural variation: Evoked culture and mate preferences. *Psychological Inquiry, 17,* 75—95.

Gangestad, S. W., & Scheyd, G. J. (2005). The evolution of human physical attractiveness. *Annual Review of Anthropology, 34,* 523.548.

Gangestad, S. W., & Simpson, J. A. (1990). Toward an evolutionary history of female sociosexual variation. *Journal of Personality, 58,* 69.96.

Gangestad, S. W., Simpson, J. A., Cousins, A. J., Garver-Apgar, C. E., & Christensen, N. (2004). Women' s preferences for male behavioral displays change across the menstrual cycle. *Psychological Science, 15,* 203—207.

Gangestad, S. W., & Thornhill, R. (1997). Human sexual selection and developmental stability. In J. A. Simpson & D. T. Kenrick (Eds.), *Evolutionary social psychology* (pp. 169.195). Mahwah, NJ: Erlbaum.

Gangestad, S. W., & Thornhill, R. (2008). Human oestrus. *Proceedings of the Royal Society of London, B, 275,* 991—1000.

Gangestad, S. W., Thornhill, R., & Garver-Apgar, C. E. (2005). Adaptations to ovulation. In D. M. Buss (Ed.), *The handbook of evolutionary psychology* (pp. 344.371). New York: Wiley.

Garcia, J., Ervin, F. R., & Koelling, R. A. (1966). Learning with prolonged delay of reinforcement. *Psychonomic Science, 5,* 121—122.

Garcia, J. R., & Reiber, C. (2008). Hook-up behavior: A biopsychosocial perspective. *Journal of Social, Evolutionary, and Cultural Psychology, 2,* 192—208.

Gardner, H. (1974). *The shattered mind.* New York: Random House.

Garver-Apgar, C. E., Gangestad, S. W., & Thornhill, R. (2008). Hormonal correlates of women's mid-cycle preference for the scent of symmetry. *Evolution and Human Behavior, 29,* 223—232.

Gaulin, S. J. C., McBurney, D. H., & Brakeman-Wartell, S. L. (1997). Matrilateral biases in the investment of aunts and uncles. *Human Nature, 8,* 139—151.

Gayford, J. J. (1975). *Wife battering: A preliminary survey of 100 cases.* London: British Medical Journal.

Geary, D. C. (2000). Evolution and proximate expression of human paternal investment. *Psychological Bulletin, 126,* 55—77.

Geary, D. C. (2002). Principles of evolutionary educational psychology. *Learning and Individual Differences, 12,* 317.345.

Geary, D. C. (2009). Evolution of general fluid intelligence. In S. M. Platek & T. K. Shackelford (Eds.), *Foundations in evolutionary cognitive neuroscience* (pp. 22—56). Cambridge, MA: MIT Press.

Geary, D. C. (2010). *Male, female: The evolution of human sex differences* (2nd ed.). Washington, DC: American Psychological Association.

Geary, D. C., & Flinn, M. V. (2001). Evolution of human parental behavior and the human family. *Parenting: Science and Practice, 1,* 5.61.

Geary, D. C., & Huffman, K. J. (2002). Brain and cognitive evolution: Forms of modularity and functions of mind. *Psychological Bulletin, 128,* 667—698.

Gelman, S., Coley, J., & Gottfried, G. (1994). Essentialist beliefs in children. In L. Hirshfeld & S. Gelman (Eds.), *Mapping the mind.* New York: Cambridge University Press.

Genovese, J. E. C. (2008). Physique correlates with reproductive success in an archival sample of delinquent youth. *Evolutionary Psychology, 6,* 369—385.

Gerdes, A. B. M., Uhl, G., & Alpers, G. W. (2009). Spiders are special: Fear and disgust evoked by pictures of arthropods. *Evolution and Human Behavior, 30,* 66—73.

Ghiglieri, M. P. (1999). *The dark side of man: Tracing the origins of violence.* Reading, MA: Perseus Books.

Gigerenzer, G. (1991). How to make cognitive illusions disappear: Beyond "heuristics and biases." In W. Stoebe & M. Hewstone (Eds.), *European Review of Social Psychology,* Vol. 2 (pp. 83—115). Chichester, England: Wiley.

Gigerenzer, G. (1998). Ecological intelligence: An adaptation for frequencies. In D. D. Cummins & C. Allen (Eds.), *The evolution of mind* (pp. 9—29). New York: Oxford University Press.

Gigerenzer, G. ,& Hug, K. (1992). Domain specific reasoning: Social contracts, cheating and perspective change. *Cognition, 43,* 127—171.

Gilbert, D. T., & Malone, P. S. (1995). The correspondence bias. *Psychological Bulletin, 117,* 21—49.

Gilbert, P. (1989). *Human nature and suffering.* Hillsdale, NJ: Erlbaum.

Gilbert, P. (1990). Changes: Rank, status and mood. In S. Fischer & C. L. Cooper (Eds.), *On the move: The psychology of change and transition* (pp. 33—52). New York:Wiley.

Gilbert, P. (2000a). The relationship of shame, social anxiety and depression: The role of the evaluation of social rank. *Clinical Psychology and Psychotherapy,7,* 174—189.

Gilbert, P. (2000b). Varieties of submissive behavior as forms of social defense: Their evolution and role in depression. In L. Sloman & P. Gilbert (Eds.), *Subordination and defeat: An evolutionary approach to mood disorders and their therapy* (pp. 3.46). Mahwah, NJ: Erlbaum.

Gil-Burmann, C., Pelaez, F., & Sanchez, S. (2002). Mate choice differences according to sex and age: An analysis of personal advertisements in Spanish newspapers. *Human Nature, 13,* 493—508.

Gillis, J. S. (1982). *Too tall, too small.* Champaign, IL: Institute for Personality and Ability Testing.

Gintis, H. (2000). Strong reciprocity in human sociality. *Journal of Theoretical Biology, 206,* 169—179.

Gintis, H., Smith, E., & Bowles, S. (2001). Costly signaling and cooperation. *Journal of Theoretical Biology, 213,* 103—119.

Gladden, P. R., Sisco, M., & Figueredo, A. J. (2008). Sexual coercion and life-history strategy. *Evolution and Human Behavior, 29,* 319—326.

Gladue, B. A., Boechler, M., & McCaul, K. (1989). Hormonal response to competition in human males. *Aggressive Behavior, 15,* 409—422.

Gladue, B. A., & Delaney, J. J. (1990). Gender differences in perception of attractiveness of men and women in bars. *Personality and Social Psychology Bulletin, 16,* 378—391.

Glantz, K., & Pearce, J. (1989). *Exiles from Eden: Psychotherapy from an evolutionary perspective.* New York: Norton.

Glass, B., Temekin, O., & Straus, W., Jr. (Eds.). (1959). *Forerunners of Darwin.* Baltimore, MD: Johns Hopkins University Press.

Glass, S. P., & Wright, T. L. (1985). Sex differences in type of extramarital involvement and marital dissatisfaction. *Sex Roles, 12,* 1101—1120.

Glass, S. P., & Wright, T. L. (1992). Justifications for extramarital relationships: The association between attitudes, behaviors, and gender. *Journal of Sex Research, 29,* 361—387.

Godfray, H. C. J. (1999). Parent.offspring conflict. In L. Keller (Ed.), *Levels of selection in evolution* (pp. 100—120). Princeton, NJ: Princeton University Press.

Goldsmith, H. H., & Harman, C. (1994). Temperament and attachment: Individuals and relationships. *Current Directions in Psychological Science, 3,* 53—57.

Goldstein, J. H. (1986). *Aggression and crimes of violence* (2nd ed.). New York: Oxford University Press.

Goetz, A. T., & Causey, K. (2009). Sex differences in perceptions of infidelity: Men often assume the worst. *Evolutionary Psychology, 7,* 253—263.

Goetz, A. T., & Shackelford, T. K. (2009). Sexual coercion in intimate relationships: A comparative analysis of the effects of women's infidelity and men's dominance and control. *Archives of Sexual Behavior, 38,* 226—234.

Goetz, A. T., Shackelford, T. K., Romero, G. A., Kaighobadi, F., & Miner, E. J. (2008). Punishment, proprietariness, and paternity: Men's violence against women from an evolutionary perspective. *Aggression and Violent Behavior, 13,* 481—489.

Goldstein, M. A. (2002). The biological roots of heat-of-passion crimes and honor killings. *Politics and the Life Sciences, 21,* 28—37.

Gonzaga, G. C., Haselton, M. G., Smurda, J., Davies, M., & Poore, J. C. (2008). Love, desire, and the suppression of thoughts of romantic alternatives. *Evolution and Human Behavior, 29,* 119—126.

Gorman, R. M. (2007). Cooking up bigger brains. *Scientific American* (January), 102—105.

Gottesman, I. L. (1991). *Schizophrenia genesis*. New York: W. H. Freeman.

Gottfredson, L. S. (2007). Innovation, fatal accidents, and the evolution of general intelligence. In M. J. Roberts (Ed.), *Integrating the mind*. Hove, UK: Psychology Press.

Gottschall, J., Berkey, R., Cawson, M., Drown, C., Fleischner, M. et al. (2003). Patterns of characterization in folktales across geographic regions and levels of cultural complexity: Literature as a neglected source of quantitative data. *Human Nature, 14,* 365—382.

Gottschall, J., Martin, J., Quish, H., & Rea, J. (2004). Sex differences in mate choice criteria are reflected in folktales from around the world and in historical European literature. *Evolution and Human Behavior, 25,* 102—112.

Gould, S. J. (1987). *The limits of adaptation: Is language a spandrel of the human brain?* Paper presented to the Cognitive Science Seminar, Center for Cognitive Science, MIT, Cambridge, MA.

Gould, S. J. (1991). Exaptation: A crucial tool for evolutionary psychology. *Journal of Social Issues, 47,* 43—58.

Gould, S. J. (1997, October 9). Evolutionary psychology: An exchange. *New York Review of Books, XLIV,* 53—58.

Gould, S. J., & Eldredge, N. (1977). Punctuated equilibria: The tempo and mode of evolution reconsidered. *Paleobiology, 3,* 115—151.

Gove, P. B. (Ed.). (1986). *Webster's third new international dictionary of the English language unabridged.* Springfield, MA: Merriam-Webster.

Grafen, A. (1990). Biological signals as handicaps. *Journal of Theoretical Biology, 144,* 517—546.

Grafen, A. (1991). Modelling in behavioural ecology. In J. R. Krebs & N. B. Davies (Eds.), *Behavioural ecology,* 3rd ed. (pp. 5—31). Oxford, England: Blackwell.

Graham, N. M., Burrell, C. J., Douglas, R. M., Debelle, P., & Davies,L. (1990). Adverse effects of aspirin, acetaminophen, and ibuprophen on immune function, viral shedding, and clinical status of rhinovirus-infected volunteers. *Journal of Infectious Diseases, 162,* 1277—1282.

Graham-Kevan, N., & Archer, J. (2009). Control tactics and partner violence in heterosexual relationship. *Evolution and Human Behavior, 30,* 445—452.

Grammer, K. (1992). Variations on a theme: Age dependent mate selection in humans. *Behavioral and Brain Sciences, 15,* 100—102.

Grammer, K. (1996, June). *The human mating game: The battle of the sexes and the war of signals.* Paper presented to the Human Behavior and Evolution Society Annual Meeting, Northwestern University, Evanston, IL.

Grammer, K., & Thornhill, R. (1994). Human facial attractiveness and sexual selection: The roles of averageness and symmetry. *Journal of Comparative Psychology,108,* 233—242.

Grant, P. R. (1991, October). Natural selection and Darwin's finches. *Scientific American, 265,* 82—87.

Grant, V. J. (2005). *Dominance, testosterone and psychological sex differences* (pp. 1—28). New York: Nova Science Publications.

Gray, P. B., Chapman, J. F., Burnham, T. C., McIntyre, M. H., Lipson, S. F., & Ellison, P. T. (2004). Human male pair bonding and testosterone. *Human Nature, 15,* 119—131.

Grayson, D. K. (1993). Differential mortality and the Donner Party disaster. *Evolutionary Anthropology, 2,* 151—159.

Green, R. E., Krause, J., Briggs, A. W., Maricic, T., Stenzel, U., et al. (2010). A draft sequence of Neandertal genome. *Science, 328,* 710—722.

Gregor, T. (1985). *Anxious pleasures: The sexual lives of an Amazonian people.* Chicago: University of Chicago Press.

Greiling, H. (1995, July) *Women's mate preferences across contexts.* Paper presented to the Annual

진화심리학

Bibliography Meeting of the Human Behavior and Evolution Society, University of California, Santa Barbara.

Greiling, H., & Buss, D. M. (2000). Women's sexual strategies: The hidden dimension of short-term extra-pair mating. *Personality and Individual Differences, 28,* 929—963.

Greitemeyer, T. (2005). Receptivity to sexual offers as a function of sex, socioeconomic status, physical attractiveness, and intimacy of the offer. *Personal Relationships, 12,* 373—386.

Griskevicius, V., Cialdini, R. B., & Kenrick, D. T. (2006). Peacocks, Picasso, and parental investment: The effects of romantic motives on creativity. *Journal of Personality and Social Psychology, 91,* 63—76.

Griskevicius, V., Goldstein, N. J., Mortensen, C. R., Cialdini, R. B., & Kenrick, D. T. (2006). Going along versus going alone: When fundamental motives facilitate strategic (non)conformity. *Journal of Personality and Social Psychology, 91,* 281—294.

Griskevicius,V., Tybur, J. M., Gangestad, S. W., Perea, E. F., Shapiro, J. R., & Kenrick, D. T. (2009). Aggress to impress: Hostility as an evolved context-dependent strategy. *Journal of Personality and Social Psychology, 96,* 980—994.

Groothof, H. A. K., Dijkstra, P., & Barelds, D. P. H. (2009). Sex differences in jealousy: The case of internet infidelity. *Journal of Social and Personal Relationships, 26,* 1119—1129.

Gross, M. R. (1982). Sneakers, satellites and parentals: Polymorphic mating strategies in North American sunfishes. *Zeitschrift fur Tierpsychologie, 60,* 1—26.

Gross, M. R., & Sargent, R. C. (1985). The evolution of male and female parental care in fishes. *American Zoologist, 25,* 807—822.

Grotuss, J., Bjorklund, D. F., & Csinady, A. (2007). Evolutionary developmental psychology: Developing human nature. *Acta Psychologica Sinica, 39,* 439—453.

Guadagno, R. E., & Sagarin, B. J. (in press). Sex differences in jealousy: An evolutionary perspective on online infidelity. *Journal of Applied Social Psychology.*

Gurven, M., Kaplan, H., & Gutierrex, M. (2006). How long does it take to become a proficient hunter? Implications for the evolution of extended development and long live span. *Journal of Human Evolution, 51,* 454—470.

Gustavsson, L., & Johnsson, J. I. (2008). Mixed support for sexual selection theories of mate preferences in the Swedish population. *Evolutionary Psychology, 6,* 575—585.

Gutek, B. A. (1985). *Sex and the workplace: The impact of sexual behavior and harassment on women, men, and the organization.* San Francisco: Jossey-Bass.

Gutierres, S. E., Kenrick, D. T., & Partch, J. (1994). *Effects of others' dominance and attractiveness on self-ratings.* Unpublished manuscript, Department of Psychology, Arizona State University, Tempe.

Guttentag, M., & Secord, P. (1983). *Too many women?* Beverly Hills, CA: Sage.

Guttmacher, M. S. (1955). Criminal responsibility in certain homicide cases involving family members. In P. H. Hoch & J. Zubin (Eds.), *Psychiatry and the law.* New York: Grune and Stratton.

Hadley, C. (2004). The costs and benefits of kin: Kin networks and children's health among the Pimbwe of Tanzania. *Human Nature, 15,* 377—395.

Hagen, E. H. (1999). The functions of post-partum depression. *Evolution and Human Behavior, 20,* 325—359.

Hagen, E. H. (2005). Controversial issues in evolutionary psychology. In D. M. Buss (Ed.), *The handbook of evolutionary psychology* (pp. 145—173). New York: Wiley.

Hagen, E. H., & Hammerstein, P. (2005). Evolutionary biology and the strategic view of ontogeny: Genetic strategies provide robustness and flexibility in the life course. *Research in Human*

Development, 2, 87—101.

Hagen, E. H., & Hammerstein, P. (2006). Game theory and human evolution: A critique of some recent interpretations of experimental games. *Theoretical Population Biology, 69,* 339—348.

Haidt, J. (2001). The emotional dog and its rational tail: A social intuitionist approach to moral judgment. *Psychological Review, 108,* 814—834.

Haidt, J. (2003). The moral emotions. In R. J. Davidson, K. Scherer, & H. H. Goldsmith (Eds.), *Handbook of affective sciences* (pp. 852—870). New York: Oxford University Press.

Haidt, J., & Sabini, J. (2000). *What exactly makes revenge sweet?* Unpublished manuscript, University of Virginia.

Haig, D. (1993). Genetic conflicts in human pregnancy. *The Quarterly Review of Biology, 68,* 495—532.

Haig, D. (2004). Evolutionary conflicts in pregnancy and calcium metabolism. A review. *Placenta, 25,* Supplement A, Trophoblast Research, Vol. 18, S10—S15.

Halatsis, P., & Christakis, N. (2009). The challenge of sexual attraction within heterosexuals' cross-sex friendship. *Journal of Social and Personal Relationships, 26,* 919—937.

Haley, K. J., & Fessler, D. M. T. (2005). Nobody's watching? Subtle cues affect generosity in an anonymous economic game. *Evolution and Human Behavior, 26,* 245—256.

Hall, J. A., Park, N., Song, H., & Cody, M. J. (2010). Strategic misrepresentation in online dating: The effects of gender, self-monitoring, and personality traits. *Journal of social and Personal Relationships, 27,* 117—135.

Hames, R. B. (1988). The allocation of parental care among the Ye' kwana. In L. Betzig, M. Borgerhoff Mulder, & P. Turke (Eds.), *Human reproductive behavior: A Darwinian perspective* (pp. 237.252). Cambridge, UK: Cambridge University Press.

Hamilton, W. D. (1964). The genetical evolution of social behavior. I and II. *Journal of Theoretical Biology, 7,* 1—52.

Hampson, E., van Anders, S. M., & Mullin, L. I. (2006). A female advantage in the recognition of emotional facial expressions: Test of an evolutionary hypothesis. *Evolution and Human Behavior, 27,* 401—416.

Hansen, R. D. (1980). Commonsense attribution. *Journal of Personality and Social Psychology, 39,* 996—1009.

Harlow, H. F. (1971). *Learning to love.* San Francisco: Albion.

Harpending, H. C., & Sobus, J. (1987). Sociopathy as an adaptation. *Ethology and Sociobiology, 8,* 63S—72S.

Harris, C. L. (1992). Concepts in zoology. New York: HarperCollins.

Harris, C. R. (2000). Psychophysiological responses to imagined infidelity: The specific innate modular view of jealousy reconsidered. *Journal of Personality and Social Psychology, 78,* 1082—1091.

Harris, C. R. (2005). Male and female jealousy, still more similar than different: Reply to Sagarin (2005). *Personality and Social Psychology Review, 9,* 76—86.

Harrison, M. A., Hughes, S. M.., Burch, R. L., & Gallup, G. G., Jr. (2008). The impact of prior heterosexual experiences on homosexuality in women. *Evolutionary Psychology, 6,* 316—327.

Hart, C. W., & Pilling, A. R. (1960). *The Tiwi of North Australia.* New York: Hart, Rinehart, & Winston.

Hartung, J. (1987). Deceiving down: Conjectures on the management of subordinate status. In J. Lockart & D. L. Paulhus (Eds.), *Self-deception: An adaptive mechanism?* (pp. 170—185). Englewood Cliffs, NJ: Prentice-Hall.

Haselton, M., Buss, D. M., Oubaid, V., & Angleitner, A. (2005). Sex, lies, and strategic interference: The psychology of deception between the sexes. *Personality and Social Psychology Bulletin, 31,* 3—23.

Haselton, M. G. (2003). The sexual overperception bias: Evidence of a systematic bias in men from a survey of naturally occurring events. *Journal of Research in Personality, 37,* 34—47.

Haselton, M. G., Bryant, G. A., Wilke, A., Frederick, D. A., Galperin, A., Franenhuis, W. E., & Moore, T. (2009). Adaptive rationality: An evolutionary perspective on cognitive bias. *Social Cognition, 27,* 733—763.

Haselton, M. G., & Buss, D. M. (2000). Error Management Theory: A new perspective on biases in crosssex mind reading. *Journal of Personality and Social Psychology, 78,* 81—91.

Haselton, M. G., & Buss, D. M. (2001). The affective shift hypothesis: The functions of emotional changes following sexual intercourse. *Personal Relationships, 8,* 357—369.

Haselton, M. G., & Buss, D. M. (2003). Biases in social judgment: Design flaws or design features? In J. Forgas, W. von Hippel, & K. Williams (Eds.), *Responding to the Social World: Explicit and Implicit Processes in Social Judgments and Decisions* (pp. 23—43). Cambridge, UK: Cambridge University Press.

Haselton, M. G., & Gangestad, S. G. (2006). Conditional expression of women's desires and men's mate guarding across the ovulation cycle. *Hormones and Behavior, 49,* 509—518.

Haselton, M. G., & Miller, G. F. (2006). Women's fertility across the cycle increases the short-term attractiveness of creative intelligence. *Human Nature, 17,* 50—73.

Haselton, M. G., & Nettle, D. (2006). The paranoid optimist: An integrative evolutionary model of cognitive biases. *Personality and Social Psychology Review, 10,* 47—66.

Hatfield, E., & Rapson, R. L. (1993). Love, sex, and intimacy. New York: HarperCollins.

Hauser, M. D., Chomsky, N., & Fitch, T. (2002). The faculty of language: What is it, who has it, and how did it evolve? *Science, 298,* 1569—1579.

Havlicek, J., Dvorakova, R., Bartos, L., & Flegr, J. (2005). Non-advertised does not mean concealed: Body odour changes across the human menstrual cycle. *Ethology, 111,* 1—15.

Hawkes, K. (1991). Showing off: Tests of another hypothesis about men's foraging goals. *Ethology and Sociobiology, 11,* 29—54.

Hawkes, K., O'Connell, J. F., & Blurton Jones, N. G. (2001a). Hunting and nuclear families. *Current Anthropology, 42,* 681—709.

Hawkes, K., O'Connell, J. F., & Blurton Jones, N. G. (2001b). Hadza meat sharing. *Evolution and Human Behavior, 22,* 113—142.

Hawkes, K., O'Connell, J. F., Blurton Jones, N. G., Alverez, H., & Charnov, E. L. (1998). Grandmothering, menopause, and the evolution of life histories. *Proceedings of the National Academy of Science, 95,* 1336—1339.

Hawks, J., Wang, E. T., Cochran, G. M., Harpending, H. C., & Moyzis, R. K. (2007). Recent acceleration of human adaptive evolution. *PNAS, 104,* 20753—20758.

Hawks, J. D., & Wolpoff, M. H. (2001). The four faces of Eve: Hypothesis compatibility and human origins. *Quaternary International, 75,* 41—50.

Hawley, P. H., Little, T. D., & Card, N. A. (2008). The myth of the alpha male: A new look at dominance-related beliefs and behaviors among adolescent males and females. *International Journal of Behavioral Development, 32,* 76—88.

Healey, M. D., & Ellis, B. J. (2007). Birth order, conscientiousness, and openness to experience: Tests of the family-niche model of personality using a within-family methodology. *Evolution and Human Behavior, 28,* 55—59.

Heerwagen, J. H., & Orians, G. H. (2002). The ecological world of children. In P. H. Kahn, Jr., & S. R. Kellert (Eds.), *Children and nature: Psychological, sociocultural, and evolutionary investigations* (pp. 29—64). Cambridge, MA: MIT Press.

Henrich, J. (2009). The evolution of costly displays, cooperation, and religion: Credibility enhancing displays and their implications for cultural evolution. *Evolution and Human Behavior, 30,* 244—260.

Henrich, J., & Boyd, R. (2001). Why people punish defectors: Weak conformist transmission can stabilize costly enforcement of norms in cooperative dilemmas. *Journal of Theoretical Biology, 208,* 79—89.

Henrich, J., & Gil-White, F. (2001). The evolution of prestige: Freely conferred deference as a mechanism for enhancing the benefits of cultural transmission. *Evolution and Human Behavior, 22,* 165—196.

Henrich, J., McElreath, R., Bar, A., Ensminger, J., Barrett, C. et al. (2006). Costly punishment across human societies. *Science, 312,* 1767—1770.

Herrnstein, R. J. (1977). The evolution of behaviorism. *American Psychologist, 32,* 593—603.

Hertwig, R., Davis, J. N., & Sulloway, F. J. (2002). Parental investment: How an equity motive can produce inequality. *Psychological Bulletin, 128,* 728—745.

Hess, E. H. (1975). The tell-tale eye. New York: Van Nostrand Reinhold.

Hewlett, B. S. (1991). *Intimate fathers: The nature and context of Aka pygmy paternal infant care.* Ann Arbor: University of Michigan Press.

Hilberman, E., & Munson, K. (1978). Sixty battered women. *Victimology, 2,* 460—470.

Hill, K. (1993). Life history theory and evolutionary anthropology. *Evolutionary Anthropology, 2,* 78—88.

Hill, K., & Hurtado, A. M. (1989). Ecological studies among some South American foragers. *American Scientist, 77,* 436—443.

Hill, K., & Hurtado, A. M. (1991). The evolution of premature reproductive senescence and menopause in human females. *Human Nature, 2,* 313—350.

Hill, K., & Hurtado, A. M. (1996). Ache life history. New York: Aldine De Gruyter.

Hill, K., Hurtado, K., & Walker, R. S. (2007). High adult mortality among Hiwi hunter-gatherers: Implications for human evolution. *Journal of Human Evolution, 52,* 443—454.

Hill, K., & Kaplan, H. (1988). Tradeoffs in male and female reproductive strategies among the Ache. In L. Betzig, M. Borgerhoff Mulder, & P. Turke (Eds.), *Human reproductive behavior* (pp. 277.306). New York: Cambridge University Press.

Hill, S. E., & Buss, D. M. (2006). Envy and positional bias in the evolutionary psychology of management. *Managerial and Decision Economics, 27,* 131—143.

Hill, S. E., & Buss, D. M. (2008a). The mere presence of opposite-sex others on judgments of sexual and romantic desirability: Opposite effects for men and women. *Personality and Social Psychology Bulletin, 34,* 635—647.

Hill, S. E., & Buss, D. M. (2008b). The evolutionary psychology of envy. In R. Smith (Ed.), *The psychology of envy* (pp. 60.70). New York: Guilford.

Hill, S. E., & Ryan, M. (2006). The role of model female quality in the mate choice copying behavior of sailfin mollies. *Biology Letters, 2,* 203—205.

Hinsz, V. B., Matz, D. C., & Patience, R. A. (2001). Does women's hair signal reproductive potential? *Journal of Experimental Social Psychology, 37,* 166—172.

Hiraiwa-Hasegawa, M. (2005). Homicide by men in Japan, and its relationship to age, resources and risk taking. *Evolution and Human Behavior, 26,* 332—343.

Hokanson, J. E. (1961). The effect of frustration and anxiety on overt aggression. *Journal of Abnormal and Social Psychology, 62,* 346—351.

Holmberg, A. R. (1950). *Nomads of the long bow: The Siriono of Eastern Bolivia.* Washington, DC: U.S.

Government Printing Office.

Holmes, W. G., & Sherman, P. W. (1982). The ontogeny of kin recognition in two species of ground squirrels. *American Zoologist, 22,* 491—517.

Hooks, b. (1984). *Feminist theory: From margin to center.* Boston: South End Press.

Hopcroft, R. L. (2002). The evolution of sex discrimination. Psychology, *Evolution, and Gender, 4,* 43—67.

Hopcroft, R. L. (2005). Parental status and differential investment in sons and daughters: Trivers-Willard revisited. *Social Forces, 83,* 1111—1136.

Hopcroft, R. L. (2006). Sex, status, and reproductive success in contemporary United States. *Evolution and Human Behavior, 27,* 104—120.

Horung, C. A., McCullough, C. B., & Sugimoto, T. (1981). Status relationships in marriage: Risk factors in spouse abuse. *Journal of Marriage and the Family,* 675—692.

Howell, N. (2000). *Demography of the Dobe !Kung* (2nd ed.). Hawthorn, NY: Aldine de Gruyter.

Hrdy, S. B. (1977). Infanticide as a primate reproductive strategy. *American Scientist, 65,* 40—49.

Hrdy, S. B. (1981). *The woman that never evolved.* Cambridge, MA: Harvard University Press.

Hughes, S. M., Farley, S. D., & Rhodes, R. C. (2010). Vocal and physiological changes in response to the physical attractiveness of conversational partners. *Journal of Nonvebal Behavior.* doi:10.1007/s10919-010-0087-9.

Hughes, S. M., & Gallup, G. G. (2003). Sex differences in morphological predictors of sexual behavior: Shoulder to hip and waist to hip ratios. *Evolution and Human Behavior, 24,* 173—178.

Hughes, S. M., Harrison, M. A., & Gallup, G. G. Jr. (2004). Sex differences in mating strategies: Mate guarding, infidelity and multiple concurrent sex partners. *Sexualities, Evolution, and Gender, 6,* 3—13.

Hughes, S., Harrison, M. A., & Gallup, G. G., Jr. (2009). Sex-specific body configurations can be estimates from voice samples. *Journal of Social, Evolutionary, and Cultural Psychology, 3,* 343—355.

Hunt, M. (1974). *Sexual behavior in the 70's.* Chicago: Playboy Press.

Hurtado, A. M., Hill, K., Kaplan, H., & Hurtado, I. (1992). Trade-offs between female food acquisition and child care among Hiwi and Ache foragers. *Human Nature, 3,* 185—216.

Huxley, J. S. (1942). *Evolution: The modern synthesis.* London: Allen & Unwin.

Hyde, J. S. (1986). Gender differences in aggression. In J. S. Hyde & M. C. Linn (Eds.), *The psychology of gender: Advances through meta-analysis.* Baltimore, MD: Johns Hopkins University Press.

Iemmola, F., & Camperio Ciani, A. (2009). New evidence of genetic factors influencing sexual orientation in men: Female fecundity increase in the maternal line. *Archives of Sexual Behavior, 38,* 393—399.

Jackson, L. A. (1992). *Physical appearance and gender: Sociobiological and sociocultural perspectives.* Albany, NY: State University of New York Press.

Jackson, J. J., & Kirkpatrick, L. A. (2007). The structure and measurement of human mating strategies: Toward a multidimensional model of sociosexuality. *Evolution and Human Behavior, 28,* 382—391.

Jackson, R. E., & Cormack, J. K. (2007). Evolved navigation theory and the descent illusion. *Perception and Psychophysics, 69,* 353—362.

Jackson, R. E., & Cormack, J. K. (2008). Evolved navigation theory and the environmental vertical illusion. *Evolution and Human Behavior, 29,* 299—304.

Jagger, A. (1994). *Living with contradictions: Controversies in feminist social ethics.* Boulder, CO: Westview Press.

James, W. (1962). *Principles of psychology*. New York: Dover. (Original work published 1890)

Jankowiak, W. (Ed.). (1995). *Romantic passion: A universal experience?* New York: Columbia University Press.

Jankowiak, W., & Fischer, R. (1992). A cross-cultural perspective on romantic love. *Ethnology, 31,* 149—155.

Jasienska, G., Ziomkiewicz, A., Ellison, P. T., Lipson, S. F., & Thune, I. (2004). Large breasts and narrow waists indicate high reproductive potential in women. *Proceedings of the Royal Society of London, B, 271,* 1213—1217.

Jencks, C. (1979). *Who gets ahead? The determinants of economic success in America*. New York: Basic Books.

Jeon, J., & Buss, D. M. (2007). Altruism toward cousins. *Proceedings of the Royal Society of London B,* 274, 1181—1187.

Johanson, D. (2001). Origins of modern humans: Multiregional or out of Africa? www.actionbiosciences.org.

Johanson, J., & Edgar, B. (1996). *From Lucy to language*. New York: Simon & Schuster.

Johnson, A. K., Barnaxz, A., Constantino, P., Triano, J., Shackelford, T. K., & Keenan, J. P. (2004). Female deception detection as a function of commitment and self-awareness. *Personality and Individual Differences, 37,* 1417—1424.

Johnson, D. D. P., McDermott, R., Barrett, E. S., Crowden, J., Wrangham, R., Mcintyre, M. H., & Rosen, S. P. (2006). Overconfidence in war games: Experimental evidence on expectations, aggression, gender, and testosterone. *Proceedings of the Royal Society B, 273,* 2513—2520.

Johnson, D. D. P., Price, M. E., & Takezawa, M. (2008). Renaissance of the individual: Reciprocity, positive assortment, and the puzzle of human cooperation. In C. Crawford & D. Krebs (Eds.). *Foundations of evolutionary psychology* (pp. 331—352). New York: Erlbaum.

Johnson, R. T., Burk, J., & Kirkpatrick, L. A. (2007). Dominance and prestige as differential predictors of aggression and testosterone levels in men. *Evolution and Human Behavior, 28,* 345—351.

Johnston, V. S., Hagel, R., Franklin, M., Fink, B., & Grammer, K. (2001). Male facial attractiveness: Evidence for hormone-mediated adaptive design. *Evolution and Human Behavior, 22,* 251—267.

Jokela, M. (2009). Physical attractiveness and reproductive success in humans: Evidence from the late 20th century United States. *Evolution and Human Behavior, 30,* 342—350.

Jonason, P. K, Li, N. P., & Buss, D. M. (2010). The costs and benefits of the Dark Triad: Implications for mate poaching and mate retention tactics. *Personality and Individual Differences, 48,* 373—378.

Jonason, P. K., Li, N. P., Webster, G. D., & Schmitt, D. P. (2009). The Dark Triad: Facilitating and short-term mating strategy in men. *European Journal of Personality, 23,* 5—18.

Jones, B. C., Little, A. C., Penton-Voak, I. S., Tiddeman, B. P., Burt, D. M., & Perrett, D. I. (2001). Facial symmetry and judgments of apparent health: Support for a "good genes" explanation of the attractiveness-symmetry relationship. *Evolution and Human Behavior, 22,* 417—429.

Jones, D. (1996). *Physical attractiveness and the theory of sexual selection*. Ann Arbor: University of Michigan Press.

Jones, D. (2003a). The generative psychology of kinship: Part 1. Cognitive universals and evolutionary psychology. *Evolution and Human Behavior, 24,* 303—319.

Jones, D. (2003b). The generative psychology of kinship: Part 2. Generating variation from universal building blocks with Optimality Theory. *Evolution and Human Behavior, 24,* 320—350.

Jones, O. D. (1999). Sex, culture, and the biology of rape: Toward explanation and prevention. *California Law Review, 87,* 827—941.

Jones, O. D. (2005). Evolutionary psychology and the law. In D. M. Buss (Ed.), The handbook of evolutionary psychology (pp. 953.974). Hoboken, NJ: Wiley. Josephs, R. A., Sellers, J. G., Newman, M. L., & Mehta, P. H. (2006). The mismatch effect: When testosterone and status are at odds. *Journal of Personality and Social Psychology, 90,* 999—1013.

Judge, D. S. (1995). American legacies and the variable life histories of women and men. *Human Nature, 6,* 291—323.

Jurmain, R., Bartelink, E. J., Leventhal, A., Bellifemine, V., Nechayev, I., Atwood, M., & DiGiuseppe, D. (2009). Paleopidemiological patterns of interpersonal aggression in a prehistoric central California population from CA-ALA-329. *American Journal of Physical Anthropology, 139,* 462—473.

Kagan, J., Kearsley, R. B., & Zelazo, P. R. (1978). *Infancy: Its place in human development.* Cambridge, MA: Harvard University Press.

Kaighobadi, F., & Shackelford, T. K. (2009). Suspicions of female infidelity predict men's partner-directed violence. Behavioral and Brain Sciences, 32, 281—282.

Kaighobadi, F., Shackelford, T. K., & Buss, D. M. (2010). Spousal mate retention in the newlywed year and three years later. *Personality and Individual Differences, 48,* 414—418.

Kaighobadi, F., Shackelford, T. K., & Goetz, A. T. (2009). From mate retention to murder: Evolutionary psychological perspectives on partner-directed violence. *Review of General Psychology, 13,* 327—334.

Kalma, A. (1991). Hierarchisation and dominance assessment at first glance. *European Journal of Social Psychology, 21,* 165—181.

Kaminski, G., Dridi, S., Graff, C., & Gentaz, E. (2009). Human ability to detect kinship in strangers' faces: Effects of the degree of relatedness. *Proceedings of the Royal Society, B., 276,* 3193—3200.

Kanazawa, S. (2001). Why we love our children. *American Journal of Sociology, 106,* 1761—1776.

Kanazawa, S. (2003a). Can evolutionary psychology explain reproductive behavior in contemporary United States? *The Sociological Quarterly, 44,* 291—302.

Kanazawa, S. (2003b). General intelligence as a domain- specific adaptation. *Psychological Review, 111,* 512—523.

Kanazawa, S. (2005). Big and tall parents have more sons: Further generalizations of the Trivers-Willard Bibliography hypothesis. *Journal of Theoretical Biology, 235,* 583—590.

Kaplan, H. S., & Gangestad, S. W. (2005). Life history theory and evolutionary psychology. In D. M. Buss (Ed.), *The Handbook of Evolutionary Psychology* (pp. 68—96). New York: Wiley.

Kaplan, S. (1992). Environmental preference in a knowledge-seeking, knowledge-using organism. In J. Barkow, L. Cosmides, & J. Tooby (Eds.), *The adapted mind* (pp. 581—598). New York: Oxford University Press.

Kaplan, S., & Kaplan, R. (1982). *Cognition and environment: Functioning in an uncertain world.* New York: Praeger.

Karremans, J. C., Frankenhuis, W. E., & Arons, S. (2010). Blind men prefer a low waist-to-hip ratio. *Evolution and Human Behavior, 31,* 182—186.

Kavanagh, P. S., Robins, S. C., & Ellis, B. J. (2010). The mating sociometer: A regulatory mechanism for mating aspirations. *Journal of Personality and Social Psychology, 99,* 120—132.

Keeley, L. H. (1996). *War before civilization.* New York: Oxford University Press.

Keenan, J. P., Gallup, G. G., Jr., Goulet, N.,& Kulkarni, M. (1997). Attributions of deception in human mating strategies. *Journal of Social Behavior and Personality, 12,* 45—52.

Keil, F. (1995). The growth of understandings of natural kinds. In D. Sperber, D. Premack, & A. Premack (Eds.), *Causal cognition.* Oxford, UK: Clarendon Press.

Keller, M. C., & Miller, G. (2006). Resolving the paradox of common, harmful, heritable mental disorders: Which evolutionary genetics models work best? *Behavioral and Brain Sciences, 29,*

385—404.

Keller, M. C., & Nesse, R. M. (2005). Is low mood an adaptation? Evidence for subtypes with symptoms that match precipitants. *Journal of Affective Disorders, 86,* 27—35.

Keller, M. C., Nesse, R. M., & Hofferth, S. (2001). The Trivers-Willard hypothesis of parental investment: No effect in contemporary United States. *Evolution and Human Behavior, 22,* 343—360.

Kennair, L. E. O. (2003). Challenging design: How best to account for the world as it really is. *Zygon, 38,* 543—558.

Kennair, L. E. O., Schmitt, D. P., Fjeldavli, Y. L., & Harlem, S. K. (2009). Sex differences in sexual desires and attitudes in Norwegian samples. *Interpersona, 3* (Supplement 1), 1—32.

Kenrick, D. T., Griskevicius, V., Sundie, J. M., Li, N. P., Li, Y. J., & Neuberg, S. L. (2009). Deep rationality: The evolutionary economics of decision making. *Social Cognition, 27,* 764—785.

Kenrick, D. T., Gutierres, S. E., & Goldberg, L. L. (1989). Influence of popular erotica on judgments of strangers and mates. *Journal of Experimental Social Psychology, 25,* 159—167.

Kenrick, D. T., & Keefe, R. C. (1992). Age preferences in mates reflect sex differences in reproductive strategies. *Behavioral and Brain Sciences, 15,* 75—133.

Kenrick, D. T., Keefe, R. C., Gabrielidis, C., & Cornelius, J. S. (1996). Adolescents' age preferences for dating partners: Support for an evolutionary model of life-history strategies. *Child Development, 67,* 1499—1511.

Kenrick, D. T., Neuberg, S. L., Zierk, K. L., & Krones, J. M. (1994). Evolution and social cognition: Contrast effects as a function of sex, dominance, and physical attractiveness. *Personality and Social Psychology Bulletin, 20,* 210—217.

Kenrick, D. T., Sadalla, E. K., Groth, G., & Trost, M. R. (1990). Evolution, traits, and the stages of human courtship: Qualifying the parental investment model. *Journal of Personality, 58,* 97—116.

Kenrick, D. T., & Sheets, V. (1993). Homicidal fantasies. *Ethology and Sociobiology, 14,* 231—246.

Ketelaar, T., & Ellis, B. J. (2000). Are evolutionary explanations unfalsifiable? Evolutionary psychology and the Lakatosian philosophy of science. *Psychological Inquiry, 11,* 1—21.

Khallad, Y. (2005). Mate selection in Jordan: Effects of sex, socio-economic status, and culture. *Journal of Social and Personal Relationships, 22,* 155—168.

Kim, K., Smith, P. K., & Palermiti, A. (1997). Conflict in childhood and reproductive development. *Evolution and Human Behavior, 18,* 109—142.

King, A. C., Schlomer, G. L., & Ellis, B. J. (in press). Evolutionary developmental psychology. V.S. Ramachandran (Ed.), *Encyclopedia of human behavior, 2.*

King, A. J., Johnson, D. D. P., & Van Vugt, M. (2009). The origins and evolution of leadership. *Current Biology, 19,* R911—R916.

Kinsey, A. C., Pomeroy, W. B., & Martin, C. E. (1948). *Sexual behavior in the human male.* Philadelphia: Saunders.

Kinsey, A. C., Pomeroy, W. B., & Martin, C. E. (1953). *Sexual behavior in the human female.* Philadelphia: Saunders.

Kirkpatrick, L. A. (1998). Evolution, pair-bonding, and reproductive strategies: A reconceptualization of adult attachment. In J. A. Simpson & W. S. Rholes (Eds.), *Attachment theory and close relationships.* New York: Guilford.

Kirkpatrick, L. A. (1999). Toward an evolutionary psychology of religion and personality. *Journal of Personality, 67,* 921—952.

Kirkpatrick, L., & Ellis, B. J. (2001). An evolutionarypsychological approach to self-esteem: Multiple domains and multiple functions. In M. Clark & G. Fletcher (Eds.), *The Blackwell handbook in social psychology, Vol. 2: Interpersonal processes* (pp. 411.436). Oxford, England: Blackwell

Publishers.

Kiyonari, T., & Barclay, P. (2008). Cooperation in social dilemmas: Free riding may be thwarted by second-order reward rather than punishment. *Journal of Personality and Social Psychology, 95,* 826—842.

Klein, R. G. (2000). Archeology and the evolution of human behavior. *Evolutionary Anthropology, 9,* 17—36.

Klein, R. G., (2008). Out of Africa and the evolution of human behavior. *Evolutionary Anthropology, 17,* 267—281.

Klein, S., Cosmides, L., Tooby, J., & Chance, S. (2002). Decisions and the evolution of memory: Multiple systems, multiple functions. *Psychological Review 109,* 306—329.

Klug, H., Heuschele, J., Jennions, M. D., & Kokko, H. (2010). The mismeasurement of sexual selection. *Journal of Evolutionary Biology, 23:*447—462.

Kluger, M. J. (1990). In P. A. MacKowiac (Ed.), *Fever: Basic measurement and management.* New York: Raven Press.

Kluger, M. J. (1991). The adaptive value of fever. In P. A. MacKowiac (Ed.), *Fever: Basic measurement and management* (pp. 105—124). New York: Raven Press.

Knauft, B. (1991). Violence and sociality in human evolution. *Current Anthropology, 32,* 391—428.

Kniffin, K. M., & Wilson, D. S. (2005). Utilities of gossip across organizational levels: Multilevel selection, free-riders, and teams. *Human Nature, 16,* 278—292.

Konner, M. (1990). *Why the reckless survive.* New York: Viking.

Korchmaros, J. D., & Kenny, D. A. (2001). Emotional closeness as a mediator of the effect of genetic relatedness on altruism. *Psychological Science, 12,* 262—265.

Korchmaros, J. D., & Kenny, D. A. (2006). An evolutionary and close relationship model of helping. *Journal of Social and Personal Relationships, 23,* 21—43.

Krebs, D. (1998). The evolution of moral behaviors. In C. Crawford & D. L. Krebs (Eds.), *Handbook of evolutionary psychology: Ideas, issues, and applications* (pp. 337—368). Mahwah, NJ: Erlbaum.

Krebs, D. L. (2009). *Sources of Morality: An Evolutionary Framework.* New York: Guilford Publishing Co.

Krebs, J. R. (2009). The gourmet ape: Evolution and human food preferences. *American Journal of Clinical Nutrition, 90,* 707S—711S.

Kruger, D. J. (2003). Evolution and altruism: Combining psychological mediators with naturally selected tendencies. *Evolution and Human Behavior, 24,* 118—125.

Kruger, D. J., Fisher, M., & Jobling, I. (2003). Proper and dark heroes as dads and cads: Alternative mating strategies in British romantic literature. *Human Nature, 14,* 305—317.

Kruger, D. J., & Nesse, R. M. (2006). An evolutionary life-history framework for understanding sex differences in mortality rates. *Human Nature, 17,* 74—97.

Kuhle, B. X. (2007). An evolutionary perspective on the ontogeny of menopause. *Maturitas, 57,* 329—337.

Kuhle, B. X., Smedley, K. D., & Schmitt, D. P. (2009). Sex differences in the motivation and mitigation of jealousy-induced interrogations. *Personality and Individual Differences, 46,* 499—502.

Kurland, J. A., & Gaulin, S. J. C. (2005). Cooperation and conflict among kin. In D. M. Buss (Ed.), *The handbook of evolutionary psychology* (pp. 447—482). New York: Wiley.

Kurzban, R., DeScioli, P., & O'Brian, E. (2007). Audience effects on moralistic punishment. *Evolution and Human Behavior, 28,* 75—84.

Kurzban, R., & Leary, M. R. (2001). Evolutionary origins of stigmatization: The functions of social exclusion. *Psychological Bulletin, 127,* 187—208.

Kurzban, R., McCabe, K., Smith, V., & Wilson, B. (2001). Incremental commitment in a real-time public goods game. *Personality and Social Psychology Bulletin, 27,* 1662—1672.

Kurzban, R., & Neuberg, S. (2005). Managing ingroup and outgroup relationships. In D. M. Buss (Ed.), *The handbook of evolutionary psychology* (pp. 653—675). New York: Wiley.

Kyl-Heku, L. M., & Buss, D. M. (1996). Tactics as units of analysis in personality psychology: An illustration using tactics of hierarchy negotiation. *Personality and Individual Differences, 21,* 497—517.

La Cerra, M. M. (1994). *Evolved mate preferences in women: Psychological adaptations for assessing a man's willingness to invest in offspring.* Unpublished doctoral dissertation, Department of Psychology, University of California, Santa Barbara.

Laham, S. M., Gonsalkorale, K., & von Hippel, W. (2005). Darwinian grandparenting: Preferential investment in more certain kin. *Personality and Social Psychology Bulletin, 31,* 63—72.

Laiacona, M., Barbarotto, R., & Capitani, E. (2006). Human evolution and the brain representation of semantic knowledge: Is there a role for sex differences? *Evolution and Human Behavior, 27,* 158—168.

Lakoff, G., & Johnson, M. (1980). *Metaphors we live by.* Chicago: University of Chicago Press.

Lalumiere, M. L., Chalmers, L. J., Quinsey, V. L., & Seto, M. C. (1996). A test of the mate deprivation hypothesis of sexual coercion. *Ethology and Sociobiology, 17,* 299—318.

Lalumiere, M. L., Harris, G. T., Quinsey, V. L., & Rice, M. E. (2005). *The causes of rape.* Washington, DC: American Psychological Association.

Lalumiere, M. L., Seto, M. C., & Quinsey, V. L. (1995). *Self-perceived mating success and the mating choices of human males and females.* Unpublished manuscript.

Lambert, T. A., Kahn, A. S., & Apple, K. J. (2003). Pluralistic ignorance and hooking up. *Journal of Sex Research, 40,* 129—133.

Lancaster, J. B., & King, B. J. (1985). An evolutionary perspective on menopause. In J. K. Brown & V. Kern (Eds.), In her prime: A new view of middle-aged women (pp. 13—20). Boston: Bergin & Carvey.

Landolt, M. A., Lalumiere, M. L., & Quinsey, V. L. (1995). Sex differences in intra-sex variations in human mating tactics: An evolutionary approach. *Ethology and Sociobiology, 16,* 3—23.

Langlois, J. H., & Roggman, L. A. (1990). Attractive faces are only average. *Psychological Science, 1,* 115—121.

Langhorne, M. C., & Secord, P. F. (1955). Variations in marital needs with age, sex, marital status, and regional location. *Journal of Social Psychology, 41,* 19—37.

Langlois, J. H., Roggman, L. A., Casey, R. J., Ritter, J. M., Rieser-Danner, L. A., & Jenkins, V. Y. (1987). Infant preferences for attractive faces: Rudiments of a stereotype. *Developmental Psychology, 23,* 363—369.

Langlois, J. H., Roggman, L. A., & Reiser-Danner, L. A. (1990). Infants' differential social responses to attractive and unattractive faces. *Developmental Psychology, 26,* 153—159.

Larsen, C. L. (1997). *Bioarcheology: Interpreting behavior from the human skeleton.* Cambridge, UK: Cambridge University Press.

Latane, B. (1981). The psychology of social impact. *American Psychologist, 36,* 343—356.

Laumann, E. O., Gagnon, J. H., Michael, R. T., & Michaels, S. (1994). *The social organization of sexuality: Sexual practices in the United States.* Chicago: University of Chicago Press.

Le Boeuf, B. J., & Reiter, J. (1988). Lifetime reproductive success in northern elephant seals. In T. H. Clutton-Brock (Ed.), *Reproductive success* (pp. 344—362). Chicago: University of Chicago Press.

Leakey, R., & Lewin, R. (1992). *Origins reconsidered: In search of what makes us human.* New York:

Doubleday.

Leary, M. R., & Downs, D. L. (1995). Interpersonal functions of the self-esteem motive: The self-esteem system as a sociometer. In M. H. Kernis (Ed.), *Efficacy, agency, and self-esteem* (pp. 123—144). New York: Plenum.

Leary, M. R., Haupt, A. L., Strausser, K. S., & Chokel, J. T. (1998). Calibrating the sociometer: The relationship between interpersonal appraisals and state self-esteem. *Journal of Personality and Social Psychology, 74,* 1290—1299.

Leary, M. R., & Shepperd, J. A. (1986). Behavioral self-handicaps versus self-reported handicaps: A conceptual note. *Journal of Personality and Social Psychology, 51,* 1265—1268.

Lee, R. B. (1979). *The !Kung San: Men, women, and working in a foraging society.* New York: Cambridge University Press.

Lee, R., & DeVore, I. (Eds.). (1968). *Man the hunter.* Chicago: Aldine.

Lenton, A. P., Bryan, A., Hastie, R., & Fischer, O. (2007). We want the same thing: Projection in judgments of sexual intent. *Personality and Social Psychology Bulletin, 33,* 975—988.

Leonard, W. R., & Robertson, M. L. (1994). Evolutionary perspectives on human nutrition: the influence of brain and body size on diet and metabolism. *American Journal of Human Biology, 6,* 77—88.

Leslie, A. M. (1991). The theory of mind impairment in autism: Evidence for modular mechanisms of development? In A. Whiten (Ed.), *The emergence of mind reading.* Oxford, UK: Blackwell.

Levins, R. (1968). *Evolution in changing environments.* Princeton, NJ: Princeton University Press.

Lewin, R. (1993). *The origin of modern humans.* New York: Scientific American Library.

Li, N. P. (2007). Mate preference necessities in long- and short-term mating: People prioritize in themselves what their mates prioritize in them. *Acta Psychologica Sinica, 39,* 528—535.

Li, N. P., Bailey, J. M., Kenrick, D. T., & Linsemeier, J. A. W. (2002). The necessities and luxuries of mate preferences: Testing the tradeoffs. *Journal of Personality and Social Psychology, 82,* 947—955.

Li, N. P., Griskevicius, V., Durante, K. M., Jonason, P. K., Pasisz, D. J., & Aumer, K. (2009). An evolutionary perspective on humor: Sexual selection or interest indication? *Personality and Social Psychology Bulletin, 35,* 923—936.

Li, N. P., & Kenrick, D. T. (2006). Sex similarities and differences in preferences for short-term mates: What, whether, and why. *Journal of Personality and Social Psychology, 90,* 468—489.

Lieberman, D. (2009). Rethinking the Taiwanese minor marriage data: Evidence the mind uses multiple kinship cues to regulate inbreeding avoidance. *Evolution and Human Behavior, 30,* 153—160.

Lieberman, D., Oum, R., & Kurzban, R. (2008). The family of fundamental social categories includes kinship: Evidence from the memory confusion paradigm. *European Journal of Social Psychology, 38,* 998—1012.

Lieberman, D., Tooby, J., & Cosmides, L. (2003). Does morality have a biological basis? An empirical test of the factors governing moral sentiments relating to incest. *Proceedings of the Royal Society of London, B, 270,* 819—826.

Lieberman, D., Tooby, J., & Cosmides, L. (2007). The architecture of human kin detection. *Nature, 445,* 727—731.

Lindgren, K. P., George, W. H., & Shoda, Y. (2007). Sexual intent perceptions: The role of perceiver experience and the real-person reduction. *Journal of Applied Social Psychology, 37,* 346.-369.

Lippa, R. A. (2009). Sex differences in sex drive, sociosexuality, and height across 53 nations: Testing evolutionary and social structural theories. *Archives of Sexual Behavior, 38,* 631.-651.

Lippa, R. A., Collaer, M. L., & Peters, M. (2010). Sex differences in mental rotation and line angle judgments are positively associated with gender equality and economic development across 53 nations. *Archives of Sexual Behavior, 39,* 990.-997.

Little, A. C., Burriss, R. P., Jones, C., DeBruine, L. M., & Caldwell, C. A. (2008). Social influence in human face preference: Men and women are influenced more for long-term than short-term attractiveness decisions. *Evolution and Human Behavior, 29,* 140.-146.

Little, A. C., Penton-Voak, I. S., Burt, D. M., & Perrett, D. I. (2002). Evolution and individual differences in the perception of attractiveness: How cyclic hormonal changes and self-perceived attractiveness influence female preferences for male faces. In G. Rhodes & L. A. Zebrowitz (Eds.), *Facial attractiveness: Evolutionary, cognitive, and social perspectives* (pp. 59.-90). Westport, CT: Ablex.

Littlefield, C. H., & Rushton, J. P. (1986). When a child dies: The sociobiology of bereavement. *Journal of Personality and Social Psychology, 51,* 797.-802.

Livingstone, K. (1998). The case for general mechanisms in concept formation. *Behavioral and Brain Sciences, 21,* 581.-582.

LoBue, V., & DeLoache, J. S. (2008). Detecting the snake in the grass: Attention to fear-relevant stimuli by adults and young children. *Psychological Science, 19,* 284.-289.

Lorenz, K. (1941). Vergleichende Bewegungsstudien an Anatiden. *Journal of Ornithology, 89,* 194.-294.

Lorenz, K. Z. (1965). *Evolution and the modification of behavior.* Chicago: University of Chicago Press.

Low, B. S. (1989). Cross-cultural patterns in the training of children: An evolutionary perspective. *Journal of Comparative Psychology, 103,* 313.-319.

Low, B. S. (1991). Reproductive life in nineteenth century Sweden: An evolutionary perspective. *Ethology and Sociobiology, 12,* 411.-448.

Lukaszewski, A.W., & Roney, J. R. (2009). Estimated hormones predict women's mate preferences for dominant personality traits. *Personality and Individual Differences, 47,* 191.-196.

Lukaszewski, A. W., & Roney, J. R. (2010a). Kind toward whom? Mate preferences for personality traits are target specific. *Evolution and Human Behavior, 31,* 29.-38.

Lukaszewski, A. W., & Roney, J. R. (2010b, June 17). The origins of extraversion: Joint effects of facultative calibration and genetic polymorphism. Paper presented to the Annual Meeting of the Human Behavior and Evolution Society, Eugene, Oregon.

Lund, O. C. H., Tamnes, C. K., Moestue, C., Buss, D. M., & Vollrath, M. (2007). Tactics of hierarchy negotiation. *Journal of Research in Personality, 41,* 25.-44.

Lykken, D. (1995). The antisocial personalities. Hillsdale, NJ: Erlbaum.

Lynn, M. (2009). Determinants and consequences of female attractiveness and sexiness: Realistic tests with restaurant waitresses. *Archives of Sexual Behavior, 38,* 737.-745.

Lynn, M., & Shurgot, B. A. (1984). Responses to lonely hearts advertisements: Effects of reported physical attractiveness, physique, and coloration. *Personality and Social Psychology Bulletin, 10,* 349.-357.

Maccoby, E. E. (1990). Gender and relationships: A developmental account. *American Psychologist, 45,* 513.-520.

MacDonald, G., & Leary, M. R. (2005). Why does social exclusion hurt? The relationship between social and physical pain. *Psychological Bulletin, 131,* 202-223.

MacDonald, K. (1995). Evolution, the five-factor model, and levels of personality. *Journal of Personality, 63,* 525-568.

MacDonald, K. (1996). What do children want? A conceptualization of evolutionary influences on children's motivation in the peer group. *International Journal of Behavioral Development, 19,* 53.73.

Mackey, W. C., & Coney, N. S. (2000). The enigma of father presence in relationship to sons' violence and daughters' mating strategies: Empiricism in search of a theory. *The Journal of Men's Studies*, *8*, 349—373.

Mackey, W. C., & Daly, R. D. (1995). A test of the manchild bond: The predictive potency of the teeter-totter effect. *Genetic, Social, and General Psychology Monographs, 121*, 424—444.

Mackey, W. C., & Immerman, R. S. (2000). Sexually transmitted diseases, pair bonding, fathering, and alliance formation: Disease avoidance behaviors as a proposed element in human evolution. *Psychology of Men and Masculinity, 1*, 49—61.

Maestripieri, D. (2004). Developmental and evolutionary aspects of female attraction to babies. *Psychological Science Agenda, 18*(1).

Maestripieri, D., & Pelka, S. (2002). Sex differences in interest in infants across the lifespan: A biological adaptation for parenting? *Human Nature, 13*, 327—344.

Maggioncalda, A. N., & Sapolsky, R. M. (2002). Disturbing behaviors of the orangutan. *Scientific American, 286*, 60—65.

Magrath, M. J. L., & Komdeur, J. (2003). Is male care compromised by additional mating opportunity? *TRENDS in Ecology and Evolution, 18*, 424—430.

Malamuth, N. M. (1981). Rape proclivity among males. *Journal of Social Issues, 37*, 138—157.

Malinowski, B. (1929). *The sexual life of savages in North-Western Melanesia*. London: Routledge.

Maloney, L. T., & Dal Martello, M. F. (2006). Kin recognition and the perceived facial similarity of children. *Journal of Vision, 6*, 1047—1056.

Malthus, T. R. (1798). *An essay on the principle of population*. London: J. Johnson.

Maner, J. K., DeWall, C. N., & Gailliot, M. T. (2008). Selective attention to signs of success: Social dominance and early stage interpersonal perception. *Personality and Social Psychology Bulletin, 34*, 488—501.

Maner, J. K., Gailliot, M. T., & DeWall, N. (2007). Adaptive attentional attunement: Evidence for mating-related perceptual bias. *Evolution and Human Behavior, 28*, 28—36.

Maner, J. K., & Mead, N. L. (2010). The essential tension between leadership and power: When leaders sacrifice group goals for the sake of self-interest. *Journal of Personality and Social Psychology, 99*(3), 482—497.

Mann, J. (1992). Nurturance or negligence: Maternal psychology and behavioral preference among preterm twins. In J. Barkow, L. Cosmides, & J. Tooby (Eds.), *The adapted mind* (pp. 367—390). New York: Oxford University Press.

Manson, J. H. (1992). Measuring female mate choice in Cayo Santiago rhesus macaques. *Animal Behavior, 44*, 405—416.

Marks, I. (1987). *Fears, phobias, and rituals: Panic, anxiety, and their disorders*. New York: Oxford University Press.

Marks, I. M., & Nesse, R. M. (1994). Fear and fitness: An evolutionary analysis of anxiety disorders. *Ethology and Sociobiology, 15*, 247—261.

Marlow, F. (1999). Showoffs or providers? The parenting effort of Hadza men. *Evolution and Human Behavior, 20*, 391—404.

Marlow, F., Apicella, C., & Reed, D. (2005). Men's preferences for women's profile waist-to-hip ratio in two societies. *Evolution and Human Behavior, 26*, 458—468.

Marlow, F., & Wetsman, A. (2001). Preferred waist-to-hip ratio and ecology. *Personality and Individual Differences, 30*, 481—489.

Marlow, F. W. (2004). Mate preferences among Hadza hunter-gatherers. *Human Nature, 4*, 365—376.

Marlow, F. W. (2005). Hunter-gatherers and human evolution. *Evolutionary Anthropology, 14*, 54—67.

Marr, D. (1982). *Vision: A computational investigation into the human representation and processing of visual information.* San Francisco: Freeman.

Marth, G., Schuler, G., Yeh, R., Davenport, R., Agarwala, R., Church, D., Wheelan, S., Baker, J., Ward, M., Kholodov, M., Phan, L., Czbarka, E., Murvia, J., Cutler, D., Wooding, S., Rogers, A., Chakravarti, A., Harpending, H. C., Kwok, P.-Y., & Sherry, S. T. (2003). Sequence variations in the public human genome data reflect a bottlenecked population history. *Proceedings of the National Academy of Sciences, 100,* 376—381.

Maslow, A. H. (1937). Dominance-feeling, behavior, and status. *Psychological Review, 44,* 404—429.

Maynard Smith, J. (1982). *Evolution and the theory of games.* Cambridge, UK: Cambridge University Press.

Maynard Smith, J., & Price, G. (1973). The logic of animal conflict. *Nature, 246,* 15—18.

Mayr, E. (1942). *Systematics and the origin of species.* New York: Columbia University Press.

Mayr, E. (1982). *The growth of biological thought.* Cambridge, MA: Harvard University Press.

Mazur, A. (2005). *Biosociology of dominance and deference.* Lanham, MD: Bowman & Littlefield Publishers, Inc.

Mazur, A., & Booth, A. (1998). Testosterone and dominance in men. *Behavioral and Brain Science, 21,* 353—363.

Mazur, A., Booth, A., & Dabbs, J. (1992). Testosterone and chess competition. *Social Psychology Quarterly, 55,* 70—77.

Mazur, A., Halpern, C., & Udry, J. R. (1994). Dominant looking male teenagers copulate earlier. *Ethology and Sociobiology, 15,* 87—94.

Mazur, A., & Michalek, J. (1998). Marriage, divorce, and male testosterone. *Social Forces, 77,* 315—330.

McAndrew, F. T. (2002). New evolutionary perspectives on altruism: Multilevel-selection and costly-signaling theories. *Current Directions in Psychological Science, 11,* 79—82.

McAndrew, F. T. (2008). Can gossip be good? *Scientific American Mind Magazine,* October/November, 26—33.

McAndrew, F.T. (2009). The interacting roles of testosterone and challenges to status in human male aggression. *Aggression and Violent Behavior, 14,* 330—335.

McAndrew, F. T., Bell, E. K., & Garcia, C. M. (2007). Who do we tell, and whom do we tell on? Gossip as a strategy for status enhancement. *Journal of Applied Social Psychology, 37,* 1562—1577.

McAndrew, F. T., & Milenkovic, M. A. (2002). Of tabloids and family secrets: The evolutionary psychology of gossip. *Journal of Applied Social Psychology, 32,* 1—20.

McCracken, G. F. (1984). Communal nursing in Mexican free-tailed bat maternity colonies. *Science, 223,* 1090—1091.

McCullough, J. M., Heath, K. M., & Fields, J. D. (2006). Culling cousins: Kingship, kinship, and competition in mid-millennial England. *History of the Family, 11,* 59—66.

McCullough, J. M., & York Barton, E. (1990). Relatedness and mortality risk during a crisis year: Plymouth colony, 1620.1621. *Ethology and Sociobiology, 12,* 195—209.

McGuire, A. M. (1994). Helping behaviors in the natural environment: Dimensions and correlates of helping. *Personality and Social Psychology Bulletin, 20,* 45—56.

McGuire, M. T., & Troisi, A. (1998). *Darwinian psychiatry.* New York: Oxford University Press.

McIntyre, M. H., Gangestad, S. W., Gray, P. B., Chapman, J. F., Burnham, T. C., O' Rourke, M. T., & Thornhill, R. (2006). Romantic involvement often reduces men' s testosterone levels, but not always: The moderating effects of extra-pair sexual interest. *Journal of Personality and Social Psychology, 91,* 642—651.

McKibbin, W. F., Shackelford, T. K., Goetz, A. T., Bates, V. M., & Starrett, V. G. (2009). Developmental and initial psychometric assessment of the rape avoidance inventory. *Personality and Individual*

Differences, 46, 336—340.

McKibbin, W. F., Shackelford, T. K., Goetz, A. T., & Starratt, V. G. (2008). Why do men rape? An evolutionary psychological perspective. *Review of General Psychology, 12*, 86—97.

McKibbin, W. F., Shackelford, T. K., Miner, E. J., Bates, V. M., & Liddle, J. R. (2010). Individual differences in women's rape avoidance behaviors. *Archives of Sexual Behavior.*

McKnight, J. (1997). Straight science: Homosexuality, evolution and adaptation. New York: Routledge.

McLain, D. K., Setters, D., Moulton, M. P., & Pratt, A. E. (2000). Ascription of resemblance of newborns by parents of nonrelatives. Evolution and *Human Behavior, 21*, 11—23.

Mealey, L. (1995). The sociobiology of sociopathy: An integrated evolutionary model. *Behavioral and Brain Sciences, 18*, 523—599.

Mealey, L., Daood, C., & Krage, M. (1996). Enhanced memory for faces of cheaters. *Ethology and Sociobiology, 17*, 119—128.

Megargee, E. I. (1969). Influence of sex roles on the manifestation of leadership. *Journal of Applied Psychology, 53*, 377—382.

Mehl, B., & Buchner, A. (2008). No enhanced memory for faces of cheaters. *Evolution and Human Behavior, 29*, 35—41.

Mehta, P., & Josephs, R. (2010). Testosterone and cortisol jointly regulate dominance: Evidence for a dual-hormone hypothesis. *Hormones and Behavior, 58*, 898—906.

Mehu, M., Grammer, K., & Dunbar, R. I. M. (2007). Smiles when sharing. *Evolution and Human Behavior, 28*, 415—422.

Mendle, J., Harden, K. P., Turkheimer, E., Van Hulle, C. A., D'Onofrio, B. M., Brooks-Gunn, J., Rodgers, J. L., Emery, R. E., & Lahey, B. B. (2009). Associations between father absence and age of first sexual intercourse. *Child Development, 80*, 1463—1480.

Mesquida, C. G., & Wiener, N. I. (1996). Human collective aggression: A behavioral ecology perspective. *Ethology and Sociobiology, 17*, 247—262.

Meston, C., & Buss, D. M. (2009). Why humans have sex. *Archives of Sexual Behavior, 36*, 477—507.

Meston, C. M., & Buss, D. M. (2009). *Why women have sex.* New York: Holt.

Michalski, R. L., & Shackelford, T. K. (2005). Grandparental investment as a function of relational uncertainty and emotional closeness with parents. *Human Nature, 16*, 293—305.

Michalski, R. L., Shackelford, T. K., & Salmon, C. A. (2007). Upset in response to sibling's partner's infidelities. *Human Nature, 18*, 74—84.

Mikach, S. M., & Bailey, J. M. (1999). What distinguishes women with unusually high numbers of sex partners? *Evolution and Human Behavior, 20*, 141—150.

Milgram, S. (1974). *Obedience to authority.* New York: Harper & Row.

Miller, G. (2000). *The mating mind.* New York: Doubleday.

Miller, G. F. (1998). How mate choice shaped human nature: A review of sexual selection and human evolution. In C. Crawford & D. Krebs (Eds.), *Handbook of Evolutionary Psychology* (pp. 87—129). Mahwah, NJ: Erlbaum.

Miller, G. F. (1999). Sexual selection for cultural displays. In R. Dunbar, C. Knight, & C. Power (Eds.), *The Evolution of culture.* Edinburgh: Edinburgh University Press.

Miller, G. F. (2007). Sexual selection for moral virtues. *Quarterly Review of Biology, 82*, 97—125.

Miller, G. F. (2009). *Spent: Sex, Evolution, and Consumer Behavior.* New York: Viking.

Miller, G. F., Tybur, J. M., & Jordan, B. D. (2007). Ovulatory cycle effects on tip earnings by lap dancers: Economic evidence for human estrus? *Evolution and Human Behavior, 28*, 375—381.

Miller, L. C., & Fishkin, S. A. (1997). On the dynamics of human bonding and reproductive success: Seeking "windows" on the "adapted for" human environmental interface. In J. A. Simpson & D.

T. Kenrick (Eds.), *Evolutionary social psychology* (pp. 197—235). Mahwah, NJ: Erlbaum.

Miller, S. L., & Maner, J. K. (2010). Scent of a woman: Men's testosterone responses to olfactory ovulation cues. *Psychological Science, 21,* 276—283.

Miller, W. B. (1980). Gangs, groups and serious youth crime. In D. Shichor & D. H. Kelly (Eds.), *Critical issues in juvenile delinquency* (pp. 115—138). Lexington, MA: Lexington Books.

Millet, K., & Dewitte, S. (2007). Altruistic behavior as a costly signal of general intelligence. *Journal of Research in Personality, 41,* 316—326.

Milton, K. (1999). A hypothesis to explain the role of meat-eating in human evolution. *Evolutionary Anthropology, 8,* 1—21.

Miner, E. J., Shackelford, T. K., & Starratt, V. G. (2009). Mate value of romantic partners predicts men's partner-directed verbal insults. *Personality and Individual Differences, 46,* 135—139.

Miner, E. J., Starratt, V. G., & Shackelford, T. K. (2009). It's not all about her: Men's mate value and mate retention. Personality and Individual Differences, 47, 214—218.

Minervini, B. P., & McAndrew, F. T. (2006). The mating strategies and mate preferences of mail order brides. *Cross-Cultural Research, 37,* 1—20.

Mishra, S., Clark, A., & Daly, M. (2007). One woman's behavior affects the attractiveness of others. *Evolution and Human Behavior, 28,* 145—149.

Mithen, S. (1996). *The prehistory of the mind.* London: Thames & Hudson.

Moore, F. R., Cassidy, C., Smith, M. J. L., & Perrett, D. I. (2006a). The effects of female control of resources on sex-differentiated mate preferences. *Evolution and Human Behavior, 27,* 193—205.

Moore, L. T., McEvoy, B., Cape, E., Simms, K., & Bradley, D. G. (2006b). A Y-chromosome signature of hegemony in Gaelic Ireland. *The American Journal of Human Genetics, 78,* 334—338.

Morse, S. T., Gruzen, J., & Reis, H. (1976). The "eye of the beholder": A neglected variable in the study of physical attractiveness. *Journal of Personality, 44,* 209—225.

Moskowitz, A. K. (2004). "Scared stiff": Catatonia as an evolutionary-based fear response. *Psychological Review, 111,* 984—1002.

Muehlenhard, C. L., & Linton, M. A. (1987). Date rape and sexual aggression in dating situations: Incidence and risk factors. *Journal of Counseling Psychology, 2,* 186—196.

Mueller, U., & Mazur, A. (1996). Facial dominance of West Point cadets as a predictor of later military rank. *Social Forces, 74,* 823—850.

Mulvihill, D. J., Tumin, M. M., & Curtis, L. A. (1969). *Crimes of violence* (Vol. 11). Washington, DC: U.S. Government Printing Office.

Murray, G. R., & Schmitz, J. D. (in press). Caveman politics: Leadership preferences and physical stature. *Social Science Quarterly.*

Muscarella, F. (2000). The evolution of homoerotic behavior in humans. *Journal of Homosexuality, 40,* 51.77.

Nairne, J. S., & Pandeirada, J. N. S. (2008). Adaptive memory: Remembering with a stone-age brain. *Current Directions in Psychological Science, 17,* 239—243.

Nairne, J. S., Pandeirada, J. N. S., & Thompson, S. R. (2008). Adaptive memory: The comparative value of survival processing. *Psychological Science, 19,* 176—180.

Nairne, J. S., Pandeirada, J. N. S., Gregory, K. J., & Van Arsdall, J. E. (2009). Adaptive memory: Fitness relevance and the hunter-gatherer mind. *Psychological Science, 20,* 740—746.

Navarrete, C. D., Mcdonald, M. N., Molina, L. E., & Sidanius, J. (2010). Prejudice at the nexus of race and gender: An outgroup male target hypothesis. *Journal of Personality and Social Psychology, 98,* 933—945.

Navarrete, C. D., Olsson, A., Ho, A. K., Mendes, W. B., Thomsen, L., & Sidanius, J. (2009). Fear extinction to an out-group face. *Psychological Science, 20,* 155—158.

Neberich, W., Penke, L., Lehnart, J., & Asendorpf, J. B. (2010). Family of origin, age of menarche, and reproductive strategies: A test of four evolutionary-developmental models. *European Journal of Developmental Psychology, 7,* 153—177.

Nelson, L. D., & Morrison, E. L. (2005). The symptoms of resource scarcity: Judgments of food and finances influence preferences for potential partners. *Psychological Science, 16,* 167—173.

Nesse, R. M. (1990). Evolutionary explanations of emotions. *Human Nature, 1,* 261—289.

Nesse, R. M. (1991, November/December). What good is feeling bad?: The evolutionary benefits of psychic pain. *The Sciences,* 30.37.

Nesse, R. M. (2000). Is depression an adaptation? *Archives of General Psychiatry, 57,* 14—20.

Nesse, R. M., & Stearns, S. C. (2008). The great opportunity: Evolutionary applications to medicine and public health. *Evolutionary Applications, 1,* 28—48.

Nesse, R. M., & Williams, G. C. (1994). *Why we get sick.* New York: Times Books Random House.

Nettle, D. (2006). The evolution of personality variation in humans and other animals. *American Psychologist, 61,* 622—631.

Nettle, D. (2009). Ecological influences on human behavioural diversity: A review of recent findings. *Trends in Ecology and Evolution, 24,* 618—624.

Nettle, D., & Liddle, B. (2008). Agreeableness is related to social-cognitive, but not social-perceptual, theory of mind. *European Journal of Personality, 22,* 323—335.

Nettle, D., & Penke, L. (2010). Personality: Bridging the literatures from human psychology and behavioural ecology. *Philosophical Transactions of the Royal Society B, 365,* 4035—4050.

Neuhoff, J. G. (2001). An adaptive bias in the perception of looming auditory motion. *Ecological Psychology, 13,* 87.110.

New, J., Krasnow, M. M., Truxaw, D., & Gaulin, S. J. C. (2007). Spatial adaptations for plant foragaing: Women excel and calories count. *Proceedings of the Royal Society, B, 274,* 2679—2684.

New York Times (December 4, 1995). Man ordered to support child who isn't his. p. A13.

Newsweek (November 10, 2003). [Rod Stewart quote]. p. 23.

Neyer, F. J., & Lang, F. R. (2003). Blood is thicker than water: Kinship orientation across adulthood. *Journal of Personality and Social Psychology, 84,* 310—321.

Nicholson, N. (1997). Evolutionary psychology: Toward a new view of human nature and organizational society. *Human Relations, 50,* 1053—1078.

Nida, S. A., & Koon, J. (1983). They get better looking at closing time around here, too. *Psychological Reports, 52,* 657—658.

Nisbett, R. E. (1993). Violence and U.S. regional culture. *American Psychologist, 48,* 441—449.

Nisbett, R. E., & Ross, L. (1980). *Human inference: Strategies and shortcomings of social judgment.* Englewood Cliffs, NJ: Prentice-Hall.

Nowak, M. A. (2006). Five rules for the evolution of cooperation. *Science, 314,* 1560—1563.

Nowak, M. A., & Sigmund, K. (2005). Evolution and indirect reciprocity. *Nature, 437,* 1291—1298.

Nyquist, L. V., & Spence, J. T. (1986). Effects of dispositional dominance and sex role expectations on leadership behaviors. *Journal of Personality and Social Psychology, 50,* 97—98.

Oaten, M., Stevenson, R. J., & Case, T. I. (2009). Disgust as a disease-avoidance mechanism. *Psychological Bulletin, 135,* 303—321.

O'Connor, L. E., Berry, J. W., Weiss, J., Schweitzer, D., & Sevier, M. (2000). Survivor guilt, submissive behaviour and evolutionary theory: The down-side of winning in social competition. *British Journal of Medical Psychology, 73,* 519—530.

Oda, R. (2001). Sexually dimorphic mate preference in Japan. *Human Nature, 12,* 191—206.

Oda, R., Hiraishi, K., & Matsumoto-Oda, A. (2006). Does an altruist-detection cognitive mechanism function independently of a cheater-detection cognitive mechanism? Studies using Wason selection tasks. *Evolution and Human Behavior, 27,* 366—388.

Oda, R., & Nakajima, S. (2010). Biased face recognition in the Faith Game. *Evolution and Human Behavior, 31,* 118—122.

Oda, R., Yamagata, N., Yabiku, Y., & Matsumoto-Oda, A. (2009). Altruism can be assessed correctly based on impression. *Human Nature, 20,* 331—341.

O'Gorman, R., Sheldon, K. M., & Wilson, D. S. (2008). For the good of the group? Exploring group-level evolutionary adaptations using multilevel selection theory. *Group Dynamics, 12,* 17—26.

Ohman, A., Flykt, A., & Esteves, F. (2001). Emotion drives attention: Detecting the snake in the grass. *Journal of Experimental Psychology: General, 130,* 466—478.

Olweus, D. (1978). *Aggression in schools.* New York: Wiley.

Olweus, D. (1993). *Bullying at school.* Oxford, UK: Blackwell Publishers.

Orians, G. (1980). Habitat selection: General theory and applications to human behavior. In J. S. Lockard (Ed.), *The evolution of human social behavior* (pp. 49—66). Chicago: Elsevier.

Orians, G. (1986). An ecological and evolutionary approach to landscape aesthetics. In E. C. Penning-Rowsell & D. Lowenthal (Eds.), *Landscape meaning and values* (pp. 3—25). London: Allen & Unwin.

Orians, G. H., & Heerwagen, J. H. (1992). Evolved responses to landscapes. In J. Barkow, L. Cosmides, & J. Tooby (Eds.), *The adapted mind* (pp. 555—579). New York: Oxford University Press.

Ortner, S. B. (1974). Is female to male as nature is to nurture? In M. Z. Rosaldo & L. Lamphere (Eds.), *Women, culture, and society* (pp. 67—88). Stanford, CA: Stanford University Press.

Otta, E., Queiroz, R. da S., Campos, L. de S., da Silva, M. W. D., & Silveira, M. T. (1999). Age differences between spouses in a Brazilian marriage sample. *Evolution and Human Behavior, 20,* 99—103.

Otterbein, K. (1979). *The evolution of war.* New Haven, CT: HRAF Press.

O'Toole, B. I., & Stankov, L. (1992). Ultimate validity of psychological tests. *Personality and Individual Differences, 13,* 699—716.

Owen, J., & Finchham, F. D. (2010). Effects of gender and psychosocial factors on "friends with benefits" relationship among young adults. *Archives of Sexual Behavior.* doi:10.1007/s10508-010-9691-3.

Owens, L., Shute, R., & Slee, P. (2000). "I'm in and you're out . . ." Explanations for teenage girls' indirect aggression. *Psychology, Evolution, and Gender, 2,* 19—46.

Paal, T., & Bereczkei, T. (2007). Adult theory of mind, cooperation, and Machiavellianism: the effect of mindreading on social relations. *Personality and Individual Differences, 43,* 541—551.

Padilla, F. M. (1992). *The gang as an American enterprise.* New Brunswick, NJ: Rutgers University Press.

Palmer, C. T., & Tilley, C. F. (1995). Sexual access to females as a motivation for joining gangs: An evolutionary approach. *The Journal of Sex Research, 32,* 213—217.

Panchanathan, K., & Boyd, R. (2004). Indirect reciprocity can stabilize cooperation without the secondorder free rider problem. *Nature, 432,* 499—502.

Park, J. H., Schaller, M., & Van Vugt, M. (2008). Psychology of human kin recognition: Heuristic cues, erroneous inferences, and their implications. *Review of General Psychology, 12,* 215—235.

Parker, G. A. (1974). Assessment strategy and the evolution of fighting behaviour. *Journal of Theoretical Biology, 47,* 223—243.

Parker, G. A. (2006). Sexual selection over mating and fertilization: An overview. *Philosophical Transactions of the Royal Society, B, 361,* 235—259.

Parker, G. A., Royle, N. J., & Hartley, I. R. (2002). Intrafamilial conflict and parental investment: A synthesis. *Philosophical Transactions of the Royal Society of London B, 357*, 295—307.

Pashos, A. (2000). Does paternal uncertainty explain discriminative grandparental solicitude? A crosscultural study in Greece and Germany. *Evolution and Human Behavior, 21*, 97—109.

Pashos, A., & McBurney, D. H. (2008). Kin relationships and caregiver biases of grandparents, aunts, and uncles. *Human Nature, 19*, 311—330.

Paton, W., & Mannison, M. (1995). Sexual coercion in high school dating. *Sex Roles, 33*, 447—457.

Patton, J. Q. (1997, June). *Are warriors altruistic? Reciprocal altruism and war in the Ecuadorian Amazon.* Paper presented at the Human Behavior and Evolution Society Meetings, University of Arizona, Tucson.

Patton, J. Q. (2000). Reciprocal altruism and warfare: A case from the Ecuadorian Amazon. In L. Cronk, N. A. Chagnon, & W. Irons (Eds.), *Adaptation and human behavior: An anthropological perspective* (pp. 417—436). New York: Aldine de Gruyter.

Pavlov, I. P. (1927). Conditioned reflexes, trans. G. V. Anrep. London: Oxford University Press.

Pawlowski, B., & Dunbar, R. I. M. (1999a). Impact of market value on human mate choice decisions. *Proceedings of the Royal Society of London B, 266*, 281—285.

Pawlowski, B., & Dunbar, R. I. M. (1999b). Withholding age as putative deception in mate search tactics. *Evolution and Human Behavior, 20*, 53—69.

Pawlowski, B., Goothroyd, L. G., Perrett, D. I., & Kluska, S. (2008). Is female attractiveness related to final reproductive success? *Coll. Antropol., 32*, 315—319.

Pawlowski, B., & Jasienska, G. (2005). Women's preferences for sexual dimorphism in height depend on menstrual cycle phase and expected duration of relationship. *Biological Psychology, 70*, 38.43.

Pawlowski, B., & Koziel, S. (2002). The impact of traits offered in personal advertisements on response rates. *Evolution and Human Behavior, 23*, 139—149.

Pawson, E., & Banks, G. (1993). Rape and fear in a New Zealand city. *Area, 25*, 55—63.

Pedersen, F. A. (1991). Secular trends in human sex ratios: Their influence on individual and family behavior. *Human Nature, 2*, 271—291.

Penke, L., & Asendorpf, J. B. (2008). Beyond global sociosexual orientations: A more differentiated look at sociosexuality and its effects on courtship and romantic relationships. *Journal of Personality and Social Psychology, 95*, 1113—1135.

Penke, L., & Denissen, J. J. A. (2008). Sex differences and lifestyle-dependent shifts in the attunement of self-esteem to self-perceived mate value: Hints to an adaptive mechanism. *Journal of Research in Personality, 42*, 1123—1129.

Penke, L., Denissen, J. J. A., & Miller, G. F. (2007). The evolutionary genetics of personality. *European Journal of Personality, 21*, 549—587.

Pennebaker, J. W., Dyer, M. A., Caulkins, R. S., Litowixz, D. L., Ackerman, P. L., & Anderson, D. B. (1979). Don't the girls get prettier at closing time: A country and western application to psychology. *Personality and Social Psychology Bulletin, 5*, 122—125.

Perilloux, C., Easton, J. A., Fleischman, D. S., & Buss, D. M. (2010, June 18). *The who and whom of sexual misperception.* Paper presented at the annual meeting of the Human Behavior and Evolution Society, University of Oregon, Eugene, Oregon.

Perilloux, C., Fleischman, D. S. & Buss, D. M. (2008). The daughter-guarding hypothesis: Parental influence on, and emotional reactions to, offspring's mating behavior. *Evolutionary Psychology, 6*, 217—233.

Perilloux, H. K., Webster, G. D., & Gaulin, S. J. C. (2010). Signals of genetic quality and maternal investment capacity: The dynamic effects of fluctuating asymmetry and waist-to-hip ratio on men's ratings of women's attractiveness. *Social Psychological and Personality Science, 1,* 34—42.

Perusse, D. (1993). Cultural and reproductive success in industrial societies: Testing the relationship at proximate and ultimate levels. *Behavioral and Brain Sciences, 16,* 267—322.

Petersen, J. L., & Hyde, J. S. (2010). A meta-analytic review of research on gender differences in sexuality, 1993.2007. *Psychological Bulletin, 136,* 21—38.

Pettay, J. E., Helle, S., Jokela, J., & Lummaa, V. (2007). Natural selection on female life-history traits in relation to socio-economic class in pre-industrial human populations. *Plos ONE,* July, 1—9.

Pettijohn, R. F., & Jungeberg, B. J. (2004). Playboy playmate curves: Changes in facial and body feature preferences across social and economic conditions. *Personality and Social Psychology Bulletin, 30,* 1186—1197.

Pettijohn, T. F., II., Sacco, D. F., Jr., & Yerkes, M. J. (2009). Hungry people prefer more mature mates: A field test of the environmental security hypothesis. *Journal of Social, Evolutionary, and Cultural Psychology, 3,* 216—232.

Phillips, T., Barnard, C., Ferguson, E., & Reader, T. (2008). Do humans prefer altruistic mates? Testing a link between sexual selection and altruism toward nonrelatives. *British Journal of Psychology, 99,* 555—572.

Piddocke, S. (1965). The potlatch system of the southern Kwakiutl: A new perspective. *Southwestern Journal of Anthropology, 21,* 244—264.

Pietrzak, R., Laird, J. D., Stevens, D. A., & Thompson, N. S. (2002). Sex differences in human jealousy: A coordinated study of forced-choice, continuous rating-scale, and physiological responses on the same subjects. *Evolution and Human Behavior, 23,* 83—94.

Pike, I. L. (2000). The nutritional consequences of pregnancy sickness: A critique of a hypothesis. *Human Nature, 11,* 207—232.

Pillsworth, E. G., & Haselton, M. G. (2006). Male sexual attractiveness predicts differential ovulatory shifts in female extra-pair attraction and male mate retention. *Evolution and Human Behavior, 27,* 247—258.

Pillsworth, E. G., Haselton, M. G., & Buss, D. M. (2004). Ovulatory shifts in female sexual desire. *Journal of Sex Research, 41,* 55—65.

Pinker, S. (1994). *The language instinct.* New York: Morrow.

Pinker, S. (1997). *How the mind works.* New York: Norton.

Pinker, S. (2002). *The blank slate: The modern denial of human nature.* New York: Viking.

Pinker, S., & Bloom, P. (1990). Natural language and natural selection. *Behavioral and Brain Sciences, 13,* 707—784.

Pinker, S., & Jackendoff, R. (2005). The faculty of language: What's special about it? *Cognition, 95,* 201—236.

Pitchford, I. (2001) The origins of violence: Is psychopathy an adaptation? *Human Nature Review, 1,* 28—36.

Place, S. S., Todd, P. M., Penke, L., & Asendorpf, J. B. (2010). Humans show mate copying after observing real mate choices. *Evolution and Human Behavior, 31,* 320—325.

Platek, S. M., Burch, R. L., Panyavin, I. S., Wasserman, B. H., & Gallup, G. G., Jr. (2002). Reactions to children's faces: Resemblance affects males more than females. *Evolution and Human Behavior, 23,* 159—166.

Platek, S. M., Keenan, J. P., & Mohamed, F. B. (2005). Sex differences in the neural correlates of child facial resemblance: An event-related fMRI study. *NeuroImage, 25,* 1336—1344.

Platek, S. M., Keenan, J. P., & Shackelford, T. K. (2007). *Evolutionary cognitive neuroscience.*

Cambridge, MA: MIT Press.

Platek, S. M., & Kemp, S. M. (2009). Is family special in the brain? An event-related fMRI study of familiar, familial, and self-face recognition. *Neuropsychologia, 47,* 849—858.

Platek, S. M., Raines, D. M., Gallup, G. G., Jr., Mohamed, F. B., Thompson, J. W. et al. (2004). Reactions to children's faces: Males are more affected by resemblance than females are, and so are their brains. *Evolution and Human Behavior, 25,* 394—405.

Platek, S. M., & Singh, D. (2010). Optimal waist-to-hip ratios in women active neural reward centers in men. *PLoS ONE, 5,* 1.5.

Platts, J. T. (1960). *A dictionary of Urdu, Classical Hindi, and English.* Oxford: Oxford University Press.

Plomin, R., DeFries, J. C., & McClearn, G. E. (1997). *Behavioral genetics: A primer* (3rd ed.). New York: Freeman.

Plourde, A. M. (2008). The origins of prestige goods as honest signals of skill and knowledge. *Human Nature, 19,* 374—388.

Pollet, T. V. (2007). Genetic relatedness and sibling relationship characteristics in a modern society. *Evolution and Human Behavior, 28,* 176—185.

Pollet, T. V., Fawcett, T. W., Buunk, A., & Nettle, D. (2009). Sex-ratio biasing toward daughters among lower-ranking co-wives in Rwanda. *Biology Letters, 5,* 765—768.

Pollet, T. V., Kuppens, T., & Dunbar, R. I. M. (2006). When nieces and nephews become important: Differences between childless women and mothers in relationships with nieces and nephews. *Journal of Cultural and Evolutionary Psychology, 4,* 83—94.

Pollet, T. V., & Nettle, D. (2007). Driving a hard bargain: Sex ratio and male marriage success in a historical US population. *Biology Letters.* doi:10. 1098/rsbl.2007.0543.

Pollet, T. V., Nettle, D., & Nelissen, M. (2007). Maternal grandmothers do go the extra mile: Factoring distance and lineage into differential contact with grandchildren. *Evolutionary Psychology, 5,* 832—843.

Poore, J. C., Haselton, M. G., von Hippel, W., & Buss, D. M. (2005). *Sexual regret.* Paper presented to the Annual Meeting of the Society of Personality and Social Psychologists. New Orleans, January.

Porter, R. H., Balogh, R. D., Cernoch, J. M., & Franchi, C. (1986). Recognition of kin through characteristic body odors. *Chemical Senses, 11,* 389—395.

Posner, R. A. (1992). *Sex and reason.* Cambridge, MA: Harvard University Press.

Pradel, J., Euler, H. A., & Fetchenhauer, D. (2009). Spotting altruistic dictator game players and mingling with them: The elective assortation of classmates. *Evolution and Human Behavior, 30,* 103—113.

Pratto, F. (1996). Sexual politics: The gender gap in the bedroom, the cupboard, and the cabinet. In D. M. Buss & N. M. Malamuth (Eds.), *Sex, power, conflict: Evolutionary and feminist perspectives* (pp. 179.230). New York: Oxford University Press.

Pratto, F., Sidanius, J.,& Stallworth, L. M. (1993). Sexual selection and the sexual and ethnic basis of social hierarchy. In L. Ellis (Ed.), *Social stratification and socioeconomic inequality* (pp. 111—137). Westport, CT: Praeger.

Premack, D. (2010). Why humans are unique: Three theories. *Perspectives on Psychological Science, 5,* 22—32.

Price, J. S., Gardner, R., Jr., Wilson, D. R., Sloman, L., Rohde, P., & Erikson, M. (2007). Territory, rank and mental health: The history of an idea. *Evolutionary Psychology, 5,* 531—534.

Price, J. S., & Sloman, L. (1987). Depression as yielding behavior: An animal model based on SchjelderupEbb's pecking order. *Ethology and Sociobiology, 8,* 85—98.

Price, M. E. (2005). Punitive sentiment among the Shuar and in industrialized societies: Cross-cultural similarities. *Evolution and Human Behavior, 26,* 279—287.

Price, M. E., Cosmides, L., & Tooby, J. (2002). Punitive sentiment as an anti-free rider psychological device. *Evolution and Human Behavior, 23,* 203—231.

Profet, M. (1992). Pregnancy sickness as adaptation: A deterrent to maternal ingestion of teratogens. In J. Barkow, L. Cosmides, & J. Tooby (Eds.), *The adapted mind* (pp. 327—366). New York: Oxford University Press.

Prokosch, M. D., Coss, R. G., Scheib, J. E., & Blozis, S. A. (2009). Intelligence and mate choice: Intelligent men are always appealing. *Evolution and Human Behavior, 30,* 11—20.

Provost, M. P., Kormos, C, Kosakoski, G., & Quinsey, V. L. (2006). Sociosexuality in women and preference for masculinization and somatotype in men. *Archives of Sexual Behavior, 35,* 305—312.

Puts, D. A. (2005). Mating context and menstrual phase affect women's preferences for male voice pitch. *Evolution and Human Behavior, 26,* 388—397.

Puts, D. A. (2010). Beauty and the beast: Mechanisms of sexual selection in humans. *Evolution and Human Behavior, 31,* 157—175.

Puts, D. A., Gaulin, S. J. C., & Verdolini, K. (2006). Dominance and the evolution of sexual dimorphism in human voice pitch. *Evolution and Human Behavior, 27,* 283—296.

Quinlan, R. J., Quinlan, M. B., & Flinn, M. V. (2003). Parental investment and age at weaning in a Caribbean village. *Evolution and Human Behavior, 24,* 1—16.

Quinsey, V. L., & Lalumiere, M. L. (1995). Evolutionary perspectives on sexual offending. *Sexual Abuse: A Journal of Research and Treatment, 7,* 301—315.

Ragsdale, G. (2004). Grandmothering in Cambridgeshire, 1770.1861. *Human Nature, 15,* 301—317.

Rahman, Q., Collins, A., Morrison, M., Orrells, J. C., Cadinouche, K., Greenfield, S., & Begum, S. (2008). Maternal inheritance and familial fecundity factors in male homosexuality. *Archives of Sexual Behavior, 37,* 962—969.

Rahman, Q., & Hull, M. S. (2005). An empirical test of the kin selection hypothesis of male homosexuality. *Archives of Sexual Behavior, 34,* 461—467.

Rakison, D. H. (2009). Does women's greater fear of snakes and spiders originate in infancy? *Evolution and Human Behavior, 30,* 438—444.

Rakison, D. H., & Derringer, J. (2007). *Do infants possess an evolved spider-detection mechanism?* Department of Psychology, Carnegie Mellon University, Pittsburgh, PA.

Ramson, W. S. (1988). *Australian national dictionary.* Melbourne: Oxford University Press.

Regalski, J. M., & Gaulin, S. J. C. (1993). Whom are Mexican infants said to resemble? Monitoring and fostering paternal confidence in the Yucatan. *Ethology and Sociobiology, 14,* 97—113.

Regan, P. C. (1998). Minimum mate selection standards as a function of perceived mate value, relationship context, and gender. *Journal of Psychology and Human Sexuality, 10,* 53—73.

Regan, P. C., & Atkins, L. (2006). Sex differences and similarities in frequency and intensity of sexual desire. *Social Behavior and Personality, 34,* 95—102.

Relethford, J. H. (1998). Genetics of modern human origins and diversity. *Annual Review of Anthropology, 27,* 1—23.

Rhodes, G. (2006). The evolutionary psychology of facial beauty. *Annual Review of Psychology, 57,* 199—226.

Rhodes, G., Simmons, L. W., & Peters, M. (2005). Attractiveness and sexual behavior: Does attractiveness enhance mating success? *Evolution and Human Behavior, 26,* 186—201.

Richardson, P. J., & Boyd, R. (2005). *Not by genes alone: How culture transformed human evolution.* Chicago: University of Chicago Press.

Ridley, M. (1996). *Evolution* (2nd ed.). Cambridge, MA: Blackwell Science.

Rilling, J. K., Kaufman, T. L., Smith, E. O., Patel, R., & Worthman, C. M. (2009). Abdominal depth and waist circumference as individual determinants of human female attractiveness. *Evolution and Human Behavior, 30,* 21—31.

Roberts, G. (2008). Language and the free-rider problem: An experimental paradigm. *Biological Theory, 3,* 174—183.

Roberts, S. C., Havlicek, J., Flegr, J., Hruskova, M., Little, A. C., Jones, B. C., Perrett, D. I., & Petrie, M. (2004). Female facial attractiveness increases during the fertile phase of the menstrual cycle. *Proceedings of the Royal Society of London, B* (Supplement), S1—S3.

Roder, S., Brewer, G., & Fink, B. (2009). Menstrual cycle shifts in women's self-perception and motivation: A daily report method. *Personality and Individual Differences, 47,* 616—619.

Rodriguez-Llanes, J. M., Verbeke, G., & Finlayson, C. (2009). Reproductive benefits of high social status in male macaques (Macaca). *Animal Behaviour, 78,* 643—649.

Roese, N. J., Pennington, G. L., Coleman, J., Janicki, M., Li, N. P., & Kenrick, D. T. (2006). Sex differences in regret: All for love or some for lust? *Personality and Social Psychology Bulletin, 32,* 770—780.

Ronay, R., & von Hippel, W. (2010). The presence of an attractive woman elevates testosterone and physical risk taking in young men. *Social Psychological and Personality Science, 1,* 57—64.

Roney, J. R. (2003). Effects of visual exposure to the opposite sex: Cognitive aspects of mate attraction in human males. *Personality and Social Psychology Bulletin, 29,* 393—404.

Roney, J. R., Hanson, K. N., Durante, K. M., & Maestripieri, D. (2006). Reading men's faces: Women's mate attractiveness judgments track men's testosterone and interest in infants. *Proceedings of the Royal Society, B, 273,* 2169—2175.

Roney, J. R., Mahler, S. V., & Maestripieri, D. (2003). Behavioral and hormonal responses of men to brief interactions with women. *Evolution and Human Behavior, 24,* 365—375.

Roney, J. R., Simmons, Z. L., & Lukaszewski, A. W. (2010). Androgen receptor genes sequence and basal cortisol concentrations predict men's hormonal responses to potential mates. *Proceedings of the Royal Society, B, 277,* 57—63.

Rosenblatt, P. C. (1974). Cross-cultural perspectives on attractiveness. In T. L. Huston (Ed.), *Foundations of interpersonal attraction* (pp. 79—95). New York: Academic Press.

Røskaft, E., Hagen, M. L., Hagen, T. L., & Moksnes, A. (2004). Patterns of outdoor recreation activities among Norwegians: An evolutionary approach. *Ann. Zool. Fennici, 41,* 609—618.

Røskaft, E., Wara, A., & Viken, A. (1992). Reproductive success in relation to resource-access and parental age in a small Norwegian farming parish during the period 1700.1900. *Ethology and Sociobiology, 13,* 443—461.

Ross, L. (1981). The "intuitive scientist" formulation and its developmental implications. In J. H. Flavell & L. Ross (Eds.), *Social cognitive development* (pp. 1—41). Cambridge, UK: Cambridge University Press.

Rotundo, M., Nguyen, D.-H., & Sackett, P. R. (2001). A meta-analytic review of gender differences in perceptions of harassment. *Journal of Applied Psychology, 86,* 914—922.

Rowe, D. C. (1995). Evolution, mating effort, and crime. *Behavioral and Brain Sciences, 18,* 573—574.

Rozin, P. (1976). The selection of food by rats, humans and other animals. In J. Rosenblatt, R. A. Hinde, & E. Shaw (Eds.), *Advances in the study of behavior: Vol. 6* (pp. 21—76). New York: Academic Press.

Rozin, P. (1996). Towards a psychology of food and eating: From motivation to module to model to marker, morality, meaning and metaphor. *Current Directions in Psychological Science, 5,* 18—24.

Rozin, P., & Fallon, A. (1988). Body image, attitudes to weight, and misperceptions of figure preferences of the opposite sex: A comparison of men and women in two generations. *Journal of Abnormal Psychology, 97,* 342—345.

Rozin, P., & Nemeroff, C. (1990). The laws of sympathetic magic. In J. Stigler, R. Shweder, & G. Herdt (Eds.), *Cultural psychology* (pp. 205—232). Cambridge, UK: Cambridge University Press.

Rozin, P., & Schull, J. (1988). The adaptive-evolutionary point of view in experimental psychology. In R. C. Atkinson, R. J. Herrnstein, G. Lindzey, & R. D. Luce (Eds.), *Stevens' handbook of experimental psychology: Vol. 1. Perception and motivation* (2nd ed., pp. 503—546). New York: Wiley.

Rubin, P. H. (2000). Hierarchy. *Human Nature, 11,* 259—279.

Ruso, B., Renninger, L., & Atzwanger, K. (2003). Human habitat preferences: A generative territory for evolutionary aesthetics research. In E. Voland & K. Grammer (Eds.), *Evolutionary aesthetics* (pp. 279—294). Berlin: Springer Verlag.

Rushton, J. P. (1985). Differential K theory: The sociobiology of individual and group differences. *Personality and Individual Differences, 6,* 441—452.

Saad, G. (2007a). Suicide triggers as sex-specific threats in domains of evolutionary import. *Medical Hypotheses, 68,* 692—696.

Saad, G. (2007b). *The evolutionary bases of consumption.* Mahwah, NJ: Erlbaum.

Saad, G. (2008). Advertised waist-to-hip ratios of online female escorts: An evolutionary perspective. *International Journal of e-Collaboration, 4,* 40—50.

Saad, G., & Gill, T. (2001). Sex differences in the ultimatum game: An evolutionary psychological perspective. *Journal of Bioeconomics, 3,* 171—194.

Safilios-Rothschild, C. (1969). Attitudes of Greek spouses toward marital infidelity. In G. Neubeck (Ed.), *Extramarital relations* (pp. 78—79). Englewood Cliffs, NJ: Prentice-Hall.

Sagarin, B. J. (2005). Reconsidering evolved sex differences in jealousy: Comment on Harris (2003). *Personality and Social Psychology Review, 9,* 62—75.

Salmon, C. (2003). Birth order and relationships: Family, friends, and sexual partners. *Human Nature, 14,* 73—88.

Salmon, C., Crawford, C., Dane, L., & Zuberbier, O. (2008). Ancestral mechanisms in modern environments: Impact of competition and stressors on body image and dieting behavior. *Human Nature, 19,* 103—117.

Salmon, C. A. (1999). On the impact of sex and birth order on contact with kin. *Human Nature, 10,* 183—197.

Salmon, C. A., & Daly, M. (1998). Birth order and familial sentiment: Middleborns are different. *Evolution and Human Behavior, 19,* 299—312.

Salovey, P., & Rodin, J. (1984). Some antecedents and consequences of social-comparison jealousy. *Journal of Personality and Social Psychology, 47,* 780—792.

Salter, F., Grammer, K., & Rikowski, A. (2005). Sex differences in negotiating with powerful males. *Human Nature, 16,* 306—321.

Scarr, S., & Salapatek, P. (1970). Patterns of fear development during infancy. *Merrill-Palmer Quarterly, 16,* 53—90.

Schaefer, K., Fink, B., Grammer, K., Mitteroecker, P., Gunz, P., & Bookstein, F. L. (2006). Female appearance: Facial and bodily attractiveness as shape. *Psychology Science, 48,* 187—205.

Schaller, M., Park, J. H., & Faulkner, J. (2003). Prehistoric dangers and contemporary prejudices. *European Review of Social Psychology, 14,* 105—137.

Schaller, M., Simpson, J. A., & Kenrick, D. T. (2006). *Evolution and social psychology.* New York: Psychology Press.

Scheib, J. E. (1997, June). *Context-specific mate choice criteria: Women's trade-offs in the contexts of*

진화심리학

long-term and extra-pair mateships. Paper presented to the Annual Meeting of the Human Behavior and Evolution Society, University of Arizona, Tucson, AZ.

Scheib, J. E. (2001). Context-specific mate choice criteria: Women's trade-offs in the contexts of long-term and ex-tra-pair mateships. *Personal Relationships, 8,* 371—389.

Schlager, D. (1995). Evolutionary perspectives on paranoid disorder. *The Psychiatric Clinics of North America, 18,* 263—279.

Schlomer, G. L., Ellis, B. J., & Garber, J. (2010). Mother-child conflict and sibling relatedness: A test of hypotheses from parent-offspring conflict theory. *Journal of Research on Adolescence, 20,* 287—306.

Schmalt, H. D. (2006). Waist-to-hip ratio and female physical attractiveness: The moderating role of power motivation and the mating context. *Personality and Individual Differences, 41,* 455—465.

Schmitt, A., & Atzwanger, K. (1995). Walking fast, ranking high: A sociobiological perspective on pace. *Evolution and Human Behavior, 16,* 451—462.

Schmitt, D. P. (2005). Sociosexuality from Argentina to Zimbabwe: A 48-nation study of sex, culture, and strategies of human mating. *Behavioral and Brain Sciences, 28,* 247—311.

Schmitt, D. P. (2008). Research methods in evolutionary psychology. In C. Crawford & D. Krebs (Eds.), *Foundations of evolutionary psychology: Ideas, issues, and applications* (pp. 213—235). Mahwah, NJ: Lawrence Erlbaum.

Schmitt, D. P. and 118 members of the International Sexuality Description Project. (2003). Universal sex differences in the desire for sexual variety: Tests from 52 nations, 6 continents, and 13 islands. *Journal of Personality and Social Psychology, 85,* 85—104.

Schmitt, D. P. and 121 members of the International Sexuality Description Project. (2004). Patterns and universals of mate poaching across 53 nations: The effects of sex, culture, and personality on romantically attracting another person's partner. *Journal of Personality and Social Psychology, 86,* 560—584.

Schmitt, D. P., & Buss, D. M. (1996). Strategic self-promotion and competitor derogation: Sex and context effects on perceived effectiveness of mate attraction tactics. *Journal of Personality and Social Psychology, 70,* 1185—1204.

Schmitt, D. P., & Buss, D. M. (2001). Human mate poaching: Tactics and temptations for infiltrating existing relationships. *Journal of Personality and Social Psychology, 80,* 894—917.

Schmitt, D. P., Couden, A., & Baker, M. (2001). The effects of sex and temporal context on feelings of romantic desire: An experimental evaluation of sexual strategies theory. *Personality and Social Psychology Bulletin, 27,* 833—847.

Schmitt, D. P., & Shackelford, T. K. (2008). Big five traits related to short-term mating: From personality to promiscuity across 46 nations. *Evolutionary Psychology, 6,* 246—282.

Schmitt, D. P., Shackelford, T. K., & Buss, D. M. (2001). Are men really more "oriented" toward short-term mating than women? *Psychology, Evolution, & Gender, 3,* 211.239.

Schmitt, D. P., Youn, G., Bond, B., Brooks, S., Frye, H., et al. (2009). When will I feel love? The effects of culture, personality, and gender on the psychological tendency to love. *Journal of Research in Personality, 43,* 830—846.

Schutzwohl, A. (2004). Which infidelity type makes you more jealous? Decision strategies in a forced-choice between sexual and emotional infidelity. *Evolutionary Psychology, 2,* 121—128.

Schutzwohl, A. (2006). Sex differences in jealousy: Information search and cognitive preoccupation. *Personality and Individual Differences, 40,* 285—292.

Schutzwohl, A. (2008). Relief over the disconfirmation of the prospect of sexual and emotional infidelity. *Personality and Individual Differences, 44,* 666—676.

Schutzwohl, A., Fuchs, A., McKibben, W. F., & Shackelford, T. K. (2009). How willing are you to accept sexual requests from slightly unattractive to exceptionally attractive imagined requestors? *Human Nature, 20,* 282—293.

Schutzwohl, A., & Koch, S. (2004). Sex differences in jealousy: The recall of cues to sexual and emotional infidelity in personally more and less threatening conditions. *Evolution and Human Behavior, 25,* 249—257.

Scott, P. D. (1973). Fatal battered baby cases. *Medicine, Science, and the Law, 13,* 120—126.

Scott-Phillips, T. C. (2007). The social evolution of language, and the language of social evolution. *Evolutionary Psychology, 5,* 740.753.

Sear, R. (2008). Kin and child survival in rural Malawi: Are matrilineal kin always beneficial in a matrilineal society? *Human Nature, 19,* 277—293.

Sear, R., & Mace, R. (2008). Who keeps children alive? A review of the effects of kin on child survival. *Evolution and Human Behavior, 29,* 1—18.

Segal, N. (2011). Twin, adoption, and family methods as approached to the evolution of individual differences. In D. M. Buss & P. Hawley (Eds.), *The evolution of personality and individual differences.* New York: Oxford University Press.

Segal, N. L., Weisfeld, G. E., & Weisfeld, C. C. (1997). *Uniting psychology and biology: Integrative perspectives on human development.* Washington, DC: American Psychological Association.

Segal, N. L., Wilson, S. M., Bouchard, T. J., & Gitlin, D. G. (1995). Comparative grief experiences of bereaved twins and other bereaved relatives. *Personality and Individual Differences, 18,* 511—524.

Seligman, M., & Hager, J. (1972). *Biological boundaries of learning.* New York: Appleton-Century-Crofts.

Sesardic, N. (2003). Evolution of human jealousy: A just-so story or a just-so criticism? *Philosophy of the Social Sciences, 33,* 427—443.

Sell, A., Bryant, G. A., Cosmides, L., Tooby, J., Sznycer, D., von Rueden, C., Krauss, A., & Gurven, M. (2010). Adaptations in humans for assessing physical strength from the voice. *Proceedings of the Royal Society B.* doi:10.1098/rspb.2010.0769

Sell, A., Cosmides, L., Tooby, J., Sznycer, D., von Rueden, C., & Gurven, M. (2009). Human adaptations for the visual assessment of strength and fighting ability from the body and face. *Proceedings of the Royal Society B, 276,* 575—584.

Sell, A., Tooby, J., & Cosmides, L. (2009). Formidability and the logic of human anger. *Proceedings of the National Academy of Science, 106,* 15073—15078.

Shackelford, T. K., & Buss, D. M. (1996). Betrayal in mate-ships, friendships, and coalitions. *Personality and Social Psychology Bulletin, 22,* 1151—1164.

Shackelford, T. K., Buss, D. M., & Bennett, K. (2002). Forgiveness or breakup: Sex differences in responses to a partner's infidelity. *Cognition and Emotion, 16,* 299—307.

Shackelford, T. K., Buss, D. M., & Peters, J. (2000). Wife killing: Risk to women as a function of age. *Violence and Victims, 15,* 273—282.

Shackelford, T. K., Buss, D. M., & Weeks-Shackelford, V. (2003). Wife-killings committed in the context of a "lovers triangle." *Journal of Basic and Applied Social Psychology, 25,* 137—143.

Shackelford, T. K., Goetz, A. T., Buss, D. M., Euler, H. A., & Hoier, S. (2005). When we hurt the ones we love: Predicting violence against women from men's mate retention. *Personal Relationships, 12,* 447—463.

Shackelford, T. K., & Larsen, R. J. (1997). Facial asymmetry as indicator of psychological, emotional, and physiological distress. *Journal of Personality and Social Psychology, 72,* 456—466.

Shackelford, T. K., Michalski, R. L., & Schmitt, D. P. (2004). Upset in response to a child's partner's infidelities. *European Journal of Social Psychology, 34,* 489—497.

Shackelford, T. K., Voracek, M., Schmitt, D. P., Buss, D. M., Weekes-Shackelford, V. A., & Michalski, R. L. (2004). Romantic jealousy in early adulthood and later life. *Human Nature, 15,* 283—300.

Sheets, V. L., Fredendall, L. L., & Claypool, H. M. (1997). Jealousy evocation, partner reassurance, and relationship stability: An exploration of potential benefits of jealousy. *Evolution and Human Behavior, 18,* 387—402.

Shepard, R. N. (1992). The perceptual organization of colors: An adaptation to regularities of the terrestrial world? In J. Barkow, L. Cosmides, & J. Tooby (Eds.), *The adapted mind* (pp. 495—532). New York: Oxford University Press.

Shepher, J. (1971). Mate selection among second generation kibbutz adolescents and adults: Incest avoidance and negative imprinting. *Archives of Sexual Behavior, 1,* 293—307.

Sherman, P. W. (1977). Nepotism and the evolution of alarm calls. *Science, 197,* 1246—1253.

Sherman, P. W. (1981). Kinship, demography and Belding's ground squirrel nepotism. *Behavioral Ecology and Sociobiology, 8,* 251—259.

Sherman, P. W., & Flaxman, S. M. (2001). Protecting ourselves from food. *American Scientist, 89,* 142—151.

Sherman, P. W., & Hash, G. A. (2001). Why vegetable recipes are not very spicy. *Evolution and Human Behavior, 22,* 147—164.

Shinada, M., Yamagishi, T., & Ohmura, Y. (2004). False friends are worse than bitter enemies: "Altruistic" punishment of in-group members. *Evolution and Human Behavior, 25,* 379—393.

Short, R. V. (1979). Sexual selection and its component parts, somatic and genital selection, as illustrated by man and great apes. *Advances in the Study of Behavior, 9,* 131—158.

Shostak, M. (1981). *Nisa: The life and words of a !Kung woman.* Cambridge, MA: Harvard University Press.

Silverman, I., & Choi, J. (2005). Locating places. In D. M. Buss (Ed.), *The handbook of evolutionary psychology* (pp. 177—199). New York: Wiley.

Silverman, I., Choi, J., Mackewn, A., Fisher, M., Moro, J., & Olshansky, E. (2000). Evolved mechanisms underlying wayfinding: Further studies on the hunter-gatherer theory of spatial sex differences. *Evolution and Human Behavior, 21,* 201—213.

Silverman, I., Choi, J., & Peters, M. (2007). On the universality of sex-related spatial competencies. *Archives of Human Sexuality, 36,* 261—268.

Silverman, I., & Eals, M. (1992). Sex differences in spatial abilities: Evolutionary theory and data. In J. H. Barkow, L. Cosmides, & J. Tooby (Eds.), *The adapted mind* (pp. 533—549). New York: Oxford University Press.

Silverman, I., & Phillips, K. (1998). The evolutionary psychology of spatial sex differences. In C. Crawford & D. L. Krebs (Eds.), *Handbook of evolutionary psychology* (pp. 595—612). Mahwah, NJ: Erlbaum.

Simpson, G. G. (1944). *Tempo and mode in evolution.* New York: Columbia University Press.

Simpson, J. A., & Campbell, L. (2005). Methods of evolutionary sciences. In D. M. Buss (Ed.), *The handbook of evolutionary psychology* (pp. 119—144). New York: Wiley.

Simpson, J. A., & Weiner, W. S. C. (1989). *The Oxford English Dictionary* (2nd ed.). Oxford, UK: Clarendon Press.

Singer, T., Seymour, B., O'Doherty, J., Stephan, K. E., Dolan, R. J., & Frith, C. D. (2006). Empathic neural responses are modulated by the perceived fairness of others. *Nature, 439,* 466—469.

Singh, D. (1985). Evolutionary origins of the preference for alcohol. *Proceedings of the 34th*

International Congress on Alcoholism and Drug Dependence, 273—276.

Singh, D. (1993). Adaptive significance of waist-to-hip ratio and female physical attractiveness. *Journal of Personality and Social Psychology, 65,* 293—307.

Singh, D. (2000). Waist-to-hip ratio: An indicator of female mate value. International Research Center for Japanese Studies, *International Symposium 16,* 79—99.

Singh, D., & Bronstad, P. M. (1997). Sex differences in the anatomical locations of human body scarification and tattooing as a function of pathogen prevalence. *Evolution and Human Behavior, 18,* 403—416.

Singh, D., & Bronstad, P. M. (2001). Female body odor is a potential cue to ovulation. *Proceedings of the Royal Academy of London, B, 268,* 797—801.

Singh, D., & Randall, P. K. (2007). Beauty is in the eye of the plastic surgeon: Waist-to-hip ratio (WHR) and women's attractiveness. *Personality and Individual Differences.*

Singh, D., & Young, R. K. (1995). Body weight, waist-to-hip ratio, breasts, and hips: Role in judgments of female attractiveness and desirability for relationships. *Ethology and Sociobiology, 16,* 483—507.

Singh, D., Vidaurri, M., Zambarano, R. J., & Dabbs, J. M. (1999). Lesbian erotic role identification: Behavioral, morphological, and hormonal correlates. *Journal of Personality and Social Psychology, 76,* 1035—1049.

Sloman, L., & Gilbert, P. (Eds.), (2000). *Subordination and defeat: An evolutionary approach to mood disorders and their therapy.* Mahwah, NJ: Erlbaum.

Smith, E. A. (2004). Why do good hunters have higher reproductive success? Human Nature, 15, 343—364.

Smith, M. S., Kish, B. J., & Crawford, C. B. (1987). Inheritance of wealth as human kin investment. *Ethology and Sociobiology, 8,* 171—182.

Smith, P. K. (1979). The ontogeny of fear in children. In W. Sluckin (Ed.), *Fear in animals and man* (pp. 164—168). London: Van Nostrand.

Smith, R. L. (1984). Human sperm competition. In R. L. Smith (Ed.), *Sperm competition and the evolution of mating systems* (pp. 601—659). New York: Academic Press.

Smuts, B. B. (1985). Sex and friendship in baboons. New York: Aldine de Gruyter. Smuts, B. B. (1992). Men's aggression against women. *Human Nature, 6,* 1—32.

Smuts, B. B. (1995). The evolutionary origins of patriarchy. *Human Nature, 6,* 1—32.

Smuts, B. B., & Gubernick, D. J. (1992). Male-infant relationships in nonhuman primates: Paternal investment or mating effort? In B. S. Hewlett (Ed.), *Father-child relations: Cultural and bio-social contexts* (pp. 1—30). Hawthorne, NY: Aldine de Gruyter.

Sober, E., & Wilson, D. S. (1998). *Unto others: The evolution and psychology of unselfish behavior.* Cambridge, MA: Harvard University Press.

Sorokowski, P., & Pawlowski, B. (2008). Adaptive preferences for leg length in a potential partner. *Evolution and Human Behavior, 29,* 86—91.

Sperber, D., & Hirshfeld, L. (2004). The cognitive foundations of cultural stability and diversity. *Trends in Cognitive Science, 8,* 40—46.

Stanislaw, H., & Rice, F. J. (1988). Correlation between sexual desire and menstrual cycle characteristics. *Archives of Sexual Behavior, 17,* 499—508.

Starratt, V. G., Popp, D., & Shackelford, T. K. (2008). Not all men are sexually coercive: A preliminary investigation of the moderating effect of mate desirability on the relationship between female infidelity and male sexual coercion. *Personality and Individual Differences, 45,* 10—14.

Stearns, S. (1992). The evolution of life histories. New York: Oxford University Press.

Stephen, I. D. Coetzee, V., Smith, M. L., & Perrett, D. I. (2009). Skin blood perfusion and oxygenation colour affect perceived human health. *PLoS ONE, 4,* 1—7.

Sternberg, R. (1986). A triangular theory of love. *Psychological Review, 93,* 119—135.

Stevens, A., & Price, J. (1996). Evolutionary Psychiatry. London: Routledge.

Stevens, A., & Price, J. (2000). Evolutionary psychiatry (2nd ed.). London: Routledge.

Stevenson, R. J., Case, T. I., & Oaten, M. J. (2009). Frequency and recency of infection and their relationship with disgust and contamination sensitivity. *Evolution and Human Behavior, 30,* 363—368.

Stewart-Williams, S. (2008). Human beings as evolved nepotists: Exceptions to the rule and effects of costs of help. *Human Nature, 19,* 414—425.

Stillman, T. F., & Maner, J. K. (2009). A sharp eye for her SOI: Perception and misperception of female sociosexuality at zero acquaintance. *Evolution and Human Behavior, 30,* 124—130.

Stillman, T. F., Maner, J. K., & Baumeister, R. F. (2010). A thin slice of violence: Distinguishing violent from nonviolent sex offenders at a glance. *Evolution and Human Behavior, 31,* 298—303.

Stone, V. E., Cosmides, L., Tooby, J., Kroll, N., & Knight, R. T. (2002). Selective impairment of reasoning about social exchange in a patient with bilateral limbic system damage. *Proceedings of the National Academy of Sciences, 99,* 11531—11536.

Stoneking, M. (2003). Widespread prehistoric human cannibalism: Easier to swallow? *TRENDS in Ecology and Evolution, 18,* 489—490.

Strait, D. S., Grine, F. E., & Moniz, M. A. (1997). A reappraisal of early hominid phylogeny. *Journal of Human Evolution, 32,* 17—82.

Strassman, B. I. (1981). Sexual selection, parental care, and concealed ovulation in humans. *Ethology and Sociobiology, 2,* 31—40.

Stringer, C. (2002). *The evolution of modern humans: Where are we now?* London: The Natural History Museum.

Stringer, C., & McKie, R. (1996). *African exodus: The origins of modern humanity.* New York: Henry Holt.

Strout, S. L., Laird, J. D., Shafer, A., & Thompson, N. S. (2005). The effect of vividness of experience on sex differences in jealousy. *Evolutionary Psychology, 3,* 263—274.

Studd, M. V., & Gattiker, U. E. (1991). The evolutionary psychology of sexual harassment in organizations. *Ethology and Sociobiology, 12,* 249—290.

Sugiyama, L. (2004a). Is beauty in the context-sensitive adaptations of the beholder? Shiwiar use of waist-to-hip ratio in assessments of female mate value. *Evolution and Human Behavior, 25,* 51—62.

Sugiyama, L. (2004b). Does the occurrence and duration of health insults among Shiwiar foragerhorticulturalists indicate that health care provisioning reduces juvenile mortality? *Socioeconomic Aspects of Human Behavioral Ecology: Research in Economic Anthropology, 23,* 377—400.

Sugiyama, L. (2005). Physical attractiveness in adaptationist perspective. In D. M. Buss (Ed.), *The handbook of evolutionary psychology* (pp. 292—342). New York: Wiley.

Sugiyama, L. S., Tooby, J., & Cosmides, L. (2002). Cross-cultural evidence of cognitive adaptations for social exchange among the Shiwiar of Equadorian Amazonia. *Proceedings of the National Academy of Sciences, 99,* 11537—11542.

Sulloway, F. (1996). Born to rebel. New York: Pantheon.

Sulloway, F. (2011). Why siblings are like Darwin's finches: Birth order, sibling competition, and adaptive divergence within the family. In D. M. Buss & P. H. Hawley (Eds.), *The evolution of personality and individual differences*. New York: Oxford University Press.

Surbey, M. K. (1998a). Developmental psychology and modern Darwinism. In C. Crawford & D. Krebs (Eds.), *Handbook of evolutionary psychology* (pp. 369—403). Mahwah, NJ: Erlbaum.

Surbey, M. K. (1998b). Parent and offspring strategies in the transition at adolescence. *Human Nature, 9,* 67—94.

Surbey, M. K., & Conohan, C. D. (2000). Willingness to engage in casual sex: The role of parental qualities and perceived risk of aggression. *Human Nature, 11,* 367—386.

Swami, V., Einon, D., & Furnham, A. (2006). The legto-body ratio as a human aesthetic criterion. *Body Image, 3,* 317—323.

Swami, V., Frederick, D. A., Aavik, T., Alcalay, L., Allik, J., et al. (2010). The attractive female body weight and female body dissatisfaction in 26 countries across 10 world regions: Results of the International Body Project I. *Personality and Social Psychology Bulletin, 36,* 309—325.

Swami, V., Miller, R., Furnham, A., Penke, L., & Tovee, M. J. (2008). *Personality and Individual Differences, 44,* 98—107.

Symons, D. (1979). *The evolution of human sexuality.* New York: Oxford.

Symons, D. (1989). The psychology of human mate preferences. *Behavioral and Brain Sciences, 12,* 34—45.

Symons, D. (1992). On the use and misuse of Darwinism in the study of human behavior. In J. Barkow, L. Cosmides, & J. Tooby (Eds.), *The adapted mind* (pp. 137—159). New York: Oxford University Press.

Symons, D. (1993). How risky is sex? *The Journal of Sex Research, 30,* 344—346.

Symons, D. (1995). Beauty is in the adaptations of the beholder: The evolutionary psychology of human female sexual attractiveness. In P. R. Abramson & S. D. Pinkerton (Eds.), *Sexual nature, sexual culture* (pp. 80—118). Chicago: University of Chicago Press.

Tadinac, M., & Hromatko, I. (2007). Own mate value and relative importance of a potential mate's qualities. *Studia Psychologica, 49,* 251—263.

Takahashi, H., Matsuura, M., Yahata, N., Koeda, M., Suhara, T., & Okubo, Y. (2006). Men and women show distinct brain activations during imagery of sexual and emotional infidelity. *NeuroImage, 32,* 1299—1307.

Tanner, N. M. (1983). Hunters, gatherers, and sex roles in space and time. *American Anthropologist, 85,* 335—341.

Tanner, N. M., & Zihlman, A. (1976). Women in evolution part 1: Innovation and selection in human origins. *Signs: Women, Culture, and Society, 1,* 585—608.

Tattersall, I. (2000). Paleoanthropology: The last halfcentury. *Evolutionary Anthropology, 9,* 2—16.

Taylor, P. A., & Glenn, N. D. (1976). The utility of education and attractiveness for females' status attainment through marriage. *American Sociological Review, 41,* 484—498.

Taylor, S. E., Klein, L. C., Lewis, B. P., Gruenewald, T. L., Gurung, R. A. R., & Updegraff, J. A. (2000). Biobehavioral responses to stress in females: Tend-and-befriend, not fight-or-flight. *Psychological Review, 107,* 411—429.

Templeton, A. R. (2005). Haplotype trees and modern human origins. *Yearbook of Physical Anthropology, 48,* 33—59.

Templeton, A. R. (2007). Genetics and recent human evolution. *Evolution, 61*(7), 1507—1519.

ter Laak, J. J. F., Olthof, T., & Aleva, E. (2003). Sources of annoyance in close relationships: Sex-related differences in annoyance with partner behaviors. *The Journal of Psychology, 137,* 545—559.

Terpstra, D. E., & Cook, S. E. (1985). Complainant characteristics and reported behaviors and consequences associated with formal sexual harassment charges. *Personnel Psychology, 38,*

559—574.

Tessman, I. (1995). Human altruism as a courtship display. *Oikos, 74,* 157—158.

Thakerar, J. N., & Iwawaki, S. (1979). Cross-cultural comparisons in interpersonal attraction of females toward males. *Journal of Social Psychology, 108,* 121—122.

Thiessen, D. D. (1972). A move toward species-specific analysis in behavior genetics. *Behavior Genetics, 2,* 115—126.

Thompson, A. P. (1983). Extramarital sex: A review of the research literature. *Journal of Sex Research, 19,* 1—22.

Thompson, S. (1955). *Motif-index of folk-literature.* Vols. 1.6. Bloomington, IN: Indiana University Press.

Thomson, J. W., Patel, S., Platek, S. M., & Shackelford, T. K. (2007). Sex differences in implicit association and attentional demands for information about infidelity. *Evolutionary Psychology, 5,* 569—583.

Thornhill, R. (1980). Rape in Panorpa scorpionflies and a general rape hypothesis. *Animal Behavior, 28,* 52—59.

Thornhill, R., & Gangestad, S. W. (2006). Facial sexual dimorphism, developmental stability, and susceptibility to disease in men and women. *Evolution and Human Behavior, 27,* 131—144.

Thornhill, R., & Møeller, A. P. (1997). Developmental stability, disease, and medicine. *Biological Review, 72,* 497—548.

Thornhill, R., & Palmer, C. (2000). *A natural history of rape: Biological bases of sexual coercion.* Cambridge, MA: MIT Press.

Thornhill, R., & Thornhill, N. (1983). Human rape: An evolutionary perspective. *Ethology and Sociobiology, 4,* 137—173.

Thornhill, R., & Thornhill, N. (1992). The evolutionary psychology of men's coercive sexuality. *Behavioral and Brain Sciences, 15,* 363—421.

Tierson, F. D., Olsen, C. L., & Hook, E. B. (1985). Influence of cravings and aversions on diet in pregnancy. *Ecology of Food and Nutrition, 17,* 117—129.

Tierson, F. D., Olsen, C. L., & Hook, E. B. (1986). Nausea and vomiting of pregnancy and association with pregnancy outcome. *American Journal of Obstetrics and Gynecology, 155,* 1017—1022.

Tiger, L. (1975). Women in the Kibbutz. New York: Harcourt, Brace, Janovich.

Tiger, L. (1996). My life in the human nature wars. *The Wilson Quarterly, 20,* 14—25.

Tiger, L., & Fox, R. (1971). *The imperial animal.* New York: Holt, Rinehart, & Winston.

Tinbergen, N. (1951). *The study of instinct.* New York: Oxford University Press.

Tinbergen, N. (1963). The shell menace. *Natural History, 72,* 28—35.

Tither, J. M., & Ellis, B. J. (2008). Impact of fathers on daughters' age of menarche: A genetically and environmentally controlled sibling study. *Developmental Psychology, 44,* 1409—1420.

Todd, P. M., Hertwig, R., & Hoffrage, U. (2005). Evolutionary cognitive psychology. In D. M. Buss (Ed.), *The handbook of evolutionary psychology* (pp. 776.802). New York: Wiley.

Todd, P. M., Penke, L., Fasolo, B., & Lenton, A. P. (2007). Different cognitive processes underlie human mate choice and mate preferences. *PNAS, 104,* 15011—15016.

Todosijevic, B., Ljubinkovic, S., & Arancic, A. (2003). Mate selection criteria: A trait desirability assessment study of sex differences in Serbia. *Evolutionary Psychology, 1,* 116—126.

Toma, C. L., Hancock, J. T., & Ellison, N. B. (2008). Separating fact from fiction: An examination of deceptive self-presentation in online dating profiles. *Personality and Social Psychology Bulletin, 34,* 1023—1036.

Tooby, J., & Cosmides, L. (1988). *The evolution of war and its cognitive foundations.* Institute for Evolutionary Studies, Technical Report #88-1.

Tooby, J., & Cosmides, L. (1990). On the universality of human nature and the uniqueness of the individual: The role of genetics and adaptation. *Journal of Personality, 58,* 17—68.

Tooby, J., & Cosmides, L. (1992). Psychological foundations of culture. In J. Barkow, L. Cosmides, & J. Tooby (Eds.), *The adapted mind* (pp. 19—136). New York: Oxford University Press.

Tooby, J., & Cosmides, L. (1996). Friendship and the banker's paradox: Other pathways to the evolution of adaptations for altruism. *Proceedings of the British Academy, 88,* 119—143.

Tooby, J., & Cosmides, L. (1998). *Ecological rationality and the multimodular mind: Grounding normative theories in adaptive problems.* Unpublished manuscript, University of California, Santa Barbara.

Tooby, J., & Cosmides, L. (2005). Conceptual foundations of evolutionary psychology. In D. M. Buss (Ed.), *The handbook of evolutionary psychology* (pp. 5—67). New York: Wiley.

Tooby, J., and Cosmides, L. (2010). Groups in mind: The coalitional roots of war and morality. In H. H øgh-Olesen (Ed.), *Human morality and sociality: Evolutionary and comparative perspectives.* New York: Palgrave MacMillan.

Tooby, J., Cosmides, L., & Price, M. E. (2006). Cognitive adaptations for n-person exchange: The evolutionary roots of organizational behavior. *Managerial and Decision Economics, 27,* 103—129.

Tooby, J., & DeVore, I. (1987). The reconstruction of hominid behavioral evolution through strategic modeling. In W. G. Kinzey (Ed.), *The evolution of human behavior* (pp. 183—237). New York: State University of New York Press.

Tooke, W., & Camire, L. (1991). Patterns of deception in intersexual and intrasexual mating strategies. *Ethology and Sociobiology, 12,* 345—364.

Tooley, G. A., Karakis, M., Stokes, M., & Ozanne-Smith, J. (2006). Generalising the Cinderella effect to unintentional childhood fatalities. *Evolution and Human Behavior, 27,* 224—230.

Townsend, J. M. (1998). *What women want.what men want: Why the sexes still see love and commitment so differently.* New York: Oxford University Press.

Townsend, J. M., & Wasserman, T. (1998). Sexual attractiveness: Sex differences in assessment criteria. *Evolution and Human Behavior, 19,* 171—191.

Trinkaus, E., & Zimmerman, M. R. (1982). Trauma among the Shanidar Neandertals. *American Journal of Physical Anthropology, 57,* 61—76.

Trivers, R. (1974). Parent-offspring conflict. *American Zoologist, 14,* 249—264.

Trivers, R. (1985). *Social evolution.* Menlo Park, CA: Benjamin/Cummings.

Trivers, R. L. (1971). The evolution of reciprocal altruism. *Quarterly Review of Biology, 46,* 35—57.

Trivers, R. L. (1972). Parental investment and sexual selection. In B. Campbell (Ed.), *Sexual selection and the descent of man: 1871—1971* (pp. 136—179). Chicago: Aldine.

Trivers, R. L., & Willard, D. E. (1973). Natural selection of parental ability to vary the sex ratio of offspring. *Science, 179,* 90—92.

Tversky, A., & Kahneman, D. (1974). Judgment under uncertainty: Heuristics and biases. *Science, 185,* 1124—1131.

Tyber, J. M., Lieberman, D., & Griskevicius, V. (2009). Microbes, mating, and morality: Individual differences in three functional domains of disgust. *Journal of Personality and Social Psychology, 97,* 103—122.

U.S. Census Bureau. (1978). 1976 survey of institutionalized persons: A study of persons receiving long-term care. *Current population reports.* (Special Studies Series P-23, No. 69). Washington, DC: U.S. Government Printing Office.

Udry, J. R., & Eckland, B. K. (1984). Benefits of being attractive: Differential payoffs for men and women. *Psychological Reports, 54,* 47—56.

진화심리학

Ulijaszek, S. J. (2002). Human eating behaviour in an evolutionary ecological context. *Proceedings of the Nutrition Society, 61*, 517—526.

Ulrich, R. (1983). Aesthetic and affective response to natural environment. In I. Altman & J. F. Wohlwill (Eds.), *Behavior and the natural environment* (pp. 85—125). New York: Plenum.

Ulrich, R. (1984). View through a window may influence recovery from surgery. *Science, 224*, 420—421.

Ulrich, R. (1986). Human response to vegetation and landscapes. *Landscape and Urban Planning, 13*, 29—44.

Van Anders, S. M., Hamilton, L. D., & Watson, N. V. (2007). Multiple partners are associated with higher testosterone in North American men and women. *Hormones and Behavior, 51*, 454—459.

van den Berghe,, Q., , P. L., & Frost, P. (1986). Skin color preference, sexual dimorphism and sexual selection: A case of gene culture coevolution. *Ethnic and Racial Studies, 9*, 87—113.

van der Dennen, J. M. G. (1995). The origin of war (Vols. 1 & 2). Groningen, The Netherlands: Origin Press.

van der Linde, I., Rajashekar, U., Bovik, A. C., & Cormack, L. K. (2009). Visual memory for fixated regions of natural scenes dissociates attraction and recognition. *Perception, 38*, 1152—1171.

van Gulik, R. H. (1974). *Sexual life in ancient China.* London: E. J. Brill.

van Vugt, M., & van Lange, P. A. M. (2006). The altruism puzzle: Psychological adaptations for prosocial behavior. In M. Schaller, J. A. Simpson, & D. T. Kenrick (Eds.), *Evolution and social psychology* (pp. 237—262). New York: Psychology Press.

van Vugt, M. (2006). The evolutionary origins of leadership and followership. *Personality and Social Psychology Review, 10*, 354—372.

van Vugt, M. (2009). Sex differences in intergroup aggression and violence: The male warrior hypothesis. *Annals of the New York Academy of Sciences, 1167*, 124—134.

van Vugt, M., & Hardy, C. L. (2009). Cooperation through competition: Conspicuous contributions as costly signals in public goods. *Group Processes & Intergroup Relations, 1*—11.

van Vugt, M., Hogan, R., & Kaiser, R. B. (2008). Leadership, followership, and evolution: Some lessons from the past. *American Psychologist, 63*, 182—196.

Vanneste, S., Verplaetse, J., Van Hiel, A., & Braeckman, J. (2007). Attention bias toward noncooperative people: A dot probe classification study in cheating detection. *Evolution and Human Behavior, 28*, 272—276.

Vasey, P. L., & VanderLaan, D. P. (2010). Avuncular tendencies and the evolution of male androphilia in Fa' afafine. *Archives of Sexual Behavior, 39*, 821—830.

Vayda, A. P. (1961). A re-examination of Northwest Coast economic systems. *Transactions of the New York Academy of Sciences, (Series 2), 23*, 618—624.

Vigil, J. M. (2007). Asymmetries in the friendship preferences and social styles of men and women. *Human Nature, 18*, 143—161.

Vigil, J. M., Geary, D. C., & Byrd-Craven, J. (2005). A life history assessment of early childhood sexual abuse in women. *Developmental Psychology, 41*, 553—561.

Voland, E., & Engel, C. (1990). Female choice in humans: A conditional mate selection strategy of the Krummerhorn women (Germany 1720.1874). *Ethology, 84*, 144—154.

von Rueden, C., Gurven, M., & Kaplan, H. (2008). The multiple dimensions of male social status in an Amazonian society. *Evolution and Human Behavior, 29*, 402—415.

Voyer, B., Postma, A., Brake, B., & Imperato-McGinley, J. (2007). Gender differences in object location memory: A meta-analysis. *Psychonomic Bulletin & Review, 14*, 23—38.

Wade, N. (1997, June 24). Dainty worm tells secrets on the human genetic code. *New York Times*, p.

B9.

Wade, T. J., Auer, G., & Roth, T. M. (2009). What is love: Further investigation of love acts. *Journal of Social, Evolutionary, and Cultural Psychology, 3,* 290—304.

Wakefield, J. C. (1992). The concept of mental disorder: On the boundary between biological facts and social values. *American Psychologist, 47,* 373—388.

Walker, P. (1995). *Documenting patterns of violence in earlier societies: The problems and promise of using bioarchaeological data for testing evolutionary theories.* Paper presented at the Annual Conference of the Human Behavior and Evolution Society, Santa Barbara, CA: July 2.

Walker, P. L. (2001). A bioarcheological perspective on the history of violence. *Annual Review of Anthropology, 30,* 573—596.

Wallace, A. R. (1858). On the tendency of varieties to depart indefinitely from the original type. *Journal of the Proceedings of the Linnean Society (Zoology), 3,* 53—62.

Waller, A. L. (1993). The Hatfield-McCoy feud. In W. Graebner (Ed.), *True stories from the American past* (pp. 35—54). New York: McGraw-Hill.

Walsh, A. (1995). Parental attachment, drug use, and facultative sexual strategies. Social Biology, 42, 95.107. Walsh, A. (1999). Life history theory and female readers of pornography. *Personality and Individual Differences, 27,* 779—787.

Wang, X. T. (1996). Evoltuionary hypotheses of risk-sensitive choice: Age differences and perspective change. *Ethology and Sociobiology, 17,* 1—15.

Ward, J., & Voracek, M. (2004). Evolutionary and social cognitive explanations of sex differences in romantic jealousy. *Australian Journal of Psychology, 56,* 165—171.

Wason, P. (1966). Reasoning. In B. M. Foss (Ed.), *New horizons in psychology.* London: Penguin.

Watson, D., & Burlingame, A. W. (1960). *Therapy through horticulture.* New York: Macmillan.

Watson, J. B. (1924). *Behaviorism.* New York: Norton.

Watson, N. V. (2001). Sex differences in throwing: Monkeys having a fling. *Trends in Cognitive Science, 5,* 98—99.

Watson, P. J., & Andrews, P. W. (2002). Toward a revised evolutionary adaptationist analysis of depression: The social navigation hypothesis. *Journal of Affective Disorders, 72,* 1—14.

Waynforth, D. (2007). Mate choice copying in humans. *Human Nature, 18,* 264—271.

Waynforth, D., Delwadia, S., & Camm, M. (2005). The influence of women's mating strategies on preference for masculine facial architecture. *Evolution and Human Behavior, 26,* 409—416.

Waynforth, D., & Dunbar, R. I. M. (1995). Conditional mate choice strategies in humans: Evidence from "lonely hearts" advertisements. *Behaviour, 132,* 755—779.

Waynforth, D., Hurtado, A. M., & Hill, K. (1998). Environmentally contingent reproductive strategies in Mayan and Ache males. *Evolution and Human Behavior, 19,* 369—385.

Webster, G. D. (2008). The kinship, acceptance, and rejection model of altruism and aggression (KARMAA): Implications for interpersonal and intergroup aggression. *Group Dynamics, 12,* 27—38.

Webster, G. D., Bryan, A., Crawford, C. B., McCarthy, L., & Cohen, B. H. (2008). Lineage, sex, and wealth as moderators of kin investment. *Human Nature, 19,* 189—210.

Weeden, J., Abrams, M. J. K., Green, M. C., & Sabini, J. (2006). Do high status people really have fewer children? Education, income, and fertility in contemporary U.S. *Human Nature, 17,* 277—392.

Weinberg, E. D. (1984). Iron withholding: A defense against infection and neoplasia. *Physiological Review, 64,* 65—102.

Weisfeld, G. E (1997a). Puberty rites as clues to the nature of human adolescence. *Cross-Cultural Research, 31,* 27—54.

Weisfeld, G. E. (1997b). Discrete emotions theory with specific reference to pride and shame. In N. L. Segal, G. E.Weisfeld, & C. C. Weisfeld (Eds.), *Uniting psychology and biology* (pp. 419—443). Washington, DC: American Psychological Association.

Weisfeld, G. E., & Billings, R. (1988). Observations on adolescence. In K. B. MacDonald (Ed.), *Sociobiological perspectives on human development* (pp. 207—233). New York: Springer-Verlag.

Weisfeld, G. E., Czilli, T., Phillips, K. A., Gall, J. A., & Lichtman, C. M. (2003). Possible olfaction-based mechanisms in human kin recognition and inbreeding avoidance. *Journal of Experimental Child Psychology, 85,* 279—295.

Weiss, D. L., & Slosnerick, M. (1981). Attitudes toward sexual and nonsexual extramarital involvements among a sample of college students. *Journal of Marriage and the Family, 43,* 349—358.

Weissner, P. (1982). Risk, reciprocity and social influences on !Kung San economics. In E. Leacock & R. B. Lee (Eds.), *Politics and history in band societies.* Cambridge, UK: Cambridge University Press.

Wellman, H. (1990). *The child's theory of mind.* Cambridge, MA: MIT Press.

Wellman, H. H., Cross, D., & Watson, J. (2001). Meta-analysis of theory-of-mind development: The truth about false belief. *Child Development, 72,* 655—684.

West, S. A., Griffin, A. S., & Gardner, A. (2007). Social semantics: Altruism, cooperation, mutualism, strong reciprocity, and group selection. *European Society for Evolutionary Biology, 20,* 415—432.

White, G. L. (1980). Inducing jealousy: A power perspective. *Personality and Social Psychology Bulletin, 6,* 222—227.

White, R. E., Thornhill, S., & Hampson, E. (2006). Entrepreneurs and evolutionary biology: The relationship between testosterone and new venture creation. *Organization Behavior and Human Decision Processes, 100,* 21—34.

Whitehurst, R. N. (1971). Violence potential in extramarital sexual responses. *Journal of Marriage and the Family, 33,* 683—691.

Whiting, B., & Edwards, C. P. (1988). *Children of different worlds.* Cambridge, MA: Harvard University Press.

Whitty, M. T., & Quigley, L. -L. (2008). Emotional and sexual infidelity offline and in cyberspace. *Journal of Marriage and the Family, 34,* 461—468.

Wicker, F. W., Payne, G. C., & Morgan, R. D. (1983). Participant descriptions of guilt and shame. *Motivation and Emotion, 7,* 25—39.

Wiederman, M. W. (1993). Evolved gender differences in mate preferences: Evidence from personal advertisements. *Ethology and Sociobiology, 14,* 331—352.

Wiederman, M. W., & Allgeier, E. R. (1992). Gender differences in mate selection criteria: Sociobiological or socioeconomic explanation? *Ethology and Sociobiology, 13,* 115—124.

Wiederman, M. W., & Kendall, E. (1999). Evolution, sex, and jealousy: Investigation with a sample from Sweden. *Evolution and Human Behavior, 20,* 121—128.

Wiessner, P. (2002). Hunting, healing, and hzaro exchange: A long-term perspective on !Kung (Ju/' hoansi) large-game hunting. *Evolution and Human Behavior, 23,* 407—436.

Wilkinson, G. W. (1984). Reciprocal food sharing in the vampire bat. *Nature, 308,* 181—184.

Willerman, L. (1979). *The psychology of individual and group differences.* San Francisco: Freeman.

Willerman, L., Loehlin, J. C., & Horn, J. M. (1992). An adoption and a cross-fostering study of the Minnesota Multiphasic Personality Inventory (MMPI) Psychopathic Deviate scale. *Behavior Genetics, 22,* 515—529.

Williams, G. C. (1957). Pleiotropy, natural selection, and the evolution of senescence. *Evolution, 11,* 398—411.

Williams, G. C. (1966). *Adaptation and natural selection.* Princeton, NJ: Princeton University Press.

Williams, G. C. (1975). *Sex and evolution*. Princeton, NJ: Princeton University Press.

Williams, G. C. (1992). *Natural selection*. New York: Oxford University Press.

Williams, G. C., & Nesse, R. M. (1991). The dawn of Darwinian medicine. *Quarterly Review of Biology, 66,* 1—22.

Williams, K. D., Cheung, C. K. T., & Choi, W. (2000). *Cyberostracism: Effects of being ignored over the internet,* 748—762.

Wilson, D. S. (1994). Adaptive genetic variation and human evolutionary psychology. *Ethology and Sociobiology, 15,* 219—235.

Wilson, D. S. (1995). Sociopathy within and between small groups. *Behavioral and Brain Sciences, 18,* 577.

Wilson, D. S. (1998). Game theory and human behavior. In L. A. Dugatkin & H. K. Reeve (Eds.), *Game theory and animal behavior* (pp. 261—282). New York: Oxford University Press.

Wilson, D. S. (2007). *Evolution for everyone: How Darwin's theory can change the way we think about our lives.* New York: Delacorte Press.

Wilson, D. S., & Sober, E. (1994). Reintroducing group selection to the human behavioral sciences. *Behavioral and Brain Sciences, 17,* 585—654.

Wilson, D. S., van Vugt, M., & O'Gorman, R. (2008). Multilevel selection theory and major evolutionary transitions: Implications for psychological science. *Current Directions in Psychological Science, 17,* 6—9.

Wilson, E. O. (1975). *Sociobiology: The new synthesis.* Cambridge, MA: Harvard University Press.

Wilson, E. O. (1998). *Consilience: The unity of knowledge.* New York: Knopf.

Wilson, G. D. (1987). Male.female differences in sexual activity, enjoyment, and fantasies. *Personality and Individual Differences, 8,* 125—126.

Wilson, G. D. (1997). Gender differences in sexual fantasy: An evolutionary analysis. *Personality and Individual Differences, 22,* 27—31.

Wilson, G. D., Cousins, J. M., & Fink, B. (2006). The CQ as a predictor of speed-date outcomes. *Sexual and Relationship Therapy, 21,* 163—169.

Wilson, K., Demetrioff, S., & Porter, S. (2008). A pawn by any other name? Social information processing as a function of psychopathic traits. *Journal of Research in Personality, 42,* 1651—1656.

Wilson, M., & Daly, M. (1985). Competitiveness, risktaking, and violence: The young male syndrome. *Ethology and Sociobiology, 6,* 59—73.

Wilson, M., & Daly, M. (1992). The man who mistook his wife for a chattel. In J. Barkow, L. Cosmides, & J. Tooby (Eds.), *The adapted mind: Evolutionary psychology and the generation of culture* (pp. 289—322). New York: Oxford University Press.

Wilson, M., & Daly, M. (1993). An evolutionary psychological perspective on male sexual proprietariness and violence against wives. *Violence and Victims, 8,* 271—294.

Wilson, M., & Daly, M. (1996). Male sexual proprietariness and violence against wives. *Current Directions in Psychological Science, 5,* 2—7.

Wilson, M., Johnson, H., & Daly, M. (1995). Lethal and nonlethal violence against wives. *Canadian Journal of Criminology, 37,* 331—361.

Wilson, M., & Mesnick, S. L. (1997). An empirical test of the bodyguard hypothesis. In P. A. Gowaty (Ed.), *Feminism and evolutionary biology: boundaries, ntersections, and frontiers.* New York: Chapman & Hall.

Wilson, P. R. (1968). Perceptual distortion of height as a function of ascribed academic status. *Journal of Social Psychology, 74,* 97.

Wohlrab, S., Fink, B., Kappeler, P. M., & Brewer, G. (2009). Differences in personality attributions toward tattooed and nontattooed virtual human characters. *Journal of Individual Differences, 30*, 1—5.

Wolpoff, M. H., & Caspari, R. (1996). *Race and human evolution: A fatal attraction*. New York: Simon & Schuster.

Wolpoff, M. H., Hawks, J., Frayer, D. W., & Huntley, K. (2001). Modern human ancestry at the peripheries: A test of the replacement theory. *Science, 291*, 293—297.

Wrangham, R. (2004). Killer species. *Deedalus, 133*, 25—35.

Wrangham, R., & Peterson, D. (1996). *Demonic males*. Boston: Houghton Mifflin.

Wrangham, R. W. (1993). The evolution of sexuality in chimpanzees and bonobos. *Human Nature, 4*, 47—79.

Wrangham, R. W., Jones, J. H., Laden, G., Pilbeam, D., & Conklin-Brittain, N. (1999). The raw and the stolen: Cooking and the ecology of human origins. *Current Anthropology, 40*, 567—594.

Wynne-Edwards, V. C. (1962). *Animal dispersion in relation to social behavior*. Edinburgh, UK: Oliver & Boyd.

Yamagishi, T., Tanida, S., Mashima, R., Shimona, E., & Kanazawa, S. (2003). You can judge a book by its cover: Evidence that cheaters may look different from cooperators. *Evolution and Human Behavior, 24*, 290—301.

Yerushalmy, J., & Milkovich, L. (1965). Evaluation of the teratogenic effects of meclizine in man. *American Journal of Obstetrics and Gynecology, 93*, 553—562.

Yosef, R. (1991, June). Female seek males with ready cache. *Natural History, 37*.

Young, R. R., & Thiessen, D. (1992). The Texas rape scale. *Ethology and Sociobiology, 13*, 19—33.

Yu, D. W., & Shepard, G. H. (1998). Is beauty in the eye of the beholder? *Nature, 396*, 321—322.

Yuki, M., & Yokota, K. (2009). The primal warrior: Outgroup threat priming enhances intergroup discrimination in men but not women. *Journal of Experimental social psychology, 45*, 271—274.

Zahavi, A. (1977). The costs of honesty (Further remarks on the handicap principle). *Journal of Theoretical Biology, 67*, 603—605.

Zahavi, A. (1995). Altruism as a handicap: The limitations of kin selection and reciprocity. *Journal of Avian Biology, 26*, 1—3.

Zahavi, A., & Zahavi, A. (1996). *The handicap principle*. New York: Oxford University Press.

Zerjal, T., Xue, Y., Bertorelle, G., Wells, R. S., Bao, W., Zhu, S., et al. (2003, January 17). The genetic legacy of the Mongols. *American Journal of Human Genetics*. Published electronically.

Zihlman, A. L. (1981). Women as shapers of the human adaptation. In F. Dahlberg (Ed.), *Woman the gatherer* (pp. 77—120). New Haven, CT: Yale University Press.

진화심리학

진화심리학

| 지은이 |

데이비드 버스David Buss

데이비드 버스는 인간의 마음과 행동을 체계적으로 탐구하여 21세기 가장 각광받는 학문으로 자리 잡은 진화심리학의 토대를 세운 대표적 인물이다. 1981년에 캘리포니아 대학교(버클리)에서 성격심리학 전공으로 박사학위를 받은 후, 하버드 대학교에서 4년간 조교수로 재직하면서 진화심리학으로 연구 방향을 설정하게 되었다. 그 후 미시간 대학교에서 11년간 학생들을 가르치며 남녀 성 심리에 대한 탁월한 연구 결과를 잇따라 발표했다. 현재 텍사스 대학교(오스틴)에서 심리학과 교수로 재직 중이다.

버스는 인간의 행동 중에서 특히 '짝짓기'와 '죽이기'에 연구 초점을 맞추어, 짝짓기 전략과 남녀 간 갈등, 지위, 사회적 명성, 질투, 살인, 스토킹 등 다양한 주제에 대해 혁신적이고 논쟁적인 연구 활동을 해왔다. 200편이 넘는 논문을 발표하여 학계의 주목을 받는 동시에, 다양한 저서를 통해 일반 대중에게 진화심리학을 소개하고 있다. 그 연구 성과가 학계와 출판·언론계에서 거듭 인용되어 로이터에서 "가장 많이 인용된 연구자 Highly Cited Researcher"로 선정되기도 했다.

진화심리학 분야의 대표적 학회인 '인간 행동과 진화 학회The Human Behavior and Evolution Society'의 회장으로 활동했으며, 텍사스 대학교 우수 강의상, 미국 심리학회 훌륭한 과학자 상을 받았다. 미국의 심리학 전문학지 〈아메리칸 사이콜로지스트〉 자문 위원 및 편집 위원으로 활동했고, 쓴 책으로《욕망의 진화》,《이웃집 살인마》,《위험한 열정 질투》,《여자가 섹스를 하는 237가지 이유》 등이 있다. 이 책《진화심리학》은 급속히 성장하는 새로운 학문의 전체를 조감하고 체계적인 해설로 진화심리학이 받아온 여러 오해를 풀어주어, 세계의 여러 명문 대학에서 교과서로 쓰이고 있다.

www.davidbuss.com

| 옮긴이 |

이충호

서울대학교 사범대학 화학과를 졸업하고, 2012년 현재 과학도서 전문 번역가로 활동하고 있다. 2001년《신은 왜 우리 곁을 떠나지 않았는가》로 제20회 한국과학기술도서(대한출판문화협회) 번역상을 수상했다. 옮긴 책으로는《루시퍼 이펙트》,《많아지면 달라진다》,《우주의 비밀》,《사라진 스푼》,《루시, 최초의 인류》 등 300여 권이 있다.

| 감수 |

최재천

서울대학교 동물학과를 졸업하고, 펜실베이니아 주립대학교와 하버드 대학교에서 생물학 석·박사학위를 받았다. 서울대학교 생물학과 교수를 지냈으며 현재 이화여자대학교 에코과학부 석좌 교수, 에코과학연구소 소장으로 있다. 1989년 미국곤충학회 젊은 과학자상, 2000년 대한민국과학문화상을 수상했다. 국제학술지 〈진화심리학Evolutionary Psychology〉의 편집위원이다. 저서로《개미 제국의 발견》,《살인의 진화심리학》,《최재천의 인간과 동물》,《호모 심비우스》,《다윈 지능》 등이 있다.

진화심리학

초판 1쇄 발행 2012년 6월 13일
초판 31쇄 발행 2023년 12월 4일

지은이 데이비드 버스 **옮긴이** 이충호 **감수** 최재천

발행인 이재진 **단행본사업본부장** 신동해
편집장 김경림 **책임편집** 이민경 **교정** 이근정
표지디자인 가필드 **조판** 성인기획
마케팅 최혜진 이은미 **홍보** 반여진 허지호 정지연 송임선
국제업무 김은정 김지민 **제작** 정석훈

브랜드 웅진지식하우스
주소 경기도 파주시 회동길 20
문의전화 031-956-7430(편집) 02-3670-1123(마케팅)
홈페이지 www.wjbooks.co.kr
인스타그램 www.instagram.com/woongjin_readers
페이스북 https://www.facebook.com/woongjinreaders
블로그 blog.naver.com/wj_booking

발행처 ㈜웅진씽크빅 **출판신고** 1980년 3월 29일 제406-2007-000046호

한국어판 출판권 ⓒ 웅진씽크빅, 2012
ISBN 978-89-01-14709-3 03180